第3版

一流规划教材

一流学科教材

力学

高等渗流力学

ADVANCED MECHANICS OF FLUIDS IN POROUS MEDIA

孔祥言 编著

中国科学技术大学出版社

内 容 简 介

本书是作者多年来在为力学和相关专业以及石油工程专业研究生讲授“高等渗流力学”课程讲义的基础上编写而成的。内容包含绪论及正文16章。第1、2章介绍渗流力学的基本概念、基本方程和稳态渗流。第3～5章讲述单相液体渗流在不同边界条件和初始条件下的各种解法，包括格林函数法、积分变换法和拉普拉斯变换方法。第6～9章分别阐述气体渗流、两种流体界面运动和多相渗流、双重介质中的渗流、非牛顿流体和非达西渗流，其中包括水平井问题、水驱油和注蒸汽采油的数值计算问题、煤层甲烷气渗流等。第10、11章研究非线性科学在渗流中的应用，包括多孔介质中的对流及其分叉和分形介质中的渗流。第12、13章讨论热流固耦合和数值试井问题，涉及组分模型和黑油模型。第14～16章分别论述天然气水合物、页岩气以及地热资源开发中的渗流问题，包括相关的数值模拟。书中对渗流问题的物理描述清晰，数学推导严谨。

本书可供油气水开发、环境、地质、化工等诸多领域的教师和研究生、工程技术及研究人员参考。

图书在版编目(CIP)数据

高等渗流力学/孔祥言编著.—3版.—合肥：中国科学技术大学出版社，2020.8
“十一五”国家重点出版物出版规划项目
安徽省高等学校“十三五”省级规划教材
中国科学技术大学一流规划教材
ISBN 978-7-312-04837-1

Ⅰ.高…　Ⅱ.孔…　Ⅲ.渗流力学—研究生—教材　Ⅳ.O357.3

中国版本图书馆CIP数据核字(2020)第013198号

高等渗流力学
GAODENG SHENLIU LIXUE

出版　中国科学技术大学出版社
安徽省合肥市金寨路96号，230026
http://www.press.ustc.edu.cn
https://zgkxjsdxcbs.tmall.com
印刷　合肥市宏基印刷有限公司
发行　中国科学技术大学出版社
经销　全国新华书店
开本　787 mm×1092 mm　1/16
印张　46.25
字数　1183千
版次　1999年7月第1版　2020年8月第3版
印次　2020年8月第3次印刷
定价　100.00元

第3版前言

随着时代的进步和社会的发展，能源问题变得越来越重要，它影响到政治、军事、经济和科学技术的各个方面，更是与人们的生活息息相关。这不仅涉及全球的气候变化，人与自然的和谐共生，也影响人们的身体健康。现在，人们清醒地意识到“可持续发展”和“绿色发展”的重要性。亘古以来，煤炭在人们的生活中都占据着重要的地位。蒸汽机的诞生，促进了煤矿的大规模开采，煤成为影响社会发展的重要资源之一。今后一段时间内，在我们的能源结构中，煤炭仍然是不可或缺的重要组成部分。

现今，发展“清洁能源”被提上议事日程，清洁能源在能源结构中的占比逐步提升成为学界研究热点。清洁能源除了传统的水力能（高水头发电、潮汐发电）、风能、地下温泉，以及传统的天然气以外，还有太阳能和非传统的清洁能源。后者包括天然气水合物（俗称“可燃冰”）、页岩气以及地热资源等。

鉴于以上所述，在第2版的基础上，本版增加了第14～16章三章内容，分别论述天然气水合物、页岩气以及地热资源开发中的渗流问题，包括相关的数值模拟。对以前若干章节有所删减。另外，本书尽量统一用三线表，但由于部分表格内容太多，用三线表可能会给读者带来不必要的困扰，因此个别表格形式没有统一。卢德唐教授和李道伦教授都提供了部分素材，在此对他们表示感谢。

热切盼望读者对本书提出意见和建议。

孔祥言

2020年5月

第2版前言

本书第1版问世以来，受到渗流力学同行们的高度关注，并在国家教育部主持的评比中，获“2002年全国普通高等学校优秀教材”二等奖。有许多读者希望本书能继续印刷出版。

考虑到近十年来渗流力学已经有了很大的发展，为适应形势和教学的需要，对本书第1版做了部分修改和增删，在第9章中补充了“低渗透率储层中的渗流”一节，并增加了分形理论在渗流中的应用、流固耦合和热流固耦合以及数值试井3章(第11～13章)。其中第13章“数值试井”中的黑油模型部分由在职博士研究生李道伦提供了若干素材，特别是有关混合网格划分的插图以及黑油模型数学方程的离散部分，在此表示感谢。

由于时间紧迫，加之水平有限，难免有若干不足之处，希望广大读者提供宝贵意见和建议，以便在下一次印刷时作进一步修改和补充。

孔祥言

2009年5月于合肥

前　　言

渗流力学是流体力学的一个分支，它是多种科学和工程技术的理论基础之一，在20世纪受到国际学术界和工程界的高度重视，它的若干领域仍将是21世纪力学学科的重要前沿领域。近几年已举办过多次有关多孔材料、渗流理论和数值计算的国际会议。学术论文可谓汗牛充栋，除流体力学刊物中有大量的理论性文章和石油工程、水文学、地质、煤炭、化工等学术刊物中有大量的渗流力学应用论文外，从1986年起，由 Kluwer 出版公司出版了专题性杂志 *Transport in Porous Media*，至1998年已出版了30多卷。然而，该领域中适合用于多科性理工大学的教科书却是凤毛麟角，本书试图弥补这一不足。

本书是根据著者十几年来为中国科学技术大学力学专业和中国科学院渗流流体力学研究所的研究生以及某些石油院校石油工程专业的博士生讲授的"高等渗流力学"课程的内容编辑而成的，是在原有讲义的基础上，经过长期修订、多次增删、反复精炼提高的结果，其中也包含了著者十几年来潜心研究的某些成果。本书着重于渗流力学的理论基础，某些应用范例主要针对石油工程领域。实际上，它在地下水水文学、卫生和环境工程、地质、煤炭、化工以及生物医学工程等领域均有重要的参考价值。

本书的写作力求数学推导严谨，物理描述清晰，尽量做到深入浅出，循序渐进，便于读者掌握其基本要领和深刻内涵。第1章介绍了渗流力学的某些基本概念和基本方程。第2章讲述稳态渗流。在数学方法上，比较系统地介绍了源函数、格林函数法、积分变换法，以及拉普拉斯变换及其解析反演和数值反演方法，这些是求解各类渗流微分方程的有力工具。在渗流力学中还要用到较多的特殊函数知识。第3～5章结合实例论述了这些方法和知识。对于数学物理方法基础较好的读者来说，这三章的内容是很容易掌握的。这些可以满足求解单相牛顿流体，包括第6章中气体渗流方程的需要。

为了解决某个较为复杂的实际问题，有时单纯依靠解析处理难以奏效，这时通常要借助于物理模拟或数值模拟。本书第7章着重阐述有关水驱油的物理模拟和注蒸汽采油的数值模拟的有关知识，以求达到抓住本质、举一反三的效果。

在物理描述方面，本书在阐述某个问题时，一般是从定义和基本概念出发，侧重揭示各种流动的物理本质或输运的物理机制，同时讲清其工程背景，建立起物理模型，在此基础上给出其控制方程和定解条件。为了在第1章中使读者不致感到概念过度集中而显得空泛，有关多相渗流、多重介质和分形介质、非牛顿流体渗流和非Darcy渗流等的物理概念在第7～9章中逐步推出。关于非线性科学在渗流力学中的应用，在本书中也占有一定篇幅，其中包括非等温渗流的分叉和混沌、分形几何学在渗流中的应用等。无疑，这些是现代渗流力学的重要内容。在第10章中，着重论述了非线性渗流方程的线性稳定性分析理论，导出其临界瑞利数。在此基础上运用分叉理论给出其分叉结构，并用高精度差分方法和快速傅里叶变换揭示其混沌现象。

本书各章既具有相对的独立性，又相互紧密联系。各个章节之间有机结合，环环相扣，构成了一个系统严密的整体。本书在力图讲透基础的同时，特别注意反映20世纪末渗流力学发展的最新成果，如有关水平井的渗流、煤层甲烷气的输运机理、双重介质和分形介质中的渗流以及非等温多相渗流和对流传热的稳定性等。

本校1997级硕士研究生陈国权和几位本科生为本书部分插图做了精心的绘制，并参与参考文献的打印工作，在此表示感谢。本书还存在很多缺点和不足，欢迎提出宝贵意见和建议。

孔祥言

1999年元月于中国科学技术大学

目　　录

第0章 绪　　论

0.1 渗流力学研究的内容及其重要意义

流体通过多孔介质的流动称为渗流。多孔介质是指由固体骨架和相互连通的孔隙、裂缝或各种类型的毛细管所组成的材料。渗流力学就是研究流体在多孔介质中运动规律的科学。它是流体力学的一个独立分支，是流体力学与岩石力学、多孔介质理论、表面物理和物理化学交叉渗透而形成的。

渗流力学的应用范围越来越广，日益成为多种工程技术的理论基础。由于多孔介质广泛存在于自然界、工程材料和动植物体内，因而就渗流力学的应用范围而言，大致可划分为地下渗流、工程渗流和生物渗流三个方面。

0.1.1 地下渗流

地下渗流是指土壤、岩石和地表堆积物中流体的渗流。它包含地下流体资源开发、地球物理渗流以及地下工程中的渗流几个部分。地下流体资源包括石油、天然气、煤层气、地下水、地热、地下盐水以及二氧化碳等。与此相关的除能源工业外，还涉及农田水利、土壤改良（特别是沿海和盐湖附近地区的土壤改良）和排灌工程、地下污水处理、水库蓄水对周围地区的影响和水库诱发地震、地面沉降控制等。

地球物理渗流是指流体力学和地球物理学交叉结合而出现的渗流问题。这些问题的研究进一步推动了渗流力学理论的发展。地球物理渗流包括雪层中的渗流和雪崩的形成、地表图案的形成、海底永冻层的溶化、岩浆的流动和成岩作用过程以及海洋地壳中的渗流等。在雪层中由于底部温度通常高于表面温度，所以在干燥的雪层中存在导致不稳定性的空气密度梯度。当这种不稳定性足够强时，就会出现雪崩。Powers 等（1985）研究了雪层中的渗流。在北极地区或多山地区，地表会出现圆形、条带形或多边形的规则图案。这是由于水饱和的土壤中因日夜的、季节的或其他反复的冻结-溶化循环引起石块和颗粒分离而形成的，多边形图案的直径可以为 0.1～10 m。Gleason 等（1986）和 George 等（1989）根据渗流力学理论详细研究了这些图案形成的机理。在大约 18000 年以前的冰期，海平面比现在低 100 m 左右，较低的环境温度使北极地区陆地形成永冻层。随着海平面升高，表层溶化，Gosink 和 Baker（1990）的理论、实验和现场研究表明盐的指进对永冻层的溶化起着主要作用。关于岩浆的流动，在一般情况下可用 Navier-Stokes 方程描述。但在某些情况下，例如当岩浆结晶时在腔壁附近形成多孔介质;再如当岩浆出现时形成局部熔化,并且这种熔化物沿相互连通的纹理凝缩,这时岩浆的流动遵从 Darcy 定律,Ryan(1990)详细论述了岩浆渗流的理论。Palm(1990)研究了成岩过程的渗流机理,Stevenson 和 Scott(1991)对岩浆渗流的研究作了述评,而海洋地壳中的渗流可参看 Lowell(1980)的研究。

许多地下工程问题与地下渗流密切相关。如地下储气库工程、地下国防工程、水工建筑、铀矿等资源的地下沥取以及核废料的处理等。

0.1.2 工程渗流

工程渗流(或工业渗流)是指各种人造多孔材料和工程装置中的流体渗流。在国民经济和国防建设部门的诸多工程技术中广泛使用各种类型的人造多孔材料,出现各式各样的多孔体技术,研究流体在这些多孔材料中的运动规律是非常必要的(郭尚平等,1986)。工程渗流涉及化学工业、冶金工业、机械工业、建筑业、环境保护、原子能工业以及轻工、食品等领域。化学工业中有很多渗滤过程,如过滤、洗涤、浓缩和分离;填充床内具有复杂的化学反应过程,其中有许多涉及渗流理论。冶金和陶瓷工业中也有很多渗流力学问题,如炼铜工艺中的细菌炼铜和底吹氩气,金属熔液在铸造砂型中的传热传质,耐火材料、陶瓷和金属陶瓷等人造多孔材料的物理化学性质,都与渗流过程有关。建筑业所用的砖石、混凝土、木材和黏土等材料中,水气渗流影响它们的应力-应变关系。对环保技术中的污水处理、海水淡化,原子能工业中清除放射性粒子和工业废液等,亦已进行了渗流研究。航空、航天工业中使用多孔材料一直受到重视,发汗冷却技术就是其中一例。此外,如煤炭的堆积、谷物和棉纺材料的存储都存在气体渗流问题。造纸工业中的纸浆渗滤等问题也给渗流力学的理论和应用提出了课题。

工程渗流问题一般都比较复杂,涉及多相渗流、非牛顿流体渗流、物理化学渗流和非等温渗流等。这些问题的解决对国民经济发展有着重要的作用,并反过来进一步促进渗流力学的发展。

0.1.3 生物渗流

生物渗流是指动植物体内的流体流动,是流体力学与生物学、生理学交叉渗透而发展起来的,大致可分为动物体内的渗流和植物体内的渗流两部分。

关于动物体内的渗流,郭尚平、于大森和吴万娣(1982,1986)对生物脏器管道系统的铸型标本进行的微观和宏观研究表明:动物 4 种脏器的 8 种管道系统属多孔介质。它们是肾的血管系统和泌尿管道系统,肺的血管系统和肺泡-微细支气管系统,肝的血管系统、窦周间隙系统和胆小管系统,以及心的血管系统。这些系统具有多孔介质的主要特征,即孔径很小而比面很大,流体在其中的流动就是渗流。不同生物脏器的孔隙度差别很大,例如,猪肾为 0.161,兔肝为 0.275,兔肺为 0.495。从生理学、组织胚胎学和解剖学等的资料数据看,这一结论对人体和哺乳动物的其他某些脏器和组织内的微细孔道系统也是有效的,例如脑血管系统。由于这些系统均属多重介质,其中流动的流体又属非牛顿流体(如血液),这类渗流是比较复杂的。与人体有关的渗流主要研究血液循环、淋巴液循环、呼吸以及关节润滑等有关问题。

关于植物渗流，研究表明：植物的根、茎、叶也多是多孔介质，植物体内水分、糖分和气体的输运过程均属生物渗流。

生物渗流的研究对人体健康和疾病防治、植物生长和农林业的发展有重要意义。

鉴于渗流力学内容非常广泛，不可能面面俱到。本书主要论述地下渗流领域的物理模型分析、数学处理方法及其在油气水、煤层气和地热开发等方面的工程应用。

0.2 20世纪渗流力学的发展和研究近况

1856年，法国水利工程师达西(H. Darcy)在解决第戎(Dijon)的城市给水过程中，在一系列实验的基础上，总结出线性渗流方程，后来被称为Darcy定律，这标志着渗流力学的诞生。在这之后，俄国的数学力学家N·E·儒可夫斯基在19世纪末对渗流问题进行了研究，并于1889年导出了渗流微分方程。他明确地指出，在数学上渗流和热传导有相似的性质。20世纪，渗流力学有了长足的发展。

对油气渗流较为系统的研究是从20世纪20年代开始的，随着石油工业的崛起，油气渗流迅速发展起来，到三四十年代，单相不可压缩和微可压缩流体在均质地层中的渗流问题已基本解决(Muskat M, 1946)。这可归结为求解拉普拉斯(Laplace)方程和Fourier方程。单相气体在均质中渗流的微分方程于20世纪20年代建立，其稳态(即定常，石油工程界称为稳定)渗流的微分方程也具有拉普拉斯方程的形式，非稳态(即非定常，石油工程界称为不稳定)渗流的数学模型是二阶非线性抛物型方程，50年代求得一维条件下的相似性解。对多相渗流的研究始于20世纪30年代。低于饱和压力下的油田开发和注水开发促进了对油气二相和油水二相渗流的研究，同时建立起相对渗透率和毛管力的概念。Buckley和Leverett(1942)在忽略毛管力的条件下借助于特征线法给出一维情况下二相液体渗流方程的特解，经过处理得出饱和度的间断解。Sheldon等(1959)用激波的观点研究了该间断问题。考虑毛管力的某种特殊情形，陈钟祥(1965)曾给出一个相似性解，陈钟祥、刘慈群(1980)，陈钟祥、袁曾光(1980)进一步研究了双重介质和多维情形的二相渗流。一般的二相和三相渗流问题均需进行数值求解。20世纪60年代开始，随着碳酸盐岩介质模型的建立以及这类油田的开发，关于裂缝介质以及多重介质中渗流的研究不断增加，刘慈群、郭尚平(1983)概述了70年代的研究进展。采用人工压裂强化采油措施，也促进了对各类裂缝问题的研究。

近年来，渗流力学的发展主要集中在以下几个方面：

0.2.1 物理化学渗流

物理化学渗流是指含有复杂物理变化和化学反应过程的渗流。这些物理变化和化学反应过程有对流、扩散、弥散、吸附、解吸、浓缩、分离、互溶、相变、多组分以及氧化、乳化、泡沫化等。在研究三次采油、铀矿地下沥取、化工、土壤盐碱化防治和盐水淡化诸技术中，都需要考虑物理化学渗流(郭尚平等,1990)。

0.2.2 非等温渗流

传统的渗流力学都把渗流看做等温过程,非等温是指除了考虑压力场和速度场以外,还要考虑温度场。在三次采油、地热开发以及某些工程渗流中,必须考虑流场中的温度分布以及流体和固体的热膨胀系数和热交换系数。稠油的热采包括注蒸汽、注热水、火烧油层和电加热等。注蒸汽又可分为吞吐(间歇注入)和蒸汽驱油(连续注入)。到 20 世纪 80 年代,热采的技术指标和经济指标均已成熟,在美国、俄罗斯、加拿大、委内瑞拉等国均有热采油田。我国克拉玛依油田、胜利油田和辽河油田等已进行了多年的热采工作。

0.2.3 非牛顿流体渗流

古典的渗流力学所研究的流体本构关系(应力-应变关系)是线性齐次的。不符合这种应力-应变关系的流体称为非牛顿流体。渗流力学中常碰到的非牛顿流体为宾厄姆(Bingham)型流体、幂律型的拟塑性流体和膨胀性流体。在三次采油中向地层注入驱油剂的溶液、聚合物溶液、乳状液、胶束液和压缩系数大的泡沫液等,都是非牛顿流体。在水力压裂工艺中注入的流体往往也是非牛顿流体。在工程渗流中的非牛顿流体有通过多孔滤器的聚合物溶液和泥浆,通过多孔壁喷射减阻技术中的聚合物溶液,纺织工业中喷丝嘴内的流体等。当然,生物渗流中很多流体都是非牛顿流体。

一般来说,非牛顿流体的渗流微分方程是非线性的。对于一维问题,有人通过某些简化假设将其进行线性化,求得某些结果。在渗流机理、物理模拟方面也做了一些工作,对非线性方程可得到相似性解。对幂律流体用差分方法进行了数值求解。此外,在注聚合物段塞时的动态预测方面也发展了一些数值模拟方法。

除上述一些研究进展外,其他如细观(meso-)渗流、流固耦合的研究、多孔介质中的输运理论(扩散、弥散等)、现代非线性渗流理论(非等温渗流中的分叉、混沌,分形介质中的渗流等)、生物渗流以及渗流实验手段的现代化、计算方法的快速精确化等方面,都获得了可喜的进展。

0.3 对 21 世纪前期渗流力学理论与应用研究的展望

渗流力学的发展,一方面受到工农业生产所提出的各种实际问题的激励和推动,另一方面受到相关科学技术发展所提供的各种手段和方法的支持和帮助;反过来,渗流力学的发展又极大地促进有关部门的生产发展和相应领域的科技进步。在 20 世纪末渗流力学本身和相关科学技术发展的基础上,渗流力学的理论和应用研究在 21 世纪上半叶将获得更加广泛和深入的发展。下面分别予以简要的阐述。

0.3.1 理论、实验和方法研究

在研究领域，可分为理论研究、实验研究和计算方法三个方面，它们相互依存、互相补充。

0.3.1.1 细观渗流的研究

细观渗流是指研究在微细尺度上[目前二维像素(pixel)和三维像素(voxel)的线尺度均在100 μm以下]渗流的性状。传统的渗流是研究宏观特性，即统计平均特性，而不能确切了解多孔介质内部的物理化学过程及渗流机理。细观与宏观研究相互补充，可使人们对渗流的认识更加透彻。细观渗流研究的内容包括：多孔介质本身的特性，如介质的拓扑结构、孔隙和裂缝的分布情况、孔隙表面的粗糙度、孔隙度和渗透率的分布情况等；多孔介质与流体之间的关系，如表面润湿性、吸附和解吸特性、饱和度分布和各相之间的分布细节等。

0.3.1.2 流固耦合的研究

流固耦合的研究通常是将渗流力学与岩土力学结合起来，所涉及的内容包括振动采油、水库诱发地震、地面沉降和煤层气渗流等。振动采油是利用外力作用来提高石油采收率，研究表明：在交变载荷作用下，多孔介质和流体处于膨胀-收缩的交替过程，应力-应变关系是瞬变状态。水库大量蓄水会造成局部岩体应力积累，地面沉降及恢复过程也涉及流固耦合问题。煤层甲烷气渗流与煤体力学的耦合是采煤业和煤层甲烷气开发中必须研究的重要课题。众所周知，瓦斯突出严重地威胁煤矿工人的生命安全，而煤层气开发已成为提供能源的一个新途径。

流体饱和的多孔介质中波系的传播也是一个值得重视的领域。

0.3.1.3 输运过程的研究

输运过程是当代渗流力学中的重要课题，它涉及地下水污染的防治、土壤的盐碱化以及三次采油等领域。地下水污染的原因有：垃圾处理不当，其滤液渗入地表并进入含水层；工业废水和生活污水排入江湖后渗入地下含水层；化肥和农药渗入地表并进入含水层；沿海地区的海水入侵以及内陆海相沉积层中咸水入侵淡水层；等等。溶质的输运造成地下水含有各种有机质和无机化合物，使地下水恶化，给人民生活、工业用水和农业灌溉带来严重影响。三次采油中向地层注入表面活性剂等驱油溶液，也涉及溶质运移的研究。溶质输运过程的研究以费克(Fick)扩散定律和水动力弥散理论为基础。关于动力弥散理论已建立一些模型，如细管、毛细管束和网络模型等。这些模型各有优缺点，均远未能达到精确而简明描述的程度，水动力弥散的概念和数学模型还有待进一步完善。

0.3.1.4 现代非线性渗流力学

现代非线性连续介质力学发展很快，目前着重研究分叉和混沌、分形理论以及孤子理论三个方面。在渗流力学领域，主要涉及分叉和混沌以及分形理论。

一个非线性系统总是对某些参数有很大的依赖性，当该参数变化超过临界值时，系统初

始状态(基态解)的延续出现突变现象,失去稳定性,破坏解的唯一性,出现几个解的分支,这就称为分叉,这种分叉可称为初级分叉。参数继续增大,上述现象可能在新的水平上重复,即在初级分叉的分支上产生二级分叉,再产生三级分叉,如此继续,出现怪引子而过渡到一片混沌。混沌在很多系统中都能发生,有的并无明显的过渡过程。混沌是指发生在确定性系统中的类似随机的过程,它是非线性的一种属性。确定性系统是指动力学系统的方程和初始值完全给定,从数学上讲这个动力学系统给出了一个确定性过程。但其解的长时间行为貌似随机,表现为解流在一些特殊点集上做无规的游动。多孔介质中的自然对流是研究分叉和混沌的一个重要领域,我们研究混沌可以利用有益的混沌,控制不利的混沌。

分形理论是1982年由美国数学家Mandelbrot提出的,并已被广泛地应用于物理、化学、地学、生物、冶金、材料以及经济等学术领域。这是非线性特征的几何表现。在石油和煤炭工业中已被用于物探、地质、岩石和煤样等多孔介质特性的描述。在欧几里得(Euclid)几何中,物质空间是用整数维表征的,即一维、二维、三维。而分形理论是引进分数维描述自然现象,并称这类体系为分形。其特点体现在空间分布是间断的、非均匀的、不光滑的、处处不可微的,具有尺度变换的自相似性和自仿射性。分形理论认为某些事物的局部在一定条件下可用某种特有的方法表现出与整体具有相似性,即整体内部相对独立的单元可构成整体的缩影。这种相对独立的单元称为分形元。从分形元最终向分形整体过渡体现了从分形元到整体的动态演化过程。现在人们知道,不仅描述混沌运动的怪引子具有分形结构,而且纳维-斯托克斯方程的奇性是处于分维空间。

在渗流力学中很容易想到:对某些具有分形性质的油藏,由于介质的孔隙度和渗透率与分形指数有关,当然描述渗流规律的数学模型亦与分形指数有关。

分形元与分形体之间的差异体现为特征尺度的多重性。由于存在多重特征尺度,分形理论发展了某种标度变换的方法,即重整化群理论。

0.3.1.5 实验技术与物理模拟

过去由于无损探测和显示技术方面的困难,在实验研究方面渗流力学落后于其他力学分支。随着相关科学技术的发展,情况有了改观。当前无损细观研究的主要手段是用X射线层析成像仪(X-CT)和核磁共振成像仪(MRI或NMRI)。X-CT的工作原理是X射线透过被测物体时,其密度差异引起X射线不同程度的衰减,由此可观察被测物体的内部结构、多孔介质的孔隙和裂缝分布及其分形参数。MRI的功能优于X-CT。其工作原理是先获得被测物体的核磁共振信息,根据其弛豫时间的差异,再由计算机以Fourier变换重建法等方法成像,既可检测多孔介质的结构特性(孔隙和裂缝分布、孔隙度、分形参数等),也可检测某些物理特性和流动参数(表面湿润性、饱和度分布、流体特性变化等)以及流体与岩石间的相互作用等,它原则上不涉及岩石基质等固体物质。目前显示器的分辨率为:二维像素(即显示器最小可区分的独立发光点)已超过百万个。

物理模拟是指用物理(而非数值)的方法,即相对于原型按一定比例做成模型,在实验室中再现某种现象变化过程的技术。这种模拟可以是二维的,也可以是三维的;可以是单相的,也可以是多相的;可以是等温的,也可以是非等温的。一种常用的物理模拟装置是采用二维模型(例如,其中一面用有机玻璃板),用显微技术和扫描技术通过屏幕观察二维模型内的渗流机理和规律,对饱和度的测量也可利用超声波、γ 射线或中子束,其原理也是基于不同的流体对射线有不同的吸收系数。有时为了提高测量精度,可在水相中加入若干吸收增强剂(如 NaI 等)。

0.3.1.6 方法的研究

格气(Latticgas)法,尤其是 20 世纪 90 年代发展的格子玻耳兹曼方程(LBE)方法被认为是一种先进的计算手段(阎广武、胡守信和施卫平,1997)。LBE 方法是取一个与流体粒子数密度和粒子宏观速度有关的分布函数,然后在网格上解这个分布函数的动力方程。对于具有自相似性的多孔介质,可以用局部进行模拟,然后进行整体叠加。格气模型可用来进行微观渗流的计算分析,如粒子水平的单相流动的渗流机理,两相流体的渗流机理和驱替规律,流体的相变和相分离机理等(郭尚平等,1990)。

计算方法的研究将在并行计算方面取得进展。并行计算的基本思想是将一个巨大的计算任务合理地分配为若干个子任务,并在多个处理器上并行地执行。油藏数值模拟软件运算的并行化方法起初有两类:一类是区域分解法,该方法是从空间角度对模拟软件进行并行化;另一类是 SST(Sequential Staging of Tasks,直译为任务顺序出台)方法,该方法是从时间角度对模拟软件进行并行化。最近,在 SST 思想的基础上,发展了 Double SST 方法(钟义贵等,1998)和 Multiple SST 方法(Zhong 和 Kong 等,1999)。这些不仅使以前无法进行的一些大规模计算问题通过并行计算的方法得以解决,而且可以很有效地提高速度,可对油藏进行更精确的数值模拟,因而并行计算已成为油藏数值模拟的发展方向。

油藏模拟的有限元法也是一个发展方向。过去的油藏数值模拟一般是基于有限差分方法发展起来的,有限差分方法比较适合于形状很规则的地块。而有限元方法具有网格划分灵活的优点,对边界形状很不规则或具有复杂的非均匀特性分布的储层很适用,并且精度较高,收敛性较好,值得进一步研究。

油藏模拟中可视化技术将得到发展。先进的计算方法配以多媒体技术,将使油藏数值模拟及其结果的传输、存储和使用提高到一个新的水平。

0.3.2 应用研究

渗流力学在工程和技术领域中的应用以及对其他相关学科领域的应用研究具有非常广阔的前景。在 21 世纪,对资源开发的应用研究仍是渗流力学的主要任务之一。地下资源包括石油、天然气、地下水、煤层气、地热、地下卤水和盐湖资源等。随着油气资源日益减少,开发的难度越来越大,对科学技术的要求也越来越高。低渗透问题、稠油的热采、各种表面活性剂的注入、细菌采油、振动采油等,给渗流力学提出了一系列更为复杂的任务。此外,有以下若干应用研究领域也给渗流力学提出了繁重的任务(郭尚平等,1996)。

1. 农田水利领域

包括土壤改良、盐碱化治理、减少化肥农药污染、水土保持和合理使用。这要求将土壤-植被-水流-防污染作为一个整体的系统工程进行研究,实现高效农业和可持续发展战略。

2. 沿海地区海水入侵和咸水湖地区咸水入侵的防治

我国大连、天津、河北、山东、江苏及上海等沿海地区均有较严重的海水入侵,使地下水质恶化，氯离子含量增加，给这些地区的工农业生产和人民生活造成危害。沿咸水湖地区问题亦相当严重，应当综合研究，进行防治。

3. 地面沉降的控制

地面沉降的主要原因是地下水的不合理抽取，引起孔隙内流体压力下降，导致地层变形，该问题的研究涉及流固耦合问题。我国上海、天津及其他一些大城市都出现了严重的地面沉降问题。例如，天津市内年平均沉降大于 5 cm，个别地区达 14 cm，1949～1997 年累计沉降已达 2.7 m。上海市从 1949 年以来地面下沉 1～2 m，有些地方甚至降到海平面以下，造成海水入侵、水质恶化。苏锡常部分地区近 20 年地面下沉 1 m，造成局部地区房屋开裂、管道错位、防洪工程的防洪标准下降等，这些对建筑工程带来了严重影响。

4. 水库诱发地震问题

水库蓄水以后，使岩石中孔隙压力增大。对于有裂缝的岩体，库水沿各种裂缝深入岩体内部，造成局部岩体应力积累，使岩体中构造应力及时释放而导致地震的发生。我国黄河上游、长江中上游、雅鲁藏布江的世界第一大峡谷以及云贵地区水力资源异常丰富，这些资源的开发会形成巨大的水体。统计资料表明，我国地震总数的一半为水库诱发地震。对该问题的研究具有重要意义。

5. 对工程领域的应用研究

渗流在工程领域中的应用日益广泛，特别是隧道工程、高速公路路基建筑、地下储气库工程、环保工程、化学工程等。在航空、航天技术和核工业领域，渗流也有重要应用。

6. 微机电系统(MEMS)中的渗流

微型的电子-机械系统(简称微机电系统)是 21 世纪机电系统的重要研究方向，其尺寸为微米量级。它的显而易见的应用领域有基因工程、生物医学工程，包括体内手术、医用注入器等；在工程领域也有广泛的潜在应用前景，如流动控制、打印器具等。微机电系统中的管径亦为微米量级或更细，其中比面很大，表面现象很重要，具有多孔介质的明显特征。气体在其中的流动一般为滑流领域，有时还涉及传热问题，将给渗流的研究带来一些新的课题。

7. 地球物理领域

近年来，渗流力学在地球物理领域的应用越来越广泛，这种交叉学科的研究日益受到重视。岩浆的活动、某些地质构造和地貌的形成等问题以及某些海底结构，都涉及渗流问题。将渗流力学与地质力学、岩石力学结合起来进行研究将取得重要成果。

8. 生物科学领域

渗流在生物科学领域的应用将越来越受到重视。该领域的研究成果的重要意义正日益明显，在促进人类健康、防止某些疾病，特别是给人类生命造成严重威胁的心、脑血管疾病的防治方面将提供有益的依据。

第 1 章　基本概念和基本方程

1.1　引　　言

1.1.1　渗流和渗流力学

渗流是流体通过多孔介质的流动，渗流力学就是研究流体在多孔介质中的运动规律的科学。渗流力学是流体力学的一个重要分支，是流体力学与多孔介质理论、表面物理、物理化学以及生物学交叉渗透而发展起来的一门边缘学科。

渗流现象普遍存在于自然界和人造材料中。如地下水、热水和盐水的渗流，石油、天然气和煤层气的渗流，动物体内的血液微循环和微细支气管的渗流，植物体内水分、气体和糖分的输送，陶瓷、砖石、砂模、填充床等人造多孔材料中气体的渗流等。

渗流力学在很多应用科学和工程技术领域有着广泛的应用，如土壤力学、地下水水文学、石油工程、地热工程、给水工程、环境工程、化工和微机械等。此外，在国防工业中，如航空航天工业中的发汗冷却、核废料的处理以及诸如防毒面罩的研制等都涉及渗流力学问题。本书着重论述有关地下油气水渗流的某些基本理论及其应用。

渗流的特点在于：首先，多孔介质单位体积孔隙的表面积比较大，表面作用明显，任何时候都必须考虑黏性作用；其次，在地下渗流中往往压力较大，因而通常要考虑流体的压缩性；还有，孔道形状复杂、阻力大、毛管力作用较普遍，有时还要考虑分子力；再者，往往伴随着复杂的物理化学过程。

渗流力学是一门既有较长历史而又年轻活跃的科学。从 Darcy 定律的出现至今已过去一个半世纪，20 世纪石油工业的崛起极大地推动了渗流力学的发展。随着相关科学技术的发展，如高性能计算机的出现，核磁共振、CT 扫描成像以及其他先进实验方法用于渗流，又将渗流力学大大推进了一步。近年来，随着非线性力学的发展，将分叉、混沌以及分形理论用于渗流，其他诸如格气模型的建立等，更使渗流力学的发展进入一个全新的阶段。

1.1.2　多孔介质

1.1.2.1　多孔介质的定义

简单来说，多孔介质是指含有大量空隙的固体，也就是说，是指固体材料中含有孔隙、微裂缝等各种类型毛细管体系的介质。由于我们是从渗流的角度来定义多孔介质的,还需规定从介质一侧到另一侧有若干连续的通道,并且孔隙和通道在整个介质中有着广泛的分布。概括起来,可用以下几点来描述多孔介质:

(1) 多孔介质(或多孔材料)是多相介质占据一块空间,其中固相部分称为**固体骨架**,而未被固相占据的部分空间称为**孔隙**。孔隙内可以是气体或液体,也可以是多相流体。

(2) 固相应遍布整个介质,孔隙亦应遍布整个介质。也就是说,在介质中取一适当大小的体元(如 1.3.1 小节中所定义的特征体元),该体元内必须有一定比例的固体颗粒和孔隙。

(3) 孔隙空间应有一部分或大部分是相互连通的,且流体可在其中流动,这部分孔隙空间称为有效孔隙空间。而不连通的孔隙空间或虽然连通但属死端孔隙的这部分空间是无效孔隙空间。对于流体通过孔隙的流动而言,无效孔隙空间实际上可视为固体骨架。

一些天然和人工多孔材料的例子示于图 1.1 中。

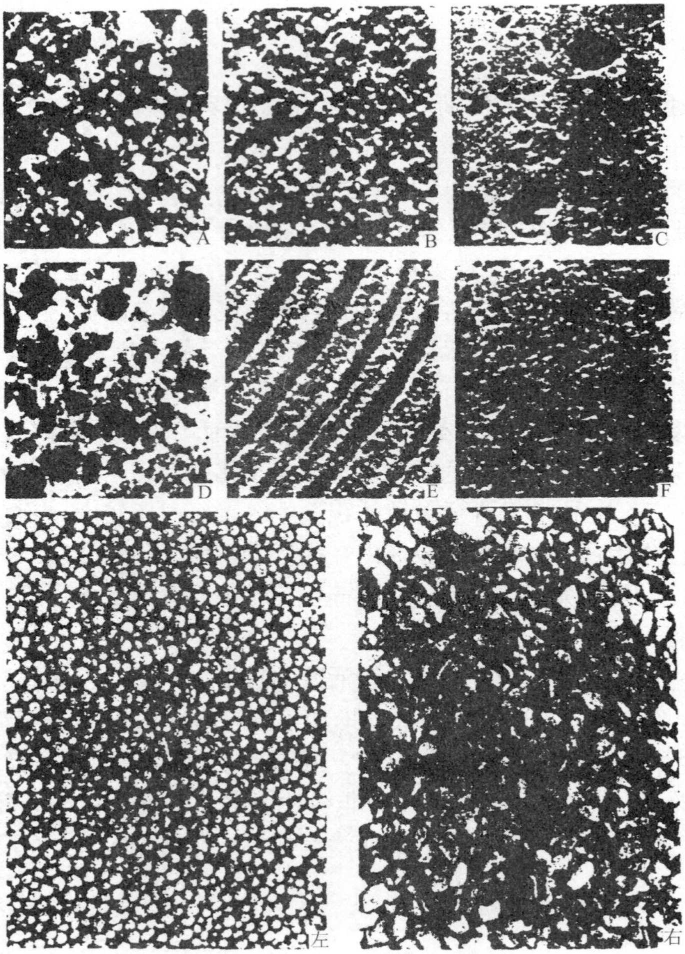

图 1.1　一些天然和人造多孔介质的例子

上部:A. 海滩沙;　B. 砂岩;　C. 石灰岩;　D. 裸麦面包;　E. 木材;　F. 人肺

下部:左边是直径为 0.5 cm 的 Liapor 小球;右边是压碎成 1 cm 大小的石灰石

1.1.2.2 多孔介质的统计描述

从实用的观点考虑，需要对多孔骨架的几何性质进行描述。由于介质骨架的复杂性，要想用曲面方程来描述构成骨架的固体颗粒的几何形状是不可能的。目前主要有两种描述方法：一种方法是宏观的，也就是平均的描述，用孔隙度、比面等特性参数来反映多孔介质骨架的性质，这将在 1.3 节中进行论述。另一种方法是以骨架的某些统计性质为基础的，这里作一些简单介绍。

1. 粒径分布

对于像土壤这类非固结的多孔介质，特别是实验室中的人造非固结介质，可以用其粒径分布来描述。除了圆球或正多面体，颗粒的大小不能用一个线尺寸唯一确定。在一般情况下，测量粒径和粒径分布的主要方法有筛分法和重率法两种，它们分别适用于较大颗粒和较小颗粒。筛分法是将固体颗粒放在具有一定尺寸的正方形网格的筛子上进行摇晃，所以颗粒的尺寸依赖于筛眼的尺寸。对于不规则形状的颗粒，这只能反映其大致尺寸。重率法是按照颗粒在流体中的沉降速度来分选颗粒的大小。粒径尺寸通常用标准**筛目**或 μm 表示，目(mesh)是每 2.54 cm 长度上具有的编织丝的数量。目与粒径的换算关系为

$$\text{颗粒直径}(\mu\text{m}) = \frac{16\times 10^3}{\text{筛目数}} \tag{1.1.1}$$

其对比关系如表 1.1 所示。

表 1.1 美国标准筛目与孔径的关系

标准筛目(mesh)	4	8	16	32	48	65	100	150
筛孔直径(μm)	4760	2380	1190	490	295	210	147	104
标准筛目(mesh)	200	270	325	400	500	800	1250	
筛孔直径(μm)	74	53	43	37	25	15	10	

2. 孔径分布

对于固结的多孔介质，无法给出其粒径分布，而只能用孔径分布来描述。孔隙直径 δ 定义为孔隙中能放置的最大圆球的直径。而孔径分布可用因子 α 来定义，其中，α 是孔径在 δ 和 $\delta + \mathrm{d}\delta$ 之间的孔隙所占总孔隙体积 V_{p} 的百分比，于是有

$$\int_0^\infty \alpha(\delta)\mathrm{d}\delta = 1 \tag{1.1.2}$$

本书讨论的多孔介质重点是储集油气水的地层介质。地层按其多孔介质特性分类，可分为单一介质和双重介质两大类。单一介质又可分为单一孔隙介质和单纯裂缝介质，前者主要出现在砂岩、粉砂岩和白云岩中，后者主要出现在碳酸盐岩中。双重介质是既有孔隙又有裂缝的介质，也包括孔隙度和渗透率不同的双层油藏。在数学处理上，双重介质又可分为双孔隙度介质和双渗透率介质。前者是对于孔隙的渗透率远小于裂缝的渗透率情形，为简化起见，将孔隙的渗透率近似看做零，因而在渗流方程组中出现两个孔隙度，而只出现一个渗透率。后者是对于孔隙的渗透率与裂缝的渗透率可以相比较的情形。关于孔隙度和渗透率的定义，将在 1.3.1 小节和 1.5.1 小节中给出。

1.1.3 储油层和含水层

1.1.3.1 储油层

油气储集层是指在其孔隙中至少含有一种液相或气相碳氢化合物(石油或天然气)的地层。按目前关于油气生成的学说,包括近年发展起来的煤成油气理论,作为有机物质(水生动物和植物)分解产物的碳氢化合物是从过去地质年代生存的有机体演变而来的。富含这种物质的地层叫做**生油层**。在生油层中产生的碳氢化合物在孔隙空间形成一些小泡,这些小泡在毛细力和浮托力的作用下向储油层运移和聚集。因为油和气比周围孔隙中的水轻,在浮托力作用下逐渐导致油气水分离。要使碳氢化合物能够聚集,在其向高层位地层运移时,必须有非渗透性的上覆盖层阻隔。常见的阻隔层是由黏土、页岩或泥岩所构成的。而储油层通常由砂岩、粉砂岩、碳酸盐岩构成,也可以由致密的石灰岩、碎屑岩、脆性页岩和较少的卤素岩构成。使碳氢化合物能够储集起来的构造称为**储油构造**。基本的储油构造有褶皱形成或变厚度形成的上凸形构造、孔隙度和渗透率侧向消失或尖灭形成的楔形构造,以及断层等,如图 1.2 所示。

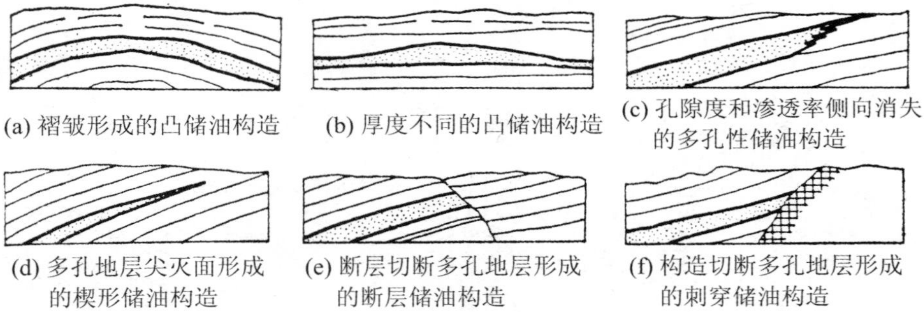

(a) 褶皱形成的凸储油构造　(b) 厚度不同的凸储油构造　(c) 孔隙度和渗透率侧向消失的多孔性储油构造

(d) 多孔地层尖灭面形成的楔形储油构造　(e) 断层切断多孔地层形成的断层储油构造　(f) 构造切断多孔地层形成的刺穿储油构造

图 1.2　几种基本储油构造的剖面图

一个独立的油气储集和流动的空间区域称为一个**油藏**。油藏按其几何形状大致可分为层状油藏和块状油藏两大类。层状油藏往往存在于海相沉积和内陆盆地沉积当中,一般是多层的,层与层之间有不透水或弱透水的夹层。层间可以有越流(或窜流),也可以没有越流。块状油藏是在有限的面积内含有很厚的沉积物,通常是灰岩或白云岩油气藏,经过长期的溶蚀作用及构造应力作用,使得在数十米乃至数百米厚度中都储集有碳氢化合物。

油藏四周的边界大致可分为封闭的(或不透水的)以及定压的两大类。当然,也可以是部分封闭、部分定压的。定压边界是由于有天然的或人工的边水供给而形成的。油藏的上下边界通常是不透水的,即有封闭的顶层和底层。有些情形也可以是定压的,例如有充足的气顶或丰富的底水情形(Wilkelm,1945)。

1.1.3.2 含水层

含水层是指水在其中储集或(和)流动的地层。与含水层相关联的是阻水层。阻水层可以含水但不能大量导水,黏土层就是其中一例。在实际处理中,阻水层可当做不透水的地层。介乎两者之间的是弱含水层。在弱含水层中，导水速度非常缓慢。

水在地面以下的铅垂分布按孔隙中含水的相对比例，可划分为充气带和饱和带。饱和带的全部孔隙中都充满着水，而充气带中含有空气、水蒸气和水。地下水水文学研究的主要对象是饱和带。饱和带的上界面称为**潜水面**，它是其上各点压力都等于大气压力的面。充气带从潜水面向上延伸至地面。

含水层按其岩石组成，大致可分为砾石含水层、喀斯特含水层和火山岩含水层。砾石含水层主要分布在古河道和山谷之中。喀斯特含水层存在于石灰岩中，它的微小的原生孔隙经过水流的溶解和冲刷，逐渐增大透水系数，而最后发展成为岩溶地区，即喀斯特地区。

含水层按其是否含有潜水面而分为无压含水层和承压含水层。无压含水层的上部边界就是潜水面，所以又称**潜水含水层**。该层的水一般来自地表。**承压含水层**又称压力含水层，它的上部和下部均为不透水层所隔，所以该层中的水流大致沿水平方向。

1.1.4 油藏中的驱油方式

油气资源是不能再生能源，因而提高石油采收率是至关重要的。采收率定义为采出储量与地质储量之比。天然油藏中存在若干能量，依靠天然油藏中能量开采采收率较低，一般只有 15%～30%。为了进一步提高采收率，必须外加能量，于是发展了二次和三次采油。

1.1.4.1 天然油藏的驱油能量和驱动方式

天然油藏可能存在的能量有以下几种：

1. 储层中岩石和液体的弹性势能

油藏在开采前处于压力平衡状态，岩石和流体受到均匀压缩，储蓄着弹性势能(如被压紧的弹簧)。钻井后井底压力立即降低，从井筒周围开始，由近及远，地层中的岩石和流体逐渐释放出弹性势能，流体膨胀，在压力梯度作用下把地层中的原油推向井底。

2. 含水区的弹性势能和露头水柱压力做功

有些油藏邻接着供水区，供水区中的岩石和水不断释放出弹性势能，水不断将油驱入井底，含油区面积逐渐缩小。还有一些油藏的供水区有边水露出地面，它的水柱压力做功，不断将油驱入井底。这就形成水驱油藏。

3. 溶解气的弹性势能

当含油区压力降到某个值(即饱和压力，见 1.2.1 小节)以下时，原来溶在石油中的气体开始逸出。这时，除储层中岩石和流体释放弹性势能外，还有溶在石油中的气体也进一步释放弹性势能。气体的可压缩性明显大于液体，它释放的势能也明显大于液体。气体膨胀将油挤向井筒，油藏压力降得越多，分离出来的气量越大，释放出的能量也就越高。这样的开采条件称为溶解气驱。

4. 气顶区的弹性势能

有些油藏有原生的气顶，油藏中的压力等于原始饱和压力。随着井底压力降低，井筒附近开始出现溶解气驱现象。随着压降向外扩展，溶解气驱范围不断扩大。当压降扩展到气顶时，气顶发生膨胀。如果气顶足够大，气顶的膨胀将起决定性的作用，这种驱油方式称为气顶驱。

5. 油体的位势能

对于倾斜度较大或油层较厚的油藏，油藏内高于井底位置的油体，其势能将转化为动能，就是说在重力作用下迫使油流向低处的井筒。这种驱油方式称为重力驱。

当然，对于一个油藏而言，在开发过程中，各个阶段的驱动方式可能是不一样的。不同阶段有不同的驱动方式起主要作用。如果天然油藏中能量很高，油井在早期会出现自喷。一般地，由抽油泵陆续将井底石油抽出。

1.1.4.2 二次和三次采油

二次和三次采油主要包括注水、注气、注增加黏度和降低界面张力的水溶液、混相驱和热采等，下面予以简要介绍。

1. 注水和注气

现在大多数油田都采用注水开发。通常，注水井和采油井是按照一定的规则布局的，形成注水井网。按照一个井网单元涉及注采井的数目，分为三点法、四点法、五点法、七点法、九点法和直线布井等。每种布局方法又按井网单元中心是生产井还是注水井而分为正与反两种类型。目前最流行的是五点法井网，因为它比较简单，适用于一般油田。

注气最早是用天然气回注来改进开采方法。近代有用注气方案来提高最终采收率的。注气方案有面积注气和气顶注气两种，为气驱方案提供外加能量。注气的最大缺点是其黏度太低，常导致生产井早期气窜。

2. 在注入水中加入溶剂

溶剂包括聚合物、表面活性剂、氢氧化钠、微乳液(胶束)等。注聚合物水溶液驱油提高采收率的原理是增大注入液的黏度，从而降低油水流度比，其中，流度定义为渗透率 K 与流体黏度的比值。油水流度比下降的结果是削弱了黏性指进，增大驱扫面积，以提高采收率。目前常用的聚合物是聚丙烯酰胺，因为它的水溶性、热稳定性和化学稳定性均比较好。注表面活性剂溶液是为了把油藏孔隙中残存的油驱洗出来，这是基于洗涤油渍的原理，它使油水界面张力减小，便于将油驱替出来。注氢氧化钠水溶液是使溶液的碱性水和原油中的有机酸在油藏中就地进行化学反应，产生界面活性剂，降低界面张力。胶束溶液是由烃、水和界面活性剂配制而成的，并加入微量电解质，它可以提高驱替液的黏度并消除油水界面，从而增加采收率。

此外，还有注混气水和泡沫驱油。在注入水中掺入空气、烟道气或天然气，利用气阻效应，防止水沿大孔道或高渗区窜流，增大驱扫面积，提高采收率。泡沫的作用与此类似，泡沫在驱替过程中，气体以气泡的破灭和再生反复交替的方式通过多孔介质，在泡沫前缘形成富油，被推向井底。

选择溶剂时，一个至关重要的问题是要防止环境污染。

3. 混相驱

两种流体放在一起，可以是混溶的，也可以是不混溶的。原油和水是混溶的。原油和天然气是不混溶的，在较低压力下形成界限分明的气液两相。若两种流体按任何比例都能混合在一起，并且所有混合物都保持为单相，则这样的流体称为混相流体。由于混相流体为单相，注入流体与原油之间不存在界面，当然也就不存在界面张力，使残余油饱和度降到它的最低可能值。混相驱的原理在于注入能把残留在油藏中的原油完全溶解下来的溶剂段塞，用它来驱洗油藏中的原油，以获得尽可能高的采收率。

混相流体可分为初接触混相和多次接触混相(或动态混相)两类。某些作为混相驱替注入的流体与原油之间按任何比例都能直接混合保持单相，则这些流体称为初接触混相流体。另一些流体开始与原油混合时形成两相，但在流动过程中注入流体和原油重复接触，而靠组分的就地传质作用达到混合，这些流体称为多次接触混相或动态混相流体。

液化石油气，诸如乙烷、丙烷、丁烷及其混合物都是初接触混相驱的溶剂。在现场中使用最多的是丙烷，这就要求油藏压力必须高于丙烷的临界压力。

凝析气混相驱是靠注入的乙烷、丙烷或丁烷等中间分子量烃就地传质进入油藏原油，即这些烃“凝析”进入原油。

气化气混相驱的机理是依靠原油某些组分的就地气化作用，以足够高的压力将天然气注入油藏，当它和油藏多次接触后，油中较轻的分子从原油中气化进入注入气，形成混相过渡带，从而达到混相驱的目的。

二氧化碳混相驱是另一种多次接触混相驱。在油层压力和温度合适的条件下，二氧化碳可以高度溶于油和水。当油和水内含有大量溶解的二氧化碳时，它们的黏度、密度和压缩性都会得到改善，有助于提高采油效率。

4. 热采

热采是提高油藏，特别是稠油油藏采收率行之有效的方法。地层加热最明显的作用是降低原油黏度，改善流动性。热采有火烧油层、注蒸汽和电加热等几种方法。

(1) 火烧油层

火烧油层可分为正向燃烧和反向燃烧两种。正向燃烧是将空气注到井中，在注入井中点火，然后使燃烧带通过岩石传播到附近的生产井。反向燃烧是开采特稠原油的重要方法。反向燃烧首先是在那些最终将成为生产井的井中注入空气并点燃油层，然后在相邻的注入井注入空气，燃烧带在地下从生产井推移到空气注入井。油流通过已被加热的岩层，黏度可降到原来的1/1000以下。

(2) 注蒸汽

注蒸汽采油可分为蒸汽驱油和蒸汽吞吐两种。蒸汽驱油是将蒸汽从一口井注入，可以是连续注入，在注入井周围形成一个蒸汽饱和带，驱动原油流入生产井。蒸汽吞吐是向生产井注蒸汽，通常要注两三个星期，然后关井几天，使地层升温和降低原油黏度，接着开井使其自喷，然后转入抽油。这个过程可反复进行。

(3) 电加热

电加热可分为电磁加热和直流电加热两种。电磁加热(Chakma，1992)是将高频电磁能传给油层，这是向地层供能的一种行之有效的方法。其优点是不受深度影响，同时避免了注入率低等问题。其缺点是电极附近的高温会形成一个不含水的屏障区，影响加热效果。采用电磁-活性氧化乳状液联合强化开采技术可克服这一困难。直流电加热(Aggour等，1992)是将大功率直流电注入地层。直流电场可以改变油水两相的相对渗流关系，电热作用会使油的黏度明显降低，而对水的黏度影响不大，因而增大了油水的流度比，提高了驱扫效果。

1.2 流体的性质

流体的主要特性有密度、黏性和弹性。在研究流体的性质之前，先了解一下石油流体的组分和相态变化是有必要的。

1.2.1 石油流体的组分和相态变化

1. 组分

石油流体的主要成分是碳氢化合物（烃类）。由小分子组成的混合物在常温下呈气态，称为天然气。天然气中绝大部分是甲烷，一般占70%～98%，其次是少量的乙烷、丙烷、丁烷等以及非烃类气体（如氮气、二氧化碳、硫化氢等）。由较大分子组成的混合物在常温下呈液态，称为石油。

烃类的状态取决于压力、温度和分子力三个因素。压力是垂直于液体表面的作用力，它是分子碰撞容器次数的反映，分子被迫靠近时压力就增高。流体内部的压力是由该点上覆盖物的重量产生的，例如地面的气压就是由上方空气柱的重量产生的。温度是反映物质分子平均动能的物理量。热量加于物体，分子动能增加，使温度升高。动能增加使分子运动加快，导致分子扩散和体积膨胀。分子力随分子间的距离而变化。随着分子间距离缩短，吸引力不断增大；距离进一步缩短，分子间电场重叠，分子之间就会产生排斥力。气体的分子间距离相对较远，分子接近时彼此间出现吸引力。而液体分子间距离较近，分子间存在排斥力，在受到压缩时出现抵抗力。

2. 相态

纯物质或单组分系统能够以固相、液相和气相三种状态形式存在，每一相有不同的状态方程。我们在这里只关心液相和气相，在压力-温度图（相态图）上是一条从左下到右上的曲线，这条曲线也称饱和蒸气压曲线。曲线左上方为液相，右下方为气相。曲线上各点即为不同温度下该组分的饱和蒸气压。该曲线表示平衡时液相和气相能够同时存在的温度和压力条件。这条曲线的终点称为临界点。处于该点的温度称为临界温度，单组分物质的临界温度 T_c 定义为液相和气相共存的最高温度；而处于该点的压力称为临界压力，单组分物质的临界压力 p_c 定义为液相和气相能够共存的最高压力。

3. 泡点和露点

泡点定义为在确定的温度下开始从液相中逸出微量气泡的压力；而露点定义为在确定的温度下开始从气相中凝结出微量液滴的压力。所以，对单组分系统，饱和蒸气压曲线实际上就是泡点和露点的共同轨迹。但是，一定质量的单组分系统在确定的温度下，泡点和露点所对应的体积是不同的，显然处于泡点的体积比露点的体积小得多。在不同温度下有不同的泡点压力和露点压力。因此，在以温度为参数的压力-体积图上，泡点和露点各自形成一条曲线，这两条曲线的分界点就是临界点。

油藏流体是多组分系统,实际情形比想象的要复杂得多。在较高压力下,烃类系统是单相液体,即原油,这种情形属未饱和油藏。随着流体采出,地层压力下降,而温度基本不变。当压力降到油藏泡点压力即饱和压力以下时,便有气泡从原油中逸出。压力继续下降,就成为油气两相渗流。油藏的泡点压力可定义为原油中开始逸出微量气泡的最高压力,处于该压力时的油藏属饱和油藏。

4. 凝析和反转凝析

首先定义油气藏的临界凝析温度和临界凝析压力。对于一个油气藏,不管压力大小,凡高于某个温度便不能形成液体,则称这一温度为临界凝析温度;而不管温度高低,凡高于某个压力便不能形成气体,则称这一压力为临界凝析压力。

对于单组分系统,压力下降时,在蒸气压曲线上会导致液态向气态变化;压力上升导致气态向液态变化(凝析)。温度低于临界温度,压力下降会引起液态向气态变化,反之亦然。对于多组分系统,还会出现另一种现象,即当温度在临界温度与临界凝析温度之间时,在一定的压力范围内,压力下降会引起气态向液态变化,这种现象称为反转凝析,这样的气藏称为凝析气藏。

1.2.2 流体的密度和重率

本书基于连续介质力学,我们所研究的是流体的宏观运动,即大量流体分子的平均行为。除个别地方特别说明外,不研究流体分子的个别行为。

在给出流体密度的定义之前应当说明:流体是由大量分子所组成的,每个分子又由若干原子构成,而原子由原子核和环绕它的若干电子构成。把流体当做连续介质处理,意指任取一个流体微元体积 ΔV,都包含有许多个分子。

现在讨论流场中任意一点 $P(x,y,z)$。围绕该点取一流体元,其体积为 ΔV_i,质量为 Δm_i,则比值 $\Delta m_i/\Delta V_i=\rho_i$ 称为该体元中流体的平均密度。我们在某一确定的时刻 t,以点 P 为质心取一系列微元体积,其质量 $\Delta m_1>\Delta m_2>\cdots>\Delta m_*>\cdots$,体积 $\Delta V_1>\Delta V_2>\cdots>\Delta V_*>\cdots$,则得一系列的平均密度 $\rho_1,\rho_2,\cdots,\rho_*,\cdots$,可绘出 $\rho_i\sim\Delta V_i$ 曲线。如果我们所取的体积 ΔV_i 从一个足够大的值开始逐渐缩小,可以发现上述曲线近似为一条水平线。若使 ΔV_i 继续减小,小到某个体元 ΔV_* 以下,由于它所含的分子数越来越少,ρ_i 值将产生波动,就是说微观效应发生作用。ΔV_i 继续减小,ρ_i 值的波动幅度将越来越大。最后让 $\Delta V_i\to 0$,即收缩到一个几何点 P,如果该点落在原子的质子或中子内,则这个密度 ρ 将大得惊人;如果该点落在粒子的间隙处,则这个密度 ρ 就是零。显然,当 $\Delta V_i\ll\Delta V_*$ 时,所给出的 ρ_i 值是没有实际意义的。

为明确起见,我们将 $\rho_i\sim\Delta V_i$ 曲线上近似水平段所对应的最小体元称为特征体元,并记作 ΔV_*。这个特征体元必须比流场的体积小得多;同时,它又必须包含足够多的分子,以致分子的微观效应还没有显示出来。我们不妨把它称作流体的质点,于是我们定义点 $P(x,y,z)$ 处流体的密度为

$$\rho(P,t)=\lim_{\Delta V\to\Delta V_*}\frac{\Delta m}{\Delta V} \tag{1.2.1}$$

把流体看做连续介质,实质上是指其密度是平滑变化的。对于任何两个相邻的点 P_1 和

P_2，有

$$\rho(P_1) = \lim_{P_2 \to P_1} \rho(P_2) \tag{1.2.2}$$

这样就定义了流体密度 ρ 是空间点的连续函数。完全类似地，也可以把密度定义为时间 t 的连续函数。

在石油工业中，有时还用到一个与密度相关的量，就是重率（即重量密度）。如果简单地把密度说成是单位体积的质量，那么**重率**就是单位体积的重量。重率 γ 与密度 ρ 之间有以下关系：

$$\gamma = \rho g \tag{1.2.3}$$

其中，g 是重力加速度，数值为 $9.80665\ \mathrm{m \cdot s^{-2}}$。

还有一个相关的量是液体的 $\overline{\gamma}$ 值。它定义为同一温度和压力下液体密度 ρ 与水的密度 ρ_W 之比，即

$$\overline{\gamma} = \frac{\rho}{\rho_W} \tag{1.2.4}$$

显然，在量纲分析中它是无量纲量，而在石油工业中常用以下单位表示：

$$\overline{\gamma} = \frac{千克油/立方米油}{千克水/立方米水}$$

顺便说一下，在英美文献中有时将 $\overline{\gamma}$ 值用 $60^\circ/60^\circ$ 表示，意即在常压条件下华氏 60° 液体与华氏 60° 水的密度之比。有时还采用另一种表示方法，即 API $\overline{\gamma}$ 值，其中，API 是美国石油学会的缩写，它定义为

$$\mathrm{API} = \frac{141.5}{\overline{\gamma}_0} - 131.5$$

式中，$\overline{\gamma}_0$ 是 $60^\circ/60^\circ$ 时的 $\overline{\gamma}$ 值。

1.2.3 流体的黏度和溶解油气比

流体是受到切应力就能引起变形的物质。流体的连续变形称为流动。而流体阻止任何变形的性质称为黏性。

为了揭示黏性的本质，通常考察两个平行板间流体的流动，即库塔（Couette）流。其中，下板保持静止，而上板在自身平面内做等速 U 运动。实验表明：流体附着在两个壁面上；在固定于下板的坐标系中，取 x 轴与下板重合，则下板表面上流体速度为零，上板表面上流体速度为 U；而两板之间流体的速度是线性分布的。因而，流体的速度 v 正比于它到下板的距离 y。设两板间距离为 h，则有

$$v(y) = \frac{U}{h} y \tag{1.2.5}$$

要维持这个运动，必须对上板施加一个切向力，此力与流体的摩擦力相平衡。由实验可知，平板单位面积上的作用力正比于 U/h。我们将流体单位面积上的摩擦力记作 τ，则 τ 也与 U/h 成正比，把这个比例系数记作 μ。式（1.2.5）对 y 求导数，给出 $\partial v/\partial y = U/h$，于是得

$$\tau = \mu \frac{\partial v}{\partial y} \tag{1.2.6}$$

式(1.2.6)称为**牛顿黏滞定律**,或牛顿流体的应力 τ 与应变$\partial v/\partial y$(剪切率)的关系。而比例系数 μ 称为流体的**黏度**或动力黏度,是流体黏性的量度。其单位为Pa·s,量纲为$[ML^{-1}T^{-1}]$。有时引进一个运动黏度 ν,它是动力黏度 μ 与密度ρ 之比。一般来说,黏度是温度和压力的函数。在常压下水的黏度值如表1.2所示。

表1.2 水的动力黏度

温度(℃)	0	10	20	30	40	60	80	100
黏度(MPa·s)	1.794	1.310	1.009	0.800	0.654	0.470	0.357	0.284

储层条件下的原油,温度增加引起的黏度下降与压力增加引起的黏度上升相抵消,所以对黏度产生主要影响的是油中溶解气的含量。压力增加,储层油中溶气量增加,因而黏度降低;如压力增加超过特定的值(泡点),气体不再溶解到液体中去,液体被压缩,引起黏度上升。

表1.3给出我国一些油田的地层油黏度。表中,R_{si}是原始溶解油气比,即地层温度和压力下每立方米原油中所含溶解气在标准条件下的立方米数。它与一般的**溶解油气比** R_s 有所不同,后者定义为每立方米地面原油所含标准条件下气体的立方米数,即

$$R_s = \frac{\text{地面条件从 } V_o \text{ 中脱出的气体体积(标准 m}^3\text{)}}{\text{地面脱气后原油体积 } V_o\text{(m}^3\text{)}} \tag{1.2.7}$$

表1.3 我国一些油田的地层油黏度

油田及层位	大庆油田P层	大港西一区M层	胜利油田营-4井	孤岛渤26-18井G层	任丘油田P_z层	玉门油田L层
原始溶解油气比 R_{si}	48.2	37.3	70.1	27.5	7.0	68.5
地层原油黏度(MPa·s)	9.30	13.30	1.88	14.20	4.70	3.20

在研究油田渗流问题时,对于等温渗流,且流动过程中压力变化不太大的情形,液体的黏度可当做常数。

1.2.4 流体的压缩系数、热膨胀系数和状态方程

流体的压缩系数是当液体或气体所承受的法向压力或法向张力发生变化时其体积变化的量度。在等温条件下,流体的**压缩系数** c_f 定义为

$$c_f = -\frac{1}{V}\frac{dV}{dp} = \frac{1}{\rho}\frac{d\rho}{dp} \quad (T = \text{常数}) \tag{1.2.8}$$

其中,V 是一定质量流体的体积,p 是压力。显然,压缩系数与压力的量纲互为倒数,其单位为 Pa^{-1}或 MPa^{-1}。式(1.2.8)积分,给出

$$\rho = \rho_0 \exp[c_f(p - p_0)] \tag{1.2.9}$$

其中,ρ_0 是参考压力 p_0 条件下的密度。这种表示流体密度和压力(以及温度)之间关系的公式称为流体的状态方程。对于液体,c_f 的值很小。例如,常温下水的压缩系数 c_w 约为

4.75×10^{-4} MPa^{-1}。通常称油和水为微可压缩流体。当压力差 $\Delta p = p - p_0$ 不大时，式(1.2.8)可近似地表示为

$$\rho = \rho_0[1 + c_f(p - p_0)] \tag{1.2.10}$$

状态方程(1.2.10)对绝大多数液体都是适用的。压缩系数的倒数就是流体的**体积弹性模数** K，它是单位体积相对变化所需要的压力增量，即

$$K = \frac{1}{c_f} = \rho \frac{dp}{d\rho} \tag{1.2.11}$$

流体的弹性模数越大，就越不容易被压缩。完全不考虑其压缩性的流体称为不可压缩流体。

此外，在研究非等温渗流时，还要涉及流体的**热膨胀系数**或定压热膨胀系数 β，定义为

$$\beta = \frac{1}{\rho}\left(\frac{\partial \rho}{\partial T}\right)_p = \frac{1}{V}\left(\frac{\partial V}{\partial T}\right)_p \tag{1.2.12}$$

类似地，在温差 $\Delta T = T - T_0$ 不太大的条件下，仅由温度引起的密度变化可表示为

$$\rho = \rho_0[1 - \beta(T - T_0)] \tag{1.2.13a}$$

其中，ρ_0 为参考温度 T_0 时的密度。若同时考虑压力和温度引起的密度变化，近似有

$$\rho(p, T) = \rho_0(p_0, T_0)[1 + c_f(p - p_0) - \beta(T - T_0)] \tag{1.2.13b}$$

气体是容易被压缩的流体。对于理想气体，在等温条件下，其密度与压力成正比，即

$$p = \frac{RT}{M}\rho \tag{1.2.14}$$

其中，M 是气体的摩尔分子量，T 是气体的绝对温度，R 是气体的普适常数，其数值为 8314 $J \cdot kmol^{-1} \cdot K^{-1}$。对于真实气体，通常是引进一个偏差因子(或压缩因子)Z，即状态方程为

$$p = \frac{RTZ}{M}\rho \tag{1.2.15}$$

偏差因子 Z 是压力和温度的函数，已制成图表，见图 6.1。对于等温渗流，可写成 $Z = Z(p)$。关于气体的压缩系数将在第 6 章 6.1 节中详细介绍。

1.2.5 原油的地层体积系数

在石油开发中，有时要用到原油地层体积系数这一概念。这是因为在做理论分析时，用到的流量是地层条件下含有溶解气的体积流量，而我们直接测量的是地面条件下(进入储罐或输油管道的)脱气原油的体积流量。此两种体积的比值也就定义为原油地层体积系数，用 B 表示，即

$$B = \frac{\text{储层条件下油与溶解气的体积}}{\text{地面标准条件下脱气原油的体积}} \tag{1.2.16}$$

从储层压力、温度条件到地面压力、温度条件来分析，原油的体积变化主要有三个因素。最主要的一个因素是由于在储层条件下原油中含有一定的溶解气，如 1.2.2 小节所述。由储层条件转为地面条件时，随着压力降低，气体从液体中逸出，使原油体积显著变小。第二个因素是压力降低会使脱气原油的体积略有膨胀。第三个因素是从储层条件到地面条件，随着温度降低，原油的体积略有收缩。这三个因素的综合效果，使 B 值大于 1。

对于气藏，与定义式(1.2.16)类似，定义气体的地层体积系数 B_g 为

$$B_g = \frac{\text{地层条件下单位质量气体所占的体积}}{\text{标准条件下单位质量气体所占的体积}} = \frac{q}{q_{sc}} \tag{1.2.17}$$

利用状态方程(1.2.15)，则气体的地层体积系数可写成

$$B_g = \frac{q}{q_{sc}} = \frac{p_{sc}T}{T_{sc}p}Z \tag{1.2.18}$$

式中，$Z_{sc} \approx 1$，下标 sc 表示标准条件，且有 $p_{sc} = 1.01325 \times 10^5$ Pa，$T_{sc} = 15^\circ\text{C} = 288.16$ K。

考虑到密度与体积的关系，一般是将地下油和水的密度 ρ_o 和 ρ_w 以及气体密度 ρ_g 用其地面标准条件下的值表示。由式(1.2.16)和式(1.2.17)，有

$$\rho_m = \frac{\rho_{msc}}{B_m} \quad (m = \text{o,w,g}) \tag{1.2.19}$$

1.3　多孔介质的性质

多孔介质的主要特性有孔隙度、比面、渗透性和可压缩性。

1.3.1　多孔介质的孔隙度

1.3.1.1　孔隙度的定义

多孔介质的结构是非常复杂的，我们不可能精确地描述这些孔隙表面的几何形状，也很难确切地阐明孔隙空间所包含的流体及其与固体表面相互作用所出现的有关微观物理现象。为了克服这些困难，首先把孔隙度定义为一个连续函数。

按照 1.2.1 小节中定义流体密度的类似方法，考虑多孔介质中的任意一点 $P(x,y,z)$，围绕该点取一个包含足够多孔隙的微元体积 ΔV_i，ΔV_i 内空隙的容积为 $(\Delta V_p)_i$，点 P 是空隙空间的形心，我们定义微元体积 ΔV_i 中的平均孔隙度 ϕ_i 为

$$\phi_i = \frac{(\Delta V_p)_i}{\Delta V_i} \quad (i = 1,2,\cdots) \tag{1.3.1}$$

考虑到运动过程中多孔介质可能发生变形，可在某一确定时刻 t，围绕点 P 取一系列微元体积，并且这些微元体积逐渐缩小，即 $\Delta V_1 > \Delta V_2 > \Delta V_3 > \cdots$，则有 $(\Delta V_p)_1 > (\Delta V_p)_2 > (\Delta V_p)_3 > \cdots$，这样就得到一系列的平均孔隙度 $\phi_1, \phi_2, \phi_3, \cdots$，在 $\phi_i \sim \Delta V_i$ 的坐标图中把这些点联结起来，可得到一条曲线，如图 1.3 所示。

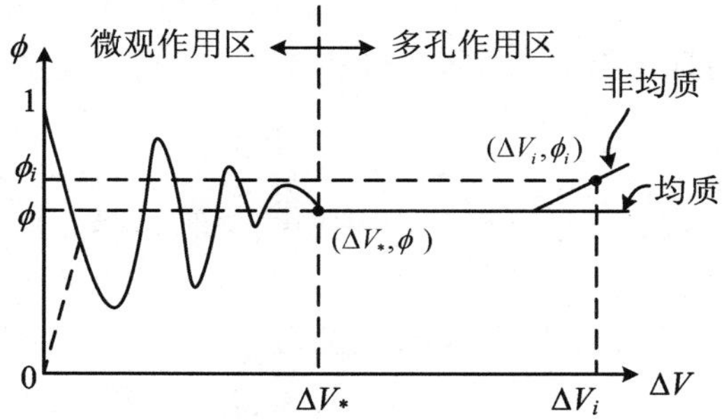

图 1.3　孔隙度和特征体元的定义

如果让微元体积 ΔV_i 从一个足够大的值开始逐渐缩小，可以发现：对于均质材料，这样

画出的线段在微元体积 ΔV_n 与某个 ΔV_* 之间是水平直线段；对于非均质材料，在 ΔV_n 与 ΔV_* 之间的线段偏离上述水平线段，由于点 P 邻域内的孔隙大小是随机变化的，所以这种偏离不大。如果让微元体积 ΔV_i 继续缩小，小于 ΔV_* 以后，由于它所包含孔隙的个数较少，ΔV_i 的缩小将引起 ϕ_i 值的波动，并且这种波动的幅度将越来越大。最后让 ΔV_i 趋于零，即收缩到一个几何点 P，则有两种可能：如果该点位于孔隙空间内，则 ϕ_i 变为 1；如果该点位于固体颗粒上，则 ϕ_i 变为 0。显然，对于 $\Delta V_i \ll \Delta V_*$ 情形，所给出的 ϕ_i 值是没有实际意义的，这是由于微观效应所致。

我们将上述微元体积 ΔV_* 定义为多孔介质的**特征体元**（特征微元体积），它对应于图 1.3 中 $\phi_i \sim \Delta V_i$ 曲线中水平直线段的最小微元体积。这个微元体积必须比单个孔隙的容积大得多，即应包含足够数量的孔隙；另一方面，它必须比整个流场的尺寸小得多，以便它能代表所讨论的点 P 处的物理量。定义点 $P(x,y,z)$ 处的**孔隙度**为当 ΔV_i 趋于 ΔV_* 时 $(\Delta V_\mathrm{p})_i/\Delta V_i$ 的极限值，即

$$\phi(P) = \lim_{\Delta V_i \to \Delta V_*} \frac{(\Delta V_\mathrm{p})_i}{\Delta V_i} \tag{1.3.2}$$

把孔隙介质看做连续介质，实际上是指孔隙度是平滑变化的。设点 P 邻近有点 P'，则有

$$\phi(P) = \lim_{P' \to P} \phi(P') \tag{1.3.3}$$

这样就把孔隙度 ϕ 定义为空间点的连续函数。完全类似地，也可以把它定义为时间 t 的连续函数。

对某一介质，若这样定义的孔隙度 ϕ 与空间位置无关，则称该介质对孔隙度而言是均质的；若 ϕ 随位置变化，则是非均质的。孔隙度是一个标量。

1.3.1.2 面孔隙度（透明度）和线孔隙度

上面所定义的孔隙度是由微元体积出发定义的，确切地说，称为体孔隙度。用与上述完全类似的方法可以定义介质内一点 P 的面孔隙度 ϕ_A（也称透明度）和线孔隙度 ϕ_L。

考虑多孔介质中任意一点 P 和过点 P 的一个平面，平面的法线方向为 $\boldsymbol{n}$，在该平面上围绕点 P 作一系列微元面积 $(\Delta A_n)_i$，$(\Delta A_n)_i$ 内的空隙面积为 $(\Delta A_{\mathrm{p}n})_i$，其中，$(\Delta A_n)_1 > (\Delta A_n)_2 > (\Delta A_n)_3 > \cdots$，$(\Delta A_{\mathrm{p}n})_1 > (\Delta A_{\mathrm{p}n})_2 > (\Delta A_{\mathrm{p}n})_3 > \cdots$。这样就可以算出一系列比值，即平均面孔隙度 $(\phi_{\mathrm{A}n})_i$ 为

$$(\phi_{\mathrm{A}n})_i = \frac{(\Delta A_{\mathrm{p}n})_i}{(\Delta A_n)_i} \quad (i = 1, 2, \cdots) \tag{1.3.4}$$

然后画出一条与图 1.3 中曲线类似的 $(\phi_{\mathrm{A}n})_i \sim (\Delta A_n)_i$ 曲线，把该曲线上水平直线段所对应的最小微元面积记作 $(\Delta A_n)_*$，定义为点 P 处法向为 $\boldsymbol{n}$ 的**特征面元**（特征微元面积）。于是，$\boldsymbol{n}$ 向面孔隙度 $\phi_{\mathrm{A}n}(P)$ 定义为

$$\phi_{\mathrm{A}n}(P) = \lim_{(\Delta A_n)_i \to (\Delta A_n)_*} \frac{(\Delta A_{\mathrm{p}n})_i}{(\Delta A_n)_i} \tag{1.3.5}$$

类似地，有

$$\phi_{\mathrm{A}n}(P) = \lim_{P' \to P} \phi_{\mathrm{A}n}(P') \tag{1.3.6}$$

下面讨论面孔隙度 ϕ_A 与孔隙度 ϕ 之间的关系。为此,以点 P 为空隙空间的形心,作一圆柱形特征体元 ΔV_*,圆柱轴沿法向 $\boldsymbol{n}$,截面积为 $(\Delta A_n)_*$,高为 $\Delta l_* = \Delta V_*/(\Delta A_n)_*$,则该圆柱形体元孔隙的容积 $(\Delta V_\mathrm{p})_*$ 为

$$\begin{aligned}
\phi(P)\Delta V_* &= \int_{l(P)-\Delta l_*/2}^{l(P)+\Delta l_*/2} (\Delta A_{\mathrm{p}n})_* \,\mathrm{d}l \\
&= \int_{l(P)-\Delta l_*/2}^{l(P)+\Delta l_*/2} [\phi_{\mathrm{A}n}(l)] \cdot (\Delta A_n)_* \,\mathrm{d}l \\
&= (\Delta A_n)_* \int_{l(P)-\Delta l_*/2}^{l(P)+\Delta l_*/2} \phi_{\mathrm{A}n}(l)\mathrm{d}l \\
&= (\Delta A_n)_* \overline{\phi}_{\mathrm{A}n} \cdot \Delta l_* \\
&= \overline{\phi}_{\mathrm{A}n} \cdot \Delta V_*
\end{aligned}$$

其中,$\overline{\phi}_{\mathrm{A}n}$ 是 $\phi_{\mathrm{A}n}$ 沿圆柱体轴的平均值。这就得出

$$\phi(P) = \overline{\phi}_{\mathrm{A}n}(P) \tag{1.3.7}$$

如果特征体元 ΔV_* 不是圆柱形,而是任意形状,则 $(\Delta A_n)_*$ 与 $\boldsymbol{n}$ 方向距离 l 有关,即有

$$\phi(P)\Delta V_* = \int_{\Delta l_*} \phi_{\mathrm{A}n}(l)[(\Delta A_n)_*(l)]\mathrm{d}l$$

因为 $[(\Delta A_n)_*(l)]$ 总是正的,而 $\phi_{\mathrm{A}n}(l)$ 连续且与 $(\Delta A_n)_*$ 无关,因而上式可写成

$$\int_{\Delta l_*} \phi_{\mathrm{A}n}(l)[(\Delta A_n)_*(l)]\mathrm{d}l = \overline{\phi}_{\mathrm{A}n}\int_{\Delta l_*} [(\Delta A_n)_*(l)]\mathrm{d}l = \overline{\phi}_{\mathrm{A}n}\Delta V_*$$

所以式(1.3.7)仍然成立。上述推导表明:多孔介质内任意一点 P 处的(体)孔隙度等于该点 $\boldsymbol{n}$ 方向的面孔隙度(或称透明度)的平均值。但由于 $\phi(P)$ 是与方向无关的标量,所以 $\overline{\phi}_{\mathrm{A}n}(P)$ 亦应与方向 $\boldsymbol{n}$ 无关。也就是说,只要定义一个平均面孔隙度 $\overline{\phi}_\mathrm{A}$ 就够了,我们把它记作 ϕ_A,最后得

$$\phi = \phi_\mathrm{A} \tag{1.3.8}$$

类似地,也可对介质中任意一点 P 定义一个特征线元和线孔隙度。可以证明:线孔隙度的平均值等于面孔隙度,因而也就等于孔隙度。这样一来,只要定义一个(体)孔隙度就够了。

1.3.1.3 小结

为简明起见,我们将本小节的论述归纳为以下几点:

(1) 定义一个特征体元 ΔV_*,用假想的连续介质模型代替实际的多孔介质。对于介质中任一点,都可以把运动学的参数和变数以及动力学的参数和变数看成是空间坐标和时间的连续函数。对于双重介质,我们还可以把孔隙介质和裂缝介质重叠在同一个欧几里得空间中,构成双重的连续多孔介质。进一步,对多相流体的渗流,把每一相都看做是连续分布的,并且充满整个多孔介质区域。这样,就为这些参数和变数的微积分运算提供了理论基础,进而为借助于偏微分方程来描述渗流的各种现象提供了理论基础。

(2) 对于空间中任意一点,可定义体孔隙度、面孔隙度和线孔隙度,并且证明了三者是相等的,因而只要定义一个(体)孔隙度就足够了。在测量一个介质的孔隙度时,有时测量面孔隙度比较方便。

(3) 对于均质情形,其孔隙度就简单地定义为多孔材料(比如一个岩样)的孔隙空间体积 V_p 与整体体积 V_b 之比。将多孔材料中固体骨架的体积记作 V_s,则有

$$\phi = \frac{V_p}{V_b} = \frac{V_b - V_s}{V_b} \tag{1.3.9}$$

对于非均质情形,需要借助特征体元的概念,如式(1.3.2)。孔隙度是无量纲量,可以用小数或百分数表示。

(4) 有效孔隙度。单纯从多孔介质的立场出发,式(1.3.9)中的 V_p 包含介质中所有的孔隙空间,而不管这些孔隙是否连通,流体是否能在其中流动。这样的孔隙度称为绝对孔隙度。但本书是从渗流的立场出发的,因此只有那些互相连通的、流体能在其中流动的孔隙空间才有意义,这样的孔隙称为有效孔隙。而另外一些孔隙实际上可看做固体骨架的一个组成部分,这样定义出来的孔隙度为有效孔隙度,即式(1.3.9)中 V_p 是指有效孔隙的体积。

1.3.2 比面、迂曲度和渗透率

1.3.2.1 比面

比面定义为单位体积多孔介质内孔隙的表面积,记作 Σ 。它的量纲是长度的倒数。组成多孔介质的颗粒越细,比面越大。砂岩的比面约为 1500 cm^{-1}。对于由 N 种不同半径球形颗粒所组成的多孔介质,其中半径为 r_i 的圆球个数为N_i,则孔隙的总面积(也就是固体圆球的总面积)A_s 和固体圆球的总体积 V_s 分别为

$$A_s = \sum_{i=1}^{N} 4\pi r_i^2 N_i \tag{1.3.10a}$$

$$V_s = \sum_{i=1}^{N} \frac{4\pi}{3} r_i^3 N_i = (1 - \phi) V_b \tag{1.3.10b}$$

所以比面

$$\Sigma = \frac{A_s}{V_b} = 3(1 - \phi) \frac{\sum_{i=1}^{N} (r_i^2 N_i)}{\sum_{i=1}^{N} (r_i^3 N_i)} = \frac{3(1 - \phi)}{\bar{r}} \tag{1.3.11}$$

其中,$\bar{r} = \dfrac{\sum_{i=1}^{N} (r_i^3 N_i)}{\sum_{i=1}^{N} (r_i^2 N_i)}$ 称为调和平均半径。

1.3.2.2 迂曲度

由于毛细管形状复杂,流体在多孔介质中的流动不是沿直线前进,而是迂回曲折地向前流动。迂曲度就是反映这种迂回曲折的程度。

设 L 表示样品长度,L_e 表示流动路径的长度,我们把迂曲度定义为流动路径长度与样品长度之比的平方,记作 τ,即

$$\tau = \left(\frac{L_e}{L}\right)^2 \tag{1.3.12}$$

关于迂曲度,不同的作者曾给过不同的定义。例如贝尔[3]定义为$(L/L_e)^2$,而科林斯[2]定义为L_e/L。而实际上,在各向异性介质中迂曲度是二阶张量。

对于定义式(1.3.12),有一些学者曾对迂曲度的数值进行过一些估算,估算的结果为2.0~2.5。

1.3.2.3 渗透率

渗透率是多孔介质的一个重要特性参数。它是依赖于Darcy定律而被定义的,这将在1.5.1小节中给出。现在不妨给它一个抽象的说明,即渗透率是多孔介质对流体的渗透能力。它的量纲是长度的平方。

1.3.2.4 单珠装填

有些人造多孔介质,特别是实验室中使用的人造多孔介质,通常是由球形颗粒装填而成的。所谓单珠装填,就是介质是由单一球形颗粒装填而成的。由于颗粒半径相等,介质的特性参数容易计算出来。球体全部按正立方体排列称为最松排列,即孔隙度最大,$\phi_1 = 1 - \pi/6 = 0.4764$。球体全部按菱形六面体排列称为最紧排列,即孔隙度最小,$\phi_2 = 1 - \sqrt{2}\pi/6 = 0.2595$。随机装填的结果,$\phi \approx 0.36$。对于最松排列和最紧排列,比面的值分别为$\Sigma_1 = \pi/(2r_0) = 1.571/r_0$和$\Sigma_2 = \pi/(\sqrt{2}r_0) = 2.221/r_0$,其中,$r_0$是球形颗粒的半径。随机装填的结果,$\Sigma \approx 1.896/r_0$。

单珠装填情形的渗透率,按Carman-Kozeny经验公式表示为

$$K = \frac{C\phi^3}{\tau\Sigma^2} \tag{1.3.13}$$

其中,C是Kozeny的常数,它与毛细管横截面的形状有关。对于正方形,$C = 0.5619$;对于等边三角形,$C = 0.5974$;对于窄长条形,$C = 2/3$。实际毛细管的截面形状是很复杂的,其值总是在0.5与0.6之间。式(1.3.13)中,迂曲度τ的值在2.2~2.4之间,近似地可取$C/\tau = 0.23$,于是对于随机装填,按式(1.3.13)可得

$$K = 0.23\,\frac{(0.36)^3}{(1.896)^2}r_0^2 = 0.00297r_0^2 \tag{1.3.14}$$

由此可见,单珠装填多孔介质的渗透率K与颗粒半径的平方成正比。式(1.3.14)中,K的单位由r_0的单位确定,如果r_0的单位为μm,则K的单位为μm^2。

1.3.3 多孔介质的压缩系数·状态方程

在天然储油层的某一深度上,多孔介质承受着内应力和外应力的作用。内应力是饱和介质的流体所产生的静压力p,而外应力σ是由该深度以上地层及上覆盖层所施加的作用力。介质的压缩系数有很多种定义,主要有外应力σ保持恒定而改变内应力所引起的体积相对变化,以及内应力p保持恒定而改变外应力σ所引起的体积相对变化两大类。而相对变化又分为整体V_b的相对变化dV_b/V_b、固体骨架体积V_s的相对变化dV_s/V_s以及孔隙

体积 V_p 的相对变化 dV_p/V_p 几种不同的定义。Hall(1953)定义了一个岩石有效压缩系数，即单位压力变化所引起的孔隙体积的相对变化，其表达式为

$$c_p = \left.\frac{1}{V_p}\frac{dV_p}{dp}\right|_{\sigma=\text{常数}} \tag{1.3.15}$$

式(1.3.15)等价于孔隙压缩系数

$$c_\phi = \left.\frac{1}{\phi}\frac{d\phi}{dp}\right|_{\sigma=\text{常数}} \tag{1.3.16}$$

Hall 对砂岩和石灰岩所整理的孔隙压缩系数的实验数据给在图 1.4 中。图中，纵坐标轴上的单位是 $10^{-3}\ \text{MPa}^{-1}$。顺便指出，英制压缩系数的单位用 psi^{-1}，换算关系是

$$1\text{psi}^{-1} = 145.038\ \text{MPa}^{-1} \tag{1.3.17}$$

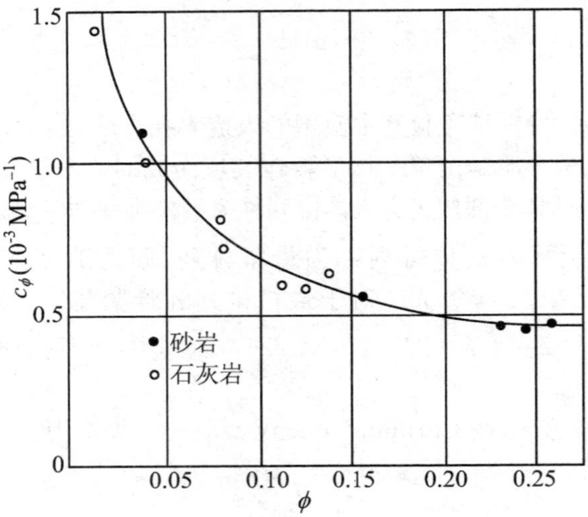

图 1.4　岩石的压缩系数

由图 1.4 可见，对于 $\phi>0.10$ 的情形，c_ϕ 在 $5\times10^{-4}\ \text{MPa}^{-1}$ 左右，稍大于水的压缩系数。与对流体压缩系数定义的表达式(1.2.8)类似，式(1.3.16)积分，给出

$$\phi = \phi_0 \exp[c_\phi(p-p_0)] \tag{1.3.18}$$

式中，ϕ_0 是对应于压力为 p_0 情形的孔隙度。这里只考虑固体在弹性变形范围之内，压差 $p-p_0$ 不是很大，式(1.3.18)可近似表示为

$$\phi = \phi_0[1+c_\phi(p-p_0)] \tag{1.3.19}$$

该式就是固体骨架弹性变形的状态方程，或称孔隙度变化的状态方程。

1.4　几个运动学问题

渗流的运动学是指从某些数学观点特别是几何学的观点来描述流体在多孔介质中的运

动规律及各物理量的不同表述方法，它不涉及各种作用力等与动力学有关的物理量，不研究运动的产生和变化的原因，只是从连续介质模型发出，研究其在运动学上的固有特性。

1.4.1 渗流速度和 Dupuit-Forchheimer 关系式

为了研究流体在多孔介质中的流动，我们考察多孔介质中法向为 $\boldsymbol{n}$ 的特征面元 $(\Delta A_n)_*$。实际上，流体只能通过 $(\Delta A_n)_*$ 中的空隙面积 $(\Delta A_{pn})_*$ 而流动，被固体占据的那部分面积 $(\Delta A_{sn})_*$ 上没有流体流动。但在计算中为方便起见，通常是把单位时间内通过特征面元 $(\Delta A_n)_*$ 的流体体积记作特征流量 $(\Delta Q_n)_*$，而定义**渗流速度** V 为特征流量除以特征面元的商，即

$$V=\frac{(\Delta Q_n)_*}{(\Delta A_n)_*} \tag{1.4.1}$$

式(1.4.1)右端也可以说是流体通过单位面积的流量，即**比流量**，用 $(q_n)_*$ 表示。

下面讨论渗流速度 $\boldsymbol{V}$ 与流体实际质点平均速度 $\boldsymbol{v}$ 之间的关系。质点平均速度的法向分量在特征面元空隙部分 $(\Delta A_{pn})_*$ 上的积分就是特征流量，即

$$(\Delta Q_n)_* = \int_{(\Delta A_{pn})_*} \boldsymbol{v}\cdot\boldsymbol{n}\,\mathrm{d}A_{pn} \tag{1.4.2}$$

式(1.4.2)代入式(1.4.1)，给出

$$\begin{aligned} V &= \frac{1}{(\Delta A_n)_*}\int_{(\Delta A_{pn})_*} \boldsymbol{v}\cdot\boldsymbol{n}\,\mathrm{d}A_{pn} \\ &= \frac{(\Delta A_{pn})_*}{(\Delta A_n)_*}\,\frac{1}{(\Delta A_{pn})_*}\int_{(\Delta A_{pn})_*} v_n\,\mathrm{d}A_{pn} \end{aligned}$$

上式中，$(\Delta A_{pn})_*/(\Delta A_n)_*$ 就是面孔隙度 ϕ_{An}（见式(1.3.5)），而积分除以 $(\Delta A_{pn})_*$ 就是质点速度在 $(\Delta A_{pn})_*$ 上的平均值，记作 $\overline{v}_n$，于是有

$$V=\phi_{An}\overline{v}_n \tag{1.4.3}$$

在第1.3节中已经阐明：因为孔隙度是标量，ϕ_{An} 就是面孔隙度，也就等于孔隙度 ϕ。而在我们所述的宏观意义上，$(\Delta A_{pn})_*$ 上的质点平均速度法向分量就是孔隙中质点速度的法向分量，就是说，v_n 上的平均号可以去掉，因而式(1.4.3)可改写成

$$V=\phi v_n \tag{1.4.4}$$

推广到一般的三维情形，可写成

$$\boldsymbol{V}=\phi\boldsymbol{v} \tag{1.4.5}$$

式(1.4.5)中，黑体字符表示矢量。式(1.4.5)称为 Dupuit-Forchheimer 关系式，以下简称 DF 关系式。在本书以后的章节中，如果没有特别说明，所用的速度均指渗流速度。

以上研究是从特征面元出发的，因而所讨论的渗流速度就是反映空间中任一点的速度，并且按连续介质假设，渗流速度 $\boldsymbol{V}$ 是空间坐标的连续函数。同理，它也是时间的连续函数。这样，我们就可以对渗流速度 $\boldsymbol{V}$ 进行微积分运算了。

1.4.2 描述流体运动的欧拉观点和拉格朗日观点

描述流体在多孔介质中的运动有两种观点，一种叫欧拉(Euler)观点，另一种叫拉格朗

日(Lagrange)观点。前者着眼于空间的各个固定点,从而了解流体在整个空间里的运动情况。后者着眼于流场中各个流体质点的历史,从而进一步了解整个流体的运动情况。下面介绍这两种观点的实质及数学表示方法。

1.4.2.1 欧拉观点

欧拉观点是研究某个确定的参考标架下流场中任一固定空间点在一定时间内各个物理量 q_i 的情况,其中 q_i 可以是压力、密度、速度或饱和度等。如果各个瞬时所有固定空间点上的物理量都知道了,则各个瞬时整个空间的情况就完全清楚了。应当指出,固定空间点与固定流体质点是两个不同的概念。流体在多孔介质中运动时,一个固定空间点在不同时刻是由不同的流体质点所占据的;反过来说,一个固定的流体质点在不同时刻位于不同的空间点。

在欧拉观点中,各个物理量是时间 t 和空间坐标(x,y,z)的函数。物理量 q_i 可表示成

$$q_i = q_i(x,y,z,t) = q_i(\boldsymbol{r},t) \tag{1.4.6}$$

把用以识别空间点的坐标 $\boldsymbol{r}=(x,y,z)$和时间 t 称作欧拉变量。

在欧拉观点中,若流场中各点的任意物理量 q_i 均不随时间变化,我们称这种渗流为**稳态渗流**。对于稳态渗流,有

$$\frac{\partial q_i}{\partial t} = 0 \tag{1.4.7}$$

否则称为**非稳态渗流**。类似的运动在流体力学中称为定常或非定常;在石油工业中称为稳定或不稳定;在一般的数理科学中大多称为稳态或非稳态。稳定或不稳定在科学和工程中有特定的含义。在第 7 章 7.2.3 小节中描述黏性指进的形成以及第 10 章 10.2.2 小节中描述对流的发展等问题时将用到这种特定含义。

1.4.2.2 拉格朗日观点

拉格朗日观点是研究任一流体质点的各个物理量 q_i(如压力、速度等)随时间的变化情况。由于流体质点是连续分布的,要研究某个质点的运动,首先必须有表征这个质点的办法。为了区别不同的质点,我们用各个质点在某一初始时刻 t_0(比如 $t_0=0$)所处的空间位置坐标(ξ,η,ζ)来表征它们。在笛卡尔空间坐标系(即欧拉空间坐标)中,一个最初位于(ξ,η,ζ)的质点,在以后任一时刻 t 的位置可用它的三个坐标来表示,即

$$\begin{cases} x = x(\xi,\eta,\zeta,t) \\ y = y(\xi,\eta,\zeta,t) \\ z = z(\xi,\eta,\zeta,t) \end{cases} \tag{1.4.8}$$

简单地写成

$$\boldsymbol{r} = \boldsymbol{r}(\boldsymbol{\xi},t) \tag{1.4.9}$$

式(1.4.9)代表任意确定质点的运动轨迹;对固定的 t,上式代表任意确定质点在 t 时刻所处的位置,所以上式可以描写所有质点的运动。

或者反过来写成

$$\begin{cases} \xi = \xi(x, y, z, t) \\ \eta = \eta(x, y, z, t) \\ \zeta = \zeta(x, y, z, t) \end{cases} \tag{1.4.10}$$

简单地写成

$$\boldsymbol{\xi} = \boldsymbol{\xi}(\boldsymbol{r}, t) \tag{1.4.11}$$

反函数存在的充分必要条件是 Jacobi 行列式 J 不等于零,其中 J 定义为

$$J = \frac{\partial(x, y, z)}{\partial(\xi, \eta, \zeta)} = \begin{vmatrix} \partial x/\partial\xi & \partial x/\partial\eta & \partial x/\partial\zeta \\ \partial y/\partial\xi & \partial y/\partial\eta & \partial y/\partial\zeta \\ \partial z/\partial\xi & \partial z/\partial\eta & \partial z/\partial\zeta \end{vmatrix} \tag{1.4.12}$$

这样一来,函数 $q_i(\xi, \eta, \zeta, t)$就给出了流场中所有质点的各有关物理量在运动过程中的全部变化情况。我们把识别质点位置的坐标 ξ, η, ζ 和 t 称作拉格朗日坐标或物质坐标。

1.4.2.3 两种表述的相互变换

欧拉观点的表述方法和拉格朗日观点的表述方法是完全等效的。我们可以从一种表述方法转换到另一种表述方法。下面对此作出说明。

首先,设已经确定的流体运动由欧拉表述给出,即速度 $\boldsymbol{v}$ 或任意物理量 q_i 表示为

$$\boldsymbol{v} = \boldsymbol{v}(\boldsymbol{r}, t), \quad q_i = q_i(\boldsymbol{r}, t) \tag{1.4.13}$$

现在要变换为用拉格朗日坐标 ξ, η, ζ 表示,则必须用(1.4.13)的第一个式子进行积分。由

$$\begin{cases} \dfrac{\mathrm{d}x}{\mathrm{d}t} = v_x(x, y, z, t) \\ \dfrac{\mathrm{d}y}{\mathrm{d}t} = v_y(x, y, z, t) \\ \dfrac{\mathrm{d}z}{\mathrm{d}t} = v_z(x, y, z, t) \end{cases} \tag{1.4.14}$$

这里,v 是流体质点的速度。积分后可得

$$\begin{cases} x = x(\xi_0, \eta_0, \zeta_0, t) \\ y = y(\xi_0, \eta_0, \zeta_0, t) \\ z = z(\xi_0, \eta_0, \zeta_0, t) \end{cases} \tag{1.4.15}$$

其中,ξ_0, η_0, ζ_0 为积分常数,可由 $t = t_0$ 时的坐标 ξ, η, ζ 定出,于是式(1.4.15)变成

$$\begin{cases} x = x(\xi, \eta, \zeta, t) \\ y = y(\xi, \eta, \zeta, t) \\ z = z(\xi, \eta, \zeta, t) \end{cases} \tag{1.4.16}$$

将积分所得的式(1.4.16)代入式(1.4.13),即得速度和任意物理量用拉格朗日坐标表示的结果:

$$\boldsymbol{v} = \boldsymbol{v}(\xi, \eta, \zeta, t), \quad q_i = q_i(\xi, \eta, \zeta, t) \tag{1.4.17}$$

反之,若流体运动已由拉格朗日表述给出,即速度 $\boldsymbol{V}$ 或任意物理量 q_i 表示为

$$\boldsymbol{V} = \boldsymbol{V}(\xi, \eta, \zeta, t), \quad q_i = q_i(\xi, \eta, \zeta, t) \tag{1.4.18}$$

因为 Jacobi 行列式 J 代表同一流体质点在时刻 t 和时刻 t_0 的微元体积之比,因而总是一个

非零的有限正值，所以一定存在单值解

$$\begin{cases}\xi = \xi(x,y,z,t)\\ \eta = \eta(x,y,z,t)\\ \zeta = \zeta(x,y,z,t)\end{cases} \tag{1.4.19}$$

将式(1.4.19)代入式(1.4.18)，即得用欧拉变量 x,y,z,t 表示的结果：

$$\boldsymbol{V} = \boldsymbol{V}(\boldsymbol{r},t),\quad q_i = q_i(\boldsymbol{r},t) \tag{1.4.20}$$

其中，$\boldsymbol{r}=(x,y,z)$。

在渗流力学中，一般的过程均用欧拉方法描述，欧拉方法相对来说要简单一些，因而较为常用。这是由于在流体运动的方程中，表示流体质量、动量和能量输运的项，总是用瞬时空间导数表示的。但在某些情况下，例如在研究驱替流体和被驱替流体界面的推进过程时，用拉格朗日方法描述更为有效，这是因为这种界面始终是由一组固定的流体质点所组成的物质面。

1.4.3 物理量的物质导数与当地导数

流体确定质点的物理量 q_i 对于时间的变化率称为该物理量的物质导数或全导数，用符号 $\mathrm{d}q_i/\mathrm{d}t$ 表示，有些书上为了强调起见，用 $\mathrm{D}q_i/\mathrm{D}t$ 表示。在按照拉格朗日方法跟踪具有一定性质的流体质点时，对物质导数概念的理解和表述就非常自然，例如确定的流体质点速度对时间的变化率就是该流体质点的加速度。而在欧拉方法表述中，物理量 q_i 是空间坐标 x,y,z 及时间 t 的函数。物理量对于时间的导数表示在固定空间点(x,y,z)上该物理量对于时间的变化率，这个导数称为当地导数或局部导数，用$\partial q_i/\partial t$ 表示。下面推导任一物理量的物质导数与当地导数之间的关系。

1.4.3.1 物理量的物质导数

我们考察确定的流体质点的任一物理量 q_i，并在直角坐标系中进行讨论。在时刻 t，该质点位于点 $P(x,y,z)$，该物理量为 $q_i(x,y,z,t)$。经过时间 Δt 以后，该质点以速度 $\boldsymbol{v}=(v_x,v_y,v_z)$移至点 $P'(x',y',z')=P'(x+v_x\Delta t,y+v_y\Delta t,z+v_z\Delta t)$，而该物理量应表示为 $q_i(x',y',z',t')=q_i(x+v_x\Delta t,y+v_y\Delta t,z+v_z\Delta t,t+\Delta t)$。于是，该物理量的物质导数可写成

$$\frac{\mathrm{d}q_i}{\mathrm{d}t}=\lim_{\Delta t\to 0}\frac{q_i(x',y',z',t')-q_i(x,y,z,t)}{\Delta t} \tag{1.4.21}$$

将 $q_i(x',y',z',t')-q_i(x,y,z,t)$按泰勒级数展开，有

$$\begin{aligned}&q_i(x+v_x\Delta t,y+v_y\Delta t,z+v_z\Delta t,t+\Delta t)-q_i(x,y,z,t)\\&=\frac{\partial q_i}{\partial x}v_x\Delta t+\frac{\partial q_i}{\partial y}v_y\Delta t+\frac{\partial q_i}{\partial z}v_z\Delta t+\frac{\partial q_i}{\partial t}\Delta t+O((\Delta t)^2)\\&=\left[\frac{\partial q_i}{\partial t}+(\boldsymbol{v}\cdot\nabla)q_i\right]\Delta t+O((\Delta t)^2)\end{aligned} \tag{1.4.22}$$

将式(1.4.22)代入式(1.4.21)，即得物质导数与当地导数的关系式

$$\frac{dq_i}{dt}=\frac{\partial q_i}{\partial t}+(\boldsymbol{v}\cdot\nabla)q_i \tag{1.4.23}$$

由式(1.4.23)可见,物理量 q_i 的物质导数 dq_i/dt 含有两个部分。

第一部分是当地导数或局部导数$\partial q_i/\partial t$,它表示流体质点在固定空间点的物理量 q_i 对时间的变化率,它反映了流场的非稳态性质。在稳态流动情形下,该项恒等于零。

第二项$(\boldsymbol{v}\cdot\nabla)q_i$ 称为对流项,或称为迁移导数。它代表流体质点移动空间位置时所引起的物理量 q_i 的变化率,该项反映物理量 q_i 在流场中的非均匀性质。若某物理量在流场中是均匀分布的,则该项恒等于零。

例如,两种流体的界面是由一组确定的流体质点组成的物质面。该物质面可用下列方程表示:

$$F(x,y,z,t)=0 \tag{1.4.24}$$

根据关系式(1.4.23),对函数 F 的物质导数可写成

$$\frac{dF}{dt}=\frac{\partial F}{\partial t}+(\boldsymbol{v}\cdot\nabla)F=0 \tag{1.4.25}$$

式(1.4.25)在研究界面运动规律时非常有用。

1.4.3.2　物理量体积分的物质导数

式(1.4.23)给出的是物理量 q_i 本身的物质导数。下面研究物理量 q_i 的体积分的物质导数。为此,我们考察流场中任意划出的控制体 $\Omega=\Omega_1+\Omega_2$,其面积为 $\sigma=\sigma_1+\sigma_2$,σ_1 和 σ_2 由 A,B 两点隔开,在时刻 t 流体占据这个体积Ω,如图1.5中实线所示。经过时间 Δt 之后,原先占据空间体积 Ω 的流体(或物质系统)移至一个新的位置,它占据体积 $\Omega'=\Omega_2+\Omega_3$,如图1.5中虚线所示。其中,$\Omega_2$ 为 Ω 和Ω'所共有。对于该物质系统的运动过程,根据定义,任一物理量 q_i 的体积分的物质导数可写成

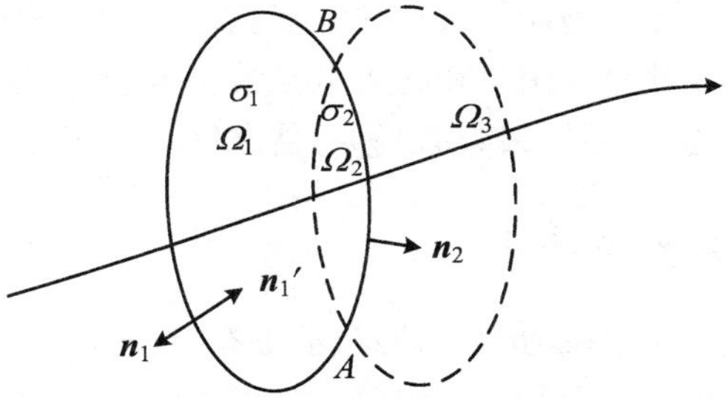

图1.5　推导物理量体积分的物质导数用图

$$\frac{d}{dt}\int_{\Omega(t)}q_i d\Omega=\lim_{\Delta t\to 0}\frac{1}{\Delta t}\left[\int_{\Omega_2+\Omega_3}q_i(\boldsymbol{r}',t')d\Omega-\int_{\Omega_1+\Omega_2}q_i(\boldsymbol{r},t)d\Omega\right] \tag{1.4.26a}$$

其中,$\boldsymbol{r}'=(x',y',z')$是新的位置坐标,$t'=t+\Delta t$,式(1.4.26a)右端可改写成

$$\lim_{\Delta t\to 0}\frac{1}{\Delta t}\left[\int_{\Omega_2}q_i(\boldsymbol{r}',t')d\Omega-\int_{\Omega_2}q_i(\boldsymbol{r},t)d\Omega\right]$$
$$+\lim_{\Delta t\to 0}\frac{1}{\Delta t}\left[\int_{\Omega_3}q_i(\boldsymbol{r}',t')d\Omega-\int_{\Omega_1}q_i(\boldsymbol{r},t)d\Omega\right] \tag{1.4.26b}$$

显然,当 $\Delta t\to 0$ 时,Ω_2 与 Ω 重合。因此,根据当地导数的定义,式(1.4.26b)第一项为

$$\lim_{\Delta t\to 0}\int_{\Omega}\frac{q_i(\boldsymbol{r}',t')-q_i(\boldsymbol{r},t)}{\Delta t}d\Omega=\int_{\Omega}\frac{\partial q_i}{\partial t}d\Omega \tag{1.4.27}$$

式(1.4.26b)中对 Ω_3 的积分项是 Δt 时间内通过Ω_2 和 Ω_3 的共有边界曲面 σ_2 流出体积 Ω

的量,它可写成

$$\iint_{\sigma_2} q_i \boldsymbol{v} \cdot \boldsymbol{n}_2{}' \mathrm{d}\sigma = \iint_{\sigma_2} q_i \boldsymbol{v} \cdot \boldsymbol{n}_2 \mathrm{d}\sigma \tag{1.4.28}$$

而对 Ω_1 的积分项是 Δt 时间内由外界通过曲面 σ_1 流进体积 Ω 的量,它可写成

$$\iint_{\sigma_1} q_i \boldsymbol{v} \cdot \boldsymbol{n}_1{}' \mathrm{d}\sigma = -\iint_{\sigma_1} q_i \boldsymbol{v} \cdot \boldsymbol{n}_1 \mathrm{d}\sigma \tag{1.4.29}$$

其中,$\boldsymbol{n}'$和 $\boldsymbol{n}$ 分别表示顺流方向上曲面的法向单位矢量和曲面的外法线单位矢量,因而有 $\boldsymbol{n}_1{}' = -\boldsymbol{n}_1$, $\boldsymbol{n}_2{}' = \boldsymbol{n}_2$。将式(1.4.28)和式(1.4.29)合并,得出式(1.4.26b)的第二项为 Δt 时间内流进体积 Ω 减去流出体积 Ω 的净增量。当 $\Delta t \to 0$ 时,它可写成

$$\oiint_{\sigma} q_i \boldsymbol{v} \cdot \boldsymbol{n} \mathrm{d}\sigma \tag{1.4.30}$$

将以上各式代入式(1.4.26a),最后得出

$$\frac{\mathrm{d}}{\mathrm{d}t}\int_{\Omega} q_i \mathrm{d}\Omega = \int_{\Omega} \frac{\partial q_i}{\partial t} \mathrm{d}\Omega + \oiint_{\sigma} q_i \boldsymbol{v} \cdot \boldsymbol{n} \mathrm{d}\sigma \tag{1.4.31}$$

式(1.4.31)右端第一项是 q_i 对时间求偏导数而对空间进行积分,所以$\partial/\partial t$ 可以提到积分号以外。式(1.4.31)就是我们要求的物理量 q_i 的体积分的物质导数的最终关系式。应当指出:所谓物理量 q_i 对控制体 Ω 的体积分,实际上就是我们任意划定的 Ω 内的物理量 q_i 的总和。因此,式(1.4.31)的含义可表述为:在有限物质系统中,任意物理量 q_i 的总和的物质导数等于该总和的当地导数与该物理量通过包含该控制体的曲面 σ 流进减去流出的净增量之和。式(1.4.31)称为**雷诺(Reynolds)输运公式**。

1.4.4 源和汇

在渗流力学中,源和汇占有重要地位,并且涉及各种不同类型的源和汇。总的来说,按其在空间中所占的位置可分为平面点源(汇)、空间点源(汇)和连续分布源(汇);而按其作用的时间可分为稳态源(汇)和非稳态源(汇),其中,非稳态源(汇)又可分为瞬时源(汇)和持续源(汇)。

1.4.4.1 平面和空间点源

设平面上一点有某个流量 q 向平面各个方向流出,就称为平面点源。这相当于多孔介质中存在一个源泉。在地层中打开一口井,并向井中注入流体,就可当做平面源处理。显然,对于恒定流量 q 和均质地层的情形,速度 V 与径向距离 r 成反比,即有关系式

$$V = \frac{q}{2\pi r} \tag{1.4.32}$$

其中,q 定义为平面源强度,它是单位时间、(垂直于平面的)单位厚度线段上流出的流体体积,其量纲为$[\mathrm{L}^2\mathrm{T}^{-1}]$。如果地层厚度(多孔层中井筒长度)为 h,若向井筒注入流量为 Q,则有$q = Q/h$。

同理,设空间中一点有某个流量 Q 向空间四面八方流出,就称为空间点源。因为 Q 是通过球面积 $4\pi r^2$ 流出,所以对于恒定流量 Q 和均质地层而言,有关系式

$$V = \frac{Q}{4\pi r^2} \tag{1.4.33}$$

空间点源强度的量纲是$[L^3T^{-1}]$。

源也可以在平面上或空间中的一定区域连续地分布，这种源称为分布源。当然，也可以是若干点源在平面或空间中离散分布。这可以用叠加原理进行处理。

反过来，若流体不是从某点流出，而是从各个方向流入一点，它相当于多孔介质中存在一个汇穴，故称为点汇。地层中的生产井就可当做点汇处理。本书中规定：对于源（注入井），取强度为正，因为地层中多出一部分流体，产生正的流量。对于汇（生产井），取强度为负，因为地层中产生负的流量。对于平面点汇，为使速度 V 取正值，有

$$V = -\frac{q}{2\pi r} \tag{1.4.34}$$

对于空间点汇，有

$$V = -\frac{Q}{4\pi r^2} \tag{1.4.35}$$

1.4.4.2　持续源（汇）和瞬时源（汇）

以上考察的源（汇）主要是针对稳态源（汇）而言的。稳态源（汇）定义为强度永远不变的源（汇）。例如，与大水体相连的长期供给井或天然的自流泉可当做这类源（汇）处理。

在渗流力学中用得更多的是非稳态源（汇）。非稳态源（汇）定义为其强度随时间变化，特别是作用时间有限的源（汇）。非稳态源（汇）有多种情形：一种情形是以等强度持续一段时间。例如，从 t_0 到 t_1，这称为等强度**持续源**（汇）；例如以定流量 q 注入（产出）一段时间后突然停止流动或关井。另一种是变强度持续源（汇）。例如，一口生产井从长时间来看总是变强度的，只是在研究某一有限时间段内流动的情况下可当做等强度持续源（汇）看待。

还有一种瞬时源（汇），**瞬时源**（汇）定义为在 $t=\tau$（例如为零）的瞬时向已被流体饱和的多孔介质内点 M'注入（采出）微量的流体，而在 $t=\tau$ 之前或之后以及点M'以外的任何位置均不注入（采出）流体。换句话说，就是给多孔介质施加一个压力脉冲。用弹簧注射器给某些家畜注射药液可看做瞬时点源的一个实例。但瞬时点源更重要的是一种理论模型，利用这一模型，再加上连续源和持续源的概念，可用来解决渗流力学中各种复杂的实际问题。

1.5　运动方程

运动方程描写流体所受压力梯度、重力和黏性力等外力与流体质点的加速度、速度之间的关系，从而描写在这些作用力下流体的运动。它是牛顿第二定律在流体流动中的应用。在渗流力学中，运动方程和连续性方程是两个基本方程，对非等温渗流还要加上能量方程。这三个方程描述物质存在和运动形式的普遍物理规律，通常被称为**基本方程**。另一类方程

是与物质特性有关的方程，称为**物性方程**。物性方程包括状态方程和本构方程。状态方程是联系物质（如流体、固体骨架）各种热力学状态参数之间关系的方程，主要是物质特性参数随压力和温度变化的方程，如式(1.2.10)、式(1.2.15)、式(1.3.19)等。**本构方程**是描述依赖于特定物质内部结构的固有反应的方程，这将在第 1.8.2 小节和第 9.1 节中进一步阐述。

我们还回到运动方程。在普通流体力学中，根据动量定理可以导出黏性流体的运动方程，即 Navier-Stokes 方程。对于流体在多孔介质中的流动，由于流动的孔道具有非常复杂且又无法确切知道的形状，而且比面大，黏性作用明显而又复杂，很难像对普通黏性流体流动那样去导出运动方程，而是通过实验总结出来的，这就是 Darcy（达西）定律。Darcy 定律可看做多孔介质中略去惯性力的特殊情况下稳态流动的运动方程。

1.5.1 Darcy 定律

1856 年，Darcy 在解决法国 Dijon 城的给水问题时，用直立的均质砂柱进行了渗流的实验研究，该实验装置如图 1.6 所示。根据实验结果，Darcy 得出结论：流体通过砂柱横截面的体积流量 Q 与横截面积 A 和水头差 $h_1 - h_2$ 成正比，而与砂柱长度 L 成反比，即

$$Q = K'A\frac{h_1 - h_2}{L} \tag{1.5.1}$$

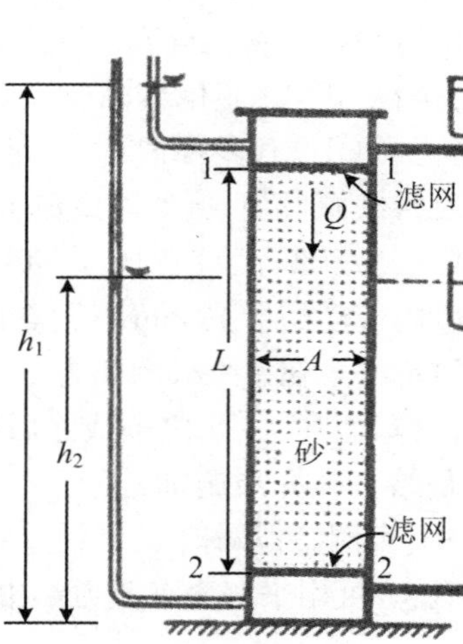

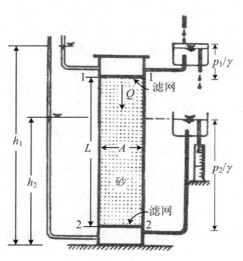

图 1.6　Darcy 实验装置示意图

其中，K' 称为**水力传导系数**或渗滤系数，它具有速度的量纲。$(h_1 - h_2)/L$ 称为水力梯度。

根据水力学原理，每个截面上单位质量流体的能量 e 由压力能、势能和动能三部分组成，即

$$e = \frac{p}{\rho} + gz + \frac{v^2}{2}$$

其中，z 是至底面的高度，p 是对应高度上的压力。或用总水头表示为

$$h = \frac{e}{g} = \frac{p}{\rho g} + z + \frac{v^2}{2g}$$

对于渗流,上式中的动能项 $v^2/(2g)$ 与其他项相比可以略去。将上式用于 $z_1 = L$ 和 $z_2 = 0$ 两个高度上,则有 $z_1 - z_2 = L$,于是有

$$h_1 - h_2 = L + \frac{p_1 - p_2}{\rho g} \tag{1.5.2}$$

将式(1.5.2)代入式(1.5.1),得到

$$|V| = \frac{Q}{A} = K'\left(1 + \frac{p_1 - p_2}{\rho g L}\right) = K'\left[\frac{\rho g + (p_1 - p_2)/L}{\rho g}\right] \tag{1.5.3}$$

式中,p_1 和 p_2 分别为顶面 $z_1 = L$ 处和底面 $z_2 = 0$ 处的压力,即 $p_1 - p_2$ 是砂柱总长 L 段的压力差。应当指出:流体沿水平方向流动时,是从高压处向低压处流动;但沿铅垂(或倾斜)方向流动时,就要从高的总水头向低的总水头处流动,而不一定是从高压向低压流动。例如,图1.6中 $p_1/\gamma < p_2/\gamma$,流体从高水头 h_1 向低水头 h_2 处流动,即从低压 p_1 向高压 p_2 处流动,水头损失是 $\Delta h = h_1 - h_2$,水力梯度 $I = (h_1 - h_2)/L$。实验表明,水力传导系数或渗滤系数 K' 与流体重率 $\gamma = \rho g$ 成正比,与流体黏度成反比,用 K 作比例系数,即有 $K' = K\rho g/\mu$,其中,K 就是介质的渗透率。将它代入式(1.5.3),取坐标轴 z 垂直向上,考虑到速度方向与 z 轴方向相反,可写成

$$-V = \frac{K}{\mu}\left(\frac{p_1 - p_2}{L} + \rho g\right) \tag{1.5.4}$$

式(1.5.4)写成微分形式,有 $(p_1 - p_2)/L = \partial p/\partial z$,它们都是负值。于是得到 **Darcy 定律**

$$V = -\frac{K}{\mu}\left(\frac{\partial p}{\partial z} + \rho g\right) \tag{1.5.5}$$

对于倾斜地层,地层与水平线夹角为 φ,则式(1.5.5)给出沿 L 方向的速度

$$V_L = -\frac{K}{\mu}\left(\frac{\partial p}{\partial L} + \rho g \sin\varphi\right) \tag{1.5.6}$$

式中,L 是沿地层倾斜方向(流动方向)的长度。在工程上,有时引用一个折算压力 $\overline{p} = p + \rho g z$。如用 $\overline{p}$ 表示,式(1.5.5)可改写成

$$V = -\frac{K}{\mu}\left(\frac{\partial \overline{p}}{\partial z}\right) \tag{1.5.7}$$

在石油工业中,往往是研究沿水平 x 方向的流动,即式(1.5.6)中 $\varphi = 0$。对于这种情形,Darcy 定律简化为

$$V = -\frac{K}{\mu}\frac{\partial p}{\partial x} = -K'\frac{\partial(p/\rho g)}{\partial x} \tag{1.5.8}$$

对各种不同的单相牛顿流体通过多孔介质流动的研究表明:以上 Darcy 定律中的 K 只与多孔介质本身的结构特性有关,而与单相牛顿流体的特性无关。也就是说,用不同的单相牛顿流体通过同一多孔介质流动时,Darcy 定律中的 K 值保持不变,这个 K 就称为渗透率。为与以后要用到的其他渗透率相区别起见,这个 K 也称为**绝对渗透率**(也称固有渗透率或本征渗透率)。应当指出:这一结论只适用于牛顿流体,它对非牛顿流体是不适用的。

现在我们可以给渗透率下个定义:**渗透率**就是 Darcy 定律(1.5.6)中的比例系数 K,它是反映多孔介质结构特性的一个参数,可表示为

$$K = -\mu V\Big/\left(\frac{\partial p}{\partial L} + \rho g \sin\varphi\right) \tag{1.5.9}$$

式中，L 是沿流动方向的长度。

1.5.2 Darcy 定律对于流体速度和密度的适用范围

对 Darcy 定律的应用有一些限制。在 1.5.1 小节中已经指出，Darcy 定律对于非牛顿流体是不适用的，这将在第 9 章中进一步阐述。本小节讨论该定律对于渗流速度和流体密度的适用范围。

1.5.2.1 速度上限

曾有人对 Darcy 定律适用范围的速度上限进行了实验研究，给出了 Fanning 摩擦系数 f 对雷诺(Reynolds)数 Re 的关系曲线，如图 1.7 所示。图中，Re 是表示惯性力与黏性力的比值的无量纲量，无量纲量 f 和 Re 分别为

$$f = \frac{\phi^2 d}{2\rho V^2}\left(\rho g + \frac{\partial p}{\partial z}\right), \quad Re = \frac{\rho d V}{\phi \mu} \tag{1.5.10}$$

式中，d 是特征尺寸，对非固结材料是颗粒直径是毛细管直径，均指平均值。由图 1.7 可见，整个曲线可以大致分成三段：第一段 Re＜5(不同的介质这个值略有不同)，是斜率为 -1 的直线段；第二段大约为 5＜Re＜100，有一个二次曲线的过渡段；第三段 Re＞100，是一个水平直线段。

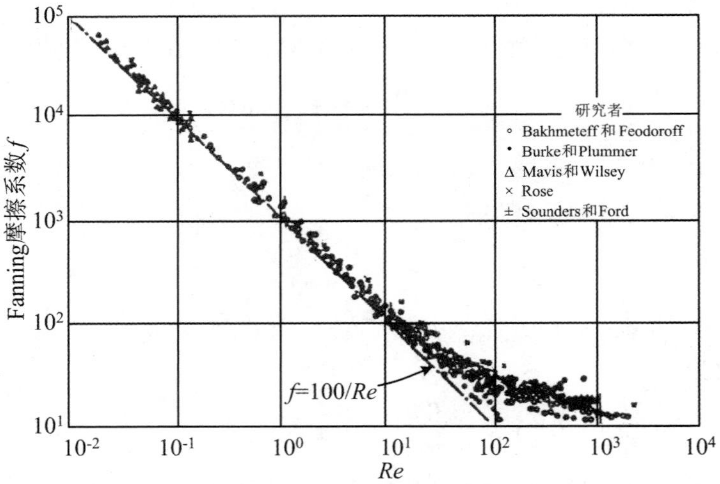

图 1.7 渗流过程中 Fanning 摩擦系数对雷诺数关系曲线

(1) 首先讨论第一段。因为该图是在双对数坐标中绘出的，斜率为 -1 的直线即有

$$\ln f = \ln C - \ln Re \tag{1.5.11}$$

式中，常数 C 是直线在纵坐标轴上的截距。由式(1.5.11)显然有 $C = f \cdot Re$，即

$$f = \frac{C}{Re} \tag{1.5.12}$$

将式(1.5.10)代入式(1.5.12)并整理，可得

$$V=\frac{\phi d^2/(2C)}{\mu}\left(\rho g+\frac{\partial p}{\partial z}\right) \tag{1.5.13}$$

若令

$$K=\frac{\phi d^2}{2C} \tag{1.5.14}$$

则式(1.5.13)可改写成

$$V=-\frac{K}{\mu}\left(\frac{\partial p}{\partial z}+\rho g\right) \tag{1.5.15}$$

或对有倾斜角的一般情形，有

$$V=-\frac{K}{\mu}\left(\frac{\partial p}{\partial L}+\rho g\sin\varphi\right) \tag{1.5.16}$$

这就是 Darcy 定律的表达式(1.5.5)。由此得出结论：在 $Re<5$ 的范围内，Darcy定律是适用的。反之，在 $Re>5$ 左右时，Darcy 定律是不适用的。这第一段表示层流区，黏性力起主要作用。

(2) 关于曲线的第二段。随着 Re 增大，出现一个过渡区。在该区前段，从黏性力起主要作用逐步过渡到惯性力起支配作用，但流动仍是层流；在该区后段，流动逐渐转变为湍流状态。若不考虑重力，则该区域中由

$$\frac{\mathrm{d}p}{\mathrm{d}x}=aV+bV^2 \tag{1.5.17}$$

代替 Darcy 定律 $\mathrm{d}p/\mathrm{d}x=aV$。式(1.5.17)中，$a$ 和 b 可由第一段和第三段曲线的有关数据给出，最后可写成

$$\frac{\mathrm{d}p}{\mathrm{d}x}=-\left(\frac{\mu}{K}V+\beta\rho V^2\right) \tag{1.5.18}$$

或对有倾斜角的一般情形，可写成

$$\frac{\mathrm{d}p}{\mathrm{d}L}+\rho g\sin\varphi=-\left(\frac{\mu}{K}V+\beta\rho V^2\right) \tag{1.5.19}$$

(3) 关于曲线的第三段。水平线可用 $f=C_1$ 表示。由式(1.5.10)，有

$$\frac{\phi^2 d}{2C_1\rho}\left(\rho g+\frac{\partial p}{\partial z}\right)=V^2 \tag{1.5.20}$$

或对有倾斜角的一般情形，可写成

$$CV^2=-\frac{K}{\mu}\left(\frac{\partial p}{\partial L}+\rho g\sin\varphi\right) \tag{1.5.21}$$

式中，C 是与流体特性参数有关的常数。

研究认为，当 $Re>100$ 时，流动变成湍流，即曲线的第三段也称为湍流区。

以上是基于摩擦系数对雷诺数的实验数据曲线所作的简单分析。分析表明：Darcy 定律对雷诺数的适用范围有个上限(也就是速度 V 有个上限)，上限值为 $Re\approx5$，一般认为在 1～10 之间。对较大的 Re，由于惯性力作用和湍流效应，情况比式(1.5.19)和式(1.5.21)所描述的还要复杂得多。Ahmed 和 Sunada(1969)用多种非固结多孔介质进行了研究，并通过

实验测得一系列 $\mathrm{d}p/\mathrm{d}x \sim V$ 的曲线。经过分析，认为在较高的速度下，有以下关系式：

$$-\frac{\mathrm{d}p}{\mathrm{d}x}=\frac{\mu}{K}V+\beta\rho V^{n} \tag{1.5.22}$$

式中，指数 n 是与多孔介质特性有关的值，这个值可以小于 2，也可以大于 2；β 称为非 Darcy 流 β 因子。

1.5.2.2 速度下限

前面讨论了 Darcy 定律适用范围的速度上限。实际上，在很低的速度下Darcy定律也不适用。例如在低速情况下，水出现 Bingham(宾厄姆)流体的流变特性，即存在一个启动压力梯度或水力梯度$(h_1-h_2)/L$。对于水在黏土中流动，这个启动水力梯度可以大于 30。关于牛顿流体在低速或低压力梯度情形下出现类似非牛顿流体特性的机理，有多种不同的说法。一种说法是流体与毛管壁之间存在着静摩擦力，压力梯度必须大到一定数值才能克服这种静摩擦力。另一种说法是颗粒表面存在着吸附水层，这种吸附水层阻碍着流体的启动。

对于原油，其中常含有少量的氧化物，如环烷酸、沥青、胶质等表面活性物质，这些活性物质会与岩石之间产生吸附作用，出现吸附层。必须有一个启动压力梯度克服吸附层形成的阻力，才能使原油开始流动。当流速增大以后，吸附层就被破坏，岩石的渗透性得以恢复。描述上述物理化学作用对渗流影响的运动方程可写成

$$\left.\begin{aligned} V &= -\frac{K}{\mu}\left(\frac{\mathrm{d}p}{\mathrm{d}x}-\lambda\right) \quad \left(\frac{\mathrm{d}p}{\mathrm{d}x}>\lambda\right) \\ V &= 0 \quad \left(\frac{\mathrm{d}p}{\mathrm{d}x}<\lambda\right) \end{aligned}\right\} \tag{1.5.23}$$

式中，λ 是启动压力梯度。由式(1.5.23)可见，由于启动压力梯度 λ 的存在，在同样的压力梯度下，渗流速度比不存在启动压力梯度的情形要小。对于牛顿流体，以上运动方程(1.5.23)只在低速时才能成立，这通常发生在低渗透地层中。

1.5.2.3 密度下限

对于气体渗流，在低密度亦即低压状态下，Darcy 定律也不适用。我们知道，气体流动按其密度的高低，可分为连续流、过渡领域、滑流和自由分子流四个层次。气体分子运动过程中与其他分子两次碰撞之间的距离称为一个自由程。气体的密度可用平均自由程来表征，当气体分子的平均自由程接近毛细管管径的尺寸时，会出现滑流现象，即管壁上各个分子都处于运动状态而速度不再为零。这与连续流情形相比，相当于多出一个附加的流量。在渗流力学中，把这种效应称为 Klinkenberg 效应。Klinkenberg 在 1941 年用一根玻璃毛细管作为模型导出的气体渗透率公式如下：

$$K_{\mathrm{g}}=K\left(1+\frac{4c\lambda}{r}\right)=K\left(1+\frac{b}{p}\right) \tag{1.5.24}$$

式中，K_{g} 是低密度下对气体的渗透率，K 是对液体或高密度气体的渗透率，λ 是该测量压力下气体的平均自由程，c 是接近于 1 的比例系数，b 是与分子平均自由程 λ 和管径 r 有关的数，对于确定的系统，它是常数。因为渗透率 K 与管径 r 有关，所以 b 可由渗透率 K 确定。

当 K 值为 3,5 和 20000 个 $10^{-6}\ \mu m^2$ 时，b 值分别约为 21,3.5 和 0.69 kPa，它们在双对数坐标纸上是一条直线。

将式(1.5.24)中的压力 p 看做毛细管两端压力 p_1 和 p_2 的平均值，则可将 Darcy 方程修正为下列形式：

$$V=-\frac{K}{\mu}\left(1+\frac{2b}{p_1+p_2}\right)\frac{\mathrm{d}p}{\mathrm{d}x} \tag{1.5.25}$$

1.5.3　Darcy 定律的推广

实验总结出的 Darcy 定律(1.5.5)或(1.5.6)仅限于单相不可压缩流体的一维流动。该定律在形式上可推广到单相流体的三维流动和多相流体的流动，并且这种形式上的推广得到理论和实验的支持。

为了将 Darcy 定律推广到各种不同的情形，下面先给出一些定义：若某一性质与其在介质中的位置无关，则称介质对于该性质是**均匀**的；反之，则称介质是非均匀的。若某一性质与其沿介质中的方向无关，则称介质对于该性质是**各向同性**的；反之，则称介质是各向异性的。在渗流力学中，主要关心的是渗透率和孔隙度。在非等温渗流中，这些性质还有导热性。本小节中只讨论渗透性。

在天然储集层中，经常会遇到各向异性的情形。由于在不同时期沉积物和沉积方式不同，往往造成一个方向的渗透率大于其他方向的渗透率。例如水平方向渗透率大，铅垂方向渗透率小。孔隙度是标量，只有均匀与非均匀之分，不涉及方向性问题。

1.5.3.1　各向同性介质中单相流体渗流

Darcy 定律在形式上推广到三维流动，其方程应为

$$\boldsymbol{V}=-\frac{K}{\mu}(\nabla p-\rho\boldsymbol{g}) \tag{1.5.26}$$

式(1.5.26)中，$\boldsymbol{g}$ 是重力加速度矢量，方向向下。对于各向同性介质，渗透率 K 与方向无关，它可以与位置有关或无关。在笛卡尔坐标系中，方程(1.5.26)写成分量形式为

$$V_x=-\frac{K}{\mu}\frac{\partial p}{\partial x},\quad V_y=-\frac{K}{\mu}\frac{\partial p}{\partial y},\quad V_z=-\frac{K}{\mu}\left(\frac{\partial p}{\partial z}+\rho g\right) \tag{1.5.27}$$

对于均匀介质，式(1.5.27)中，K 为常数。对于非均匀介质，$K=K(x,y,z)$，式(1.5.26)和式(1.5.27)都成立。

1.5.3.2　各向异性介质中的单相流体渗流

首先应当指出：对于各向异性介质，渗透率 $\boldsymbol{K}$ 是二阶张量，写成矩阵形式为

$$\boldsymbol{K}=\begin{pmatrix} K_{xx} & K_{xy} & K_{xz} \\ K_{yx} & K_{yy} & K_{yz} \\ K_{zx} & K_{zy} & K_{zz} \end{pmatrix} \tag{1.5.28}$$

对于各向异性介质，Darcy 定律在形式上推广到三维流动，其方程应为

$$\left.\begin{aligned} V_x &= -\frac{K_{xx}}{\mu}\frac{\partial p}{\partial x} - \frac{K_{xy}}{\mu}\frac{\partial p}{\partial y} - \frac{K_{xz}}{\mu}\left(\frac{\partial p}{\partial z} + \rho g\right) \\ V_y &= -\frac{K_{yx}}{\mu}\frac{\partial p}{\partial x} - \frac{K_{yy}}{\mu}\frac{\partial p}{\partial y} - \frac{K_{yz}}{\mu}\left(\frac{\partial p}{\partial z} + \rho g\right) \\ V_z &= -\frac{K_{zx}}{\mu}\frac{\partial p}{\partial x} - \frac{K_{zy}}{\mu}\frac{\partial p}{\partial y} - \frac{K_{zz}}{\mu}\left(\frac{\partial p}{\partial z} + \rho g\right) \end{aligned}\right\} \tag{1.5.29}$$

通常，渗透率张量的分量 $K_{xy} = K_{yx}$，$K_{yz} = K_{zy}$，$K_{zx} = K_{xz}$，所以渗透率张量是对称张量。为书写方便起见，下面用 $K_{ij}(i,j=1,2,3)$表示分量。

渗透率张量的主方向 考虑渗透率张量 $\boldsymbol{K}$ 及单位矢量 $\boldsymbol{n}$，它们的分量分别为 K_{ij} 和 n_i。若伴随矢量 $K_{ij}n_i$ 与矢量 $\boldsymbol{n}$ 平行，即存在一个标量 K 使该矢量能写成 Kn_i 的形式，则单位矢量 $\boldsymbol{n}$ 的方向就称为渗透率张量的主方向，并且行列式等于零的方程

$$|K_{ij} - K\delta_{ij}| = 0 \tag{1.5.30}$$

称为对称张量 K_{ij} 的特征方程，其中 δ_{ij} 是 Kronecker δ 符号。也就是说，如果特征方程(1.5.30)有实根，则方程组

$$(K_{ij} - K\delta_{ij})n_j = 0 \quad (i=1,2,3) \tag{1.5.31}$$

给出的特征矢量的方向就是渗透率张量的主方向。

根据线性代数理论，元素为实数的对称矩阵，其特征值总是实数。而渗透率张量正是这样的实对称张量，这就证明了渗透率主方向的存在性。

若将坐标轴方向取得与介质中某点渗透率张量的主方向一致，则该点的渗透率张量矩阵具有对角线形式

$$K_{ij}{}' = \begin{pmatrix} K_x & 0 & 0 \\ 0 & K_y & 0 \\ 0 & 0 & K_z \end{pmatrix} \tag{1.5.32}$$

用这种形式表示的张量称为对角线张量。在这种情况下，Darcy 定律的推广形式为

$$\left.\begin{aligned} V_x &= -\frac{K_x}{\mu}\frac{\partial p}{\partial x} \\ V_y &= -\frac{K_y}{\mu}\frac{\partial p}{\partial y} \\ V_z &= -\frac{K_z}{\mu}\left(\frac{\partial p}{\partial z} + \rho g\right) \end{aligned}\right\} \tag{1.5.33}$$

1.5.3.3 各向同性介质中两相渗流

设有两种不溶混的流体同时流过一个多孔介质，原来描写单相液体饱和多孔介质流动的 Darcy 定律，形式上可推广为两种不溶混流体各自分别满足 Darcy 定律。将两种流体分别用下标 1 和 2 表示，若不计重力，则其方程组为

$$\left.\begin{aligned} V_1 &= -\frac{K_1}{\mu_1}\frac{\partial p_1}{\partial x} \\ V_2 &= -\frac{K_2}{\mu_2}\frac{\partial p_2}{\partial x} \end{aligned}\right\} \tag{1.5.34}$$

式中，K_1 和 K_2 分别称为介质对于流体1和2的相渗透率或**有效渗透率**。若考虑毛管力，则同一空间点上流体1和2的压力 p_1 和 p_2 的差值就是毛管力 p_c；若不计毛管力，则有 $p_1 = p_2 = p$。有关两相渗流的详情将在第7章中予以阐述。

方程(1.5.34)的矢量形式为

$$\left.\begin{aligned} \boldsymbol{V}_1 &= -\frac{K_1}{\mu_1}\nabla \boldsymbol{p}_1 \\ \boldsymbol{V}_2 &= -\frac{K_2}{\mu_2}\nabla \boldsymbol{p}_2 \end{aligned}\right\} \tag{1.5.35}$$

这个方程在两种不溶混流体同时流动的渗流中是很有用的。

1.5.4　Darcy 定律的推导

由前面各小节的阐述可知：首先是根据直立均质砂柱中稳态渗流的实验总结出Darcy定律，然后从形式上将 Darcy 定律推广到各种情形，再后来通过有计划的实验以及在实际流动中的成功应用而得到证实。关于 Darcy 定律的推导，已提出过许许多多的模型。Whitaker (1986)对于不可压缩流体用统计概念进行了推导，Ene 和 Poliserski[9] 对可压缩流体推导了 Darcy 定律，并证明渗透率是对称的正定二阶张量。下面介绍两种较早提出的推导方法。

1.5.4.1　非均匀毛管组模型

推导 Darcy 定律的最简单的模型或许是均匀毛管组模型，即由直径相同的毛细管排列而成的多孔介质，并引用 Hagen-Poiseuille 流动的结果。按照这个结果，对于不可压缩牛顿流体，通过圆管的流量 Q_1 与压力梯度 $\mathrm{d}p/\mathrm{d}L$ 有如下关系：

$$Q_1 = -\frac{\pi {r_0}^4}{8\mu}\frac{\mathrm{d}p}{\mathrm{d}L} \tag{1.5.36}$$

式中，r_0 是毛细管半径，πr_0^2 是毛细管截面积。所以，管道中质点速度 $v = Q_1/(\pi r_0^2) = -(r_0^2/(8\mu))(\mathrm{d}p/\mathrm{d}L)$，利用 DF 关系式(1.4.4)，得渗流速度

$$V = -\frac{\phi r_0^2/8}{\mu}\frac{\mathrm{d}p}{\mathrm{d}L} \tag{1.5.37}$$

令渗透率 $K = \phi r_0^2/8$，式(1.5.37)即化为 Darcy 定律的形式。渗透率 K 与孔隙度 ϕ 和管径平方的乘积成正比。

为使模型更接近实际多孔介质，我们假设毛细管半径是非均匀的，这些毛细管埋嵌在横截面积为 A 的固体之中。为确定起见，假设半径为 r_i 的毛细管个数为 $N_i(i = 1,2,\cdots,N)$，则通过这个多孔介质的总流量为

$$Q = -\sum_{i=1}^{N} N_i \frac{\pi r_i^4}{8\mu}\frac{\mathrm{d}p}{\mathrm{d}L} \tag{1.5.38}$$

而孔隙度 ϕ 为

$$\phi = \frac{1}{A}\sum_{i=1}^{N} N_i \pi r_i^2 \tag{1.5.39}$$

所以，渗流速度 V 和渗透率 K 分别可写成

$$V = \frac{Q}{A} = -\frac{K}{\mu}\frac{\mathrm{d}p}{\mathrm{d}L} \tag{1.5.40}$$

$$K = \frac{\phi}{8}\frac{\sum_{i=1}^{N} N_i r_i^4}{\sum_{i=1}^{N} N_i r_i^2} \tag{1.5.41}$$

渗透率 K 与孔隙度 ϕ 和管径平方的调和平均值的乘积成正比。其中，分母上的数值不具有精确意义，因为这仍是简化模型，没有考虑迂曲度和比面等因素。式(1.5.41)表明，对于牛顿流体通过多孔介质的流动，渗透率 K 只与介质的特性有关，与流体的特性无关。定性地说，渗透率随孔隙度和毛细管径的增大而增大，随迂曲度和比面的增大而减小。后者在式(1.5.41)中并未反映出来，所以式(1.5.41)只是一个定性的表达式。

1.5.4.2 由动量守恒方程推导

现在由普通黏性流体的动量守恒方程出发来推导渗流运动方程。在雷诺输运公式(1.4.31)中令 $q_i = \rho\boldsymbol{v}$，再考虑流体所受的质量力 $\boldsymbol{F}$，不难导出动量守恒方程为

$$\frac{\partial(\rho\boldsymbol{v})}{\partial t} + \nabla\cdot(\rho\boldsymbol{v}\boldsymbol{v}) + \nabla\cdot(p\boldsymbol{\delta}) - \nabla\cdot\boldsymbol{P} = \boldsymbol{F} \tag{1.5.42a}$$

其中，$\boldsymbol{\delta}$ 是 Kronecker $\boldsymbol{\delta}$，分量为 δ_{ij}，$p\boldsymbol{\delta}$ 表示流体上所受到的压力，$\boldsymbol{P}$ 是黏性应力张量，$\nabla\cdot\boldsymbol{P}$ 表示单位体积流体所受到的黏性力。

在式(1.5.42a)中，利用普通黏性流体的连续性方程为

$$\frac{\partial\rho}{\partial t} + \nabla\cdot(\rho\boldsymbol{v}) = 0$$

则式(1.5.42a)可改写成

$$\rho\frac{\partial\boldsymbol{v}}{\partial t} + (\rho\boldsymbol{v}\cdot\nabla)\boldsymbol{v} + \nabla\cdot(p\boldsymbol{\delta}) = \mu\nabla^2\boldsymbol{v} + \rho\boldsymbol{g} \tag{1.5.42b}$$

该方程被称为纳维-斯托克斯(Navier-Stokes)方程，简称 N-S 方程。

对于渗流，需要作以下变更：

首先是黏性项。渗流与普通流体流动的黏性力有所区别。渗流中的黏性力与渗透率成反比，与速度成正比，在毛细管模型中也可看出这一点。因此，需要用 $\mu\boldsymbol{V}/K$ 代替方程(1.5.42b)中的项 $\mu\nabla^2\boldsymbol{v}$。

其次，根据 DF 关系式(1.4.5)，方程(1.5.42b)左边的 $\boldsymbol{v}$ 需要用 $\boldsymbol{V}/\phi$ 代替，再将压力项写成 ∇p。于是在渗流力学中，运动方程应写成

$$\phi^{-1}\rho\frac{\partial\boldsymbol{V}}{\partial t} + \phi^{-2}\rho(\boldsymbol{V}\cdot\nabla)\boldsymbol{V} = -\nabla p - \frac{\mu}{K}\boldsymbol{V} + \rho\boldsymbol{g} \tag{1.5.43}$$

许多学者对方程(1.5.43)作了进一步研究，Beck(1972)指出：方程中不应包含迁移加速度项 $(\boldsymbol{V}\cdot\nabla)\boldsymbol{V}$，因为这一项的存在使微分方程中对空间导数的阶数提高，这是与滑移边界条件不相符合的。我们知道，当有封闭边界时，普通流体流动在边界上速度为零；而渗流在边界上的速度不为零(这一点不要与毛细管壁上速度为零相混淆)。更重要的是，包含 $(\boldsymbol{V}\cdot\nabla)\boldsymbol{V}$ 项不是表达由惯性效应引起的非线性阻力的满意方式。因为不管速度多大，对

于稳态不可压缩单向平行流动，考虑到连续方程后$(\boldsymbol{V}\cdot\nabla)\boldsymbol{V}$项恒等于零，这是和实际相矛盾的。

还有一点受到异议，就是关于在第1.5.2小节中提到的Darcy定律适用范围的速度上限。当速度较高时，必须考虑惯性和湍流效应。在普通黏性流体流动中，如果没有外力作用，则流体质点从点A位移到邻近任意一点B时其动量不变。但在具有固定固体骨架的多孔介质中，由于固体材料阻碍着流体运动，就会引起流体质点动量的变化，这也使得在动量方程中包含$(\boldsymbol{V}\cdot\nabla)\boldsymbol{V}$项显得不合理，除非多孔介质的孔隙度很大。但孔隙度太大，就不称其为真正的多孔介质了。由于同样的原因，谈论多孔介质中宏观尺度上的湍流也是没有道理的，因为不可能存在任何尺寸的不受阻碍的涡旋。所以对于天然多孔介质中的流动，若要计及惯性和湍流效应，不是在运动方程中加上$(\boldsymbol{V}\cdot\nabla)\boldsymbol{V}$项，而只能是加上速度平方项$\rho V^2$或$\rho V^n$（见方程(1.5.18)或方程(1.5.22)）。

对于一般速度下的非稳态渗流，去掉对流项，运动方程(1.5.43)变成

$$\frac{\rho}{\phi}\frac{\partial \boldsymbol{V}}{\partial t}=-\nabla p-\frac{\mu}{K}\boldsymbol{V}+\rho\boldsymbol{g} \tag{1.5.44}$$

那么用$(\rho/\phi)\partial\boldsymbol{V}/\partial t$代表惯性项是否正确呢？参考书目[12]中分析认为也存在一些矛盾，并提出最好是用$\rho\boldsymbol{c}_{\mathrm{a}}\cdot\partial\boldsymbol{V}/\partial t$来代替，其中，$\boldsymbol{c}_{\mathrm{a}}$称为加速度系数张量。于是，方程(1.5.44)改写成

$$\rho\boldsymbol{c}_{\mathrm{a}}\cdot\frac{\partial \boldsymbol{V}}{\partial t}=-\nabla p-\frac{\mu}{K}\boldsymbol{V}+\rho\boldsymbol{g} \tag{1.5.45}$$

方程(1.5.45)就是非稳态渗流运动方程的一般形式。对均匀各向同性介质，渗透率K是标量；对各向异性介质，$\boldsymbol{K}$是二阶张量。

以上是针对非稳态渗流的一般情形进行讨论的。对于稳态渗流，当然式(1.5.45)中局部加速度项为零，则运动方程化为

$$\boldsymbol{V}=-\frac{K}{\mu}(\nabla p-\rho\boldsymbol{g}) \tag{1.5.46}$$

这就是第1.5.3小节中三维流动的Darcy定律(1.5.26)。

由以上讨论可以看出：从动量守恒方程出发推导渗流运动方程，主要在于忽略了迁移惯性力和局部惯性力。在第1.5.2小节中阐述Darcy定律适用范围的速度上限时曾指出：当速度较大时，忽略惯性项会引起一定的误差。因此，对于高速渗流，Darcy定律需要作重新修正。

1.6　连续性方程

连续性方程是流体质量守恒的数学表达式。如第1.5节中所述，它也是描述物质运动的一个基本方程。

1.6.1 单相流体渗流的连续性方程

我们用欧拉观点来描述质量守恒定律。为此，在流场中任取一个控制体 Ω，该控制体内有多孔固体介质，其孔隙度为 ϕ。多孔介质被流体所饱和。包围控制体的外表面为 σ。在外表面 σ 上任取一个面元为 $d\sigma$，其外法线方向为 $\boldsymbol{n}$，通过面元 $d\sigma$ 的渗流速度为 $\boldsymbol{V}$，于是单位时间内通过面元 $d\sigma$ 的质量为 $\rho\boldsymbol{V}\cdot\boldsymbol{n}d\sigma$，因而通过整个外表 σ 流出流体的总质量为

$$\oiint_{\sigma}\rho\boldsymbol{V}\cdot\boldsymbol{n}\mathrm{d}\sigma$$

另一方面，在控制体 Ω 中任取一个体元 $d\Omega$，由于非稳态性，引起密度随时间变化。这一变化使 $d\Omega$ 内的质量增加率为 $[\partial(\rho\phi)/\partial t]d\Omega$，因而整个控制体 Ω 内的质量增加率为

$$\int_{\Omega}\frac{\partial(\rho\phi)}{\partial t}\mathrm{d}\Omega$$

此外，若控制体内有源（汇）分布，其强度（即单位时间内由单位体积产生（或吞没）的流体体积）为 q，其量纲为 $[T^{-1}]$，则单位时间内体元 $d\Omega$ 产生（或吞没）的流体质量为 $q\rho d\Omega$，因而单位时间内整个控制体 Ω 由源（汇）分布产生（或吞没）的流体质量为

$$\int_{\Omega}q\rho\mathrm{d}\Omega$$

根据质量守恒定律，控制体 Ω 内流体质量的增量应等于源分布产生的质量减去通过表面积 σ 流出的流体质量，即

$$\int_{\Omega}\frac{\partial(\rho\phi)}{\partial t}\mathrm{d}\Omega = \int_{\Omega}q\rho\mathrm{d}\Omega - \oiint_{\sigma}\rho\boldsymbol{V}\cdot\boldsymbol{n}\mathrm{d}\sigma \tag{1.6.1}$$

式(1.6.1)就是积分形式的连续性方程。

利用高斯公式，式(1.6.1)中的面积分项可化为 $\rho\boldsymbol{V}$ 散度的体积分，即

$$\oiint_{\sigma}\rho\boldsymbol{V}\cdot\boldsymbol{n}\mathrm{d}\sigma = \int_{\Omega}\nabla\cdot(\rho\boldsymbol{V})\mathrm{d}\Omega \tag{1.6.2}$$

式(1.6.2)代入式(1.6.1)，可得

$$\int_{\Omega}\left[\frac{\partial(\rho\phi)}{\partial t} + \nabla\cdot(\rho\boldsymbol{V}) - q\rho\right]\mathrm{d}\Omega = 0 \tag{1.6.3}$$

由于控制体 Ω 是任意的，只要被积函数连续，则整个体积分等于零必然导致其被积函数为零。于是，得微分形式的连续性方程

$$\frac{\partial(\rho\phi)}{\partial t} + \nabla\cdot(\rho\boldsymbol{V}) = q\rho \tag{1.6.4}$$

在式(1.6.4)右端项中，源（汇）强度 q 对源和汇分别取正值和负值。对于多孔介质不变形的情形，孔隙度 ϕ 保持恒定，则 ϕ 可从偏导数中提出来。方程(1.6.4)是非稳态有源流动连续性方程的一般形式。

对于无源非稳态渗流，连续性方程为

$$\frac{\partial(\rho\phi)}{\partial t} + \nabla\cdot(\rho\boldsymbol{V}) = 0 \tag{1.6.5}$$

而对于有源稳态渗流，$\partial(\rho\phi)/\partial t = 0$，连续性方程化为

$$\nabla \cdot (\rho \boldsymbol{V}) = q\rho \tag{1.6.6}$$

对于有源稳态渗流，且流体不可压缩，即 ρ = 常数，则式(1.6.6)化为

$$\nabla \cdot \boldsymbol{V} = q \tag{1.6.7}$$

对于无源稳态渗流，连续性方程化为

$$\nabla \cdot (\rho \boldsymbol{V}) = 0 \tag{1.6.8}$$

对于无源不可压缩流体渗流，连续性方程化为

$$\nabla \cdot \boldsymbol{V} = 0 \tag{1.6.9}$$

在渗流力学中，往往对速度值不是特别关心，而是将连续性方程与 Darcy 定律联合起来消去速度 V，表示为压力 p 与密度 ρ 的关系式。将式(1.5.26)代入式(1.6.4)，则得连续性方程的一般常用形式

$$\frac{\partial(\rho\phi)}{\partial t} - \nabla \cdot \left[\frac{\rho \boldsymbol{K}}{\mu}(\nabla p - \rho \boldsymbol{g})\right] = \rho q \tag{1.6.10}$$

对于非稳态无源流动，连续性方程化为

$$\frac{\partial(\rho\phi)}{\partial t} - \nabla \cdot \left[\frac{\rho \boldsymbol{K}}{\mu}(\nabla p - \rho \boldsymbol{g})\right] = 0 \tag{1.6.11}$$

对于无源不可压缩流体流动，连续性方程化为

$$\nabla \cdot \left[\frac{\boldsymbol{K}}{\mu}\left(\frac{\nabla p}{\rho} - \boldsymbol{g}\right)\right] = 0 \tag{1.6.12}$$

1.6.2　油、水两相不溶混渗流的连续性方程

对于油、水两相不溶混的渗流，以下标 o 和 w 分别表示油相和水相的量，并用 s 表示饱和度(见第 7.1.1 小节)，则油相和水相的连续性方程分别为

$$\frac{\partial(\rho_o \phi s_o)}{\partial t} + \nabla \cdot (\rho_o \boldsymbol{V}_o) = \rho_o q_o \tag{1.6.13}$$

$$\frac{\partial(\rho_w \phi s_w)}{\partial t} + \nabla \cdot (\rho_w \boldsymbol{V}_w) = \rho_w q_w \tag{1.6.14}$$

其中

$$s_o + s_w = 1 \tag{1.6.15}$$

方程(1.6.13)和方程(1.6.14)右端的 q 表示源(汇)强度，对无源情形，$q = 0$；对于点源，需乘以 δ 函数(也称 Dirac δ 函数或脉冲函数)。

但是，以式(1.6.13)和式(1.6.14)形式的两相渗流连续性方程在实际使用上不太方便，因为方程中 ρ_o 和 ρ_w 是油和水在地层条件下的密度，一般是未知的，而且也不是渗流力学中很关心的变量。另一方面，地层体积系数 B 在工程上有较成熟的计算方法(Willian 等，1973)，所以可将密度 ρ 改用地层体积系数 B 表示。将式(1.2.19)代入方程(1.6.13)和方程(1.6.14)，油、水两相渗流连续性方程可写成

$$-\nabla \cdot \left(\frac{\boldsymbol{V}_o}{B_o}\right) + \frac{q_o}{B_o} = \frac{\partial}{\partial t}\left(\frac{\phi s_o}{B_o}\right) \tag{1.6.16}$$

$$-\nabla\cdot\left(\frac{\boldsymbol{V}_{\mathrm{w}}}{B_{\mathrm{w}}}\right)+\frac{q_{\mathrm{w}}}{B_{\mathrm{w}}}=\frac{\partial}{\partial t}\left(\frac{\phi s_{\mathrm{w}}}{B_{\mathrm{w}}}\right) \tag{1.6.17}$$

将 Darcy 定律的推广形式(1.5.35)与以上连续性方程结合起来,近似写成

$$\nabla\cdot\left[\left(\frac{K_{\mathrm{or}}}{\mu_{\mathrm{o}}B_{\mathrm{o}}}\right)\nabla p_{\mathrm{o}}\right]+\frac{q_{\mathrm{o}}}{KB_{\mathrm{o}}}=\frac{1}{K}\frac{\partial}{\partial t}\left(\frac{\phi s_{\mathrm{o}}}{B_{\mathrm{o}}}\right) \tag{1.6.18}$$

$$\nabla\cdot\left[\left(\frac{K_{\mathrm{wr}}}{\mu_{\mathrm{w}}B_{\mathrm{w}}}\right)\nabla p_{\mathrm{w}}\right]+\frac{q_{\mathrm{w}}}{KB_{\mathrm{w}}}=\frac{1}{K}\frac{\partial}{\partial t}\left(\frac{\phi s_{\mathrm{w}}}{B_{\mathrm{w}}}\right) \tag{1.6.19}$$

其中,$K_{\mathrm{or}}=K_{\mathrm{o}}/K$ 和 $K_{\mathrm{wr}}=K_{\mathrm{w}}/K$ 分别称为油相和水相的相对渗透率,K 是介质的(绝对)渗透率。当利用方程(1.6.18)和方程(1.6.19)进行求解时,还必须补充一个饱和度方程和一个毛管力 p_{c} 的方程(见第 7.1.3 小节),即

$$s_{\mathrm{o}}+s_{\mathrm{w}}=1,\quad p_{\mathrm{c}}=p_{\mathrm{w}}-p_{\mathrm{o}} \tag{1.6.20}$$

将式(1.6.20)代入式(1.6.18)和式(1.6.19),并利用第 7.1.3 小节所述的毛管力曲线 $p_{\mathrm{c}}=p_{\mathrm{c}}(s_{\mathrm{w}})$,则只有两个未知变量 p_{w} 和 s_{w},就可用适当的方法进行求解。

1.6.3 油、气、水三相渗流的连续性方程

对于多相渗流的连续性方程,严格来说应考虑烃-水系统中每一种组分在空间中的分布及其随时间的变化关系。本小节采用较为简化的方法,即在地面条件下由不同馏分给出的所有液态烃都统称为石油;而所有气相简称为气体,不考虑其组分,只考虑它在油和水中的溶解度。气体在油中的溶解度即溶解油气比 R_{s} 已由式(1.2.7)给予定义,即标准状况下从油中逸出的气体体积与油的体积之比。同样,定义气体在水中的溶解度 R_{sw} 为标准状况下从水中逸出的气体体积与水的体积之比。

为了写出油、水、气三相各自的连续性方程,我们考察油藏中的一个单位体积。该单位体积中油和水的质量分别为

$$\frac{\phi s_{\mathrm{o}}}{B_{\mathrm{o}}}\rho_{\mathrm{osc}}\quad 和\quad \frac{\phi s_{\mathrm{w}}}{B_{\mathrm{w}}}\rho_{\mathrm{wsc}}$$

其中,下标 sc 表示标准条件下的值。而该单位体积中自由气和溶解气的质量分别为

$$\frac{\phi s_{\mathrm{g}}}{B_{\mathrm{g}}}\rho_{\mathrm{gsc}}\quad 和\quad \left(\frac{\phi R_{\mathrm{s}}s_{\mathrm{o}}}{B_{\mathrm{o}}}+\frac{\phi R_{\mathrm{sw}}s_{\mathrm{w}}}{B_{\mathrm{w}}}\right)\rho_{\mathrm{gsc}}$$

油相和水相的连续性方程仍由式(1.6.16)和式(1.6.17)表示,即对无源情形可写成

$$-\nabla\cdot\left(\frac{\boldsymbol{V}_m}{B_m}\right)=\frac{\partial}{\partial t}\left(\frac{\phi s_m}{B_m}\right)\quad (m=\mathrm{o},\mathrm{w}) \tag{1.6.21}$$

对于气相,由流动非稳态性引起的质量变化为

$$\rho_{\mathrm{gsc}}\frac{\partial}{\partial t}\left[\phi\left(\frac{R_{\mathrm{s}}s_{\mathrm{o}}}{B_{\mathrm{o}}}+\frac{R_{\mathrm{sw}}s_{\mathrm{w}}}{B_{\mathrm{w}}}+\frac{s_{\mathrm{g}}}{B_{\mathrm{g}}}\right)\right]$$

而流进、流出体元的质量增量为

$$\rho_{\mathrm{gsc}}\nabla\cdot\left[\frac{1}{B_g}\boldsymbol{V}_g+\frac{R_{\mathrm{s}}}{B_{\mathrm{o}}}\boldsymbol{V}_{\mathrm{o}}+\frac{R_{\mathrm{sw}}}{B_{\mathrm{w}}}\boldsymbol{V}_{\mathrm{w}}\right]$$

所以对无源情形,气相的连续性方程为

$$-\nabla\cdot\left(\frac{1}{B_g}\boldsymbol{V}_g+\frac{R_s}{B_o}\boldsymbol{V}_o+\frac{R_{sw}}{B_w}\boldsymbol{V}_w\right)=\frac{\partial}{\partial t}\left[\phi\left(\frac{R_s s_o}{B_o}+\frac{R_{sw}S_w}{B_w}+\frac{s_g}{B_g}\right)\right]\quad(1.6.22)$$

将 Darcy 定律与以上连续性方程结合起来，最后得到：对于油相和水相，有

$$\nabla\cdot\left[\left(\frac{K_{mr}}{\mu_m B_m}\right)\nabla p_m\right]=\frac{1}{K}\frac{\partial}{\partial t}\left(\frac{\phi s_m}{B_m}\right)\quad(m=\mathrm{o},\mathrm{w})\quad(1.6.23)$$

对于气相，略去部分毛管力和重力，有

$$\nabla\cdot\left[\left(\frac{K_{gr}}{\mu_g B_g}+\frac{K_{or}R_s}{\mu_o B_0}+\frac{K_{wr}R_{sw}}{\mu_w B_w}\right)\nabla p\right]=\frac{1}{K}\frac{\partial}{\partial t}\left[\phi\left(\frac{R_s s_o}{B_o}+\frac{R_{sw}s_w}{B_w}+\frac{s_g}{B_g}\right)\right]$$

(1.6.24)

在方程(1.6.24)中，在利用 Darcy 定律将速度换成压力时，没有考虑各相压力的差别，但式中的有效渗透率或相对渗透率受到毛管力影响，所以毛管力没有完全忽略。实际上，若要考虑全部毛管力也不困难，只需将式(1.6.24)左边的∇p按三部分分别写出即可。

1.7 能 量 方 程

对于等温渗流，基本方程是前两节所述的连续性方程(质量守恒定律)和运动方程(动量守恒定律的一种表现形式)。对于非等温渗流，需要求解温度场，因此必须给出能量方程(能量守恒定律)。为此，需要了解一些有关的热力学和传热学基础知识。

1.7.1 热力学和传热学基础

首先简单介绍与建立非等温渗流能量方程有关的一些基础知识。本小节简要阐述热力学第一定律和第二定律、内能、焓、比热和熵，以及传热学中的 Fourier 定律。

1.7.1.1 流体的内能

流体的内能是流体分子热运动的能量、分子间相互作用的能量以及分子内部的能量(包括粒子能量)的总和。本节所讲的内能主要是指分子热运动能。因为分子间作用能相对较小，而在所讨论的温度下粒子能还没有表现出来，所以后两者可以略去。

分子热运动的能量包括分子的平动能、转动能、振动能和电子激发能，这些能量可以用量子统计的方法计算出来。例如，对双原子气体，各部分比内能(指单位质量所含内能，单位为$\mathrm{J\cdot kg^{-1}}$)分别为：平动能$e_1=3RT/2$；转动能$e_2=RT$；振动能$e_3=RT_{ve}/(\mathrm{e}^{T_{ve}/T}-1)$，其中，$T_{ve}$是振动特征温度，当$T>T_{ve}$时，$e_3=RT$。

任意质量流体系统的内能用E表示，单位为J，比内能用e表示(注意不要与自然对数中的常数e混淆)。

1.7.1.2 热力学第一定律·焓和比热

在热力学研究中，通常取一定质量的物质或空间区域作为研究对象，称为**热力学系统**，

简称系统。与所研究的热力学系统相邻接的物质或区域称为外界或**环境**。系统与环境之间一般存在着相互作用,如传热、传质或做功。外界做功或传递能量都能使一个物质系统或区域的内能发生变化。一个孤立系统在经过足够长的时间过程后,其热力学特性达到不再变化的状态,称为热力学**平衡态**,简称平衡态,否则称为非平衡态。热力学第一定律是能量转化和守恒定律在热力学中的表现,简述为:系统或区域中内能的变化量等于外界对系统传递的热量 Q 减去系统对外界所做的功 W,可写成

$$\Delta E = Q - W \tag{1.7.1}$$

其微分形式为

$$\mathrm{d}E = \delta Q - \delta W \tag{1.7.2}$$

对于一个无限小的变化过程,微功用 δW 表示,微热量用 δQ 表示,它们都不是全微分。如果只考虑由于系统体积变化 $\mathrm{d}\Omega$ 对外界做功,则 $\delta W = p\mathrm{d}\Omega$。于是式(1.7.2)变为

$$\mathrm{d}E = \delta Q - p\mathrm{d}\Omega \tag{1.7.3}$$

因为比容可写成 $1/\rho$,式(1.7.3)对单位质量流体而言可写成

$$\mathrm{d}e = \delta q - p\mathrm{d}\left(\frac{1}{\rho}\right) \tag{1.7.4}$$

引进一个新的热力学量,称为**焓**,它表示系统的热含量,用 H 表示,单位为 J,定义为

$$H = E + p\Omega \tag{1.7.5}$$

流体单位质量的热含量称为比焓,用 h 表示,单位为 $\mathrm{J \cdot kg^{-1}}$。式(1.7.5)用于单位质量流体,写成

$$h = e + \frac{p}{\rho} \tag{1.7.6}$$

其微分形式为

$$\mathrm{d}h = \mathrm{d}e + \mathrm{d}\frac{p}{\rho} = \mathrm{d}e + \frac{\rho\mathrm{d}p - p\mathrm{d}\rho}{\rho^2} \tag{1.7.7}$$

利用式(1.7.6),有

$$\mathrm{d}(\rho e) = \mathrm{d}\left[\rho\left(h - \frac{p}{\rho}\right)\right] = \mathrm{d}(\rho h) - \mathrm{d}p \tag{1.7.8}$$

再引进一个比热的概念,定压**比热**定义为定压过程中单位质量流体温度升高 1 ℃所需的热量,用 c_p 表示,单位为 $\mathrm{J \cdot kg^{-1} \cdot K^{-1}}$,即

$$c_p = \left(\frac{\delta q}{\mathrm{d}T}\right)_p \tag{1.7.9a}$$

由式(1.7.4)和式(1.7.6),式(1.7.9a)可改写成

$$c_p = \left(\frac{\partial e}{\partial T}\right)_p + p\left[\frac{\partial}{\partial T}\left(\frac{1}{\rho}\right)\right]_p = \left(\frac{\partial h}{\partial T}\right)_p \tag{1.7.9b}$$

对于 c_p 为常数情形,有

$$\mathrm{d}h = c_p\mathrm{d}T \qquad 或 \qquad h - h_0 = c_p(T - T_0) \tag{1.7.10}$$

1.7.1.3 热力学第二定律 · 熵

当描述系统热力学状态的变量(如 p, T 等)有一个或一个以上随时间而发生变化时,就

是**热力学过程**,简称过程。若过程的每一步都可沿相反的方向进行,而不对系统和环境引起其他的任何变化,则这样的过程称为**可逆过程**,否则就称为不可逆过程。自然界的热力学过程实际上都是不可逆的,可逆过程只是理想的热力学过程。

热力学第二定律很难用一句话或一个公式说明。一种说法是热量可以从高温物体自动地传递给低温物体,但不能自动地从低温物体传向高温物体。或者说,一个热力机械不可能只从单一热源提取热量,并将它百分之百地转变为有用功,而不对外界产生任何其他影响。

为了进一步说明热力学第二定律,我们引进一个新的状态变量,称为**熵**。系统的熵用 S 表示,单位为 $\mathrm{J \cdot K^{-1}}$。单位质量流体的熵称为比熵,用 s 表示,单位为 $\mathrm{J \cdot kg^{-1} \cdot K^{-1}}$。比熵定义为

$$s = \int \frac{\delta q}{T} \tag{1.7.11}$$

求微分,并利用式(1.7.4)和式(1.7.6),给出

$$\mathrm{d}s = \frac{\delta q}{T} = \frac{\mathrm{d}e}{T} + \frac{p}{T}\mathrm{d}\left(\frac{1}{\rho}\right) = \frac{\mathrm{d}h}{T} - \frac{\mathrm{d}p}{T\rho} \tag{1.7.12}$$

在定压条件下,由式(1.7.10)可得

$$\mathrm{d}s = \left(\frac{\mathrm{d}h}{T}\right)_p = c_p \frac{\mathrm{d}T}{T} \quad 或 \quad \nabla s = c_p \frac{\nabla T}{T} \tag{1.7.13}$$

熵的改变 $\mathrm{d}s$ 可分为外界对系统的**供熵**(又称熵流)δs_{e} 和系统内部发生的不可逆热力学过程而引起的**产熵** δs_{i} 两个部分,即

$$\mathrm{d}s = \delta s_{\mathrm{e}} + \delta s_{\mathrm{i}} = \frac{\delta q_{\mathrm{e}}}{T_{\mathrm{e}}} + \frac{\delta q_{\mathrm{i}}}{T_{\mathrm{i}}} \tag{1.7.14a}$$

其中,δq_{e} 是外界对系统供给的热量,δq_{i} 是系统内部热力学过程(如摩擦、变形)产生的热量。对于平衡态情形,$T_{\mathrm{e}} = T_{\mathrm{i}} = T$ 取系统的绝对温度。

热力学第二定律的另一种表述为:对于绝热系统 $\delta s_{\mathrm{e}} = 0$,有

$$\mathrm{d}s = \delta s_{\mathrm{i}} = \frac{\delta q_{\mathrm{i}}}{T} \geqslant 0 \tag{1.7.14b}$$

这就是**熵增原理**,即自然界中发生的一切热力学过程都不会使产熵减少。式(1.7.14b)中,等号和大于号分别对应于可逆和不可逆过程,即不可逆过程产生熵增量。

1.7.1.4　物体导热的 Fourier 定律

在实验观察的基础上,Fourier 总结得出:对于均匀各向同性物体,热通量密度或热流密度(即单位时间流过单位面积的热量)矢量 $\boldsymbol{q}(\boldsymbol{r},t)$ 与温度梯度 ∇T 成正比。由于 $\boldsymbol{q}(\boldsymbol{r},t)$ 由高温指向低温方向,所以有

$$\boldsymbol{q}(\boldsymbol{r},t) = -k\nabla T \tag{1.7.15}$$

式中,k 称为材料的导热系数(或热导率),这就是 Fourier 定律。其中,所说的均匀各向同性是针对热导率 k 而言。k 的单位为 $\mathrm{W \cdot m^{-1} \cdot K^{-1}}$。式(1.7.15)写成分量形式为

$$q_x = -k\frac{\partial T}{\partial x}, \quad q_y = -k\frac{\partial T}{\partial y}, \quad q_z = -k\frac{\partial T}{\partial z} \tag{1.7.16}$$

对于各向异性介质,热导率是二阶张量:

$$\boldsymbol{k} = \begin{vmatrix} k_{11} & k_{12} & k_{13} \\ k_{21} & k_{22} & k_{23} \\ k_{31} & k_{32} & k_{33} \end{vmatrix} \tag{1.7.17}$$

所以热流密度分量方程可写成

$$\left.\begin{aligned} -q_1 &= k_{11}\frac{\partial T}{\partial x_1} + k_{12}\frac{\partial T}{\partial x_2} + k_{13}\frac{\partial T}{\partial x_3} \\ -q_2 &= k_{21}\frac{\partial T}{\partial x_1} + k_{22}\frac{\partial T}{\partial x_2} + k_{23}\frac{\partial T}{\partial x_3} \\ -q_3 &= k_{31}\frac{\partial T}{\partial x_1} + k_{32}\frac{\partial T}{\partial x_2} + k_{33}\frac{\partial T}{\partial x_3} \end{aligned}\right\} \tag{1.7.18}$$

与第 1.5.3 小节中对渗透率的处理办法类似，若坐标轴取得与热导率的主轴方向一致，则热导率张量简化成对角线张量。沿三个主轴方向的热导率称为主热导率，用 k_x, k_y, k_z 表示，于是将 Fourier 定律推广为

$$q_x = -k_x\frac{\partial T}{\partial x}, \quad q_y = -k_y\frac{\partial T}{\partial y}, \quad q_z = -k_z\frac{\partial T}{\partial z} \tag{1.7.19}$$

1.7.2 非等温渗流能量方程的一般论述

能量方程是一个物质系统或空间区域内能量守恒和转换规律的数学描述。简述为单位时间内由外界传输给一个物质系统或空间区域的热量、内部热源产生的热量与由外界作用于该系统的质量力和表面力所做的功率之和等于该系统总能量对时间的变化率。在本节中为简化起见，作了以下假设：① 质量力可以略去；② 不考虑热辐射影响和黏性耗散；③ 流体与固体之间瞬间达到局部热平衡，即 $T_{\mathrm{f}}(\boldsymbol{r},t) = T_{\mathrm{s}}(\boldsymbol{r},t) = T(\boldsymbol{r},t)$，其中，下标 f 和 s 分别对应于流体和固体。

在非等温渗流中，由于一个物质系统或空间体积内含有固体和流体两部分，且两者的热力学特性参数如比热和热导率等各不相同，对这两部分需分别进行研究。

1.7.2.1 固体骨架的能量方程

如果用欧拉观点，在流场中任取一个控制体，其体积为 Ω，表面积为 σ，表面外法线方向单位矢量为 $\boldsymbol{n}$，则单位时间内由外界加热（如注蒸汽或电加热）和内部热源使控制体内增加的热能分别为

$$-\int_\sigma \boldsymbol{q}\cdot\boldsymbol{n}\mathrm{d}\sigma = -\int_\Omega \nabla\cdot\boldsymbol{q}\mathrm{d}\Omega = \int_\Omega \nabla\cdot(k_{\mathrm{s}}\nabla T)\mathrm{d}\Omega \tag{1.7.20}$$

和

$$Q_{\mathrm{s}} = \int_\Omega q_{\mathrm{s}}\mathrm{d}\Omega \tag{1.7.21}$$

在式(1.7.20)中，第一个等号是基于高斯(Gauss)定理，第二个等号是基于 Fourier 定律(1.7.15)。$\boldsymbol{q}$ 是热流密度矢量，而式(1.7.21)中的标量 q_{s} 是控制体单位时间内单位体积自身产生的能量。这两部分能量之和应等于固体中单位时间内能量的积累，或者说固体本身

的能量变化率，固体介质获得上述能量使温度升高。设固体的密度和比热分别为 ρ_s 和 c_s，则单位体积固体温度从某个 T_0 升高到 T 所需的热能为 $(\rho c)_s(T-T_0)$，其变化率为 $\partial(\rho c\Delta T)_s/\partial t$，所以固体介质积分形式的能量方程为

$$\int_\Omega\left[\frac{\partial}{\partial t}(\rho c\Delta T)_s-\nabla\cdot(k_s\nabla T)-q_s\right]\mathrm{d}\Omega=0 \tag{1.7.22}$$

由于控制体 Ω 是任意选取的，只要被积函数连续，则整个积分等于零必定有被积函数等于零。于是，得固体介质微分形式的能量方程为

$$\nabla\cdot(k_s\nabla T)+q_s=\frac{\partial}{\partial t}(\rho c\Delta T)_s \tag{1.7.23}$$

若假定 $(\rho c)_s$ 与时间无关，k 与空间位置无关，并将热扩散系数（或导温系数）记作 α，即

$$\alpha_s=\frac{k_s}{(\rho c)_s} \tag{1.7.24}$$

则固体介质微分形式的能量方程(1.7.23)化为

$$\nabla^2T(\boldsymbol{r},t)+\frac{1}{k_s}q_s(\boldsymbol{r},t)=\frac{1}{\alpha_s}\frac{\partial T(\boldsymbol{r},t)}{\partial t} \tag{1.7.25}$$

按式(1.7.10)，有 $c_p\Delta T=\Delta h$，有时也将式(1.7.23)写成

$$\nabla\cdot(k_s\nabla T)+q_s=\frac{\partial}{\partial t}(\rho\Delta h) \tag{1.7.26}$$

1.7.2.2　孔隙中流体的能量方程

流体部分的能量方程要复杂一些，因为有流体流动，控制体内流体的总能量包括机械能和内能，其中，机械能通常指动能。由本小节开头所作的假设，控制体内流体部分的能量守恒可表述为：单位时间内由外界传递给 Ω 内的热能与控制体内部热源（如火烧油层或化学反应）产生的热能之和等于控制体内总能量对时间的变化率（或能量积累）与通过界面 σ 流出的能量之和。输入和内热源产生的热能与式(1.7.20)和式(1.7.21)完全类似，只需将式中下标 s 改为 f 即可。体内总能量对时间的变化率为

$$\int_\Omega\frac{\partial}{\partial t}\left[\rho\left(\frac{v^2}{2}+e\right)\right]\mathrm{d}\Omega$$

而通过界面 σ 流出的能量以及作用在曲面 σ 内部流体上压力所做的功之和为

$$\int_\sigma\rho\left(\frac{v}{2}+e\right)(\boldsymbol{v}\cdot\boldsymbol{n})\mathrm{d}\sigma+\int_\sigma p(\boldsymbol{v}\cdot\boldsymbol{n})\mathrm{d}\sigma=\int_\sigma\rho\left(\frac{v^2}{2}+h\right)(\boldsymbol{v}\cdot\boldsymbol{n})\mathrm{d}\sigma$$

其中，$h=e+p/\rho$ 为比焓，如式(1.7.6)所示；$\boldsymbol{v}$ 是流体质点速度。上式右端的被积函数可称为“能量通量密度”，或者用体积分表示为

$$\int_\sigma\rho\left(\frac{v^2}{2}+h\right)(\boldsymbol{v}\cdot\boldsymbol{n})\mathrm{d}\sigma=\int_\Omega\nabla\cdot\left[\left(\frac{v^2}{2}+h\right)\rho\boldsymbol{v}\right]\mathrm{d}\Omega \tag{1.7.27}$$

综合以上各点，可得流体能量方程的积分形式为

$$\int_\Omega\left\{\frac{\partial}{\partial t}\left(\frac{1}{2}\rho v^2+\rho e\right)+\nabla\cdot\left[\rho\left(\frac{v^2}{2}+h\right)\boldsymbol{v}\right]-\nabla\cdot(k_f\nabla \mathrm{T})-q_f\right\}\mathrm{d}\Omega=0$$

而其微分形式为

$$\frac{\partial}{\partial t}\left(\rho\frac{v^2}{2}+\rho e\right)=-\nabla\cdot\left[\rho\boldsymbol{v}\left(\frac{v^2}{2}+h\right)\right]+\nabla\cdot(k_{\mathrm{f}}\nabla T)+q_{\mathrm{f}} \tag{1.7.28a}$$

对于流体在多孔介质中的流动，速度和速度的变化量都很小，$\Delta(v^2/2)$与Δe，Δh相比可以忽略不计。例如，在国际单位制(SI)中，以温度改变1 ℃为例，Δe约为$2.5R\Delta T$，即约为718 $\mathrm{J\cdot kg^{-1}}$；油的定压比热c_{po}约为646 $\mathrm{J\cdot kg^{-1}}$，即Δh约为646 $\mathrm{J\cdot kg^{-1}}$；而$\Delta(v^2/2)$通常为$10^{-4}\sim10^{-5}$ $\mathrm{J\cdot kg^{-1}}$。所以在式(1.7.28a)中略去$v^2/2$项对工程应用没有影响，于是该式在渗流中可改写成

$$\frac{\partial}{\partial t}(\rho e)+\nabla\cdot(\rho h\boldsymbol{v})=\nabla\cdot(k_{\mathrm{f}}\nabla T)+q_{\mathrm{f}} \tag{1.7.28b}$$

以上是固体中和流体中能量方程的一般描述。在实际使用时，还要考虑流体与固体占据的体积之比为$\phi:(1-\phi)$，而对多相渗流还要考虑其饱和度等因素。

以下两小节就是从方程(1.7.23)和方程(1.7.28)出发，讨论能量方程在单相渗流和多相渗流中的具体应用。

1.7.3 单相流体非等温渗流的能量方程

单相流体非等温渗流通常在地热开发和某些类型的热采中碰到。为了使用方便，我们首先对流体的能量方程(1.7.28a)作进一步分析，方程左边项

$$\frac{\partial}{\partial t}\left[\rho\left(\frac{1}{2}v^2+e\right)\right]=\left(\frac{1}{2}v^2+e\right)\frac{\partial\rho}{\partial t}+\rho\boldsymbol{v}\cdot\frac{\partial\boldsymbol{v}}{\partial t}+\rho\frac{\partial e}{\partial t} \tag{1.7.29}$$

利用连续性方程，在式(1.7.29)中，$\frac{\partial\rho}{\partial t}$可用$-\nabla\cdot(\rho\boldsymbol{v})$代替；而按运动方程(1.5.43)，在不计重力和黏性作用并且暂时也不考虑孔隙度的条件下，$\rho\partial\boldsymbol{v}/\partial t$可用$-\rho(\boldsymbol{v}\cdot\nabla)\boldsymbol{v}-\nabla p=-\rho\nabla\left(\frac{1}{2}v^2\right)-\nabla p$代替，于是式(1.7.29)变为

$$\frac{\partial}{\partial t}\left(\frac{1}{2}\rho v^2+\rho e\right)=-\left(\frac{1}{2}v^2+e\right)\nabla\cdot(\rho\boldsymbol{v})-\rho\boldsymbol{v}\cdot\nabla\left(\frac{1}{2}v^2\right)-\boldsymbol{v}\cdot\nabla p+\rho\frac{\partial e}{\partial t} \tag{1.7.30}$$

再利用式(1.7.6)和式(1.7.7)替换式(1.7.30)中的e和$\partial e/\partial t$，则式(1.7.30)可改写成

$$\frac{\partial}{\partial t}\left(\frac{1}{2}\rho v^2+\rho e\right)=-\left(\frac{1}{2}v^2+h\right)\nabla\cdot(\rho\boldsymbol{v})-\rho\boldsymbol{v}\cdot\nabla\left(\frac{1}{2}v^2\right)-\boldsymbol{v}\cdot\nabla p+\rho T\frac{\partial s}{\partial t} \tag{1.7.31}$$

由式(1.7.12) $\mathrm{d}p=\rho\mathrm{d}h-\rho T\mathrm{d}s$，可得$\nabla p=\rho\nabla h-\rho T\nabla s$，代入式(1.7.31)，则有

$$\frac{\partial}{\partial t}\left(\frac{1}{2}\rho v^2+\rho e\right)=-\nabla\cdot\left[\rho\boldsymbol{v}\left(\frac{1}{2}v^2+h\right)\right]+\rho T\left(\frac{\partial s}{\partial t}+\boldsymbol{v}\cdot\nabla s\right) \tag{1.7.32}$$

让式(1.7.32)与式(1.7.28a)两式的右边相等，即得

$$\rho_{\mathrm{f}}T\left(\frac{\partial s}{\partial t}+\boldsymbol{v}\cdot\nabla s\right)=\nabla\cdot(k_{\mathrm{f}}\nabla T)+q_{\mathrm{f}} \tag{1.7.33}$$

式(1.7.33)就是略去质量力做功和黏性耗散影响条件下流体传热的普遍方程。如果没有导

热和内部热源，就是理想流体的熵守恒方程。

如果再假定热力学过程中压力变化很小，以致可以看做定压过程，由式(1.7.13) $\nabla s = c_p \dfrac{\nabla T}{T}$，以及 $T\left(\dfrac{\partial s}{\partial T}\right)_s = c_p$，则式(1.7.33)可写成

$$(\rho c_p)_f \frac{\partial T}{\partial t} + (\rho c_p)_f \cdot (\boldsymbol{v} \cdot \nabla) T = \nabla \cdot (k_f \nabla T) + q_f \tag{1.7.34}$$

式(1.7.34)是研究单相流体渗流常用的能量方程。

方程(1.7.34)是用流体力学方法求得的。实际上，我们也可以换一种思路给出有导热的流体能量方程。这种思路是任意选取确定的物质系统，用拉格朗日观点建立热传导方程。对于确定的物质系统，没有内能和机械能流进流出，外界传递进来的热能和内部热源产生的热能全部用于流体能量积累，或时间的变化率。这个变化率用物质导数表示，故有

$$\iint_{\Omega} \left[\frac{\mathrm{d}}{\mathrm{d}t} (\rho c_p \Delta T)_f - \nabla \cdot (k_f \nabla T) - q_f \right] \mathrm{d}\Omega = 0 \tag{1.7.35}$$

如上所述，因为这个物质系统所占据的体积是任意选取的，所以方括号中的表达式必定为零。再利用物质导数与局部导数之间的普遍关系式(1.4.23)，最后得

$$\frac{\partial}{\partial t} (\rho c_p \Delta T)_f + (\boldsymbol{v} \cdot \nabla)(\rho c_p \Delta T)_f = \nabla \cdot (k_f \nabla T) + q_f \tag{1.7.36}$$

若 $(\rho c_p)_f$ 为常数，最后就得出方程(1.7.34)，它适用于不可压缩流体或压力变化很小的流动。

前面导出了固体导热的普遍能量方程(1.7.23)和流体导热的普遍能量方程(1.7.36)或方程(1.7.34)。在研究实际非等温渗流时要把二者结合起来，构成统一的能量方程。为简单起见，假定热容 (ρc_p) 和热导率 k 均为常数。考虑到单位体积中流体和固体占据的空间部分分别为 ϕ 和 $1-\phi$，以流体为例，ρ_f，$\boldsymbol{v}$，k_f 和热源强度 q_f 应分别写成 $\phi\rho_f$，$\boldsymbol{v}/\phi$，ϕk_f 和 ϕq_f，则方程(1.7.34)和(1.7.23)分别写成

$$\phi (\rho c_p)_f \frac{\partial T}{\partial t} + (\rho c_p)_f (\boldsymbol{V} \cdot \nabla) T = \phi k_f \nabla^2 T + \phi q_f \tag{1.7.37}$$

$$(1-\phi)(\rho c_p)_s \frac{\partial T}{\partial t} = (1-\phi) k_s \nabla^2 T + (1-\phi) q_s \tag{1.7.38}$$

将式(1.7.37)和式(1.7.38)相加，并令总热容 $(\rho c_p)_t$、总热导率 k_t、总内热源强度 q_t、热容比 σ 和总热扩散系数(也称导温系数) α_t 分别为

$$\left.\begin{aligned} (\rho c_p)_t &= \phi (\rho c_p)_f + (1-\phi)(\rho c_p)_s \\ k_t &= \phi k_f + (1-\phi) k_s \\ q_t &= \phi q_f + (1-\phi) q_s \\ \sigma &= \frac{(\rho c_p)_t}{(\rho c_p)_f} \\ \alpha_t &= \frac{k_t}{(\rho c_p)_f} \end{aligned}\right\} \tag{1.7.39}$$

则得单相流体非等温渗流的能量方程

$$\sigma \frac{\partial T}{\partial t} + (\boldsymbol{V} \cdot \nabla) T = \alpha_t \nabla^2 T + \frac{q_t}{(\rho c_p)_f} \tag{1.7.40}$$

注意,在式(1.7.40)中,$\boldsymbol{V}$ 是渗流速度,而方程(1.7.34)中 $\boldsymbol{v}$ 是流体质点速度。

方程(1.7.40)中各项均有明确的物理意义,且各有一个名称。右边第一项称为扩散项或**导热项**,第二项称为**热源项**;左边第一项称为**积累项**或局部变化率项,第二项称为**对流项**。各项乘以$(\rho c_p)_f$ 后可解释为:单位流体饱和介质中内热与传导进入的热能之和等于能量积累与流出能量之和。

1.7.4 油、气、水三相非等温渗流的能量方程

油、气、水三相非等温渗流的能量方程主要用于解决油田热采特别是蒸气驱过程中的有关问题。下面由固体导热的能量方程(1.7.26)和流体导热的能量方程(1.7.28b)出发,给出多相非等温渗流的能量方程。对于多相渗流,不仅要考虑固体和流体所占据的空间体积部分,还要考虑流体各相的饱和度 s_m(m = o,w,g)。

对于固相,能量方程为

$$\nabla \cdot [(1-\phi) k_s \nabla T] + (1-\phi) q_s = \frac{\partial}{\partial t}[(1-\phi)(\rho c)_s T] \tag{1.7.41}$$

对于流体,将方程(1.7.28b)分相写出,有

$$\begin{aligned} &\frac{\partial}{\partial t}[\phi(\rho_o s_o e_o + \rho_w s_w e_w + \rho_g s_g e_g)] \\ &= -[\nabla \cdot (\rho_o h_o \boldsymbol{V}_o) + \nabla \cdot (\rho_w h_w \boldsymbol{V}_w) + \nabla \cdot (\rho_g h_g \boldsymbol{V}_g)] \\ &\quad + \nabla \cdot [\phi k_f \nabla T] + \phi q_f \end{aligned} \tag{1.7.42}$$

以上方程中,内能 $e = h - p/\rho$,对各相有不同的数值,所以对油、气和水三相分别用下标 o,g 和 w 表示。将方程(1.7.41)和(1.7.42)相加,得出油、气、水三相无相变非等温渗流的能量方程

$$\begin{aligned} &\frac{\partial}{\partial t}[\phi(\rho_o s_o e_o + \rho_w s_w e_w + \rho_g s_g e_g) + (1-\phi)(\rho c_p)_s T] \\ &= -[\nabla \cdot (\rho_o h_o \boldsymbol{V}_o) + \nabla \cdot (\rho_w h_w \boldsymbol{V}_w) + \nabla \cdot (\rho_g h_g \boldsymbol{V}_g)] \\ &\quad + \nabla \cdot [k_t \nabla T] + q_t \end{aligned} \tag{1.7.43a}$$

其中,k_t,q_t 由式(1.7.39)给出。或者,将内能 e 改用油藏工程师习惯的符号 U 表示,则式(1.7.43a)可改写成

$$\begin{aligned} &\frac{\partial}{\partial t}[\phi(\rho_o s_o U_o + \rho_w s_w U_w + \rho_g s_g U_g) + (1-\phi)(\rho c_p)_s T] \\ &= -[\nabla \cdot (\rho_o h_o \boldsymbol{V}_o) + \nabla \cdot (\rho_w h_w \boldsymbol{V}_w) + \nabla \cdot (\rho_g h_g \boldsymbol{V}_g)] \\ &\quad + \nabla \cdot [k_t \nabla T] + q_t \end{aligned} \tag{1.7.43b}$$

方程右边三项分别为对流项、导热项和热源项;左边为累积项。

在实际应用时,对方程(1.7.43)尚需作一些改进。例如,在 s_o 和 s_w 中要考虑气相的溶解度 R_s 和 R_{sw}通过顶层、底层和内外边界的热损失,以及相变、化学反应等诸多问题。限于篇幅,这里就不能一一详述了。

1.8 物 性 方 程

前面三节分别论述了运动方程、连续性方程和能量方程，它们是确定物质存在和运动形式的普遍规律。总结这些方程可以看出：对于封闭系统的单位质量而言，它们可用同一个方程表示出来，即

$$\frac{\partial q_i}{\partial t} + \nabla \cdot (q_i \boldsymbol{v}) = Tr + In \tag{1.8.1}$$

式中，q_i 表示任一物理量。对于质量、动量和能量守恒而言，q_i 分别代表密度、单位体积的动量和内能与机械能之和（如式（1.7.28））。式（1.8.1）右边，Tr 代表系统与外界之间的交换，In 代表内部源汇对该量的影响。运动方程是矢量方程，连续性方程和能量方程是标量方程，共计 5 个方程。以均质单相等温渗流这种最简单的情形而论，涉及的变量有 3 个速度分量，ρ，p 以及 ϕ，μ 等。要使渗流方程组封闭，即方程组中变量的个数与微分方程的个数相等，还必须补充若干个方程。对于非等温渗流，增加一个能量方程，但变量除增加温度 T 以外，还有比热 c_p、比焓 h 等，需再补充若干个方程。

这些需要补充的方程用以反映物质的特性。不同的物质有不同的特性，因而有不同的关系式。我们把这些方程称为物性方程。物性方程可分为两类：一类是联系各个状态变量之间的关系式，即平衡态热力学特性方程，称为状态方程；另一类是反映物质分子热运动特性或内在的激发-反应关系，即非平衡态热力学特性方程，称为本构方程或流变学状态方程。这些方程都是描述物质运动规律和求解方程组所不可或缺的，下面分别论述这两类方程。

1.8.1 状态方程

描写热力学状态的独立变量实际上只有两个，通常是指压力 p 和温度 T，而其他的状态变量，如密度、孔隙度、黏度、比焓 h、热膨胀系数 β 和比内能 e 等，均可表示为这两个状态变量的函数。

在前面几节中我们曾经介绍过几个简单的状态方程，如液体的状态方程（1.2.9）或方程（1.2.10）以及方程（1.2.13），气体的状态方程（1.2.14）或方程（1.2.15），固体介质的状态方程（1.3.18）或状态方程（1.3.19）等。其他如黏度、比内能、比焓、比熵等可表示为

$$\left.\begin{aligned} \mu &= \mu(p,T), & e &= e(p,T) \\ h &= h(p,T), & s &= s(p,T) \end{aligned}\right\} \tag{1.8.2}$$

1.8.2 本构方程

流体的本构方程也称流变学状态方程（简称流变方程）。本构方程确定物质的固有反应，而固有反应则依赖于物质的内部结构。一般来说，本构方程表现的形式是某种通量密度

与驱动力之间的关系式。通量密度是指单位时间内通过单位面积的流量,如第 1.7.1 小节中的 $\boldsymbol{q}$ 就是热通量密度。这些通量可以是质量通量、动量通量、能量通量等。而驱动力通常取梯度的形式。

应该强调指出的是:这里所说的通量不包括流体质点宏观运动所引起的质量、动量和能量的输运现象,而是指分子热运动所引起的通量,因而是在固定于流体质点上的坐标系中所测得的通量。在流体中,这种分子热运动引起的动量通量表现为内摩擦力或切应力,而驱动力表现为速度梯度。因此,流体和弹性固体中的应力-应变关系就是本构方程,被称为牛顿黏滞定律的方程(1.2.6)是牛顿流体的本构方程,这是一维剪切流最简单情形的本构关系。对于一般的三维流动,关系式要复杂得多。

其次,我们分析被称为 Fourier 定律的传热方程(1.7.15)。一个宏观系统处于非平衡状态下,各部分状态变量处于不均匀状态。有的地方温度高,有的地方温度低,热量就从高温处传向低温处,直至达到热平衡状态为止。实际上,这是分子热运动的必然结果,分子热运动速度与温度成正比,高温区域的分子具有较高的分子平均动能,低温区域的分子具有较低的分子平均动能。分子随机运动使高温区域的分子带着较大的动能进入相邻的低温区,而低温区域的分子带着较低的动能进入相邻的高温区。其结果是高温区分子平均动能减小,温度下降;而低温区分子平均动能增大,温度升高。对于固体介质,相邻区域分子的强相互作用也产生同样的效果。这就使热量由高温区传向低温区,而单位时间内单位面积上传递的热量近似地与温度梯度成正比,用数学形式表示就是方程(1.7.15),即传热本构方程。

还有被称为菲克(Fick)定律的扩散本构方程,是相邻区域某种物质的分子浓度不均匀引起的。分子运动的结果,浓度大的一侧该物质进入浓度小的一侧较多,而浓度小的一侧进入浓度大的一侧较少,最后趋向于使该物质的浓度变得均匀。其数学表达式就是质量通量密度矢量与浓度梯度呈线性关系,如第 8.5 节所示,这将在第 8 章中详细论述。

其他类似的还有被称为欧姆(Ohm)定律的描写电通量 $\boldsymbol{J}$ 与电势梯度 ∇V 之间的线性关系的方程,即导电本构方程 $\boldsymbol{J} = -\sigma \nabla V$,其中 σ 称为电导率。所有这些关系描述的都是不可逆过程。

还应当进一步指出的是:以上所列举的几个本构方程,即黏性牛顿定律、Fourier定律、Fick 定律和 Ohm 定律,都是通量与梯度呈线性关系,其系数分别为黏度、热导率、扩散系数和电导率。这些只是一些最简单的本构假设,其中,系数与通量和驱动力(梯度)的大小无关。实际上,这只是一级近似,只能在梯度值较小、二阶及二阶以上导数均可忽略不计的条件下才能成立。一般来说,系数应当是变数而不是常数,通量与梯度之间的关系是非线性的。此外,还存在所谓耦合作用。例如,试验表明在流体饱和的多孔介质中施加电动力不仅能够产生电流,而且能够产生使流体流动的驱动力;反之,施加流体静压力可以产生电流。此外,还有温度梯度引起的质量通量、浓度梯度引起的热通量等。

有时,我们把这些本构方程改称为本构假设。在数学上,以方程的形式表示的本构关系虽然具有确定的等式,但得到这些等式通常要经过实验检验。所以本构方程通常称为唯象方程或唯象定律。这些线性关系的比例系数也是通过实验测定的,而无法从理论上得到。这是因为本构方程属于连续介质水平上的关系,而它们所描述的真实现象却都属于分子水平上。这些发生在分子水平上的现象,我们实际上是无法通过理论推导出来的。

下面阐述建立本构方程应符合的若干原理。根据大量实验数据建立本构方程时，所建立的关系应符合下列原理：

(1) 坐标不变性原理

本构方程必须不依赖于坐标系的选择，它在所有惯性坐标系中都应该成立，因而本构方程应写成张量形式。

(2) 物质客观性原理

本构方程是物质的内在反应，必须与观察者无关。对于一个固定不动而另一个做相对运动这两个观察者来说，本构方程必须相同。

(3) 物质同构性原理

如果本构方程关于物质坐标的某一变换群是不变的，则称该本构方程具有由这一变换群所表示的物质对称性。如果关于材料的某种本构性不存在占优势的方向，则称材料关于该性质是各向同性的，否则是各向异性的。关于某一性质各向同性的材料，关于其他性质也必须是各向同性的。

(4) 相容性原理

相容性原理是指任何本构方程必须与一般的守恒原理相容。

(5) 量纲不变性原理

本构方程取决于量纲不变的系数的个数，材料的内在反应依赖于这些系数。在本构方程中，这些系数的量纲应该按照经典的伯金汉(Buckingham)Ⅱ定理予以确定。

1.9　单相液体等温渗流偏微分方程及其定解条件

前面几节，我们分别建立了流体在多孔介质中流动的基本方程，即运动方程、连续性方程和能量方程这三个守恒性方程；又研究了有关的物性方程，即状态方程和本构方程。本节将把这些方程联立起来，消去某些应变量，建立起单一的渗流偏微分方程。

在一般情况下，地层中流体的流动所引起的温度变化很小，可当做等温过程。在等温条件下，能量方程是不必要的。本节限于讨论牛顿流体，因而 Darcy 定律是适用的，并且本构方程只涉及牛顿黏滞定律(1.2.6)，它已和 Darcy 定律融为一体。所以这里只用到 Darcy 方程、连续性方程和状态方程。在本书的最后几章将需要用到其他方程。

方程组中的应变量有压力 p、密度 ρ 和速度 V。在某些情况下，孔隙度 ϕ 和黏度 μ 也是变量，特别是对于气体渗流，必须考虑 $\mu=\mu(p,T)$。从最后结果考虑，人们更关心的是流场的压力 p，并且化成 p 的偏微分方程具有经典的形式，因此我们试图导出关于压力 p 的偏微分方程。

1.9.1 渗流偏微分方程

1.9.1.1 各向异性介质

对于各向异性介质,取坐标轴的方向与渗透率的主方向一致,则 $\boldsymbol{K}=(K_x,K_y,K_z)$。为清晰起见,现将有关方程重新写出如下:

连续性方程:

$$\frac{\partial(\phi\rho)}{\partial t}+\nabla\cdot(\rho\boldsymbol{V})=\rho q \tag{1.9.1}$$

Darcy 定律:

$$\left.\begin{aligned}V_x&=-\frac{K_x}{\mu}\frac{\partial p}{\partial x}\\V_y&=-\frac{K_y}{\mu}\frac{\partial p}{\partial y}\\V_z&=-\frac{K_z}{\mu}\left(\frac{\partial p}{\partial z}+\rho g\right)\end{aligned}\right\} \tag{1.9.2}$$

状态方程:

$$\rho=\rho_0[1+c_{\mathrm{f}}(p-p_0)] \tag{1.9.3}$$

$$\phi=\phi_0[1+c_\phi(p-p_0)] \tag{1.9.4}$$

将方程(1.9.3)与(1.9.4)相乘,可得

$$\rho\phi=\rho_0\phi_0[1+(c_{\mathrm{f}}+c_\phi)(p-p_0)]+O(c^2) \tag{1.9.5}$$

式中,$O(c^2)$表示含有压缩系数二阶以上的项。因为 $c^2\ll 1$,略去它完全符合工程上对精度的要求。令综合压缩系数 $c_{\mathrm{t}}=c_{\mathrm{f}}+c_\phi$,于是有

$$\frac{\partial(\rho\phi)}{\partial t}=\rho_0\phi_0c_{\mathrm{t}}\frac{\partial p}{\partial t} \tag{1.9.6}$$

再讨论连续方程左边的第二项,它包含速度三个分量的导数项。先讨论$\partial(\rho V_x)/\partial x$,有

$$\begin{aligned}\frac{\partial(\rho V_x)}{\partial x}&=-\rho_0\frac{\partial}{\partial x}\left[(1+c_{\mathrm{f}}\Delta p)\frac{K_x}{\mu}\frac{\partial p}{\partial x}\right]\\&=-\rho_0\left[(1+c_{\mathrm{f}}\Delta p)\frac{\partial}{\partial x}\left(\frac{K_x}{\mu}\frac{\partial p}{\partial x}\right)+c_{\mathrm{f}}\frac{K_x}{\mu}\left(\frac{\partial p}{\partial x}\right)^2\right]\end{aligned} \tag{1.9.7}$$

同理得

$$\frac{\partial(\rho V_y)}{\partial y}=-\rho_0\left[(1+c_{\mathrm{f}}\Delta p)\frac{\partial}{\partial y}\left(\frac{K_y}{\mu}\frac{\partial p}{\partial y}\right)+c_{\mathrm{f}}\frac{K_y}{\mu}\left(\frac{\partial p}{\partial y}\right)^2\right] \tag{1.9.8}$$

$$\begin{aligned}\frac{\partial(\rho V_z)}{\partial z}&=-\rho_0\frac{\partial}{\partial z}\left\{(1+c_{\mathrm{f}}\Delta p)\frac{K_z}{\mu}\left[\frac{\partial p}{\partial z}+\rho_0(1+c_{\mathrm{f}}\Delta p)g\right]\right\}\\&=-\rho_0\left\{\left[(1+c_{\mathrm{f}}\Delta p)\frac{\partial}{\partial z}\left(\frac{K_z}{\mu}\frac{\partial p}{\partial z}\right)+c_{\mathrm{f}}\frac{K_z}{\mu}\left(\frac{\partial p}{\partial z}\right)^2\right]\right.\\&\qquad\left.+\rho_0g\left[2c_{\mathrm{f}}\frac{K_z}{\mu}\frac{\partial p}{\partial z}+(1+c_{\mathrm{f}}\Delta p)\frac{\partial}{\partial z}\left(\frac{K_z}{\mu}\right)\right]\right\}\end{aligned} \tag{1.9.9}$$

将式(1.9.7)、式(1.9.8)和式(1.9.9)三式相加,对于

$$\nabla^2 p \gg \frac{c_f \sum_{i=1}^{3} \left(\frac{\partial p}{\partial x_i}\right)^2}{1 + c_f \Delta p} \tag{1.9.10}$$

的情形,并略去$\partial(K_z/\mu)/\partial z$ 项,则得

$$\nabla \cdot (\rho \boldsymbol{V}) = -\rho_0 \left[\frac{\partial}{\partial x}\left(\frac{K_x}{\mu}\frac{\partial p}{\partial x}\right) + \frac{\partial}{\partial y}\left(\frac{K_y}{\mu}\frac{\partial p}{\partial y}\right) + \frac{\partial}{\partial z}\left(\frac{K_z}{\mu}\frac{\partial p}{\partial z}\right) + 2\rho_0 g c_f \frac{K_z}{\mu}\frac{\partial p}{\partial z}\right] \tag{1.9.11}$$

将式(1.9.6)和式(1.9.11)代入连续方程(1.9.1),并将连续方程(1.9.1)右端近似写作$\rho_0(1+c_f\Delta p)q \approx \rho_0 q$,则得关于压力函数 p 的二阶偏微分方程

$$\frac{\partial}{\partial x}\left(\frac{K_x}{\mu}\frac{\partial p}{\partial x}\right) + \frac{\partial}{\partial y}\left(\frac{K_y}{\mu}\frac{\partial p}{\partial y}\right) + \frac{\partial}{\partial z}\left(\frac{K_z}{\mu}\frac{\partial p}{\partial z}\right) + 2\rho g c_f \frac{K_z}{\mu}\frac{\partial p}{\partial z} + q = \phi c_t \frac{\partial p}{\partial t} \tag{1.9.12}$$

这就是单相液体等温渗流的普遍方程。这只适用于牛顿流体,并有限制条件(1.9.10)。该条件在一般的工程问题中是成立的。但应指出:这主要是因为压缩系数远小于1,如果理解为$(\nabla p)^2$ 与$\nabla^2 p$ 相比总可以忽略,那就不正确了。实际上,这两者大体上量级相同。

如果没有源汇,即式(1.9.12)中 $q=0$,再略去重力影响,并且流场中压力变化不大以致可以认为黏度 μ 与空间位置无关,则各向异性多孔介质中的渗流偏微分方程简化为

$$\frac{\partial}{\partial x}\left(K_x \frac{\partial p}{\partial x}\right) + \frac{\partial}{\partial y}\left(K_y \frac{\partial p}{\partial y}\right) + \frac{\partial}{\partial z}\left(K_z \frac{\partial p}{\partial z}\right) = \phi\mu c_t \frac{\partial p}{\partial t} \tag{1.9.13}$$

对于均匀各向异性介质,K_x,K_y,K_z 分别等于常数,则方程化为

$$K_x \frac{\partial^2 p}{\partial x^2} + K_y \frac{\partial^2 p}{\partial y^2} + K_z \frac{\partial^2 p}{\partial z^2} = \phi\mu c_t \frac{\partial p}{\partial t} \tag{1.9.14}$$

1.9.1.2　均匀各向同性介质

对于均匀各向同性介质,渗透率 K 退化为常数,则渗流偏微分方程(1.9.12)略去重力后变为

$$\nabla^2 p(\boldsymbol{r},t) + \frac{1}{\lambda} q(\boldsymbol{r},t) = \frac{1}{\chi}\frac{\partial p(\boldsymbol{r},t)}{\partial t} \tag{1.9.15}$$

式中,$\boldsymbol{r}$ 表示空间坐标,$\lambda = K/\mu$ 称为流度,而

$$\chi = \frac{K}{\phi\mu c_t} \tag{1.9.16}$$

称为压力扩散系数(简称扩散系数)或导压系数。我们不妨将方程(1.9.15)与方程(1.7.25)比较一下,如果两者同时考虑或均不考虑源汇项,两者在形式上是完全一样的。就是说,液体渗流偏微分方程与固体的热传导方程就方程的性质而言是完全一致的,这样的方程统称为扩散方程或热传导型方程。渗流中的压力、流度和导压系数(或扩散系数)分别对应于固体热传导方程中的温度、热导率和导温系数(或扩散系数);储容 ϕc_t 对应于热容$(\rho c_p)_s$。

对于无源(汇)流动,$q=0$,方程化为

$$\nabla^2 p(\boldsymbol{r},t) = \frac{1}{\chi}\frac{\partial p(\boldsymbol{r},t)}{\partial t} \tag{1.9.17}$$

对于不可压缩流体，连续方程为(1.6.9)，即$\nabla \cdot \boldsymbol{V}=0$，或者对于可压缩流体的稳态渗流，均有$\partial p/\partial t=0$，于是方程化为拉普拉斯方程：

$$\nabla^2 p=0 \tag{1.9.18}$$

应当指出：均匀各向异性介质中的渗流方程(1.9.14)不难化成方程(1.9.17)的形式。实际上，只要作空间变量的变换

$$\left.\begin{aligned} X &= x \\ Y &= y\sqrt{\frac{K_x}{K_y}} \\ Z &= z\sqrt{\frac{K_x}{K_z}} \end{aligned}\right\} \tag{1.9.19}$$

则方程(1.9.14)化为“标准形式”的方程：

$$\frac{\partial^2 p}{\partial X^2}+\frac{\partial^2 p}{\partial Y^2}+\frac{\partial^2 p}{\partial Z^2}=\frac{1}{\chi_1}\frac{\partial p}{\partial t} \tag{1.9.20}$$

其中

$$\chi_1=\frac{K_x}{\phi\mu c_{\mathrm{t}}} \tag{1.9.21}$$

1.9.1.3 各种算子在不同正交坐标系中的表达式

为使有关的方程在各种条件下使用方便起见，现将各种算子在直角坐标系、圆柱坐标系和球坐标系中的表达式写出如下：

1. 直角坐标系(x,y,z)中的表达式

$$\nabla^2 p = \frac{\partial^2 p}{\partial x^2}+\frac{\partial^2 p}{\partial y^2}+\frac{\partial^2 p}{\partial z^2} \tag{1.9.22}$$

$$\nabla \cdot (\rho \boldsymbol{V}) = \frac{\partial(\rho V_x)}{\partial x}+\frac{\partial(\rho V_y)}{\partial y}+\frac{\partial(\rho V_z)}{\partial z} \tag{1.9.23}$$

$$= \rho\nabla \cdot \boldsymbol{V} + \boldsymbol{V} \cdot \nabla \rho \tag{1.9.24}$$

$$\nabla p = \frac{\partial p}{\partial x}\boldsymbol{e}_x+\frac{\partial p}{\partial y}\boldsymbol{e}_y+\frac{\partial p}{\partial z}\boldsymbol{e}_z \tag{1.9.25}$$

2. 圆柱坐标系(r,θ,z)中的表达式

$$\nabla^2 p = \frac{1}{r}\frac{\partial}{\partial r}\left(r\frac{\partial p}{\partial r}\right)+\frac{1}{r^2}\frac{\partial^2 p}{\partial \theta^2}+\frac{\partial^2 p}{\partial z^2} \tag{1.9.26}$$

$$\nabla \cdot (\rho \boldsymbol{V}) = \frac{1}{r}\frac{\partial}{\partial r}(r\rho V_r)+\frac{1}{r}\frac{\partial(\rho V_\theta)}{\partial \theta}+\frac{\partial(\rho V_z)}{\partial z} \tag{1.9.27}$$

$$\nabla p = \frac{\partial p}{\partial r}\boldsymbol{e}_r+\frac{1}{r}\frac{\partial p}{\partial \theta}\boldsymbol{e}_\theta+\frac{\partial p}{\partial z}\boldsymbol{e}_z \tag{1.9.28}$$

3. 球坐标系(r,θ,φ)中的表达式

$$\nabla^2 p = \frac{1}{r^2}\frac{\partial}{\partial r}\left(r^2\frac{\partial p}{\partial r}\right)+\frac{1}{r^2\sin^2\varphi}\frac{\partial^2 p}{\partial \theta^2}+\frac{1}{r^2\sin\varphi}\frac{\partial}{\partial \varphi}\left(\sin\varphi\frac{\partial p}{\partial \varphi}\right) \tag{1.9.29}$$

$$\nabla \cdot (\rho \boldsymbol{V}) = \frac{1}{r^2}\left[\frac{\partial}{\partial r}(r^2 \rho V_r)\right] + \frac{1}{r\sin\varphi}\frac{\partial(\rho V_\theta)}{\partial \theta} + \frac{1}{r\sin\varphi}\frac{\partial}{\partial \varphi}(\sin\varphi \rho V_\phi) \tag{1.9.30}$$

$$\nabla p = \frac{\partial p}{\partial r}\boldsymbol{e}_r + \frac{1}{r\sin\varphi}\frac{\partial p}{\partial \theta}\boldsymbol{e}_\theta + \frac{1}{r}\frac{\partial p}{\partial \varphi}\boldsymbol{e}_\varphi \tag{1.9.31}$$

以上各式中，$\boldsymbol{e}$ 是各个坐标轴方向的单位矢量，θ 可称为周向角或方向角，φ 可称为高低角。各坐标变量之间有如下关系：

圆柱坐标系(r,θ,z)：

$$\left.\begin{aligned} x &= r\cos\theta \\ y &= r\sin\theta \\ z &= z \end{aligned}\right\} \tag{1.9.32}$$

球坐标系(r,θ,φ)：

$$\left.\begin{aligned} x &= r\sin\varphi\cos\theta \\ y &= r\sin\varphi\sin\theta \\ z &= r\cos\varphi \end{aligned}\right\} \tag{1.9.33}$$

1.9.2 边界条件和初始条件

1.9.1 小节导出了单相牛顿流体渗流的偏微分方程，本书最后几章还将导出其他较为复杂流动的偏微分方程。每个这样的方程联系着一类物理现象固有的内在关系，但由于它本身并不包含这种物理现象所处的具体条件，方程的解就不能确定，或者说它有无穷多个解。要求得我们所需要的确定的解，就必须给出该微分方程所反映的物理现象所处的特定条件，这些特定条件除需给出方程中全部参数和系数外，还应包括：① 物理现象所处的空间区域和时间区间；② 该空间区域边界上物理量所满足的条件，即边界条件；③ 所描述现象在初始时刻的状况，即初始条件。

1.9.2.1 边界形状

设二维和三维流动的边界分别由曲线 C 和曲面 σ 表示。曲线 C 可以由几部分组成，例如井筒边界的曲线和地层外边界曲线；曲面 σ 也可由几部分组成。在某些特定条件下，曲线 C 或曲面 σ 可退化为一点或一条线。有时我们讨论无限大区域中的流动问题，给出的是无穷远处的边界条件，通常称为远场条件。边界条件通常分为以下三类：

1. 第一类边界条件

在渗流力学中，通常是给定边界上压力或速度势的条件，对于二维和三维流动，分别写成

$$p(x,y,t)|_C = f(x,y,t) \quad 或 \quad \varphi(x,y,t)|_C = f(x,y,t) \tag{1.9.34}$$

和

$$p(x,y,z,t)|_\sigma = f(x,y,z,t) \quad 或 \quad \varphi(x,y,z,t)|_\sigma = f(x,y,z,t) \tag{1.9.35}$$

其中，$f(x,y,t)$或 $f(x,y,z,t)$是给定的，也就是已知函数。例如供给边界情形，包括边界线是古河道或人工注水使之保持确定压力的情形，它的特例是边界上压力保持不变，通常称为定压边界。对于无限大地层远场边界，可用 $p = p_{\mathrm{i}}$ 表示，其中，p_{i} 表示地层原始压力。

在偏微分方程理论中，只出现这类边界的问题称为狄里赫勒(Dirichlet)问题。

2. 第二类边界条件

这是指在边界上给定通量或压力导数的条件。对于二维和三维情形，分别写成

$$V_n(x,y,t)|_C = f(x,y,t) \quad 或 \quad \left.\frac{\partial p}{\partial \boldsymbol{n}}\right|_C = f(x,y,t) \tag{1.9.36}$$

和

$$V_n(x,y,z,t)|_\sigma = f(x,y,z,t) \quad 或 \quad \left.\frac{\partial p}{\partial \boldsymbol{n}}\right|_\sigma = f(x,y,z,t) \tag{1.9.37}$$

其中，f 是已知函数，$\boldsymbol{n}$ 代表界面的法线方向。这类边界的特殊情形是“不透水边界”。例如，封闭断层或由流线组成的边界。**流线**是其上每一点的切线均与该点速度矢重合的曲线。在这种情形下，**通量**(这里指通过单位面积的流量)为零。

在偏微分方程理论中，只出现这类边界的问题称为诺伊曼(Neumann)问题。

但应注意：同一物理现象用不同变量表示时，其边界条件类别可能不同。例如，二维流动中的不透水边界，如果用压力表示，为第二类边界；而如果用流函数 ψ 表示，则成为第一类边界，写成$\psi|_C$ = 常数。即用压力为应变量的第二类边界条件等价于用流函数为应变量的第一类边界条件。

3. 第三类边界条件

这是指在边界上给定压力(或速度势)及其导数的线性组合的条件。对于二维和三维情形，可分别写成

$$\left[\frac{\partial p}{\partial \boldsymbol{n}} + hp\right]_C = f(x,y,t) \tag{1.9.38}$$

和

$$\left[\frac{\partial p}{\partial \boldsymbol{n}} + hp\right]_\sigma = f(x,y,z,t) \tag{1.9.39}$$

在偏微分方程理论中，只出现这类边界条件的问题称为罗宾(Robin)问题。

1.9.2.2 界面条件

现在讨论流动区域 R 内有分界面的情形。包括多孔介质本身有分界面，界面两侧渗透率(和孔隙度)不相等，以及两种不同流体的界面，例如油和水的界面。下面分别进行讨论。

1. 第一种情形

设有界面将流动区域分成两部分 R_1 和 R_2，其渗透率分别为 K_1 和 K_2，两个区域中流动着同一种流体。在这种情况下，整个流动区域 R 中适用的偏微分方程等价地化为两个子区域R_1 和 R_2 中分别适用的偏微分方程，而方程中的应变量可分别用 p_1 和 p_2(或 φ_1,φ_2，ψ_1,ψ_2)表示，于是应变量及其导数在界面上必须满足一定的连续条件。首先，同一种流体在无激波或水位差的条件下，压力应当连续，即

$$p_1 = p_2 \quad 或 \quad \varphi_1 = \varphi_2 \quad (在界面上) \tag{1.9.40}$$

对于二维情形，沿界面两侧测量的弧长 s 应相等，故还有压力的切向导数连续，即

$$\frac{\partial p_1}{\partial s} = \frac{\partial p_2}{\partial s} \quad (在界面上) \tag{1.9.41}$$

另外，这种界面不是源汇分布区，没有流体涌出或消失，因而穿过界面的通量（法向速度或流量）应保持连续，即有

$$V_{n1} = V_{n2} \quad 或 \quad \frac{K_1}{\mu}\frac{\partial p_1}{\partial \boldsymbol{n}} = \frac{K_2}{\mu}\frac{\partial p_2}{\partial \boldsymbol{n}} \quad （在界面上） \tag{1.9.42}$$

2. 第二种情形

设介质的渗透率是连续的，而流场中有两种流体形成分界面。这个界面是由流体质点组成的，我们称它为**物质面**，该面在运动过程中可用下列方程描述：

$$F(x,y,z,t) = 0 \tag{1.9.43}$$

特别地，对于一维的直线运动或径向运动，该面可写成

$$F(x,t) = x - \xi(t) = 0 \quad 或 \quad F(r,t) = r - r_c(t) = 0 \tag{1.9.44}$$

其中，$x = \xi(t)$或 $r = r_c(t)$表示 t 时刻流体界面的坐标位置。如第 1.4.2 小节中所述，描写这种界面用拉格朗日观点比较方便。在这种情况下，有

$$\frac{\mathrm{d}F}{\mathrm{d}t} = \frac{\partial F}{\partial t} + v\frac{\partial F}{\partial x} = 0 \quad 或 \quad \frac{\mathrm{d}F}{\mathrm{d}t} = \frac{\partial F}{\partial t} + v_r\frac{\partial F}{\partial r} = 0 \tag{1.9.45}$$

式中，v 或 v_r 是流体质点的平均速度。

与上述第一种情形类似，如果忽略毛管力，在界面 F 上也有压力连续和通量连续。

1.9.2.3 初始条件

对于非稳态渗流，求解微分方程还必须给定初始条件。初始条件是给定初始时刻 $t = \tau$（通常取 $\tau = 0$）时应变量在整个定义域中的值，可写成

$$p(x,y,z;t=0) = F(x,y,z) \quad （在 R 中） \tag{1.9.46}$$

式中，F 表示已知函数。其简单情形是常数，例如地层原始压力 p_i。

1.9.3 偏微分方程的基本概念及其定解问题

前两小节导出了渗流偏微分方程，并给出了一些边界条件（或边值条件）和初始条件（或初值条件）。在渗流力学中会出现各种偏微分方程问题，为便于下一步的分析研究，现在对偏微分方程作一般性论述。首先介绍一些有关偏微分方程的基本概念。

1.9.3.1 方程的分类

方程中出现的未知函数（应变量）的最高阶偏导数的阶数称为方程的**阶数**。对于未知函数和它的各阶导数都是线性的方程称为线性偏微分方程。以下列二阶偏微分方程为例：

$$A\frac{\partial^2 p}{\partial x^2} + B\frac{\partial^2 p}{\partial x \partial t} + C\frac{\partial^2 p}{\partial t^2} + a\frac{\partial p}{\partial x} + b\frac{\partial p}{\partial t} + cp = f(x,t) \tag{1.9.47}$$

未知函数是 $p(x,t)$，x 和 t 是自变量。**线性方程**即是方程中各项的系数 A,B,C,a,b,c 只是自变量 x 和 t 的函数，而与 p 无关。方程中不含未知函数及其偏导数的项称为自由项，如方程(1.9.47)中的 $f(x,t)$。若自由项不为零，则称方程为**非齐次**的。若自由项为零，则称方程为**齐次**的。若方程对于未知函数的最高阶导数是线性的，则称该方程为**拟线性**的。对方程(1.9.47)而言，A,B 和C 只是x,t 和p 的函数，而是不含 p 的偏导数。若偏微分方程

既不是线性方程又不是拟线性方程，则这样的方程就称为**非线性**方程。

二阶偏微分方程按其系数的正负号关系可分为三大类。仍以方程(1.9.47)为例，记$\Delta = B^2 - 4AC$。若在区域 R 内某点(x_0, t_0)满足 $\Delta > 0$，则称方程在该点是**双曲型**的；若在点(x_0, t_0)满足 $\Delta = 0$，则称方程在该点是**抛物型**的；若在点(x_0, t_0)满足 $\Delta < 0$，则称方程在该点是**椭圆型**的。若方程在区域 R 内所有各点均满足$\Delta < 0$，则称方程在区域 R 内是椭圆型的，其余类推。

在渗流力学中遇到的主要是扩散方程或热传导型方程。显然，这样的方程是椭圆型方程。而方程(1.9.18)称为拉普拉斯方程。拉普拉斯方程再加上源汇项就成了 Poission 方程。显然，这些都是椭圆型方程。

1.9.3.2 定解问题和适定性

1. 定解问题

给定一个方程，只能描写物质运动的一般规律，而不能确定具体的运动状况，我们把它称为泛定方程。若对所给的泛定方程加上边界条件和初始条件后，能确定具体的运动状态，则这样的条件称为定解条件。给了泛定方程，又给了相应的定解条件，则这样的数学物理问题称为定解问题。根据不同的定解条件，定解问题可分为三类：

(1) 只有初始条件而没有边界条件的定解问题，称为初值问题或柯西(Cauchy)问题。

(2) 只有边界条件而没有初始条件的定解问题，称为边值问题。

(3) 既有边界条件又有初始条件的定解问题，称为混合问题或初边值问题。

2. 定解问题的适定性

反映定解问题的解应该是存在的，因为它是确定的物理过程，称为解的存在性。同时，除了对某些非线性方程所固有的物理状况如分叉现象以外，这个解应该是唯一的，称为解的唯一性。此外还有解的**稳定性**，如果定解条件的微小变化只引起定解问题的解在整个定义域 R 中的微小变化，也就是说，除了某些非线性方程所固有的物理状况如混沌现象以外，解对定解条件存在着连续依赖关系，则称定解问题的解是稳定的。

若定解问题的解唯一存在并且关于定解条件是稳定的，则称定解条件的提法是适定的。

在渗流力学中，因为这些方程和定解条件是对客观物理过程(如地下、生物体内或工程领域的渗流过程)的数学描述，所以也称定解问题是相应的物理过程的数学模型。

第 2 章　单相液体的稳态渗流

稳态渗流是指多孔介质的流场中各个空间点上的物理量如压力、流速等均与时间无关。在实际问题中，一般都是非稳态渗流。例如地层一旦被打开，流场中各点的压力、流速等就随时间而不断变化。稳态渗流可在以下若干情形中出现：① 在实验室中，人为地制造某种稳态渗流的条件；② 在无限大地层中，以恒定不变的流量开采，经过较长时间以后可以认为渗流是稳态的；③ 在有限体积的多孔介质中，流入端和流出端均为恒定不变的流量和压力，经过长时间以后可近似认为渗流是稳态的。稳态渗流理论的研究和发展较早(Muskat M，1946)。下面讨论几种典型的或有重要意义的稳态渗流。

2.1　几种一维流动和二维流动

在第 1 章 1.9 节中已经阐明：在均质地层中稳态渗流由拉普拉斯方程描述。对于一维平行流、平面径向流和球形向心流，方程变得非常简单。

2.1.1　平面平行流

在实验室中测定岩芯的纵向渗透率的过程中，可以认为流线是一组互相平行的直线，这一类问题属于平面平行流。设介质长度为 L，截面积为 A，供给边缘压力为 p_e，排液道(流出端)压力为 p_w，则方程和定解条件可写成

$$\left.\begin{aligned}&\frac{d^2 p}{dx^2} = 0 &(2.1.1)\\ &p(x = 0) = p_e &(2.1.2)\\ &p(x = L) = p_w &(2.1.3)\end{aligned}\right\}$$

容易解得压力分布、截面流量(或排液道产量)Q 和渗流速度 V 分别为

$$p(x) = p_e - (p_e - p_w)\frac{x}{L} = p_w + (p_e - p_w)\frac{1-x}{L} \tag{2.1.4}$$

$$Q = \frac{AK(p_e - p_w)}{\mu L} \tag{2.1.5}$$

$$V = \frac{Q}{A} = \frac{K(p_e - p_w)}{\mu L} \tag{2.1.6}$$

这表明对于稳态的平面平行流，其压力沿流动方向呈线性分布；流量和速度是与两端压差成正比的常数。

2.1.2 平面径向流

对平面径向流可分为两种情形进行讨论。

1. 第一种情形

第一种情形是圆形地层有边水供给的中心一口井。对这种情形，用柱坐标系比较方便。注意到式(1.9.26)，定解问题可写成

$$\left.\begin{array}{ll}\dfrac{\mathrm{d}}{\mathrm{d}r}\left(r\dfrac{\mathrm{d}p}{\mathrm{d}r}\right)=0 \quad (r_\mathrm{w}<r<R) & (2.1.7)\\ p(r=r_\mathrm{w})=p_\mathrm{w} & (2.1.8)\\ p(r=R)=p_\mathrm{e} & (2.1.9)\end{array}\right\}$$

其中，r_w 和 R 分别为井的半径和圆形地层的半径，p_w 和 p_e 分别为井底压力和外边界压力。容易解得压力分布和流量分别为

$$p(r)=p_\mathrm{e}-\frac{p_\mathrm{e}-p_\mathrm{w}}{\ln\dfrac{R}{r_\mathrm{w}}}\ln\frac{R}{r}=p_\mathrm{w}+\frac{p_\mathrm{e}-p_\mathrm{w}}{\ln\dfrac{R}{r_\mathrm{w}}}\ln\frac{r}{r_\mathrm{w}} \tag{2.1.10}$$

$$Q=2\pi rh\frac{K}{\mu}\frac{\mathrm{d}p}{\mathrm{d}r}=\frac{2\pi Kh(p_\mathrm{e}-p_\mathrm{w})}{\mu\ln\dfrac{R}{r_\mathrm{w}}} \tag{2.1.11}$$

其中，h 是地层厚度。式(2.1.10)表明：压力沿径向呈对数分布。对于生产井而言，在 $p\sim r$ 图上压力曲面呈漏斗状，习惯上称为“压降漏斗”。由式(2.1.11)可知，流量与内外边界的压差成正比，而与地层和井筒半径比值的对数成反比。

平均地层压力在油气田开发中是一个较为重要的参数，通常取对面积 A 平均，即

$$p_\mathrm{ave}=\frac{1}{A}\int_A p\,\mathrm{d}A \tag{2.1.12}$$

将式(2.1.10)代入式(2.1.12)，并略去小量 $r_\mathrm{w}{}^2$，容易求得平均压力

$$p_\mathrm{ave}=p_\mathrm{e}-\frac{\dfrac{p_\mathrm{e}-p_\mathrm{w}}{2}}{2\ln\dfrac{R}{r_\mathrm{w}}}\left(1+2\frac{r_\mathrm{w}^2}{R^2}\ln\frac{r_\mathrm{w}}{R}\right) \tag{2.1.13}$$

2. 第二种情形

第二种情形是无限大地层中的一口井。对于这种情形，方程和内边界条件可以写成

$$\left.\begin{array}{ll}\dfrac{\mathrm{d}}{\mathrm{d}r}\left(r\dfrac{\mathrm{d}p}{\mathrm{d}r}\right)=0 \quad (r_\mathrm{w}<r<\infty) & (2.1.14)\\ \lim\limits_{r\to0}\left(r\dfrac{\mathrm{d}p}{\mathrm{d}r}\right)=\dfrac{Qu}{2\pi Kh} & (2.1.15)\end{array}\right\}$$

容易求得以上问题的解为

$$p(r)=C+\frac{Qu}{2\pi Kh}\ln r \tag{2.1.16}$$

大式(2.1.16)中,C 是任意常数,r 是场点(x,y)至井点位置(x_0,y_0)的距离,即

$$r=[(x-x_0)^2+(y-y_0)^2]^{1/2} \tag{2.1.17}$$

所以,式(2.1.14)又可写成

$$p(r)=C+\frac{Qu}{4\pi Kh}\ln[(x-x_0)^2+(y-y_0)^2] \tag{2.1.18}$$

这个常数 C 应由另一个边界条件确定。如果以远场条件 $r\to\infty$ 处 $p=p_i$ 代入,则 C 趋于负无穷。以后会看到,在其他确定的边界条件下,常数 C 将有确定的有限值。

实际上,按第 1 章 1.4.4 小节中平面点源(汇)的关系式(1.4.32),式(1.4.34)和 Darcy 定律 $V=-(K/\mu)(\mathrm{d}p/\mathrm{d}r)$,立即得到

$$\frac{\mathrm{d}p}{\mathrm{d}r}=-\frac{\mu}{K}\frac{q}{2\pi r}=-\frac{\mu}{K}\frac{Q}{2\pi hr} \tag{2.1.19}$$

式中,q 是单位厚度地层流量,Q 是 h 厚度地层流量。对于点源,$q>0$;对于点汇,$q<0$。式(2.1.19)积分,即得式(2.1.16)或式(2.1.18)。这个解称为无限大平面中点源(汇)问题的基本解,它对于平面稳态渗流有广泛应用。式(2.1.19)表明流场中的压力梯度与距离 r 成反比。在井附近压力梯度很大,在无穷远处压力梯度趋于零。

2.1.3　球形向心流

考虑一个半球形的储液层,顶部为一圆平面,底部为半球面,其半径为 h,也就是地层厚度。顶部圆面中心被局部钻开,钻开部分为半径为 r_w 的同心半球,底部半球面是供给边界,即有底水使其保持定压为 p_e,则整个流动可看做球形向心流。

由式(1.4.33)或式(1.4.35)和 Darcy 定律,注意到现在是半球,则有

$$\frac{\mathrm{d}p}{\mathrm{d}r}=-\frac{\mu}{K}\frac{Q}{2\pi r^2} \tag{2.1.20}$$

其中,r 为球心至流场半球体中任意一点的距离。式(2.1.20)积分,给出

$$p(r)=p_w+\frac{Qu}{2\pi K}\left(\frac{1}{r_w}-\frac{1}{r}\right)=p_e-\frac{Qu}{2\pi K}\left(\frac{1}{r}-\frac{1}{h}\right) \tag{2.1.21}$$

由式(2.1.21)可求得流量

$$Q=\frac{2\pi K}{\mu}\frac{p_e-p_w}{\dfrac{1}{r_w}-\dfrac{1}{h}} \tag{2.1.22}$$

若 $h\gg r_w$,则近似地有

$$Q=\frac{2\pi Kr_w}{\mu}(p_e-p_w) \tag{2.1.23}$$

2.1.4　边界上压力分布与角度有关的流动

如果圆形边界上的压力不是常数,而是角度 θ 的任意已知函数,按式(1.9.26),其定解

问题可写成

$$\left.\begin{array}{ll}\dfrac{1}{r}\cdot\dfrac{\partial}{\partial r}\left(r\dfrac{\partial p}{\partial r}\right)+\dfrac{1}{r^2}\dfrac{\partial^2 p}{\partial\theta^2}=0 & \\ p(r_w,\theta)=p_w(\theta) & (r_w\leqslant r\leqslant R) \\ p(R,\theta)=p_e(\theta) & \end{array}\right\}\begin{array}{r}(2.1.24)\\(2.1.25)\\(2.1.26)\end{array}$$

用直接代入法很容易验证方程(2.1.24)有特解

$$\ln r,\quad r^{\pm\alpha}\cos\alpha\theta,\quad r^{\pm\alpha}\sin\alpha\theta$$

其中,α 是常数。因为方程是线性的,所以通解可用级数表示为

$$p(r,\theta)=c_0\ln r+\sum r^{\alpha}(a_\alpha\sin\alpha\theta+b_\alpha\cos\alpha\theta)+\sum r^{-\alpha}(c_\alpha\sin\alpha\theta+d_\alpha\cos\alpha\theta) \tag{2.1.27}$$

其中,$c_0,a_\alpha,b_\alpha,c_\alpha,d_\alpha$ 都是常数,与 r,θ 无关,它们由边界条件确定。

另一方面,根据 Fourier 级数理论,边界函数 $p_w(\theta)$和 $p_e(\theta)$可写成级数形式如下:

$$p_w(\theta)=\sum(W_n\sin n\theta+W_n'\cos n\theta) \tag{2.1.28}$$

$$p_e(\theta)=\sum(E_n\sin n\theta+E_n'\cos n\theta) \tag{2.1.29}$$

在极坐标系下,在 $\theta=\pi$ 处将平面剪开,按照 Fourier 分析,可知压力函数 $p(r,\theta)$是 θ 的周期函数,周期为 2π,因而 n 取正整数。这样一来,由边界条件(2.1.28)和(2.1.29)即可确定通解(2.1.27)中的常数。将通解(2.1.27)右端的 α 用正整数代替,并分别取 $r=r_w$ 和 R,它们应与式(2.1.28)和式(2.1.29)的右端相等,这就给出确定常数的两个方程:

$$\begin{aligned}&\sum_{n=0}^{\infty}(W_n\sin n\theta+W_n'\cos n\theta)\\&\quad=c_0\ln r_w+\sum_{n=0}^{\infty}r_w{}^n(a_n\sin n\theta+b_n\cos n\theta)+\sum_{n=0}^{\infty}r_w^{-n}(c_n\sin n\theta+d_n\cos n\theta)\end{aligned} \tag{2.1.30}$$

$$\begin{aligned}&\sum_{n=0}^{\infty}(E_n\sin n\theta+E_n'\cos n\theta)\\&\quad=c_0\ln R+\sum_{n=0}^{\infty}R^n(a_n\sin n\theta+b_n\cos n\theta)+\sum_{n=0}^{\infty}R^{-n}(c_n\sin n\theta+d_n\cos n\theta)\end{aligned} \tag{2.1.31}$$

根据 Fourier 级数理论,方程(2.1.30)和方程(2.1.31)两边 $\sin n\theta$ 和 $\cos n\theta$ 的系数必须分别相等,即有

$$a_0=0,\quad c_0\ln r_w+b_0=W_0',\quad c_0\ln R+b_0=E_0'$$

$$a_nr_w{}^n+c_nr_w^{-n}=W_n,\quad b_nr_w^n+d_nr_w{}^{-n}=W_n'\quad(n\geqslant1)$$

$$a_nR^n+c_nR^{-n}=E_n,\quad b_nR^n+d_nR^{-n}=E_n'\quad(n\geqslant1)$$

于是得通解(2.1.27)中的待定系数

$$\left.\begin{array}{l}c_0=\dfrac{E_0'-W_0'}{\ln\dfrac{R}{r_w}},\quad b_0=\dfrac{W_0'\ln R-E_0'\ln r_w}{\ln\dfrac{R}{r_w}},\quad a_0=0\\[2ex] a_n=\dfrac{W_nR^{-n}-E_nr_w{}^{-n}}{D_n},\quad b_n=\dfrac{W_n'R^{-n}-E_n'r_w{}^{-n}}{D_n}\quad(n\geqslant1)\\[2ex] c_n=\dfrac{E_nr_w^n-W_nR^n}{D_n},\quad d_n=\dfrac{E_n'r_w^n-W_n'R^n}{D_n}\quad(n\geqslant1)\end{array}\right\} \tag{2.1.32}$$

式中，$D_n = \frac{r_w^n}{R^n} - \frac{R^n}{r_w^n}$。

由此可见，若边界函数 $p_w(\theta)$和 $p_e(\theta)$已知，其级数展开式中，系数 $W_n, W_n{}', E_n, E_n{}'$ 就是已知值，则由式(2.1.32)可完全确定通解(2.1.27)中的系数，于是$[r_w, R]$区域中的压力场 $p(r,\theta)$就完全确定了。

例 2.1　设边界条件为

$$p(r_w,\theta) = 常数 \quad (-\pi \leqslant \theta \leqslant \pi)$$

$$p(R,\theta) = \begin{cases} p_e & (0 \leqslant \theta \leqslant \pi) \\ 0 & (-\pi \leqslant \theta \leqslant 0) \end{cases}$$

试求该稳态渗流的压力分布(图 2.1)。

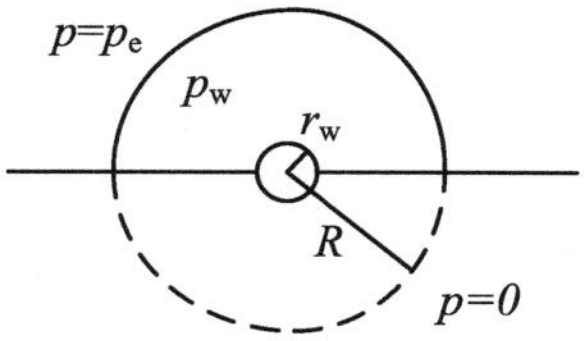

图 2.1　圆形外边界压力分布图

解　将上述边界值展成 Fourier 级数，考虑到 $p(R,\theta)$是 θ 的奇函数，则有

$$p(r_w,\theta) = W_0{}' = p_w$$

$$p(R,\theta) = \frac{p_e}{2} + \frac{2p_e}{\pi}\left(\sin\theta + \frac{\sin3\theta}{3} + \frac{\sin5\theta}{5} + \cdots\right)$$

因而有

$$W_n = W_n{}' = 0, \quad E_n{}' = 0 \quad (n \geqslant 1)$$

$$E_0{}' = \frac{p_e}{2}, \quad E_n = \begin{cases} 0 & (n\ 为偶数) \\ \dfrac{2p_e}{n\pi} & (n\ 为奇数) \end{cases}$$

将这些值代入式(2.1.32)，即得

$$a_0 = 0, \quad b_0 = \frac{p_w \ln R - p_e \ln \dfrac{R}{2}}{\ln \dfrac{R}{r_w}}, \quad c_0 = \frac{\dfrac{p_e}{2} - p_w}{\ln \dfrac{R}{r_w}}$$

$$a_n = \begin{cases} 0 & (n\ 为偶数) \\ -\dfrac{2p_e r_w^{-n}}{n\pi D_n} & (n\ 为奇数) \end{cases}, \quad b_n = 0$$

$$c_n = \begin{cases} 0 & (n\ 为偶数) \\ \dfrac{2p_e r_w^n}{n\pi D_n} & (n\ 为奇数) \end{cases}, \quad d_n = 0$$

将这些系数代入通解(2.1.27)，最后得压力分布

$$p(r,\theta) = \frac{\dfrac{p_e}{2}\ln\dfrac{r}{r_w} + p_w \ln\dfrac{R}{r}}{\ln\dfrac{R}{r_w}} + \frac{2p_e}{\pi}\sum_{n为奇数}\frac{\sin n\theta}{nD_n}\left(\frac{r_w^n}{r^n} - \frac{r^n}{r_w^n}\right) \tag{2.1.33}$$

按照 Darcy 定律，可得速度分量为

$$\left.\begin{aligned}v_r &= -\frac{K}{\mu}\frac{\partial p}{\partial r} = -\frac{K\left(\dfrac{p_e}{2}-p_w\right)}{\mu r\ln\dfrac{R}{r_w}} + \frac{2p_eK}{\mu\pi r}\sum_{n为奇数}\frac{\sin n\theta}{D_n}\left(\frac{r_w^n}{r^n}-\frac{r^n}{r_w^n}\right)\\ v_\theta &= -\frac{K}{\mu}\frac{\partial p}{r\partial\theta} = -\frac{2p_eK}{\mu\pi r}\sum_{n为奇数}\frac{\cos n\theta}{D_n}\left(\frac{r_w^n}{r^n}-\frac{r^n}{r_w^n}\right)\end{aligned}\right\} \tag{2.1.34}$$

井的产量 Q 为

$$Q = -\int_{-\pi}^{\pi} rhv_r\mathrm{d}\theta = \frac{2\pi Kh\left(\dfrac{p_e}{2}-p_w\right)}{\mu\ln\dfrac{R}{r_w}} \tag{2.1.35}$$

将式(2.1.35)与式(2.1.11)相比不难看出：在半个圆周边界上保持压力 p_e 与在整个圆周边界上保持压力 $p_e/2$，所得井的产量是相同的。以此类推，不难证明：在外边界弧度 s 范围上保持压力 p_e 与在整个圆周外边界上保持压力 $sp_e/(2\pi)$，其所得的产量是相等的，均为

$$Q_s = \frac{2\pi Kh\left(\dfrac{sp_e}{2\pi}-p_w\right)}{\mu\ln\dfrac{R}{r_w}} \tag{2.1.36}$$

更一般地，可以给出边界上压力平均值的关系，由

$$Q = -hr\int_{-\pi}^{\pi} v_r\mathrm{d}\theta = \frac{2\pi Kh(E_0'-W_0')}{\mu\ln\dfrac{R}{r_w}} = \frac{2\pi Kh(\overline{p}_e-\overline{p}_w)}{\mu\ln\dfrac{R}{r_w}}$$

即有

$$\overline{p}_e = \frac{Qu}{2\pi Kh}\ln\frac{R}{r_w}+\overline{p}_w$$

其中，$\overline{p}_w$ 和 $\overline{p}_e$ 分别为内、外边界上压力的平均值。

2.2 复变函数理论在单相液体平面稳态渗流中的应用

2.2.1 一般分析

对于均质地层平面稳态渗流，利用复变函数理论有时会使问题大为简化。为此，我们先从复势函数的引进谈起。

2.2.1.1 复势函数

对于平面稳态渗流，可以引进势函数 $\varphi(x,y)$：

$$\varphi(x,y)=\frac{K}{\mu}p(x,y) \tag{2.2.1}$$

根据 Darcy 定律(1.5.27),速度分量可用势函数的偏导数表示,即

$$V_x=-\frac{\partial\varphi}{\partial x},\quad V_y=-\frac{\partial\varphi}{\partial y} \tag{2.2.2}$$

而由式(1.9.18),平面稳态渗流方程为

$$\frac{\partial^2\varphi}{\partial x^2}+\frac{\partial^2\varphi}{\partial y^2}=0 \tag{2.2.3}$$

再由连续性方程(1.6.9),可引进流函数 $\psi(x,y)$,使其满足

$$V_x=-\frac{\partial\psi}{\partial y},\quad V_y=\frac{\partial\psi}{\partial x} \tag{2.2.4}$$

这个流函数通常也称作拉格朗日流函数。在式(2.2.4)中,正负号是人为规定的。由式(2.2.2)和式(2.2.4)可得

$$\frac{\partial\varphi}{\partial x}=\frac{\partial\psi}{\partial y},\quad \frac{\partial\varphi}{\partial y}=-\frac{\partial\psi}{\partial x} \tag{2.2.5}$$

这表明势函数 φ 与流函数 ψ 之间满足 Cauchy-Riemann 关系。下面证明流函数 $\psi(x,y)$ 也满足二维拉普拉斯方程。这只要将式(2.2.5)中第一个和第二个方程分别对 y 和 x 求偏导数,并将所得的两个方程相减,即得

$$\frac{\partial^2\psi}{\partial x^2}+\frac{\partial^2\psi}{\partial y^2}=0 \tag{2.2.6}$$

满足方程(2.2.3)、方程(2.2.5)、方程(2.2.6)的势函数 $\varphi(x,y)$ 和流函数 $\psi(x,y)$ 称为两个共轭的调和函数。根据复变函数理论,满足 Cauchy-Riemann 条件的两个调和函数可以构成一个解析的复变函数 $W(z)$,即在所讨论的区域中 $W(z)$ 单值,且每一点均有确定的有限导数:

$$W(z)=\varphi+\mathrm{i}\psi\quad(z=x+\mathrm{i}y) \tag{2.2.7}$$

一个平面稳态渗流必定具有一个确定的复势函数 $W(z)$。反之,一个解析的复势函数 $W(z)$ 也就代表一个平面稳态渗流,只是有些复势函数本身并没有什么实际意义而已。这样一来,求解平面稳态渗流问题,就化成寻求复势函数 $W(z)$ 或两个共轭的调和函数并使其满足边界条件的问题。

有了复势函数 $W(z)$,由其实部可求出压力分布。而 $W(z)$ 与速度分量的关系为

$$\frac{\mathrm{d}W(z)}{\mathrm{d}z}=\frac{\partial\varphi}{\partial x}+\mathrm{i}\frac{\partial\psi}{\partial x}=-V_x+\mathrm{i}V_y \tag{2.2.8}$$

导数 $\mathrm{d}W(z)/\mathrm{d}z$ 称为复速度,它的共轭函数

$$\overline{\frac{\mathrm{d}W(z)}{\mathrm{d}z}}=-(V_x+\mathrm{i}V_y)=-V\mathrm{e}^{\mathrm{i}\alpha} \tag{2.2.9}$$

称为共轭复速度。其中,V 是速度的绝对值,α 代表速度的方向,即 $\tan\alpha=V_y/V_x$。

2.2.1.2　等压线和流线相互正交

对于平面稳态渗流,可以证明等压线(即等势线)与流线(即等 ψ 线)相互垂直。实际上,

等压线和流线可分别写成

$$\varphi(x,y)=c_1 \tag{2.2.10}$$

$$\psi(x,y)=c_2 \tag{2.2.11}$$

根据微积分学知识,任意平面曲线 $F(x,y)=c$ 的切线方程为

$$F'_{x_0}(x-x_0)+F'_{y_0}(y-y_0)=0 \tag{2.2.12}$$

式中,F'_{x_0} 和 F'_{y_0} 分别表示$\partial F/\partial x$ 和$\partial F/\partial y$ 在点 $M_0(x_0,y_0)$的值,即曲线上任意一点的切线斜率为

$$k=-\frac{\partial F/\partial x}{\partial F/\partial y} \tag{2.2.13}$$

所以平面中任意一点 $M(x,y)$处等压线和流线的斜率分别为

$$k_1=-\frac{\partial\varphi/\partial x}{\partial\varphi/\partial y},\quad k_2=-\frac{\partial\psi/\partial x}{\partial\psi/\partial y} \tag{2.2.14}$$

注意到 φ 与 ψ 之间的 Cauchy-Riemann 关系(2.2.5),立即求得

$$k_1\cdot k_2=-\frac{\partial\varphi/\partial x}{\partial\varphi/\partial y}\cdot\frac{\partial\varphi/\partial y}{\partial\varphi/\partial x}=-1 \tag{2.2.15}$$

由此得出结论:对于均质地层,流场中等压线族和流线族相互正交。

2.2.1.3 线性方程解的叠加

在渗流力学中,通常所遇到的方程和边界条件都是线性的。求解线性方程的一个重要方法就是利用叠加原理。该原理可表示为:若 $\varphi_1=\varphi_1(x,y,z,t)$和 $\varphi_2=\varphi_2(x,y,z,t)$为线性齐次偏微分方程 $L(\varphi)=0$ 的两个特解,则它们的任一线性组合

$$\varphi=c_1\varphi_1+c_2\varphi_2 \tag{2.2.16}$$

也是 $L(\varphi)=0$ 的一个特解。其中,L 代表线性微分算子,例如方程(1.9.17)中

$$L(\cdot)\equiv\frac{\partial^2}{\partial x^2}+\frac{\partial^2}{\partial y^2}+\frac{\partial^2}{\partial z^2}-\frac{1}{\chi}\frac{\partial}{\partial t}$$

c_1 和 c_2 为任意常数。一般地,若 $\varphi_i=\varphi_i(x,y,z,t)(i=1,2,\cdots,n)$是 $L(\varphi)=0$ 的 n 个特解,则

$$\varphi=\sum_{i=1}^{n}c_i\varphi_i \tag{2.2.17}$$

也是方程的解,这些常数 c_i 由边界条件确定。有时候为了满足边界条件,必须将式(2.2.17)的求和扩展到无穷。

若所研究的方程是非齐次的(见第 1 章 1.9.3 小节),例如方程(1.9.15)中的 $q(\boldsymbol{r},t)/\lambda$ 就是非齐次项,只要能给出非齐次方程的任一特解 φ_0,则非齐次方程的解可写成

$$\varphi=\varphi_0+c_1\varphi_1+c_2\varphi_2 \tag{2.2.18}$$

或

$$\varphi=\varphi_0+\sum_{i=1}^{n}c_i\varphi_i \tag{2.2.19}$$

以上是就实变函数而言。对复变函数也是如此。因为任意两个或两个以上解析函数的线性组合仍然是解析函数,所以任意两个或两个以上复势函数的线性组合仍然代表某种流

动的复势函数。

2.2.1.4　镜像法和边界效应

镜像法实质上是上述叠加原理的一种特殊应用，在地下渗流的研究中，镜像法有很大的用处，特别是在研究井（当做源汇处理）的邻近有各种边界（如直线或圆周的不透水或等势边界情形）时，镜像法显示出明显的优越性。

现在阐述镜像法的基本原理。设以 L_1 为边界的区域 D 中有一组源汇 s。若在区域 D 以外再放置另一组源汇 s'，可使这两组源汇合成后的流场满足边界 L_1 上的条件，则称源汇 s' 是 s 关于边界 L_1 的镜像。区域 D 中流场的解就是由两组源汇的解叠加而成的。原则上，用这种方法可以给出满足任意边界条件的解。不过，对于复杂的边界要找出镜像源汇比较复杂，通常只讨论平面壁边界和圆柱面壁边界，在地下渗流中就是直线断层、直线供给边界以及圆形边界。

首先研究直线边界。设 $\varphi=\varphi(x,y,t)$ 在上半平面（$y>0$）满足偏微分方程

$$\frac{\partial^2\varphi}{\partial x^2}+\frac{\partial^2\varphi}{\partial y^2}=\frac{1}{\chi}\frac{\partial\varphi}{\partial t} \tag{2.2.20}$$

且满足等势（即定压）边界条件

$$\varphi(x,0,t)=0 \tag{2.2.21}$$

该 $\varphi(x,y,t)$ 只在上半平面 $y>0$ 上有定义，我们可以定义一个对 y 的奇函数，即

$$\varphi(x,y,t)=-\varphi(x,-y,t) \tag{2.2.22}$$

而把它连续延拓到下半平面 $y<0$ 上。这样，就将下半平面 $y<0$ 上的函数 $\varphi(x,y,t)$ 称为上半平面 $y>0$ 上函数 $\varphi(x,y,t)$ 的奇镜像函数或异号镜像函数，即实际源汇与其镜像的强度绝对值相等、符号相反。按式(2.2.22)定义的奇函数在全平面上均满足方程(2.2.20)，在直线 $y=0$ 处连续且满足 $\varphi(x,0,t)=0$。由于势函数 φ 对 x 的一阶导数是 y 的奇函数，对 y 的一阶导数是 y 的偶函数，即

$$\frac{\partial\varphi(x,y,t)}{\partial x}=-\frac{\partial\varphi(x,-y,t)}{\partial x},\quad \frac{\partial\varphi(x,y,t)}{\partial y}=\frac{\partial\varphi(x,-y,t)}{\partial y} \tag{2.2.23}$$

根据 Darcy 定律，则有

$$V_x(x,y,t)=-V_x(x,-y,t),\quad V_y(x,y,t)=V_y(x,-y,t) \tag{2.2.24}$$

这表明上、下两个半平面上的流动图像互为镜像。由式(2.2.24)的第一式，在 $y=0$ 处 $V_x=0$，即 x 轴与流线垂直，y 轴与流线重合。

对于 $\varphi(x,y,t)$ 在右半平面 $x>0$ 有定义且在 $x=0$ 处为等势边界的情形，可作完全类似上述的讨论。

镜像法也可用于 $\partial\varphi/\partial\boldsymbol{n}=0$ 的不透水直线边界情形。仍以 $y=0$ 为边界，$\varphi(x,y,t)$ 满足方程(2.2.20)，但它满足的边界条件为

$$\left.\frac{\partial\varphi(x,y,0)}{\partial y}\right|_{y=0}=0 \tag{2.2.25}$$

在这种情况下，定义一个对 y 的偶函数把它连续延拓到全平面，即

$$\varphi(x,y,t)=\varphi(x,-y,t) \tag{2.2.26}$$

则有

$$\frac{\partial \varphi(x,y,t)}{\partial x}=\frac{\partial \varphi(x,-y,t)}{\partial x},\quad \frac{\partial \varphi(x,y,t)}{\partial y}=-\frac{\partial \varphi(x,-y,t)}{\partial y} \tag{2.2.27}$$

$\varphi(x,y,t)$及$\partial\varphi/\partial y$ 在 $y=0$ 处连续。由式(2.2.27)的第二式和 Darcy 定律可知

$$V_x(x,y,t)=V_x(x,-y,t),\quad V_y(x,y,t)=-V_y(x,-y,t) \tag{2.2.28}$$

即在 $y=0$ 处，$V_y=0$，紧贴 x 轴是流线。实际源汇与其镜像的强度相等、符号相同，称为偶镜像或同号镜像。

以上是对方程(2.2.20)进行讨论的，即镜像原理对非稳态渗流也是适用的。特别地，对于稳态渗流，我们可以用复变函数予以处理。对于以 x 轴($y=0$)为边界的奇镜像，若区域 $y>0$ 中的源汇给出的复势为 $W_1(z)$，则在 $y=0$ 处存在等势边界的情况下在 $y>0$ 区域中的复势为

$$W(z)=W_1(z)-\overline{W}_1(\overline{z}) \tag{2.2.29}$$

式中，$\overline{W}_1(z)$表示对 $W_1(z)$除 z 以外的各复数取共轭值。不难证明，由于在直线 $y=0$ 上 $z=\overline{z}$，故有

$$W(z)=W_1(z)-\overline{W}_1(\overline{z})\quad (\text{在 } y=0 \text{ 上}) \tag{2.2.30}$$

显然，这表示复势 $W(z)$只有虚部，即有

$$\varphi=0\quad (\text{在 } y=0 \text{ 上}) \tag{2.2.31}$$

所以在 $y=0$ 上满足定压即等势的边界条件。由于 $W_1(z)$的源汇位置 z_i 均在$y>0$区域中，故$\overline{W}_1(z)$的奇点位置 $\overline{z}_i$ 均位于$y<0$ 区域中，即 $y>0$ 区域中未增加奇点。可见 $W_1(z)$与 $\overline{W}_1(z)$的奇点位置正好以 $y=0$ 为对称，这就证明了式(2.2.29)给出的复势函数是满足源汇分布和界面条件的解。

同理，对于以 x 轴($y=0$)为界面的偶镜像，若 $y>0$ 区域中源汇给出的复势为 $W_1(z)$，则在 $y=0$ 处存在不透水边界的条件下，其复势函数应为

$$W(z) = W_1(z) + \overline{W}_1(z) \tag{2.2.32}$$

或写成

$$W(z) = W_1(z,z_i) + W_1(z,\overline{z}_i) \tag{2.2.33}$$

式(2.2.32)给出在 $y=0$ 界面上 $\psi=0$，即界面 $y=0$ 紧贴着流线。式(2.2.32)也满足源汇分布。

其次，我们来研究圆周界面(圆柱面镜像)。在渗流力学中，主要涉及圆形有界地层中一口偏心井的问题。对于稳态渗流圆周边界，只能是定压供给边界，根据数学上的反演变换关系，若坐标原点取在圆心，圆的半径为 R，则圆内位于点 z_0 处的源汇，其镜像在圆外 $R^2/\overline{z}_0$ 处。所以，若圆内源汇的复势为 $W_1(z)$，则在存在圆周定压边界的情况下，其复势为

$$W(z)=W_1(z-z_0)-W_1\left(z-\frac{R^2}{\overline{z}_0}\right) \tag{2.2.34}$$

这是异号镜像。

2.2.1.5 应用复变函数的优越性

在平面稳态渗流中应用复变函数有以下方便之处：

(1) 对于一些简单的流动,用流体力学知识,它们的复势函数很容易求出。复势函数的实部描述势的分布,因而描述压力分布;复势函数的虚部是流函数;复势函数的导数给出速度分布。在平面渗流中会碰到一些奇点。这些奇点有:① **驻点**,即速度 $V=0$ 的点,在驻点处流线彼此相交或突然改变方向。② **源汇点**,即速度为无穷大的点,这是一种对数奇点,在这种点上流线彼此相交。③ **尖点或拐角点**,这里等势线相交,流线密集但不相交,速度为无穷大。④ **鞍点**,有限多条流线在此相交,其他流线从旁侧通过,隅角内的流动是常见的例子。对于某些问题,往往可以分成若干个简单的流动,例如平行流与奇点,再根据线性叠加原理进行叠加。

(2) 对于源汇附近有直线边界和圆周边界的流动问题,可以利用镜像原理连续延拓为全平面流动问题,从而可以直接写出其复势函数。镜像法可推广应用于:① 尖灭角内(包括直角断层内)的源汇;② Π 形和条形区域内的源汇;③ 矩形或其他规则形状区域内的源汇。

(3) 对于某些较为复杂的边界形状内的流动,可以通过保角变换化成具有简单规则的边界内的流动。对于这种具有简单规则的边界内的流动,可按上述镜像原理和叠加原理直接写出其在变换平面中的复势函数,然后再利用反变换求得物理平面上的复势函数。

2.2.2　用复变函数法求解某些简单流动

2.2.1 小节阐明每个解析的复势函数都可代表一个平面稳态渗流,我们可以从某些简单的复势函数出发来研究它们所代表的流动。

2.2.2.1　平行均匀流

考察复势函数为

$$W(z) = -V_0 z \tag{2.2.35}$$

的流动。按式(2.2.7),则有势函数 φ 和流函数 ψ 分别为

$$\varphi = -V_0 x,\quad \psi = -V_0 y \tag{2.2.36}$$

再根据式(2.2.2),可得

$$V_x = -\frac{\partial \varphi}{\partial x} = V_0,\quad V_y = -\frac{\partial \varphi}{\partial y} = 0 \tag{2.2.37}$$

或按式(2.2.8),得

$$\frac{\mathrm{d}W(z)}{\mathrm{d}z} = -V_x + \mathrm{i}V_y = -V_0 \tag{2.2.38}$$

该复势函数代表无限大的 xy 平面上沿平行于 x 轴方向的平行均匀流动(简称直匀流)。按式(2.2.1),其压力分布为

$$p(x) = \frac{\mu}{K}\varphi(x) = -\frac{\mu}{K}V_0 x \tag{2.2.39}$$

流场中的流线是平行于 x 轴的直线,等势线是平行于 y 轴的直线。

2.2.2.2　无限大平面中的源汇

考察复势函数为

$$W(z)=-\frac{q}{2\pi}\ln(z-z_0)\quad(z_0=x_0+\mathrm{i}y_0)\tag{2.2.40}$$

的流动，令源点 $z_0=x_0+\mathrm{i}y_0$ 到场点 $z=x+\mathrm{i}y$ 的径向距离为 r，θ 为径向矢量 $\boldsymbol{r}$ 与正 x 轴的夹角，则可写成

$$W(z)=-\frac{q}{2\pi}[\ln r+\mathrm{i}\theta]\quad(z-z_0=r\mathrm{e}^{\mathrm{i}\theta})\tag{2.2.41}$$

$$\frac{\mathrm{d}W(z)}{\mathrm{d}z}=-\frac{q}{2\pi(z-z_0)}=-\frac{q}{2\pi r}\mathrm{e}^{-\mathrm{i}\theta}=-\frac{q}{2\pi r}(\cos\theta-\mathrm{i}\sin\theta)\tag{2.2.42}$$

所以有

$$\varphi(r,\theta)=-\frac{q}{2\pi}\ln r,\quad\psi(r,\theta)=-\frac{q}{2\pi}\theta\tag{2.2.43}$$

$$V_x=\frac{q}{2\pi r}\cos\theta,\quad V_y=-\frac{q}{2\pi r}\sin\theta,\quad V=\frac{q}{2\pi r}\tag{2.2.44}$$

其中

$$r^2=(x-x_0)^2+(y-y_0)^2,\quad\theta=\arctan\frac{y-y_0}{x-x_0}\tag{2.2.45}$$

这是无限大平面中位于点 z_0 的单个源汇的流动。等势线是以点 z_0 为圆心的同心圆，流线是通过点 z_0 的径向线。q 是源汇强度，正号为源（注入井），负号为汇（生产井）。因为源汇流动的势或复势函数由对数给出，所以源汇又称对数奇点。当 $r\to0$ 时，$V\to\infty$。

2.2.2.3 绕角流动

考察复势函数及其导数分别为

$$W(z)=\frac{a}{n}z^n=\frac{a}{n}r^n\mathrm{e}^{\mathrm{i}n\theta}\tag{2.2.46}$$

$$\frac{\mathrm{d}W(z)}{\mathrm{d}z}=az^{n-1}=ar^{n-1}\mathrm{e}^{\mathrm{i}(n-1)\theta}\tag{2.2.47}$$

的流动。按式(2.2.7)和式(2.2.8)，显然有

$$\varphi=\frac{a}{n}r^n\cos n\theta,\quad\psi=\frac{a}{n}r^n\sin n\theta\tag{2.2.48}$$

$$V_x=-ar^{n-1}\cos(n-1)\theta,\quad V_y=ar^{n-1}\sin(n-1)\theta\tag{2.2.49}$$

这是绕角流动。若 $n=1$，其结果与直匀流情形相同，即沿 180° 角的流动，$-a$ 就是流速。若 $n=2$，则等势线是 $x^2-y^2=$ 常数的一族双曲线，流线是 $xy=$ 常数的一族双曲线。$\theta=0$ 和 $\theta=\pi/2$ 对应于 $\psi=0$。在原点处 $\mathrm{d}W(z)/\mathrm{d}z=0$，故为奇点，具体来说是驻点。所以 n 值反映绕流角度的大小，即 π/n。$n>1$ 是绕隅角内部（凹角）的流动；$n<1$ 是绕隅角外部（凸角）的流动，如图 2.2 所示。

2.2.3 用叠加方法求解

2.2.2 小节研究了几种最简单的流动。稍微复杂一些的问题可用叠加原理进行求解。

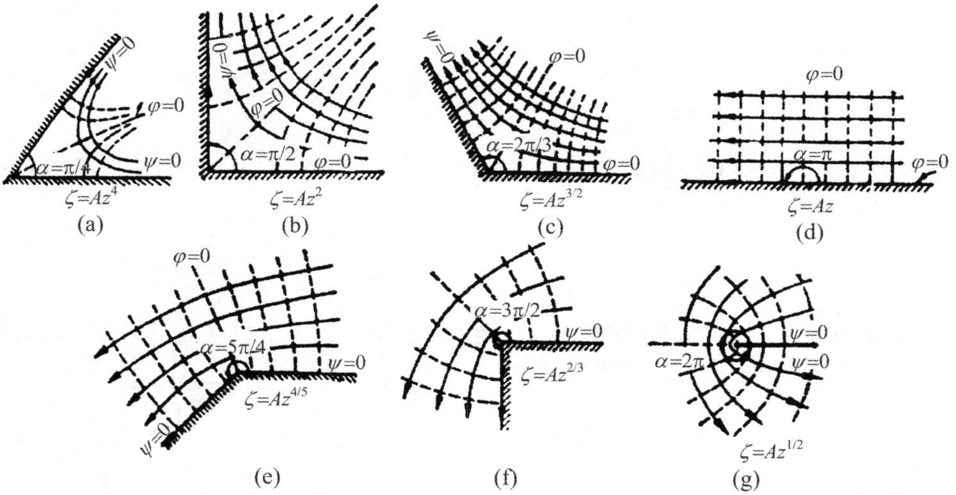

图 2.2　绕凸角和凹角的流动

2.2.3.1　无限大平面中任意多口井的流动

设无限大平面中有任意多口井,其位置分别为 $z_1, z_2, \cdots, z_n$,流量分别为 $q_1, q_2, \cdots, q_n$。因为无限大平面中位于点 z_0、流量为 q 的单井的复势函数为式(2.2.40)所给的对数式,根据叠加原理,对现在所研究的问题,可直接写出其复势函数为

$$W(z) = -\frac{1}{2\pi}\sum_{i=1}^{n} q_i \ln(z - z_i) = -\frac{1}{2\pi}\sum_{i=1}^{n} q_i (\ln r_i + \mathrm{i}\theta_i) \tag{2.2.50}$$

$$\frac{\mathrm{d}W(z)}{\mathrm{d}z} = -\frac{1}{2\pi}\sum_{i=1}^{n} \frac{q_i}{z - z_i} = -\frac{1}{2\pi}\sum_{i=1}^{n} q_i \left(\frac{x - x_i}{r_i^2} - \mathrm{i}\,\frac{y - y_i}{r_i^2}\right) \tag{2.2.51}$$

故可写成

$$\varphi = -\frac{1}{2\pi}\sum_{i=1}^{n} q_i \ln r_i + c_1, \quad \psi = -\frac{1}{2\pi}\sum_{i=1}^{n} q_i \theta_i + c_2 \tag{2.2.52}$$

$$V_x = \frac{1}{2\pi}\sum_{i=1}^{n} q_i \frac{x - x_i}{r_i^2}, \quad V_y = \frac{1}{2\pi}\sum_{i=1}^{n} q_i \theta_i \tag{2.2.53}$$

其中

$$r_i^2 = (x - x_i)^2 + (y - y_i)^2, \quad \theta_i = \arctan\frac{y - y_i}{x - x_i} \tag{2.2.54}$$

下面讨论几个特例。

1. 无限大平面中等强度一源一汇的流动

考虑无限大平面中有一源一汇,其强度的绝对值相等,如果计及地层厚度,就是流量相等的一口生产井和一口注入井。两点间的距离为 $2d$,取 x 轴沿两点连线方向,坐标原点在连线的中点,则有

$$W(z) = \frac{q}{2\pi}\ln\frac{z + d}{z - d} = \frac{q}{2\pi}\ln\frac{r_2}{r_1} + \mathrm{i}\,\frac{q}{2\pi}(\theta_2 - \theta_1) \tag{2.2.55}$$

$$\frac{\mathrm{d}W(z)}{\mathrm{d}z}=-V_x+\mathrm{i}V_y=-\frac{q}{2\pi}\left(\frac{x-d}{r_1^2}-\frac{x+d}{r_2^2}\right)+\mathrm{i}\frac{q}{2\pi}\left(\frac{1}{r_1^2}-\frac{1}{r_2^2}\right)y \tag{2.2.56}$$

其中

$$r_1^2=(x-d)^2+(y-0)^2,\quad r_2^2=(x+d)^2+(y-0)^2 \tag{2.2.57}$$

所以,等势线方程为

$$\frac{(x-d)^2+y^2}{(x+d)^2+y^2}=c \tag{2.2.58}$$

这是一族圆心在$(d(1+c)/(1-c),0)$、半径为$2d\sqrt{c}/(1-c)$的一族偏心圆(c是任意常数),即x轴上的共轴圆族。而流线方程即$\psi=$常数为

$$\frac{2dy}{x^2+y^2-d^2}=\text{常数}\quad\text{或}\quad x^2+\left(y-\frac{d}{c}\right)^2=d^2\left(1-\frac{1}{c^2}\right) \tag{2.2.59}$$

可见流线是圆心在$(0,d/c)$、半径为$d\sqrt{1-1/c^2}$的圆族,即y轴上的共轴圆族,如图2.3(a)所示。

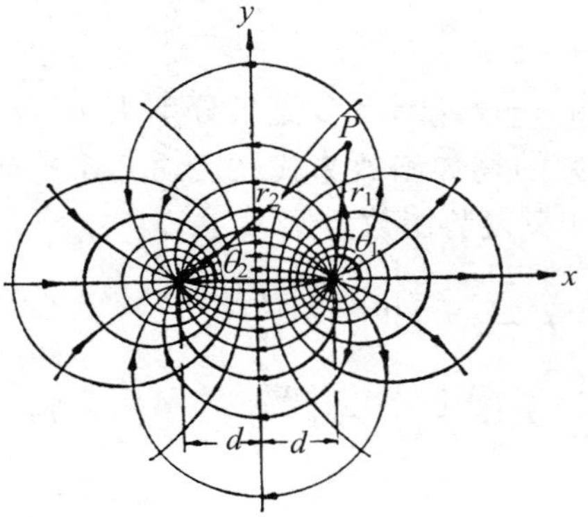

(a) 等产量一源一汇的流线和等压线

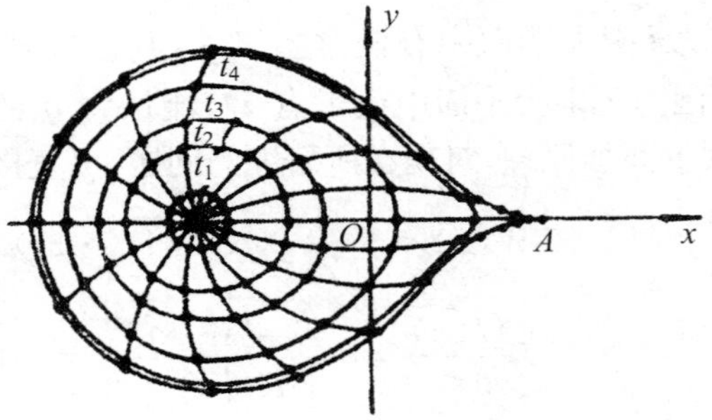

(b) 等产量一源一汇的油水界面位置

图 2.3 无限大地层中两等产量一源一汇的流动

由式(2.2.56),速度为

$$V_x=\frac{q}{2\pi}\left(\frac{x-d}{r_1^2}-\frac{x+d}{r_2^2}\right),\quad V_y=\frac{q}{2\pi}\left(\frac{y}{r_1^2}-\frac{y}{r_2^2}\right)$$

$$V=\sqrt{V_x{}^2+V_y{}^2}=\frac{q}{\pi}\frac{d}{r_1r_2} \tag{2.2.60}$$

显然,沿源汇两点连线的x轴段,乘积r_1r_2的值最小,所以与其他流线相比,沿从源到汇这条流线上的速度最大。我们把这条流线称为**最速流线**。所以在注水开发中,水的质点沿该连线最先到达生产井,然后沿其他流线陆续突入生产井,这就形成所谓"水舌"现象,如图2.3(b)所示。注水"锋面"出现这种推进状况称为"舌进"。在油田注水开发的过程中,舌进会使油井过早见水。

2. 无限大平面中两个等强度源的流动

若两个等强度源分别位于点$(d,0)$和$(-d,0)$,则复势函数为

$$W(z) = -\frac{q}{2\pi}[\ln(z-d)+\ln(z+d)] = -\frac{q}{2\pi}[\ln r_1 r_2 + \mathrm{i}(\theta_1+\theta_2)] \tag{2.2.61}$$

$$\frac{\mathrm{d}W(z)}{\mathrm{d}z} = -V_x + \mathrm{i}V_y = -\frac{q}{2\pi}\left(\frac{x-d}{r_1^2}+\frac{x+d}{r_2^2}\right)+\mathrm{i}\frac{q}{2\pi}\left(\frac{y}{r_1^2}+\frac{y}{r_2^2}\right) \tag{2.2.62}$$

所以

$$\varphi(x,y) = -\frac{q}{4\pi}\ln r_1 r_2 = -\frac{q}{2\pi}\ln[(x^2-y^2-d^2)^2+(2xy)^2] \tag{2.2.63}$$

$$\psi(x,y) = -\frac{q}{2\pi}\arctan\frac{2xy}{x^2-y^2-d^2} \tag{2.2.64}$$

$$V_x = -\frac{q}{2\pi}\left(\frac{x-d}{r_1^2}+\frac{x+d}{r_2^2}\right),\quad V_y = -\frac{q}{2\pi}\left(\frac{y}{r_1^2}+\frac{y}{r_2^2}\right) \tag{2.2.65}$$

因而等势线是一族四次曲线，流线是中心位于原点的双曲线族，如图2.4所示。在 $z=0$ 处有一鞍点型驻点，即在坐标原点处 $V_x=V_y=0$。对于采油而言，在这里形成一个死油点。再利用 Darcy 定律，考虑地层厚度 h，可得流量与两井压差之间的关系。

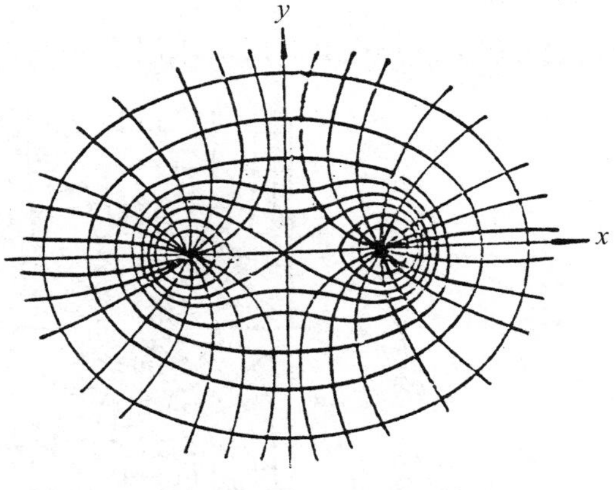

图 2.4　等流量两源的流线和等压线

3. 无限大平面中等间距的一排无限多点汇的流动

设一无限井排中两井间距离为 l，为一般化起见，又设井排距 x 轴为 d，即点汇位于

$$z_n = nl + \mathrm{i}d \quad (n=0,\pm1,\pm2,\cdots)$$

根据叠加原理，其复势函数为

$$\begin{aligned}W(z) &= -\frac{q}{2\pi}\sum_{n=-\infty}^{\infty}\ln(z-z_n)\\ &= -\frac{q}{2\pi}\ln\{(z-z_0)[(z-z_0-l)(z-z_0+l)]\\ &\quad\cdot\cdots\cdot[(z-z_0-nl)(z-z_0+nl)]\cdot\cdots\}\\ &= -\frac{q}{2\pi}\ln\{(z-z_0)[(z-z_0)^2-l^2]\cdot\cdots\cdot[(z-z_0)^2-n^2l^2]\cdot\cdots\}\\ &= -\frac{q}{2\pi}\ln\left\{\frac{l}{\pi}\left[\frac{\pi}{l}(z-z_0)\right](-l^2)\left[1-\frac{(\pi/l)^2(z-z_0)^2}{\pi^2}\right]\right.\\ &\quad\left.\cdot\cdots\cdot(-n^2l^2)\left[1-\frac{(\pi/l)^2(z-z_0)^2}{n^2\pi^2}\right]\cdot\cdots\right\}\end{aligned} \tag{2.2.66}$$

将式(2.2.66)中方括号前面的常数集中相乘，并用 C' 表示，再令 $Z=\pi(x-x_0)/l+\mathrm{i}\pi(y-y_0)/l$，则式(2.2.66)可改写成

$$W(Z) = -\frac{q}{2\pi}\ln\left[C'Z\prod_{n=1}^{\infty}\left(1-\frac{Z^2}{n^2\pi^2}\right)\right] \tag{2.2.67}$$

利用连乘公式：

$$\sin z = z \prod_{n=1}^{\infty}\left(1 - \frac{z^2}{n^2\pi^2}\right) \tag{2.2.68}$$

则得

$$W(z) = -\frac{q}{2\pi}\ln\left[\sin\frac{\pi}{l}(z - z_0)\right] + C$$

再利用复数的三角函数与双曲函数之间的恒等关系：

$$\sin z = \sin x\cos(\mathrm{i}y) + \cos x\sin(\mathrm{i}y) = \sin x\,\mathrm{ch}\,y + \mathrm{i}\cos x\,\mathrm{sh}\,y$$

势函数和流函数可分别写成

$$\varphi = \frac{q}{4\pi}\ln\left[\mathrm{ch}\frac{2\pi(y-d)}{l} - \cos\frac{2\pi x}{l}\right] \tag{2.2.69}$$

$$\psi = \frac{q}{2\pi}\arctan\left[\mathrm{th}\frac{\pi(y-d)}{l}\Big/\tan\frac{\pi x}{l}\right] \tag{2.2.70}$$

其流线和等势线如图 2.5 所示，图中带箭头的为流线。

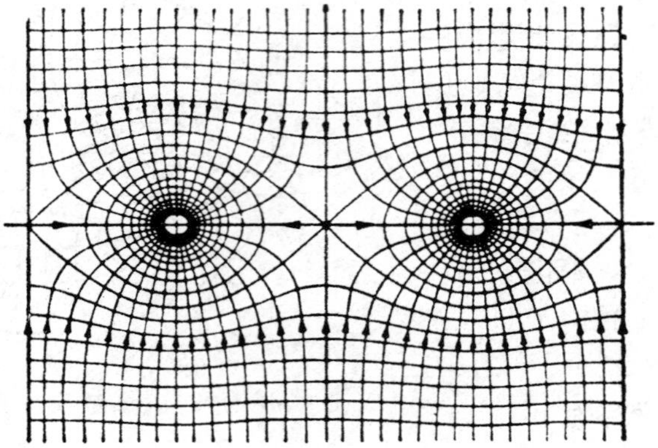

图 2.5　单个井排的流线与等压线

2.2.3.2　直匀流流过点汇

在第 2.2.2 小节中已研究过直匀流和点汇的流动。根据叠加原理，由式(2.2.35)和式(2.2.40)，取坐标原点位于汇点，直匀流平行于 x 轴，则得直匀流流过点汇的复势函数为

$$W(z) = -V_0 z + \frac{q}{2\pi}\ln z \quad (q > 0) \tag{2.2.71}$$

$$\frac{\mathrm{d}W(z)}{\mathrm{d}z} = -V_x + \mathrm{i}V_y = -V_0 + \frac{q}{2\pi z} \tag{2.2.72}$$

因而

$$\varphi = -V_0 x + \frac{q}{4\pi}\ln(x^2 + y^2),\quad \psi = -V_0 y + \frac{q}{2\pi}\arctan\frac{y}{x} \tag{2.2.73}$$

$$V_x = V_0 - \frac{q}{2\pi}\frac{x}{x^2 + y^2},\quad V_y = -\frac{q}{2\pi}\frac{y}{x^2 + y^2} \tag{2.2.74}$$

所以驻点坐标为$(q/(2\pi V_0), 0)$，其流动如图 2.6 所示。图中分水岭表示在它以内的流线均

进入汇点，在它以外的流线均流向远方。

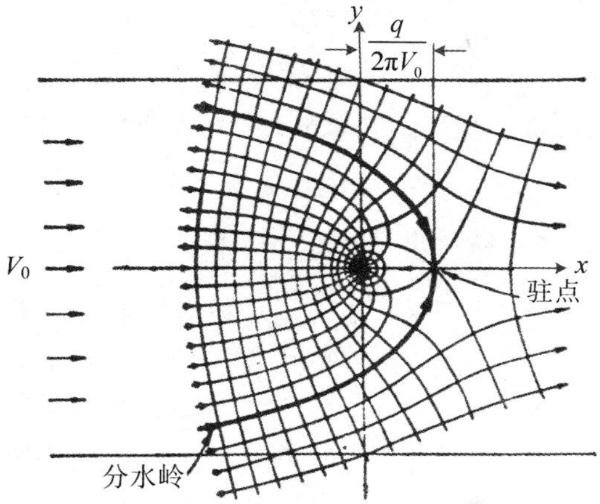

图 2.6　直匀流流过点汇的图像

2.2.4　用镜像法求解

如第 2.2.1 小节中所述，有些部分区域中的流动问题在一定的边界条件下可用镜像法求解。

2.2.4.1　直线边界附近一口井

设有无限长直线边界，当做源汇的井点至直线的距离为 d。这可分为两种情况：① 直线是不透水边界，则镜像是同号的，即镜像井的源强度与实井的源强度不仅大小相等而且符号相同，这与第 2.2.3.1 段中第 2 点讨论过的流动相同，只不过现在的实际流动只限于右半平面而已。② 直线是供给边界，则镜像是异号的，这与第 2.2.3.1 段中第 1 点讨论过的流动相同，实际流动限于右半平面。对于距离直线供给边界为 d 的点汇（生产井），若取直线边界为 y 轴，按式(2.2.40)的点源复势和镜像公式(2.2.29)，则得

$$W(z) = -\frac{q}{2\pi}\ln(z-d) + \frac{q}{2\pi}\ln(z+d)$$

分出上式的实部，即得势函数

$$\varphi(x,y) = -\frac{q}{4\pi}\ln\frac{(x+d)^2+y^2}{(x-d)^2+y^2} + C \tag{2.2.75}$$

将场点分别取在井壁上（$x=d\pm r_w$，$y=0$）和直线边界上的坐标原点（$x=0$，$y=0$），则有

$$\varphi_e = -\frac{q}{4\pi}\ln\frac{d^2}{d^2} + C = C, \quad \varphi_w = -\frac{q}{4\pi}\ln\frac{4d^2}{r_w^2} + C \tag{2.2.76}$$

所以

$$\varphi_e - \varphi_w = \frac{q}{2\pi}\ln\frac{2d}{r_w}, \quad q = \frac{2\pi(\varphi_e - \varphi_w)}{\ln\dfrac{2d}{r_w}} \tag{2.2.77}$$

考虑地层厚度为 h，$Q=qh$，$\varphi=Kp/\mu$，所以直线供给边界附近一口井的产量为

$$Q=\frac{2\pi Kh(p_e-p_w)}{\mu\ln\dfrac{2d}{r_w}} \tag{2.2.78}$$

直线边界的镜像法还可推广应用于两条平行直线间的一口井(井排)和矩形区域中的一口井(无限多井排)。

2.2.4.2 圆形有界地层内一口偏心井

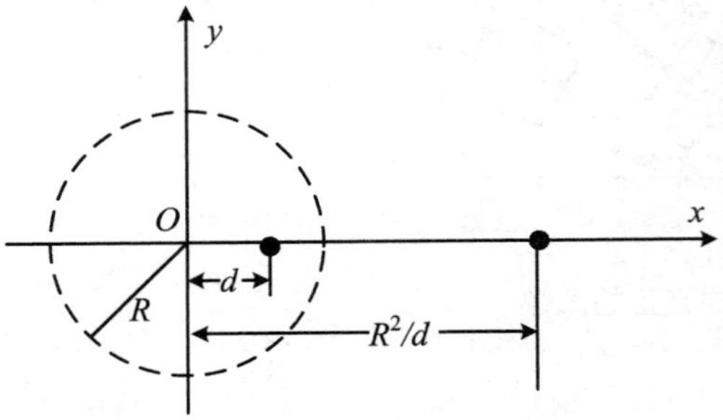

图 2.7 圆形供给边界内一口偏心井

设地层半径为 R，边界是定压的，即等势边界，内有一偏心点汇(生产井)位于 $z_0=x_0+\mathrm{i}y_0$ 处，其强度为 q。根据反演变换关系，其异号镜像位于圆外 $R^2/\bar{z}_0$ 处，因而该流动的复势函数为

$$W(z)=-\frac{q}{2\pi}\ln(z-z_0)+\frac{q}{2\pi}\ln\left(z-\frac{R^2}{\bar{z}_0}\right) \tag{2.2.79}$$

为简单起见，并不失一般性，可取 x 轴通过汇点，则有 $z_0=\bar{z}_0=x_0\equiv d$，如图 2.7 所示。因而式(2.2.79)可改写成

$$\begin{aligned}W(z)&=-\frac{q}{2\pi}\ln(z-d)+\frac{q}{2\pi}\ln\left(z-\frac{R^2}{d}\right)\\&=-\frac{q}{2\pi}\ln\frac{r_1}{r_2}-\mathrm{i}\frac{q}{2\pi}\left(\arctan\frac{y}{x-d}-\arctan\frac{y}{x-R^2/d}\right)\end{aligned} \tag{2.2.80}$$

$$\begin{aligned}\frac{\mathrm{d}W(z)}{\mathrm{d}z}&=-\frac{q}{2\pi}\frac{1}{z-d}+\frac{q}{2\pi}\frac{1}{z-R^2/d}\\&=-\frac{q}{2\pi}\left[\frac{x-d}{(x-d)^2+y^2}-\frac{x-R^2/d}{(x-R^2/d)^2+y^2}\right]\\&\quad+\mathrm{i}\frac{q}{2\pi}\left[\frac{y}{(x-R^2/d)^2+y^2}-\frac{y}{(x-d)^2+y^2}\right]\end{aligned} \tag{2.2.81}$$

式(2.2.80)中，r_1 是汇点至场点 $z=x+\mathrm{i}y$ 的距离，r_2 是镜像点 R^2/d 至场点的距离。利用三角形相似关系，很容易证明对供给边界圆上任一点 D，有 $(r_1/r_2)_D=d/R=$ 常数。这就证明了该复势函数在供给边界圆上确实是一条等势线。

将式(2.2.80)右边第一项所表示的势函数分别用于井筒和供给边界，则有

$$\varphi_w=-\frac{q}{2\pi}\ln\frac{r_w}{2a},\quad \varphi_e=-\frac{q}{2\pi}\ln\frac{d}{R} \tag{2.2.82}$$

式(2.2.82)第一个等式中，$2a$ 是圆内汇点至圆外镜像点的距离，而第二个等式成立是因为对圆周上任一点有 $r_1/r_2=d/R$。两式相减，可得

$$q=\frac{2\pi(\varphi_e-\varphi_w)}{\ln\dfrac{2ad}{r_wR}}=\frac{2\pi(\varphi_e-\varphi_w)}{\ln\dfrac{R^2-d^2}{r_wR}} \tag{2.2.83}$$

考虑到地层厚度为 h，$\varphi=Kp/\mu$，所以圆形定压边界一口偏心井的产量为

$$Q=\frac{2\pi Kh(p_e-p_w)}{\mu\ln\dfrac{R^2-d^2}{r_wR}} \tag{2.2.84}$$

如果井在圆心处，在式(2.2.84)中令 $d\to0$，则得圆形定压边界地层一口中心井的产量为

$$Q=\frac{2\pi Kh(p_e-p_w)}{\mu\ln\dfrac{R}{r_w}} \tag{2.2.85}$$

将式(2.2.85)与式(2.2.84)相比较可见：在相同压差下，偏心井的产量稍高于中心井的产量。若偏心距与圆半径之比 $d/R<1/2$，则产量偏高小于4%。再将式(2.2.85)与式(2.2.78)相比较可知，若直线供给边界附近的井距小于供给圆半径的1/2，则直线供给边界附近一口井的产量稍高于圆形供给边界中心井的产量，但差别也不是很大。这个结论颇有实用价值。因为实际供给边界的形状一般并非理想的几何形状（直线或圆），而是介于两者之间，这个结论表明由于边界形状判断不准而引起的产量判断偏差是不大的。

2.2.4.3 角度边界内井的镜像

对于两条直线供给边界形成的夹角（例如古河道）或夹角断层（即尖灭角），这种角度边界内井的流动问题亦可应用镜像原理。镜像延拓的结果是在全平面中形成以夹角顶点为圆心、以井顶距为半径的圆周上的同心圆井排，因为实井和镜像井的位置都是确定的，这样通过叠加原理，利用式(2.2.50)～式(2.2.53)，可容易求得势函数（因而压力分布）、流函数（因而流线分布）以及速度和流量。

若夹角是供给边界，由于异号镜像的关系，将形成源汇相间的同心圆井排，所以实井加镜像井总数必须为偶数。从理论上讲，这限制夹角必须等于 π/n $(n\geqslant1)$，井数为 $2n$。若夹角为不透水边界，是同号镜像，对夹角的度数要求稍微放宽。理论上，若井位于角平分线上，则角度必须为 $2\pi/n(n\geqslant2)$，井数可以是偶数，也可以是奇数。若井不在角平分线上，镜像的结果井数为偶数，则夹角仍要求为 $\pi/n(n\geqslant1)$。对于同号镜像或异号镜像的同心圆周上的井排，可以很容易给出它的复位势函数和复速度。

以上说明了对于某些规则形状边界附近一口井的问题，可以通过镜像把它延拓到全平面中两口井的问题（对多口井同样适用），然后利用流体力学中已有的知识可直接写出它的复势函数和复速度，从而避免了求解边界问题。这体现了用复变函数法求解平面稳态渗流的优越性。对于其他较复杂、边界不规则的问题，原则上可用保角变换法变成较简单的边界形状规则的问题，然后再用镜像法求解。

下面介绍保角变换法。

2.2.5 用保角变换法求解

本小节论述保角变换及其在平面稳态渗流中的应用。

2.2.5.1 保角变换和保角映射的概念

2.2.3 小节和 2.2.4 小节我们看到了复数 $z=x+\mathrm{i}y$ 与复势函数 $W(z)=\varphi+\mathrm{i}\psi$ 之间的关系。物理平面或 z 平面(x-y 平面)上的点、线和区域对应于复势平面(φ-ψ 平面)上的点、线和区域。一般地

$$\zeta=f(z)=\xi+\mathrm{i}\eta \tag{2.2.86}$$

将 z 平面上的点、线和区域对应到变换平面 ζ 平面上的点、线和区域。两个平面间图像的对应关系称为映射。本小节着重讨论 $f(z)$是解析函数的情形(见第 2.2.1 小节)。对于解析函数,有 $J\equiv\partial(\xi,\eta)/\partial(x,y)\neq 0$。为了阐明保角变换和保角映射的概念,我们首先了解解析函数 $f(z)$的导数的几何意义。

1. 导数辐角的几何意义

如前所述,$\zeta=f(z)$使 z 平面上任意一条通过点 z_0 的曲线 C 对应于 ζ 平面上一条通过点 $\zeta_0=f(z_0)$的曲线 C'。设导数 $\mathrm{d}f(z)/\mathrm{d}z$ 在点 z_0 的值 $f'(z_0)\neq 0$,其指数式可写成

$$f'(z_0)=\lim_{z\to z_0}\frac{\zeta-\zeta_0}{z-z_0}=\rho\mathrm{e}^{\mathrm{i}\beta} \tag{2.2.87}$$

其中,ρ 和 β 分别称为函数 $f'(z_0)$的模和辐角:

$$\rho=|f'(z_0)|=\lim_{z\to z_0}\left|\frac{\zeta-\zeta_0}{z-z_0}\right| \tag{2.2.88}$$

$$\beta=\arg f'(z_0)=\lim_{z\to z_0}\arg\frac{\zeta-\zeta_0}{z-z_0} \tag{2.2.89}$$

由式(2.2.88)和式(2.2.89)可知为什么要求 $f'(z_0)\neq 0$,否则 β 就没有确定的值。而 $\Delta z_0=z-z_0$ 可用点 z_0 到 $z_0+\Delta z_0$ 的矢量表示,$\Delta\zeta_0=\zeta-\zeta_0$ 可用点 ζ_0 到 $\zeta_0+\Delta\zeta_0$ 的矢量表示。$\arg\Delta z_0$ 是 x 轴正向与矢量 Δz_0 之间的夹角 θ,$\arg\Delta\zeta_0$ 是 ξ 轴的正向与矢量 $\Delta\zeta_0$ 之间的夹角。当 $\Delta z_0\to 0$ 时,矢量 Δz_0 的方向就是曲线 C 在点 z_0 的切线方向,矢量 $\Delta\zeta_0$ 的方向就是曲线 C'在点 ζ_0 的切线方向。若将 z 平面上 x 轴方向与 ζ 平面上 ξ 轴方向取为相同方向,因为一个分式的辐角等于其分子与分母的辐角之差,则式(2.2.89)表明:在导数 $\mathrm{d}f(z)/\mathrm{d}z$ 不为零的点,z 平面上曲线 C 在点 z_0 的切线映射到 ζ 平面上曲线 C'在点 ζ_0 的切线,沿逆时针方向旋转了一个角度 $\beta=\arg f'(z_0)$。因为 $f'(z)$在点 z_0 只有一个值,故通过该点的任意两条曲线(切线)的夹角 α 映射到 ζ 平面上仍为 α。所以,由解析函数 $f(z)$表示的变换在其导数 $f'(z)$不为零的点映射的结果保持夹角不变。人们把这样的变换称为保角变换,这样的映射称为保角映射。

2. 导数模的几何意义

下面接着讨论导数的模$|f'(z_0)|$。从几何上讲,式(2.2.88)就是当 $\Delta z_0\to\varepsilon>0$ 时,$\Delta\zeta_0=\rho\Delta z_0$,其中 ε 是无穷小量。即 z 平面上无穷小的长度映射到 ζ 平面上伸缩了 $\rho=|f'(z_0)|$ 倍。由于$|f'(z)|$与线段 Δz 的方向无关,故通过点 z_0 的所有曲线映射后均按同一因子

$|f'(z_0)|$伸缩。

由以上分析可以得出结论：任一解析函数 $\zeta=f(z)$在其导数 $f'(z)\neq0$ 的点，映射到 ζ 平面上具有夹角的不变性和长度伸缩的相同性。反之，变换 $z=z(\zeta)$也有这些性质。$f'(z)=0$ 的点称为变换的临界点。在这种点上夹角不能保持，伸缩因子为零，且其反函数是非解析的。

2.2.5.2 保角变换用于稳态渗流

在弄清了保角变换和保角映射的概念之后，下面将阐述保角变换如何用于求解渗流问题。为此，首先要证明：① z 平面上的调和函数变换到 ζ 平面上仍是调和函数；② z 平面上的井流量 Q 变换到 ζ 平面上仍是井流量 Q。

1. 调和函数的变换

前两小节已述，z 平面中的势函数 $\varphi(x,y)$和流函数 $\psi(x,y)$满足拉普拉斯方程，即它们是调和函数，变换到 $\zeta=\xi+\mathrm{i}\eta$ 平面后有关系式

$$\begin{cases}\xi=\xi(x,y)\\ \eta=\eta(x,y)\end{cases},\quad \begin{cases}x=x(\xi,\eta)\\ y=y(\xi,\eta)\end{cases}\tag{2.2.90}$$

考虑到 $\xi(x,y)$和 $\eta(x,y)$满足 Cauchy-Riemann 条件，可得变换关系

$$\frac{\partial^2\varphi}{\partial x^2}+\frac{\partial^2\varphi}{\partial y^2}=({\xi_x}^2+{\xi_y}^2)\frac{\partial^2\varphi}{\partial\xi^2}+({\eta_x}^2+{\eta_y}^2)\frac{\partial^2\varphi}{\partial\eta^2}=0\tag{2.2.91}$$

对于保角变换，有

$${\xi_x}^2+{\xi_y}^2={\eta_x}^2+{\eta_y}^2=\left|\frac{\mathrm{d}f}{\mathrm{d}z}\right|^2\neq0\tag{2.2.92}$$

将式(2.2.92)代入式(2.2.91)，则必定有

$$\frac{\partial^2\varphi}{\partial\xi^2}+\frac{\partial^2\varphi}{\partial\eta^2}=0\tag{2.2.93}$$

对流函数 $\psi(x,y)$也有同样结果。由此得出结论：z 平面上的调和函数经保角变换 $\zeta=f(z)$ 变换到 ζ 平面上仍是调和函数。

2. 井流量的变换

首先，z 平面上以 $f'(z_0)\neq0$ 的点 z_0 为圆心的小圆，经保角变换后在相差一个高阶无穷小的近似程度下，在变换平面上仍是一个小圆。这由前面对导数模的几何意义的讨论可直接得出。其次，对于 z 平面上的井流量 Q，设 C 为 z 平面上绕井的一条封闭曲线，C 上法线元及切线元分别用 $\mathrm{d}\boldsymbol{n}$ 和 $\mathrm{d}\boldsymbol{s}$ 表示，则 ζ 平面上有对应的绕井的封闭曲线 C'，C' 上法线元及切线元分别用 $\mathrm{d}\boldsymbol{\nu}$ 和 $\mathrm{d}\boldsymbol{\tau}$ 表示(图 2.8)。根据 Darcy 定律，得

$$Q=\int_C V_n\mathrm{d}\boldsymbol{s}=-\int_C\frac{\partial\varphi}{\partial\boldsymbol{n}}\mathrm{d}\boldsymbol{s}\tag{2.2.94}$$

变换后在 ζ 平面上，按式(2.2.88)所表示的各向伸缩相同性，有 $\mathrm{d}\boldsymbol{\nu}=|f'(z)|\mathrm{d}\boldsymbol{n}$，$\mathrm{d}\boldsymbol{\tau}=|f'(z)|\mathrm{d}\boldsymbol{s}$，所以在 ζ 平面上有

$$Q'=-\int_{C'}\frac{\partial\varphi}{\partial\boldsymbol{\nu}}\mathrm{d}\boldsymbol{\tau}=-\int_C\frac{\partial\varphi}{\partial\boldsymbol{n}}\mathrm{d}\boldsymbol{s}\tag{2.2.95}$$

式(2.2.94)和式(2.2.95)相比,即得 $Q' = Q$,这就证明了保角变换下流量的不变性。

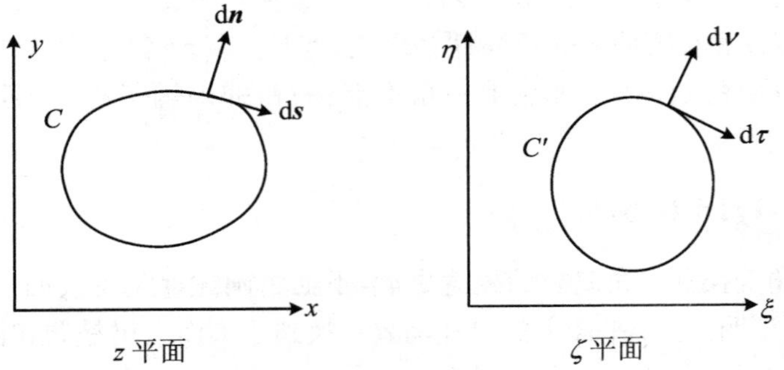

图 2.8 保角变换下井流量的不变性

综上所述,用保角变换法解稳态渗流的思路和步骤可归纳如下:

首先,将 z 平面上较复杂的边值问题借助保角变换映射到 ζ 平面上较简单的边值问题,在 ζ 平面上对 φ 和 ψ 的边界条件类型不变、井流量不变。

然后在 ζ 平面上解拉普拉斯方程,求出复势和 $\varphi(\xi,\eta)$,$\psi(\xi,\eta)$。

再用反变换求出 z 平面上的复势 $W(z)$和 $\varphi(x,y)$,$\psi(x,y)$。

最后即得所需的全部结果。

2.2.5.3 一些简单的保角变换

现在反过来用几个简单的变换关系式研究一些流动问题。

1. 对数变换

对数变换

$$\zeta = \ln z \tag{2.2.96}$$

将 z 平面上同心圆间环形区域、内外为等势边界的平面径向流变成 ζ 平面上矩形区域、两端定压的平面平行流,如图 2.9 所示。在 ζ 平面上,是宽度为 $\ln R_e - \ln r_w$、高度为 0 到 2π 的区域。

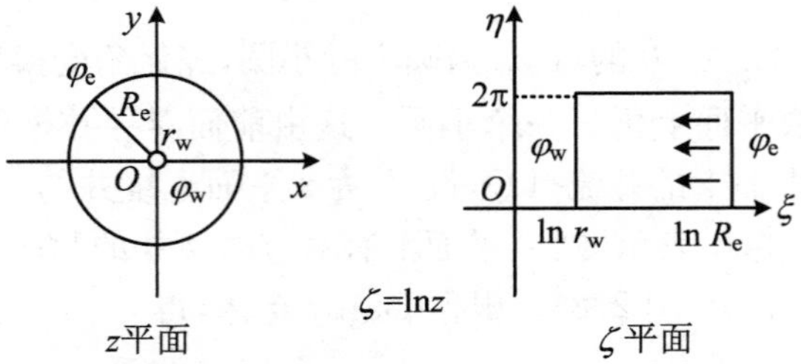

图 2.9 圆形定压边界中心井变成平面平行流

2. 指数变换

指数变换

$$\zeta = \rho\exp(\mathrm{i}2\pi z/l) \tag{2.2.97}$$

将 z 平面上无限井排变成 ζ 平面上圆内偏心井的流动,如图 2.10 所示。

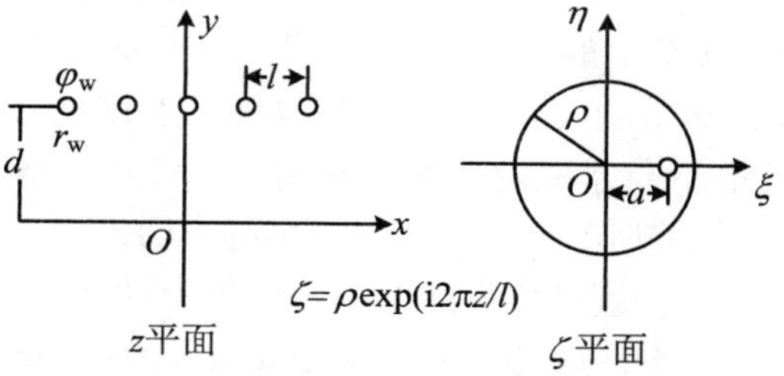

图 2.10　无限井排变成圆内偏心井

设 x 轴为直线供给边界，有势 φ_e，井排距 x 轴为 d，井距为 l，井半径和势分别为 r_w 和 φ_w，则变换到 ζ 平面上为圆半径 ρ，偏心井距圆心 $a=\rho\exp(-2\pi d/l)$，井半径 $\rho_w=\rho(2\pi/l)\exp(-2\pi d/l)r_w$。

3. 幂变换

幂变换

$$\zeta = z^m \tag{2.2.98}$$

将 z 平面上圆形地层中同心井排变成 ζ 平面上圆内偏心井的流动，如图 2.11 所示。设 z 平面上半径为 R 的供给圆形边界内沿以 R_1 为半径的圆周上均匀分布着 m 个等产量的井，则变换到 ζ 平面上为圆半径 $\rho=R^m$，偏心距 $l=R_1{}^m$，井半径 $\rho_w=mR_1{}^{m-1}r_w$。

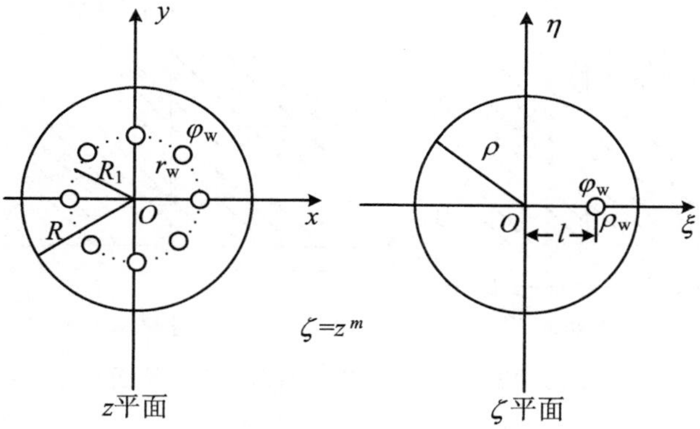

图 2.11　圆形地层中同心井排变成圆内偏心井

2.2.5.4　Schwarz-Christoffel 变换

对于某些情形，难以用简单的变换进行求解，而要用较为复杂的变换。例如，z 平面上为多边形的流动区域，需要用 Schwarz-Christoffel 变换（简称 S-C 变换）。下面就讨论这种变换。

S-C 变换可将 z 平面上的多边形内部区域映射为 ζ 平面的上半平面，反之亦然。原来沿多边形边界上给定的条件对应于 ζ 平面实轴上给定的条件，把 z 平面上多边形的每一个顶点映射为 ζ 平面实轴上的点。这个变换的表达式为

$$z = C\int[(\zeta-a_1)^{-\alpha_1/\pi}(\zeta-a_2)^{-\alpha_2/\pi}\cdots(\zeta-a_n)^{-\alpha_n/\pi}]d\zeta + C_1 \tag{2.2.99}$$

式中，C 和 C_1 是复常数，$\alpha_i(i=1,2,\cdots,n)$ 是 z 平面上多边形的外角。z 平面上多边形的顶点 A_i 映射为 ζ 平面上位于实轴上的对应点 $a_i(i=1,2,\cdots,n)$。显然，变换式(2.2.99)除点 $a_i(i=1,2,\cdots,n)$ 以外 ζ 是解析的，因此变换是保角的。在映射一个 n 边形时可任意给定 a_i 中的3个，其余 $n-3$ 个作为待求参数。为了避免 $\zeta=a_i$ 处不解析所引起的困难，当 z 通过顶点 A_i 处时，让 ζ 平面上的映像 a_i 绕过一个小小的半圆。

实际使用较多的是四边形特别是矩形的变换。设矩形中两个顶点的映像位于 $\zeta=\pm 1$，而另两个顶点的映像位于 $\zeta=\pm 1/k$，由于矩形角都是 $\pi/2$，所以变换式具有以下形式：

$$z = C\int_0^{\zeta} \frac{\mathrm{d}\zeta}{\sqrt{1-\zeta^2}\sqrt{1-k^2\zeta^2}} \tag{2.2.100}$$

这是椭圆积分。其中，k 称为椭圆积分的模，$k'=1-k^2$ 称为椭圆积分的补模。这个积分在 $\zeta=1$ 的值用 K 表示，称为第一类全椭圆积分(见附录A1)，$K(k)$ 的数值有表可查。由此可以证明 z 平面上矩形的宽度为 $2K$。

为了说明 z 平面上的一个多边形如何映射到 ζ 平面的上半平面，下面介绍变换式的构造方法。

将 z 平面上半无限条带区(U形区)映射为 ζ 平面的上半平面，奇点 C 和 B 位于 $\zeta=\pm 1$ 的变换如图2.12所示。因为这种半无限条带区域可以看做一个顶点位于无穷远的三角形，两底角的外角 $\alpha_1=\alpha_2=\pi/2$，因而按式(2.2.99)，得

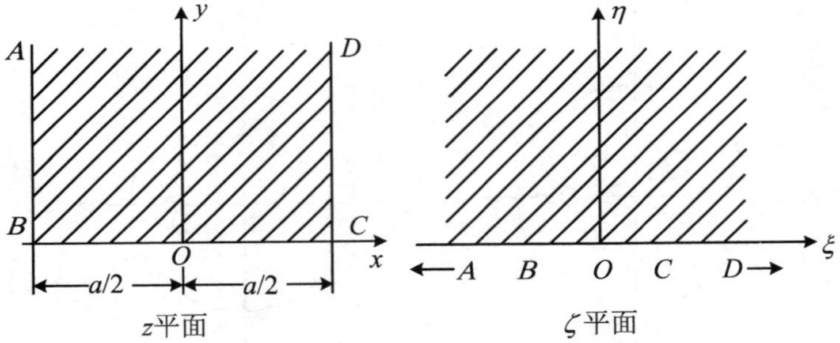

图 2.12　半无限条带区映射为上半平面

$$z = C\int \frac{\mathrm{d}\zeta}{\sqrt{\zeta^2-1}} + C_1 = \mathrm{i}C\int \frac{\mathrm{d}\zeta}{\sqrt{1-\zeta^2}} + C_1 = \mathrm{i}C\arcsin\zeta + C_1 \tag{2.2.101}$$

因为 $z=\pm a/2$ 对应于 $\zeta=\pm 1$，按式(2.2.101)，有

$$\frac{a}{2} = \mathrm{i}C\frac{\pi}{2} + C_1, \quad -\frac{a}{2} = \mathrm{i}C\left(-\frac{\pi}{2}\right) + C_1 \tag{2.2.102}$$

所以

$$C_1 = 0, \quad \mathrm{i}C = \frac{a}{\pi} \tag{2.2.103}$$

代入式(2.2.101)，即得变换

$$z = \frac{a}{\pi}\arcsin\zeta, \quad \zeta = \sin\frac{\pi z}{a} \tag{2.2.104}$$

将 z 平面上的 U 形区映射到 ζ 平面的上半平面。

2.2.5.5 用保角变换求岩心的横向渗透率

钻井期间取出长为 h、半径为 R 的圆柱形岩心。由于石油在地下的流动大多沿水平方向，所以在实验室中测岩心的横向（即垂直于圆柱轴方向）的渗透率是很重要的。测岩心横向渗透率可以在垂直于圆柱轴方向上取一小圆柱，进行小圆柱的轴向流实验；也可直接用岩心测量。现在研究后一种方法，该方法描述如下：将岩心柱的两端用橡皮压紧，沿圆柱表面两侧 DC 部分亦用橡皮压紧密封，让实验流体由 DAD 部分流入，其中，压力为 p_1，势为 φ_1；由 CBC 部分流出，其中，压力为 p_2，势为 φ_2。其余边界处均不透水，即 $\partial\varphi/\partial \boldsymbol{n}=0$，形成稳态平面渗流。由于对称性，我们只需研究其右半平面的流动，并且 y 轴是一条流线，这里也有 $\partial\varphi/\partial \boldsymbol{n}=0$，见图 2.13(a)。

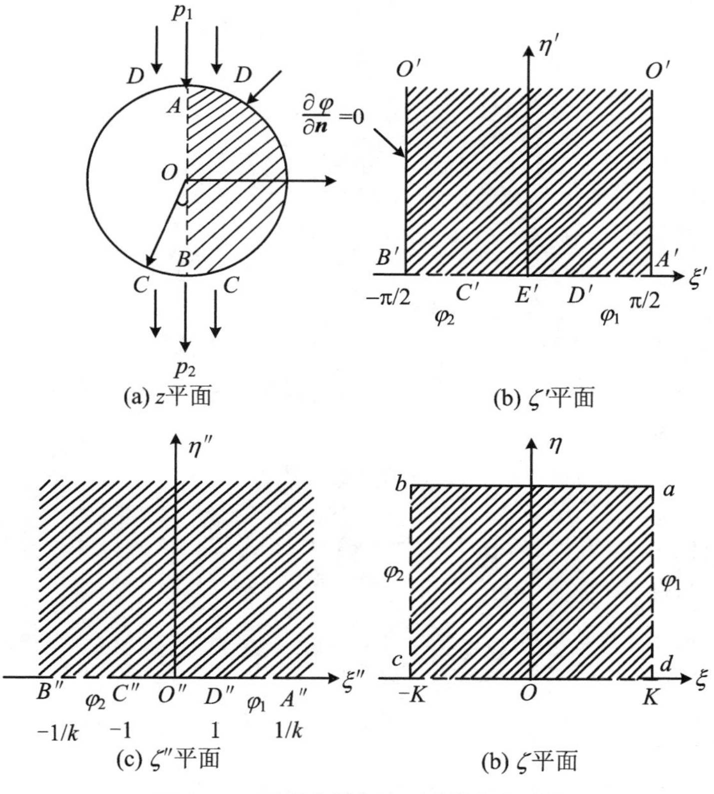

图 2.13 测岩心横向渗透率的保角变换

我们首先用保角变换

$$\zeta' = -\mathrm{i}\ln\frac{z}{R} \tag{2.2.105}$$

将图 2.13(a)中的半圆区域映射到 ζ'平面中的半无限条带区域。因 $z=R$ 对应于 $\zeta'=0$，即 E 映射到 E'。$z=0$ 对应于 $\zeta'\to\infty$，即 z 平面上点 O 映射到 ζ 平面上无穷远。$z=\pm R\mathrm{e}^{\pi\mathrm{i}/2}$

对应于$\zeta' = \pm \pi i/2$,即点 A,B 分别映射到ζ平面上点A',B',见图 2.13(b)。

然后,将图 2.13(b)中的上半无限条带区域映射到 ζ''平面的上半平面,见图 2.13(c)。这在式(2.2.101)~式(2.2.104)中已经研究过,将那里的 a 换成 π,即

$$\zeta' = \arcsin(k\zeta''), \quad \zeta'' = \frac{\sin\zeta'}{k} \tag{2.2.106}$$

其中,$k = \cos\alpha$,α 是图 2.13(a)中的$\angle AOD$ 或$\angle BOC$。

最后,用 S-C 变换将 ζ''平面的上半平面映射到ζ平面上的矩形区域,见图 2.13(d)。变换为

$$\zeta = \int_0^{\zeta''} \frac{dt}{\sqrt{1 - t^2}\sqrt{1 - k^2 t^2}} \tag{2.2.107}$$

显然,ζ''平面上的$\zeta'' = \pm 1$ 对应于ζ平面上的$\zeta = \pm K(k)$。而在 $\zeta'' = \pm \dfrac{1}{k}$处,令

$$u^2 = 1 - \frac{1}{1 - k^2}\left(\frac{1}{t^2} - k^2\right)$$

有

$$\begin{aligned}
\zeta &= \left\{\int_0^{\pm 1} + \int_{\pm 1}^{\pm\frac{1}{k}}\right\} \frac{dt}{\sqrt{1 - t^2}\sqrt{1 - k^2 t^2}} \\
&= K(k) \pm i\int_0^1 \frac{du}{\sqrt{1 - u^2}\sqrt{1 - k'^2 u^2}} \\
&= K(k) \pm iK(k')
\end{aligned} \tag{2.2.108}$$

所以,变换到ζ平面上,为宽 $2K(k)$、高 $K' = K(k')$的矩形区域内从右向左的平面平行流,其中,$K(k)$和 $K'(k)$通过 $k = \cos\alpha$ 由数表查出。实验中,α 值是确定的。根据第 2.1.1 小节中式(2.1.5)的结果,有

$$Q = \frac{KA(p_1 - p_2)}{\mu L} \tag{2.2.109}$$

在本问题中,截面积 $A = hK(k')$,长 $L = 2K(k)$,代入式(2.2.109),并注意到以上研究只考虑了流量的一半,则得

$$Q = \frac{Kh}{\mu}\frac{K(k')}{K(k)}(p_1 - p_2) \tag{2.2.110}$$

根据测得的流量 Q、黏度 μ、岩心长度 h 以及由α 角查全椭圆积分表给出的$\dfrac{K(k)}{K(k')}$,换算出岩心横向渗透率 K 为

$$K = \frac{Qu}{h(p_1 - p_2)}\frac{K(k)}{K(k')} \tag{2.2.111}$$

2.3　小井群问题

对于面积很大的储液层中的多井问题，在进行解析处理时，可分成以下两种情况：一种情况是井群分布的区域比整个储液层的面积小得多，且井群中任意一口井至边界的距离都远大于井群本身的距离尺寸。另一种情况是井群分布在油田或含水地带的大部分范围内。本节研究前一种情况，而后一种情况将在后面几节中研究。

前一种情况就是所谓小井群问题。假设外边界是供给边界，地层均质等厚，井全部钻穿，以致流动系统可看成二维的。在油田开发的早期阶段，可能存在这种小井群的布局。根据第2.1.4小节的研究结果，对于井的产量而言，只取决于外边界和井筒中的平均压力，并不要求广大边界上压力是均匀的。我们可以应用第2.2.3小节中叠加原理的结果，其势函数由式(2.2.52)表示。若地层厚度为 h，则有

$$p(x,y) = C + \frac{\mu}{2\pi Kh}\sum_{j=1}^{n} Q_j \ln r_j \tag{2.3.1}$$

式中，r_j 是第 j 口井位置(x_j, y_j)到场点(x,y)的距离。将整个流动区域看成近似半径为 R 的圆，坐标原点取在圆心或某口井上。将式(2.3.1)中的场点位置分别取在边界和第 j 口井的井位(x_j, y_j)上，则其压力分别为

$$p_e = C + \frac{\mu}{2\pi Kh}\sum_{j=1}^{n} Q_j \ln R \tag{2.3.2}$$

$$p_j = C + \frac{\mu}{2\pi Kh} Q_j \ln r_j + \frac{\mu}{2\pi kh}\sum{}' Q_i \ln r_{ij} \tag{2.3.3}$$

其中，求和号上一撇表示不含 $i=j$ 项，r_{ij} 表示第 i 口井到第 j 口井的距离。式(2.3.2)和式(2.3.3)就是处理小井群问题的基本关系式，由此两式可求得各个井的产量，并可分析井间干扰问题。下面研究几种有代表性的情形。

2.3.1　圆周上井排

作为两口井、四口井对称排列的推广，现在研究有 n 口井均匀分布在半径为 R_1 的圆周上的井排($R_1 \ll R$)。由于对称性，诸井的井底压力和产量都相等。由方程(2.3.3)和方程(2.3.2)立即给出

$$p_w = C + \frac{\mu Q_j}{2\pi Kh}\left(\ln r_w + \sum{}' \ln r_{ij}\right) \tag{2.3.4}$$

$$p_e = C + \frac{\mu n Q_j}{2\pi Kh}\ln R \tag{2.3.5}$$

其中，求和号上一撇表示不含 $i=j$ 项。令 $\Delta p = p_e - p_w$，容易求得

$$Q_j = \frac{2\pi Kh\Delta p/\mu}{\ln \dfrac{R^n}{R_1{}^{n-1} r_w} - \sum\limits_{m=1}^{n-1} \ln\left(2\sin \dfrac{m\pi}{n}\right)} \tag{2.3.6}$$

系统的总生产能力(以下简称产能)为

$$Q^{(n)} \equiv nQ_j = \frac{2\pi Kh\Delta p/\mu}{\ln \dfrac{R}{r} + \dfrac{1}{n}\ln \dfrac{r}{r_w} - \dfrac{1}{n}\sum\limits_{m=1}^{n-1} \ln\left(2\sin \dfrac{m\pi}{n}\right)} \tag{2.3.7}$$

等效半径的对数是 $\ln R$ 减去式(2.3.7)分母中的量。由以上情况可以看出,随着井群中井数增多,相互干扰也增大,即每口井的产量也减少。钻井数目多到一定程度,所得的产量增加不足以抵消附加的成本。这个结论对于以上几小节的情形都是成立的。

2.3.2 无限长直线供给边界附近小井群

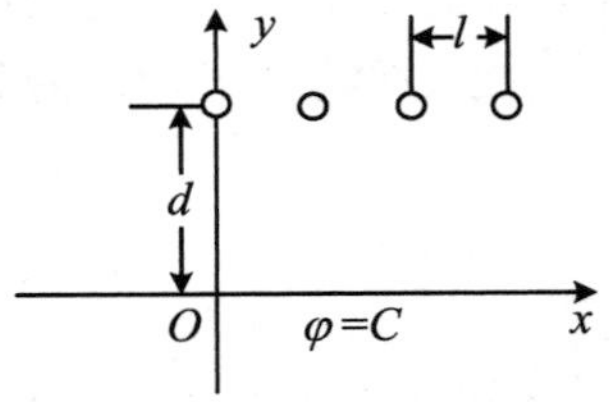

图 2.14 无限长直线供给边界附近小井群

前面几小节所讨论的情形,其供给边界大体都是圆形的。有一类问题需考虑直线边界,例如在临近江河的砂岩中钻有限几口井的系统。设井距为 l,井至边线距离为 d,井数为 n,如图 2.14 所示。根据镜像原理,在以 x 轴为对称轴的位置上应有一异号小井群。若实井产量为 Q_j,则镜像井产量为 $-Q_j$。由式(2.3.1),该系统的压力分布写成

$$p(x,y) = p_e + \frac{\mu}{4\pi Kh}\sum_{m=0}^{n-1} Q_m \ln \frac{(x-ml)^2+(y-d)^2}{(x-ml)^2+(y+d)^2} \tag{2.3.8}$$

若每口井井底压力相等且为 p_w,则流量 Q_j 由式(2.3.9)确定:

$$p_e - p_w = \frac{\mu}{4\pi Kh}\left\{2Q_j \ln \frac{2d}{r_w} + \sum{}' Q_m \ln\left[1 + \frac{4d^2}{l^2(m-j)^2}\right]\right\}$$
$$(j = 0,1,2,\cdots,n-1) \tag{2.3.9}$$

其中,求和号上一撇表示对 m 从 0 到 $n-1$ 求和,但不含 $m=j$。若 $m=1$,由式(2.3.6)立即给出与式(2.2.78)相同的结果,即

$$Q_0 = \frac{2\pi Kh\Delta p/\mu}{\ln \dfrac{2d}{r_w}} \tag{2.3.10}$$

对于 $n=2$,方程(2.3.9)给出

$$Q_0 = Q_1 = \frac{2\pi Kh\Delta p/\mu}{\ln \dfrac{2d}{r_w} + \dfrac{1}{2}\ln\left(1+\dfrac{4d^2}{l^2}\right)} \tag{2.3.11}$$

式(2.3.11)分母中的第二项代表井间互相干扰。因而,若 $d/l=1$,$d/r_w=400$,则两井系统中每口井的产能只有单井产能的 89%。两井越是靠近(l 减小),这个值也就越小。

对于 $n=3$,容易求得

$$Q_0 = Q_2 = \frac{4\pi Kh \ln\left[\left(\frac{4d^2}{r_w^2}\right)\Big/\left(1+\frac{4d^2}{l^2}\right)\right]\frac{\Delta p}{\mu}}{\ln\frac{4d^2}{r_w^2}\ln\left(\frac{4d^2}{r_w^2}\cdot\frac{l^2+d^2}{l^2}\right)-2\left[\ln\left(1+\frac{4d^2}{l^2}\right)\right]^2} \tag{2.3.12}$$

$$\frac{Q_1}{Q_0} = 1 - \frac{\ln\left[\left(1+\frac{4d^2}{l^2}\right)\Big/\left(1+\frac{d^2}{l^2}\right)\right]}{\ln\left[\frac{4d^2}{r_w^2}\Big/\left(1+\frac{4d^2}{l^2}\right)\right]} \tag{2.3.13}$$

若 $d/l=1, d/r_w=400$，则与由式(2.3.10)表示的单井产能相比，Q_0 和 Q_2 都只有单井产能的 86%，Q_1 只有单井产能的 79%。$Q_0 = Q_2 > Q_1$，显然，是由于中央井受到两边井的干扰所致，边上井只受到一个方向的干扰。

2.4　无 限 井 排

当油田中至少在一个方向(例如 x 轴方向)上由一个井排或几个平行的井排所横贯，且井排伸展的距离远大于井间距离时，这个系统可用等价的一个无限井排或几个无限井排组所代替。虽然实际井排中井数总是有限的，但例如在垂直于井排方向有直线断层或其他不透水边界，则镜像的结果就是无限井排。在很多实际情形中，边界的效应只影响井排两端少数井附近的流动，使这里的压力分布发生畸变，井的产量有所增减；而对大多数井而言，边界的影响是很小的。所以，在以下分析中，我们设想是井距相等的无限井排，且井筒半径和井底压力是相同的。

2.4.1　无限大地层中单一井排

设井排距 x 轴距离用 d 表示，井距相等，用 l 表示。为了对无限井排的压力分布进行基本的描述，仍用点汇代替这些井，其强度对应于井的流量或产能。关于这样的系统，实际上我们在第2.2.3小节中已经研究过，其势函数 $\varphi(x,y)$ 由式(2.2.69)给出，记住 $\varphi = Kp/\mu$，$q = Q/h$，即压力分布为

$$p(x,y) = C + \frac{Qu}{4\pi Kh}\ln\left[\operatorname{ch}\frac{2\pi(y-d)}{l} - \cos\frac{2\pi x}{l}\right] \tag{2.4.1}$$

公式(2.4.1)是任意多个井排系统解的基本元素，正如无限地层中单井解公式(2.1.16)是无限大地层中任意多口井系统解的基本元素一样。因此，有必要对它加以详细研究。

式(2.4.1)表明，该系统的等压线可用式(2.4.2)表示，即

$$\operatorname{ch}\frac{2\pi(y-d)}{l} - \cos\frac{2\pi x}{l} = C \tag{2.4.2}$$

等压线的分布如图 2.15 所示。实际上，若将式(2.4.2)中左边项在井点附近做幂级数展开，

并略去高阶小量，立即得出在井点周围等压线呈圆状。而当 $Y\equiv 2\pi(y-d)/l\to\infty$ 时，等压线是水平线。实际上，在 y 方向离井约一个井距 l 处，等压线就基本上是水平线了。注意，在图 2.15 中把 x 轴取在井的连线上。

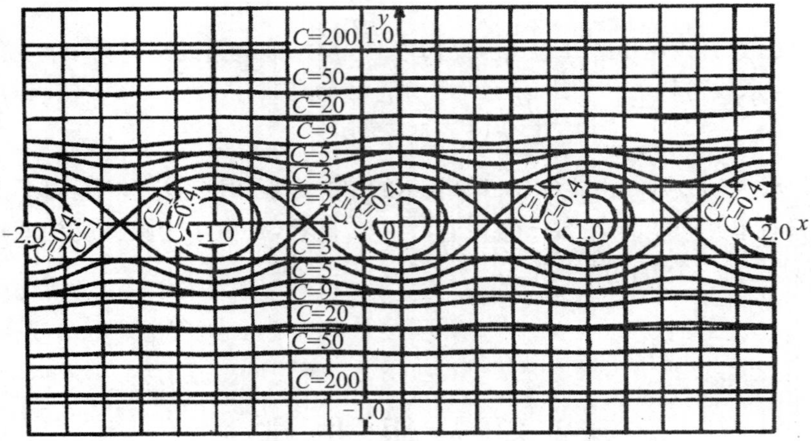

图 2.15　无限大地层中单一井排的等压线

下面讨论沿平行于 y 轴方向的压力分布，在这里取两种典型的位置：一是沿通过井点直线上的压力分布，如图 2.16 中实线所示；另一种是通过两井连线中点的纵向直线上的压力分布，如图 2.16 中虚线所示。图中取 $Qu/(Kh)=2\pi$，意即纵坐标为 $p_D=p\Big/\dfrac{Qu}{2\pi Kh}$。由图看出：

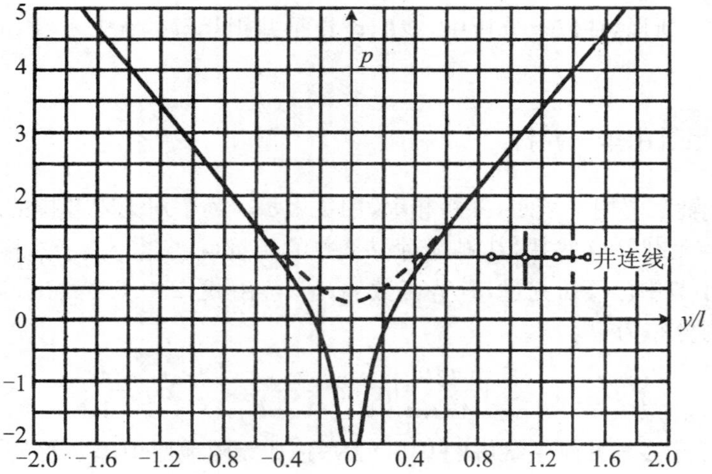

图 2.16　沿平行于 y 轴方向的压力分布[$d=0$，取 $Qu/(Kh)=2\pi$]

(1) 在离井排距离大约一个井距 l 以外，实线与虚线重合，这表示压力实际上与 x 无关，即等压线是水平线。

(2) 在离井排距离大约一个井距 l 以外，压力 $p\sim y/l$ 曲线是直线，表明压力梯度是常数，这与井排变成连续线汇的结果是一致的。因而，实用上注水井排可当做连续的供给边线处理。

2.4.2　直线供给边线附近一平行井排

现在考察无穷长直线定压边线附近一个无限井排，井排至边线距离为 d，井距为 l。根据镜像原理，在与边线对称的位置上有一异号井排。参考式(2.3.19)和式(2.4.1)，给出压力分布为

$$p(x,y) = p_e + \frac{Qu}{4\pi Kh}\ln\frac{\mathrm{ch}[2\pi(y-d)/l] - \cos(2\pi x/l)}{\mathrm{ch}[2\pi(y+d)/l] - \cos(2\pi x/l)} \tag{2.4.3}$$

如第 2.4.1 小节最后所述，在实用上一排注水井一排产油井的驱替效果与现在所讨论的直线供给边线的驱替效果是一致的。因为有供给边线，当然压力分布关于井排轴线不再是对称的。取供给边线为 x 轴，所以 $y=0$ 是一条等压线，但 $y=2d$ 就不是等压线。平行于 y 轴方向的压力分布如图 2.17 所示。图中实线对应于通过井点的直线的压力分布，虚线对应于通过两井连线中点的直线的压力分布，该图中取 $p_e=10$，$Qu/(Kh)=2\pi$。由图看出：在 $y/l>1.5$ 以外，压力保持不变；而在 $y/l<0.5$处，压力梯度为常数。

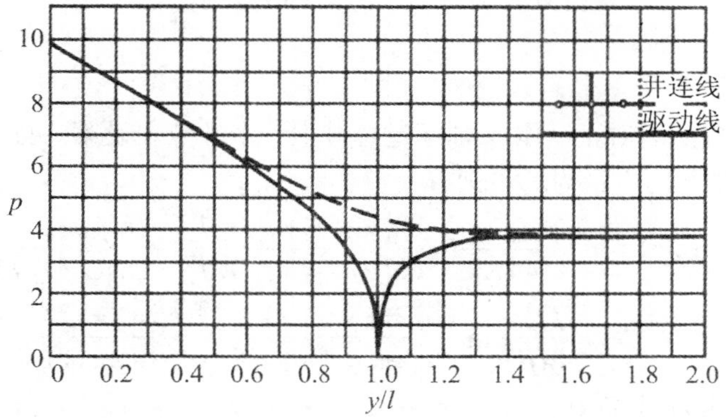

图 2.17　供给边线附近井排沿 y 轴方向的压力分布

$\{d=l, p_e=10, Qu/(Kh)=2\pi, p_D=p/[Qu/(2\pi Kh)]\}$

下面讨论这种系统的有效阻力，即对于单位地层厚度而言，单位产量所需的压力差 p_e-p_w。由式(2.4.3)，因井底压力 p_w 对应于点 $x=nl$，$y=d+r_w$ 处的压力，并且考虑到 $d\gg r_w$，于是有

$$p_w = p_e + \frac{Qu}{2\pi Kh}\ln\frac{\mathrm{sh}(\pi r_w/l)}{\mathrm{sh}(2\pi d/l)} \tag{2.4.4}$$

即单位厚度地层提供的井产量 q 为

$$q = \frac{2\pi K\Delta p/\mu}{\ln\dfrac{\mathrm{sh}(2\pi d/l)}{\mathrm{sh}(\pi r_w/l)}} \tag{2.4.5}$$

因为 $r_w/l\ll 1$，$2d/l$ 通常是稍大于 1，即有

$$\mathrm{sh}\,\frac{\pi r_w}{l}\approx\frac{\pi r_w}{l},\quad \mathrm{sh}\,\frac{2\pi d}{l}\approx\frac{1}{2}e^{2\pi d/l}$$

所以

$$Q=\frac{2\pi Kh(p_e-p_w)/\mu}{\ln[le^{2\pi d/l}/(2\pi r_w)]}\tag{2.4.6}$$

式(2.4.6)与式(2.1.11)对比表明,这与供给边界圆半径 $R=[l/(2\pi)]e^{2\pi d/l}$ 的中心井产量是一致的。由式(2.4.6)得有效阻力 D_e 为

$$D_e\equiv\frac{p_e-p_w}{q}=\frac{\mu}{2\pi K}\ln\left(\frac{l}{2\pi r_w}e^{2\pi d/l}\right)\tag{2.4.7}$$

式(2.4.6)与直线供给边线附近单井产量 Q_0 即式(2.2.78)相比,可以看出井间干扰的影响。若 $d/l=1,d/r_w=400$,得 $Q/Q_0=0.641$。

2.4.3 直线供给边线附近双井排遮挡效应

现在讨论直线供给边线附近双井排情形。其中,第一排(靠近边界的)距边线为 d_1,第二排(离边界较远的)距边线为 d_2。供给边线上压力 p_e 为常数,每个井排中井距为 l。这分两种情形:第一种情形是对正排列,第二种情形是交错排列。

2.4.3.1 对正排列

即两排井的位置前后对正。取 y 轴穿过每排中一个井点。设第一排中每口井的产量为 Q_1,第二排井中每口井的产量为 Q_2,则有

$$\begin{aligned}p(x,y)=p_e&+\frac{Q_1\mu}{4\pi Kh}\ln\frac{\mathrm{ch}[2\pi(y-d_1)/l]-\cos(2\pi x/l)}{\mathrm{ch}[2\pi(y+d_1)/l]-\cos(2\pi x/l)}\\&+\frac{Q_2\mu}{4\pi Kh}\ln\frac{\mathrm{ch}[2\pi(y-d_2)/l]-\cos(2\pi x/l)}{\mathrm{ch}[2\pi(y+d_2)/l]-\cos(2\pi x/l)}\end{aligned}\tag{2.4.8}$$

求第一排井的井底压力,只需在式(2.4.8)中令 $x=nl,y=d_1-r_w$ 即可;求第二排井的井底压力,只需在式(2.4.8)中令 $x=nl,y=d_2-r_w$ 即可。但对于讨论第一排井对第二排井的遮挡效应,可简单地假定 $p_{w1}=p_{w2}$,即让式(2.4.8)中右端在点$(0,d_1-r_w)$和$(0,d_2-r_w)$上相等。考虑到$(d_1,d_2,l)\gg r_w$,不难求得

$$\frac{Q_1}{Q_2}=\frac{\ln\dfrac{\mathrm{sh}(\pi r_w/l)\mathrm{sh}[\pi(d_1+d_2)/l]}{\mathrm{sh}(2\pi d_2/l)\mathrm{sh}[\pi(d_2-d_1)/l]}}{\ln\dfrac{\mathrm{sh}(\pi r_w/l)\mathrm{sh}[\pi(d_1+d_2)/l]}{\mathrm{sh}(2\pi d_1/l)\mathrm{sh}[\pi(d_2-d_1)/l]}}\tag{2.4.9}$$

定义遮挡系数 S 为进入第一排井中的流量与进入两排井的流量和之比,换句话说,$1-S$ 为泄漏到第二排井中的流量与两排井的流量和之比,即

$$S=\frac{Q_1}{Q_1+Q_2}=\frac{1}{1+Q_2/Q_1},\quad 1-S=\frac{Q_2}{Q_1+Q_2}=\frac{1}{1+Q_1/Q_2}\tag{2.4.10}$$

由式(2.4.9)不难算出这个系数。例如取 $d=l,l/r_w=2640$,则得

$$S\approx2/3,\quad 1-S\approx1/3$$

2.4.3.2　交错排列

即两排井前后的位置互相交错。取 y 轴穿过第一排中一口井而从第二排两井连线的中点穿过，则只要将式(2.4.8)中的第二项改造一下即可，因而有

$$p(x,y)=p_e+\frac{Q_1\mu}{4\pi Kh}\ln\frac{\mathrm{ch}[2\pi(y-d_1)/l]-\cos(2\pi x/l)}{\mathrm{ch}[2\pi(y+d_1)/l]-\cos(2\pi x/l)}+\frac{Q_2\mu}{4\pi Kh}\ln\frac{\mathrm{ch}[2\pi(y-d_2)/l]+\cos(2\pi x/l)}{\mathrm{ch}[2\pi(y+d_2)/l]+\cos(2\pi x/l)}\tag{2.4.11}$$

即第二排的余弦项由式(2.4.8)中的负号改为现在的正号。相应地，只需将式(2.4.9)中的

$$\frac{\mathrm{sh}[\pi(d_2+d_1)/l]}{\mathrm{sh}[\pi(d_2-d_1)/l]}$$

改为

$$\frac{\mathrm{ch}[\pi(d_2+d_1)/l]}{\mathrm{ch}[\pi(d_2-d_1)/l]}$$

即得目前情形的流量比 Q_1/Q_2。因为当 $z\geqslant 1$ 时，$\mathrm{ch}\ \pi z$ 几乎精确地等于 $\mathrm{sh}\ \pi z$，所以只要 $(d_2-d_1)/l$ 不是很小，交错排列的流量比与对正排列的流量比就没有什么差别。具体来说，只要 $(d_2-d_1)/l$ 不小于 0.1，二者的偏差就不超过 1%。所以，二者的遮挡效应几乎完全相同。只不过水舌或死油区的分布图案不同而已。

类似地，我们可以分析三排井和多排井的稳态渗流。

2.5　注水井网和有效传导率

2.5.1　引言

靠地层原来储集的能量采油，其采收率很低。从 20 世纪 30 年代以来，大多数油田都采用注水开发或注气开发，称为二次采油(参见第 1.1.4 小节)。目前我国也普遍采用这种技术，特别是大庆油田在这方面取得了成功的经验。20 世纪 30 年代人们曾进行过大量的电比拟试验，如电解槽比拟和导电板比拟试验。这些试验的缺点是其结果仅适用于模型的特殊尺寸。而在解析处理中，系统的尺寸在整个计算过程中可取作参数，只在最后的解释中才规定下来，因此适用于各种不同尺寸。

在一个油田中，按一定规律布置生产井和注水井，构成各式各样的井网。如前所述，在理论处理中这种井网可用无限井网的理论模型。在第 2.4.1 小节中曾说过：式(2.4.1)是任意多个井排问题的基本解。整个井网系统的压力分布可由式(2.4.1)表示的单排井对压力的贡献进行求和而得到。在式(2.4.1)的推导过程中，y 轴是通过单排井中的一口井。若 y 轴至最近一口井的距离是 b，如图 2.18 所示，则式(2.4.1)通过简单的坐标平移，应改写成

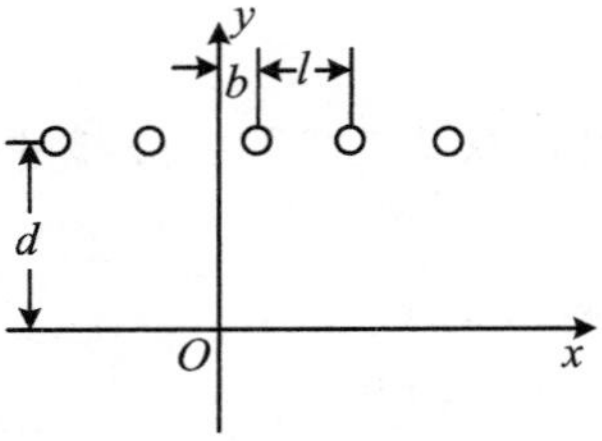

图 2.18　单排井的任意布局

$$p(x,y)=C+\frac{Qu}{4\pi Kh}\ln\left[\operatorname{ch}\frac{2\pi(y-d)}{l}-\cos\frac{2\pi(x-b)}{l}\right] \tag{2.5.1}$$

在无限井网中有无限多个井排，每个井排有其特定的参数 Q，d，b 和 l，有的是注入井，有的是采出井。所以，在对各单排井的结果进行求和时必须小心行事，以免级数发散。从物理上分析，正确的求和就是要以关于 x 轴对称的井排成对相加，这样每一对井排加到压力上就会使求得的总和是收敛的。对每一个井排来说，关键是要准确知道其特定参数，然后就可写出式(2.5.1)形式的基本解。下面介绍几种有实际意义的井网系统。

2.5.2　对正排列的注水井网

对正排列的注水井网也称直线驱注水井网，它是由一排生产井、一排注水井交替排列的无限井网，如图 2.19 所示。由于对称性，在做实验时只要取图中虚线所表示的单元即可，这个单元就代表了整个井网的特性。虚线可当做封闭边界上、下两口注水井有一半流量流入该单元内的一口生产井。

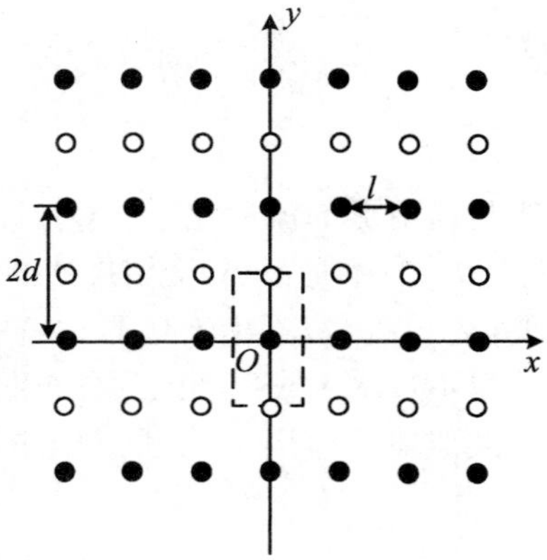

图 2.19　对正排列注水井网

●生产井　　○注水井

为了写出这种井网的压力分布，首先要给出这个井网的特征数值。设 m 为排数，以 x 轴为零排，向上为正，向下为负，则显然有

$$+Q:\quad d\to 2md,\quad b=0$$

$$-Q:\quad d\to(2m+1)d,\quad b=0$$

通过对式(2.5.1)或式(2.4.1)进行求和，即得

$$\begin{aligned}p(x,y)=&C'+\frac{Qu}{4\pi Kh}\ln\left(\operatorname{ch}\frac{2\pi y}{l}-\cos\frac{2\pi x}{l}\right)\\&+\sum_{m=1}^{\infty}(-1)^m\frac{Qu}{4\pi Kh}\ln\left\{\left[\operatorname{ch}\frac{2\pi(y-md)}{l}-\cos\frac{2\pi x}{l}\right)\right.\\&\left.\cdot\left(\operatorname{ch}\frac{2\pi(y+md)}{l}-\cos\frac{2\pi x}{l}\right]\right\}\end{aligned} \tag{2.5.2}$$

显然，当 $m\to\infty$ 时，这个级数的一般项趋于 ∞，不收敛。为此，需对级数进行改写。注意到

$$\begin{aligned}&(-1)^m\ln\left\{\left[\operatorname{ch}\frac{2\pi(y-md)}{l}-\cos\frac{2\pi x}{l}\right]\left[\operatorname{ch}\frac{2\pi(y+md)}{l}-\cos\frac{2\pi x}{l}\right]\right\}\\&=(-1)^m\ln\frac{e^{4\pi md/l}}{4}+(-1)^m\ln\left\{e^{-\frac{4\pi md}{l}}\left[e^{\frac{4\pi md}{l}}+e^{-\frac{4\pi md}{l}}+e^{\frac{4\pi y}{l}}+e^{-\frac{4\pi y}{l}}\right.\right.\\&\left.\left.+4\cos^2\frac{2\pi x}{l}-4\operatorname{ch}\frac{2\pi(y-md)}{l}\cos\frac{2\pi x}{l}-\operatorname{ch}\frac{2\pi(y+md)}{l}\cos\frac{2\pi x}{l}\right]\right\}\end{aligned} \tag{2.5.3}$$

提出一个常数项，则式(2.5.2)可改写成

$$p(x,y)$$
$$= C + \frac{Qu}{4\pi Kh}\ln\left(\mathrm{ch}\,\frac{2\pi y}{l} - \cos\frac{2\pi x}{l}\right) + \frac{Qu}{4\pi Kh}$$
$$\cdot \sum_{m=1}^{\infty}(-1)^m \ln \frac{4\{\mathrm{ch}[2\pi(y-md)/l] - \cos(2\pi x/l)\}\{\mathrm{ch}[2\pi(y+md)/l] - \cos(2\pi x/l)\}}{e^{4\pi md/l}} \tag{2.5.4}$$

容易证明这个级数是收敛的。

为了求得井网中注水井与生产井之间的压差，只需研究虚线单元内 y 轴上的三口井。对这些井 $x=0$，由式(2.5.4)得

$$p(0,y) = \frac{Qu}{4\pi Kh}\ln\left(2\mathrm{sh}^2\,\frac{\pi y}{l}\right)$$
$$+ \frac{Qu}{4\pi Kh}\sum_{m=1}^{\infty}(-1)^m \ln \frac{16\mathrm{sh}^2[\pi(y-md)/l]\mathrm{sh}^2[\pi(y+md)/l]}{e^{4\pi md/l}} \tag{2.5.5}$$

对于注水井，以 $y=d\pm r_w$ 代入式(2.5.5)，得

$$p(0,d\pm r_w) = \frac{Qu}{4\pi Kh}\ln\left(2\mathrm{sh}^2\,\frac{\pi d}{l}\right) - \frac{Qu}{4\pi Kh}\ln\frac{16\mathrm{sh}^2(\pi r_w/l)\mathrm{sh}(2\pi d/l)}{e^{4\pi d/l}}$$
$$+ \frac{Qu}{4\pi Kh}\sum_{m=2}^{\infty}(-1)^m \ln \frac{16\mathrm{sh}^2[(m-1)\pi d/l]\mathrm{sh}^2[(m+1)\pi d/l]}{e^{4\pi md/l}} \tag{2.5.6}$$

对于生产井，以 $y=r_w$ 代入式(2.5.5)，得

$$p(0,r_w) = \frac{Qu}{4\pi Kh}\ln\left(2\mathrm{sh}^2\,\frac{\pi r_w}{l}\right) + \frac{Qu}{4\pi Kh}\sum_{m=1}^{\infty}(-1)^m \ln\frac{16\mathrm{sh}^4(m\pi d/l)}{e^{4\pi md/l}} \tag{2.5.7}$$

将式(2.5.6)与式(2.5.7)相减，并将减后式子左端记作 Δp，则得

$$\Delta p = \frac{Qu}{2\pi Kh}\ln\frac{\mathrm{sh}^3(\pi d/l)}{\mathrm{sh}^2(\pi r_w/l)\mathrm{sh}(2\pi d/l)}$$
$$+ \frac{Qu}{2\pi Kh}\sum_{m=1}^{\infty}(-1)^m \ln\frac{\mathrm{sh}[(m-1)\pi d/l]\mathrm{sh}[(m+1)\pi d/l]}{\mathrm{sh}^2(m\pi d/l)} \tag{2.5.8}$$

因为在实际问题中，d/l 不小于 1/4，所以式(2.5.8)中的级数项只需保留首项，其余各项均可略去，这样引起的误差只有 0.1% 。于是，式(2.5.8)可写成

$$\Delta p = \frac{Qu}{2\pi Kh}\ln\frac{\mathrm{sh}^4(\pi d/l)\mathrm{sh}(3\pi d/l)}{\mathrm{sh}^2(\pi r_w/l)\mathrm{sh}^3(2\pi d/l)} \tag{2.5.9}$$

应当强调指出，上面所给的结果是在假设驱替液和被驱替液的流度 K/μ 值相同的条件下得出的，因此与实际井网中的结果有差别。但是，在同一假设下将不同类型的井网相比，或者将同一类井型的网但井距不同的情形相比，所得的相对关系与实验结果非常接近，而且有时甚至有效传导率的绝对值也很符合。这里有效传导率定义为 Qu/Kh 除以注水井与生产井的压差 Δp。由式(2.5.9)得对正排列注水井网的有效传导率为

$$\frac{Qu}{Kh\Delta p} = \frac{2\pi}{\ln\dfrac{\mathrm{sh}^4(\pi d/l)\mathrm{sh}(\mu 3\pi d/l)}{\mathrm{sh}^2(\pi r_w/l)\mathrm{sh}^3(2\pi d/l)}} \tag{2.5.10}$$

若 $d/l \geqslant 1$,式(2.5.10)简化为

$$\frac{Qu}{Kh\Delta p}=\frac{2\pi}{\pi d/l-2\ln[2\mathrm{sh}(\pi r_w/l)]} \tag{2.5.11}$$

有趣的是,式(2.5.11)对应于有效距离为 $d+(2l/\pi)\ln[l/(2\pi r_w)]$ 的连续直线源和连续直线汇之间的 $Qu/(Kh\Delta p)$ 值。有效距离的第二项代表注入排与产出排之间有效距离的增量,这个增量是由离散井所引起的。对 $d=l$ 的情形,有效传导率与 d 的关系如图 2.21 中曲线Ⅰ所示。

2.5.3 五点式井网和交错排列井网

2.5.3.1 五点式井网

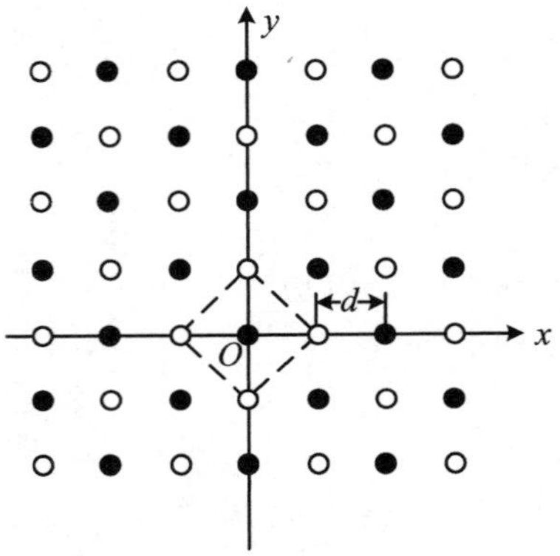

图 2.20 五点式注水井网

五点式井网的每一横排和每一纵列均是注水井和生产井相间布局,如图 2.20 所示。为方便解析运算,取坐标原点位于一口生产井中心,而坐标轴通过代表性五点元素的对角线。井网元素是边长为 $\sqrt{2}d$ 的正方形。首先要给出这个井网的特征数值。设 n 为列数,以 y 轴为零列,向右 $n>0$,而向左 $n<0$。m 为排数如前,则显然有

$$\begin{aligned}
+Q:&\quad (2nd,2md),\\
&\quad [(2n+1)d,(2m+1)d],\quad b=0\\
-Q:&\quad [2nd,(2m+1)d],\\
&\quad [(2n+1)d,2md],\quad b=0
\end{aligned}$$

为使级数收敛,取关于 x 轴对称的井排成对地进行运算,并将交错的生产井和注水井进行联合,再进行叠加,最后将压力分布写成

$$\begin{aligned}
p(x,y)=&\frac{Qu}{4\pi Kh}\ln\frac{\mathrm{ch}\dfrac{\pi y}{d}-\cos\dfrac{\pi x}{d}}{\mathrm{ch}\dfrac{\pi y}{d}+\cos\dfrac{\pi x}{d}}\\
&-\frac{Qu}{4\pi Kh}\sum_{m=1}^{\infty}(-1)^m\ln\frac{4\left[\mathrm{ch}\dfrac{\pi(y-md)}{d}+\cos\dfrac{\pi x}{d}\right]\left[\mathrm{ch}\dfrac{\pi(y+md)}{d}+\cos\dfrac{\pi x}{d}\right]}{\mathrm{e}^{2m\pi}}\\
&+\frac{Qu}{4\pi Kh}\sum_{m=1}^{\infty}(-1)^m\ln\frac{4\left[\mathrm{ch}\dfrac{\pi(y-md)}{d}-\cos\dfrac{\pi x}{d}\right]\left[\mathrm{ch}\dfrac{\pi(y+md)}{d}-\cos\dfrac{\pi x}{d}\right]}{\mathrm{e}^{2m\pi}}
\end{aligned} \tag{2.5.12}$$

用与第 2.5.2 小节中类似的讨论,可得 $\Delta p=p(0,d\pm r_w)-p(0,r_w)$ 为

$$\Delta p=\frac{Qu}{2\pi Kh}\ln\frac{\text{th}\,\frac{\pi}{2}}{\text{th}\,\frac{\pi r_w}{2d}}+\frac{Qu}{2\pi Kh}\ln\frac{\text{sh}^2\,\frac{\pi}{2}}{\text{sh}\pi\ \text{sh}\,\frac{\pi r_w}{2d}}$$

$$+\frac{Qu}{2\pi Kh}\sum_{m=2}^{\infty}(-1)^m\ln\frac{\text{sh}\,\frac{(m-1)\pi}{2}\ \text{sh}\,\frac{(m+1)\pi}{2}}{\text{sh}^2\,\frac{m\pi}{2}}$$

$$+\frac{Qu}{2\pi Kh}\sum_{m=1}^{\infty}(-1)^m\ln\frac{\text{ch}^2\,\frac{m\pi}{2}}{\text{ch}\,\frac{(m-1)\pi}{2}\ \text{ch}\,\frac{(m+1)\pi}{2}}$$

$$=\frac{Qu}{2\pi Kh}\ln\frac{\text{th}^4\,\frac{\pi}{2}\ \text{th}\,\frac{3\pi}{2}}{\text{th}^3\pi\ \text{sh}^2\,\frac{\pi r_w}{2d}}+\frac{Qu}{2\pi Kh}\sum_{m=3}^{\infty}(-1)^m\ln\frac{\text{th}\,\frac{(m-1)\pi}{2}\ \text{th}\,\frac{(m+1)\pi}{2}}{\text{th}^2\,\frac{m\pi}{2}}$$

(2.5.13)

式(2.5.13)中,已令 $\text{ch}[\pi r_w/(2d)]=1$。

由于式(2.5.13)中,级数项对 Δp 的贡献小于 0.1%,故可以略去。因而得到

$$\Delta p=-\frac{Qu}{Kh}\left[\ln\left(\text{sh}\,\frac{\pi r_w}{2d}\right)+0.1674\right]\tag{2.5.14}$$

然后用 sh 函数的自变量代替其 sh 函数值,最后得五点式注水井网的有效传导率为

$$\frac{Qu}{Kh\Delta p}=\frac{\pi}{\ln\frac{d}{r_w}-0.6190}\tag{2.5.15}$$

再取 $r_w=7.62$ cm,由式(2.5.15)绘出 $Qu/(Kh\Delta p)\sim d$ 关系,如图 2.21 中曲线Ⅱ所示。由图看出五点井网曲线Ⅱ与对正排列井网曲线Ⅰ几乎完全平行,但高于后者 4%～6%。七点井网曲线Ⅲ最高。

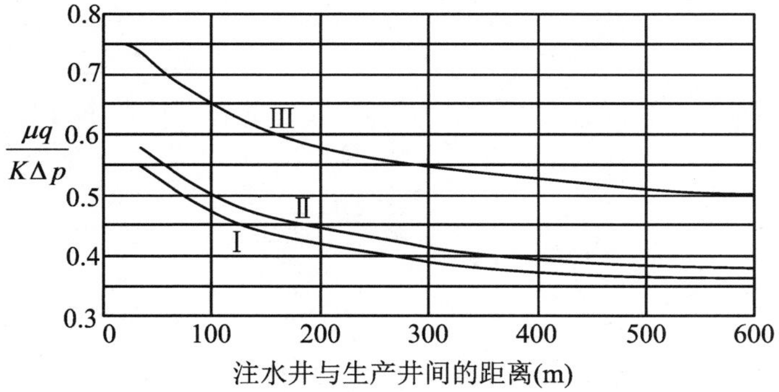

图 2.21　不同注水井网的有效传导率($d=l$)

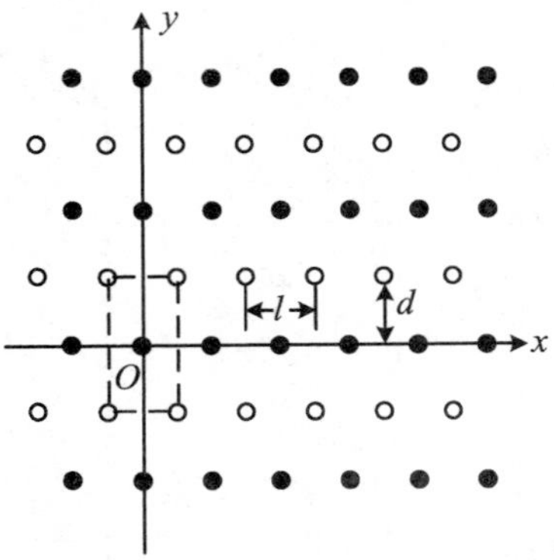

图 2.22　交错排列直线驱替井网

2.5.3.2　交错排列井网

由图 2.20 容易看出：若将该图中的坐标系旋转 45°，即得 $d = l/2$ 的交错排列井网。即一排注水井一排生产井交替排列，但井的位置不是相互对正，而是相互交错。下面进一步研究交错排列井网。

交错排列井网在 $d = l/2$ 的情形下与上述五点井网是相同的。下面研究 $d \neq l/2$ 的一般性交错排列井网，或称“拉长的五点式井网”。

取坐标系，使原点与一生产井重合，x 轴与 y 轴均通过生产井，排距为 d，井距为 l，如图2.22所示。在该坐标系中，系统的压力分布可写成

$$
\begin{aligned}
p(x,y) &= \frac{Qu}{4\pi Kh}\ln\left(\mathrm{ch}\,\frac{2\pi y}{l} - \cos\frac{2\pi x}{l}\right) \\
&+ \frac{Qu}{4\pi Kh}\sum_{m=1}^{\infty}\ln\frac{4\left[\mathrm{ch}\,\frac{2\pi(y-2md)}{l} - \cos\frac{2\pi x}{l}\right]\left[\mathrm{ch}\,\frac{2\pi(y+2md)}{l} - \cos\frac{2\pi x}{l}\right]}{\mathrm{e}^{8m\pi d/l}} \\
&- \frac{Qu}{4\pi Kh}\sum_{m=0}^{\infty}\ln\frac{4\left[\mathrm{ch}\,\frac{2\pi(y-2md-d)}{l} + \cos\frac{2\pi x}{l}\right]\left[\mathrm{ch}\,\frac{2\pi(y+2md+d)}{l} + \cos\frac{2\pi x}{l}\right]}{\mathrm{e}^{4\pi d(2m+1)/l}}
\end{aligned}
\tag{2.5.16}
$$

注入井与生产井之间的压差为

$$
\begin{aligned}
\Delta p &= p\left(\frac{l}{2}, d \pm r_{\mathrm{w}}\right) - p(0, r_{\mathrm{w}}) \\
&= \frac{Qu}{2\pi Kh}\ln\frac{\mathrm{sh}^4\,\frac{\pi d}{l}\,\mathrm{ch}^3\,\frac{3\pi d}{l}}{\mathrm{sh}^2\,\frac{\pi r_{\mathrm{w}}}{l}\,\mathrm{sh}^4\,\frac{2\pi d}{l}\,\mathrm{sh}\,\frac{4\pi d}{l}} + \frac{Qu}{2\pi Kh}\sum_{m=2}^{\infty}\ln\frac{\mathrm{ch}\,\frac{(2m-1)\pi d}{l}\,\mathrm{ch}^3\,\frac{(2m+1)\pi d}{l}}{\mathrm{sh}\,\frac{2m\pi d}{l}\,\mathrm{sh}\,\frac{2(m+1)\pi d}{l}}
\end{aligned}
\tag{2.5.17}
$$

若 $d/l \geqslant 1/2$，级数项的贡献可以忽略。所以，系统的有效传导率可写成

$$
\frac{Qu}{Kh\Delta p} = \frac{2\pi}{\ln\dfrac{\mathrm{ch}^4\,\frac{\pi d}{l}\,\mathrm{ch}^3\,\frac{3\pi d}{l}}{\mathrm{sh}^2\,\frac{\pi r_{\mathrm{w}}}{l}\,\mathrm{sh}^4\,\frac{2\pi d}{l}\,\mathrm{sh}\,\frac{4\pi d}{l}}}
\tag{2.5.18}
$$

对于 $d/l \geqslant 1$ 的不交错情形，式(2.5.18)化为式(2.5.11)。

第 2.5.2 小节与第 2.5.3 小节的比较表明：除了 $d/l < 1$ 的情形（包括五点式井网）以外，直线型驱替的阻力不受交错的影响。

2.5.4 七点式井网

七点式注水井网如图2.23所示。与2.5.2小节和2.5.3小节注水井和生产井数目相同的情形有重要区别，这里注水井数是生产井数的两倍，故生产井流量或产能是注水井的两倍。仍以 m 表示排数，n 表示列数。于是，可按下列井群坐标位置进行分析：

$$+2Q:\ (nl,2md),\ \left[\left(n+\frac{1}{2}\right)l,\left(3m+\frac{3}{2}\right)d\right]$$

$$-Q:\ [nl,(3m+1)d],\ \left[\left(n+\frac{1}{2}\right)l,\left(3m+\frac{1}{2}\right)d\right]$$

$$-Q:\ [nl,(3m+2)d],\ \left[\left(n+\frac{1}{2}\right)l,\left(3m+\frac{5}{2}\right)d\right]$$

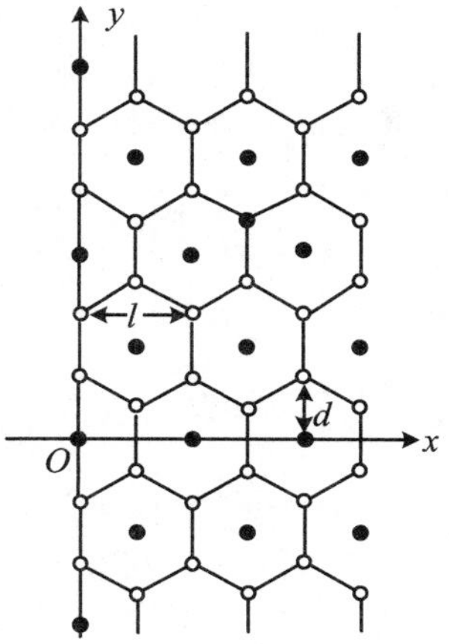

图2.23　七点式注水井网

图2.23中的正六角形是一个代表性的井网单元，显然有 $l=\sqrt{3}d$。对各个井组叠加，给出压力分布为

$$\begin{aligned}
p(x,y)
&=\frac{Qu}{2\pi Kh}\ln\left(\mathrm{ch}\frac{2\pi y}{l}-\cos\frac{2\pi x}{l}\right)\\
&\quad+\frac{Qu}{2\pi Kh}\sum_{m=1}^{\infty}\ln\frac{4\left[\mathrm{ch}\frac{2\pi(y-3md)}{l}-\cos\frac{2\pi x}{l}\right]\left[\mathrm{ch}\frac{2\pi(y+3md)}{l}-\cos\frac{2\pi x}{l}\right]}{\mathrm{e}^{12\pi md/l}}\\
&\quad+\frac{Qu}{2\pi Kh}\sum_{m=0}^{\infty}\ln\frac{4\left[\mathrm{ch}\frac{2\pi(y-3d/2-3md)}{l}+\cos\frac{2\pi x}{l}\right]\left[\mathrm{ch}\frac{2\pi(y+3d/2+3md)}{l}+\cos\frac{2\pi x}{l}\right]}{\mathrm{e}^{4\pi d(3m+2)/l}}\\
&\quad-\frac{Qu}{4\pi Kh}\sum_{m=0}^{\infty}\ln\frac{4\left[\mathrm{ch}\frac{2\pi(y-d-3md)}{l}-\cos\frac{2\pi x}{l}\right]\left[\mathrm{ch}\frac{2\pi(y+d+3md)}{l}-\cos\frac{2\pi x}{l}\right]}{\mathrm{e}^{4\pi d(3m+2)/l}}\\
&\quad-\frac{Qu}{4\pi Kh}\sum_{m=0}^{\infty}\ln\frac{4\left[\mathrm{ch}\frac{2\pi(y-2d-3md)}{l}-\cos\frac{2\pi x}{l}\right]\left[\mathrm{ch}\frac{2\pi(y+2d+3md)}{l}-\cos\frac{2\pi x}{l}\right]}{\mathrm{e}^{4\pi d(3m+1/2)/l}}\\
&\quad-\frac{Qu}{4\pi Kh}\sum_{m=0}^{\infty}\ln\frac{4\left[\mathrm{ch}\frac{2\pi(y-d/2-3md)}{l}+\cos\frac{2\pi x}{l}\right]\left[\mathrm{ch}\frac{2\pi(y+d/2+3md)}{l}+\cos\frac{2\pi x}{l}\right]}{\mathrm{e}^{4\pi d(3m+1/2)/l}}\\
&\quad-\frac{Qu}{4\pi Kh}\sum_{m=0}^{\infty}\ln\frac{4\left[\mathrm{ch}\frac{2\pi(y-5d/2-3md)}{l}+\cos\frac{2\pi x}{l}\right]\left[\mathrm{ch}\frac{2\pi(y+5d/2+3md)}{l}+\cos\frac{2\pi x}{l}\right]}{\mathrm{e}^{4\pi d(3m+5/2)/l}}
\end{aligned}\tag{2.5.19}$$

由式(2.5.19)可求得注水井与生产井之间的压差 $\Delta p=p(0,d\pm r_{\mathrm{w}})-p(0,r_{\mathrm{w}})$。将所有 $m=0$ 的项进行归并，得

$$
\begin{aligned}
\Delta p = & \frac{Qu}{2\pi Kh}\ln\frac{\text{sh}^3\frac{\pi d}{l}\ \text{ch}^3\frac{\pi d}{2l}\ \text{ch}^4\frac{5\pi d}{2l}\ \text{sh}\frac{2\pi d}{l}}{\text{sh}^3\frac{\pi r_w}{l}\ \text{ch}^6\frac{3\pi d}{2l}\ \text{ch}\frac{7\pi d}{2l}\ \text{sh}\frac{3\pi d}{l}} \\
& + \frac{Qu}{\pi Kh}\sum_{m=1}^{\infty}\ln\frac{\text{sh}\frac{(3m-1)\pi d}{l}\ \text{sh}\frac{(3m+1)\pi d}{l}}{\text{sh}^2\frac{3m\pi d}{l}} \\
& + \frac{Qu}{\pi Kh}\sum_{m=1}^{\infty}\ln\frac{\text{ch}\frac{(6m+1)\pi d}{2l}\ \text{ch}\frac{(6m+5)\pi d}{2l}}{\text{ch}^2\frac{(6m+3)\pi d}{2l}} \\
& + \frac{Qu}{2\pi Kh}\sum_{m=1}^{\infty}\ln\frac{\text{sh}^2\frac{(3m+1)\pi d}{l}}{\text{sh}\frac{3m\pi d}{l}\ \text{sh}\frac{(3m+2)\pi d}{l}} \\
& + \frac{Qu}{2\pi Kh}\sum_{m=1}^{\infty}\ln\frac{\text{sh}^2\frac{(3m+2)\pi d}{l}}{\text{sh}\frac{(3m+1)\pi d}{l}\ \text{sh}\frac{(3m+3)\pi d}{l}} \\
& + \frac{Qu}{2\pi Kh}\sum_{m=1}^{\infty}\ln\frac{\text{ch}^2\frac{(6m+1)\pi d}{2l}}{\text{ch}\frac{(6m-1)\pi d}{2l}\ \text{ch}\frac{(6m+3)\pi d}{2l}} \\
& + \frac{Qu}{2\pi Kh}\sum_{m=1}^{\infty}\ln\frac{\text{ch}^2\frac{(6m+5)\pi d}{2l}}{\text{ch}\frac{(6m+3)\pi d}{2l}\ \text{ch}\frac{(6m+7)\pi d}{2l}}
\end{aligned}
\tag{2.5.20}
$$

式(2.5.20)需要进行简化。首先考虑其中第一个级数，因为 $\pi d/l=\pi/\sqrt{3}=1.8138$，我们可用 $e^{3\pi d/l}/2$ 代替 $\text{sh}(3\pi d/l)$。$\text{sh}^4(\pi d/l)/\text{sh}^4(3m\pi d/l)$ 这样的项可以略去，因为它与保留的项相比是很小的。于是，第一个级数可写成

$$
\begin{aligned}
\sum_{m=1}^{\infty}\ln\frac{\text{sh}\frac{(3m-1)\pi d}{l}\ \text{sh}\frac{(3m+1)\pi d}{l}}{\text{sh}^2\frac{3m\pi d}{l}} &= \sum_{m=1}^{\infty}\ln\left(1-\frac{\text{sh}^2\frac{\pi d}{l}}{\text{sh}^2\frac{3m\pi d}{l}}\right) \\
&\approx -\text{sh}^2\frac{\pi d}{l}\sum_{m=1}^{\infty}\frac{1}{\text{sh}^2\frac{3m\pi d}{l}} \\
&\approx -4\text{sh}^2\frac{\pi d}{l}\sum_{m=1}^{\infty}e^{-\frac{6m\pi d}{l}}
\end{aligned}
$$

$$= -\frac{2e^{-3\pi d/l}\operatorname{sh}^2\dfrac{\pi d}{l}}{\operatorname{sh}\dfrac{3\pi d}{l}} \tag{2.5.21}$$

以上最后一个等式要用到一个级数表达式。

类似地，可以求出其他五个级数的和。将六个级数项相加，得

$$-\frac{Qu}{\pi Kh}\frac{e^{\frac{-3\pi d}{l}}\operatorname{sh}^2\dfrac{\pi d}{l}}{\operatorname{sh}^2\dfrac{3\pi d}{l}}\left(2+e^{-\frac{\pi d}{l}}-e^{-\frac{2\pi d}{l}}-2e^{-\frac{3\pi d}{l}}-e^{-\frac{4\pi d}{l}}+e^{-\frac{5\pi d}{l}}\right)=-0.0029\frac{Qu}{4\pi Kh} \tag{2.5.22}$$

再算出式(2.5.20)中右端第一项，与式(2.5.22)相加，得

$$\Delta p=\frac{Qu}{2\pi Kh}\left[-3\ln\left(\operatorname{sh}\frac{\pi r_w}{l}\right)+0.0790\right] \tag{2.5.23}$$

注意到生产井流量是 $2Q$，再用 sh 函数的自变量代替 sh 函数值，最后得系统的有效传导率为

$$\frac{Qu}{Kh\Delta p}=\frac{4\pi}{3\ln\dfrac{d}{r_w}-1.7073} \tag{2.5.24}$$

取 $r_w = 7.62$ cm，式(2.5.24)绘制成 $\frac{Qu}{Kh\Delta p}\sim d$ 曲线，示于图 2.21 中曲线Ⅲ。可以看出：它与曲线Ⅰ和曲线Ⅱ几乎平行，但其传导率比五点式井网高出 32%，而比对正排列井网高出 39%。

应当注意，以上对图 2.21 中三条曲线的比较是基于三个系统具有相同的井距 d（生产井到注水井的距离），而没有考虑三种井网中井面密度的差别。容易算出，三种井网的井面密度分别为：

(1) 对正排列：每一个 $d\cdot l$ 面积一口井；

(2) 五点井网：每一个 d^2 面积一口井；

(3) 七点井网：每 $0.866d^2$ 面积一口井。

因此，对于图 2.21 中取 $d = l$ 的情形，前两种井网井密度相等，而七点井网井密度相比前两种井网高出 15%。以高出 15% 的井密度取得高出 32%～39% 的有效传导率，显示出七点井网的优越性。反之，若使七点井网井密度与五点井网井密度相等，七点井网中井距应是后者的 1.075 倍。这样，七点式井网中每个代表性单元的传导率比五点式井网和对正排列井网分别高出约 31% 和 38%，同样显示出七点式井网的优越性。

除以上几种井网外，还有四点式井网、反七点式井网以及正、反九点式井网等，其分析的基本方法与上述相同，这里就不再一一列举。

2.5.5 注水井网的电比拟试验

上面对注水井网稳态渗流的压力分布和有效传导率在驱替液和被驱替液流度比相同的近似条件下进行了解析处理。下面介绍在 20 世纪 30 年代人们所进行的一些模拟试验。模

拟可分为物理模拟和数学模拟两大类，而物理模拟试验又可分为**比拟试验**和**模型试验**两种。模拟试验涉及两个系统：一个是实际要研究的系统，称为原型或**原型系统**；另一个是用来模拟原型的系统，称为比拟系统或**模型系统**。模型试验通常是指大体为同一类物质运动形式（例如原型和模型都是流体通过多孔介质的流动），用不同的尺寸所进行的试验，这将在第7.5节中详细阐述。比拟试验是指在两种不同物质运动形式之间所进行的类比或对比试验，在流体力学中最常用的是所谓的"水电比拟"。当原型系统与比拟系统以相同的法则描写控制物理现象的输运特性和守恒特性时，两个系统之间存在着对应关系，这就可以在比拟系统中进行试验，然后通过类比换算出原型系统的特性。本小节简述比拟试验及其在稳态渗流中的应用。

对于渗流力学的电比拟主要有三种装置：① 用电解槽或导电板的连续电比拟装置；② 用电阻网络或电阻-电容网络的离散电比拟装置；③ 离子运动比拟装置。这里着重介绍连续电比拟装置。

连续电比拟基于下述原理：控制均质牛顿流体通过多孔介质流动的微分方程与控制电荷通过导电介质的微分方程之间存在密切的相似对应关系。渗流遵从 Darcy 定律

$$\boldsymbol{V} = -\boldsymbol{K}\nabla\varphi', \quad \varphi' = \frac{p(x,y,z)}{\mu} \tag{2.5.25}$$

稳态渗流或不可压缩流体渗流的连续性方程是

$$\nabla\cdot(\boldsymbol{K}\nabla\varphi') = 0 \tag{2.5.26}$$

而通过导体的电流遵从 Ohm 定律

$$\boldsymbol{i} = -\boldsymbol{\sigma}\nabla V \tag{2.5.27}$$

导体中稳态电流的电压 V 满足

$$\nabla\cdot(\boldsymbol{\sigma}\nabla V) = 0 \tag{2.5.28}$$

式(2.5.27)和式(2.5.28)中，$\boldsymbol{i}$ 是电流矢量通量（$\mathrm{A\cdot cm^{-2}}$），σ 是导电介质的电导率（$\Omega^{-1}\cdot\mathrm{cm^{-1}}$），$V$ 是电压（电势，单位为伏特）。

由以上各式可以得出结论：稳态渗流与稳态电流的各物理量之间存在下列对应关系：多孔介质对应于导电介质；渗透率 $\boldsymbol{K}$ 对应于电导率$\boldsymbol{\sigma}$；渗流速度 $\boldsymbol{V}$ 对应于电流通量$\boldsymbol{\sigma}$；流体势φ'对应于电势V。所以，若电比拟装置中电势区域的几何形状和边界条件与被比拟的渗流区域的几何形状和边界条件相似（见第7.6.2小节），则通过电比拟装置测得导电区域中的电势分布 $V(x,y,z)$，即可求得渗流区域中的流体势分布 $\varphi'(x,y,z)$，从而绘出等压线和流线的分布，以及水驱前缘的位置等。如果多孔介质是各向异性的，可用各向异性的导电材料进行比拟。对于三维渗流的比拟，需要测量电比拟装置中三维区域中各点的电势，因而必须采用电解槽。对于二维渗流的电比拟，则通常用导电板。

电解槽比拟装置的主要部件包括：① 几何形状与原型相似的由绝缘材料制成的容器；② 容器中盛有电解液，为水或低电导率的 $CuSO_4$ 溶液；③ 一个低压电路，用于模拟边界条件和流量条件的电极和测量电势分布。导电板是用固体导体制成的薄片，可用绝缘材料的薄片涂抹一层导电漆制成；也可使用由纸浆和炭黑导体制成的导电纸，并在这种纸上涂抹一层绝缘漆。

利用电解槽或导电板，电流通过导体电解液的区域就对应于注入水水驱的区域。电流

通过时测出各点的电势,并换算出等压线和流函数的等值线。图 2.24 是用电解槽装置测得注水单元水驱过程的组合照片,图中白线代表不同时刻的水驱前缘。其中,图(a)为五点式注水单元;图(b)为七点式注水单元。白色区域是水驱没有到达的区域,即所谓"死油区"。由图可见:五点式井网单元中水驱面积约占总面积的 75%;七点式井网单元中水驱面积约占总面积的 78%。而对正排列井网的试验数值为 57%,这在图中未示出。图 2.25 是用导电板试验给出的等压线和流线图。其中,图(a)是五点式注水井网单元的 1/4;图(b)是七点式井网正六边形单元的 1/6。图中数字表示等压线上压力值的百分数,以注水井压力为 100 个单位,生产井压力值为零,图中虚线是流线,箭头指示流动方向。

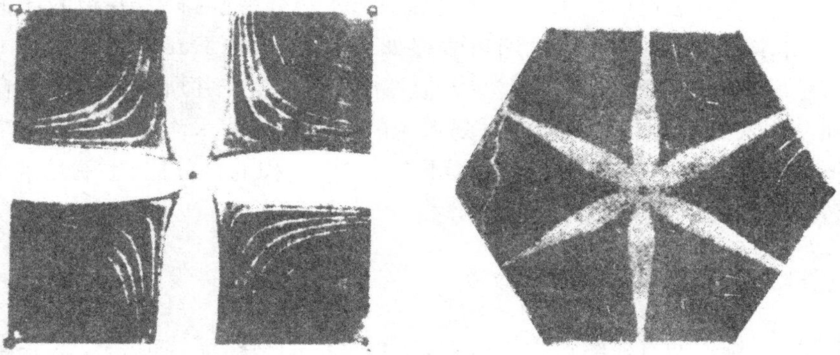

(a) 五点式井网单元　　(b) 七点式井网单元

图 2.24　电解槽试验给出的注水单元中水驱前缘的发展过程

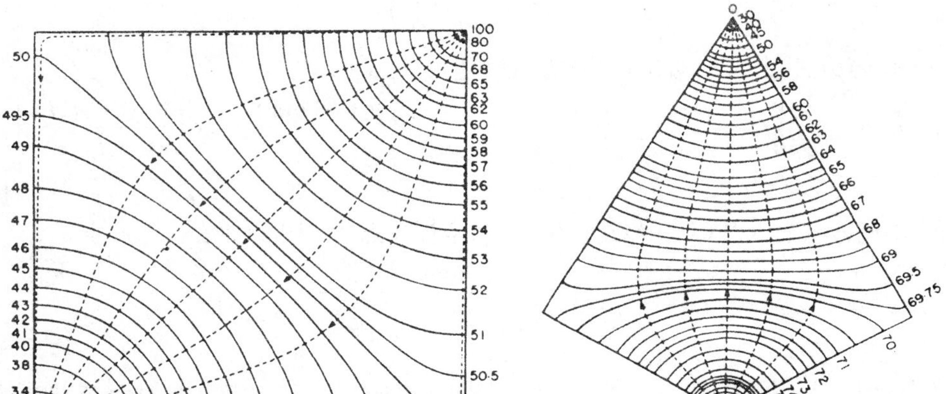

(a) 五点式井网单元的1/4　　(b) 七点式井网单元的1/6

图 2.25　导电板试验给出的注水井网单元中的等压线和流线

2.6 水驱效率

本节所说的水驱效率，是指注入水刚开始到达生产井的时刻，水淹面积与井网总面积的比值，有时也称水淹系数。前两节为计算水驱阻力和有效传导率而推导的压力分布可用来计算水驱效率。这个方法也可用来计算直线驱情形水驱效率随排距/井距的比值变化而发生的变化。计算水驱效率的原理和思路可表述如下：首先根据 Darcy 定律由压力分布的导数求得速度，然后计算流体质点沿最速流线从注水井到达生产井所需的时间。在二维系统中，这个时间与注入流量的乘积就是该时刻水淹的面积。将该水淹面积除以一个井网单元的面积（它正好包含一口注水井的流量），即可求得水淹面积的百分比，也就是水驱效率。下面分别研究各种不同注水井网的水驱效率。

2.6.1 对正排列井网直线驱的水驱效率

首先研究对正排列的直线驱情形。显然，这种情形的最速流线就是注入井至生产井中心的连线，图 2.19 中的 y 轴是这种连线之一。根据 Darcy 定律和第 1.4.1 小节所述的 DF 关系式，流体质点速度在 y 轴方向的分量为

$$v_y = -\frac{K}{\phi\mu}\left(\frac{\partial p}{\partial y}\right)_{x=0} \tag{2.6.1}$$

其中，$p(0,y)$ 由式(2.5.5)给出，求导的结果是

$$v_y = -\frac{Q}{2\phi lh}\operatorname{cth}\frac{\pi y}{l} - \frac{Q}{2\phi lh}\sum_{m=1}^{\infty}(-1)^m\left[\operatorname{cth}\frac{\pi(y-md)}{l} + \operatorname{cth}\frac{\pi(y+md)}{l}\right] \tag{2.6.2}$$

所以，注入流体从注入井($y=d$)到达生产井（坐标原点）所需的时间为

$$t = \int_d^0 \frac{\mathrm{d}y}{v_y} = \frac{\phi\mu}{K}\int_0^d \frac{\mathrm{d}y}{\left(\dfrac{\partial p}{\partial y}\right)_{x=0}} \tag{2.6.3}$$

严格来说，积分上、下限应是 r_w 和 $d-r_w$，但因在 $y=0$ 和 $y=d$ 处 $\partial p/\partial y \to \infty$，所以忽略 r_w 影响很小，其对时间引起的误差仅为 $2\pi\phi h r_w^2/Q$。作变量代换

$$Y = \operatorname{ch}^2\frac{\pi y}{l} \tag{2.6.4}$$

则式(2.6.3)可写成

$$t = \frac{\phi l^2 h}{\pi Q}\int_1^{\operatorname{ch}^2(\pi d/l)} \frac{\mathrm{d}Y}{Y + 2Y(Y-1)\sum_{m=1}^{\infty}(-1)^m\left[Y - \operatorname{ch}^2(m\pi d/l)\right]^{-1}} \tag{2.6.5}$$

若 $d/l \geqslant 1/2$，略去式(2.6.5)级数中第二项及其以后各项，对该时间 t 所引起的误差很小。

于是，式(2.6.5)简化为

$$t = \frac{\phi l^2 h}{\pi Q}\int_1^{\mathrm{ch}^2(\pi d/l)} \frac{\mathrm{ch}^2(\pi d/l) - Y}{Y[Y + \mathrm{ch}^2(\pi d/l) - 2]}\mathrm{d}Y \tag{2.6.6}$$

式(2.6.6)积分，给出注入水到达生产井所需时间为

$$t = \frac{2\phi l^2 h}{\pi Q}\cdot\frac{1}{\mathrm{ch}^2(\pi d/l) - 2}\left[\mathrm{ch}^2\frac{\pi d}{l}\ \ln\left(\mathrm{ch}\frac{\pi d}{l}\right) - \mathrm{sh}^2\frac{\pi d}{l}\ \ln 2\right] \tag{2.6.7}$$

在这个时刻每个井网单元面积 $A = 2ld$ 中水淹的面积 A_w 应是注入水总体积 Qt 除以 ϕh，即

$$A_w = \frac{Qt}{\phi h} \tag{2.6.8}$$

所以水驱效率 $A_w/A = [Qt/(\phi h)]/(2ld)$ 为

$$\frac{A_w}{A} = \frac{1}{(\pi d/l)[\mathrm{ch}^2(\pi d/l) - 2]}\left[\mathrm{ch}^2\frac{\pi d}{l}\ \ln\left(\mathrm{ch}\frac{\pi d}{l}\right) - 0.6932\mathrm{sh}^2\frac{\pi d}{l}\right] \tag{2.6.9}$$

式(2.6.9)画成 $A_w/A \sim d/l$ 曲线，如图2.26中曲线Ⅰ所示。当 $d/l \geqslant 1.5$ 时，式(2.6.9)可简化为

$$\frac{A_w}{A} = 1 - \frac{0.441l}{d} \tag{2.6.10}$$

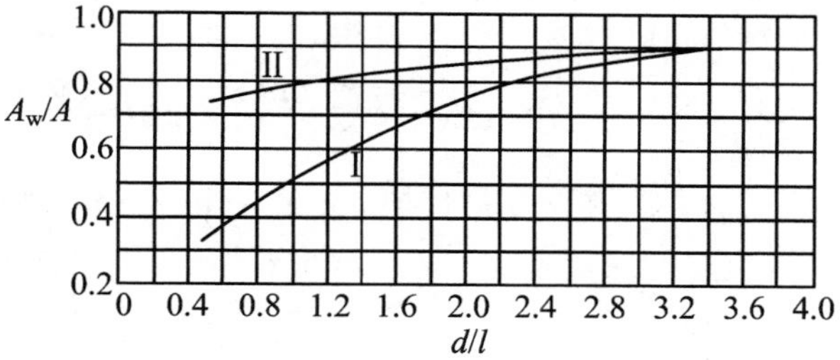

图2.26 直线水驱效率

即随着 d/l 增大，注水效率按双曲线规律增加。当 $d/l = 1$ 时，$A_w/A = 0.57$。与电比拟结果一致。

2.6.2 交错排列井网直线驱的水驱效率

对于如图2.22所示的交错排列注水井网，其代表性单元如图中虚线所示，坐标轴通过符号相同的井。所以，最速流线即注入井与产出井中心的连线不再与坐标轴一致，因而必须计算压力梯度的两个分量。设井中心连线方向与 x 轴的夹角为 α，则最速流线上的速度 v 为

$$\begin{aligned} v &= v_x\cos\alpha + v_y\sin\alpha \\ &= -\frac{K}{\phi\mu}\left[\frac{\partial p}{\partial x}\cos\alpha + \frac{\partial p}{\partial y}\sin\alpha\right] \\ &= -\frac{K}{\phi\mu}\left[\frac{\partial p}{\partial x}\frac{1}{\sqrt{1 + 4(d/l)^2}} + \frac{\partial p}{\partial y}\frac{1}{\sqrt{1 + (l/(2d))^2}}\right] \end{aligned}$$

$$= -\frac{K}{\phi\mu\sqrt{1+4(d/l)^2}}\left(\frac{\partial p}{\partial x}+\frac{2d}{l}\frac{\partial p}{\partial y}\right) \tag{2.6.11}$$

式中,压力 $p(x,y)$由式(2.5.16)给出。于是,注入流体从注入井到达生产井所需的时间为

$$t = -l\sqrt{1+4\left(\frac{d}{l}\right)^2}\int_0^{1/2}\frac{\mathrm{d}\bar{x}}{v}\quad\left(\bar{x}=\frac{x}{l}\right) \tag{2.6.12}$$

将式(2.6.11)给出的速度 v 代入式(2.6.12)后积分,绘成 $A_w/A \sim d/l$ 曲线,如图 2.26 中曲线Ⅱ所示。由图看出:鉴于交错对阻力的影响可以忽略(见第 2.5.3 小节),所以水驱效率受交错的影响很大,特别是对于 $d/l\leqslant 2$ 的情形。

2.6.3 五点式井网的水驱效率

对于五点式井网,由图 2.20 可知最速流线与 y 轴重合。将式(2.5.12)表示的压力函数对 y 取偏导数,并让 $x=0$,根据 Darcy 定律,可得

$$\begin{aligned}
v_y &= -\frac{K}{\phi\mu}\left(\frac{\partial p}{\partial y}\right)_{x=0} \\
&= \frac{Q}{4\phi dh}\left(\operatorname{th}\frac{\pi y}{2d}-\operatorname{cth}\frac{\pi y}{2d}\right) \\
&\quad + \frac{Q}{4\phi dh}\sum_{m=1}^{\infty}(-1)^m\left(\operatorname{th}\frac{\pi(y-md)}{2d}+\operatorname{th}\frac{\pi(y+md)}{2d}\right) \\
&\quad + \frac{Q}{4\phi dh}\sum_{m=1}^{\infty}(-1)^m\left(\operatorname{cth}\frac{\pi(y-md)}{2d}+\operatorname{cth}\frac{\pi(y+md)}{2d}\right)
\end{aligned} \tag{2.6.13}$$

保留式(2.6.13)中级数的前两项,并作变量代换,令 $Y=\operatorname{ch}(\pi y/d)$,则得

$$v_y = -\frac{Q}{2\phi dh}\operatorname{sh}\frac{\pi y}{d}\left[\frac{1}{Y^2-1}+\frac{2\operatorname{ch}\pi}{\operatorname{ch}^2\pi - Y^2}-\frac{2\operatorname{ch}(2\pi)}{\operatorname{ch}^2(2\pi)-Y^2}\right] \tag{2.6.14}$$

将式(2.6.14)代入式(2.6.3)后积分,得

$$t = 2.270\,\frac{2\phi hd^2}{\pi Q} = 1.445\,\frac{\phi hd^2}{Q} \tag{2.6.15}$$

由式(2.6.8)易得

$$\frac{A_w}{A} = 0.7226 \tag{2.6.16}$$

这个值与第 2.5.5 小节所述电比拟的结果也很符合。

2.6.4 七点式井网的水驱效率

对于七点式井网,由图 2.23 可知最速流线也与 y 轴重合。将式(2.5.19)表示的压力函数对 y 求偏导数,并让 $x=0$,根据式(2.6.1),可得

$$\begin{aligned}
v_y = &-\frac{Q}{\phi lh}\operatorname{cth}\frac{\pi y}{l}-\frac{Q}{\phi lh}\sum_{m=1}^{\infty}\left[\operatorname{cth}\frac{\pi(y-3md)}{l}+\operatorname{cth}\frac{\pi(y+3md)}{l}\right] \\
&-\frac{Q}{\phi lh}\sum_{m=0}^{\infty}\left[\operatorname{th}\frac{\pi(y-3d/2-3md)}{l}+\operatorname{th}\frac{\pi(y+3d/2+3md)}{l}\right]
\end{aligned}$$

$$+\frac{Q}{2\phi lh}\sum_{m=0}^{\infty}\left[\mathrm{cth}\,\frac{\pi(y-d-3md)}{l}+\mathrm{cth}\,\frac{\pi(y+d+3md)}{l}\right]$$
$$+\frac{Q}{2\phi lh}\sum_{m=0}^{\infty}\left[\mathrm{cth}\,\frac{\pi(y-2d-3md)}{l}+\mathrm{cth}\,\frac{\pi(y+2d+3md)}{l}\right]$$
$$+\frac{Q}{2\phi lh}\sum_{m=0}^{\infty}\left[\mathrm{th}\,\frac{\pi(y-d/2-3md)}{l}+\mathrm{th}\,\frac{\pi(y+d/2+3md)}{l}\right]$$
$$+\frac{Q}{2\phi lh}\sum_{m=0}^{\infty}\left[\mathrm{th}\,\frac{\pi(y-5d/2-3md)}{l}+\mathrm{th}\,\frac{\pi(y+5d/2+3md)}{l}\right] \tag{2.6.17}$$

在式(2.6.17)中,只需保留 $m=0$ 的各项,并作变量代换

$$Y=\mathrm{ch}\,\frac{2\pi y}{l} \tag{2.6.18}$$

则式(2.6.17)简化为

$$v_y=-\frac{Q}{\phi lh}\mathrm{sh}\,\frac{2\pi y}{l}\left[\frac{1}{Y-1}+\frac{1}{Y+\mathrm{ch}(3\pi d/l)}-\frac{1}{Y-\mathrm{ch}(2\pi d/l)}\right.$$
$$\left.-\frac{1}{Y-\mathrm{ch}(4\pi d/l)}-\frac{1}{Y+\mathrm{ch}(\pi d/l)}-\frac{1}{Y+\mathrm{ch}(5\pi d/l)}\right] \tag{2.6.19}$$

将式(2.6.19)代入式(2.6.3)后积分,得

$$t=0.3201\,\frac{\phi hl^2}{Q} \tag{2.6.20}$$

因为六边形井网单元的面积是$\sqrt{3}l^2/2$,总的水淹面积是 $2Qt/(\phi h)$,所以七点式井网的水驱效率为

$$\frac{A_{\mathrm{w}}}{A}=0.740 \tag{2.6.21}$$

这个值比第 2.5.5 小节所述电比拟的结果约低 5%。这是由于井网单元中的边缘影响所致。

2.6.5 注水井网的一般讨论

鉴于注水开发已被油田所广泛采用,因而对注水井网的特性进行综合分析和比较是有重要意义的。由以上分析可以得出以下几点结论:

(1) 本节所定义的水驱效率与作用在系统上的压力差 Δp 无关。这是因为压力差与流量 Q 成正比,它确定着注入流体由注入井到达生产井所需的时间,但在确定水淹面积时这个压力差被消去了,所以 A_{w}/A 与压力差无关。这个结果还表明水淹部分的几何形状也与压力差无关。

(2) 五点和七点井网的水驱效率与系统的几何尺寸无关,如式(2.6.16)和式(2.6.21)所示,即水驱效率仅由井网的几何形状决定。而对正排列和交错排列井网中,水驱效率与尺寸 d/l 有关。调整 d/l 的比值或使井交错将影响水驱效率,所以直线驱井网有一定的灵活性。

(3) 在五点和七点式井网中,如由图 2.24 所看到的,会形成透镜状死油区。如果不采取适当措施,这些区域中的油将采不出来。人们由直线驱井网的灵活性得到启发:在已经形

成的井网中，有计划地交替关停一些注水井，会使死油区的位置发生变化，因而从长期观点看死油区的面积将大为缩小，进而提高水驱效率。模拟试验的结果也证明了这一点。

(4) 不同的注水井网有不同的有效传导率。传导率是单位压差所得的产量(除以一个常数因子——流度 Kh/μ)。压差反映了所消耗的能量，当然希望所设计的井网有高的传导率。第 2.5 节中的研究表明：七点式井网的传导率分别比五点式井网和直线驱井网高出 31% 和 38% 。但仅从这一点不能说明是完全合理的，因为对同样的井密度(即单位面积上井的数目)而言，不同井网中所含井网单元的个数是不一样的，七点式单元(正六边形)的个数只有五点式或直线驱的三分之二。在设计实际开发方案时，要考虑到钻井费用等诸多因素进行综合分析。

(5) 在以上分析中，是基于驱替液与被驱替液流度相同这一简化假设。经验表明：如果考虑两者流度不同，这两节所得出的有关传导率和水驱效率对不同井网的相对关系仍然是正确的，而所得的绝对值也是很接近实际的，能满足工程上的需要。

第3章　分离变量法和积分变换法

本章介绍求解非稳态渗流偏微分方程的两种经典方法：分离变量法和积分变换法。

分离变量法是解线性偏微分方程的一种常用方法，特别是对于求解区域为矩形、柱体和球体的情形，使用更为普遍。这种方法处理齐次问题或只有一个边界条件为非齐次的情形非常方便；对非齐次边界条件问题，可分解为几个简单问题进行求解。它是先求满足边界条件的特解，然后利用叠加原理给出这些特解的线性组合，得到定解问题的解。求特解时常归结为求某些常微分方程边值问题的特征值、特征函数和范数。本章在介绍分离变量法的过程中，引出了若干常用的积分变换对，即正变换和反变换。这就为利用积分变换法求解非齐次的渗流微分方程提供了有力的支持，同时也为构造有关的格林函数提供了一个有效的途径，因而为用解析方法求解渗流微分方程打下深厚的基础。

积分变换法也是解线性偏微分方程特别是常系数方程的一种有效的和直接的方法。它是把方程的某一独立变量看成参数，作未知函数的积分变换，这样可减少原方程独立变量的个数而将方程化成简单形式。借助积分变换把空间变量的二阶导数从渗流微分方程中去掉，而化为对变换函数的一阶微分方程。本章主要介绍各种类型的 Fourier 变换、Weber 变换和 Hankel 变换，它们的反变换式正是从分离变量法中引出的。在我们所讨论的渗流问题中，通常化为线性常微分方程，甚至代数方程，其自变量为时间，因变量为压力的变换函数。解这个变换后的简单方程所对应的定解问题，再用反变换可求得原定解问题的解。

本章在严格推导和论证的基础上，将渗流偏微分方程在各种边界条件下的解公式化和表格化，从而为利用分离变量法和积分变换法求解渗流偏微分方程提供了一套规范的和严格的方法。

3.1　分离变量法一般论述

3.1.1　基本概念

我们从一个简单的渗流问题入手，来说明有关分离变量法的基本概念。设有区域 $0\leqslant x\leqslant L$ 内的一维平行流动，在 $x=0$ 处为第一类边界，在 $x=L$ 处为一般的齐次边界。根据第 1.9 节所述写出该非稳态渗流的定解问题如下：

$$\left.\begin{aligned}&\frac{\partial^2 p}{\partial x^2}=\frac{1}{\chi}\frac{\partial p}{\partial t}\quad(0<x<L,t>0) &(3.1.1)\\&p(x,t)\mid_{x=0}=0 &(3.1.2)\\&\left[L\frac{\partial p}{\partial x}+hp\right]_{x=L}=0 &(3.1.3)\\&p(x,t)\mid_{t=0}=F(x) &(3.1.4)\end{aligned}\right\}$$

为了求解这个问题,我们假定压力函数 $p(x,t)$可进行变量分离,即 $p(x,t)=X(x)T(t)$。把它代入方程(3.1.1),得

$$\frac{1}{X(x)}\frac{\mathrm{d}^2X(x)}{\mathrm{d}x^2}=\frac{1}{\chi T(t)}\frac{\mathrm{d}T(t)}{\mathrm{d}t}\tag{3.1.5}$$

此方程中左边只是空间变量 x 的函数,右边只是时间变量 t 的函数。要使该等式成立,则必须两边都等于同一个常数,这里用 $-\beta^2$ 表示。于是,方程(3.1.5)分解成两个方程。一个方程是

$$\frac{\mathrm{d}T(t)}{\mathrm{d}t}+\chi\beta^2T(t)=0\tag{3.1.6}$$

它有如下形式的解:

$$T(t)=\mathrm{e}^{-\chi\beta^2t}\tag{3.1.7}$$

让方程(3.1.5)两边等于负值是为了获得有物理意义的解。由式(3.1.7)看出:因为扩散系数 χ 总是正的,取 $-\beta^2$ 就使得当 $t\to\infty$ 时 $T(t)\to0$,而不致发散。另一个方程以及边界条件为

$$\left.\begin{aligned}&\frac{\mathrm{d}^2X(x)}{\mathrm{d}x^2}+\beta^2X(x)=0 &(3.1.8)\\&X(x)\mid_{x=0}=0 &(3.1.9)\\&\left[l\frac{\mathrm{d}X}{\mathrm{d}x}+hX\right]_{x=L}=0 &(3.1.10)\end{aligned}\right\}$$

边界条件(3.1.9)和(3.1.10)是由式(3.1.2)和式(3.1.3)导出的。这个辅助问题(3.1.8)~(3.1.10)称为特征值问题。这是因为边界条件限定了它的解只允许分离参数 β 取某些特定的值 $\beta=\beta_m,m=1,2,\cdots$。这些分离参数的值称为**特征值**,辅助问题的解 $X(\beta_m,x)$称为该问题的**特征函数**。若求得了这些特征值和特征函数,根据线性叠加原理,则得压力 $p(x,t)$具有下列形式:

$$p(x,t)=\sum_{m=1}^{\infty}c_mX(\beta_m,x)\mathrm{e}^{-\chi\beta_m^2t}\tag{3.1.11}$$

未知系数 c_m 由初始条件和特征函数的正交性确定。为此,我们证明一般性特征值问题 Sturm-Liouville 问题的正交性。

3.1.2 Sturm-Liouville 问题的正交性

这种一般性的特征值问题由以下方程和边界条件表示:

$$\left.\begin{aligned}&\frac{\mathrm{d}}{\mathrm{d}x}\left[p(x)\frac{\mathrm{d}\psi(\lambda,x)}{\mathrm{d}x}\right]+[q(x)+\lambda w(x)]\psi(\lambda,x)=0\quad(a<x<b) &(3.1.12)\\&A_1\frac{\mathrm{d}\psi(\lambda,x)}{\mathrm{d}x}+A_2\psi(\lambda,x)=0\quad(x=a) &(3.1.13)\\&B_1\frac{\mathrm{d}\psi(\lambda,x)}{\mathrm{d}x}+B_2\psi(\lambda,x)=0\quad(x=b) &(3.1.14)\end{aligned}\right\}$$

其中，A_1,A_2,B_1,B_2 为实常数，与参数 λ 无关。函数 $p(x),q(x),w(x)$ 以及 $\mathrm{d}p/\mathrm{d}x$ 均为连续的实函数。在区域 (a,b) 内，$p(x)>0,w(x)>0$。为简短起见，记

$$L[\psi(\lambda,x)]\equiv\frac{\mathrm{d}}{\mathrm{d}x}\left[p(x)\frac{\mathrm{d}\psi(\lambda,x)}{\mathrm{d}x}\right]+q(x)\psi(\lambda,x)\tag{3.1.15}$$

则对于任意两个特征函数 $\psi_m=\psi(\lambda_m,x)$ 和 $\psi_n=\psi(\lambda_n,x)$，方程(3.1.12)可写成

$$L[\psi_m]+\lambda_m w(x)\psi_m=0\tag{3.1.16}$$

$$L[\psi_n]+\lambda_n w(x)\psi_n=0\tag{3.1.17}$$

将式(3.1.16)和式(3.1.17)依次乘以 ψ_n 和 ψ_m 并相减，可得

$$\frac{\mathrm{d}}{\mathrm{d}x}[p(x)(\psi_n\psi_m'-\psi_m\psi_n')]=(\lambda_n-\lambda_m)w(x)\psi_m\psi_n\tag{3.1.18}$$

对式(3.1.18)的两边从 $x=a$ 到 $x=b$ 进行积分，利用边界条件(3.1.13)和(3.1.14)，式左边的积分为零，所以有

$$(\lambda_n-\lambda_m)\int_a^b w(x)\psi_m\psi_n\mathrm{d}x=0\tag{3.1.19}$$

只要 $\lambda_n\neq\lambda_m$，就有

$$\int_a^b w(x)\psi(\lambda_m,x)\psi(\lambda_n,x)\mathrm{d}x=0\tag{3.1.20}$$

式(3.1.20)证明了 Sturm-Liouville 问题的特征函数在区间 (a,b) 内带权 $w(x)$ 正交。

3.1.3 解的表达式

证明了特征函数的正交性以后，我们回过头来确定一般解式(3.1.11)中的待定系数。与一般方程(3.1.12)相比，目前讨论的简单辅助方程(3.1.8)对应于 $p(x)=w(x)=1$，$q(x)=0$ 的特殊情形。因而正交表达式(3.1.20)中权函数 $w(x)$ 因子不用写出，即解式(3.1.11)中的特征函数 $X(\beta_m,x)$ 满足以下关系：

$$\int_0^L X(\beta_m,x)X(\beta_n,x)\mathrm{d}x=\begin{cases}0 & (m\neq n)\\ N(\beta_m) & (m=n)\end{cases}\tag{3.1.21}$$

其中

$$N(\beta_m)=\int_0^L[X(\beta_m,x)]^2\mathrm{d}x\tag{3.1.22}$$

称为规范化积分，或简称**范数**。为了确定系数 c_m，第一步将初始条件(3.1.4)代入式(3.1.11)，得

$$F(x)=\sum_{m=1}^{\infty}c_m X(\beta_m,x)\tag{3.1.23}$$

第二步用算子$\int_0^L X(\beta_m,x)\mathrm{d}x$作用在式(3.1.23)两边,利用式(3.1.21)的结果,立即得出

$$c_m = \frac{1}{N(\beta_m)}\int_0^L X(\beta_m,x)F(x)\mathrm{d}x \tag{3.1.24}$$

将系数 c_m 的值(3.1.24)代入式(3.1.11),得解的表达式

$$p(x,t) = \sum_{m=1}^{\infty}\mathrm{e}^{-\chi\beta_m^2 t}\frac{X(\beta_m,x)}{N(\beta_m)}\int_0^L X(\beta_m,x')F(x')\mathrm{d}x' \tag{3.1.25}$$

这样一来,用分离变量法求解非稳态渗流方程就化为寻求所研究问题的特征函数、特征值和范数的问题。下面几节就是对不同的流动区域在不同的坐标系中寻求这些函数和数值。

3.2 直角坐标系中的分离变量

3.2.1 变量的分离

首先对三维渗流微分方程在直角坐标系中进行变量分离。对于无源流动,方程是齐次的,方程(1.9.17)在直角坐标系中写出如下:

$$\frac{\partial^2 p}{\partial x^2}+\frac{\partial^2 p}{\partial y^2}+\frac{\partial^2 p}{\partial z^2} = \frac{1}{\chi}\frac{\partial p}{\partial t} \tag{3.2.1}$$

设压力函数可进行变量分离,其形式如下:

$$p(x,y,z,t) = X(x)Y(y)Z(z)T(t) \tag{3.2.2}$$

代入式(3.2.1),可得下列四个方程:

$$\frac{\mathrm{d}T(t)}{\mathrm{d}t}+\chi\lambda^2 T(t) = 0 \tag{3.2.3}$$

$$\frac{\mathrm{d}^2 X(x)}{\mathrm{d}x^2}+\alpha^2 X(x) = 0 \tag{3.2.4}$$

$$\frac{\mathrm{d}^2 Y(y)}{\mathrm{d}y^2}+\beta^2 Y(y) = 0 \tag{3.2.5}$$

$$\frac{\mathrm{d}^2 Z(z)}{\mathrm{d}z^2}+\gamma^2 Z(z) = 0 \tag{3.2.6}$$

其中

$$\alpha^2+\beta^2+\gamma^2 = \lambda^2 \tag{3.2.7}$$

方程(3.2.3)就是前面曾讨论过的方程(3.1.6),其解为

$$T(t) = \mathrm{e}^{-\chi\lambda^2 t} = \mathrm{e}^{-\chi(\alpha^2+\beta^2+\gamma^2)t} \tag{3.2.8}$$

而方程(3.2.4)～方程(3.2.6)具有前面遇到过的方程(3.1.8)的形式。显然,这些分离方程的解是三角正弦函数和余弦函数。若流场区域对某个空间变量是有限的,则相应的分离常数为一系列离散的特征值,其解可用前述叠加原理给出。若对某个空间变量是无限区域,则

分离常数是连续的，其解可用积分给出。我们称这些三角正弦函数和余弦函数为方程(3.2.4)等的基本解。

在以下的研究中，我们将给出各种流动区域特征值问题的特征函数、特征值和范数，并列成简明的表格，以便于查用。

3.2.2　有限区域的一维流动

由3.2.1小节我们看到：在直角坐标系中，一般的三维流动可分离成三个一维的特征值问题，因而研究一维流动的特征值问题具有重要意义。先研究有限区域的一维流动。

设在区域 $0\leqslant x\leqslant L$ 内有非稳态平面平行渗流。初始压力分布为 $F(x)$，两端是第三类齐次边界条件，即定解问题可写成

$$\frac{\partial^2 p}{\partial x^2} = \frac{1}{\chi}\frac{\partial p}{\partial t} \quad (0 < x < L, t > 0) \tag{3.2.9}$$

$$\left[-l_1\frac{\partial p}{\partial x} + h_1 p(x,t)\right]_{x=0} = 0 \quad (t > 0) \tag{3.2.10}$$

$$\left[l_2\frac{\partial p}{\partial x} + h_2 p(x,t)\right]_{x=L} = 0 \quad (t > 0) \tag{3.2.11}$$

$$p(x,t)\mid_{t=0} = F(x) \quad (0 \leqslant x \leqslant L) \tag{3.2.12}$$

这个问题是Sturm-Liouville问题的一个简单情形，即 $p(x)=w(x)=1, q(x)=0, \lambda=\beta^2$。其特征函数 $X(\beta_m,x)$ 是正交的，其解由式(3.1.25)表示。当 $t\to 0$ 时，$p(x,t)$ 应趋于初始函数 $F(x)$。换句话说，由解式(3.1.25)和初始条件(3.2.12)可得

$$F(x) = \sum_{m=1}^{\infty}\frac{X(\beta_m,x)}{N(\beta_m)}\int_0^L X(\beta_m,x')F(x')\mathrm{d}x' \quad (0 < x < L) \tag{3.2.13}$$

该式是区间 $(0,L)$ 内有定义的任意函数 $F(x)$ 用特征值问题的特征函数 $X(\beta_m,x)$ 表示的关系式。可以证明(Churchill，1963)：只要函数 $F(x)$ 和 $\mathrm{d}F/\mathrm{d}x$ 在区域 $(0,L)$ 内连续或分段连续，式(3.2.13)所表示的级数即可在 $(0,L)$ 内 $F(x)$ 连续的每一点 x 收敛于 $F(x)$，即式(3.2.13)成立。因此，式(3.2.13)实际上给出了适合于区域 $(0,L)$ 内的一个积分变换对，这就是人们熟悉的有限Fourier变换：

正变换：
$$\overline{p}(\beta_m,t) = \int_0^L X(\beta_m,x)p(x,t)\mathrm{d}x \tag{3.2.14}$$

反变换：
$$p(x,t) = \sum_{m=1}^{\infty}\frac{X(\beta_m,x)}{N(\beta_m)}\overline{p}(\beta_m,x) \tag{3.2.15}$$

其中，t 作为参变量。这个积分变换对对于后面几节中用积分变换法求解渗流方程是有用的。下面还将陆续引出一些积分变换对。实际上，这是本章所讲述的重要内容之一。

现在回过头来继续研究定解问题(3.2.9)～(3.2.12)。用 $p(x,t)=X(x)T(t)$ 分离变量的结果，得

$$T(t) = \mathrm{e}^{-\chi\beta^2 t} \tag{3.2.16}$$

和特征值问题

$$\left.\begin{aligned}&\frac{\mathrm{d}^2X(x)}{\mathrm{d}x^2}+\beta^2X(x)=0\quad(0<X<L) &(3.2.17)\\&\left[-l_1\frac{\mathrm{d}X}{\mathrm{d}x}+h_1X\right]_{x=0}=0 &(3.2.18)\\&\left[l_2\frac{\mathrm{d}X}{\mathrm{d}x}+h_2X\right]_{x=L}=0 &(3.2.19)\end{aligned}\right\}$$

为将式(3.1.25)形式的解写出实际结果,如第 3.1.3 小节所述,下面的任务是要给出特征函数、特征值和范数的具体表达式。

(1) 特征函数

为简单起见,在边界条件(3.2.18)和(3.2.19)中,令 $H_1=h_1/l_1$,$H_2=h_2/l_2$,则边界条件可写成

$$[-X_m{}'+H_1X_m]_{x=0}=0 \tag{3.2.20}$$

$$[X_m{}'+H_2X_m]_{x=L}=0 \tag{3.2.21}$$

如前所述,方程(3.2.17)的基本解是三角正弦函数和余弦函数。令

$$X_m(x)=A_m\sin\beta_mx+B_m\cos\beta_mx$$

由边界条件(3.2.20)和(3.2.21)定出常数 $A_m=H_1$,$B_m=\beta_m$。所以,该特征值问题的特征函数是

$$X_m(x)=\beta_m\cos\beta_mx+H_1\sin\beta_mx \tag{3.2.22}$$

(2) 特征值

由式(3.2.20)~式(3.2.22)同时可以定出特征值 β_m 是方程(3.2.23)的根:

$$\tan\beta_mL=\frac{\beta_m(H_1+H_2)}{\beta_m^2-H_1H_2} \tag{3.2.23}$$

(3) 范数

根据定义,利用式(3.2.17),范数为

$$N(\beta_m)=\int_0^LX_m^2(x)\mathrm{d}x=-\frac{1}{\beta_m^2}\int_0^LX_mX_m{}''\mathrm{d}x \tag{3.2.24}$$

对式(3.2.24)右端进行分部积分,并将式(3.2.22)代入,积分结果给出

$$\frac{1}{N(\beta_m)}=\frac{2}{(\beta_m^2+H_1^2)[L+H_2/(\beta_m^2+H_2^2)]+H_1} \tag{3.2.25}$$

以上是针对两端边界均为第三类边界条件情形所得出的特征函数、特征值和范数。类似地,可以给出区间两端边界条件的其他各种组合下所得到的结果。

表 3.1 列出了对于微分方程(3.2.17)在 $x=0$ 和 $x=L$ 处边界条件九种不同组合下的特征函数、特征值和范数。实际上,第 2 行到第 9 行的结果也可由式(3.2.22),式(3.2.23)和式(3.2.25)分别让 H_1 或 H_2 等于零或无限大而求得。表中第 3 列每行有两个式子,上面一个是特征函数的表达式,下面一个是特征值 β_m 所满足的关系式。第 1 行中 β_m 所满足的关系式是超越方程(3.2.23)。若令 $H_1=H_2=H$,$\xi=\beta L$,$B=HL$,则方程的根可由 $z=\cot\xi$ 和 $z=(\xi/B-B/\xi)/2$ 逐个在 ξ 区间$[m\pi,(m+1)\pi]$ $(m=0,1,\cdots)$上联立求解得出。第 2 行至第 5 行的特征值 β_m 是由两种类型的超越方程即 $\beta\tan\beta=c$ 或 $\beta\cot\beta=-c$ 解出的。表

中第6行的特征值由 $\sin(\beta_m L)=0$ 解出，即 $\beta_m = m\pi/L(m=0,1,2,\cdots)$。其他行的特征值 β_m 不含 $\beta_0=0$。

表3.1　微分方程 $\dfrac{d^2X}{dx^2}+\beta^2X(x)=0$ $(0<x<L)$ 在各种边界条件下的特征函数 $X(\beta_m,x)$、特征值 β_m 和范数 $N(\beta_m)$

序号	边界条件	特征函数 $X(\beta_m,x)$ 以及特征值 β_m 所满足的方程	范数的倒数 $1/N(\beta_m)$
1	$[-X'+H_1X]_{x=0}=0$ $[X'+H_2X]_{x=L}=0$	$X_m=\beta_m\cos\beta_m x+H_1\sin\beta_m x$ $\tan\beta_m L=\dfrac{\beta_m(H_1+H_2)}{\beta_m^2-H_1H_2}$	$\dfrac{2}{(\beta_m^2+H_1^2)\left(L+\dfrac{H_2}{\beta_m^2+H_2^2}\right)+H_1}$
2	$[-X'+H_1X]_{x=0}=0$ $X'\|_{x=L}=0$	$X_m=\cos\beta_m(L-x)$ $\beta_m\tan\beta_m L=H_1$	$2\dfrac{\beta_m^2+H_1^2}{L(\beta_m^2+H_1^2)+H_1}$
3	$[-X'+H_1X]_{x=0}=0$ $X\|_{x=L}=0$	$X_m=\sin\beta_m(L-x)$ $\beta_m\cot\beta_m L=-H_1$	$2\dfrac{\beta_m^2+H_1^2}{L(\beta_m^2+H_1^2)+H_1}$
4	$X'\|_{x=0}=0$ $[X'+H_2X]_{x=L}=0$	$X_m=\cos\beta_m x$ $\beta_m\tan\beta_m L=H_2$	$2\dfrac{\beta_m^2+H_2^2}{L+(\beta_m^2+H_2^2)+H_2}$
5	$X\|_{x=0}=0$ $[X'+H_2X]_{x=L}=0$	$X_m=\sin\beta_m x$ $\beta_m\cot\beta_m L=-H_2$	$2\dfrac{\beta_m^2+H_2^2}{L+(\beta_m^2+H_2^2)+H_2}$
*6	$X'\|_{x=0}=0$ $X'\|_{x=L}=0$	$X_m=\cos\beta_m x$ $\sin\beta_m L=0$	$\dfrac{2}{L}$ $(\beta_m\neq0)$；$\dfrac{1}{L}$ $(\beta_0=0)$
7	$X'\|_{x=0}=0$ $X\|_{x=L}=0$	$X_m=\cos\beta_m x$ $\cos\beta_m L=0$	$\dfrac{2}{L}$
8	$X\|_{x=0}=0$ $X'\|_{x=L}=0$	$X_m=\sin\beta_m x$ $\cos\beta_m L=0$	$\dfrac{2}{L}$
9	$X\|_{x=0}=0$ $X\|_{x=L}=0$	$X_m=\sin\beta_m x$ $\sin\beta_m L=0$	$\dfrac{2}{L}$

* 对于这种情形，$\beta_0=0$ 也是一个特征值(其他情形下 $\beta_m\neq0$)。

例3.1　设有有界区域 $0<x<L$ 内的一维非稳态渗流，区域两端为不透水边界，初始压力为 $F(x)$。试求区域内压力分布 $p(x,t)$ 的表达式。

解　这个问题属于表3.1中第6行的情形。因此有特征函数 $X_m=\cos\beta_m x$；特征值 $\beta_m=m\pi/L$ $(m=0,1,2,\cdots)$；范数的倒数为 $2/L$ (对 $\beta_m\neq0$)，$1/L$ (对 $\beta_0=0$)。将这些结果代入式(3.1.25)，得压力分布

$$p(x,t)=\frac{1}{L}\int_0^L F(x)dx+\frac{2}{L}\sum_{m=1}^{\infty}e^{-\chi\beta_m^2 t}\cos\beta_m x\int_0^L F(x')\cos\beta_m x'dx' \tag{3.2.26}$$

式中，$\beta_m=m\pi/L$。第一项的意义是：当时间 $t\to\infty$ 时，流动达到稳态情形。压力就是初始压力在区域内的算术平均值，这是因为没有流体流进或流出。

3.2.3 半无限区域的一维流动

对于地层为半无限区域 $0\leqslant x<\infty$ 中的非稳态渗流，考虑一般的第三类齐次边界条件，地层中初始压力为 $F(x)$，其定解问题可写成

$$\left.\begin{aligned}&\frac{\partial^2 p}{\partial x^2}=\frac{1}{\chi}\frac{\partial p}{\partial t}\quad(0\leqslant x<\infty,t>0) &(3.2.27)\\&\left[-l_1\frac{\mathrm{d}p}{\mathrm{d}x}+h_1 p\right]_{x=0}=0\quad(t>0) &(3.2.28)\\&p(x,t=0)=F(x)\quad(0\leqslant x<\infty) &(3.2.29)\end{aligned}\right\}$$

与 3.2.2 小节类似，经过变量分离可得时间函数 $T(t)$ 的解为

$$T(t)=\mathrm{e}^{-\chi\beta^2 t} \tag{3.2.30}$$

而空间变量函数 $X(\beta,x)$ 满足下列特征值问题：

$$\left.\begin{aligned}&\frac{\mathrm{d}^2 X}{\mathrm{d}x^2}+\beta^2 X(x)=0\quad(0\leqslant x<\infty) &(3.2.31)\\&\left[-l_1\frac{\mathrm{d}X}{\mathrm{d}x}+h_1 X(x)\right]_{x=0}=0\quad(t>0) &(3.2.32)\end{aligned}\right\}$$

令 $H_1=h_1/l_1$，其特征函数 X 为

$$X(\beta,x)=\beta\cos\beta x+H_1\sin\beta x \tag{3.2.33}$$

实际上，很容易直接验证解式(3.2.33)满足方程(3.2.31)和边界条件(3.2.32)。应当强调指出：3.2.2 小节对于有限区域的流动，由于两端边界条件的限制，特征函数中的 β 只允许取离散的某些数值，即特征值。但在这半无限区域中则没有这种 $x=L$ 处边界条件的限制，即 β 可取从 0 到 ∞ 的任意(实数)值。基本解对 β 的整个半无限区域进行叠加，也就是积分，给出压力函数 $p(x,t)$ 的一般解为

$$p(x,t)=\int_0^\infty c(\beta)\mathrm{e}^{-\chi\beta^2 t}X(\beta,x)\mathrm{d}\beta \tag{3.2.34}$$

这个解满足方程和边界条件。而其中未知系数 $c(\beta)$ 得由初始条件确定。将初始条件(3.2.29)代入式(3.2.34)，给出

$$F(x)=\int_0^\infty c(\beta)X(\beta,x)\mathrm{d}\beta \tag{3.2.35}$$

用算子 $\int_0^\infty X(\beta,x)\mathrm{d}x=\int_0^\infty(\beta\cos\beta x+H_1\sin\beta x)\mathrm{d}x$ 作用在式(3.2.35)两边，利用特征函数的正交性，并令范数

$$N(\beta)=\int_0^\infty[X(\beta,x)]^2\mathrm{d}x \tag{3.2.36}$$

则得系数

$$c(\beta)=\frac{1}{N(\beta)}\int_0^\infty F(x)X(\beta,x)\mathrm{d}x \tag{3.2.37}$$

将式(3.2.37)代回式(3.2.35)，得关系式

$$F(x)=\int_0^\infty\frac{X(\beta,x)}{N(\beta)}\left[\int_0^\infty F(x')X(\beta,x')\mathrm{d}x'\right]\mathrm{d}\beta \tag{3.2.38}$$

该式是在区间(0,∞)内有定义的任意函数 $F(x)$用特征值问题的特征函数$X(\beta,x)$表示的关系式。只要 $F(x)$和 $\mathrm{d}F/\mathrm{d}x$ 在区间(0,∞)内连续或分段连续,分段连续情形在间断点上按平均值定义,积分$\int_0^\infty |F(x)|\mathrm{d}x$ 存在,则式(3.2.38)就成立。因此,式(3.2.28)实际上给出了适合于区域(0,∞)内的一个积分变换对,即一般的 Fourier 变换:

正变换:
$$\overline{p}(\beta,t)=\int_0^\infty X(\beta,x)p(x,t)\mathrm{d}x \tag{3.2.39}$$

反变换:
$$p(x,t)=\int_0^\infty \frac{X(\beta,x)}{N(\beta)}\overline{p}(\beta,t)\mathrm{d}\beta \tag{3.2.40}$$

现在回过头来继续研究定解问题(3.2.27)～(3.2.29)。将特征函数(3.2.33)代入式(3.2.36),积分后给出范数 $N(\beta)$的倒数

$$\frac{1}{N(\beta)}=\frac{2}{\pi}\frac{1}{\beta^2+H_1^2} \tag{3.2.41}$$

而将求得的系数式(3.2.37)代入式(3.2.34),求得该问题的解

$$p(x,t)=\int_0^\infty \mathrm{e}^{-\chi\beta^2 t}\frac{X(\beta,x)}{N(\beta)}\left[\int_0^\infty F(x')X(\beta,x')\mathrm{d}x'\right]\mathrm{d}\beta \tag{3.2.42}$$

特征函数(3.2.33)、范数式(3.2.41)和解式(3.2.42)就是定解问题(3.2.27)～(3.2.29)的全部解答。

类似地,可以得出 $x=0$ 处为第一类和第二类齐次边界条件情形的特征函数和范数,这些结果列在表 3.2 中。有了特征函数 $X(\beta,x)$和范数的倒数 $1/N(\beta)$,即可由式(3.2.42)求得所需的解答。

表 3.2　微分方程$\frac{\mathrm{d}^2X}{\mathrm{d}x^2}+\beta^2X(x)=0$ $(0<x<\infty)$在三种不同边界条件下的特征函数 $X(\beta,x)$和范数 $N(\beta)$

序号	$x=0$ 处边界条件	特征函数 $X(\beta,x)$	范数的倒数 $1/N(\beta)$
1	$[-X'+H_1X]_{x=0}=0$	$\beta\cos\beta x+H_1\sin\beta x$	$\frac{2}{\pi}\frac{1}{\beta^2+H_1^2}$
2	$X'\vert_{x=0}=0$	$\cos\beta x$	$\frac{2}{\pi}$
3	$X\vert_{x=0}=0$	$\sin\beta x$	$\frac{2}{\pi}$

例 3.2　设有半无限大地层,$x=0$ 处为直线供给边界,保持压力为 p_e。原始地层压力为 $p_i=p_e-F(x)$。试求压力分布 $p(x,t)$,并讨论 $F(x)=p_0=$常数的情形。

解　该问题属于表 3.2 中第 3 行的情形,故有特征函数 $X(\beta,x)=\sin\beta x$,β 从 0 到∞连续分布,范数为 $\pi/2$。将这些结果代入式(3.2.42),得压力分布

$$p(x,t)=p_e-\frac{2}{\pi}\int_0^\infty \mathrm{e}^{-\chi\beta^2 t}\sin\beta x\left[\int_0^\infty F(x')\sin\beta x'\mathrm{d}x'\right]\mathrm{d}\beta$$

$$= p_e - \frac{1}{\sqrt{4\pi\chi t}}\int_0^\infty F(x')\left[\exp\left(-\frac{(x-x')^2}{4\chi t}\right) - \exp\left(-\frac{(x+x')^2}{4\chi t}\right)\right]dx' \tag{3.2.43}$$

若 $F(x) = p_0$，容易求得

$$p(x,t) = p_e - p_0 \mathrm{erf}\left(\frac{x}{\sqrt{4\chi t}}\right)$$

其中，$\mathrm{erf}(z) = \frac{2}{\sqrt{\pi}}\int_0^z e^{-u^2}du$ 是误差函数，或称概率积分，见附录 A3。

3.2.4 多维无源汇非稳态渗流

在求得了一维有限区域和半无限区域中无源汇流动的特征函数、特征值和范数以后，研究多维问题就不难了。如第 1.9.1 小节中所述，无源汇情形的微分方程是齐次的。如果边界条件也是齐次的，则可用前两小节的结果。

3.2.4.1 三维有限区域流动

对于三维有限空间区域，例如 $0 \leqslant x \leqslant a, 0 \leqslant y \leqslant b, 0 \leqslant z \leqslant c$，根据第 3.2.1 小节的论述，分离变量的结果，分成三个一维有限区域的特征值问题，其方程由方程(3.2.4)～方程(3.2.6)给出。若边界条件是齐次的，则三个方向的特征函数、特征值和范数均可由表 3.1 查出。求得 $X(\alpha_m, x)$，$Y(\beta_n, y)$，$Z(\gamma_k, z)$，而 $T(t)$ 由式(3.2.8)给出。最后根据式(3.2.2)，得三维问题的解为

$$\begin{aligned} p(x,y,z,t) = &\sum_{m=1}^\infty\sum_{n=1}^\infty\sum_{k=1}^\infty e^{-\chi(\alpha_m^2+\beta_n^2+\gamma_k^2)t}\frac{X(\alpha_m,x)Y(\beta_n,y)Z(\gamma_k,z)}{N(\alpha_m)N(\beta_n)N(\gamma_k)} \\ &\cdot \int_0^\infty\int_0^\infty\int_0^\infty F(x',y',z')X(\alpha_m,x')Y(\beta_n,y')Z(\gamma_k,z')dx'dy'dz' \end{aligned} \tag{3.2.44}$$

其中，$F(x,y,z)$ 是初始压力分布。

3.2.4.2 半无限条带区域流动

对于半无限条带区域，例如 $0 \leqslant x < \infty, 0 \leqslant y \leqslant b$ 的二维流动，分离变量的结果是特征函数 $X(\alpha, x)$ 满足辅助问题(3.2.31)，而特征函数 $Y(\beta_m, y)$ 满足特征值问题，类似于方程(3.2.17)～方程(3.2.19)。它们可分别由表 3.2 和表 3.1 查出相应的 $X(\alpha, x)$，$1/N(\alpha)$ 以及 $Y(\beta_m, y)$，β_m 值，$1/N(\beta_m)$。叠加的结果，得最后的表达式

$$\begin{aligned} p(x,y,t) = &\sum_{m=1}^\infty\int_0^\infty e^{-\chi(\alpha^2+\beta_m^2)t}\frac{X(\alpha,x)Y(\beta_m,y)}{N(\alpha)N(\beta_m)} \\ &\cdot \left[\int_0^\infty\int_0^\infty X(\alpha,x')Y(\beta_m,y')F(x',y')dx'dy'\right]d\alpha \end{aligned} \tag{3.2.45}$$

其中，$F(x,y)$ 是平面上的初始压力分布。

3.2.4.3 乘积解

由以上论述可以很容易看出：一个多维非稳态渗流的解可简单地用多个一维非稳态渗流的解的乘积给出。这只要符合以下条件：

(1) 微分方程是齐次的；

(2) 边界条件是齐次的；

(3) 初始压力是常数(其特殊情形是零)，或者是单个空间变量的乘积，即初始函数 $\boldsymbol{F}(x,y,z)$ 可写成

$$\boldsymbol{F}(x,y,z)=\boldsymbol{F}_1(x)\boldsymbol{F}_2(y)\boldsymbol{F}_3(z) \tag{3.2.46}$$

实际上，无论对三维或二维，有限或无限区域，只要对每一方向求出特征函数、范数(以及特征值)，且满足该方向的初始条件，显然它们的乘积就是式(3.2.44)或式(3.2.45)。这通常称为 Newman 乘积原理。

3.2.5 多维有源汇非稳态渗流

对于有源汇的流动，方程是非齐次的，如式(1.9.15)所示，式中，$q(\boldsymbol{r},t)/\lambda$ 称为非齐次项。用分离变量法求解非齐次方程远不如前面所述的求解齐次方程那样方便。但是，一个非齐次非稳态问题可以分解成一个非齐次稳态问题和一个齐次非稳态问题，分别进行求解，然后再叠加起来。下面对此进行详细分析，为此我们先研究非齐次稳态流动。

3.2.5.1 有源稳态渗流

按方程(1.9.15)，有源稳态渗流的微分方程为

$$\nabla^2 p(x,y,z)+\frac{1}{\lambda}q(x,y,z)=0 \quad (\text{区域 } R \text{ 内}) \tag{3.2.47}$$

我们将方程(3.2.47)的通解表示为它的任一特解 $p_*(x,y,z)$ 与相应齐次部分即拉普拉斯方程的通解 $p_g(x,y,z)$ 之和，看这个特解满足什么关系。将

$$p(x,y,z)=p_g(x,y,z)+p_*(x,y,z) \quad (\text{区域 } R \text{ 内})$$

代入方程(3.2.47)，则得

$$\nabla^2 p_g(x,y,z)+\nabla^2 p_*(x,y,z)+\frac{1}{\lambda}q(x,y,z)=0 \tag{3.2.48}$$

因为 p_g 是拉普拉斯方程的解，即 $\nabla^2 p_g=0$，所以式(3.2.48)变成

$$\nabla^2 p_*(x,y,z)+\frac{1}{\lambda}q(x,y,z)=0 \quad (\text{区域 } R \text{ 内}) \tag{3.2.49}$$

此方程与原方程(3.2.47)形式相同。由此得出结论：多维有源稳态渗流方程(3.2.47)的解可由该方程的任一特解与相应的齐次方程的通解之和构成。虽然 p_g 所满足的边界条件可能变成非齐次的，但齐次方程总可以用分离变量法求解。因而，剩下的问题就是找方程(3.2.47)的任一特解 p_*。这个问题已有人做专门研究。较常用的是 $q=$ 常数 q_0 的情形，显然特解之一就是 $-q_0x^2/(2\lambda)$。这可直接代入方程(3.2.47)而很容易验证。如果源汇强度随某一空间变量例如 x 线性分布，则与该变量的立方成正比，即对 $q=q_0x$，p_* 之一是

$-q_0x^3/(6\lambda)$。以此类推，若 $q=q_0x^n$，则 p_* 之一为 $q_0x^{n+2}/[(n+1)(n+2)\lambda]$。

3.2.5.2 有源非稳态渗流

在解决了多维有源稳态渗流问题以后，就可以进一步求解多维非齐次非稳态渗流微分方程

$$\nabla^2 p(x,y,z,t)+\frac{1}{\lambda}q(x,y,z)=\frac{1}{\chi}\frac{\partial p(x,y,z,t)}{\partial t}\quad(\text{区域 } R \text{ 内})\tag{3.2.50}$$

方程中的非齐次项与时间无关，即源汇强度不随时间变化。对于这种情形，我们可以把它分解成几个简单的问题，让这些简单问题的每一个都可用分离变量法求解。设方程(3.2.50)带有以下边界条件和初始条件：

$$\left[l_i\frac{\partial p}{\partial \boldsymbol{n}_i}+h_ip\right]_{\text{边界}S_i\text{上}}=f_i(x,y,z)\quad(i=1,2,\cdots,N)\tag{3.2.51}$$

$$p(x,y,z,t)\big|_{t=0}=F(x,y,z)\quad(\text{区域 } R \text{ 内})\tag{3.2.52}$$

其中，N 是边界的数目，$\partial/\partial\boldsymbol{n}_i$ 是沿界面 S_i 外法线方向的导数。我们可以按以下方法分解成几个较简单的问题：

一是用 $p_{sj}(x,y,z)$ $(j=0,1,2,\cdots,N)$ 定义的一组非齐次稳态(以下标 s 表示)问题。二是用 $p_h(x,y,z,t)$ 定义的齐次(以下标 h 表示)非稳态问题。

$p_{sj}(x,y,z)$ 是下列非齐次稳态问题的解：

$$\left.\begin{aligned}&\nabla^2 p_{sj}(x,y,z)+\delta_{0j}\frac{1}{\lambda}q(x,y,z)=0\quad(\text{区域 } R \text{ 内})&(3.2.53)\\&l_i\frac{\partial p_{sj}}{\partial\boldsymbol{n}_i}+h_ip_{sj}=\delta_{ij}f_i(x,y,z)\quad(\text{界面 } S_i \text{ 上})&(3.2.54)\end{aligned}\right\}$$

其中，$i=1,2,\cdots,N$；$j=1,2,\cdots,N$；δ_{ij} 是 Kronecker 符号，即每个子问题只有一个边界条件 $(i=j)$ 是非齐次的。

$p_h(x,y,z,t)$ 是下列齐次非稳态问题的解：

$$\left.\begin{aligned}&\nabla^2 p_h(x,y,z,t)=\frac{1}{\chi}\frac{\partial p_h(x,y,z,t)}{\partial t}\quad(\text{区域 } R \text{ 内})&(3.2.55)\\&l_i\frac{\partial p_h}{\partial\boldsymbol{n}_i}+h_ip_h=0\quad(\text{界面 } S_i \text{ 上})&(3.2.56)\\&p_h(x,y,z,t)\big|_{t=0}=F(x,y,z)-\sum_{j=0}^{N}p_{sj}(x,y,z)&(3.2.57)\end{aligned}\right\}$$

用直接代入的方法不难证明：上述两个简单问题的解叠加起来就是原问题(3.2.50)～(3.2.52)的解，即

$$p(x,y,z,t)=\sum_{j=0}^{\infty}p_{sj}(x,y,z)+p_h(x,y,z,t)\tag{3.2.58}$$

以上分解出的简单问题均可用分离变量法求解。因为一组非齐次稳态问题(3.2.53)和(3.2.54)中的每个子问题，其非齐次边界条件的个数只有一个，这类问题在本小节第一部分已经解决了。而齐次非稳态问题(3.2.55)～(3.2.57)，其方程和边界条件都是齐次的，这类问题在第 3.2.3 小节中已作了详细研究，并且解决得非常彻底。

为了说明它的具体应用，下面举一算例。设有区域 $0 \leqslant x \leqslant L$ 内的平面平行流动，初始压力为 $F(x)$，当时间 $t>0$ 时，介质单位体积产生体积流量 q_0。$x=0$ 处是不透水边界，$x=L$ 处保持定压 p_e。试求压力分布。

为简单起见，设 $p_e=0$。因为若 $p_e \neq 0$，可对 $\Delta p = p(x,t) - p_e$ 进行讨论。于是，该问题的定解条件可写成

$$\left.\begin{aligned}
&\frac{\partial^2 p}{\partial x^2} + \frac{1}{\lambda}q_0 = \frac{1}{\chi}\frac{\partial p}{\partial t} \quad (0<x<L, t>0) \\
&\left.\frac{\partial p}{\partial x}\right|_{x=0} = 0 \quad (t>0) \\
&p(x,t)\left.\right|_{x=L} = 0 \quad (t>0) \\
&p(x,t=0) = F(x) \quad (0<x<L)
\end{aligned}\right\} \tag{3.2.59}$$

该问题可分解成一个用 $p_s(x)$ 表示的非齐次稳态渗流

$$\left.\begin{aligned}
&\frac{\mathrm{d}^2 p_s}{\mathrm{d}x^2} + \frac{1}{\lambda}q_0 = 0 \quad (0<x<L) \\
&\left.\frac{\mathrm{d}p_s}{\mathrm{d}x}\right|_{x=0} = 0, \quad p_s\left.\right|_{x=L} = 0
\end{aligned}\right\} \tag{3.2.60}$$

和一个用 $p_h(x,t)$ 表示的齐次非稳态渗流

$$\left.\begin{aligned}
&\frac{\partial^2 p_h}{\partial x^2} = \frac{1}{\chi}\frac{\partial p}{\partial t} \quad (0<x<L, t>0) \\
&\left.\frac{\partial p_h}{\partial x}\right|_{x=0} = 0, \quad p_h\left.\right|_{x=0} = 0 \\
&p_h(x,t=0) = F(x) - p_s(x) = F^*(x)
\end{aligned}\right\} \tag{3.2.61}$$

问题(3.2.60)和(3.2.61)的解分别为

$$p_s(x) = \frac{q_0}{2\lambda}L^2\left(1-\frac{x^2}{L^2}\right) \tag{3.2.62}$$

$$p_h(x,t) = \frac{2}{L}\sum_{m=0}^{\infty}\mathrm{e}^{-\chi\beta_m^2 t}\cos\beta_m x\int_0^L F^*(x')\cos\beta_m x'\mathrm{d}x' \tag{3.2.63}$$

式中

$$F^*(x) = F(x) - \frac{q_0}{2\lambda}L^2\left(1-\frac{x^2}{L^2}\right)$$

$$\beta_m = \frac{(2m+1)\pi}{2L} \quad (m = 0,1,2,\cdots)$$

将两个解叠加起来，并对其中积分进行运算后，即得问题(3.2.59)的解

$$\begin{aligned}
p(x,t) = &\frac{q_0}{2\lambda}L^2\left(1-\frac{x^2}{L^2}\right) + \frac{2}{L}\sum_{m=0}^{\infty}\mathrm{e}^{-\chi\beta_m^2 t}\cos\beta_m x'\int_0^L F(x')\cos\beta_m x'\mathrm{d}x' \\
&-\frac{2q_0}{L\lambda}\sum_{m=0}^{\infty}(-1)^m\mathrm{e}^{-\chi\beta_m^2 t}\frac{1}{\beta_m^2}\cos\beta_m x
\end{aligned} \tag{3.2.64}$$

3.3 圆柱坐标系中的分离变量

3.3.1 变量的分离

现在对圆柱坐标系中的三维渗流微分方程进行变量分离。对于无源流动，按方程(1.9.17)和方程(1.9.26)，圆柱坐标系中该方程可写成

$$\frac{\partial^2 p}{\partial r^2} + \frac{1}{r}\frac{\partial p}{\partial r} + \frac{1}{r^2}\frac{\partial^2 p}{\partial \theta^2} + \frac{\partial^2 p}{\partial z^2} = \frac{1}{\chi}\frac{\partial p}{\partial t} \tag{3.3.1}$$

式中，$p = p(r, \theta, z, t)$。首先设 p 可进行如下的变量分离：

$$p(r, \theta, z, t) = T(t)U(r, \theta, z) \tag{3.3.2}$$

代入方程(3.3.1)，则得

$$\frac{1}{U}\left(\frac{\partial^2 U}{\partial r^2} + \frac{1}{r}\frac{\partial U}{\partial r} + \frac{1}{r^2}\frac{\partial^2 U}{\partial \theta^2} + \frac{\partial^2 U}{\partial z^2}\right) = \frac{1}{\chi T}\frac{\mathrm{d}T(t)}{\mathrm{d}t} = -\lambda^2 \tag{3.3.3}$$

于是方程(3.3.1)分成以下两个方程：

$$\frac{\mathrm{d}T(t)}{\mathrm{d}t} + \chi\lambda^2 T(t) = 0 \tag{3.3.4}$$

$$\frac{\partial^2 U}{\partial r^2} + \frac{1}{r}\frac{\partial U}{\partial r} + \frac{1}{r^2}\frac{\partial^2 U}{\partial \theta^2} + \frac{\partial^2 U}{\partial z^2} + \lambda^2 U = 0 \tag{3.3.5}$$

方程(3.3.5)称为 Helmholtz 方程。再设 U 可进行如下的变量分离：

$$U(r, \theta, z) = R(r)\Theta(\theta)Z(z) \tag{3.3.6}$$

代入方程(3.3.5)，则得

$$\frac{1}{R}\left(\frac{\mathrm{d}^2 R}{\mathrm{d}r^2} + \frac{1}{r}\frac{\mathrm{d}R}{\mathrm{d}r}\right) + \frac{1}{r^2}\frac{1}{\Theta}\frac{\mathrm{d}^2\Theta}{\mathrm{d}\theta^2} + \frac{1}{Z}\frac{\mathrm{d}^2 Z}{\mathrm{d}z^2} + \lambda^2 = 0 \tag{3.3.7}$$

要使该方程成立，必须让各个自变量的函数分别等于常数，即

$$\frac{1}{Z}\frac{\mathrm{d}^2 Z}{\mathrm{d}z^2} = -\gamma^2 \tag{3.3.8}$$

$$\frac{1}{R}\left(\frac{\mathrm{d}^2 R}{\mathrm{d}r^2} + \frac{1}{r}\frac{\mathrm{d}R}{\mathrm{d}r}\right) + \frac{1}{r^2}\frac{1}{\Theta}\frac{\mathrm{d}^2\Theta}{\mathrm{d}\theta^2} = -\beta^2 \tag{3.3.9}$$

其中

$$\lambda^2 = \beta^2 + \gamma^2$$

继续进行变量分离，方程(3.3.9)可分离为

$$\frac{1}{\Theta}\frac{\mathrm{d}^2\Theta}{\mathrm{d}\theta^2} = -\nu^2 \tag{3.3.10}$$

$$\frac{1}{R}\left(\frac{\mathrm{d}^2 R}{\mathrm{d}r^2} + \frac{1}{r}\frac{\mathrm{d}R}{\mathrm{d}r}\right) - \frac{\nu^2}{r^2} = -\beta^2 \tag{3.3.11}$$

至此，变量分离完毕。分离后各常微分方程的基本解列出如下：

$$\frac{\mathrm{d}^2\Theta}{\mathrm{d}\theta^2}+\nu^2\Theta=0:\qquad \sin\nu\theta,\ \cos\nu\theta \tag{3.3.12}$$

$$\frac{\mathrm{d}^2R_\nu}{\mathrm{d}r^2}+\frac{1}{r}\frac{\mathrm{d}R_\nu}{\mathrm{d}r}+\left(\beta^2-\frac{\nu^2}{r^2}\right)R_\nu=0:\qquad \mathrm{J}_\nu(\beta r),\ \mathrm{N}_\nu(\beta r) \tag{3.3.13}$$

$$\frac{\mathrm{d}^2Z}{\mathrm{d}z^2}+\gamma^2Z=0:\qquad \sin\gamma z,\ \cos\gamma z \tag{3.3.14}$$

$$\frac{\mathrm{d}T(t)}{\mathrm{d}t}+\chi\lambda^2T(t)=0:\qquad \mathrm{e}^{-\chi\lambda^2t} \tag{3.3.15}$$

方程(3.3.13)称为 ν 阶贝塞尔(Bessel)方程。它的解 $\mathrm{J}_\nu(\beta r)$ 和 $\mathrm{N}_\nu(\beta r)$ 分别为第一类和第二类 ν 阶贝塞尔函数(见附录 B1)。其中，ν 并不包含在分离常数 λ 之中。方程(3.3.1)的完全解由以上各分离方程的基本解相乘以后再进行叠加给出。将方程(3.3.13)与方程(3.1.12)相比可以看出，前者实际上是 Sturm-Liouville 问题对

$$p(x)=r,\quad q(x)=-\nu^2/r,\quad w(x)=r,\quad \lambda=\beta^2,\quad \psi=R_\nu$$

的特殊情形，所以其特征函数具有带权 r 的正交性。如式(3.1.19)或式(3.1.20)所示。而方程(3.3.12)、方程(3.3.14)和方程(3.3.15)在第 3.2 节中已经研究过。根据不同的定义域和边界条件的类型，其特征函数、范数以及特征值可由表 3.1 或表 3.2 直接查出。因此，本节的新问题主要是研究贝塞尔方程(3.3.13)及其边界条件的特征值问题，同时引出若干积分变换对。

3.3.2　贝塞尔方程的特征值问题

现在研究贝塞尔方程(3.3.13)在各种不同边界条件下在 $a\leqslant r\leqslant b$，$0\leqslant r\leqslant b$，$a\leqslant r<\infty$ 和 $0\leqslant r<\infty$ 四种区域内的特征值问题及其相关的积分变换对。

3.3.2.1　$a\leqslant r\leqslant b$ 区域

考虑第三类边界条件，特征值问题写成

$$\left.\begin{aligned}
&\frac{\mathrm{d}^2R_\nu}{\mathrm{d}r^2}+\frac{1}{r}\frac{\mathrm{d}R_\nu}{\mathrm{d}r}+\left(\beta^2-\frac{\nu^2}{r^2}\right)R_\nu=0\quad(a<r<b) &(3.3.16)\\
&-\frac{\mathrm{d}R_\nu}{\mathrm{d}r}+H_1R_\nu=0\quad(r=a) &(3.3.17)\\
&\frac{\mathrm{d}R_\nu}{\mathrm{d}r}+H_2R_\nu=0\quad(r=b) &(3.3.18)
\end{aligned}\right\}$$

如前所述，该问题的特征函数具有以下正交性：

$$\int_a^b rR_\nu(\beta_m,r)R_\nu(\beta_n,r)\mathrm{d}r=\begin{cases}0 & (m\neq n)\\ N(\beta_m) & (m=n)\end{cases} \tag{3.3.19}$$

其中，$\nu\geqslant-1/2$，而

$$N(\beta_m)=\int_a^b rR_\nu^{\,2}(\beta_m,r)\mathrm{d}r \tag{3.3.20}$$

类似于第3.1.3小节中式(3.1.23)。若压力 p 只与 r 和 t 有关,且初始函数为 $F(r)$,则有

$$p(x,t)=\sum_{m=1}^{\infty}c_mR_\nu(\beta_m,r)\mathrm{e}^{-\chi\beta_m^2t} \tag{3.3.21}$$

将初始条件 $p(x,t=0)=F(r)$ 用于式(3.3.21),得

$$F(r)=\sum_{m=1}^{\infty}c_mR_\nu(\beta_m,r) \tag{3.3.22a}$$

对式(3.3.22a)两边作用算子 $\int_a^b rR_\nu(\beta_m,r)\mathrm{d}r$,并利用特征函数的正交性(3.3.19),可得未知系数

$$c_m=\frac{1}{N(\beta_m)}\int_a^b rR_\nu(\beta_m,r)F(r)\mathrm{d}r \tag{3.3.22b}$$

将式(3.3.22b)代入式(3.3.21),即得解

$$p(r,t)=\sum_{m=1}^{\infty}\frac{R_\nu(\beta_m,r)}{N(\beta_m)}\mathrm{e}^{-\chi\beta_m^2t}\int_a^b r'R_\nu(\beta_m,r')F(r')\mathrm{d}r' \tag{3.3.23}$$

将式(3.3.22b)代入式(3.3.22a),可得表示函数 $F(r)$ 的关系式

$$F(r)=\sum_{m=1}^{\infty}\frac{R_\nu(\beta_m,r)}{N(\beta_m)}\int_a^b r'R_\nu(\beta_m,r')F(r')\mathrm{d}r' \quad (a<r<b) \tag{3.3.24}$$

函数 $F(r)$ 可表示成式(3.3.24),对 $F(r)$ 在区域 $a\leqslant r\leqslant b$ 内所要求的条件与第3.2.2小节中对 $F(x)$ 的要求相同。因此,式(3.3.23)给出了区域 (a,b) 内适合的积分变换对,称为有限Weber变换:

正变换:
$$\overline{p}(\beta_m,t)=\int_a^b rR_\nu(\beta_m,r)p(r,t)\mathrm{d}r \tag{3.3.25a}$$

反变换:
$$p(r,t)=\sum_{m=1}^{\infty}\frac{R_\nu(\beta_m,r)}{N(\beta_m)}\overline{p}(\beta_m,t) \tag{3.3.25b}$$

在引进一个积分变换对以后,我们回过头来继续研究该特征值问题的特征函数、特征值和范数。因为方程(3.3.16)的基本解是 $\mathrm{J}_\nu(\beta_mr)$ 和 $\mathrm{N}_\nu(\beta_mr)$,用直接代入法可以证明下列函数满足方程(3.3.16)和边界条件(3.3.17),即

$$R_\nu(\beta_m,r)=A_\nu\mathrm{J}_\nu(\beta_mr)-B_\nu\mathrm{N}_\nu(\beta_mr) \tag{3.3.26}$$

其中

$$A_\nu\equiv\beta_m\mathrm{N}_\nu'(\beta_mb)+H_2\mathrm{N}_\nu(\beta_mb) \tag{3.3.27}$$

$$B_\nu\equiv\beta_m\mathrm{J}_\nu'(\beta_mb)+H_2\mathrm{J}_\nu(\beta_mb) \tag{3.3.28}$$

其中,定义

$$\mathrm{J}_\nu'(\beta_mb)=\left[\frac{\mathrm{d}}{\mathrm{d}r}\mathrm{J}_\nu(r)\right]_{r=\beta_mb}=\frac{1}{\beta_m}\left[\frac{\mathrm{d}}{\mathrm{d}r}\mathrm{J}(\beta_mr)\right]_{r=b} \tag{3.3.29}$$

当然,解式(3.3.26)还必须满足边界条件(3.3.18),由此得到特征值 β_m 是以下超越方程的正根:

$$A_\nu(\beta_m)C_\nu(\beta_m)-B_\nu(\beta_m)D_\nu(\beta_m)=0 \tag{3.3.30}$$

其中

$$C_\nu(\beta_m)\equiv\beta_m\mathrm{J}_\nu'(\beta_ma)-H_1\mathrm{J}_\nu(\beta_ma) \tag{3.3.31}$$

$$D_\nu(\beta_m) \equiv \beta_m \mathrm{N}_\nu'(\beta_m a) - H_1 \mathrm{N}_\nu(\beta_m a) \tag{3.3.32}$$

将特征函数的表达式(3.3.26)代入式(3.3.20)，即得范数 $N(\beta_m)$ 为

$$\begin{aligned} N(\beta_m) &= \int_a^b r[A_\nu \mathrm{J}_\nu(\beta_m r) - B_\nu \mathrm{N}_\nu(\beta_m r)]^2 \mathrm{d}r \\ &= A_\nu{}^2 \int_a^b r\mathrm{J}_\nu{}^2(\beta_m r)\mathrm{d}r + B_\nu{}^2 \int_a^b r\mathrm{N}_\nu{}^2(\beta_m r)\mathrm{d}r \\ &\quad - 2A_\nu B_\nu \int_a^b r\mathrm{J}_\nu(\beta_m r)\mathrm{N}_\nu(\beta_m r)\mathrm{d}r \end{aligned} \tag{3.3.33}$$

利用附录 B 中公式(B7.5)对式(3.3.33)进行积分运算，并利用关于贝塞尔函数的朗斯基(Wronski)关系式(B8.1)：

$$\mathrm{J}_\nu(\beta r)\mathrm{N}_\nu'(\beta r) - \mathrm{N}_\nu(\beta r)\mathrm{J}_\nu'(\beta r) = \frac{2}{\pi \beta r} \tag{3.3.34}$$

整理后可得

$$N(\beta_m) = \frac{2}{\pi^2 \beta_m^2}\left[\left(H_2^2 + \beta_m^2 - \frac{\nu^2}{b^2}\right) - \frac{B_\nu{}^2}{C_\nu{}^2}\left(H_1^2 + \beta_m^2 - \frac{\nu^2}{a^2}\right)\right] \tag{3.3.35}$$

或写成

$$\frac{1}{N(\beta_m)} = \frac{\pi^2}{2} \cdot \frac{\beta_m^2 C_\nu{}^2}{C_\nu{}^2\left(H_2^2 + \beta_m^2 - \dfrac{\nu^2}{b^2}\right) - B_\nu{}^2\left(H_1^2 + \beta_m^2 - \dfrac{\nu^2}{a^2}\right)} \tag{3.3.36}$$

式(3.3.26)、式(3.3.30)和式(3.3.36)就是特征值问题(3.3.16)～(3.3.18)所对应的特征函数、特征值和范数的倒数。其中，A_ν，B_ν，C_ν，D_ν 分别由式式(3.3.27)、式(3.3.28)、式(3.3.31)、式(3.3.32)给出。

对于各种不同的边界条件组合，用类似的方法或通过取 H_1，H_2 等于零或∞，可以得到相应的特征函数、特征值和范数。这些结果列于表 3.3 中。表中第 2 列是两端的边界条件。第 3 列的第 1 行是特征函数$R_\nu(\beta_m, r)$，第 2 行表示特征值是该方程的正根。对于轴对称的压力分布，即压力与 θ 无关的情形，只要令 $\nu = 0$，表 3.3 同样适用。第 4 列是范数的倒数，其中，A，B，F_1 和 F_2 分别为

$$\left.\begin{aligned} &A = 1 - \left(\frac{\nu}{\beta_m a}\right)^2, \quad B = 1 - \left(\frac{\nu}{\beta_m b}\right)^2 \\ &F_1 = H_1^2 + \beta_m^2 A, \quad F_2 = H_2^2 + \beta_m^2 B \end{aligned}\right\} \tag{3.3.37}$$

3.3.2.2　$0 \leqslant r \leqslant b$ 区域

考虑圆形区域，$r = b$ 处为第三类边界条件，该特征值问题写出如下：

$$\left.\begin{aligned} &\frac{\mathrm{d}^2 R_\nu}{\mathrm{d}r^2} + \frac{1}{r}\frac{\mathrm{d}R_\nu}{\mathrm{d}r} + \left(\beta^2 - \frac{\nu^2}{r^2}\right)R_\nu = 0 \quad (0 \leqslant r < b) && (3.3.38) \\ &\frac{\mathrm{d}R_\nu}{\mathrm{d}r} + HR_\nu = 0 \quad (r = b) && (3.3.39) \end{aligned}\right\}$$

与前面所讲的式(3.3.23)类似，可得压力 p 的表达式

$$p(r,t) = \sum_{m=1}^{\infty} \frac{R_\nu(\beta_m, r)}{N(\beta_m)} \mathrm{e}^{-\chi\beta_m^2 t} \int_0^b r' R_\nu(\beta_m, r') F(r') \mathrm{d}r' \tag{3.3.40}$$

表 3.3 微分方程 $\frac{d^2R_\nu}{dr^2}+\frac{1}{r}\frac{dR_\nu}{dr}+\left(\beta^2-\frac{\nu^2}{r^2}\right)R_\nu=0$ $(a\leqslant r\leqslant b)$ 在各种边界条件组合情形下的特征函数、特征值和范数

序号	边界条件	特征函数 $R_\nu(\beta_m,r)$ 以及特征值 β_m 所满足的方程	范数的倒数 $1/N(\beta_m)$
1	$[-R'(r)+H_1R]_{r=a}=0$ $[R'(r)+H_2R]_{r=b}=0$	$R_\nu=A_\nu J_\nu(\beta_m r)-B_\nu N_\nu(\beta_m r)$ $A_\nu(\beta_m)C_\nu(\beta_m)-B_\nu(\beta_m)D_\nu(\beta_m)=0$	$\frac{\pi^2}{2}\frac{\beta_m^{\ 2}C_\nu^{\ 2}}{C_\nu^{\ 2}F_2-B_\nu^{\ 2}F_1}$
2	$[-R'(r)+H_1R]_{r=a}=0$ $R'(r=b)=0$	$R_\nu=N_\nu'(\beta_m b)J_\nu(\beta_m r)-J_\nu'(\beta_m b)N_\nu(\beta_m r)$ $C_\nu N_\nu'(\beta_m b)-D_\nu J_\nu'(\beta_m b)=0$	$\frac{\pi^2}{2}\frac{\beta_m^{\ 2}C_\nu^{\ 2}}{C_\nu^{\ 2}B-F_1J_\nu'^2(\beta_m b)}$
3	$[-R'(r)+H_1R]_{r=a}=0$ $R(r=b)=0$	$R_\nu=N_\nu(\beta_m b)J_\nu(\beta_m r)-J_\nu(\beta_m b)N_\nu(\beta_m r)$ $C_\nu N_\nu(\beta_m b)-D_\nu J_\nu(\beta_m b)=0$	$\frac{\pi^2}{2}\frac{\beta_m^{\ 2}C_\nu^{\ 2}}{C_\nu^{\ 2}-F_1J_\nu^{\ 2}(\beta_m b)}$
4	$R'(r=a)=0$ $[R'(r)+H_2R]_{r=b}=0$	$R_\nu=A_\nu J_\nu(\beta_m r)-B_\nu N_\nu(\beta_m r)$ $A_\nu J_\nu'(\beta_m a)-B_\nu N_\nu'(\beta_m a)=0$	$\frac{\pi^2}{2}\frac{\beta_m^{\ 2}J_\nu^{\ 2}(\beta_m a)}{F_2J_\nu'^2(\beta_m a)-AB_\nu^{\ 2}}$
5	$R(r=a)=0$ $[R'(r)+H_2R]_{r=b}=0$	$R_\nu=A_\nu J_\nu(\beta_m r)-B_\nu N_\nu(\beta_m r)$ $A_\nu J_\nu(\beta_m a)-B_\nu N_\nu(\beta_m a)=0$	$\frac{\pi^2}{2}\frac{\beta_m^{\ 2}J_\nu^{\ 2}(\beta_m a)}{F_2J_\nu^{\ 2}(\beta_m a)-B_\nu^{\ 2}}$
*6	$R'(r=a)=0$ $R'(r=b)=0$	$R_\nu=N_\nu'(\beta_m b)J_\nu(\beta_m r)-J_\nu'(\beta_m b)N_\nu(\beta_m r)$ $J_\nu'(\beta_m a)N_\nu'(\beta_m b)-J_\nu'(\beta_m b)N_\nu'(\beta_m a)=0$	$\frac{\pi^2}{2}\frac{\beta_m^{\ 2}J_\nu'^2(\beta_m a)}{BJ_\nu'^2(\beta_m a)-AJ_\nu'^2(\beta_m b)}$
7	$R'(r=a)=0$ $R(r=b)=0$	$R_\nu=N_\nu(\beta_m b)J_\nu(\beta_m r)-J_\nu(\beta_m b)N_\nu(\beta_m r)$ $J_\nu'(\beta_m a)N_\nu(\beta_m b)-J_\nu(\beta_m b)N_\nu'(\beta_m a)=0$	$\frac{\pi^2}{2}\frac{\beta_m^{\ 2}J_\nu^{\ 2}(\beta_m a)}{J_\nu'^2(\beta_m a)-AJ_\nu^{\ 2}(\beta_m b)}$
8	$R(r=a)=0$ $R'(r=b)=0$	$R_\nu=N_\nu'(\beta_m b)J_\nu(\beta_m r)-J_\nu'(\beta_m b)N_\nu(\beta_m r)$ $J_\nu(\beta_m a)N_\nu'(\beta_m b)-J_\nu'(\beta_m b)N_\nu(\beta_m a)=0$	$\frac{\pi^2}{2}\frac{\beta_m^{\ 2}J_\nu^{\ 2}(\beta_m a)}{BJ_\nu^{\ 2}(\beta_m a)-J_\nu'^2(\beta_m b)}$
9	$R(r=a)=0$ $R(r=b)=0$	$R_\nu=N_\nu(\beta_m b)J_\nu(\beta_m r)-J_\nu(\beta_m b)N_\nu(\beta_m r)$ $J_\nu(\beta_m a)N_\nu(\beta_m b)-J_\nu(\beta_m b)N_\nu(\beta_m a)=0$	$\frac{\pi^2}{2}\frac{\beta_m^{\ 2}J_\nu^{\ 2}(\beta_m a)}{J_\nu^{\ 2}(\beta_m a)-J_\nu^{\ 2}(\beta_m b)}$

* 对于这种情形，若 $\nu=0$，则 $\beta_0=0$ 也是一个特征值，相应的特征函数是 $R_0(\beta_0,r)=1$，而范数为 $1/N(\beta_0)=2/(b^2-a^2)$。

$F(r)$所满足的关系式只要将式(3.3.24)中的 a 换成0即可,因而有

$$F(r) = \sum_{m=1}^{\infty} \frac{R_\nu(\beta_m, r)}{N(\beta_m)} \int_0^b r R_\nu(\beta_m, r) F(r) \mathrm{d}r \tag{3.3.41}$$

这里,在区域$(0,b)$内定义的任意函数 $F(r)$所要求的条件仍与第3.2.2小节中对$F(x)$的要求相同。于是,我们可以引进一个积分变换对,称为有限 Hankel 变换:

正变换:
$$\overline{p}(\beta_m, t) = \int_0^b r R_\nu(\beta_m, r) p(r, t) \mathrm{d}r \tag{3.3.42a}$$

反变换:
$$p(r, t) = \sum_{m=1}^{\infty} \frac{R_\nu(\beta_m, r)}{N(\beta_m)} \overline{p}(\beta_m, t) \tag{3.3.42b}$$

现在讨论该特征值问题的特征函数、特征值和范数。特征函数 $R_\nu(\beta_m, r)$应是 $\mathrm{J}_\nu(\beta_m, r)$和 $\mathrm{N}_\nu(\beta_m, r)$的线性组合。对于实际问题,$r=0$ 处压力应为有限值,即 $R_\nu(\beta_m, r=0)$应为有限值。但 $\mathrm{N}_\nu(r)$在 $r=0$ 处趋于无限大,故不能包括$\mathrm{N}_\nu(\beta_m, r)$项,或者说该项系数必须为零。于是,取特征函数为

$$R_\nu(\beta_m, r) = \mathrm{J}_\nu(\beta_m r) \tag{3.3.43}$$

要这个解满足边界条件(3.3.39),则特征值 β_m 应是下列超越方程的正根:

$$\beta_m \mathrm{J}_\nu'(\beta_m b) + H \mathrm{J}_\nu(\beta_m b) = 0 \tag{3.3.44}$$

其中

$$\mathrm{J}_\nu'(\beta_m b) \equiv \left[\frac{\mathrm{d}}{\mathrm{d}r} \mathrm{J}_\nu(r)\right]_{r=\beta_m b} \tag{3.3.45}$$

H 和 ν 都是实常数,且有 $\nu \geqslant -1/2$(Watson,1966)。根据特征函数的正交性,范数 $N(\beta_m)$为

$$N(\beta_m) = \int_0^b r R_\nu^2(\beta_m, r) \mathrm{d}r \tag{3.3.46}$$

利用附录B中公式(B7.5)对式(3.3.46)进行积分运算,可得

$$N(\beta_m) = \frac{b^2}{2}\left[\frac{H^2}{\beta_m^2} + \left(1 - \frac{\nu^2}{\beta_m^2 b^2}\right)\right] \mathrm{J}_\nu^2(\beta_m b) \tag{3.3.47}$$

对于 $r=b$ 处为第二类齐次边界条件的情形,式(3.3.39)中 $H=0$。特征函数仍由式(3.3.43)表示。而特征值 β_m 所满足的方程为式(3.3.44)中让 $H=0$,即特征值 β_m 是以下方程的正根:

$$\mathrm{J}_\nu'(\beta_m b) = 0 \tag{3.3.48}$$

由式(3.3.47)让 $H=0$,得范数

$$N(\beta_m) = \frac{b^2}{2}\left(1 - \frac{\nu^2}{\beta_m^2 b^2}\right) \mathrm{J}_\nu^2(\beta_m b) \tag{3.3.49}$$

对于 $\nu=0$ 的情形,$\beta_0=0$ 也是一个特征值,这时

$$R_0(\beta_0 r) = 1, \quad N(\beta_0) = \frac{b^2}{2} \quad (\beta_0 = 0) \tag{3.3.50}$$

对于 $r=b$ 处为第一类齐次边界条件的情形,可认为式(3.3.39)中 $H \to \infty$,得 $R_\nu(r=b)=0$。特征函数仍由式(3.3.43)表示。将式(3.3.44)除以 H,可得特征值 β_m 是以下方程的正根:

$$J_\nu(\beta_m b) = 0 \tag{3.3.51}$$

范数由公式(B7.5)进行积分运算得

$$N(\beta_m) = \int_0^b r J_\nu^2(\beta_m r)\mathrm{d}r = \frac{b^2}{2}J_\nu'^2(\beta_m b) \tag{3.3.52}$$

$r = b$ 处三种不同边界条件下的特征函数 $R_\nu(\beta_m r)$、特征值 β_m 和范数的倒数 $1/N(\beta_m)$ 列于表 3.4 中。

表 3.4　微分方程 $\frac{\mathrm{d}^2 R_\nu}{\mathrm{d}r^2} + \frac{1}{r}\frac{\mathrm{d}R_\nu}{\mathrm{d}r} + \left(\beta^2 - \frac{\nu^2}{r^2}\right)R_\nu = 0 \ (0 \leqslant r < b)$

在不同边界条件下的特征函数、特征值和范数

序号	$r = b$ 处边界条件	特征函数	特征值 β_m 所满足的方程	范数的倒数 $1/N(\beta_m)$
1	$R_\nu' + HR_\nu = 0$	$J_\nu(\beta_m r)$	$\beta_m J_\nu'(\beta_m b) + HJ_\nu(\beta_m b) = 0$	$\frac{2}{J_\nu^2(\beta_m b)} \cdot \frac{\beta_m^2}{b^2(H^2 + \beta_m^2) - \nu^2}$
* 2	$R_\nu' = 0$	$J_\nu(\beta_m r)$	$J_\nu'(\beta_m b) = 0$	$\frac{2}{J_\nu^2(\beta_m b)} \cdot \frac{\beta_m^2}{b^2\beta_m^2 - \nu^2}$
3	$R_\nu = 0$	$J_\nu(\beta_m r)$	$J_\nu(\beta_m b) = 0$	$\frac{2}{b^2 J_\nu'^2(\beta_m b)}$

* 对于这种情形，若 $\nu = 0$，则 $\beta_0 = 0$ 也是一个特征值，相应的特征函数为 $R_0 = 1$，范数为 $1/N(\beta_0) = 2/b^2$。

3.3.2.3　$a < r < \infty$ 区域

对于这种无限大区域，限于讨论轴对称情形，即 $\nu = 0$。其特征值问题可写成

$$\frac{\mathrm{d}^2 R_0}{\mathrm{d}r^2} + \frac{1}{r}\frac{\mathrm{d}^2 R_0}{\mathrm{d}r} + \beta^2 R_0 = 0 \quad (a < r < \infty) \tag{3.3.53}$$

$$-R_0' + HR_0 = 0 \quad (r = a) \tag{3.3.54}$$

如前所述，对于无限大区域情形，β 是连续分布的，按照与第 3.2.3 小节中推导 $F(x)$ 的表达式(3.2.38)类似的方法，可得 $F(r)$ 的表达式

$$F(r) = \int_0^\infty \frac{\beta R_0(\beta, r)}{N(\beta)}\left[\int_a^\infty r' R_0(\beta, r')F(r')\mathrm{d}r'\right]\mathrm{d}\beta \tag{3.3.55}$$

其中，特征函数 R_0 和范数 $N(\beta)$ 取决于 $r = a$ 处边界条件的类型，将在后面给出。由式(3.3.55)可引出一个积分变换对，即(无限)Weber 变换：

正变换：
$$\overline{p}(\beta, t) = \int_a^\infty r R_0(\beta, r)p(r, t)\mathrm{d}r \tag{3.3.56}$$

反变换：
$$p(r, t) = \int_0^\infty \frac{\beta R_0(\beta, r)}{N(\beta)}\overline{p}(\beta, r)\mathrm{d}\beta \tag{3.3.57}$$

现在讨论对于 $r = a$ 处为第三类边界条件情形的特征函数和范数。令 $R_0(\beta r)$ 是 $J_0(\beta r)$ 和 $N_0(\beta r)$ 的线性组合，然后由边界条件(3.3.54)定出其系数，不难求得特征函数 R_0 为

$$R_0(\beta,r)=[\beta N_1(\beta a)+HN_0(\beta a)]J_0(\beta r)-[\beta J_1(\beta a)+HJ_0(\beta a)]N_0(\beta r) \tag{3.3.58}$$

将 $R_0(\beta,r)$代入公式

$$N(\beta)=\int_a^\infty rR_0^2(\beta,r)\mathrm{d}r \tag{3.3.59}$$

积分结果给出

$$N(\beta)=[\beta J_1(\beta a)+HJ_0(\beta a)]^2+[\beta N_1(\beta a)+HN_0(\beta a)]^2 \tag{3.3.60}$$

对于 $r=a$ 处为第二类或第一类边界条件的情形,可作类似上述的研究。其全部结果列于表3.5中。

表3.5 微分方程$\dfrac{\mathrm{d}^2R_0}{\mathrm{d}r^2}+\dfrac{1}{r}\dfrac{\mathrm{d}R_0}{\mathrm{d}r}+\beta^2R_0=0$ ($a<r<\infty$)

在 $r=a$ 处为不同边界条件下的特征函数和范数

序号	$r=a$ 处边界条件	特征函数 $R_0(\beta,r)$	范数的倒数 $1/N(\beta)$
1	$-R'(a)+HR=0$	$R_0=J_0(\beta r)[\beta N_1(\beta a)+HN_0(\beta a)]-N_0(\beta r)[\beta J_1(\beta a)+HJ_0(\beta a)]$	$\{[\beta J_1(\beta a)+HJ_0(\beta a)]^2+[\beta N_1(\beta a)+HN_0(\beta a)]^2\}^{-1}$
2	$R'(a)=0$	$R_0=N_1(\beta a)J_0(\beta r)-J_1(\beta a)N_0(\beta r)$	$[J_1^2(\beta a)+N_1^2(\beta a)]^{-1}$
3	$R(a)=0$	$R_0=N_0(\beta a)J_0(\beta r)-J_0(\beta a)N_0(\beta r)$	$[J_0^2(\beta a)+N_0^2(\beta a)]^{-1}$

3.3.2.4 $0\leqslant r\leqslant\infty$ 区域

在圆柱坐标系中研究整个无限大区域,考虑方程

$$\frac{\mathrm{d}^2R_\nu}{\mathrm{d}r^2}+\frac{1}{r}\frac{\mathrm{d}R_\nu}{\mathrm{d}r}+\left(\beta^2-\frac{\nu^2}{r^2}\right)R_\nu=0 \quad (0\leqslant r<\infty) \tag{3.3.61}$$

若任意函数 $F(r)$在点 r 的邻域内有界,且积分$\int_0^\infty F(r)\mathrm{d}r$ 绝对收敛,则 $F(r)$可用 $\nu\geqslant-1/2$ 的特征函数 $J_\nu(\beta r)$表示为

$$F(r)=\int_0^\infty\sqrt{r}\beta J_\nu(\beta r)\left[\int_0^\infty\sqrt{r'}J_\nu(\beta r')F(r')\mathrm{d}r'\right]\mathrm{d}\beta \tag{3.3.62}$$

在式(3.3.62)中,用$\sqrt{r}F(r)$代替 $F(r)$,则得

$$F(r)=\int_0^\infty\beta J_\nu(\beta r)\left[\int_0^\infty r'J_\nu(\beta r')F(r')\mathrm{d}r'\right]\mathrm{d}\beta \tag{3.3.63}$$

由式(3.3.63)可引进一个积分变换对,即(无限)Hankel 变换:

正变换: $$\overline{p}(\beta,t)=\int_0^\infty rJ_\nu(\beta r)p(r,t)\mathrm{d}r \tag{3.3.64}$$

反变换: $$p(r,t)=\int_0^\infty\beta J_\nu(\beta r)\overline{p}(\beta,t)\mathrm{d}\beta \tag{3.3.65}$$

3.3.3 平面径向流

在研究了柱坐标系中的特征值问题并引进了若干积分变换对以后,可用分离变量法求

解压力分布。这里先研究只与自变量 r 和 t 有关而与 θ 和 z 无关的简单情形，即平面径向流。本小节主要研究 $a\leqslant r\leqslant b$ 和 $a\leqslant r<\infty$ 两种区域的流动。

3.3.3.1 $a\leqslant r\leqslant b$ 区域的流动

考虑一般情形，设两端均为第三类齐次边界条件，定解问题可写成

$$\frac{\partial^2 p}{\partial r^2}+\frac{1}{r}\frac{\partial p}{\partial r}=\frac{1}{\chi}\frac{\partial p}{\partial t}\quad(a<r<b,t>0)\tag{3.3.66}$$

$$-\frac{\partial p}{\partial r}+H_1 p=0\quad(r=a,t>0)\tag{3.3.67}$$

$$\frac{\partial p}{\partial r}+H_2 p=0\quad(r=b,t>0)\tag{3.3.68}$$

$$p(r,t=0)=F(r)\quad(a\leqslant r\leqslant b)\tag{3.3.69}$$

分离变量的结果如第3.2.1小节中所述，时间变量的函数仍为 $T(t)=\exp(-\chi\beta_m^2 t)$，而空间变量函数只有 $R(r)$。由式(3.3.7)～式(3.3.10)可知，对这种简单情形，$\gamma=\nu=0,\lambda=\beta$。所以空间变量的函数 $R_0(\beta_m,r)$是以下特征值问题的解：

$$\frac{\mathrm{d}^2 R_0}{\mathrm{d}r^2}+\frac{1}{r}\frac{\mathrm{d}R_0}{\mathrm{d}r}+\beta_m^2 R_0=0\quad(a<r<b)\tag{3.3.70}$$

$$-\frac{\mathrm{d}R_0}{\mathrm{d}r}+H_1 R_0=0\quad(r=a)\tag{3.3.71}$$

$$\frac{\mathrm{d}R_0}{\mathrm{d}r}+H_2 R_0=0\quad(r=b)\tag{3.3.72}$$

而压力 $p(r,t)$的完全解为

$$p(r,t)=\sum_{m=1}^{\infty}c_m\mathrm{e}^{-\chi\beta_m^2 t}R_0(\beta_m,r)\quad(a<r<b)\tag{3.3.73}$$

利用初始条件(3.3.69)，则得

$$F(r)=\sum_{m=1}^{\infty}c_m R_0(\beta_m,r)\quad(a\leqslant r\leqslant b)\tag{3.3.74}$$

对式(3.3.74)两边作用算子 $\int_a^b rR_0(\beta_m,r)\mathrm{d}r$，并利用正交性(3.3.19)，定出系数 c_m，再代入式(3.3.73)，最后得

$$p(r,t)=\sum_{m=1}^{\infty}\frac{R_0(\beta_m,r)}{N(\beta_m)}\mathrm{e}^{-\chi\beta_m^2 t}\int_a^b r'R_0(\beta_m,r')F(r')\mathrm{d}r'\tag{3.3.75}$$

其中，特征函数 $R_0(\beta_m,x)$和范数的倒数 $1/N(\beta_m)$由表3.3第1行取 $\nu=0$ 给出，即

$$R_0(\beta_m,r)=A_0\mathrm{J}_0(\beta_m r)-B_0\mathrm{N}_0(\beta_m r)\tag{3.3.76}$$

$$\frac{1}{N(\beta_m)}=\frac{\pi^2}{2}\frac{\beta_m^2 C_0^2}{C_0^2-B_0^2 F_1}\tag{3.3.77}$$

而 β_m 是下列方程的正根：

$$A_0(\beta_m)C_0(\beta_m)-B_0(\beta_m)D_0(\beta_m)=0\tag{3.3.78}$$

其中

$$\left.\begin{aligned}A_0 &= \beta_m \mathrm{N}_0{}'(\beta_m b) + H_2 \mathrm{N}_0(\beta_m b)\\ B_0 &= \beta_m \mathrm{J}_0{}'(\beta_m b) + H_2 \mathrm{J}_0(\beta_m b)\\ C_0 &= \beta_m \mathrm{J}_0{}'(\beta_m a) - H_1 \mathrm{J}_0(\beta_m a)\\ D_0 &= \beta_m \mathrm{N}_0{}'(\beta_m a) - H_1 \mathrm{N}_0(\beta_m a)\\ F_1 &= H_1^2 + \beta_m^2,\quad F_2 = H_2^2 + \beta_m^2\end{aligned}\right\}\tag{3.3.79}$$

3.3.3.2　$a \leqslant r < \infty$ 区域的流动

设在无限大地层中初始压力分布为 $F(r)$。$t>0$ 时，$r=a$ 处为第三类齐次边界条件。其定解问题可写成

$$\frac{\partial^2 p}{\partial r^2} + \frac{1}{r}\frac{\partial p}{\partial r} = \frac{1}{\chi}\frac{\partial p}{\partial t}\quad (a < r < \infty, t > 0)\tag{3.3.80}$$

$$-\frac{\partial p}{\partial r} + H_1 p = 0\quad (r = a)\tag{3.3.81}$$

$$p(r, t = 0) = F(r)\quad (a < r < \infty)\tag{3.3.82}$$

对无限大区域，β 是连续分布的，压力的完全解为

$$p(r,t) = \int_0^\infty c(\beta)\mathrm{e}^{-\chi\beta^2 t} R_0(\beta, r)\mathrm{d}\beta\tag{3.3.83}$$

利用初始条件(3.3.82)，得

$$F(r) = \int_0^\infty c(\beta) R_0(\beta, r)\mathrm{d}\beta\tag{3.3.84}$$

利用特征函数 $R_0(\beta, r)$ 的正交性和范数 $N(\beta)$ 的定义式(3.3.59)，可定出系数

$$c(\beta) = \frac{\beta}{N(\beta)}\int_a^\infty r' R_0(\beta, r') F(r')\mathrm{d}r'\tag{3.3.85}$$

将式(3.3.85)代入式(3.3.83)，得到压力的完全解

$$p(r,t) = \int_0^\infty \frac{\beta}{N(\beta)}\mathrm{e}^{-\chi\beta^2 t} R_0(\beta, r)\left[\int_a^\infty r' R_0(\beta, r') F(r')\mathrm{d}r'\right]\mathrm{d}\beta\tag{3.3.86}$$

其中，特征函数 $R_0(\beta, r)$ 和范数 $N(\beta)$ 由表 3.5 中第 1 行查出，即

$$\begin{aligned}R_0(\beta, r) = {} & [\beta \mathrm{N}_1(\beta a) + H_1 \mathrm{N}_0(\beta a)]\mathrm{J}_0(\beta r)\\ & - [\beta \mathrm{J}_1(\beta a) + H \mathrm{J}_0(\beta a)]\mathrm{N}_0(\beta r)\end{aligned}\tag{3.3.87}$$

$$N(\beta) = [\beta \mathrm{J}_1(\beta a) + H_1 \mathrm{J}_0(\beta a)]^2 + [\beta \mathrm{N}_1(\beta a) + H_1 \mathrm{N}_0(\beta a)]^2\tag{3.3.88}$$

其他如 $0 \leqslant r \leqslant b$，$0 \leqslant r < \infty$ 区域的流动可用完全类似的方法求出压力分布。而对于不同的边界条件，只是在求特征函数、范数和特征值时查相应表中不同的行序而已。

3.3.4　柱坐标系中二维渗流

对于二维流动，分离变量的结果，各个变量函数的方程和基本解均属方程(3.3.12)～方程(3.3.15)的形式。其特征函数、特征值和范数均可由表 3.1～表 3.5 查出。它们相乘以后再叠加，即得二维(乃至多维)问题的完全解。本小节研究变量为 (r, z, t) 和 (r, θ, t) 两种情形的齐次问题。

3.3.4.1　变量为(r,z,t)的流动

考察 r 方向为环形区域$a\leqslant r\leqslant b$，z 向为有限区域$0\leqslant z\leqslant c$的二维流动，初始压力分布为 $F(r,z)$。内、外边界定压，下边界不透水，上边界为第三类边界条件。该定解问题写出如下：

$$\left.\begin{aligned}&\frac{\partial^2 p}{\partial r^2}+\frac{1}{r}\frac{\partial p}{\partial r}+\frac{\partial^2 p}{\partial z^2}=\frac{1}{\chi}\frac{\partial p}{\partial t}\quad(a<r<b,0<z<c,t>0) &(3.3.89)\\&p(r=a)=0,\quad p(r=b)=0\quad(t>0) &(3.3.90)\\&\left.\frac{\partial p}{\partial z}\right|_{z=0}=0,\quad\left[\frac{\partial p}{\partial z}+Hp\right]_{z=c}=0\quad(t>0) &(3.3.91)\\&p(r,t=0)=F(r,z)\quad(a<r<b,0<z<c) &(3.3.92)\end{aligned}\right\}$$

分离变量的结果，得到如式(3.3.13)～式(3.3.15)形式的方程，其中，$\nu=0,\lambda^2=\beta^2+\gamma^2$。其解分别为 $R_0(\beta_m,r),Z(\gamma_n,z)$和 $\mathrm{e}^{-\chi(\beta_m^2+\gamma_n^2)t}$，所以其完全解可写成

$$p(r,z,t)=\sum_{m=1}^{\infty}\sum_{n=1}^{\infty}c_{mn}R_0(\beta_m,r)Z(\gamma_n,z)\mathrm{e}^{-\chi(\beta_m^2+\gamma_n^2)t}\tag{3.3.93}$$

利用初始条件(3.3.92)得

$$F(r,z)=\sum_{m=1}^{\infty}\sum_{n=1}^{\infty}c_{mn}R_0(\beta_m,r)Z(\gamma_n,z)\tag{3.3.94}$$

对式(3.3.94)两边用算子

$$\int_a^b rR_0(\beta_m,r)\mathrm{d}r\quad\text{和}\quad\int_0^c Z(\gamma_n,z)\mathrm{d}z\tag{3.3.95}$$

各作用一次，并利用其正交性，可定出系数

$$c_{mn}=\frac{1}{N(\beta_m)N(\gamma_n)}\int_a^b\int_0^c rR_0(\beta_m,r)Z(\gamma_n,z)F(r,z)\mathrm{d}z\mathrm{d}r\tag{3.3.96}$$

将式(3.3.96)代入式(3.3.93)，则得到压力函数的完全解

$$\begin{aligned}p(r,z,t)=\sum_{m=1}^{\infty}\sum_{n=1}^{\infty}&\left[\frac{R_0(\beta_m,r)Z(\gamma_n,z)}{N(\beta_m)N(\gamma_n)}\mathrm{e}^{-\chi(\beta_m^2+\gamma_n^2)t}\right.\\&\left.\cdot\int_a^b\int_0^c r'R_0(\beta_m,r')Z(\gamma_n,z')F(r',z')\mathrm{d}z'\mathrm{d}r'\right]\end{aligned}\tag{3.3.97}$$

式(3.3.97)中，特征函数 $R_0(\beta_m,r)$，范数 $N(\beta)$和特征值 β_m 由表 3.3 中第 9 行令 $\nu=0$ 给出，即

$$R_0(\beta_m,r)=\mathrm{N}_0(\beta_m b)\mathrm{J}_0(\beta_m r)-\mathrm{J}_0(\beta_m b)\mathrm{N}_0(\beta_m r)\tag{3.3.98}$$

$$\frac{1}{N(\beta_m)}=\frac{\pi^2}{2}\frac{\beta_m^2\mathrm{J}_0^2(\beta_m a)}{\mathrm{J}_0^2(\beta_m a)-\mathrm{J}_0^2(\beta_m b)}\tag{3.3.99}$$

而 β_m 是以下方程的正根：

$$\mathrm{J}_0(\beta_m a)\mathrm{N}_0(\beta_m b)-\mathrm{J}_0(\beta_m b)\mathrm{N}_0(\beta_m a)=0\tag{3.3.100}$$

特征函数 $Z(\gamma_n,z)$，范数 $N(\gamma_n)$和特征值 γ_n 由表3.1 中第 4 行查出，将表中 X,x,L 和β_m 分别改成 Z,z,c 和γ_n，即

$$Z(\gamma_n,z)=\cos\gamma_n z\tag{3.3.101a}$$

$$\frac{1}{N(\gamma_n)} = 2\frac{\gamma_n^2 + H^2}{c(\gamma_n^2 + H^2) + H} \tag{3.3.101b}$$

而 γ_n 是以下方程的正根：

$$\gamma_n \tan\gamma_n c = H \tag{3.3.102}$$

不同的流动区域和不同的边界条件分别查相应的表格。

3.3.4.2　变量为 (r,θ,t) 的流动

在研究变量为 (r,θ,t) 的流动时，就变量 θ 而言，有两种情况：① 涉及整个圆区，即 $0\leqslant\theta\leqslant 2\pi$，这时无需给出 θ 的边界条件，只要给出压力是周期为 2π 的周期函数。② 涉及部分圆区，即 $0\leqslant\theta\leqslant\theta_0<2\pi$，这要给出 $\theta=0$ 和 $\theta=\theta_0$ 处的边界条件。这里只研究第一种情况。考虑区域 $a\leqslant r\leqslant b$，且在 $r=a$ 和 $r=b$ 处均为第一类边界条件。其定解问题可写成

$$\left.\begin{aligned}
&\frac{\partial^2 p}{\partial r^2} + \frac{1}{r}\frac{\partial p}{\partial r} + \frac{1}{r^2}\frac{\partial^2 p}{\partial \theta^2} = \frac{1}{\chi}\frac{\partial p}{\partial t} \quad (a<r<b, 0\leqslant\theta\leqslant 2\pi, t>0) &(3.3.103)\\
&p(r=a)=0,\quad p(r=b)=0 \quad (t>0) &(3.3.104)\\
&p(r,\theta,t=0)=F(r,\theta) \quad (a<r<b, 0\leqslant\theta\leqslant 2\pi) &(3.3.105)
\end{aligned}\right\}$$

对于这种情形，分离变量的结果，其分离的方程和相应的基本解由式(3.3.12)、式(3.3.13)和式(3.3.15)给出。其完全解可写成

$$p(r,\theta,t) = \sum_{m=1}^{\infty}\sum_{\nu=0}^{\infty} e^{-\chi\beta_m^2 t}(A_{m\nu}\sin\nu\theta + B_{m\nu}\cos\nu\theta)R_\nu(\beta_m, r) \tag{3.3.106}$$

利用条件(3.3.105)，可得

$$F(r,\theta) = \sum_{m=1}^{\infty}\sum_{\nu=0}^{\infty}(A_{m\nu}\sin\nu\theta + B_{m\nu}\cos\nu\theta)R_\nu(\beta_m, r) \tag{3.3.107}$$

对式(3.3.107)两边作用算子 $\int_a^b rR_\nu(\beta_m, r)\mathrm{d}r$，并利用 R_ν 的正交性，得

$$f(\theta) \equiv \int_a^b rR_\nu(\beta_m, r)F(r,\theta)\mathrm{d}r = \sum_{\nu=0}^{\infty}(A_{m\nu}\sin\nu\theta + B_{m\nu}\cos\nu\theta)N(\beta_m) \tag{3.3.108}$$

现在将式(3.3.108)右端的级数因子改写一下，令

$$f_1(\theta) = \sum_{\nu=0}^{\infty}(A_\nu\sin\nu\theta + B_\nu\cos\nu\theta) \tag{3.3.109}$$

为了确定系数 A_ν 和 B_ν，对式(3.3.109)两边作用算子 $\int_0^{2\pi}\sin\nu'\theta\mathrm{d}\theta$ 和 $\int_0^{2\pi}\cos\nu'\theta\mathrm{d}\theta$，利用函数的正交性以及

$$\left.\begin{aligned}
&\int_0^{2\pi}\sin^2\nu\theta\mathrm{d}\theta = \pi,\quad \int_0^{2\pi}\cos^2\nu\theta\mathrm{d}\theta = \pi \quad (\nu = 1,2,3,\cdots)\\
&\int_0^{2\pi}\sin^2\nu\theta\mathrm{d}\theta = 0,\quad \int_0^{2\pi}\cos^2\nu\theta\mathrm{d}\theta = 2\pi \quad (\nu = 0)
\end{aligned}\right\} \tag{3.3.110}$$

可以定出系数

$$\left.\begin{aligned} A_\nu &= \frac{1}{\pi}\int_0^{2\pi} f_1(\theta)\sin\nu\theta \mathrm{d}\theta \quad (\nu = 0,1,2,3,\cdots) \\ B_\nu &= \begin{cases} \dfrac{1}{\pi}\displaystyle\int_0^{2\pi} f_1(\theta)\cos\nu\theta \mathrm{d}\theta & (\nu = 1,2,3,\cdots) \\ \dfrac{1}{2\pi}\displaystyle\int_0^{2\pi} f_1(\theta)\mathrm{d}\theta & (\nu = 0) \end{cases} \end{aligned}\right\} \tag{3.3.111}$$

将式(3.3.111)代入式(3.3.109),得

$$f_1(\theta) = \frac{1}{\pi}\sum_{\nu=0}^{\infty}\int_0^{2\pi} f_1(\theta')\cos\nu(\theta-\theta')\mathrm{d}\theta' \quad (0 \leqslant \theta \leqslant 2\pi,\ \nu = 0,1,2,3,\cdots) \tag{3.3.112}$$

式(3.3.112)与式(3.3.109)相比较,可知式(3.3.108)右端因子

$$A_\nu \sin\nu\theta + B_\nu \cos\nu\theta = \frac{1}{\pi}\int_0^{2\pi} f_1(\theta')\cos\nu(\theta-\theta')\mathrm{d}\theta' \quad (\nu = 0,1,2,3,\cdots) \tag{3.3.113}$$

式(3.3.113)两边乘以 $N(\beta_m)$,并注意到 $f_1(\theta)N(\beta_m) = f(\theta)$ 均是周期为 2π 的函数,则有

$$\begin{aligned} &[A_{m\nu}\sin\nu\theta + B_{m\nu}\cos\nu\theta]N(\beta_m) \\ &= \frac{1}{\pi}\int_0^{2\pi} f(\theta')\cos\nu(\theta-\theta')\mathrm{d}\theta' \\ &= \frac{1}{\pi}\int_0^{2\pi}\int_a^b r'R_\nu(\beta_m, r')\cos\nu(\theta-\theta')F(r',\theta')\mathrm{d}r'\mathrm{d}\theta' \end{aligned} \tag{3.3.114}$$

将式(3.3.114)代入式(3.3.106),最后得到压力函数

$$\begin{aligned} p(r,\theta,t) = &\frac{1}{\pi}\sum_{m=1}^{\infty}\sum_{\nu=0}^{\infty}\Big[\frac{R_\nu(\beta_m, r)}{N(\beta_m)}\mathrm{e}^{-\chi\beta_m^2 t} \\ &\cdot \int_0^{2\pi}\int_a^b r'R_\nu(\beta_m, r')\cos\nu(\theta-\theta')F(r',\theta')\mathrm{d}r'\mathrm{d}\theta'\Big] \end{aligned} \tag{3.3.115}$$

式中,特征函数 $R_\nu(\beta_m, r)$,范数 $N(\beta_m)$ 以及特征值 β_m 由函数的定义域和边界条件的类型确定。由边界条件(3.3.104)及 $a \leqslant r \leqslant b$,应查表 3.3 第 9 行,可得

$$R_\nu(\beta_m, r) = \mathrm{N}_\nu(\beta_m b)\mathrm{J}_\nu(\beta_m r) - \mathrm{J}_\nu(\beta_m b)\mathrm{N}_\nu(\beta_m r) \tag{3.3.116}$$

$$\frac{1}{N(\beta_m)} = \frac{\pi^2}{2}\frac{\beta_m^2 \mathrm{J}_\nu^{\ 2}(\beta_m a)}{\mathrm{J}_\nu^{\ 2}(\beta_m a) - \mathrm{J}_\nu^{\ 2}(\beta_m b)} \tag{3.3.117}$$

而特征值 β_m 是方程(3.3.118)的正根:

$$\mathrm{J}_\nu(\beta_m a)\mathrm{N}_\nu(\beta_m b) - \mathrm{J}_\nu(\beta_m b)\mathrm{N}_\nu(\beta_m a) = 0 \tag{3.3.118}$$

对于第二种情形,即 $0 \leqslant \theta \leqslant \theta_0 < 2\pi$ 的部分圆柱区域的流动,必须给定 $\theta = 0$ 和 $\theta = \theta_0$ 处两端的边界条件,这就使得分离函数 $\Theta(\theta)$ 所满足的微分方程(3.3.10)和边界条件构成特征值问题,并且其特征函数、特征值和范数全部可由表 3.1 查出,其推导过程就不再赘述了。例如,对 r 亦为有限区域(a,b),其最后结果是

$$\begin{aligned} p(r,\theta,t) = &\sum_{m=1}^{\infty}\sum_{\nu=0}^{\infty}\Big[\frac{R_\nu(\beta_m, r)\Theta(\nu,\theta)}{N(\beta_m)N(\nu)}\mathrm{e}^{-\chi\beta_m^2 t} \\ &\cdot \int_0^{\theta_0}\int_a^b r'R_\nu(\beta_m, r')\Theta(\nu\theta')F(r',\theta')\mathrm{d}r'\mathrm{d}\theta'\Big] \end{aligned} \tag{3.3.119}$$

其中，$F(r,\theta)$是初始压力分布。

解决了变量为(r,z,t)和(r,θ,t)的两类流动以后，自变量为(r,θ,z,t)的流动问题也就迎刃而解了。

3.3.4.3 乘积解

第 3.2.4 小节中所阐述的直角坐标系中乘积解的基本原理在圆柱坐标系中同样适用。实际上，由解式(3.3.97)或式(3.3.119)不难看出：若初始函数 $F(r,z)=F_1(r)F_2(z)$ 或 $F(r,\theta)=F_1(r)F_2(\theta)$，显然这些二维的解就是两种一维问题分别解出以后相乘的结果。

这个原理对于三维流动即变量为(r,θ,z,t)的情形也是适用的。

3.4 积分变换法一般论述

本章前几节介绍了求解渗流偏微分方程的分离变量法，它对于齐次问题使用非常方便，但对于方程和边界条件都是非齐次的情形，使用起来是不方便的。为此，下面几节将论述积分变换法，它为求解无源和有源(齐次和非齐次方程)、稳态和非稳态渗流问题提供了一种系统、完整和规范的方法。

3.4.1 积分变换对的构造

使用积分变换法求解偏微分方程的关键是在一个确定的坐标系中一定的流动区域即函数的定义域情况下选择适当的积分变换对，也就是变换和反变换。幸运的是，这些积分变换对在前几节介绍分离变量法的过程中已经引出。在直角坐标系中，函数定义域为 $0\leqslant x\leqslant L$ 和$0\leqslant x\leqslant\infty$的情形下，其积分变换对分别为表达式(3.2.14)，(3.2.15)和(3.2.39)，(3.2.40)。在圆柱坐标系中，函数定义域为 $a\leqslant r\leqslant b$，$0\leqslant r\leqslant b$，$a\leqslant r<\infty$ 和 $0\leqslant r<\infty$ 的情形下，其积分变换对分别为表达式(3.3.25a)，(3.3.25b)；(3.3.42a)，(3.3.42b)；(3.3.56)，(3.3.57)和(3.3.64)，(3.3.65)。这些积分变换对及所含特征函数、范数和特征值应由何表查出汇总于表 3.6 中，使用起来极为简便。使用表 3.6 时，一定要分清该分离方程所对应的特征值问题的类型，因为在柱坐标系和球坐标系中有一些分离方程的特征值问题已经化成直角坐标系中的特征值问题。特征值问题的类型必须与表 3.1～表 3.5 顶部的方程和表中边界条件的类型相一致。只要严格按照这些规范选用积分变换式，就一定会使渗流偏微分方程变得非常简单。积分变换的结果，会使原方程中对空间变量的二阶导数项变成变换函数项，从而使变换后的方程简化为压力变换函数 $\bar{p}$ 对时间 t 求导的一阶常微分方程。用常数变易法很容易给出满足初始条件的压力变换函数 $\bar{p}$，然后用反变换求得压力分布。

应当指出：虽然表 3.6 所列各积分变换对是从齐次问题出发导出的，并且特征函数、范数和特征值由表 3.1～表 3.5 的相应某一表中查出，但是这些积分变换对本身是独立存在的。在第 3.2.2 小节中曾经说明，只要所研究的函数及其一阶导数在其定义的区间内连续

表 3.6 直角坐标系和圆柱坐标系中积分变换对汇总表

序号	坐标系	函数定义域	变换和反变换表达式	变换名称	备注
1	直角坐标系	$0\leqslant x\leqslant L$	$\overline{p}(\beta_m,t)=\int_0^L X(\beta_m,x')p(x',t)\mathrm{d}x'$ $p(x,t)=\sum_{m=1}^{\infty}\frac{X(\beta_m,x)}{N(\beta_m)}\overline{p}(\beta_m,t)$	有限 Fourier 正、余弦变换	$X(\beta_m,x)$，$N(\beta_m)$，β_m 查表 3.1
2	直角坐标系	$0\leqslant x<\infty$	$\overline{p}(\beta,t)=\int_0^{\infty} X(\beta,x')p(x',t)\mathrm{d}x'$ $p(x,t)=\int_0^{\infty}\frac{X(\beta,t)}{N(\beta)}\overline{p}(\beta,t)\mathrm{d}\beta$	Fourier 正、余弦变换	$X(\beta,x)$和 $N(\beta)$查表 3.2
3	圆柱坐标系	$a\leqslant r\leqslant b$	$\overline{p}(\beta_m,t)=\int_a^b r'R_\nu(\beta_m,r')p(r',t)\mathrm{d}r'$ $p(r,t)=\sum_{m=1}^{\infty}\frac{R_\nu(\beta_m,r)}{N(\beta_m)}\overline{p}(\beta_m,t)$	有限 Weber 变换	$R_\nu(\beta_m,r)$，$N(\beta_m)$，β_m 查表 3.3
4	圆柱坐标系	$0\leqslant r\leqslant b$	$\overline{p}(\beta_m,t)=\int_0^b r'R_\nu(\beta_m,r')p(r',t)\mathrm{d}r'$ $p(r,t)=\sum_{m=1}^{\infty}\frac{R_\nu(\beta_m,r)}{N(\beta_m)}\overline{p}(\beta,t)$	有限 Hankel 变换	$R_\nu(\beta_m,r)$，$N(\beta_m)$，β_m 查表 3.4
5	圆柱坐标系	$a\leqslant r<\infty$	$\overline{p}(\beta,t)=\int_a^{\infty} r'R_\nu(\beta,r')p(r',t)\mathrm{d}r'$ $p(r,t)=\int_0^{\infty}\frac{\beta R_\nu(\beta,r)}{N(\beta)}\overline{p}(\beta,t)\mathrm{d}\beta$	无限 Weber 变换	$R_\nu(\beta,x)$和 $N(\beta)$查表 3.5
6	圆柱坐标系	$0\leqslant r<\infty$	$\overline{p}(\beta,t)=\int_0^{\infty} r'\mathrm{J}_\nu(\beta r')p(r',t)\mathrm{d}r'$ $p(r,t)=\int_0^{\infty}\beta\mathrm{J}_\nu(\beta r)\overline{p}(\beta,t)\mathrm{d}\beta$	无限 Hankel 变换	

或分段连续，这些变换对就成立。而这些条件在我们所讨论的实际渗流问题中一般均能满足。因而，总可以将这些积分变换对用于各式各样的微分方程，不管它是齐次或非齐次的、稳态或非稳态的。只要变换以后方程简单易解就行，否则也就没有意义。下面介绍变换的结果。

3.4.2　方程和初始条件的变换结果

为了阐明用积分变换法求解渗流方程的一般原理，现在考察如下定解问题：

$$\left.\begin{aligned} &\nabla^2 p(\boldsymbol{r},t)+\frac{1}{\lambda}q(\boldsymbol{r},t)=\frac{1}{\chi}\frac{\partial p}{\partial t},\quad (\text{区域 } R \text{ 内}, t>0) &(3.4.1)\\ &l_i\frac{\partial p}{\partial \boldsymbol{n}_i}+h_i p(\boldsymbol{r},t)=f_i(\boldsymbol{r}_i,t)\quad (\text{边界 } S_i \text{ 上}, t>0) &(3.4.2)\\ &p(\boldsymbol{r},t=0)=F(\boldsymbol{r})\quad (\text{区域 } R \text{ 内}) &(3.4.3)\end{aligned}\right\}$$

其中，$\boldsymbol{r}=(x,y,z)$或(r,θ,z)等；$i=1,2,\cdots,N$，N 是区域R 连续边界条件的个数；$\partial/\partial \boldsymbol{n}_i$ 表示沿界面 S_i 外法线方向的导数。定解问题的齐次部分经分离变量后，得出如下特征值问题：

$$\left.\begin{aligned} &\nabla^2\psi(\boldsymbol{r})+\beta^2\psi(\boldsymbol{r})=0\quad (\text{区域 } R \text{ 内}) &(3.4.4)\\ &l_i\frac{\partial \psi}{\partial \boldsymbol{n}_i}+h_i\psi=0\quad (\text{边界 } S_i \text{ 上}) &(3.4.5)\end{aligned}\right\}$$

它的特征函数是

$$\psi_m(\boldsymbol{r})\equiv\psi(\beta_m,\boldsymbol{r}) \tag{3.4.6}$$

式(3.4.2)乘 ψ_m/l_i 与式(3.4.5)乘 p/l_i 后相减，可得在边界 S_i 上满足关系式(3.4.7)：

$$\psi_m\frac{\partial p}{\partial \boldsymbol{n}_i}-p\frac{\partial \psi_m}{\partial \boldsymbol{n}_i}=\frac{\psi_m(\boldsymbol{r}_i)}{l_i}\cdot f_i(\boldsymbol{r}_i,t) \tag{3.4.7}$$

现在用定解问题齐次部分经变量分离得出的特征函数 ψ_m 所构造的积分变换

$$\overline{p}(\beta_m,t)=\int_R\psi(\beta_m,\boldsymbol{r})p(\boldsymbol{r},t)\mathrm{d}V \tag{3.4.8}$$

对方程(3.4.1) 逐项进行变换，即逐项作用算子$\int_R\psi_m\mathrm{d}V$。利用格林定理，左边第一项变换后可写成

$$\int_R\psi_m\nabla^2 p\mathrm{d}V=\int_R p\nabla^2\psi_m\mathrm{d}V+\sum_{i=1}^{N}\int_{S_i}\left(\psi_m\frac{\partial p}{\partial \boldsymbol{n}_i}-p\frac{\partial \psi_m}{\partial \boldsymbol{n}_i}\right)\mathrm{d}S_i \tag{3.4.9}$$

考虑到特征函数 ψ_m 满足方程(3.4.4)，即有

$$\int_R p\nabla^2\psi_m\mathrm{d}V=-\beta_m^2\int_R p\psi_m\mathrm{d}V=-\beta_m^2\overline{p}(\beta_m,t) \tag{3.4.10}$$

将式(3.4.10)和式(3.4.7)分别代入式(3.4.9)，得方程(3.4.1)左边第一项变换的结果为

$$\int_R\psi_m\nabla^2 p\mathrm{d}V=-\beta_m^2\overline{p}(\beta_m,\boldsymbol{r})+\sum_{j=1}^{N}\int_{S_i}\frac{\psi_m(\boldsymbol{r}_i)}{l}f_i(\boldsymbol{r}_i,t)\mathrm{d}S_i \tag{3.4.11}$$

而方程(3.4.1)另外两项变换的结果分别为

$$\frac{1}{\lambda}\overline{q}(\beta_m,t) \quad 和 \quad \frac{1}{\chi}\frac{\partial \overline{p}}{\partial t} \tag{3.4.12}$$

其中

$$\overline{q}(\beta_m,t) = \int_R \psi_m q(\boldsymbol{r},t)\mathrm{d}V \tag{3.4.13}$$

$$\overline{p}(\beta_m,t) = \int_R \psi_m p(\boldsymbol{r},t)\mathrm{d}V \tag{3.4.14}$$

由以上各项的变换结果,最后得方程(3.4.1)变换后的方程为

$$\frac{\mathrm{d}\overline{p}(\beta_m,t)}{\mathrm{d}t} + \beta_m^2\chi\overline{p}(\beta_m,t) = \frac{\chi}{\lambda}\overline{q}(\beta_m,t) + \chi\sum_{i=1}^{N}\int_{S_i}\boldsymbol{M}_i(\boldsymbol{r}_i,t)\mathrm{d}S_i \tag{3.4.15}$$

其中

$$\boldsymbol{M}_i(\boldsymbol{r}_i,t) = \frac{\psi_m(\boldsymbol{r}_i)}{l_i}f_i(\boldsymbol{r}_i,t) \quad （第二、三类边界条件） \tag{3.4.16a}$$

如果是第一类边界条件,$l_i=0,h_i\neq 0$。考虑到 ψ_m 满足方程(3.4.5),即有

$$\frac{\psi_m(\boldsymbol{r}_i)}{l_i} = \frac{1}{h_i}\frac{\partial\psi_m(\boldsymbol{r}_i)}{\partial\boldsymbol{n}_i}$$

所以对于第一类边界条件可写成

$$\boldsymbol{M}_i(\boldsymbol{r}_i,t) = -\frac{1}{h_i}\frac{\partial\psi_m(\boldsymbol{r}_i)}{\partial\boldsymbol{n}_i}f_i(\boldsymbol{r}_i,t) \quad （第一类边界条件） \tag{3.4.16b}$$

而初始条件(3.4.3)积分变换的结果为

$$\overline{p}(\beta_m,t=0) = \overline{F}(\beta_m) \equiv \int_R \psi_m(\boldsymbol{r})F(\boldsymbol{r})\mathrm{d}V \tag{3.4.17}$$

所以,由原方程(3.4.1)～方程(3.4.3)给出的初边值问题经过积分变换后,成为由常微分方程(3.4.15)和初始条件(3.4.17)构成的单纯初值问题。由式(3.4.9)～式(3.4.11)可见,原来的边界条件在积分变换过程中已被吸收进入变换后的方程中去了。

3.4.3 方程的解

经积分变换以后的方程(3.4.15)是一阶线性常微分方程。根据常微分方程理论中的常数变易法,若方程为

$$\frac{\mathrm{d}y}{\mathrm{d}t} + p(t)y = q(t) \tag{3.4.18}$$

则其解为

$$y(t) = \mathrm{e}^{-\int p(t)\mathrm{d}t}\left[\int q(t)\mathrm{e}^{\int p(t)\mathrm{d}t}\mathrm{d}t + C\right] \tag{3.4.19}$$

在方程(3.4.15)中,因变量是 $\overline{p}$,自变量是 t;其右边两项与因变量无关,相当于方程(3.4.18)中的 $q(t)$;β_m 是参量。通解中的常数 C 可由初始条件(3.4.17)定出为 $\overline{F}(\beta_m)$。所以,方程(3.4.15)在初始条件(3.4.17)下的解为

$$\overline{p}(\beta_m,t)=\mathrm{e}^{-\chi\beta_m^2 t}\left\{\overline{F}(\beta_m)+\int_0^t \mathrm{e}^{\chi\beta_m^2\tau}\left[\frac{\chi}{\lambda}\overline{q}(\beta_m,\tau)+\chi\sum_{i=1}^{N}\int_{S_i}M_i(\boldsymbol{r}_i,\tau)\mathrm{d}S_i\right]\mathrm{d}\tau\right\} \tag{3.4.20}$$

按照表3.6,积分变换(3.4.8)的反变换为

$$p(\boldsymbol{r},t)=\sum_{m=1}^{\infty}\frac{\psi(\beta_m,\boldsymbol{r})}{N(\beta_m)}\overline{p}(\beta_m,t) \tag{3.4.21}$$

用式(3.4.21)对式(3.4.20)进行反变换,最后得到压力函数为

$$\begin{aligned}p(\boldsymbol{r},t)=\sum_{m=1}^{\infty}\frac{\psi(\beta_m,\boldsymbol{r})}{N(\beta_m)}\mathrm{e}^{-\chi\beta_m^2 t}&\left\{\int_R\psi(\beta_m,\boldsymbol{r}')F(\boldsymbol{r}')\mathrm{d}V'\right.\\&+\frac{\chi}{\lambda}\int_0^t \mathrm{e}^{\chi\beta_m^2\tau}\left[\int_R\psi(\beta_m,\boldsymbol{r}')q(\boldsymbol{r}',\tau)\mathrm{d}V'\right]\mathrm{d}\tau\\&\left.+\chi\int_0^t \mathrm{e}^{\chi\beta_m^2\tau}\sum_{i=1}^{N}\int_{S_i}M_i(\boldsymbol{r}_i,\tau)\mathrm{d}S_i\mathrm{d}\tau\right\}\end{aligned} \tag{3.4.22}$$

其中,ψ_m,$N(\beta_m)$和 β_m 按特征值问题(3.4.4)和(3.4.5)由表3.1～表3.5的相应位置查出。$\boldsymbol{M}_i(\boldsymbol{r}_i,t)$通过式(3.4.16)由特征函数 $\psi(\beta_m,\boldsymbol{r})$和初始函数 $f_i(\boldsymbol{r}_i,t)$给出。

由解式(3.4.22)可以看出:压力分布函数 $p(\boldsymbol{r},t)$由三部分组成,这表现在花括号中含有三项。第一项代表初始压力 $F(\boldsymbol{r})$对压力分布的贡献;第二项代表源汇 $q(\boldsymbol{r},t)$的存在对压力分布的贡献;第三项代表边界条件非齐次性,即 $f_i(\boldsymbol{r}_i,t)$对压力分布的贡献。对于无源流动,方程是齐次的,解中不出现第二项。若方程和边界条件都是齐次的,则解只有一项。解式(3.4.22)中的第一项实际上就是第3.1.3小节中对齐次情形由分离变量法导出的解式(3.1.25)。这一项可改写成

$$\int_R G(\boldsymbol{r},\boldsymbol{r}',t)F(\boldsymbol{r}')\mathrm{d}V \tag{3.4.23}$$

其中

$$G(\boldsymbol{r},\boldsymbol{r}',t)\equiv\sum_{m=1}^{\infty}\frac{\psi(\beta_m,\boldsymbol{r})}{N(\beta_m)}\mathrm{e}^{-\chi\beta_m^2 t}\psi(\beta_m,\boldsymbol{r}') \tag{3.4.24}$$

将这个表达式中的 t 换成 $t-\tau$,就是我们在第4章将要讲述的格林(Green)函数。于是,解式(3.4.22)也可用格林函数表示为

$$\begin{aligned}p(x,t)=&\int_R G(\boldsymbol{r},\boldsymbol{r}',t)F(\boldsymbol{r}')\mathrm{d}V+\frac{\chi}{\lambda}\int_0^t\int_R G(\boldsymbol{r},\boldsymbol{r}',t-\tau)q(\boldsymbol{r}',\tau)\mathrm{d}V\mathrm{d}\tau\\&+\chi\int_0^t \mathrm{e}^{\chi\beta_m^2(t-\tau)}\sum_{i=1}^{N}\int_{S_i}M_i(\boldsymbol{r}_i,\tau)\mathrm{d}S_i\mathrm{d}\tau\end{aligned} \tag{3.4.25}$$

3.4.4　吉布斯现象

由式(3.4.22)所给出的解是精确的。但此解由级数形式给出,它在某些间断点上有时并不一致收敛。级数在某些跳跃点上不一致收敛的现象由Gibbs在19世纪末从经验中得出,后来称为吉布斯现象(Gibbs,1899)。在渗流力学中,这类间断点通常出现在边界上,也

可能出现在非稳态渗流的初始时刻。

吉布斯现象可简述如下：若一分段光滑的函数 $f(x)$ 展成 Fourier 级数或其他级数，级数的部分和用 S_n 表示。如果分别绘出 $f(x)\sim x$ 和 $S_n\sim x$ 的图形，则可以看到：在远离间断点处两者非常接近，但在间断点的邻域内 $S_n\sim x$ 的曲线出现摆动。随着部分和项数 n 取得越来越大，摆动越来越逼近间断点，但这种近似曲线总是不可能与 $f(x)\sim x$ 的图形一致。这就是所谓的吉布斯现象。

由于存在吉布斯现象，用级数表示的解有可能不满足边界条件或初始条件，并且在用数值计算给出最后结果时在间断点邻近可能出现很大误差。为了克服由吉布斯现象造成的上述困难，通常可用分部积分的办法对解式中含有边界条件的积分项进行改写。有时可设法对涉及间断点的某个级数项用它的封闭形式予以替代。这在下面将有更具体的阐述。

3.4.5 积分变换法的求解步骤

现将用积分变换法求解渗流偏微分方程的主要步骤归纳如下：

(1) 根据方程的形式和函数的定义域构造适当的积分变换对，这通常可由表 3.6 直接查出。

(2) 用该积分变换式对方程和定解条件逐项进行变换。变换后，原方程中对空间变量的导数项变成变换函数 $\overline{p}$ 项，同时吸收了边界条件，因而化成对于时间变量的一阶线性常微分方程。

(3) 求解带有初始条件的线性常微分方程，给出变换函数解 $\overline{p}(\beta_m,t)$。

(4) 用相应的反变换将变换函数 $\overline{p}(\beta_m,t)$ 变成压力分布函数 $p(\boldsymbol{r},t)$。

(5) 检查所得的级数形式解有无吉布斯现象。如果有这种现象，可对含定解条件的积分项用分部积分的办法进行改写，或者用级数的封闭形式代替解式中涉及间断点的某个级数项。

3.5 直角坐标系中的积分变换

3.5.1 有限区域的一维流动

首先讨论有限区域 $0\leqslant x\leqslant L$ 中的一维流动。考察如下一般性的定解问题：

$$\left.\begin{aligned}
&\frac{\partial^2 p}{\partial x^2}+\frac{1}{\lambda}q(x,t)=\frac{1}{\chi}\frac{\partial p}{\partial t}\quad(0<x<L,t>0) &(3.5.1)\\
&-l_1\frac{\partial p}{\partial x}+h_1 p=f_1(t)\quad(x=0,t>0) &(3.5.2)\\
&l_2\frac{\partial p}{\partial x}+h_2 p=f_2(t)\quad(x=L,t>0) &(3.5.3)\\
&p(x,t=0)=F(x)\quad(0\leqslant x\leqslant L) &(3.5.4)
\end{aligned}\right\}$$

根据第 3.5 节所述，第一步要构造积分变换对，即选用适当的积分变换和反变换。而变换对的选用要严格按照表 3.6 所列的内容“对号入座”。显然，对于本问题，应选用表 3.6 中第 1 行的积分变换对，即

$$\overline{p}(\beta_m, t) = \int_0^L X(\beta_m, x')p(x', t)\mathrm{d}x' \tag{3.5.5}$$

$$p(x, t) = \sum_{m=1}^{\infty} \frac{X(\beta_m, x)}{N(\beta_m)}\overline{p}(\beta_m, t) \tag{3.5.6}$$

其中，$X(\beta_m, t)$，β_m 和 $N(\beta_m)$ 是方程(3.5.1)和边界条件(3.5.2)与(3.5.3)齐次部分所形成的特征值问题的特征函数、特征值和范数。按照表 3.6 中的备注，它们应由表 3.1 查出。至于具体用该表中的哪一行，得由 l_1, l_2, h_1 和 h_2 为零的情况确定，即取决于两端边界条件的类型。总之，特征函数 $X(\beta_m, x)$ 是 $\sin\beta_m x$，$\cos\beta_m x$ 或二者的线性组合，所以积分变换(3.5.5)称为有限 Fourier 正、余弦变换。

第二步是对方程(3.5.1)和定解条件(3.5.2)～(3.5.4)按式(3.5.5)的形式逐项进行积分变换。变换的结果是

$$\frac{\mathrm{d}\overline{p}(\beta_m, t)}{\mathrm{d}t} + \chi\beta_m^2\overline{p}(\beta_m, t) = \frac{\chi}{\lambda}\overline{q}(\beta_m, t) + \chi[M_1(\beta_m, t) + M_2(\beta_m, t)] \tag{3.5.7}$$

$$\overline{p}(\beta_m, t = 0) = \overline{F}(\beta_m) \equiv \int_0^L X(\beta_m, x')F(x')\mathrm{d}x' \tag{3.5.8}$$

其中

$$M_j(\beta_m, t) = \begin{cases} \dfrac{1}{l_j}X(\beta_m, x = x_j)f_j(t) & (\text{第二、三类边界条件}) \\ (-1)^{j-1}\dfrac{1}{h_j}X'(\beta_m, x = x_j)f_j(t) & (\text{第一类边界条件}) \end{cases}$$

$$(j = 1, 2) \tag{3.5.9}$$

方程(3.5.7)是关于变换函数 $\overline{p}$ 的一阶线性常微分方程的初值问题，很容易由常数变易法求出 $\overline{p}(\beta_m, t)$。然后由反变换(3.5.6)对解得的 $\overline{p}(\beta_m, t)$进行运算，给出

$$\begin{aligned} p(x, t) = \sum_{m=1}^{\infty} \frac{X(\beta_m, x)}{N(\beta_m)} \mathrm{e}^{-\chi\beta_m^2 t} \Big\{ & \int_0^L X(\beta_m, x')F(x')\mathrm{d}x' \\ & + \frac{\chi}{\lambda}\int_0^t \mathrm{e}^{\chi\beta_m^2\tau}\left[\int_0^L X(\beta_m, x')q(x', \tau)\mathrm{d}x'\right]\mathrm{d}\tau \\ & + \chi\int_0^t \mathrm{e}^{\chi\beta_m^2\tau}[M_1(\beta_m, \tau) + M_2(\beta_m, \tau)]\mathrm{d}\tau \Big\} \end{aligned} \tag{3.5.10}$$

实际上，此式可由作为公式的(3.4.22)直接写出。为了加深理解起见，这里针对直角坐标系中有限区域的流动问题作了具体推导。式(3.5.10)中的第一项就是齐次部分的解，与式(3.1.25)完全相同。

3.5.2　有限区域流动解的分解方法

有时，为了克服对解式(3.5.10)进行数值计算时在某些间断点上可能出现不收敛的困难，可以将式中对 τ 的积分项进行分部积分，从而给出一个分解形式的解。式(3.5.10)后两

项分部积分得

$$\chi\int_0^t e^{\chi\beta_m^2\tau}\left[\frac{\overline{q}(\beta_m,\tau)}{\lambda}+M_1(\beta_m,\tau)+M_2(\beta_m,\tau)\right]d\tau$$
$$=\frac{1}{\beta_m^2}\left\{e^{\chi\beta_m^2 t}\left[\frac{\overline{q}(\beta_m,t)}{\lambda}+M_1(\beta_m,t)+M_2(\beta_m,t)\right]\right.$$
$$-\left[\frac{\overline{q}(\beta_m,0)}{\lambda}+M_1(\beta_m,0)+M_2(\beta_m,0)\right]$$
$$\left.-\int_0^t e^{\chi\beta_m^2 t}\left[\frac{1}{\lambda}d\overline{q}(\beta_m,\tau)+dM_1(\beta_m,\tau)+dM_2(\beta_m,\tau)\right]\right\} \tag{3.5.11}$$

将式(3.5.11)代入式(3.5.10),可将解写成

$$p(x,t)=\sum_{j=1}^{N=2}p_{sj}(x,t)+p_h(x,t)-\sum_{j=0}^{N=2}p_j(x,t) \tag{3.5.12}$$

其中

$$p_{sj}(x,t)=\sum_{m=1}^{\infty}\frac{X(\beta_m,x)}{N(\beta_m)}\left[\delta_{0j}\frac{\overline{q}(\beta_m,t)}{\lambda\beta_m^2}+\delta_{ij}\frac{1}{\beta_m^2}M_i(\beta_m,t)\right] \tag{3.5.13}$$

$$p_h(x,t)=\sum_{m=1}^{\infty}\frac{X(\beta_m,x)}{N(\beta_m)}e^{-\chi\beta_m^2 t}\left[\int_0^L X(\beta_m,x')F(x')dx'\right.$$
$$\left.-\sum_{m=1}^{\infty}\left(\delta_{0j}\frac{\overline{q}(\beta_m,0)}{\lambda\beta_m^2}+\delta_{ij}\frac{1}{\beta_m^2}M_i(\beta_m,0)\right)\right] \tag{3.5.14}$$

$$p_j(x,t)=\sum_{m=1}^{\infty}\left\{\frac{X(\beta_m,x)}{N(\beta_m)}e^{-\chi\beta_m^2 t}\right.$$
$$\left.\cdot\int_0^t e^{\chi\beta_m^2\tau}\frac{d}{d\tau}\left[\delta_{0j}\frac{\overline{q}(\beta_m,\tau)}{\lambda\beta_m^2}+\frac{\delta_{ij}}{\beta_m^2}M_i(\beta_m,\tau)\right]d\tau\right\} \tag{3.5.15}$$

式中,$\delta_{ij}(i=1,2;j=0,1,2)$是 Kronecker 符号。

分解以后,上述三个简单解式分别有如下物理意义:

(1) $p_{sj}(x,t)$是下列准稳态问题的解:

$$\nabla^2 p_{sj}(x,t)+\delta_{0j}\frac{q(x,t)}{\lambda}=0\quad(0<x<L,t>0) \tag{3.5.16}$$

$$-l_1\frac{\partial}{\partial x}\left\{\sum_{m=1}^{\infty}\frac{X(\beta_m,0)}{N(\beta_m)}\left[\delta_{0j}\frac{\overline{q}(\beta_m,t)}{\lambda\beta_m^2}+\delta_{1j}\frac{1}{\beta_m^2}M_1(\beta_m,t)\right]\right\}$$
$$+h_1\left\{\sum_{m=1}^{\infty}\frac{X(\beta_m,0)}{N(\beta_m)}\left[\delta_{0j}\frac{\overline{q}(\beta_m,t)}{\lambda\beta_m^2}+\delta_{1j}\frac{1}{\beta_m^2}M_1(\beta_m,t)\right]\right\}=\delta_{1j}f_1(t) \tag{3.5.17}$$

$$l_2\frac{\partial}{\partial x}\left\{\sum_{m=1}^{\infty}\frac{X(\beta_m,L)}{N(\beta_m)}\left[\delta_{0j}\frac{\overline{q}(\beta_m,t)}{\lambda\beta_m^2}+\delta_{2j}\frac{1}{\beta_m^2}M_2(\beta_m,t)\right]\right\}$$
$$+h_2\left\{\sum_{m=1}^{\infty}\frac{X(\beta_m,L)}{N(\beta_m)}\left[\delta_{0j}\frac{\overline{q}(\beta_m,t)}{\lambda\beta_m^2}+\delta_{2j}\frac{1}{\beta_m^2}M_2(\beta_m,t)\right]\right\}=\delta_{2j}f_2(t) \tag{3.5.18}$$

其中,$j=0,1,2,\overline{q}$ 由式(3.4.13)定义。在此准稳态问题中,时间 t 是作为参量出现的。$p_{s0}(x,t)$是方程中含源汇项但全部边界条件均为齐次的问题的解。p_{s1}和 p_{s2}是方程不含源

汇项但边界条件只有一个是非齐次情形的解。这些解均可直接积分求出。

(2) $p_h(x,t)$是下列齐次非稳态问题的解：

$$\left.\begin{aligned}&\frac{\partial^2 p_h}{\partial x^2}=\frac{1}{\chi}\frac{\partial p_h}{\partial t}\quad(0<x<L,t>0) &(3.5.19)\\&-l_1\frac{\partial p_h}{\partial x}+h_1p_h=0\quad(x=0,t>0) &(3.5.20)\\&l_2\frac{\partial p_h}{\partial x}+h_2p_h=0\quad(x=L,t>0) &(3.5.21)\\&p_h(x,t=0)=F(x)-\sum_{j=0}^{2}p_{sj}(x,t=0)\quad(0\leqslant x\leqslant L) &(3.5.22)\end{aligned}\right\}$$

这里，方程和边界条件是原问题(3.5.1)～(3.5.4)的齐次部分，但初始条件是原初始条件$F(x)$减去准稳态问题的解取$t=0$时的结果。

(3) $p_j(x,t)$与以下辅助问题有关：

$$\left.\begin{aligned}&\frac{\partial^2 \Phi_j(x,\tau,t)}{\partial x^2}=\frac{1}{\chi}\frac{\partial \Phi_j(x,\tau,t)}{\partial t}\quad(0<x<L,t>0) &(3.5.23)\\&-l_1\frac{\partial \Phi_j}{\partial x}+h_1\Phi_j=0\quad(x=0,t>0) &(3.5.24)\\&l_2\frac{\partial \Phi_j}{\partial x}+h_2\Phi_j=0\quad(x=L,t>0) &(3.5.25)\\&\Phi_j(x,t=0)=p_{sj}\quad(0\leqslant x\leqslant L) &(3.5.26)\end{aligned}\right\}$$

其中，$j=0,1,2$。辅助问题完全是齐次的，其中，τ是参量。这个辅助问题很容易求解。解出$\Phi_j(x,\tau,t)$以后，$p_j(x,t)$由以下关系式求出：

$$p_j(x,t)=\int_0^t\left.\frac{\partial\Phi_j(x,\tau',t-\tau)}{\partial\tau'}\right|_{\tau'=\tau}\mathrm{d}\tau\tag{3.5.27}$$

下面证明用式(3.5.27)给出的表达式确实就是解式(3.5.15)。

实际上，按照分离变量法，注意到p_{sj}的含义，辅助问题(3.5.23)～(3.5.26)的解可写成

$$\Phi_j(x,\tau,t)=\sum_{m=1}^{\infty}\frac{X(\beta_m,x)}{N(\beta_m)}\mathrm{e}^{-\chi\beta_m^2t}\left[\delta_{0j}\frac{\bar{q}(\beta_m,\tau)}{\lambda\beta_m^2}+\frac{\delta_{ij}}{\beta_m^2}M_i(\beta_m,\tau)\right]\tag{3.5.28}$$

式中，$i=1,2$；$j=0,1,2$。这里顺便指出：在很多情况下源汇强度$q(x)$以及边界条件函数$f_i(x)$均与时间t无关，则$\Phi_j(x)$亦与时间t无关。由于式(3.5.27)中被积函数$\Phi_j(x)$对时间变量τ求偏导数后再积分，于是$p_j(x,t)=0$。下面针对这些量与时间t有关的一般情形继续证明。将式(3.5.28)中τ换成τ'，t换成$t-\tau$，再对τ'求导数以后取$\tau'=\tau$，给出

$$\begin{aligned}&\left.\frac{\partial\Phi_j(x,\tau',t-\tau)}{\partial\tau'}\right|_{\tau'=\tau}\\&=\sum_{m=1}^{\infty}\frac{X(\beta_m,x)}{N(\beta_m)}\mathrm{e}^{-\chi\beta_m^2(t-\tau)}\frac{\mathrm{d}}{\mathrm{d}\tau}\left[\delta_{0j}\frac{\bar{q}(\beta_m,\tau)}{\lambda\beta_m^2}+\frac{\delta_{ij}}{\beta_m^2}M_i(\beta_m,\tau)\right]\end{aligned}\tag{3.5.29}$$

所以

$$\int_0^t \frac{\partial \Phi_j(x,\tau',t-\tau)}{\partial \tau'}\bigg|_{\tau'=\tau} \mathrm{d}\tau$$

$$= \sum_{m=1}^{\infty} \frac{X(\beta_m,x)}{N(\beta_m)} \mathrm{e}^{-\chi\beta_m^2 t} \int_0^t \mathrm{e}^{\chi\beta_m^2 t} \frac{\mathrm{d}}{\mathrm{d}\tau}\left[\delta_{0j} \frac{\overline{q}(\beta_m,\tau)}{\lambda\beta_m^2} + \frac{\delta_{ij}}{\beta_m^2} M_i(\beta_m,\tau)\right]\mathrm{d}\tau \tag{3.5.30}$$

这正是式(3.5.15)的结果。因而证明了式(3.5.27)的正确性。

根据上述分析,可以得出以下结论:一个方程和边界条件均为非齐次的复杂问题,可以分解成三个较为简单的问题去分别求解,将这三个解相加就是原问题的解。这三个较简单的问题是:

(1) 方程不含$\partial p/\partial t$项,边界条件有一个为非齐次的准稳态问题,如式(3.5.16)～式(3.5.18)所示。

(2) 方程和边界条件完全是齐次的,只是初始条件稍加变化的问题,如式(3.5.19)～式(3.5.22)所示。

(3) 通过求解一个方程和边界条件均为齐次的辅助问题,解出它的解$\Phi_j(x,\tau,t)$以后,再由式(3.5.27)给出其结果的问题。

显然,求解这三个问题通常要比直接求原复杂问题方便得多。特别是对于源项 q 和边界条件f_i 均与时间 t 无关的情形,辅助问题不出现,只要求解前两个简单问题即可。

为了进一步领会和比较用积分变换法直接求解和分解的方法,现举例如下:

例 3.3 设定解问题为

$$\left.\begin{aligned}
&\frac{\partial^2 p}{\partial x^2} = \frac{1}{\chi}\frac{\partial p}{\partial t} \quad (0 < x < L, t > 0)\\
&\frac{\partial p}{\partial x} = 0 \quad (x = 0, t > 0)\\
&p = f_2(t) \quad (x = L, t > 0)\\
&p(x,t=0) = 0 \quad (0 \leqslant x \leqslant L)
\end{aligned}\right\} \tag{3.5.31}$$

(1) 试用积分变换法求出压力 $p(x,t)$;

(2) 试讨论 $f_2(t) = at$ 的特殊情形,其中,a 是常数;

(3) 试用分解方法求解 $f_2(t) = at$ 情形的压力 $p(x,t)$。

解 (1) 按照公式(3.5.10),现在 $q(x,t)=0, F(x)=0, f_1(t)=0$,所以用积分变换法求解的结果为

$$p(x,t) = \sum_{m=1}^{\infty} \frac{X(\beta_m,x)}{N(\beta_m)} \mathrm{e}^{-\chi\beta_m^2 t}\left[\chi\int_0^t \mathrm{e}^{\chi\beta_m^2\tau} M_2(\tau)\mathrm{d}\tau\right]$$

根据两端边界条件的组合情况,查表 3.1 第 7 行得

$$X = \cos\beta_m x, \quad \beta_m = (2m-1)\pi/(2L), \quad 1/N = 2/L$$

按式(3.5.9)求得 $M_2(\beta_m,\tau) = f_2(\tau)\beta_m \sin\beta_m L$,所以

$$p(x,t) = \frac{2\chi}{L}\sum_{m=1}^{\infty}(-1)^{m-1}\mathrm{e}^{-\chi\beta_m^2 t}\sin\beta_m L\cos\beta_m x\int_0^t f_2(\tau)\mathrm{e}^{\chi\beta_m^2\tau}\mathrm{d}\tau \tag{3.5.32}$$

(2) 若 $f_2(t) = at$,代入式(3.5.32)得

$$p(x,t) = \frac{2a\chi}{L}\sum_{m=1}^{\infty}(-1)^{m-1}\beta_m \mathrm{e}^{-\chi\beta_m^2 t}\cos\beta_m x\int_0^t \tau\mathrm{e}^{\chi\beta_m^2\tau}\mathrm{d}\tau$$

算出式(3.5.32)中的积分,并利用两个级数的封闭形式(作为习题,请读者自己证明)

$$\sum_{m=1}^{\infty}(-1)^{m-1}\frac{\cos\beta_m x}{\beta_m}=\frac{L}{2}\quad\left(\beta_m=\frac{(2m-1)\pi}{2L}\right)$$

$$\sum_{m=1}^{\infty}(-1)^{m-1}\frac{\cos\beta_m x}{\beta_m^3}=-\frac{L}{4}(x^2-L^2)\quad\left(\beta_m=\frac{(2m-1)\pi}{2L}\right)$$

最后得

$$p(x,t)=at+\frac{a}{2\chi}(x^2-L^2)+\frac{2a}{\chi L}\sum_{m=1}^{\infty}(-1)^{m-1}\mathrm{e}^{-\chi\beta_m^2 t}\frac{\cos\beta_m x}{\beta_m^3}\tag{3.5.33}$$

(3) 利用分解方法分成三个简单问题求解。

由于 $q(x,t)=0$,所以 $j=0$ 的情形不出现。又 $f_1=0$,故式(3.5.12)简化为

$$p(x,t)=p_{s2}(x,t)+p_{\mathrm{h}}(x,t)-p_2(x,t)\tag{3.5.34}$$

函数 $p_{s2}(x,t)$是下列准稳态问题的解:

$$\left.\begin{aligned}&\frac{\partial^2 p_{s2}}{\partial x^2}=0\quad(0<x<L)\\&\frac{\partial p_{s2}}{\partial x}=0\quad(x=0)\\&p_{s2}(x,t)=f_2(t)=at\quad(x=L)\end{aligned}\right\}$$

不难求得

$$p_{s2}=at\tag{a}$$

函数 $p_{\mathrm{h}}(x,t)$是下列齐次问题的解:

$$\left.\begin{aligned}&\frac{\partial^2 p_{\mathrm{h}}}{\partial x^2}=\frac{1}{\chi}\frac{\partial p_{\mathrm{h}}}{\partial t}\quad(0<x<L)\\&\frac{\partial p_{\mathrm{h}}}{\partial x}=0\quad(x=0)\\&p_{\mathrm{h}}(x,t)=0\quad(x=L)\\&p_{\mathrm{h}}(x,t=0)=-p_{s2}(x,t=0)=0\end{aligned}\right\}$$

不难求得

$$p_{\mathrm{h}}=0\tag{b}$$

函数 $p_2(x,t)$与 $\Phi_2(x,\tau,t)$有关,而 $\Phi_2(x,\tau,t)$是下列齐次问题的解:

$$\left.\begin{aligned}&\frac{\partial^2\Phi_2}{\partial x^2}=\frac{1}{\chi}\frac{\partial\Phi_2}{\partial t}\quad(0<x<L,t>0)\\&\frac{\partial\Phi_2}{\partial x}=0\quad(x=0)\\&\Phi_2(x,\tau,t)=0\quad(x=L)\\&\Phi_2(x,\tau,t=0)=p_{s2}=at\quad(0\leqslant x\leqslant L)\end{aligned}\right\}$$

该齐次问题可用分离变量法,并查表 3.1 第 7 行给出:

$$p_2(x,t)=\frac{2a}{\chi L}\sum_{m=1}^{\infty}(-1)^{m-1}(1-\mathrm{e}^{-\chi\beta_m^2 t})\frac{\cos\beta_m x}{\beta_m^3}\tag{c}$$

将(a),(b),(c)三式相加,并利用级数的封闭形式代入式(3.5.34),最后得

$$p(x,t)=at+\frac{a}{2\chi}(x^2-L^2)+\frac{2a}{\chi L}\sum_{m=1}^{\infty}(-1)^{m-1}\mathrm{e}^{-\chi\beta_m^2 t}\frac{\cos\beta_m x}{\beta_m^3} \tag{3.5.35}$$

式(3.5.35)与式(3.5.33)完全相同。

3.5.3 半无限区域的一维流动

现在讨论半无限区域 $0\leqslant x<\infty$ 中的一维流动。考察如下一般性的定解问题:

$$\left.\begin{aligned}&\frac{\partial^2 p}{\partial x^2}+\frac{1}{\lambda}q(x,t)=\frac{1}{\chi}\frac{\partial p}{\partial t}\quad(0<x<\infty,t>0) &(3.5.36)\\&-l\frac{\partial p}{\partial x}+hp=f_1(t)\quad(x=0,t>0) &(3.5.37)\\&p(x,t=0)=F(x)\quad(0\leqslant x<\infty) &(3.5.38)\end{aligned}\right\}$$

按照表3.6第2行,该问题的积分变换对应为

$$\overline{p}(\beta,t)=\int_0^{\infty}X(\beta,x)p(x,t)\mathrm{d}x \tag{3.5.39}$$

$$p(x,t)=\int_0^{\infty}\frac{X(\beta,x)}{N(\beta)}\overline{p}(\beta,t)\mathrm{d}\beta \tag{3.5.40}$$

其中,$X(\beta,x)$和 $N(\beta)$是定解问题(3.5.36)~(3.5.38)齐次部分所形成的特征值问题的特征函数和范数。按照表3.6中的备注,它们应由表3.2查出。视 l 和 h 为零的情况确定查该表哪一行。总之,它是(无限)Fourier 正、余弦变换。

对方程(3.5.36)和定解条件(3.5.37),(3.5.38)按式(3.5.39)的形式逐项进行积分变换,可得关于变换函数 $\overline{p}(\beta,t)$的如下初值问题:

$$\left\{\begin{aligned}&\frac{\mathrm{d}\overline{p}(\beta,t)}{\mathrm{d}t}+\chi\beta^2\overline{p}(\beta,t)=\frac{\chi}{\lambda}\overline{q}(\beta,t)+\chi\frac{X(\beta,x=0)}{l}f_1(t) &(3.5.41)\\&\overline{p}(\beta,t=0)=\overline{F}(\beta) &(3.5.42)\end{aligned}\right.$$

其中

$$\overline{q}(\beta,t)=\int_0^{\infty}X(\beta,x)q(x,t)\mathrm{d}x$$

$$\overline{F}(\beta)=\int_0^{\infty}X(\beta,x)F(x)\mathrm{d}x \tag{3.5.43}$$

方程(3.5.41)是一阶线性常微分方程,用常数变易法的公式(3.4.19)很容易求出 $\overline{p}(\beta,t)$,并由初始条件(3.5.42)定出常数 C。然后按式(3.5.40)的形式进行反变换,给出压力分布

$$p(x,t)=\int_0^{\infty}\frac{X(\beta,x)}{N(\beta)}\mathrm{e}^{-\chi\beta^2 t}\left\{\overline{F}(\beta)+\int_0^{t}\mathrm{e}^{\chi\beta^2\tau}\left[\frac{\chi}{\lambda}\overline{q}(\beta,\tau)+\chi M_1(\beta,\tau)\right]\mathrm{d}\tau\right\}\mathrm{d}\beta \tag{3.5.44}$$

其中

$$M_1(\beta,t)=\begin{cases}\dfrac{X(\beta,x=0)}{l}f_1(t) & (l_1\neq 0)\\[2mm]\dfrac{1}{h_1}\dfrac{\mathrm{d}X(\beta,x)}{\mathrm{d}x}\bigg|_{x=0}f_1(t) & (l_1=0)\end{cases} \tag{3.5.45}$$

例 3.4 设有区域 $0\leqslant x<\infty$ 中的一维流动，其源汇分布函数为 $q(x,t)$，$x=0$ 处为封闭边界，初始压力分布为 $F(x)$，试求压力函数 $p(x,t)$。

解 该定解问题为

$$\left.\begin{aligned}&\frac{\partial^2 p}{\partial x^2}+\frac{1}{\lambda}q(x,t)=\frac{1}{\chi}\frac{\partial p}{\partial t}\quad(0<x<\infty,t>0)\\&\frac{\partial p}{\partial x}=0\quad(x=0,t>0)\\&p(x,t=0)=F(x)\quad(0\leqslant x<\infty)\end{aligned}\right\}\tag{3.5.46}$$

按照公式(3.5.44)可直接写出该问题的解为

$$p(x,t)=\int_0^\infty\frac{X(\beta,x)}{N(\beta)}\mathrm{e}^{-\chi\beta^2 t}\left[\overline{F}(\beta)+\frac{\chi}{\lambda}\int_0^t\mathrm{e}^{\chi\beta^2\tau}\overline{q}(\beta,\tau)\mathrm{d}\tau\right]\mathrm{d}\beta\tag{3.5.47}$$

由表3.2第2行查出 $X(\beta,x)=\cos\beta x$，$1/N=2/\pi$，代入式(3.5.47)并改变式中的积分顺序，同时注意到

$$\frac{2}{\pi}\int_0^\infty\mathrm{e}^{-\chi\beta^2 t}\cos\beta x\cos\beta x'\mathrm{d}\beta=\frac{1}{\sqrt{4\pi\chi t}}\left[\mathrm{e}^{-\frac{(x-x')^2}{4\chi t}}+\mathrm{e}^{-\frac{(x+x')^2}{4\chi t}}\right]$$

将上式代入式(3.5.47)，最后得

$$\begin{aligned}p(x,t)=&\frac{1}{\sqrt{4\pi\chi t}}\int_0^\infty F(x')\left[\mathrm{e}^{-\frac{(x-x')^2}{4\chi t}}+\mathrm{e}^{-\frac{(x+x')^2}{4\chi t}}\right]\mathrm{d}x'\\&+\frac{\chi}{\lambda}\int_0^t\frac{\mathrm{d}\tau}{\sqrt{4\pi\chi(t-\tau)}}\int_0^\infty q(x',\tau)\left[\mathrm{e}^{-\frac{(x-x')^2}{4\chi(t-\tau)}}+\mathrm{e}^{-\frac{(x+x')^2}{4\chi(t-\tau)}}\right]\mathrm{d}x'\end{aligned}\tag{3.5.48}$$

若令

$$G(x,x',t)=\frac{1}{\sqrt{4\pi\chi t}}\left[\mathrm{e}^{-\frac{(x-x')^2}{4\chi t}}+\mathrm{e}^{-\frac{(x+x')^2}{4\chi t}}\right]\tag{3.5.49}$$

则解式(3.5.48)可写成

$$p(x,t)=\int_0^\infty G(x,x',t)F(x')\mathrm{d}x'+\frac{\chi}{\lambda}\int_0^t\int_0^\infty G(x,x',t-\tau)q(x',\tau)\mathrm{d}x'\mathrm{d}\tau\tag{3.5.50}$$

这里的 G 实际上就是格林函数，将在第4章中进一步阐述。

3.5.4 直角坐标系中的多维流动

用积分变换法求解多维非稳态渗流微分方程，可逐次对其中一个空间变量进行积分变换，从而逐次消除方程中对空间变量的偏导数，最后给出多次变换函数对时间 t 求导的一阶线性常微分方程。解出多次变换函数后再逐次进行反变换，即得压力函数分布。

考察一个矩形地层，面积为 ab，井位于点 (l,d)，其点汇强度 q 为常数，如图3.1所示。讨论边界为定压和

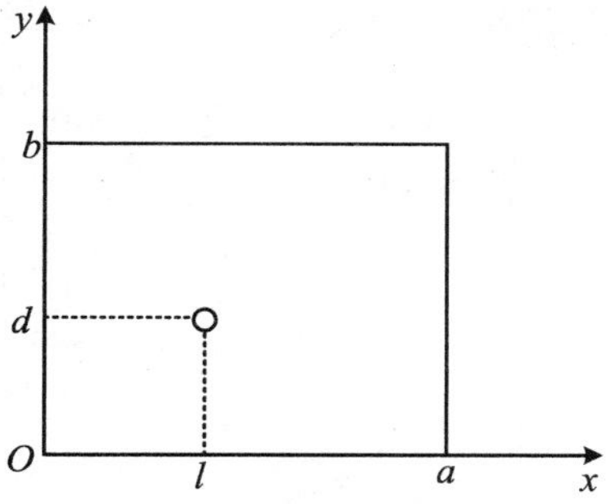

图 3.1 矩形地层中一口井

封闭两种情形下的压力分布函数$p(x,y,t)$。

这种流动的定解问题可以有两种提法。第一种提法是把井作为点汇列入方程，使其成为非齐次方程，并适用于整个矩形，边界条件只考虑四周边界。第二种提法是对井立一内边界条件，方程中不含源汇项，因而是齐次的，它适用于去掉井点的复连通区域，另外还有外边界条件。现在我们用第一种提法，其方程写出如下：

$$\frac{\partial^2 p}{\partial x^2}+\frac{\partial^2 p}{\partial y^2}=\frac{1}{\chi}\frac{\partial p}{\partial t}+\frac{q}{\lambda}\delta(x-l)\delta(y-d) \tag{3.5.51}$$

其中，$\lambda=K/\mu$ 是流度，q 是单位地层厚度产出的体积流量($\mathrm{m^3\cdot m^{-1}\cdot s^{-1}}$)，$\delta$ 是 Dirac δ 函数。下面分两种情形进行讨论。

3.5.4.1 定压边界情形

对于矩形四周均为定压边界情形，例如边界上压力为 p_i，下面记 $p(x,y,t)$为减去 p_i 以后的压力，于是方程(3.5.51)的定解条件可写成

$$\left.\begin{aligned}&p(0,y,t)=p(a,y,t)=0\quad(0<y<b,t>0)\\&y(x,0,t)=p(x,b,t)=0\quad(0<x<a,t>0)\\&p(x,y,0)=p_0(x,y)\end{aligned}\right\} \tag{3.5.52}$$

按照表 3.6 第 1 行和表 3.2 第 9 行，在 x 方向和 y 方向均为 Fourier 有限正弦变换，即 x 方向特征函数为 $X_m=\sin\beta_m x$，$\beta_m=m\pi/a$，$1/N(\beta_m)=2/a$；y 方向特征函数为 $Y_n=\sin\gamma_n y$，$\gamma_n=n\pi/b$，$1/N(\gamma_n)=2/b$。进行两次变换后，方程(3.5.51)左边两项变为

$$-\pi^2\left(\frac{m^2}{a^2}+\frac{n^2}{b^2}\right)\overline{p}(m,n,t)$$

而右边两项变为

$$\frac{1}{\chi}\frac{\mathrm{d}\overline{p}}{\mathrm{d}t}+\frac{q}{\lambda}\sin\frac{m\pi l}{a}\sin\frac{n\pi d}{b}$$

所以变换后的方程和初始条件为

$$\frac{\mathrm{d}\overline{p}}{\mathrm{d}t}+\chi\pi^2\left(\frac{m^2}{a^2}+\frac{n^2}{b^2}\right)\overline{p}+\frac{\chi}{\lambda}q\sin\frac{m\pi l}{a}\sin\frac{n\pi d}{b}=0 \tag{3.5.53}$$

$$\overline{p}(m,n,t=0)=\int_0^b\int_0^a p_0(x,y)\sin\frac{m\pi x}{a}\sin\frac{n\pi y}{b}\mathrm{d}x\mathrm{d}y \tag{3.5.54}$$

容易解得

$$\overline{p}(m,n,t)=\left[-\frac{\frac{q}{\lambda}\sin\frac{m\pi l}{a}\sin\frac{n\pi d}{b}}{\pi^2\left(\frac{m^2}{a^2}+\frac{n^2}{b^2}\right)}+\int_0^b\int_0^a p_0(x,y)\sin\frac{m\pi x}{a}\sin\frac{n\pi y}{b}\mathrm{d}x\mathrm{d}y\right]$$
$$\cdot\exp\left[-\chi\pi^2\left(\frac{m^2}{a^2}+\frac{n^2}{b^2}\right)t\right]+\frac{\frac{q}{\lambda}\sin\frac{m\pi l}{a}\sin\frac{n\pi d}{b}}{\pi^2\left(\frac{m^2}{a^2}+\frac{n^2}{b^2}\right)} \tag{3.5.55}$$

按表 3.6 第 1 行的反变换公式进行两次反演，即得压力分布函数

$$p(x,y,t)=p_0(x,y)-\frac{4q}{\pi^2\lambda ab}\sum_{m=1}^{\infty}\sum_{n=1}^{\infty}\left(\frac{m^2}{a^2}+\frac{n^2}{b^2}\right)^{-1}$$
$$\cdot\left\{1-\exp\left[-\pi^2\left(\frac{m^2}{a^2}+\frac{n^2}{b^2}\right)\chi t\right]\right\}\sin\frac{m\pi l}{a}\sin\frac{n\pi d}{b}\sin\frac{m\pi x}{a}\sin\frac{n\pi y}{b}$$
(3.5.56)

注意式(3.5.56)中的花括号,当 $t=0$ 时它为零,得初始压力分布;当 $t\to\infty$ 时它为1,这表明随着时间 t 增大,各点压力趋于定值。

3.5.4.2 封闭边界情形

对于四周均为不透水边界情形,其定解条件可写成

$$\left.\begin{aligned}&\left.\frac{\partial p}{\partial x}\right|_{x=0}=\left.\frac{\partial p}{\partial x}\right|_{x=a}=0\quad(t>0)\\&\left.\frac{\partial p}{\partial y}\right|_{y=0}=\left.\frac{\partial p}{\partial y}\right|_{y=b}=0\quad(t>0)\\&p(x,y,t=0)=p_0(x,y)\end{aligned}\right\}\tag{3.5.57}$$

按照表3.6第1行和表3.1第6行,特征函数均为三角余弦。进行两次积分变换后,容易解出压力变换函数 $\overline{p}(m,n,t)$,然后再按表3.6第1行的反变换公式进行两次反变换,最后得

$$\frac{\lambda ab}{q}[p_0(x,y)-p(x,y,t)]$$
$$=\chi t+\frac{2a^2}{\pi^2}\sum_{m=1}^{\infty}\frac{1}{m^2}\left[1-\exp\left(-\pi^2\frac{m^2}{a^2}\chi t\right)\right]\cos\frac{m\pi l}{a}\cos\frac{n\pi x}{a}$$
$$+\frac{2b^2}{\pi^2}\sum_{n=1}^{\infty}\frac{1}{n^2}\left[1-\exp\left(-\pi^2\frac{n^2}{b^2}\chi t\right)\right]\cos\frac{n\pi d}{b}\cos\frac{n\pi y}{b}$$
$$+4\sum_{m=1}^{\infty}\sum_{n=1}^{\infty}\left[\pi^2\left(\frac{m^2}{a^2}+\frac{n^2}{b^2}\right)\right]^{-1}\left\{1-\exp\left[-\pi^2\left(\frac{m^2}{a^2}+\frac{n^2}{b^2}\right)\chi t\right]\right\}$$
$$\cdot\cos\frac{m\pi l}{a}\cos\frac{n\pi d}{b}\cos\frac{m\pi x}{a}\cos\frac{n\pi y}{b}\tag{3.5.58}$$

对于这个级数进行计算表明,求和号的上限取20左右即可得很好的近似值。

3.6 圆柱坐标系中的积分变换

3.6.1 有限区域的平面径向流

首先研究只与变量(r,t)有关的渗流问题。可分为两种情况,即环形区域 $a\leqslant r\leqslant b$ 和圆形区域 $0\leqslant r\leqslant b$ 中的平面径向流。下面分别予以论述。

3.6.1.1 一维有限区域 $a\leqslant r\leqslant b$

考察以下非齐次非稳态渗流：

$$\left.\begin{aligned}
&\frac{\partial^2 p}{\partial r^2}+\frac{1}{r}\frac{\partial p}{\partial r}+\frac{1}{\lambda}q(r,t)=\frac{1}{\chi}\frac{\partial p}{\partial t}\quad(a<x<b,t>0) &(3.6.1)\\
&-l_1\frac{\partial p}{\partial r}+h_1 p=f_1(t)\quad(x=a,t>0) &(3.6.2)\\
&l_2\frac{\partial p}{\partial r}+h_2 p=f_2(t)\quad(x=b,t>0) &(3.6.3)\\
&p(r,t=0)=F(r)\quad(a\leqslant r\leqslant b) &(3.6.4)
\end{aligned}\right\}$$

按照第3.5节所述，用积分变换法求解问题，第一步是构造适当的积分变换对。由表3.6可知，对于本问题应选表中第3行，其中，$\nu=0$，即

$$\overline{p}(\beta_m,t)=\int_a^b rR_0(\beta_m,r)p(r,t)\mathrm{d}r \tag{3.6.5}$$

$$p(r,t)=\sum_{m=1}^{\infty}\frac{R_0(\beta_m,r)}{N(\beta_m)}\overline{p}(\beta_m,t) \tag{3.6.6}$$

其中，$R_0(\beta_m,r)$，β_m 和 $N(\beta_m)$ 是方程(3.6.1)和边界条件(3.6.2)与(3.6.3)的齐次部分所形成的特征值问题的特征函数、特征值和范数。它们由表3.3查出。

第二步是方程和定解条件逐项按式(3.6.5)进行积分变换。变换后的方程和初始条件为

$$\left.\begin{aligned}
&\frac{\mathrm{d}\overline{p}(\beta_m,t)}{\mathrm{d}t}+\chi\beta_m^2\overline{p}(\beta_m,t)=\frac{\chi}{\lambda}\overline{q}(\beta_m,t)+\chi[aM_1(t)+bM_2(t)] &(3.6.7)\\
&\overline{p}(\beta_m,t=0)=\overline{F}(\beta_m) &(3.6.8)
\end{aligned}\right\}$$

其中

$$\overline{q}(\beta_m,t)=\int_a^b rR_0(\beta_m,r)q(r,t)\mathrm{d}r \tag{3.6.9}$$

$$\overline{F}(\beta_m)=\int_a^b rR_0(\beta_m,r)F(r)\mathrm{d}r \tag{3.6.10}$$

$$M_i=\begin{cases}\left.\dfrac{R_0(\beta_m,r)}{l_i}\right|_{r=r_i}\cdot f_i(t) & (l_i\neq 0)\\[2ex] (-1)^{i+1}\dfrac{1}{h_i}\left.\dfrac{\mathrm{d}R_0}{\mathrm{d}r}\right|_{r=r_i}\cdot f_i(t) & (l_i=0)\end{cases}$$

$$(i=1,2;\ r_1=a,r_2=b) \tag{3.6.11}$$

这个一阶线性常微分方程的初值问题(3.6.7)和(3.6.8)很容易求解。

第三步解出压力变换函数 $\overline{p}(\beta_m,t)$。

第四步用反变换公式(3.6.6)进行反变换，即得压力分布函数

$$p(r,t)=\sum_{m=1}^{\infty}\frac{R_0(\beta_m,r)}{N(\beta_m)}\mathrm{e}^{-\chi\beta_m^2 t}\cdot\left\{\overline{F}(\beta_m)+\int_0^t \mathrm{e}^{\chi\beta_m^2\tau}\left[\frac{\chi}{\lambda}\overline{q}(\beta_m,\tau)+\chi aM_1(\tau)+\chi bM_2(\tau)\right]\mathrm{d}\tau\right\} \tag{3.6.12}$$

有时还需对这个解作分部积分，进行改写，以克服由于吉布斯效应所带来的困难。

3.6.1.2　一维有限区域 $0 \leqslant r \leqslant b$

考察以下定解问题：

$$\left.\begin{aligned} &\frac{\partial^2 p}{\partial r^2} + \frac{1}{r}\frac{\partial p}{\partial r} + \frac{1}{\lambda}q(r,t) = \frac{1}{\chi}\frac{\partial p}{\partial t} \quad (0 < r < b, t > 0) &(3.6.13)\\ &l\frac{\partial p}{\partial r} + hp = f(t) \quad (r = b, t > 0) &(3.6.14)\\ &p(r, t = 0) = F(r) \quad (0 \leqslant r \leqslant b) &(3.6.15)\end{aligned}\right\}$$

按照表3.6第4行，令其中 $\nu = 0$，其积分变换对应为

$$\overline{p}(\beta_m, t) = \int_0^b rR_0(\beta_m, r)p(r,t)\mathrm{d}r \tag{3.6.16}$$

$$p(r,t) = \sum_{m=0}^{\infty}\frac{R_0(\beta_m, r)}{N(\beta_m)}\overline{p}(\beta_m, t) \tag{3.6.17}$$

其中特征函数、特征值和范数由表3.4查出。对方程和定解条件(3.6.13)～(3.6.15)逐项进行积分变换，得到关于变换函数的一阶线性常微分方程。解出 $\overline{p}$ 以后再按照式(3.6.17)进行反变换，最后得到压力函数与式(3.6.12)类似，只是少一个 M 项，即

$$\begin{aligned} p(r,t) = &\sum_{m=1}^{\infty}\frac{R_0(\beta_m, t)}{N(\beta_m)}\mathrm{e}^{-\chi\beta_m^2 t} \\ &\cdot \left\{\overline{F}(\beta_m) + \int_0^t \mathrm{e}^{\chi\beta_m^2\tau}\left[\frac{\chi}{\lambda}\overline{q}(\beta_m, \tau) + \chi bM(\tau)\right]\mathrm{d}\tau\right\} \end{aligned} \tag{3.6.18}$$

其中

$$M(\tau) = \begin{cases} \left.\dfrac{R_0(\beta_m, r)}{l}\right|_{r=b} \cdot f(\tau) & (l \neq 0) \\ \left.-\dfrac{1}{h}\dfrac{\mathrm{d}R_0}{\mathrm{d}r}\right|_{r=b} \cdot f(\tau) & (l = 0) \end{cases} \tag{3.6.19}$$

3.6.2　无限大区域的平面径向流

现在研究无限大区域 $a \leqslant r < \infty$ 中的平面径向流。考察以下定解问题：

$$\left.\begin{aligned} &\frac{\partial^2 p}{\partial r^2} + \frac{1}{r}\frac{\partial p}{\partial r} + \frac{1}{\lambda}q(r,t) = \frac{1}{\chi}\frac{\partial p}{\partial t} \quad (a < r < \infty, t > 0) &(3.6.20)\\ &-l\frac{\partial p}{\partial r} + hp = f(t) \quad (r = a, t > 0) &(3.6.21)\\ &p(r, t = 0) = F(r) \quad (a \leqslant r < \infty) &(3.6.22)\end{aligned}\right\}$$

按照表3.6中第5行，取其中 $\nu = 0$（因为与周向角 θ 无关），其积分变换对应为

$$\overline{p}(\beta, r) = \int_a^{\infty} rR_0(\beta, r)p(r,t)\mathrm{d}r \tag{3.6.23}$$

$$p(r,t) = \int_0^{\infty}\frac{\beta R_0(\beta, r)}{N(\beta)}\overline{p}(\beta, t)\mathrm{d}\beta \tag{3.6.24}$$

其中，函数 $R_0(\beta,r)$ 和 $N(\beta)$ 由表 3.5 查得。根据 $r=a$ 处边界条件的类型决定对应于该表中的行数。用算子 $\int_a^\infty rR_0(\beta,r)\mathrm{d}r$ 对方程和定解条件逐项进行运算，则方程和初始条件变成与式(3.6.7)和式(3.6.8)类似的形式，只不过边界函数项仅有一个 M，即

$$\frac{\mathrm{d}\overline{p}(\beta,t)}{\mathrm{d}t}+\chi\beta^2 p(\beta,t)=\frac{\chi}{\lambda}\overline{q}(\beta,t)+\chi aM(t) \tag{3.6.25}$$

$$\overline{p}(\beta,t=0)=\overline{F}(\beta) \tag{3.6.26}$$

由以上方程和初始条件很容易按式(3.4.19)解出压力变换函数 $\overline{p}(\beta,t)$ 并定出常数 C，再按式(3.6.24)进行反变换，最后得到压力分布函数

$$p(r,t)=\int_0^\infty\frac{\beta R_0(\beta,r)}{N(\beta)}\mathrm{e}^{-\chi\beta^2 t}\left\{\overline{F}(\beta)+\int_0^t\mathrm{e}^{\chi\beta^2\tau}\left[\frac{\chi}{\lambda}\overline{q}(\beta,\tau)+\chi aM(\tau)\right]\mathrm{d}\tau\right\}\mathrm{d}\beta \tag{3.6.27}$$

其中

$$M(\tau)=\begin{cases}\left.\dfrac{R_0(\beta,r)}{l}\right|_{r=a}f(\tau) & (l\neq 0)\\[2ex] \left.\dfrac{1}{h}\dfrac{\mathrm{d}R_0}{\mathrm{d}r}\right|_{r=a}f(\tau) & (l=0)\end{cases} \tag{3.6.28}$$

3.6.3 轴对称的二维流动

研究地层参数随深度而变化，而各层均为径向流动，即压力 p 只与 (r,z,t) 有关，与周向角 θ 无关。本小节研究有限区域 $a\leqslant r\leqslant b,0\leqslant z\leqslant L$ 中的二维流动，考察以下定解问题：

$$\left.\begin{aligned}&\frac{\partial^2 p}{\partial r^2}+\frac{1}{r}\frac{\partial p}{\partial r}+\frac{\partial^2 p}{\partial z^2}+\frac{1}{\lambda}q(r,z,t)=\frac{1}{\chi}\frac{\partial p}{\partial t}\\&\quad(a<r<b,0<z<L,t>0) &(3.6.29)\\&p(r,z,t)=0\quad(\text{全部边界上},t>0) &(3.6.30)\\&p(r,z,t=0)=F(r,z)\quad(a\leqslant r\leqslant b,0\leqslant z\leqslant L) &(3.6.31)\end{aligned}\right\}$$

用积分变换法求解二维流动，要对变量 r 和 z 依次分别进行积分变换。对自变量 r 作变换时把 z 看做参量，其变换对与式(3.6.5)和式(3.6.6)相同，其中，$R_0(\beta_m,r)$，β_m 和 $N(\beta_m)$ 由表 3.4 令其中 $\nu=0$ 查出。于是方程(3.6.29)～方程(3.6.31)经一次积分变换后变为

$$\left.\begin{aligned}&-\beta_m^2\overline{p}(\beta_m,z,t)+\frac{\partial^2\overline{p}}{\partial z^2}+\frac{1}{\lambda}\overline{q}(\beta_m,z,t)=\frac{1}{\chi}\frac{\partial\overline{p}}{\partial t} &(3.6.32)\\&\overline{p}(\beta_m,z,t)=0\quad(z=0,z=L,t>0) &(3.6.33)\\&\overline{p}(\beta_m,z,t=0)=\overline{F}(\beta_m,z) &(3.6.34)\end{aligned}\right\}$$

以上方程中还有自变量 z，再对 z 进行一次积分变换。为区别起见，用“～”表示对 z 的积分变换，其变换对与式(3.5.5)和式(3.5.6)的形式类似，即变换对为

$$\tilde{\overline{p}}(\beta_m,\gamma_n,t)=\int_0^L Z(\gamma_n,z)\overline{p}(\beta_m,z,t)\mathrm{d}z \tag{3.6.35}$$

$$\overline{p}(\beta_m,z,t)=\sum_{n=1}^\infty\frac{Z(\gamma_n,z)}{N(\gamma_n)}\tilde{\overline{p}}(\beta_m,\gamma_n,t) \tag{3.6.36}$$

其中，$Z(\gamma_n, z)$，γ_n 和 $N(\gamma_n)$ 由表 3.1 查出。注意，前面式子中的 $R_0(\beta_m, r)$，β_m，$N(\beta_m)$ 和 $Z(\gamma_n, z)$，γ_n，$N(\gamma_n)$ 分别为方程(3.6.29)～方程(3.6.31)的齐次部分经分离变量后所形成的关于分离函数 $R_0(r)$ 和 $Z(z)$ 的特征值问题的特征函数、特征值和范数。

经过这次积分变换以后，方程和定解条件变成以下关于双重变换函数 $\tilde{\tilde{p}}(\beta_m, \gamma_n, t)$ 的一阶线性常微分方程：

$$\left.\begin{aligned} &\frac{\mathrm{d}\tilde{\tilde{p}}}{\mathrm{d}t} + \chi(\beta_m^2 + \gamma_n^2)\tilde{\tilde{p}}(\beta_m, \gamma_n, t) = \frac{\chi}{\lambda}\tilde{\tilde{q}}(\beta_m, \gamma_n, t) &(3.6.37)\\ &\tilde{\tilde{p}}(\beta_m + \gamma_n, t = 0) = \tilde{\tilde{F}}(\beta_m, \gamma_n) &(3.6.38)\end{aligned}\right\}$$

其中

$$\tilde{\tilde{q}}(\beta_m, \gamma_n, t) = \int_0^L\int_a^b rR_0(\beta_m, r)Z(\gamma_n, z)q(r, z, t)\mathrm{d}r\mathrm{d}z \tag{3.6.39}$$

$$\tilde{\tilde{F}}(\beta_m, \gamma_n) = \int_0^L\int_a^b rR_0(\beta_m, r)Z(\gamma_n, z)F(r, z)\mathrm{d}r\mathrm{d}z \tag{3.6.40}$$

对方程(3.6.37)和初始条件(3.6.38)很容易求解。解出双重积分变换函数 $\tilde{\tilde{p}}(\beta_m, \gamma_n, t)$ 以后，再按反变换公式(3.6.36)和式(3.6.6)的形式作双重反变换，即得

$$\begin{aligned} p(r, z, t) = &\sum_{m=1}^{\infty}\sum_{n=1}^{\infty}\left\{\frac{R_0(\beta_m, r)Z(\gamma_n, z)}{N(\beta_m)N(\gamma_n)}\mathrm{e}^{-\chi(\beta_m^2+\gamma_n^2)t}\right.\\ &\left.\cdot\left[\tilde{\tilde{F}}(\beta_m, \gamma_n) + \frac{\chi}{\lambda}\int_0^t \mathrm{e}^{\chi(\beta_m^2+\gamma_n^2)\tau}\,\tilde{\tilde{q}}(\beta_m, \gamma_n, \tau)\mathrm{d}\tau\right]\right\} \end{aligned} \tag{3.6.41}$$

3.6.4　扇面形区域的二维流动

对于扇面形区域 $a \leqslant r \leqslant b, 0 \leqslant \theta \leqslant \theta_0 (\theta_0 < 2\pi)$ 中的二维流动，我们考察以下定解问题：

$$\left.\begin{aligned} &\frac{\partial^2 p}{\partial r^2} + \frac{1}{r}\frac{\partial p}{\partial r} + \frac{1}{r^2}\frac{\partial^2 p}{\partial \theta^2} + \frac{1}{\lambda}q(r, \theta, t) = \frac{1}{\chi}\frac{\partial p}{\partial t} &(3.6.42)\\ &\quad (a < r < b, 0 < \theta < \theta_0, t > 0)\\ &-l_1\frac{\partial p}{r\partial\theta} + h_1 p = f_1(r, t) \quad (\theta = 0, t > 0) &(3.6.43)\\ &l_2\frac{\partial p}{r\partial\theta} + h_2 p = f_2(r, t) \quad (\theta = \theta_0, t > 0) &(3.6.44)\\ &-l_3\frac{\partial p}{\partial r} + h_3 p = f_3(\theta, t) \quad (r = a, t > 0) &(3.6.45)\\ &l_4\frac{\partial p}{\partial r} + h_4 p = f_4(\theta, t) \quad (r = b, t > 0) &(3.6.46)\\ &p(r, \theta, t = 0) = F(r, \theta) \quad (a \leqslant r \leqslant b, 0 \leqslant \theta \leqslant \theta_0) &(3.6.47)\end{aligned}\right\}$$

利用积分变换方法求解上述二维流动问题，可依次对自变量 θ 和 r 分别进行积分变换。即将式(3.6.42)～式(3.5.47)的齐次部分进行变量分离，得到关于分离函数 $\Theta(\theta)$ 和 $R(r)$ 的特征值问题。然后分别由表 3.1 查出特征函数 $\Theta(\nu, \theta)$、特征值 ν 和范数 $N(\nu)$ 以及由表 3.3 查出特征函数 $R_\nu(\beta_m, r)$、特征值 β_m 和范数 $N(\beta_m)$。

现在首先对自变量 θ 进行一次积分变换。根据分离函数 $\Theta(\theta)$ 的特征值问题，应按表3.6中第1行的积分变换对进行变换，即

$$\overline{p}(r,\nu,t) = \int_0^{\theta_0} \Theta(\nu,\theta) p(r,\theta,t)\mathrm{d}\theta \tag{3.6.48}$$

$$p(r,\theta,t) = \sum_{\nu} \frac{\Theta(\nu,\theta)}{N(\nu)} \overline{p}(r,\nu,t) \tag{3.6.49}$$

用式(3.6.48)形式的积分变换式对定解问题(3.6.42)～(3.6.47)逐项进行变换后，得到以下关于变换函数 $\overline{p}(r,\nu,t)$ 的定解问题：

$$\left.\begin{aligned}
&\frac{\partial^2 \overline{p}}{\partial r^2} + \frac{1}{r}\frac{\partial \overline{p}}{\partial r} - \frac{\nu^2}{r^2}\overline{p} + M_1(r,t) + M_2(r,t) + \frac{1}{\lambda}\overline{q}(r,\nu,t) = \frac{1}{\chi}\frac{\partial \overline{p}}{\partial t} &(3.6.50)\\
&-l_3\frac{\partial \overline{p}}{\partial r} + h_3\overline{p} = \overline{f}_3(\nu,t) \quad (r = a, t > 0) &(3.6.51)\\
&l_4\frac{\partial \overline{p}}{\partial r} + h_4\overline{p} = \overline{f}_4(\nu,t) \quad (r = b, t > 0) &(3.6.52)\\
&\overline{p}(r,\nu,t = 0) = \overline{F}(r,\nu) \quad (a \leqslant r \leqslant b) &(3.6.53)
\end{aligned}\right\}$$

其中

$$M_i = \begin{cases} \left.\dfrac{\Theta(\nu,\theta)}{l_i}\right|_{\theta=\theta_i} rf_i(r,t) & (l_i \neq 0) \\ (-1)^{i+1}\dfrac{1}{h_i}\left.\dfrac{\mathrm{d}\Theta}{r\mathrm{d}\theta}\right|_{\theta=\theta_i} rf_i(r,t) & (l_i = 0) \end{cases}$$

$$(i = 1,2;\ \theta_1 = 0,\ \theta_2 = \theta_0) \tag{3.6.54}$$

前面用加“－”表示对自变量 θ 进行的积分变换。为了对方程(3.6.50)～方程(3.6.54)中的自变量 r 再进行一次积分变换，下面用加“～”表示。对 r 进行积分变换的变换对由表3.6中第3行给出，即

$$\tilde{\overline{p}}(\beta_m,\nu,t) = \int_a^b r' R_\nu(\beta_m,r')\overline{p}(r',\nu,t)\mathrm{d}r' \tag{3.6.55}$$

$$\overline{p}(r,\nu,t) = \sum_{m=1}^{\infty} \frac{R_\nu(\beta_m,r)}{N(\beta_m)}\tilde{\overline{p}}(\beta_m,\nu,t) \tag{3.6.56}$$

用变换式(3.6.55)的形式对式(3.6.50)～式(3.6.54)逐项进行积分变换，得双重积分变换函数 $\tilde{\overline{p}}(\beta_m,\nu,t)$ 的一阶线性常微分方程和初始条件如下：

$$\left.\begin{aligned}
&\frac{\mathrm{d}\tilde{\overline{p}}}{\mathrm{d}t} + \chi\beta_m^2\tilde{\overline{p}}(\beta_m,\nu,t) \\
&\quad = \frac{\chi}{\lambda}\tilde{\overline{q}}(\beta_m,\nu,t) + \chi(\widetilde{M_1} + \widetilde{M_2}) + \chi(aM_3 + bM_4) &(3.6.57)\\
&\tilde{\overline{p}}(\beta_m,\nu,t = 0) = \tilde{\overline{F}}(\beta_m,\nu) &(3.6.58)
\end{aligned}\right\}$$

其中

$$\tilde{\overline{q}}(\beta_m,\nu,t) = \int_a^b\int_0^{\theta_0} rR_\nu(\beta_m,r)\Theta(\nu,\theta)q(r,\theta,t)\mathrm{d}\theta\mathrm{d}r \tag{3.6.59}$$

$$\tilde{\tilde{F}}(\beta_m,\nu)=\int_a^b\int_\theta^{\theta_0} rR_\nu(\beta_m,r)\Theta(\theta)F(r,\theta)\mathrm{d}\theta\mathrm{d}r \tag{3.6.60}$$

$$\widetilde{M}_i=\begin{cases}\left.\dfrac{\Theta(\nu,\theta)}{l_i}\right|_{\theta=\theta_i}\cdot rf_i(r,t) & (l_i\neq 0)\\ (-1)^{i+1}\left.\dfrac{1}{h_i}\dfrac{\mathrm{d}\Theta}{r\mathrm{d}\theta}\right|_{\theta=\theta_i}\cdot rf_i(\nu,t) & (l_i=0)\end{cases}$$

$$(i=1,2;\ \theta_1=0,\ \theta_2=\theta_0) \tag{3.6.61}$$

$$M_i=\begin{cases}\left.\dfrac{R_\nu(\beta_m,r)}{l_i}\right|_{r=r_i}\cdot \bar{f}_i(\nu,t) & (l_i\neq 0)\\ (-1)^{i+1}\dfrac{1}{h_i}\dfrac{\mathrm{d}R_\nu}{\mathrm{d}r}\Big|_{r=r_i}\cdot \bar{f}_i(\nu,t) & (l_i=0)\end{cases}$$

$$(i=3,4;\ r_3=a,\ r_4=b) \tag{3.6.62}$$

顺便指出:对于环形区域 $a\leqslant r\leqslant b,0\leqslant\theta\leqslant 2\pi$ 中的流动,如在第 3.3.4 小节中曾见到的,情况与扇形区域中的流动有所不同。这种情形的积分变换对为

$$\bar{p}(r,\nu,t)=\int_0^{2\pi}\cos\nu(\theta-\theta')p(r,\theta',t)\mathrm{d}\theta' \tag{3.6.63}$$

$$p(r,\theta,t)=\frac{1}{\pi}\sum_\nu \bar{p}(r,\nu,t) \tag{3.6.64}$$

式中,$\nu=0,1,2,\cdots$,这里就不再详述了。至于变量为(r,θ,z,t)的三维问题,处理方法基本相同,只不过要用三重积分变换而已。

第 4 章　源函数、格林函数的应用

在第 3 章中，我们阐述了求解渗流偏微分方程的分离变量法和积分变换法。由此看到，对于齐次方程和齐次边界条件的情形，用分离变量法直接求解非常方便，只要按规定程序从表3.1～表 3.5某一相应的表格中查出特征函数、范数和特征值，代入压力分布的公式即可。通过分离变量还导出了若干积分变换对，从而为利用积分变换法求解渗流偏微分方程提供了理论基础。而积分变换法为求解非齐次问题提供了系统、完整和规范的方法。分离变量法还有一个重要的作用，就是为求解非齐次方程构造格林(Green)函数提供了依据。格林函数法求解偏微分方程也是一个有效的方法。但是这个方法的困难之处在于如何构造或寻求适当的格林函数，构造出格林函数，问题也就解决了。本章最后几节将阐述格林函数法，不仅导出了用格林函数法求解渗流偏微分方程的公式，而且给出了构造格林函数的方法和步骤。这同样也为求解非齐次问题提供了一套系统、完整和规范的方法。

本章的主要内容有三个方面，即瞬时源函数法、试井理论和方法的基本原理以及一般的格林函数法。

4.1　瞬时点源和玻耳兹曼变换

本章所说的瞬时源函数是从瞬时点源解出发的，也就是从物理概念出发的，因而物理图像非常清晰，物理意义非常明确。而一般的格林函数法是从数学理论出发的。对某些简单情形，人们还可以利用玻耳兹曼(Boltzmann)变换进行求解。为比较起见，不妨先介绍用玻耳兹曼法求解渗流方程的两个例子。

4.1.1　非稳态平面平行流

考虑半无限空间区域 $0 \leqslant x < \infty$ 中的均质地层。原始地层压力为 p_i，在 $t=0$ 时刻在 $x=0$ 处通过注水使压力上升到 p_1，并一直保持为 p_1。求任意时刻的压力分布。这是输运现象的经典问题。

首先我们写出该问题的方程和定解条件，为简单起见，可令 $P=(p-p_i)/(p_1-p_i)$，

于是有

$$\left.\begin{aligned}&\frac{\partial^2 P}{\partial x^2} = \frac{1}{\chi}\frac{\partial P}{\partial t} \quad (0 < x < \infty, t > 0) & (4.1.1)\\&P(x,t) = 1 \quad (x = 0, t > 0) & (4.1.2)\\&P(x,t) = 0 \quad (x \to \infty, t > 0) & (4.1.3)\\&P(x,t=0) = 0 \quad (0 < x < \infty) & (4.1.4)\end{aligned}\right\}$$

根据量纲分析，自变量 x，t 和系数 χ 可组成唯一的无量纲量 $u = x^2/(4\chi t)$ 或 $\zeta = x/\sqrt{4\chi t}$。为此，作变换(即玻耳兹曼变换)

$$\zeta = \frac{x}{\sqrt{4\chi t}} \tag{4.1.5}$$

于是，方程和定解条件(4.1.1)～(4.1.4)变为常微分方程的边值问题：

$$\left.\begin{aligned}&\frac{\mathrm{d}^2 P}{\mathrm{d}\zeta^2} + 2\zeta\frac{\mathrm{d}P}{\mathrm{d}\zeta} = 0 & (4.1.6)\\&P(\zeta = 0) = 1 & (4.1.7)\\&P(\zeta \to \infty) = 0 & (4.1.8)\end{aligned}\right\}$$

注意，在变换过程中边界条件(4.1.3)和初始条件(4.1.4)合二而一，变为式(4.1.8)。方程(4.1.6)可被降阶，若令 $P' = \mathrm{d}P/\mathrm{d}\zeta$，则方程变成

$$\frac{\mathrm{d}P'}{\mathrm{d}\zeta} + 2\zeta P' = 0 \tag{4.1.9}$$

通过分离变量进行积分，可得

$$P' = \frac{\mathrm{d}P}{\mathrm{d}\zeta} = c_1 \mathrm{e}^{-\zeta^2} \tag{4.1.10}$$

再积分一次，并用边界条件定出常数，可得

$$P(\zeta) = 1 - \frac{2}{\sqrt{\pi}}\int_0^{\zeta} \mathrm{e}^{-\zeta^2}\mathrm{d}\zeta = 1 - \mathrm{erf}\left(\frac{x}{\sqrt{4\chi t}}\right) \tag{4.1.11}$$

式中，$\mathrm{erf}(\zeta)$是误差函数(或称概率积分)，见附录A3，它是有表函数。将 P 还原为 $p(x,t)$，最后得

$$p(x,t) = p_1 - (p_1 - p_{\mathrm{i}})\mathrm{erf}\left(\frac{x}{\sqrt{4\chi t}}\right) \tag{4.1.12}$$

根据式(A3.2)，在 $x=0$ 处，$p = p_1$；当 $x \to \infty$ 或 $t=0$ 时，$p = p_{\mathrm{i}}$，符合原意。

4.1.2 非稳态平面径向流

考虑均质无限大地层中一口井，用点源代替实际情形中的井半径 $r = r_{\mathrm{w}}$。原始地层压力为 p_{i}，地层厚度为 h，井的产量为 Q。于是，该问题的方程和定解条件可写成

$$\left.\begin{aligned}
&\frac{\partial^2 p}{\partial r^2}+\frac{1}{r}\frac{\partial p}{\partial r}=\frac{1}{\chi}\frac{\partial p}{\partial t}\quad(0<r<\infty,t>0) &(4.1.13)\\
&\lim_{r\to 0}\left(r\frac{\partial p}{\partial r}\right)=\frac{Qu}{2\pi Kh}\quad(r\to 0,t>0) &(4.1.14)\\
&p(r,t)=p_{\mathrm{i}}\quad(r\to\infty,t>0) &(4.1.15)\\
&p(r,t=0)=p_{\mathrm{i}}\quad(0\leqslant r<\infty) &(4.1.16)
\end{aligned}\right\}$$

其中,内边界条件可由 Darcy 定律导出。柯钦娜(Poluparinova-Kochina,1962)采用如下玻耳兹曼变换:

$$u=\frac{r^2}{4\chi t} \tag{4.1.17}$$

于是,方程和定解条件(4.1.13)~(4.1.16)变成

$$\left.\begin{aligned}
&u\frac{\mathrm{d}^2 p}{\mathrm{d}u^2}+\frac{\mathrm{d}p}{\mathrm{d}u}(1+u)=0\quad(0<u<\infty) &(4.1.18)\\
&\lim_{u\to 0}\left(2u\frac{\mathrm{d}p}{\mathrm{d}u}\right)=\frac{Qu}{2\pi Kh} &(4.1.19)\\
&p(u\to\infty)=p_{\mathrm{i}} &(4.1.20)
\end{aligned}\right\}$$

令 $p'\equiv \mathrm{d}p/\mathrm{d}u$,可将方程(4.1.18)降阶一次。分离变量后积分,可得

$$p'\equiv\frac{\mathrm{d}p}{\mathrm{d}u}=c_1\frac{\mathrm{e}^{-u}}{u} \tag{4.1.21a}$$

由边界条件(4.1.19)定出常数 $c_1=Qu/(4\pi Kh)$。代入式(4.1.21a),得

$$\frac{\mathrm{d}p}{\mathrm{d}u}=\frac{Qu}{4\pi Kh}\frac{\mathrm{e}^{-u}}{u} \tag{4.1.21b}$$

再积分一次,可得

$$p(u)=\frac{Qu}{4\pi Kh}\int^{u}\frac{\mathrm{e}^{-y}}{y}\mathrm{d}y+c_2 \tag{4.1.22}$$

方程(4.1.22)中的积分下限可以任意选取。为方便确定常数 c_2,这里取积分下限为∞,于是有

$$p(u)=-\frac{Qu}{4\pi Kh}\int_{u}^{\infty}\frac{\mathrm{e}^{-y}}{y}\mathrm{d}y+c_2 \tag{4.1.23}$$

这样,由条件(4.1.20)很容易定出 $c_2=p_{\mathrm{i}}$。最后得

$$p(r,t)=p\left(\frac{r^2}{4\chi t}\right)=p_{\mathrm{i}}+\frac{Qu}{4\pi Kh}\mathrm{Ei}\left(-\frac{r^2}{4\chi t}\right) \tag{4.1.24}$$

其中,$\mathrm{Ei}(-u)$称为幂积分函数(或指数积分函数),见附录 A2。按式(A2.3),其定义为

$$\mathrm{Ei}(-u)\equiv-\int_{u}^{\infty}\frac{\mathrm{e}^{-y}}{y}\mathrm{d}y \tag{4.1.25}$$

幂积分函数也是有表函数。解式(4.1.24)是均质无限大地层中渗流的一个基本公式,对下面的进一步讨论具有重要作用。

4.1.3 瞬时点源解

在渗流力学中,瞬时平面点源定义为:在 $t=\tau\geqslant 0$ 的瞬间向饱和的多孔介质内一点

$M'(x',y')$ 注入微量流体，其体积为 δV，质量为 $\delta m=\rho\delta V$。而在时刻 $t=\tau$ 之前或之后以及点 M' 以外均不注入流体。类似地，若将上述注入改为抽出，则称瞬时平面点汇。民间兽医用弹簧针给某些家畜注射可看做瞬时点源的实例。

现在考虑无限大平面地层。根据第1.2.4小节所述，对于弱可压缩流体，密度与压力呈线性关系，如式(1.2.10)所示。因此，关于压力 $p(x,y,t)$ 的扩散方程可改写成关于密度 $\rho(x,y,t)$ 的相同形式的方程。所以，关于密度 $\rho(x,y,t)$ 的定解问题可写成如下形式：

$$\left.\begin{aligned}&\frac{\partial^2\rho}{\partial x^2}+\frac{\partial^2\rho}{\partial y^2}=\frac{1}{\chi}\frac{\partial\rho}{\partial t}\quad(\text{点 } M' \text{ 以外}, t>\tau) &(4.1.26)\\&\rho(x\to\infty,y\to\infty,t)=\rho_{\mathrm{i}} &(4.1.27)\\&\rho(x,y,t=\tau)=\begin{cases}\rho_{\mathrm{i}} & (\text{在点 } M' \text{ 以外})\\ \infty & (\text{在点 } M' \text{ 处})\end{cases} &(4.1.28)\end{aligned}\right\}$$

按照第3.5.4小节所述定解问题的两种不同提法，式(4.1.26)～式(4.1.28)也可写成如下定解问题：

$$\left.\begin{aligned}&\frac{\partial^2\rho}{\partial x^2}+\frac{\partial^2\rho}{\partial y^2}+m^*\delta(x-x',y-y',t-\tau)\\&\quad=\frac{1}{\chi}\frac{\partial\rho}{\partial t}\quad(\text{全平面}, t>0) &(4.1.29)\\&\rho(x,y,t)=\rho_{\mathrm{i}}\quad[(x,y)\to\infty, t\geqslant\tau] &(4.1.30)\end{aligned}\right\}$$

注意：δ 函数的量纲是自变量的倒数，方程(4.1.29)中 δ 是 (x,y,t) 三个自变量的 δ 函数，其量纲为 $[\mathrm{L}^{-2}\mathrm{T}^{-1}]$，$m^*=c_{\mathrm{f}}\delta m/\lambda$。利用3.5.4小节所阐述的积分变换法，很容易求出其密度函数。这里不打算详细进行推导，而直接写出以上定解问题的解答：

$$\tilde{\rho}(x,y,t)=\rho_{\mathrm{i}}+\frac{A}{t-\tau}\exp\left[-\frac{(x-x')^2+(y-y')^2}{4\chi(t-\tau)}\right]\tag{4.1.31}$$

ρ 上面加"～"表示瞬时点源作用下的结果，我们最终要求的是源汇持续作用一段时间的结果，那时将把"～"去掉。用直接代入的办法很容易验证解式(4.1.31)既满足方程也符合定解条件。式中含有待定系数 A，它取决于注入量的大小。下面来确定这个系数 A。

为简洁起见，令场点 $M(x,y)$ 与源点 $M'(x',y')$ 之间的距离为 r，即有

$$r^2=(x-x')^2+(y-y')^2\tag{4.1.32}$$

根据质量守恒原理，在 $t>\tau$ 的任意时刻，(单位厚度)介质中流体的质量增量应为

$$\delta m=\int_0^{2\pi}\int_0^{\infty}\phi(\tilde{\rho}-\rho_{\mathrm{i}})r\,\mathrm{d}\theta\,\mathrm{d}r\tag{4.1.33}$$

将解式(4.1.31)代入式(4.1.33)，可得

$$\delta m=\frac{2\pi\phi A}{t-\tau}\int_0^{\infty}\mathrm{e}^{-\frac{r^2}{4\chi(t-\tau)}}\frac{1}{2}\mathrm{d}r^2\tag{4.1.34}$$

作变量变换，令

$$u=\frac{r^2}{4\chi(t-\tau)},\quad \frac{1}{2}\mathrm{d}r^2=2\chi(t-\tau)\mathrm{d}u\tag{4.1.35}$$

代入式(4.1.34)，则有

$$\delta m = 4\pi\phi\chi A\int_0^{\infty} e^{-u}du = 4\pi\phi\chi A \tag{4.1.36}$$

由此定出系数 $A=\delta m/(4\pi\phi\chi)$。把它代入式(4.1.31),最后得瞬时点源诱导的密度 $\widetilde{\rho}$ 为

$$\widetilde{\rho}(x,y,t) = \rho_i + \frac{\delta m}{4\pi\phi\chi(t-\tau)}\exp\left[-\frac{(x-x')^2+(y-y')^2}{4\chi(t-\tau)}\right] \tag{4.1.37}$$

再利用密度与压力之间的线性关系(1.2.10),$\widetilde{\rho}-\rho_i=\rho_i c_f(\widetilde{p}-p_i)$ 以及 $\delta m=\rho_i\delta V$,式(4.1.37)可改写成

$$\widetilde{p}(x,y,t) = p_i + \frac{\delta V}{4\pi\phi c_f\chi(t-\tau)}\exp\left[-\frac{(x-x')^2+(y-y')^2}{4\chi(t-\tau)}\right] \tag{4.1.38}$$

式(4.1.38)就是瞬时点源解的压力表达式。换句话说,若在无限大平面多孔介质中在点 $M'(x',y')$ 处施加一个压力脉冲,则任一场点 $M(x,y)$处的压力将按上述规律变化。

如果不是注入流体,而是采出流体,即介质中增加一个负的 δV,则有瞬时点汇压力解

$$\widetilde{p}(x,y,t) = p_i - \frac{\delta V}{4\pi\phi\chi c_f(t-\tau)}\exp\left[-\frac{(x-x')^2+(y-y')^2}{4\chi(t-\tau)}\right] \tag{4.1.39}$$

4.1.4 等强度持续点源

4.1.3 小节所讨论的是瞬时点源解。在实际渗流问题中,总是从某一时刻开始持续一段时间进行注入或采出,作为点源,称为持续点源。由于方程、边界条件和初始条件都是线性的,它的解在时间上和空间上可以进行叠加。若所讨论的点源在 $M'(x',y')$处从 $t=\tau_1$(通常取 $\tau_1=0$)持续到 τ_2 不断注入,对单位厚度地层而言,体积流量为 $q(\tau)$,则可写成

$$\delta V = \frac{dV}{d\tau}d\tau = q(\tau)d\tau \tag{4.1.40}$$

瞬时点源解(4.1.38)对时间 τ 从 τ_1 到 τ_2 积分,给出持续点源的压力解

$$p(x,y,t) = p_i + \frac{1}{4\pi\phi c_f\chi}\int_{\tau_1}^{\tau_2}\frac{q(\tau)}{t-\tau}\exp\left[-\frac{(x-x')^2+(y-y')^2}{4\chi(t-\tau)}\right]d\tau \tag{4.1.41}$$

式(4.1.41)是持续点源解的一般表达式。若注入流体的体积随时间不断变化,则称变强度持续点源。若 $q(\tau)$为恒量,则称等强度持续点源。

下面讨论等强度持续点源。这可分为两种情况:第一种情况是求正在注入时刻 t 的压力分布,这时点源 M'处压力不断上升。对于正在采出,则压力不断下降,称为降力降落。第二种情况是源汇作用到时刻 τ_2,求 τ_2 以后的压力分布。对于注入,停止后点源 M'处压力不断下降,称为压力衰减。对于采出,停止后点汇 M'处压力不断回升,称为压力恢复。

1. 压力降落解

对于生产井(点汇),在式(4.1.41)中令 $\tau_1=0,\tau_2=t,q(\tau)$为恒量且取负号,则式(4.1.41)应改写成

$$p(x,y,t) = p_i - \frac{q}{4\pi\phi c_f\chi}\int_0^t \frac{1}{t-\tau}e^{-\frac{r^2}{4\chi(t-\tau)}}d\tau \tag{4.1.42}$$

作变量变换，令

$$u = \frac{r^2}{4\chi(t-\tau)}, \quad d\tau = \frac{r^2}{4\chi u^2}du \tag{4.1.43}$$

代入式(4.1.42)，则得

$$p(x,y,t) = p_i - \frac{q}{4\pi\phi c_f \chi}\int_{\frac{r^2}{4\chi t}}^{\infty} \frac{1}{u}e^{-u}du \tag{4.1.44}$$

考虑地层厚为 h，井产量 $Q = hq$，$\phi c_f \chi = K/\mu$，则式(4.1.44)可写成压力降落的标准形式

$$p(x,y,t) = p_i + \frac{Q\mu}{4\pi Kh}\mathrm{Ei}\left(-\frac{r^2}{4\chi t}\right) \tag{4.1.45}$$

此式与式(4.1.24)的形式完全相同。注意 $\mathrm{Ei}(-|u|)<0$(见附录A2)，随着 t 值增大，$p(x,y,t)$ 值不断降低。若是注入井，则压力上升的表达式为

$$p(x,y,t) = p_i - \frac{Q\mu}{4\pi Kh}\mathrm{Ei}\left(-\frac{r^2}{4\chi t}\right) \tag{4.1.46}$$

2. 压力恢复解

对于生产井，在式(4.1.41)中令 $\tau_1 = 0$，$\tau_2 = t_p$(其中 t_p 为点汇持续时间，或称生产时间)，$q(\tau) = -q$。利用变换式(4.1.43)，则得

$$p(x,y,t) = p_i - \frac{q}{4\pi\phi c_f \chi}\int_{\frac{r^2}{4\chi t}}^{\frac{r^2}{4\chi(t-t_p)}} \frac{e^{-u}}{u}du \quad (t > t_p) \tag{4.1.47}$$

对于式(4.1.47)中的被积函数而言，若取其中某一积分限为∞，则这个积分是收敛的。在无穷积分收敛的条件下，式(4.1.47)就可改写成

$$p(x,y,t) = p_i - \frac{Q\mu}{4\pi Kh}\left[\int_{\frac{r^2}{4\chi t}}^{\infty} - \int_{\frac{r^2}{4\chi(t-t_p)}}^{\infty}\right]\frac{e^{-u}}{u}du \tag{4.1.48}$$

令 $t - t_p = \Delta t$，表示关井以后经历的时间，则得压力恢复解的表达式

$$p(x,y,t) = p_i + \frac{Q\mu}{4\pi Kh}\left[\mathrm{Ei}\left(-\frac{r^2}{4\chi t}\right) - \mathrm{Ei}\left(-\frac{r^2}{4\chi \Delta t}\right)\right] \tag{4.1.49}$$

若为注入井，式(4.1.49)中 Q 变为 $-Q$，即得压力衰减解的表达式。

4.2　变强度持续点源

在4.1.4小节中研究了等强度的持续源汇，亦即定产量的生产井情形。在实际生产过程中，产量是随时间变化的。例如，有些生产井开始产量很高，但很快就降下来了。为此，本节由式(4.1.41)出发，讨论任意变强度持续点源的情形。

考虑一口生产井，每隔一段时间测出一个流量，最后绘出 $Q\sim t$ 的曲线。在实际计算中，可将这些测点(t,Q)连成若干直线段，如图4.1所示。即用折线表示，折转点为$(t_0=0,Q_0)$，(t_1,Q_1)，…，(t_{n-1},Q_{n-1})，$(t,Q(t))$或(t_p,Q_p)。折转点宜选在曲线曲率较大的位置。其

中,下标 p 对应于生产时间。如前所述,这可分为两种情形进行分析:第一种情形是压力降落,即求解正在生产的任意时刻 t 的压力表达式。第二种情形是压力恢复,即求解 $t=t_p$ 时刻关井以后 $t=t_p+\Delta p$ 任意时刻的压力表达式。下面分别进行讨论。

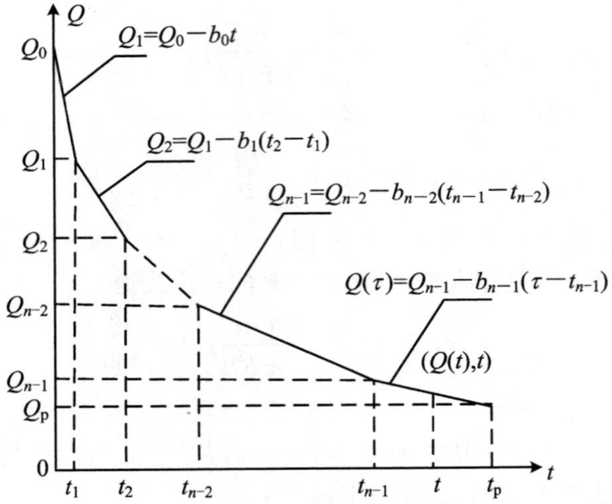

图 4.1 产量 Q 随时间 t 任意变化曲线

4.2.1 变产量的压力降落

设流量对时间的变化曲线用由 n 个直线段组成的折线表示。现在来计算时间 t_{n-1} 后面时刻 t 的压力。令第 j 个直线段的斜率为 b_j,即有 $Q=Q_j-b_j(\tau-t_j)$ $(j=0,1,\cdots,n-1)$。于是,式(4.1.41)可写成

$$\begin{aligned}p(x,y,t)=&\ p_i-\frac{\mu}{4\pi Kh}\left\{\int_0^{t_1}\frac{Q_0-b_0\tau}{t-\tau}+\int_{t_1}^{t_2}\frac{Q_1-b_1(\tau-t_1)}{t-\tau}+\cdots\right.\\&\left.+\int_{t_{n-2}}^{t_{n-1}}\frac{Q_{n-2}-b_{n-2}(\tau-t_{n-2})}{t-\tau}+\int_{t_{n-1}}^{t}\frac{Q_{n-1}-b_{n-1}(\tau-t_{n-1})}{t-\tau}\right\}\\&\cdot\exp\left[-\frac{(x-x')^2+(y-y')^2}{4\chi(t-\tau)}\right]\mathrm{d}\tau\\=&\ p_i-\frac{\mu}{4\pi Kh}\left\{\sum_{j=1}^{n-1}\left[\int_{t_{j-1}}^{t_j}\frac{Q_{j-1}+b_{j-1}t_{j-1}}{t-\tau}-\int_{t_{j-1}}^{t_j}\frac{b_{j-1}\tau}{t-\tau}\right]\right.\\&\left.+\left[\int_{t_{n-1}}^{t}\frac{Q_{n-1}+b_{n-1}t_{n-1}}{t-\tau}-\int_{t_{n-1}}^{t}\frac{b_{n-1}\tau}{t-\tau}\right]\right\}\exp\left[-\frac{(x-x')^2+(y-y')^2}{4\chi(t-\tau)}\right]\mathrm{d}\tau\end{aligned}\tag{4.2.1}$$

式(4.2.1)中,对每一线段的积分分成两项。其中,第一项的分子 $Q_{j-1}+b_{j-1}t_{j-1}$ $(j=1,2,\cdots,n-1)$ 是常数,可提到积分号外,积分结果是这个常数乘以式(4.1.48)或式(4.1.49)的形式。其中,第二项是

$$- b_{j-1}\int_{t_{j-1}}^{t_j} \frac{\tau}{t-\tau}\exp\left[-\frac{(x-x')^2+(y-y')^2}{4\chi(t-\tau)}\right]d\tau$$

全式的最后一个积分只是上限为任意时间 t 而已。积分的结果经整理得

$$\begin{aligned} &p(x,y,t)\\ &= p_{\mathrm{i}} + \frac{\mu}{4\pi Kh}\sum_{j=1}^{n-1}\left\{\left(Q_{j-1} + b_{j-1}t_{j-1} - b_{j-1}t - b_{j-1}\frac{r^2}{4\chi}\right)\right.\\ &\quad\cdot\left[\mathrm{Ei}\left(-\frac{r^2}{4\chi(t-t_{j-1})}\right) - \mathrm{Ei}\left(-\frac{r^2}{4\chi(t-t_j)}\right)\right]\\ &\quad\left. + b_{j-1}(t-t_{j-1})\exp\left(-\frac{r^2}{4\chi(t-t_{j-1})}\right) - b_{j-1}(t-t_j)\exp\left(-\frac{r^2}{4\chi(t-t_j)}\right)\right\}\\ &\quad + \frac{\mu}{4\pi Kh}\left\{\left(Q_{n-1} + b_{n-1}t_{n-1} - b_{n-1}t - b_{n-1}\frac{r^2}{4\chi}\right)\mathrm{Ei}\left(-\frac{r^2}{4\chi(t-t_{n-1})}\right)\right.\\ &\quad\left. - b_{n-1}(t-t_{n-1})\exp\left(-\frac{r^2}{4\chi(t-t_{n-1})}\right)\right\} \end{aligned} \tag{4.2.2}$$

若产量呈台阶式变化，例如，在生产中通过更换井口的油嘴定时变换产量，其产量对时间的曲线如图 4.2 所示，则 $b_j = 0\ (j = 1, 2, \cdots, n)$。于是，式(4.2.2)简化为

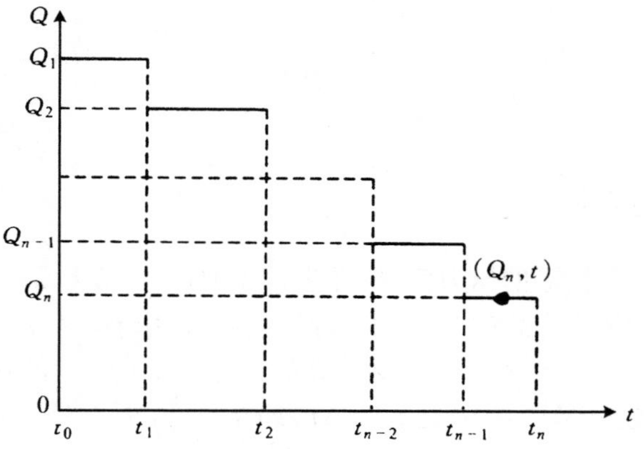

图 4.2　产量 $Q(t)$ 呈台阶式变化

$$\begin{aligned} p(x,y,t) = p_{\mathrm{i}} + \frac{\mu}{4\pi Kh}&\left\{\sum_{j=1}^{n-1} Q_j\left[\mathrm{Ei}\left(-\frac{r^2}{4\chi(t-t_{j-1})}\right) - \mathrm{Ei}\left(-\frac{r^2}{4\chi(t-t_j)}\right)\right]\right.\\ &\left. + Q_n\mathrm{Ei}\left(-\frac{r^2}{4\chi(t-t_{n-1})}\right)\right\} \end{aligned} \tag{4.2.3}$$

在很多实际问题中，通常用一至两个直线段就可以了，可写成：对于任意斜线，由式(4.2.2)得

$$p_{\mathrm{i}} - p(x,y,t)$$

$$
=\begin{cases}
-\dfrac{\mu}{4\pi Kh}\left[\left(Q_0-b_0t-b_0\dfrac{r^2}{4\chi}\right)\mathrm{Ei}\left(-\dfrac{r^2}{4\chi t}\right)-b_0t\exp\left(-\dfrac{r^2}{4\chi t}\right)\right] \\
\qquad\qquad\qquad\qquad\qquad\qquad\qquad(\text{一段},t_0<t<t_1) \\
-\dfrac{\mu}{4\pi Kh}\left[\left(Q_0-b_0t-b_0\dfrac{r^2}{4\chi}\right)\left\{\mathrm{Ei}\left(-\dfrac{r^2}{4\chi t}\right)-\mathrm{Ei}\left[-\dfrac{r^2}{4\chi(t-t_1)}\right]\right\}\right. \\
\quad\left.-b_0t\exp\left(-\dfrac{r^2}{4\chi t}\right)+b_0(t-t_1)\exp\left(-\dfrac{r^2}{4\chi(t-t_1)}\right)\right] \\
\quad-\dfrac{\mu}{4\pi Kh}\left\{\left(Q_1+b_1t_1-b_1t-b_1\dfrac{r^2}{4\chi}\right)\mathrm{Ei}\left[-\dfrac{r^2}{4\chi(t-t_1)}\right]\right. \\
\quad\left.-b_1(t-t_1)\exp\left(-\dfrac{r^2}{4\chi(t-t_1)}\right)\right\}\quad(\text{两段},t_1<t<t_2)
\end{cases}
\tag{4.2.4}
$$

对于一至两段水平线,由式(4.2.3)得

$$
p_{\mathrm{i}}-p(x,y,t)=\begin{cases}
-\dfrac{Q_1\mu}{4\pi Kh}\mathrm{Ei}\left(-\dfrac{r^2}{4\chi t}\right) \qquad\qquad (\text{一段},t_0<t<t_1) \\
-\dfrac{\mu}{4\pi Kh}\left[Q_1\left\{\mathrm{Ei}\left(-\dfrac{r^2}{4\chi t}\right)-\mathrm{Ei}\left[-\dfrac{r^2}{4\chi(t-t_1)}\right]\right\}\right. \\
\quad\left.+Q_2\mathrm{Ei}\left(-\dfrac{r^2}{4\chi(t-t_1)}\right)\right] \qquad (\text{两段},t_1<t<t_2)
\end{cases}
\tag{4.2.5}
$$

4.2.2 变产量的压力恢复

现在讨论任意变产量情形的压力恢复,即生产了时间 t_{p} 以后某 Δt 时刻的压力。这种情形与压力降落的区别体现在式(4.2.1)中为:① 源汇作用时间从 $t_0=0$ 到 $t_n=t_{\mathrm{p}}$,所以式中最后一个积分的上限由 t 改为 t_{p};② 要计算的是 $t_{\mathrm{p}}+\Delta t$ 时刻的压力(其中,Δt 是任意值),因而所有被积函数分母中的 t 是 $t_{\mathrm{p}}+\Delta t$,即 $t>t_{\mathrm{p}}$,而不是 $t>t_{n-1}$。这样一来,式(4.2.1)中的最后一项积分应为

$$
\begin{aligned}
&\int_{t_{n-1}}^{t_{\mathrm{p}}}\frac{Q_{n-1}-b_{n-1}(\tau-t_{n-1})}{t-\tau}\exp\left[-\frac{(x-x')^2+(y-y')^2}{4\chi(t-\tau)}\right]\mathrm{d}\tau \\
&\quad=-\left[Q_{n-1}-b_{n-1}(t-t_{n-1})\right]\left\{\mathrm{Ei}\left[-\frac{r^2}{4\chi(t-t_{n-1})}\right]-\mathrm{Ei}\left[-\frac{r^2}{4\chi(t-t_{\mathrm{p}})}\right]\right\} \\
&\qquad-b_{n-1}\frac{r^2}{4\chi}\left\{\frac{\mathrm{e}^{-u}}{u}\bigg|_{t_{n-1}}^{t_{\mathrm{p}}}+\mathrm{Ei}\left[-\frac{r^2}{4\chi(t-t_{n-1})}\right]+\mathrm{Ei}\left[-\frac{r^2}{4\chi(t-t_p)}\right]\right\}
\end{aligned}
\tag{4.2.6}
$$

所以,变产量压力恢复的表达式为

$$
p(x,y,t)=p_{\mathrm{i}}+\frac{\mu}{4\pi Kh}\sum_{j=1}^{n}\left[Q_{j-1}-(t-t_{j-1})b_{j-1}-b_{j-1}\frac{r^2}{4\chi}\right]
$$

$$\cdot \left\{\mathrm{Ei}\left[-\frac{r^2}{4\chi(t-t_{j-1})}\right]-\mathrm{Ei}\left[-\frac{r^2}{4\chi(t-t_j)}\right]\right\}$$

$$-\frac{\mu}{4\pi Kh}\sum_{j=1}^{n}\left\{b_{j-1}(t-t_{j-1})\exp\left[-\frac{r^2}{4\chi(t-t_{j-1})}\right]\right.$$

$$\left.-b_{j-1}(t-t_j)\exp\left[-\frac{r^2}{4\chi(t-t_j)}\right]\right\} \tag{4.2.7}$$

其中，$t_0=0, t_n=t_p, t=t_p+\Delta t$。对于产量随时间呈台阶式变化（即所谓多流量）的情形，$b_j=0\ (j=1,2,\cdots,n)$，Q_{j-1}改成Q_j（比较图4.1与图4.2可知）。所以，多流量的压力恢复解为

$$p(x,y,t)=p_i+\frac{\mu}{4\pi Kh}\sum_{j=1}^{n}Q_j\left\{\mathrm{Ei}\left[-\frac{r^2}{4\chi(t-t_{j-1})}\right]-\mathrm{Ei}\left[-\frac{r^2}{4\chi(t-t_j)}\right]\right\} \tag{4.2.8}$$

在4.1节中导出了定产量井情形的压力降落解（4.1.45）和压力恢复解（4.1.49）。4.2节中又导出了任意变产量井情形的压力降落解（4.2.2）和压力恢复解（4.2.7）以及多流量的压力解。这些解给出了地层中任意时刻的压力分布。它们含有幂积分函数$\mathrm{Ei}(-u)$项和指数函数e^{-u}项。当u值较小即t值较大时，$\mathrm{Ei}(-u)$可用$\ln u+\gamma$近似表示（见附录A2）；而e^{-u}可用$1-u$近似表示。经过这些近似处理后，井底压力p_w将与时间或时间的组合量在半对数坐标图中呈线性关系，从而建立起常规试井的理论基础，这将在4.7节中详细论述，详见著者（1987，1989a，1989b）。

对于压力的计算，有时人们为简单起见，将流量变化幅度较大的情形也当做定流量处理，即以一段时间的累计产量除以时间作为定流量值。这对于压力恢复情形计算的结果误差不算太大，但对于压力降落情形误差就很大了。这是因为压力降落是计算井正在生产时的压力，对流量很敏感。而压力恢复是计算关井以后的压力，似乎对流量史的“记忆”已逐渐模糊了。

4.3　无限大地层中的源汇分布

前两节研究了无限大地层中的点源问题。对于一些较为复杂的情形，需要研究源汇的连续分布，这可以用式（4.1.39）表示的瞬时点源解对源汇分布区的空间变量进行积分而求得。有了无限大平面中的解，则对某些特定边界情形可用镜像法求解。而有了各种一维情形的解以后，对于更复杂的多维问题，可以应用3.2.4小节中所述的Newman乘积原理求得解答。为此，本节研究无限大平面中的直线源、条带源、圆周源和圆面源。

4.3.1　无限大平面中的直线源

无限大平面中的直线源可以看做无限空间中的平面源。设在$t=\tau$瞬时沿直线$x=x_w$

的单位长度上采出的液量为 ds,它是二级小量。沿整条直线 $x=x_w$ 的流量

$$\int_{-\infty}^{\infty} ds dy = d\sigma \tag{4.3.1}$$

是一级小量。考虑 ds 随 y 变化的一般情形,将式(4.1.39)对 y 积分,给出瞬时直线源的压力为

$$\widetilde{p}(x,t) = p_i - \frac{1}{4\pi\phi c\chi(t-\tau)}\int_{-\infty}^{\infty} ds(y')\exp\left[-\frac{(x-x_w)^2+(y-y')^2}{4\chi(t-\tau)}\right]dy' \tag{4.3.2}$$

若 ds 沿直线 $x=x_w$ 是均匀分布的,即 ds 与 y 无关,则式(4.3.2)可写成

$$\widetilde{p}(x,t) = p_i - \frac{ds}{4\pi\phi c\chi(t-\tau)} e^{-\frac{(x-x_w)^2}{4\chi(t-\tau)}}\int_{-\infty}^{\infty} e^{-\frac{(y-y')^2}{4\chi(t-\tau)}}dy' \tag{4.3.3}$$

考虑到高斯积分公式

$$\int_0^{\infty} e^{-a^2x^2}dx = \frac{\sqrt{\pi}}{2a}\quad (a>0) \tag{4.3.4}$$

则式(4.3.3)积分的结果为

$$\widetilde{p}(x,t) = p_i - \frac{ds}{\phi c}\frac{\exp\left[-\frac{(x-x_w)^2}{4\chi(t-\tau)}\right]}{\sqrt{4\pi\chi(t-\tau)}} \tag{4.3.5}$$

对于源汇从时间 $t=0$ 到任意时刻 t 的持续源,且 ds 与时间有关的一般情形,令

$$\frac{ds(\tau)}{d\tau}d\tau = q_1(\tau)d\tau \tag{4.3.6}$$

则得持续源的压力分布

$$p(x,t) = p_i - \frac{1}{\phi c}\int_0^t q_1(\tau)\frac{\exp\left[-\frac{(x-x_w)^2}{4\chi(t-\tau)}\right]}{\sqrt{4\pi\chi(t-\tau)}}d\tau \tag{4.3.7}$$

注意:以上 ds,q_1 的量纲分别为[L]和[LT^{-1}],而 χt～[L^2]。

4.3.2 无限大平面中的条带源

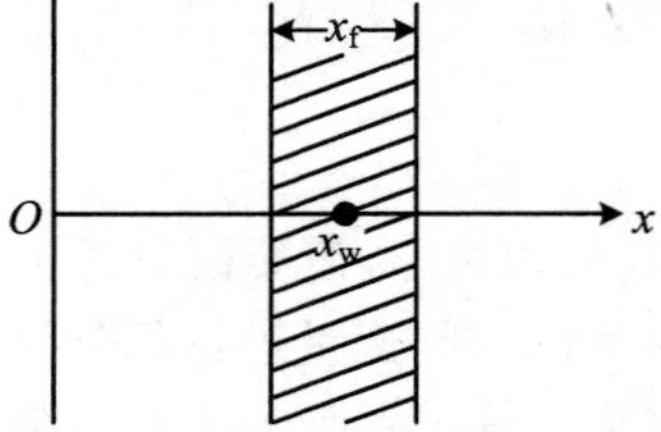

图 4.3 无限大平面中的条带源

无限大平面中的条带源就是无限空间中的厚板源。若源分布区域为宽度为 x_f 的无限长条带(即无限空间中厚度为 x_f 的板片区域),其中点 $x=x_w$ 如图 4.3 所示,且单位宽度条带区域在 $t=\tau$ 瞬时产出的液量为 dl,其中,$dl=ds/dx$ 为无量纲量,则由式(4.3.5)对变量 x 从 $x_w-x_f/2$ 到 $x_w+x_f/2$ 进行积分,给出瞬时条带源汇解

$$\widetilde{p}(x,t) = p_i - \frac{1}{\phi c\sqrt{4\pi\chi(t-\tau)}}\int_{x_w-\frac{x_f}{2}}^{x_w+\frac{x_f}{2}} dl\cdot\exp\left[-\frac{(x-x')^2}{4\chi(t-\tau)}\right]dx' \tag{4.3.8}$$

若 dl 与 x 无关,则式(4.3.8)积分的结果可用误差函数(或称概率积分)erf(x)表示(见附录 A3),即

$$\widetilde{p}(x,t) = p_i - \frac{dl}{2\phi c}\left\{\mathrm{erf}\left[\frac{x_f/2 + (x - x_w)}{\sqrt{4\chi(t-\tau)}}\right] + \mathrm{erf}\left[\frac{x_f/2 - (x - x_w)}{\sqrt{4\chi(t-\tau)}}\right]\right\} \quad (4.3.9)$$

对于时间从 0 到 t 的持续条带源，注意到

$$\int_0^t f(t-\tau)d\tau = \int_t^0 f(\tau')d(-\tau') = \int_0^t f(\tau)d\tau \quad (4.3.10)$$

其中，第一个等式成立是作变换 $t-\tau=\tau'$，则得

$$p(x,t) = p_i - \frac{dl}{2\phi c}\int_0^t \left\{\mathrm{erf}\left[\frac{x_f/2 + (x - x_w)}{\sqrt{4\chi\tau}}\right] + \mathrm{erf}\left[\frac{x_f/2 - (x - x_w)}{\sqrt{4\chi\tau}}\right]\right\}d\tau \quad (4.3.11)$$

4.3.3　无限大平面中的圆周源

无限大平面中的圆周源也就是无限空间中的圆筒源。设在 $t=\tau$ 瞬时，由半径为 r_0 的圆周上单位弧长 $ds = r_0 d\theta'$ 上产出的液量为 $ds(\theta')$。记场点 $M(r,\theta)$ 和源点 $M'(r_0,\theta')$ 的极角分别为 θ 和 θ'。这两点间距离为

$$r_s{}^2 = r_0^2 + r^2 - 2rr_0\cos(\theta' - \theta) \quad (4.3.12)$$

如图 4.4 所示。

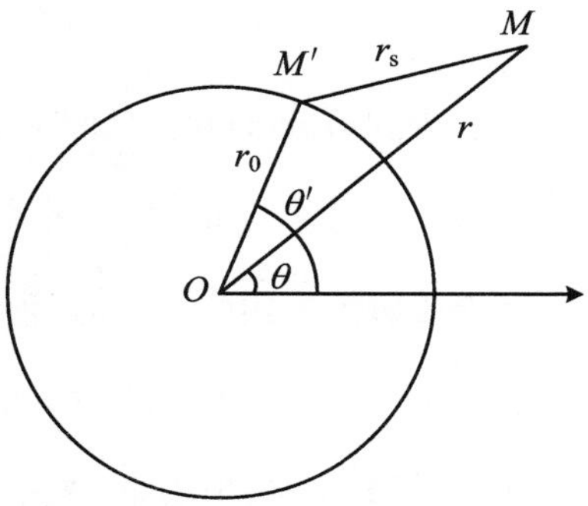

图 4.4　无限大平面中的圆周源

由式(4.1.39)对整个圆周进行积分，给出瞬时圆周源解

$$\widetilde{p}(r,\theta,t) = p_i - \int_0^{2\pi}\frac{ds(\theta')r_0}{4\pi\phi c\chi(t-\tau)}\exp\left[-\frac{r_0^2 + r^2 - 2r_0 r\cos(\theta'-\theta)}{4\chi(t-\tau)}\right]d\theta'$$

$$(t > \tau) \quad (4.3.13)$$

若瞬时源沿圆周均匀分布，源强度 ds 与 θ' 无关，且变量 θ 不出现，则式(4.3.13)积分给出

$$\widetilde{p}(r,t) = p_i - \frac{d\sigma}{4\pi\phi c\chi(t-\tau)}e^{-\frac{r_0^2+r^2}{4\chi(t-\tau)}}\mathrm{I}_0\left[\frac{rr_0}{2\chi(t-\tau)}\right] \quad (t>\tau) \quad (4.3.14)$$

其中，用到 $d\sigma = 2\pi r_0 ds$ 是整个圆周上的源强度，它的量纲为$[L^2]$，以及 $\mathrm{I}_0(z)$ 的积分表达式(见附录 B9 中式(B9.4))

$$\mathrm{I}_0(z) = \frac{1}{2\pi}\int_0^{2\pi}e^{z\cos\theta}d\theta \quad (4.3.15)$$

若源汇作用时间从 0 到 t，单位厚度地层源强度为 $q(\tau)$，即

$$\frac{d\sigma}{d\tau}d\tau = q(\tau)d\tau = \frac{Q(\tau)}{h}d\tau \quad (4.3.16)$$

则式(4.3.14)对时间积分，给出持续源压力解

$$p(r,t) = p_i - \frac{\mu}{4\pi Kh}\int_0^t\frac{Q(\tau)}{t-\tau}e^{-\frac{r_0^2+r^2}{4\chi(t-\tau)}}\mathrm{I}_0\left[\frac{rr_0}{2\chi(t-\tau)}\right]d\tau \quad (4.3.17)$$

4.3.4　无限大平面中的圆面源

无限大平面中的圆面源也就是无限空间中的圆柱源。考虑无限大平面中半径为 r_w 的

圆形区域中有源汇分布，则其瞬时源压力解可由式(4.3.14)对其中 $r_0=r'$从 0 到 r_w 进行积分给出，即

$$\widetilde{p}(r,t)=p_i-\frac{1}{2\phi c\chi(t-\tau)}\int_0^{r_w}\mathrm{d}l(r')r'\mathrm{e}^{-\frac{r^2+r'^2}{4\chi(t-\tau)}}\mathrm{I}_0\left[\frac{rr'}{2\chi(t-\tau)}\right]\mathrm{d}r' \quad (4.3.18)$$

作变量变换，令

$$u'=\frac{r'^2}{4\chi(t-\tau)},\quad u=\frac{r^2}{4\chi(t-\tau)},\quad u_w=\frac{r_w^2}{4\chi(t-\tau)},\quad \mathrm{d}u'=\frac{r'\mathrm{d}r'}{2\chi(t-\tau)} \quad (4.3.19)$$

若源强度 $\mathrm{d}l$ 与 r'无关，则式(4.3.18)可改写成

$$\widetilde{p}(r,t)=p_i-\frac{\mathrm{d}l}{\phi c}\mathrm{e}^{-u}\int_0^{u_w}\mathrm{e}^{-u'}\mathrm{I}_0(2\sqrt{uu'})\mathrm{d}u' \quad (4.3.20)$$

由附录 B 中式(B8.3)和式(B9.2)，有关系式

$$\mathrm{I}_0(2\sqrt{uu'})=\mathrm{J}_0(-\mathrm{i}2\sqrt{uu'})=\frac{1}{2\pi\mathrm{i}}\int_C\mathrm{e}^{v+\frac{uu'}{v}}\frac{\mathrm{d}v}{v} \quad (4.3.21)$$

将式(4.3.21)代入式(4.3.20)，得

$$\widetilde{p}(r,t)=p_i-\frac{\mathrm{d}l}{\phi c}\mathrm{e}^{-u}\frac{1}{2\pi\mathrm{i}}\int_C\mathrm{e}^{v}\left[\int_0^{u_w}\mathrm{e}^{-u'+\frac{uu'}{v}}\mathrm{d}u'\right]\frac{\mathrm{d}v}{v} \quad (4.3.22)$$

其中，C 是任意半径的圆周。方括号内的积分可直接写出，代回式(4.3.20)，得

$$\widetilde{p}(u,t)=p_i-\frac{\mathrm{d}l}{\phi c}\mathrm{e}^{-u}\frac{1}{2\pi\mathrm{i}}\int_C\frac{1}{v-u}\mathrm{e}^{v}\mathrm{d}v-\frac{\mathrm{d}l}{\phi c}\frac{1}{2\pi\mathrm{i}}\mathrm{e}^{-u-u_w}\int_C\frac{v+\frac{uu_w}{v}}{v-u}\mathrm{d}v \quad (4.3.23)$$

这样，经过变量变换式(4.3.19)以后，将原来对 r 的积分换成对 u 的积分。式(4.3.23)中，v 是对应于 u 的积分变量取圆周 C 上的值。利用积分回路 C 的任意性，我们可分成两种情形计算式(4.3.23)中的积分。

1. 第一种情形

计算源区域以外任一点的压力。对此，$r\geqslant r_w$，$u\geqslant u_w$。取积分回路 C 在源区以内，因而积分变量 $v<u$。于是式(4.3.23)右端第一个积分的被积函数在 C 内是解析的，积分为零。对右端第二个积分，可将 $1/(v-u)$展成如下幂级数：

$$\frac{1}{v-u}=-\frac{1}{u}\left(1+\frac{v}{u}+\frac{v^2}{u^2}+\cdots\right)=-\sum_{k=1}^{\infty}\frac{v^{k-1}}{u^k} \quad (4.3.24)$$

将此式代入式(4.3.23)的第二个积分，再利用式(B9.2)，则得均匀圆面源对圆外任意点诱导的压力为

$$\widetilde{p}(u,t)=p_i-\frac{\mathrm{d}l}{\phi c}\mathrm{e}^{-u-u_w}\sum_{k=1}^{\infty}\left(\sqrt{\frac{u_w}{u}}\right)^k\mathrm{I}_k(2\sqrt{uu_w}) \quad (4.3.25)$$

或用自变量(r,t)表示，注意到流量 $\mathrm{d}\sigma=\pi r_w^2\mathrm{d}l$，得

$$\widetilde{p}(r,t)=p_i-\frac{\mathrm{d}\sigma}{\phi c\pi r_w^2}\mathrm{e}^{-\frac{r^2+r_w^2}{4\chi(t-\tau)}}\sum_{k=1}^{\infty}\left(\frac{r_w}{r}\right)^k\mathrm{I}_k\left[\frac{r_w r}{2\chi(t-\tau)}\right]\quad(r\geqslant r_w) \quad (4.3.26)$$

有时我们特别关心源汇区边界上 $r=r_w$ 处的压力，显然有

$$\widetilde{p}(r_w,t) = p_i - \frac{d\sigma}{\pi r_w^2 \phi c} e^{-\frac{r_w^2}{2\chi(t-\tau)}} \sum_{k=1}^{\infty} I_k\left[\frac{r_w^2}{2\chi(t-\tau)}\right] \tag{4.3.27}$$

再讨论 $t\to\infty$ 即 $u\to 0$ 的渐近表达式，即晚期瞬时压力。利用附录 B 中式(B4.3)容易求得

$$\widetilde{p}(r_w,t) = p_i - \frac{d\sigma}{\pi r_w^2 \phi c} e^{-2u_w} \sum_{k=1}^{\infty} \frac{u_w{}^k}{k!} \quad (t\to\infty) \tag{4.3.28}$$

对于持续源，令 $d\sigma = q(\tau)d\tau$，则晚期压力为

$$p_w(t) = p_i - \frac{1}{\pi r_w^2 \varphi c}\int_{\tau_1}^{\tau_2} q(\tau) e^{-2u_w} \sum_{k=1}^{\infty} \frac{u_w{}^k}{k!} d\tau \tag{4.3.29}$$

2. 第二种情形

计算源汇区以内任一点的压力。对此，$r<r_w$，$u<u_w$。取积分回路 C 在源汇区以外，因而积分变量 $v>u$。这时，式(4.3.23)右端第一个积分的被积函数在 C 内有奇点。根据熟知的留数定理，这个积分

$$\frac{1}{2\pi i}\int_C \frac{e^v}{v-u} dv = e^u \tag{4.3.30}$$

对于第二个积分，可将 $1/(v-u)$ 展成如下幂级数：

$$\frac{1}{v-u} = \frac{1}{v}\left(1+\frac{u}{v}+\frac{u^2}{v^2}+\cdots\right) = \sum_{k=0}^{\infty}\frac{u^k}{v^{k+1}} \tag{4.3.31}$$

再利用式(B9.2)，可将式(4.3.23)中第二个积分写成

$$-\frac{1}{2\pi i}\sum_{k=0}^{\infty} u^k \int_C e^{v+\frac{uu_w}{v}} \frac{dv}{v^{k+1}} = -\sum_{k=0}^{\infty}\left(\frac{u}{u_w}\right)^{k/2} I_k(2\sqrt{uu_w}) \quad (u<u_w) \tag{4.3.32}$$

将式(4.3.30)和式(4.3.32)代回式(4.3.23)，即得瞬时圆面源对源汇区内部任一点诱导的压力为

$$\widetilde{p}(u,t) = p_i - \frac{dl}{\phi c}\left[1 - e^{-u-u_w}\sum_{k=0}^{\infty}\left(\frac{r}{r_w}\right)^k I_k(2\sqrt{uu_w})\right] \tag{4.3.33}$$

或用自变量(r,t)表示，写成

$$\widetilde{p}(r,t) = p_i + \frac{1}{\phi c}\frac{d\sigma}{\pi r_w^2}\left\{e^{-\frac{r_w^2+r^2}{4\chi(t-\tau)}}\sum_{k=0}^{\infty}\left(\frac{r}{r_w}\right)^k I_k\left[\frac{r_w r}{2\chi(t-\tau)}\right] - 1\right\} \quad (r<r_w) \tag{4.3.34}$$

当 $t\to\infty$，即 $r_w{}^2/[\chi(t-\tau)]\to 0$ 时，式(4.3.34)的渐近表达式为

$$\widetilde{p}(r,t\to\infty) = p_i + \frac{d\sigma}{\pi r_w^2 \phi c}\left\{e^{-\frac{r_w^2+r^2}{4\chi(t-\tau)}}\sum_{k=0}^{\infty}\left(\frac{r}{r_w}\right)^k \frac{1}{k!}\left(\frac{r_w r}{2\chi(t-\tau)}\right)^k - 1\right\} \quad (r<r_w) \tag{4.3.35}$$

对于持续源，将式(4.3.34)右端第二项对时间积分，就给出压力降落或压力恢复的结果。

有了以上几种无限大地层中的压力解，就可以进一步研究某些有直线边界情形的结果。

4.4 有直线边界地层中的源汇分布

前面几节给出了无限大平面的点源解和直线源解。对于有直线边界地层中的源汇分布,可用镜像法把它延拓到全平面。将瞬时实际源及其镜像的各个解叠加起来,就是我们所要的解。如第2章中所述:对于不透水边界,镜像源与实际源同号;对于定压边界,镜像源与实际源异号。

4.4.1 条带形地层中的直线源

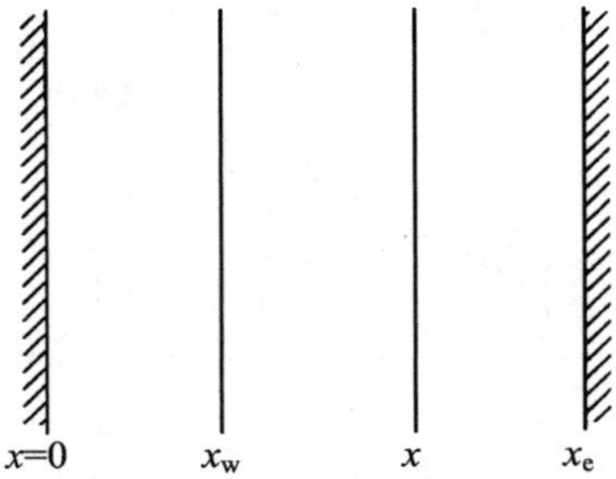

图 4.5 条带形地层中直线源

考虑平面条带形区域,两边边界分别位于 $x=0$ 和 $x=x_e$。源汇位于 $x=x_w$,如图4.5所示,要求任意场点 x 处的压力。

对于这种条带形区域,可分为三种不同的边界组合,即两端封闭、两端定压和混合边界。这里所说的混合边界是指一端封闭、另一端定压的边界组合。现在对两端封闭情形作详细分析。

根据镜像原理,所有的镜像源汇与实际源汇同号,其位置为

$$2nx_e + x_w \quad \text{和} \quad 2nx_e - x_w \quad (n\ \text{取所有整数})$$

按照无限大平面中直线源的结果(4.3.5)对实际源和镜像源进行叠加,给出

$$\widetilde{p}(x,t) = p_i - \frac{ds}{\phi c\sqrt{4\pi\chi(t-\tau)}}\sum_{n=-\infty}^{\infty}\left\{e^{-\frac{[x-(2nx_e+x_w)]^2}{4\chi(t-\tau)}} + e^{-\frac{[x-(2nx_e-x_w)]^2}{4\chi(t-\tau)}}\right\} \tag{4.4.1}$$

我们把这种瞬时源汇压力解称为指数函数形式解。从原则上说,有了这个结果问题就算解决了。但是这样的表达式计算起来不太方便,特别是当时间 t 变大时更是如此,因而要对式(4.4.1)加以改造。改造的手段是利用泊松(Poisson)求和公式(参看柯朗、希尔伯特,1981),即

$$\sum_{n=-\infty}^{\infty} f(\alpha n) = \frac{1}{\alpha}\sum_{m=-\infty}^{\infty} F\left(\frac{2\pi m}{\alpha}\right) \tag{4.4.2}$$

其中,F 是 f 的 Fourier 变换,即

$$F(\beta) = \int_{-\infty}^{\infty} f(y)e^{i\beta y}dy \tag{4.4.3}$$

$$f(y) = \frac{1}{2\pi}\int_{-\infty}^{\infty} F(\beta)e^{-iy\beta}d\beta \tag{4.4.4}$$

下面利用 Poisson 求和公式(4.4.2)对式(4.4.1)进行改写。在式(4.4.1)中,n 的系数为 $2x_e$,它对应于公式中原函数 f 内的 α,因而变换函数 F 内的 $\beta = 2\pi m/\alpha = \pi m/x_e$。式

(4.4.1)中的两个指数项分别为

$$f_1(\alpha n) = e^{-\frac{[\alpha n-(x-x_w)]^2}{4\chi(t-\tau)}}, \quad f_2(\alpha n) = e^{-\frac{[\alpha n-(x+x_w)]^2}{4\chi(t-\tau)}} \tag{4.4.5}$$

按照公式(4.4.1)可得如下关系:

$$\sum_{n=-\infty}^{\infty} e^{-\frac{[\alpha n-(x-x_w)]^2}{4\chi(t-\tau)}} = \frac{1}{2x_e}\sum_{m=-\infty}^{\infty} F_1\left(\frac{\pi m}{x_e}\right) \tag{4.4.6}$$

由 Fourier 变换式(4.4.3),令 $y=\alpha n=2nx_e$,则

$$F_1(\beta) = \int_{-\infty}^{\infty} e^{-\frac{[y-(x-x_w)]^2}{4\chi(t-\tau)}} \cdot e^{i\beta y}dy \tag{4.4.7}$$

作变量变换,令

$$z = \frac{y-(x-x_w)}{\sqrt{4\chi(t-\tau)}}, \quad y = (x-x_w) + z\sqrt{4\chi(t-\tau)} \tag{4.4.8}$$

则式(4.4.7)可写成

$$\begin{aligned} F_1(\beta) &= \int_{-\infty}^{\infty} e^{-z^2} e^{i\beta[\sqrt{4\chi(t-\tau)}z+(x-x_w)]}\sqrt{4\chi(t-\tau)}dz \\ &= \sqrt{4\chi(t-\tau)}\left\{e^{i\beta(x-x_w)}\int_{-\infty}^{\infty} e^{-z^2}e^{i\beta\sqrt{4\chi(t-\tau)}z}dz\right\} \end{aligned} \tag{4.4.9}$$

查 Fourier 变换表,可知式(4.4.9)中的积分结果为

$$\int_{-\infty}^{\infty} e^{-z^2} e^{i\sqrt{4\chi(t-\tau)}z}dz = \sqrt{\pi}e^{-\chi(t-\tau)\beta^2} = \sqrt{\pi}e^{-\frac{m^2\pi^2\chi(t-\tau)}{x_e^2}} \tag{4.4.10}$$

将积分结果(4.4.10)代入式(4.4.9),得

$$F_1(\beta) = \sqrt{4\pi\chi(t-\tau)}\left[\cos\frac{m\pi(x-x_w)}{x_e} + i\sin\frac{m\pi(x-x_w)}{x_e}\right]e^{-\frac{m^2\pi^2\chi(t-\tau)}{x_e^2}} \tag{4.4.11}$$

同理,$f_2(\alpha n)$积分求和变成 $F_2(\beta)$为

$$F_2(\beta) = \sqrt{4\pi\chi(t-\tau)}\left[\cos\frac{m\pi(x+x_w)}{x_e} + i\sin\frac{m\pi(x+x_w)}{x_e}\right]e^{-\frac{m^2\pi^2\chi(t-\tau)}{x_e^2}} \tag{4.4.12}$$

用式(4.4.11)和式(4.4.12)右端替换式(4.4.1)中的指数项,最后得

$$\tilde{p}(x,t) = p_i - \frac{ds}{\phi c x_e}\left\{1 + 2\sum_{m=1}^{\infty}\exp\left[-\frac{m^2\pi^2\chi(t-\tau)}{x_e^2}\right]\cos\frac{m\pi x_w}{x_e}\cos\frac{m\pi x}{x_e}\right\} \tag{4.4.13}$$

我们把这种瞬时源汇压力解称为指数-三角函数形式解。根据以上分析,可将这类镜像问题的解法步骤归纳如下:

(1) 根据镜像原理确定同号源像 $+q$ 和异号源像 $-q$ 的坐标位置。

(2) 按照瞬时单个源解进行叠加,给出指数函数形式的级数解。

(3) 利用 Poisson 求和公式(4.4.2)将指数函数形式的解改写成指数-三角函数形式的解。

按照类似的方法,可以求得两端定压和两端混合情形的指数-三角函数形式的解分别为

$$\widetilde{p}(x,t)=p_i-\frac{2ds}{\phi c x_e}\sum_{m=1}^{\infty}\exp\left[-\frac{m^2\pi^2\chi(t-\tau)}{x_e^2}\right]\sin\frac{m\pi x_w}{x_e}\sin\frac{m\pi x}{x_e} \tag{4.4.14}$$

$$\widetilde{p}(x,t)=p_i-\frac{2ds}{\phi c x_e}\sum_{m=1}^{\infty}\left\{\exp\left[-\frac{(2m-1)^2\pi^2\chi(t-\tau)}{4x_e^2}\right]\right.$$
$$\left.\cdot\cos\frac{(2m-1)\pi x_w}{2x_e}\cos\frac{(2m-1)\pi x}{2x_e}\right\} \tag{4.4.15}$$

对条带形区域($0\leqslant x\leqslant x_e$)中的直线源解(4.4.13)~(4.4.15)作进一步分析发现:这个解与第3章中用分离变量法求得的解是一致的。这里的 β 就是那里的特征值;这里的三角函数就是那里的特征函数。在式(4.4.13)中级数前多出个1,只要参看表3.1中第6行就清楚了。

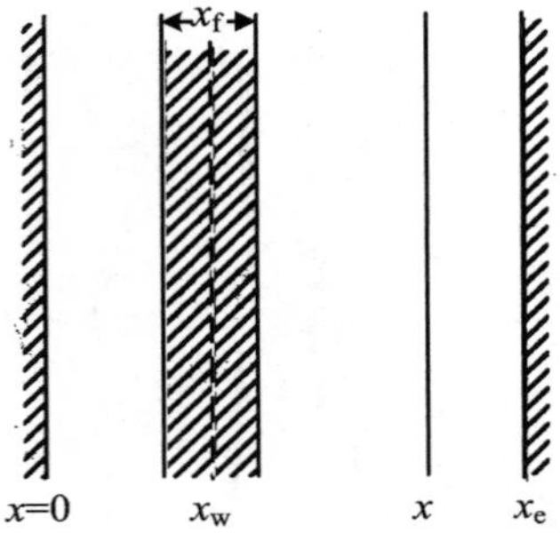

图 4.6 条带形地层中条带源

4.4.2 条带形地层中的条带源

考虑条带形区域,两端边界位于 $x=0$ 和 $x=x_e$。条带源宽度为 x_f,其中点为 x_w,如图4.6所示。显然,这个问题可根据镜像原理延拓到全平面,再利用4.3.2小节中无限大平面内条带源解(4.3.8)或(4.3.9)进行叠加给出。根据4.4.1小节归纳的步骤分析如下:

(1) 镜像源中点的位置仍为 $2nx_e\pm x_w$。

(2) 对无限大平面单个条带源的解进行叠加,单个条带源的解由式(4.3.8)或式(4.3.9)给出,所以有

$$\widetilde{p}(x,t)=p_i-\frac{dl}{\phi c\sqrt{4\pi\chi(t-\tau)}}\left\{\sum_{n=-\infty}^{\infty}\int_{x_w-x_{f/2}}^{x_w+x_{f/2}}e^{-\frac{[(x-2nx_e)-x']^2}{4\chi(t-\tau)}}dx'\right.$$
$$\left.+\sum_{n=-\infty}^{\infty}\int_{x_w-x_{f/2}}^{x_w+x_{f/2}}e^{-\frac{[(x-2nx_e)+x']^2}{4\chi(t-\tau)}}dx'\right\} \tag{4.4.16}$$

(3) 利用 Poisson 求和公式(4.4.2),令 $y=2nx_e$,$\beta_m=\dfrac{m\pi}{x_e}$,$\alpha=2x_e$,则式(4.4.16)可改写成

$$\widetilde{p}(x,t)=p_i-\frac{dl}{\phi c\sqrt{4\pi\chi(t-\tau)}}\left\{\frac{1}{2x_e}\sum_{m=-\infty}^{\infty}\int_{-\infty}^{\infty}\left[\int_{x_w-x_{f/2}}^{x_w+x_{f/2}}e^{-\frac{[(x-y)-x']^2}{4\chi(t-\tau)}}dx'\right.\right.$$
$$\left.\left.+\int_{x_w-x_{f/2}}^{x_w+x_{f/2}}e^{-\frac{[(x-y)+x']^2}{4\chi(t-\tau)}}dx'\right]e^{i\beta_m y}dy\right\} \tag{4.4.17}$$

式(4.4.17)先对 y 积分,并利用公式(4.3.4),得到

$$\widetilde{p}(x,t)=p_i-\frac{dl}{\phi c}\left\{\frac{1}{2x_e}\sum_{m=-\infty}^{\infty}e^{-\chi\beta_m^2(t-\tau)}e^{i\beta_m x}\int_{x_w-x_{f/2}}^{x_w+x_{f/2}}2\cos\beta_m x'dx'\right\} \tag{4.4.18}$$

式(4.4.18)从 $-\infty$ 到 $+\infty$ 求和可写成 $m=0$ 加上两倍从1到 ∞ 求和,化简的结果给出

$$\widetilde{p}(x,t)=p_i-\frac{dl}{\phi c}\cdot\frac{x_f}{x_e}\left\{1+\frac{4x_e}{\pi x_f}\sum_{m=1}^{\infty}\frac{1}{m}\exp\left[-\frac{\pi^2m^2\chi(t-\tau)}{x_e^2}\right]\right.$$

$$\cdot \sin\frac{m\pi x_f}{2x_e}\cos\frac{m\pi x_w}{x_e}\cos\frac{m\pi x}{x_e}\Bigg\} \tag{4.4.19}$$

用类似的方法可以求得两端定压和混合边界的条带形地层中条带源的压力分布分别为

$$\widetilde{p}(x,t) = p_i - \frac{dl}{\phi c}\frac{4}{\pi}\sum_{m=1}\Bigg\{\frac{1}{m}\exp\left[-\frac{m^2\pi^2\chi(t-\tau)}{x_e^2}\right]$$

$$\cdot \sin\frac{m\pi x_f}{2x_e}\sin\frac{m\pi x_w}{x_e}\sin\frac{m\pi x}{x_e}\Bigg\} \tag{4.4.20}$$

$$\widetilde{p}(x,t) = p_i - \frac{dl}{\phi c}\frac{8}{\pi}\sum_{m=1}^{\infty}\Bigg\{\frac{1}{2m-1}\exp\left[-\frac{(2m-1)^2\pi^2\chi(t-\tau)}{4x_e^2}\right]$$

$$\cdot \cos\frac{(2m-1)\pi x_w}{2x_e}\sin\frac{(2m-1)\pi x_f}{4x_e}\cos\frac{(2m-1)\pi x}{2x_e}\Bigg\} \tag{4.4.21}$$

对于持续条带源，将式(4.4.19)～式(4.4.21)对源汇持续时间进行积分，即得所要求的压力分布。

4.4.3 基本瞬时源函数表

以上几节求得了若干简单的一维情形瞬时源汇解。我们称$(p_i - \widetilde{p})\phi c/\delta$ 的表达式为基本瞬时源函数。这里，δ 包括 dl，ds，$d\sigma$ 和 dV，它们的量纲依次为长度的 0，1，2，3 次方。为查阅方便，现将以上几节导出的瞬时源函数汇总后列于表 4.1 中。有了这些基本瞬时源函数，再利用 Newman 乘积方法，将构成各种复杂多维情形的源函数，从而为油气田开发应用奠定了重要的理论基础。这将在下一节中详细论述。

4.5 Newman 乘积法、多维瞬时源函数和格林函数

前几节我们研究了若干一维情形的瞬时源函数，称为基本瞬时源函数，并将它们列于表 4.1 中。但油气田开发中的实际问题一般是多维的，本节将利用Newman乘积法给出某些多维问题的瞬时源函数。

4.5.1 Newman 乘积法

该方法最初用于求解三维热传导问题。Newman(1936)从理论上证明：若初始时刻整个物体上温度均匀，其后在该物体表面上维持温度不变，则这种三维物体上的温度分布可通过三个一维温度分布的适当乘积求得。对于一般的边界条件，Carslaw 等(1959)讨论了这个方法的应用原则。若三个一维问题的边界条件和初始条件的乘积能得到三维问题适当的边界条件和初始条件，则这种乘积法就是适合的。

由于热传导问题与渗流问题在数学上的某些共性，Newman 乘积法很自然地被应用于

多维渗流问题的瞬时源函数。Gringarten 等(1973)讨论了这个问题,即一个多维油藏可看做二至三个一维"油藏"的相交,或一维与二维油藏的相交,其多维源函数是多个一维源函数的乘积。相交以后,几个一维共有的流动区域构成一个多维流动区域;几个一维共有的源汇分布区构成一个多维的源汇分布区;边界条件则由一维边界条件的适当组合给出。下面举例说明。

1. 无限大空间一个点源

这个三维瞬时源函数可用 x,y,z 三个方向的无限大空间平面源(即无限大平面直线源)的瞬时源函数相乘给出。我们用表 4.1 中罗马数字表示为Ⅱ(x)·Ⅱ(y)·Ⅱ(z),所以有

$$p_i-\widetilde{p}(x,y,z,t)=\frac{dV}{\phi c}\frac{1}{8[\pi\chi(t-\tau)]^{3/2}}\exp\left[-\frac{(x-x_w)^2+(y-y_w)^2+(z-z_w)^2}{4\chi(t-\tau)}\right]\tag{4.5.1}$$

2. 矩形地层中的铅直井

这个二维瞬时源函数可用两个基本瞬时源函数的乘积给出。若垂直于 x 轴的边界是定压的,而垂直于 y 轴的边界是封闭的,该瞬时源函数为Ⅷ(x)Ⅶ(y),则有

$$\begin{aligned}p_i-\widetilde{p}(x,y,t)=&\frac{d\sigma}{\phi c}\frac{2}{x_e}\sum_{n=1}^{\infty}\exp\left[-\frac{\pi^2n^2\chi(t-\tau)}{x_e^2}\right]\sin\frac{n\pi x_w}{x_e}\sin\frac{n\pi x}{x_e}\\&\cdot\frac{1}{y_e}\left\{1+2\sum_{n=1}^{\infty}\exp\left[-\frac{\pi^2n^2\chi(t-\tau)}{y_e^2}\right]\cos\frac{n\pi y_w}{y_e}\cos\frac{n\pi y}{y_e}\right\}\end{aligned}\tag{4.5.2}$$

3. 矩形封闭地层中的铅直裂缝井

现代采油工艺中通常用高压水将井筒压裂,以提高油井产量。根据地层岩石应力的不同情况,压出裂缝的走向也有所不同。在数学处理上分为铅直裂缝和水平裂缝。对于矩形封闭地层,设裂缝与某一边平行,例如与 x 轴平行。裂缝长为 $2x_f$,不考虑裂缝宽度,则该二维瞬时源函数由Ⅹ(x)Ⅶ(y)给出,即条带形地层中的条带源乘以条带形地层中的直线源得到矩形地层中的铅直薄裂缝源,所以有

$$\begin{aligned}&p_i-\widetilde{p}(x,y,t)\\&\quad=\frac{ds}{\phi c}\frac{2x_f}{x_e}\left\{1+\frac{2x_e}{\pi x_f}\sum_{n=1}^{\infty}\frac{1}{n}\exp\left[-\frac{n^2\pi^2\chi(t-\tau)}{x_e^2}\right]\sin\frac{n\pi x_f}{x_e}\cos\frac{n\pi x_w}{x_e}\cos\frac{n\pi x}{x_e}\right\}\\&\qquad\cdot\frac{1}{y_e}\left\{1+2\sum_{n=1}^{\infty}\exp\left[-\frac{n^2\pi^2\chi(t-\tau)}{y_e^2}\right]\cos\frac{n\pi y_w}{y_e}\cos\frac{n\pi y}{y_e}\right\}\end{aligned}\tag{4.5.3}$$

4. 无限大地层中的水平裂缝井

设离封闭底层 z_w 处有半径为 r_f 的圆片状水平裂缝,圆片中心在铅直井轴上,则水平裂缝中的瞬时源函数可用无限大地层中半径为 r_f 的圆面源($r<r_f$)和 z 向条带形地层中的直线源这两个基本瞬时源函数的乘积给出,即由Ⅵ(r)Ⅶ(z)给出。所以,对水平裂缝内任意一点($r<r_f$),有

表 4.1　基本瞬时源函数汇总表*

序号	地层情况与边界条件	源汇分布情况	$\frac{\phi c}{\delta}[p_i - p(\xi,t)]$　($\xi = x$ 或 r)	公式号
Ⅰ	无限大平面	点源	$\exp\left(-\frac{r^2}{4\chi t}\right)\Big/(4\pi\chi t)$	(4.1.19)
Ⅱ	无限大平面	直线源	$\exp\left[-\frac{(x-x_w)^2}{4\chi t}\right]\Big/\sqrt{4\pi\chi t}$	(4.3.5)
Ⅲ	无限大平面	条带源	$\frac{1}{2}\left\{\mathrm{erf}\left[\frac{x_{f/2}+(x-x_w)}{\sqrt{4\chi t}}\right]+\mathrm{erf}\left[\frac{x_{f/2}-(x-x_w)}{\sqrt{4\chi t}}\right]\right\}$	(4.3.9)
Ⅳ	无限大平面	圆周源	$\frac{1}{4\pi\chi t}\mathrm{I}_0\left(\frac{rr_0}{2\chi t}\right)\exp\left(-\frac{r_0^{\ 2}+r^2}{4\chi t}\right)$	(4.3.14)
Ⅴ	无限大平面	圆面源($r \geqslant r_w$)	$\frac{1}{\pi r_w^{\ 2}}\exp\left(-\frac{r_w^{\ 2}+r^2}{4\chi t}\right)\sum_{k=1}^{\infty}\left(\frac{r_w}{r}\right)^k\mathrm{I}_k\left(\frac{r_w r}{2\chi t}\right)$	(4.3.26)
Ⅵ	无限大平面	圆面源($r < r_w$)	$\frac{1}{\pi r_w^{\ 2}}\left[\exp\left(-\frac{r_w^{\ 2}+r^2}{4\chi t}\right)\sum_{k=0}^{\infty}\left(\frac{r}{r_w}\right)^k\mathrm{I}_k\left(\frac{r_w r}{2\chi t}\right)-1\right]$	(4.3.35)

续表

序号	地层情况与边界条件	源汇分布情况	$\frac{\phi c}{\delta}[p_i - p(\xi,t)]$ （$\xi = x$ 或 r）	公式号
Ⅶ	条带形，封闭边界	直线源	$\frac{1}{x_e}\left[1+2\sum_{n=1}^{\infty}\exp\left(-\frac{n^2\pi^2\chi t}{x_e^2}\right)\cos\frac{n\pi x_w}{x_e}\cos\frac{n\pi x}{x_e}\right]$	(4.4.13)
Ⅷ	条带形，定压边界	直线源	$\frac{2}{x_e}\sum_{n=1}^{\infty}\exp\left(-\frac{n^2\pi^2\chi t}{x_e^2}\right)\sin\frac{n\pi x_w}{x_e}\sin\frac{n\pi x}{x_e}$	(4.4.14)
Ⅸ	条带形，混合边界	直线源	$\frac{2}{x_e}\sum_{n=1}^{\infty}\exp\left[-\frac{(2n-1)^2\pi^2\chi t}{4x_e^2}\right]\cos\frac{(2n-1)\pi x_w}{2x_e}\cos\frac{(2n-1)\pi x}{2x_e}$	(4.4.15)
Ⅹ	条带形，封闭边界	条带源	$\frac{x_f}{x_e}\left[1+\frac{4x_e}{\pi x_f}\sum_{n=1}^{\infty}\frac{1}{n}\exp\left(-\frac{n^2\pi^2\chi t}{x_e^2}\right)\sin\frac{n\pi x_f}{2x_e}\cos\frac{n\pi x_w}{x_e}\cos\frac{n\pi x}{x_e}\right]$	(4.4.19)
Ⅺ	条带形，定压边界	条带源	$\frac{4}{\pi}\sum_{n=1}^{\infty}\frac{1}{n}\exp\left(-\frac{n^2\pi^2\chi t}{x_e^2}\right)\sin\frac{n\pi x_f}{2x_e}\sin\frac{n\pi x_w}{x_e}\sin\frac{n\pi x}{x_e}$	(4.4.20)
Ⅻ	条带形，混合边界	条带源	$\frac{8}{\pi}\sum_{n=1}^{\infty}\frac{1}{2n-1}\exp\left[-\frac{(2n-1)^2\pi^2\chi t}{4x_e^2}\right]\sin\frac{(2n-1)\pi x_f}{4x_e}\cos\frac{(2n-1)\pi x_w}{2x_e}\cos\frac{(2n-1)\pi x}{2x_e}$	(4.4.21)

* 本表最初由 Gringarten 等(1973) 给出。其中，Ⅸ，Ⅻ 本书作了更正；Ⅴ，Ⅵ 由本书补充给出。

$$p_i - \widetilde{p}(r,z,t) = \frac{dV}{\phi c}\frac{1}{\pi r_f^2}\left\{\exp\left[-\frac{r_f^2+r^2}{4\chi(t-\tau)}\right]\sum_{k=0}^{\infty}\left(\frac{r}{r_f}\right)^k I_k\left[\frac{2r_f r}{2\chi(t-\tau)}\right]-1\right\}$$
$$\cdot\frac{1}{h^*}\left\{1+2\sum_{n=1}^{\infty}\exp\left[-\frac{n^2\pi^2\chi_V(t-\tau)}{h^{*2}}\right]\cos\frac{n\pi z_w}{h^*}\cos\frac{n\pi z}{h^*}\right\}$$
(4.5.4)

其中，h 是地层厚度；$\chi_V = K_V/(\phi\mu c)$，K_V 是铅直方向渗透率；$h^* = h\sqrt{K_H/K_V}$，K_H 是水平方向渗透率。

5. 无限大地层中单个水平井

设地层上顶和下底均为不透水层；地层厚度为 h；x 方向和 y 方向渗透率为 K_H；z 方向渗透率为 K_V，则首先要按变换式(1.9.19)将渗流方程化为标准形式(1.9.20)，或用 $z^* = z\sqrt{K_H/K_V}$，$h^* = h\sqrt{K_H/K_V}$表示。若水平井离下底为 z_w，井长为 $2L$。取 z 轴通过井的中点；x 轴与井筒轴平行。于是，该三维源函数可用 x 方向为无限大平面中宽为 $2L$ 的条带源、y 方向为无限大平面中的直线源、z 方向为上下封闭条带形区域中的直线源这三个瞬时源函数的乘积给出，即为Ⅲ$(x, x_{f/2=L})$Ⅱ(y)Ⅶ$(z^*, z_e = h^*)$，所以有

$$p_i - \widetilde{p}(x,y,z,t)$$
$$= \frac{dV}{\phi c}\frac{1}{2}\left\{\mathrm{erf}\left[\frac{L+(x-x_w)}{\sqrt{4\chi(t-\tau)}}\right]+\mathrm{erf}\left[\frac{L-(x-x_w)}{\sqrt{4\chi(t-\tau)}}\right]\right\}\cdot\frac{1}{\sqrt{4\pi\chi(t-\tau)}}\exp\left[-\frac{(y-y_w)^2}{4\chi(t-\tau)}\right]$$
$$\cdot\frac{1}{h^*}\left\{1+2\sum_{n=1}^{\infty}\exp\left[-\frac{n^2\pi^2\chi_V(t-\tau)}{(h^*)^2}\right]\cos\frac{n\pi z_w}{h}\cos\frac{n\pi z}{h}\right\} \quad (4.5.5)$$

按照所取的坐标系，z 轴通过井长的中点，则在式(4.5.5)中，$x_w = 0$，$y_w = 0$。Daviau 等(1988)，Ozkan 等(1989)，Kuchuk 等(1991)，Xu 等(1996)以及徐献芝、孔祥言和卢德唐等(1996a,1996b)对比进行了水平井的压力分析。

4.5.2 分支水平井

分支水平井是在一个主铅直井下面向各个不同方向钻出若干个水平井。它可以是从上覆盖层逐渐转向水平，使水平井进入目的层(储集层)；也可以是从原铅直井的储集层段钻出水平井，这有时称为下水道式水平井。

仍考虑水平方向渗透率 K_H 与铅直方向渗透率 K_V 不相等的情形，并认为几个分支水平井在同一层位上，记

$$\overline{K} = K_V/K_H,\quad z^* = z/\sqrt{\overline{K}},\quad \chi = K_H/(\phi\mu c) \quad (4.5.6)$$

则渗流偏微分方程可写成

$$\frac{\partial^2 p}{\partial x^2}+\frac{\partial^2 p}{\partial y^2}+\frac{\partial^2 p}{\partial z^{*2}} = \frac{1}{\chi}\frac{\partial p}{\partial t} \quad (4.5.7)$$

为了研究分支水平井的瞬时源函数，可以先研究 xy 平面上任意直线段的源函数，然后将几个不同方向的线段源叠加起来，就是分支水平井在 xy 方向的源函数。再乘以表 4.1 中Ⅹ(z)，Ⅺ(z)或Ⅻ(z)所表示的源函数，就构成所要求的瞬时源函数。Kong 等(1996)，孔祥

言、徐献芝和卢德唐(1996c,1997)对此进行了系统的研究。

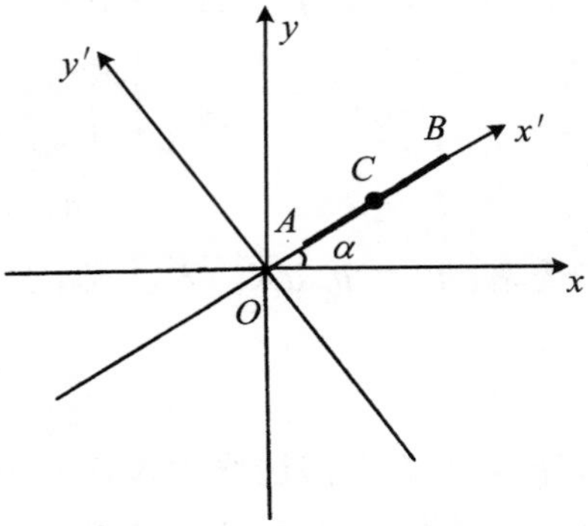

图 4.7 平面上线段源

1. xy 平面的源函数

考虑 xy 平面上的线段源 AB。它与 x 轴的夹角为 α,长度为 $2L$,中点为 C,$OC=L_w$(如果是下水道式分支水平井,$L_w=L$),如图 4.7 所示。对于这样的问题,可作一坐标旋转,即先在 $x'y'$ 坐标系中讨论,求出源函数后再作反变换。在 $x'y'$ 坐标系中,其瞬时源函数是 x' 方向无限大平面中的条带源与 y' 方向无限大平面中的直线源的乘积,即Ⅲ$(x', x_f=2L; x_w=L_w)$Ⅱ$(y', y_w=0)$。变回 xy 坐标系中,得到 xy 平面上直线段 AB 的瞬时源函数为

$$\begin{aligned} G_{xy} &= G(x,y,t-\tau) \\ &= \frac{1}{2}\frac{1}{\sqrt{4\pi\chi(t-\tau)}}\exp\left[-\frac{(-x\sin\alpha+y\cos\alpha)^2}{4\chi(t-\tau)}\right] \\ &\quad\cdot\left\{\mathrm{erf}\left[\frac{L+(x\cos\alpha+y\sin\alpha-L_w)}{\sqrt{4\chi(t-\tau)}}\right]+\mathrm{erf}\left[\frac{L-(x\cos\alpha+y\sin\alpha-L_w)}{\sqrt{4\chi(t-\tau)}}\right]\right\} \end{aligned} \tag{4.5.8}$$

实际上,这个表达式也可由无限大平面中点源的源函数式(4.1.19)沿线段 AB 积分直接求出。读者可作为习题自己运算。

如果有 N 个线段源,其延长线均通过坐标原点,它们与 x 轴的夹角分别为 $\alpha_1,\alpha_2,\cdots,\alpha_N$,其半长度分别为 $L_1,L_2,\cdots,L_N$,其中,点至坐标原点的距离分别为 $L_{w_1},L_{w_2},\cdots,L_{w_N}$,则其源函数为

$$\begin{aligned} G_{xy} = G(x,y,t-\tau) = \frac{1}{2}\frac{1}{\sqrt{4\pi\chi(t-\tau)}}\sum_{i=1}^{N}\Bigg\{&\exp\left[-\frac{(-x\sin\alpha_i+y\cos\alpha_i)^2}{4\chi(t-\tau)}\right] \\ &\cdot\left\{\mathrm{erf}\left[\frac{L_i+(x\cos\alpha_i+y\sin\alpha_i-L_{w_i})}{4\chi(t-\tau)}\right]\right. \\ &\left.+\mathrm{erf}\left[\frac{L_i-(x\cos\alpha_i+y\sin\alpha_i-L_{w_i})}{4\chi(t-\tau)}\right]\right\}\Bigg\} \end{aligned} \tag{4.5.9}$$

2. 无量纲压力

现在将式(4.5.9)表示成无量纲形式。为此,引进下列无量纲量:

$$\begin{gathered} x_D=\frac{x}{L},\quad y_D=\frac{y}{L},\quad z_D=\frac{z^*}{h^*}=\frac{z}{h},\quad z_{wD}=\frac{z_w}{h},\quad L_{wD}=\frac{L_w}{L} \\ L_D=\frac{L}{h^*},\quad t_D=\frac{K_H t}{\phi\mu c L^2},\quad p_D=\frac{2\pi K_H h^*[p_i-p(x,y,z,t)]}{Qu} \end{gathered} \tag{4.5.10}$$

其中,$Q=Q_N/N=2L\mathrm{d}V/\mathrm{d}\tau$ 是单支水平井的平均产量,Q_N 是分支水平井的总产量。对于一般情形的分支水平井,可引进平均半径

$$L_a = \frac{L_1 + L_2 + \cdots + L_N}{N}, \quad x_D = \frac{x}{L_a}$$
$$L_{iD} = \frac{L_i}{L_a}, \quad L_{wiD} = \frac{L_{wi}}{L_a}, \quad t_D = \frac{K_H t}{\phi\mu c L_a^2} \tag{4.5.11}$$

为简洁起见，τ 无量纲化以后仍用 τ 表示，则式(4.5.9)写成无量纲形式为

$$G_{xy}' = 4\sqrt{\pi}L_a G_{xy} = \sum_{i=1}^{N} \frac{1}{\sqrt{\tau}}\exp\left[-\frac{(-x_D\sin\alpha_i + y_D\cos\alpha_i)^2}{4\tau}\right]$$
$$\cdot \left\{\mathrm{erf}\left[\frac{L_{iD} + (x_D\cos\alpha_i + y_D\sin\alpha_i - L_{wiD})}{2\sqrt{\tau}}\right] + \mathrm{erf}\left[\frac{L_{iD} - (x_D\cos\alpha_i + y_D\sin\alpha_i - L_{wiD})}{2\sqrt{\tau}}\right]\right\} \tag{4.5.12}$$

再讨论 z 方向的源函数。考虑上顶、下底均为不透水(即上下封闭)、均为定压(即有气顶和底水)和一个封闭一个定压(即上下混合)这三种情形，按照表4.1中Ⅷ(z)～Ⅸ(z)，并用于各向异性介质，则 $G_z = G(z, t-\tau) = \sqrt{\overline{K}}G_z'/h$ 的无量纲形式分别为

$$G'(z_D, t_D - \tau) = 1 + 2\sum_{n=1}^{N}\exp(-n^2\pi^2\overline{K}L_D^2\tau)\cos n\pi z_{wD}\cos n\pi z_D \tag{4.5.13}$$

$$G'(z_D, t_D - \tau) = 2\sum_{n=1}^{N}\exp(-n^2\pi^2\overline{K}L_D{}^2\tau)\sin n\pi z_{wD}\sin n\pi z_D \tag{4.5.14}$$

$$G'(z_D, t_D - \tau) = 2\sum_{n=1}^{\infty}\exp\left[-\frac{(2n-1)^2\pi^2\overline{K}L_D^2\tau}{4}\right]\cos\frac{(2n-1)\pi z_{wD}}{2}\cos\frac{(2n-1)\pi z_D}{2} \tag{4.5.15}$$

由以上定义的无量纲量，最后得持续源无量纲压力的表达式为

$$p_D(x_D, y_D, z_D, t_D) = \frac{\sqrt{\pi}}{4}\int_0^{t_D} G_{xy}'G_z'\mathrm{d}\tau \tag{4.5.16}$$

对于几种常用的特殊情形，如图4.8所示，其井长 L_{iD}、井中点距 L_{wiD} 分别相等，由式(4.5.12)表示的 G_{xy}' 可分别简化为

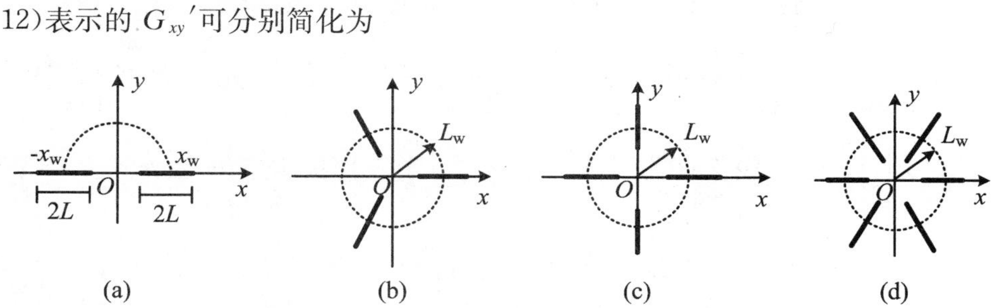

图4.8　几种常用分支水平井的布局

(1) 二分支水平井成一线(或单个水平井垂直于直线断层)，见图4.8(a)，则

$$G_{xy}' = \frac{1}{\sqrt{\tau}}\exp\left(-\frac{y_D^2}{4\tau}\right)\left\{\operatorname{erf}\left[\frac{1+(x_D-x_{wD})}{2\sqrt{\tau}}\right]+\operatorname{erf}\left[\frac{1-(x_D-x_{wD})}{2\sqrt{\tau}}\right]\right.$$
$$\left.+\operatorname{erf}\left[\frac{1+(x_D+x_{wD})}{2\sqrt{\tau}}\right]+\operatorname{erf}\left[\frac{1-(x_D+x_{wD})}{2\sqrt{\tau}}\right]\right\} \tag{4.5.17}$$

(2) 三分支水平井等夹角(或 120°尖灭角内位于角平分线上的单个水平井),见图 4.8(b),则

$$G_{xy}' = \frac{1}{\sqrt{\tau}}\exp\left(-\frac{y_D^2}{4\tau}\right)\left\{\operatorname{erf}\left[\frac{1+(x_D-L_{wD})}{2\sqrt{\tau}}\right]+\operatorname{erf}\left[\frac{1-(x_D-L_{wD})}{2\sqrt{\tau}}\right]\right\}$$
$$+\frac{1}{\sqrt{\tau}}\exp\left[-\frac{(\sqrt{3}x_D+y_D)^2}{16\tau}\right]\left\{\operatorname{erf}\left[\frac{2-(x_D-\sqrt{3}y_D+2L_{wD})}{4\sqrt{\tau}}\right]\right.$$
$$\left.+\operatorname{erf}\left[\frac{2+(x_D-\sqrt{3}y_D+2L_{wD})}{4\sqrt{\tau}}\right]\right\} \tag{4.5.18}$$

(3) 四分支水平井相互垂直(或直角断层内位于角平分线上的单个水平井),见图 4.8(c),则

$$G_{xy}' = \exp\left(-\frac{y_D^2}{4\tau}\right)\left\{\operatorname{erf}\left[\frac{1+(x_D-L_{wD})}{2\sqrt{\tau}}\right]+\operatorname{erf}\left[\frac{1-(x_D-L_{wD})}{2\sqrt{\tau}}\right]\right.$$
$$\left.+\operatorname{erf}\left[\frac{1-(x_D+L_{wD})}{2\sqrt{\tau}}\right]+\operatorname{erf}\left[\frac{1+(x_D+L_{wD})}{2\sqrt{\tau}}\right]\right\}$$
$$+\exp\left(-\frac{x_D^2}{4\tau}\right)\left\{\operatorname{erf}\left[\frac{1+(y_D-L_{wD})}{2\sqrt{\tau}}\right]+\operatorname{erf}\left[\frac{1-(y_D-L_{wD})}{2\sqrt{\tau}}\right]\right.$$
$$\left.+\operatorname{erf}\left[\frac{1+(y_D+L_{wD})}{2\sqrt{\tau}}\right]+\operatorname{erf}\left[\frac{1-(y_D+L_{wD})}{2\sqrt{\tau}}\right]\right\} \tag{4.5.19}$$

(4) 六分支水平井等夹角(或 60°尖灭角内位于角平分线上的单个水平井),见图 4.8(d),则

$$G_{xy}' = \frac{1}{\sqrt{\tau}}\exp\left(-\frac{y_D^2}{4\tau}\right)\left\{\operatorname{erf}\left[\frac{1+(x_D-L_{wD})}{2\sqrt{\tau}}\right]+\operatorname{erf}\left[\frac{1-(x_D-L_{wD})}{2\sqrt{\tau}}\right]\right.$$
$$\left.+\operatorname{erf}\left[\frac{1-(x_D+L_{wD})}{2\sqrt{\tau}}\right]+\operatorname{erf}\left[\frac{1+(x_D+L_{wD})}{2\sqrt{\tau}}\right]\right\}+\frac{1}{\sqrt{\tau}}\exp\left[-\frac{(\sqrt{3}x_D+y_D)^2}{16\tau}\right]$$
$$\cdot\left\{\left[\operatorname{erf}\frac{2-(x_D-\sqrt{3}y_D+2L_{wD})}{4\sqrt{\tau}}\right]+\operatorname{erf}\left[\frac{2+(x_D-\sqrt{3}y_D+2L_{wD})}{4\sqrt{\tau}}\right]\right.$$
$$\left.+\operatorname{erf}\left[\frac{2+(x_D-\sqrt{3}y_D-2L_{wD})}{4\sqrt{\tau}}\right]+\operatorname{erf}\left[\frac{2-(x_D-\sqrt{3}y_D-2L_{wD})}{4\sqrt{\tau}}\right]\right\}$$
$$+\frac{1}{\sqrt{\tau}}\exp\left[-\frac{(\sqrt{3}x_D-y_D)^2}{16\tau}\right]\left\{\operatorname{erf}\left[\frac{2+(x_D+\sqrt{3}y_D-2L_{wD})}{4\sqrt{\tau}}\right]\right.$$

$$+\operatorname{erf}\left[\frac{2-(x_D+\sqrt{3}y_D-2L_{wD})}{4\sqrt{\tau}}\right]+\operatorname{erf}\left[\frac{2-(x_D+\sqrt{3}y_D+2L_{wD})}{4\sqrt{\tau}}\right]$$
$$+\operatorname{erf}\left[\frac{2+(x_D+\sqrt{3}y_D+2L_{wD})}{4\sqrt{\tau}}\right]\Bigg\} \tag{4.5.20}$$

应当强调指出：分支水平井在一定条件下与尖灭角内的单个水平井是等价的。这些条件是尖灭角内实井和镜像井的总数目与分支水平井的分支数目相等；相应的夹角、井长、井位相同；尖灭角内水平井轴通过该角的顶点。分支水平井公式中，流量 Q 应为实际总产量 Q_N 除以 N；而对尖灭角内单个水平井，公式中的 Q 就是实际流量。

4.5.3 油藏中瞬时源函数表和格林函数

在前面几节中给出了一维的基本瞬时源函数，并将它们汇总编号列于表4.1中。同时，对于若干具有代表性的多维情形用 Newman 乘积法给出了油藏中的瞬时源函数。还有许多其他多维源函数不能一一列举。为了便于使用和查阅，现将这些常用的油藏中瞬时源函数汇总列于表4.2中。

表4.2 油藏中瞬时源函数表

序号	油藏、边界条件、井或源汇的布局	瞬时源函数
Ⅰ*	无限大空间中的点源	Ⅱ(x)Ⅱ(y)Ⅱ(z)
Ⅱ*	垂直于 x 轴的条带形地层中的铅直井，$x=0$ 和 x_e 处边界：(a) 封闭；(b) 定压；(c) 混合	(a) Ⅶ(x)Ⅱ(y) (b) Ⅷ(x)Ⅱ(y) (c) Ⅸ(x)Ⅱ(y)
Ⅲ*	矩形地层中的铅直井，$y=0$ 和 y_e 处边界封闭，$x=0$和 x_e 处边界：(a) 封闭；(b) 定压；(c) 混合	(a) Ⅶ(x)Ⅶ(y) (b) Ⅷ(x)Ⅶ(y) (c) Ⅸ(x)Ⅶ(y)
Ⅳ*	矩形地层中的薄铅直裂缝井，裂缝宽度 x_f，$y=0$ 和 y_e 处边界封闭，$x=0$ 和x_e 处边界：(a) 封闭；(b) 定压；(c) 混合	(a) Ⅹ(x)Ⅶ(y) (b) Ⅺ(x)Ⅶ(y) (c) Ⅻ(x)Ⅶ(y)
Ⅴ*	矩形地层中的厚铅直裂缝井，裂缝宽度 x_f，厚度 y_f，$y=0$ 和 y_e 处边界封闭，$x=0$ 和 x_e 处边界：(a) 封闭；(b) 定压；(c) 混合	(a) Ⅹ(x)Ⅹ(y) (b) Ⅺ(x)Ⅹ(y) (c) Ⅻ(x)Ⅹ(y)
Ⅵ*	无限大地层中的薄水平裂缝井，裂缝半径 r_f，地层上顶和下底封闭。(a) $r \geqslant r_f$ 处；(b) $r < r_f$处	(a) Ⅴ(r)Ⅶ(z) (b) Ⅵ(r)Ⅶ(z)
Ⅶ*	无限大地层中的厚水平裂缝井，裂缝半径 r_f，厚度 z_f，地层上顶和下底封闭。(a) $r \geqslant r_f$ 处；(b) $r < r_f$ 处	(a) Ⅴ(r)Ⅹ(z) (b) Ⅵ(r)Ⅹ(z)

续表

序号	油藏、边界条件、井或源汇的布局	瞬时源函数
Ⅷ*	无限大地层中的部分钻穿或射穿井，穿透深段长 z_f。(a) 线源井；(b) 井半径 r_w，$r \geqslant r_w$ 处；(c) 井半径 r_w，$r < r_w$ 处	(a) Ⅰ(r)Ⅹ(z) (b) Ⅴ(r)Ⅹ(z) (c) Ⅵ(r)Ⅹ(z)
Ⅸ*	无限大地层中的单个水平井，地层上顶和下底：(a) 封闭；(b) 定压；(c) 混合	(a) Ⅲ(x)Ⅱ(y)Ⅶ(z) (b) Ⅲ(x)Ⅱ(y)Ⅷ(z) (c) Ⅲ(x)Ⅱ(y)Ⅸ(z)
Ⅹ*	一条直线边界(取为 y 轴)附近的水平井，井平行于 y 轴，地层上顶和下底封闭。直线边界：(a) 不透水；(b) 定压	(a) [Ⅰ$(x-x_w)$ + Ⅰ$(x+x_w)$] · Ⅲ(y)Ⅶ(z) (b) [Ⅰ$(x-x_w)$ − Ⅰ$(x+x_w)$] · Ⅲ(y)Ⅶ(z)
Ⅺ*	垂直于 x 轴的条带形地层中垂直于 x 轴的水平井，地层上顶和下底封闭。$x=0$ 和 x_e 处边界：(a) 封闭；(b) 定压；(c) 混合	(a) Ⅶ(x)Ⅲ(y)Ⅶ(z) (b) Ⅷ(x)Ⅲ(y)Ⅶ(z) (c) Ⅸ(x)Ⅲ(y)Ⅶ(z)
Ⅻ*	矩形地层中的水平井，井平行于 x 轴，地层上顶和下底封闭：(a) 四周封闭；(b) 四周定压	(a) Ⅹ(x)Ⅶ(y)Ⅶ(z) (b) Ⅺ(x)Ⅷ(y)Ⅶ(z)

关于格林函数的概念和一般问题格林函数的求法将在本章最后一节详述，这里只是提一提瞬时源函数与格林函数的关系。一般来说，将源函数中的 x_w, y_w, z_w 和 r_w 用 x', y', z' 和 r' 代替，就构成这些问题的格林函数。然后对函数的定义域 dA' 或 dV' 进行积分，再对源汇作用的持续时间积分，即得压力分布函数，即

$$p(x,y,z,t) = p_i - \frac{Q}{\phi ch}\int_{\tau_1}^{\tau_2} G(x,y,z,t-\tau)d\tau \tag{4.5.21}$$

4.6 常规试井分析

开发油气资源需要掌握可靠的地层资料，为准确描述油藏动态特性和预测各种生产方式下的生产趋势提供依据。试井分析方法是利用油井(或水井)以某产量生产或生产一段时间后关井所测得的井底压力随时间变化的资料来分析和推算地层和井筒参数。它是以渗流理论为基础的，从数学上讲这是反问题。

早先有基于稳态渗流理论的试井分析方法，简称稳态试井(石油工程中称稳定试井)。目前主要是基于非稳态渗流理论的试井分析方法，简称非稳态试井或瞬态试井(石油工程中称不稳定试井)。非稳态试井又分为常规试井和现代试井两种。常规试井通常是在直角坐标图或半对数坐标图中画出实测的井底压力随时间变化的曲线。根据渗流理论，该曲线应存在直线段，由该直线段的斜率可以反求地层的有关参数。现代试井是根据渗流理论算出

给定参数下各种模型（包括地层和井况）的井底无量纲压力对无量纲时间的变化曲线，并绘制在双对数坐标图上，称为理论图版或样板曲线。再将实测曲线与这些图版进行拟合，拟合的结果也就确定了该实测曲线所对应的油藏的参数。目前通过非稳态试井分析可以提供下列资料：

(1) 确定井底附近或两井之间的导压系数 χ、流动系数 Kh/μ 以及岩石特性参数。

(2) 推算平均地层压力和井的产出能力。

(3) 判断井的特性参数、井筒体积、井筒污染程度以及改善措施的效果。

(4) 发现油层中可能存在的各种类型边界，包括断层、供给边界、尖灭和油水界面等。

(5) 估算泄油区内的原油储量。

本节阐述常规试井。首先介绍探测半径的概念。

4.6.1　探测半径和压力扩散

探测半径是试井分析中的一个重要概念。在任何非稳态（不稳定）试井中，当改变井的生产制度后由压力数据得到的地层参数反映的是经过压力扰动的井周围区域的特征值，而探测半径就是描述这一周围区域的长度标尺。

4.6.1.1　探测半径的定义

探测半径有多种定义，可按某位置处压降大小定义，也可按某位置处流量占井筒总流量的比值定义。这里采用石油工业中国际上较为通用的定义，该定义表述如下：在某一确定的瞬时，给井中施加一个压力脉冲，对该脉冲响应达到最大值的位置就称为探测半径。

这是一个瞬时源汇造成的压力扩散的概念。我们仍以"～"表示瞬时源汇即压力脉冲所诱导的压力分布。记 $\Delta\widetilde{p}=p_{\mathrm{i}}-\widetilde{p}(r,t)$，就平面径向扩散而言，按式(4.1.39)，并取 $\tau=0$，则有

$$\Delta\widetilde{p} = \frac{\mu\delta V}{4\pi Kht}\exp\left(-\frac{r^2}{4\chi t}\right) \tag{4.6.1}$$

对于确定的 r 值，当 $\partial[\Delta\widetilde{p}(r,t)]/\partial t=0$ 时，对该脉冲的响应达到最大值。式(4.6.1)右端对时间 t 求偏导数，给出

$$\frac{\mu\delta V}{4\pi Kh}\left\{\frac{\exp[-r^2/(4\chi t)]}{t^2}\left(\frac{r^2}{4\chi t}-1\right)\right\} = 0 \tag{4.6.2}$$

所以压力响应的最大值对应于 $r^2/(4\chi t)=1$。以上推导是在国际单位制(SI)下进行的。若采用不同的单位制，则式(4.6.2)给出的探测半径为

$$r_{\mathrm{i}} = \sqrt{4C_1\chi t} = 2\sqrt{C_1\chi t} \tag{4.6.3}$$

式中，C_1 是单位换算常数。对 SI 制，$C_1=1$；对英制，$C_1=2.637\times10^{-4}$；对标准单位制，$C_1=3.6$。所以在标准单位制下，探测半径 r_{i} 表示为

$$r_{\mathrm{i}} = 2\left(\frac{3.6Kt}{\phi\mu c}\right)^{1/2} = 3.7947\left(\frac{Kt}{\phi\mu c}\right)^{1/2} \tag{4.6.4}$$

式中，r_{i} 为探测半径(m)，K 为渗透率($\mu\mathrm{m}^2$)，t 为时间(h)，μ 为流体黏度(MPa·s)，c 为综合压缩系数(MPa^{-1})，ϕ 为孔隙度（小数或百分数）。

4.6.1.2 探测半径的分析

为了对上面定义的探测半径有更深刻的理解,我们进一步分析线源井生产过程中在距离 r_i 处引起的压力变化的幅度以及 r_i 处流量 $Q(r_i)$与井筒总流量 Q_w 的比值。为此,定义无量纲压力

$$p_D(x_D, y_D, t_D) = \frac{2\pi Kh[p_i - p(x, y, t)]}{Q_w \mu} \tag{4.6.5}$$

对于线源井,按照式(4.1.45)并用于不同单位制,压降表达式为

$$2p_D(r, t) = \frac{p_i - p(r, t)}{C_2 Q_w \mu/(Kh)} = -\mathrm{Ei}\left(-\frac{r^2}{4C_1 \chi t}\right) \tag{4.6.6}$$

其中,C_2 是单位换算常数。对 SI 制,$C_2 = 1/(4\pi)$;对英制,$C_2 = 2\times 141.2$;对标准单位制,$C_2 = 2\times 1.842\times 10^{-3}$。

通过压力 $p(r,t)$对 r 求偏导数,容易求得 r_i 处 $2\pi r_i$ 圆筒上流量 $Q(r_i)$与井筒流量 Q_w 的比为

$$\frac{Q(r_i)}{Q_w} = \exp\left(-\frac{r_i^2}{4C_1 \chi t}\right) \tag{4.6.7}$$

由式(4.6.6)和式(4.6.7)不难求得不同半径距离处的相对压降和流量比值。为此,将式(4.6.3)写成以下一般形式:

$$r_i = A\sqrt{C_1 \chi t} \tag{4.6.8}$$

在式(4.6.3)中,是取 $A = 2$ 而给出的探测半径表达式。下面的分析是要明确两个问题:第一,由式(4.6.3)定义的探测半径 r_i 处的相对压降和相对流量是多大?第二,若在式(4.6.8)中取不同的 A,这意味着取不同的 r_i 值,那么在这些不同的 r_i 处相对压降和相对流量又各是多大?

为简洁起见,令

$$u_i = \frac{r_i^2}{4C_1 \chi t} \tag{4.6.9}$$

由式(4.6.8)则有

$$A = \left(\frac{r_i^2}{C_1 \chi t}\right)^{\frac{1}{2}} = \sqrt{4u_i} \tag{4.6.10}$$

根据式(4.6.6)和式(4.6.7)计算出不同的 A 值所对应的 r_i 处的无量纲压降以及流量比列于表 4.3 中。

由表 4.3 可见:按式(4.6.3)所定义的探测半径处,无量纲压降约为 0.22,即理论压降为 $\Delta p = p_i - p(r, t) = 0.22 C_2 Q_w \mu/(Kh)$;而流量比约为 0.37,这表示该半径以内的范围所提供的流量占井筒流量的 63%,该半径以外的范围所提供的流量占产量的 37%。由表 4.3 还看出:若取 $A = 4$,即两倍探测半径距离处,压降与探测半径处压降之比只有 1.7%,这表明在式(4.6.3)或式(4.6.4)所定义的探测半径以外,压力 $p(r,t)$与地层原始压力 p_i 的差值即压降值迅速减小,并且在两倍探测半径以外范围所贡献的流量占井筒总流量的比值已不到 2%。

表 4.3　不同 A 值所对应的距离 r 处的无量纲压降以及流量比

$A=\sqrt{4u_i}$	1.5	2.0	2.5	3.0	3.5	4.0
$u_i=r_i^2/(4C_1\chi t)$	0.5625	1.0	1.0563	2.25	3.0625	4.0
$2p_D=-\mathrm{Ei}(-u_i)$	0.493	0.2194	0.0922	0.0348	0.0121	0.00378
$Q(r)/Q_w=\exp(-u_i)$	0.570	0.368	0.2096	0.1054	0.0467	0.0183

4.6.1.3　压力扩散和弹性波传播

在流体饱和的多孔介质中，某一点的压力变化会向周围扩散而引起周围区域压力的变化。我们称这个过程为压力扩散。第 3 章和本章前面几节曾用几种不同的方法求解了非稳态渗流方程，第 5 章还将利用拉普拉斯变换法求解这些方程，但是不管用什么方法求解这种扩散方程和不管把这个解答表示为什么形式，都有一个共同特点，就是多孔介质中流体压力的变化瞬间传到无穷远，只不过近处变化幅度较大，远处变化幅度较小，也就是说压力扩散速度是无限大。其他如浓度扩散、热扩散和流体中涡量的扩散均是如此。这在实际上是不可能的。那么为什么会形成这种结果呢？这是因为导出扩散方程的过程中所依据的本构方程（即第 1.8.2 小节中所说的通量密度与取梯度形式的驱动力之间的关系式 $q=K'\nabla\varphi$）是一种统计规律，完全没有考虑分子运动的惯性。而正是这种惯性使扩散速度成为有限值。然而，这种分子惯性的影响很难定量描述。前面所定义的探测半径也只能看做一种近似处理方法。

应当强调指出：压力扩散速度与压力波传播速度是完全不同的两个概念，不能混为一谈。压力扩散遵循的规律是扩散方程，而不是波动方程。另一方面，由于流体饱和的多孔介质是一种弹性体，对一个弹性体施加一个作用力后，会引起弹性波的传播。Biot（1956）研究了流体饱和多孔介质中弹性波的传播，这是一种纵波，其传播速度主要由流体的体积弹性模数确定。声波的速度为 $a=[(\partial p/\partial\rho)_s]^{1/2}$，其中下标 s 表示等熵过程。由式（1.2.11）可知声速

$$a=\sqrt{\frac{K}{\rho}}=(\rho c_f)^{-1/2} \tag{4.6.11}$$

其中，K 是体积弹性模数，c_f 为压缩系数。第 1.2.4 小节中给出水的压缩系数约为 $4.75\times10^{-4}\ \mathrm{MPa}^{-1}$，由式（4.6.11）容易算出水中声速为 1450 $\mathrm{m\cdot s^{-1}}$。通常油的 ρc_f 大于水的 ρc_f，所以油中声速略小于水中声速。而固体骨架的体积弹性模数 K 较大，其中声速也大。Johnson 等（1982）通过实验揭示出在液体饱和的固结多孔介质中存在两种类型的纵波：一个慢波和一个快波，是由液相和固相颗粒不同的体积弹性模数所引起的。

4.6.2　表皮因子和井筒储集系数

试井分析主要是通过测量井底压力随时间的变化曲线进行的，而表皮因子和井筒储集系数对压力曲线影响较大。为此，我们首先介绍表皮因子和井筒储集系数。

4.6.2.1　表皮效应和表皮因子

前面几节所求得的压力分布函数 $p(r,t)$ 当取 $r=r_w$ 时就是井底压力的理论值 $p(r_w,t)$，其中，r_w 是井筒半径。这个理论值是在裸眼井或完善井的条件下给出的。所谓完善井，是指井壁附近多孔介质的渗透率、孔隙度等参数与地层参数完全相同。

但实际上在钻井和完井作业的过程中，有一些因素会降低井筒附近的渗透率，这些因素包括泥浆入侵、黏土分散、水泥污染以及泥饼的存在。此外，如地层部分打开、射孔不足、射孔孔眼堵塞等，都会造成井壁附近渗透率下降，即井壁附近渗透率 $K_1<K$，成为不完善井。或者采取某些疏浚措施，如酸化、压裂等，使井壁附近渗透率大于地层的渗透率，即 $K_1>K$，成为超完善井。$K_1\neq K$ 必然导致井底压力与按裸眼井算出的压力不同，人们把这种效应称为表皮效应。

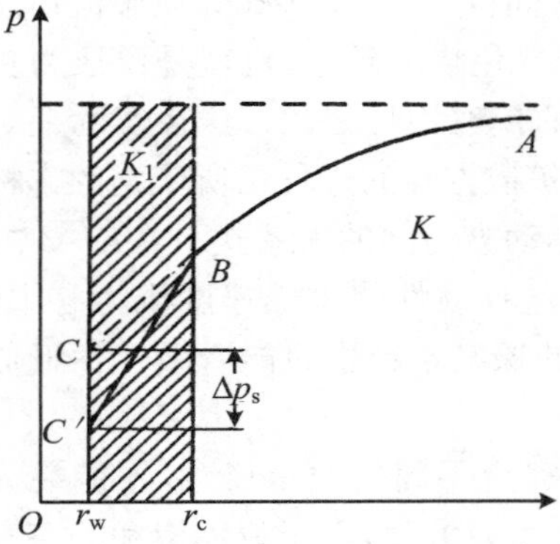

图 4.9　表皮效应示意图

为了定量描述这种表皮效应，van Everdingen (1953)引进一个无量纲常数 S，称为表皮因子。我们知道：井在生产时地层中形成“压降漏斗”。对于裸眼井，在某一时刻其压力变化曲线如图 4.9 中曲线 ABC 所示。由于污染的结果，在 $r_w<r<r_c$ 的区域中渗透率 $K_1<K$。根据Darcy 定律

$$\frac{Q}{2\pi rh}=\frac{K}{\mu}\frac{\Delta p}{\Delta r} \tag{4.6.12}$$

在流量 Q、面积 $A(A=2\pi rh)$、黏度 μ 和 Δr 不变的条件下，渗透率 K_1 变小就意味着从 r_c 到 r_w 的压降增大。即压力曲线由 ABC 变为 ABC'，这表明表皮效应使污染区产生一个附加压降 Δp_s，并定义表皮因子 S，使

$$\Delta p_s=\frac{Qu}{2\pi Kh}S \tag{4.6.13}$$

于是，考虑表皮效应以后的井底压力 $p_w(t)$ 与裸眼井井底压力的理论值 $p(r_w,t)$ 之间有以下关系：

$$p_w(t)=p(r_w,t)-\frac{Qu}{2\pi Kh}S \tag{4.6.14}$$

通常，为简化计算起见，在试井过程中暂不研究污染区的大小，而只关心附加压降的大小。把表皮效应视为在井壁无限薄的表层上起作用，所以把 S 称为表皮因子。压力曲线由 ABC' 进一步看做 $ABCC'$。表皮因子 S 值越大，表示井筒受到的堵塞越严重，即 K_1 越小。如果求解图 4.9 所示的具有同心圆复合地层的稳态渗流，不难求得(见习题 2.4)

$$\Delta p_s=\frac{Qu}{2\pi Kh}\left(\frac{K}{K_1}-1\right)\ln\frac{r_c}{r_w} \tag{4.6.15}$$

由式(4.6.13)～式(4.6.15)可知：在污染区中用稳态渗流近似的条件下，可得

$$S=\left(\frac{K}{K_1}-1\right)\ln\frac{r_c}{r_w} \tag{4.6.16}$$

然而这个式子仍然不便使用，因为 r_c 和 K_1 这两个量都是未知的。即使 S 值已知，仍不能确定污染区的半径和渗透率。为了解决这个矛盾，引入有效井筒半径 r_{we} 这一概念。按照5.4.1小节中有界圆形均质地层中心一口完善井的解析解，晚期井底流动压力由式(5.4.33)表示，即

$$p_i - p_{wf} = \frac{Qu}{2\pi Kh}\left(\ln\frac{R}{r_w} - \frac{3}{4} + \frac{2Kt}{\phi\mu cR^2}\right) \tag{4.6.17}$$

其中，R 是地层外半径。对于不完善井，应有

$$p_i - p_{wf} + \Delta p_s = \frac{Qu}{2\pi Kh}\left(\ln\frac{R}{r_w} + S - \frac{3}{4} + \frac{2Kt}{\phi\mu cR^2}\right) \tag{4.6.18}$$

因此，若引入有效井筒半径 r_{we}，使得

$$\ln\frac{R}{r_w} + S = \ln\frac{R}{r_{we}} \tag{4.6.19}$$

则利用这样的有效井筒半径 r_{we}，并根据完善井压力降落公式的结果，就得到存在表皮效应时的压降结果。由式(4.6.19)可得

$$r_{we} = r_w e^{-S} \tag{4.6.20}$$

若 $S>0$，则 $r_{we}<r_w$，即有效井筒半径比实际半径缩小了，表示让流体穿过更多的地层，以产生附加的压降。若 $S<0$，则 $r_{we}>r_w$。例如，酸化、压裂的结果使得有效井筒半径比实际半径扩大了。应当注意：S 为负值时，不应理解为表皮效应在井壁无限薄的表层上起作用。因为这样理解，就表示图4.9中点 C' 在点 B 之上。这意味着井壁处一个表层内流体是在很大的逆压力梯度下流动，在这种情况下不可能实现稳定的层流流动。所以，在 S 为负值的情况下，应理解为由于酸化和压裂的结果，井筒半径变成 $r_{we}=r_w e^{-S}$，而在其他地方 S 并不出现。

4.6.2.2 续流效应或井筒储集效应

影响压力曲线早期段的另一个重要因素是续流效应或井筒储集效应。前面几节中求得的压力分布 $p(r,t)$ 取 $r=r_w$，就得到井底压力的理论值 $p(r_w,t)$。考虑一口采油井在 $t=t_p$ 时关闭，关闭以后出现压力恢复。理论计算的结果是在理想条件下即认为一旦关井地层中就没有流体流向井筒的条件下求得的。但由于关井是在井口进行而不是在沙面(裸眼井壁)上进行的，所以关井以后继续有流体流入井筒，造成井筒中流体受到压缩而井壁压力有额外变化。这种由于关井后有流体从地层继续流入井筒而影响井底压力值的效应称为续流效应。反之，若一口井是关闭的，井底和地层中压力处于平衡状态，井筒中的液体维持一定的平衡高度。一旦开井有流体流出，井底压力就开始降落。前面几节的理论结果是在理想条件下即认为从井筒流出的流体全部都是同时从地层流向井筒这种条件下求得的。然而，事实上并非如此。当打开地面阀门使流体流向地面时，最初产出的油是原来储集在井筒中的油，而地层流向井筒的初始流量为零。随着时间增长，在井口流量 Q 不变的条件下，Q 中由井筒储集提供的部分所占比例越来越小，而由地层流入井筒提供的部分所占比例越来越大。到某一时刻，地层流入井筒的流量就等于 Q，而存储在井筒中的流体体积保持恒定。这种由于井筒储集的流体使开井初期井底压力偏离理论值的效应称为井筒储集效应。该时刻以

后，储集效应就消失了。

续流效应和井筒储集效应是两个相反的等效的过程，可用同一个系数来描述。下面分两种情形来研究井筒储集系数。

1. 第一种情形

即井筒中有液-气界面。考虑由泵或气举将液体送到地面，井筒中有液-气界面，如图 4.10(a)所示。在开井以后的早期段，产量 Q 由两部分组成。由井筒储集提供的部分记作 Q_c，而由地层流入井筒所提供的部分记作 Q_f，即 $Q = Q_c + Q_f$。设液面高度为 z，井筒截面积为 A_w，筒内液体体积为 $V_w = A_w z$，则井筒储集提供的部分可表示为

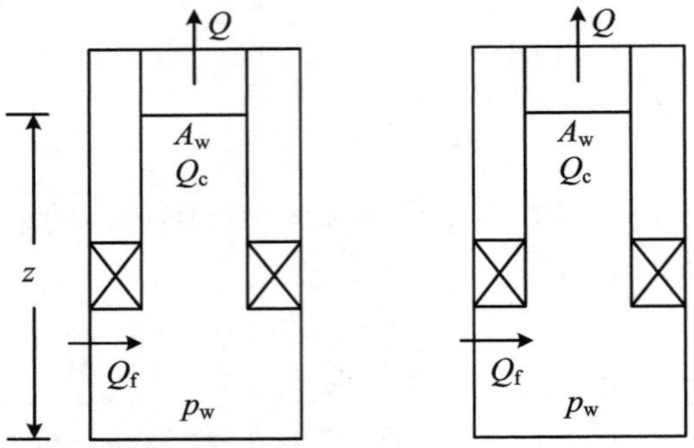

(a) 井筒中有液-气界面　　(b) 井筒中只有单相流体

图 4.10　筒储集效应示意图

$$-Q_c = \frac{dV_w}{dt} = A_w \frac{dz}{dt} = Q_f - Q \tag{4.6.21}$$

将液面压力记作 p_a，井底压力记作 p_w，于是有 $p_w - p_a = \rho g z$，所以

$$\frac{dp_w}{dt} = \rho g \frac{dz}{dt} \tag{4.6.22}$$

将式(4.6.22)代入式(4.6.21)，则得

$$-Q_c = \frac{A_w}{\rho g}\frac{dp_w}{dt} = Q_f - Q \tag{4.6.23}$$

Ramey(1965)定义井筒储集常数 C 为

$$C = \frac{\Delta V_w}{\Delta p_w} \tag{4.6.24}$$

它的物理意义是井底压力降低一个单位时井筒储量中被采出的液体体积。由于 $\Delta V_w = A_w \Delta z$，$\Delta p_w = \rho g \Delta z$，所以有 $C = A_w/(\rho g)$。把它代入式(4.6.23)，则得

$$Q_c = -C\frac{dp_w}{dt} \tag{4.6.25}$$

按照 Darcy 定律，由地层流入井筒所提供的产量部分为

$$Q_f = 2\pi r_w h \frac{K}{\mu}\left(\frac{\partial p}{\partial r}\right)_{r=r_w} = Q + C\frac{dp_w}{dt} \tag{4.6.26}$$

引进无量纲井筒储集系数 C_D 为

$$C_D = \frac{C}{2\pi r_w^2 h\phi c} \tag{4.6.27}$$

并定义无量纲井底压力 p_{wD} 和无量纲时间 t_D 为

$$p_{wD} = \frac{2\pi Kh(p_i - p_w)}{Qu}, \quad t_D = \frac{Kt}{\phi\mu c r_w^2} \tag{4.6.28}$$

以及 $r_D = r/r_w$，则式(4.6.26)写成无量纲形式为

$$C_D \frac{dp_{wD}}{dt_D} - \left(\frac{\partial p_D}{\partial r_D}\right)_{r_D=1} = 1 \tag{4.6.29}$$

其中，p_D 是压力分布函数按式(4.6.28)形式定义的无量纲量。再考虑到将式(4.6.14)中的 Q 改成 Q_f，并由式(4.6.26)表示，式(4.6.14)的无量纲形式为

$$p_{wD}(t_D) = p_D(1, t_D) - S\left(\frac{\partial p_D}{\partial r_D}\right)_{r_D=1} \tag{4.6.30}$$

其中，压力和时间的无量纲量由式(4.6.28)定义。式(4.6.29)和式(4.6.30)一起构成联合考虑表皮因子 S 和井筒储集常数 C_D 的内边界条件。若将式(4.6.30)代入式(4.6.29)，则内边界条件可写成

$$\left[C_D \frac{dp_D}{dt_D} - C_D S \frac{d}{dt_D}\left(\frac{\partial p_D}{\partial r_D}\right) - \frac{\partial p_D}{\partial r_D}\right]_{r_D=1} = 1 \tag{4.6.31}$$

2. 第二种情形

即井筒中只有单相流体。对于气井或自喷井，井筒中没有液-气界面，如图4.10(b)所示。对于这种情形，以上的推导不适合。注意到第 1.2.4 小节中定义的流体压缩系数在井筒中可写成

$$c_w = -\frac{1}{V_w}\frac{dV_w}{dp_w} = -\frac{1}{V_w}\frac{dV_w/dt}{dp_w/dt} \tag{4.6.32}$$

则由井筒储集提供的部分流量 Q_c 为

$$-Q_c = \frac{dV_w}{dt} = c_w V_w \frac{dp_w}{dt} \tag{4.6.33}$$

因此，流量方程可写为

$$Q_f = Q + c_w V_w \frac{dp_w}{dt} \tag{4.6.34}$$

所以，只要定义井筒储集系数

$$C = \frac{\Delta V_w}{\Delta p_w} \tag{4.6.35}$$

则按照式(4.6.32)就有 $C = c_w V_w$，代入式(4.6.34)，仍然得到式(4.6.26)。这样一来，对第一种情形导出的内边界条件(4.6.29)～(4.6.31)对第二种情形也同样成立。应当指出的是：对于气井，将式(4.6.34)中的压缩系数 c_w 当做常数处理不是一种很好的近似。

4.6.3 定产量压力降落和压力恢复试井

4.6.3.1 压力降落试井

1. 压力降落关系式

首先分析开井生产的压降随时间的变化关系，并化为试井分析所适合的形式。对于定产量情形，按式(4.1.45)，并将井底流动压力用 p_{wf} 表示，取 $r=r_{\mathrm{w}}$，则有

$$p_{\mathrm{wf}} = p_{\mathrm{i}} + \frac{Qu}{4\pi Kh}\mathrm{Ei}\left(-\frac{r_{\mathrm{w}}^2}{4\chi t}\right) \tag{4.6.36}$$

根据附录 A2 所述幂积分函数 $\mathrm{Ei}(-x)$的性质：当 x 值较小时，有以下近似关系：

$$\mathrm{Ei}(-x) \approx \gamma + \ln x = \ln(1.78107x) \tag{4.6.37}$$

其中，$\gamma=0.577216$ 是 Euler 常数。对于正数 x，$\mathrm{Ei}(-x)$是负的。当 x 从 0 变到 ∞ 时，$\mathrm{Ei}(-x)$ 从 $-\infty$ 变到 0。将式(4.6.37)代入式(4.6.36)，并计及表皮因子 S 引起的附加压降 $\Delta p=\dfrac{QB\mu}{4\pi Kh}2S$，则有

$$p_{\mathrm{wf}} = p_{\mathrm{i}} + \frac{QB\mu}{4\pi Kh}\left(0.577216 + \ln\frac{r_{\mathrm{w}}^2}{4\chi t} - 2S\right) \tag{4.6.38}$$

考虑由表皮效应引起的附加压降(见式(4.6.14))，并计及地层体积系数 B，则有压降关系式

$$p_{\mathrm{wf}} = p_{\mathrm{i}} - \frac{0.1832QB\mu}{Kh}\left(\lg\frac{4\chi}{\mathrm{e}^{\gamma}r_{\mathrm{w}}^2} + 0.8686S\right) - \frac{0.1832QB\mu}{Kh}\lg t \tag{4.6.39}$$

其中，Q 是地面流量。式(4.6.39)表明：对于压降情形，在不考虑井筒储集效应的情况下，井底流动压力 p_{wf}与 $\lg t$ 呈线性关系。也就是说，在 $p_{\mathrm{wf}}\sim\lg t$ 的单对数坐标图上是一条直线，它的斜率

$$m = 0.1832\frac{QB\mu}{Kh} \tag{4.6.40}$$

以上是在国际单位制下写出的。若换算成标准单位制(见附录 C1)，则式(4.6.39)和式(4.6.40)应分别写成

$$p_{\mathrm{wf}} = p_{\mathrm{i}} - \frac{2.121\times10^{-3}QB\mu}{Kh}\left(\lg t + \lg\frac{K}{\phi\mu c r_{\mathrm{w}}^2} + 0.9077 + 0.8686S\right) \tag{4.6.41}$$

$$m = 2.121\times10^{-3}\frac{QB\mu}{Kh}\ (\mathrm{MPa}\cdot\text{对数周期}^{-1}) \tag{4.6.42}$$

这些关系式就是常规压降试井的理论基础。

2. 实测压降曲线的形态

上面根据理论分析，得出在不考虑井筒储集效应和外边界影响的条件下，压降曲线在单对数坐标图上是一条直线。实际测出的压降曲线形态较为复杂。一条完整的实测压降曲线由早期、中期和晚期三个流动段组成，如图 4.11 所示。

早期段数据主要受井筒储集效应控制，此外还受到表皮效应的影响。理论上，表皮因子 S 使压降曲线上下平移，实际上对早期段曲线形状也有一定影响。

中期段是从井筒储集效应结束时刻开始，而在外边界开始产生影响时刻结束。由于边界未产生影响，所以也称**“无限作用径向流阶段”**。这个阶段的曲线形态遵从式(4.6.41)，实测曲线与理论曲线完全重合。在单对数坐标图上是一个直线段，其斜率由式(4.6.42)给出。

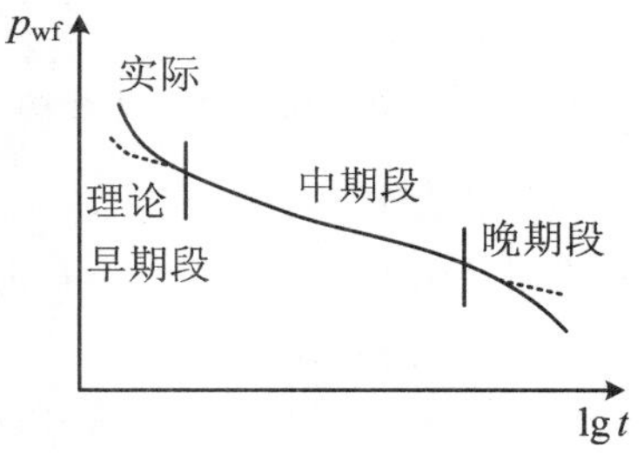

图 4.11　实测压降曲线的典型形态

晚期段曲线形态受多种因素影响，情况比较复杂。这里主要讨论外边界的影响。

若周围是封闭的边界，即是封闭系统，晚期井底流动压力 p_{wf} 将遵循式(4.6.17)。也就是说，流动压力 p_{wf} 与时间 t 呈线性关系，流压对时间的导数是不为零的常数：

$$\frac{\partial p_{wf}(t)}{\partial t} = 常数 \neq 0 \tag{4.6.43}$$

这个阶段也称**“拟稳态流”**阶段。

若测试井附近有直线不透水边线，例如密封断层或岩性尖灭，压力扩散到此边界后，压降加速，曲线变陡。在单对数坐标图中出现另一条直线段，该直线段斜率 m_2 与第一条直线段斜率 m_1 之比随不透水边线的形状而异。例如，井附近是一条直线边线，此比值为 2；若是直角断层，此比值为 4。尖灭角的夹角越小，此比值也就越大，详见第 4.6.4 小节。

若周围是定压边界，例如供给边界，当压力扩散到达边界以后，井筒(内边界)与外边界之间形成恒定的压力差，油藏中出现“稳态流动”。此阶段压力曲线呈水平直线，流动压力 p_{wf} 与时间 t 无关，即

$$\frac{\partial p_{wf}}{\partial t} = 0 \tag{4.6.44}$$

其他的影响因素还有非均质性、气顶、底水等，这里就不一一讨论了。Earlougher (1977)对早期的试井分析作了总结。

3. 压力降落试井分析方法与步骤

根据以上分析，现将常规压力降落试井分析的方法与步骤归纳如下：

(1) 先将实测压力数据绘成 p_{wf}(MPa)～lg$t$(h)的单对数坐标图，在图中找出其中期直线，读出该直线段的斜率值 m(MPa · 对数周期$^{-1}$)。按照式(4.6.42)，则有

流动系数
$$\frac{Kh}{\mu} = 2.121 \times 10^{-3}\frac{QB}{m}\left(\frac{\mu \mathrm{m}^2 \cdot \mathrm{m}}{\mathrm{MPa} \cdot \mathrm{s}}\right) \tag{4.6.45a}$$

或

流度
$$\frac{K}{\mu} = 2.121 \times 10^{-3}\frac{QB}{mh}\left(\frac{\mu \mathrm{m}^2}{\mathrm{MPa} \cdot \mathrm{s}}\right) \tag{4.6.45b}$$

(2) 读出斜率 m 的值，即式(4.6.41)中圆括号外的系数以后，在该直线或其延长线上 $t = 1$h 处读出压力值 p_{1h}。因 lg$t$ = lg1 = 0，由式(4.6.41)可得表皮因子

$$S = 1.151\left(\frac{p_i - p_{1h}}{m} - \lg\frac{K}{\phi\mu c r_w^2} - 0.9077\right) \tag{4.6.46}$$

(3) 对于一条完整的实测压力曲线，它应有一个晚期段，根据晚期段的形态可以判断周

围边界的性质或井附近是否有不透水边线。

4.6.3.2 压力恢复试井

压力恢复试井最初是由水文学家 Theis(1935)在研究地下水水文学的过程中提出的,后来在石油工业中经过完善而得到广泛应用。

1. 压力恢复关系式

压力恢复试井要关井,关井以后井底压力逐渐恢复。先讨论压力恢复的关系式。对于定产量生产,按式(4.1.47)取 $r = r_w$,并计及地层体积系数 B,则关井后井底压力为

$$p_{ws} = p_i + \frac{QB\mu}{4\pi Kh}\left[\mathrm{Ei}\left(-\frac{r_w^2}{4\chi(t_p+\Delta t)}\right) - \mathrm{Ei}\left(-\frac{r_w^2}{4\chi\Delta t}\right)\right] \tag{4.6.47}$$

其中,t_p 是生产时间,即从开井计时的关井时刻;Δt 是从关井计时的时刻。当 $r_w^2/(4\chi\Delta t) \ll 1$时,可利用近似式(4.6.37),因而式(4.6.47)可写成

$$p_{ws} = p_i + \frac{QB\mu}{4\pi Kh}\left[\ln\frac{r_w^2}{4\chi(t_p+\Delta t)} - \ln\frac{r_w^2}{4\chi\Delta t}\right] \tag{4.6.48}$$

或用常用对数写成

$$p_{ws} = p_i + a\frac{QB\mu}{Kh}\left(\lg\frac{\Delta t}{t_p+\Delta t}\right) \tag{4.6.49}$$

其中,系数 a 对 SI 制为 $\ln 10/(4\pi) = 0.183234$,对标准单位制为 2.121×10^{-3}。式(4.6.49)表明:关井后压力的恢复值与 $\lg[\Delta t/(t_p+\Delta t)]$呈线性关系,其直线斜率在标准单位制下为

$$m = 2.121 \times 10^{-3}\frac{QB\mu}{Kh}\ (\text{MPa} \cdot \text{对数周期}^{-1}) \tag{4.6.50}$$

所以,将关井后的实测压力数据绘制在 $p_{ws} \sim \lg[\Delta t/(t_p+\Delta t)]$的单对数坐标图上,读出其直线段的斜率 m,可求得地层的渗透率 K 值。Horner(1951)从工程的观点提出:生产了 t_p 时间后关井,关井时间为 Δt,则在 Δt 时刻的压降 $p_i - p_{ws}$ 等于以产量 Q 生产 $t_p + \Delta t$ 时间引起的压降加上以产量 $-Q$ 生产 Δt 时间引起的压降。这样,按压降关系式(4.6.38)叠加的结果同样得到关系式(4.6.48)。所以,这种压力恢复试井分析方法有时也称为 **Horner 法**。

2. 表皮因子计算

要想计算表皮因子 S,需要测量关井瞬时即 $t = t_p$ 或 $\Delta t = 0$ 时的井底流压和关井后的井底压力 p_{ws}。按式(4.6.38),将关井时刻的流压写成

$$p_{wf}(t = t_p) = p_i + a\frac{QB\mu}{Kh}\left(\lg\frac{e^\gamma \phi\mu c r_w^2}{4Kt_p} - 0.8686S\right) \tag{4.6.51}$$

其中,$e^\gamma = e^{0.577216} = 1.78107$。用式(4.6.49)减去式(4.6.51),则得国际单位制下

$$p_{ws} - p_{wf}(t_p) = 0.1832\frac{QB\mu}{Kh}\left[\lg\frac{2.246Kt_p\Delta t}{\phi\mu c(t_p+\Delta t)r_w^2} + 0.8686S\right] \tag{4.6.52}$$

在压力恢复曲线的直线段上取 $\Delta t = 1$,则$(t_p + \Delta t)/t_p$ 近似等于 1。在标准单位制下,式(4.6.52)可写成

$$p_{ws}(\Delta t = 1) - p_{wf}(t = t_p) = m\left(\lg\frac{K}{\phi\mu c r_w^2} + 0.9077 + 0.8686S\right) \tag{4.6.53}$$

由式(4.6.53)可解出表皮因子

$$S = 1.151\left[\frac{p_{ws}(1h) - p_{wf}(t_p)}{m} - \lg\frac{K}{\phi\mu c r_w^2} - 0.9077\right] \tag{4.6.54}$$

3. 压力恢复试井分析方法与步骤

综上所述,常规压力恢复试井分析的方法与步骤可归纳如下:

(1) 先将实测压力恢复数据绘成 p_{ws}(MPa)~$\lg t$(h)的单对数坐标图,在图中找出直线段,读出该直线段的斜率 m(MPa·对数周期$^{-1}$)。按式(4.6.50),可得流动系数和流度分别为

$$\frac{Kh}{\mu} = 2.121\times 10^{-3}\frac{QB}{m} \quad (\mu m^2\cdot m\cdot MPa^{-1}\cdot s^{-1}) \tag{4.6.55a}$$

$$\frac{K}{\mu} = 2.121\times 10^{-3}\frac{QB}{mh} \quad (\mu m^2\cdot MPa^{-1}\cdot s^{-1}) \tag{4.6.55b}$$

(2) 有了斜率 m 的值以后,按式(4.6.54)可求得表皮因子 S。

(3) 确定油藏原始压力 p_i。将中期直线段延长至 $\Delta t/(t_p+\Delta t)=1$,即表示$\Delta t\to\infty$,则单对数坐标图上的压力轴截距 p^* 就是 p_i。显然,这个值对无限大地层是正确的。对于封闭的有界地层,勘探初期 t_p不大,基本正确;若 t_p较大,则 p^* 小于p_i 值。

对于已开采的油藏,人们需要知道油藏的平均地层压力 $\overline{p}$。因此,上述通过外推方法求得的 p^* 就被当做 $\overline{p}$。这对无限大地层是可以理解的。对于有界地层,这种外推压力 p^* 实际上要大于真实的平均地层压力。Miller 等(1950)提出了如下方法,简称 MDH 方法:

$$p_{ave}(\Delta t_{DA}) = p_{ws} + \frac{m p_D(\Delta t_{DA})}{1.1513}$$

此后,Matthews 等(1955)又提出另一种修正方法,简称 MBH 方法:

$$p_{ave}(t_{pDA}) = p^* - \frac{m p_D(t_{pDA})}{2.3026}$$

其中,m 是直线段斜率。我们将在5.4.3小节中介绍一种既精确又简便的求平均地层压力的方法。

4.6.4 由压力降落曲线确定断层的夹角

根据镜像原理,若一口井位于一条直线不透水边线附近,则在关于该直线对称的位置上有一口镜像井,从而把问题延拓成全平面中两口生产井的问题。设井至边线的距离为 a,并定义

$$p_{wD} = \frac{2\pi Kh(p_i - P_{wf})}{QB\mu}, \quad t_D = \frac{Kt}{\phi\mu c a^2} \tag{4.6.56}$$

按照式(4.1.45)叠加的结果用式(4.6.37)表示,有

$$2p_{wD} = -\mathrm{Ei}\left[-\frac{(r_w/a)^2}{4t_D}\right] - \mathrm{Ei}\left(-\frac{1}{t_D}\right)$$

$$\approx -2\gamma - \ln\left(\frac{r_w}{2a}\right)^2 + 2\ln t_D \tag{4.6.57}$$

由此可见:流压仍与 $\lg t$ 呈线性关系,只是其直线斜率是无限大地层中单个直井情形的

两倍。

同理，若一口井位于直角断层附近，井的位置为(a,b)，则镜像的结果在全平面上有四口井。于是有(van Poollen,1965)

$$2p_{wD}=-\mathrm{Ei}\left[-\frac{(r_w/a)^2}{4t_D}\right]-\mathrm{Ei}\left[-\frac{(b/a)^2}{t_D}\right]-\mathrm{Ei}\left[-\frac{(b/a)^2+1}{t_D}\right]-\mathrm{Ei}\left(-\frac{1}{t_D}\right)$$
$$\approx -4\gamma-\ln\left[\frac{r_w^2}{4a^2}\cdot\frac{b^2}{a^2}\left(\frac{b^2}{a^2}+1\right)\right]+4\ln t_D \tag{4.6.58}$$

由此可见：流压与 $\lg t$ 仍呈线性关系，但该直线的斜率是无限大地层中单井情形的四倍。

一般地，可以证明：镜像法可用于尖灭角为 π/n（n 是大于1的整数）的情形。若井位于角平分线上，则镜像法可用于尖灭角为 $2\pi/n$（n 是大于2的整数）的情形。

以上说明了当边线影响出现以后，第二条直线段的斜率是第一条直线段斜率的若干倍。虽然理论上只限于尖灭角 $\theta=\pi/n$，但实际上对 θ 为任意角度都是近似成立的。根据以上论述可以推断：压力曲线第二条直线段的斜率 m_2 与第一条直线段的斜率 m_1 之比应等于 $360^\circ:\theta$。所以，由常规试井分析可以确定尖灭角的大小，即尖灭角 θ 的度数为

$$\theta=360\frac{m_1}{m_2} \tag{4.6.59}$$

利用这个方法也可以确定井至断层的距离，如式(4.6.57)中的 a 值。以上方法不难推广到压力恢复分析的情形。

4.6.5 变产量压力降落和压力恢复试井

4.6.5.1 压力降落分析

在第4.2.1小节中，我们导出了任意变产量情形用折线代替压力降落曲线的公式(4.2.2)，该式中 r 用r_w代替，即得井底压力降落的表达式。当

$$\frac{r_w^2}{4\chi(t-t_{n-1})}\ll 1 \tag{4.6.60}$$

时，按式(4.6.37)，$\mathrm{Ei}(-x)$可用 $\ln x$ 代替。而指数项 $\exp(-x)$可用 $1-x$ 代替。于是，式(4.2.2)取$r=r_w$ 的井底压力可写成

$$\begin{aligned}p(r_w,t)=p_i&+\frac{\mu}{4\pi Kh}\sum_{i=1}^{n-1}\left\{\left[Q_{j-1}-b_{j-1}(t-t_{j-1})-b_{j-1}\frac{r_w^2}{4\chi}\right]\ln\frac{t-t_j}{t-t_{j-1}}\right.\\&\left.-b_{j-1}(t-t_{j-1})\left[1-\frac{r_w^2}{4\chi(t-t_{j-1})}\right]+b_{j-1}(t-t_j)\left[1-\frac{r_w^2}{4\chi(t-t_j)}\right]\right\}\\&+\frac{\mu}{4\pi Kh}\left\{\left[Q_{n-1}-b_{n-1}(t-t_{n-1})-b_{n-1}\frac{r_w^2}{4\chi}\right]\left[\gamma+\ln\frac{r_w^2}{4\chi(t-t_{n-1})}\right]\right.\\&\left.-b_{n-1}(t-t_{n-1})\left[1-\frac{r_w^2}{4\chi(t-t_{n-1})}\right]\right\}\end{aligned} \tag{4.6.61}$$

注意到

$$b_j = \frac{Q(t) - Q_j}{t_j - t}, \quad b_{j-1}\frac{r_w^2}{4\chi} = [Q(t) - Q_{j-1}]\frac{r_w^2}{4\chi(t - t_{j-1})} \tag{4.6.62}$$

将式(4.6.62)代入式(4.6.61)，略去小量，经整理，并考虑表皮因子，则压力降落方程在国际单位制(SI)下写成

$$\frac{p_i - p_w}{Q(t)} = 0.1832\frac{B\mu}{Kh}\left[\lg X(t) + \lg\frac{K}{\phi\mu c r_w^2} - 0.3514 + 0.8686S\right] \tag{4.6.63}$$

其中，S 定义为 $2\pi Kh\Delta p_s/(Q(t)B\mu)$，$X(t)$按折线的不同段数由式(4.6.64)表示：

$$X(t) = \begin{cases} t e^{Q_0/Q(t)} & (t \geqslant t_1，\text{一段直线}) \\ (t - t_1)e^{Q_0/Q(t)}\left(\dfrac{t}{t - t_1}\right)^{\frac{Q_0}{Q(t)} - \frac{Q_0 - Q_1}{Q(t)}\cdot\frac{t}{t_1}} & (t_1 < t \leqslant t_2，\text{两段直线}) \\ \cdots & \\ (t - t_{n-1})e^{Q_0/Q(t)}\prod\limits_{j=1}^{n-1}\left[\left(\dfrac{t - t_{j-1}}{t - t_j}\right)^{\frac{Q_{j-1}}{Q(t)} - \frac{Q_{j-1} - Q_j}{Q(t)}\cdot\frac{t - t_{j-1}}{t - t_j}}\right] & \\ & (t > t_{n-1}，n\ (n \geqslant 2)\ \text{段直线}) \end{cases} \tag{4.6.64}$$

其中，$Q(t)$是降落过程中任意时刻的产量。显然，$X(t)$很容易由实测产量 Q_j 算出。由式(4.6.63)可见：$(p_i - p_w)/Q(t)$与 $\lg X(t)$呈线性关系，其直线斜率为

$$m = 0.1832\frac{B\mu}{Kh} \tag{4.6.65}$$

所以，将实测井底流压数据在单对数坐标图中绘成(孔祥言，1989a，1989b)

$$\frac{p_i - p_w}{Q(t)} \sim \lg X$$

曲线，读出直线段斜率 m，再由式(4.6.63)可立即算出表皮因子

$$S = 1.151\left(\frac{p_i - p_{wc}}{mQ_c} - \lg X_c - \lg\frac{K}{\phi\mu c r_w^2} + 0.3514\right) \tag{4.6.66}$$

其中，下标 c 对应于直线段上任选某一确定点上的相应量。

对于产量按图 4.2 所示呈**台阶式**变化，即通常所说的**“多流量”**情形，由式(4.2.3)出发，按上述简化方法，在 SI 制下可写成

$$\frac{p_i - p_{wf}}{Q_n} = 0.1832\frac{B\mu}{Kh}\left[\sum_{j=1}^{n-1}\frac{Q_j - Q_{j-1}}{Q_n}\lg(t - t_{j-1}) + \lg\frac{K}{\phi\mu c r_w^2} - 0.3514 + 0.8686S\right] \tag{4.6.67}$$

其中，$t_0 = 0$，$Q_0 = 0$。实际上，式(4.6.67)中的求和项也可由式(4.6.64)取对数给出。注意图 4.2，Q_0 已不出现，$Q(t)$改成了 Q_n。这个求和项就是式(4.6.63)中$\lg X(t)$用于台阶式产量的简单情形。若用标准单位制，则式(4.6.67)中的常数(0.1832，－0.3514)应改为(2.121×10^{-3}，0.9077)。

4.6.5.2 压力恢复分析

关于任意变产量井压力恢复试井的理论基础，已在第 4.2.2 小节中进行了论述，并导出了压力分布函数 $p(r,t)$的表达式(4.2.7)。该式中 r 用r_w 代替，即得井底压力恢复的表达式。当

$$\frac{r_w^2}{4\chi(t-t_n)} \ll 1 \tag{4.6.68}$$

时，按前述同样的近似处理，并注意到

$$b_{j-1} = \frac{Q_{j-1}-Q_j}{t_j-t_{j-1}} \tag{4.6.69}$$

则由式(4.2.7)可得关井压力恢复的表达式

$$\begin{aligned} p_{ws} = p_i &+ \frac{Q_0B\mu}{4\pi Kh}\sum_{j=1}^{n}\left(\frac{Q_{j-1}}{Q_0}-\frac{Q_{j-1}-Q_j}{Q_0}\cdot\frac{t-t_{j-1}}{t_j-t_{j-1}}\right)\ln\frac{t-t_j}{t-t_{j-1}} \\ &+ \frac{Q_0B\mu}{4\pi Kh}\sum_{j=1}^{n}\frac{Q_{j-1}-Q_j}{Q_0} \end{aligned} \tag{4.6.70}$$

或者可写成对数形式

$$p_{ws} = p_i - \frac{Q_0B\mu}{4\pi Kh}\left[\ln X(t)+\frac{Q_0-Q_n}{Q_0}\right] \tag{4.6.71}$$

其中，$X(t)$按产量曲线的直线段是一段、两段和任意 n 段，可分别写成

$$X(t) = \begin{cases} \left(\dfrac{t_p+\Delta t}{\Delta t}\right)^{1-\frac{Q_0-Q_n}{Q_0}\cdot\frac{t_p+\Delta t}{t_p}} & (\text{一段}) \\ \left(\dfrac{t_p+\Delta t}{t_p-t_1+\Delta t}\right)^{1-\frac{Q_0-Q_1}{Q_0}\cdot\frac{t_p+\Delta t}{t_1}}\left(\dfrac{t_p-t_1+\Delta t}{\Delta t}\right)^{\frac{Q_1}{Q_0}-\frac{Q_1-Q_n}{Q_0}\cdot\frac{t_p-t_1+\Delta t}{t_p-t_1}} & (\text{两段}) \\ \cdots & \\ \prod_{j=1}^{n}\left[\left(\dfrac{t_p-t_{j-1}+\Delta t}{t_p-t_j+\Delta t}\right)^{\frac{Q_{j-1}}{Q_0}-\frac{Q_{j-1}-Q_j}{Q_0}\cdot\frac{t_p-t_{j-1}+\Delta t}{t_p-t_{j-1}}}\right] & (n\ \text{段}) \end{cases} \tag{4.6.72}$$

其中，$t=t_p+\Delta t$。若用常用对数表示，并考虑到表皮因子，定义 $\Delta p_s = Q_nB\mu S/(2\pi Kh)$，则式(4.6.71)在 SI 制下写成

$$p_{ws} = p_i - 0.1832\frac{Q_0B\mu}{Kh}\left[\lg X(t)+0.4343\frac{Q_0-Q_n}{Q_0}+0.8686\frac{Q_n}{Q_0}S\right] \tag{4.6.73}$$

若用标准单位制，则式(4.6.73)中的系数 0.1832 应改成 2.121×10^{-3}。由式(4.6.73)可见，关井压力 p_{ws}与 $\lg X(t)$呈线性关系，其直线段斜率就是式(4.6.73)中方括号前面的系数。所以，在单对数坐标图中将实测数据绘成 $p_{ws}\sim\lg X(t)$曲线，读出直线段的斜率 m，即可求得流动系数或流度。然后在直线段上取一点(p_{wsc}，$X(t_c)$)，由式(4.6.73)立即算出表皮因子 S。

对于产量按图 4.2 所示呈**台阶式**变化，即通常所说的**"多流量"**情形，由式(4.2.8)出发，按上述同样的简化方法，可得关井压力 p_{ws}为

$$p_{\mathrm{ws}} = p_{\mathrm{i}} - \frac{Q_1 B\mu}{4\pi Kh}\sum_{j=1}^{n}\frac{Q_j}{Q_1}\ln\frac{t - t_{j-1}}{t - t_j} \tag{4.6.74}$$

其中，$t = t_{\mathrm{p}} + \Delta t$，$t_0 = 0$。式(4.6.74)也可写成

$$p_{\mathrm{ws}} = p_{\mathrm{i}} - \frac{Q_1 B\mu}{4\pi Kh}\left[\ln X(t) + 2\frac{Q_n}{Q_1}S\right] \tag{4.6.75}$$

其中，S 定义为 $\Delta p_{\mathrm{s}} = Q_n B\mu S/(2\pi Kh)$，而 $X(t)$ 为

$$X(t) = \prod_{j=1}^{n}\left(\frac{t_{\mathrm{p}} + \Delta t - t_{j-1}}{t_{\mathrm{p}} + \Delta t - t_j}\right)^{Q_j/Q_1} \tag{4.6.76}$$

其中，$t = t_{\mathrm{p}} + \Delta t$。

4.6.6　水平井压力降落试井

前面几小节所阐述的都是铅直井压降试井分析，现在研究水平井的压降分析。限于篇幅，本小节主要阐述无限大上下封闭地层中单个水平井的压降分析。对其他地层，如矩形地层、有直线边线的地层等以及各种不同性质的边界条件，其原理是类似的。主要不同之处在于根据表 4.2 中Ⅸ* ～Ⅻ* 行更换瞬时源函数或格林函数。Clonts 等(1986)，Xu 等(1996)，徐献芝、孔祥言和卢德唐(1996a，1996b)对此进行了研究。下面先写出其压力降落方程。

4.6.6.1　水平井压力降落表达式

考虑储油层的上覆盖层和底层均为不透水；水平方向渗透率 $K_x = K_y = K_{\mathrm{H}}$，铅垂方向渗透率 $K_z = K_{\mathrm{V}}$；油藏厚度为 h；井位为 z_{w}，水平井与 x 轴平行，其水平段长度为 $2L$。对于这种情形，根据第 4.5.1 小节所述，其瞬时源压力由式(4.5.5)表示。在研究压力降落时，对该式从 $\tau = 0$ 到 $\tau = t$ 进行积分。考虑水平井以定产量 Q 生产，并计及地层体积系数 B，为简单起见，认为井筒中流量均匀，即

$$\frac{\mathrm{d}V}{\mathrm{d}\tau} = q(\tau) = \frac{QB}{2L} \tag{4.6.77}$$

于是，式(4.5.5)对时间积分给出压力分布的表达式为

$$\begin{aligned} p_{\mathrm{i}} - p(x,y,z,t) = {} & \frac{QB}{\phi c(2L)}\cdot\frac{1}{2h^*}\int_0^t\left\{\frac{1}{\sqrt{4\pi\chi\tau}}\exp\left[-\frac{(y-y_{\mathrm{w}})^2}{4\chi\tau}\right]\right. \\ & \cdot\left[\mathrm{erf}\left(\frac{L+(x-x_{\mathrm{w}})}{\sqrt{4\chi\tau}}\right) + \mathrm{erf}\left(\frac{L-(x-x_{\mathrm{w}})}{\sqrt{4\chi\tau}}\right)\right] \\ & \left.\cdot\left[1 + 2\sum_{n=1}^{\infty}\exp\left(-\frac{n^2\pi^2\chi_{\mathrm{V}}\tau}{h^{*2}}\right)\cos\frac{n\pi z_{\mathrm{w}}}{h}\cos\frac{n\pi z}{h}\right]\right\}\mathrm{d}\tau \end{aligned} \tag{4.6.78}$$

按式(4.5.10)定义的无量纲量对式(4.6.78)进行无量纲化，记住 $\overline{K} = K_{\mathrm{V}}/K_{\mathrm{H}}$，$h_{\mathrm{D}}^* = h^*/L$，则式(4.6.78)的无量纲形式为

$$p_{\mathrm{D}}(x_{\mathrm{D}}, y_{\mathrm{D}}, z_{\mathrm{D}}, t_{\mathrm{D}}) = \frac{\sqrt{\pi}}{4}\int_0^{t_{\mathrm{D}}}\left\{\frac{1}{\sqrt{\tau}}\exp\left[-\frac{(y_{\mathrm{D}} - y_{\mathrm{wD}})^2}{4\tau}\right]\right.$$

$$\cdot \left[\operatorname{erf}\left(\frac{1+(x_D - x_{wD})}{\sqrt{4\tau}}\right) + \operatorname{erf}\left(\frac{1-(x_D - x_{wD})}{\sqrt{4\tau}}\right)\right]$$

$$\cdot \left[1 + 2\sum_{n=1}^{\infty} \exp\left(-\frac{n^2\pi^2\overline{K}\chi\tau}{h_D^{*2}}\right)\cos n\pi z_{wD}\cos n\pi z_D\right]\Bigg\}d\tau \tag{4.6.79}$$

其中,用到

$$\chi = \frac{K_H}{\phi\mu c L^2},\quad \chi_V = \frac{K_V}{\phi\mu c L^2} = \frac{K_V}{K_H}\chi = \overline{K}\chi \tag{4.6.80}$$

式(4.6.79)给出了水平井的压力分布。若选取坐标系使 z 轴通过水平井筒轴的中点,则 $x_w = y_w = 0$。于是,式(4.6.79)可写成

$$p_D(x_D, y_D, z_D, t_D) = \frac{\sqrt{\pi}}{4}\int_0^{t_D}\left\{\frac{1}{\sqrt{\tau}}\exp\left(-\frac{y_D^2}{4\tau}\right)\left[\operatorname{erf}\left(\frac{1+x_D}{\sqrt{4\tau}}\right) + \operatorname{erf}\left(\frac{1-x_D}{\sqrt{4\tau}}\right)\right]\right.$$

$$\left.\cdot \left[1 + 2\sum_{n=1}^{\infty}\exp\left(-\frac{n^2\pi^2\overline{K}\chi\tau}{h_D^{*2}}\right)\cos\pi z_{wD}\cos n\pi z_D\right]\right\}d\tau$$

(4.6.81)

要计算井筒中的压力动态特性,除取 $y_D = 0$ 和 $z_D = z_{wD}$ 外,还要适当选取 x_D 的值。Goode 等(1987)分析认为,计算点应取在至出口端的无量纲距离为 0.869 处。因为式(4.6.81)是基于 z 轴通过井筒轴中点,所以取 $x_D = 0.738$ 处。

4.6.6.2 水平井流动期分析

水平井没有生产之前,整个油藏处于原始压力 p_i 的平衡状态。开始生产时,首先是井筒储集效应起作用。经过一段时间以后,储集效应消失,由井中采出的流体流量等于从地层中流入井筒的流量。在边界影响出现之前,水平井段出现垂直于 x 轴平面即 yz 平面内的径向流。虽然水平井段的两个端点出现半球形流动,但由于水平井段较长,端点的影响可以忽略。在垂直径向流动期之后,可能出现以上、下界面之一为对称面的镜像流动期。这是当上、下两个界面中离井较近的一个发生影响之后与离井较远的一个发生影响之前的阶段。如果上、下界封闭,就类似表 4.2 中 X* 所讨论的断层。若水平井至上、下边界的距离大致相等,则相当于位于条带形区域中点的水平井,对这种情形,有无限多个镜像井。但应注意,这时镜面是 $z=0$ 和 $z=h$ 的上、下界面。对于油藏厚度较小的情形,这个镜像流动期很短。第三个流动期可称为中期线性流动期。当上、下界面影响发生之后,铅垂方向流量小,若水平井很长,可近似认为流动主要出现在平行于 y 轴方向,出现中期线性流,即平面平行流。如果有气顶或底水,这个流动期不出现。第四个流动期是 xy 平面上的径向流,可称为中期径向流。这是在上、下边界的影响稳定以后,流体在水平面(xy 平面)上从四面八方流向井筒而形成的。第五个流动期是晚期线性流动期。这是在有界油藏中出现的,类似于向垂直裂缝的流动。对无限大油藏,不出现该流动期。第六个流动期是晚期稳态流。对于有气顶或底水的定压边界条件,不存在中期线性流和中期径向流,在晚期内、外边界压力恒定,出现稳态流动。

以上所述的几种流动期并非都会出现,这依赖于油藏的形状和上顶、下底边界条件的性

质。即使出现了，其时间长短也不一样。所以，水平井的流动期情况比较复杂，不像铅直井流动期那样简单。下面讨论主要流动期的压力降落试井分析。

1. 早期径向流

与铅直井情形类似，只不过现在井筒轴沿 x 轴方向。考虑到各向异性，类似式(4.6.41)，在标准单位制下有

$$p_{\mathrm{wf}} = p_{\mathrm{i}} - 2.121 \times 10^{-3} \frac{QB\mu}{\sqrt{K_{\mathrm{H}}K_{\mathrm{V}}}L}\left(\lg t + \lg \frac{\sqrt{K_{\mathrm{H}}K_{\mathrm{V}}}}{\phi\mu c r_{\mathrm{w}}^2} + 0.9077 + 0.8686S\right) \tag{4.6.82}$$

由式(4.6.82)不难通过试井求得 $K_{\mathrm{H}}K_{\mathrm{V}}$ 的乘积以及水平井表皮因子 S。

2. 早期镜像流

当水平井靠近封闭的上顶或下底时，短期中相当于有两口平行的水平井。若井距边界用 $d=\min(z_{\mathrm{w}}, h-z_{\mathrm{w}})$ 表示，则有

$$p_{\mathrm{wf}} = p_{\mathrm{i}} - 2.121 \times 10^{-3} \frac{QB\mu}{\sqrt{K_{\mathrm{H}}K_{\mathrm{V}}}L}\left(2\lg t + \lg \frac{\sqrt{K_{\mathrm{H}}K_{\mathrm{V}}}}{\phi\mu c r_{\mathrm{w}}^2} + \lg \frac{\sqrt{K_{\mathrm{H}}K_{\mathrm{V}}}}{\phi\mu c d^2} + 1.8154 + 0.8686S\right) \tag{4.6.83}$$

所以，在单对数图上直线段斜率增加一倍。由式(4.6.83)容易通过常规压降试井求得 $K_{\mathrm{H}}K_{\mathrm{V}}$ 的乘积以及水平井表皮因子 S。

3. 中期线性流

对于中期线性流，Goode 等(1987)给出

$$p_{\mathrm{wf}} = p_{\mathrm{i}} - 8.128 \frac{Q}{Lh}\sqrt{\frac{\mu t}{K_{\mathrm{H}}\phi c}} - 141.2 \frac{q\mu}{\sqrt{K_{\mathrm{H}}K_{\mathrm{V}}}L}(S_{\mathrm{t}}) \tag{4.6.84}$$

若 $\sqrt{K_{\mathrm{H}}K_{\mathrm{V}}}$ 已通过早期段试井给出，则由式(4.6.84)在直角坐标图中绘出 $p_{\mathrm{wf}} \sim \sqrt{t}$ 曲线，利用直线段斜率可求得 K_{H}，从而进一步求得 K_{V} 和总表皮因子 S_{t}。

4. 晚期稳态流

对于有气顶或底水的油藏，不存在中期线性流，晚期流动是稳态的，可近似表示为

$$p_{\mathrm{wf}} = p_{\mathrm{i}} - 2.121 \times 10^{-3} \frac{QB\mu}{\sqrt{K_{\mathrm{H}}K_{\mathrm{V}}}L}\left[\frac{8h}{\pi r_{\mathrm{w}}(1+\sqrt{K})}\cos\frac{\pi z_{\mathrm{w}}}{2h} + 0.4343\left(S_{\mathrm{t}} - \frac{h - z_{\mathrm{w}}}{L\sqrt{K}}\right)\right] \tag{4.6.85}$$

4.7　图版拟合试井解释方法

前一节所阐述的常规试井分析方法是被广泛使用的方法。但如果试井时间较短，实测压力数据在单对数或直角坐标图上尚未形成直线段，则不能采用常规试井分析方法。对这

类数据资料，可采用图版拟合方法求得某些近似结果，若中晚期数据齐全，则通过图版拟合可获得更多更精确的结果。该方法是 20 世纪 70 年代发展起来的，有时也称为现代试井分析方法。该方法的基本思想是：先针对各种不同模型，包括地层介质类型（均质、复合、双孔、双渗、多层等）、流体类型、井和内边界类型（铅直井定产定储集常数、均匀流量水平井、无限传导率水平裂缝井等）以及外边界类型（无限大地层、有限地层封闭或定压、断层或尖灭、矩形或圆形地层等），对每一种模型选用不同的参数（如表皮因子和无量纲储集常数）计算出无量纲压力对无量纲时间的曲线，并绘制在双对数坐标图上，这种曲线图称为样板曲线或理论图版。然后将实测压力数据在同样尺寸的双对数坐标图上绘成压力对时间的有量纲的曲线，再将这种实测曲线与理论图版进行拟合。若实测曲线与理论图版中某一条曲线完全重合，就表明该实测曲线反映哪一种模型及其所对应的参数。

下面讨论几种模型的理论图版及其试井解释方法。另外一些图版将在第 5.6 节中予以介绍。

4.7.1 方形地层中的铅垂裂缝井

铅垂裂缝井是指通过水力压裂，将地层压出一条通过井筒的铅垂方向的裂缝。通常假定从上顶到下底全部裂穿。铅垂裂缝井有多种不同的模型：地层可以是无限大或矩形有界的；裂缝是有限厚度或不考虑厚度的；裂缝是均匀流量或有限与无限导流性的；等等。Gringarten 等（1972，1974）研究了垂直裂缝井的试井解释。

4.7.1.1 均匀流量铅垂裂缝

考虑方形地层，边界封闭，边长 $2x_e$ 与 $2y_e$ 相等（对矩形地层完全类似）。井位于地层中心，裂缝长度为 $2x_f$。取坐标原点位于井点，x 轴通过整条裂缝。由地层流入单位长度裂缝中的流量 q 是均匀的，即所谓均匀流量裂缝，则有 $x_w=0$，$y_w=0$。按第 4.5.1 小节所述和表 4.2 中Ⅳ*(a)，其源函数为Ⅹ(x)Ⅶ(y)，若引进无量纲量

$$p_{wD}=\frac{2\pi Kh(p_i-p_w)}{QB\mu},\quad t_{DA}=\frac{Kt}{\phi\mu c x_e y_e},\quad t_{Df}=\frac{Kt}{\phi\mu c x_f^2} \tag{4.7.1}$$

则容易写出井底无量纲压力的表达式

$$p_{wD}\left(\frac{x_e}{x_f},t_D\right)=2\pi\int_0^{t_{DA}}\left[1+2\sum_{n=1}^{\infty}\exp(-n^2\pi^2\tau)\right]\cdot\left[1+2\sum_{n=1}^{\infty}\exp(-n^2\pi^2\tau)\frac{\sin(n\pi x_f/x_e)}{n\pi x_f/x_e}\right]d\tau \tag{4.7.2}$$

由式(4.7.2)进行数值积分，很容易给出以 p_{wD} 为纵坐标，以 $t_{Df}=Kt/(\phi\mu c x_f^2)$ 为横坐标，以 x_e/x_f 为参量的一组曲线，即理论图版，称为方形地层薄铅垂裂缝均匀流量图版。

4.7.1.2 无限导流性铅垂裂缝

另一种情形是假设裂缝为无限导流性的，即裂缝中沿 x 方向的压力梯度为零。意即流体一旦从地层进入裂缝，就立即进入井筒。对于这种情形，Gringarten 等（1974）证明：只要在裂缝中取计算点为 $x_D=0.738$ 即可。顺便指出，这个值后来被推广应用于水平井情形（见

第 4.6.6 小节)。于是,无限导流性裂缝的井底无量纲压力表示为

$$p_{\mathrm{wD}}\left(\frac{x_{\mathrm{e}}}{x_{\mathrm{f}}}, t_{\mathrm{DA}}\right)=2\pi\int_{0}^{t_{\mathrm{DA}}}\left[1+2\sum_{n=1}^{\infty}\exp(-n^{2}\pi^{2}\tau)\right]\cdot\left[1+2\sum_{n=1}^{\infty}\exp(-n^{2}\pi^{2}\tau)\frac{\sin(n\pi x_{\mathrm{f}}/x_{\mathrm{e}})}{n\pi x_{\mathrm{f}}/x_{\mathrm{e}}}\cos\left(0.738n\pi\frac{x_{\mathrm{f}}}{x_{\mathrm{e}}}\right)\right]\mathrm{d}\tau \tag{4.7.3}$$

由式(4.7.3)进行数值积分,可绘制成理论图版。对于 x_{e} 不等于 y_{e} 的矩形地层,与以上所述完全类似。

注意,按式(4.7.1),有

$$t_{\mathrm{Df}}=\frac{x_{\mathrm{e}}y_{\mathrm{e}}}{x_{\mathrm{f}}^{2}}t_{\mathrm{DA}} \tag{4.7.4}$$

所以,若式(4.7.2)和式(4.7.3)中的积分上限换成 t_{Df},则积分号的外面应乘上因子 $x_{\mathrm{f}}^{2}/(x_{\mathrm{e}}y_{\mathrm{e}})$。在理论图版中,取不同的 x_{f}/A 值,有不同的样板曲线。而 $x_{\mathrm{f}}/A=0$ 对应于无限大油藏无裂缝的模型。

4.7.1.3　*解释方法与步骤*

第一步,将实测压力曲线与图版拟合,得一参数值 $(x_{\mathrm{f}}/A)_M$。拟合以后,在同一重叠点上读出样板曲线上的压力值和实测曲线上的压力值,压力拟合的比值为 $(p_{\mathrm{D}}/\Delta p)_M$。根据无量纲压力的定义,可得在标准单位制下

$$\frac{Kh}{\mu}=1.842\times10^{-3}QB\left(\frac{p_{\mathrm{D}}}{\Delta p}\right)_M \tag{4.7.5}$$

第二步,由时间拟合可得在标准单位制下裂缝的半长度为

$$x_{\mathrm{f}}=\left[\frac{3.6Kh}{\phi\mu c(t_{\mathrm{Df}}/t)_M}\right]^{1/2} \tag{4.7.6}$$

第三步,由曲线拟合值算出油藏面积 A:

$$A=\frac{x_{\mathrm{f}}^{2}}{\left(\dfrac{x_{\mathrm{f}}}{\sqrt{A}}\right)^{2}} \tag{4.7.7}$$

4.7.2　无限大地层中的有限导流性铅垂裂缝井

考虑无限大地层,上顶和下底均不透水,介质均匀,各向同性。裂缝平面沿铅垂方向通过井筒,自上而下全部裂穿。其长度为 $2x_{\mathrm{f}}$,宽度为 w,如图 4.12 所示。图中,上部示出裂缝在地层中的几何形状,下部表示沿裂缝的流动情况。根据上述模型,可将该问题分成两部分:从整个地层的立场上看,是无限大地层中有汇的流动,汇区从 $-x_{\mathrm{f}}$ 到 $+x_{\mathrm{f}}$。而从裂缝的立场上看,是有源汇的一维流动,这个源就是有流体不断从地层流入裂

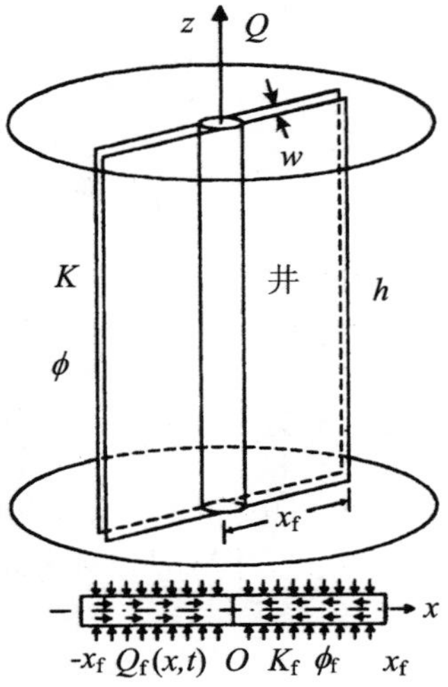

图 4.12　无限大地层中有限导流性铅垂裂缝井模型

缝,单位长度裂缝流量为 $q(x,t)$;而在 $x=0$ 处有点汇,流量为 Q。Cinco-Ley 等(1978)研究了这个问题。

4.7.2.1 裂缝中的一维流动

设裂缝中为多孔介质,其特性参数用带下标 f 的量表示。井筒近似地用一薄平面源代替,其总面积为 $2wh$,w 是裂缝宽度。同时,假设裂缝两端是不透水的。于是,裂缝中一维有源流动的定解问题可写出如下:

$$\begin{cases}\dfrac{\partial^2 p_f}{\partial x^2}+\dfrac{\mu}{K_f}\dfrac{1}{wh}q_f(x,t)=\dfrac{1}{\chi_f}\dfrac{\partial p_f}{\partial t} \quad (0<x<x_f,\ t>0) & (4.7.8)\\ \dfrac{\partial p_f}{\partial x}=-\dfrac{\mu Q}{2whK_f} \quad (x=0,t>0) & (4.7.9)\\ \dfrac{\partial p_f}{\partial x}=0 \quad (x=x_f,t>0) & (4.7.10)\\ p_f(x,t=0)=p_i \quad (0\leqslant x\leqslant x_f) & (4.7.11)\end{cases}$$

其中,$\chi_f=K_f/(\phi_f\mu c_f)$。根据第 4.4 节中所述的条带形地层中直线源和条带源的理论,可直接写出定解问题(4.7.8)~(4.7.11)的无量纲压力降落函数为

$$p_{fD}(x_D,t_D)=\frac{x_f}{w}\sqrt{\frac{K\phi c\pi}{K_f\phi_f c_f}}\int_0^{t_D}\left\{\sum_{n=-\infty}^{\infty}\frac{\exp\left[-\dfrac{(x_D-2n)^2}{4\chi_{fD}\tau}\right]}{\sqrt{\tau}}\right.$$

$$\left.-\sum_{n=-\infty}^{\infty}\int_{2n-1}^{2n+1}q_{fD}(x'_D,\tau)\frac{\exp\left[-\dfrac{(x_D-x'_D)^2}{4\chi_{fD}(t_D-\tau)}\right]}{2\sqrt{t_D-\tau}}dx'_D\right\}d\tau \tag{4.7.12}$$

其中,无量纲量定义为

$$p_{fD}(x_D,t_D)=\frac{2\pi Kh[p_i-p_f(x,t)]}{Qu},\quad t_D=\frac{Kt}{\phi\mu c x_f^2}$$
$$q_{fD}(x'_D,\tau)=\frac{2q_f(x',\tau)}{Q}x_f,\quad x_D=\frac{x}{x_f} \tag{4.7.13}$$

式(4.7.12)中,第一个求和项是 $x=0$ 处强度为 Q 的点汇对压降的贡献,可由式(4.4.1)令 $x_w=0$ 求得;第二个求和项是从 $-x_f$ 到 x_f,强度为 $q_f(x,t)$ 的源分布及其镜像对压降的贡献。

4.7.2.2 地层压力和连续条件

整个地层中的压力分布由解点汇线段分布的渗流方程给出。利用点汇解(4.1.42),写成无量纲形式,并对汇分布区即 x_D 从 -1 到 1 积分,可得无量纲压力分布

$$p_D(x_D,y_D,t_D)=\frac{1}{4}\int_0^{t_D}\int_{-1}^{1}q_D(x'_D,\tau)\frac{\exp\left[-\dfrac{(x_D-x'_D)^2+y_D^2}{4(t_D-\tau)}\right]}{t_D-\tau}dx'_D d\tau \tag{4.7.14}$$

其中,$y_D=y/x_f$。裂缝中的压力(4.7.12)与地层中的压力在 $y_D=0$ 处应该相等。利用

Poisson 求和公式(4.4.2)将式(4.7.12)改写一下，并引进无量纲量

$$\chi_{\mathrm{fD}} = \frac{K_{\mathrm{f}}/(\phi_{\mathrm{f}} c_{\mathrm{f}})}{K/(\phi c)}, \quad C_{\mathrm{fDf}} = \frac{w\phi_{\mathrm{f}} c_{\mathrm{f}}}{\pi x_{\mathrm{f}} \phi c} \tag{4.7.15}$$

于是由 $y=0$ 处连续的条件给出 Fredholm 积分方程

$$\frac{1}{C_{\mathrm{fDf}}}\left\{ t_{\mathrm{D}} + \frac{2}{\pi^2 \chi_{\mathrm{fD}}} \sum_{n=1}^{\infty} \frac{1}{n^2} \cos n\pi x_{\mathrm{D}} \left[1 - \exp(-n^2\pi^2\chi_{\mathrm{fD}} t_{\mathrm{D}})\right] \right.$$
$$\left. - \int_0^{t_{\mathrm{D}}} \int_{-1}^{1} q_{\mathrm{D}}(x'_{\mathrm{D}}, \tau) \left[\frac{1}{2} + \sum_{n=1}^{\infty} \cos n\pi (x_{\mathrm{D}} - x'_{\mathrm{D}}) \exp[-n^2\pi^2\chi_{\mathrm{fD}}(t_{\mathrm{D}} - \tau)] \right] \mathrm{d}x'_{\mathrm{D}} \mathrm{d}\tau \right\}$$
$$= \frac{1}{4} \int_0^{t_{\mathrm{D}}} \int_{-1}^{1} q_{\mathrm{D}}(x'_{\mathrm{D}}, \tau) \frac{\exp\left[-\dfrac{(x_{\mathrm{D}} - x'_{\mathrm{D}})^2}{4(t_{\mathrm{D}} - \tau)} \right]}{t_{\mathrm{D}} - \tau} \mathrm{d}x'_{\mathrm{D}} \mathrm{d}\tau \tag{4.7.16}$$

注意式(4.7.16)右端 q_{fD} 改写成 q_{D}，这是因为在 $y=0$ 处 $q_{\mathrm{f}}(x,t)=q(x,t)$。在积分方程(4.7.16)中，唯一的未知变量是 $q_{\mathrm{D}}(x'_{\mathrm{D}},\tau)$。解这个积分方程，求出 $q_{\mathrm{D}}(x'_{\mathrm{D}},\tau)$，再代回式(4.7.14)，即得裂缝中的压力函数。

4.7.2.3　Fredholm 积分方程的数值解

要从 Fredholm 积分方程(4.7.16)中求出 q_{D} 的解析解相当困难，为此 Cinco-Ley 等(1978)用数值方法进行求解。他们将方程对空间和时间进行离散：将无量纲半长度 x_{D} 分成 N 段，将 t_{D} 分成 k 个间隔，在裂缝每个 i 段和每个 l 间隔上把 q 看做常数。于是，对裂缝的第 j $(j=1,2,\cdots,N)$ 段而言，式(4.7.16)离散后可写成

$$\frac{1}{C_{\mathrm{fDf}}}\left\{ t_{\mathrm{D}_k} + \frac{2}{\pi^2 \chi_{\mathrm{fD}}} \sum_{n=1}^{\infty} \frac{1}{n^2} \left[1 - \exp(-n^2\pi^2\chi_{\mathrm{fD}} t_{\mathrm{D}_k})\right] \cos(n\pi x_{\mathrm{D}_j}) \right.$$
$$- \frac{4}{\pi^3 \chi_{\mathrm{fD}}} \sum_{l=1}^{k} \sum_{i=1}^{N} q_{\mathrm{D}_{i,l}} \sum_{n=1}^{\infty} \left[\frac{1}{n^3} \left[\exp(-n^2\pi^2\chi_{f\mathrm{D}} \Delta t_{k,l}) - \exp(-n^2\pi^2\chi_{f\mathrm{D}} \Delta t_{k,l-1}) \right] \right.$$
$$\left. \left. \cdot \cos(n\pi x_{\mathrm{D}_j}) \cos(n\pi x_{\mathrm{D}_i}) \sin(n\pi/(2N)) \right] - \Delta x \sum_{l=1}^{k} \sum_{i=1}^{N} q_{\mathrm{D}_{i,l}} \Delta t_{l,l-1} \right\}$$
$$= \frac{\sqrt{\pi}}{4} \sum_{l=1}^{k} \sum_{i=1}^{N} q_{\mathrm{D}_{i,l}} \left[X_{i,j}^{k,l-1} - X_{i,j}^{k,l} + Y_{i,j}^{k,l-1} - Y_{i,j}^{k,l} \right] \tag{4.7.17}$$

其中

$$\left.\begin{aligned}
x_{\mathrm{D}_i} &= \frac{i - 1/2}{N} \\
\Delta t_{k,l-1} &= t_{\mathrm{D}_k} - t_{\mathrm{D}_{l-1}} \\
X_{i,j}^{k,l} &= 2\sqrt{\Delta t_{k,l}} \left[\mathrm{erf}\left(\frac{\alpha_{i,j}}{\sqrt{\Delta t_{k,l}}} \right) - \mathrm{erf}\left(\frac{\beta_{i,j}}{\sqrt{\Delta t_{k,l}}} \right) \right] \\
Y_{i,j}^{k,l} &= -\frac{2}{\sqrt{\pi}} \left[\alpha_{i,j} \mathrm{Ei}\left(-\frac{\alpha_{i,j}^2}{\Delta t_{k,l}} \right) - \beta_{i,j} \mathrm{Ei}\left(-\frac{\beta_{i,j}^2}{\Delta t_{k,l}} \right) \right. \\
&\quad \left. + \gamma_{i,j} \mathrm{Ei}\left(-\frac{\gamma_{i,j}^2}{\Delta t_{k,l}} \right) - \delta_{i,j} \mathrm{Ei}\left(-\frac{\delta_{i,j}^2}{\Delta t_{k,l}} \right) \right]
\end{aligned}\right\} \tag{4.7.18}$$

函数 Ei()和 erf()中的自变量定义为

$$\left.\begin{aligned}\alpha_{i,j} &= \frac{j-i+1/2}{2N}, \quad \beta_{i,j} = \frac{j-i-1/2}{2N} \\ \gamma_{i,j} &= \frac{j+i-1/2}{2N}, \quad \delta_{i,j} = \frac{j+i-3/2}{2N}\end{aligned}\right\} \tag{4.7.19}$$

对裂缝中各段写出方程(4.7.17),得到一个由 N 个方程组成的代数方程组。容易解出各段中各个时刻的流量 q_D,最后算出井底压力 $p_{fD} \sim t_D$ 的关系曲线,以 $wK_f/(Kx_f)$ 为参量,绘出理论图版,如图 4.13 所示。有了理论图版以后,可通过样板曲线拟合解释我们所需要的数据。

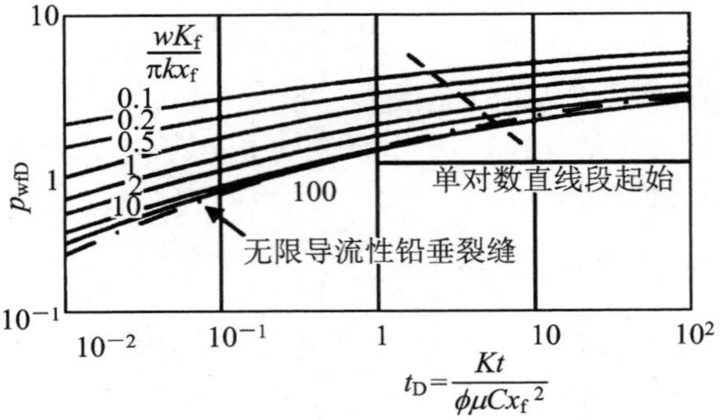

图 4.13 无限大地层中有限导流性铅垂裂缝井的理论图版

4.7.2.4 解释方法和步骤

第一步,将铅垂裂缝井的实测数据绘制在与理论图版尺寸相同的双对数坐标图上,并与样板曲线进行拟合。若实测数据曲线与某一条样板曲线完全重合,即得到一个参数值 $wK_f/(Kx_f)$。

第二步,通过压力拟合求得渗透率

$$K = \frac{QB\mu}{2\pi h}\left(\frac{p_{fD}}{\Delta p}\right)_M \tag{4.7.20}$$

第三步,通过时间拟合求得裂缝半长度

$$x_f = \left[\frac{K}{\phi\mu c}\left(\frac{t}{t_D}\right)_M\right]^{1/2} \tag{4.7.21}$$

第四步,根据前三步的结果算出裂缝参数

$$wK_f = \left(\frac{wK_f}{Kx_f}\right)_M \cdot Kx_f \tag{4.7.22}$$

第五步,根据 S_f 与 x_f 的关系曲线可查出裂缝井的表皮因子 S_f。

卢德唐和孔祥言(1993b,1995)研究了垂直裂缝井的井底压力分析,并用井底压力与其均值的偏差进行试井分析,改善了分析结果。

4.8　解一般渗流方程的格林函数法

前面几节研究了瞬时源函数法，它是格林函数法中较为简单的情形，边界条件和源汇分布都有一定限制。本节研究方程和边界条件均为非齐次情形的一般问题格林函数法。众所周知，格林函数法求解一般问题的主要困难在于对一个给定的定解问题如何寻求一个适合的格林函数。本节不仅系统地阐述了用格林函数法求解渗流方程的一般理论，而且给出了一种构造格林函数的固定程式和方法。这就使问题的求解变得非常严谨、规范和顺利。

4.8.1　用格林函数求解的一般理论

首先，我们讨论以下定解问题：

$$\nabla^2 p(\boldsymbol{r},t) + \frac{1}{\lambda}q(\boldsymbol{r},t) = \frac{1}{\chi}\frac{\partial p(\boldsymbol{r},t)}{\partial t} \quad (\text{区域 } R \text{ 内}, t > 0) \tag{4.8.1}$$

$$l_i \frac{\partial p}{\partial \boldsymbol{n}_i} + h_i p = f_i(\boldsymbol{r},t) \quad (\text{边界 } S_i \text{ 上}, t > 0) \tag{4.8.2}$$

$$p(\boldsymbol{r},t) = F(\boldsymbol{r}) \quad (\text{区域 } R \text{ 内}, t = 0) \tag{4.8.3}$$

其中，$q(\boldsymbol{r},t)$是单位体积地层中流出的体积流量。$\partial/\partial \boldsymbol{n}_i$ 是边界面S_i 上沿外法线方向的导数($i=1,2,\cdots,n$)，n 是区域R 上连续边界的数目。方程(4.8.2)包含了各种类型的边界条件：$l_i=0$ 即为第一类边界条件；$h_i=0$ 即为第二类边界条件。

为了求解渗流问题(4.8.1)～(4.8.3)，我们讨论下列定义域相同的辅助问题：

$$\nabla^2 G(\boldsymbol{r},t;\boldsymbol{r}',\tau) + \frac{1}{\chi}\delta(\boldsymbol{r}-\boldsymbol{r}')\delta(t-\tau) = \frac{1}{\chi}\frac{\partial G}{\partial t} \quad (\text{区域 } R \text{ 内}, t > \tau) \tag{4.8.4}$$

$$l_i \frac{\partial G}{\partial \boldsymbol{n}_i} + h_i G = 0 \quad (\text{边界 } S_i \text{ 上}, t > \tau) \tag{4.8.5}$$

$$G(\boldsymbol{r},t;\boldsymbol{r}',\tau) = 0 \quad (t < \tau) \tag{4.8.6}$$

其中，$\delta(\boldsymbol{r}-\boldsymbol{r}')$是多维空间的 δ 函数，其量纲为$[\mathrm{L}^{-d}]$，d 是维数。$\delta(t-\tau)$是时间变量的 δ 函数，其量纲为$[\mathrm{T}^{-1}]$。函数 G 的量纲是$[\mathrm{L}^{-d}]$，辅助问题(4.8.4)～(4.8.6)的解 $G(\boldsymbol{r},t;\boldsymbol{r}',\tau)$ 就称为格林函数。$(\boldsymbol{r},t)$是场点的时空变量；$(\boldsymbol{r}',\tau)$是源点的时空变量。Morse 等(1953)证明：满足辅助问题(4.8.4)～(4.8.6)的格林函数 $G(\boldsymbol{r},t;\boldsymbol{r}',\tau)$遵从以下互易关系：

$$G(\boldsymbol{r},t;\boldsymbol{r}',\tau) = G(\boldsymbol{r}',-\tau;\boldsymbol{r},-t) \tag{4.8.7}$$

式(4.8.7)的含义是位于 $\boldsymbol{r}'$处在 τ 时刻的瞬时源汇对场点 $\boldsymbol{r}$ 处时刻 t 的影响与位于 $\boldsymbol{r}$ 处在 $-t$ 时刻的瞬时源汇对场点 $\boldsymbol{r}'$处时刻 $-\tau$ 的影响是相同的。根据互易关系(4.8.7)，辅助方程(4.8.4)可写成用函数 $G(\boldsymbol{r}',-\tau,\boldsymbol{r},-t)$表示的形式如下：

$$\nabla'^2 G + \frac{1}{\chi}\delta(\boldsymbol{r}'-\boldsymbol{r})\delta(\tau-t) = -\frac{1}{\chi}\frac{\partial G}{\partial \tau} \quad (\text{区域 } R \text{ 内}) \tag{4.8.8}$$

其中,∇'^2 表示对变量 $\boldsymbol{r}'$的拉普拉斯算子。因为方程(4.8.1)对定义域 R 内任意$(\boldsymbol{r},t)$成立,当然用$(\boldsymbol{r}',\tau)$代替$(\boldsymbol{r},t)$也应该成立,即有

$$\nabla'^2 p(\boldsymbol{r}',\tau)+\frac{1}{\lambda}q(\boldsymbol{r}',\tau)=\frac{1}{\chi}\frac{\partial p(\boldsymbol{r}',\tau)}{\partial \tau}\quad(\text{区域 } R \text{ 内})\tag{4.8.9}$$

将式(4.8.9)两边乘以 G 减去式(4.8.8)两边乘以 p,可得

$$(G\nabla'^2 p-p\nabla'^2 G)+\frac{1}{\lambda}q(\boldsymbol{r}',\tau)-\frac{1}{\chi}\delta(\boldsymbol{r}'-\boldsymbol{r})\delta(\tau-t)p=\frac{1}{\chi}\frac{\partial}{\partial \tau}(Gp)\tag{4.8.10}$$

式(4.8.10)对空间变量 $\boldsymbol{r}'$在区域R 内积分,并对时间变量 τ 从 0 到 $t+\varepsilon$ 积分,这里 ε 是个小量,得到

$$\int_0^{t+\varepsilon}\int_R(G\nabla'^2 p-p\nabla'^2 G)\mathrm{d}V\mathrm{d}\tau+\frac{1}{\lambda}\int_0^{t+\varepsilon}\int_R q(\boldsymbol{r}',\tau)G\mathrm{d}V\mathrm{d}\tau-\frac{1}{\chi}p(\boldsymbol{r},t+\varepsilon)$$

$$=\frac{1}{\chi}\int_R Gp\Big|_{\tau=0}^{\tau=t+\varepsilon}\mathrm{d}V\tag{4.8.11}$$

根据格林定理,式(4.8.11)左边第一个体积分可改用面积分表示,即

$$\int_R(G\nabla'^2 p-p\nabla'^2 G)\mathrm{d}V=\sum_{i=1}^{n}\int_{S_i}\left(G\frac{\partial p}{\partial \boldsymbol{n}_i}-p\frac{\partial G}{\partial \boldsymbol{n}_i}\right)\mathrm{d}S_i\tag{4.8.12}$$

式(4.8.11)右边的被积函数可写成

$$Gp\Big|_{\tau=0}^{\tau=t+\varepsilon}=Gp\Big|_{\tau=t+\varepsilon}-Gp\Big|_{\tau=0}=-G\Big|_{\tau=0}F(\boldsymbol{r})\tag{4.8.13}$$

式(4.8.13)中第二个等式成立是因为由式(4.8.6),$\tau>t$ 时$G=0$ 和 $\tau=0$ 时 $p=F(\boldsymbol{r}')$。将式(4.8.12)和式(4.8.13)代入式(4.8.11),并让 $\varepsilon\to 0$,可得

$$p(\boldsymbol{r},t)=\int_R G\,|_{\tau=0}F(\boldsymbol{r}')\mathrm{d}V+\frac{\chi}{\lambda}\int_0^t\int_R q(\boldsymbol{r}',\tau)G\mathrm{d}V\mathrm{d}\tau$$

$$+\chi\int_0^t\sum_{i=1}^{n}\int_{S_i}\left(G\frac{\partial p}{\partial \boldsymbol{n}_i}-p\frac{\partial G}{\partial \boldsymbol{n}_i}\right)\mathrm{d}S_i\mathrm{d}\tau\tag{4.8.14}$$

其中,右边最后一项可用边界条件(4.8.2)和(4.8.5)进行改写。用 G 乘以式(4.8.2)减去用 p 乘以式(4.8.5),可得

$$G\frac{\partial p}{\partial \boldsymbol{n}_i}-p\frac{\partial G}{\partial \boldsymbol{n}_i}=\frac{1}{l_i}G|_{S_i}\cdot f_i(\boldsymbol{r},t)\tag{4.8.15}$$

其中,$G|_{S_i}$为格林函数G 在界面S_i 上的值。将式(4.8.15)代入式(4.8.14),可得压力函数 $p(\boldsymbol{r},t)$用格林函数 $G(\boldsymbol{r},t;\boldsymbol{r}',\tau)$表示的结果

$$p(\boldsymbol{r},t)=\int_R G(\boldsymbol{r},t;\boldsymbol{r}',\tau=0)F(\boldsymbol{r}')\mathrm{d}V+\frac{\chi}{\lambda}\int_0^t\int_R G(\boldsymbol{r},t;\boldsymbol{r}',\tau)q(\boldsymbol{r},\tau)\mathrm{d}V\mathrm{d}\tau$$

$$+\chi\int_0^t\sum_{i=1}^{n}\int_{S_i}\frac{1}{l_i}G(\boldsymbol{r},t;\boldsymbol{r}',\tau)\,|_{S_i}\cdot f_i(\boldsymbol{r},t)\mathrm{d}S_i\mathrm{d}\tau\tag{4.8.16}$$

其中,最后一项是针对全部边界都是第三类边界写出的。若边界面 $i=j$ 的边界条件是第二类的,则式(4.8.2)和式(4.8.5)中 $h_j=0$,解式(4.8.16)的形式不变,并且格林函数 G 满足

辅助问题中 $h_j=0$ 的边界条件。若边界面 $i=j$ 的边界条件是第一类的，则式(4.8.2)和式(4.8.5)中 $l_j=0$。但解式(4.8.16)最后一项不能直接用 $l_j=0$ 代入，根据关系式(4.8.5)，应有如下关系：

$$\frac{1}{l_j}G\mid_{s_j}=-\frac{1}{h_j}\frac{\partial G}{\partial \boldsymbol{n}_j}\bigg|_{s_j} \tag{4.8.17}$$

我们引进

$$M_j(\boldsymbol{r},t)=\begin{cases}\dfrac{1}{l_j}G\mid_{s_j}\cdot f_j(\boldsymbol{r},t) & \text{(对第二、三类边界)}\\ -\dfrac{1}{h_j}\dfrac{\partial G}{\partial \boldsymbol{n}_j}\bigg|_{s_j}\cdot f_j(\boldsymbol{r},t) & \text{(对第一类边界)}\end{cases} \tag{4.8.18}$$

这样一来，定解问题(4.8.1)～(4.8.3)的解用格林函数表示的最后结果可写成

$$p(\boldsymbol{r},t)=\int_R G\mid_{\tau=0}F(\boldsymbol{r}')\mathrm{d}V+\frac{\chi}{\lambda}\int_0^t\int_R G(\boldsymbol{r},t;\boldsymbol{r}',\tau)q(\boldsymbol{r}',\tau)\mathrm{d}V\mathrm{d}\tau$$
$$+\chi\int_0^t\sum_{i=1}^{n}\int_R M_i(\boldsymbol{r}',\tau)\mathrm{d}S_i\mathrm{d}\tau \tag{4.8.19}$$

其中，$M_i(\boldsymbol{r},t)$由式(4.8.18)给出。式(4.8.19)就是用格林函数表示的压力分布的一般表达式。它由三项组成：第一项是初始分布函数 $F(\boldsymbol{r})$对压力的贡献；第二项是源汇分布函数 $q(\boldsymbol{r},t)$对压力的贡献；第三项是边界条件非齐次性即函数$f_i(\boldsymbol{r},t)$对压力的贡献。

以上是对于一般三维问题所求得的压力表达式。对于二维或一维情形，解式(4.8.19)可以作进一步简化。

对于二维情形，拉普拉斯算子∇^2 和 δ 函数$\delta(\boldsymbol{r}-\boldsymbol{r}')$都改成二维的。例如，在直角坐标系中 $\delta(\boldsymbol{r}-\boldsymbol{r}')=\delta(x-x')\delta(y-y')$。区域 R 和体元 $\mathrm{d}V$ 改成面积 A 和面元 $\mathrm{d}A$，则解式(4.8.19)简化为

$$p(\boldsymbol{r},t)=\int_A G(\boldsymbol{r},t;\boldsymbol{r}',\tau=0)F(\boldsymbol{r}')\mathrm{d}A+\frac{\chi}{\lambda}\int_0^t\int_A G\cdot q(\boldsymbol{r}',\tau)\mathrm{d}A'\mathrm{d}\tau$$
$$+\chi\int_0^t\sum_{i=1}^{n}\int_{C_i}M_i(\boldsymbol{r}',\tau)\mathrm{d}C_i\mathrm{d}\tau \tag{4.8.20}$$

其中，C_i 和 $\mathrm{d}C_i$ 是二维面积 A 的第 i 个周边边界及其线元。$M_i(\boldsymbol{r}',\tau)$仍按式(4.8.18)定义，只不过式(4.8.18)中 S_j 改成 C_j 而已。

对于一维情形，∇^2 和 δ 都改成一维的。例如，一维自变量是 x，则 $\delta(\boldsymbol{r}-\boldsymbol{r}')=\delta(x-x')$。解式(4.8.19)中的 $\boldsymbol{r}$，区域 R，$\mathrm{d}V$ 和 G 相应地改成x，一维长度 L，$\mathrm{d}x$ 和$x'^pG(x,t;x',\tau)$。于是，解式(4.8.19)简化为

$$p(x,t)=\int_L x'^pG(x,t;x',\tau=0)F(x')\mathrm{d}x'+\frac{\chi}{\lambda}\int_0^t\int_L x'^pG\cdot q(x',\tau)\mathrm{d}x'\mathrm{d}\tau$$
$$+\chi\int_0^t\Big(\sum_{i=1}^{2}M_i\Big)\mathrm{d}\tau \tag{4.8.21}$$

其中

$$M_j = \begin{cases} x'^p \dfrac{1}{l_j} G(x,t;x',\tau) f_j(x',\tau) & \text{（对第二、三类边界）} \\ -x'^p \dfrac{\partial G}{\partial x'}\bigg|_{x'=x_j} \dfrac{1}{h_j} f_j(x',\tau) & \text{（对第一类边界）} \end{cases} \tag{4.8.22}$$

其中，x'^p 是 Sturm-Liouville 权函数，对于平行流、一维径向流和一维球形向心流，幂指数 p 分别为 0,1 和 2。

4.8.2 格林函数的构造方法

4.8.1 小节阐述了用格林函数法求解非齐次渗流方程的一般理论，对于三维、二维和一维情形均给出了用格林函数表示的压力解。这就将求解问题(4.8.1)～(4.8.3)变成寻求适合的格林函数问题。本小节就介绍构造出这样的格林函数的一种方法。该方法是基于第 3.1～3.4 节所阐述的分离变量法。用分离变量法求解齐次问题非常简便，为此，我们先讨论以下齐次问题：

$$\nabla^2 p(\boldsymbol{r},t) = \frac{1}{\chi}\frac{\partial p}{\partial t} \quad (\text{区域 } R \text{ 内}, t > 0) \tag{4.8.23}$$

$$\frac{\partial p}{\partial \boldsymbol{n}_i} + H_i p = 0 \quad (\text{边界 } S_i \text{ 上}, t > 0) \tag{4.8.24}$$

$$p(\boldsymbol{r},t) = F(\boldsymbol{r}) \quad (\text{区域 } R \text{ 内}, t = 0) \tag{4.8.25}$$

按第 4.8.1 小节所述，该齐次问题的格林函数应满足如下辅助问题：

$$\nabla^2 G + \frac{1}{\chi}\delta(\boldsymbol{r}-\boldsymbol{r}')\delta(t-\tau) = \frac{1}{\chi}\frac{\partial G}{\partial t} \quad (\text{区域 } R \text{ 内}, t > \tau) \tag{4.8.26}$$

$$\frac{\partial G}{\partial \boldsymbol{n}_i} + H_i G = 0 \quad (\text{边界 } S_i \text{ 上}, t > \tau) \tag{4.8.27}$$

$$G(\boldsymbol{r},t;\boldsymbol{r}',\tau) = 0 \quad (t < \tau) \tag{4.8.28}$$

按照式(4.8.19)给出的压力函数 $p(\boldsymbol{r},t)$ 的一般表达式，考虑到现在 $q(\boldsymbol{r},t)=0$，$f_i(\boldsymbol{r},t)=0$，于是齐次定解问题(4.8.23)～(4.8.25)的解可用齐次辅助问题(4.8.26)～(4.8.28)的解 $G(\boldsymbol{r},t;\boldsymbol{r}',\tau)$ 表示为

$$p(\boldsymbol{r},t) = \int_R G(\boldsymbol{r},t;\boldsymbol{r}',\tau=0) F(\boldsymbol{r}')\mathrm{d}V \tag{4.8.29}$$

假如齐次定解问题(4.8.23)～(4.8.25)可用分离变量法进行求解，并将解表示成如下形式：

$$p(\boldsymbol{r},t) = \int_R G_{\mathrm{h}}(\boldsymbol{r},t;\boldsymbol{r}') F(\boldsymbol{r})\mathrm{d}V \tag{4.8.30}$$

其中，G_{h} 表示齐次问题的格林函数。将式(4.8.29)与式(4.8.30)对照一下，可以看出：齐次定解问题(4.8.23)～(4.8.25)的格林函数在 $\tau=0$ 时的表达式可用 G_{h} 表示，即有

$$G(\boldsymbol{r},t;\boldsymbol{r}',\tau=0) = G_{\mathrm{h}}(\boldsymbol{r},t;\boldsymbol{r}') \tag{4.8.31}$$

然而，我们要寻求的是非齐次定解问题(4.8.1)～(4.8.3)的格林函数 $G(\boldsymbol{r},t;\boldsymbol{r}',\tau)$。这样一来，问题化成如何利用 $G(\boldsymbol{r},t;\boldsymbol{r}',\tau=0)$ 来构造成式(4.8.19)中的格林函数。为了解决这个问题，我们回过头来审视一下第 3 章。研究表明：用积分变换法求解非齐次定解问题，

并将解写成式(4.8.19)的形式。不难发现,将齐次定解问题(4.8.23)～(4.8.25)求得的 $G(\boldsymbol{r},t;\boldsymbol{r}',\tau=0)$ 中的 t 换成 $t-\tau$,就是非齐次定解问题(4.8.1)～(4.8.3)的格林函数,见式(3.4.23)。

由以上论述可以得出结论:先用分离变量法求解齐次定解问题(4.8.23)～(4.8.25),并将解写成式(4.8.30)的形式,求得 $G_{\mathrm{h}}(\boldsymbol{r},t;\boldsymbol{r}')$,再将其中的 t 换成 $t-\tau$,即构造出非齐次定解问题(4.8.1)～(4.8.3)的格林函数。

小结

根据前两小节的论述,可将用格林函数法求解非齐次非稳态渗流问题的方法和步骤归纳如下:

第一步,先用分离变量法求解与非齐次问题相应的齐次问题。这是非常方便的,只要按坐标系和定义域查表 3.1 至表 3.5 中的相应部分即可。将这个解整理成式(4.8.30)的形式,求得 $G_{\mathrm{h}}(\boldsymbol{r},t;\boldsymbol{r}')$。

第二步,用 $t-\tau$ 代替以上求得的 $G_{\mathrm{h}}(\boldsymbol{r},t;\boldsymbol{r}')$ 中的 t,即得非齐次定解问题的格林函数 $G(\boldsymbol{r},t;\boldsymbol{r}',\tau)$。

第三步,将求得的格林函数按问题的维数代入解式(4.8.19),式(4.8.20)或式(4.8.21),即得用格林函数表示的解 $p(\boldsymbol{r},t)$。

第四步,应当注意:这样用分离变量法求得的结果有时在某些点上并非一致收敛,所以要检查一下由第三步得出的解是否满足边界条件或初始条件。如果不满足,应将包含边界条件或初始条件的积分项进行分部积分,并将所得的积分表达式用它的封闭形式代替。这就是解决第 3.4.4 小节中所述的 Gibbs 现象的方法。

这样,就使用格林函数法求解非齐次渗流问题完全规范化。按照以上四个步骤进行,即可求得所需的结果。

4.9　格林函数法的应用

4.8 节阐述了格林函数法解渗流方程的一般理论和方法与步骤,本节将介绍它的具体应用。

4.9.1　格林函数在直角坐标系中的应用

设有一维 $0\leqslant x\leqslant L$ 区域的均质地层。初始压力为 $F(x)$;两端压力随时间 t 变化,分别为 $f_1(t)$和 $f_2(t)$;汇强度为 $q(x,t)$。求压力分布的表达式。

首先写出此定解问题如下:

$$\left.\begin{aligned}&\frac{\partial^2 p}{\partial x^2}+\frac{1}{\lambda}q(x,t)=\frac{1}{\chi}\frac{\partial p}{\partial t}\quad(0<x<L,t>0) &(4.9.1)\\&p(x,t)=f_1(t)\quad(x=0,t>0) &(4.9.2)\\&p(x,t)=f_2(t)\quad(x=L,t>0) &(4.9.3)\\&p(x,t)=F(x)\quad(0\leqslant x\leqslant L,t=0) &(4.9.4)\end{aligned}\right\}$$

第一步,先用分离变量法求其相应齐次问题的解,该齐次定解问题为

$$\left.\begin{aligned}&\frac{\partial^2 p_{\mathrm{h}}}{\partial x^2}=\frac{1}{\chi}\frac{\partial p_{\mathrm{h}}}{\partial t}\quad(0<x<L,t>0) &(4.9.5)\\&p_{\mathrm{h}}(x=0,t)=0\quad(t>0) &(4.9.6)\\&p_{\mathrm{h}}(x=L,t)=0\quad(t>0) &(4.9.7)\\&p_{\mathrm{h}}(x,t=0)=F(x)\quad(0\leqslant x\leqslant L) &(4.9.8)\end{aligned}\right\}$$

按照分离变量法,该齐次问题的解为

$$p_{\mathrm{h}}(x,t)=\int_0^L\left[\frac{2}{L}\sum_{n=1}^{\infty}\exp\left(-\frac{n^2\pi\chi t}{L^2}\right)\sin\frac{n\pi x}{L}\sin\frac{n\pi x'}{L}\right]F(x')\mathrm{d}x' \tag{4.9.9}$$

第二步,将式(4.9.9)方括号中的表达式看做 G_{h},用 $t-\tau$ 代替其中的 t,即得定解问题(4.9.1)~(4.9.4)所需的格林函数

$$G(x,t;x',\tau)=\frac{2}{L}\sum_{n=1}^{\infty}\exp\left[-\frac{n^2\pi^2\chi(t-\tau)}{L^2}\right]\sin\frac{n\pi x}{L}\sin\frac{n\pi x'}{L} \tag{4.9.10}$$

第三步,将式(4.9.10)所表示的格林函数代入公式(4.8.21)。注意到两端边界条件都是第一类的,且 $h_1=h_2=1$,则得用格林函数表示的解为

$$\begin{aligned}p(x,t)=&\frac{2}{L}\sum_{n=1}^{\infty}\exp\left(-\frac{n^2\pi^2\chi t}{L^2}\right)\sin\frac{n\pi x}{L}\int_0^L\sin\frac{n\pi x'}{L}F(x')\mathrm{d}x'\\&+\frac{\chi}{\lambda}\frac{2}{L}\sum_{n=1}^{\infty}\exp\left(-\frac{n^2\pi^2\chi t}{L^2}\right)\sin\frac{n\pi x}{L}\\&\cdot\int_0^t\exp\left(\frac{n^2\pi^2\chi\tau}{L^2}\right)\left[\int_0^L\sin\frac{n\pi x'}{L}q(x',\tau)\mathrm{d}x'\right]\mathrm{d}\tau\\&+\chi\frac{2}{L}\sum_{n=1}^{\infty}\exp\left(-\frac{n^2\pi^2\chi t}{L^2}\right)\frac{n\pi}{L}\sin\frac{n\pi x}{L}\int_0^t\exp\left(\frac{n^2\pi^2\chi\tau}{L^2}\right)f_1(\tau)\mathrm{d}\tau\\&-\chi\frac{2}{L}\sum_{n=1}^{\infty}(-1)^n\exp\left(-\frac{n^2\pi^2\chi t}{L^2}\right)\frac{n\pi}{L}\sin\frac{n\pi x}{L}\int_0^t\exp\left(\frac{n^2\pi^2\chi\tau}{L^2}\right)f_2(\tau)\mathrm{d}\tau\end{aligned} \tag{4.9.11}$$

第四步,检查边界条件是否满足。按式(4.9.2)和式(4.9.3),在 $x=0$ 和 $x=L$ 处解式(4.9.11)应分别等于 $f_1(t)$ 和 $f_2(t)$。但将 $x=0$ 和 $x=L$ 代入式(4.9.11),发现 $p(x,t)$ 均等于零。形成这种局面的原因是式(4.9.11)含边界条件的后两项包含在 $x=0$ 和 $x=L$ 处不能一致收敛的级数。克服这一困难的办法是对式(4.9.11)中的后两项先进行分部积分,再用相应的封闭表达式代替其中的级数。后两项中的积分可写成

$$I_{1,2}(t)=\int_0^t \mathrm{e}^{\frac{n^2\pi^2\chi\tau}{L^2}}f_{1,2}(\tau)\mathrm{d}\tau$$

$$= \frac{L^2}{n^2\pi^2\chi}\left[f_{1,2}(t) - f_{1,2}(0)\mathrm{e}^{\frac{n^2\pi^2\chi t}{L^2}} - \int_0^t \mathrm{e}^{\frac{n^2\pi^2\chi\tau}{L^2}} f_{1,2}(\tau)\mathrm{d}\tau\right] \tag{4.9.12}$$

于是,解式(4.9.11)中由边界条件对压力贡献的最后两项之和 $p_\mathrm{b}(x,t)$ 为

$$\begin{aligned} p_\mathrm{b}(x,t) =& f_1(t)\frac{2}{L}\sum_{n=1}^{\infty}\frac{\sin(n\pi x/L)}{n\pi/L} - f_2(t)\frac{2}{L}\sum_{n=1}^{\infty}(-1)^n\frac{\sin(n\pi x/L)}{n\pi/L} \\ &- \frac{2}{L}\sum_{n=1}^{\infty}\frac{\sin(n\pi x/L)}{n\pi/L}\left[f_1(0)\mathrm{e}^{-\frac{n^2\pi^2\chi t}{L^2}} + \int_0^t \mathrm{e}^{-\frac{n^2\pi^2\chi(t-\tau)}{L^2}}\mathrm{d}f_1(\tau)\right] \\ &+ \frac{2}{L}\sum_{n=1}^{\infty}(-1)^n\frac{\sin(n\pi x/L)}{n\pi/L}\left[f_2(0)\mathrm{e}^{-\frac{n^2\pi^2\chi t}{L^2}} + \int_0^t \mathrm{e}^{-\frac{n^2\pi\chi(t-\tau)}{L^2}}\mathrm{d}f_2(\tau)\right] \end{aligned} \tag{4.9.13}$$

式(4.9.13)前两项的级数有以下封闭表达式(请读者自己证明):

$$\left.\begin{aligned} \frac{2}{L}\sum_{n=1}^{\infty}\frac{\sin(n\pi x/L)}{n\pi/L} &= 1 - \frac{x}{L} \\ -\frac{2}{L}\sum_{n=1}^{\infty}(-1)^n\frac{\sin(n\pi x/L)}{n\pi/L} &= \frac{x}{L} \end{aligned}\right\} \tag{4.9.14}$$

因而由边界条件贡献的部分 $p_b(x,t)$ 为

$$\begin{aligned} p_\mathrm{b}(x,t) =& \left(1 - \frac{x}{L}\right)f_1(t) + \frac{x}{L}f_2(t) \\ &- \frac{2}{L}\sum_{n=1}^{\infty}\frac{\sin(n\pi x/L)}{n\pi/L}\left[f_1(0)\mathrm{e}^{-\frac{n^2\pi^2\chi t}{L^2}} + \int_0^t \mathrm{e}^{-\frac{n^2\pi^2\chi(t-\tau)}{L^2}}\mathrm{d}f_1(\tau)\right] \\ &+ \frac{2}{L}\sum_{n=1}^{\infty}(-1)^n\frac{\sin(n\pi x/L)}{n\pi/L}\left[f_2(0)\mathrm{e}^{-\frac{n^2\pi^2\chi t}{L^2}}\int_0^t \mathrm{e}^{-\frac{n^2\pi^2\chi(t-\tau)}{L^2}}\mathrm{d}f_2(\tau)\right] \end{aligned} \tag{4.9.15}$$

经过以上改写以后,显然有 $x=0$ 处 $p_\mathrm{b}=f_1(t)$,$x=L$ 处 $p_\mathrm{b}=f_2(t)$。最后,可将压力分布函数 $p(x,t)$ 写成

$$\begin{aligned} p(x,t) =& \frac{2}{L}\sum_{n=1}^{\infty}\mathrm{e}^{-\frac{n^2\pi^2\chi t}{L^2}}\sin\frac{n\pi x}{L}\int_0^L \sin\frac{n\pi x'}{L}F(x')\mathrm{d}x' \\ &+ \frac{\chi}{\lambda}\frac{2}{L}\sum_{n=1}^{\infty}\mathrm{e}^{-\frac{n^2\pi^2\chi t}{L^2}}\sin\frac{n\pi x}{L}\int_0^t \mathrm{e}^{\frac{n^2\pi^2\chi\tau}{L^2}}\int_0^L \sin\frac{n\pi x'}{L}q(x',\tau)\mathrm{d}x'\mathrm{d}\tau \\ &+ p_\mathrm{b}(x,t) \end{aligned} \tag{4.9.16}$$

其中,$p_\mathrm{b}(x,t)$ 由式(4.9.15)给出。这就是用格林函数法求得的最后结果。

下面讨论一些简单的特殊情形:

(1) 初始压力为零,$t>0$ 时边界上定压为零,即 $F(x)=0$,$f_1(t)=f_2(t)=0$,$t=0$ 时有强度为 $q(x)$ 的瞬时源。对于这种特殊情形,解式(4.9.16)简化为

$$p(x,t) = \frac{2}{L}\sum_{n=1}^{\infty}\mathrm{e}^{-\frac{n^2\pi^2\chi t}{L^2}}\sin\frac{n\pi x}{L}\int_0^t \mathrm{e}^{\frac{n^2\pi^2\chi\tau}{L^2}}\int_0^L \frac{\chi}{\lambda}\sin\frac{n\pi x'}{L}q(x',\tau)\mathrm{d}x'\mathrm{d}\tau \tag{4.9.17}$$

其中

$$\frac{\chi}{\lambda}q(x',\tau) = \frac{1}{\phi c}q(x')\delta(\tau - 0) \tag{4.9.18}$$

利用 δ 函数积分的性质,最后得

$$p(x,t)=\frac{2}{L}\sum_{n=1}^{\infty}\mathrm{e}^{-\frac{n^2\pi^2\chi t}{L^2}}\sin\frac{n\pi x}{L}\int_0^L\frac{1}{\phi c}q(x')\sin\frac{n\pi x'}{L}\mathrm{d}x' \tag{4.9.19}$$

将此解式与式(4.9.16)中第一项相比,可以得出结论:瞬时源对压力的贡献等价于初始压力 $F(x')=q(x')/(\phi c)$ 对压力的贡献。

(2) 初始压力 $F(x)=0$,$t>0$ 时边界压力 $f_1=f_2=0$。在 $x=x_0$ 处有一强度为 $q(\tau)$ 的持续源,即 $q(x',\tau)=q(\tau)\delta(x'-x_0)$。对于这种特殊情形,解式(4.9.16)简化为

$$p(x,t)=\frac{2}{L}\sum_{n=1}^{\infty}\mathrm{e}^{-\frac{n^2\pi^2\chi t}{L^2}}\sin\frac{n\pi x}{L}\sin\frac{n\pi x_0}{L}\int_0^t\frac{1}{\phi c}q(\tau)\mathrm{e}^{\frac{n^2\pi^2\chi\tau}{L^2}}\mathrm{d}\tau \tag{4.9.20}$$

4.9.2 格林函数在圆柱坐标系中的应用

设某城市位于半径为 R 的圆形地层之上,由于地下水过度提取,造成地面下沉。为控制地面沉降,对地层进行注水。在边界 $r=R$ 处注水,使边界上压力为 $f(t)$,且区域内部有源分布 $q(r,t)$。开始注水时地层初始压力为 $F(r)$,求注水过程中地层压力的变化情况。

该问题的数学描述为

$$\left.\begin{aligned}&\frac{\partial^2 p}{\partial r^2}+\frac{1}{r}\frac{\partial p}{\partial r}+\frac{1}{\lambda}q(r,t)=\frac{1}{\chi}\frac{\partial p}{\partial t}\quad(0<r<R,t>0) &(4.9.21)\\&p(r,t)=f(t)\quad(r=R,t>0) &(4.9.22)\\&p(r,t)=F(r)\quad(0\leqslant r\leqslant R,t=0) &(4.9.23)\end{aligned}\right\}$$

按照第 4.8.3 小节所述,可按下列步骤进行:

第一步,先用分离变量法求解相应的齐次问题,该齐次定解问题为

$$\left.\begin{aligned}&\frac{\partial^2 p_{\mathrm{h}}}{\partial r^2}+\frac{1}{r}\frac{\partial p_{\mathrm{h}}}{\partial r}=\frac{1}{\chi}\frac{\partial p_{\mathrm{h}}}{\partial t}\quad(0<r<R,t>0) &(4.9.24)\\&p_{\mathrm{h}}(r=R,t)=0\quad(t>0) &(4.9.25)\\&p_{\mathrm{h}}(r,t=0)=F(r)\quad(0\leqslant r\leqslant R) &(4.9.26)\end{aligned}\right\}$$

根据分离变量法,该齐次问题的解为

$$p_{\mathrm{h}}(r,t)=\int_0^R r'\left[\frac{2}{R^2}\sum_{n=1}^{\infty}\mathrm{e}^{-\beta_n^2\chi t}\frac{\mathrm{J}_0(\beta_n r)}{\mathrm{J}_1^2(\beta_n R)}\mathrm{J}_0(\beta_n r')\right]F(r')\mathrm{d}r' \tag{4.9.27}$$

其中,β_n 是 $\mathrm{J}_0(\beta_n R)=0$ 的正根。

第二步,将式(4.9.27)方括号内的表达式看做 G_{h},用 $t-\tau$ 代替其中的 t,即得定解问题(4.9.21)～(4.9.23)所需的格林函数

$$G(r,t;r',\tau)=\frac{2}{R^2}\sum_{n=1}^{\infty}\mathrm{e}^{-\beta_n^2\chi(t-\tau)}\frac{\mathrm{J}_0(\beta_n r)}{\mathrm{J}_1^2(\beta_n R)}\mathrm{J}_0(\beta_n r') \tag{4.9.28}$$

第三步,将式(4.9.28)表示的格林函数代入式(4.8.21),注意到 $r=R$ 处边界条件是第一类的,得

$$M(r',\tau)=-r'\frac{\partial G}{\partial r'}\bigg|_{r'=R}f(\tau)=\frac{2}{R}\sum_{n=1}^{\infty}\mathrm{e}^{-\beta_n^2\chi(t-\tau)}\frac{\mathrm{J}_0(\beta_n r)}{\mathrm{J}_1(\beta_n R)}f(\tau) \tag{4.9.29}$$

将式(4.9.28)和式(4.9.29)代入式(4.8.21),即得压力函数

$$p(r,t)=\frac{2}{R^2}\sum_{n=1}^{\infty}\mathrm{e}^{-\beta_n^2\chi t}\frac{\mathrm{J}_0(\beta_n r)}{\mathrm{J}_1^2(\beta_n R)}\int_0^R r'\mathrm{J}_0(\beta_n r')F(r')\mathrm{d}r'$$
$$+\frac{2}{R^2}\frac{\chi}{\lambda}\sum_{n=1}^{\infty}\mathrm{e}^{-\beta_n^2\chi t}\frac{\mathrm{J}_0(\beta_n r)}{\mathrm{J}_1^2(\beta_n R)}\int_0^t \mathrm{e}^{\beta_n^2\chi\tau}\int_0^R r'\mathrm{J}_0(\beta_n r')q(r',\tau)\mathrm{d}r'\mathrm{d}\tau$$
$$+\frac{2\chi}{R}\sum_{n=1}^{\infty}\mathrm{e}^{-\beta_n^2\chi t}\beta_n\frac{\mathrm{J}_0(\beta_n r)}{\mathrm{J}_1^2(\beta_n R)}\int_0^t \mathrm{e}^{\beta_n^2\chi\tau}f(\tau)\mathrm{d}\tau \tag{4.9.30}$$

第四步,检查第三步所得的解式是否满足边界 $r=R$ 上的边界条件(4.9.22)。结果表明:因为 β_n 是 $\mathrm{J}_0(\beta_n R)=0$ 的根,则有 $p(R,t)=0$,而不等于 $f(t)$。这是由于 Gibbs 现象造成的。为了解决这一矛盾,我们对式(4.9.30)中第三项进行分部积分,将积分记作 $I(t)$,则

$$I(t)=\int_0^t f(\tau)\mathrm{e}^{-\beta_n^2\chi(t-\tau)}\mathrm{d}\tau$$
$$=\frac{1}{\beta_n^2\chi}\left[f(t)-f(0)\mathrm{e}^{-\beta_n^2\chi t}-\int_0^t \mathrm{e}^{-\beta_n^2\chi(t-\tau)}\mathrm{d}f(\tau)\right] \tag{4.9.31}$$

于是,式(4.9.30)中第三项可改写成

$$p_{\mathrm{b}}=\frac{2}{R}\sum_{n=1}^{\infty}\frac{\mathrm{J}_0(\beta_n r)}{\beta_n\mathrm{J}_1(\beta_n R)}f(t)$$
$$-\frac{2}{R}\sum_{n=1}^{\infty}\frac{\mathrm{J}_0(\beta_n r)}{\beta_n\mathrm{J}_1(\beta_n R)}\left(f(0)\mathrm{e}^{-\beta_n^2\chi t}+\int_0^t \mathrm{e}^{-\beta_n^2\chi(t-\tau)}\mathrm{d}f(\tau)\right) \tag{4.9.32}$$

不难证明:式(4.9.32)中 $f(t)$的系数级数的封闭形式为1(作为习题,请读者自己证明),即

$$\frac{2}{R}\sum_{n=1}^{\infty}\frac{\mathrm{J}_0(\beta_n r)}{\beta_n\mathrm{J}_1(\beta_n R)}=1 \tag{4.9.33}$$

经过改写以后,显然有 $r=R$ 处 $p_{\mathrm{b}}=f(t)$。要记住,这里 $\mathrm{J}_0(\beta_n R)=0$。最后,可将压力分布函数写成

$$p(r,t)=\frac{2}{R^2}\sum_{n=1}^{\infty}\mathrm{e}^{-\beta_n^2\chi t}\frac{\mathrm{J}_0(\beta_n r)}{\mathrm{J}_1^2(\beta_n R)}\int_0^R r'\mathrm{J}_0(\beta_n r')F(r')\mathrm{d}r'$$
$$+\frac{2}{R^2}\frac{\chi}{\lambda}\sum_{n=1}^{\infty}\mathrm{e}^{-\beta_n^2\chi t}\frac{\mathrm{J}_0(\beta_n r)}{\mathrm{J}_1^2(\beta_n R)}\int_0^t \mathrm{e}^{\beta_n^2\chi\tau}\int_0^R r'\mathrm{J}_0(\beta_n r')q(r',\tau)\mathrm{d}r'\mathrm{d}\tau$$
$$+f(t)-\frac{2}{R}\sum_{n=1}^{\infty}\frac{\mathrm{J}_0(\beta_n r)}{\beta_n\mathrm{J}_1(\beta_n R)}\left(f(0)\mathrm{e}^{-\beta_n^2\chi t}+\int_0^t \mathrm{e}^{-\beta_n^2\chi(t-\tau)}\mathrm{d}f(\tau)\right) \tag{4.9.34}$$

这是用格林函数表示的压力分布。

下面讨论几种简单的特殊情形:

(1) 设有一圆形地层,初始压力为零。$t>0$ 时在边界 $r=R$ 上注水,使其保持定压为 p_{e},内部没有源汇。对于这种特殊情形,解式(4.9.34)简化为

$$p(r,t)=p_{\mathrm{e}}-\frac{2p_{\mathrm{e}}}{R}\sum_{n=1}^{\infty}\frac{\mathrm{J}_0(\beta_n r)}{\beta_n\mathrm{J}_1(\beta_n R)}\mathrm{e}^{-\beta_n^2\chi t} \tag{4.9.35}$$

其中,β_n 是 $\mathrm{J}_0(\beta_n R)=0$ 的正根。

(2) 设有一圆形地层,初始压力为零。$t>0$ 时使其边界 $r=R$ 处保持压力为零。而在

圆心处有强度为 $q(t)$ 的持续源，即 $q(r',\tau)=q(\tau)\delta(r'-0)/(2\pi r')$。对于这种特殊情形，解式(4.9.34)简化为

$$p(r,t)=\frac{\chi}{\pi R^2\lambda}\sum_{n=1}^{\infty}\mathrm{e}^{-\beta_n^2\chi t}\frac{\mathrm{J}_0(\beta_n r)}{\mathrm{J}_1^2(\beta_n R)}\int_0^t \mathrm{e}^{\beta_n^2\chi\tau}q(\tau)\mathrm{d}\tau \tag{4.9.36}$$

(3) 设有一圆形地层，初始压力为零，此后保持边界上定压为零。$t=0$ 瞬时圆内有连续分布源 $q(r)$，即 $q(r',\tau)=q(r')\delta(\tau-0)$。对于这种特殊情形，解式(4.9.34)简化为

$$p(r,t)=\frac{2}{R^2}\sum_{n=1}^{\infty}\mathrm{e}^{-\beta_n^2\chi t}\frac{\mathrm{J}_0(\beta_n r)}{\mathrm{J}_1^2(\beta_n R)}\int_0^R r'\mathrm{J}_0(\beta_n r')\frac{q(r')}{\phi c}\mathrm{d}r' \tag{4.9.37}$$

式(4.9.37)与式(4.9.34)的第一项相比，可以得出结论：$t=0$ 时强度为 $q(r)$ 的瞬时源对压力的贡献与初始压力分布 $F(r)=q(r)/(\phi c)$ 对压力分布的贡献是完全等价的。

(4) 设有一圆形地层，初始压力为零，此后保持边界上定压为零。$t>0$ 时在圆内分布等强度 q_0 的持续源。对于这种特殊情形，解式(4.9.34)简化为

$$p(r,t)=\frac{2q_0}{R\lambda}\sum_{n=1}^{\infty}\frac{\mathrm{J}_0(\beta_n r)}{\beta_n^2\mathrm{J}_1(\beta_n R)}-\frac{2q_0}{R\lambda}\sum_{n=1}^{\infty}\mathrm{e}^{-\beta_n^2\chi t}\frac{\mathrm{J}_0(\beta_n r)}{\beta_n^2\mathrm{J}_1(\beta_n R)} \tag{4.9.38}$$

由式(4.9.38)可见，当 $t\to\infty$ 时，式中第二项趋于零，流动变成稳态的。对于这种等强度 q_0 持续源的稳态渗流，其数学描述可用下列方程和边界条件表示：

$$\left.\begin{aligned}&\frac{\partial^2 p}{\partial r^2}+\frac{1}{r}\frac{\partial p}{\partial r}+\frac{\mu}{K}q_0=0\quad(0<r<R) &(4.9.39)\\ &p(r)=0\quad(r=R) &(4.9.40)\end{aligned}\right\}$$

对于这样的稳态渗流，不难解得

$$p(r)=\frac{\mu q_0}{4K}(R^2-r^2) \tag{4.9.41}$$

将式(4.9.41)与式(4.9.38)中第一项相比，表明应有

$$p(r,t\to\infty)=\frac{2q_0}{R\lambda}\sum_{n=1}^{\infty}\frac{\mathrm{J}_0(\beta_n r)}{\beta_n^2\mathrm{J}_1(\beta_n R)}=\frac{q_0}{4\lambda}(R^2-r^2) \tag{4.9.42}$$

于是得到下列关系：

$$\sum_{n=1}^{\infty}\frac{\mathrm{J}_0(\beta_n r)}{\beta_n^2\mathrm{J}_1(\beta_n R)}=\frac{R}{8}(R^2-r^2) \tag{4.9.43}$$

所以，最后可将该问题的解写成

$$p(r,t)=\frac{q_0}{4\lambda}(R^2-r^2)-\frac{2q_0}{R\lambda}\sum_{n=1}^{\infty}\mathrm{e}^{-\beta_n^2\chi t}\frac{\mathrm{J}_0(\beta_n r)}{\beta_n^2\mathrm{J}_1(\beta_n R)} \tag{4.9.44}$$

第5章 拉普拉斯变换法

拉普拉斯(Laplace)变换法也是求解偏微分方程的一种经典方法。从20世纪40年代开始,由 van Everdinger,Hurst(1949)将该方法引入油气层渗流,并逐步得到应用。与第3.5节中所阐述的积分变换法求解渗流偏微分方程的不同之处在于:那里是对空间变量作变换,将时间 t 看做参量;而本章所述的拉普拉斯变换法是对时间变量作变换,将渗流偏微分方程中对时间的偏导数消去,从而在变换空间(或像空间)中得到变换函数(或像函数)对空间变量求导数的常微分方程。虽然这种变换的解是比较简单的,但由于所求得的像函数必须经过反演才能实际应用,而除了少量特殊情形外,对像函数的解析反演是相当困难的,因而该方法的应用曾受到限制。幸运的是,20世纪70年代以来,拉普拉斯变换的数值反演有了长足的发展,这就使拉普拉斯变换法在渗流力学中得到广泛的应用,不仅用于均质地层,也用于复合地层和双重介质地层;不仅用于牛顿流体,也用于非牛顿流体的渗流。

本章从拉普拉斯变换的定义及其基本性质开始,阐述该变换的解析反演和数值反演方法,以及该方法在渗流特别是油气水渗流中的某些具体应用,并对Duhamel定理给出一种证明。在以后几章中,还将陆续阐述拉普拉斯变换法的应用。

5.1 拉普拉斯变换及其性质

5.1.1 拉普拉斯变换的定义

函数 $f(t)$ 的拉普拉斯变换定义为

$$L[f(t)] \equiv \bar{f}(s) = \int_0^\infty f(t)\mathrm{e}^{-st}\mathrm{d}t \tag{5.1.1}$$

其中,$s=\sigma+\mathrm{i}\omega$ 是复数,称为拉普拉斯变换变量。$\bar{f}(s)$ 称为函数 $f(t)$ 的变换函数或像函数,而 $f(t)$ 称为 $\bar{f}(s)$ 的原函数。拉普拉斯变换的反演公式为

$$L^{-1}[\bar{f}(s)] \equiv f(t) = \frac{1}{2\pi\mathrm{i}}\int_{\gamma-\mathrm{i}\infty}^{\gamma+\mathrm{i}\infty}\bar{f}(s)\mathrm{e}^{st}\mathrm{d}s \tag{5.1.2}$$

积分沿着 s 的实部 $\mathrm{Re}s=\gamma$ 的任一直线进行。

拉普拉斯变换存在要满足以下三个条件:

(1) 实变量 t 的复变函数 $f(t)$ 和 $f'(t)$ 在 $t\geqslant 0$ 上连续或分段连续，即允许存在第一类间断点。

(2) 当 $t\to 0$ 时，对某些小于 1 的 n 值，$t^n|f(t)|$ 是有界的；当 $t<0$ 时，$f(t)=0$。

(3) 当 $t\to\infty$ 时，存在常数 $\alpha\geqslant 0$ 和 $M>0$，使得 $|f(t)|\mathrm{e}^{-\alpha t}\leqslant M$。

若满足以上三个条件，则 $\bar{f}(s)$ 是半平面 $\mathrm{Re}s>\alpha$ 上的解析函数，Re 表示实部。

在某些情况下，变换式(5.1.1)可能不存在。例如：① 当 $t\to 0$ 时，$f(t)$ 出现奇点；② 对某些 t 值，$f(t)$ 为无限大间断；③ 当 t 很大时，$f(t)$ 按指数形式发散。

在渗流中要用到双重拉普拉斯变换。函数 $f(t,\tau)$ 的双重拉普拉斯变换定义为

$$L[f(t,\tau)]\equiv\bar{\bar{f}}(s,q)=\int_0^\infty\int_0^\infty f(t,\tau)\mathrm{e}^{-st-q\tau}\mathrm{d}\tau\mathrm{d}t \tag{5.1.3}$$

双重拉普拉斯变换的反演公式为

$$L^{-1}[\bar{\bar{f}}(s,q)]\equiv f(t,\tau)=-\frac{1}{4\pi^2}\int_{\sigma-\mathrm{i}\infty}^{\sigma+\mathrm{i}\infty}\int_{\sigma'-\mathrm{i}\infty}^{\sigma'+\mathrm{i}\infty}\bar{\bar{f}}(s,q)\mathrm{e}^{st+q\tau}\mathrm{d}q\mathrm{d}s \tag{5.1.4}$$

其中

$$\sigma=\mathrm{Re}s,\quad \sigma'=\mathrm{Re}q,\quad -\pi<\arg s,\arg q<\pi$$

作为特殊情形，在式(5.1.4)中令 $q=s$，并写入空间变量 r 作为参变量，则有

$$\bar{\bar{f}}(r,s)=\int_0^\infty\int_0^\infty f(r,t,\tau)\mathrm{e}^{-(\tau+t)s}\mathrm{d}t\mathrm{d}\tau \tag{5.1.5}$$

5.1.2 拉普拉斯变换的主要性质

本小节介绍拉普拉斯变换的若干主要性质。在今后的运算过程中，这些性质是很有用的。

1. 导数的拉普拉斯变换

根据函数 $f(t)$ 的拉普拉斯变换定义式(5.1.1)，可以求得其导数 $f'(t)$ 的拉普拉斯变换

$$L[f'(t)]=\int_0^\infty\frac{\mathrm{d}f(t)}{\mathrm{d}t}\mathrm{e}^{-st}\mathrm{d}t \tag{5.1.6}$$

式(5.1.6)进行分部积分，容易求得

$$\begin{aligned}L[f'(t)]&=[f(t)\mathrm{e}^{-st}]_0^\infty+s\int_0^\infty f(t)\mathrm{e}^{-st}\mathrm{d}t\\&=s\bar{f}(s)-f(0)\end{aligned} \tag{5.1.7}$$

其中，$f(0)$ 表示 $t=0^+$ 时函数 $f(t)$ 的值。即函数一阶导数的拉普拉斯变换等于拉普拉斯变量 s 乘以函数 $f(t)$ 的变换式减去该函数在 $t=0^+$ 时的值。

类似地，反复进行分部积分，可得函数 $f(t)$ 的二阶导数和任意 n 阶导数的拉普拉斯变换，得

$$L[f''(t)]=s^2\bar{f}(s)-sf(0)-f'(0) \tag{5.1.8}$$

…

$$L[f^{(n)}(t)]=s^n\bar{f}(s)-s^{n-1}f(0)-s^{n-2}f'(0)-\cdots-f^{(n-1)}(0) \tag{5.1.9}$$

对于 $f(0)=\cdots=f^{(n-1)}(0)=0$ 的特殊情形，则有

$$L[f^{(n)}(t)]=s^n\bar{f}(s) \tag{5.1.10}$$

即函数 n 阶导数的拉普拉斯变换等于拉普拉斯变量的 n 次方乘以函数的拉普拉斯变换。

2. 积分的拉普拉斯变换

根据定义式(5.1.1)可以求得函数 $f(t)$ 的积分 $\int_0^t f(\tau)\mathrm{d}\tau$ 的拉普拉斯变换，记

$$g(t)=\int_0^t f(\tau)\mathrm{d}\tau,\quad g'(t)=f(t) \tag{5.1.11}$$

则有 $g(0)=0$。对式(5.1.11)两边作拉普拉斯变换,并利用式(5.1.10),可得

$$L[g'(t)]=s\bar{g}(t)=sL\left[\int_0^t f(\tau)\mathrm{d}\tau\right] \tag{5.1.12}$$

式(5.1.12)两边除以拉普拉斯变量 s,并且 $g'(t)=f(t)$,即得

$$L[g(t)]\equiv L\left[\int_0^t f(\tau)\mathrm{d}\tau\right]=\frac{1}{s}L[f(t)]=\frac{1}{s}\bar{f}(s) \tag{5.1.13}$$

重复上述步骤,可得双重积分和任意 n 重积分的拉普拉斯变换

$$L\left[\int_0^t\int_0^{\tau_2} f(\tau_1)\mathrm{d}\tau_1\mathrm{d}\tau_2\right]=\frac{1}{s^2}\bar{f}(s) \tag{5.1.14}$$

…

$$L\left[\int_0^t\int_0^{\tau_2}\cdots\int_0^{\tau_n} f(\tau_1)\mathrm{d}\tau_1\mathrm{d}\tau_2\cdots\mathrm{d}\tau_n\right]=\frac{1}{s^n}\bar{f}(s) \tag{5.1.15}$$

就是说,函数 $f(t)$的 n 重积分的拉普拉斯变换等于拉普拉斯变量 s 的 $-n$ 次方乘以函数 $f(t)$ 本身的拉普拉斯变换。

3. 替换性质(位移定理)

根据函数 $f(t)$的拉普拉斯变换定义式(5.1.1),可以写出函数 $\mathrm{e}^{\pm at}f(t)$的拉普拉斯变换

$$L[\mathrm{e}^{\pm at}f(t)]=\int_0^\infty \mathrm{e}^{\pm at}f(t)\mathrm{e}^{-st}\mathrm{d}t=\bar{f}(s\mp a) \tag{5.1.16}$$

4. δ 函数的拉普拉斯变换

按照 δ 函数的定义

$$\delta(x)=\begin{cases}0 & (x\neq 0)\\ \infty & (x=0)\end{cases} \tag{5.1.17}$$

对于包含 $x=0$ 的任何区间 I,有

$$\int_I \delta(x)\mathrm{d}x=1\quad 或\quad \int_{-\infty}^{\infty}\delta(x)\mathrm{d}x=1 \tag{5.1.18}$$

δ 函数具有一个重要性质:对任一连续函数 $f(x)$,有

$$\int_{-\infty}^{\infty} f(x)\delta(x)\mathrm{d}x=f(0) \tag{5.1.19}$$

根据定义式(5.1.1)和式(5.1.19),不难求得 δ 函数的拉普拉斯变换

$$L[\delta(t)]\equiv\bar{\delta}(s)=\int_0^\infty \mathrm{e}^{-st}\delta(t)\mathrm{d}t=\mathrm{e}^{-s\cdot 0}=1 \tag{5.1.20}$$

即 δ 函数的拉普拉斯变换等于 1。

5. 卷积的拉普拉斯变换

设 $f(t)$和 $g(t)$是在 $t>0$ 时有定义的两个函数。这两个函数的卷积(或褶积)用符号

$f*g$表示，定义为

$$f(t)*g(t)=\int_0^t f(t-\tau)g(\tau)\mathrm{d}\tau=\int_0^t f(\tau)g(t-\tau)\mathrm{d}\tau \tag{5.1.21}$$

于是有关系式 $f*g=g*f$。卷积（或褶积）$f*g$ 的拉普拉斯变换为

$$L[f*g]\equiv\overline{f*g}=\overline{f}(s)\overline{g}(s) \tag{5.1.22}$$

就是说，两个函数卷积（或褶积）的拉普拉斯变换等于这两个函数分别进行拉普拉斯变换结果的乘积。

下面证明这一结论。根据定义，有

$$\begin{aligned}L[f*g]\equiv\overline{f*g}&=\int_0^\infty[f*g]\mathrm{e}^{-st}\mathrm{d}t\\&=\int_0^\infty\left[\int_0^t f(t-\tau)g(\tau)\mathrm{d}\tau\right]\mathrm{e}^{-st}\mathrm{d}t\\&=\int_0^\infty\left[\int_0^t f(\tau)g(t-\tau)\mathrm{d}\tau\right]\mathrm{e}^{-st}\mathrm{d}t\end{aligned} \tag{5.1.23}$$

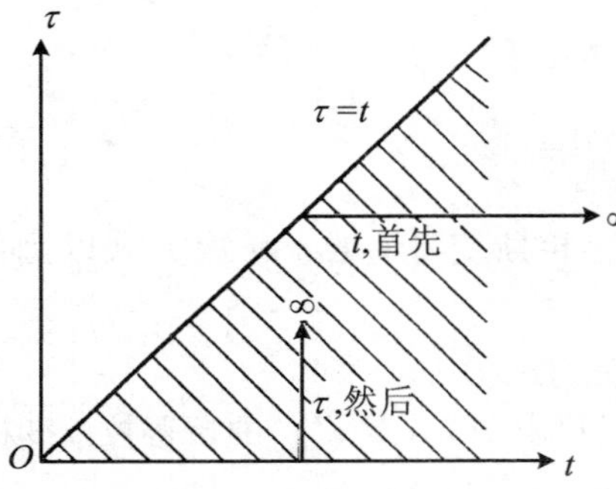

图 5.1　式(5.1.23)到式(5.1.24)的积分顺序

注意到积分顺序：先对 τ 从 0 到 t 积分，然后对 t 从 0 到∞积分，等价于先对 t 从 τ 到∞积分，然后对 τ 从 0 到∞积分，如图 5.1 所示。因而式(5.1.23)可改写成

$$\begin{aligned}L[f*g]&=\int_0^\infty g(\tau)\left[\int_\tau^\infty f(t-\tau)\mathrm{e}^{-st}\mathrm{d}t\right]\mathrm{d}\tau\\&=\int_0^\infty f(\tau)\left[\int_\tau^\infty g(t-\tau)\mathrm{e}^{-st}\mathrm{d}t\right]\mathrm{d}\tau\end{aligned} \tag{5.1.24}$$

引进一个新变量 η 代替 t，$\eta=t-\tau$，则有

$$\mathrm{d}t=\mathrm{d}\eta,\quad \mathrm{d}t\mathrm{d}\tau=\mathrm{d}\eta\mathrm{d}\tau$$

于是，式(5.1.24)可写成

$$\begin{aligned}L[f*g]&=\int_0^\infty g(\tau)\left[\int_0^\infty f(\eta)\mathrm{e}^{-s(\eta+\tau)}\mathrm{d}\eta\right]\mathrm{d}\tau\\&=\left[\int_0^\infty f(\eta)\mathrm{e}^{-s\eta}\mathrm{d}\eta\right]\left[\int_0^\infty g(\tau)\mathrm{e}^{-s\tau}\mathrm{d}\tau\right]\\&=\overline{f}(s)\overline{g}(s)\end{aligned} \tag{5.1.25}$$

由此证明了式(5.1.22)的正确性。

对式(5.1.22)进行反演，可得

$$L^{-1}[\overline{f}(s)\overline{g}(s)]\equiv L^{-1}\{L[f*g]\}=f*g \tag{5.1.26}$$

就是说，两个变换函数乘积的反演结果等于这两个相应的原函数的卷积。

6. 广义卷积的拉普拉斯变换

函数 $\Phi(t,\tau)$的广义卷积定义为

$$\Phi^*(t)=\int_0^t\Phi(t-\tau,\tau)\mathrm{d}\tau \tag{5.1.27}$$

可以证明：这个广义卷积的拉普拉斯变换可用式(5.1.28)表示：

$$L[\Phi^*(t)] \equiv \overline{\Phi^*}(s) = \int_0^\infty \int_0^\infty \Phi(t,\tau) e^{-(t+\tau)s} d\tau dt \tag{5.1.28}$$

证明从略。本章最后研究 Duhamel 定理时将用到广义卷积的拉普拉斯变换。

7. 变换函数的导数

设函数 $f(t)$ 的拉普拉斯变换为

$$\overline{f}(s) = \int_0^\infty f(t) e^{-st} dt \tag{5.1.29}$$

其中，$\overline{f}(s)$ 是原函数 $f(t)$ 的变换函数。现在讨论变换函数 $\overline{f}(s)$ 对拉普拉斯变量 s 的导数。将式(5.1.29)两边对 s 求导数，得

$$\overline{f}'(s) \equiv \frac{d\overline{f}(s)}{ds} = \int_0^\infty (-t) f(t) e^{-st} dt = L[(-t)f(t)] \tag{5.1.30}$$

若对式(5.1.29)两边对 s 求 n 阶导数，则得

$$\overline{f}^{(n)}(s) \equiv \frac{d^n \overline{f}(s)}{ds^n} = L[(-t)^n f(t)] \tag{5.1.31}$$

就是说，变换函数 $\overline{f}(s)$ 对 s 的 n 阶导数等于原函数 $f(t)$ 乘以 $(-t)^n$ 的拉普拉斯变换。显然，式(5.1.31)的反演结果为

$$f(t) = (-t)^{-n} L^{-1}[\overline{f}^{(n)}(s)] \tag{5.1.32}$$

8. 变换函数的积分

现在讨论变换函数 $\overline{f}(s)$ 对 s 的积分。将式(5.1.29)两边从 s 到 b 进行积分，得

$$\begin{aligned} \int_s^b \overline{f}(s') ds' &= \int_s^b \int_0^\infty f(t) e^{-s't} dt ds' \\ &= \int_0^\infty f(t) \left[\int_s^b e^{-s't} ds'\right] dt \\ &= \int_0^\infty f(t) \frac{e^{-st} - e^{-bt}}{t} dt \end{aligned} \tag{5.1.33}$$

若函数 $f(t)$ 当 $t \to 0$ 时 $f(t)/t$ 存在，则该积分一致收敛。于是取极限让 $b \to \infty$，则式(5.1.33)变为

$$\int_s^\infty \overline{f}(s') ds' = \int_0^\infty f(t) \frac{e^{-st}}{t} dt \equiv L\left[\frac{f(t)}{t}\right] \tag{5.1.34}$$

就是说，变换函数 $\overline{f}(s)$ 对 s 从 s 到 ∞ 的积分等于原函数 $f(t)$ 除以 t 的拉普拉斯变换。

为了应用方便起见，下面举几个例子。

例 5.1　求原函数 $f(t) = ce^{\mp at}$ 的拉普拉斯变换。

解　根据定义式(5.1.1)，容易求得原函数 1 的拉普拉斯变换为 $1/s$。再按式(5.1.16)所表示的性质，可得

$$L[ce^{\mp at}] = cL[e^{\mp at}] = \frac{c}{s \pm a} \tag{5.1.35}$$

例 5.2　求原函数为 $\mathrm{sh}at$ 和 $\mathrm{ch}at$ 的拉普拉斯变换。

解　原函数

$$f_1(t) = \mathrm{sh}at = \frac{1}{2}(e^{at} - e^{-at})$$

根据定义式(5.1.1)，不难求得其拉普拉斯变换函数为

$$\overline{f_1}(s) = \frac{1}{2}\left(\frac{1}{s-a} - \frac{1}{s+a}\right) = \frac{a}{s^2 - a^2}$$

同理，对原函数

$$f_2(t) = \mathrm{ch}at = \frac{1}{2}(\mathrm{e}^{at} + \mathrm{e}^{-at})$$

则有

$$\overline{f_2}(s) = \frac{1}{2}\left(\frac{1}{s-a} + \frac{1}{s+a}\right) = \frac{s}{s^2 - a^2}$$

5.2 拉普拉斯变换的解析反演

拉普拉斯变换的反变换是要将变换函数(或像函数)$\overline{f}(s)$反演为原函数 $f(t)$。这种解析反演主要有两种方法：一种方法是利用现有的拉普拉斯变换表，再根据 5.1 节所阐述的拉普拉斯变换的各种性质进行反演；另一种方法是按照反演公式(5.1.2)，利用围道积分进行运算。下面分别予以阐述。

5.2.1 利用拉普拉斯变换表进行反演

利用现有的拉普拉斯变换表进行反演是常用的、也是较为简单的方法。对于某些较为简单的变换函数 $\overline{f}(s)$，前人已经给出了它们的原函数。

1. 多项式相除的反演

设变换函数 $\overline{f}(s)$可用两个多项式相除表示，即

$$\overline{f}(s) = \frac{g(s)}{h(s)} \tag{5.2.1}$$

其中，$g(s)$的幂次低于 $h(s)$的幂次，而 $h(s)$的每个因子都是线性的，且互不相同，则式(5.2.1)可分解成如下形式：

$$\overline{f}(s) = \frac{g(s)}{h(s)} = \frac{c_1}{s-a_1} + \frac{c_2}{s-a_2} + \cdots + \frac{c_n}{s-a_n} \tag{5.2.2}$$

其中，c_i 与拉普拉斯变量 s 无关。根据部分分式原理，可求得

$$c_i = \lim_{s \to a_i}[(s-a_i)\overline{f}(s)] \tag{5.2.3}$$

查拉普拉斯变换表，$1/(s-a_i)$的反演结果为 $\mathrm{e}^{a_i t}$，所以式(5.2.2)的反演结果为

$$f(t) = L^{-1}[\overline{f}(s)] = c_1\mathrm{e}^{a_1 t} + c_2\mathrm{e}^{a_2 t} + \cdots + c_n\mathrm{e}^{a_n t} \tag{5.2.4}$$

2. 某些贝塞尔函数的反演

在渗流力学中，在变换空间中求得的解往往是用某种类型的贝塞尔函数表示的。为此，

讨论某些贝塞尔函数的反演是有意义的。

设变换函数由式(5.2.5)表示：

$$\bar{f}(s) = \frac{Q}{s}\mathrm{K}_0(r\sqrt{s}) \quad (Q\text{ 为常数}) \tag{5.2.5}$$

求其原函数。该问题可利用卷积定理求得，令

$$g(s) = Q/s, \quad h(s) = \mathrm{K}_0(r\sqrt{s})$$

查拉普拉斯变换表，知道 $g(s)$和 $h(s)$的反演结果分别为

$$Q, \quad \frac{1}{2t}\exp\left(-\frac{r^2}{4t}\right)$$

按式(5.1.26)，变换函数乘积的反演为原函数的卷积，即

$$L^{-1}[g(s)h(s)] = Q * \frac{1}{2t}\mathrm{e}^{-\frac{r^2}{4t}} \tag{5.2.6}$$

根据卷积的定义式(5.1.21)，得

$$L^{-1}\left[\frac{Q}{s}\mathrm{K}_0(r\sqrt{s})\right] = \int_0^t Q\frac{1}{2\tau}\mathrm{e}^{-\frac{r^2}{4\tau}}\mathrm{d}\tau = \frac{Q}{2}\int_0^t \frac{1}{\tau}\mathrm{e}^{-\frac{r^2}{4\tau}}\mathrm{d}\tau \tag{5.2.7}$$

作变量变换，令 $u = r^2/(4\tau)$，$\mathrm{d}u = -u\mathrm{d}\tau/\tau$，容易求得

$$L^{-1}\left[\frac{Q}{s}\mathrm{K}_0(r\sqrt{s})\right] = \frac{Q}{2}\mathrm{Ei}\left(-\frac{r^2}{4t}\right) \tag{5.2.8}$$

5.2.2　利用围道积分求原函数

现在研究直接利用反演公式(5.1.2)求原函数。该式的积分路线是在 $s = \sigma + \mathrm{i}\omega$的复平面上沿垂直于实轴的直线$\sigma = \gamma$ 进行的。所选择的 γ 值应使变换函数$\bar{f}(s)$的所有奇点均位于直线 $\sigma = \gamma$ 的左边。这样就可以利用复变函数理论中的围道积分和留数定理进行运算。

5.2.2.1　积分的运算

下面分两种情况讨论积分回路的选择和积分的运算。

1. 第一种情况

变换函数或像函数 $\bar{f}(s)$的奇点都是极点(孤立奇点)，位于 $s_1, s_2, \cdots, s_k, \cdots$，其个数是有限的或可数的。除了这些奇点外，函数$\bar{f}(s)$在复平面 s 上是解析的。在 $\sigma = \gamma$ 的左边作一半径$|s| = R$ 的大圆弧，使 $\bar{f}(s)$的所有奇点都被包围在回路 $ABB'CA'A$ 之内，如图 5.2 所示。

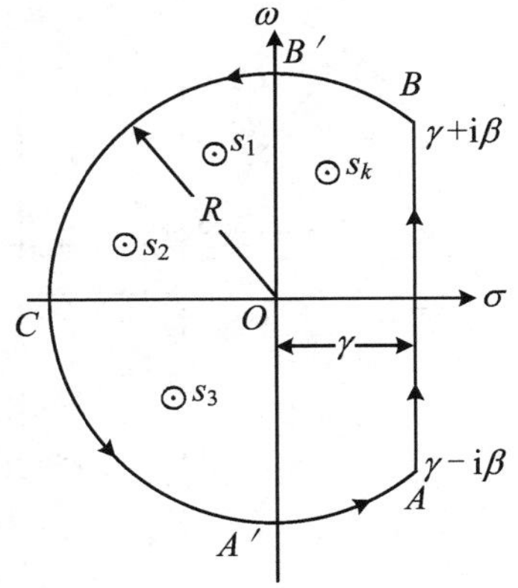

图 5.2　第一种情形的积分回路

现在讨论被积函数$\bar{f}(s)\mathrm{e}^{st}$沿图 5.2 中箭头所指方向的积分。因为所取的围道是 γ 值和R 值都足够大，所有的奇点都在围道之内。令

$$F(s) \equiv \bar{f}(s)\mathrm{e}^{st} \tag{5.2.9}$$

根据留数定理，设奇点个数为 N，则有

$$\int_{ABCA} F(s)\mathrm{d}s = 2\pi \mathrm{i}\sum_{k=1}^{N}\mathrm{Res}F(s_k) \tag{5.2.10}$$

其中，$\mathrm{Res}F(s_k)$的数值称为函数 $F(s)$在孤立奇点 s_k 处的**留数**（或残数），定义为

$$\mathrm{Res}F(s_k) = \frac{1}{2\pi \mathrm{i}}\int_{\rho_k} F(s)\mathrm{d}s \tag{5.2.11}$$

其中，ρ_k 是包围点 s_k 的足够小的圆半径，使得在该半径内除 s_k 外别无其他奇点。式(5.2.10)积分的回路是从 $\gamma-\mathrm{i}\beta$ 到$\gamma+\mathrm{i}\beta$，再沿 BCA 的大圆弧，所以该式也可写成

$$\frac{1}{2\pi \mathrm{i}}\int_{\gamma-\mathrm{i}\beta}^{\gamma+\mathrm{i}\beta}\bar{f}(s)\mathrm{e}^{st}\mathrm{d}s + \frac{1}{2\pi \mathrm{i}}\int_{BCA}F(s)\mathrm{d}s = \sum_{k=1}^{N}\mathrm{Res}F(s_k) \tag{5.2.12}$$

现在回到反变换的定义式(5.1.2)，并让式(5.2.12)中 $\beta\to\infty$，$R\to\infty$，则原函数$f(t)$可写成

$$f(t)\equiv \frac{1}{2\pi \mathrm{i}}\lim_{\beta\to\infty}\int_{\gamma-\mathrm{i}\beta}^{\gamma+\mathrm{i}\beta}\bar{f}(s)\mathrm{e}^{st}\mathrm{d}s = \sum_{k=1}^{N}\mathrm{Res}F(s_k) - \lim_{R\to\infty}\frac{1}{2\pi \mathrm{i}}\int_{BCA}\bar{f}(s)\mathrm{e}^{st}\mathrm{d}s \tag{5.2.13}$$

就我们所讨论的渗流问题而言，一般地，有

$$\lim_{R\to\infty}\frac{1}{2\pi \mathrm{i}}\int_{BCA}\bar{f}(s)\mathrm{e}^{st}\mathrm{d}t \to 0 \tag{5.2.14}$$

式(5.2.14)成立的条件是

$$|\bar{f}(s)| < \frac{M}{s^a} = \frac{M}{R^a} \tag{5.2.15}$$

其中，M 和 a 是正的常数。这样，就得到关系式

$$f(t) \equiv L^{-1}[\bar{f}(s)] = \sum_{k=1}^{N}\mathrm{Res}F(s_k) \tag{5.2.16}$$

就是说，原函数 $f(t)$等于像函数 $\bar{f}(s)$乘以 e^{st}这个被积函数$F(s)$在各个极点处留数的总和。

2. 第二种情况

像函数 $\bar{f}(s)$除有可数的孤立奇点外，在 $s=0$ 处还有一支点（多值点）。对于这种情形，为了使函数$\bar{f}(s)$是单值的，可从 $s=0$ 到负无穷画一个割线，如图 5.3 所示。这样，在 $\sigma=\gamma$ 左边仍然画一个半径为R 的大圆弧，积分的围道由 AB，BC，FA 以及线段CD，EF 和绕原点画一半径为ρ 的小圆共同组成。积分沿箭头所指的逆时针方向。于是，除了各个奇点之外，函数 $\bar{f}(s)$在复平面 s 上是解析的。仍记 $F(s)=\bar{f}(s)\mathrm{e}^{st}$，根据留数定理，则有

$$\frac{1}{2\pi \mathrm{i}}\int_{ABCDEFA}\bar{f}(s)\mathrm{e}^{st}\mathrm{d}s = \sum_{k=1}^{N}\mathrm{Res}F(s_k) \tag{5.2.17}$$

让 $R\to\infty$，$\rho\to0$，则式(5.2.17)可写成

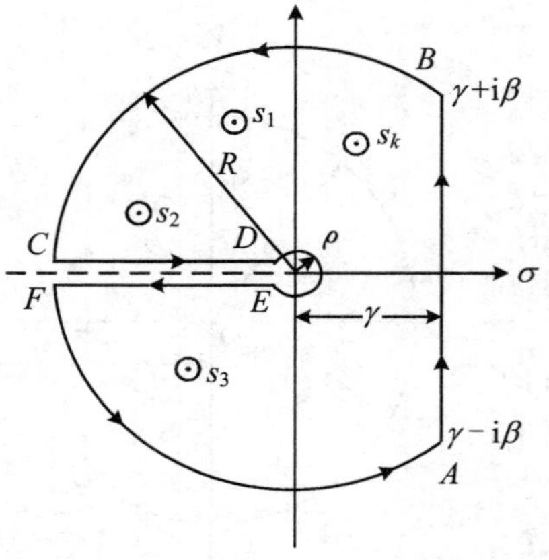

图 5.3　第二种情形的积分回路

$$\frac{1}{2\pi i}\int_{\gamma-i\beta}^{\gamma+i\beta}\bar{f}(s)e^{st}ds+\frac{1}{2\pi i}\left\{\lim_{R\to\infty}\left[\int_{BC+FA}+\int_{CD+EF}\right]+\oint_{\rho\to 0}\right\}F(s)ds=\sum_{k=1}^{N}\mathrm{Res}F(s_k) \tag{5.2.18}$$

式(5.2.18)左边第一项就是原函数 $f(t)$。由于条件(5.2.15)一般是满足的,即沿大圆弧 $BC+FA$ 的积分为零。于是,式(5.2.18)化为

$$f(t)=\sum_{k=1}^{N}\mathrm{Res}F(s_k)-\frac{1}{2\pi i}\left\{\lim_{R\to\infty}\int_{CD+EF}F(s)ds+\oint_{\rho}F(s)ds\right\} \tag{5.2.19}$$

下面讨论式(5.2.19)中最后一项的积分。沿直线 CD 和 EF,有

$$CD:\quad s=\sigma e^{i\pi},\quad e^{st}=e^{-\sigma t},\quad ds=e^{i\pi}d\sigma$$

$$EF:\quad s=\sigma e^{-i\pi},\quad e^{st}=e^{-\sigma t},\quad ds=e^{-i\pi}d\sigma$$

因而沿线段 CD 和 EF 的积分可分别写成

$$\lim\frac{1}{2\pi i}\int_{C\to\infty}^{D\to 0}\bar{f}(\sigma e^{i\pi})e^{-\sigma t}d\sigma=\frac{1}{2\pi i}\int_{0}^{\infty}\bar{f}(\sigma e^{i\pi})e^{-\sigma t}d\sigma \tag{5.2.20}$$

$$\lim\frac{1}{2\pi i}\int_{E\to 0}^{F\to\infty}\bar{f}(\sigma e^{-i\pi})e^{-\sigma t}d\sigma=-\frac{1}{2\pi i}\int_{0}^{\infty}\bar{f}(\sigma e^{i\pi})e^{-\sigma t}d\sigma \tag{5.2.21}$$

沿半径为 ρ 的小圆,有

$$s=\rho e^{i\theta},\quad ds=i\rho e^{i\theta}d\theta$$

因而沿这个小圆的积分可写成

$$\frac{1}{2\pi i}\oint_{\rho}F(s)ds=-\frac{1}{2\pi}\int_{-\pi}^{\pi}\bar{f}(\rho e^{i\theta})e^{\rho e^{i\theta}}\rho e^{i\theta}d\theta \tag{5.2.22}$$

将式(5.2.20)～式(5.2.22)代入式(5.2.19),最后得原函数 $f(t)$ 为

$$f(t)=\sum_{k=1}^{N}\mathrm{Res}F(s_k)+\frac{1}{2\pi i}\int_{0}^{\infty}[\bar{f}(\sigma e^{-i\pi})-\bar{f}(\sigma e^{i\pi})]e^{-\sigma t}d\sigma$$

$$+\lim_{\rho\to 0}\frac{1}{2\pi}\int_{-\pi}^{\pi}\bar{f}(\rho e^{i\theta})e^{\rho e^{i\theta}}\rho e^{i\theta}d\theta \tag{5.2.23}$$

由第一种情况所得的关系式(5.2.16)和第二种情况所得的关系式(5.2.23)可见:通过围道积分求原函数,最重要的是要求像函数 $\bar{f}(s)$ 乘以 e^{st} 这个被积函数 $F(s)$ 在各个极点 s_k 处的留数以及沿割线和 $r=\rho$ 小圆的积分。下面先举例说明这些积分的运算,然后再研究如何确定函数 $F(s)$ 在各个极点处的留数。

现在用拉普拉斯变换法重解第4.1.1小节所述半无限空间的平面平行流动。仍令 $P=[p(x,t)-p_i]/(p_1-p_i)$,则该问题的数学描述由式(4.1.1)～式(4.1.4)给出。对这些式子逐项进行拉普拉斯变换,我们得像空间中的定解问题为

$$\frac{d^2\bar{P}(x,s)}{dx^2}-\frac{s}{\chi}\bar{P}(x,s)=0\quad(0<x<\infty) \tag{5.2.24}$$

$$\bar{P}(x,s)=\frac{1}{s}\quad(x=0) \tag{5.2.25}$$

$$\bar{P}(x,s)=0\quad(x\to\infty) \tag{5.2.26}$$

其中

$$\overline{P}(x,s) = \int_0^{\infty} P(x,t)e^{-st}dt \tag{5.2.27}$$

其中,拉普拉斯变换是对时间变量 t 进行变换,空间变量 x 作为参量。注意到导数的变换式(5.1.7),原来压力对时间 t 的导数项 $\chi^{-1}\partial p/\partial t$ 变换以后成为 $s\overline{P}(x,s)/\chi$,即式(5.2.24)中第二项,式中已经利用了初始条件(4.1.4),即 $P(x,t=0)=0$。所以,原来物理空间中的初边值问题变成像空间中的单纯边值问题;原来的偏微分方程变成常微分方程。显然,带有边界条件(5.2.25)和(5.2.26)的常微分方程(5.2.24)比原问题容易求解,其解为

$$\overline{P}(x,s) = \frac{1}{s}e^{-\frac{x}{\sqrt{\chi}}\sqrt{s}} \tag{5.2.28}$$

查拉普拉斯变换表,立即给出物理空间的解

$$P(x,t) = \mathrm{erfc}\left(\frac{x}{\sqrt{4\chi t}}\right) = 1 - \mathrm{erf}\left(\frac{x}{\sqrt{4\chi t}}\right) \tag{5.2.29}$$

或

$$p(x,t) = p_1 - (p_1 - p_i)\mathrm{erf}\left(\frac{x}{\sqrt{4\chi t}}\right) \tag{5.2.30}$$

为了熟悉围道积分,可直接由像函数式(5.2.28)出发进行积分运算。显然,$\overline{P}(x,s)$在 $s=0$ 处是一个支点,除此之外别无极点。按上述第二种情况的关系式(5.2.23),我们有

$$\begin{aligned} P(x,t) &= \frac{1}{2\pi i}\int_0^{\infty}\left[\overline{p}(\sigma e^{-i\pi}) - \overline{p}(\sigma e^{i\pi})\right]e^{-\sigma t}dx + \lim_{\rho\to 0}\frac{1}{2\pi}\int_{-\pi}^{\pi}\overline{p}(\rho e^{i\theta})e^{\rho e^{i\theta}}\rho e^{i\theta}d\theta \\ &= -\frac{1}{\pi}\int_0^{\infty}\frac{e^{-\sigma t}}{\sigma}\frac{e^{i\frac{x}{\sqrt{\chi}}\sqrt{\sigma}} - e^{-i\frac{x}{\sqrt{\chi}}\sqrt{\sigma}}}{2i}d\sigma + \frac{1}{2\pi}\lim_{\rho\to 0}\int_{-\pi}^{\pi}e^{-\frac{x}{\sqrt{\chi}}\sqrt{\rho}}e^{\rho e^{i\theta}}e^{i(\theta/2)}d\theta \end{aligned} \tag{5.2.31}$$

式(5.2.31)右边第二项的积分为 1,第一项积分的结果为 $\mathrm{erfc}(x/\sqrt{4\chi t})$。最后得物理空间解(5.2.29)或(5.2.30)。

5.2.2.2 留数的确定

下面分两种情况讨论留数的确定:

(1) 函数 $F(s)$除 $s=a$ 处有 n 阶极点外是单值解析的,则函数 $F(s)$在 $s=a$ 附近可用 Laurent级数表示成如下形式:

$$F(s) = \overline{f}(s)e^{st} = \sum_{k=0}^{\infty}A_k(s-a)^k + \sum_{k=1}^{n}B_k(s-a)^{-k} \tag{5.2.32}$$

根据复变函数理论,式(5.2.32)中 $1/(s-a)$的系数 B_1 称为 $F(s)$在 $s=a$ 处的留数,记作 $\mathrm{Res}F(s=a)$。因为式(5.2.32)沿包围点 $s=a$ 的围道积分只有含 B_1 的项不等于零,其他项均等于零,所以有

$$\oint_C F(s)ds = 2\pi i B_1 \tag{5.2.33}$$

为了确定留数 B_1,可用$(s-a)^n$ 乘式(5.2.32)的两边,再对 s 求 $n-1$ 阶导数,并令 $s=a$,则得

$$B_1 = \text{Res}F(s=a) = \frac{1}{(n-1)!}\left\{\frac{d^{n-1}}{ds^{n-1}}[(s-a)^n F(s)]\right\}_{s=a} \tag{5.2.34}$$

例 5.3 试求以下函数在 $s=0$ 处的留数:

$$F(s) = \frac{c_0}{s^2} + \frac{c_0 t + c_1}{s} + \sum_{k=0}^{\infty} A_k s^k \tag{5.2.35}$$

解 现在 $s=0$ 处是二阶极点,按式(5.2.34),有

$$\text{Res}F(s=0) = \frac{d}{ds}[s^2 F(s)]_{s=0} = c_0 t + c_1 \tag{5.2.36}$$

(2) 函数 $F(s)$在点 $s=a$ 处只有单极点(一阶奇点),则式(5.2.34)应改写成

$$\text{Res}F(s=a) = [(s-a)F(s)]_{s=a} = \lim_{s\to a}[(s-a)F(s)] \tag{5.2.37}$$

例 5.4 设有

$$F(s) = \frac{M(s)e^{st}}{s^r N(s)} \tag{5.2.38}$$

其中,$N(s)$在 $s=a_k(k=1,2,\cdots,n)$处有单根,且 $M(a_k)\neq 0, M(0)\neq 0, N(0)\neq 0$。试求函数 $F(s)$在 $s=a_k$ 处的留数。

解 因 $s=a_k$ 处是单极点,利用式(5.2.37),则 $s=a_k$ 处的留数之和为

$$\sum_{k=1}^{n}\text{Res}F(s=a_k) = \sum_{k=1}^{n}\lim_{s\to a_k}\left[(s-a_k)\frac{M(s)e^{st}}{s^r N(s)}\right] \tag{5.2.39}$$

式(5.2.39)具有零比零的形式,应用 L'Hospital 法则,即得

$$\sum_{k=1}^{n}\text{Res}F(s=a_k) = \sum_{k=1}^{n}\frac{M(a_k)e^{a_k t}}{a_k{}^r \left.\frac{dN(s)}{ds}\right|_{s=a_k}} \tag{5.2.40}$$

现在用拉普拉斯变换方法重解第 4.9.2 小节中较简单的第一种情形。定解问题为

$$\left.\begin{aligned}
&\frac{\partial^2 p}{\partial r^2} + \frac{1}{r}\frac{\partial p}{\partial r} = \frac{1}{\chi}\frac{\partial p}{\partial t} \quad (0<r<R, t>0) &(5.2.41)\\
&p(r,t) = f(t) \quad (r=R, t>0) &(5.2.42)\\
&p(r,t) = 0 \quad (0\leqslant r\leqslant R, t=0) &(5.2.43)
\end{aligned}\right\}$$

式(5.2.41)~式(5.2.43)对时间变量 t 进行拉普拉斯变换,变成像空间的常微分方程

$$\left.\begin{aligned}
&\frac{d^2\overline{p}}{dr^2} + \frac{1}{r}\frac{d\overline{p}}{dr} - \frac{s}{\chi}\overline{p}(r,s) = 0 \quad (0<r<R) &(5.2.44)\\
&\overline{p}(r,s) = \overline{f}(s) \quad (r=R) &(5.2.45)
\end{aligned}\right\}$$

方程(5.2.44)是大家熟悉的虚变量贝塞尔方程,其解可用第一类和第二类变型贝塞尔函数 $I_0(r\sqrt{s/\chi})$和 $K_0(r\sqrt{s/\chi})$表示。利用 $r=0$ 处函数有限的条件,K_0 项不应出现。因而方程(5.2.44)和方程(5.2.45)的解为

$$\overline{p}(r,s) = \overline{f}(s)\overline{g}(r,s) = \overline{f}(s)\frac{I_0(r\sqrt{s/\chi})}{I_0(R\sqrt{s/\chi})} \tag{5.2.46}$$

若 $f(t)=p_e$,则 $\overline{f}(s)=p_e/s$。根据变换的卷积公式(5.1.26),有

$$p(r,t) = f(t)*g(t) = \int_0^t f(\tau)g(r,t-\tau)d\tau \tag{5.2.47}$$

其中

$$g(r,t)=L^{-1}[\bar{g}(r,s)]=\frac{1}{2\pi \mathrm{i}}\int_{\gamma-\mathrm{i}\infty}^{\gamma+\mathrm{i}\infty}\frac{\mathrm{I}_0(r\sqrt{s/\chi})}{\mathrm{I}_0(R\sqrt{s/\chi})}\mathrm{e}^{st}\mathrm{d}s \tag{5.2.48}$$

式(5.2.48)中的被积函数对$\sqrt{s/\chi}$是纯虚数情形有无限多个极点，否则是单值解析的。令

$$\sqrt{s/\chi}=\mathrm{i}\beta,\quad s=-\chi\beta^2 \tag{5.2.49}$$

按附录 B 中式(B8.3)，被积函数的分母可写成

$$\mathrm{I}_0(R\sqrt{s/\chi})=\mathrm{I}_0(\mathrm{i}\beta R)=\mathrm{J}_0(\beta R) \tag{5.2.50}$$

因而当分母为零，即

$$\mathrm{J}_0(\beta R)=0 \tag{5.2.51}$$

时，被积函数出现极点。也就是说，极点出现在

$$s_n=-\chi\beta_n^2 \tag{5.2.52}$$

其中，β_n 是方程(5.2.51)的根。于是，变换的反演就对应于前面讨论的第一种情况(图 5.2)的回路的积分。所以

$$g(r,t)=\sum_{n=1}^{\infty}\mathrm{Res}G(r,s=s_n) \tag{5.2.53}$$

其中，G 是式(5.2.48)的被积函数。利用式(5.2.50)和式(5.2.52)，将 I_0 换成 J_0，s/χ 换成 β_n^2，则 $G(r,s=s_n)$可表示为

$$G(r,s)=\frac{\mathrm{J}_0(r\beta)}{\mathrm{J}_0(R\beta)}\mathrm{e}^{-\chi\beta^2 t} \tag{5.2.54}$$

根据单极点留数和公式(5.2.40)，即得

$$g(r,t)=\frac{2\chi}{R}\sum_{k=1}^{\infty}\frac{\beta_n\mathrm{J}_0(r\beta_n)\mathrm{e}^{-\chi\beta_n^2 t}}{\mathrm{J}_1(R\beta_n)} \tag{5.2.55}$$

再将式(5.2.55)代入式(5.2.47)，并注意到等式(4.9.33)，最后得

$$\begin{aligned}p(r,t)&=\frac{2\chi}{R}\sum_{k=1}^{\infty}\beta_n\frac{\mathrm{J}_0(r\beta_n)}{\mathrm{J}_1(R\beta_n)}\int_0^t p_\mathrm{e}\exp[-\chi\beta_n^2(t-\tau)]\mathrm{d}\tau\\&=p_\mathrm{e}-\frac{2p_\mathrm{e}}{R}\sum_{k=1}^{\infty}\frac{\mathrm{J}_0(\beta_n r)}{\beta_n\mathrm{J}_1(\beta_n R)}\mathrm{e}^{-\chi\beta_n^2 t}\end{aligned} \tag{5.2.56}$$

这与式(4.9.35)完全一致。

5.3 拉普拉斯变换的数值反演

5.2 节阐述了拉普拉斯变换解析反演的两种主要方法。其中，利用已有变换表进行解析反演只能适用于某些特定的函数，也就是说很有局限性；而用围道积分进行反演则相当麻烦。我们在工程实际中遇到的变换函数或像函数往往是相当复杂的，以至于用上述解析反演方法很难求得其原函数，这就使得拉普拉斯变换法在工程中的应用受到很大限制。长期

以来，众多作者进行了不懈的努力，以寻求令人满意的数值反演方法。20 世纪 70 年代以来，这些方法取得了良好的进展，为拉普拉斯变换法的应用开辟了广阔的前景。本节将介绍两种主要的数值反演方法：一是基于函数概率密度理论的 Stehfest 方法；一是基于 Fourier 级数理论的 Crump 方法。

5.3.1　Stehfest 方法

1. Stehfest 方法

该方法由 Stehfest（1970）提出。他根据 Gaver 所考虑的函数 $f(t)$ 对于概率密度 $f_n(a,t)$ 的期望，其中 $f_n(a,t)$ 为

$$f_n(a,t) = a\frac{(2n)!}{n!(n-1)!}(1-\mathrm{e}^{-at})^n\mathrm{e}^{-nat}\quad (a>0) \tag{5.3.1}$$

提出如下反演公式：

$$f(t) = \frac{\ln 2}{t}\sum_{i=1}^{N} V_i\bar{f}(s) \tag{5.3.2}$$

其中，N 是偶数，s 用 $i\ln 2/t$ 代入，而 V_i 为

$$V_i = (-1)^{\frac{N}{2}+i}\sum_{k=\left[\frac{i+1}{2}\right]}^{\min\left(i,\frac{N}{2}\right)}\frac{k^{\frac{N}{2}+1}(2k)!}{\left(\frac{N}{2}-k\right)!k!(k-1)!(i-k)!(2k-i)!} \tag{5.3.3}$$

利用式(5.3.2)，给定一个时间 t 值和 i 值，就可算出一个 $\bar{f}(s)$ 值和一个 V_i 值，从而由像函数 $\bar{f}(s)$ 算出原函数 $f(t)$ 的数值结果。

式(5.3.3)中，N 必须是偶数，而 N 值的选取比较重要，它对计算的精度有很大影响，要针对不同类型的函数在计算实践过程中加以确定。在多数情况下，取 $N=8,10$ 或 12 是适合的；若取 $N>16$，会降低计算精度。

2. Stehfest 方法的改进

由于 Stehfest 反演方法对 N 值限制较窄，虽然对某些变化平缓的函数计算简便快捷，但对变化较陡的函数会引起数值弥散和振荡。为此，有些作者试图在Stehfest原有理论的基础上加以少量修正，使 N 的取值范围增大。如 Azari 等（1990）和 Wooden 等（1992）修正用于油气藏的压力分析，称为 AWG 方法。他们提出的改进公式如下：

设 $\bar{f}(s)$ 为像函数，$f(t)$ 为原函数，反演公式为

$$f(t) = \frac{\ln 2}{t}\sum_{i=1}^{N} V_i\bar{f}\left(\frac{\ln 2}{t}i\right) \tag{5.3.4}$$

此式与式(5.3.2)形式相同，但其中 V_i 修改为

$$V_i = (-1)^{\frac{N}{2}+i}\sum_{k=\left[\frac{i+1}{2}\right]}^{\min\left(i,\frac{N}{2}\right)}\frac{k^{N/2}(2k+1)!}{(k+1)!k!\left(\frac{N}{2}-k+1\right)!(i-k+1)!(2k-i+1)!} \tag{5.3.5}$$

其中，N 仍为偶数，但 N 的取值在 10～30 之间。在多数情况下，取 $N=18,20$ 或 22 是适合

的。作上述修正后，在物理空间解变陡的位置处，其数值弥散和振荡有所改善。

5.3.2 Crump 方法

该方法是 Crump(1976)在 Dubner，Alate(1968)工作的基础上，采用 Fourier 级数作了一些改进。为此，先简要介绍 Dubner 等的工作。

将拉普拉斯反演定义式(5.1.2)中被积函数的实部和虚部分开，而写成

$$f(t) = \frac{e^{at}}{\pi}\int_0^\infty [\mathrm{Re}\{\bar{f}(s)\}\cos\omega t - \mathrm{Im}\{\bar{f}(s)\}\sin\omega t]\mathrm{d}\omega \tag{5.3.6}$$

其中，a 是大于 α 的任意实数，α 是第 5.1.1 小节中存在条件(3)的常数。于是，变换和反变换可写成

$$\begin{aligned}\mathrm{Re}\{\bar{f}(s)\} &= \int_0^\infty e^{-at}f(t)\cos\omega t\,\mathrm{d}t\\ f(t) &= \frac{2e^{at}}{\pi}\int_0^\infty \mathrm{Re}\{\bar{f}(s)\}\cos\omega t\,\mathrm{d}\omega\end{aligned} \tag{5.3.7}$$

或者

$$\begin{aligned}\mathrm{Im}\{\bar{f}(s)\} &= -\int_0^\infty e^{-at}f(t)\sin\omega t\,\mathrm{d}t\\ f(t) &= -\frac{2e^{at}}{\pi}\int_0^\infty \mathrm{Im}\{\bar{f}(s)\}\sin\omega t\,\mathrm{d}\omega\end{aligned} \tag{5.3.8}$$

Dubner 等对式(5.3.7)应用梯形公式，近似得到如下数值反演公式：

$$f(t) = \frac{2e^{at}}{T}\left[\frac{1}{2}\bar{f}(a) + \sum_{k=1}^{\infty}\mathrm{Re}\left\{\bar{f}\left(a + \frac{k\pi \mathrm{i}}{T}\right)\right\}\cos\frac{k\pi t}{T}\right] + E' \tag{5.3.9}$$

其中，$\mathrm{i}=\sqrt{-1}$，$T>t_{\max}$，E' 为误差：

$$E' = \sum_{n=1}^{\infty}\exp(-2naT)[f(2nT+t) + \exp(2at)f(2nT-t)] \tag{5.3.10}$$

利用变换存在条件(3)，即 $|f(t)|\leqslant Me^{\alpha t}$，式(5.3.10)可写成

$$E' \leqslant Me^{\alpha t}\frac{\exp[2(a-\alpha)t]+1}{\exp[2(a-\alpha)t]-1} \tag{5.3.11}$$

只要将 $a-\alpha$ 取得足够大，就可使误差 E' 控制在人们所期望的值以内。所以，与 Stehfest 方法不同的重要一点是数值反演的计算误差可人为加以控制。

Crump 在上述理论的基础上，采用 Fourier 级数作了进一步改善。他对式(5.3.6)应用梯形公式，近似得到反演公式为

$$f(t) = \frac{e^{at}}{T}\left\{\frac{1}{2}\bar{f}(a) + \sum_{k=1}^{\infty}\left[\mathrm{Re}\left\{\bar{f}\left(a+\frac{\pi k\mathrm{i}}{T}\right)\right\}\cos\frac{\pi kt}{T} - \mathrm{Im}\left\{\bar{f}\left(a+\frac{\pi k\mathrm{i}}{T}\right)\right\}\sin\frac{\pi kt}{T}\right]\right\} + E \tag{5.3.12}$$

其中，误差 E 为

$$E = e^{at}\sum_{n=1}^{\infty}\exp[-a(2nT+t)]f(2nT+t) = \sum_{n=1}^{\infty}e^{-2naT}f(2nT+t) \tag{5.3.13}$$

按照条件 $|f(t)|\leqslant Me^{\alpha t}$，对式(5.3.13)求和，可得

$$E \leqslant \frac{Me^{\alpha t}}{e^{2T(a-\alpha)}-1} \quad (0 < t < 2T) \tag{5.3.14}$$

选取 $a \gg \alpha$,可使误差 E 按所期望的值变小,且分母中的1可略去。于是,式(5.3.14)可改写成

$$E \leqslant Me^{\alpha t}e^{-2T(a-\alpha)} \quad (0 < t < 2T) \tag{5.3.15}$$

在利用反演公式(5.3.12)进行数值反演计算时,要规范 T 和 a 的选取方法。另外,为了按式(5.3.15)限制误差在规定的值以下,需要确定 a 与 α 的关系,因而还必须规范 α 的计算方法。具体反演计算步骤如下:

(1) 选取 T 值。按以上所述,应取 $2T > t_{\max}$,即取

$$T > t_{\max}/2 \tag{5.3.16}$$

(2) 选取 a 值。若所期望的相对误差

$$E/(Me^{\alpha t}) = 10^{-k} \quad (\text{如 } k=6)$$

则由式(5.3.15)得 $e^{-2T(a-\alpha)} \leqslant 10^{-k}$,即得

$$a = \alpha - \frac{\ln[E/(Me^{\alpha t})]}{2T} = \alpha - \frac{\ln(10^k)}{2T} \tag{5.3.17}$$

在选取 α 值时,要确定像函数 $\bar{f}(s)$ 的奇点 s_n,取

$$\alpha > \max(\operatorname{Re} s_n) \tag{5.3.18}$$

即 α 值稍大于 s_n 的实部中最大的一个。

(3) 选定 T 值和 a 值以后,即可按式(5.3.12)由像函数 $\bar{f}(s)$ 算出原函数 $f(t)$ 的数值。

下面进一步说明如何使选取的 a 值最佳化。为此,我们不妨分析一下计算过程中出现的误差。除了舍入误差外,还有两个误差:一个是式(5.3.12)中的离散误差 E;另一个是在用式(5.3.12)实际计算时,总是取有限项 N 项算出 $f_N(t)$,因而产生截断误差:

$$E_t = f(t) - f_N(t) \approx \frac{e^{at}}{T}S(N)\varepsilon \tag{5.3.19}$$

其中,$S(N)$ 是式(5.3.12)的级数表达式,$\varepsilon \in [-1,1]$。因为 $f(t)$ 与 $f_N(t)$ 有以下关系:

$$f_N(t) = f(t) - \frac{e^{at}}{T}S(N)\varepsilon + O(e^{-2aT}) \tag{5.3.20}$$

选取 a 的最佳值应使离散误差等于上述截断误差,即有

$$\frac{e^{at}}{T}S(N)\varepsilon = e^{-2aT}f(2T+t) \tag{5.3.21}$$

所以 a 的最佳值 a_{op} 为

$$a_{op} = \frac{1}{2T+t}\ln\left|\frac{S(N)\varepsilon}{Tf_N(2T+t)}\right| \tag{5.3.22}$$

取两个较大的 a 值 a_1 和 a_2 $(a_1 \neq a_2)$,按式(5.3.20),则有

$$f_N^{(1)}(t) - f_N^{(2)}(t) \approx \frac{S(N)\varepsilon}{T}(e^{a_2 t} - e^{a_1 t}) \tag{5.3.23}$$

或

$$S(N)\varepsilon \approx T\frac{f_N^{(1)}(t) - f_N^{(2)}(t)}{e^{a_2 t} - e^{a_1 t}} \tag{5.3.24}$$

将式(5.3.24)代入式(5.3.22),即得 a 的最佳值

$$a_{\mathrm{op}} = \frac{1}{2T+t}\ln\left|\frac{f_N^{(1)}(t) - f_N^{(2)}(t)}{(\mathrm{e}^{a_2 t} - \mathrm{e}^{a_1 t})f_N^{(1)}(2T+t)}\right| \tag{5.3.25}$$

小结

现在讨论不同数值反演计算方法的优缺点,对拉普拉斯变换的数值反演作简短的小结。

(1) Stehfest 方法的主要优点是简单明了,用于变化平缓的曲线是非常适合的。缺点是公式(5.3.2)中 N 值的选取受到函数 $\bar{f}(s)$ 的影响。也就是说,对于一个确定的 $\bar{f}(s)$,取不同的 N 值,反演的结果是不同的;将同一个 N 值用于同一个 $\bar{f}(s)$ 中 s 的不同区间,其反演精度也不一样。反之,将同一个 N 值用于不同的 $\bar{f}(s)$,其反演效果也不一样。而且最佳 N 值的选取无规律可循。目前根据经验一般取 $N=12$,但实际上在某些情况下取 $N=8$ 或 14 效果更好。其计算误差难以估计,更无法预先设定。特别是该方法在函数曲线变化陡峭之处,要发生数值弥散和振荡。改进后的 Stehfest 反演公式(5.3.4)和(5.3.5)在这方面有所改善。

(2) Crump 方法的主要优点是计算误差可预先设定,根据设定的误差选取 a 值,因而其反演精度是可控制的。缺点是计算过程比前者麻烦。首先需要确定像函数 $\bar{f}(s)$ 奇点的位置 $s=s_n(n=1,2,3,\cdots)$。由 s_n 值按式(5.3.17)选定 a 值。在计算级数式(5.3.12)时,根据经验,计算项数 N 可用 30 左右。可采用数值计算中收敛较快的方法。该方法对于曲线变化陡峭的情形原则上也是适用的。

(3) 总之,对于像函数曲线变化平缓情形,建议采用 Stehfest 方法。而对于曲线变化陡峭例如高频振荡的情形,建议采用 Crump 方法。这是可以理解的,因为前一种方法是基于函数的概率密度,而后一种方法是基于 Fourier 级数。当然,平缓的曲线对概率密度的期望影响不大,而 Fourier 级数用于高频振荡曲线应该是适用的。

(4) 关于拉普拉斯变换的数值反演,应用数学家们仍在继续研究。

5.4 圆形有界地层中心一口直井

油气水渗流常用的一种简化模型是圆形有界地层中心一口铅直井的情形。本节将用拉普拉斯变换方法研究这一问题。为简单起见,这里采用线源井模型。具体内容包括封闭外边界和定压外边界情形,下面分别讨论。

5.4.1 外边界封闭情形

设地层半径为 R,井筒半径为 r_{w},井的流量为 Q,地层厚度为 h,地层原始压力为 p_{i},则其定解问题可写出如下:

$$\left.\begin{aligned}&\frac{\partial^2 p}{\partial r^2}+\frac{1}{r}\frac{\partial p}{\partial r}=\frac{1}{\chi}\frac{\partial p}{\partial t}\quad (r_w<r<R,t>0) &(5.4.1)\\&\left(r\frac{\partial p}{\partial r}\right)_{r=r_w}=\frac{Qu}{2\pi Kh}\quad (t>0) &(5.4.2)\\&\left.\frac{\partial p}{\partial r}\right|_{r=R}=0\quad (t>0) &(5.4.3)\\&p(r,t)=p_i\quad (r_w\leqslant r\leqslant R,t=0) &(5.4.4)\end{aligned}\right\}$$

为求解和应用方便起见，引进下列无量纲量：

$$\left.\begin{aligned}&p_D=\frac{p_i-p(r,t)}{\dfrac{Qu}{2\pi Kh}},\quad t_D=\frac{Kt}{\phi\mu c r_w^2}\\&r_D=\frac{r}{r_w},\quad R_D=\frac{R}{r_w}\end{aligned}\right\}\tag{5.4.5}$$

于是，定解问题(5.4.1)～(5.4.4)写成无量纲形式为

$$\left.\begin{aligned}&\frac{\partial^2 p_D}{\partial r_D^2}+\frac{1}{r_D}\frac{\partial p_D}{\partial r_D}=\frac{\partial p_D}{\partial t_D}\quad (1<r_D<R_D,\ t_D>0) &(5.4.6)\\&\left.\frac{\partial p_D}{\partial r_D}\right|_{r_D=1}=-1\quad (t_D>0) &(5.4.7)\\&\left.\frac{\partial p_D}{\partial r_D}\right|_{r_D=R_D}=0\quad (t_D>0) &(5.4.8)\\&p_D(r_D,t_D)=0\quad (1\leqslant r_D\leqslant R_D,\ t_D=0) &(5.4.9)\end{aligned}\right\}$$

对式(5.4.6)～式(5.4.9)逐项进行拉普拉斯变换，注意到式(5.4.6)中$\partial p_D/\partial t_D$项的变换结果为$s\bar{p}_D(s)-p_D(t_D=0)=s\bar{p}_D(s)$，则问题(5.4.6)～(5.4.9)变为$\bar{p}_D$的常微分方程纯边值问题

$$\left.\begin{aligned}&\frac{d^2\bar{p}_D}{dr_D^2}+\frac{1}{r_D}\frac{d\bar{p}_D}{dr_D}=s\bar{p}_D\quad (1<r_D<R_D) &(5.4.10)\\&\left.\frac{d\bar{p}_D}{dr_D}\right|_{r_D=1}=-\frac{1}{s} &(5.4.11)\\&\left.\frac{d\bar{p}_D}{dr_D}\right|_{r_D=R_D}=0 &(5.4.12)\end{aligned}\right\}$$

方程(5.4.10)是大家熟知的虚变量贝塞尔方程，其通解为零阶变型贝塞尔函数I_0和K_0的组合，即

$$\bar{p}_D(r_D,s)=AI_0(r_D\sqrt{s})+BK_0(r_D\sqrt{s})\tag{5.4.13}$$

利用边界条件(5.4.11)和(5.4.12)不难定出系数A和B如下：

$$A=\frac{-K_1(R_D\sqrt{s})}{s^{3/2}[I_1(\sqrt{s})K_1(R_D\sqrt{s})-I_1(R_D\sqrt{s})K_1(\sqrt{s})]}\tag{5.4.14}$$

$$B=\frac{I_1(R_D\sqrt{s})}{K_1(R_D\sqrt{s})}A\tag{5.4.15}$$

将定出的系数 A 和 B 代入式(5.4.13),即得拉氏空间压力函数的解析表达式

$$\overline{p}_{\mathrm{D}}(r_{\mathrm{D}},s) = \frac{\sqrt{s}}{s^2}\frac{M(\sqrt{s})}{N(\sqrt{s})} \tag{5.4.16}$$

其中

$$M(\sqrt{s}) = \mathrm{K}_1(R_{\mathrm{D}}\sqrt{s})\mathrm{I}_0(r_{\mathrm{D}}\sqrt{s}) + \mathrm{I}_1(R_{\mathrm{D}}\sqrt{s})\mathrm{K}_0(r_{\mathrm{D}}\sqrt{s}) \tag{5.4.17}$$

$$N(\sqrt{s}) = \mathrm{I}_1(R_{\mathrm{D}}\sqrt{s})\mathrm{K}_1(\sqrt{s}) - \mathrm{K}_1(R_{\mathrm{D}}\sqrt{s})\mathrm{I}_1(\sqrt{s}) \tag{5.4.18}$$

于是,拉普拉斯反演定义式(5.1.2)中的被积函数可写成

$$F(s) = \frac{\mathrm{e}^{st_{\mathrm{D}}}}{s^2}\frac{\sqrt{s}M(\sqrt{s})}{N(\sqrt{s})} \tag{5.4.19}$$

分母函数 $N(\sqrt{s})$只有当$\sqrt{s}$为纯虚数时有单极点。将这些极点位置记作 $s_n(n=1,2,3,\cdots)$,它是方程 $N(\sqrt{s})=0$ 的根。根据关系式附录 B 中式(B8.3)~式(B8.5),则有实数 $\alpha_n=-\mathrm{i}\sqrt{s_n}$ 是方程

$$\mathrm{J}_1(R_{\mathrm{D}}\alpha)\mathrm{N}_1(\alpha) - \mathrm{N}_1(R_{\mathrm{D}}\alpha)\mathrm{J}_1(\alpha) = 0 \tag{5.4.20}$$

的根。根据贝塞尔函数 J_1 和 N_1 的性质可知,这些极点都是一阶极点。于是,函数 $F(s)$在 $s=0$ 处是一个二阶极点;在 $s_n=-\alpha_n{}^2(n=1,2,3,\cdots)$处是一阶极点。除这些点以外,$F(s)$在平面 s 上解析。由第 5.2.2 小节所述理论,可得物理空间的压力函数 $p_{\mathrm{D}}(r_{\mathrm{D}},t_{\mathrm{D}})$为

$$p_{\mathrm{D}}(r_{\mathrm{D}},t_{\mathrm{D}}) = \sum_{n=1}^{\infty}\mathrm{Res}F(s_n) + \mathrm{Res}F(s=0) \tag{5.4.21}$$

于是,求解压力函数的问题就化为求 $F(s)$的留数的问题。

1. 留数的确定

式(5.4.21)中的留数有两部分,下面分别予以确定。

(1) $s=0$ 处留数的确定

$s=0$ 处是二阶极点。利用附录 B1 和 B2 中各贝塞尔函数的级数表达式,可将式(5.4.19)表示的被积函数 $F(s)$写成

$$F(s) = \frac{\mathrm{e}^{st_{\mathrm{D}}}}{s^2}\frac{\sqrt{s}M(\sqrt{s})}{N(\sqrt{s})} = \frac{\mathrm{e}^{st_{\mathrm{D}}}}{s^2}\frac{a_0 + a_1 s + a_2 s^2 + \cdots}{b_0 + b_1 s + b_2 s^2 + \cdots} \tag{5.4.22}$$

其中,系数为

$$\left.\begin{aligned} a_0 &= \frac{1}{R_{\mathrm{D}}},\quad a_1 = \frac{R_{\mathrm{D}}}{2}\left(\ln\frac{R_{\mathrm{D}}}{r_{\mathrm{D}}} + \frac{r_{\mathrm{D}}^2}{2R_{\mathrm{D}}^2} - \frac{1}{2}\right),\quad a_2 = \cdots \\ b_0 &= \frac{R_{\mathrm{D}}^2 - 1}{2R_{\mathrm{D}}},\quad b_1 = \frac{1}{4}\left(\frac{R_{\mathrm{D}}{}^4 - 1}{4R_{\mathrm{D}}} - R_{\mathrm{D}}\ln R_{\mathrm{D}}\right),\quad b_2 = \cdots \end{aligned}\right\} \tag{5.4.23}$$

再将 $\mathrm{e}^{st_{\mathrm{D}}}$ 展成幂级数,最后可将 $F(s)$写成

$$\begin{aligned} F(s) &= \frac{1}{s^2}\left[1 + t_{\mathrm{D}}s + \frac{(t_{\mathrm{D}}s)^2}{2!} + \cdots\right](c_0 + c_1 s + c_2 s^2 + \cdots) \\ &= \frac{c_0}{s^2} + \frac{c_0 t_{\mathrm{D}} + c_1}{s} + \sum_{k=0}^{\infty}A_k s^k \end{aligned} \tag{5.4.24}$$

其中,系数为

$$\left.\begin{aligned} c_0 &= \frac{a_0}{b_0} = \frac{2}{R_D^2 - 1} \\ c_1 &= \frac{a_1 - b_1 c_0}{b_0} = \frac{R_D^2}{R_D^2 - 1}\left(\ln\frac{R_D}{r_D} + \frac{r_D^2}{2R_D^2}\right) - \frac{3R_D{}^4 - 4R_D^2 \ln R_D - 2R_D^2 - 1}{4(R_D^2 - 1)^2} \end{aligned}\right\} \tag{5.4.25}$$

根据第 5.2.2 小节中例 5.3 的 $F(s)$表达式(5.2.25)和解(5.2.26)，得二阶极点 $s=0$ 处的留数为

$$\begin{aligned} \mathrm{Res}F(s = 0) &= c_0 t_D + c_1 \\ &= \frac{2t_D}{R_D^2 - 1} + \frac{R_D^2}{R_D^2 - 1}\left(\ln\frac{R_D}{r_D} + \frac{r_D^2}{2R_D^2}\right) \\ &\quad - \frac{3R_D{}^4 - 4R_D^2 \ln R_D - 2R_D^2 - 1}{4(R_D^2 - 1)^2} \end{aligned} \tag{5.4.26}$$

(2) $s = s_n$ 处留数的确定

$s = s_n (n = 1,2,3,\cdots)$处均是一阶极点。按照公式(5.2.40)，并利用附录 B6 中贝塞尔函数导数的性质，可得 $s = s_n$ 处留数之和为

$$\begin{aligned} \sum_{n=1}^{\infty} \mathrm{Res}F(s_n) &= \sum_{n=1}^{\infty}\left[\frac{\mathrm{e}^{st_D}}{s^{3/2}} \frac{M(r_D\sqrt{s})}{\dfrac{\mathrm{d}N(\sqrt{s})}{\mathrm{d}s}}\right]_{s=s_n} \\ &= -\pi\sum_{n=1}^{\infty}\frac{\mathrm{e}^{-\alpha_n^2 t_D}\mathrm{J}_1^2(R_D\alpha_n)[\mathrm{N}_1(\alpha_n)\mathrm{J}_0(r_D\alpha_n) - \mathrm{J}_1(\alpha_n)\mathrm{N}_0(r_D\alpha_n)]}{\alpha_n[\mathrm{J}_1^2(R_D\alpha_n) - \mathrm{J}_1^2(\alpha_n)]} \end{aligned} \tag{5.4.27}$$

式(5.4.26)和式(5.4.27)就是我们要计算的全部留数。

2. 压力函数及其近似式

将式(5.4.26)和式(5.4.27)代入式(5.4.21)，得压力函数的表达式为

$$\begin{aligned} p_D(r_D, t_D) = &\frac{2t_D}{R_D^2 - 1} + \frac{R_D^2}{R_D^2 - 1}\left(\ln\frac{R_D}{r_D} + \frac{r_D^2}{2R_D^2}\right) - \frac{3R_D{}^4 - 4R_D^2\ln R_D - 2R_D^2 - 1}{4(R_D^2 - 1)^2} \\ &- \pi\sum_{n=1}^{\infty}\frac{\mathrm{e}^{-\alpha_n^2 t_D}\mathrm{J}_1^2(R_D\alpha_n)[\mathrm{N}_1(\alpha_n)\mathrm{J}_0(r_D\alpha_n) - \mathrm{J}_1(\alpha_n)\mathrm{N}_0(r_D\alpha_n)]}{\alpha_n[\mathrm{J}_1^2(R_D\alpha_n) - \mathrm{J}_1^2(\alpha_n)]} \end{aligned} \tag{5.4.28}$$

其中，α_n 是方程(5.4.20)的根。

一般地，有 $R_D^2 \gg 1, 1/R_D^2 \approx 0$，式(5.4.28)中的非级数项可近似写成

$$\frac{2t_D}{R_D^2} + \ln\frac{R_D}{r_D} - \frac{3}{4} + \frac{r_D^2}{2R_D^2} + \frac{\ln R_D}{R_D^2} \approx \frac{2t_D}{R_D^2} + \ln\frac{R_D}{r_D} - \frac{3}{4}$$

对于试井分析的目的，主要关心井底压力，即 $p_D(1, t_D)$。令式(5.4.28)中 $r_D = 1$，并注意到对$R_D \gg 1$，式(5.4.28)中的级数只要取第一项就足够精确了。再利用附录 B8 中关系式

$$\mathrm{N}_1(\alpha_n)\mathrm{J}_0(\alpha_n) - \mathrm{J}_1(\alpha_n)\mathrm{N}_0(\alpha_n) = -\frac{2}{\pi\alpha_n} \tag{5.4.29}$$

即得井底无量纲压力 p_{wD} 为

$$p_{\mathrm{wD}} = \frac{2t_{\mathrm{D}}}{R_{\mathrm{D}}^2} + \ln R_{\mathrm{D}} - \frac{3}{4} + 2\frac{\mathrm{e}^{-\alpha_1^2 t_{\mathrm{D}}}\mathrm{J}_1(R_{\mathrm{D}}\alpha_1)}{\alpha_1^2[\mathrm{J}_1^2(\alpha_1 R_{\mathrm{D}}) - \mathrm{J}_1^2(\alpha_1)]} \tag{5.4.30}$$

或写成有量纲形式

$$p_{\mathrm{w}}(t) = p_{\mathrm{i}} - \frac{Qu}{2\pi Kh}\left\{\ln\frac{R}{r_{\mathrm{w}}} - \frac{3}{4} + \frac{2Kt}{\phi\mu c R^2} + 2\frac{\exp\left(-\frac{\alpha_1^2 Kt}{\phi\mu c r_{\mathrm{w}}^2}\right)\mathrm{J}_1\left(\alpha_1\frac{R}{r_{\mathrm{w}}}\right)}{\alpha_1^2\left[\mathrm{J}_1^2\left(\alpha_1\frac{R}{r_{\mathrm{w}}}\right) - \mathrm{J}_1^2(\alpha_1)\right]}\right\} \tag{5.4.31}$$

当时间 t 值很大时，式(5.4.30)和式(5.4.31)中最后一项趋于零。这样就得井底压力的"晚期解"或长期解

$$p_{\mathrm{wD}}(t_{\mathrm{D}}) = \ln R_{\mathrm{D}} - \frac{3}{4} + \frac{2t_{\mathrm{D}}}{R_{\mathrm{D}}^2} \tag{5.4.32}$$

以及

$$p_{\mathrm{wf}}(t) = p_{\mathrm{i}} - \frac{Qu}{2\pi Kh}\left(\ln\frac{R}{r_{\mathrm{w}}} - \frac{3}{4} + \frac{2Kt}{\phi\mu c R^2}\right) \tag{5.4.33}$$

式(5.4.33)就是第 4.6.2 小节中引用过的式(4.6.17)。在晚期，有 $\partial p_{\mathrm{wf}}(t)/\partial t=$ 常数，称为拟稳态流。

van Everdinger，Hurst(1949)最早研究了拉普拉斯变换在油藏流动问题中的应用。

5.4.2 外边界定压情形

外边界定压情形与 5.4.1 小节类似。经过无量纲化和拉普拉斯变换以后，方程和定解条件可写成

$$\left.\begin{aligned}&\frac{\mathrm{d}^2\overline{p}_{\mathrm{D}}}{\mathrm{d}r_{\mathrm{D}}^2} + \frac{1}{r_{\mathrm{D}}}\frac{\mathrm{d}\overline{p}_{\mathrm{D}}}{\mathrm{d}r_{\mathrm{D}}} - s\overline{p}_{\mathrm{D}} = 0 \quad (1 < r_{\mathrm{D}} < R_{\mathrm{D}}) &(5.4.34)\\ &\left.\frac{\mathrm{d}\overline{p}_{\mathrm{D}}}{\mathrm{d}r_{\mathrm{D}}}\right|_{r_{\mathrm{D}}=1} = -\frac{1}{s} &(5.4.35)\\ &\overline{p}_{\mathrm{D}}(R_{\mathrm{D}},s) = 0 &(5.4.36)\end{aligned}\right\}$$

其通解为

$$\overline{p}_{\mathrm{D}}(r_{\mathrm{D}},s) = A\mathrm{I}_0(r_{\mathrm{D}}\sqrt{s}) + B\mathrm{K}_0(r_{\mathrm{D}}\sqrt{s}) \tag{5.4.37}$$

由边界条件(5.4.35)和(5.4.36)定出系数 A,B 为

$$A = \frac{1}{s^{3/2}}\cdot\frac{-\mathrm{K}_0(R_{\mathrm{D}}\sqrt{s})}{\mathrm{I}_1(\sqrt{s})\mathrm{K}_0(R_{\mathrm{D}}\sqrt{s}) + \mathrm{K}_1(\sqrt{s})\mathrm{I}_0(\sqrt{s})} \tag{5.4.38}$$

$$B = \frac{1}{s^{3/2}}\cdot\frac{\mathrm{I}_0(R_{\mathrm{D}}\sqrt{s})}{\mathrm{I}_1(\sqrt{s})\mathrm{K}_0(\sqrt{s}) + \mathrm{K}_1(\sqrt{s})\mathrm{I}_0(R_{\mathrm{D}}\sqrt{s})} \tag{5.4.39}$$

将式(5.4.38)和式(5.4.39)确定的系数代入式(5.4.37)，得压力像函数 $\overline{p}(r_{\mathrm{D}},s)$ 为

$$\overline{p}_D(r_D,s) = \frac{1}{s}\frac{M(\sqrt{s})}{\sqrt{s}N(\sqrt{s})} \tag{5.4.40}$$

其中

$$M(\sqrt{s}) = I_0(R_D\sqrt{s})K_0(r_D\sqrt{s}) - K_0(R_D\sqrt{s})I_0(r_D\sqrt{s}) \tag{5.4.41}$$

$$N(\sqrt{s}) = I_1(\sqrt{s})K_0(R_D\sqrt{s}) + K_1(\sqrt{s})I_0(R_D\sqrt{s}) \tag{5.4.42}$$

于是,拉普拉斯反演定义式(5.1.2)中的被积函数可写成

$$F(s) = \frac{e^{st_D}}{s}\frac{M(\sqrt{s})}{\sqrt{s}N(\sqrt{s})} \tag{5.4.43}$$

当$\sqrt{s}$为纯虚数时 $N(\sqrt{s})=0$ 才能成立。设

$$s_n = -\beta_n^2,\quad \beta_n = -i\sqrt{s_n} \tag{5.4.44}$$

是方程 $N(\sqrt{s})=0$,即

$$I_1(\sqrt{s})K_0(R_D\sqrt{s}) + K_1(\sqrt{s})I_0(R_D\sqrt{s}) = 0 \tag{5.4.45}$$

的第 n 个根。利用附录 B8 中的关系式,即 β_n 是方程

$$J_0(R_D\beta_n)N_1(\beta_n) - N_0(R_D\beta_n)J_1(\beta_n) = 0 \tag{5.4.46}$$

的第 n 个正根。这些点 s_n 都是一阶极点。此外,在 $s=0$ 处还有一个一阶极点。除这些点以外,$F(s)$在全平面上解析。所以,物理空间的无量纲压力函数$p_D(r_D,t_D)$为

$$p_D(r_D,t_D) = \sum_{n=1}^{\infty}\mathrm{Res}F(s_n) + \mathrm{Res}F(s=0) \tag{5.4.47}$$

下面求函数 $F(s)$在 $s=0$ 处和 $s=s_n$ 处的留数。

1. 留数的确定

(1) $s=0$ 处留数的确定

将式(5.4.43)表示的被积函数 $F(s)$中的分子 $M(\sqrt{s})$和分母$\sqrt{s}N(\sqrt{s})$分别用其级数形式表示,则有

$$F(s) = \frac{e^{st_D}}{s}\frac{a_0 + a_1 s + a_2 s^2 + \cdots}{b_0 + b_1 s + b_2 s^2 + \cdots} \tag{5.4.48}$$

其中系数为

$$\left.\begin{aligned} &a_0 = \ln\frac{R_D}{r_D},\quad a_1 = \frac{R_D^2 + r_D^2}{4}\ln\frac{R_D}{r_D},\quad a_2 = \cdots \\ &b_0 = 1,\quad b_1 = \frac{R_D^3 + R_D + 2}{4R_D},\quad b_2 = \cdots \end{aligned}\right\} \tag{5.4.49}$$

再将 e^{st_D}展成幂级数,并使分数式相除,得

$$\begin{aligned} F(s) &= \frac{1}{s}\left(1 + t_D s + \frac{t_D^2}{2!}s^2 + \cdots\right)(c_0 + c_1 s + c_2 s^2 + \cdots) \\ &= \frac{c_0}{s} + (c_0 t_D + c_1) + \cdots \end{aligned} \tag{5.4.50}$$

其中系数为

$$c_0 = \frac{a_0}{b_0} = \ln\frac{R_D}{r_D},\quad c_1 = \frac{1}{b_0}(a_1 - b_1 c_0),\quad c_2 = \cdots \tag{5.4.51}$$

根据第 5.2.2 小节中公式(5.2.37),则有

$$\mathrm{Res}F(s=0) = \lim_{s\to 0}[c_0 + s(c_0 t_D + c_1) + O(s^2) + \cdots] = \ln\frac{R_D}{r_D} \tag{5.4.52}$$

(2) $s = s_n$ 处留数的确定

$s = s_n(n = 1,2,3,\cdots)$处均是一阶极点。按照公式(5.2.40),并利用附录 B6 中贝塞尔函数导数的性质,可得 $s = s_n$ 处的留数之和为

$$\sum_{n=1}^{\infty}\mathrm{Res}F(s_n) = \sum_{n=1}^{\infty}\left\{\frac{e^{st_D}M(\sqrt{s})}{s\dfrac{d[\sqrt{s}N(\sqrt{s})]}{ds}}\right\}_{s=s_n}$$

$$= -\pi\sum_{n=1}^{\infty}\frac{e^{-\beta_n^2 t_D}J_0^2(R_D\beta_n)[N_1(\beta_n)J_0(r_D\beta_n) - J_1(\beta_n)N_0(r_D\beta_n)]}{\beta_n[J_0^2(R_D\beta_n) - J_1^2(\beta_n)]} \tag{5.4.53}$$

将式(5.4.52)和式(5.4.53)代入式(5.4.47),得无量纲压力函数的表达式

$$p_D(r_D,t_D) = \ln\frac{R_D}{r_D} - \pi\sum_{n=1}^{\infty}\frac{e^{-\beta_n^2 t_D}J_0^2(R_D\beta_n)[N_1(\beta_n)J_0(r_D\beta_n) - J_1(\beta_n)N_0(r_D\beta_n)]}{\beta_n[J_0^2(R_D\beta_n) - J_1^2(\beta_n)]} \tag{5.4.54}$$

其中,β_n 是方程(5.4.46)的第 n 个根。

2. 井底流压

对于试井分析来说,主要关心井底即 $r_D = 1$ 处的压力。令式(5.4.54)中 $r_D = 1$,并注意到该式分子中方括号中的量按公式(5.4.29)等于 $-2/(\pi\beta_n)$。若保留式(5.4.54)的第一项,则得井底压力的近似式

$$p_{wD}(t_D) = \ln R_D + 2\frac{e^{-\beta_1^2 t_D}J_0^2(R_D\beta_1)}{\beta_1^2[J_0^2(R_D\beta_1) - J_1^2(\beta_1)]} \tag{5.4.55}$$

或写成井底流压有量纲形式

$$p_{wf}(t) = p_i - \frac{Qu}{2\pi Kh}\left\{\ln\frac{R}{r_w} + 2\frac{e^{-\beta_1^2 t_D}J_0^2(R_D\beta_1)}{\beta_1^2[J_0^2(R_D\beta_1) - J_1^2(\beta_1)]}\right\} \tag{5.4.56}$$

当时间 t 很大时,式(5.4.55)和式(5.4.56)中最后一项趋于零。于是得井底压力的"晚期解"

$$p_{wD} = \ln R_D \tag{5.4.57}$$

或写成有量纲形式,井底流压为

$$p_{wf} = p_i - \frac{Qu}{2\pi Kh}\ln\frac{R}{r_w} \tag{5.4.58}$$

在晚期,井底压力成为常数,就是说经过较长时间以后,建立起稳态渗流。

5.4.3 平均地层压力

平均地层压力是油田开发中的一个重要参数,它反映油藏的特性,是计算原油地质储量和预测油藏未来动态所不可缺少的。从理论上讲,平均地层压力可定义为在无边水入侵条件下关闭所有井眼,经过无限长时间后地层达到的压力。从实际计算的角度出发,平均地层压力定义为整个产油区体积加权平均所得到的压力。

很长时间以来,人们提出了利用试井数据求平均地层压力的多种方法。一般来说,对已开发的油藏,用试井方法只能计算供油区内平均地层压力。如果关闭多井油藏中的一口井,由于其他井仍在开采,因此该井压力不可能恢复到即使是供油区内的实际平均压力。在第4.6.3小节中曾介绍过用压力恢复数据通过外推方法求得平均地层压力的方法,由于实际油藏是有界的,因此通过外推方法得到的压力大于实际的平均地层压力。第4.6.3小节中介绍的MBH方法和MDH方法也不理想。所以,必须寻求一种严格计算平均地层压力的方法。

从理论上讲,一个严格的计算平均地层压力的方法应是利用压力分布对整个地层体积的积分求得。卢德唐和孔祥言(1993a)研究了这个问题,通过拉普拉斯变换方法给出了精确的结果。文中假设:(a) 地层是均质圆形有界的,外半径为 R,中心一口直井;(b) 流体是单相微可压缩的牛顿流体;(c) 重力和井储效应的影响可以略去;(d) 外边界是封闭的。

首先作一般分析。在5.4.1小节和5.4.2小节中已经求得了外边界封闭和定压两种情形在拉氏空间中的压力分布函数 $\overline{p}_D(r_D,s)$[式(5.4.16)和式(5.4.40)]。$\overline{p}_D(r_D,s)$ 按式(5.1.2)进行反演,即得物理空间的无量纲压力分布,然后对油藏体积积分后除以体积,或对平面径向流就是对油藏面积 A 积分后除以面积,即得平均地层压力,所以,物理空间中无量纲平均地层压力 p_{Da} 为

$$p_{Da} = \frac{1}{A}\iint_A \left[\frac{1}{2\pi i}\int_{\gamma-i\infty}^{\gamma+i\infty} \overline{p}_D(r_D,s)e^{st_D}ds\right]dA \tag{5.4.59}$$

其中,下标 a 表示平均值,$A=\pi(R^2-r_w^2)$。因为所求的平均是对空间变量 r_D 求平均,而拉普拉斯变换是对时间变量 t_D 进行变换,所以式(5.4.59)中的积分次序可以互换。于是,式(5.4.59)可写成

$$p_{Da} = \frac{1}{2\pi i}\int_{\gamma-i\infty}^{\gamma+i\infty}\left[\frac{1}{A}\iint_A \overline{p}_D(r_D,s)dA\right]e^{st_D}ds \tag{5.4.60}$$

式(5.4.60)表明:求物理空间中无量纲压力的平均值 p_{Da},可以先求拉氏空间无量纲压力的平均值 $\overline{p}_{Da}$,然后对 $\overline{p}_{Da}$ 进行反演给出。拉氏空间无量纲压力的平均值为

$$\begin{aligned}\overline{p}_{Da} &= \frac{1}{A}\iint_A \overline{p}_D dA = \frac{1}{\pi(R_D^2-1)}\int_1^{R_D}\overline{p}_D(r_D,s)2\pi r_D dr_D \\ &= \frac{2}{R_D^2-1}\int_1^{R_D}\overline{p}_D(r_D,s)r_D dr_D\end{aligned} \tag{5.4.61}$$

其中,$R_D=R/r_w$,通常与 R_D^2 相比,可略去1。式(5.4.61)对外边界封闭和定压都是适用的,只是被积函数中的 $\overline{p}_D(r_D,s)$ 形式不同而已。下面只限于讨论外边界封闭的情形。

对于外边界封闭情形,将式(5.4.16)~式(5.4.18)代入式(5.4.61),得

$$\overline{p}_{\mathrm{Da}}=\frac{2}{R_{\mathrm{D}}^{2}-1}\frac{\int_{1}^{R_{\mathrm{D}}}[\mathrm{K}_{1}(R_{\mathrm{D}}\sqrt{s})\mathrm{I}_{0}(r_{\mathrm{D}}\sqrt{s})+\mathrm{I}_{1}(r_{\mathrm{D}}\sqrt{s})\mathrm{K}_{0}(r_{\mathrm{D}}\sqrt{s})]r_{\mathrm{D}}\mathrm{d}r_{\mathrm{D}}}{s^{3/2}[\mathrm{I}_{1}(R_{\mathrm{D}}\sqrt{s})\mathrm{K}_{1}(\sqrt{s})-\mathrm{K}_{1}(R_{\mathrm{D}}\sqrt{s})\mathrm{I}_{1}(\sqrt{s})]} \tag{5.4.62}$$

利用附录 B6 所述贝塞尔函数的导数性质

$$\left.\begin{aligned}\frac{\mathrm{d}}{\mathrm{d}x}[x\mathrm{I}_{1}(x)]&=x\mathrm{I}_{0}(x)\\ \frac{\mathrm{d}}{\mathrm{d}x}[x\mathrm{K}_{1}(x)]&=-x\mathrm{K}_{0}(x)\end{aligned}\right\} \tag{5.4.63}$$

在式(5.4.62)中分子的被积函数中令 $r_{\mathrm{D}}\sqrt{s}=x$,容易求得该分子积分的结果为

$$\int_{1}^{R_{\mathrm{D}}}M(r_{\mathrm{D}}\sqrt{s})r_{\mathrm{D}}\mathrm{d}r_{\mathrm{D}}=\frac{1}{\sqrt{s}}[\mathrm{I}_{1}(R_{\mathrm{D}}\sqrt{s})\mathrm{K}_{1}(\sqrt{s})-\mathrm{K}_{1}(R_{\mathrm{D}}\sqrt{s})\mathrm{I}_{1}(\sqrt{s})] \tag{5.4.64}$$

将式(5.4.64)代入式(5.4.62),即得

$$\overline{p}_{\mathrm{Da}}=\frac{2}{R_{\mathrm{D}}^{2}-1}\frac{1}{s^{2}} \tag{5.4.65}$$

用式(5.4.65)右端替换式(5.4.60)方括号中的量,然后按表 5.1 第 4 行反演结果,得物理空间的无量纲平均地层压力为

$$p_{\mathrm{Da}}(t_{\mathrm{D}})=\frac{2t_{\mathrm{D}}}{R_{\mathrm{D}}^{2}-1}\approx\frac{2t_{\mathrm{D}}}{R_{\mathrm{D}}^{2}} \tag{5.4.66}$$

在压力降落过程中,若已知地层原始压力 p_{i},则得平均地层压力 p_{ave} 为

$$p_{\mathrm{ave}}(t)=p_{\mathrm{i}}-\frac{QB\mu}{2\pi Kh}p_{\mathrm{Da}}(t_{\mathrm{D}})=p_{\mathrm{i}}-\frac{QBt}{\pi\phi chR^{2}} \tag{5.4.67}$$

由式(5.4.67)可算出压力降落过程中任意时刻的平均地层压力。实际上,式(5.4.67)最后一项中的分子表示采出总液量,分母中 $\pi R^{2}\phi$ 表示总孔隙体积,所以该项表示整个地层中平均降低的压力。

在关井的情况下,若已知关井时刻 t_{p} 的井底流压 p_{ws},同时已知表皮因子 S,则有

$$p_{\mathrm{ws}}=p_{\mathrm{i}}-\frac{QB\mu}{2\pi Kh}[p_{\mathrm{D}}(r_{\mathrm{D}}=1,t_{\mathrm{pD}})+S] \tag{5.4.68}$$

将式(5.4.67)中的时间 t 换成生产时间 t_{p},然后减去式(5.4.68),得关井时刻平均地层压力 $p_{\mathrm{a}}(t_{\mathrm{p}})$ 为

$$\begin{aligned}p_{\mathrm{a}}(t_{\mathrm{p}})&=p_{\mathrm{ws}}+\frac{QB\mu}{2\pi Kh}[p_{\mathrm{D}}(1,t_{\mathrm{pD}})-p_{\mathrm{Da}}(t_{\mathrm{pD}})+S]\\&=p_{\mathrm{ws}}+\frac{QB\mu}{2\pi Kh}(p_{\mathrm{cB}}+S)\end{aligned} \tag{5.4.69}$$

其中,$p_{\mathrm{cB}}=p_{\mathrm{D}}(1,t_{\mathrm{pD}})-p_{\mathrm{Da}}(t_{\mathrm{pD}})$表示封闭外边界情形下的无量纲压力差。这里,$p_{\mathrm{Da}}(t_{\mathrm{pD}})=2t_{\mathrm{pD}}/R_{\mathrm{D}}^{2}$,而 $p_{\mathrm{D}}(1,t_{\mathrm{pD}})$由式(5.4.28)令其中 $r_{\mathrm{D}}=1,t_{\mathrm{D}}=t_{\mathrm{pD}}$给出,所以

$$p_{\mathrm{cB}}(t_{\mathrm{pD}})=\ln R_{\mathrm{D}}-\frac{3}{4}+2\sum_{n=1}^{\infty}\frac{\mathrm{e}^{-\alpha_{n}^{2}t_{\mathrm{pD}}}\mathrm{J}_{1}(R_{\mathrm{D}}\alpha_{n})}{\alpha_{n}^{2}[\mathrm{J}_{1}^{2}(R_{\mathrm{D}}\alpha_{n})-\mathrm{J}_{1}^{2}(\alpha_{n})]} \tag{5.4.70}$$

其中,α_{n} 是方程(5.4.20)的第 n 个根。给定比值 R/r_{w} 和 t_{pD},由式(5.4.70)可算出

表5.1 外边界封闭无量纲压力差 $p_{cB}=p_D(1,t_{pD})-p_{Da}(t_{pD})$ 值

t_{pD}	$\varepsilon=10^{-3}$	$\varepsilon=9\times10^{-4}$	$\varepsilon=7\times10^{-4}$	$\varepsilon=5\times10^{-4}$	$\varepsilon=3\times10^{-4}$	$\varepsilon=10^{-4}$	$\varepsilon=9\times10^{-5}$	$\varepsilon=7\times10^{-5}$	$\varepsilon=5\times10^{-5}$	$\varepsilon=3\times10^{-5}$	$\varepsilon=10^{-5}$
10^{-3}	5.008185	5.113360	5.364351	5.700571	6.211240	7.310183	7.415657	7.667365	8.004800	8.519110	9.658201
2×10^{-3}	5.179972	5.285231	5.536371	5.872709	6.383465	7.482438	7.587907	7.839598	8.176987	8.691124	9.828207
3×10^{-3}	5.280159	5.385449	5.636642	5.973023	6.483809	7.582780	7.688245	7.939920	8.277269	8.791260	9.926659
4×10^{-3}	5.350986	5.456292	5.707512	6.043916	6.554716	7.653680	7.759141	8.010801	8.348113	8.861972	9.995842
5×10^{-3}	5.405714	5.511030	5.762268	6.098684	6.609494	7.708448	7.813904	8.065550	8.402828	8.916560	10.048987
6×10^{-3}	5.450255	5.555578	5.806827	6.143253	6.654068	7.753010	7.858463	8.110095	8.447339	8.960951	10.091990
7×10^{-3}	5.487764	5.593092	5.844349	6.180782	6.691600	7.790531	7.895980	8.147599	8.484810	8.998305	10.128001
8×10^{-3}	5.520125	5.625456	5.876720	6.213158	6.723979	7.822897	7.928342	8.179948	8.517129	9.030511	10.158903
9×10^{-3}	5.548554	5.653888	5.905157	6.241598	6.752421	7.851327	7.956769	8.208362	8.545512	9.058785	10.185915
1×10^{-2}	5.573880	5.679216	5.930489	6.266934	6.777580	7.876652	7.982090	8.233672	8.570792	9.083959	10.209867
2×10^{-2}	5.737101	5.842448	6.093740	6.430197	6.941024	8.039815	8.145225	8.396708	8.733590	9.245894	10.361791
3×10^{-2}	5.828444	5.933795	6.185093	6.521554	7.032379	8.131102	8.236493	8.487912	8.824638	9.336382	10.445739
4×10^{-2}	5.890352	5.995705	6.247006	6.583469	7.094293	8.192972	8.298351	8.549730	8.886359	9.397750	10.502989
5×10^{-2}	5.936131	6.041484	6.292788	6.629252	7.140074	8.238727	8.344099	8.595453	8.932021	9.443194	10.545877
6×10^{-2}	5.971706	6.077061	6.328365	6.664830	7.175652	8.274288	8.379656	8.630994	8.967525	9.478564	10.579671
7×10^{-2}	6.000240	6.105595	6.356901	6.693366	7.204188	8.302814	8.408179	8.659508	8.996016	9.506972	10.607112
8×10^{-2}	6.023621	6.128977	6.380283	6.716749	7.227571	8.326191	8.431554	8.682877	9.019371	9.530277	10.629823
9×10^{-2}	6.043068	6.148424	6.399731	6.736197	7.247019	8.345635	8.450997	8.702317	9.038803	9.549477	10.648861
1×10^{-1}	6.059415	6.164771	6.416079	6.752545	7.263367	8.361981	8.467343	8.718661	9.055141	9.565996	10.664958
2×10^{-1}	6.135482	6.240839	6.492149	6.828617	7.339440	8.438051	8.543412	8.794726	9.131198	9.642024	10.740639
3×10^{-1}	6.152638	6.257996	6.509306	6.845775	7.356598	8.455209	8.560570	8.811884	9.148356	9.659182	10.757794
4×10^{-1}	6.156587	6.261945	6.513255	6.849724	7.360548	8.459159	8.564519	8.815833	9.152306	9.663131	10.761744
5×10^{-1}	6.157496	6.262855	6.514165	6.850634	7.361457	8.460068	8.565429	8.816743	9.153215	9.664041	10.762653
6×10^{-1}	6.157706	6.263064	6.514374	6.850843	7.361667	8.460278	8.565638	8.816953	9.153425	9.66425	10.762863
7×10^{-1}	6.157754	6.263112	6.514423	6.850892	7.361715	8.460326	8.565687	8.817001	9.153473	9.664299	10.762911
8×10^{-1}	6.157765	6.263123	6.514434	6.850903	7.361726	8.460337	8.565698	8.817012	9.153484	9.664310	10.762922
9×10^{-1}	6.157768	6.263126	6.514436	6.850905	7.361729	8.460340	8.565700	8.817015	9.153487	9.664312	10.762925
1	6.157768	6.263127	6.514437	6.850906	7.361729	8.460340	8.565701	8.817015	9.153487	9.664313	10.762925
2	6.157769	6.263127	6.514437	6.850906	7.361729	8.460341	8.565701	8.817015	9.153488	9.664313	10.762925
3	6.157769	6.263127	6.514437	6.850906	7.361729	8.460341	8.565701	8.817015	9.153488	9.664313	10.762925

$p_{cB}(t_{pD})$值，列于表 5.1 中。使用时可以插值。时间再增大，压差值不变。

实际计算平均地层压力的步骤如下：

(1) 由生产时间 t_p、外半径 R 和井筒半径 r_w，算出 $Kt_p/(\phi\mu cR^2)$ 和 $R_D = R/r_w$ 或 $\varepsilon = r_w/R$。

(2) 由表 5.1 查出 p_{cB}值。

(3) 由 p_{cB}值及已知的 p_{ws}和表皮因子 S，按式(5.4.69)即可算出关井时刻的平均地层压力 $p_a(t_p)$。并认为关井以后任何时刻的平均地层压力不再变化。

例 5.5 为了说明用压力分布积分计算平均地层压力的方法，并与第 4.6.3 小节中所述的 MDH 方法和 MBH 方法进行比较，下面举两个油田的实例。其基本参数列于表 5.2 中。

表 5.2 例(1)和例(2)的油田基本参数

例(1)	例(2)
$\phi = 0.09$	$\phi = 0.24$
$c_t = 3.278\times10^{-3}$ MPa^{-1}	$c_t = 8.73\times10^{-4}$ MPa^{-1}
$B = 1.55$	$B = 1.12$
$Q = 779.1$ m^3 · d^{-1}	$Q = 24$ m^3 · d^{-1}
$h = 146.9$ m	$h = 10.3$ m
$\mu = 2\times10^{-4}$ Pa · s	$\mu = 4.62\times10^{-3}$ Pa · s
$t_p = 310$ h	$t_p = 4380$ h
$r_w = 0.108$ m	$r_w = 0.1$ m
$R = 804.7$ m	$R = 200$ m
$p_{ws}(\Delta t = 0) = 19.036$ MPa	$p_{ws}(\Delta t = 0) = 2.317$ MPa
$p_{ws}(\Delta t = 20) = 22.87$ MPa	$p_{ws}(\Delta t = 54) = 7.38$ MPa

现在利用本节所述方法进行计算：

对于例(1)：① 求出 $R/r_w = 804.7/0.108 = 7451$，$Kt/(\phi\mu cR^2) = 0.368$。② 由表 5.1 插值求得 $p_{cB} = 8.167$。③ 用 $S = 8.6$，由式(5.4.69)最后求得 $p_{ave} = 23.057$ MPa。

对于例(2)：① 求出 $R/r_w = 2000$，$Kt/(\phi\mu cR^2) = 1.948$。② 由表 5.1 插值求得 $p_{cB} = 7.192$。③ 用 $S = -3.2$，由式(5.4.69)最后求得 $p_{ave} = 8.217$ MPa。

利用本节方法与第 4.6.3 小节中所述的 MDH 方法、MBH 方法计算的结果列于表 5.3 中。

表 5.3 用本节方法与 MDH 方法、MBH 方法对例(1)和例(2)计算的结果比较

项目	p^* (MPa)	斜率 m (MPa · 对数周期$^{-1}$)	K (μm)^2	S	平均地层压力 p_{cB}(MPa)		
					本节方法	MDH	MBH
例(1)	23.201	0.276	1.263×10^{-2}	8.6	23.057	23.057	23.041
例(2)	10.64	1.702	1.503×10^{-2}	−3.2	8.217	8.443	9.53

表 5.3 中，p^*，m，K 和 S 通过常规试井分析求得。由表 5.3 所列结果可见：用 MDH 方法所得结果与本方法的结果非常接近，而用 MBH 方法所得结果显得误差较大。从计算过程来看，本方法比较简便。

5.5　同心圆复合油藏

这里所讨论的复合油藏是指井周围 $r_w \leqslant r \leqslant r_1$ 的 Ⅰ 区和 $r > r_1$ 的 Ⅱ 区有不同的 K/ϕ 或流度 K/μ。在第 4.6.2 小节中曾阐述过由于钻井和完井过程中泥浆污染的原因，会形成一个污染区，这里的渗透率 K_1 不等于 K。此外，如水驱油藏也会形成两个不同流度的同心圆区域。因此，研究复合油藏问题具有重要的实际意义。

5.5.1　拉普拉斯变换空间的解

设油藏的初始压力为零，并以定产量 Q 生产，则同心圆复合油藏的定解问题可写成

$$\frac{\partial^2 p_1}{\partial r^2} + \frac{1}{r}\frac{\partial p_1}{\partial r} = \frac{\phi_1 \mu c}{K_1}\frac{\partial p_1}{\partial t} \quad (r_w < r < r_1, t > 0) \tag{5.5.1}$$

$$\frac{\partial^2 p_2}{\partial r^2} + \frac{1}{r}\frac{\partial p_2}{\partial r} = \frac{\phi_2 \mu c}{K_2}\frac{\partial p_2}{\partial t} \quad (r_1 < r, t > 0) \tag{5.5.2}$$

$$r\frac{\partial p_1}{\partial r} = -\frac{Qu}{2\pi K h} \quad (r = r_w, t > 0) \tag{5.5.3}$$

$$p_1(r,t) = p_2(r,t) \quad (r = r_1, t > 0) \tag{5.5.4}$$

$$K_1\frac{\partial p_1}{\partial r} = K_2\frac{\partial p_2}{\partial r} \quad (r = r_1, t > 0) \tag{5.5.5}$$

$$p_2(r \to \infty, t) = 0 \quad 或 \quad \left.\frac{\partial p_2}{\partial r}\right|_{r=R} = 0 \quad (t > 0) \tag{5.5.6}$$

$$p_1(r,t) = p_2(r,t) = 0 \quad (r_w \leqslant r, t = 0) \tag{5.5.7}$$

令 $\chi_1 = K_1/(\phi_1 \mu c)$，$\chi_2 = K_2/(\phi_2 \mu c)$，对方程(5.5.1)～方程(5.5.7)进行拉普拉斯变换，以 s 为拉普拉斯变换变量，则得

$$\frac{d^2 \overline{p}_j}{dr^2} + \frac{1}{r}\frac{d\overline{p}_j}{dr} = \frac{s}{\chi_j}\overline{p}_j \quad (j = 1,2) \tag{5.5.8}$$

$$r\frac{d\overline{p}_1}{dr} = -\frac{E}{s} \quad \left(E = \frac{Qu}{2\pi K h}\right) \tag{5.5.9}$$

$$\overline{p}_1(r_1, s) = \overline{p}_2(r_1, s) \tag{5.5.10}$$

$$K_1\frac{d\overline{p}_1}{dr_1} = K_2\frac{d\overline{p}_2}{dr} \quad (r = r_1) \tag{5.5.11}$$

$$\overline{p}_2(r \to \infty, s) = 0 \quad 或 \quad \left.\frac{d\overline{p}_2}{dr}\right|_{r=R} = 0 \tag{5.5.12}$$

方程(5.5.8)是虚变量的贝塞尔方程。为简洁起见，记

$$z_j = \sqrt{s/\chi_j} \quad (j = 1,2) \tag{5.5.13}$$

则方程(5.5.8)的通解为

$$\overline{p}_1(r,s) = A\mathrm{I}_0(rz_1) + B\mathrm{K}_0(rz_1) \tag{5.5.14}$$

$$\overline{p}_2(r,s) = C\mathrm{I}_0(rz_2) + D\mathrm{K}_0(rz_2) \tag{5.5.15}$$

为确定起见,下面限于讨论外边界趋于无限大的情形。由边界条件和贝塞尔函数的性质,可定出 $C=0$,其他三个系数 A,B,D 由下列方程组相联系:

$$\left.\begin{aligned} &A\mathrm{I}_1(r_\mathrm{w}z_1) - B\mathrm{K}_1(r_\mathrm{w}z_1) = -\frac{E}{r_\mathrm{w}z_1 s} && (5.5.16)\\ &A\mathrm{I}_0(r_1z_1) + B\mathrm{K}_0(r_1z_1) - D\mathrm{K}_0(r_1z_2) = 0 && (5.5.17)\\ &A\mathrm{I}_1(r_1z_1) - B\mathrm{K}_1(r_1z_1) + \sqrt{\frac{K_2}{K_1}}D\mathrm{K}_1(r_1z_2) = 0 && (5.5.18)\end{aligned}\right\}$$

若方程(5.5.16)~方程(5.5.18)的系数行列式

$$\begin{aligned}\Delta \equiv &\sqrt{K_1}\mathrm{K}_0(r_1z_2)[\mathrm{I}_1(r_1z_1)\mathrm{K}_1(r_\mathrm{w}z_1) - \mathrm{I}_1(r_\mathrm{w}z_1)\mathrm{K}_1(r_1z_1)]\\ &+ \sqrt{K_2}\mathrm{K}_1(r_1z_2)[\mathrm{I}_1(r_\mathrm{w}z_1)\mathrm{K}_0(r_1z_1) + \mathrm{I}_0(r_1z_1)\mathrm{K}_1(r_\mathrm{w}z_1)]\end{aligned} \tag{5.5.19}$$

不等于零,注意勿将渗透率常数 K_1 与贝塞尔函数 $\mathrm{K}_1(rz)$ 相混淆,则方程组(5.5.16)~(5.5.18)有唯一解

$$A = \frac{E}{r_\mathrm{w}z_1 s\Delta}[\sqrt{K_1}\mathrm{K}_0(r_1z_2)\mathrm{K}_1(r_1z_1) - \sqrt{K_2}\mathrm{K}_0(r_1z_1)\mathrm{K}_1(r_1z_2)]$$

$$B = \frac{E}{r_\mathrm{w}z_1 s\Delta}[\sqrt{K_2}\mathrm{I}_0(r_1z_1)\mathrm{K}_1(r_1z_2) + \sqrt{K_1}\mathrm{K}_0(r_1z_2)\mathrm{I}_1(r_1z_1)]$$

$$D = \frac{\sqrt{K_1}E}{r_\mathrm{w}z_1 s\Delta}[\mathrm{I}_0(r_1z_1)\mathrm{K}_1(r_1z_1) + \mathrm{K}_0(r_1z_1)\mathrm{I}_1(r_1z_1)]$$

将这些系数代入方程(5.5.14)和方程(5.5.15),即得两个区域中拉氏空间的压力分布函数(姜礼尚和陈钟祥,1985)。

5.5.2 物理空间的压力函数

对5.5.1小节中求得的像函数 $\overline{p}_1$ 和 $\overline{p}_2$ 进行数值反演,即得物理空间的压力函数 $p_1(r,t)$ 和 $p_2(r,t)$。不过现在我们对像函数进行解析反演,以便求得物理空间的解析解。

5.5.2.1 内区的压力降落

首先研究Ⅰ区的压降过程。分析表明:对于 $|\arg s|<\pi$,有 $\Delta\neq 0$。而 $\mathrm{I}_n(s)$ 在全复平面上解析,$\mathrm{K}_n(s)$ 在 $|\arg s|<\pi$ 上解析,于是 $\overline{p}_1(r,s)$ 在半平面 $\mathrm{Re}\, s\geqslant\gamma>0$ 上解析。

利用 $s\to\infty$,$|\arg s|<\pi/2$ 的渐近表达式(见附录B5)

$$\mathrm{I}_n(s) \approx \frac{1}{\sqrt{2\pi s}}\mathrm{e}^s, \quad \mathrm{K}_n(s) \approx \sqrt{\frac{\pi}{2s}}\mathrm{e}^{-s} \tag{5.5.20}$$

可以证明在半平面 $\mathrm{Re}\, s\geqslant\gamma>0$ 上,当 $s\to\infty$ 时 $\overline{p}_1(r,s)$ 关于 $\arg s$ 一致趋于零,并且

$$\int_{\gamma-\mathrm{i}\infty}^{\gamma+\mathrm{i}\infty} \overline{p}_1(r,s)\mathrm{d}s$$

对 r 绝对一致收敛。也就是说

$$p_1(r,t) = \frac{1}{2\pi\mathrm{i}} \lim_{\beta\to\infty}\int_{\gamma-\mathrm{i}\beta}^{\gamma+\mathrm{i}\beta} \overline{p}_1(r,s)\mathrm{e}^{st}\mathrm{d}s \tag{5.5.21}$$

并且 $p_1(r,t)$在区域 $r_\mathrm{w}\leqslant r\leqslant r_1$，$-\infty<t<\infty$ 上连续；当 $t\leqslant 0$ 时，$p_1(r,t)=0$。所以，也可写成

$$p_1(r,t) = \frac{1}{2\pi\mathrm{i}} \lim_{\beta\to\infty}\int_{\gamma-\mathrm{i}\beta}^{\gamma+\mathrm{i}\beta} \overline{p}_1(r,s)(1-\mathrm{e}^{st})\mathrm{d}s \tag{5.5.22}$$

为了求出 $p_1(r,t)$的解析表达式，需要对式(5.5.22)计算围道积分。因为 $s=0$ 是被积函数 $\overline{p}(r,s)(1-\mathrm{e}^{st})$ 的一个支点，应将负半实轴画一割线，如图 5.4 所示。

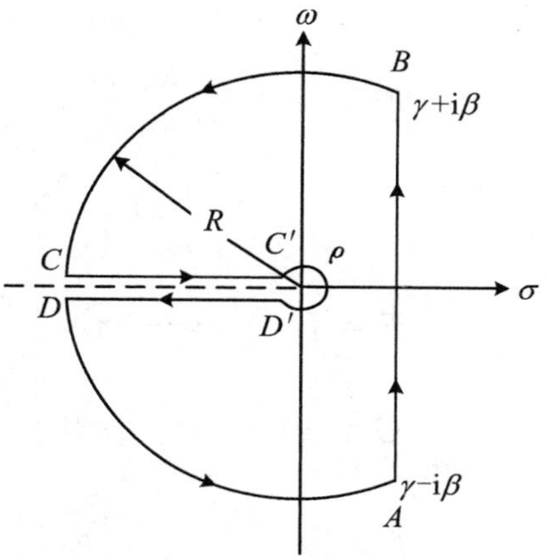

图 5.4　计算复合油藏的积分回路

在图中所取的回路内有 $\Delta=0$，所以函数 $\overline{p}_1(r,s)(1-\mathrm{e}^{st})$ 在该区域内解析。根据 Cauchy 定理

$$\int_{ABCC'D'DA} \overline{p}_1(r,s)(1-\mathrm{e}^{st})\mathrm{d}s = 0 \tag{5.5.23}$$

根据 Jordan 引理，沿大圆弧 BC 和 DA 的积分为零。所以，将式(5.5.22)和式(5.5.23)相比较可得

$$p_1(r,t) = \frac{1}{2\pi\mathrm{i}} \lim_{R\to\infty}\left\{\int_{CC'} + \int_{DD'} + \int_{\rho}\right\}\overline{p}_1(r,s)(1-\mathrm{e}^{st})\mathrm{d}s \tag{5.5.24}$$

利用 $s\to 0$ 时 I_n 和 K_n 的渐近表达式(见附录 B4)

$$\begin{aligned} &\mathrm{I}_0 \sim 1,\quad \mathrm{I}_1 \sim \frac{s}{2} \\ &\mathrm{K}_0 \sim -\left(\ln\frac{s}{2}+\gamma\right),\quad \mathrm{K}_1 \sim \frac{1}{s} \end{aligned} \tag{5.5.25}$$

可得对小圆的积分为

$$\int_{\rho} \overline{p}_1(r,s)(1-\mathrm{e}^{st})\mathrm{d}s \to 0 \quad (\rho\to 0) \tag{5.5.26}$$

将式(5.5.26)代入式(5.5.24)，得

$$p_1(r,t) = \frac{1}{2\pi\mathrm{i}}\int_{-\infty}^{0} \overline{p}_1(r,s)(1-\mathrm{e}^{st})\mathrm{d}s + \frac{1}{2\pi\mathrm{i}}\int_{0}^{-\infty} \overline{p}_1(r,s)(1-\mathrm{e}^{st})\mathrm{d}s \tag{5.5.27}$$

令式(5.5.27)右端第一项和第二项中的 s 分别为

$$\frac{\chi_1}{r_\mathrm{w}^2} = \mathrm{e}^{\mathrm{i}\pi}w,\quad \frac{\chi_1}{r_\mathrm{w}^2} = \mathrm{e}^{-\mathrm{i}\pi}w$$

并利用附录 B8 中的函数关系，可得

$$\int_{-\infty}^{0} \overline{p}_1(r,s)(1-\mathrm{e}^{st})\mathrm{d}s = 2\mathrm{i}E\int_{0}^{\infty} \frac{1-\mathrm{e}^{-\frac{\chi_1}{r_\mathrm{w}^2}w^2 t}}{w^2}\,\frac{\Phi F+\Psi G+\mathrm{i}(\Phi G-\Psi F)}{\Phi^2+\Psi^2}\mathrm{d}w \tag{5.5.28}$$

$$\int_0^{-\infty} \overline{p}_1(r,s)(1-e^{st})ds = 2iE\int_0^{\infty} \frac{1-e^{-\frac{\chi_1}{r_w^2}w^2 t}}{w^2} \frac{\Phi F + \Psi G - i(\Phi G - \Psi F)}{\Phi^2 + \Psi^2} dw \tag{5.5.29}$$

其中

$$\Phi(w) = N_0\left[\frac{r_1}{r_w}\sqrt{\frac{K_1}{K_2}}w\right]\left[J_1\left(\frac{r_1}{r_w}w\right)N_1(w) - J_1(w)N_1\left(\frac{r_1}{r_w}w\right)\right]$$

$$+ \sqrt{\frac{K_2}{K_1}}N_1\left[\frac{r_1}{r_w}\sqrt{\frac{K_1}{K_2}}w\right]\left[J_1(w)N_0\left(\frac{r_1}{r_w}w\right) - J_0\left(\frac{r_1}{r_w}w\right)N_1(w)\right]$$

$$\Psi(w) = J_0\left[\sqrt{\frac{K_1}{K_2}}\frac{r_1}{r_w}w\right]\left[J_1\left(\frac{r_1}{r}w\right)N_1(w) - J_1(w)N_1\left(\frac{r_1}{r_w}w\right)\right]$$

$$+ \sqrt{\frac{K_2}{K_1}}J_1\left[\sqrt{\frac{K_1}{K_2}}\frac{r_1}{r_w}w\right]\left[J_1(w)N_0\left(\frac{r_1}{r_w}w\right) - J_0\left(\frac{r_1}{r_w}w\right)N_1(w)\right]$$

$$F = fJ_0\left(\frac{r}{r_w}w\right) - mN_0\left(\frac{r}{r_w}w\right)$$

$$G = gJ_0\left(\frac{r}{r_w}w\right) - nN_0\left(\frac{r}{r_w}w\right)$$

$$f = J_0\left[\sqrt{\frac{K_1}{K_2}}\frac{r_1}{r_w}w\right]N_1\left(\frac{r_1}{r_w}w\right) - \sqrt{\frac{K_2}{K_1}}N_0\left(\frac{r_1}{r_w}w\right)J_1\left[\sqrt{\frac{K_1}{K_2}}\frac{r_1}{r_w}w\right]$$

$$g = \sqrt{\frac{K_2}{K_1}}N_0\left(\frac{r_1}{r_w}w\right)N_1\left[\sqrt{\frac{K_1}{K_2}}\frac{r_1}{r_w}w\right] - N_0\left[\sqrt{\frac{K_1}{K_2}}\frac{r_1}{r_w}w\right]N_1\left(\frac{r_1}{r_w}w\right)$$

$$m = J_1\left(\frac{r_1}{r_w}w\right)J_0\left[\sqrt{\frac{K_1}{K_2}}\frac{r_1}{r_w}w\right] - \sqrt{\frac{K_2}{K_1}}J_0\left(\frac{r_1}{r_w}w\right)J_1\left[\sqrt{\frac{K_1}{K_2}}\frac{r_1}{r_w}w\right]$$

$$n = \sqrt{\frac{K_2}{K_1}}J_0\left(\frac{r_1}{r_w}w\right)N_1\left[\sqrt{\frac{K_1}{K_2}}\frac{r_1}{r_w}w\right] - J_1\left(\frac{r_1}{r_w}w\right)N_0\left[\sqrt{\frac{K_1}{K_2}}\frac{r_1}{r_w}w\right]$$

将式(5.5.28)和式(5.5.29)代入式(5.5.27),即得内区压力分布函数

$$p_1(r,t) = \frac{2E}{\pi}\int_0^{\infty} \frac{1-e^{-\frac{\chi_1}{r_w^2}w^2 t}}{w^2} \frac{\Phi F + \Psi G}{\Phi^2 + \Psi^2} dw \tag{5.5.30}$$

5.5.2.2 外区的压力降落

利用完全类似的方法,可得外区压力分布函数

$$p_2(r,t) = \frac{4E}{\pi^2}\sqrt{\frac{K_1}{K_2}}\frac{r_w}{r_1}\int_0^{\infty} \frac{1-e^{-\frac{\chi_1}{r_w^2}w^2 t}}{w^2} \frac{\Psi N_0\left[\sqrt{\frac{K_1}{K_2}}\frac{r}{r_w}w\right] - \Phi J_0\left[\sqrt{\frac{K_1}{K_2}}\frac{r}{r_w}w\right]}{\Phi^2 + \Psi^2} dw \tag{5.5.31}$$

5.5.3 井底压力

5.5.3.1 一般时刻的井底压力

为了用于试井,需求得井底压力。在式(5.5.30)中令 $r=r_w$,就得到井底的压降表达式。通过展开和适当合并,可将 $\Phi F+\Psi G$ 简化为

$$(\Phi F+\Psi G)_{r=r_w}=\sqrt{\frac{K_2}{K_1}}[J_1(w)N_0(w)-J_0(w)N_1(w)]$$
$$\cdot\left[J_1\left(\frac{r_1}{r_w}w\right)N_0\left(\frac{r_1}{r_w}w\right)-J_0\left(\frac{r_1}{r_w}w\right)N_1\left(\frac{r_1}{r_w}\right)\right]$$
$$\cdot\left[J_1\left(\sqrt{\frac{K_1}{K_2}}\frac{r_1}{r_w}w\right)N_0\left(\sqrt{\frac{K_1}{K_2}}\frac{r_1}{r_w}w\right)-J_0\left(\sqrt{\frac{K_1}{K_2}}\frac{r_1}{r_w}w\right)N_1\left(\sqrt{\frac{K_1}{K_2}}\frac{r_1}{r_w}w\right)\right]\tag{5.5.32}$$

利用关系式(5.4.29),式(5.5.32)每个方括号中的量均可用 $2/(\pi x)$ 表示(x 分别为 w,r_1w/r_w,$\sqrt{K_1/K_2}r_1w/r_w$),所以

$$(\Phi F+\Psi G)_{r=r_w}=\frac{8r_w^2K_2}{\pi^3r_1^2K_1w^3}\tag{5.5.33}$$

在式(5.5.30)中令 $r=r_w$,并将式(5.5.33)代入其中,得到井底压力

$$p_1(r_w,t)=\frac{16EK_2r_w^2}{\pi^4r_1^2K_1}\int_0^\infty\frac{1-e^{-\frac{\chi_1}{r_w^2}w^2t}}{w^5(\Phi^2+\Psi^2)}dw\tag{5.5.34}$$

下面对这个积分继续进行简化。为此,将积分变量 w 分为两段,即$[0,w_0]$和$[w_0,\infty]$。在区间$[0,w_0]$上

$$\max\left(\sqrt{\frac{K_1}{K_2}}\frac{r_1}{r_w}w,\sqrt{\frac{K_1}{K_2}}w\right)\leqslant 0.02\tag{5.5.35}$$

然后将式(5.5.34)分两段积分,即

$$p_1(r_w,t)=\frac{16Er_w^2K_2}{\pi^4r_1^2K_1}\left\{\int_0^{w_0}+\int_{w_0}^\infty\right\}\frac{1-e^{-\frac{\chi_1}{r_w^2}w^2t}}{w^5(\Phi^2+\Psi^2)}dw\tag{5.5.36}$$

应用变量很小时贝塞尔函数的渐近表达式,有

$$\Phi\sim-\frac{4r_wK_2}{\pi^2r_1w^2K_1},\quad\Psi\sim\frac{r_w}{\pi r_1}\tag{5.5.37}$$

因而当 w 很小时,$\Psi\ll\Phi$,于是式(5.5.36)中的第一个积分可近似地表示为

$$\begin{aligned}\frac{16Er_w^2K_2}{\pi^4r_1^2K_1}\int_0^{w_0}\frac{1-e^{-\frac{\chi_1}{r_w^2}w^2t}}{w^5(\Phi^2+\Psi^2)}dw&\sim E\frac{K_1}{K_2}\int_0^{w_0}\frac{1-e^{-\frac{\chi_1}{r_w^2}w^2t}}{w}dw\\&=\frac{EK_1}{2K_2}\left[\gamma-\mathrm{Ei}\left(-\frac{\chi_1t}{r_w^2}w_0^2\right)+\ln\left(\frac{\chi_1t}{r_w^2}w_0^2\right)\right]\end{aligned}\tag{5.5.38}$$

其中，$\gamma = 0.577216$ 是欧拉常数。于是，式(5.5.36)可改写成

$$p_1(r_w, t) = \frac{EK_1}{2K_2}\left[\gamma - \mathrm{Ei}\left(-\frac{\chi_1 t}{r_w^2}w_0^2\right) + \ln\left(\frac{\chi_1 t}{r_w^2}w_0^2\right)\right] + \frac{16Er_w^2 K_2}{\pi^4 r_1^2 K_1}\int_{w_0}^{\infty}\frac{1 - e^{-\frac{\chi_1}{r_w^2}w^2 t}}{w^5(\Phi^2 + \Psi^2)}dw \tag{5.5.39}$$

5.5.3.2 晚期井底压力

当时间 t 充分大时，$\mathrm{Ei}(-ct)\to 0$，$\exp(-ct)\to 0$，即式(5.5.39)中的指数积分函数项和指数函数项均可略去。最后得复合油藏中心一口井的晚期井底压力为

$$p_1(r_w, t) = \frac{Qu}{4\pi K_2 h}\ln t + C \tag{5.5.40}$$

其中，常数 C 与时间无关：

$$C = \frac{Qu}{4\pi K_2 h}\left[\gamma + \ln\left(\frac{\chi_1}{r_w^2}w_0^2\right)\right] + \frac{16r_w^2 \mu K_2}{2\pi^5 r_1^2 h K_1^2}\int_0^{\infty}\frac{dw}{w^5(\Phi^2 + \Psi^2)} \tag{5.5.41}$$

以上是按油藏原始压力为零导出的结果。若原始油藏压力 $p_i \neq 0$，则式(5.5.41)应写成

$$p_1(r_w, t) = p_i - C - \frac{Qu}{4\pi K_2 h}\ln t \tag{5.5.42}$$

5.6 无限大地层

本节研究无限大地层中的铅直井和水平井，并考虑表皮因子和井筒储集常数。Agarwal，Al-Hussaing，Ramey(1970)利用拉普拉斯变换法求得考虑 S 和 C_D 情形的解。Gringarten 等(1979)提出以 $C_D e^{2S}$ 为单一的组合参数绘出一套典型曲线或理论图版，从而为利用早期数据进行现代试井分析创造了条件。Bourdet 等(1983)提出在 Gringarten 图版上加上导数曲线，使曲线拟合方法进行试井解释更加可靠，提高了可信度。到 20 世纪 90 年代，水平井技术和理论分析有了长足的发展。孔祥言、徐献芝和卢德唐(1996a，1997)，Kong，Xu，Lu(1996c)研究了各向异性地层中分支水平井的压力特性，并考虑表皮因子和井储常数绘制了一套理论图，为分支水平井现代试井分析提出了理论基础和有效的解释方法。本节将阐述这些理论和方法。关于直线边界附近单个水平井问题，在徐献芝、孔祥言和卢德唐(1996a，1996b)等文章中研究过，可参看第 4.5.1 小节和第 4.6.6 小节等。

5.6.1 无限大地层中直井的压力

在第 4.6.2 小节中曾推导出考虑表皮因子和井储常数的内边界条件，即式(4.6.31)、式(4.6.29)和式(4.6.30)。无限大地层中铅直井的定解问题可写出如下：

$$\left.\begin{aligned}
&\frac{\partial^2 p_D}{\partial r_D^2}+\frac{1}{r_D}\frac{\partial p}{\partial r_D}=\frac{\partial p_D}{\partial t_D}\quad(1<r_D<\infty,t_D>0) && (5.6.1)\\
&p_{wD}(t_D)=\left[p_D(r_D,t_D)-S\frac{\partial p_D}{\partial r_D}\right]_{r_D=1}\quad(t_D>0) && (5.6.2a)\\
&C_D\frac{\mathrm{d}p_{wD}}{\mathrm{d}t_D}-\left(\frac{\partial p_D}{\partial r_D}\right)_{r_D=1}=1\quad(t_D>0) && (5.6.2b)\\
&\lim_{r_D\to\infty}p_D(r_D,t_D)=0\quad(t_D>0) && (5.6.3)\\
&p_D(r_D,t_D)=0\quad(1\leqslant r_D<\infty,t_D=0) && (5.6.4)
\end{aligned}\right\}$$

其中，S 是表皮因子，无量纲量定义为

$$\left.\begin{aligned}
&r_D=\frac{r}{r_w},\quad t_D=\frac{Kt}{\phi\mu c r_w^2}\\
&p_D=\frac{2\pi Kh(p_i-p)}{Qu}\\
&C_D=\frac{C}{2\pi r_w^2\phi h c_t}
\end{aligned}\right\}\tag{5.6.5}$$

将式(5.6.1)～式(5.6.4)对时间变量 t_D 进行拉普拉斯变换，给出

$$\left\{\begin{aligned}
&\frac{\mathrm{d}^2\overline{p}_D}{\mathrm{d}r_D^2}+\frac{1}{r_D}\frac{\mathrm{d}\overline{p}_D}{\mathrm{d}r_D}=s\overline{p}_D && (5.6.6)\\
&\overline{p}_{wD}(s)=\left[\overline{p}_D(r_D,s)-S\frac{\mathrm{d}\overline{p}_D}{\mathrm{d}r_D}\right]_{r_D=1} && (5.6.7a)\\
&C_D s\overline{p}_{wD}-\left(\frac{\mathrm{d}\overline{p}_D}{\mathrm{d}r_D}\right)_{r_D=1}=\frac{1}{s} && (5.6.7b)\\
&\lim_{r_D\to\infty}\overline{p}_D(r_D,s)=0 && (5.6.8)
\end{aligned}\right.$$

其中，s 是拉普拉斯变量。方程(5.6.6)的通解是

$$\overline{p}_D(r_D,s)=A\mathrm{I}_0(r_D\sqrt{s})+B\mathrm{K}_0(r_D\sqrt{s})\tag{5.6.9}$$

利用函数 $\mathrm{I}_0(x\to\infty)\to\infty$ 的特性，由外边界条件(5.6.8)定出系数 $A=0$。而由内边界条件(5.6.7)定出系数 B 为

$$B=\frac{1}{s}\frac{1}{C_D s\mathrm{K}_0(\sqrt{s})+(1+C_D Ss)\sqrt{s}\mathrm{K}_1(\sqrt{s})}\tag{5.6.10}$$

所以，在拉氏空间中解出压力分布的像函数为

$$\overline{p}_D(r_D,s)=\frac{1}{s}\frac{\mathrm{K}_0(r_D\sqrt{s})}{C_D s\mathrm{K}_0(\sqrt{s})+(1+C_D Ss)\sqrt{s}\mathrm{K}_1(\sqrt{s})}\tag{5.6.11}$$

为了试井分析的需要，我们要求井底压力。考虑表皮因子以后，井底压力由式(4.6.30)给出，该式作拉普拉斯变换，得

$$\overline{p}_{wD}=\left[\overline{p}_D(r_D,s)-S\frac{\mathrm{d}\overline{p}_D}{\mathrm{d}r_D}\right]_{r_D=1}\tag{5.6.12}$$

将式(5.6.11)代入式(5.6.12)的方括号中,并取 $r_D=1$,即得井底压力的像函数

$$\overline{p}_{wD}(s)=\frac{1}{s}\frac{K_0(\sqrt{s})+S\sqrt{s}K_1(\sqrt{s})}{\sqrt{s}K_1(\sqrt{s})+C_D s[K_0(\sqrt{s})+\sqrt{s}SK_1(\sqrt{s})]} \tag{5.6.13}$$

式(5.6.13)可用第 5.3 节所述的方法进行数值反演,也可用第 5.2.2 小节所述的围道积分进行解析反演。下面研究它的解析反演。

现在对式(5.6.13)进行解析反演。分析表明:函数 $\overline{p}_{wD}(s)$ 在 $s=0$ 处有一支点,其余一阶极点均在负半实轴上。因而可取如图 5.4 所示的积分回路,在该回路内部区域 D,被积函数是解析的。根据 Cauchy 定理,沿回路积分

$$\frac{1}{2\pi i}\int_{ABCC'D'DA}\overline{p}_{wD}(s)e^{st_D}ds=\frac{1}{2\pi i}\left\{\int_{AB}+\int_{BC+DA}+\int_{CC'+DD'}+\int_{\rho}\right\}\overline{p}_{wD}(s)e^{st_D}ds=0 \tag{5.6.14}$$

根据 Jordan 引理,沿大圆弧 BC 和 DA 的积分为零。所以,按照反演公式(5.1.2),得井底压力

$$\begin{aligned}p_{wD}(t_D)&=\frac{1}{2\pi i}\int_{\gamma-i\infty}^{\gamma+i\infty}\overline{p}_{wD}(s)e^{st_D}ds\\&=-\frac{1}{2\pi i}\lim_{\substack{R\to\infty\\ \rho\to 0}}\left\{\int_{CC'+D'D}+\int_{\rho}\right\}\overline{p}_{wD}(s)e^{st_D}ds\end{aligned} \tag{5.6.15}$$

另一方面,由初始条件(5.6.4)以及在 $t\leqslant 0$ 时压力导数为零的条件,可得

$$p_{wD}(t_D=0)=\frac{1}{2\pi i}\int_{\gamma-i\infty}^{\gamma+i\infty}\overline{p}_{wD}(s)ds=0 \tag{5.6.16}$$

用式(5.6.15)减去式(5.6.16),可得

$$\begin{aligned}p_{wD}(t_D)&=-\frac{1}{2\pi i}\int_{\gamma-i\infty}^{\gamma+i\infty}\overline{p}_{wD}(1-e^{st_D})ds\\&=\frac{1}{2\pi i}\lim_{\substack{R\to\infty\\ \rho\to 0}}\left\{\int_{CC'}+\int_{D'D}+\int_{\rho}\right\}\overline{p}_{wD}(s)(1-e^{st_D})ds\end{aligned} \tag{5.6.17}$$

其中,$\overline{p}_{wD}(s)$ 由式(5.6.13)给出。于是,物理空间的井底压力降落由式(5.6.17)的三个积分之和求得。下面分别计算这三个积分项。

首先研究第三个积分。令 $\rho=\varepsilon^2$,$s=\varepsilon^2e^{i\theta}$,$ds=i\varepsilon^2e^{i\theta}d\theta$。按式(5.2.22),则有

$$\begin{aligned}I_3&=\frac{1}{2\pi i}\int_{\rho\to 0}F(s)d(s)\\&=\frac{1}{2\pi}\lim_{\varepsilon\to 0}\int_{-\pi}^{\pi}\overline{p}_{wD}(s=\varepsilon^2e^{i\theta})(1-e^{t_D\varepsilon^2e^{i\theta}})\varepsilon^2e^{i\theta}d\theta\end{aligned} \tag{5.6.18}$$

其中,被积函数 $F(s)=\overline{p}_{wD}(s)(1-e^{st_D})$。当 $\varepsilon\to 0$ 时,有(见附录 B4 和 B6)

$$1-\exp(t_D\varepsilon^2e^{i\theta})\sim t_D\varepsilon^2e^{i\theta}$$

$$K_0(\sqrt{s})\sim-\left(\ln\frac{\varepsilon}{2}+\frac{i\theta}{2}+\gamma\right)$$

$$K_1(\sqrt{s})\sim\frac{1}{\varepsilon}e^{-i\theta}$$

将以上渐近表达式代入式(5.6.13)和式(5.6.18),并让 $\varepsilon\to 0$,容易证明第三个积分 $I_3=0$。

因而，井底压力降落就是式(5.6.17)中前两个积分之和。

现在计算沿 CC'和$D'D$ 的积分 I_1 和 I_2。

沿 CC'：$s=\alpha^2\mathrm{e}^{\mathrm{i}\pi}=-\alpha^2,\sqrt{s}=\mathrm{i}\alpha,\mathrm{d}s=-2\alpha\mathrm{d}\alpha$，则有

$$I_1=\frac{1}{2\pi\mathrm{i}}\int_\infty^0\frac{1}{-\alpha^2}\frac{[\mathrm{K}_0(\mathrm{i}\alpha)+\mathrm{i}\alpha S\mathrm{K}_1(\mathrm{i}\alpha)](1-\mathrm{e}^{-\alpha^2t_\mathrm{D}})(-2\alpha)}{-\alpha^2C_\mathrm{D}\mathrm{K}_0(\mathrm{i}\alpha)+(1-C_\mathrm{D}S\alpha^2)\mathrm{i}\alpha\mathrm{K}_1(\mathrm{i}\alpha)}\mathrm{d}\alpha \tag{5.6.19}$$

利用附录 B8 中的关系式，第一个积分 I_1 可写成

$$I_1=\frac{1}{\pi\mathrm{i}}\int_0^\infty\frac{1}{\alpha^2}\frac{A-\mathrm{i}B}{C-\mathrm{i}D}(1-\mathrm{e}^{-\alpha^2t_\mathrm{D}})\mathrm{d}\alpha \tag{5.6.20}$$

其中

$$\left.\begin{aligned}A&=\mathrm{J}_0(\alpha)+\alpha S\mathrm{J}_1(\alpha)\\B&=\mathrm{N}_0(\alpha)+\alpha S\mathrm{N}_1(\alpha)\\C&=\alpha C_\mathrm{D}\mathrm{J}_0(\alpha)+(\alpha^2C_\mathrm{D}S-1)\mathrm{J}_1(\alpha)\\D&=\alpha C_\mathrm{D}\mathrm{N}_0(\alpha)+(\alpha^2C_\mathrm{D}S-1)\mathrm{N}_1(\alpha)\end{aligned}\right\} \tag{5.6.21}$$

沿 $D'D$：$s=\alpha^2\mathrm{e}^{-\mathrm{i}\pi}=-\alpha^2,\sqrt{s}=\alpha\mathrm{e}^{-\mathrm{i}\pi/2}=-\mathrm{i}\alpha,\mathrm{d}s=-2\alpha\mathrm{d}\alpha$，则有

$$I_2=\frac{1}{2\pi\mathrm{i}}\int_0^\infty\frac{1}{-\alpha^2}\frac{[\mathrm{K}_0(-\mathrm{i}\alpha)-\mathrm{i}\alpha S\mathrm{K}_1(-\mathrm{i}\alpha)](1-\mathrm{e}^{-\alpha^2t_\mathrm{D}})(-2\alpha)}{(-\alpha^2)C_\mathrm{D}\mathrm{K}_0(-\mathrm{i}\alpha)-\mathrm{i}\alpha(1-\alpha^2C_\mathrm{D}S)\mathrm{K}_1(-\mathrm{i}\alpha)}\mathrm{d}\alpha \tag{5.6.22}$$

类似地，利用附录 B8 中的关系式，可将 I_2 写成

$$I_2=\frac{1}{\pi\mathrm{i}}\int_0^\infty\frac{1}{\alpha^2}\left(-\frac{A+\mathrm{i}B}{C+\mathrm{i}D}\right)(1-\mathrm{e}^{-\alpha^2t_\mathrm{D}})\mathrm{d}\alpha \tag{5.6.23}$$

将式(5.6.20)与式(5.6.23)两式相加，得

$$p_\mathrm{wD}(t_D)=I_1+I_2=\frac{1}{\pi\mathrm{i}}\int_0^\infty\frac{1}{\alpha^2}\frac{2\mathrm{i}(AD-BC)}{C^2+D^2}(1-\mathrm{e}^{-\alpha^2t_\mathrm{D}})\mathrm{d}\alpha \tag{5.6.24}$$

由式(5.6.21)有

$$AD-BC=\mathrm{N}_0(\alpha)\mathrm{J}_1(\alpha)-\mathrm{J}_0(\alpha)\mathrm{N}_1(\alpha)=\frac{2}{\pi\alpha} \tag{5.6.25}$$

将式(5.6.21)和式(5.6.25)代入式(5.6.24)，最后得物理空间的井底压力 $p_\mathrm{wD}(t_\mathrm{D})$ 为

$$p_\mathrm{wD}(t_\mathrm{D})=\frac{4}{\pi^2}\int_0^\infty\frac{(1-\mathrm{e}^{-\alpha^2t_\mathrm{D}})\mathrm{d}\alpha}{\alpha^3\{[(\alpha^2C_\mathrm{D}S-1)\mathrm{J}_1(\alpha)+\alpha C_\mathrm{D}\mathrm{J}_0(\alpha)]^2+[(\alpha^2C_\mathrm{D}S-1)\mathrm{N}_1(\alpha)+\alpha C_\mathrm{D}\mathrm{N}_0(\alpha)]^2\}} \tag{5.6.26}$$

5.6.2　无限大地层中直井的现代试井

利用式(5.6.26)进行数值积分，或直接由式(5.6.13)进行数值反演，可作出 $p_\mathrm{wD}\sim t_\mathrm{D}$ 的典型曲线。式中有两个参量，即 S 和 C_D。双参数情形用于曲线拟合是比较麻烦的。幸运的是，研究表明，可用一个组合参数 $C_\mathrm{D}\mathrm{e}^{-2S}$ 来制作理论图版。所以，绘制的图版是以 p_wD 为纵坐标，以 $t_\mathrm{D}/C_\mathrm{D}$ 为横坐标，以 $C_\mathrm{D}\mathrm{e}^{2S}$ 为参数的一组曲线，它是用双对数坐标绘制的，如图 5.5 所示。图中曲线①和②是单对数曲线的直线段起始时刻，它是各个压力曲线上 p_wD 对 $\lg t_\mathrm{D}$

的二阶导数开始等于零的点的连线。

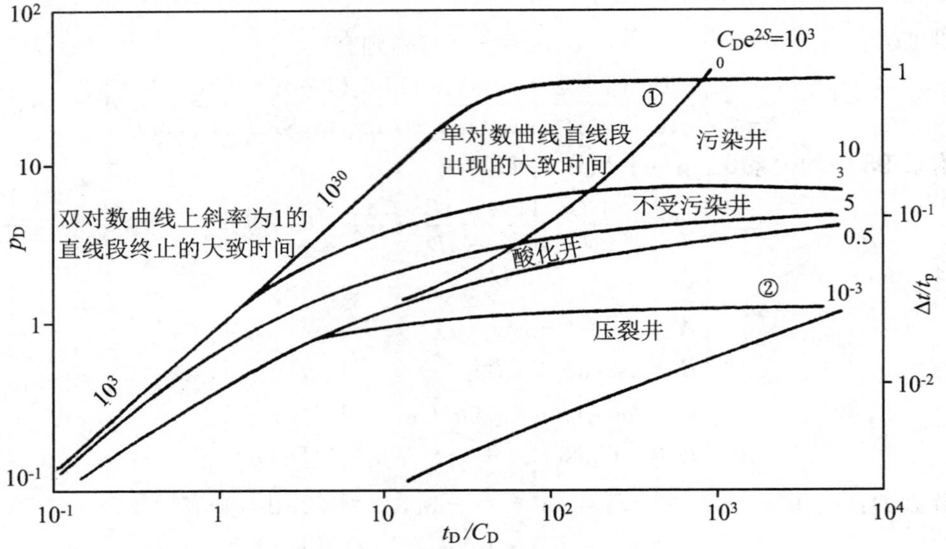

图 5.5 Gringarten 图版

曲线①,②是单对数曲线上直线段起始点的连线

应当指出:式(5.6.26)只适用于表皮因子 $S>0$ 的情形。对于 $S<0$ 的情形,如酸化、压裂效果良好时所出现的情形,不能理解为在井壁无限薄表层上有逆压力梯度。这在第4.6.2小节中已经阐述过了。对于 $S<0$,应用式(4.6.20)所定义的有效井筒半径的概念,把井壁附近的疏浚作用看做井筒半径变大。具体来说,就是在式(5.6.26)中令 $S=0$,但无量纲时间 t_D 和无量纲井储常数 C_D 的参考长度 r_w 均代之以 r_we^{-S},即 t_D 和 C_D 均用 t_De^{2S} 和 C_De^{2S} 代替。

于是,对 $S<0$,式(5.6.13)和式(5.6.26)分别化为

$$\overline{p}_{wD}(s) = \frac{1}{s}\frac{K_0(\sqrt{s})}{\sqrt{s}K_1(\sqrt{s}) + sC_De^{2S}K_0(\sqrt{s})} \tag{5.6.27}$$

$$p_{wD} = \frac{4}{\pi^2}\int_0^\infty \frac{\left[1-\exp\left(-\alpha^2\dfrac{t_D}{C_D}C_De^{2S}\right)\right]d\alpha}{\alpha^3\{[C_De^{2S}\alpha J_0(\alpha)-J_1(\alpha)]^2+[C_De^{2S}\alpha N_0(\alpha)-N_1(\alpha)]^2\}} \tag{5.6.28}$$

图5.5中酸化、压裂部分的典型曲线应该用式(5.6.27)或式(5.6.28)计算和绘制。若用式(5.3.2)进行反演,则式(5.6.27)中应取 $s=i\ln 2/(t_D/C_D)C_De^{2S}$。

但是,图5.5中 C_De^{2S} 值相近的两条曲线非常相似,这给曲线拟合带来一定程度的不确定性。为了克服这个困难,Bourdet 等(1983)在 Gringarten 图版上增加了相应的压力导数曲线。为使导数曲线与压力曲线能重叠在同一个双对数坐标图上,导数曲线的纵坐标用 $\dfrac{dp_{wD}}{d(t_D/C_D)}\cdot\dfrac{t_D}{C_D}$,横坐标和参数仍分别为 t_D/C_D 和 C_De^{2S}。压力导数图版称为 Bourdet 图

版。两者叠合在一起称为 Gringarten-Bourdet 图版，如图 5.6 所示。这些曲线的早期段均为斜率等于 1 的直线。而导数曲线的晚期段均为 $p'_D t_D/C_D = 1/2$。由于压力导数曲线对相近的 $C_D e^{2S}$ 值区别较为明显，这样让压力曲线和导数曲线同时进行拟合，就使拟合的结果更加确定和可信。

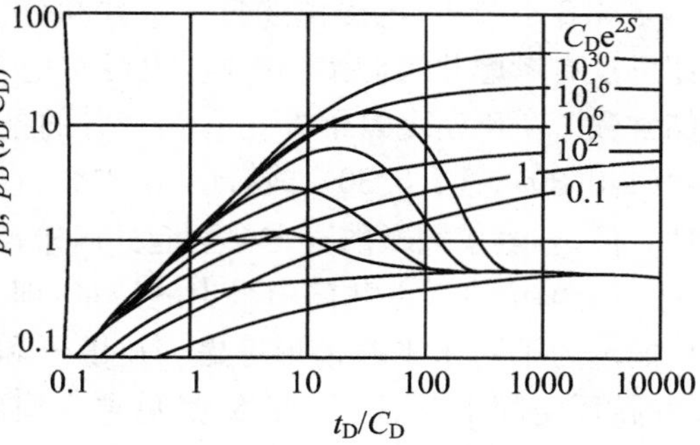

图 5.6 Gringarten-Bourdet 图版

现在讨论用曲线拟合法进行压降试井分析的方法和步骤：

(1) 首先将实测井底压力数据绘制成 $p_w \sim t$ 曲线和 $(dp_w/dt)t \sim t$ 曲线。将压力曲线和导数曲线同时在理论图版上进行拟合，得出一个参数 $C_D e^{2S}$ 值，并记下单对数曲线的直线段起始时刻。

(2) 任取一拟合点 M，得到 $(p_{wD}/\Delta p)_M$ 和 $[t/(t_D/C_D)]_M$ 的值。根据无量纲量的定义，可得

$$Kh = \frac{Qu}{2\pi}\left(\frac{p_{wD}}{\Delta p}\right)_M \tag{5.6.29}$$

$$C = \frac{2\pi Kh}{\mu}\left(\frac{t}{t_D/C_D}\right)_M \tag{5.6.30}$$

(3) 由 C 求得无量纲井储常数 C_D。

(4) 由 $C_D e^{2S}$ 值和 C_D 值求出表皮因子 S：

$$S = \frac{1}{2}\ln\frac{(C_D e^{2S})_M}{C_D} \tag{5.6.31}$$

如果是压力恢复试井，则应将实测压力数据绘制成 $p_{ws}(\Delta t) - p_{ws}(0) \sim \Delta t$ 曲线，时间拟合用比值 $[\Delta t/(t_D/C_D)]_M$。

通常对拟合的结果要进行检验。检验可用 Horner 法或广义的 Horner 法。Horner 法就是由上面所述步骤(1)中记下的单对数曲线上直线段的起始点开始，在压力曲线单对数图上连接一条直线。利用这条直线，按第 4.6.3 小节所述的常规试井分析方法可以求得 Kh 值和 S 值，并与用曲线拟合方法求得的结果进行比较，直至二者之间的误差小于某个合理值为止。例如，Kh 值的相对误差小于 10%，表皮因子 S 的绝对误差小于 0.5，可认为试井解释得到满意结果，并将这些数据存入数据库。

对于压力恢复数据解释结果的检验还可用所谓的广义 Horner 法。这个方法的要领是：根据前面用 Gringarten 图版拟合所得的 C_D 值和 S 值，利用式(5.6.26)或式(5.6.28)可以

算出一条所谓的“Horner 样板曲线”，即 $p_D[(t_p+\Delta t)_D]-p_D[(\Delta t)_D]\sim \lg[(t_p+\Delta t)_D/(\Delta t)_D]$的曲线。若拟合结果正确，这条曲线应与实测压力恢复数据完全重合。

5.6.3 无限大地层中水平井的表皮效应和井筒储集效应

在第 4.5.2 小节和第 4.6.6 小节中，已经阐述过水平井和分支水平井的压力分布和试井分析的某些知识。在那里没有考虑井筒储集的影响，也没有把表皮因子 S 放到定解条件中去讨论。这是因为井储常数 C_D 和表皮因子 S 是在铅直井的条件下引进的，并导出了计及 C_D 和 S 的内边界条件(4.6.29)～(4.6.30)，或者(4.6.31)。而在水平井条件下，我们很难导出类似的内边界条件。但是，表皮因子的存在会引起井筒中产生附加压降，以及井储常数 C 表现为井底压力降低一个单位值时由井筒中采出的液量，即 $C=\Delta V_w/\Delta p_w$，这些基本概念对水平井仍然是适用的。为了对水平井情形考虑表皮因子和井储常数的影响，人们提出了另外一种途径，就是在拉氏空间中考虑 C_D 和 S，然后再反演到物理空间。下面介绍这一方法。

5.6.3.1 单个水平井

考虑水平井长度为 $2L$，产量为 Q，则单位长度上源汇强度为 $q(\tau)=Q/(2L)$。若不计及井储效应，则有压力分布

$$\Delta p(t)=\frac{1}{\phi c}\int_0^t \frac{Q}{2L}G(x,y,z,t-\tau)\mathrm{d}\tau \tag{5.6.32}$$

其中，G 是格林函数。式(5.6.32)对时间 t 求导数，给出

$$G(x,y,z,t-\tau)=\frac{2L\phi c}{Q}\frac{\mathrm{d}[\Delta p(t)]}{\mathrm{d}t} \tag{5.6.33}$$

现在考虑井筒储集效应的影响。这时，产量 Q 应为由地层流入井筒的贡献 Q_f 与井储贡献之和，即

$$Q=Q_f+\frac{\mathrm{d}V_w}{\mathrm{d}t}=Q_f+C\frac{\mathrm{d}p_w(t)}{\mathrm{d}t} \tag{5.6.34}$$

或写成无量纲形式

$$\frac{Q_f}{Q}=1-\frac{C}{Q}\frac{\mathrm{d}p_w(t)}{\mathrm{d}t}=1-C_D\frac{\mathrm{d}p_{wD}(\tau)}{\mathrm{d}\tau} \tag{5.6.35}$$

其中，C_D 定义为

$$C_D=\frac{C}{2\pi h^*\phi cL^2},\quad h^*=h\sqrt{\frac{K_H}{K_V}} \tag{5.6.36}$$

类似式(5.6.32)，考虑井储效应以后的压降附以下标 c，则有

$$\Delta p_c(t)=\frac{1}{\phi c}\int_0^t \frac{Q_f}{2L}G(x,y,z,t-\tau)\mathrm{d}\tau \tag{5.6.37}$$

将式(5.6.33)和式(5.6.35)代入式(5.6.37)，则得考虑井储效应后的压差 $p_i-p_c(r_w,t)$为

$$\Delta p_c(t)=\frac{1}{\phi c}\int_0^t \frac{Q_f}{Q}\frac{\mathrm{d}[\Delta p_w(t-\tau)]}{\mathrm{d}\tau}\mathrm{d}\tau \tag{5.6.38}$$

或将式(5.6.35)代入式(5.6.38)，得无量纲形式

$$p_{\mathrm{wDc}}(t_{\mathrm{D}}) = \int_0^{t_{\mathrm{D}}} \left(1 - C_{\mathrm{D}} \frac{\mathrm{d}p_{\mathrm{wDc}}}{\mathrm{d}t_{\mathrm{D}}}\right) \frac{\mathrm{d}p_{\mathrm{D}}(t-\tau)}{\mathrm{d}\tau} \mathrm{d}\tau \tag{5.6.39}$$

其中，无量纲量的定义仍由式(4.5.10)给出。

再考虑表皮效应的影响。定义由表皮效应引起的附加压降 Δp_{s} 为

$$\Delta p_{\mathrm{s}} = \frac{Q_{\mathrm{f}}}{2\pi(2L)K_{\mathrm{H}}} = \frac{QS}{2\pi(2L)K_{\mathrm{H}}} \frac{Q_{\mathrm{f}}}{Q} \tag{5.6.40}$$

将式(5.6.35)代入式(5.6.40)，并进行无量纲化，则得由表皮效应引起的井底无量纲压降为

$$p_{\mathrm{wDs}}(C_{\mathrm{D}}, S, t_{\mathrm{D}}) = \frac{1}{2L_{\mathrm{D}}} \left(1 - C_{\mathrm{D}} \frac{\mathrm{d}p_{\mathrm{wDs}}}{\mathrm{d}t_{\mathrm{D}}}\right) S \tag{5.6.41}$$

考虑以上两种效应的共同作用，井底实际总的无量纲压降为

$$p_{\mathrm{wD}}(t_{\mathrm{D}}) = p_{\mathrm{wDc}}(t_{\mathrm{D}}) + p_{\mathrm{wDs}}(t_{\mathrm{D}}) \tag{5.6.42}$$

将式(5.6.39)和式(5.6.41)相加，并对式(5.6.39)和式(5.6.41)右端进行拉普拉斯变换，式(5.6.41)右端用导数的变换公式(5.1.7)，式(5.6.39)右端还要用到卷积的变换公式(5.1.25)。变换后，经整理可得井底压力的像函数

$$\overline{p}_{\mathrm{wD}}(C_{\mathrm{D}}, S, s) = \frac{\overline{p}_{\mathrm{D}}(\mathrm{w}, s) + S/(2sL_{\mathrm{D}})}{1 + sC_{\mathrm{D}}S/(2L_{\mathrm{D}}) + s^2 C_{\mathrm{D}} \overline{p}_{\mathrm{D}}(\mathrm{w}, s)} \tag{5.6.43}$$

其中，S 是表皮因子，s 是拉普拉斯变量。特别应当指出的是：式中，$\overline{p}_{\mathrm{D}}(\mathrm{w}, s)$ 是线源水平井的井底压力像函数，即

$$\overline{p}_{\mathrm{D}}(\mathrm{w}, s) = \int_0^{\infty} p_{\mathrm{D}}(\mathrm{w}, t_{\mathrm{D}}) \mathrm{e}^{-st_{\mathrm{D}}} \mathrm{d}t_{\mathrm{D}} \tag{5.6.44}$$

在第4章中已经给出了各种情况下线源水平井的压力 $p_{\mathrm{D}}(t_{\mathrm{D}})$。

5.6.3.2　分支水平井

对于分支水平井或尖灭角中的单个水平井，原则上同样适用以上的推导。孔祥言、徐献芝和卢德唐(1997)研究了这个问题。除了压力表达式 $p_{\mathrm{D}}(\mathrm{w}, t_{\mathrm{D}})$ 不同以外，对井储常数 C 要重新定义。设水平井有 N 个分支，地面总流量为 $Q_N = NQ$。我们定义

$$NC = \frac{\Delta V_{\mathrm{wc}}}{\Delta p_{\mathrm{w}}}, \quad C = \frac{1}{N} \frac{\Delta V_{\mathrm{wc}}}{\Delta p_{\mathrm{w}}} \tag{5.6.45}$$

记 Q_{f} 为由地层流入一个分支井的流量，ΔV_{wc} 为总的井储流体体积变化量。于是有

$$\begin{gathered} Q_N = NQ_{\mathrm{f}} + \frac{\mathrm{d}V_{\mathrm{wc}}}{\mathrm{d}t} \\ \frac{Q_{\mathrm{f}}}{Q} = 1 - \frac{C}{Q} \frac{\mathrm{d}V_{\mathrm{wc}}}{\mathrm{d}t} \end{gathered} \tag{5.6.46}$$

这样一来，仍得到关系式(5.6.43)。而式(5.6.44)中的 $p_{\mathrm{D}}(\mathrm{w}, t_{\mathrm{D}})$ 由式(4.5.16)取井筒中的计算点算出，其中，G_{xy}' 和 G_z' 由式(4.5.12)～式(4.5.20)给出。

5.6.4　无限大地层中水平井的现代试井

对水平井进行现代试井分析，首先要在双对数坐标图中绘制出无量纲的压力曲线和压

力导数曲线,即确定井筒中的计算点以后给出 $p_D(\mathrm{w},t_D)$的表达式,并由式(5.6.44)算出$\overline{p}_D(\mathrm{w},s)$,然后由式(5.6.43)算出$\overline{p}_{wD}(C_D,S,s)$,最后由数值反演绘制出压力曲线和压力导数曲线,即理论图版。下面对单个水平井和分支水平井分别予以论述。

5.6.4.1 单个水平井

首先是给出线源水平井的无量纲压力解 $p_D(x,y,z,t)$。这不仅对无限大地层中单个水平井,而且对其他各种不同条件下的单个水平井;不仅对上顶、下底封闭,而且对其他各种组合的上、下边界条件,均可按表 4.2 中Ⅸ*～Ⅻ*各行写出相应的格林函数,然后对源汇作用时间从 $\tau=0$ 到 $\tau=t$ 积分,即得所需的无量纲压力函数 $p_D(x_D,y_D,z_D,t_D)$。

接着是选取适当的计算点,这在第 4.6.6 小节中已经阐明。简单地说,就是取 $y_D=0$,$z_D=z_{wD}$,在 z 轴通过井筒轴中点的情况下,取 $x_D=x/L=0.738$,其中,L 是水平井的半长度。将计算点的坐标值代入上述 $p_D(x_D,y_D,z_D,t_D)$中,即得所需的 $p_D(\mathrm{w},t_D)$,也就是所谓的井底无量纲压力。

然后是将 $p_D(\mathrm{w},t_D)$代入式(5.6.44)作拉普拉斯变换,求得井底无量纲压力线源解的像函数$\overline{p}_D(\mathrm{w},s)$。

最后是将$\overline{p}_D(\mathrm{w},s)$代入式(5.6.43),求得考虑 C_D 和 S 以后的井底无量纲压力像函数。再利用第 5.3 节所述的数值反演方法进行运算,即可绘制出单个水平井情形的理论图版。利用这些图版可进行试井解释。

水平井试井解释方法与第 5.6.2 小节中对铅直井的试井解释方法类似。首先将实测压力数据在与理论图版尺寸相同的双对数坐标中绘制出有量纲的压力曲线和导数曲线,并与理论图版进行拟合,图 5.7 给出了单个水平井曲线拟合的情况,图 5.7(a)是无限大地层中单个水平井的曲线拟合。图 5.7(b)是直线断层附近单个水平井的曲线拟合。

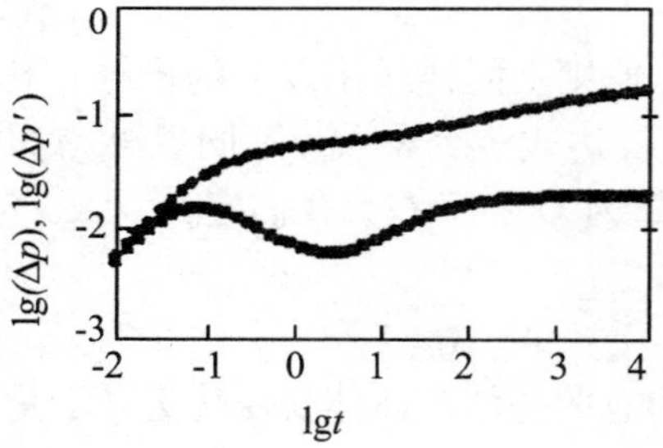

(a) 无限大地层中的水平井

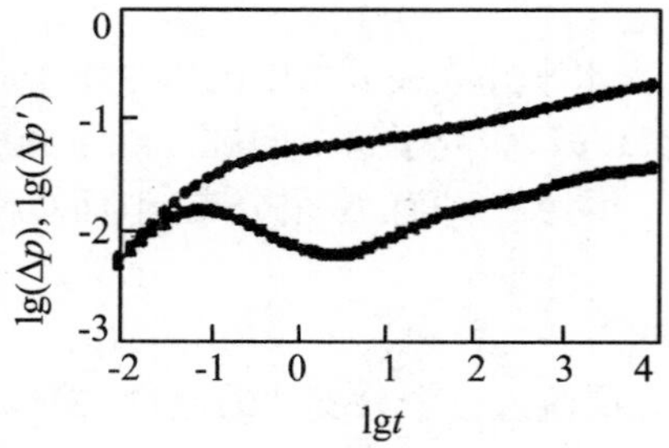

(b) 直线断层附近的水平井

图 5.7 水平井样板曲线及曲线拟合

无限大地层中单个水平井的试井解释方法和步骤如下:

(1) 通过曲线拟合得到 C_De^{2S},L_D,$\overline{K}=K_V/K_H$,以及时间拟合值 TM 和压力拟合值 pM。

(2) 由压力拟合值得到

$$K_Hh=\frac{QB\mu}{2\pi}(pM)$$

(3) 由时间拟合值得到

$$C = \frac{2\pi Kh}{\mu}(TM)$$

$$C_D = C/(2\pi\phi ch^* L^2)$$

(4) 由 $C_D e^{2S}$ 和 C_D 求得 S 值：

$$S = \frac{1}{2}\ln\frac{C_D e^{2S}}{C_D}$$

(5) 其他。

5.6.4.2　分支水平井

首先由式(4.5.12)～式(4.5.20)给出所研究条件下的 G_{xy}' 和 G_z'，从而得到相应的格林函数。然后对源汇作用时间积分，并无量纲化，给出线源水平井的无量纲压力函数 $p_D(x_D, y_D, z_D, t_D)$。

接着是选取适合的计算点。按照第4.5.2小节中所定义的无量纲量，取 $z_D = z_{wD}$，$x_D = (L_{wD} + 0.738)\cos\alpha$，$y_D = (L_{wD} + 0.738)\sin\alpha$。将这些值代入上述线源井无量纲压力表达式 $p_D(x_D, y_D, z_D, t_D)$ 中，即得所需的线源井井底无量纲压力 $p_D(\mathrm{w}, t_D)$。

然后是将 $p_D(\mathrm{w}, t_D)$ 代入式(5.6.44)作拉普拉斯变换，求得线源井井底无量纲压力的像函数 $\overline{p}_D(\mathrm{w}, s)$。

最后是将 $\overline{p}_D(\mathrm{w}, s)$ 代入式(5.6.43)，求得计及 C_D 和 S 的无量纲井底压力像函数 $\overline{p}_{wD}(C_D, S, s)$，并按第5.3节所述的方法进行数值反演，即可绘制出分支水平井的理论图版(孔祥言、徐献芝和卢德唐，1996c，1997)。

分支水平井的图版仍以 t_D/C_D 为横坐标绘出压力曲线和导数曲线。该图版是多参数的，对每一组($C_D e^{2S}$，$\overline{K}$，L_D，L_{wD} 和 z_{wD})值，有一条典型曲线(或样板曲线)。图5.8绘出了上下封闭地层、三分支(或120°尖灭角内水平井)的样板曲线。图5.8(a)是渗透率比值 $\overline{K} = 1$，而 $C_D e^{2S}$ 值自上至下分别为0.1，0.01，0.001的图线。上面三条是压力曲线，下面三条是

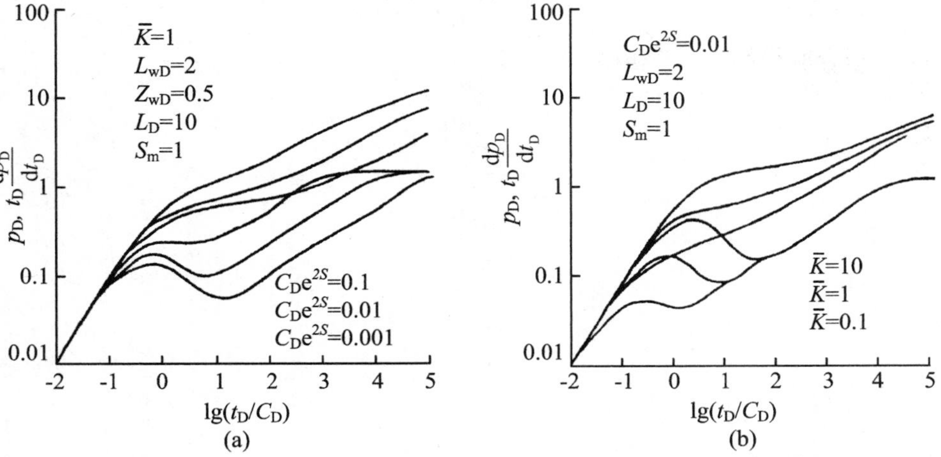

图5.8　上下封闭地层、三分支水平井(或120°尖灭角内水平井)的样板曲线

导数曲线。图 5.8(b)是 $C_D e^{2S}$ 值等于 0.01，而渗透率比值 $\overline{K}$ 自上至下分别为 10，1 和 0.1 的图线。对不同分支数的计算表明：晚期流动段的导数值是分支数 N 的一半。例如，六分支是三分支的两倍。这表明在晚期流动段单对数直线段的斜率相差一倍。

应当强调指出：分支水平井在一定条件下，与尖灭角内单个水平井是等价的。这些条件是尖灭角内实井和镜像井的总数目与分支水平井的分支数目相等，相应的夹角、井长、井位相同。尖灭角内水平井轴应通过该角的顶点。分支水平井公式中的流量应为实际总流量除以 N，并且井储常数 C 定义为 $\Delta V_{wc}/\Delta p_w$ 除以 N。而对于尖灭角内单个水平井情形，公式中的 Q 应为实际流量，并且定义 $C=\Delta V_{wc}/\Delta p_w$。

虽然从理论上讲，镜像法限于用在尖灭角为 π/n（n 是大于 1 的整数）的情形，但若井位于角平分线上，则镜像法用于尖灭角为 $2\pi/n$（n 是大于 2 的整数）的情形。但是在实际上，这个方法近似适用于尖灭角 θ 为任意值的情形，只要 θ 值不是太大。例如，对尖灭角 θ 为 $2\pi/[2n'(1+\varepsilon)]$，$\varepsilon<1/(2n')$，其中，$n'$ 是整数，算出 $2n'$ 个水平井所得的无量纲压力 p'_D 值以后，可近似表示为 $p_D=p'_D(1+\varepsilon)$。而且根据导数曲线的晚期数据，还可用来确定尖灭角 θ 的数值。

分支水平井试井解释的方法和步骤如下：

首先根据水平井及地层的基本数据，并通过测压绘出 $\Delta p \sim \Delta t$ 曲线和导数 $(\mathrm{d}p_w/\mathrm{d}t)\Delta t \sim \Delta t$ 的实测曲线，让实测曲线与样板曲线完全拟合。拟合以后可得：

(1) 拟合的 $C_D e^{2S}$ 值和 $\overline{K}=K_V/K_H$ 值，以及压力拟合值 pM 和时间拟合值 TM。

(2) 由压力拟合值给出

$$K_H h^* = \frac{QB\mu}{2\pi}(pM) \quad 或 \quad K_H h^* = \frac{\mu C}{2\pi}(TM)$$

并相互校对得出 K_H，然后由 $\overline{K}$ 和 K_H 算出 K_V。

(3) 由时间拟合值给出

$$C = \frac{2\pi K_H h^*}{\mu}(TM)$$

$$C_D = \frac{C}{2\pi\phi c h^* L^2}$$

(4) 由拟合所得的 $C_D e^{2S}$ 和 C_D 求得 S：

$$S = \frac{1}{2}\ln\frac{C_D e^{2S}}{C_D}$$

第 6 章　气体渗流理论

前面几章主要是研究液体通过多孔介质的流动，本章将阐述单相气体的渗流理论。气体渗流与液体渗流的主要区别在于：首先，气体的可压缩性明显大于液体，因而气体的状态方程与液体的完全不同，这将带来一系列变化。其次，气体的黏度随压力的变化较大，不能像在液体渗流中那样近似当做常数处理。还有，很多场合需要考虑非 Darcy 渗流效应，有时还要考虑惯性的影响。因此，气体渗流偏微分方程的非线性程度更加明显，精细的计算需要利用数值方法求解非线性方程。

气体渗流理论是天然气和煤层气开发的理论基础。本章着重就天然气的情形进行论述。对其他气体(如 CO_2)的开发或注入，其基本思想、基本理论是相同的。关于煤层甲烷气的渗流，将在第 8 章中进一步论述。下面首先介绍天然气的物理特性和气体渗流的基本方程，引进拟压力，使得在某些情况下可将气体渗流偏微分方程化成与液体渗流在形式上相同的方程，然后研究气体的渗流规律及其在天然气开发中的应用。

6.1　天然气的物理特性

天然气的物理特性对于建立其渗流的物理模型和数学模型以及进行气体渗流的理论研究是不可缺少的。天然气的物理特性可以在实验室中通过实验直接测定，也可以由已知的气体化学组分和各个组分的物理性质进行计算。天然气的典型组分及其物理性质见表 6.1。其中分子量 M_r 现在称为“相对分子质量”，即在碳单位为质量单位量度的质量，无量纲。

表 6.1 中，第 1 列中的 i 和 n 分别表示异和正。例如，i C_4H_{10} 表示异丁烷，其余类推。第 5 列和第 6 列指标准状态下的值，且第 6 列还是在干燥状态下的值。

总加热值是指该条件下每立方米气体燃烧时所放出的总热量。一种纯物质的**临界压力**定义为液相和气相能够平衡共存的最高压力，一种纯物质的**临界温度**定义为液相和气相能够平衡共存的最高温度。混合物的拟临界压力 p_c 和拟临界温度 T_c 分别为

$$\left.\begin{aligned} p_c &= \sum_i X_i p_{ci} \\ T_c &= \sum_i X_i T_{ci} \end{aligned}\right\} \tag{6.1.1}$$

其中，X_i 是摩尔分数。混合物的分子量 $M = \sum_i X_i M_i$。

表 6.1　天然气典型组分的物理性质

组　分	分子量 M_r	临界压力 p_c(MPa)	临界温度 T_c(K)	蒸发体积 V (m^3 气/m^3 液)	总加热值 (kcal · m^{-3})
N_2	28.013	3.399	126.26	—	—
CO_2	44.010	7.384	304.21	535.7	—
H_2S	34.076	9.005	373.54	660.8	5651.5
He	4.003	0.229	5.444	—	—
CH_4	16.042	4.604	190.58	533.1	8987.9
C_2H_6	30.070	4.880	305.42	337.9	15693.4
C_3H_8	44.097	4.249	369.82	328.2	19664.6
i C_4H_{10}	58.124	3.648	408.14	276.2	28858.3
n C_4H_{10}	58.124	3.797	425.18	286.6	28941.9
i C_5H_{12}	72.151	3.381	460.43	246.8	35491.4
n C_5H_{12}	72.151	3.369	469.65	249.3	35572.4
C_6H_{14}	86.178	3.012	507.43	219.6	42197.9
C_7H_{16} + *	114.232	2.486	568.83	176.4	55447.9

* 庚烷以上的物理性质用辛烷的物理性质代表。

6.1.1　气体状态方程和偏差因子

气体状态方程在第 1.2.4 小节中曾作过简单介绍。为了下面的应用方便，这里再写出如下：

理想气体的状态方程为

$$p = \frac{RT}{M}\rho \tag{6.1.2}$$

其中，M 是特定气体的摩尔分子质量（kg · $kmol^{-1}$），$R = 8314\ m^2 \cdot s^{-2} \cdot kmol^{-1} \cdot K^{-1} = 8.314\ kJ \cdot kmol^{-1} \cdot K^{-1}$是气体的普适常数。$R$ 除以某特定气体的摩尔分子质量M，称为该特定气体的气体常数。例如，甲烷的气体常数为 $R/M_{甲} = 518.2\ m^2 \cdot s^{-2} \cdot K^{-1}$。

对于真实气体，可引进一个修正因子 Z，对理想气体的状态方程(6.1.2)加以修正，即其状态方程写成

$$\frac{p}{\rho} = \frac{RTZ}{M} \tag{6.1.3}$$

其中，Z 称为偏差因子或压缩因子，它是气体温度和压力的函数。天然气的偏差因子 Z 与温度和压力的关系已被绘制成图，如图 6.1 所示。图中，以对比压力 p_r 为横坐标，以对比温

度 T_r 为参数。对比压力和对比温度定义为这些量与其拟临界量之比，即

$$p_r = \frac{p}{p_c}, \quad T_r = \frac{T}{T_c} \tag{6.1.4}$$

该图是对纯净天然气绘出的，对于含有少量非碳氢化合物的天然气也是适用的，通常称为 Standing-Katz 偏差因子图。对于含有酸性气体（如 CO_2，H_2S，N_2）的天然气，Wichert，Aziz（1972）提出对拟临界压力 p_c 和拟临界温度 T_c 进行校正的计算方法。用校正后的 p_c' 和 T_c' 代替式（6.1.4）中的 p_c 和 T_c，然后再查图 6.1。

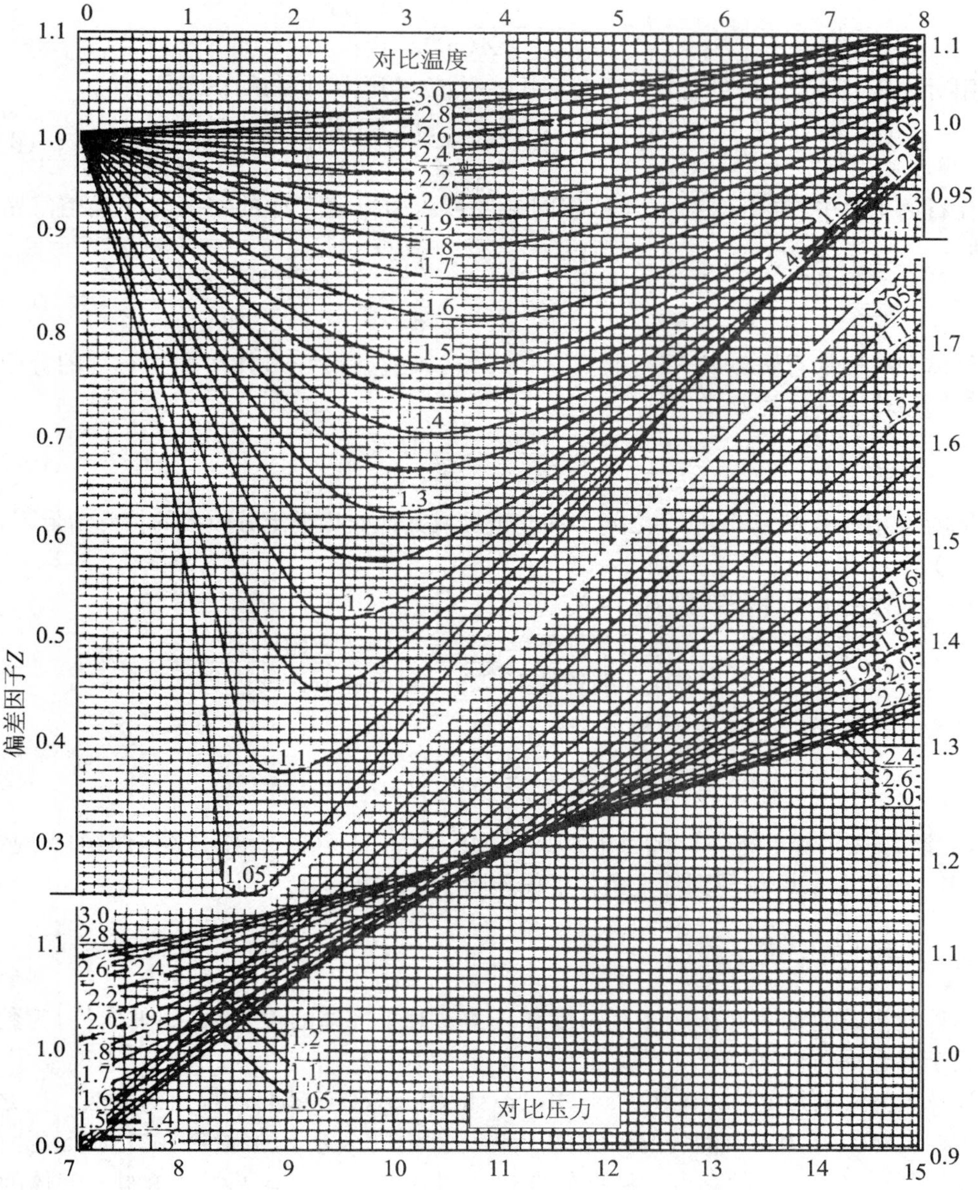

图 6.1　天然气的偏差因子图

6.1.2 气体压缩系数、$\overline{\gamma}$ 值和地层体积系数

一种物质的等温压缩系数定义为

$$c_g = \frac{1}{\rho}\left(\frac{\partial \rho}{\partial p}\right)_T \tag{6.1.5}$$

其中，下标 T 表示温度不变的条件。将式(6.1.3)代入式(6.1.5)，得真实气体的压缩系数 c_g 为

$$c_g(p) = \frac{1}{p} - \frac{1}{Z(p)}\left[\frac{dZ(p)}{dp}\right]_T \tag{6.1.6}$$

有时用对比压缩系数 c_r，它定义为压缩系数 c_g 与临界压力 p_c 的乘积，所以

$$c_r = c_g p_c = \frac{1}{p_r} - \frac{1}{Z(p)}\left(\frac{\partial Z}{\partial p_r}\right)_T \tag{6.1.7}$$

在石油工业中，常用符号 $\overline{\gamma}$ 表示相同温度和压力下该气体的密度与干燥空气密度之比，即

$$\overline{\gamma} = \frac{\rho_g}{\rho_{air}} \tag{6.1.8a}$$

若将气体和空气都看做理想气体，将式(6.1.2)代入式(6.1.7)，并注意到空气的分子量为 28.97，则可将该气体的 $\overline{\gamma}$ 值写成

$$\overline{\gamma} = \frac{M}{M_{air}} = \frac{M}{28.97} \tag{6.1.8b}$$

天然气的 $\overline{\gamma}$ 值一般在 0.5～0.7 之间。在含重烃或其他非烃类组分较多的特殊情形下，也可能大于 1。

真实气体的地层体积系数 B_g 定义为

$$B_g = \frac{\text{地层条件下单位质量气体所占的体积}}{\text{地面标准条件下单位质量气体所占的体积}}$$

所以有

$$B_g = \frac{Q}{Q_{sc}} = \frac{p_{sc}T}{pT_{sc}}Z \tag{6.1.9}$$

其中，下标 sc 表示标准条件。$p_{sc} = 0.101325$ MPa，$T_{sc} = 15^\circ\text{C} = 288.16$ K(有时油田规定 $T_{sc} = 293$ K)。式(6.1.9)中用到标准条件下偏差因子 $Z_{sc} \approx 1$。

6.1.3 天然气的黏度

一种纯物质的黏度 μ 依赖于其温度和压力。对于气体的混合物，如天然气，其黏度 μ 还依赖于混合物的组分。

计算天然气的黏度可以采用 Carr，Kobayshi，Burrows(1954)所提出的方法。该方法首先给出 0.1 MPa 压力下天然气的黏度，然后再计算不同压力下的黏度。0.1 MPa 压力下各种纯物质(单组分气体)的黏度随温度的变化如图 6.2 所示。有了各种单组分气体的黏度 μ_i，同时知道各个组分在气体混合物中所含的摩尔分数 X_i，即可按下述公式计算气体混合

物在 0.1 MPa 压力下的黏度：

$$\mu_1 = \frac{\sum_i \mu_i X_i M_i^{1/2}}{\sum_i X_i M_i^{1/2}} \tag{6.1.10}$$

有了 μ_1 的值，可按以下方法给出任意压力下天然气的黏度。先按式(6.1.1)算出气体混合物的拟临界压力 p_c 和拟临界温度 T_c；再按式(6.1.4)算出该气藏在温度 T 下各种压力时的对比压力 p_r 和对比温度 T_r；最后由图 6.3 查出黏度比 μ_g/μ_1，从而得到所要求的气体黏度 μ_g。黏度的单位用毫帕秒(mPa·s)表示。

此外，Lee，Gonzalez，Eakin(1966)对于不含 H_2S，CO_2 和 N_2 的天然气提出了一个半经验的黏度计算公式，该公式为

$$\mu_g = K\exp(X\rho^Y) \tag{6.1.11}$$

其中，μ_g 的单位为 mPa·s，密度 ρ 的单位为 g·cm^{-3}。

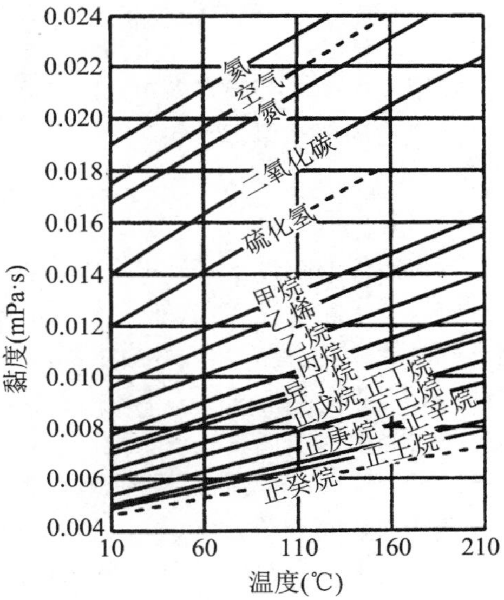

图 6.2 0.1 MPa 压力下气体的黏度

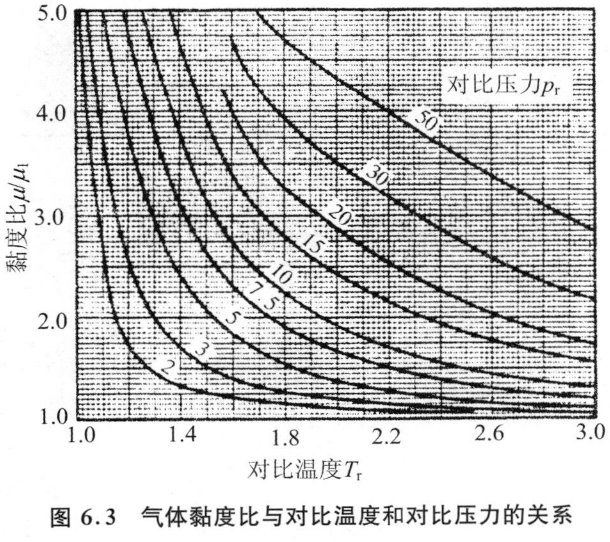

图 6.3 气体黏度比与对比温度和对比压力的关系

$$K = \frac{(9.4 + 0.02M)(1.8T)^{1.5}}{209 + 19M + 1.8T} \quad (\text{温度 } T \text{ 的单位为 K})$$

$$X = 3.5 + \frac{986}{1.8T} + 0.01M$$

$$Y = 2.4 - 0.2X$$

该公式比较简单，便于计算，只是不适用于酸性气体。

6.1.4 干气、湿气和反转凝析气

在第1.2.1小节中曾简单介绍过石油流体的相态变化，这里就气藏情形进一步介绍多组分混合物的相态图。

6.1.4.1 干气

若天然气的组分主要是甲烷和少量乙烷，此外，可能含有很少量的丙烷和其他成分，由于重质烃分子含量不足，这种气体混合物不论是在地面条件下还是在分离器条件下都不可能形成液体，则这种天然气称为干气。干气的相态图如图6.4(a)所示。图中，点1代表储层条件；点C是临界点；垂线1—2代表恒定温度下随着气体采出地层中压力下降的过程；点1到分离器的虚斜线代表气藏从地层到油井再到分离器所经历的压力和温度条件；虚曲线是露点线，最左边一条实曲线是泡点线，露点线与泡点线之间是两相共存区。由图6.4(a)看出：对于天然气为干气的情形，不论是在储层条件下还是在分离器条件下，它在相态图上都处于两相区之外的右侧，即不可能形成液体。

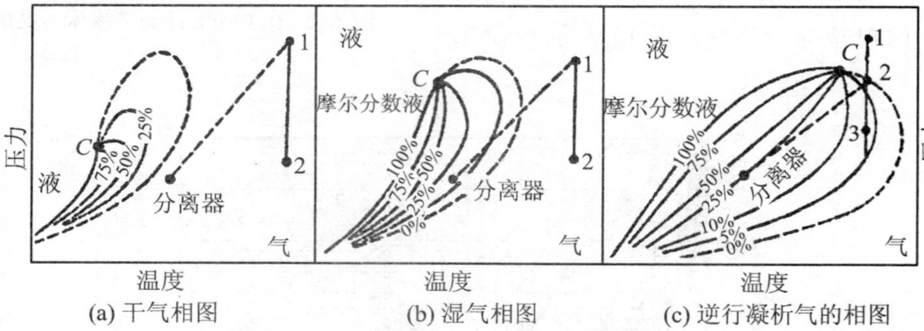

图6.4 多组分混合物的相态图

6.1.4.2 湿气

若天然气的主要组分为小烃分子的烃类混合物，在气体采出的整个压力降落过程中，储层中的流体均以气体的形式存在，但在地面条件下还存在一定的液体，则这种天然气称为湿气，地面形成的液体称为凝析油。湿气的相态图如图6.4(b)所示。图中，点1代表储层条件，各点线的含义与前述相同。由图可见：随着等温过程中采出气体，压力下降，在地下均为气相。但在地面分离器条件下，流体处于混合物的两相区内。因此，在地面条件下出现一定量的液体。这样的气体也称为凝析气。应当注意：这里所说的“湿”和“干”与水分无关，而是指在地面条件下能否形成液体——凝析油。

6.1.4.3 反转凝析气

若天然气的储层温度在天然气的临界点与临界凝析温度（见第1.2.1小节）之间，采出到地面的流体约有25%的摩尔分数为液体。从这种烃类混合物中产出的液体称为凝析油或气体凝析油，而产出的气体称为凝析气。其相态图如图6.4(c)所示。图中，点1仍代表储层

条件。在储层中，最初是单相气体。随着等温过程中气体的采出，地层压力下降，到点 2 达到露点，开始形成液体。压力降低从点 2 到点 3 的过程中，储层中液量逐渐增加。在点 3 所对应的压力下，液体含量最大。这种单纯压力下降引起气相转化为液相的现象称为**反转凝析或逆行凝析**。压力进一步下降，将引起液体重新蒸发。

这种气藏称为凝析气藏，流体中所含较重的烃分子比湿气中更多。若重烃含量再进一步增多，就不再是气藏，在储层条件下是液体。随着原油采出，压力降低。当压力降至泡点压力以下时，则有气体逸出。能逸出较多气体的原油称为高收缩原油，能逸出 25%～35% 摩尔分数气体的原油称为低收缩原油。

6.2　气体渗流方程

本节由基本方程出发，导出气体渗流偏微分方程的一般形式。然后引进拟压力的概念，将渗流方程化为关于拟压力的偏微分方程。同时，也介绍关于压力的方程和压力平方的方程。

6.2.1　基本方程

如第 1.5 节中所述，本书中所说的基本方程是指质量、动量和能量三个守恒方程。由于本章限于阐述气体的等温渗流，所以不讨论能量方程。在动量方程中，有时需要考虑非 Darcy 效应。下面分别予以讨论。

1. 连续性方程

连续性方程仍由式(1.6.4)给出。对于无源的非稳态渗流，为

$$\frac{\partial(\rho\phi)}{\partial t} + \nabla\cdot(\rho \boldsymbol{V}) = 0 \tag{6.2.1}$$

对于平面径向流，式(6.2.1)可写成

$$\frac{\partial(\rho\phi)}{\partial t} + \frac{1}{r}\frac{\partial}{\partial r}(r\rho v) = 0 \tag{6.2.2}$$

对于平面平行流，为

$$\frac{\partial(\rho\phi)}{\partial t} + \frac{\partial}{\partial x}(\rho v) = 0 \tag{6.2.3}$$

2. Darcy 定律

若流动速度较低，如第 1.5 节中所述，流动是层流的，方程仍为

$$\boldsymbol{V} = -\frac{K}{\mu}(\nabla p + \rho g \boldsymbol{z}_0) \tag{6.2.4}$$

其中，$\boldsymbol{z}_0$ 为 z 轴方向(向上)的单位矢量。对于平面径向流和平面平行流，可分别写成

$$V = -\frac{K}{\mu}\frac{\partial p}{\partial r} \tag{6.2.5}$$

$$V = -\frac{K}{\mu}\frac{\partial p}{\partial x} \tag{6.2.6}$$

在低压条件下，要考虑 Klinkenberg 效应，如式(1.5.24)所示，渗透率要作一定的修正。在低渗透率($10^{-4}\ \mu m^2$ 以下)和高地层压力(14 MPa 以上)条件下，该效应也很显著。

若流动速度较高，将产生偏离 Darcy 定律的现象。在平面径向流情况下，可写成

$$\frac{dp}{dr} = \frac{\mu}{K}V + \beta\rho V^2 \tag{6.2.7}$$

其中，β 称为非 Darcy 流 **β 因子**。一般地，写成

$$\boldsymbol{V} = -\delta\frac{K}{\mu}(\nabla p + \rho g \boldsymbol{z}_0) \tag{6.2.8}$$

其中，δ 称为**惯性-湍流修正系数**。若忽略重力或者是平面流动，在均质地层中

$$\boldsymbol{V} = -\delta\frac{K}{\mu}\nabla p,\quad \delta = \frac{1}{1+\beta\rho KV/\mu} \tag{6.2.9}$$

在各向异性介质中，$\boldsymbol{\delta}$ 是张量。取坐标轴沿惯性主轴方向，有

$$\boldsymbol{V} = -\frac{K}{\mu}\boldsymbol{\delta}\nabla p,\quad \boldsymbol{\delta} = \begin{pmatrix} \delta_x & 0 & 0 \\ 0 & \delta_y & 0 \\ 0 & 0 & \delta_z \end{pmatrix} \tag{6.2.10}$$

6.2.2 气体渗流偏微分方程的一般形式

前面给出了两个基本方程，即连续性方程和动量方程。在第 6.1.1 小节中介绍了状态方程。由这些方程组成的方程组可用来求解压力 p、密度 ρ 和速度 $\boldsymbol{V}$。为了求解方便，通常是将方程中的变量 ρ 和 $\boldsymbol{V}$ 消去，而化成只含压力 p 的一个偏微分方程。

对于均质地层，将方程(6.2.9)代入式(6.2.1)，消去速度 $\boldsymbol{V}$，得

$$\frac{\partial(\phi\rho)}{\partial t} - \nabla\cdot\left(\delta\frac{K}{\mu}\rho\nabla p\right) = 0 \tag{6.2.11}$$

再利用状态方程(6.1.3)消去式(6.2.11)中的密度 ρ，给出一般方程

$$\nabla\cdot\left(\delta\frac{K}{\mu}\frac{M}{RT}\frac{p}{Z}\nabla p\right) = \frac{\partial}{\partial t}\left(\phi\frac{M}{RT}\frac{p}{Z}\right) \tag{6.2.12}$$

在等温条件下，式(6.2.12)简化为

$$\nabla\cdot\left(\delta\frac{K}{\mu}\frac{p}{Z}\nabla p\right) = \frac{\partial}{\partial t}\left(\phi\frac{p}{Z}\right) \tag{6.2.13}$$

式(6.2.13)就是气体等温渗流的一般偏微分方程，通常只能用数值方法进行求解。以上的推导是基于以下**基本假设**：流体是单相气体；流动是等温的；介质是均匀各向同性的，孔隙度 ϕ 是常数；重力可以略去不计。

在做进一步假设以后，一般方程(6.2.13)可进行简化而写成不同形式的方程。

1. 压力方程

附加假设：

(a) 流动是层流，Darcy 定律成立，即 $\delta=1$。

(b) 渗透率 K 与压力无关。

(c) 压力梯度很小，与其他项相比，$(\nabla p)^2$ 可以略去。

在假设(a)和(b)的条件下，方程(6.2.13)可写成

$$\frac{K}{\phi}\nabla\cdot\left(\frac{p}{\mu Z}\nabla p\right)=\frac{\partial}{\partial t}\left(\frac{p}{Z}\right) \tag{6.2.14}$$

式(6.2.14)右端展开，并利用压缩系数表达式(6.1.6)，得

$$\frac{\partial}{\partial t}\left(\frac{p}{Z}\right)=\frac{p}{Z}\frac{\partial p}{\partial t}\left(\frac{1}{p}-\frac{1}{Z}\frac{\partial Z}{\partial p}\right)=c_{\mathrm{g}}\frac{p}{Z}\frac{\partial p}{\partial t} \tag{6.2.15}$$

而左端展开得

$$\begin{aligned}\frac{K}{\phi}\nabla\cdot\left(\frac{p}{\mu Z}\nabla p\right)&=\frac{K}{\phi}\left[\frac{p}{\mu Z}\nabla^2 p+\nabla p\cdot\nabla\left(\frac{p}{\mu Z}\right)\right]\\&=\frac{K}{\phi}\frac{p}{\mu Z}\left[\nabla^2 p-\frac{\mathrm{d}}{\mathrm{d}p}\left(\ln\frac{\mu Z}{p}\right)(\nabla p)^2\right]\end{aligned} \tag{6.2.16}$$

让式(6.2.15)和式(6.2.16)右端相等，即得

$$\nabla^2 p-\frac{\mathrm{d}}{\mathrm{d}p}\left(\ln\frac{\mu Z}{p}\right)(\nabla p)^2=\frac{\phi\mu c_{\mathrm{g}}}{K}\frac{\partial p}{\partial t} \tag{6.2.17}$$

下列两种情况之一可使方程(6.2.17)化成类似于液体渗流的方程

$$\nabla^2 p=\frac{\phi\mu c_{\mathrm{g}}}{K}\frac{\partial p}{\partial t} \tag{6.2.18}$$

情况1是假设(c)成立；情况2是假设(d)成立。

(d) 假设 $p/(\mu Z)$ 等于常数。

方程(6.2.18)称为利用压力 p 表示的气体渗流方程。形式上它与液体渗流微分方程一致，但这里 μ 和 c_{g} 都是压力的函数，所以它仍是非线性的。在工程上可取 μc_{g} 的某种平均值或用迭代方法近似处理。

2. 压力平方方程

利用下列关系将方程(6.2.15)和(6.2.16)的右端进行改写，即

$$p\frac{\partial p}{\partial t}=\frac{1}{2}\frac{\partial p^2}{\partial t},\quad p\nabla p=\frac{1}{2}\nabla p^2 \tag{6.2.19}$$

则式(6.2.17)变成

$$\nabla^2 p^2-\frac{\mathrm{d}[\ln(\mu Z)]}{\mathrm{d}p^2}(\nabla p^2)^2=\frac{\phi\mu c_{\mathrm{g}}}{K}\frac{\partial p^2}{\partial t} \tag{6.2.20}$$

下列两种情况之一可使方程(6.2.20)化成用 p^2 表示的形式上类似于液体渗流微分方程的式子

$$\nabla^2 p^2=\frac{\phi\mu c_{\mathrm{g}}}{K}\frac{\partial p^2}{\partial t} \tag{6.2.21}$$

情况1是假设(c)成立；情况2是假设(e)成立。

(e) 假设 μZ 是常数。

方程(6.2.21)称为利用压力平方 p^2 表示的气体渗流方程。当然，它也是非线性的。但写成这种形式在工程上便于近似处理。

6.2.3 气体渗流的拟压力方程

在研究气体渗流时，通常引用一个拟压力函数 $m(p)$，简称拟压力。用拟压力可使气体渗流采取更为严格的处理方法。

1. 拟压力的定义

Al-Hussaing 等(1966)引用拟压力的概念，定义为

$$m(p) = 2\int_{p_m}^{p} \frac{p}{\mu Z}dp \tag{6.2.22}$$

其中，p_m 是任一参考压力，可以取为零或 0.1 MPa(Al-Hussaing 取为 0.2 MPa)，视方便运算而定。它对最后结果没有影响，因为在计算中需要的是函数的差值 $m_1 - m_2$，它对应于 $p_1 - p_2$。

2. $m(p)$与 p 之间的换算关系

为了应用拟压力 $m(p)$，必须掌握 $m(p)$与 p 之间的换算关系。有了这种换算关系，就可以由一个 p 值给出对应的 $m(p)$值，反之亦然。根据定义，可知拟压力 $m(p)$的量纲为$[ML^{-1}T^{-3}]$。对于一个确定的气藏，$m(p)$的函数关系与地层的温度 T 有关。幸而在多数气藏中流动的过程可看做等温的，并且气体的组分不变。

如前所述，本章只限于讨论等温渗流。对于给定温度下的任何气体，$m(p)$与 p 的换算关系可按以下步骤求得：

第一步，按已知的气藏温度 T，拟临界压力 p_c，拟临界温度 T_c 和标准条件下的黏度 μ_1，由图 6.1 和图 6.3 查得一系列不同压力 p 所对应的Z 值和μ 值。或由实验求得这些数值。

第二步，对被积表达式按梯形公式或辛普森公式，从任一使用方便的 p_m 值到 p 进行数值积分，就可算出一系列 p 值所对应的$m(p)$值。

第三步，对计算的结果列出 $m(p)\sim p$ 的表格或绘成$m(p)\sim p$ 的图线，方便查阅和插值。

对于不含硫的天然气，用 $p_m = 0$ 已列出了不同对比温度下 $m_r \sim p_r$ 的换算表，如表 6.2 所示。表中

$$m_r = \frac{m}{2p_c^2/\mu_1} = \int_0^{p_r} \frac{p_r dp_r}{Z(\mu/\mu_1)} \tag{6.2.23}$$

对于含硫的气体，也已由 Zana，Thomas(1970)给出了 $m\sim p$ 的换算表格，后者取 $p_m = p_c$。

表 6.2　对比拟压力 $m_r = m\dfrac{\mu_1}{2p_c^2} = \displaystyle\int_0^{p_r}\frac{p_r dp_r}{(\mu/\mu_1)Z}$ 数值表

对比压力	不同的对比温度 T_r							
p_r	1.05	1.15	1.30	1.50	1.75	2.00	2.50	3.00
0.10	0.0051	0.0051	0.0051	0.0050	0.0050	0.0050	0.0050	0.0050
0.20	0.0208	0.0206	0.0204	0.0202	0.0201	0.0201	0.0200	0.0200
0.30	0.0475	0.0467	0.0461	0.0456	0.0453	0.0452	0.0451	0.0450

续表

对比压力	不同的对比温度 T_r							
p_r	1.05	1.15	1.30	1.50	1.75	2.00	2.50	3.00
0.40	0.0856	0.0839	0.0824	0.0813	0.0807	0.0803	0.0801	0.0800
0.50	0.1355	0.1322	0.1293	0.1272	0.1261	0.1254	0.1250	0.1249
0.60	0.1980	0.1921	0.1869	0.1833	0.1814	0.1803	0.1798	0.1797
0.70	0.2733	0.2637	0.2556	0.2498	0.2468	0.2452	0.2445	0.2443
0.80	0.3620	0.3474	0.3355	0.3266	0.3222	0.3198	0.3189	0.3187
0.90	0.4638	0.4437	0.4262	0.4134	0.4073	0.4039	0.4030	0.4029
1.00	0.5780	0.5529	0.5276	0.5095	0.5019	0.4974	0.4968	0.4967
1.10	0.7053	0.6746	0.6400	0.6154	0.6059	0.6003	0.6004	0.6003
1.20	0.8525	0.8083	0.7638	0.7314	0.7192	0.7131	0.7136	0.7134
1.30	1.0318	0.9539	0.8983	0.8574	0.8416	0.8356	0.8362	0.8360
1.40	1.2392	1.1114	1.0431	0.9930	0.9732	0.9676	0.9681	0.9680
1.50	1.4482	1.2807	1.1978	1.1381	1.1142	1.1091	1.1091	1.1095
1.60	1.6468	1.4616	1.3620	1.2923	1.2645	1.2599	1.2592	1.2602
1.70	1.8359	1.6516	1.5356	1.4557	1.4240	1.4199	1.4183	1.4203
1.80	2.0176	1.8476	1.7182	1.6280	1.5923	1.5887	1.5862	1.5895
1.90	2.1926	2.0472	1.9090	1.8089	1.7695	1.7663	1.7632	1.7679
2.00	2.3619	2.2476	2.1068	1.9982	1.9553	1.9526	1.9492	1.9554
2.10	2.5272	2.4499	2.3109	2.1954	2.1495	2.1472	2.1442	2.1519
2.20	2.6899	2.6546	2.5206	2.3999	2.3519	2.3499	2.3479	2.3575
2.30	2.8500	2.8603	2.7354	2.6116	2.5623	2.5605	2.5602	2.5721
2.40	3.0074	3.0658	2.9549	2.8302	2.7806	2.7788	2.7811	2.7956
2.50	3.1622	3.2701	3.1786	3.0554	3.0067	3.0048	3.0105	3.0280
2.60	3.3143	3.4726	3.4060	3.2872	3.2403	3.2383	3.2482	3.2691
2.70	3.4638	6.6727	3.6367	3.5251	3.4813	3.4792	3.4942	3.5191
2.80	3.6108	3.8701	3.8700	3.7690	3.7297	3.7272	3.7483	3.7776
2.90	3.7553	4.0646	4.1056	4.0185	3.9851	3.9824	4.0106	4.0449
3.00	3.8974	4.2560	4.3429	4.2735	4.2474	4.2444	4.2809	4.3206
3.25	4.2456	4.7260	4.9417	4.9303	4.9299	4.9296	4.9903	5.0465
3.50	4.5859	5.1857	5.5444	5.6102	5.6466	5.6563	5.7459	5.8235
3.75	4.9183	5.6338	6.1461	6.3089	6.3944	6.4224	6.5462	6.6503
4.00	5.2430	6.0700	6.7434	7.0228	7.1705	7.2259	7.3894	7.5257
4.25	5.5622	6.4973	7.3356	7.7491	7.9713	8.0629	8.2745	8.4484
4.50	5.8776	6.9181	7.9228	8.4853	8.7933	8.9296	9.2004	9.4168
4.75	6.1892	7.3324	8.5032	9.2289	9.6339	9.8239	10.1654	10.4297
5.00	6.4970	7.7399	9.0758	9.9772	10.4907	10.7437	11.1682	11.4859
5.25	6.8011	8.1406	9.6400	10.7283	11.3616	11.6870	12.2073	12.5841

续表

对比压力 p_r	不同的对比温度 T_r							
	1.05	1.15	1.30	1.50	1.75	2.00	2.50	3.00
5.50	7.1014	8.5345	10.1951	11.4803	12.2446	12.6520	13.2811	13.7232
5.75	7.3980	8.9218	10.7409	12.2318	13.1379	13.6368	14.3883	14.9020
6.00	7.6909	9.3025	11.2773	12.9815	14.0397	14.6399	15.5274	16.1193
6.25	7.9809	9.6780	11.8066	13.7293	14.9488	15.6588	16.6956	17.3731
6.50	8.2688	10.0495	12.3311	14.4749	15.8643	16.6915	17.8901	18.6617
6.75	8.5546	10.4170	12.8504	15.2177	16.7846	17.7365	19.1096	19.9841
7.00	8.8383	10.7805	13.3644	15.9569	17.7087	18.7927	20.3527	21.3390
7.25	9.1198	11.1400	13.8730	16.6917	18.6356	19.8589	21.6184	22.7253
7.50	9.3992	11.4956	14.3760	17.4219	19.5644	20.9337	22.9053	24.1421
7.75	9.6764	11.8473	14.8735	18.1471	20.4942	22.0163	24.2124	25.5882
8.00	9.9516	12.1951	15.3655	18.8669	21.4242	23.1057	26.5386	27.0627
8.25	10.2250	12.5399	15.8527	19.5824	22.3551	24.2007	26.8821	28.5650
8.50	10.4971	12.8826	16.3358	20.2946	23.2874	25.3004	28.2415	30.0944
8.75	10.7678	13.2231	16.8150	21.0033	24.2205	26.4040	29.6156	31.6502
9.00	11.0371	13.5614	17.2901	21.7081	25.1539	27.5107	31.0037	33.2314
9.25	11.3051	13.8976	17.7612	22.4090	26.0869	28.6200	32.4048	34.8371
9.50	11.5718	14.2315	18.2283	23.1057	27.0192	29.7311	33.8182	36.4666
9.75	11.8370	14.5632	18.6914	23.7981	27.9502	30.8437	35.2431	38.1191
10.00	12.1009	14.8928	19.1505	24.4860	28.8797	31.9570	36.6786	39.7937
10.50	12.6258	15.5473	20.0604	25.8522	30.7359	34.1873	39.5769	43.1956
11.00	13.1476	16.1969	20.9615	27.2075	32.5885	36.4211	42.5019	46.6559
11.50	13.6662	16.8412	21.8537	28.5508	34.4352	38.6554	45.4518	50.1691
12.00	14.1816	17.4804	22.7367	29.8815	36.2740	40.8873	48.4215	53.7299
12.50	14.6937	18.1145	23.6105	31.1992	38.1035	43.1147	51.4073	57.3337
13.00	15.2026	18.7435	24.4750	32.5036	39.9223	45.3355	54.4059	60.9761
13.50	15.7081	19.3673	25.3303	33.7943	41.7295	47.5481	57.4142	64.6533
14.00	16.2102	19.9859	26.1763	35.0712	43.5240	49.7540	60.4295	68.3614
14.50	16.7087	20.5993	27.0132	36.3344	45.3055	51.9431	63.4494	72.0971
15.00	17.2039	21.2076	27.8409	37.5837	47.0731	54.1231	66.4718	75.8571

下面举一个简单例子，说明其计算方法。

对于不含硫的天然气，其组分含量为：N_2 占 1.38%，CH_4 占 93.0%，C_2H_6 占 3.29%，C_3H_8 占 1.36%，i C_4H_{10} 占 0.23%，n C_4H_{10} 占 0.37%，i C_5H_{12} 占 0.12%，n C_5H_{12} 占 0.10%，C_6H_{14} 占0.08%，C_7H_{16} +（庚烷以上组分）占 0.05%。

根据以上组分 X_i，按第 6.1 节可求得

$$M = \sum_i X_i M_i = 17.53, \quad T_c = \sum_i X_i T_{ci} = 198.3(\mathrm{K})$$

$$p_c = \sum_i X_i p_{ci} = 4.578(\mathrm{MPa}), \quad \overline{\gamma} = M/28.97 = 0.605$$

已知气藏温度 $T=322$ K，$\mu_1=0.0114$ mPa·s。p，Z 和 μ 值如表 6.3 所示。要求用数值积分法计算以上压力值所对应的拟压力 m，并与由表 6.2 查出的数值相比较。

表 6.3

p(MPa)	Z	μ(mPa·s)
0	1.000	—
2.758	0.955	0.0118
5.516	0.914	0.0125
8.274	0.879	0.0134
11.032	0.853	0.0145
13.790	0.835	0.0156

现将数值积分列表如表 6.4 所示。

表 6.4

(1) p(MPa)	(2) $2p/(\mu Z)$ (MPa·mPa^{-1}·s^{-1})	(3) $\frac{(2)+上(2)}{2}$ $2p/(\mu Z)$平均值	(4) Δp (MPa)	(5) $m=(3)\times(4)$ (MPa^2·mPa^{-1}·s^{-1})	(6) (5)+上(5) m 平均值 (MPa^2·mPa^{-1}·s^{-1})
0	0			0	0
2.758	489	244.5	2.758	674.3	674.3
5.518	966	727.5	2.758	2006.4	2680.7
8.274	1405	1185.5	2.758	3269.6	5950.3
11.032	1658	1531.5	2.758	4223.9	10174
13.790	2117	1887.5	2.758	5205.7	15380

再用查表方法，由已知数据得

$$T_r=\frac{T}{T_c}=\frac{322}{198.3}=1.62$$

$$\frac{2p_c^2}{\mu_1}=\frac{2\cdot 4.578^2}{0.0114}=3677\ (\text{MPa}^2\cdot\text{mPa}^{-1}\cdot\text{s}^{-1})$$

将查表数据列入表 6.5 中。

表 6.5

(1) p(MPa)	(7) $p_r=p/p_c$	(8) $T_r=T/T_c$	(9)插值查表 6.2 m(MPa^2·mPa^{-1}·s^{-1})
0	0	0	0
2.758	0.60	0.1824	670.7
5.516	1.20	0.7253	2666.8
8.274	1.81	1.6102	5920.4
11.032	2.41	2.8054	10315
13.790	3.01	4.2605	15665

将用数值积分求得的第(6)行值与查表求得的第(9)行值相比较可见，相对误差约为

2%，按(9)～(1)行值绘出的曲线如图 6.5 所示。

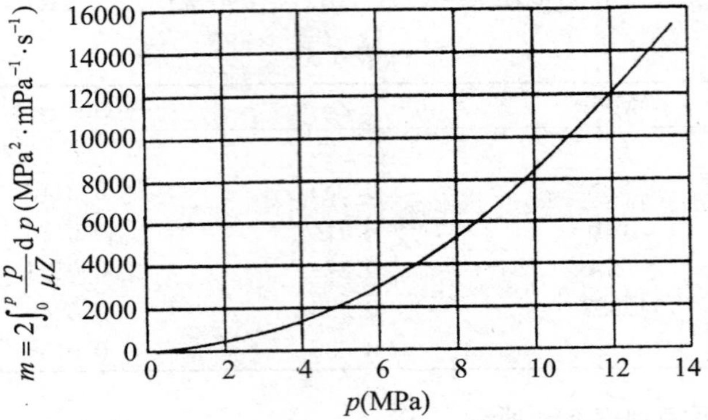

图 6.5　按本小节例题求得的 $m \sim p$ 曲线

3. 拟压力 m 表示的微分方程

现在讨论用拟压力表示的气体渗流偏微分方程。我们由等温渗流的一般方程(6.2.13)出发，在第 6.2.2 小节的基本假设和(a)，(b)假设下，方程(6.2.13)化为

$$\frac{K}{\phi}\nabla\cdot\left[\frac{p\nabla p}{\mu(p)Z(p)}\right]=\frac{\partial}{\partial t}\left[\frac{p}{Z(p)}\right] \tag{6.2.24}$$

根据定义式(6.2.22)，存在下列关系：

$$\nabla m=\left[\frac{2p}{\mu(p)Z(p)}\right]\nabla p \tag{6.2.25}$$

$$\frac{\partial m}{\partial t}=\left[\frac{2p}{\mu(p)Z(p)}\right]\frac{\partial p}{\partial t} \tag{6.2.26}$$

所以式(6.2.24)的左端可写成$\frac{K}{2\phi}\nabla\cdot(\nabla m)$，而式(6.2.24)的右端用式(6.1.6)所定义的压缩系数 c_g 可写成$[c_g p/Z]\partial p/\partial t$。于是，式(6.2.24)最后化成

$$\nabla^2 m=\frac{\phi c_g(p)\mu(p)}{K}\cdot\frac{\partial m}{\partial t} \tag{6.2.27}$$

这就是用拟压力 m 表示的描述真实气体渗流的偏微分方程。这个方程仍保留扩散方程的形式。其中，系数 $\chi_g=K/[\phi c_g(p)\mu(p)]$称为真实气体渗流的扩散系数或拟导压系数。这个方程仍然是非线性的，准确地说是二阶拟线性的。该方程为工程应用提供了方便。

4. 线源气井的内边界条件

以上导出了用压力、压力平方和拟压力表示的三种气体渗流方程，它们分别是式(6.2.18)、式(6.2.21)和式(6.2.27)。现在给出线源井情形下三种方程所对应的内边界条件。对于气体，记住式(6.1.9)，井筒流量应化成用标准条件下的流量 Q_{sc}表示。

(1) 对于压力微分方程(6.2.18)，内边界条件为

$$r\left.\frac{\partial p}{\partial r}\right|_w=\frac{Q_{sc}\mu B_g}{2\pi Kh}=\frac{\mu Z}{2\pi Kh}\frac{p_{sc}Q_{sc}}{T_{sc}p}T \tag{6.2.28}$$

(2) 对于压力平方的微分方程(6.2.21)，内边界条件为

$$r\frac{\partial p^2}{\partial r}\bigg|_{\mathrm{w}} = 2p\left(r\frac{\partial p}{\partial r}\right)_{\mathrm{w}} = \frac{\mu Z}{\pi Kh}\frac{p_{\mathrm{sc}}Q_{\mathrm{sc}}}{T_{\mathrm{sc}}}T \tag{6.2.29}$$

(3) 对于拟压力的微分方程(6.2.27),内边界条件为

$$r\frac{\partial m}{\partial r}\bigg|_{\mathrm{w}} = \frac{2p}{\mu Z}\frac{Q_{\mathrm{sc}}\mu B_{\mathrm{g}}}{2\pi Kh} = \frac{Q_{\mathrm{sc}}}{\pi Kh}\frac{p_{\mathrm{sc}}}{T_{\mathrm{sc}}}T \tag{6.2.30}$$

6.2.4 气体渗流偏微分方程的线性化和无量纲化

为了方便讨论,将压力、压力平方和拟压力这三种微分方程写成统一的形式

$$\nabla^2\Phi = \frac{\phi\mu c_{\mathrm{g}}}{K}\frac{\partial\Phi}{\partial t} \tag{6.2.31}$$

其中,Φ 可以是 p,p^2 或 $m(p)$。

1. 方程的线性化

有时,为了求得方程的近似解析解,可将以上三种非线性方程进行线性化。线性化的办法就是将方程(6.2.31)中的扩散系数取某种平均值。通常处理如下:

在拟压力方程中,取 $\chi = \dfrac{K}{\phi(\mu c)_{\mathrm{i}}}$;在压力平方方程中,取 $\chi = \dfrac{K}{\phi\,\overline{\mu c}}$;在压力方程中,取 $\chi = \dfrac{K}{\phi\,\overline{\mu c}}$,其中,下标 i 表示初始值,而 $\overline{\mu c}$ 一般使用算术平均压力值下或均方根压力值下计算出的平均气体特性。

2. 线性化方程的无量纲化

参照液体渗流中的无量纲化,并注意到气体地层体积系数的关系式(6.1.9),即有

$$p_{\mathrm{D}} = \frac{p_{\mathrm{i}} - p}{QB\mu/(2\pi Kh)} = \frac{p_{\mathrm{i}} - p}{p_{\mathrm{i}}Q_{\mathrm{D}}} \tag{6.2.32}$$

式中,$Q_{\mathrm{D}} = Q_{\mathrm{sc}}B_{\mathrm{g}}\mu/(2\pi Khp_{\mathrm{i}})$。

类似地,在气体渗流中,定义无量纲量如表 6.6 所列。

表 6.6 气体渗流方程中无量纲量定义一览表

无量纲量	流动系统	气体渗流方程中所用的未知变量		
		m	p^2	p
x_{D}	平面平行流	$\dfrac{x}{x_{\mathrm{f}}}$	$\dfrac{x}{x_{\mathrm{f}}}$	$\dfrac{x}{x_{\mathrm{f}}}$
r_{D}	平面径向或球形向心流	$\dfrac{r}{r_{\mathrm{w}}}$	$\dfrac{r}{r_{\mathrm{w}}}$	$\dfrac{r}{r_{\mathrm{w}}}$
t_{D}	平面平行流	$\dfrac{Kt}{\phi\mu_{\mathrm{i}}c_{\mathrm{i}}x_{\mathrm{f}}^2}$	$\dfrac{Kt}{\phi\,\bar{\mu}\bar{c}x_{\mathrm{f}}^2}$	$\dfrac{Kt}{\phi\,\bar{\mu}\bar{c}x_{\mathrm{f}}^2}$
	平面径向或球形向心流	$\dfrac{Kt}{\phi\mu_{\mathrm{i}}c_{\mathrm{i}}r_{\mathrm{w}}^2}$	$\dfrac{Kt}{\phi\,\bar{\mu}\bar{c}r_{\mathrm{w}}^2}$	$\dfrac{Kt}{\phi\,\bar{\mu}\bar{c}r_{\mathrm{w}}^2}$

续表

无量纲量	流动系统	气体渗流方程中所用的未知变量		
		m	p^2	p
Φ_D	各类流动	$\dfrac{m_i - m}{m_i Q_D}$	$\dfrac{p_i^2 - p^2}{p_i^2 Q_D}$	$\dfrac{p_i - p}{p_i Q_D}$
	平面平行流	$\dfrac{2p_{sc}Q_{sc}T}{Khm_i T_{sc}}$	$\dfrac{2p_{sc}\overline{\mu}\overline{z}Q_{sc}T}{Khp_i^2 T_{sc}}$	$\dfrac{p_{sc}\overline{\mu}\overline{z}Q_{sc}T}{Kh\,\overline{p}p_i T_{sc}}$
Q_D	平面径向流	$\dfrac{p_{sc}Q_{sc}T}{\pi Khm_i T_{sc}}$	$\dfrac{p_{sc}\overline{\mu}\overline{z}Q_{sc}T}{\pi Khp_i^2 T_{sc}}$	$\dfrac{p_{sc}\overline{\mu}\overline{z}Q_{sc}T}{2\pi Kh\,\overline{p}p_i T_{sc}}$
	球形向心流	$\dfrac{p_{sc}Q_{sc}T}{\pi Krm_i T_{sc}}$	$\dfrac{p_{sc}\overline{\mu}\overline{z}Q_{sc}T}{\pi Krp_i^2 T_{sc}}$	$\dfrac{p_{sc}\overline{\mu}\overline{z}Q_{sc}T}{2\pi Kr\,\overline{p}p_i T_{sc}}$

注：x_f 为压裂井裂缝半长度；r_w 为井筒半径。

引用表 6.6 中所列的无量纲量以后，气体渗流偏微分方程(6.2.31)可写成无量纲形式

$$\nabla^2 \Phi_D = \frac{\partial \Phi_D}{\partial t_D} \tag{6.2.33}$$

式中，$\Phi_D = m_D, (p^2)_D, p_D$。

3. 边界条件的无量纲化

(1) 内边界条件

在引用表 6.6 中所列的无量纲量以后，完善井径向流的内边界条件可写成

$$r_D \frac{\partial \Phi_D}{\partial r_D}\bigg|_{r_D=1} = -1 \tag{6.2.34}$$

式中，$\Phi_D = m_D, (p^2)_D, p_D$。

如果考虑表皮因子和井筒储集常数，作进一步讨论如下：我们在气体渗流中仍定义由表皮效应引起的附加压降 Δp_s 为

$$\Delta p_s = \frac{Qu}{2\pi Kh}S \tag{6.2.35}$$

式中，$S = 2\pi Kh\Delta p_s/(Qu) = (\Delta p_s)_D$。

由于在径向流动系统中，越接近井筒，流动速度越大，惯性-湍流效应比较明显，从而引起一个类似于表皮效应的附加压降。但这个附加压降不是常数，它与流量成正比。数值解和实验研究的结果表明，这个无量纲的附加压降可写成

$$(\Delta p_{IT})_D = DQ_{sc} \tag{6.2.36}$$

其中，下标 IT 表示惯性-湍流效应。D 称为系统的惯性-湍流表皮系数，而总的表皮因子 S' 为

$$S' = S + DQ_{sc} = (\Delta p_s)_D + (\Delta p_{IT})_D \tag{6.2.37}$$

如果需要将这两部分附加压降或表皮因子分开，可以通过两个不同的流量 Q_{sc1} 和 Q_{sc2} 来确定总表皮因子 S'，由这两个方程联立即可解出污染表皮因子 S 和惯性-湍流表皮系数 D。这里，D 是有量纲量，它的量纲是$[L^{-3}T]$。

关于井筒储集常数，按照第 4.6.2 小节中的第二种情况，定义井筒储集常数 C 为

$$C = V_w c_w \tag{6.2.38}$$

并定义无量纲井筒储集常数 C_D 为

$$C_D = \frac{C}{2\pi\phi h r_w^2 c_g} \tag{6.2.39}$$

则对于平面径向流，考虑 S' 和 C_D 的内边界条件为

$$\left[C_D \frac{dp_{wD}}{dt_D} - \frac{\partial p_D}{\partial r_D}\right]_{r_D=1} = 1 \tag{6.2.40}$$

其中

$$p_{wD} = p_D(r_D = 1) - S' \frac{\partial p_D}{\partial r_D} \tag{6.2.41}$$

式(6.2.40)和式(6.2.41)合并，写成

$$\left[C_D \frac{dp_D}{dt_D} - C_D S' \frac{d}{dt_D}\left(\frac{\partial p_D}{\partial r_D}\right) - \frac{\partial p_D}{\partial r_D}\right]_{r_D=1} = 1 \tag{6.2.42}$$

式(6.2.42)与式(4.6.31)的形式完全相同。

(2) 外边界条件

对于无限大地层

$$\Phi_D = 0 \quad (\text{在 } r_D \to \infty \text{ 处}) \tag{6.2.43}$$

对于有界的封闭或定压外边界，分别为

$$\frac{d\Phi_D}{d\boldsymbol{n}} = 0 \quad (\text{在外边界 } S \text{ 处}) \tag{6.2.44}$$

$$\Phi_D = 0 \quad (\text{在外边界 } S \text{ 处}) \tag{6.2.45}$$

(3) 初始条件

$$\Phi_D = 0 \quad (\text{当 } t_D = 0 \text{ 时}) \tag{6.2.46}$$

小结

(1) 本节导出了单相气体渗流方程的三种不同表示方法，即拟压力方程(6.2.27)、用 p^2 表示的方程(6.2.21)和用压力 p 表示的方程(6.2.18)，并写成统一的形式(6.2.31)和无量纲形式(6.2.33)。这三个方程都是二阶拟线性偏微分方程，但它们的适用条件不完全相同。拟压力方程只用到6.2.2小节中的四个基本假设和附加的假设条件(a)和(b)；而压力平方方程和压力方程除以上的假设外，还需要用到假设条件(c)，(d)，(e)中的某一条。因而拟压力方程应用范围较宽，而压力平方方程和压力方程的应用范围则受到限制。

(2) 关于限制条件(d)和(e)。Wattenbarger，Ramey(1968)对于某种典型的天然气($\overline{\gamma}=0.66$，$T_r=1.6$)的研究结果，绘出了 μZ 和 m 对 p 的关系曲线，如图6.6所示。由该图可见：对于低压下的气体，如 $p<14$ MPa，μZ 近似为常数。这与假设条件(e)相符，即有 $\mu Z=\mu_i Z_i$。由定义式(6.2.22)，有

$$m(p) = 2\int_0^p \frac{p}{\mu_i Z_i} dp = \frac{1}{\mu_i Z_i} p^2 \tag{6.2.47}$$

这意味着拟压力方程(6.2.27)还原为压力平方方程(6.2.21)。所以，对于低压下的气体，用 p^2 表示的微分方程是很好的近似。

对于高压下的气体，如 $p>14$ MPa，$p/(\mu Z)$ 近似为常数，这与假设条件(d)相符，即有

$p/(\mu Z) = p_i/(\mu_i Z_i)$，因而近似地有

$$m = \frac{2p_i}{\mu_i Z_i}\int_0^p \mathrm{d}p = \frac{2p_i}{\mu_i Z_i}p \tag{6.2.48}$$

这意味着拟压力方程(6.2.27)还原为压力 p 的方程(6.2.18)。所以，对于高压下的气体，用压力 p 表示的微分方程是很好的近似。

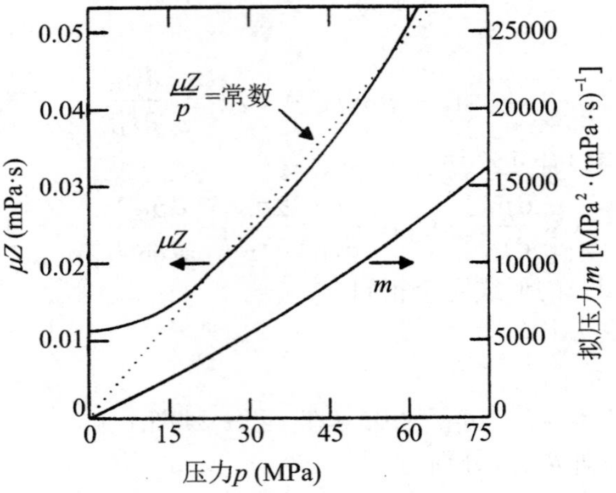

图 6.6　拟压力 m 和 μZ 随压力 p 的变化关系

应当指出：上述关系并非对所有的天然气都是适合的。因而一般来说，用 p^2 和 p 表示的气体渗流方程远不如拟压力 m 的渗流方程那样有广泛的应用价值。

(3) 关于附加假设条件(c)，即要求压力梯度很小，以至于含$(\nabla p)^2$ 的项与其他项相比可以忽略不计。这在很多情况下是适用的。但对有些情况，特别是井筒附近，并不是很好的近似。

(4) 在井筒附近，压力梯度增大，因而渗流速度也增大。如第 1.5.2 小节中所述，这将使惯性项的影响增强，同时湍流效应变得明显。在工程上，为简单起见，把这两种影响归结为用一个附加的表皮因子来处理。因为惯性作用和湍流作用均使井筒附近流动阻力增大，这与井筒污染在某种意义上有类似之处。在进行气井试井确定表皮因子时，若要将污染表皮因子与惯性-湍流表皮系数分开，必须用两个不同的流量试井才能确定。

6.3　气体稳态渗流

在这一节中，将利用拟压力方程来研究几种典型的稳态渗流问题。

6.3.1　平面平行稳态渗流

设介质是均匀各向同性的，其长度为 L，截面积为 A，左端 $x=0$ 和右端 $x=L$ 处压力分别为 p_e 和 p_w，则渗流方程和边界条件写出如下：

$$\left.\begin{aligned}&\frac{\mathrm{d}^2 m}{\mathrm{d}x^2}=0\quad(0<x<L)&&(6.3.1)\\&m=m_e=\frac{p_e^2}{\mu_e Z_e}\quad(x=0)&&(6.3.2)\\&m=m_w=\frac{p_w^2}{\mu_w Z_w}\quad(x=L)&&(6.3.3)\end{aligned}\right\}$$

显然,方程(6.3.1)～方程(6.3.3)的解为

$$m=m_e-\frac{m_e-m_w}{L}x=\frac{p_e^2}{\mu_e Z_e}-\frac{\mu_w Z_w p_e^2-\mu_e Z_e p_w^2}{\mu_e Z_e \mu_w Z_w}\frac{x}{L}\tag{6.3.4}$$

若取平均值 $\mu=\bar{\mu}, Z=\bar{Z}$,则得

$$m(p)-m(p_e)=\left[\frac{p^2}{\bar{\mu}\bar{Z}}\right]_{p_e}^{p}=\frac{p^2-p_e^2}{\bar{\mu}\bar{Z}}\tag{6.3.5}$$

将式(6.3.5)代入式(6.3.4),可得

$$p^2=p_e^2-\left(\frac{\bar{\mu}\bar{Z}}{\mu_e Z_e}p_e^2-\frac{\bar{\mu}\bar{Z}}{\mu_w Z_w}p_w^2\right)\frac{x}{L}\tag{6.3.6}$$

下面计算流量:

对于气体渗流,体积流量随压力变化比较明显,故采用质量流量 F,它是不变的量。设流速 V 不太大,流动遵从 Darcy 定律,则有

$$F=A\rho V=-A\frac{pM}{RTZ}\frac{K}{\mu}\frac{\mathrm{d}p}{\mathrm{d}x}\tag{6.3.7}$$

若 μ 和 Z 取平均值,则式(6.3.7)积分得

$$FL=\frac{1}{2}(p_e^2-p_w^2)\frac{1}{\bar{\mu}\bar{Z}}\frac{AMK}{RT}\tag{6.3.8}$$

所以,标准条件下地面的体积流量 Q_{sc} 为

$$Q_{sc}=\frac{F}{\rho_{sc}}=\frac{AKT_{sc}}{2p_{sc}L\,\bar{\mu}\bar{Z}T}(p_e^2-p_w^2)\tag{6.3.9}$$

6.3.2　平面径向稳态渗流

考虑均质圆形有界地层中心一口井。地层厚度为 h,外半径为 R,外边界定压。井以定产量 Q_{sc} 生产,则方程和边界条件为

$$\left.\begin{aligned}&\frac{\mathrm{d}}{\mathrm{d}r}\left[r\frac{\mathrm{d}m}{\mathrm{d}r}\right]=0\quad(r_w<r<R)&&(6.3.10)\\&m=m_w=m(p_w)\quad(\text{在 } r=r_w \text{ 处})&&(6.3.11)\\&m=m_e=m(p_e)\quad(\text{在 } r=R \text{ 处})&&(6.3.12)\end{aligned}\right\}$$

容易求出这个问题的解为

$$m-m_w=\frac{m_e-m_w}{\ln(R/r_w)}\ln(r/r_w)\tag{6.3.13}$$

与式(6.3.7)类似,穿过各圆筒的质量流量不变,即有

$$F = A\rho V = 2\pi rh \frac{Mp}{RTZ}\frac{K}{\mu}\frac{\mathrm{d}p}{\mathrm{d}r} \tag{6.3.14}$$

式(6.3.14)可写成

$$F\frac{RT}{M}\frac{\mathrm{d}r}{r} = \pi Kh \frac{2p\mathrm{d}p}{\mu Z} \tag{6.3.15}$$

注意到 $F(R/M)=\rho_{sc}Q_{sc}[p_{sc}/(\rho_{sc}T_{sc})]$,式(6.3.15)积分结果给出

$$m(p) - m(p_w) = \frac{Q_{sc}p_{sc}T}{\pi KhT_{sc}}\ln\frac{r}{r_w} \tag{6.3.16}$$

让式(6.3.13)与式(6.3.16)左端相等,给出地面流量为

$$Q_{sc} = \frac{\pi KhT_{sc}(m_e - m_w)}{p_{sc}T\ln(R/r_w)} \tag{6.3.17}$$

6.3.3 平面径向非 Darcy 稳态渗流

考虑圆形外边界定压、地层中心一口井的情形。我们由气体等温渗流的一般方程(6.2.13)出发,注意到关系式(6.2.25),则对于稳态渗流,其微分方程简化为

$$\nabla\cdot(\delta\nabla m) \equiv \delta\nabla^2 m + \nabla m\cdot\nabla\delta = 0 \tag{6.3.18}$$

在柱坐标下可写成如下定解问题:

$$\left.\begin{aligned}
&\delta\frac{1}{r}\frac{\mathrm{d}}{\mathrm{d}r}\left(r\frac{\mathrm{d}m}{\mathrm{d}r}\right) + \frac{\mathrm{d}m}{\mathrm{d}r}\frac{\mathrm{d}\delta}{\mathrm{d}r} = 0 \quad (r_w < r < R) && (6.3.19)\\
&m = m_w \quad (\text{在 } r = r_w \text{ 处}) && (6.3.20)\\
&m = m_e \quad (\text{在 } r = R \text{ 处}) && (6.3.21)
\end{aligned}\right\}$$

显然,若惯性-湍流修正系数 δ 为常数,则方程(6.3.19)就退化为方程(6.3.10),实际上就是 Darcy 渗流,也就是 6.3.2 小节的情形。这里讨论非 Darcy 渗流,δ 与渗流速度和压力有关。我们不是直接去求解方程(6.3.19)~方程(6.3.21),而是从流量方程出发,写出速度 V 的表达式。将它代入非 Darcy 渗流方程(6.2.7),可得到$\mathrm{d}p/\mathrm{d}r$进而得到 $\mathrm{d}m/\mathrm{d}r$ 的关系式。

对于定质量流量 F 生产的气井,可得渗流速度 V 与压力 p 的关系为

$$V = \frac{F}{A\rho} = \frac{\rho_{sc}Q_{sc}RTZ}{2\pi rhMp} \tag{6.3.22}$$

注意到

$$\frac{\mathrm{d}m}{\mathrm{d}r} = \frac{2p}{\mu Z}\frac{\mathrm{d}p}{\mathrm{d}r} \tag{6.3.23}$$

则式(6.2.7)可写成

$$\frac{\mathrm{d}m}{\mathrm{d}r} = \frac{Q_{sc}p_{sc}T}{\pi KhrT_{sc}} + \frac{\beta\rho_{sc}Q_{sc}^2p_{sc}T}{2\pi^2r^2h^2\mu T_{sc}} \tag{6.3.24}$$

式中,μ 用某个平均值 $\bar{\mu}$ 近似表示,则分离变量积分,并利用边界条件(6.3.20)和(6.3.21),给出

$$m(p) - m(p_w) = \frac{Q_{sc}p_{sc}T}{\pi KhT_{sc}}\ln\frac{r}{r_w} + \frac{\beta Q_{sc}^2\rho_{sc}p_{sc}T}{2\pi^2h^2\bar{\mu}T_{sc}}\left(\frac{1}{r_w} - \frac{1}{r}\right) \tag{6.3.25}$$

$$m(p)-m(p_e)=\frac{Q_{sc}p_{sc}T}{\pi KhT_{sc}}\ln\frac{r}{R}+\frac{\beta Q_{sc}^2\rho_{sc}p_{sc}T}{2\pi^2h^2\overline{\mu}T_{sc}}\left(\frac{1}{R}-\frac{1}{r}\right) \tag{6.3.26}$$

式(6.3.25)和式(6.3.26)相减,可得

$$m(p_e)-m(p_w)=aQ_{sc}+bQ_{sc}^2 \tag{6.3.27}$$

由此得出地面流量

$$Q_{sc}=\frac{-a+\sqrt{a^2+4b(m_e-m_w)}}{2b} \tag{6.3.28}$$

其中

$$a=\frac{p_{sc}T}{\pi KhT_{sc}}\ln\frac{R}{r_w} \tag{6.3.29}$$

$$b=\frac{\beta\rho_{sc}p_{sc}T}{2\pi^2h^2\overline{\mu}T_{sc}}\left(\frac{1}{r_w}-\frac{1}{R}\right) \tag{6.3.30}$$

6.4　铅直气井非稳态渗流

在6.2节中导出了气体渗流偏微分方程的三种形式,并进行了线性化。本节对三种方程取气体特性参数的不同近似平均值,给出其解析解,并与一般非线性偏微分方程的数值解进行对比,讨论各种近似解的适用范围。

6.4.1　无限大地层定产量井

首先讨论线性化方程的解析解。虽然方程简化的结果降低了解的精度,但可以求得解析解的表达式,从而能够看出拟压力或压力的变化规律,因而在工程上有一定的实用价值。

1. 线源解

无限大地层定产量线源井的定解问题由无量纲方程(6.2.31)、内边界条件(6.2.34)、外边界条件(6.2.43)和初始条件(6.2.46)给出。它们与第3章中对液体渗流的定解问题是完全相同的。故有

$$\Phi_{Dt}=-\frac{1}{2}\mathrm{Ei}\left(-\frac{r_D^2}{4t_D}\right)=-\frac{1}{2}\mathrm{Ei}\left(-\frac{\phi\mu cr^2}{4Kt}\right) \tag{6.4.1}$$

其中,下标t表示不考虑井筒污染和惯性-湍流效应的理论情形。特别地,如用拟压力表示,则有

$$m_{Dt}=-\frac{1}{2}\mathrm{Ei}\left(-\frac{r_D^2}{4t_D}\right) \tag{6.4.2}$$

当 $r_D^2/(4t_D)<0.01$,即 $t_D/r_D^2>25$ 时,可用对数表示为

$$m_{Dt}=\frac{1}{2}\left(\ln\frac{t_D}{r_D^2}+0.80907\right) \tag{6.4.3}$$

所以，井底无量纲拟压力为

$$m_{wD} = \frac{1}{2}(\ln t_D + 0.80907) \tag{6.4.4}$$

2. 考虑表皮因子和井储常数·气井试井

若考虑表皮因子 S 和井储常数 C_D，可得与图 5.5 和图 5.6 相同的理论图版。只要把原来图版中的压力 p_D 改成拟压力 m_D 即可。

若考虑惯性-湍流表皮系数，而不考虑井储效应，则式(6.4.4)在标准单位制下写成有量纲形式为

$$m_i - m_{wf} = 0.01466\frac{Q_{sc}T}{Kh}\left(\lg t + \lg\frac{K}{\phi\mu_i c_t r_w^2} + 0.9077 + 0.8686S'\right) \tag{6.4.5}$$

其中，m_{wf} 和 m_i 分别为流动压力 p_{wf} 和原始地层压力 p_i 下所对应的拟压力($MPa^2 \cdot mPa^{-1} \cdot s^{-1}$)；$Q_{sc}$是流量($10^4\ m^3 \cdot d^{-1}$)；其他符号和单位与油井情形相同。由以上结果可以进行常规试井分析和样板曲线拟合。常规的压降试井利用式(6.4.5)。在进行压力降落试井时，可将实测压力数据按表 6.2 换算成实测拟压力 $m \sim \lg t$ 的曲线。该曲线上应有一直线段，读出其斜率 m_s 值，它就等于式(6.4.5)中括号前面的系数。由此可算出 Kh 值。然后取直线段上或其延长线上 $t = 1h$ 的拟压力 m_1 值，即可算出总表皮因子 S'值。若要将污染表皮与惯性-湍流表皮分开，需做两次不同流量的试井。压力恢复试井与油井试井类似。将关井后的实测压力换算成拟压力，并绘制成关井拟压力 m_{ws}对 $\lg[(t_p + \Delta t)/\Delta t]$的曲线，其他的计算过程与上述相同。

在进行样板曲线拟合时，因为理论图版是无量纲拟压力及其导数对无量纲时间的双对数曲线，所以应将实测井底压力换算成无量纲拟压力及其导数的曲线，然后与理论图版进行拟合。拟合以后的解释过程与油井情形相类似，只要记住表 6.6 中所列的无量纲量的定义即可。这里就不详细叙述了。

例 无量纲量和流压的计算。

有一不含硫的气藏，其组分含量如 6.2.3 小节中算例所示。一口气井以 $Q_{sc} = 19.82 \times 10^4 m^3 \cdot d^{-1}$定产量生产了 $t = 36$ h。试用拟压力方法，求此时井底流压 p_{wf}。

与试井有关的数据如下：

$h = 11.9$ m	$\phi = 0.15$
$K = 0.020\ \mu m^2$	$p_i = 13.8$ MPa
$r_w = 0.12$ m	$M = 17.7$
$T = 322$ K	$Z_i = 0.838$
$p_c = 4.58$ MPa	$T_c = 198$ K
$\mu_i = 0.0158$ mPa·s	$c_i = 0.0769\ MPa^{-1}$
$\mu_{1600} = 0.0146$ mPa·s	$c_{1600} = 0.100\ MPa^{-1}$
$\overline{\mu} = 0.0152$ mPa·s	$\overline{c} = 0.0885\ MPa^{-1}$
$z_{1600} = 0.853$	$\overline{z} = 0.846$

现将拟压力处理计算如下，即在标准单位制下有

$$\left.\begin{aligned} t_D &= \frac{3.6Kt}{\phi \bar{\mu} c r_w^2} = \frac{3.6 \cdot 0.02 \cdot 36}{0.15 \cdot 0.0152 \cdot 0.0885 \cdot (0.12)^2} = 0.8921 \times 10^6 \\ m_{Dt} &= \frac{1}{2}(\ln t_D + 0.80907) = 7.255 \\ Q_D &= \frac{115.741 p_{sc} Q_{sc} T}{\pi K h m_i T_{sc}} = \frac{0.01274 Q_{sc} T}{K h m_i} \end{aligned}\right\} \quad (6.4.6)$$

Q_D 中用到 $T_{sc}=293$ K，$p_{sc}=0.101325$ MPa，Q 的单位为 10^4 $m^3 \cdot d^{-1}$。按第6.2.3小节中算例，$p_i=13.8$ MPa 对应于 $m_i=15665$ ($MPa^2 \cdot mPa^{-1} \cdot s^{-1}$)。将有关数据代入，得 Q_D 为

$$Q_D = 0.01274 \frac{Q_{sc} T}{K h m_i} = \frac{0.01274 \cdot 19.82 \cdot 322}{0.02 \cdot 11.9 \cdot 15665} = 0.02181$$

因为 $m_{Dt}=\Delta m/(m_i Q_D)$，最后得

$$m_{wf} = m_i - m_{Dt} m_i Q_D = 15665 - 2477 = 13186 (MPa^2 \cdot mPa^{-1} \cdot s^{-1})$$

查图6.5，可得 m_{wf} 所对应的井底流压 $p_{wf}=12.6$ MPa。即生产36 h后，井底压力由13.8 MPa降到12.6 MPa。

3. 三种方程计算结果的比较

以上用拟压力方法计算了无限大地层中一口定产量井的例子。当然，也可以从压力平方方程和压力方程出发去求解和计算，下面简称 p^2 法和 p 方法。同一方法中，参数的平均值也可以有不同的选取方法。Aziz 等(1975)对24口气井各种不同的试井数据进行了分析，见表6.7，并用三种不同方法进行了计算，将计算的结果与用数值解的结果进行比较，见表6.8。这里，将数值解结果看做精确结果，从而可以分析不同方法的精度及其适用范围。

表6.7 用于比较 p，p^2，m 三种方法所使用的24口气井资料

序号	p_i (MPa)	T (K)	$\bar{\gamma}$	p_c (MPa)	T_c (K)	Kh ($\mu m^2 \cdot m$)	流量 (10^4 $m^3 \cdot d^{-1}$)	生产时间 (h)	酸气含量 H_2S	酸气含量 CO_2
1	49.70	397	0.75	5.05	229	1855	141.58	20	10.0%	2.0%
2	35.16	374	1.02	4.87	257	7.22	11.327	100	12.0%	3.0%
3	35.11	403	0.74	5.52	232	55.65	56.634	20	18.0%	4.0%
4	30.45	389	0.96	5.47	267	280.7	36.812	20	19.0%	3.0%
5	29.05	389	0.70	5.45	226	127.5	70.792	20	—	—
6	29.02	357	0.74	5.11	223	90.24	70.792	70	7.0%	6.0%
7	26.61	372	0.67	4.80	209	156.4	99.109	20	1.0%	4.0%
8	24.37	350	0.71	4.77	208	8.964	11.327	20	4.0%	7.0%
9	22.71	356	0.76	4.73	221	31.28	21.238	50	—	6.0%
10	22.24	356	0.73	4.74	212	31.28	28.317	70	—	5.0%
11	21.62	342	0.73	4.59	222	21.36	19.822	50	—	—
12	20.17	378	0.67	4.82	210	291.8	141.58	20	2.0%	4.0%
13	16.01	341	0.73	4.70	218	3.61	1.416	70	—	—
14	15.61	332	0.70	4.66	214	36.10	5.663	15	—	—
15	13.38	338	0.73	4.63	194	382.0	11.327	100	—	2.0%

续表

序号	p_i (MPa)	T (K)	$\overline{\gamma}$	p_c (MPa)	T_c (K)	Kh ($\mu m^2 \cdot m$)	流量 ($10^4\ m^3 \cdot d^{-1}$)	生产时间 (h)	酸气含量 H_2S	酸气含量 CO_2
16	12.94	336	0.69	4.71	213	105.3	42.475	40	0.4%	2.6%
17	12.02	308	0.70	4.82	209	41.51	4.248	5	—	—
18	10.03	327	0.66	4.62	210	16.85	2.832	100	—	—
19	9.632	327	0.66	4.62	209	4.81	0.453	100	—	—
20	8.212	334	0.63	4.61	197	132.4	11.327	70	—	—
21	7.308	323	0.66	4.59	207	249.7	9.911	20	—	—
22	4.537	297	0.58	4.59	188	1.14	0.057	100	—	—
23	4.344	292	0.57	4.61	189	13.5	0.566	100	—	—
24	3.061	292	0.57	4.76	196	1.50	0.0425	100	—	—

表 6.8　对 24 口气井用 m,p^2,p 三种方法计算的结果与数值解结果比较

(1)	(2)	(3)	(4)	(5)	(6)	(7)	(8)	(9)	(10)	(11)
序号	数值解 (MPa)	用三种不同方法算出的井底流压 p_{wf}(MPa) m 方法		p^2 方法			p 方法			$\frac{p_i-(4)}{p_i}$
1	48.41	48.45	48.45	48.48	48.46	48.44	48.46	48.46	48.46	0.025
2	12.85	13.75	14.64	*	12.93	*	15.11	17.06	15.31	0.584
3	22.81	23.37	23.58	21.93	23.46	21.15	23.65	24.08	23.66	0.328
4	28.25	28.40	28.41	28.39	28.40	28.32	28.41	28.43	28.41	0.067
5	22.28	22.19	22.26	21.72	22.24	21.50	22.28	22.39	22.27	0.234
6	18.72	18.59	18.76	16.86	18.64	16.23	18.84	19.15	18.80	0.354
7	18.04	17.73	17.86	16.75	17.80	16.39	17.92	18.11	17.88	0.329
8	8.667	7.660	8.543	*	8.017	*	9.232	9.191	8.874	0.649
9	13.98	13.31	13.50	11.797	13.42	11.28	13.62	13.66	13.52	0.406
10	10.09	9.094	9.570	5.488	9.342	3.613	9.935	9.722	9.680	0.570
11	6.502	5.943	6.778	*	6.295	*	7.763	6.364	6.536	0.687
12	11.976	11.631	11.790	10.818	11.742	11.225	11.873	11.866	11.825	0.415
13	10.92	10.811	10.89	10.42	10.89	10.328	10.935	10.811	10.873	0.320
14	13.71	13.68	13.69	16.62	13.69	13.61	13.69	13.69	13.69	0.123
15	12.84	12.82	12.82	12.82	12.82	12.82	12.82	12.82	12.82	0.042
16	4.344	4.523	4.220	2.413	4.151	1.717	4.488	3.737	4.302	0.674
17	10.89	10.87	10.87	10.85	11.56	10.85	10.87	10.87	10.87	0.096
18	7.122	7.074	7.102	6.991	7.102	6.977	7.108	7.033	7.102	0.292
19	8.170	8.143	8.156	8.115	8.156	8.122	8.156	8.136	8.156	0.154
20	5.640	5.619	5.640	5.571	5.640	5.557	5.654	5.612	5.640	0.313
21	6.329	6.322	6.322	6.309	6.322	6.316	6.329	6.316	6.322	0.135
22	2.979	2.944	2.972	2.951	2.972	2.937	2.972	2.951	2.972	0.346
23	2.841	2.792	2.820	2.813	2.820	2.799	2.820	2.799	2.820	0.351
24	1.965	1.931	1.958	1.937	1.944	1.924	1.951	1.937	1.965	0.360

首先对表 6.8 中的数据作一些说明。表中第(1)列是 24 口井的编号,它与表 6.7 中的

顺序相同，是按地层原始压力 p_i 的大小排列的。第(2)列是用数值方法求得的井底流压 p_{wf} 值，可以当做精确结果。第(3)列和第(4)列是用拟压力方法计算的井底流压，不同之处是第(3)列中所用的 μc 值是在原始压力 p_i 下算出的，而第(4)列中所用的 μc 值是在平均压力 $\overline{p}=(p_i+p_{wf})/2$ 下算出的。第(5)列和第(6)列是用 p^2 方法计算的井底流压，不同之处是第(5)列中所用的 μc 和 μZ 值是在 p_i 下算出的，而第(6)列中所用的 μc 和 μZ 值是在均方根 $\overline{p}=[(p_i^2+p_{wf}^2)/2]^{1/2}$ 下算出的。第(7)列至第(10)列的数据是用 p 方法算出的井底流压，不同之处是第(7)列中所用的 μc 和 $\mu Z/p$ 值是在 p_i 下算出的，第(8)列中所用的 μc 和 $\mu Z/p$ 值是在平均压力 $\overline{p}=(p_i+p_{wf})/2$ 下算出的，第(9)列中的 μ 和 c 值是在 p_i 下算出的，并利用 $\overline{p}=(p_i+p_{wf})/2$ 和 $\overline{c}=(c_i+c_{wf})/2$，而第(10)列中所用的平均值为 $\overline{\mu}=(\mu_i+\mu_{wf})/2$，$\overline{c}=(c_i+c_{wf})/2$，$\overline{Z}=(Z_i+Z_{wf})/2$，$\overline{p}=(p_i+p_{wf})/2$。第(11)列的数据表示第(4)列的井底流压 p_{wf} 与原始地层压力 p_i 之间的相对压差，它反映了表 6.7 中所注明的生产时间后井底压力降落的程度。表中，* 号表示计算出的压力为负值，因而是没有意义的。

根据表 6.8 中所列出的数据，将用不同近似方法计算出的结果与数值解所得结果相比较，可得以下结论：

(1) 第(4)列和第(10)列的近似结果与数值解最为接近。但第(10)列的方法计算过程比较麻烦，因为各个参数都要取平均值，而第(4)列的方法计算过程较为简单。这说明拟压力方法相对而言既精确又简单。

(2) 在同一类方法中，使用平均压力下算出的气体特性比使用原始压力 p_i 下算出的气体特性去计算井底流压，所得结果要精确得多。就是说，第(4)，(6)，(8)列的结果比第(3)，(5)，(7)列的结果精确得多。将第(4)，(6)，(8)列的结果相比较可见：若用平均压力下算出的气体参数去计算流压，三种方法算出的结果差别不是很大。

(3) 在同一类处理方法中，使用平均压力下估算的气体特性参数与用气体特性参数的平均值去计算井底流压，所得结果的差别也不是很大。例如，第(8)列和第(10)列用的是同一类处理方法，都是 p 方法，参数的近似过程不同，两者所得结果较为相近。

(4) 将第(3)，(5)，(7)列的结果与数值解进行对比，可以看出：若在三类处理方法中均使用原始压力 p_i 下估算的气体特性参数去计算井底流压，对于压降较大的情形，如第 2，8，11 号井，只有用拟压力处理方法是近似可行的，而其他两种处理方法计算的结果，p_{wf} 值甚至是负的，因而毫无意义。第 16 号井压降也比较大，第(5)，(7)列的结果虽非负值，但与数值解相比，其误差也大得惊人。

(5) 对于压降较小的情形，如第 1，4，15 号井的试井，用表 6.8 中所列任何一种方法计算出的结果误差都不是很大。也就是说，对于小压降试井，使用这些方法中的任何一种都是可行的。

6.4.2 圆形有界地层中心一口定产量井和定压井

对于圆形有界地层，分别讨论外边界封闭和外边界定压两种情形的近似结果。

1. 外边界封闭

设外边界半径为 R，方程和定解条件可写成

$$\left.\begin{aligned}
&\frac{\partial^2 m_D}{\partial r_D^2}+\frac{1}{r_D}\frac{\partial m_D}{\partial r_D}=\frac{\partial m_D}{\partial t_D}\quad (1<r_D<R_D,\ t>0) &(6.4.7)\\
&r_D\frac{\partial m_D}{\partial r_D}=-1\quad (r_D=1,\ t>0) &(6.4.8)\\
&\frac{\partial m_D}{\partial r_D}=0\quad (r_D=R_D,\ t>0) &(6.4.9)\\
&m_D(r_D,t_D)=0\quad (1\leqslant r_D\leqslant R_D,\ t=0) &(6.4.10)
\end{aligned}\right\}$$

其中,无量纲量由表 6.6 定义。上述定解问题在第 5.4.1 小节中已经解过,见式(5.4.6)～式(5.4.9),其解由式(5.4.28)给出。即有井底无量纲拟压力

$$m_{wD}=\frac{2t_D}{R_D^2}+\ln R_D-\frac{3}{4}+2\sum_{n=1}^{\infty}\frac{e^{-\alpha_n^2 t_D}J_1^2(\alpha_n R_D)}{\alpha_n^2[J_1^2(\alpha_n R_D)-J_1^2(\alpha_n)]} \tag{6.4.11}$$

其中,α_n 是

$$J_1(\alpha R_D)N_1(\alpha)-N_1(\alpha R_D)J_1(\alpha)=0$$

的根。计算表明:当 t_D 约为 $0.25R_D^2$ 时,边界影响开始表现出来。这意味着在此之前有界地层的解与无限大地层的解是一致的,而在 t_D 较大时,式(6.4.11)中的级数项可以略去,所以该问题的解可近似写成

$$m_{wD}=\frac{1}{2}(\ln t_D+0.80907)\quad (t_D<0.25R_D^2) \tag{6.4.12}$$

$$m_{wD}=\frac{2t_D}{R_D^2}+\ln R_D-\frac{3}{4}\quad (t_D>0.25R_D^2) \tag{6.4.13}$$

以上是用拟压力方法得到的结果。若用压力 p 方法,则有

$$\frac{p_i-p_{wf}}{p_i Q_D}=\frac{1}{2}(\ln t_D+0.80907)\quad (t_D<0.25R_D^2) \tag{6.4.14}$$

$$\frac{p_i-p_{wf}}{p_i Q_D}=\frac{2t_D}{R_D^2}+\ln R_D-\frac{3}{4}\quad (t_D>0.25R_D^2) \tag{6.4.15}$$

另一方面,可以由简单的物质平衡关系式给出地层中的平均压降。当 t_D 较大,例如 $t_D>0.25R_D^2$ 时,必须考虑这种平均压降。根据压缩系数的定义

$$c_g=-\frac{1}{V}\frac{dV}{dp}$$

即有

$$\Delta p=\frac{\Delta V}{Vc_g}=\frac{Qt}{V_p c_g}$$

其中,Qt 是时间从 0 到 t 采出的总体积,V_p 是地层总孔隙体积,$V_p=\pi R^2 h\phi$。所以平均压降为

$$p_i-p_R=\frac{Qt}{\pi R^2 h\phi c_g}=\frac{2p_i t_D Q_D}{R_D^2} \tag{6.4.16}$$

或写成

$$\frac{p_i-p_R}{p_i Q_D}=\frac{2t_D}{R_D^2} \tag{6.4.17}$$

$$\frac{m_i - m_R}{m_i Q_D} = \frac{2t_D}{R_D^2} \tag{6.4.18}$$

将式(6.4.17)与式(6.4.15)相减，或式(6.4.18)与式(6.4.13)相减，可得

$$\frac{p_R - p_{wf}}{p_i Q_D} = \ln R_D - \frac{3}{4} \tag{6.4.19}$$

$$\frac{m_R - m_{wf}}{m_i Q_D} = \ln R_D - \frac{3}{4} \tag{6.4.20}$$

其中，p_R 和 m_R 代表平均地层压力和平均地层拟压力。

2. 外边界定压

对于外边界定压情形，方程(6.4.7)、内边界条件(6.4.8)和初始条件(6.4.10)不变，只是外边界条件由(6.4.9)改为

$$m_D(r_D, t_D) = 0 \quad (r_D = R_D, t_D > 0) \tag{6.4.21}$$

这个问题在第5.4.2小节中已经解过。利用拉普拉斯变换方法给出的解由式(5.4.55)表示。其无量纲井底流动拟压力 m_{wD} 为

$$m_{wD} = \ln R_D + 2\frac{e^{-\beta_1^2 t_D} J_0(\beta_1 R_D)}{\beta_1^2[J_0^2(\beta_1 R_D) - J_1^2(\beta_1)]} \tag{6.4.22}$$

其中，β_1 是

$$J_1(\beta_1)N_0(\beta_1 R_D) - N_1(\beta_1)J_0(\beta_1 R_D) = 0$$

的根。当 $t_D < 0.25R_D^2$ 时，仍可用无限大地层的近似解。当 $t_D > R_D^2$ 时，解式(6.4.22)中的级数项可以略去。于是该问题的解可写成

$$m_{wD} = \frac{1}{2}(\ln t_D + 0.80907) \quad (t_D < 0.25R_D^2) \tag{6.4.23}$$

$$m_{wD} \text{ 由式(6.4.22) 给出} \quad (0.25R_D^2 < t_D < R_D^2) \tag{6.4.24}$$

$$m_{wD} = \ln R_D \quad (t_D > R_D^2) \tag{6.4.25}$$

式(6.4.25)表示当 $t_D > R_D^2$ 时建立起完全的稳态渗流，写成有量纲形式为

$$m(p) - m(p_w) = \frac{Q_{sc} p_{sc} T}{\pi K h T_{sc}} \ln \frac{R}{r_w} \tag{6.4.26}$$

以上结果也可用 p^2 方法和 p 方法表示。

3. 有效驱动半径和平均地层压力

对于外边界定压的情形，经过一段时间以后(如 $t_D > R_D^2$)可以建立起稳态渗流。但是，对于无限大地层和外边界封闭地层中的流动，不可能实现完全稳态的流动，井底和地层中的压力总是随着气体产出而不断下降。然而，为了某些工程应用的目的，对于这类系统中的流动，可以用一个与外边界定压晚期表达式(6.4.25)相类似的方程表示，即对无限大地层和外边界封闭的地层也写成

$$\frac{p_R - p_{wf}}{p_i Q_D} = \ln \frac{r_d}{r_w} \tag{6.4.27}$$

其中，p_R 定义为关井到地层压力处于平衡时的压力。在无限大地层和外边界定压为 p_i 的地层中，p_R 就等于地层原始压力 p_i。对于外边界封闭地层中心一口井情形，p_R 就是体积平

均地层压力。

式(6.4.27)中的 r_d 称为有效驱动半径，不要与无量纲径向坐标 r_D 相混淆。它定义为压力对径向 r 坐标图中压降曲线 $p=p(r)$ 与 $p=p_R$ 水平线交点所对应的径向位置。它是将本来是非稳态流动的解式人为地写成与稳态流动解式(6.4.25)形式上相同的解式(6.4.27)所给出的半径坐标。

将式(6.4.27)与式(6.4.19)相比较，可得

$$\ln\frac{R}{r_w}-\frac{3}{4}=\ln\frac{r_d}{r_w} \tag{6.4.28}$$

于是，对于外边界封闭地层，在晚期有

$$r_d=0.472R \tag{6.4.29}$$

在早期，压力无明显降低，$p_R\approx p_i$。驱动半径在井筒附近。式(6.4.14)可写成

$$\frac{p_R-p_{wf}}{p_iQ_D}=\frac{1}{2}(\ln t_D+0.80907) \tag{6.4.30}$$

与式(6.4.27)相比，式(6.4.30)也可写成

$$\ln\frac{r_d}{r_w}=\frac{1}{2}(\ln t_D+0.80907) \tag{6.4.31}$$

若用 p^2 方法或拟压力 m 方法处理，与式(6.4.27)类似，可写成

$$\frac{p_R^2-p_{wf}^2}{p_i^2Q_D}=\ln\frac{r_d}{r_w} \tag{6.4.32}$$

$$\frac{m_R-m_{wf}}{m_iQ_D}=\ln\frac{r_d}{r_w} \tag{6.4.33}$$

而对于外边界定压情形，将式(6.4.27)与式(6.4.25)相比较，可得在晚期

$$\ln\frac{R}{r_w}=\ln\frac{r_d}{r_w} \tag{6.4.34}$$

所以有

$$r_d=R \tag{6.4.35}$$

总之，对于外边界封闭地层中心一口井的情形，有效驱动半径 r_d 从开井时的 $r_d=r_w$ 逐渐向外移动，到晚期稳定在 $r_d=0.472R$。在中期

$$\ln\frac{r_d}{r_w}=\frac{1}{2}(\ln t_D+0.80907)\quad(25<t_D<0.25R_D^2) \tag{6.4.36}$$

而对于外边界定压情形，有效驱动半径 r_d 从开井时的 $r_d=r_w$ 到晚期 $t_D>R_D^2$ 以后的 $r_d=R$。在中期，仍有式(6.4.36)。对无限大地层，由初期 $r_d=r_w$ 逐渐外移，到 $t_D>25$ 时，$\ln(r_d/r_w)=(\ln t_D+0.80907)/2$。

4. 井底定压

前面所讲的都是定产量井的非稳态流动。在气井生产中，有时是在一个固定的回压下生产，即井底定压情形。对于这种情形，井的产量不是常数，而是逐渐下降。其累计产量可写成如下形式：

$$Qt=2\pi r_w^2h\phi c\frac{T_{sc}p_i}{Tp_{sc}}\int_0^{t_D}\left(\frac{\partial p_D}{\partial r_D}\right)_{r_D=1}\mathrm{d}t_D \tag{6.4.37}$$

其中，$(\partial p_D/\partial r_D)_{r_D=1}$与外边界类型有关，可由定解问题求出。

对于井底定压而地层为无限大的情形，有的作者给出地层中压力分布为

$$m^2(r,t) = m_{wf}^2 - \frac{2}{\pi}(m^2 - m_{wf}^2)\int_0^\infty e^{-\xi^2 t_D} \frac{J_0(\xi r)N_0(\xi r_w) - N_0(\xi r)J_0(\xi r_w)}{J_0^2(\xi r_w) + N_0^2(\xi r)} \frac{d\xi}{\xi} \tag{6.4.38}$$

6.4.3 几种较复杂情形的解析解

除了无限大地层和圆形有界地层中心一口井以外，这里再简要阐述几种较为复杂的情形，包括铅垂裂缝井、多流量井以及多井问题。

1. 无限大地层中定产量铅垂裂缝井

对于垂直裂缝井，裂缝附近存在平面平行流动。设裂缝半长度为 x_f，则离裂缝面为 x 距离处的压力可以写成(Katz 等，1959)

$$m_D = \frac{2}{\sqrt{\pi}}\sqrt{\frac{t_D}{x_D^2}}\exp\left(-\frac{x_D^2}{4t_D}\right) - \mathrm{erfc}\left(\frac{1}{2}\sqrt{\frac{x_D^2}{t_D}}\right) \tag{6.4.39}$$

其中，无量纲量由表 6.6 定义。

在井底 $x_D = 0$ 处

$$m_{Dt} = \sqrt{\frac{t_D}{\pi}} \tag{6.4.40}$$

2. 变产量情形

若一口井在 $t_0 = 0$ 到 $t = t_1$ 之间以流量 Q_1 生产，在 t_1 到 t_2 之间以流量 Q_2 生产，依次类推，在 t_{n-1}到 t_n 之间以流量 Q_n 生产，根据叠加原理，则有

$$m_i - m_{wf} = m_i \sum_{j=1}^{n} (Q_j - Q_{j-1})_D m_D(t - t_{j-1})_D \tag{6.4.41}$$

式(6.4.41)对于有一个或几个阶段产量为零(即关井一段时间)的情况也是适用的。

特别地，在第 n 段时间关井，关井前生产时间为 t_p，则得压力恢复的表达式

$$\begin{aligned} m_i - m_{ws} = {} & m_i Q_D\left(m_D(t_{pD} + \Delta t_D) + \sum_{j=1}^{n-1}\left\{\frac{Q_{jD} - (Q_{j-1})_D}{Q_{1D}} m_D[t_{pD} - (t_{j-1})_D + \Delta t_D]\right\}\right) \\ & - m_i(Q_{n-1})_D m_D(\Delta t_D) \end{aligned} \tag{6.4.42}$$

其中，Δt_D 是从关井时刻算起的时间。

对于产量连续变化的情形，可按第 4.2 节和第 4.6.5 小节所述方法进行处理。

3. 多井问题和镜像井

若无限大地层中有两口井，例如，井 A 和井 B，其产量分别为 Q_A 和 Q_B，则地层中任意一点 $M(x,y,t)$的拟压力函数 $m(p)$由井 A 和井 B 所给出的解之和求得，即

$$m_i - m = m_i Q_{AD}\left[-\frac{1}{2}\mathrm{Ei}\left(-\frac{r_{AD}^2}{4t_D}\right)\right] + m_i Q_{BD}\left[-\frac{1}{2}\mathrm{Ei}\left(-\frac{r_{BD}^2}{4t_D}\right)\right] \tag{6.4.43}$$

其中，r_A 和 r_B 分别为点 M 到井 A 和井 B 的距离。

若直线边界附近有一口井，可用镜像法再按上述叠加原理进行处理。

以上方法也可推广到无限大平面中任意多口井以及矩形无流量边界内一口井的情形。矩形地层中一口井镜像的结果由实井和无限多口镜像井的影响叠加而成，其解由式(6.4.44)给出：

$$m_{wD} = \frac{1}{2}(\ln t_D + 0.80907) - \frac{1}{2}\sum_{N=1}^{\infty}\mathrm{Ei}\left(-\frac{\phi\mu c d_N^2}{4Kt}\right) \tag{6.4.44}$$

其中，d_N 是第 N 个镜像井到实井的距离。在实际问题中，式(6.4.44)中的级数收敛很快，所以不难算出其结果。

4. 凝析气流动

在第 6.1.4 小节中曾阐述过干气、湿气和反转凝析气的概念。对于干气和湿气气藏，地层中是单相气体流动。而对于反转凝析气藏，开始时地层中是单相气体流动，但在井筒附近区域，由于压力降低，会产生反转凝析。这样就使气体流动的相对渗透率降低，对流动产生一个附加的阻力。该阻力可以用一个表皮系数表示，但该表皮系数与压力有关。在等温渗流中，凝析和重新蒸发均依赖于压力。

在工程处理中，通常定义一些有效的总性质。用下标 t，g，o，w，ϕ 分别表示总的、气相、油相、水相和地层多孔介质的性质，则总流度为

$$\left(\frac{K}{\mu}\right)_t = \frac{K_g}{\mu_g} + \frac{K_o}{\mu_o} + \frac{K_w}{\mu_w} \tag{6.4.45}$$

而总的压缩系数 c_t 为

$$c_t = c_g + c_o + c_w + c_\phi \tag{6.4.46}$$

有效的总产量 Q_t 为

$$Q_t = Q_g + Q_o + Q_w \tag{6.4.47}$$

将这些总的有效性质代入式(6.2.33)中，可使其近似用于多相流动问题。

欧阳良彪和孔祥言(1992，1993)讨论了有关凝析气井的试井分析问题。

6.5 水平井气体渗流

本节研究气藏中有水平井情形的非稳态渗流。原则上，由于方程的无量纲形式(6.2.33)以及有关的定解条件相同，只要采用气体特性参数适当的平均值，则第 4.5 节、第 4.6 节以及第 5.6 节中对油井所得的结果，对于气井仍然适用。可以用拟压力方法获得较为精确的结果，也可以用 p^2 方法和 p 方法获得适当的近似结果。为精确起见，下面对高压气藏和低压气藏分别进行研究。

6.5.1 高压气藏中的水平井

在第 6.2.5 小节中曾指出，对于高压气藏，近似有

$$\frac{p}{\mu Z} = \frac{p_i}{\mu_i Z_i} \tag{6.5.1}$$

$$m(p) = \int_0^p \frac{2p}{\mu Z} \mathrm{d}p = \frac{2p_i}{\mu_i Z_i} p \tag{6.5.2}$$

利用状态方程(6.1.3),可将拟压力 $m(p)$写成

$$m(p) = \frac{2p_i}{\mu_i Z_i} \frac{RT}{M} Z\rho \tag{6.5.3}$$

在式(6.5.3)中对偏差因子 Z 取平均值 $\overline{Z}$,得拟压力 m 与密度 ρ 呈正比关系,因而可写成

$$m(p) = \frac{2p_i \overline{Z}}{\mu_i Z_i} \frac{RT}{M} \rho \tag{6.5.4}$$

$$m_i = \frac{2p_i \overline{Z}}{\mu_i Z_i} \frac{RT}{M} \rho_i \tag{6.5.5}$$

这表明在偏差因子取平均值的近似下,拟压力 m 的扩散方程(6.2.31)可写成关于密度 ρ 的扩散方程。因而,第 4.1.3 小节中论述的瞬时点源解理论和第 4.4.3 小节中的一维基本瞬时源函数表对拟压力同样适用。事实上,平面瞬时点源的定解问题仍可写成方程(4.1.26)~(4.1.28)的形式,并有瞬时点源解

$$\widetilde{\rho} = \rho_i \pm \frac{A}{t-\tau} \exp\left[-\frac{(x-x')^2 + (y-y')^2}{4\chi(t-\tau)}\right] \tag{6.5.6}$$

由质量守恒原理定出系数 A 为

$$A = \frac{\delta m}{4\pi\phi\chi} \tag{6.5.7}$$

其中,$\delta m = \rho_i \delta V$ 是瞬时注入或采出(分别对应于在式(6.5.6)中取正号或负号)的气体微质量,δV 是微体积。所以,式(6.5.6)可写成

$$\widetilde{\rho} = \rho_i \pm \rho_i \frac{\delta V}{4\pi\phi\chi(t-\tau)} \exp\left[-\frac{r^2}{4\chi(t-\tau)}\right] \tag{6.5.8}$$

按照式(6.5.4)和式(6.5.5)的线性关系,即有瞬时源拟压力解

$$\widetilde{m} = m_i \pm m_i \frac{\delta V}{4\pi\phi\chi(t-\tau)} \exp\left[-\frac{r^2}{4\chi(t-\tau)}\right] \tag{6.5.9}$$

对于生产从时间零持续到 $\tau = t$,式(6.5.9)中取负号,则有

$$\frac{m_i - m}{m_i} = \frac{1}{4\pi\phi\chi} \int_0^t \frac{q}{t-\tau} \mathrm{e}^{-\frac{r^2}{4\chi(t-\tau)}} \mathrm{d}\tau \tag{6.5.10}$$

由式(6.5.9)所表示的瞬时源函数可以衍生出表 4.1 所列的各种基本瞬时源函数。再利用 Newman 乘积原理,可得表 4.2 所列的各种三维源函数或格林函数。

对于水平井情形,通常要考虑地层各向异性的影响。可对铅垂方向长度作一变换

$$\left.\begin{aligned} z^* &= \frac{z}{\sqrt{K}} \\ h^* &= \frac{h}{\sqrt{K}} \end{aligned}\right\} \tag{6.5.11}$$

其中，$\overline{K}=K_V/K_H$。这些符号与第 4.5 节中所引用的相同。孔祥言、徐献芝和卢德唐(1996a,1996)研究了气藏中水平井的拟压力线源解。通过拉普拉斯变换，容易计及表皮因子和井储常数的影响。下面分别对单个水平井和分支水平井进行研究。

1. 无限大地层中单个水平井

仍设水平井井长为 $2L$，井位距下底为 z_w。扩散系数 $\chi_V=K_V/[\phi(\mu c)_i]$，$\chi=K_H/[\phi(\mu c)_i]$。类似解式(4.5.5)，可得上下封闭无限大地层中单个水平井瞬时源的拟压力解

$$\begin{aligned}\frac{m_i-\widetilde{m}}{m_i/\phi}=&\frac{dV}{2}\left\{\mathrm{erf}\left[\frac{L+(x-x_w)}{\sqrt{4\chi(t-\tau)}}\right]+\mathrm{erf}\left[\frac{L-(x-x_w)}{\sqrt{4\chi(t-\tau)}}\right]\right\}\\&\cdot\frac{1}{\sqrt{4\chi(t-\tau)}}\exp\left[-\frac{(y-y_w)^2}{4\chi(t-\tau)}\right]\\&\cdot\frac{1}{h^*}\left(1+2\sum_{n=1}^{\infty}\left\{\exp\left[-\frac{n^2\pi^2\chi_V(t-\tau)}{h^{*2}}\right]\cos\frac{n\pi z_w}{h}\cos\frac{n\pi z}{h}\right\}\right)\end{aligned}\tag{6.5.12}$$

引进无量纲量

$$\left.\begin{aligned}&t_D=\frac{K_Ht}{\phi(\mu c)_iL^2},\quad m_D=\frac{m_i-m}{m_iQ_D},\quad Q_D=\frac{Q_{sc}p_{sc}T}{\pi K_Hh^*m_iT_{sc}}\\&x_D=\frac{x}{L},\quad y_D=\frac{y}{L},\quad z_D=\frac{z}{h}\\&z_{wD}=\frac{z_w}{h},\quad h_D=\frac{h}{L},\quad L_D=\frac{L}{h^*}\end{aligned}\right\}\tag{6.5.13}$$

将式(6.5.12)对源汇作用时间积分，并注意到体积微元

$$dV=qd\tau=\frac{Q}{2L}d\tau\tag{6.5.14}$$

则得地层中无量纲拟压力 m_D 的分布函数

$$\begin{aligned}m_D=\frac{m_i-m}{m_iQ_D}=&\frac{1}{2\phi Q_D}\int_0^t\left(\frac{Q}{2L}\left\{\left[\mathrm{erf}\frac{1+(x_D-x_{wD})}{\sqrt{4\tau_D}}\right]+\mathrm{erf}\left[\frac{1-(x_D-x_{wD})}{\sqrt{4\tau_D}}\right]\right\}\right.\\&\cdot\frac{1}{\sqrt{4\pi}L\sqrt{\tau_D}}\exp\left[-\frac{(y_D-y_{wD})^2}{4\tau}\right]\\&\left.\cdot\frac{1}{h^*}\left\{1+2\sum_{n=1}^{\infty}\left[\exp\left(-\frac{n^2\pi^2\overline{K}\tau_D}{h^{*2}/L^2}\right)\cos\frac{n\pi z_{wD}}{h_D}\cos\frac{n\pi z_w}{h_D}\right]\right\}\right)d\tau\end{aligned}\tag{6.5.15}$$

注意到无量纲量定义式(6.5.13)以及

$$Q=\frac{Q_{sc}p_{sc}T}{pT_{sc}}Z,\qquad m_i=\frac{2p_i}{\mu_iZ_i}p_i\tag{6.5.16}$$

并为简洁起见，将无量纲积分变量 $\tau_D=K_H\tau/[\phi(\mu c)_iL^2]$ 仍写作 τ，则式(6.5.15)经整理得

$$m_D(x_D,y_D,z_D,t_D)$$

$$= \frac{\sqrt{\pi}}{4}\left(\frac{c}{Z}\right)_{\mathrm{i}}\frac{p_{\mathrm{i}}^2}{\overline{p}}\int_0^{t_{\mathrm{D}}}\left[\frac{1}{\sqrt{\tau}}\left\{\mathrm{erf}\left[\frac{1+(x_{\mathrm{D}}-x_{\mathrm{wD}})}{\sqrt{4\tau}}\right]+\mathrm{erf}\left[\frac{1-(x_{\mathrm{D}}-x_{\mathrm{wD}})}{\sqrt{4\tau}}\right]\right\}\right.$$

$$\left.\cdot\exp\left[-\frac{(y_{\mathrm{D}}-y_{\mathrm{wD}})^2}{4\tau}\right]\left\{1+2\sum_{n=1}^{\infty}\left[\exp(-n^2\pi^2\overline{K}L_{\mathrm{D}}^2\tau)\cos n\pi z_{\mathrm{wD}}\cos n\pi z_{\mathrm{D}}\right]\right\}\right]\mathrm{d}\tau \tag{6.5.17}$$

在式(6.5.17)中将$(c/Z)_{\mathrm{i}}(p_{\mathrm{i}}^2/\overline{p})$记作$C_1$，积分记作$I_1$，则可写成

$$m_{\mathrm{D}}(x_{\mathrm{D}},y_{\mathrm{D}},z_{\mathrm{D}},t_{\mathrm{D}}) = \frac{\sqrt{\pi}}{4}C_1I_1 \tag{6.5.18}$$

2. 分支水平井

对于气藏中分支水平井情形，利用瞬时点源函数式(6.5.9)，有

$$\frac{m_{\mathrm{i}}-\widetilde{m}}{m_i\delta V/\phi} = \frac{1}{4\pi\chi(t-\tau)}\exp\left[-\frac{r^2}{4\chi(t-\tau)}\right] \tag{6.5.19}$$

容易衍生出与式(4.5.9)相同的xy平面上任意多个线段源的源函数G_{xy}以及z向源函数G_z，将G_{xy}与G_z相乘，可得该问题的格林函数。对源汇作用时间积分，则上顶下底封闭地层中分支水平井情形的拟压力分布为

$$\frac{m_{\mathrm{i}}-m}{m_{\mathrm{i}}} = \frac{1}{2\phi}\int_0^t\frac{1}{\sqrt{4\pi\chi(t-\tau)}}\sum_{i=1}^{N}\left[\exp\left[-\frac{(-x\sin\alpha_i+y\cos\alpha_i)^2}{4\chi(t-\tau)}\right]\right.$$

$$\cdot\left\{\mathrm{erf}\left[\frac{L_i+(x\cos\alpha_i+y\sin\alpha_i-L_{\mathrm{w}i})}{\sqrt{4\chi(t-\tau)}}\right]\right.$$

$$\left.\left.+\mathrm{erf}\left[\frac{L_i-(x\cos\alpha_i+y\sin\alpha_i-L_{\mathrm{w}i})}{\sqrt{4\chi(t-\tau)}}\right]\right\}\right]$$

$$\cdot\frac{1}{h^*}\left\{1+2\sum_{n=1}^{\infty}\left[\exp(-n^2\pi^2\overline{K}L_{\mathrm{D}}^2\tau_{\mathrm{D}})\cos n\pi z_{\mathrm{wD}}\cos n\pi z_{\mathrm{D}}\right]\right\}\mathrm{d}\tau \tag{6.5.20}$$

所以，写成无量纲形式为

$$m_{\mathrm{D}}(x_{\mathrm{D}},y_{\mathrm{D}},z_{\mathrm{D}},t_{\mathrm{D}}) = \frac{\sqrt{\pi}}{4}C_1I_m \tag{6.5.21}$$

其中，C_1与式(6.5.18)中定义的相同，而积分I_m为

$$I_m = \int_0^{t_{\mathrm{D}}}\frac{1}{\sqrt{\tau}}\sum_{i=1}^{N}\left[\exp\left[-\frac{(x_{\mathrm{D}}\sin\alpha_i+y_{\mathrm{D}}\cos\alpha_i)^2}{4\tau}\right]\right.$$

$$\cdot\left\{\mathrm{erf}\left[\frac{L_{i\mathrm{D}}+(x_{\mathrm{D}}\cos\alpha_i+y_{\mathrm{D}}\sin\alpha_i-L_{\mathrm{w}i\mathrm{D}})}{\sqrt{4\tau}}\right]\right.$$

$$\left.\left.+\mathrm{erf}\left[\frac{L_{i\mathrm{D}}-(x_{\mathrm{D}}\cos\alpha_i+y_{\mathrm{D}}\sin\alpha_i-L_{\mathrm{w}i\mathrm{D}})}{\sqrt{4\tau}}\right]\right\}\right]$$

$$\cdot \left\{1 + 2\sum_{n=1}^{\infty}\left[\exp(-n^2\pi^2\overline{K}L_D^2\tau)\cos n\pi z_{wD}\cos n\pi z_D\right]\right\}d\tau \tag{6.5.22}$$

其中，无量纲量除与拟压力 m 有关的量外，均与 4.5.2 小节中相同。对于一些常用的分支水平井的布局，式中 G_{xy}' 部分，式(4.5.17)～式(4.5.20)仍然有效。

对于试井分析，将式(6.5.22)中(x_D, y_D, z_D)取适当的计算点，如第 4.6.6 小节中所述，即得分支水平井的井底拟压力 $m_D(\mathrm{w}, t_D)$。

以上的讨论是针对地层的上顶和下底均为封闭的情形。对于其他情形，例如，有底水的情形，只要将 z 向的源函数作相应的替换即可。但应注意，由于表 4.1 中Ⅷ和Ⅸ的系数乘以 2，所以最后式(6.5.18)和式(6.5.21)中的系数 C_1 也应乘以 2。

6.5.2 低压气藏中的水平井

对于低压气藏，近似有

$$\mu Z = \mu_i Z_i = 常数 \tag{6.5.23}$$

$$m(p) = \int_0^p \frac{2p\mathrm{d}p}{\mu Z} = \frac{1}{\mu_i Z_i}p^2 \tag{6.5.24}$$

利用状态方程(6.1.3)，可将拟压力写成

$$m(p) = \frac{1}{\mu_i Z_i}\left(\frac{RT}{M}\right)^2 Z^2\rho^2 \tag{6.2.25}$$

这表明只要对压缩因子 Z 取平均值 $\overline{Z}$，可得拟压力 m 与 ρ^2 呈正比关系。于是，可写成

$$m = \frac{\overline{Z}^2}{\mu_i Z_i}\left(\frac{RT}{M}\right)^2\rho^2 \tag{6.5.26}$$

$$m_i = \frac{\overline{Z}^2}{\mu_i Z_i}\left(\frac{RT}{M}\right)^2\rho_i^2 \tag{6.5.27}$$

因而，在压缩因子 Z 取平均值的近似下，拟压力 m 的扩散方程(6.2.31)在低压气藏中可写成关于 ρ^2 的扩散方程。于是，平面中瞬时点源的定解问题可写成

$$\left.\begin{aligned}
&\frac{\partial^2\rho^2}{\partial x^2} + \frac{\partial^2\rho^2}{\partial y^2} = \frac{1}{\chi}\frac{\partial\rho^2}{\partial t} \quad [0 < (x,y) < \infty,\ t > 0] && (6.5.28)\\
&\rho^2(x,y) = \rho_i^2 \quad [(x,y)\to\infty,\ t > 0] && (6.5.29)\\
&\rho^2(x,y) = \begin{cases}\rho_i^2 & (\text{在点 } M' \text{ 以外},\ t = 0)\\ \infty & (\text{在点 } M' \text{ 处},\ t = 0)\end{cases} && (6.5.30)
\end{aligned}\right\}$$

于是有瞬时点源解

$$\tilde{\rho}^2(x,y,t) = \rho_i^2 \pm \frac{B}{t-\tau}\exp\left[-\frac{r^2}{4\chi(t-\tau)}\right] \tag{6.5.31}$$

式中，正号和负号分别对应于注入和采出情形。下面以采出情形为例，并记

$$(\Delta\rho)^2 = \frac{B}{t-\tau}\exp\left[-\frac{r^2}{4\chi(t-\tau)}\right] \tag{6.5.32}$$

则有

$$\tilde{\rho}^2(x,y,t) = \rho_i^2 - (\Delta\rho)^2 = \rho_i^2\left[1 - \left(\frac{\Delta\rho}{\rho_i}\right)^2\right] \tag{6.5.33}$$

因为注入或采出的是微质量流体 δm，除注采时刻和点源 $M'(x',y')$ 处外，总有 $(\Delta\rho)^2 \ll \rho_i^2$。将式(6.5.33)展开，略去高阶小量，则得

$$\widetilde{\rho}(x,y,t) = \rho_i - \frac{1}{2\rho_i}(\Delta\rho)^2 = \rho_i - \frac{B}{2\rho_i(t-\tau)}\exp\left[1 - \frac{r^2}{4\chi(t-\tau)}\right] \quad (6.5.34)$$

由式(6.5.34)并利用质量守恒原理，可定出系数

$$B = \frac{\rho_i \delta m}{2\pi\phi\chi} = \rho_i^2 \frac{\delta V}{2\pi\phi\chi} \quad (6.5.35)$$

将该系数代入式(6.5.31)，可得

$$\widetilde{\rho}^2 = \rho_i^2 - \rho_i^2 \frac{\delta V}{2\pi\phi\chi(t-\tau)}\exp\left[-\frac{r^2}{4\chi(t-\tau)}\right] \quad (6.5.37)$$

按照式(6.5.26)和式(6.5.27)的正比关系，得瞬时源的拟压力解

$$\widetilde{m}(p) = m_i - m_i \frac{\delta V}{2\pi\phi\chi(t-\tau)}\exp\left[-\frac{r^2}{4\chi(t-\tau)}\right] \quad (6.5.38)$$

所以对低压气藏，瞬时源函数可写成

$$\frac{m_i - \widetilde{m}}{m_i \delta V/\phi} = \frac{1}{2\pi\chi(t-\tau)}\exp\left[-\frac{r^2}{4\chi(t-\tau)}\right] \quad (6.5.38)$$

将式(6.5.38)与式(6.5.19)相比，可知低压气藏中瞬时源函数是高压气藏中的两倍。类似式(6.5.10)，可得持续源的拟压力为

$$\frac{m_i - m}{m_i} = \frac{1}{2\pi\phi\chi}\int_0^t \frac{q}{t-\tau} e^{-\frac{r^2}{4\chi(t-\tau)}} d\tau \quad (6.5.39)$$

在无量纲化的过程中，高压气藏中式(6.5.15)中积分号外的系数 $1/(2\phi Q_D)$，在低压气藏中变成 $1/(\phi Q_D)$；但高压气藏中式(6.5.16)中的 $m_i = 2p_i^2/(\mu_i Z_i)$，在低压气藏中变成 $m_i = p_i^2/(\mu_i Z_i)$。所以，按式(6.5.13)定义的 Q_D 当用 $p_i, \mu_i Z_i$ 表示时，低压气藏的 Q_D 就是高压气藏的 $2Q_D$。而式中其他量均相同。也就是说，高压气藏中无量纲拟压力的表达式(6.5.17)和式(6.5.18)在低压气藏中形式不变。

对于无限大地层中单个水平井且上顶和下底封闭的情形，仍有无量纲拟压力分布函数

$$m_D = \frac{m_i - m}{m_i Q_D} = \frac{\sqrt{\pi}}{4} C_1 I_1 \quad (6.5.40)$$

其中，$C_1 = (c/Z)_i(p_i^2/\overline{p})$，$I_1$ 为

$$I_1 = \int_0^{t_D} \frac{1}{\sqrt{\tau}}\exp\left[-\frac{(y_D - y_{wD})^2}{4\tau}\right]\left\{\operatorname{erf}\left[\frac{1+(x_D - x_{wD})}{\sqrt{4\tau}}\right] + \operatorname{erf}\left[\frac{1-(x_D - x_{wD})}{\sqrt{4\tau}}\right]\right\}$$
$$\cdot \left\{1 + 2\sum_{n=1}^{\infty}\left[\exp(-n^2\pi^2 \overline{K} L_D^2 \tau)\cos n\pi z_{wD} \cos n\pi z_D\right]\right\} d\tau \quad (6.5.41)$$

基于同样的理由，对于分支水平井的情形，高压气藏中求得的无量纲拟压力分布表达式(6.5.21)和式(6.5.22)对于低压气藏仍然有效。即对于低压气藏，仍有

$$m_D(x_D, y_D, z_D, t_D) = \frac{\sqrt{\pi}}{4} C_1 I_m \quad (6.5.42)$$

其中，积分 I_m 由式(6.5.22)表示。孔祥言、徐献芝和卢德唐(1996b)详细研究了这种情形。

6.5.1 小节和 6.5.2 小节研究了无限大气藏中用拟压力方法求解单个水平井和分支水平井情形的解。显然，该方法可用于以下各种情况，只需按表 4.2 中Ⅸ* ～Ⅻ* 行所列适当替换相应的源函数部分即可。具体讨论如下：

(1) 若水平井在直线边界附近，可按镜像原理进行处理。

(2) 对于矩形气藏中的水平井，可用三个方向一维流动基本源函数的乘积给出其格林函数，从而求得拟压力分布。

(3) 分支水平井所得结果，在一定条件下可用于尖灭角内的水平井，这在第 5.6 节中已进行了讨论。

(4) 实际上，对水平井的处理方法也完全适用于铅直井，只要按表 4.1 所列适当替换源函数即可。

(5) 以上按源函数方法给出的线源解，若需考虑表皮因子和井储常数，可按第 5.6.3 小节所述在拉氏空间中进行修正。

6.6 气井的产能试井

气井产能试井的目的是了解气井的产出能力，预测气井产量随气藏衰竭而下降的方式，用以确定气井的最大允许产量。气井的产能试井包括回压试井或多点回压试井、等时试井和改进的等时试井等。因为相对于任何一个特定的管线回压都能预测气井的产量，所谓回压试井就是测量不同流量(一般用 1～4 个流量)下井底的流动压力，通常是在每个流量生产数小时后再测量流压。在进行多点回压试井时，是在每个流量的生产末期(或者说改变产量前)测量井底流压。测量后不关井，迅速改变到一个新的产量。在产能试井过程中，要用到所谓绝对无阻流量(AOF)，它被定义为井底回压为零时的产气量。这个产气量不能直接测量，而只能用产能试井方法推算出来。下面分别介绍产能分析的基本关系式和几种主要的分析方法[11]。

6.6.1 产能分析基本关系式

首先导出产能试井的基本关系式。在产能试井中，主要用拟压力方法和压力平方处理方法，有时也可应用简单分析法。

1. 拟压力关系式

考虑有界圆形地层的准稳态流动，将式(6.4.29)代入式(6.4.33)，给出

$$m_R - m_{wf} = m_i Q_D \ln \frac{0.472R}{r_w} \tag{6.6.1}$$

其中，m_R 是平均地层拟压力，可由平均地层压力 p_R 换算求得。将表 6.6 中对平面径向流定义的 Q_D 代入式(6.6.1)，并考虑表皮效应和惯性-湍流效应，可写成

$$m_R - m_{wf} = \frac{p_{sc}T}{\pi KhT_{sc}}\left(\ln\frac{0.472R}{r_w} + S'\right)Q_{sc} \tag{6.6.2}$$

将总表皮因子 S' 的关系式(6.2.37)代入式(6.6.2),可得

$$m_R - m_{wf} = \frac{2.3026p_{sc}T}{\pi KhT_{sc}}\left(\lg\frac{0.472R}{r_w} + \frac{S}{2.3026}\right)Q_{sc} + \frac{p_{sc}TD}{\pi KhT_{sc}}Q_{sc}^2 \tag{6.6.3}$$

其中,S 和 D 分别为污染表皮因子和惯性-湍流表皮系数。若令

$$a = \frac{2.3026p_{sc}T}{\pi KhT_{sc}}\left(\lg\frac{0.472R}{r_w} + \frac{S}{2.3026}\right) \tag{6.6.4}$$

$$b = \frac{p_{sc}TD}{\pi KhT_{sc}} \tag{6.6.5}$$

则式(6.6.3)可写成

$$m_R - m_{wf} = aQ_{sc} + bQ_{sc}^2 \tag{6.6.6}$$

于是气井的产能

$$Q_{sc} = \frac{-a + \sqrt{a^2 + 4b(m_R - m_{wf})}}{2b} \tag{6.6.7}$$

绝对无阻流量 AOF 对应于井底拟流压 $m_{wf} = 0$ 的流量,即有

$$AOF = \frac{-a + \sqrt{a^2 + 4bm_R}}{2b} \tag{6.6.8}$$

若惯性-湍流影响可以忽略不计,则 $b = 0$。于是,产能和绝对无阻流量分别为

$$Q_{sc} = \frac{1}{a}(m_R - m_{wf}) \tag{6.6.9}$$

$$AOF = \frac{1}{a}m_R \tag{6.6.10}$$

2. 压力平方关系式

压力平方关系式与拟压力关系式有对应关系,与式(6.6.1)相应,有

$$p_R^2 - p_{wf}^2 = p_i^2 Q_D \ln\frac{0.472R}{r_w} \tag{6.6.11}$$

根据表 6.6 中平面径向流 Q_D 对 p^2 方法的定义,得

$$p_i^2 Q_D = \frac{p_{sc}\overline{\mu}\overline{Z}Q_{sc}T}{\pi KhT_{sc}} \tag{6.6.12}$$

若考虑污染表皮和惯性-湍流效应,则式(6.6.11)可写成

$$p_R^2 - p_{wf}^2 = \frac{2.3026p_{sc}\overline{\mu}\overline{Z}T}{\pi KhT_{sc}}\left(\lg\frac{0.472R}{r_w} + \frac{S}{2.3026}\right)Q_{sc} + \frac{p_{sc}\overline{\mu}\overline{Z}TD}{\pi KhT_{sc}}Q_{sc}^2 \tag{6.6.13}$$

在式(6.6.13)中令系数

$$a' = \frac{2.3026p_{sc}\overline{\mu}\overline{Z}T}{\pi KhT_{sc}}\left(\lg\frac{0.472R}{r_w} + \frac{S}{2.3026}\right) \tag{6.6.14}$$

$$b' = \frac{p_{sc}\overline{\mu}\overline{Z}TD}{\pi KhT_{sc}} \tag{6.6.15}$$

则式(6.6.13)可写成

$$p_R^2 - p_{wf}^2 = a'Q_{sc} + b'Q_{sc}^2 \tag{6.6.16}$$

所以气井的产能为

$$Q_{sc} = \frac{-a' + \sqrt{a'^2 + 4b'(p_R^2 - p_{wf}^2)}}{2b'} \tag{6.6.17}$$

类似地,用 p^2 表示的绝对无阻流量为

$$AOF = \frac{-a' + \sqrt{a'^2 + 4b'p_R^2}}{2b'} \tag{6.6.18}$$

3. 简单分析关系式

式(6.6.7)和式(6.6.17)分别为用拟压力方法和 p^2 方法处理产能分析的基本关系式。在较早时期,有人根据观测资料曾给出一个经验公式

$$Q_{sc} = c(p_R^2 - p_{wf}^2)^n \tag{6.6.19}$$

其中,c 是产能方程的系数,与气藏和气体特性有关;n 是产能方程的指数,与流体流动特性有关,有时简称渗流指数。

下面讨论一下在不同产量范围,式(6.6.19)对式(6.6.16)的近似关系。

若产量很低,则有 $a'Q_{sc} \gg b'Q_{sc}^2$,于是式(6.6.16)可近似表示为

$$p_R^2 - p_{wf}^2 = a'Q_{sc} \tag{6.6.20}$$

式(6.6.20)与式(6.6.19)比较,给出 $n=1, c=1/a'$。若产量很高,则有 $b'Q_{sc}^2 \gg a'Q_{sc}$,于是式(6.6.16)可近似表示为

$$p_R^2 - p_{wf}^2 = b'Q_{sc}^2 \tag{6.6.21}$$

此式与式(6.6.19)比较,给出 $n=1/2, c=1/\sqrt{b'}$。

以上两种极端情形的分析表明:渗流指数 n 从层流情形的最大值 $n=1$,变到完全湍流情形的最小值 $n=1/2$。应当指出:根据第 6.2.5 小节中的讨论可知,式(6.6.3)或式(6.6.5)被认为是比较精确的;而式(6.6.13)或式(6.6.15)只是在一定条件下,即在附加假设(c)或(e)的条件下才是适合的;而式(6.6.19)又是对式(6.6.15)的近似式。所以,与式(6.6.5)相比,经验公式(6.6.19)的精度是不高的,因而适用范围是有限的。但由于该经验公式形式比较简单,使用方便,有时可用来作工程上的初步估算。

6.6.2 常规产能试井

常规产能试井是测量各种回压下井的产出能力的试井,即连续以若干不同的产量(或称工作制度,一般是 3～4 个)生产,并且要求每一个产量都必须持续到稳态条件,井底流压要达到一个稳定的值。这种试井要求确定气藏的平均地层压力 p_R(在勘探初期,p_R 就是地层原始压力 p_i),它对应的拟压力为 m_R。该方法的实现过程描述如下:开始以产量 Q_1 生产并测量井底流压 p_{wf},通常要生产数小时,直至气井生产达到稳态而测出井底流压的稳定值 p_{wf1}。接着将产量改变到 Q_2 并测量井底流压 $p_{wf}(t)$,直至达到稳定的压力值 p_{wf2}。如此改变产量 3～4 次,在每个产量下都生产到井底流压达到稳定值为止。图 6.7 示出了这种常规试井或回压试井的产量和井底流压随时间的变化及其对应关系。这种产能试井对于外边界

定压且渗透率不太低的地层较为适用，因为这可以在不太长的时间内达到井底流压的稳定值 p_{wfi}。

常规产能分析可用二项式产能分析关系式（包括拟压力处理和 p^2 方法处理）以及指数式产能分析关系式，下面分别介绍。

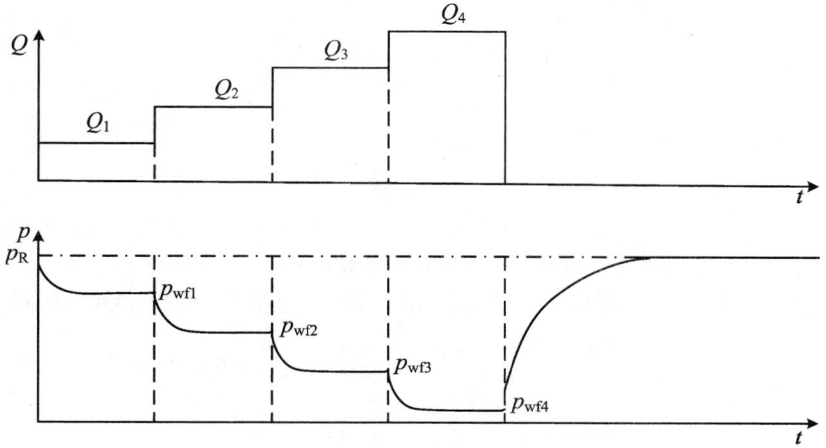

图 6.7　回压试井示意图

1. 二项式产能分析

目前油田上多采用二项式产能分析，首先介绍拟压力法。式(6.6.6)可写成

$$\frac{m_R - m_{wf}}{Q_{sc}} = a + bQ_{sc} \tag{6.6.22}$$

在直角坐标图上画出 $(m_R - m_{wf})/Q \sim Q$ 的关系曲线，将得到一条直线。其斜率为 b，截距为 a。这条直线称为二项式产能曲线，如图 6.8 所示。因而，用拟压力法进行产能分析的步骤如下：

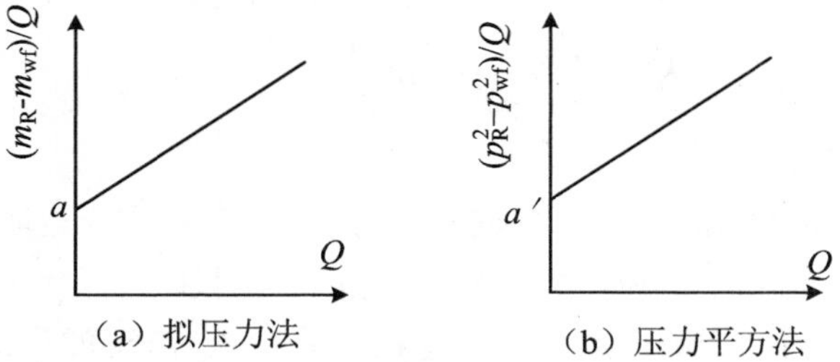

（a）拟压力法　　（b）压力平方法

图 6.8　二项式产能曲线

（1）用压力恢复方法测得平均地层压力，如第 5.4.3 小节所述。在勘探初期，p_R 就是地层原始压力 p_i。由 p_R 换算出 m_R。在产能试井过程中，对每个流量测出稳定压力值 p_{wf}，从而得到 (m_{wfi}, Q_i)。

（2）在直角坐标图上标出实测数据 $[(m_R - m_{wfi})/Q_i, Q_i]$ 的点。根据理论分析，这些点的连线应是一条直线，即二项式产能曲线。在图上读出产能曲线的截距 a 和直线斜率 b 的值。

（3）按式(6.6.8)计算绝对无阻流量

$$AOF = \frac{-a + \sqrt{a^2 + 4bm_R}}{2b} \tag{6.6.23}$$

其中，m_R 用表压值，若用绝对压力，则为 $m_R - m$（$p = 0.101$ MPa）。

(4) 预测气井产量。若 p_R 下降到 p_{R1}，井底流压稳定值为 p_{wf1}，它们分别对应于 m_{R1} 和 m_{wf1}。按式(6.6.7)，产量约为

$$Q = \frac{-a + \sqrt{a^2 + 4b(m_{R1} - m_{wf1})}}{2b} \tag{6.6.24}$$

(5) 由式(6.6.4)可粗略估算地层渗透率

$$K = \frac{p_{sc}T}{\pi ahT_{sc}}\left(\ln\frac{R}{r_w} - \frac{3}{4} + S\right) \tag{6.6.25}$$

当然，渗透率 K 值一般应由压力恢复试井求得，此值仅供参考和比较。

方程的系数 a 和 b 也可用最小二乘法算出。若 N 为改变产量的次数，则有

$$a = \frac{\sum_{i=1}^{N}\frac{m_R - m_{wfi}}{Q_{sc}}\sum_{i=1}^{N}Q_{sc}^2 - \sum_{i=1}^{N}Q_{sc}\sum_{i=1}^{N}(m_R - m_{wfi})}{N\sum_{i=1}^{N}Q_{sc}^2 - \sum_{i=1}^{N}Q_{sc}\sum_{i=1}^{N}Q_{sc}} \tag{6.6.26}$$

$$b = \frac{N\sum_{i=1}^{N}(m_R - m_{wfi}) - \sum_{i=1}^{N}Q_{sc}\sum_{i=1}^{N}\frac{m_R - m_{wfi}}{Q_{sc}}}{N\sum_{i=1}^{N}Q_{sc}^2 - \sum_{i=1}^{N}Q_{sc}\sum_{i=1}^{N}Q_{sc}} \tag{6.6.27}$$

用压力平方法进行产能分析的原理和步骤与用拟压力方法完全类似。根据式(6.6.16)，在直角坐标图上画出 $(p_R^2 - p_{wf}^2)/Q \sim Q$ 的关系曲线，将得到一条斜率为 b'、截距为 a' 的直线，如图 6.8(b)所示。其他各个步骤只要将式(6.6.23)和式(6.6.24)中的拟压力换成压力平方即可。而渗透率 K 根据式(6.6.14)可近似写成

$$K = \frac{p_{sc}\overline{\mu Z}T}{\pi a'hT_{sc}}\left(\ln\frac{R}{r_w} - \frac{3}{4} + S\right) \tag{6.6.28}$$

2. 指数式产能分析

作为工程估算，有时可用式(6.6.19)进行简单分析，对该式两边取对数，得

$$\lg Q = n\lg(p_R^2 - p_{wf}^2) + \lg c \tag{6.6.29}$$

这表明在双对数坐标图上画出 $(p_R^2 - p_{wf}^2) \sim Q$ 的关系曲线，所得的产能曲线应是一条直线，其斜率为 $1/n$。用指数式关系进行产能分析的步骤如下：

(1) 先求得 p_R，并在产能试井过程中对每个流量 Q_i 测得井底流压的稳定值 p_{wfi}。

(2) 在双对数坐标图上标出实测数据 $(p_R^2 - p_{wfi}^2, Q_i)$ 的点。这些点的连线应是一条直线，称为指数式产能曲线或指示曲线。

(3) 在图上读出直线的斜率值 $1/n$，得指数 n。在双对数坐标图上的斜率值应按一个对数周期计算，同时求得系数 $c = Q/(p_R^2 - p_{wf}^2)^n$，这里，$Q$ 和压力平方差值可在直线上任一点读出。

指数 n 和系数 c 的值也可通过对 $\lg(p_i^2 - p_{wfi}^2)$ 和 $\lg Q_i$ 进行线性回归计算而得到。

(4) 根据 p_R 的表压值算出绝对无阻流量

$$AOF = c\overline{p}_R^{2n} \tag{6.6.30}$$

若 p_R 用读出的绝对压力值(单位为 MPa),则 p_R^2 应改成$(\overline{p}_R - 0.101)^2$。

(5) 预测气井产量。在直线上任取一点 M,则得

$$Q_{sc} = c(\overline{p}_R^2 - p_{wf}^2)_M^n \tag{6.6.31}$$

在不同的平均地层压力 p_R 下有不同的产量。

3. IPR 曲线及其应用

IPR 是井底流入动态曲线的简称,也就是井底流压 p_{wf} 与产量 Q 的关系曲线。它是针对一定的气藏,根据产能关系式算出的不同平均压力 p_R 下以若干不同流压生产时得出的产量。这一系列点(p_{wfi}, Q_i)的连线就是一条 $p_{wf} \sim Q$ 曲线。不同的 p_R 有不同的曲线,组成曲线族。由该曲线族可查出产能,确定气井的最佳工作制度。

6.6.3 等时产能试井

6.6.2 小节所述的常规产能试井要求对每个产量都持续到井底流压的稳定值,但在某些气藏(例如,渗透率较低的气藏)中,即使要求达到近似的流压稳定值,所需的时间也可能很长。在这种情况下,进行常规试井是不切合实际的,盲目进行常规产能分析会得出错误的结果。用等时产能试井可弥补这一缺陷。

等时产能试井的过程是用若干个不同的产量(通常是 4 个)生产相同的时间,但井底压力并未达到稳定值。每个产量生产一定时间后关井,使压力恢复到接近气层平衡压力,各次关井时间不要求相等。最后以某一定产量生产较长时间,直至井底流压达到稳定值。其产量与井底流压的变化关系如图 6.9 所示。

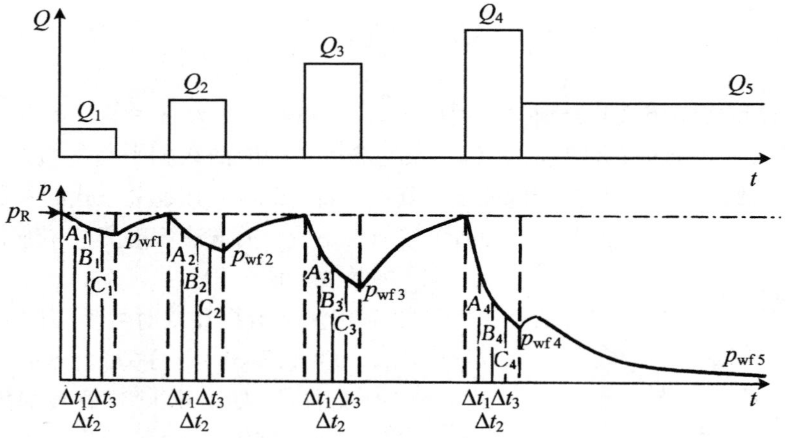

图 6.9　等时产能试井示意图

等时产能试井是基于这样的原理:在一个确定的气藏中,有效驱动半径 r_d 只是无量纲时间 t_D 的函数,如式(6.4.31)所示,它与产量 Q 无关。对不同的流动系统和不同的 t_D 值,可以得到不同的 r_d/r_w 值。但对同一流动系统,即一个确定气藏中同一口井的流动,只要 t_D 数值一定,r_d/r_w 的值也随之确定。因此,一组产量不同而生产时间相等的试井数据在直

角坐标图中画出的$(m_R - m_{wf})/Q \sim Q$ 或$(p_R^2 - p_{wf}^2)/Q \sim Q$ 的二项式产能曲线应是一条直线,或者在双对数坐标图中画出的$(p_R^2 - p_{wf}^2) \sim Q$ 的指数式产能曲线也应是一条直线。

下面分别介绍等时产能试井用二项式产能曲线和指数式产能曲线进行分析的方法和步骤。

1. 二项式产能分析

(1) 在等时试井过程中测量出井底流压 p_{wfj} 及其对应的产量 Q_j($j=1,2,3,4$),并记下最后一个产量所测得的井底流压稳定值,如 Q_5 和 p_{wf5}。

(2) 在直角坐标图中标出四个非稳态流压点(Q_j,$(m_R - m_{wfj})/Q_j$)或(Q_j,$(p_R^2 - p_{wfj}^2)/Q_j$)($j=1,2,3,4$),并画出回归直线,即二项式非稳态产能曲线。其斜率在拟压力图上为 $b=\tan\alpha$,或在压力平方图上为 $b'=\tan\alpha'$,如图 6.10 所示。它们与常规产能试井中二项式产能曲线图上的直线斜率相同,因为系数 b 或b'只与流动性质有关,与流动时间无关。

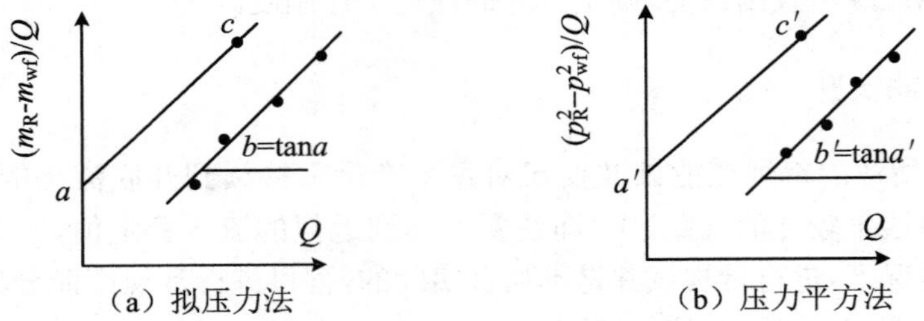

图 6.10 等时测试二项式产能曲线

(3) 由最后一个流压稳定值点 $c(Q_5, p_{wf5})$可计算出二项式产能关系式的另一个系数 a 或a':

$$a = \frac{m_R - m_{wf5} - bQ_5^2}{Q_5} \quad (拟压力法) \tag{6.6.32}$$

$$a' = \frac{p_R^2 - {p_{wf5}}^2 - b'Q_5^2}{Q_5} \quad (压力平方法) \tag{6.6.33}$$

并按式(6.6.6)和式(6.6.16)分别写出用拟压力 m 和压力平方表示的二项式产能关系式。

(4) 过最后一点 c 或c'(图 6.10)作一条与非稳态产能曲线相平行的直线,如图 6.10 中直线 ca 或 $c'a'$,即为稳态二项式产能曲线。其截距就是二项式产能关系式的系数 a 或 a'。由此,可按前一小节中的方法算出产量和绝对无阻流量。

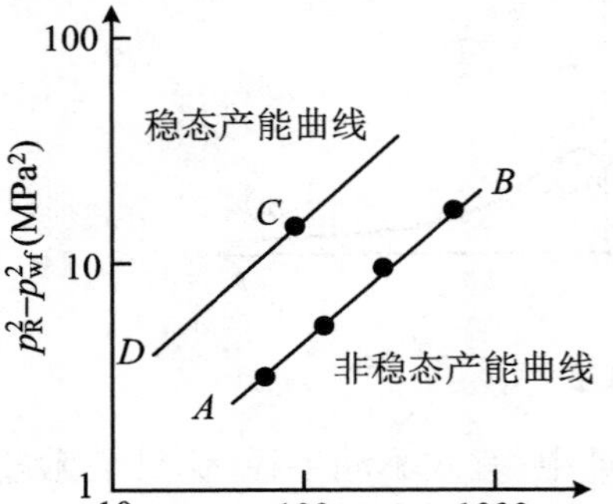

图 6.11 等时试井的指数式产能曲线

2. 指数式产能分析

(1) 利用测量数据在双对数坐标图上标出点(Q_j,$p_R^2 - p_{wfj}^2$)($j=1,2,3,4$)。这四个点的连线即为指数式非稳态产能曲线,如图 6.11 中直线 AB 所示。

(2) 过点 $C(Q_5, p_R^2 - {p_{wf5}}^2)$作一条与非稳态产能曲线相平行的直线,如图 6.11 中直线 CD 所示,这就是指数式稳态产能曲线。

(3) 用与 6.6.2 小节中所述常规产能试井指数式产能分析完全相同的方法,可以计算出该气井的绝对无阻流量和预测气井产量。

6.6.4 改进的等时产能试井

改进的等时产能试井是对上述等时产能试井的进一步简化。在等时产能试井中，每一次关井要求压力恢复到接近气藏的平衡压力。因此，一般来说，各次关井时间是不相同的，并且对于较致密的气藏也是不切合实际的。在改进的等时产能试井中，各次关井时间相同。它可以与生产时间相等，也可以不相等。不要求井底流压恢复到地层平衡压力。最后也以某一定产量生产较长时间，直至井底流压达到一个稳定值，如 p_{wf5}。

改进的等时产能试井带有半经验性质，没有严格的理论基础。实际用于许多气井试验表明，多数情况下还是令人满意的。

该产能试井的分析方法和步骤与等时产能试井的分析方法和步骤大体相同。所不同的只是除要求测出生产结束时的井底流压 p_{wfj} 外，还要测出关井末期的井底压力 p_{wsj}。用 $m_{wsj}-m_{wfj}$ 代替 6.6.3 小节中的 m_R-m_{wfj}，用 $p_{wsj}^2-p_{wfj}^2$ 代替 6.6.3 小节中的 $p_R^2-p_{wfj}^2$，其余完全相同。

6.7 气井的压力降落和压力恢复试井

6.6 节所阐述的产能试井是研究气井产量与压降之间的关系。本节所要介绍的压力降落试井与压力恢复试井是要了解气藏和气井的特性，用以给出地层参数和井的状况。气井的非稳态流试井与油井的基本原理相同，解释的方法和步骤也大体相同。但由于气体的性质与油的性质有很大区别，并且在气井中引用了拟压力的概念，所以气井资料的解释与油井的解释在细节上仍有不少差别。

下面分别介绍气井的压力降落试井和压力恢复试井。

6.7.1 压力降落常规试井

我们所讨论的气藏模型基于第 6.2.2 小节中的基本假设以及附加假设(a)：流动是层流的，$\delta=1$ 和附加假设(b)：渗透率 K 与压力无关。在这些条件下，气井流压 p_{wf} 随时间的变化特性大体上可分为三个阶段。第一阶段是早期流动段，是表皮因子和井筒储集常数控制曲线形态的阶段。第二阶段是非稳态流动阶段，或称中期流动段。这一阶段从井储影响降为零时刻开始，至外边界影响流动时结束。在这一阶段中，井底流动拟压力差与时间的关系曲线即 $(m_i-m_{wf})\sim\lg t$ 曲线在单对数坐标图上是一直线段。这时，因为外边界影响尚未起作用，它与无限大地层中的流动特性相同，所以也称为无限作用阶段。第三阶段是晚期流动段。在这个阶段后期，外边界影响控制了气体的流动特性。对于外边界封闭情形，出现拟稳态流动，即气藏中各点压力大体以同样的速度下降，井底流动拟压力差与时间的关系曲线即 $(m_i-m_{wf})\sim t$ 曲线在直角坐标图上是一直线段。对于外边界定压情形，出现稳态流动，即地层中各点拟压力保持为常数。

常规试井是利用第二阶段和第三阶段的直线关系进行分析计算。降落试井最好是在开井前气藏压力达到完全平衡，因此，对于新探井和关井时间足够长以致整个气藏压力恢复平衡的情形，用降落试井最为适宜。

1. 中期段试井解释

非稳态流动阶段的压力降落试井是基于关系式(6.4.4)，考虑到拟表皮因子 $S' = S + DQ$ 所引起的附加压降，井底无量纲拟压力降落可写成

$$m_{wD} = \frac{m_i - m_{wf}}{m_i Q_D} = \frac{1}{2}(\ln t_D + 0.80907) + S' \tag{6.7.1}$$

在标准单位制下，并规定 $p_{sc} = 0.101325\ \text{MPa}$，$T_{sc} = 20\ ℃ = 293\ \text{K}$，写成有量纲形式为

$$m_i - m_{wf} = 0.01466\frac{Q_{sc}T}{Kh}\left(\lg\frac{Kt}{\phi\mu_i c_i r_w^2} + 0.9077 + 0.8686S'\right) \tag{6.7.2}$$

其中，拟压力的单位为 $\text{MPa}^2 \cdot \text{mPa}^{-1} \cdot \text{s}^{-1}$；$Q_{sc}$ 的单位为 $10^4\text{m}^3 \cdot \text{d}^{-1}$；$T$ 的单位为 K；压缩系数 $c_t = c_g s_{gi}$，即气体压缩系数乘以原始含气饱和度。

气井常规压降试井分析的方法与步骤如下：

(1) 将实测井底压力 p 在标准单位制下换算成拟压力 p_{wf}，在单对数坐标图上绘制成 $m_{wf} \sim \lg t$ 关系曲线。

(2) 读出中期直线段的斜率 $\tan\alpha$。由式(6.7.2)可得地层渗透率为

$$K = \frac{0.01466 Q_{sc} T}{h\tan\alpha} \tag{6.7.3}$$

(3) 定义 $\Delta m_1 = m_i - m_{wf1}$，其中，$m_{wf1}$ 为中期段直线上或其延长线上 $t = 1\ \text{h}$ 所对应的井底流压值。于是，由式(6.7.2)可得拟表皮因子

$$S' = 1.151\left(\frac{\Delta m_1}{\tan\alpha} - \lg\frac{K}{\phi\mu_i c_t r_w^2} - 0.9077\right) \tag{6.7.4}$$

即由拟表皮因子 S' 所引起的附加拟压降 Δm_s 为

$$\Delta m_s = 0.8686\tan\alpha S' \tag{6.7.5}$$

由于拟压力 m 与压力 p 不呈线性关系，所以不能由 $m \sim p$ 关系曲线中的 Δm_s 直接读出 Δp_s 值，而必须由 $m_{wf} + \Delta m_s$ 和 m_{wf} 分别求得对应的 $p_{wf} + \Delta p_s$ 和 p_{wf} 值，两者相减得 Δp_s 值。

(4) 有时尚需求得以下诸值：流动效率 FE，堵塞比 DR，理论流量 Q_I，探测半径 r_i。其中

$$FE = \frac{m_i - m_{wf} - \Delta m_s}{m_i - m_{wf}} = \frac{1}{DR},\quad DR = \frac{1}{FE} \tag{6.7.6}$$

$$Q_I = Q_{sc}/FE = (DR)Q_{sc} \tag{6.7.7}$$

$$r_i = 3.795\left(\frac{Kt_p}{\phi\mu_i c_t}\right)^{1/2} \tag{6.7.8}$$

2. 晚期段试井解释

外边界封闭地层晚期拟稳态流数据的解释基于公式(6.4.13)，考虑到拟表皮因子 S' 引

起的附加拟压降 Δm_s，可写成

$$m_{wD} = \frac{2t_D}{R_D^2} + \ln R_D - \frac{3}{4} + S' \tag{6.7.9}$$

在标准单位制下，写成有量纲形式为

$$m_i - m_{wf} = 1.273 \times 10^{-2} \frac{Q_{sc}T}{Kh}\left(\frac{7.2Kt}{\phi\mu_i c_t R^2} + \ln\frac{R}{r_w} - \frac{3}{4} + S'\right) \tag{6.7.10}$$

或写成

$$m_i - m_{wf} = \frac{9.166 \times 10^{-2} Q_{sc}T}{\phi h R^2 \mu_i c_t}t + \frac{1.273 \times 10^{-2} Q_{sc}T}{Kh}\left(\ln\frac{0.472R}{r_w} + S'\right) \tag{6.7.11}$$

式(6.7.11)表明：拟稳态流阶段的拟压降曲线的特征为在直角坐标图上 $m_{wf} \sim t$ 的关系曲线是一直线段，其斜率为

$$\tan\alpha = \frac{9.166 \times 10^{-2} Q_{sc}T}{\phi h R^2 \mu_i c_t} \tag{6.7.12}$$

对于圆形气藏，其孔隙的总体积 V_p 为

$$V_p = \pi\phi h R^2 = \frac{0.288 Q_{sc}T}{\mu_i c_t \tan\alpha} \tag{6.7.13}$$

气藏储量 N_g 为孔隙总体积 V_p 乘以含气饱和度 s_g，所以有

$$N_g = 0.288\frac{Q_{sc}Ts_g}{\mu_i c_t \tan\alpha} \tag{6.7.14}$$

进一步可以分析气井至断层的距离 d，它与断层的形状有关。

3. 多流量降落试井解释

以上是一个流量的降落试井解释。在非稳态流阶段，有时采用多流量试井，例如有 n 个流量 $Q_1, Q_2, \cdots, Q_n$。根据叠加原理，压降关系式为

$$\frac{m_i - m_{wf}}{Q_n} = 0.01466\frac{T}{Kh}\left[\sum_{j=1}^{n}\frac{Q_j - Q_{j-1}}{Q_n}\lg(t - t_{j-1}) + \lg\frac{K}{\phi\mu_i c_t r_w^2} + 0.9077 + 0.8686S'\right] \tag{6.7.15}$$

基于式(6.7.15)，可将实测数据在直角坐标图上绘成

$$\frac{m_i - m_{wf}}{Q_n} \sim \sum_{j=1}^{n}\frac{Q_j - Q_{j-1}}{Q_n}\lg t \tag{6.7.16}$$

关系曲线，它应有一直线段，其斜率为 $\tan\alpha = 0.01466T/(Kh)$。在图上读出斜率 $\tan\alpha$，可得

$$K = 0.01466\frac{T}{h\tan\alpha} \tag{6.7.17}$$

同时读出直线段的截距 b，解出 S' 为

$$S' = 1.151\left(\frac{b}{\tan\alpha} - \lg\frac{K}{\phi\mu_i c_t r_w^2} - 0.9077\right) \tag{6.7.18}$$

若每一个流量的降落试井能求得 S_j' $(j = 1, 2, \cdots, n)$，即有

$$S_1' = S + DQ_1,\quad S_2' = S + DQ_2,\quad \cdots,\quad S_n' = S + DQ_n$$

利用最小二乘法可求得污染表皮因子 S 和惯性-湍流表皮系数 D 分别为

$$S=\frac{\sum_{j=1}^{n}S_j'\sum_{j=1}^{n}Q_j^2-\sum_{j=1}^{n}S_jQ_j\sum_{j=1}^{n}Q_j}{n\sum_{j=1}^{n}Q_j^2-\sum_{j=1}^{n}Q_j\sum_{j=1}^{n}Q_j}\tag{6.7.19}$$

$$D=\frac{n\sum_{j=1}^{n}S_j'Q_j-\sum_{j=1}^{n}S_j'\sum_{j=1}^{n}Q_j}{n\sum_{j=1}^{n}Q_j^2-\sum_{j=1}^{n}Q_j\sum_{j=1}^{n}Q_j}\tag{6.7.20}$$

应当指出:利用降落数据作常规分析时,确定直线段的起点并非易事。这通常是在样板曲线拟合的双对数坐标图上确定,然后用到常规分析上,而由常规试井解释的 K 和 S' 再用于校验曲线拟合所得的结果。

6.7.2 压力恢复常规试井

压力恢复常规试井可以获得较为可靠的数据。与压降试井相类似,其压力曲线也可分为早期段、中期段和晚期段,但时间由压降情形的开井生产时间 t 改为关井恢复时间 Δt。压力恢复常规试井主要用来确定地层的渗透率、总表皮因子 S' 以及用外推法估算平均气藏压力等。早期段压力曲线受井筒续流和表皮效应影响,需要用样板曲线拟合进行分析。下面介绍中期段和晚期段的压力分析。中期段即无限作用阶段,主要是用 Horner 法进行分析。晚期段即有限边界作用阶段,可用 MBH 方法进行分析。

1. 中期段压力恢复试井

记关井时刻(即生产时间)为 t_p,Δt 是关井以后的时间。根据第4.6.3 小节所述,可由式(6.7.2)得到恢复公式用标准制单位表示为

$$m_i-m_{ws}=-0.01466\frac{Q_{sc}T}{Kh}\lg\frac{\Delta t}{t_p+\Delta t}\tag{6.7.21}$$

其中,m_{ws}表示关井后井底流动拟压力。另外,将式(6.7.2)用于 $t=t_p$,则有

$$m_i-m_{wf}(t_p)=0.01466\frac{Q_{sc}T}{Kh}\left(\lg t_p+\lg\frac{K}{\phi\mu_i c_t r_w^2}+0.9077+0.8686S'\right)\tag{6.7.22}$$

式(6.7.21)与式(6.7.22)相减,给出压力恢复的另一公式:

$$m_{ws}-m_{wf}(t_p)=0.01466\frac{Q_{sc}T}{Kh}\left(\lg\frac{t_p\Delta t}{t_p+\Delta t}+\lg\frac{K}{\phi\mu_i c_t r_w^2}+0.9077+0.8686S'\right)\tag{6.7.23}$$

这表明在 m_{ws}对 $\lg[\Delta t/(t_p+\Delta t)]$或 $\lg[t_p\Delta t/(t_p+\Delta t)]$的关系曲线上有一直线段,其斜率在标准单位制下 $\tan\alpha=0.01466Q_{sc}T/(Kh)$(单位为 $MPa^2\cdot mPa^{-1}\cdot s^{-1}\cdot$对数周期$^{-1}$)。

根据以上公式,进行压力恢复常规分析的方法步骤如下:

(1) 将关井测得的压力恢复数据在标准单位制下在单对数坐标图上绘制成 $m_{ws}\sim\lg[t_p\Delta t/(t_p+\Delta t)]$ 关系曲线,读出直线段的斜率 $\tan\alpha$ 值,于是得

$$K = \frac{0.01466 Q_{sc} T}{h \tan\alpha} \tag{6.7.24}$$

（2）在直线或其延长线上读出 $\Delta t = 1\text{h}$ 时的拟压力值 m_{ws1}，记 $\Delta m_1 = m_{ws1} - m_{wf}(t_p)$。且由式(6.7.23)可知，当 $t_p \gg \Delta t$ 时，有总表皮因子为

$$S' = 1.151\left(\frac{\Delta m_1}{\tan\alpha} - \lg\frac{K}{\phi\mu_i c_t r_w^2} - 0.9077\right) \tag{6.7.25}$$

（3）计算探测半径

$$r_i = 3.795\left(\frac{K t_p}{\phi\mu_i c_t}\right)^{1/2} \tag{6.7.26}$$

（4）有时尚需求得以下诸值：由表皮引起的附加拟压降 Δm_s，流动效率 FE，理论流量 Q_I，即

$$\Delta m_s = 0.8686 \tan\alpha \cdot S' \tag{6.7.27}$$

$$FE = \frac{m^* - m_{wf} - \Delta m_s}{m^* - m_{wf}} \tag{6.7.28}$$

$$Q_I = \frac{Q_{sc}}{FE} \tag{6.7.29}$$

其中，m^* 为利用恢复曲线的直线段外推到横坐标为1，而在直线 $\Delta t/(t_p + \Delta t) = 1$ 上所得的拟压力截距值，并换算成外推压力 p^*。在勘探初期，这个外推拟压力 m^* 可认为就是地层原始拟压力 m_i。

若进行两次恢复试井，则可将 S' 分为污染表皮因子 S 和惯性-湍流表皮系数 D 两部分。

2．有限边界作用的恢复试井

考虑多边形的有界气藏，其面积为 A。除实井对压力的影响外，还有无限多个镜像井对压力的影响。为了研究压力恢复试井，可先写出压力降落的表达式，然后通过叠加给出压力恢复公式。在SI单位制下，拟压力降落可写成

$$m_i - m_{wf} = m_i Q_D\left[\frac{1}{2}(\ln t_D + 0.80907) - \frac{1}{2}\sum_{N=1}^{\infty}\text{Ei}\left(-\frac{\phi\mu_i c_t d_N^2}{4Kt}\right)\right] \tag{6.7.30}$$

其中，级数项是镜像井产生的压降，d_N 是第 N 个镜像井到实井的距离。用泄气面积 A 定义的无量纲时间为

$$t_{DA} = \frac{Kt}{\phi\mu_i c_t A} = \frac{r_w^2}{A} t_D \tag{6.7.31}$$

当 $t_D > 25$ 时，式(6.7.30)可写成

$$m_i - m_{wf} = m_i Q_D \frac{1}{2}\left[\ln\frac{4A t_{DA}}{1.781 r_w^2} + 4\pi t_{DA} - 4\pi t_{DA} - \sum_{N=1}^{\infty}\text{Ei}\left(-\frac{1}{4 t_{DA}}\frac{d_N^2}{A}\right)\right] \tag{6.7.32}$$

将式(6.7.32)中后两项记作 $-F$，即

$$F = 4\pi t_{DA} + \sum_{N=1}^{\infty}\text{Ei}\left(-\frac{d_N^2}{4A t_{DA}}\right) \tag{6.7.33}$$

则式(6.7.32)可写成

$$m_i - m_{wf} = 0.366\frac{p_{sc}Q_{sc}T}{KhT_{sc}}\left(\lg t + \lg\frac{K}{\phi\mu_i c_t r_w^2} + 0.351 + \frac{4\pi t_{DA}}{2.3025} - \frac{F}{2.3025} + 0.869S'\right) \tag{6.7.34}$$

再令

$$m^* = m_i - \frac{m_i Q_D}{2}(4\pi t_{DA} - F) \tag{6.7.35}$$

则式(6.7.32)可改写成

$$\frac{m^* - m_{wf}}{m_i Q_D} = \frac{1}{2}\ln\frac{4At_{DA}}{1.781r_w^2} = \frac{1}{2}(\ln t_D + 0.80907) \tag{6.7.36}$$

将式(6.7.36)与式(6.4.4)相比可知,只要将式(6.4.4)中的 m_i 换成 m^*,即得式(6.7.36)。由此可以解释式(6.7.35)所定义的 m^* 的意义,它实际上就是有界地层的外推拟压力。这种外推拟压力大于实际的平均地层压力。

将式(6.7.35)与封闭地层压降公式(6.4.18)相减,并注意到式(6.7.31),可得

$$m^* - m_R = m_i Q_D\frac{F}{2} \tag{6.7.37}$$

人们把 F 称为 MBF 无量纲压力函数,并已列成表格,该表格适用于各种形状的封闭地层(见参考书目[1]第 57 页)。

现在回过头来研究有界地层的压力恢复。将式(6.7.34)按第 4.6.3 小节所述方法进行叠加,可得井底拟压力恢复公式

$$m_i - m_{ws} = 0.366\frac{p_{sc}Q_{sc}T}{KhT_{sc}}\left[\lg\frac{t_p + \Delta t}{\Delta t} + \frac{4\pi t_{DA}}{2.3025} - \frac{1}{2.3025}(F|_{t_p+\Delta t} - F|_{\Delta t})\right] \tag{6.7.38}$$

当 $t_p \gg \Delta t$ 时,$F|_{\Delta t} \approx 0$,$F|_{t_p+\Delta t} \approx F|_{t_p}$。于是,式(6.7.38)可改写成

$$m_i - m_{ws} = 0.366\frac{p_{sc}Q_{sc}T}{KhT_{sc}}\left(\lg\frac{t_p + \Delta t}{\Delta t} + \frac{4\pi t_{DA}}{2.3025} - \frac{F|_{t_p}}{2.3025}\right) \tag{6.7.39}$$

根据以上公式,可将有界地层压力恢复的方法和步骤归纳如下:

(1) 将井底实测压力数据在单对数坐标图上绘制成 $m_{wf} \sim \lg[(t_p + \Delta t)/\Delta t]$ 曲线,它有一直线段,读出直线段的斜率 $\tan\alpha$,则得

$$K = 0.366\frac{p_{sc}Q_{sc}T}{h\tan\alpha T_{sc}} \tag{6.7.40}$$

(2) 将该直线延长,并与 $(t_p + \Delta t)/\Delta t = 1$ 的直线相交,交点的纵坐标值即为 m^*。将式(6.7.39)用于 $(t_p + \Delta t)/\Delta t \to 1$,可得

$$m_i - m^* = \frac{\tan\alpha}{2.3025}[4\pi t_{DA} - F|_{t_p}] \tag{6.7.41}$$

而式(6.7.37)可写成

$$m^* - m_R = \frac{\tan\alpha}{2.3025}(4\pi t_{DA}) \tag{6.7.42}$$

式(6.7.41)和式(6.7.42)相减,可求得有界地层平均拟压力

$$m_R = m^* - \frac{\tan\alpha}{2.3025} F\mid_{t_p} \tag{6.7.43}$$

3. 直线边界的影响

当气井附近有封闭的直线边界时,压力恢复曲线出现上翘,从斜率为 $\tan\alpha_1$ 的直线变为斜率为 $\tan\alpha_2$ 的直线。在单对数坐标图上读出两直线交点所对应的时间值 Δt_x,可以计算气井至不透水边界的距离在标准单位制下为

$$d = 1.422\left(\frac{K\Delta t}{\phi\mu_i c_t}\right)^{1/2} \tag{6.7.44}$$

6.7.3 有界地层平均拟压力

利用与第5.4.3小节相类似的方法,可以对拟压力分布积分而求得有界地层的平均拟压力 m_R。实际上,无量纲拟压力的定解问题由方程(6.4.7)～方程(6.4.10)给出,利用拉普拉斯变换求得圆形封闭地层中心一口井情形在拉氏空间的无量纲拟压力分布 $m_D(r_D,s)$,按第5.4.1小节为

$$\overline{m}_D(r_D,s) = \frac{\sqrt{s}}{s^2}\frac{M(\sqrt{s})}{N(\sqrt{s})} \tag{6.7.45}$$

其中,s 为拉普拉斯变量,$M(\sqrt{s})$和 $N(\sqrt{s})$分别为

$$M(\sqrt{s}) = K_1(R_D\sqrt{s})I_0(r_D\sqrt{s}) + I_1(R_D\sqrt{s})K_0(r_D\sqrt{s}) \tag{6.7.46}$$

$$N(\sqrt{s}) = I_1(R_D\sqrt{s})K_1(\sqrt{s}) - K_1(R_D\sqrt{s})I_1(\sqrt{s}) \tag{6.7.47}$$

其反演的结果得物理空间的无量纲拟压力分布为

$$\begin{aligned} m_D(r_D,t_D) = {} & \frac{2t_D}{R_D^2} + \ln\frac{R_D}{r_D} - \frac{3}{4} \\ & - \pi\sum_{n=1}^{\infty}\frac{e^{-\alpha_n^2 t_D}J_1^2(R_D\alpha_n)[N_1(\alpha_n)J_0(r_D\alpha_n) - J_1(\alpha_n)N_0(r_D\alpha_n)]}{\alpha_n[J_1^2(R_D\alpha_n) - J_1^2(\alpha_n)]} \end{aligned} \tag{6.7.48}$$

其中,α_n 是方程(5.4.20)的根。

根据拉普拉斯反演定义式(5.1.2),物理空间中无量纲平均地层拟压力为

$$m_{DR} = \frac{1}{A}\iint_A\left[\frac{1}{2\pi i}\int_{\gamma-i\infty}^{\gamma+i\infty}\overline{m}_D(r_D,s)e^{st_D}ds\right]dA \tag{6.7.49}$$

其中,下标 R 表示对地层体积平均,$A=\pi(R^2-r_w^2)\approx\pi R^2$。变换积分顺序,可写成

$$m_{DR} = \frac{1}{2\pi i}\int_{\gamma-i\infty}^{\gamma+i\infty}\left[\frac{1}{A}\iint_A\overline{m}_D(r_D,s)dA\right]e^{st_D}ds \tag{6.7.50}$$

按照体积平均理论,式(6.7.50)方括号中的表达式就是拉氏空间中无量纲拟压力的平均值,即

$$\overline{m}_{DR} = \frac{1}{A}\iint_A m_D(r_D,s)dA = \frac{2}{R_D^2}\int_1^{R_D} m_D(r_D,s)r_D dr_D \tag{6.7.51}$$

将式(6.7.45)～式(6.7.47)代入式(6.7.51)，利用贝塞尔函数的导数性质，积分化简的结果为

$$\overline{m}_{DR} = \frac{2}{R_D^2}\frac{1}{s^2} \tag{6.7.52}$$

用式(6.7.52)右端替换式(6.7.50)方括号中的量，然后按表5.1中第4行的反演结果，得物理空间无量纲平均地层拟压力 $m_{DR}(t_D)$ 为

$$m_{DR}(t_D) = \frac{2t_D}{R_D^2} \tag{6.7.53}$$

在开井生产时压力降落过程中，若已知地层原始拟压力 m_i，则得有量纲平均地层拟压力为

$$m_R = m_i - m_i Q_D m_{DR} \tag{6.7.54}$$

将式(6.7.53)代入式(6.7.54)，得

$$\begin{aligned} m_R &= m_i - m_i Q_D \frac{2t_D}{R_D^2} \\ &= m_i - \frac{2p_{sc}Q_{sc}T}{\pi R^2 h\phi\mu_i c_t T_{sc}} t \end{aligned} \tag{6.7.55}$$

由式(6.7.55)可算出压力降落过程中任意时刻的平均地层压力。实际上，式(6.7.55)最后一项表示整个地层平均降低的拟压力。

在关井后压力恢复过程中，若已知关井时刻 t_p 井底拟压力 m_{ws}，同时已知总表皮因子 S'，则有

$$m_{ws}(t_p) = m_i - m_i Q_D[m_D(r_D = 1, t_D = t_{pD}) + S'] \tag{6.7.56}$$

将式(6.7.55)中 t_D 换成 t_{pD}，然后减去式(6.7.56)，得

$$\begin{aligned} m_R(t_D) &= m_{ws}(t_p) + m_i Q_D\left[m_D(1, t_{pD}) - \frac{2t_D}{R_D^2} + S'\right] \\ &= m_{ws}(t_p) + m_i Q_D[m_{cB} + S'] \end{aligned} \tag{6.7.57}$$

其中，$m_{cB} \equiv m_D(1, t_{pD}) - 2t_D/R_D^2$。由式(6.7.48)取 $r_D = 1$ 和 $t_D = t_{pD}$，容易得出 m_{cB} 为

$$m_{cB}(t_{pD}) = \ln R_D - \frac{3}{4} + 2\sum_{n=1}^{\infty}\frac{e_n^{-\alpha^2 t_{pD}} J_1(R_D\alpha_n)}{\alpha_n^2[J_1^2(R_D\alpha_n) - J_1^2(\alpha_n)]} \tag{6.7.58}$$

式(6.7.58)所表达的 m_{cB} 值可由表5.2查得，使用时可以插值。

实际计算平均地层拟压力 $m_R(t_p)$ 的步骤如下：

(1) 由生产时间 t_p 和内、外半径 r_w，R，算出 $t_{pDA} = Kt_p/(\phi\mu_i c_t R^2)$ 和 R_D。

(2) 由表5.2查出 m_{cB} 值(即表中 p_{cB} 值)。

(3) 由关井时刻测得的井底压力 $p_{ws}(t_p)$ 按第6.2.3小节中所述方法换算成关井拟压力 $m_{ws}(t_p)$，并按试井解释求得总表皮因子 S'。

(4) 将上述 $m_{ws}(t_p)$，m_{cB} 和 S' 值代入式(6.7.57)，最后得关井时刻按体积平均的气藏压力

$$m_R(t_p) = m_{ws}(t_p) + \frac{p_{sc}Q_{sc}T}{\pi KhT_{sc}}(m_{cB} + S') \tag{6.7.59}$$

其中，系数表示式是在SI单位制下推导出来的。在关井以后，地层系统与外界无能量交换，认为关井以后任何时刻的平均地层拟压力不再发生变化。

李培超等(2000)利用拟压力分布积分方法计算了平均地层压力。

6.7.4 气井的现代试井

气井的现代试井即样板曲线拟合与油井的现代试井大体类似。由于用拟压力表示的线性化无量纲方程及其定解条件与油井用压力表示的无量纲方程及其定解条件形式相同，因而对于气井绘制出的 m_{wD} 及其导数对 t_D/C_D 的理论图版与油井情形的 p_{wD} 及其导数对 t_D/C_D 的理论图版完全相同，其参数仍为 $c_D e^{2S'}$。所以，气井井底拟压力的样板曲线拟合就是在第5.6节所述的Gringarten图版或Gringarten-Bourdet图版上进行的。主要的区别是在气井中要将实测的井底压力曲线换算成井底拟压力曲线。

以无限大地层中气井为例，现代试井解释的方法和步骤如下：

(1) 将气井实测的井底压力数据经整理和换算，绘制成拟压力及其导数对时间的关系曲线。对于压力降落情形，就是 $\Delta m \sim t$ 和 $(\mathrm{d}m/\mathrm{d}t)t \sim t$ 的关系曲线，其中，$\Delta m \equiv m_i - m_{wf}$。对于压力恢复情形，就是 $\Delta m \sim \Delta t$ 和 $(\mathrm{d}m/\mathrm{d}(\Delta t))[(t_p + \Delta t)/\Delta t] \sim \Delta t$ 的关系曲线，其中，$\Delta m = m_i - m_{ws}$。

(2) 将上述实测数据曲线与理论图版进行拟合，得到组合参数 $C_D e^{2S'}$ 值。

(3) 在标准单位制下，通过拟压力拟合值给出渗透率

$$K = \frac{Q_{sc} T}{78.55h} \left(\frac{p_{wD}}{\Delta m} \right)_M \tag{6.7.60}$$

其中，p_{wD} 是理论图版上的井底无量纲压力，对于气井，它实际上是井底无量纲拟压力。

(4) 在标准单位制下，通过时间拟合给出井储常数

$$C = 7.2\pi \frac{Kh}{\mu} \left(\frac{t}{t_D/C_D} \right)_M \tag{6.7.61}$$

对于压力恢复试井，式(6.7.61)中拟合值为 $[\Delta t/(t_D/C_D)]_M$，即

$$C_D = \frac{C}{2\pi \phi C_t h r_w^2} \tag{6.7.62}$$

(5) 由拟合出的 $C_D e^{2S'}$ 和 C_D 值可得总表皮因子

$$S' = \frac{1}{2} \ln \frac{C_D e^{2S'}}{C_D} \tag{6.7.63}$$

(6) 通过两次试井，用不同的流量可得两个不同的 S' 值，即

$$S_1' = S + DQ_1, \quad S_2' = S + DQ_2$$

由此可将污染表皮因子 S 和惯性-湍流表皮系数 D 分离。

同时，在拟合过程中应确定出单对数直线段的起始点，供常规试井准确地绘出直线段。

第7章　两种流体界面的运动理论和多相渗流

前面几章所阐述的均为单相流体的渗流。当然，其中某些数学处理方法具有广泛的应用价值。本章将讨论两种或两种以上流体在同一多孔介质中流动的规律。实际上，储集层中的孔隙几乎总是包含几种不同的流体。例如，孔隙的一部分由油占据，而其他部分由水或(和)气体占据。原油中通常含有大量的溶解气，当地层压力降到饱和压力以下时，溶解气就会分离出来，形成油、气两相渗流。在有气顶的油藏中也是如此。沿海地区海水入侵时陆地下面的淡水层中也会出现咸水和淡水溶混的两相渗流。在注水开发过程中，会形成油、水两相渗流，而在三次采油过程中，向油层注入二氧化碳或聚合物(如聚丙烯酰胺)溶液以及蒸汽等，会形成两相或油、气、水三相渗流。这说明了研究两种流体界面的运动规律和多相渗流的重要性。

水文学家和土壤学家常用的一个术语是所谓的非饱和流动或半饱和流动。它是描述部分孔隙被空气占据而部分孔隙被水占据的气、水两相流动，只是常常简化假设空气几乎是不动的。

既然多孔介质中两相或多相流体同时存在具有普遍性，那么究竟在什么情况下单相流体的渗流理论仍旧适用呢？这有以下几种情形：

一种情形是多孔介质中只含有少量的同生水。这些水通常是不流动的，而在其中流动的油或天然气可用单相流体渗流描述。另一种情形是在水驱油系统中，注入的水驱替了大部分石油，只剩下少量的残余油，这些残余油通常也是不流动的。

在水驱油系统中，真正油水混合区的厚度与整个油藏的尺寸相比是很小的。作为近似，可用一个间断面来描述。这个间断面的一侧只有流动的水和不流动的残余油，而另一侧只有流动的油和不流动的同生水。这就形成了动界面的运动问题。它把流场分成两个区域，分别用不同的单相流体渗流来描述，而在动界面上满足界面连接条件，在第 1.9.2 小节中已论述了这种连接条件。动界面问题在渗流中占有重要地位，这在后面几节中将进一步论述。

另外一些情况则必须考虑两种流体的同时流动。当我们研究两种不溶混流体同时流动时，认为每一个孔隙内有一个明显的界面将两种流体分开，流体间存在界面张力。每一种流体都充满整个流动区域，只是其中每种流体所占的比例是随空间和时间变化的。对于溶混流体渗流，认为两种流体是完全可溶解的。两种流体间界面张力为零，它们之间不存在明显的界面。一种流体的分子能扩散到另一种流体中去，直至完全混合为止。在地下水水文学中，这种流动类型通常称为流体动力弥散。

本章内容涉及两个方面：一是流体界面的运动问题；二是多相渗流理论，包括物理模拟和数值模拟的基础理论。

7.1 多相渗流的基本知识

在介绍多相渗流的数学描述和方程的求解之前，先介绍一些与多相渗流有关的基本概念。这些概念是不溶混流体同时流动的物理基础。

7.1.1 流体的饱和度

当多孔介质的孔隙空间被两种或两种以上的流体所占据时，每一种流体所占据的空隙的比例是非常重要的参数。介质中任意一点 M 处关于某一相流体 α 的饱和度 s_α 定义为该点周围的特征体元 ΔV_* 内 α 相流体所占据的孔隙体积的百分比，即

$$s_\alpha = \frac{\Delta V_* \text{ 内流体 } \alpha \text{ 的体积}}{\Delta V_* \text{ 内孔隙的体积}}, \quad \sum_\alpha s_\alpha = 1 \tag{7.1.1}$$

通常由两种流体充满孔隙空间，比如说一种为湿润流体 w，另一种为非湿润流体 nw，则有

$$s_{\mathrm{w}} + s_{\mathrm{nw}} = 1 \tag{7.1.2}$$

地层中含油饱和度 s_{o} 数值的变化范围很大，一般在 55%～95%之间。在钻井过程中，根据岩石研究资料以及返出泥浆的荧光分析和测定资料，可以确定地层中的含油饱和度，也可借助于矿场地球物理资料研究确定。

在地下水水文学非饱和流动理论中，体积含水率的定义为

$$c = \frac{\Delta V_* \text{ 内水的体积}}{\Delta V_* \text{ 的整体体积}} \tag{7.1.3}$$

若推广到几种流体占据孔隙空间，则流体 α 的体积含量 c_α 为

$$c_\alpha = \phi s_\alpha, \quad \sum_\alpha c_\alpha = \phi \tag{7.1.4}$$

实验室中，在不破坏被多种流体所饱和的多孔介质条件下直接测量各相流体饱和度的方法，是目前重要的研究课题。在早期，主要是用电阻法和 X 射线吸收法。电阻法的原理是利用固体介质和不同流体的导电系数不同来测定饱和度。X 射线吸收法的原理是利用不同材料对 X 射线有不同的吸收系数。当入射强度为 I_0 的 X 射线照射厚度为 x 的材料时，射线的强度按指数规律衰减，即

$$I = I_0 \mathrm{e}^{-\beta x} \tag{7.1.5}$$

其中，β 是材料对 X 射线的吸收系数。近几年发展了超声波探测法、γ 射线探测法以及核磁共振法等。最后一种探测方法在绪论中有所论及，而超声波和 γ 射线探测的基本原理与 X 射线法大体相同。

若有一种多孔材料被两种不溶混的流体所饱和，例如被油和水共同饱和，当入射强度为 I_0 的 γ 射线穿过厚度为 L 的试样后，根据 Lambert 定律，衰减后接收到的强度为

$$I = I_0 e^{-\mu L} \tag{7.1.6}$$

其中，μ 称为在水饱和度 s 下复合介质的线衰减系数：

$$\mu = (1-\phi)A_0 + \phi s A_2 + \phi(1-s)A_1 \tag{7.1.7}$$

式中，A_0 是固体材料的宏观作用截面，A_1 和 A_2 分别为油和水对 γ 射线的宏观作用截面，ϕ 是介质的孔隙度。

具体采用哪一种方法，除了考虑设备条件外，还要视试件的形状和几何尺寸而定。对于较薄的试样，可以用超声波方法；对于适当的形状和尺寸，可以用核磁共振仪测量；对于较大型的试件，宜采用强剂量的 γ 射线进行测量。

7.1.2 界面张力和湿润性

一种流体 w 与另一种物质（与流体 w 不溶混的液体、气体或固体）相接触时，在它们之间存在一种自由界面能。这种界面能是由于各相内部的分子与接触面处的分子之间向内的引力差引起的，也就是说，由于分子力场的不平衡而使表面层分子存储有多余的自由能。若具有自由能的表面可以收缩，则自由界面能就以界面张力的形式表现出来。要想将接触面上的物质 i 和 k 分离，必须有外力做功。每分离出单位面积所需做的功就定义为界面张力 σ_{ik}，其单位为 $N \cdot m^{-1}$。液体物质与其自身蒸气之间的界面张力称为表面张力，分别用 σ_i 和 σ_k 表示。

图 7.1(a)表示两种不溶混流体与第三种流体 G 彼此接触的关系。三者之间的平衡状态有以下关系：

$$\sigma_{AG} = \sigma_{AB}\cos\theta_{AB} + \sigma_{GB}\cos\theta_{GB} \tag{7.1.8}$$

若 $\sigma_{AG} < \sigma_{AB} + \sigma_{GB}$，则平衡关系(7.1.8)能够得到满足，这时液体 B 可形成透镜形状；反之，若 $\sigma_{AG} > \sigma_{AB} + \sigma_{GB}$，则平衡状态不能形成，那时液体 B 将在 A 和 G 之间扩展开来。

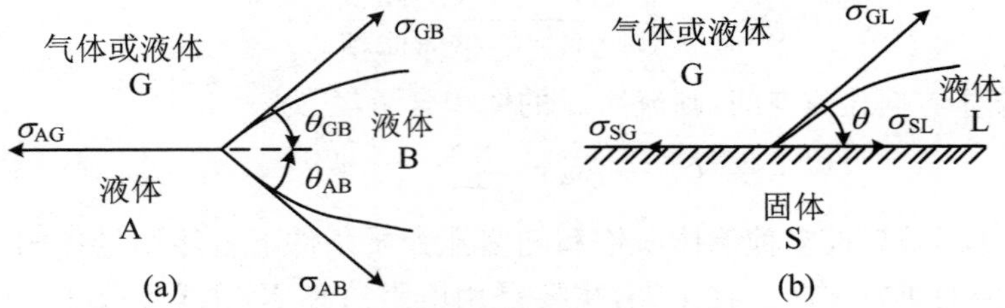

图 7.1 界面张力

图 7.1(b)表示两种不溶混流体与固体表面接触的关系。这种情形的平衡状态要求

$$\cos\theta = \frac{\sigma_{SG} - \sigma_{SL}}{\sigma_{GL}} \tag{7.1.9}$$

应当注意，界面切线方向 σ_{GL} 与固体表面之间的夹角 θ 规定为：从液体界面的切线量起，通过较稠密的流体内部转向固体表面切线止，$0 < \theta < 180^\circ$。若 $\theta < 90^\circ$，我们称这种流体湿润此固体，对此固体而言，这种流体称为湿润性流体，二者具有亲和性。若 $\theta > 90^\circ$，这种流体在固体表面略呈椭球状，则对此固体而言，该流体称为非湿润性流体，二者之间具有憎恶性。

在油田中，通常存在油和水两种流体，则 θ 角从油、水界面切线量起，通过水内部转向固体表面。若 $\theta<90^\circ$，则称固体为亲水憎油的；若 $\theta>90^\circ$，则称固体为亲油憎水的。大部分油层的岩石属于前者。

图 7.2 示显出几种情形的水湿润岩石和油湿润岩石流体分布状况。图中，划斜线的部分表示岩石固体颗粒。图 7.2(a)～(c)表示水湿润砂。图 7.2(a)中，水的饱和度非常低。水只在颗粒接触点周围形成环状，即水环，因而不能形成连续的水相，水环呈分隔状态，只在固体颗粒表面有一层大约只有分子尺度的极薄的水膜。这对水相而言，实际上不能从一个水环将压力传递到另一个水环，孔隙空间的大部分被油相占据。随着水作为湿润相的饱和度增大，水环不断扩大，直至形成连续的湿润相。刚开始形成连续湿润相的临界饱和度称为湿润相的平衡饱和度。超过该临界饱和度称为湿润相的索状饱和度，这时湿润相可以流动，如图 7.2(b)所示。湿润相饱和度再增大，非湿润相的油被截断成一个个孤立的油滴，而不再是连续相。这些油滴存储在较大的孔隙之中，如图 7.2(c)所示，只有当孔隙中压差足够大时油滴才能流动。图 7.2(d)～(f)表示油湿润砂。其各种情况与以上所讨论的完全类似，只是水相成了非湿润相。

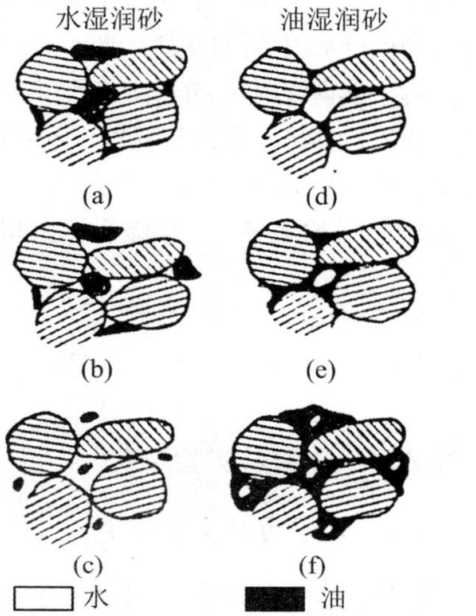

图 7.2　岩石中几种可能的流体饱和状态

还有一种特殊的状态是吸附状态。即孔隙空间中绝大部分被空气所占据，饱和度极低的水以分子尺寸的薄膜形式连续地或间断地吸附在固体表面。在一般情况下，这样的水是不流动的。

7.1.3　毛管力

对于两种不溶混流体在毛细管中的流动，通常有一相为柱塞状分散在另一相中流动，并在两相流动的区域中形成很多弯月状的两相分界面。分界面两侧的压力不连续，这种压力的差值称为毛管力，用 p_c 表示，即

$$p_c = p_{nw} - p_w \tag{7.1.10}$$

其中，下标 nw 和 w 分别表示非湿润相和湿润相。图 7.3 是两相渗流中毛管力 p_c 和接触角 θ 的示意图。毛管力的大小依赖于两相界面的曲率半径，即

$$p_c = \sigma_{12}\left(\frac{1}{r_1}+\frac{1}{r_2}\right) = \frac{2}{r^*}\sigma_{12} \tag{7.1.11}$$

图 7.3　两相渗流的毛管力

此式称为毛管力的**拉普拉斯公式**(朗道、栗弗席茨,1983)。式中,r_1 和 r_2 为界面某给定点的两个主曲率半径,r_* 为平均曲率半径,σ_{12} 为界面张力。实际上,通过对界面上一点邻近单位面积上力的平衡可以很简单地得出关系式(7.1.11)。若 r_1 和 r_2 为正值,则 $p_{nw}>p_w$,这说明凸表面介质中压力更大,即 p_c 是指向凹面一侧的。

对于实际的多孔介质,方程(7.1.10)和方程(7.1.11)中的各项是所研究点邻近孔隙空间中的平均值,毛管力与孔隙空间的几何形状、固体与液体的性质以及湿润相和非湿润相的饱和度有关。由于实际多孔介质中孔隙形状非常复杂,所以很难用解析方法进行描述。对于半径为 r 的毛细管,可得毛管力与界面张力和接触角之间的半经验公式

$$p_c = \frac{2\sigma}{r}\cos\theta \tag{7.1.12}$$

在实际应用中,人们关心的是毛管力 p_c 与饱和度 s_w 之间的关系

$$p_c = p_c(s_w) \tag{7.1.13}$$

这种关系只能通过实验测定。

7.1.3.1 毛管力的实验测定

毛管力与饱和度的关系曲线简称毛管力曲线,即由式(7.1.12)所代表的曲线,它是油藏岩石中不混溶两相流体同时流动的一个基本特性,也是油田开发中的一个重要关系曲线。在实验室中测定毛管力曲线的方法很多,这里只介绍一种较为常用的方法,即使用隔膜的驱替法。这种实验装置如图 7.4 所示,该装置由加压管、试件容器、可渗透薄膜和 U 形管等几部分组成。实验方法基于对原始被湿润流体所饱和的试样用非湿润流体进行驱替,即所谓排泄实验,也称减饱和法。实验时,将被湿润流体饱和的试样或岩芯放在盛满非湿润流体的容器内。试样的下面是用多孔材料制成的半渗透薄膜或隔板。这种薄膜应具有均匀的孔隙,且所选择的孔径大小应使得在压力小于预定值时驱替流体不能穿过,在初始时刻该薄膜亦为被驱替流体所饱和。然后对容器内的驱替流体(非湿润流体)增加压力,或者用空吸装置使被驱替流体(湿润流体)减压,使试样内的湿润流体排泄到与薄膜连接的 U 形刻度管中。这样便可记录下被驱替流体的体积,从而确定试样的饱和度。在实验过程中,对非湿润流体的静压 p_{nw} 一级一级地增大,并在每一压力级处达到平衡状态,测出饱和度。这样便得到一系列数据点($p_{nwi}-p_w, s_{wi}$)。经过较长时间就可画出一条完整的 $p_c=p_c(s_w)$ 曲线。这里,p_w 可以是 0.101325 MPa,或在一个 U 形管中读出压差 $\Delta p=p_c$。

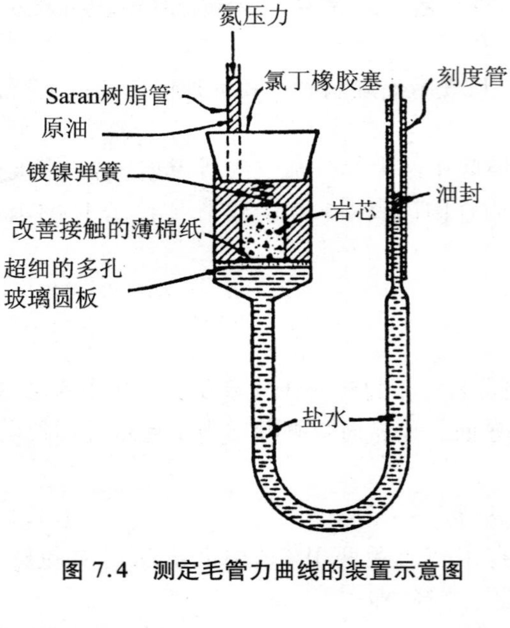

图 7.4 测定毛管力曲线的装置示意图

7.1.3.2　毛细滞后现象

观察表明,毛细管中的湿润相流体与非湿润相流体处于静止状态时,弯月状界面有接触角 θ。当湿润流体驱替非湿润流体时,会使弯月面的形状趋于平直,这时接触角 $\theta_1>\theta$。当非湿润流体驱替湿润流体时,弯月面曲率有增大的趋势,这时接触角 $\theta_2<\theta$。就是说,湿润相前进或退缩时,接触角是不同的。在油水界面上观察到这种现象,在空气和水的界面上也有这种现象。空气推进水时,接触角较小;反之,接触角较大。这种效应有时称为雨点效应。

由于存在上述现象,用湿润流体驱替非湿润流体与用非湿润流体驱替湿润流体所得的毛管力曲线不相重合。如图 7.5 所示,开始将一个试样用湿润流体所完全饱和,然后用非湿润流体去驱替湿润流体,即从图 7.5 中点 A 开始,对非湿润流体逐级加压或对湿润流体减压,可得到一条毛管力 $p_c \sim s_w$ 曲线,即图 7.5 中所示的排泄曲线。人们观察到,即使在很高的毛管力作用下,试样中仍保留一定数量的湿润流体不被排出。这点的 s_w 值用 s_{w0} 表示,称为湿润流体的**束缚饱和度**。

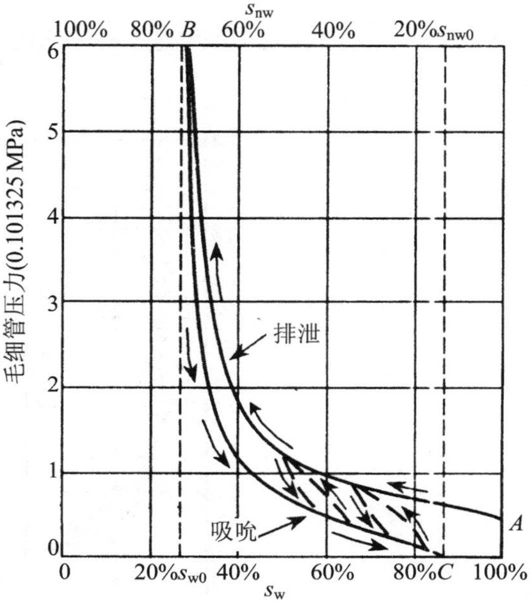

图 7.5　说明毛细滞后现象的典型毛管力曲线

如果湿润流体是水,则称为束缚水饱和度,或同生水饱和度。现在反过来,从 s_{w0} 值出发,以湿润流体驱替非湿润流体,这个过程称为吸吮。与排泄过程不同的是,吸吮过程中湿润流体只要依靠毛管力就可驱替非湿润流体。假如将一个被非湿润流体所完全饱和的试样浸入某种湿润流体中,则此湿润流体将会自然地沿着固体颗粒的表面渗入试样,驱替非湿润流体。

在吸吮过程中,湿润流体饱和度 s_w 逐渐增大,这样也会得到一条 $p_c \sim s_w$ 曲线。这条曲线称为吸吮曲线。我们注意到,这条吸吮曲线不是沿原来的曲线 AB 行进,而是沿另一条不同的曲线 BC 行进,并且在 $p_c=0$ 时(图中点 C),试样中仍然残留一些非湿润流体。这点的 s_{nw} 值用 s_{nw0} 表示,称为非湿润流体的**残余饱和度**。如果非湿润流体是油,则称为残余油饱和度。

这种在同一试样中用相同的湿润流体和非湿润流体所得到的排泄曲线与吸吮曲线不一致的现象称为毛细滞后现象。

7.1.3.3　Leverett J 函数

1941 年,Leverett 利用量纲分析处理多孔介质的 $p_c \sim s_w$ 曲线,发现几乎所有的天然多孔介质有很多共同的特点。他用非固结砂通过实验得出:对于不同的流体,无量纲毛管力 J 与湿润流体饱和度 s_w 之间的关系曲线几乎一致,如图 7.6 所示。他定义

$$J = \frac{p_c}{\sigma_{12}}\sqrt{\frac{K}{\phi}} \tag{7.1.14}$$

也称 Leverett J 函数，并指出渗透率 K 与孔隙度 ϕ 之比 K/ϕ 正比于孔隙平均半径的平方。

进一步分析表明，Leverett J 函数应写成

$$J(s_w) = \frac{p_c}{\sigma_{12}\cos\theta}\sqrt{\frac{K}{\phi}} \tag{7.1.15}$$

其中，毛管力 p_c、界面张力 σ 和渗透率 K 所用的单位分别为 $10^{-5}\ \mathrm{N \cdot cm^{-2}}$，$10^{-5}\ \mathrm{N \cdot cm^{-1}}$ 和 $\mathrm{cm^2}$。

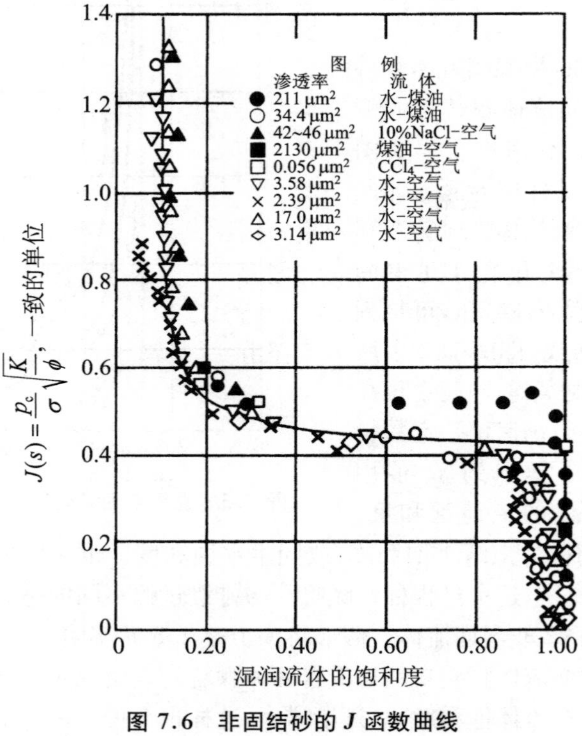

图 7.6 非固结砂的 J 函数曲线

7.1.4 相对渗透率

对于两种不溶混流体同时通过多孔介质的流动，实验研究的结果表明：各种流体建立各自曲折而又稳定的通道。设湿润相流体和非湿润相流体的饱和度分别为 s_w 和 s_{nw}，随着非湿润流体饱和度逐渐减小，非湿润相流体通道逐渐遭到破坏，最终只有一些孤立的区域中保留着非湿润流体的残余饱和度。对于湿润相流体而言，同样如此，随着 s_w 逐渐减小，湿润相流体的通道也会受到破坏，当湿润相流体处于束缚饱和度时变成不连续。这两种流体中任何一相流体在整个渗流区域中变为不连续时，该相流体就不再流动。

为了研究两种不溶混流体的同时流动，人们把第 1 章 1.5 节中给出的 Darcy 定律从描述单相流体渗流推广到两相渗流。设两相流体分别用下标 1 和下标 2 表示，则可写成

$$\boldsymbol{V}_1 = -\frac{K_1}{\mu_1}(\nabla p_1 - \rho_1 \boldsymbol{g}) \tag{7.1.16}$$

$$\boldsymbol{V}_2 = -\frac{K_2}{\mu_2}(\nabla p_2 - \rho_2 \boldsymbol{g}) \tag{7.1.17}$$

其中，$\boldsymbol{V}_1$ 和 $\boldsymbol{V}_2$ 分别为第1种流体和第2种流体的渗流速度，K_1 和 K_2 分别称为流体1和流体2的有效渗透率或相渗透率。相渗透率与多孔介质的结构有关，即与介质的绝对渗透率 K 有关；同时还与该相流体的饱和度有关；实际上，还和与之相伴随的另一相流体的特性有关。通常在使用中，人们习惯采用它们与绝对渗透率 K 的比值

$$K_{1\mathrm{r}} = \frac{K_1}{K}, \quad K_{2\mathrm{r}} = \frac{K_2}{K} \tag{7.1.18}$$

$K_{1\mathrm{r}}$和 $K_{2\mathrm{r}}$分别称为流体1和流体2的相对渗透率。实验表明，对于两相流体渗流

$$K_1 + K_2 \neq K \tag{7.1.19}$$

或者说

$$K_{1\mathrm{r}} + K_{2\mathrm{r}} \neq 1 \tag{7.1.20}$$

这表明，对于某一相的相渗透率而言，不能把另一相看做与介质相同的固体存在于渗流区域中。实际上，两相流体通过多孔介质时，相互之间存在着一些附加作用力。7.1.3小节所阐述的毛管力就是其中之一。此外，当其中一相成液滴状或气泡状分散在另一相中运动时，由于毛管中孔隙直径变化而引起液滴或气泡的半径由 r_2 变为 r_1，则这种变形会产生附加的毛管力

$$\Delta p_{\mathrm{c}} = 2\sigma_{12}\left(\frac{1}{r_2} - \frac{1}{r_1}\right) \tag{7.1.21}$$

这种现象称为Jamin现象。

图7.7是两种典型的相对渗透率与水相饱和度 s_{w} 的关系曲线，简称相对渗透率曲线。该图表明，只有当湿润相流体的饱和度 s_{w} 高于湿润相流体的束缚饱和度 s_{w0}并低于1减非湿润相流体的残余饱和度 s_{nw0}，即

$$s_{\mathrm{w0}} < s_{\mathrm{w}} < 1 - s_{\mathrm{nw0}}$$

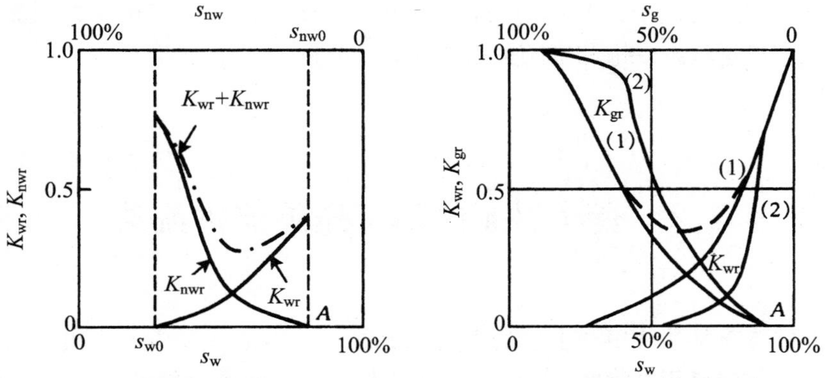

(a) 油、水两相
（例如，湿润相是水，非湿润相是油）

(b) 气、水两相
（1）未固结砂；（2）固结砂

图7.7　典型的相对渗透率曲线

时，两种流体才能够同时流动。一般来说，在 s_{nw0} 状态下，K_{wr} 比 1 小得多；而在 s_{w0} 状态下，K_{wr0} 比较接近于 1。图 7.7 中，K_{wr} 随 s_w 下降很快，表明非湿润流体首先占据了大孔隙。随着非湿润相饱和度 s_{nw} 增大，湿润相流体所占据的孔隙平均直径逐渐变小。图 7.7(b) 中，湿润相是水，非湿润相是气，用下标 g 表示。此图也显示出固结砂与非固结砂的某些差异。由于 7.1.3 小节所述的毛细滞后现象，实际上相对渗透率还取决于试样饱和的过程。

我们可以将相对渗透率曲线大致分成三个区域：在 $s_w < s_{w0}$ 区域，水以薄膜状包围在固体颗粒表面，而油处于迂回状连续分布，水对油的流动影响很小，所以油的相对渗透率较大，下降也较为缓慢。在 $s_{w0} < s_w < 1 - s_{nw0}$ 区域，油和水各自建立起曲折的流动通道，油的相对渗透率迅速减小，水的相对渗透率逐渐增大。在 $s_w > 1 - s_{nw0}$ 区域，油相变成孤立的滴状分布而不再流动，其相对渗透率下降为零。气、水两相或气、油两相的相对渗透率变化过程大体与上述类似。

相对渗透率曲线也是多相渗流的一个重要特性，是油田开发中的重要关系曲线。虽然有人曾提出过一些理论计算方法，但均不太理想。因此，准确测定能代表油藏实际特性的相对渗透率曲线对油田开发是必不可少的。

在实验室中测定相对渗透率曲线的方法可分为两类，即稳态实验和非稳态实验。

稳态实验方法首先将待实验的岩样烘干，烘干后用水饱和。然后用泵将油和水按一定比例分别送入岩芯，当进口与出口处油和水的流量分别相等时，表明岩芯中油、水两相渗流趋于稳定。由压力计测得岩芯两端的压差，并由集液器测出油和水的流量，即可按 Darcy 公式算出油和水的相对渗透率，同时算出相应的含水饱和度 s_w。改变泵入岩芯的油水比例，重复上述过程，便可给出完整的相对渗透率对 s_w 的关系曲线，即相对渗透率曲线。根据同样的原理，可测定油、气或气、水两相的相对渗透率曲线，所不同的只是控制供气量和测量出气量的装置有所区别而已。对于用小岩样进行测定时，要特别注意消除或修正“末端效应”。

非稳态实验方法是将试样用某一相流体(例如油)进行饱和，然后从外部注水或注气驱油进行动态实验，以确定岩样的相对渗透率。通过测得试样两端的压差 Δp、驱替相的流量以及出口端驱替相和被驱替相的分流量，由试样的几何尺寸和流体的黏度，经一系列换算即可给出相对渗透率曲线。

在注水油藏中压力低于饱和压力时，油藏中将出现油、气、水三相区共同流动的情况。这时必须用三相渗透率来对饱和度的关系曲线进行分析。

7.2 有动界面的不可压缩流体流动

有动界面的渗流是油气田开发中的重要问题之一。本章一开头曾指出：两种流体的界面附近有一个很薄的混相过渡区，作为简化，可当做突变界面进行处理。有理想突变界面的驱替也称活塞式驱替。本章首先介绍有动界面的稳态流动，并着重介绍界面两侧流度比不为 1 的情形(流度比为 1 的情形在第 2 章中已作了阐述)，然后介绍钻井泥浆渗入多孔岩石造成井筒污染的问题，最后讨论动界面的不稳定性和黏性指进。

7.2.1　平面平行流动的活塞式驱替

设有长度为 L、截面积为 A 的含油地层，其渗透率为 K。在 $x=0$ 处有供水边界，保持压力 $p=p_i$，在 $x=L$ 排液道处 $p=p_w$。现在讨论这种水驱油的一维稳态渗流，并研究油水界面的运动规律。

为简化起见，设为活塞式驱替，即水驱过后除残余油饱和度外，孔隙全部被水占据。油、水界面 $x=\xi(t)$ 从左向右运动，界面将地层分成两个区域，左边 1 区是水和残余油，右边 2 区是油和束缚水。根据 Darcy 定律，地层中流量 Q 与流度 K/μ 有关，随着油、水界面推移，油区和水区发生变化，因而总阻力随油、水界面位置而变化。所以，流量 Q 是界面位置 x 的函数，即 $Q=Q(x)$。对于这样的问题，可以先用欧拉观点描述 1 区和 2 区的压力分布以及流量 Q 与界面位置的关系，再用拉格朗日观点描述油、水界面的运动规律。

不计重力和流体的可压缩性，该渗流的方程和边界条件写出如下：

$$\left.\begin{aligned}
&\frac{\partial^2 p_1}{\partial x^2}=0\quad[0<x\leqslant\xi(t)] &(7.2.1)\\
&\frac{\partial^2 p_2}{\partial x^2}=0\quad[\xi(t)\leqslant x<L] &(7.2.2)\\
&p=p_i\quad(\text{在 } x=0 \text{ 处}) &(7.2.3)\\
&p=p_w\quad(\text{在 } x=L \text{ 处}) &(7.2.4)
\end{aligned}\right\}$$

另外，在界面 $x=\xi(t)$ 处，压力和流量应该连续，即有界面条件：

$$p_1=p_2\quad(\text{在 } x=\xi(t) \text{ 处}) \tag{7.2.5}$$

$$\frac{K_1}{\mu_1}\frac{\partial p_1}{\partial x}=\frac{K_2}{\mu_2}\frac{\partial p_2}{\partial x}=-\frac{Q(x)}{A}\quad[\text{在 } x=\xi(t) \text{ 处}] \tag{7.2.6}$$

其中，K_1 是残余油饱和度下水相的有效渗透率，K_2 是束缚水饱和度下油相的有效渗透率，它们通常由实验测定。

由方程(7.2.1)～方程(7.2.6)，不难解得 1 区和 2 区的压力分布为

$$p_1(x)=p_i-\frac{p_i-p_w}{(1-M)\xi+ML}x \tag{7.2.7}$$

$$p_2(x)=p_w+\frac{p_i-p_w}{(1-M)\xi+ML}M(L-x) \tag{7.2.8}$$

其中，$M=(K_1/\mu_1)/(K_2/\mu_2)$ 是流度比。

由式(7.2.6)和式(7.2.7)，可以求得流量 $Q(x)$ 为

$$Q(x)=\frac{AK_1}{\mu_1}\frac{p_i-p_w}{ML+(1-M)\xi} \tag{7.2.9}$$

以上给出的压力分布和流量均与界面位置 $x=\xi(t)$ 有关。所以，必须求出界面位置随时间 t 的变化规律。油、水界面可用方程表示为

$$F(x,t)=x-\xi(t)=0 \tag{7.2.10}$$

它是物质面，是由流体质点组成的。按照公式(1.4.25)，可得以下关系：

$$\frac{\mathrm{d}F}{\mathrm{d}t} = \frac{\partial F}{\partial t} + v\frac{\partial F}{\partial x} = 0 \tag{7.2.11}$$

其中，v 是流体质点的速度。由式(7.2.10)可知

$$\frac{\partial F}{\partial t} = -\frac{\mathrm{d}\xi}{\mathrm{d}t},\quad \frac{\partial F}{\partial x} = 1 \tag{7.2.12}$$

将式(7.2.12)代入式(7.2.11)，立即求得

$$\frac{\mathrm{d}\xi}{\mathrm{d}t} = v \tag{7.2.13}$$

流体质点的平均速度 v 应为流量 Q 除以有效过水面积 A_e。在 1 区中水的饱和度增量为 $\Delta s_w = 1 - s_{cw} - s_{ro}$，其中，$s_{cw}$是束缚水饱和度，$s_{ro}$是残余油饱和度，所以有效过水面积 A_e 为

$$A_e = A\phi\Delta s_w = A\phi(1 - s_{cw} - s_{ro}) \tag{7.2.14}$$

将式(7.2.9)所表示的 $Q(x)$除以式(7.2.14)所表示的 A_e 值，得到

$$\frac{\mathrm{d}\xi}{\mathrm{d}t} = \frac{Q}{A_e} = \frac{K_1}{\mu_1}\frac{p_i - p_w}{ML + (1-M)\xi}\frac{1}{\phi\Delta s_w} \tag{7.2.15}$$

对式(7.2.15)积分，可得油、水界面从 $x=0$ 推进到 $x=\xi$ 所需的时间 t 为

$$t = \frac{\phi\mu_1(1 - s_{cw} - s_{ro})L^2}{K_1(p_i - p_w)}\left[M\left(\frac{\xi}{L}\right) + \frac{1}{2}(1-M)\left(\frac{\xi}{L}\right)^2\right] \tag{7.2.16}$$

由式(7.2.16)可知，流度比 M 的大小决定着界面的推进是加速的还是减速的。$M>1$，界面加速推进；$M<1$，界面减速推进；$M=1$，界面等速运动。引进无量纲时间

$$t_D = \frac{K_1(p_i - p_w)t}{\phi\mu_1(1 - s_{cw} - s_{ro})L^2} \tag{7.2.17}$$

对不同的参数值 M，绘出 ξ/L 对 t_D 的关系曲线，如图 7.8 所示。$M=1$，$\xi/L \sim t_D$ 是一条直线，即为等速运动。

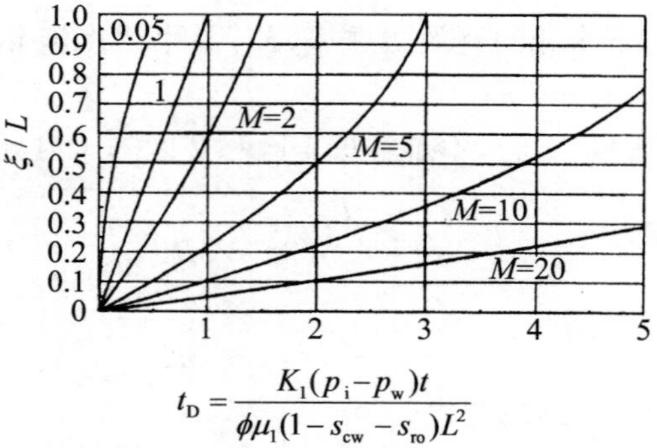

图 7.8　水驱油渗流的界面运动规律

7.2.2　井筒污染区域

在钻井过程中，井筒中充满着钻井泥浆。这种泥浆本质上是黏土颗粒在水中的悬浮液。在某个深度以下，井筒中悬浮液的静压将大于地层孔隙中流体的压力，于是悬浮液渗入多孔岩石，同时在井壁上沉积一层黏土颗粒的泥饼。在完井过程中，向套管注水泥以进行堵塞和

坐定套管也会发生类似的情况。固体颗粒悬浮液在多孔介质中的渗滤是一类重要的动界面问题,有广泛的应用领域。井筒污染区的大小是石油开发中人们所关心的问题。

在井壁表面形成的泥饼仍是多孔的、可渗透的,它们很容易被压缩。其孔隙度和渗透率取决于它们所受的压力梯度。

现在对固体颗粒的沉积过程进行数学描述。假设悬浮液是均匀的,其总体积 V 是固体颗粒体积 V_s 与液体体积 V_w 之和,则固体所占的体积分数,即固体颗粒的分流量 f_s 为

$$f_s = \frac{V_s}{V_s + V_w} \tag{7.2.18}$$

而液体的分流量为

$$f_w = 1 - f_s = \frac{V_w}{V_s + V_w} \tag{7.2.19}$$

在渗滤过程中,固体颗粒沉积在地层介质的孔隙中,或以泥饼的形式沉积在渗滤介质的外表面上(井筒内壁上)。

为简单起见,我们只考虑固体颗粒在地层内部介质孔隙中的沉积,而将在井壁表面上沉积的泥饼厚度略去不计。设井筒半径为 r_w,污染锋面(动界面)的半径为 r_c,即污染厚度 $\Delta r = r_c - r_w$。时间 dt 内沉积厚度的增量为 dr_c。与方程(7.2.10)类似,这里动界面的方程可写成

$$F(r,t) = r - r_c(t) = 0 \tag{7.2.20}$$

与式(7.2.13)类似,我们得到

$$\frac{dr_c}{dt} = v \tag{7.2.21}$$

其中,v 是径向的质点运动速度。为了给出速度 v 的表达式,必须求解两区系统的渗流微分方程。

考虑有界圆形地层,外半径为 R。外边界 $r = R$ 处保持压力 $p = p_e$ 不变(对无限大地层可作类似的处理)。地层和沉积层的渗透率分别为 K 和 K_c。于是,描述该流动过程的方程和定解条件写出如下:

$$\left.\begin{aligned}
&\frac{\partial^2 p_1}{\partial r^2} + \frac{1}{r}\frac{\partial p_1}{\partial r} = 0 \quad (r_w < r \leqslant r_c) && (7.2.22)\\
&\frac{\partial^2 p_2}{\partial r^2} + \frac{1}{r}\frac{\partial p_2}{\partial r} = 0 \quad (r_c \leqslant r < R) && (7.2.23)\\
&p_1 = p_w \quad (\text{在 } r = r_w \text{ 处}) && (7.2.24)\\
&p_2 = p_e \quad (\text{在 } r = R \text{ 处}) && (7.2.25)\\
&p_1 = p_2 \quad (\text{在 } r = r_c \text{ 处}) && (7.2.26)\\
&\frac{K_c}{\mu_c}\frac{\partial p_1}{\partial r} = \frac{K}{\mu}\frac{\partial p_2}{\partial r} \quad (\text{在 } r = r_c \text{ 处}) && (7.2.27)
\end{aligned}\right\}$$

其中,μ_c 和 μ 分别为悬浮液和原油的黏度。由方程(7.2.22)～方程(7.2.27),容易解得污染区的压力分布为

$$p_1(r) = p_w - \frac{p_w - p_e}{M\ln\frac{r_c}{R} - \ln\frac{r_c}{r_w}}\ln\frac{r_w}{r} \tag{7.2.28}$$

它的导数是

$$\frac{\partial p_1}{\partial r} = \frac{p_w - p_e}{M\ln\frac{r_c}{R} - \ln\frac{r_c}{r_w}} \cdot \frac{1}{r} \tag{7.2.29}$$

其中，M 是流度比 $\mu K_c/\mu_c K$。设地层厚度为 h，于是悬浮液进入地层的体积流量为

$$Q = -\frac{K_c}{\mu_c}(2\pi r_w h)\left(\frac{\partial p_1}{\partial r}\right)_{r=r_w} = -2\pi h\frac{K_c}{\mu_c}\frac{p_w - p_e}{M\ln\frac{r_c}{R} - \ln\frac{r_c}{r_w}} \tag{7.2.30}$$

求得流量的表达式以后，我们可以研究界面向地层中推进的速度 $\mathrm{d}r_c/\mathrm{d}t = v$，认为固体颗粒和液体的质点速度都是 v。假定锋面推进到 r_c 处，固体颗粒立即沉积下来，并设固体颗粒在孔隙空间中沉积后的孔隙度为 ϕ_c。这意味着悬浮液做活塞式驱替后，孔隙空间被水占据的体积分数为 ϕ_c，被固体颗粒占据的体积分数为 $1-\phi_c$，未受扰地层的孔隙度为 ϕ，所以固体颗粒通过的有效截面积为

$$A_e = 2\pi r_c h\phi(1 - \phi_c) \tag{7.2.31}$$

而固体颗粒的体积流量为 Qf_s，于是颗粒速度为

$$v = \frac{Qf_s}{2\pi r_c h\phi(1 - \phi_c)} \tag{7.2.32}$$

将式(7.2.30)所表示的流量 Q 代入式(7.2.32)，即得

$$\frac{\mathrm{d}r_c}{\mathrm{d}t} = -\frac{K_c}{\mu_c}\frac{f_s}{\phi(1 - \phi_c)}\frac{p_w - p_e}{M\ln\frac{r_c}{R} - \ln\frac{r_c}{r_w}} \cdot \frac{1}{r_c} \tag{7.2.33}$$

式(7.2.33)称为**沉积公式**(或沉积定律)。

设 $t=0$ 时，界面位置 $r_c = r_w$，对式(7.2.33)积分给出

$$t = \frac{\mu_c\phi(1 - \phi_c)}{K_c(p_w - p_e)f_s}\left[r_w^2\left(\frac{1}{2}\frac{r_c^2}{r_w^2}\ln\frac{r_c}{r_w} - \frac{1}{4}\frac{r_c^2}{r_w^2} + \frac{1}{4}\right)\right.$$
$$\left. - MR^2\left(\frac{1}{2}\frac{r_c^2}{R^2}\ln\frac{r_c}{R} - \frac{1}{4}\frac{r_c^2}{R^2} - \frac{1}{2}\frac{r_w^2}{R^2}\ln\frac{r_w}{R} + \frac{1}{4}\frac{r_w^2}{R^2}\right)\right] \tag{7.2.34}$$

引进无量纲时间

$$t_D = \frac{(p_w - p_e)f_s Kt}{\mu\phi(1 - \phi_c)r_w^2} = \frac{(1 - f_s)\omega(p_w - p_e)Kt}{\phi\mu r_w^2} \tag{7.2.35}$$

其中，因子 ω 为

$$\omega = \frac{f_s}{(1 - \phi_c)(1 - f_s)} \tag{7.2.36}$$

于是，式(7.2.34)写成无量纲形式为

$$t_D = \frac{1}{4}\left[\left(1 - \frac{1}{M}\right)\frac{r_c^2}{r_w^2} - 2\left(1 - \frac{1}{M}\right)\frac{r_c^2}{r_w^2}\ln\frac{r_c}{r_w}\right]$$

$$-\frac{1}{4}\left[\left(1-\frac{1}{M}\right)+2\left(\frac{r_c^2}{r_w^2}-1\right)\ln\frac{r_w}{R}\right] \tag{7.2.37}$$

实验表明，ω 的值在 1.0～1.5 之间，随压差增大而减小。通常可取 $\omega=1.2$。在式(7.2.37)中取 $r_w/R=10^{-4}$，对不同的流度比 M 值，计算出 $r_c(t)/r_w$ 对 t_D 的关系曲线如图 7.9 所示。由图 7.9 可以看出：在原油流度 K/μ 和压差不变的前提下，流度比 $M=(K_c/\mu_c)/(K/\mu)$ 的值越小，界面半径 r_c 随时间增大而增大得越快。

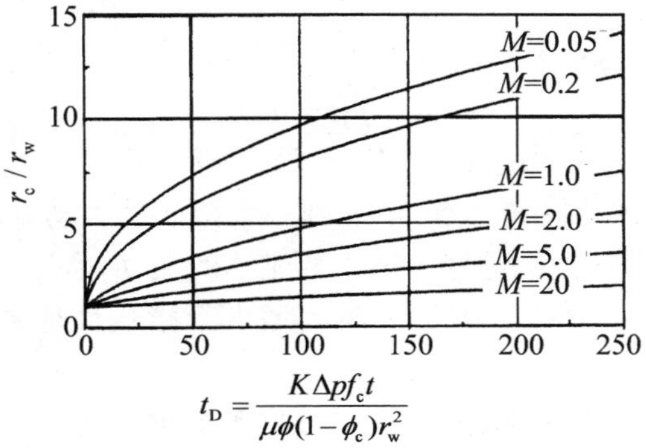

图 7.9　井筒中钻井泥浆沉积锋面的运动规律

生产中应用图 7.9 确定井筒污染厚度时，认为地层及流动参数 $\phi, K/\mu, f_s, p_w-p_e$ 等是已知的或容易测试的，因子 ω 也是已知的。但一般来说泥浆的流度 K_c/μ_c 是未知的。K_c 比 K 小得多，这需要用特殊装置进行测定。

7.2.3　动界面的稳定性和黏性指进

在 7.2.1 小节和 7.2.2 小节所研究的驱替过程中，均假定动界面是光滑的曲面，对于平面平行流动是平面，对于平面径向流动是圆柱面。这当然是理想情况。但由于多孔介质不可能是完全均质的，例如，介质中某一点邻域的渗透性比周围区域好，即该点的渗透率 K 值大于周围区域的值，则当界面运动到该点邻域时，由于这里流体流动较快，而导致动界面在该点处产生一个“突点”，我们称动界面在该点受到一个微小的扰动。这里要研究的问题是：在什么条件下，这个扰动将继续增长，即突点将进一步突出？这就是界面的稳定性问题。一种运动在受到微小的扰动以后能随着时间增大而衰减，则称该运动是稳定的。反之，若运动受到微小的扰动(这种扰动是不可避免的)以后，该扰动随时间增大而增长，则称该运动是不稳定的。

为此，我们考察平面平行流动中在时刻 t、点 M 处产生一个突点，它比周围正常界面多伸出一个距离 ε。设想在流场中画出一个包含点 M 的流管，把该流管看做一个封闭的系统。同时，在该流管周围再画出若干细的流管。根据界面推进方程(7.1.15)，对于不包含突点和包含突点的流管，分别得到下列关系式：

$$\frac{d\xi}{dt}=\frac{K_1(p_i-p_w)}{\phi\mu_1\Delta s_w[ML+(1-M)\xi]} \tag{7.2.38}$$

$$\frac{d(\xi+\varepsilon)}{dt}=\frac{K_1(p_i-p_w)}{\phi\mu_1\Delta s_w[ML+(1-M)(\xi+\varepsilon)]} \tag{7.2.39}$$

将式(7.2.38)和式(7.2.39)相减,可得

$$\frac{\mathrm{d}\varepsilon}{\mathrm{d}t}=\frac{K_1(p_\mathrm{i}-p_\mathrm{w})}{\phi\mu_1\Delta s_\mathrm{w}}\left[\frac{1}{ML+(1-M)(\xi+\varepsilon)}-\frac{1}{ML+(1-M)\xi}\right]$$

$$=-\frac{K_1(p_\mathrm{i}-p_\mathrm{w})}{\phi\mu_1\Delta s_\mathrm{w}}\frac{1}{ML+(1-M)\xi}\left[1-\frac{1}{1+\dfrac{(1-M)\varepsilon}{ML+(1-M)\xi}}\right] \tag{7.2.40}$$

设 $\varepsilon\ll\xi$,将式(7.2.40)方括号中的量展开成幂级数,并略去 ε^2 及高阶小量,给出

$$\frac{\mathrm{d}\varepsilon}{\mathrm{d}t}=-\frac{K_1(p_\mathrm{i}-p_\mathrm{w})}{\phi\mu_1\Delta s_\mathrm{w}[ML+(1-M)\xi]^2}(1-M)\varepsilon \tag{7.2.41}$$

由式(7.2.41)可以看出:在动界面上点 M 受到一个微小的扰动并产生一个突点 ε 以后,若流度比 $M>1$,即驱替流体的流动性好于被驱替流体的流动性,则 ε 随时间 t 的增大而指数性地增长。反之,若流度比 $M<1$,则 ε 随时间增大而指数性地衰减。若 $M=1$,则 ε 保持不变。

以上简单的分析表明:若驱替流体的流动性好于被驱替流体,则动界面上任何微小的扰动会导致迅速增长。就是说,在这种条件下,界面是不稳定的。这种增长使凸点呈“手指状”迅速向前延伸,称之为**黏性指进**。

这种简单处理的模型忽略了重力和毛管力的作用。这两种力的作用通常倾向于缓解黏性指进。因而对于流度比 $M>1$ 的情形,动界面并非是绝对不稳定的。

有学者在考虑重力作用的条件下研究了界面向上运动的情形。界面下为流体 1,界面上为流体 2。对于没有黏性指进的稳定界面,有

$$\left.\begin{aligned}\frac{\partial p_1}{\partial z}&=-\rho_1 g-\frac{\mu_1}{K_1}V\\ \frac{\partial p_2}{\partial z}&=-\rho_2 g-\frac{\mu_2}{K_2}V\end{aligned}\right\} \tag{7.2.42}$$

当点 M 处出现突点时,则点 M 处的渗流速度 V_M 为

$$V_M=-\frac{K_1}{\mu_1}\left(\frac{\partial p_2}{\partial z}+\rho_1 g\right) \tag{7.2.43}$$

式(7.2.43)中采用 $\dfrac{\partial p_2}{\partial z}$,是因为突点完全被流体 2 所包围。没有凸点的界面上的渗流速度为

$$V=-\frac{K_1}{\mu_1}\left(\frac{\partial p_1}{\partial z}+\rho_1 g\right) \tag{7.2.44}$$

式(7.2.43)和式(7.2.44)相减,给出

$$V_M-V=-\frac{K_1}{\mu_1}\left(\frac{\partial p_2}{\partial z}-\frac{\partial p_1}{\partial z}\right) \tag{7.2.45}$$

用式(7.2.42)代入式(7.2.45),可写成

$$V_M-V=(M-1)(V-V_\mathrm{c}) \tag{7.2.46}$$

其中,$M=(K_1/\mu_1)/(K_2/\mu_2)$,$V_\mathrm{c}$ 为

$$V_c = -\frac{K_1 g(\rho_1 - \rho_2)}{\mu_1(1 - M)} \tag{7.2.47}$$

这里只讨论 $M>1$ 的情形，则 $V - V_c>0$ 表示指进趋于增长，$V - V_c<0$ 表示指进衰减。因此，可将 V_c 看做判别锋面稳定性的临界速度。对于 $\rho_1>\rho_2$ 的情形，V_c 是正值，因而 $V<V_c$ 时界面是稳定的，$V>V_c$ 时界面是不稳定的。对于 $\rho_1<\rho_2$ 的情形，V_c 是负值，因而 $V - V_c$ 恒大于零，这表示界面是不稳定的。

影响锋面稳定性的另一个因素是毛管力，它是阻碍指进的力，因而毛管力总是倾向于促使界面稳定。

在注水采油过程中，指进的出现会使产油井很快见水，从而导致采收率降低。

7.3　有动界面的可压缩流体流动

7.2 节所研究的几个问题没有考虑流体的可压缩性，渗流微分方程是拉普拉斯方程。在其他某些实际问题中，例如油田试井分析中，流体的可压缩性起着重要作用。本节研究从无限大地层或有界地层中一口直井注入流体，使之形成一个两区系统。考虑流体的可压缩性，研究注入流体 1 与地层流体 2 的动界面的运动，并利用变分原理给出其压力衰减解，为注入井的压力衰减试井提供了理论基础。

7.3.1　两区系统的注入能力解

讨论一个无限大含油地层，打一口注水井进行注水。考虑活塞式驱替，将形成一个两区系统。区域 1 内主要是水，还有少量的残余油；区域 2 内主要是油，还有少量的同生水。两个区域由动界面 $r = r_c(t)$ 分开。为了与生产井的压力变化相区别，这里将注入过程井底压力升高的解称为注入能力解，而将关井以后井底压力下降的解称为压力衰减解。

描述该问题的控制方程和定解条件写出如下：

$$\left.\begin{aligned}
&\frac{1}{r}\frac{\partial}{\partial r}\left(r\frac{\partial p_1}{\partial r}\right) = \frac{1}{\chi_1}\frac{\partial p_1}{\partial t} \quad (0 < r \leqslant r_c,\ t > 0) && (7.3.1)\\
&\frac{1}{r}\frac{\partial}{\partial r}\left(r\frac{\partial p_2}{\partial r}\right) = \frac{1}{\chi_2}\frac{\partial p_2}{\partial t} \quad (r_c \leqslant r < \infty,\ t > 0) && (7.3.2)\\
&r\frac{\partial p_1}{\partial r} = \frac{Qu_1}{2\pi K_1 h} = \frac{Q}{2\pi\lambda_1 h}\ (Q < 0) \quad (\text{在 } r \to 0 \text{ 处},\ t > 0) && (7.3.3)\\
&p_2(r,t) = p_1(r,t) \quad (\text{在 } r = r_c \text{ 处},\ t > 0) && (7.3.4)\\
&M\frac{\partial p_1}{\partial r} = \left.\frac{\partial p_2}{\partial r}\right|_{r=r_c} \quad (\text{在 } r = r_c \text{ 处},\ t > 0) && (7.3.5)\\
&p_2(r,t) = p_i \quad (\text{在 } r \to \infty \text{ 处},\ t > 0) && (7.3.6)\\
&p_1(r,t) = p_2(r,t) = p_i \quad (0 \leqslant r < \infty,\ t = 0) && (7.3.7)
\end{aligned}\right\}$$

其中

$$\left.\begin{aligned}\chi_j &= \frac{K_j}{\phi\mu_j c_j} = \frac{\lambda_j}{\phi c_j}\\ M &= \frac{K_1/\mu_1}{K_2/\mu_2} = \frac{\lambda_1}{\lambda_2}\end{aligned}\right\} \tag{7.3.8}$$

p_i 是原始地层压力。令 $P_j = p_j - p_i(j=1,2)$，储容比 ω 和导压系数比 N 分别为

$$\omega = \frac{\phi c_1}{\phi c_2},\quad N = \frac{\chi_1}{\chi_2} = \frac{M}{\omega} \tag{7.3.9}$$

作玻耳兹曼变换

$$u = \frac{r^2}{4\chi_1 t},\quad u_c = \frac{r_c^2}{4\chi_1 t} \tag{7.3.10}$$

则方程和定解条件(7.3.1)～(7.3.7)变成

$$u\frac{d^2P_1}{du^2} + (1+u)\frac{dP_1}{du} = 0\quad (0 < u \leqslant u_c) \tag{7.3.11}$$

$$u\frac{d^2P_2}{du^2} + (1+Nu)\frac{dP_2}{du} = 0\quad (u_c \leqslant u < \infty) \tag{7.3.12}$$

$$2u\frac{dP_1}{du} = \frac{Q}{2\pi\lambda_1 h}\quad (u \to 0) \tag{7.3.13}$$

$$P_1(u) = P_2(u)\quad (u = u_c) \tag{7.3.14}$$

$$M\frac{dP_1}{du} = \frac{dP_2}{du}\quad (u = u_c) \tag{7.3.15}$$

$$P_1(u) = P(u) = 0\quad (u \to \infty) \tag{7.3.16}$$

求解该方程组，可令 $P' = dP/du$，使方程降阶一次。于是，方程(7.3.11)和方程(7.3.12)化为

$$u\frac{dP_1'}{du} + (1+u)P_1' = 0\quad (0 < u \leqslant u_c) \tag{7.3.17}$$

$$u\frac{dP_2'}{du} + (1+Nu)P_2' = 0\quad (u_c \leqslant u < \infty) \tag{7.3.18}$$

容易解得

$$P_1' = \frac{dP_1}{du} = c_{11}\frac{e^{-u}}{u} \tag{7.3.19}$$

$$P_2' = \frac{dP_2}{du} = c_{21}\frac{e^{-Nu}}{u} \tag{7.3.20}$$

由定解条件定出常数

$$c_{11} = \frac{Q}{4\pi\lambda_1 h},\quad c_{21} = \frac{MQ}{4\pi\lambda_1 h}e^{-u_c+Nu_c} \tag{7.3.21}$$

由于 c_{11} 和 c_{21} 均为常数，这必须

$$u_c = \frac{r_c^2}{4\chi_1 t} = 常数 \tag{7.3.22a}$$

即

$$\frac{r_c^2}{t} = A \tag{7.3.22b}$$

其中，A 是常数。将 $r_c^2 = At$ 两边对 t 求导数，给出注入期间的界面运动速度

$$\frac{dr_c}{dt} = \frac{1}{2}\frac{r_c}{t} = \frac{1}{2}\sqrt{\frac{A}{t}} \tag{7.3.23}$$

另一方面，按照 Darcy 定律，界面处的渗流速度

$$\phi\frac{dr_c}{dt} = -\frac{K_1}{\mu_1}\frac{\partial P_1}{\partial r}\bigg|_{r=r_c} \tag{7.3.24}$$

比较式(7.3.23)和式(7.3.24)，可得

$$-\frac{K_1}{\mu_1}\frac{\partial P_1}{\partial r}\bigg|_{r=r_c} = \frac{\phi}{2}\frac{r_c}{t} \tag{7.3.25}$$

下面要对式(7.3.19)和式(7.3.20)再积分一次。式(7.3.20)两端从 u 到∞积分，给出

$$P_2(u) = c_{21}\int_{\infty}^{Nu}\frac{e^{-Nu}}{Nu}d(Nu) + c_{22} \tag{7.3.26}$$

由条件(7.3.16)容易定出 $c_{22}=0$。类似式(4.1.23)，求得 2 区的压力分布为

$$P_2(r,t) = \frac{MQ}{4\pi\lambda_1 h}e^{-\frac{r_c^2}{4\chi_1 t}(1-N)}\mathrm{Ei}\left(-\frac{Nr^2}{4\chi_1 t}\right) \tag{7.3.27}$$

解出 P_2 以后再解 P_1。设注入时间为 t_i，对式(7.3.19)两端从 u 到 $u_i=\dfrac{r^2}{4\chi_1 t_i}$ 积分，给出

$$\begin{aligned} P_1(u) &= c_{11}\int_{u_i}^{u}\frac{e^{-u}}{u}du + c_{12} \\ &= c_{11}[-\mathrm{Ei}(-u_i) + \mathrm{Ei}(-u)] + c_{12} \end{aligned} \tag{7.3.28}$$

将解式(7.3.27)和式(7.3.28)用于界面条件(7.3.14)，可得

$$-c_{11}\mathrm{Ei}(-u_i) + c_{11}\mathrm{Ei}(-u_c) + c_{12} = c_{21}\mathrm{Ei}(-Nu_c) \tag{7.3.29}$$

从而定出最后一个常数 c_{12} 为

$$c_{12} = -c_{11}\mathrm{Ei}(-u_c) + c_{11}\mathrm{Ei}(-u_i) + c_{21}\mathrm{Ei}(-Nu_c) \tag{7.3.30}$$

将式(7.3.21)和式(7.3.30)代入解式(7.3.28)，最后得 1 区的压力分布为

$$\begin{aligned} P_1(r,t) = &\frac{Q}{4\pi\lambda_1 h}\left[-\mathrm{Ei}\left(-\frac{r^2}{4\chi_1 t}\right) + \mathrm{Ei}\left(-\frac{r_c^2}{4\chi_1 t}\right)\right] \\ &+ \frac{MQ}{4\pi\lambda_1 h}e^{-\frac{r_c^2}{4\chi_1 t}(1-N)}\mathrm{Ei}\left(-N\frac{r_c^2}{4\chi_1 t}\right) \end{aligned} \tag{7.3.31}$$

下面将 1 区和 2 区的压力分布写成无量纲形式。为此，引进无量纲量

$$\left.\begin{aligned} p_D &= \frac{2\pi\lambda_1 h(p_i - p)}{Q}, \quad r_D = \frac{r}{r_w} \\ t_{iD} &= \frac{K_1 t_i}{\phi\mu_1 c_1 r_w^2}, \quad \beta = \frac{r_{cD}^2}{4t_{iD}} \end{aligned}\right\} \tag{7.3.32}$$

于是，式(7.3.31)和式(7.3.27)可改写成

$$p_{1D}(r_D, t_{iD}) = -\frac{1}{2}\left[\mathrm{Ei}\left(-\frac{r_D^2}{4t_{iD}}\right) - \mathrm{Ei}(-\beta) + Me^{-\beta(1-N)}\mathrm{Ei}(-N\beta)\right] \tag{7.3.33}$$

$$p_{2D}(r_D, t_{iD}) = -\frac{1}{2}Me^{-\beta(1-N)}\mathrm{Ei}\left(-\frac{Nr_D^2}{4t_{iD}}\right) \tag{7.3.34}$$

以上解式中含有 $\beta = r_c^2/(4\chi_1 t_i)$，现在讨论 β 的计算问题。为此，引进一个被称为**特征注入常数**的无量纲量 α：

$$\alpha = -\frac{Qc_{t1}}{2\pi\lambda_1 h\Delta s_w} \quad (\Delta s_w = 1 - s_{cw} - s_{ro}) \tag{7.3.35}$$

其中，$Q<0$，$\alpha>0$。s_{cw} 和 s_{ro} 分别为束缚水和残余油的饱和度。Δs_w 是注水后 1 区水饱和度的增量。先暂不考虑注入水的可压缩性，由物质平衡关系，有 $\pi r_c^2 h\phi\Delta s_w = -Qt_i$，即

$$r_c^2 = -\frac{Qt_i}{\pi h\phi\Delta s_w} \tag{7.3.36}$$

所以，不考虑可压缩性的 β 值为

$$\beta = \frac{r_c^2}{4\chi_1 t_i} = -\frac{Qc_{t1}}{4\pi\lambda_1 h\Delta s_w} = \frac{\alpha}{2} \tag{7.3.37}$$

若考虑水的可压缩性，由式(7.3.25)和式(7.3.31)，可以求得

$$\frac{\phi}{2}\frac{r_c}{t} = -\frac{Q}{2\pi\lambda_1 h}\frac{K_1}{\mu_1}\left[\frac{\partial}{\partial r}\mathrm{Ei}\left(-\frac{r^2}{4\chi_1 t}\right)\right]_{r=r_c} = \frac{Q}{4\pi\lambda_1 h}\frac{K_1}{\mu_1}\frac{2}{r_c}e^{-\frac{r_c^2}{4\chi_1 t}} \tag{7.3.38}$$

即

$$\frac{1}{4}\frac{\phi\mu_1 c_{t1}}{K_1}\frac{r_c^2}{t} = -\frac{Qc_{t1}}{4\pi\lambda_1 h}e^{-\frac{r_c^2}{4\chi_1 t}} \tag{7.3.39}$$

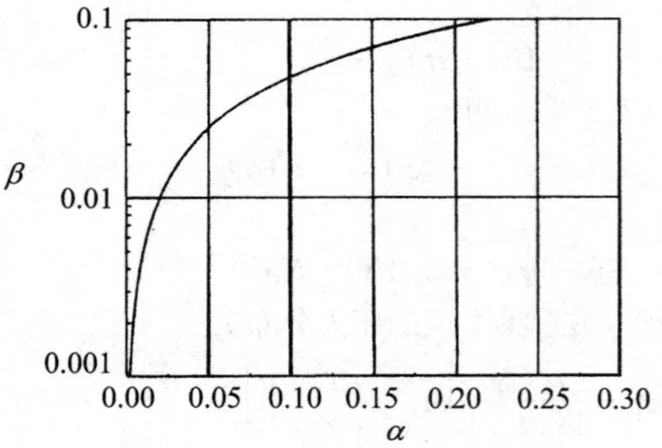

图 7.11　可压缩流体的 β 与 α 关系曲线

式(7.3.39)左端的孔隙度 ϕ 看做有效孔隙度 $\phi\Delta s_w$，所以有

$$\beta e^{\beta} = -\frac{Qc_{t1}}{4\pi\lambda_1 h} = \frac{\alpha}{2} \tag{7.3.40}$$

就是说，考虑水的可压缩性与不考虑可压缩性相比，β 与 α 的关系式相差一个因子 e^{β}。由式(7.3.40)绘出 β 与 α 的关系曲线如图 7.11 所示。对于一般的注水情形，$\beta\leqslant 0.01$，所以二者相差不大。

有时我们对井底压力特别关心。将 $r = r_w$ 代入式(7.3.33)，可得井底无量纲压力 $p_D(1, t_{iD})$ 为

$$p_D(1, t_{iD}) = -\frac{1}{2}\left[\mathrm{Ei}\left(-\frac{1}{4t_{iD}}\right) - \mathrm{Ei}(-\beta) - Me^{-\beta(1-N)}\mathrm{Ei}(-N\beta)\right] \tag{7.3.41}$$

Verigin(1952)研究了注水井的压力上升问题。

7.3.2 两区系统的压力衰减解

注水井停止注入以后，井底压力逐渐衰减。为避免与生产井开井时压力降落相混淆，这里用“衰减”一词。Kong，Lu(1991a，1991b，1991c)利用变分原理研究了注水井的压力衰减，并用 Ritz 法给出近似的解析解。

7.3.2.1 物理模型和数学描述

考虑一个较大的油藏，即 $r_w/R \ll 1$ 的圆形有界油藏。中心一口直井，注入时间和流量分别为 t_i 和 Q。考虑水的可压缩性，忽略毛管力和重力。从停注时刻起的时间增量为 Δt，则 $t = t_i + \Delta t$。界面半径仍为 r_c。

以 r_c 为参考长度引进新的无量纲量

$$\left.\begin{aligned} r_D &= \frac{r}{r_c}, \quad t_{iD} = \frac{\chi_1 t_i}{r_c^2} \\ \Delta t_D &= \frac{\chi_1 \Delta t}{r_c^2}, \quad C_D = \frac{C}{2\pi r_c^2 h\phi c_{t1}} \\ \varepsilon &= \frac{r_w}{r_c}, \quad \beta = \frac{r_c^2}{4\chi_1 t_i} = \frac{1}{4t_{iD}} \\ p_D &= \frac{2\pi\lambda_1 h(p_i - p)}{Q} \end{aligned}\right\} \tag{7.3.42}$$

于是，压力衰减期两区系统的无量纲偏微分方程可写成

$$\frac{\partial^2 p_{1D}}{\partial r_D^2} + \frac{1}{r_D}\frac{\partial p_{1D}}{\partial r_D} = \frac{\partial p_{1D}}{\partial(\Delta t_D)} \quad (\varepsilon < r_D < 1) \tag{7.3.43}$$

$$\frac{\partial^2 p_{2D}}{\partial r_D^2} + \frac{1}{r_D}\frac{\partial p_{2D}}{\partial r_D} = \frac{\partial p_{2D}}{\partial(\Delta t_D)} \quad \left(1 \leqslant r_D < \frac{R}{r_c}\right) \tag{7.3.44}$$

压力衰减期的初始条件就是注入能力解给出的停注时刻 $t = t_i$ 时的结果，即式(7.3.33)和式(7.3.34)。现在写成

$$p_{1D}(\Delta t_D = 0) = -\frac{1}{2}g_1(r_D) \quad (\varepsilon < r_D \leqslant 1) \tag{7.3.45}$$

$$p_{2D}(\Delta t_D = 0) = -\frac{1}{2}g_2(r_D) \quad \left(1 \leqslant r_D < \frac{R}{r_c}\right) \tag{7.3.46}$$

其中，$g_1(r_D)$和 $g_2(r_D)$分别为

$$g_1(r_D) = \mathrm{Ei}\left(-\frac{r_D^2}{4t_{iD}}\right) - \mathrm{Ei}(-\beta) + M\mathrm{e}^{-\beta(1-N)} \tag{7.3.47}$$

$$g_2(r_D) = M\mathrm{e}^{-\beta(1-N)}\mathrm{Ei}\left(-\frac{Nr_D^2}{4t_{iD}}\right) \tag{7.3.48}$$

下面给出压力衰减期两区系统的边界条件和界面条件。

内边界条件：将式(4.6.29)～式(4.6.31)用于关井时刻，并用式(7.3.42)所定义的无量纲量，写成

$$C_D \frac{dp_{wD}}{d(\Delta t_D)} - \varepsilon \frac{\partial p_{1D}}{\partial r_D} = 0 \quad (\text{在 } r_D = \varepsilon \text{ 处}) \tag{7.3.49}$$

$$p_{wD} = p_{1D} - S\varepsilon \frac{\partial p_{1D}}{\partial r_D} \quad (\text{在 } r_D = \varepsilon \text{ 处}) \tag{7.3.50}$$

式(7.3.49)和式(7.3.50)合并，写成

$$\left[C_D \frac{dp_{1D}}{d(\Delta t_D)} - C_D S\varepsilon \frac{d}{d(\Delta t_D)}\left(\frac{\partial p_{1D}}{\partial r_D}\right) - \varepsilon \frac{\partial p_{1D}}{\partial r_D}\right]_{r_D=\varepsilon} = 0 \tag{7.3.51}$$

其中，C_D 是压力衰减期无量纲续流系数，S 是表皮因子，均是在求压力衰减解时计入的。

界面条件：

$$p_{1D}(r_{cD}) = p_{2D}(r_{cD}) \tag{7.3.52}$$

$$M \left.\frac{\partial p_{1D}}{\partial r_D}\right|_{r_D=r_{cD}} = \left.\frac{\partial p_{2D}}{\partial r_D}\right|_{r_D=r_{cD}} \tag{7.3.53}$$

外边界条件：

$$p_{2D}(r_D = R_D) = 0 \quad (\text{定压}) \tag{7.3.54}$$

$$\left.\frac{\partial p_{2D}}{\partial r_D}\right|_{r_D=R_D} = 0 \quad (\text{封闭}) \tag{7.3.55}$$

这里应当说明：式(7.3.33)和式(7.3.34)是注入期无限大地层中的线源解，它在 $t = t_i$ 停注时刻的值为什么可以作为有限地层柱源情形并考虑续流效应和表皮效应的初始条件呢？这是因为：

第一，我们现在考虑的是很大的油藏。实际上，只要边界影响尚未出现，地层有界和无界并没有什么区别。

第二，众所周知，线源解的结果与柱源解的结果非常近似，即线源解用于有限半径井是合理的。

第三，井筒储集效应只影响注入初期，不影响 $t = t_i$ 时刻的结果。就是说，如果注入期考虑 C_D 的话，在 $t = t_i$ 时刻的结果也应是式(7.3.33)的形式。

第四，表皮因子 S 只影响井底的实际压力值 p_w，而不影响井底理论压力值 $p(r = r_w)$。

综上所述，将线源解(7.3.33)和(7.3.34)在 $t = t_i$ 时刻的值作为考虑 C_D 和 S 情形衰减期的初始条件是完全合理的。

方程组(7.3.43)和(7.3.44)以及定解条件(7.3.45)～(7.3.55)可以用来求解两区系统的压力衰减结果，一般先解 1 区，再解 2 区。就试井目的而言，只需求解 1 区压力，这只要用到方程(7.3.43)和定解条件(7.3.45)以及(7.3.49)～(7.3.53)。下面为简洁起见，省去下标 1。它们经过拉普拉斯变换后可写成

$$\frac{\partial^2 \overline{p}_D}{\partial r_D^2} + \frac{1}{r_D}\frac{\partial \overline{p}_D}{\partial r_D} - s\overline{p}_D = \frac{1}{2}g(r_D) \quad (\varepsilon < r_D \leqslant 1) \tag{7.3.56}$$

$$\overline{p}_{wD} = \left[\overline{p}_D - S\varepsilon \frac{\partial \overline{p}_D}{\partial r_D}\right]_{r_D=\varepsilon} \tag{7.3.57}$$

利用导数变换性质，式(7.3.51)变换后可写成

$$\left[C_D s\bar{p}_D + \frac{1}{2}C_D g(r_D) - C_D S s \varepsilon \frac{\partial \bar{p}_D}{\partial r_D} - C_D S s - \varepsilon \frac{\partial \bar{p}_D}{\partial r_D}\right]_{r_D=\varepsilon} = 0 \tag{7.3.58}$$

注意到式(7.3.47)的导数

$$-\left.\frac{\partial p_D}{\partial r_D}\right|_{\Delta t_D=0} = \frac{1}{2}\frac{\partial}{\partial r_D}\mathrm{Ei}\left(-\frac{r_D^2}{4t_{iD}}\right) \approx \varepsilon \tag{7.3.59}$$

式(7.3.58)可写成

$$\left[\frac{\partial \bar{p}_D}{\partial r_D} - \frac{C_D s}{(C_D S s+1)\varepsilon}\bar{p}_D\right]_{r_D=\varepsilon} = f(s) \tag{7.3.60}$$

其中

$$f(s) = \frac{1}{2}\frac{C_D g(\varepsilon)}{(C_D S s+1)\varepsilon} - \frac{C_D S}{(C_D S s+1)\varepsilon} \tag{7.3.61}$$

以上各式中，s 是拉普拉斯变换变量。界面条件(7.3.52)和(7.3.53)变换为

$$\bar{p}_{1D}(r_{cD}) = \bar{p}_{2D}(r_{cD}) \tag{7.3.62}$$

$$M\left.\frac{\partial \bar{p}_D}{\partial r_D}\right|_{r_D=r_{cD}} = \left.\frac{\partial \bar{p}_{2D}}{\partial r_D}\right|_{r_D=r_{cD}} \tag{7.3.63}$$

由方程(7.3.56)和定解条件(7.3.57)，(7.3.60)，(7.3.62)及(7.3.63)，可以在拉氏空间中求解 1 区的像函数。下面利用变分原理和 Ritz 法进行求解。

7.3.2.2　求解 1 区和井底压力

现在利用变分原理对上述问题进行求解。在停注以后，认为界面基本上不再运动，即近似有

$$\left.\frac{\partial \bar{p}_D}{\partial r_D}\right|_{r_D=1} = 0 \tag{7.3.64}$$

根据变分学原理，方程(7.3.56)及其边界条件所对应的变分表达式为

$$I(\bar{p}_D) = \int_\varepsilon^1\left[\left(\frac{\partial \bar{p}_D}{\partial r_D}\right)^2 + s\bar{p}_D^2 - g(r_D)\bar{p}_D\right]r_D\mathrm{d}r_D + \varepsilon\left[\left.\frac{C_D s}{(C_D S s+1)\varepsilon}\bar{p}_D^2\right|_{r_D=\varepsilon} + \left.2f(s)\bar{p}_D\right|_{r_D=\varepsilon}\right] \tag{7.3.65}$$

于是，问题化为条件极值问题。约束条件(7.3.60)可写成

$$J \equiv \left.\frac{\partial \bar{p}_D}{\partial r_D}\right|_{r_D=\varepsilon} - \left.\frac{C_D s}{(C_D S s+1)\varepsilon}\bar{p}_D\right|_{r_D=\varepsilon} - f(s) = 0 \tag{7.3.66}$$

我们用 Ritz 法求解条件极值问题。Ritz 法的第一步是选择一个试探解。试探解包含一个函数系 φ_j $(j=1,2,\cdots,N,\cdots)$和若干个可调整的系数。这个函数系应尽可能是给定区域内的一个完备系，例如多项式、三角函数、柱函数和球函数可以构成这个完备系。

在本问题中，我们选取试探解

$$\bar{p}_D = \sum_{j=0}^{N} A_j r_D{}^{j+1}\left(\frac{1}{j+1} - \frac{r_D}{j+2}\right) \tag{7.3.67}$$

则有

$$\frac{\partial \overline{p}_D}{\partial r_D} = \sum_{j=0}^{N} A_j (r_D{}^j - r_D{}^{j+1}) \tag{7.3.68}$$

显然,这个试探解满足界面条件(7.3.64)。而内边界条件(7.3.60)变为

$$J \equiv \sum_{j=0}^{N} A_j (\varepsilon^j - \varepsilon^{j+1}) - \frac{C_D s}{C_D S s + 1} \sum_{j=0}^{N} A_j \left(\frac{1}{j+1} - \frac{\varepsilon}{j+2}\right) \varepsilon^j - f(s) = 0 \tag{7.3.69}$$

试探解中有一组待定系数 A_j,下面要确定这些系数。由式(7.3.65)表示的泛函可写成

$$\begin{aligned} & I[\overline{p}_D(A_0, A_1, \cdots, A_N)] \\ &= \int_{\varepsilon}^{1} \left\{ \left[\sum_{j=0}^{N} A_j (r_D^j - r_D^{j+1}) \right]^2 + s \left[\sum_{j=0}^{N} A_j r_D^{j+1} \left(\frac{1}{j+1} - \frac{r_D}{j+2} \right) \right]^2 \right. \\ &\quad \left. - g(r_D) \sum_{j=0}^{N} A_j r_D^{j+1} \left(\frac{1}{j+1} - \frac{r_D}{j+2} \right) \right\} r_D \mathrm{d} r_D + \frac{C_D S s}{C_D S s + 1} \left[\sum_{j=0}^{N} A_j \varepsilon^{j+1} \left(\frac{1}{j+1} - \frac{\varepsilon}{j+2} \right) \right]^2 \\ &\quad + 2\varepsilon f(s) \sum_{j=0}^{N} A_j \varepsilon^{j+1} \left(\frac{1}{j+1} - \frac{\varepsilon}{j+2} \right) \end{aligned} \tag{7.3.70}$$

求解约束条件 $J=0$ 下泛函 $I[\overline{p}_D(A_0, A_1, \cdots, A_N)]$ 的极值问题主要有两种方法:① 消元法,即利用条件(7.3.69)消去式(7.3.70)中的一个元 A_j;② Lagrange 乘子法。我们利用后一种方法,即令

$$F = I + A_\lambda J \tag{7.3.71}$$

其中,A_λ 称为 Lagrange 乘子。由

$$\frac{\partial F}{\partial A_i} = 0 \quad (i = 0, 1, 2, \cdots, N, \lambda) \tag{7.3.72}$$

得 $N+2$ 个代数方程,用来求解 $N+2$ 个待定系数 $A_0, A_1, \cdots, A_N, A_\lambda$。解出这些系数后代入式(7.3.67),即得我们所需的解。

由以上论述可以看到,这个解满足 1 区的内、外边界条件,并且根据变分原理,这个解就是方程(7.3.56)的解。

下面确定系数 A_i。将方程(7.3.72)展开,令式(7.3.70)中的三个积分项分别用 I_1, I_2, I_3 表示,而后面两项依次用 I_4 和 I_5 表示。略去 ε 三次方以上的项,则各项分别写出如下:

$$\begin{aligned} \frac{\partial I_1}{\partial A_i} &= 2\int_{\varepsilon}^{1} \left[\sum_{j=0}^{N} A_j (r_D^j - r_D^{j+1}) \right] (r_D^i - r_D^{i+1}) r_D \mathrm{d} r_D \\ &= 2\left(\sum_{j=0}^{N} A_j \frac{1-\varepsilon^{i+j+2}}{i+j+2} - 2\sum_{j=0}^{N} A_j \frac{1-\varepsilon^{i+j+3}}{i+j+3} + \sum_{j=0}^{N} A_j \frac{1-\varepsilon^{i+j+4}}{i+j+4} \right) \end{aligned} \tag{7.3.73}$$

$$\begin{aligned} \frac{\partial I_2}{\partial A_i} &= 2s\int_{\varepsilon}^{1} \left[\sum_{j=0}^{N} A_j r_D^{j+1} \left(\frac{1}{j+1} - \frac{r_D}{j+2} \right) \right] \left(\frac{r_D^{i+1}}{i+1} - \frac{r_D^{i+2}}{i+2} \right) r_D \mathrm{d} r_D \\ &= 2s\left[\sum_{j=0}^{N} A_j \frac{1}{(i+1)(j+1)(i+j+4)} \right. \\ &\quad \left. - \sum_{j=0}^{N} A_j \left(\frac{1}{(j+1)(i+1)} + \frac{1}{(j+2)(i+2)} \right) \frac{1}{i+j+5} \right. \end{aligned}$$

$$+\sum_{j=0}^{N}A_j\frac{1}{(i+2)(j+2)(i+j+6)}\Bigg]\tag{7.3.74}$$

$$\begin{aligned}\frac{\partial I_3}{\partial A_i}&=\frac{\partial}{\partial A_i}\int_\varepsilon^1\mathrm{Ei}\left(-\frac{r_\mathrm{D}^2}{4t_\mathrm{iD}}\right)\sum_{j=0}^{N}A_j\left(\frac{r_\mathrm{D}^{j+2}}{j+1}-\frac{r_\mathrm{D}^{j+3}}{j+2}\right)\mathrm{d}r_\mathrm{D}\\&+g_0\frac{\partial}{\partial A_i}\int_\varepsilon^1\sum_{j=0}^{N}A_j\left(\frac{r_\mathrm{D}^{j+2}}{j+1}-\frac{r_\mathrm{D}^{j+3}}{j+2}\right)\mathrm{d}r_\mathrm{D}\end{aligned}\tag{7.3.75}$$

其中

$$g_0=-\mathrm{Ei}(-\beta)+M\mathrm{e}^{-\beta(1-N)}\mathrm{Ei}(-N\beta)$$

对于 1 区，$r_\mathrm{D}^2/(4t_\mathrm{iD})\leqslant 1/(4t_\mathrm{iD})=\beta$。而一般地，$\beta\leqslant 0.01$。因此，指数积分函数可近似地表示为

$$\mathrm{Ei}\left(-\frac{r_\mathrm{D}^2}{4t_\mathrm{iD}}\right)=\ln\frac{r_\mathrm{D}^2}{4t_\mathrm{iD}}+\gamma=\ln\beta+\gamma+2\ln r_\mathrm{D}$$

其中，$\gamma=0.577216$ 是欧拉常数。所以

$$\begin{aligned}\frac{\partial I_3}{\partial A_i}=&(\ln\beta+\gamma_0+g_0)\int_\varepsilon^1\left(\frac{r^{i+2}}{i+1}-\frac{r^{i+3}}{i+2}\right)\mathrm{d}r_\mathrm{D}\\&+2\int_\varepsilon^1\frac{\partial(\ln r)}{\partial A_i}\sum_{j=0}^{N}A_j\left(\frac{r^{j+2}}{j+1}-\frac{r^{j+3}}{j+2}\right)\mathrm{d}r_\mathrm{D}\\&+2\int_\varepsilon^1\ln r\left(\frac{r^{i+2}}{i+1}-\frac{r^{i+3}}{i+2}\right)\mathrm{d}r_\mathrm{D}\\&+(\ln\beta+\gamma+g_0)\left[\frac{1}{(i+1)(i+3)}-\frac{1}{(i+2)(i+4)}\right]\end{aligned}\tag{7.3.76}$$

令

$$\xi(K)=\int_\varepsilon^1 r^K\ln r\mathrm{d}r=\frac{\varepsilon^{K+1}}{(K+1)^2}-\frac{\varepsilon^{K+1}}{(K+1)}\ln\varepsilon-\frac{1}{(K+1)^2}\tag{7.3.77}$$

其中，K 是正整数。当 $K\geqslant 2$ 时，$\xi(K)\approx -1/(K+1)^2$。最后得

$$\begin{aligned}\frac{\partial I_3}{\partial A_i}=2\Bigg\{&\frac{\ln\beta+\gamma+g_0}{2}\left[\frac{1}{(i+1)(i+3)}-\frac{1}{(i+2)(i+4)}\right]\\&+\frac{\xi(i+2)}{i+1}-\frac{\xi(i+3)}{i+2}\Bigg\}\end{aligned}\tag{7.3.78}$$

方程(7.3.65)中的最后两项以及约束条件(7.3.66)代入试探解后，它们对 $A_i(i=0,1,2,\cdots,N,\lambda)$ 的偏导数分别为

$$\begin{aligned}\frac{\partial I_4}{\partial A_i}&=\frac{2C_\mathrm{D}s}{C_\mathrm{D}Ss+1}\left(\frac{1}{i+1}-\frac{\varepsilon}{i+2}\right)\varepsilon^{i+1}\sum_{j=0}^{N}A_j\left(\frac{1}{j+1}-\frac{\varepsilon}{j+2}\right)\varepsilon^{j+1}\\&=\frac{2C_\mathrm{D}s}{C_\mathrm{D}Ss+1}\sum_{j=0}^{N}A_j\Bigg[\frac{\varepsilon^{i+j+2}}{(i+1)(j+1)}\\&\quad-\left(\frac{1}{(j+1)(i+2)}+\frac{1}{(j+2)(i+1)}\right)\varepsilon^{i+j+3}+\frac{\varepsilon^{i+j+4}}{(i+2)(j+2)}\Bigg]\end{aligned}\tag{7.3.79}$$

$$\frac{\partial I_5}{\partial A_i} = 2f(s)\frac{\partial}{\partial A_i}(\overline{p}_{\mathrm{D}}|_{r_{\mathrm{D}}=\varepsilon}) = 2f(s)\left(\frac{1}{i+1} - \frac{\varepsilon}{i+2}\right)\varepsilon^{i+1} \tag{7.3.80}$$

$$\frac{\partial J}{\partial A_i} = (\varepsilon^i - \varepsilon^{i+1}) - \frac{C_{\mathrm{D}}s}{C_{\mathrm{D}}Ss+1}\left(\frac{\varepsilon^i}{i+1} - \frac{\varepsilon^{i+1}}{i+2}\right) \tag{7.3.81}$$

将式(7.3.73)、式(7.3.74)以及式(7.3.78)～式(7.3.81)代入式(7.3.72)并整理,令

$$\left.\begin{aligned}
a_{ij} &= \frac{1-\varepsilon^{i+j+2}}{i+j+2} - \frac{2}{i+j+3} + \frac{1}{i+j+4}\\
b_{ij} &= \frac{1}{(i+1)(j+1)(i+j+4)} - \left[\frac{1}{(i+1)(j+2)} + \frac{1}{(j+1)(i+2)}\right]\frac{1}{i+j+5}\\
&\quad + \frac{1}{(i+2)(j+2)(i+j+6)}\\
c_{ij} &= \frac{\varepsilon^{i+j+2}}{(i+1)(j+1)} - \left[\frac{1}{(i+1)(j+2)} + \frac{1}{(j+1)(i+2)}\right]\varepsilon^{i+j+3}\\
&\quad + \frac{\varepsilon^{i+j+4}}{(i+2)(j+2)}\\
D &= \frac{C_{\mathrm{D}}s}{C_{\mathrm{D}}Ss+1}\\
d_i &= \left(1 - \frac{D}{i+1}\right)\varepsilon^i - \left(1 - \frac{D}{i+2}\right)\varepsilon^{i+1}\\
F_i &= \left(\frac{1}{i+1} - \frac{1}{i+2}\right)\varepsilon^{i+1}\\
G_i &= -\frac{\xi(i+2)}{i+1} + \frac{\xi(i+3)}{i+2} - \frac{\ln\beta+\gamma+g_0}{2}\left[\frac{1}{(i+1)(i+3)} - \frac{1}{(i+2)(i+4)}\right]
\end{aligned}\right\} \tag{7.3.82}$$

得 $i=0,1,2,\cdots,N$ 共 $N+1$ 个方程,连同约束条件(7.3.69),构成 $N+2$ 个方程的方程组如下:

$$\sum_{j=0}^{N}(a_{ij}+sb_{ij}+Dc_{ij})A_j + \frac{d_i}{2}A_\lambda = G_i - fF_i \quad (i=0,1,\cdots,N) \tag{7.3.83}$$

$$\sum_{j=0}^{N} d_jA_j = f \tag{7.3.84}$$

将式(7.3.84)乘以 F_i 并与式(7.3.83)相加,再令

$$h_{ij} = a_{ij} + sb_{ij} + Dc_{ij} + d_iF_i$$

则方程组化为

$$\sum_{j=0}^{N} h_{ij}A_j + \frac{1}{2}d_iA_\lambda = G_i \quad (i=0,1,2,\cdots,N) \tag{7.3.85}$$

$$\sum_{j=0}^{N} d_jA_j = f \tag{7.3.86}$$

于是,求得试探解的系数

$$A_j = \frac{\Delta_j}{\Delta} \quad (j = 0,1,2,\cdots,N) \tag{7.3.87}$$

其中

$$\Delta_j = \begin{vmatrix} h_{00} & \cdots & h_{0,j-1} & G_0 & h_{0,j+1} & \cdots & h_{0n} & d_0 \\ h_{10} & \cdots & h_{1,j-1} & G_1 & h_{1,j+1} & \cdots & h_{1n} & d_1 \\ \cdots & \cdots & \cdots & \cdots & \cdots & \cdots & \cdots & \cdots \\ h_{n0} & \cdots & h_{n,j-1} & G_n & h_{n,j+1} & \cdots & h_{nn} & d_n \\ d_0 & \cdots & d_{j-1} & f & d_{j+1} & \cdots & d_n & 0 \end{vmatrix} \tag{7.3.88}$$

$$\Delta = \begin{vmatrix} h_{00} & h_{01} & \cdots & h_{0n} & d_0 \\ h_{10} & h_{11} & \cdots & h_{1n} & d_1 \\ \cdots & \cdots & \cdots & \cdots & \cdots \\ h_{n0} & h_{n1} & \cdots & h_{nn} & d_n \\ d_0 & d_1 & \cdots & d_n & 0 \end{vmatrix} \tag{7.3.89}$$

将系数(7.3.87)代入式(7.3.67)和式(7.3.68),则得拉氏空间的压力及其导数分别为

$$\overline{p}_{\mathrm{D}} = \frac{1}{\Delta}\sum_{j=0}^{N}\Delta_j r_{\mathrm{D}}^{j+1}\left(\frac{1}{j+1} - \frac{r_{\mathrm{D}}}{j+2}\right) \tag{7.3.90}$$

$$\frac{\partial \overline{p}_{\mathrm{D}}}{\partial r_{\mathrm{D}}} = \frac{1}{\Delta}\sum_{j=0}^{N}\Delta_j (r_{\mathrm{D}}^{j} - r_{\mathrm{D}}^{j+1}) \tag{7.3.91}$$

由式(7.3.57)可得无量纲井底压力

$$p_{\mathrm{wD}}(\Delta t_{\mathrm{D}}) = L^{-1}\left[\frac{1}{\Delta}\sum_{j=0}^{N}\Delta_j \varepsilon^{j+1}\left(\frac{1}{j+1} - \frac{\varepsilon}{j+2}\right)\right] - \varepsilon S L^{-1}\left[\frac{1}{\Delta}\sum_{j=0}^{N}\Delta_j(\varepsilon^j + \varepsilon^{j+1})\right] \tag{7.3.92}$$

对于注入井的压力衰减(fall off),井筒无量纲压力为

$$\begin{aligned} p_{\mathrm{wD}}^{\mathrm{FO}}(\Delta t_{\mathrm{D}}) &= \frac{2\pi\lambda_1 h[p_{\mathrm{wf}} - p_{\mathrm{w}}(\Delta t)]}{-QB} \\ &= \frac{2\pi\lambda_1 h[p_{\mathrm{i}} - p_{\mathrm{w}}(\Delta t = 0)]}{QB} - \frac{2\pi\lambda_1 h[p_{\mathrm{i}} - p_{\mathrm{w}}(\Delta t)]}{QB} \end{aligned} \tag{7.3.93}$$

最后得

$$\begin{aligned} p_{\mathrm{wD}}^{\mathrm{FO}}(\Delta t_{\mathrm{D}}) &= -\frac{1}{2}g(r_{\mathrm{D}} = \varepsilon) - p_{\mathrm{wD}}(\Delta t_{\mathrm{D}}) \\ &= -\frac{1}{2}\left[\mathrm{Ei}\left(-\frac{\varepsilon^2}{4t_{\mathrm{iD}}}\right) + M\mathrm{e}^{-\beta(1-N)}\mathrm{Ei}(-N\beta) - \mathrm{Ei}(-\beta)\right] \\ &\quad - L^{-1}\left[\frac{1}{\Delta}\sum_{j=0}^{N}\Delta_j\varepsilon^{j+1}\left(\frac{1}{j+1} - \frac{\varepsilon}{j+2}\right)\right] \\ &\quad + \varepsilon S L^{-1}\left[\frac{1}{\Delta}\sum_{j=0}^{N}\Delta_j(\varepsilon^j - \varepsilon^{j+1})\right] \end{aligned} \tag{7.3.94}$$

7.3.2.3 结果与讨论

由式(7.3.94)我们可以算出注入井衰减期的样板曲线。图 7.12 是组合参数 C_De^{2S}/ε^2 从上到下分别为 5,1,0.5,0.1,0.05,0.01 而计算出的样板曲线。图 7.13 给出流度比 M 和储容比 ω 对样板曲线的影响。其中,导数曲线有 3 组,自上而下对应于 $M=5,1,0.5$;每组有 3 条曲线,自上而下对应于 $\omega=5,1,0.5$。

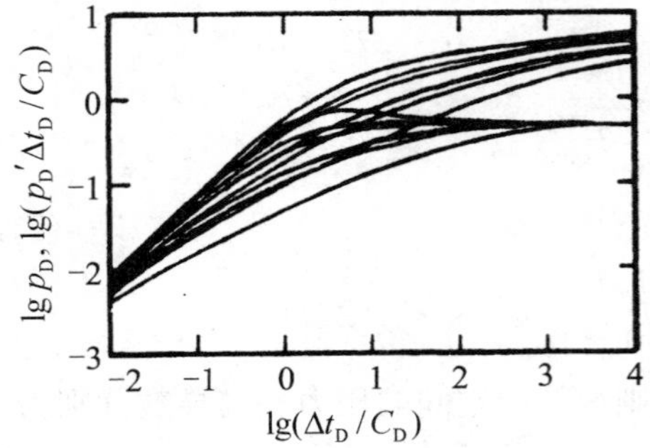

图 7.12 注入井压力衰减样板曲线

(从上到下 $C_De^{2S}/\varepsilon^2=5,1.0,0.5,0.1,0.05,0.01$)

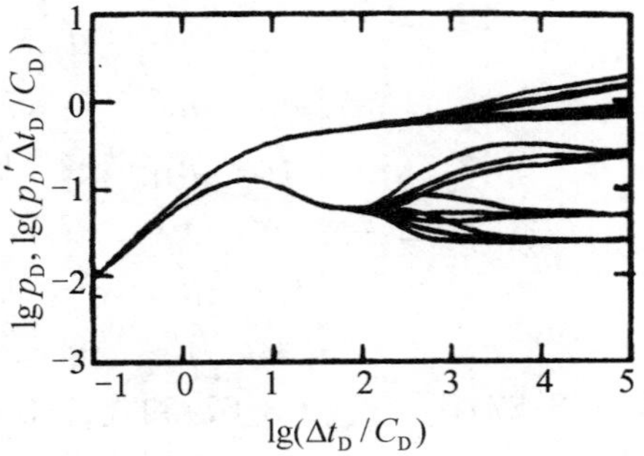

图 7.13 M 和 ω 对样板曲线的影响

(导数曲线 $M=5,1,0.5,\omega=5,1,0.5$)

下面对计算过程及其结果做几点讨论:

(1) 计算式(7.3.94)可从 $n=3$ 开始,本方法收敛较快,一般取到 $n=6$ 即可。

(2) 由图 7.12 和图 7.13 可见,当 $\Delta t_D/C_D$ 较大时,导数曲线均趋于 $M/2$。

(3) $\beta=r_c^2/(4\chi_1 t_i)$是确定注入任意 t_i 时刻锋面位置的无量纲量。若不考虑流体的可压缩性,则有 $\beta=\alpha/2$,其中,α 是特征注入常数。对 $\beta<0.01$,此关系适用。若考虑可压缩性,对于 $\beta>0.01$,则有 $\beta e^{\beta}=\alpha/2$。

(4) 应特别注意:本小节中的无量纲量取参考长度为 r_c,如式(7.3.42)所定义的那样。这与其他章节的定义有所不同。

7.3.3 注入井压力衰减试井

在压力衰减试井过程中,输入的量有流体参数 μ,B,c_t 等,井和地层参数 r_w,h,ϕ 等,注入时间 t_i,注入流量 Q 以及相对渗透率曲线。输出的信号参数是停注后测得的井底压力随时间的变化曲线,即 $\Delta p\sim\Delta t$ 关系曲线。

压力衰减试井的解释方法和步骤如下:

(1) 将实测的压力数据绘制成 $\Delta p\sim\Delta t$ 曲线和 $\Delta p'\Delta t\sim\Delta t$ 曲线,通过样板曲线拟合求得组合参数 C_De^{2S}。若测量压力衰减数据的时间足够长,可得流度比 M 和 ω。

(2) 利用压力拟合值计算 1 区的流度

$$\lambda_1=\frac{|Q|B}{2\pi h}\left(\frac{p_{wD}}{\Delta p}\right)_M$$

和残余油饱和度下 1 区中水的相渗透率

$$K_w=\mu_w\lambda_1$$

(3) 在该油藏相对渗透率曲线上，由 $s_w = s_{wi} + \Delta s_w$ 的值，查得水的相对渗透率 K_{wr}。于是，绝对渗透率为

$$K = \frac{K_w}{K_{wr}}$$

(4) 计算 α，β 和 r_c。根据定义式(7.3.35)先算出特征注入常数 α，由关系式 $\beta e^{\beta} = \alpha/2$ 算出 β。于是，得锋面位置

$$r_c = 2\sqrt{\beta\chi_1 t_i} = 2\left(\frac{\beta\lambda_1 t_i}{\phi c_{t1}}\right)^{1/2}$$

(5) 利用时间拟合值计算无量纲井储常数

$$C_D = \frac{\lambda_1}{\phi c_{t1} r_c^2}\left(\frac{\Delta t}{\Delta t_D / C_D}\right)_M$$

进一步求得 C 和 S 值。

(6) 最后，检验和校正。

把以上所求得的参数 C_D，S，M，β，ω 和 ε 值代入方程(7.3.94)，计算出一条样板曲线，重新进行拟合和调整，修改参数，直至满意为止。

7.4　油、水两相渗流

从本节开始，将阐述多相渗流理论。研究多相渗流的主要方法是数值模拟和物理模拟。只有在某些最简单的条件下，可以求得近似的解析解。油、水两相不溶混流体的同时流动是油田开发中经常遇到的问题，本节将研究该问题。

7.4.1　油、水两相等温渗流的一般提法

一个储油区位于给定几何形状的油藏中，开始生产时，油和水两种流体 1 和 2 的饱和度按一定方式分布。在一定的边界条件下，要求确定油藏中任何一点在任何时刻的以下 16 个因变量：

(1) 两种流体的压力 p_1，p_2 和毛管力 p_c；

(2) 两种流体的饱和度 s_1 和 s_2；

(3) 两种流体的渗流速度 $\boldsymbol{V}_1$ 和 $\boldsymbol{V}_2$；

(4) 两种流体的密度 ρ_1 和 ρ_2 与介质孔隙度 ϕ；

(5) 两种流体的黏度 μ_1 和 μ_2。

其中，人们最关心的是压力分布和饱和度分布。为了描述这种两相渗流，必须有相应的 16 个方程。

(1) Darcy 方程：

$$\boldsymbol{V}_1 = -\frac{KK_{1r}}{\mu_1}(\nabla p_1 - \rho_1 \boldsymbol{g}) \tag{7.4.1}$$

$$\boldsymbol{V}_2 = -\frac{KK_{2r}}{\mu_2}(\nabla p_2 - \rho_2 \boldsymbol{g}) \tag{7.4.2}$$

对于一般的三维流动，这包含 6 个方程。

(2) 连续性方程：

$$\nabla \cdot (\rho \boldsymbol{V}_1) + \frac{\partial(\phi \rho_1 s_1)}{\partial t} = 0 \tag{7.4.3}$$

$$\nabla \cdot (\rho \boldsymbol{V}_2) + \frac{\partial(\phi \rho_2 s_2)}{\partial t} = 0 \tag{7.4.4}$$

(3) 饱和度方程：

$$s_1 + s_2 = 1 \tag{7.4.5}$$

(4) 关于流体密度和黏度以及固体介质的状态方程：

$$\rho_1 = \rho_1(p), \quad \rho_2 = \rho_2(p) \tag{7.4.6}$$

$$\mu_1 = \mu_1(p), \quad \mu_2 = \mu_2(p) \tag{7.4.7}$$

$$\phi = \phi(p) \tag{7.4.8}$$

这里限于讨论等温渗流。对于非等温渗流，它们还与温度 T 有关。

(5) 压力差与毛管力关系方程以及毛管力与饱和度关系方程：

$$p_2 - p_1 = p_c \tag{7.4.9}$$

$$p_c = p_c(s_w) \tag{7.4.10}$$

这里已经假定相对渗透率 K_{1r} 和 K_{2r} 是已知的。如第 7.1.4 小节所述，它是通过实验测定的。

7.4.2 忽略毛管力和重力的一维流动

对于均质等厚水平地层中的一维渗流，若忽略毛管力和重力，忽略流体和固体介质的可压缩性，将流体黏度当做常数，则问题得到明显简化，方程(7.4.3)和方程(7.4.4)化为

$$\frac{\partial V_o}{\partial x} + \phi \frac{\partial s_o}{\partial t} = 0 \tag{7.4.11}$$

$$\frac{\partial V_w}{\partial x} + \phi \frac{\partial s_w}{\partial t} = 0 \tag{7.4.12}$$

将式(7.4.11)和式(7.4.12)相加，并利用式(7.4.5)，可得

$$\frac{\partial V(t)}{\partial x} \equiv \frac{\partial(V_o + V_w)}{\partial x} = 0 \tag{7.4.13}$$

其中，$V(t) \equiv V_o + V_w$ 称为总的渗流速度。实际上，它代表单位时间内通过单位面积的流体体积。而运动方程(7.4.1)和(7.4.2)简化为

$$V_o = -\frac{K_o(s_w)}{\mu_o}\frac{\partial p}{\partial x} \tag{7.4.14}$$

$$V_w = -\frac{K_w(s_w)}{\mu_w}\frac{\partial p}{\partial x} \tag{7.4.15}$$

将式(7.4.14)和式(7.4.15)相加，得

$$\frac{\partial p}{\partial x} = -\frac{V(t)}{K\left(\frac{K_{or}}{\mu_o}+\frac{K_{wr}}{\mu_w}\right)} \tag{7.4.16}$$

引进水相的分流量

$$f_w = \frac{Q_w}{Q} = \frac{Q_w}{Q_o + Q_w} = \frac{V_w}{V(t)} \tag{7.4.17}$$

其中，$Q_m = AV_m(m = o, w)$，A 是介质的横截面积。将式(7.4.15)和式(7.4.16)代入式(7.4.17)，则得

$$f_w(s_w) = \frac{1}{1+\frac{K_{or}\mu_w}{K_{wr}\mu_o}} \tag{7.4.18}$$

为简洁起见，略去下标 w，则方程(7.4.12)可改写成

$$\phi\frac{\partial s}{\partial t} + Vf'(s)\frac{\partial s}{\partial x} = 0 \tag{7.4.19}$$

这是一阶拟线性偏微分方程，可用特征线方法求解(童秉纲、孔祥言、邓国华，1990)。其特征线方程和特征线上的相容关系由方程(7.4.19)和如下全微分式求得：

$$\mathrm{d}t\frac{\partial s}{\partial t} + \mathrm{d}x\frac{\partial s}{\partial x} = \mathrm{d}s \tag{7.4.20}$$

对于由式(7.4.19)和式(7.4.20)联立求解$\frac{\partial s}{\partial t}$和$\frac{\partial s}{\partial x}$而言，其方程组的分母行列式为零就是特征线方程，即

$$\begin{vmatrix} \phi & Vf'(s) \\ \mathrm{d}t & \mathrm{d}x \end{vmatrix} = 0 \tag{7.4.21a}$$

或

$$\frac{\mathrm{d}x}{\mathrm{d}t} = \frac{Q(t)}{A\phi}f'(s) \tag{7.4.21b}$$

其方程组的分子行列式为零就是相容关系，即

$$\begin{vmatrix} \phi & \mathrm{d}s \\ \mathrm{d}t & 0 \end{vmatrix} = 0 \tag{7.4.22a}$$

或

$$s = 常数 \tag{7.4.22b}$$

这表明在同一条特征线上 s_w 是常数，在不同的特征线上有不同的常数。这样，求解偏微分方程组的问题就化为求解常微分方程(7.4.21)和(7.4.22)的问题。这两个方程称为Buckley-Leverett方程。这就简单多了。

若选择 $x = x(t)$与固定 s_w 值的推进锋面一致，则由式(7.4.21b)可知：指定 s_w 值的锋面的推进速度为

$$W = \frac{\mathrm{d}x}{\mathrm{d}t}\bigg|_{s_w} = \frac{Q(t)}{A\phi}f'(s)$$

上式积分给出

$$x(s_w, t) = x(s_w, 0) + \frac{f'(s_w)}{A\phi}\int_0^t Q(t)\mathrm{d}t \tag{7.4.23}$$

其中,积分$\int_0^t Q(t)\mathrm{d}t = V(t)$,这里,$V(t)$是 t 时刻流体通过该系统累计的总体积。$x(s_w, 0)$是初始时刻指定 s_w 值的锋面所在位置,可用 x_0 表示。

由式(7.4.23)可知,若能求得 $f'(s_w)$的值,则在初始时刻饱和度分布已知的条件下,即可求得任意 t 时刻的饱和度分布。

下面讨论 $f'(s_w)$的求法。设某特定油藏的相对渗透率曲线已知[类似图 7.7(a)],黏度值已知,则按式(7.4.18)可画出 $f_w \sim s_w$ 关系曲线,从而立即求得$f'(s_w) \sim s_w$ 关系曲线。

根据上述方法所求得的饱和度 $s_w(x, t)$曲线有时含有拐点,即 s_w 作为 x 的函数出现多值性,如图 7.14 所示。若引入突变界面的概念,可消除多值性,其突变界面的位置是使面积 B 等于面积 C。

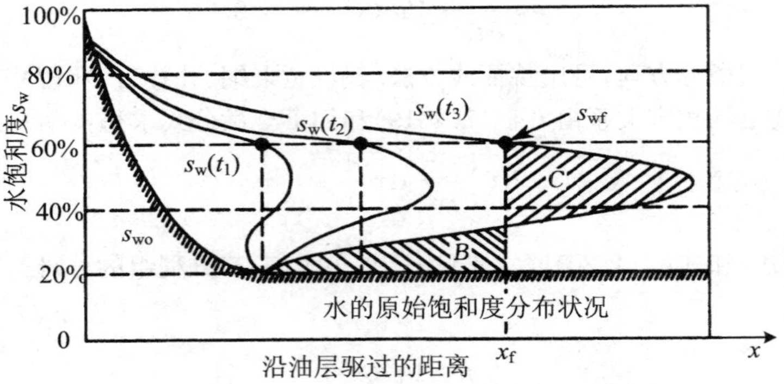

图 7.14 Buckley-Leverett 方程的解

分析表明:出现这种多值性是由于在确定锋面推进速度 W 时忽略了毛管力而引起的。不同研究者经详细分析后得出结论:对高速渗流,忽略毛管力的 B-L 解与实际饱和度分布相当接近;而对低速渗流,B-L 解与实际结果偏差较大。无论对何种速度,其偏差主要出现在锋面附近。因为这里饱和度梯度较大,毛管力影响也较大。

7.4.3 考虑毛管力的一维流动

若考虑毛管力,其他假设与 7.4.2 小节相同,则方程(7.4.14)和方程(7.4.15)应代之以

$$V_o = \frac{KK_{or}}{\mu_o}\frac{\partial p_o}{\partial x} \tag{7.4.24}$$

$$V_w = -\frac{KK_{wr}}{\mu_w}\frac{\partial p_w}{\partial x} \tag{7.4.25}$$

$$p_w - p_o = p_c(s) \tag{7.4.26}$$

将式(7.4.24)和式(7.4.25)分别乘以水和油的流度后相减,则得

$$V_w \frac{K_{or}}{\mu_o} - (V - V_w)\frac{K_{wr}}{\mu_w} = \frac{KK_{or}K_{wr}}{\mu_o\mu_w}\frac{\partial(p_o - p_w)}{\partial x} \tag{7.4.27}$$

式(7.4.27)两边除以 $K_{or}/\mu_o + K_{wr}/\mu_w$,并令 $\overline{\mu} = \mu_o/\mu_w$,且

$$\left.\begin{aligned} f_w(s) &= \frac{\overline{\mu}K_{wr}(s)}{\overline{\mu}K_{wr}(s) + K_{or}(s)} \\ f_o(s) &= \frac{K_{or}(s)K_{wr}(s)}{\overline{\mu}K_{wr}(s) + K_{or}(s)} \end{aligned}\right\} \tag{7.4.28}$$

由式(7.4.27)可改写成

$$V_w = V(t)f_w(s) + \frac{K}{\mu_w}f_o(s)\frac{\partial p_c}{\partial s}\frac{\partial s}{\partial x} \tag{7.4.29}$$

将式(7.4.29)代入式(7.4.12),得关于饱和度 s 的二阶非线性抛物型方程

$$\phi\frac{\partial s}{\partial t} + \frac{\partial}{\partial x}\left[V(t)f_w(s) + \frac{K}{\mu_w}f_o(s)\frac{\partial p_c}{\partial s}\frac{\partial s}{\partial x}\right] \tag{7.4.30}$$

在一般情况下,对该方程只能进行数值求解。现在考虑如下情况:在 $x=0$ 左、右两侧多孔介质分别为湿润相水和非湿润相油所饱和。在 $t=0$ 初始时刻,两相流体在水动压力和毛管力作用下开始流动,则定解条件为

$$\left.\begin{aligned} &\text{在 } t = 0 \text{ 时:}\quad x < 0 \text{ 处 } s = 1;\ x > 0 \text{ 处 } s = 0 \\ &\text{在 } t > 0 \text{ 时:}\quad x \to -\infty \text{ 处 } s = 1;\ x \to \infty \text{ 处 } s = 0 \end{aligned}\right\} \tag{7.4.31}$$

陈钟祥(1965)对这种情况给出一个相似性解。按式(7.1.15),有

$$p_c(s) = J(s)\sigma_{12}\cos\theta\sqrt{\phi/K} \tag{7.4.32}$$

将式(7.4.32)代入方程(7.4.30),两边再乘以 $\mu_w/(\sigma_{12}\cos\theta\sqrt{K\phi})$,并令

$$b^2 = \frac{\mu_w\sqrt{\phi/K}}{\sigma_{12}\cos\theta} \tag{7.4.33}$$

则得

$$b^2\frac{\partial s}{\partial t} + \frac{\partial}{\partial x}\left[\frac{V(t)}{b^2\phi}f_w(s) + \frac{\partial}{\partial x}\int f_o(s)J'(s)\mathrm{d}s\right] = 0 \tag{7.4.34}$$

再令

$$F(s) = -\int f_o(s)J'(s)\mathrm{d}s \tag{7.4.35a}$$

即

$$f_o(s)J'(s)\frac{\partial s}{\partial x} = -\frac{\partial F}{\partial x} \tag{7.4.35b}$$

则式(7.4.34)可改写成

$$\frac{\partial^2 F}{\partial x^2} - b^2\frac{\partial s}{\partial t} - \frac{\partial}{\partial x}\left[\frac{V(t)}{b^2\phi}f_w(s)\right] = 0 \tag{7.4.36}$$

若总的渗流速度 $V(t)$ 与 $\sqrt{t}$ 成反比,即有

$$V(t) = \frac{D}{\sqrt{t}} \tag{7.4.37}$$

其中，D 是常数，则上述问题将是相似性问题。显然，作玻耳兹曼变换，令$\zeta = x/\sqrt{b^2 t}$，则式(7.4.36)化为

$$\frac{\mathrm{d}^2 F(s)}{\mathrm{d}\zeta^2} + \left[\frac{1}{2}\zeta - \frac{D}{b\phi} f_{\mathrm{w}}'(s)\right]\frac{\mathrm{d}s}{\mathrm{d}\zeta} = 0 \tag{7.4.38}$$

而定解条件化为

$$\zeta \to \infty,\ s = 0;\quad \zeta \to -\infty,\ s = 1 \tag{7.4.39}$$

现在是在定解条件(7.4.39)下求方程(7.4.38)的相似性解。令

$$a = \frac{D}{b\phi} \tag{7.4.40}$$

则式(7.4.38)可改写成

$$\frac{\mathrm{d}^2 F(s)}{\mathrm{d}s^2} + \left[\frac{1}{2}\zeta - afx_{\mathrm{w}}'(s)\right]\frac{\mathrm{d}s}{\mathrm{d}\zeta} = 0 \tag{7.4.41}$$

根据实验数据，对 $s \to 0$ 或 $s \to 1$ 情形，函数 $K_{\mathrm{wr}}(s)$，$K_{\mathrm{or}}(s)$和 $J(s)$可近似地表示成

$$K_{\mathrm{wr}}(s) = s^{\alpha},\quad K_{\mathrm{or}}(s) = (1-s)^{\gamma},\quad J(s) = Cs^{-\beta} \tag{7.4.42}$$

其中，C, α, β, γ 都是正常数，α, γ 的值通常在 2～4 之间，且 $\alpha > \gamma$，β 值在 0～1 之间。

由式(7.4.28)、式(7.4.35)和式(7.4.42)可得

$$\left.\begin{aligned} &\text{对 } s \to 0,\quad F(s) = D_1 s^{n_1} \\ &\text{对 } s \to 1,\quad F(s) = -D_2(1-s)^{n_2} \end{aligned}\right\} \tag{7.4.43}$$

其中，D_1 和 D_2 是正常数，n_1 和 n_2 是大于 1 的常数。由式(7.4.28)和式(7.4.42)容易看出：对 $s \to 0$ 和 $s \to 1$ 情形，均有

$$f_{\mathrm{w}}'(s) \to 0,\quad f_{\mathrm{o}}'(s) \to 0 \tag{7.4.44}$$

这时，若 ζ 不是无穷小量，则方程(7.4.41)可化为

$$\frac{\mathrm{d}^2(D_1 s^{n_1})}{\mathrm{d}\zeta^2} + \frac{\zeta}{2}\frac{\mathrm{d}s}{\mathrm{d}\zeta} = 0 \quad (\text{对 } s \to 0) \tag{7.4.45}$$

$$\frac{\mathrm{d}^2[D_2(1-s)^{n_2}]}{\mathrm{d}\zeta^2} + \frac{\zeta}{2}\frac{\mathrm{d}(1-s)}{\mathrm{d}\zeta} = 0 \quad (\text{对 } s \to 1) \tag{7.4.46}$$

这类方程在零初始分布条件下扰动前沿的传播速度是有界的。这样，在我们所研究的问题中，在 ζ 的某一有限值$\zeta = \lambda_1(\lambda_1 < 0)$处 $s \to 0$，在 $\zeta < \lambda_1$ 处 $s = 0$，在 $\zeta = \lambda_2(\lambda_2 > 0)$处 $s \to 1$，在 $\zeta > \lambda_2$ 处 $s = 1$。所以，在 $\zeta = \lambda_1$ 和 $\zeta = \lambda_2$ 附近，s 和 $1 - s$ 可分别展成如下形式的级数：

$$s = a_{01}(\lambda_1 - \zeta)^{m_1}[1 + a_{11}(\lambda_1 - \zeta) + a_{21}(\lambda_1 - \zeta)^2 + \cdots] \tag{7.4.47}$$

$$1 - s = a_{02}(\lambda_2 - \zeta)^{m_2}[1 + a_{12}(\lambda_2 - \zeta) + a_{22}(\lambda_2 - \zeta)^2 + \cdots] \tag{7.4.48}$$

其中，指数 $m_i(i=1,2)$可由在第 i 相的运动前沿处第 i 相的运动速度有界这一条件确定。例如，水运动前沿有$\dfrac{V_{\mathrm{w}}}{\phi s} < \infty$，由此$\dfrac{V_{\mathrm{w}}\sqrt{t}}{b\phi s} < \infty$，于是在 $\zeta \to \lambda_1$ 情形，$\dfrac{V_{\mathrm{w}}\sqrt{t}}{b\phi}$应与 s 为同级无穷小量，可展成级数

$$\frac{V_{\mathrm{w}}\sqrt{t}}{b\phi} = b_{01}(\lambda_1 - \zeta)^{m_1}[1 + b_{11}(\lambda_1 - \zeta) + b_{21}(\lambda_1 - \zeta)^2 + \cdots] \tag{7.4.49}$$

将由式(7.4.29)和式(7.4.47)得到的对 $s \to 0$ 情形的 V_{w} 值代入式(7.4.49)左端，并比较两

端$(\lambda_1-\zeta)$主要项的指数，可得

$$m_1=\frac{1}{n_1-1} \tag{7.4.50a}$$

同理

$$m_2=\frac{1}{n_2-1} \tag{7.4.50b}$$

将级数式(7.4.47)和(7.4.48)分别代入方程(7.4.45)和方程(7.4.46)，即可求得该两级数中的各系数值。方程(7.4.38)在条件(7.4.39)下的解可用数值积分求得。先任意给定 λ_1 和 λ_2 值，由式(7.4.47)和式(7.4.48)求得此两点邻近的几个 s 值，然后用数值积分法(例如，Adams 法)直接积分式(7.4.41)。对不同的 λ_1 和 λ_2 值，可得到不同的积分曲线。在这些曲线中，满足条件

$$s\Big|_{\zeta=-0}=s\Big|_{\zeta=+0},\quad \frac{\mathrm{d}s}{\mathrm{d}\zeta}\Big|_{\zeta=-0}=\frac{\mathrm{d}s}{\mathrm{d}\zeta}\Big|_{\zeta=+0} \tag{7.4.51}$$

且满足物质平衡条件

$$\int_{\lambda_1}^{0}s\,\mathrm{d}\zeta=\int_{0}^{\lambda_2}(1-s)\,\mathrm{d}\zeta-2a \tag{7.4.52}$$

的解就是所提问题的解。

各饱和度 s 的传播速度为

$$\left(\frac{\mathrm{d}x}{\mathrm{d}t}\right)_s=\frac{b\zeta(s)}{2\sqrt{t}} \tag{7.4.53}$$

向相反方向运动的水和油的两个前沿速度分别为

$$\left(\frac{\mathrm{d}x}{\mathrm{d}t}\right)_1=\frac{b\lambda_1}{2\sqrt{t}},\quad \left(\frac{\mathrm{d}x}{\mathrm{d}t}\right)_2=\frac{b\lambda_2}{2\sqrt{t}} \tag{7.4.54}$$

在陈钟祥的文章中，还计算了一个例子。取 $K_{wr}=s^4$，$K_{or}=(1+s)(1-s)^3$，$J(s)=s^{-0.5}$，$\overline{\mu}=1$，可算出 $\lambda_1=-0.28$，$\lambda_2=0.298$，$s|_{x=0}=0.517$，$\int_{\lambda_1}^{0}s\,\mathrm{d}\zeta=0.1036$。最后绘出 $s\sim\zeta$ 的曲线图。

7.4.4　面积注水问题

对于各种不同的注水井网，由于几何对称性，我们只需研究井网单元中一个代表性的直角三角形区域，如图 7.15 所示。其中，点 A，B 分别为注水井和产油井。对五点井网，$\alpha=\pi/4$；对七点井网，$\alpha=\pi/3$。三角形的三个边均为流线。注水井与生产井的连线是三角形的斜边。如果把该三角形区域内的流动弄清楚了，整个流场就解决了。

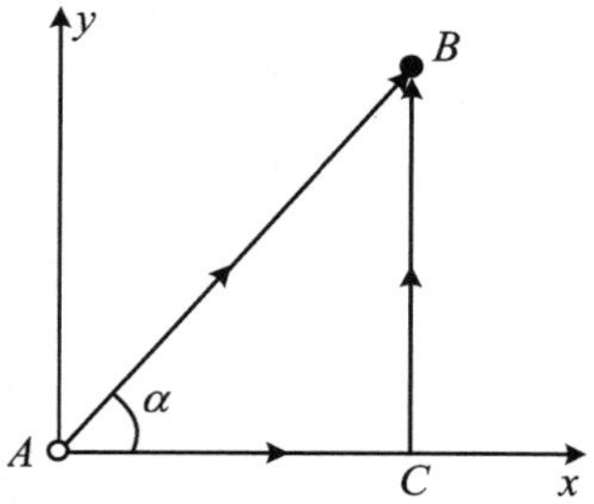

图 7.15　直角三角形流动区域

若忽略毛管力和重力，不考虑流体和固体的可压缩性，有以下方程组：

$$\left.\begin{aligned}
\boldsymbol{V}_{\mathrm{o}} &= -K\frac{K_{\mathrm{or}}}{\mu_{\mathrm{o}}}\nabla p &(7.4.55)\\
\boldsymbol{V}_{\mathrm{w}} &= -K\frac{K_{\mathrm{wr}}}{\mu_{\mathrm{w}}}\nabla p &(7.4.56)\\
\nabla\cdot\boldsymbol{V}_{\mathrm{o}} + \overline{Q}_{\mathrm{o}} - \phi\frac{\partial s}{\partial t} &= 0 &(7.4.57)\\
\nabla\cdot\boldsymbol{V}_{\mathrm{w}} + \overline{Q}_{\mathrm{w}} + \phi\frac{\partial s}{\partial t} &= 0 &(7.4.58)
\end{aligned}\right\}$$

其中,$\overline{Q}$ 为源汇项,它们具有$[T^{-1}]$的量纲,可写成

$$\overline{Q}_{\mathrm{o}} = \frac{Q_{\mathrm{P}}}{mh}[1 - f_{\mathrm{w}}(x_B, y_B, t)]\delta(x - x_B)\delta(y - y_B) \tag{7.4.59}$$

$$\overline{Q}_{\mathrm{w}} = \frac{Q_{\mathrm{I}}}{m'h}\delta(x)\delta(y) + \frac{Q_{\mathrm{P}}}{mh}f_{\mathrm{w}}(x_B, y_B, t)\delta(x - x_B)\delta(y - y_B) \tag{7.4.60}$$

式中,Q_{I} 和 Q_{P} 分别为注入井和生产井的体积流量,取 $Q_{\mathrm{I}}>0, Q_{\mathrm{P}}<0$。$\delta(x)$为 Dirac δ 函数。因为注入井流入该三角形区域和生产井从该三角形区域流出的流量只是井整个流量的一部分,所以流量 Q 应除以m 或m'。对五点井网,$m = m' = 8, |Q_{\mathrm{P}}| = Q_{\mathrm{I}}$;对七点井网,注水井数目是生产井数目的两倍,则有$|Q_{\mathrm{P}}| = 2Q_{\mathrm{I}}, m = 12, m' = 6$;其余类推。

将式(7.4.55)与式(7.4.56)和式(7.4.57)与式(7.4.58)分别相加,得

$$\boldsymbol{V} = -K\left(\frac{K_{\mathrm{or}}}{\mu_{\mathrm{o}}} + \frac{K_{\mathrm{wr}}}{\mu_{\mathrm{w}}}\right)\nabla p \tag{7.4.61}$$

$$\nabla\cdot\boldsymbol{V} + \overline{Q}_{\mathrm{o}} + \overline{Q}_{\mathrm{w}} = 0 \tag{7.4.62}$$

其中,$\boldsymbol{V} = \boldsymbol{V}_{\mathrm{o}} + \boldsymbol{V}_{\mathrm{w}}$。将式(7.4.59)～式(7.4.61)代入式(7.4.62),可得

$$\nabla\cdot\left[K\left(\frac{K_{\mathrm{or}}}{\mu_{\mathrm{o}}} + \frac{K_{\mathrm{wr}}}{\mu_{\mathrm{w}}}\right)\nabla p\right] - \frac{Q_{\mathrm{P}}}{mh}\delta(x - x_B)\delta(y - y_B) - \frac{Q_{\mathrm{I}}}{m'h}\delta(x)\delta(y) = 0 \tag{7.4.63}$$

将式(7.4.56)代入式(7.4.58),并注意到式(7.4.18),可得

$$\frac{\partial s}{\partial t} = \frac{1}{\phi}\left[f'(s)K\left(\frac{K_{\mathrm{or}}}{\mu_{\mathrm{o}}} + \frac{K_{\mathrm{wr}}}{\mu_{\mathrm{w}}}\right)\nabla p\right]\cdot\nabla s - \frac{1}{\phi}\overline{Q}_{\mathrm{w}} = 0 \tag{7.4.64}$$

讨论饱和度分布时不计 A 和B 两点。以上方程(7.4.63)和方程(7.4.64)就是用来求解压力函数 $p(x, y, t)$和饱和度分布的方程组。方程(7.4.63)是未知函数 p 的椭圆型方程;当 p 值已知时,方程(7.4.64)是求解饱和度 $s(x, y, t)$的一阶拟线性偏微分方程。边界条件是在直角三角形的 C 点上压力导数为零,即

$$\left.\frac{\partial p}{\partial \boldsymbol{n}}\right|_C = 0 \tag{7.4.65}$$

初始条件是

$$s(x, y, t = 0) = s_0(x, y) \tag{7.4.66}$$

在用数值方法求解上述问题时,应先给出 $K_{\mathrm{or}}(s), K_{\mathrm{wr}}(s)$和 $f'(s)$的函数关系,然后由方程(7.4.63)和方程(7.4.65)即可解出压力分布及其梯度。这可用有限元法或多重网格法进行求解。

有了压力值以后，由方程(7.4.64)和方程(7.4.66)即可求解饱和度分布。如第 7.4.2 小节所述，这可用特征线法进行求解。

7.5　油、气两相和油、气、水三相渗流

一个油田若无边水、气顶或其他注入方式补充能量，在开发过程中地层压力将不断下降。当井底压力低于饱和压力时，井底附近原油中的溶解气逐渐分离出来，出现油、气两相区。随着地层压力进一步下降，油、气两相区逐渐扩大，直至全油田形成油、气两相流动。这种开发方式称为溶解气驱。溶解气驱的主要能源是分离出来的天然气的弹性势能。若地层中同时含有水相，则这种流动是油、气、水三相渗流。

为一般性起见，下面讨论三相渗流。关于等温三相渗流的控制方程，在第 1 章 1.6.3 小节中已经导出。为了方便应用，现在重新写出如下：

$$\nabla\cdot\left(\frac{K_{or}}{\mu_o B_o}\nabla p_o\right)=\frac{1}{K}\frac{\partial}{\partial t}\left(\frac{\phi s_o}{B_o}\right)\tag{7.5.1}$$

$$\nabla\cdot\left(\frac{K_{wr}}{\mu_w B_w}\nabla p_w\right)=\frac{1}{K}\frac{\partial}{\partial t}\left(\frac{\phi s_w}{B_w}\right)\tag{7.5.2}$$

$$\nabla\cdot\left[\left(\frac{K_{gr}}{\mu_g B_g}\frac{K_{or}R_s}{\mu_o B_o}+\frac{K_{wr}R_{sw}}{\mu_w B_w}\right)\nabla p_g\right]=\frac{1}{K}\frac{\partial}{\partial t}\left[\phi\left(\frac{R_s s_o}{B_o}+\frac{R_{sw}s_w}{B_w}+\frac{s_g}{B_g}\right)\right]\tag{7.5.3}$$

其中，R_s 为溶解油气比，由式(1.2.7)定义，R_{sw} 为标准状况下从水中逸出的气体体积与水的体积之比，即气体在水中的溶解度。实际上，在以上方程中，将含有下标 w 的项去掉，就是油、气两相渗流的控制方程。所以，这里讨论的油、气、水三相渗流包含了油、气两相渗流问题。

原则上，方程(7.5.1)～方程(7.5.3)补充饱和度方程和毛管力方程，就可在一定的边界条件和初始条件下进行求解。一般来说，只能用数值方法进行求解，要想求得其严格的解析解是很困难的。

20 世纪 80 年代，有些研究者用以下方法对方程进行了简化。他们定义一个拟压力

$$m(p)=\int\frac{K_o}{\mu_o B_o}\mathrm{d}p\tag{7.5.4}$$

其中，K_o 是油相渗透率。于是有

$$\frac{\mathrm{d}m}{\mathrm{d}p}=\frac{K_o}{\mu_o B_o}\tag{7.5.5}$$

同时定义与流度比有关的比值：

$$\left.\begin{aligned}R_{wo}&=\frac{K_w\mu_o B_o}{K_o\mu_w B_w}\\R_{go}&=R_s+\frac{K_g\mu_o B_o}{K_o\mu_g B_g}\\R_{gw}&=R_{sw}+\frac{K_g\mu_w B_w}{K_w\mu_g B_g}\end{aligned}\right\}\tag{7.5.6}$$

并假设这些比值在空间中是均匀分布的，即

$$\nabla R_{\mathrm{wo}} = \nabla R_{\mathrm{go}} = \nabla R_{\mathrm{gw}} = 0 \tag{7.5.7}$$

则得

$$\nabla R_{\mathrm{s}} = -\frac{K_{\mathrm{g}}}{\mu_{\mathrm{g}} B_{\mathrm{g}}} \nabla\left(\frac{1}{\mathrm{d}m/\mathrm{d}p}\right) - \frac{1}{\mathrm{d}m/\mathrm{d}p} \nabla\left(\frac{K_{\mathrm{g}}}{\mu_{\mathrm{g}} B_{\mathrm{g}}}\right) \tag{7.5.8}$$

$$\nabla R_{\mathrm{sw}} = -\frac{K_{\mathrm{g}}}{\mu_{\mathrm{g}} B_{\mathrm{g}}} \nabla\left(\frac{1}{K_{\mathrm{w}}/(\mu_{\mathrm{w}} B_{\mathrm{w}})}\right) - \frac{1}{K_{\mathrm{w}}/(\mu_{\mathrm{w}} B_{\mathrm{w}})} \nabla\left(\frac{K_{\mathrm{g}}}{\mu_{\mathrm{g}} B_{\mathrm{g}}}\right) \tag{7.5.9}$$

$$\nabla\left(\frac{K_{\mathrm{w}}}{\mu_{\mathrm{w}} B_{\mathrm{w}}}\right) = -\frac{K_{\mathrm{w}}}{\mu_{\mathrm{w}} B_{\mathrm{w}}} \cdot \frac{\mathrm{d}m}{\mathrm{d}p} \nabla\left(\frac{1}{\mathrm{d}m/\mathrm{d}p}\right) \tag{7.5.10}$$

$$\nabla\left(\frac{K_{\mathrm{o}}}{\mu_{\mathrm{o}} B_{\mathrm{o}}}\right) = -\left(\frac{K_{\mathrm{o}}}{\mu_{\mathrm{o}} B_{\mathrm{o}}}\right)^2 \nabla\left(\frac{1}{\mathrm{d}m/\mathrm{d}p}\right) \tag{7.5.11}$$

将式(7.5.8)～式(7.5.11)代入方程(7.5.1)～方程(7.5.3)，略去毛管力，则得

$$\frac{K_{\mathrm{o}}}{\mu_{\mathrm{o}} B_{\mathrm{o}}} \nabla^2 p + \nabla p \cdot \nabla\left(\frac{K_{\mathrm{o}}}{\mu_{\mathrm{o}} B_{\mathrm{o}}}\right) = \frac{\partial}{\partial p}\left(\frac{\phi s_{\mathrm{o}}}{B_{\mathrm{o}}}\right)\frac{\partial p}{\partial t} + \frac{\partial}{\partial s_{\mathrm{o}}}\left(\frac{\phi s_{\mathrm{o}}}{B_{\mathrm{o}}}\right)\frac{\partial s_{\mathrm{o}}}{\partial t} \tag{7.5.12}$$

$$\frac{K_{\mathrm{w}}}{\mu_{\mathrm{w}} B_{\mathrm{w}}} \nabla^2 p + \nabla p \cdot \nabla\left(\frac{K_{\mathrm{w}}}{\mu_{\mathrm{w}} B_{\mathrm{w}}}\right) = \frac{\partial}{\partial p}\left(\frac{\phi s_{\mathrm{w}}}{B_{\mathrm{w}}}\right)\frac{\partial p}{\partial t} + \frac{\partial}{\partial s_{\mathrm{w}}}\left(\frac{\phi s_{\mathrm{w}}}{B_{\mathrm{w}}}\right)\frac{\partial s_{\mathrm{w}}}{\partial t} \tag{7.5.13}$$

$$\begin{aligned}&\left(\frac{K_{\mathrm{g}}}{\mu_{\mathrm{g}} B_{\mathrm{g}}} + \frac{K_{\mathrm{o}} R_{\mathrm{s}}}{\mu_{\mathrm{o}} B_{\mathrm{o}}} + \frac{K_{\mathrm{w}} R_{\mathrm{sw}}}{\mu_{\mathrm{w}} B_{\mathrm{w}}}\right)\nabla^2 p + \nabla p \cdot \nabla\left(\frac{K_{\mathrm{g}}}{\mu_{\mathrm{g}} B_{\mathrm{o}}} + \frac{K_{\mathrm{o}} R_{\mathrm{s}}}{\mu_{\mathrm{o}} B_{\mathrm{o}}} + \frac{K_{\mathrm{w}} R_{\mathrm{sw}}}{\mu_{\mathrm{w}} B_{\mathrm{w}}}\right)\\ &\quad = \frac{\partial}{\partial p}\left[\phi\left(\frac{s_{\mathrm{g}}}{B_{\mathrm{g}}} + \frac{s_{\mathrm{o}} R_{\mathrm{s}}}{B_{\mathrm{o}}} + \frac{s_{\mathrm{w}} R_{\mathrm{sw}}}{B_{\mathrm{w}}}\right)\right]\frac{\partial p}{\partial t} + \frac{\partial}{\partial s_{\mathrm{g}}}\left[\phi\left(\frac{s_{\mathrm{g}}}{B_{\mathrm{g}}} + \frac{s_{\mathrm{o}} R_{\mathrm{s}}}{B_{\mathrm{o}}} + \frac{s_{\mathrm{w}} R_{\mathrm{sw}}}{B_{\mathrm{w}}}\right)\right]\frac{\partial s_{\mathrm{g}}}{\partial t}\end{aligned} \tag{7.5.14}$$

将式(7.5.12)、式(7.5.13)和式(7.5.14)分别乘以 B_{o}，B_{w} 和 B_{g} 并相加，令 $\lambda_m = K_m/\mu_m$ ($m = \mathrm{o,w,g}$)以及

$$\lambda_{\mathrm{t}} = \lambda_{\mathrm{o}} + \lambda_{\mathrm{w}} + \lambda_{\mathrm{g}} + \lambda_{\mathrm{o}} R_{\mathrm{s}} \frac{B_{\mathrm{g}}}{B_{\mathrm{o}}} + \lambda_{\mathrm{w}} R_{\mathrm{sw}} \frac{B_{\mathrm{g}}}{B_{\mathrm{w}}} \tag{7.5.15}$$

$$c_{\mathrm{t}} = \frac{1}{\phi}\frac{\mathrm{d}\phi}{\mathrm{d}p} - \left(\frac{s_{\mathrm{o}}}{B_{\mathrm{o}}}\frac{\mathrm{d}B_{\mathrm{o}}}{\mathrm{d}p} + \frac{s_{\mathrm{w}}}{B_{\mathrm{w}}}\frac{\mathrm{d}B_{\mathrm{w}}}{\mathrm{d}p} + \frac{s_{\mathrm{g}}}{B_{\mathrm{g}}}\frac{\mathrm{d}B_{\mathrm{g}}}{\mathrm{d}p}\right) + \frac{s_{\mathrm{o}} B_{\mathrm{g}}}{B_{\mathrm{o}}}\frac{\mathrm{d}R_{\mathrm{s}}}{\mathrm{d}p} + \frac{s_{\mathrm{w}} B_{\mathrm{g}}}{B_{\mathrm{w}}}\frac{\mathrm{d}R_{\mathrm{sw}}}{\mathrm{d}p} \tag{7.5.16}$$

并注意到

$$s_{\mathrm{o}} + s_{\mathrm{w}} + s_{\mathrm{g}} = 1 \tag{7.5.17}$$

则得

$$\begin{aligned}&\lambda_{\mathrm{t}}\nabla^2 p + \nabla p \cdot \left\{-\lambda_{\mathrm{o}}\frac{\mathrm{d}m}{\mathrm{d}p}\nabla\left(\frac{1}{\mathrm{d}m/\mathrm{d}p}\right) - \lambda_{\mathrm{w}}\frac{\mathrm{d}m}{\mathrm{d}p}\nabla\left(\frac{1}{\mathrm{d}m/\mathrm{d}p}\right)\right.\\ &\quad\left. + B_{\mathrm{g}}\left[\nabla\left(\frac{K_{\mathrm{g}}}{\mu_{\mathrm{g}} B_{\mathrm{g}}}\right) + \nabla\left(\frac{K_{\mathrm{o}} R_{\mathrm{s}}}{\mu_{\mathrm{o}} B_{\mathrm{o}}}\right) + \nabla\left(\frac{K_{\mathrm{w}} R_{\mathrm{sw}}}{\mu_{\mathrm{w}} B_{\mathrm{w}}}\right)\right]\right\} = \phi c_{\mathrm{t}}\frac{\partial p}{\partial t}\end{aligned} \tag{7.5.18}$$

利用关系式

$$\left.\begin{aligned}\nabla p &= \frac{\mu_o B_o}{K_o}\nabla m\\ \frac{\partial p}{\partial t} &= \frac{\mu_o B_o}{K_o}\frac{\partial m}{\partial t}\\ \nabla^2 p &= \frac{\mu_o B_o}{K_o}\nabla^2 m + \nabla m \cdot \nabla\left(\frac{1}{\mathrm{d}m/\mathrm{d}p}\right)\end{aligned}\right\} \tag{7.5.19}$$

在略去某些小量后，可将式(7.5.18)简化为

$$\nabla^2 m = \frac{\phi c_t}{\lambda_t}\frac{\partial m}{\partial t} \tag{7.5.20}$$

严格来说，这里的系数 $\phi c_t/\lambda_t$ 与拟压力 m 有关，方程是非线性的。在某些情况下，可取 c_t 和 λ_t 的平均值而得到近似解。求得 m 以后，可换算出压力 p。注意，这里的拟压力 m 与第6.2节中所定义的拟压力是不同的。

Serra，Peres，Reynolds(1990)曾详细研究溶解气驱油藏的试井分析。

7.6 相似理论和水驱油的物理模拟

我们在解决实际工程问题时，目的是要寻求满足一定精度要求的解答。这通常有三种方法：解析方法、数值模拟和物理模拟。解析方法的优点有很多，不仅成本很低，而且所得结果可明显地反映出问题的规律性。缺点是往往只能求解某些较简单的流场，或者把复杂的实际问题加以简化，简化的结果会带来不同程度的误差。数值模拟也是一种很重要的求解方法，但有时需要花费很大的工作量，而且对问题的有关特性参数必须是已知的，这对渗流力学问题有时不易做到。物理模拟是采用按比例缩小的模型进行实验，在物理模拟装置上调配各种参数，使其与所研究的实际问题参数有恰当的比例关系，从而得到满意的结果。本节将简要阐述有关水驱油的物理模拟，而在7.7节中将着重剖析蒸气驱的数值模拟。

模型实验的理论基础是相似理论。相似理论包括相似性条件、量纲分析和 Π 定理，以及检验分析或方程分析等。研究模型实验的相似理论涉及两个系统：一是实际要研究的系统，称为原型系统，如含油层或含水层中的流动过程；另一个是实验室中按比例缩小的系统，称为模型系统。

相似理论论述两个系统之间相似的一般理论。它可以不涉及工程系统的具体特性和参数。将相似理论应用于多孔介质中水驱油模拟而导出一组完整的无量纲组合量(相似参数和相似变量)，从而可以在两个系统之间进行换算，就称为水驱油的相似法则。每一个无量纲组合量称为一个 Π。量纲分析是以1822年Fourier提出的量纲齐次性原理为根据的。每一个相似法则中 Π 数的多少由Buckingham(1915)提出的 Π 定理确定。进一步的知识可参看谢道夫(1982)。

7.6.1 模拟实验的理论基础

物理模拟从模型设计、实验运行、原型与模型之间相关参数的匹配，直至数据的换算和处理都需要相似理论、相似法则作指导。下面分别论述相似性条件、量纲分析和 Π 定理、检验分析或方程分析。

7.6.1.1 相似性条件

一个模型系统能全面体现原型系统动态特性的条件称为相似性条件。在渗流力学中，基本的相似性条件包括几何相似、运动相似和动力相似。

1. 几何相似

几何相似基于几何学中相似形的概念。令对应于原型和模型的量分别用下标 p 和 m 表示，几何相似可表述如下：设 L_{p} 和 L_{m} 分别为原型和模型相对应的特征长度，取直角坐标系 $Oxyz$，则两个系统中任意一对对应点 P_{p} 和 P_{m} 至坐标原点的距离与特征长度之比相等，即

$$\frac{OP_{\mathrm{p}}}{L_{\mathrm{p}}} = \frac{OP_{\mathrm{m}}}{L_{\mathrm{m}}} = r_j \tag{7.6.1}$$

式中，r_j 称为无量纲坐标。当然，不同的对应点有不同的比值，因此，原则上，一个圆(柱)形的模型只能模拟圆(柱)形的原型，方形模型只能模拟方形的原型，其余类推。

2. 运动相似

运动相似是指两个系统间运动学量的相似关系。在渗流力学中，运动相似是指流线和等势线组成的流网相似。在非稳态流动中，迹线也应当相似(**迹线**是流体质点随时间变化的空间位置轨迹)。在非等温渗流中，等温线分布亦应相似。实际上，流动区域的边界会形成流线或等势线，因而运动相似的流动也必定是几何相似的。运动相似意味着两个系统中所有对应点的流速的比值相同，即

$$\frac{V_{\mathrm{p}}}{V_{\mathrm{m}}} = V_j = \text{常数} \tag{7.6.2}$$

3. 动力相似

动力相似是指两个系统在四维空间对应点上各种力学量和热学量之间的相似关系。在渗流力学中，动力相似是指诸如压力、重力、黏性力、惯性力、弹性力、毛管力、表面张力以及与之有关的密度、黏度、压缩系数、孔隙度和温度等都有相似的比例关系。

7.6.1.2 量纲分析和 Π 定理

在论述了两个系统之间对应量的比例关系之后，再进一步研究这些比例关系的联系规律以及寻求这些比例关系的指导原则。为此，下面介绍量纲分析和 Π 定理。

1. 量纲分析

任何一个物理量都具有质和量两个方面的特征。质是该物理量所蕴涵的基本物理要素及其组合形式，而量则是指其相对的大小。在渗流力学中，这些基本要素是指长度、质量和时间这三个基本的物理量，在非等温渗流中还有温度这一基本物理量。而其他物理量称为

导出量。例如，速度是长度/时间这两个基本物理量的组合，写成 LT^{-1}，密度是质量/体积的组合，写成 ML^{-3}，它们分别称为速度和密度的量纲，其余类推。L，M，T 称为等温渗流中的基本量纲，对于非等温渗流，还要加上温度的量纲，用 Θ 表示，它们所带的指数称为量纲指数。

量纲分析是以 Fourier 提出的**"量纲齐次性原理"**为依据的。就是说，表达物理规律的关系式，其各项的量纲指数是分别相等的。依据这一原理，我们通过量纲分析可以将所研究的现象或过程用一组无量纲组合之间的关系表达出来。其优点是：若要建立两个系统若干变量之间的关系，在实际过程中不必去改变每一个有量纲量，而只需研究无量纲组合量就足够了。无量纲量的数目总是少于有量纲量的数目，这就使实验的次数大大减少。当然，量纲分析还有其他多种用途。

一个物理过程涉及的无量纲量的数目由 Π 定理给出。

2. Π 定理

Π 定理有时也称 Buckingham 定理，该定理表述如下：若一物理过程由 n 个正值的物理量构成一个函数关系，这 n 个量中有 k 个基本量，并且对于任何一种确定的单位制而言，其中每一个物理量的数值均可用其余 $n-1$ 个物理量的数值唯一确定，则 n 个物理量之间的函数关系最简可化为 $n-k$ 个无量纲组合量之间的函数关系。其中，每一个无量纲组合量称为一个 Π。所以，Π 定理也可简单地说成：一个最简完整集合的 Π，必须等于物理量个数 n 减去基本物理量 k。

该定理的数学表述如下：若方程

$$f(a_1, a_2, a_3, \cdots, a_n) = 0 \tag{7.6.3}$$

是一个完全方程，也是联系 n 个量 $a_1, a_2, \cdots, a_n$ 的唯一方程，它有 k 个独立的基本量纲，利用 a_j 的无量纲组合 Π_i 表示的方程

$$F(\Pi_1, \Pi_2, \cdots, \Pi_{n-k}) = 0 \tag{7.6.4}$$

完全等价于所给的方程[即(7.6.3)]。

7.6.1.3　检验分析

检验分析也称方程分析，它是从描述一个物理过程的一套完整的方程组入手的。具体做法是将方程组中的每个自变量、应变量和参变量都用与之相对应的特征量或参考量进行乘除，使它们全部变成无量纲量，这个过程称为无量纲化。相似理论中的检验分析基于这样一个原理，即如果两个系统中描述物理过程的无量纲表达式相同，对应项的无量纲系统或参数相等，则这两个系统无量纲形式的解必定相同。

应当指出，上面所述的方程可以是近似方程或经验关系式。实际上，Darcy 定律本身也是多孔介质中流动的一个近似表达式。

在 20 世纪 60 年代还提出了一种所谓改进的检验分析来推导两个系统之间的比例关系。其做法是：在建立了原型和模型的对应方程组之后，将模型方程中的全部自变量、应变量和参数分别除以相应原型中的自变量、应变量和参数，这样就得到一组比值，然后将这些比值代入一组方程，例如原型方程，并将所得的这组无量纲方程与未进行无量纲化的那组方程作对比。按照两组方程应当相同的要求，即可得到所需的比例关系。

7.6.1.4 归纳和讨论

现将本节所述内容归纳一下,并作简要的讨论。

(1) 推导无量纲相似变量有量纲分析和方程分析(检验分析)两种方法。这两种方法的基本原理是一致的,但又有各自的特点。量纲分析法不需要列出描述物理过程的全部方程,但需要知道与过程有关的全部变量与参数,才能导出一套完整的无量纲组合量 Π_i。方程分析法需要列出描述物理过程的全部方程和定解条件。如果缺少某个方程,那么导出的无量纲组合量就不完整。

(2) 运用上述两种方法都不是非常容易的。用量纲分析法有时出现的毛病是可能导出的无量纲组合量不完整或不恰当;而方程分析法有时出现的毛病是可能导出一些不必要的无量纲量。要正确运用 Π 定理,必须对所考察的实际问题各个量之间的联系规律有正确的判断,不能随便挑 n 个量就去确定它们之间的无量纲组合,那样会导致错误的结果。运用方程分析法也是如此,不要以为把方程中各项都化成无量纲形式就行了。正确运用方程分析法,首先应将方程本身化简,然后再去推导相似参数,继而进行取舍。

(3) 无论用哪种方法,所导出的一套无量纲量的表达形式可以不同。显然,两个无量纲量相乘除仍是一个无量纲量。对于一个实际问题的物理模拟而言,一套优秀的无量纲量(即相似法则)应具有以下条件:(a) 独立的无量纲相似参数减至最少,对于可忽略的相似参数应明确其可忽略的理由。幸运的是对大多数实际问题,除相似自变量和应变量外,必须保留的相似参数只有1个左右。(b) 所导出的每一个相似参数都有明确的物理意义。(c) 该相似参数对两个系统之间相互换算和匹配有明确的作用。

(4) 在某些情况下,不可能设计出一个非常严密的模型让所有的相似参数都得到满足。只能根据其主要因素来设计模型系统,忽略一些次要的相似参数。当然,这会影响数据换算的精度,产生一些误差。这种误差称为比例效应误差,这是不可避免的。

7.6.2 水驱油物理模拟的相似法则

现在将相似理论应用于水驱油物理模拟,从而导出该模拟的相似法则。这里研究用平面模型来模拟五点井网情形。取一个井网单元的四分之一,它是一个以 L 为边长的正方形。同一对角线上的两个顶点分别为注水井和采油井。取坐标系,使注水井位于点 $A(x=0, y=0)$,采油井位于点 $B(x=L, y=L)$。模型中每口井的流量与原型井流量的1/4成比例。

本物理模拟的相似法则基于以下基本假设:

(1) 驱替过程是等温的;

(2) 油和水两相不溶混,Darcy 定律对油和水分别成立;

(3) 地层是均质和等厚的,可忽略重力;

(4) 地层固体介质和流体是微可压缩的;

(5) 束缚水和残余油饱和度在全流场是均匀的,流体黏度保持不变。

为了导出其相似法则,下面先写出水驱油渗流的完整方程组,在第7.4.4小节中方程组的基础上考虑毛管力,则有连续性方程:

$$\frac{\partial}{\partial x}\left(\frac{\rho_o K_o}{\mu_o}\frac{\partial p_o}{\partial x}\right)+\frac{\partial}{\partial y}\left(\frac{\rho_o K_o}{\mu_o}\frac{\partial p_o}{\partial y}\right)-\frac{\partial(\rho_o\phi s_o)}{\partial t}-\overline{Q}_o=0 \tag{7.6.5}$$

$$\frac{\partial}{\partial x}\left(\frac{\rho_w K_w}{\mu_w}\frac{\partial p_w}{\partial x}\right)+\frac{\partial}{\partial y}\left(\frac{\rho_w K_w}{\mu_o}\frac{\partial p_w}{\partial y}\right)-\frac{\partial(\rho_w\phi s_w)}{\partial t}-\overline{Q}_w=0 \tag{7.6.6}$$

其中，下标 o，w 分别对应于油相和水相。现在是取五点井网单元的四分之一，所以式(7.4.59)和式(7.4.60)中的 m 和 m' 均等于 4，即有

$$\overline{Q}_o=\frac{\rho_o Q_P}{4h}[1-f_w(x_B,y_B,t)]\delta(x-x_B)\delta(y-y_B) \tag{7.6.7}$$

$$\overline{Q}_w=\frac{\rho_w Q_P}{4h}\delta(x)\delta(y)+\frac{\rho_w Q_I}{4h}f_w(x_B,y_B,t)\delta(x-x_B)\delta(y-y_B) \tag{7.6.8}$$

其中，f_w 是水的分流量，点 B 是正方形右上角点。

(1) 状态方程：

$$\rho_o=\rho_{o1}[1+c_o(p_o-p_{o1})] \tag{7.6.9}$$

$$\rho_w=\rho_{w1}[1+c_w(p_w-p_{w1})] \tag{7.6.10}$$

$$\phi=\phi_1[1+c_\phi(p_w-p_{w1})] \tag{7.6.11}$$

其中，c 是压缩系数，下标 1 对应于某个参考量，可取原始状态下的量。

饱和度和毛管力方程

$$s_o+s_w=1 \tag{7.6.12}$$

$$p_c=p_w-p_o=\sigma_{12}\cos\theta\sqrt{\phi/K}J(s_w) \tag{7.6.13}$$

其中，$J(s_w)$是 Leverett J 函数。

以上 7 个方程可以解出 p_o,p_w,s_o,s_w 以及 ρ_o,ρ_w,ϕ 7 个变量。

(2) 边界条件：

$$\left.\frac{\partial p}{\partial \boldsymbol{n}}\right|_{\text{边界上}}=0,\quad \left.s_w(x,y,t)\right|_{\text{边界上}}=s_{wB} \tag{7.6.14}$$

(3) 初始条件：

$$p(x,y,t=0)=p_i(x,y),\quad s_w(x,y,t=0)=s_{wi}(x,y) \tag{7.6.15}$$

7.6.2.1　水驱油物理模拟相似法则的推导

这里，推导相似法则采用方程分析法，并用 Π 定理法进行校核。首先用方程分析法。

将方程(7.6.7)～方程(7.6.13)代入方程(7.6.5)和方程(7.6.6)，并令 $\Delta p_w=p_w-p_{w1}$，则得

$$\begin{aligned}&[1+c_o(\Delta p_w-p_c)]\frac{\partial}{\partial x}\left[\frac{K_o}{\mu_o}\frac{\partial(\Delta p_w-p_c)}{\partial x}\right]+\frac{K_o}{\mu_o}c_o\left[\frac{\partial(\Delta p_w-p_c)}{\partial x}\right]^2\\&+[1+c_o(\Delta p_w-p_c)]\frac{\partial}{\partial y}\left[\frac{K_o}{\mu_o}\frac{\partial(\Delta p_w-p_c)}{\partial y}\right]+\frac{K_o}{\mu_o}c_o\left[\frac{\partial(\Delta p_w-p_c)}{\partial x}\right]^2\\&-[1+c_\phi\Delta p_w+c_o(\Delta p_w-p_c)]\phi_1\frac{\partial(s_o-s_{ro})}{\partial t}\\&-(c_o+c_\phi)(s_o-s_{ro})\phi_1\frac{\partial(\Delta p_w-p_c)}{\partial t}\end{aligned}$$

$$-\left[1+c_{\mathrm{o}}(\Delta p_{\mathrm{w}}-p_{\mathrm{c}})\right]\frac{Q_{\mathrm{P}}}{4h}(1-f_{\mathrm{wB}})\delta(x-L)\delta(y-L)=0 \tag{7.6.16}$$

$$\begin{aligned}&\left[1+c_{\mathrm{w}}\Delta p_{\mathrm{w}}\right]\frac{\partial}{\partial x}\left[\frac{K_{\mathrm{w}}}{\mu_{\mathrm{w}}}\frac{\partial(\Delta p_{\mathrm{w}})}{\partial x}\right]+\frac{K_{\mathrm{w}}}{\mu_{\mathrm{w}}}c_{\mathrm{w}}\left[\frac{\partial(\Delta p_{\mathrm{w}})}{\partial x}\right]^2\\&+\left[1+c_{\mathrm{w}}\Delta p_{\mathrm{w}}\right]\frac{\partial}{\partial y}\left[\frac{K_{\mathrm{w}}}{\mu_{\mathrm{w}}}\frac{\partial(\Delta p_{\mathrm{w}})}{\partial y}\right]+\frac{K_{\mathrm{w}}}{\mu_{\mathrm{w}}}c_{\mathrm{w}}\left[\frac{\partial(\Delta p_{\mathrm{w}})}{\partial y}\right]^2\\&-\left[1+(c_{\mathrm{w}}+c_{\phi})\Delta p_{\mathrm{w}}\right]\phi_1\frac{\partial s_{\mathrm{w}}}{\partial t}-(c_{\mathrm{w}}+c_{\phi})(s_{\mathrm{w}}-s_{\mathrm{cw}})\phi_1\frac{\partial\Delta p_{\mathrm{w}}}{\partial t}\\&-\left[1+c_{\mathrm{w}}\Delta p_{\mathrm{w}}\right]\frac{Q_{\mathrm{P}}}{4h}f_{\mathrm{wB}}\delta(x-L)\delta(y-L)\\&-\left[1+c_{\mathrm{w}}\Delta p_{\mathrm{w}}\right]\frac{Q_{\mathrm{I}}}{4h}\delta(x)\delta(y)=0\end{aligned} \tag{7.6.17}$$

其中，s_{ro}和 s_{cw}分别为残余油和束缚水饱和度，$s_{\mathrm{o}}=1-s_{\mathrm{w}}$。于是，原来的方程化为方程(7.6.16)、方程(7.6.17)和方程(7.6.13)共 3 个方程，用以求解 Δp_{w}，p_{c} 和 s_{w} 共 3 个应变量。

为使方程无量纲化，引进下列无量纲量：

(1) 相似自变量：

$$x_{\mathrm{D}}=\frac{X}{L},\quad y_{\mathrm{D}}=\frac{y}{L},\quad t_{\mathrm{D}}=\frac{Qt}{\phi hL^2(1-s_{\mathrm{cw}}-s_{\mathrm{ro}})}$$

(2) 相似应变量：

$$p_{\mathrm{wD}}=\frac{\Delta p_{\mathrm{w}}}{Qu_{\mathrm{w}}/(hK_{\mathrm{wro}})},\quad p_{\mathrm{cD}}=\frac{p_{\mathrm{c}}}{Qu_{\mathrm{w}}/(hK_{\mathrm{wro}})}=J(\bar{s}_{\mathrm{w}})\Gamma$$

$$\bar{s}_{\mathrm{w}}=\frac{s_{\mathrm{w}}-s_{\mathrm{cw}}}{1-s_{\mathrm{cw}}-s_{\mathrm{ro}}},\quad \bar{s}_{\mathrm{o}}=1-\bar{s}_{\mathrm{w}}=\frac{1-s_{\mathrm{w}}-s_{\mathrm{ro}}}{1-s_{\mathrm{cw}}-s_{\mathrm{ro}}}$$

(3) 相似参量：

$$\left.\begin{aligned}&\overline{M}=\frac{\mu_{\mathrm{w}}K_{\mathrm{ocw}}}{\mu_{\mathrm{o}}K_{\mathrm{wro}}}\\&\overline{K}_{\mathrm{or}}=\frac{K_{\mathrm{o}}}{K_{\mathrm{ocw}}},\quad \overline{K}_{\mathrm{wr}}=\frac{K_{\mathrm{w}}}{K_{\mathrm{wro}}}\\&c_{j\mathrm{D}}=\frac{c_jQu_{\mathrm{w}}}{hK_{\mathrm{wro}}}\quad (j=\mathrm{o},\mathrm{w},\phi)\end{aligned}\right\} \tag{7.6.18}$$

其中，K_{ocw}和 K_{wro}分别为束缚水条件下的油相渗透率和残余油条件下的水相渗透率，$\overline{K}_{\mathrm{or}}$和 $\overline{K}_{\mathrm{wr}}$分别称为残余或束缚条件下油、水的相对渗透率。$J(\bar{s}_{\mathrm{w}})$是 Leverett J 函数，$\Gamma=[hK_{\mathrm{wro}}/(Qu_{\mathrm{w}})]\cdot\sqrt{\phi/K}\sigma\cos\theta$。$\bar{s}_{\mathrm{w}}$ 是折算饱和度，$\overline{M}$ 是折算流度比。

将方程(7.6.16)和方程(7.6.17)各项均乘以

$$\frac{\mu_{\mathrm{w}}}{K_{\mathrm{wro}}}\cdot\frac{hK_{\mathrm{wro}}}{Qu_{\mathrm{w}}}\cdot L^2=\frac{hL^2}{Q}$$

则方程(7.6.16)和方程(7.6.17)的无量纲形式为

$$[1+c_{oD}(p_{wD}-p_{cD})]\overline{M}\frac{\partial}{\partial x_D}\left[\overline{K}_{or}\frac{\partial(p_{wD}-p_{cD})}{\partial x_D}\right]+\overline{M}\overline{K}_{or}c_{oD}\left[\frac{\partial(p_{wD}-p_{cD})}{\partial x_D}\right]^2$$

$$+[1+c_{oD}(p_{wD}-p_{cD})]\overline{M}\frac{\partial}{\partial y_D}\left[\overline{K}_{or}\frac{\partial(p_{wD}-p_{cD})}{\partial y_D}\right]+\overline{M}\overline{K}_{or}c_{oD}\left[\frac{\partial(p_{wD}-p_{cD})}{\partial y_D}\right]^2$$

$$+[1+c_{\phi D}p_{wD}+c_{oD}(p_{wD}-p_{cD})]\frac{\partial\overline{s}_w}{\partial t_D}-(c_{\phi D}+c_{oD})(1-\overline{s}_w)\frac{\partial(p_{wD}-p_{cD})}{\partial t_D}$$

$$-[1+c_{oD}(p_{wD}-p_{cD})]\frac{Q_P}{4Q}(1-f_{wB})L\delta(x_D-1)L\delta(y_D-1)=0 \tag{7.6.19}$$

$$(1+c_{wD}p_{wD})\frac{\partial}{\partial x_D}\left(\overline{K}_{wr}\frac{\partial p_{wD}}{\partial x_D}\right)+\overline{K}_{wr}c_{wD}\left(\frac{\partial p_{wD}}{\partial x_D}\right)^2$$

$$+(1+c_{wD}p_{wD})\frac{\partial}{\partial y_D}\left(\overline{K}_{wr}\frac{\partial p_{wD}}{\partial y_D}\right)+\overline{K}_{wr}c_{wD}\left(\frac{\partial p_{wD}}{\partial y_D}\right)^2$$

$$-[1+c_{wD}p_{wD}+c_{\phi D}p_{wD}]\frac{\partial\overline{s}_w}{\partial t_D}-(c_{wD}+c_{\phi D})\overline{s}_w\frac{\partial p_{wD}}{\partial t_D}$$

$$-(1+c_{wD}p_{wD})\frac{Q_P}{4Q}(1-f_{wB})L\delta(x_D-1)L\delta(y_D-1)$$

$$-(1+c_{wD}p_{wD})\frac{Q_I}{4Q}L\delta(x_D)L\delta(y_D)=0 \tag{7.6.20}$$

而毛管力方程(7.6.13)的无量纲形式为

$$p_{cD}(\overline{s}_w)=\frac{p_c}{\sigma\cos\theta\ \sqrt{\phi/K}}\cdot\frac{\sigma\cos\theta\ \sqrt{\phi/K}}{Qu_w/(hK_{wro})}=J(\overline{s}_w)\Gamma \tag{7.6.21}$$

定解条件(7.6.14)和(7.6.15)的无量纲形式为

边界条件：

$$\left.\frac{\partial p_{wD}}{\partial \boldsymbol{n}_D}\right|_{\text{边界上}}=0,\quad \left.\overline{s}_w(x_D,y_D,t_D)\right|_{\text{边界上}}=\overline{s}_{wB} \tag{7.6.22}$$

初始条件：

$$p_{wD}(x_D,y_D,t_D=0)=p_{wDi},\quad \overline{s}_w(x_D,y_D,t_D)=\overline{s}_{wi} \tag{7.6.23}$$

在以上无量纲方程中，除无量纲自变量和应变量外，还有6个无量纲参数，即 $\overline{M}$，$\overline{K}_{or}$，$\overline{K}_{wr}$ 以及 c_{oD}，c_{wD}，$c_{\phi D}$。

以上是用方程分析(检验分析)法所得的结果。现在用 Π 定理法进行校核。

对于描述水驱油的过程，在消去 p_o，s_o 和速度分量后，涉及的全部物理量有3个自变量 x，y 和 t；3个应变量 Δp_w，p_c 和 s_w；9个参量，即 c_o，c_w，c_ϕ，$\lambda_o=K_o/\mu_o$，$\lambda_w=K_w/\mu_w$，$q=Q/h$，ϕ_1，特征饱和度增量 $\Delta s_w=1-s_{cw}-s_{ro}$ 和特征长度 L。而基本量纲有3个。根据 Π 定理，应组成3个无量纲自变量、3个无量纲应变量和 $9-3=6$ 个无量纲相似参量，即式(7.6.18)所给出的相似参量。

根据以上推导和分析，可将平面中水驱油相似法则严格表述如下：若两个系统之间具有：(a) 折算流度比 $\overline{M}$、界面参量 Γ 和无量纲压缩系数 c_{jD}($j=$o，w，ϕ)分别相等；(b) 残余或束缚条件下的相对渗透率 $\overline{K}_{or}$，$\overline{K}_{wr}$ 和 J 是 $\bar{s}_w$ 的同样函数；(c) 无量纲的边界条件和初始条件相同,则对应无量纲时间 t_D 和对应位置上的无量纲变量 p_{wD} 和 $\overline{s}_w$ 值相同。

应当指出:以上方程中,$\overline{s}_w$ 是由 s_w 人为地改写成的,$\overline{K}_{wr}$ 和 $\overline{K}_{or}$ 是由 K_{wr} 和 K_{or} 人为地改写成的;式(7.6.21)中的界面参量 Γ 也是如此。那么为什么不用石油工业中常用的相对渗透率 K_{or} 和 $K_{wr} \sim s_w$ 曲线,而改用 $\overline{K}_{or}$ 和 $\overline{K}_{wr} \sim \overline{s}_w$ 的折算曲线呢?为什么不用 $p_c(s_w)$ 关系而改用 $J(\overline{s}_w)$ 关系呢?这是由相似法则的特殊要求所决定的。因为对于不同的多孔介质和驱替系统,K_{or},$K_{wr} \sim s_w$ 曲线形状差异很大,如图 7.16 所示。图中,曲线 1 和曲线 2 分别为两个系统如原型系统和模型系统的关系曲线示意图,它们在模坐标上的交点都很不相同,不可能达到相似性的要求。而用 $\overline{K}_{or}$,$\overline{K}_{wr} \sim \overline{s}_w$ 曲线,相似性就比较明显,两个系统的曲线均通过对角线的两个顶点,如图7.17 所示。而 $J(\overline{s}_w)$ 曲线在第 7.1.3 小节和图 7.6 中已有说明。

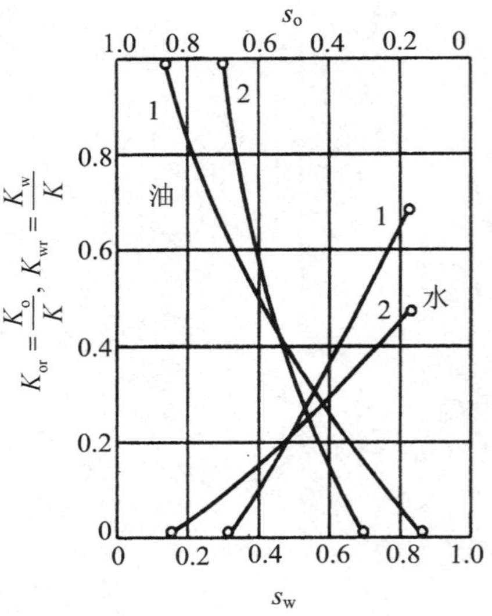

图 7.16 相对渗透率对饱和度曲线

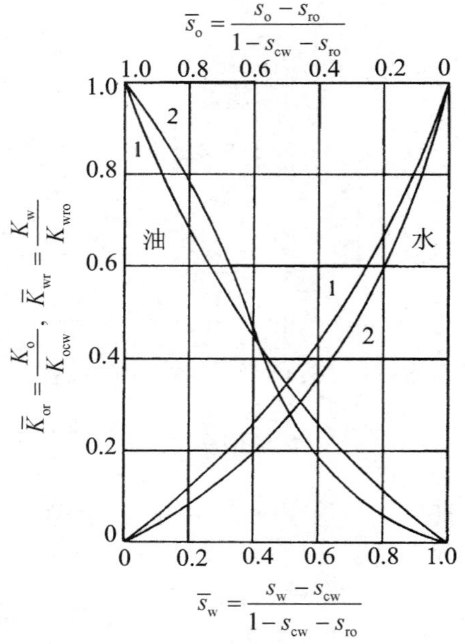

图 7.17 折算相对渗透对折算饱和度曲线

7.6.2.2 平面水驱油相似法则的近似表述

尽管对相对渗透率曲线和毛管力曲线作了上述处理,但以上严格表述所要求的条件仍不能全部得到满足。这就要求抓住问题主要的和本质的因素,而忽略次要的和非本质的因素。通常,对严格表述中的(a)条,只保留相似参数 $\overline{M}$。对微可压缩流体,c_{jD} 的相似要求可不予考虑。对渗透率较大情形,界面参数 Γ 也不用考虑。对严格表述中的(b)条,在对相对渗透率曲线和毛管力曲线作了上述处理后,其相似性可保证能近似得到满足,不用再考虑。对于(c)条,应尽量满足。这样一来,可将该相似法则近似表述如下:若平面水驱油两个系统中残余或束缚条件下的流度比 $\overline{M}$ 相等,则对应时刻对应位置上的无量纲压降 p_{wD} 和折算饱和度 $\overline{s}_w$ 相同。

在相似法则中,空间自变量的相似性是由几何相似保证的,它主要用于模型几何尺寸的设计。因此,以上近似表述的另一种说法是:平面水驱油相似法则中主要的相似无量纲量有

4 个,即有 4 个 Π,它们分别是流度比、无量纲压力、无量纲时间和折算饱和度。

这 4 个 Π 数的表达式、物理意义及其在模型与原型之间的匹配和换算中的作用分述如下:

(1)
$$\Pi_1 = \overline{M} = \frac{\mu_w K_{ocw}}{\mu_o K_{wro}} \tag{7.6.24}$$

Π_1 的物理意义:它是一个相似参量,是束缚水条件下油的流度与残余油条件下水的流度之比。它在物理模拟中的作用是已知一个系统的流度,换算和匹配另一个系统的流度。

(2)
$$\Pi_2 = p_{wD} = \frac{\Delta p_w}{Q u_w/(hK_{wro})} \tag{7.6.25}$$

Π_2 的物理意义:它是一个相似应变量,是无量纲压差,其参考量是单位厚度地层流量 Q/h 除以残余油条件下水的流度 K_{wro}/μ_w。其作用是确定模型与原型之间压差的换算关系。

(3)
$$\Pi_3 = t_D = \frac{Qt}{\phi h L^2 (1 - s_{cw} - s_{ro})} \tag{7.6.26}$$

Π_3 的物理意义:它是时间相似变量,其分子为注入水累计体积,分母为地层中最大限度可能增加的水体积。其作用是确定模型与原型之间的时间比或流量比。

(4)
$$\Pi_4 = \overline{s}_w = \frac{s_w - s_{cw}}{1 - s_{cw} - s_{ro}} \tag{7.6.27}$$

Π_4 的物理意义:它是一个主要的相似应变量,是地层中水饱和度实际增量与最大可能增量之比,即折算饱和度。其作用是确定模型与原型之间饱和度的换算关系。

孔祥言、陈峰磊、裴柏林等(1997)在设计物理模拟装置的过程中研究了这种相似法则。本小节所阐述的相似法则很容易推广到其他类型的注水井网和三维等温渗流的情形。

7.6.3 原型与模型之间有关量的匹配与换算

为了说明水驱油相似法则在物理模拟中的实际应用,下面研究原型与模型之间各个量的匹配与换算。

1. 由原型参数换算和设计模型参数

根据上述相似法则,各个量匹配和换算的步骤如下:

第一步,由 $\Pi_1 = \overline{M}$ 设计和选用模型介质与流体。

若原型油藏的流度 $(K_{wro}/\mu_w)_p$ 和 $(K_{ocw}/\mu_o)_p$ 已知,则按

$$\frac{(K_{ocw}/\mu_o)_m}{(K_{wro}/\mu_w)_m} = \frac{(K_{ocw}/\mu_o)_p}{(K_{wro}/\mu_w)_p} \tag{7.6.28}$$

设计和选用适当的模型流度。其中,下标 p 和 m 分别对应于原型和模型中的量。

第二步,由 $\Pi_2 = p_{wD}$ 设计模型注入流量。

若原型油藏的注水流量和最大压差 Δp_{max} 已知,可由 Π_2 设计模型的注水流量和最大压差。按

$$\left(\frac{\Delta p_w}{Q/h}\right)_m \left(\frac{K_{wro}}{\mu_w}\right)_m = \left(\frac{\Delta p_w}{Q/h}\right)_p \left(\frac{K_{wro}}{\mu_w}\right)_p \tag{7.6.29}$$

则有

$$\left(\frac{\Delta p_{\max}}{Q}\right)_m = \frac{h_p}{h_m}\frac{(K_{wro}/\mu_w)_p}{(K_{wro}/\mu_w)_m}\left(\frac{\Delta p_{\max}}{Q}\right)_p \tag{7.6.30}$$

注意：对于五点井网，注入水流向 4 口井，所以模型中的注入量应是 $Q/4$。对于其他类型井网，还要考虑注、采井数比。

第三步，由 $\Pi_3 = t_D$ 换算时间比。

令 $\Delta s_{\max} = 1 - s_{cw} - s_{ro}$。按

$$\left(\frac{Qt}{\phi h L^2 \Delta s_{\max}}\right)_m = \left(\frac{Qt}{\phi h L^2 \Delta s_{\max}}\right)_p \tag{7.6.31}$$

则有

$$t_m = \frac{Q_p}{Q_m}\frac{\phi_m}{\phi_p}\frac{h_m}{h_p}\frac{L_m^2}{L_p^2}\frac{(\Delta s_{\max})_m}{(\Delta s_{\max})_p}t_p \tag{7.6.32}$$

在式(7.6.32)中，两个系统所用的单位相同。若流量和时间取不同单位，则有

$$t_m(\mathrm{s}) = 4.17\times10^4 \times \frac{Q_p(\mathrm{m^3\cdot d^{-1}})}{Q_m(\mathrm{mL\cdot s^{-1}})}\frac{(\phi h L^2)_m}{(\phi h L^2)_p}\frac{(\Delta s_{\max})_m}{(\Delta s_{\max})_p}t_p(\mathrm{h}) \tag{7.6.33}$$

第四步，由 $\Pi_4 = \bar{s}_w$ 设计模型的初始饱和度。

若原型油藏的初始饱和度已知，由

$$\left(\frac{s_{wi} - s_{cw}}{\Delta s_{\max}}\right)_m = \left(\frac{s_{wi} - s_{cw}}{\Delta s_{\max}}\right)_p \tag{7.6.34}$$

则模型的初始饱和度 $(s_{wi})_m$ 为

$$(s_{wi})_m = (s_{cw})_m + (s_{wi} - s_{cw})_p\frac{(\Delta s_{\max})_m}{(\Delta s_{\max})_p} \tag{7.6.35}$$

2. 由模型数据换算成原型数据

在实验室中进行的模型实验，要换算出在原型中对应于什么样的油藏。这个计算按上述计算反算过来即可。这只要将式(7.6.28)、式(7.6.30)、式(7.6.32)和式(7.6.35)中的下标 p 和 m 全部互换一下，并且在模型实验中测出的$[\bar{s}_w(t_D)]_m$ 就等于油藏原型中的$[\bar{s}_w(t_D)]_p$。

7.7 注蒸汽采油的数值模拟

在第 1 章 1.1.4 小节中曾提到热采的几种方法，本节阐述注蒸汽采油问题。注蒸汽采油包括蒸汽吞吐（间歇注汽或循环注汽）和蒸汽驱（连续注汽）。蒸汽驱采油的试验最早可追溯到 1931 年。作为商业用的蒸汽吞吐开始于 1960 年，而蒸汽驱则开始于 20 世纪 70 年代初。目前，注蒸汽技术已日趋成熟。对于稠油油藏，注蒸汽是目前主要的采油手段。我国的克拉玛依、胜利、辽河等油田中某些稠油油藏均采用注蒸汽采油。向地层注蒸汽最明显的作用是降低原油黏度，改善流动性。对于中等黏度和高黏度原油油藏，注蒸汽有明显效果。

注蒸汽效果不佳的油藏主要有：(a) 原油饱和度较低，例如 $s_o<0.4$；(b) 地层孔隙度较小，例如 $\phi<0.15$；(c) 油层厚度较小，例如 $h<10$ m；(d) 渗透率较低，例如 $K<0.1\ \mu\text{m}^2$；(e) 原油饱和度低而渗透率高的漏油地层；(f) 原油黏度极高，例如 $\mu_o>10^6$ mPa·s 的油藏等。

关于注蒸汽采油数值模拟的研究已进行了四十多年。早期 Davidson 等(1967)曾提出一个单井吞吐的动态分析方法。Shutler(1969,1970)提出了蒸汽驱三相流动的线性和二维模拟方法。本节将对蒸汽驱的数学模型及数值模拟的有关问题作简要阐述。

7.7.1　描述蒸汽驱的微分方程和差分方程

注蒸汽采油是非等温的三相渗流。通常将碳氢化合物的组分分成易挥发的1类和不挥发的2类两种。注蒸汽使地层中有蒸汽和水。描述这种非等温渗流可用5个方程，即：(a) 能量方程；(b) 水相质量方程；(c) 1类碳氢化合物质量方程；(d) 2类不挥发碳氢化合物质量方程；(e) 气体的摩尔数方程。

为数值计算方便起见，我们将非稳态累积项(即对时间的偏导数项)写在方程左边，将对流项和源汇项写在方程右边，能量方程中导热项(即热扩散项)也放在方程右边，并假定流体和岩石之间的热平衡是瞬间完成的；所有的比热和热膨胀系数均为常数。其微分方程组如下：

7.7.1.1　描述蒸汽驱的微分方程组

1. 能量方程

在第1章1.7.4小节中曾导出油、气、水三相无相变非等温渗流的能量方程，即方程(1.7.43b)。为方便起见，现在重新写出如下：

$$\frac{\partial}{\partial t}[\phi(\rho_o s_o U_o+\rho_w s_w U_w+\rho_g s_g U_g)+(1-\phi)(\rho c_p)_R T]$$
$$=-[\nabla\cdot(\rho_o h_o \boldsymbol{V}_o)+\nabla\cdot(\rho_w h_w \boldsymbol{V}_w)+\nabla\cdot(\rho_g h_g \boldsymbol{V}_g)]+\nabla\cdot(k_t\nabla \mathrm{T})+q_t$$

其中，下标R对应于岩石的量。考虑到碳氢化合物有易挥发和不挥发两部分，其摩尔数分别为 X_1 和 X_2；气相中有天然气和蒸汽两部分，其摩尔数分别为 Y_1 和 Y_s，则能量方程可写成

$$\frac{\partial}{\partial t}\Big[\phi(\rho_w s_w U_w+\rho_o s_o X_1 U_1+\rho_o s_o X_2 U_2+\rho_g s_g Y_1 U_1+\rho_g s_g Y_s U_s)+(1-\phi)(\rho c_p)_R T\Big]$$
$$=\nabla\cdot\left[\rho_o h_o\frac{KK_{or}}{\mu_o}\nabla(p_o-\gamma_o z)\right]+\nabla\cdot\left[\rho_w h_w\frac{KK_{wr}}{\mu_w}\nabla(p_w-\gamma_w z)\right]$$
$$+\nabla\cdot\left[\rho_g h_g\frac{KK_{gr}}{\mu_g}\nabla(p_g-\gamma_g z)\right]+\nabla\cdot(k_t\nabla T)-q_H-q_L \tag{7.7.1}$$

其中，U_s 是蒸汽的内能，z 是铅垂方向的坐标变量(向下为正)。q_H 为焓的源汇项，是在井点出现的。对于生产井，是产出流体所带走的焓。设单位地层体积的油、水、气流量分别为

q_o, q_w, q_g，则 $q_H = q_o\rho_o h_o + q_w\rho_w h_w + q_g\rho_g h_g$。对于注入井，$q_H = -q\rho h^*$。其中，$h^*$ 由外部注入确定，可认为不随时间变化。式中最后一项 q_L 是通过上覆盖层和底层传导而损失的热量，将在 7.7.4 小节中进行讨论。

2. 水质量方程

在第 1 章 1.6.3 小节中曾导出油、气、水三相渗流的质量方程，即方程(1.6.23)和(1.6.24)。对于现在所讨论的问题，水的质量包括液相水和蒸汽，并用地层中的量表示，所以有

$$
\begin{aligned}
\frac{\partial}{\partial t}[\phi(\rho_w s_w + \rho_g s_g Y_s)] = {} & \nabla \cdot \left[\rho_w \frac{KK_{wr}}{\mu_w} \nabla (p_w - \gamma_w z)\right] \\
& + \nabla \cdot \left[\rho_g Y_s \frac{KK_{gr}}{\mu_g} \nabla (p_g - \gamma_g z)\right] \\
& - q_w\rho_w - q_g\rho_g Y_s
\end{aligned}
\tag{7.7.2}
$$

其中，后两项为源汇项，是在井点出现的。

3. 1 类碳氢化合物质量方程

1 类碳氢化合物包括油相中的 X_1 部分和气相中的 Y_1 部分，即有

$$
\begin{aligned}
\frac{\partial}{\partial t}[\phi(\rho_o s_o X_1 + \rho_g s_g Y_1)] = {} & \nabla \cdot \left[\rho_o X_1 \frac{KK_{or}}{\mu_o} \nabla (p_o - \gamma_o z)\right] \\
& + \nabla \cdot \left[\rho_g Y_1 \frac{KK_{gr}}{\mu_g} \nabla (p_g - \gamma_g z)\right] \\
& - q_o\rho_o X_1 - q_g\rho_g Y_1
\end{aligned}
\tag{7.7.3}
$$

4. 2 类碳氢化合物质量方程

2 类碳氢化合物就是油相中摩尔数为 X_2 的部分，所以有

$$
\frac{\partial}{\partial t}(\phi\rho_o s_o X_2) = \nabla \cdot \left[\rho_o X_2 \frac{KK_{or}}{\mu_o} \nabla (p_g - \gamma_g z)\right] - q_o\rho_o X_2 \tag{7.7.4}
$$

5. 气体摩尔数方程

因为存在相变，X_1, X_2, Y_1 和 Y_s 都是温度 T 和压力 p 的函数。引进函数 $K_1(p, T)$，它是压力和温度的给定函数，并将液相碳氢化合物中摩尔数 X_1 与 Y_1 联系起来，即有 $Y_1 = K_1(p, T)X_1$。于是，气体摩尔数方程可写成

$$
\delta Y_1 + \delta Y_s + Y_{1n} + Y_{sn} = 1 \tag{7.7.5}
$$

利用饱和度方程消去 s_o，再利用毛管力关系式将 p_w 和 p_g 用油相压力 p 表示。于是，由方程(7.7.1)～方程(7.7.5)这 5 个方程可以求解 p, T, s_w, s_g 和 X_1 共 5 个变量。式(7.7.5)中，$\delta Y_1 = Y_{1,n+1} - Y_{1n}$，所以，该式表示 $n+1$ 时间层上 $Y_{1,n+1} + Y_{s,n+1} = 1$。$Y_s$ 可写成

$$
Y_s = p_{sat}/p \tag{7.7.6}
$$

其中，p_{sat} 是饱和蒸气压，它是温度的单值函数。

也有学者将碳氢化合物分成 3 种组分：组分 1 为轻成分或溶解气体，其摩尔数为 X_1；组分 2 表示油的可蒸馏部分，其摩尔数为 X_2；组分 3 为不挥发的重成分，其摩尔数为 X_3，则有

$$
\delta X_1 + \delta X_2 + \delta X_3 = 0 \tag{7.7.7}
$$

引进 $K_1(p,T)$ 和 $K_2(p,T)$，使有

$$Y_1 = K_1(p,T)X_1,\quad Y_2 = K_2(p,T)X_2 \tag{7.7.8}$$

则气体摩尔数方程为

$$\delta Y_1 + \delta Y_2 + \delta Y_s = 1 - Y_{1n} - Y_{2n} - Y_{3n} \tag{7.7.9}$$

本节中暂不讨论3种组分情形。

6. 边界条件和初始条件

系统的边界条件通常可用在油藏外边界不透水和近似绝热，即

$$\left.\frac{\partial p}{\partial \boldsymbol{n}}\right|_{\text{边界上}} = 0,\quad \left.\frac{\partial T}{\partial \boldsymbol{n}}\right|_{\text{边界上}} = 0 \tag{7.7.10}$$

但上、下边界要考虑热损失。初始条件是给定 $t=0$ 时刻，温度、压力和饱和度是任意给定的分布函数。

7.7.1.2　描述蒸汽驱的差分方程组

取三个方向的空间步长为 $\Delta x,\Delta y,\Delta z$，格块体积为 $\Delta V=\Delta x\Delta y\Delta z$。时间步长 $\delta t = t_{n-1}-t_n$，其中，下标 n 是时间层次。对任意物理量 P，有 $\delta P = P_{n+1}-P_n$。方程(7.7.1)～方程(7.7.5)写成差分形式分别为

$$\begin{aligned}
&\frac{\Delta V}{\delta t}\delta\Big[\phi(\rho_w s_w U_w + \rho_o s_o X_2 U_2 + \rho_o s_o X_1 U_1 + \rho_g s_g Y_1 U_1 + \rho_g s_g Y_s U_s) + (1-\phi)(\rho c_p)_R T\Big]\\
&\quad = \Delta_x[k_{ox}h_o(\Delta_x p_o - \gamma_o\Delta z)] + \Delta_y[k_{oy}h_o(\Delta_y p_o - \gamma_o\Delta z)]\\
&\qquad + \Delta_z[k_{oz}h_o(\Delta_z p_o - \gamma_o\Delta z)] + \Delta_x[k_{wx}h_w(\Delta_x p_w - \gamma_w\Delta z)]\\
&\qquad + \Delta_y[k_{wy}h_w(\Delta_y p_w - \gamma_w\Delta z)] + \Delta_z[k_{wz}h_w(\Delta_z p_w - \gamma_w\Delta z)]\\
&\qquad + \Delta_x[k_{gx}h_g(\Delta_x p_g - \gamma_g\Delta z)] + \Delta_y[k_{gy}h_g(\Delta_y p_g - \gamma_g\Delta z)]\\
&\qquad + \Delta_z[k_{gz}h_g(\Delta_z p_g - \gamma_g\Delta z)] - \Delta_x(k_{tx}\Delta_x T) - \Delta_y(k_{ty}\Delta_y T) - \Delta_z(k_{tz}\Delta_z T)\\
&\qquad - Q_o\rho_o h_o - Q_w\rho_w h_w - Q_g\rho_g h_g - Q_L
\end{aligned} \tag{7.7.11}$$

$$\begin{aligned}
&\frac{\Delta V}{\delta t}\delta(\phi\rho_w s_w + \phi\rho_g s_g Y_s)\\
&\quad = \Delta_x[k_{wx}(\Delta_x p_w - \gamma_w\Delta z)] + \Delta_y[k_{wy}(\Delta_y p_w - \gamma_w\Delta z)]\\
&\qquad + \Delta_z[k_{wz}(\Delta_z p_w - \gamma_w\Delta z)] + \Delta_x[k_{gx}Y_s(\Delta_x p_g - \gamma_g\Delta z)]\\
&\qquad + \Delta_y[k_{gy}Y_s(\Delta_y p_g - \gamma_g\Delta z)] + \Delta_z[k_{gz}Y_s(\Delta_z p_g - \gamma_g\Delta z)] - Q_w\rho_w - Q_g\rho_g Y_s
\end{aligned} \tag{7.7.12}$$

$$\begin{aligned}
&\frac{\Delta V}{\delta t}\delta(\phi\rho_o s_o X_1 + \phi\rho_g s_g Y_1)\\
&\quad = \Delta_x[k_{ox}X_1(\Delta_x p_o - \gamma_o\Delta z)] + \Delta_y[k_{oy}X_1(\Delta_y p_o - \gamma_o\Delta z)]\\
&\qquad + \Delta_z[k_{oz}X_1(\Delta_z p_o - \gamma_o\Delta z)] + \Delta_x[k_{gx}Y_1(\Delta_x p_g - \gamma_g\Delta z)]\\
&\qquad + \Delta_y[k_{gy}Y_1(\Delta_y p_g - \gamma_g\Delta z)] + \Delta_z[k_{gz}Y_1(\Delta_z p_g - \gamma_g\Delta z)] - Q_o\rho_o X_1 - Q_g\rho_g Y_1
\end{aligned} \tag{7.7.13}$$

$$\frac{\Delta V}{\delta t}\delta(\phi\rho_o s_o X_2)$$

$$= \Delta_x[k_{ox}X_2(\Delta_x p_o - \gamma_o \Delta z)] + \Delta_y[k_{oy}X_2(\Delta_y p_o - \gamma_o \Delta z)] + \Delta_z[k_{oz}X_2(\Delta_z p_o - \gamma_o \Delta z)] - Q_o \rho_o X_2 \tag{7.7.14}$$

$$\delta Y_1 + \delta Y_s = 1 - Y_{1n} - Y_{sn} \tag{7.7.15}$$

在方程组(7.7.11)～(7.7.15)中

$$\left.\begin{aligned} & k_{mx} = \rho_m \frac{\Delta y \Delta z K K_{mr}}{\Delta x \mu_m}, \cdots \quad (m = \mathrm{o,w,g}) \\ & k_{tx} = \frac{\Delta y \Delta z}{\Delta x} k_t, \cdots \\ & Q_m = q_m \Delta V \quad (m = \mathrm{o,w,g,L}) \\ & \Delta_x P = P_{i+\frac{1}{2},j,k}(P_{i+1,j,k} - P_{i-1,j,k}) + P_{i-\frac{1}{2},j,k}(P_{i+1,j,k} - P_{i-1,j,k}), \cdots \end{aligned}\right\} \tag{7.7.16}$$

7.7.1.3 热力学量和力学量的处理

如前所述，方程组中要求解的只有 5 个变量，即 p, T, s_w, s_g 和 X_1，其他量必须用这些变量表示，或作为已知数输入。

1. 焓和内能

按照式(1.7.10b)，可将焓用温度 T 和 X_1 表示如下：

$$h_o = (X_1 c_{p_1} + X_2 c_{p_2})(T - T_i) \tag{7.7.17a}$$

$$h_g = Y_1 c_{p_1}(T - T_i) + Y_s c_{p_s}(T - T_i) \tag{7.7.17b}$$

而流体的内能 U 按式(1.7.6)可写成

$$U = h - p/\rho \tag{7.7.18}$$

其中 Y_1, X_2 可用 X_1 表示，定压 c_p 是已知常数，Y_s 由式(7.7.6)给出，c_{ps}可以输入。

2. 密度和黏度

油相密度是初始温度和压力下碳氢化合物组分 1 的摩尔数的单值函数，该函数用 $\rho_o(X_1)$ 表示，ρ_o 值按式(1.2.13b)可写成

$$\rho_o(p, T, X_1) = \rho_o(X_1)[1 - \beta_o(T - T_i) + c_o(p - p_i)] \tag{7.7.19}$$

其中，$\rho_o(X_1)$作为已知量。

$$\rho_w(p, T) = \rho_w(T)(1 + c_w(p - p_{sat})) \tag{7.7.20}$$

$$\rho_g = p/(RTZ) \quad [Z = Y_s Z_s + (1 - Y_s) Z_{gas}] \tag{7.7.21}$$

其中，p_{sat}是饱和压力，Z 是压缩因子，下标 s 和 gas 分别对应于蒸汽和天然气。

原油黏度 μ_o 写成一个与组分有关的因子 $\mu_o(X_1)$和一个与温度有关的因子 $\mu_o(T)$的乘积，即

$$\mu_o(T, X_1) = \mu_o(X_1)\mu_o(T) \tag{7.7.22}$$

其中，因子 $\mu_o(X_1)$在 $X_1 = X_i$ 时为 1.0，它随 X_1 的变化用表格给出，而气相黏度 μ_g 为

$$\mu_g = Y_s \mu_s + (1 - Y_s) \mu_{gas} \tag{7.7.23}$$

3. 毛管力和相对渗透率

在压力传导系数 k_m 中，除含有 ρ_m/μ_m 外，还有相对渗透率 K_{mr}。压力 p_w 和 p_g 可用油相压力 p 表示为

$$p_w = p - p_{cwo}, \quad p_g = p + p_{cgo} \tag{7.7.24}$$

其中，p_{cwo}和 p_{cgo}分别为水-油和气-油毛管力，它们随饱和度的变化用表格给出。油相的相对渗透率可写成

$$K_{\mathrm{or}} = (K_{\mathrm{owr}} + K_{\mathrm{wr}})(K_{\mathrm{ogr}} + K_{\mathrm{gr}}) - K_{\mathrm{wr}} - K_{\mathrm{gr}} \tag{7.7.25}$$

其中，K_{wr}和 K_{gr}分别为水相和气相的相对渗透率；K_{owr}和 K_{ogr}分别为油、水两相系统中油的相对渗透率和束缚水条件下油、气两相系统中油的相对渗透率。它们的值随饱和度的变化可用表格给出。

7.7.2　差分方程组的隐式处理

对于非线性微分方程的数值求解，其差分表达式采用显式形式还是隐式形式对于计算的稳定性是至关重要的。显式形式是指将 i 位置在 $n+1$ 时间层上的值用相邻位置 n 时间层上的值显式表示。一般来说，这一计算较简便，但有时不稳定。隐式形式是指联系 $n+1$ 时间层上的值由相邻位置上若干个 $n+1$ 时间层上（和 n 时间层上）的值隐含表示。这计算起来较为复杂，但稳定性较好。本节采用强隐式的表示方法，只有那些经实践检验对稳定性很不敏感的量才用显式表示。

7.7.2.1　方程左侧（LE）的隐式处理

现在推导新的时间层 $n+1$ 上的变量表达式。在迭代收敛以前，这些新时间层上的数值是未知的，在计算过程中时间 $n+1$ 上的变量值都用它们的上次迭代值近似。

我们将方程（7.7.11）～方程（7.7.15）用时间差分 $\delta p, \delta T, \delta s_{\mathrm{w}}, \delta s_{\mathrm{g}}$ 和 δX_1 展开。以组分 1 的质量方程（7.7.13）为例，其左侧可作如下展开：

$$\begin{aligned}
&\delta(\phi\rho_{\mathrm{o}} s_{\mathrm{o}} X_1 + \phi\rho_{\mathrm{g}} s_{\mathrm{g}} Y_1) \\
&\quad = (\phi\rho_{\mathrm{o}} s_{\mathrm{o}})_n \delta X_1 + X_{1,n+1}[s_{\mathrm{o}n}(\phi_{n+1}\delta\rho_{\mathrm{o}} + \rho_{\mathrm{o}n}\delta\phi) + (\phi\rho_{\mathrm{o}})_{n+1}(\delta s_{\mathrm{w}} + \delta s_{\mathrm{g}})] \\
&\qquad + (\phi\rho_{\mathrm{g}} s_{\mathrm{g}})_n \delta Y_1 + Y_{1,n+1}[s_{\mathrm{g}n}(\phi_{n+1}\delta\rho_{\mathrm{g}} + \rho_{\mathrm{g}n}\delta\phi) + (\phi\rho_{\mathrm{g}})_{n+1}\delta s_{\mathrm{g}}]
\end{aligned} \tag{7.7.26}$$

要完成这个展开式，尚需将其中 $\delta\rho_{\mathrm{o}}, \delta\rho_{\mathrm{g}}, \delta\phi$ 和 δY_1 用未知数 $\delta T, \delta X_1$ 和 δp 表示如下：

$$\begin{aligned}
\delta\rho_{\mathrm{o}} = {} & \frac{\partial\rho_{\mathrm{o}}}{\partial T}\delta T + \frac{\partial\rho_{\mathrm{o}}}{\partial X_1}\delta X_1 + \frac{\partial\rho_{\mathrm{o}}}{\partial p}\delta p + \rho_{\mathrm{o}}^{\mathrm{L}} - \rho_{\mathrm{o}n} \\
& - \frac{\partial\rho_{\mathrm{o}}}{\partial T}(T^{\mathrm{L}} - T_n) - \frac{\partial\rho_{\mathrm{o}}}{\partial X_1}(X_1^{\mathrm{L}} - X_{1n}) - \frac{\partial\rho}{\partial p}(p^{\mathrm{L}} - p_n)
\end{aligned} \tag{7.7.27}$$

其中，上标 L 表示上一次迭代值。孔隙度 ϕ 由式（1.3.18）给出，现将 c_ϕ 改写成c_{r}，则有

$$\delta\phi = \phi_{\mathrm{i}} c_{\mathrm{r}} \delta p \tag{7.7.28}$$

$$\begin{aligned}
\delta Y_1 = {} & X_{1n}\frac{\partial K_1}{\partial T}\delta T + X_{1n}\frac{\partial K_1}{\partial p}\delta p + K_{1,n+1}\delta X_1 \\
& + X_{1n}(K_1^{\mathrm{L}} - K_{1n}) - \frac{\partial K_1}{\partial T}(T^{\mathrm{L}} - T_n) - \frac{\partial K_1}{\partial p}(p^{\mathrm{L}} - p_n)
\end{aligned} \tag{7.7.29}$$

$$\delta\rho_{\mathrm{g}} = \frac{\partial\rho_{\mathrm{g}}}{\partial T}\delta T + \frac{\partial\rho_{\mathrm{g}}}{\partial p}\delta p + \rho_{\mathrm{g}}^{\mathrm{L}} - \rho_{\mathrm{g}n} - \frac{\partial\rho_{\mathrm{g}}}{\partial T}(T^{\mathrm{L}} - T_n) - \frac{\partial\rho_{\mathrm{g}}}{\partial p}(p^{\mathrm{L}} - p_n) \tag{7.7.30}$$

将式（7.7.27）～式（7.7.30）代入式（7.7.26），得到

$$
\begin{aligned}
&\delta(\phi\rho_o s_o X_1 + \phi\rho_g s_g Y_1) \\
&\quad = c_{30} + c_{31}\delta T + c_{32}\delta s_g + c_{33}\delta s_w + c_{34}\delta X_1 + c_{35}\delta p
\end{aligned} \tag{7.7.31}
$$

再将能量方程(7.7.11)左边以第1项为例展开,得到

$$
\begin{aligned}
\delta(\phi\rho_w s_w U_w) &= U_{w,n+1}\delta(\phi\rho_w s_w) + (\phi\rho_w s_w)_n \delta U_w \\
&= U_{w,n+1}\left[(\phi\rho_w)_{n+1}\delta s_w + s_{wn}\left(\phi_{n+1}\frac{\partial\rho_w}{\partial p}\delta p + \frac{\partial\rho_w}{\partial T}\delta T\right) + \rho_{wn}\phi_i c_r \delta p\right] \\
&\quad + (\phi\rho_w s_w)_n\left[c_{pw}\delta T - \delta\left(\frac{p - p_{cwo}}{\rho_w}\right)\right]
\end{aligned} \tag{7.7.32}
$$

用类似的方法将方程(7.7.11)~方程(7.7.15)左侧各项展开,可整理成

$$
LE = \sum_{j=1}^{5} c_{ij}F_j \quad (i = 1,2,\cdots,5) \tag{7.7.33}
$$

其中,$F_1 = \delta T$,$F_2 = \delta s_g$,$F_3 = \delta s_w$,$F_4 = \delta X_1$,$F_5 = \delta p$。

7.7.2.2 方程右侧(RE)的隐式处理

质量方程(7.7.12)~(7.7.14)右侧含有对流项和源汇项。能量方程(7.7.11)右侧还要加上导热项(或热扩散项)。经验表明:压力传导系数 k_m 中所含的 pVT 量如 ρ_o/μ_o,ρ_g/μ_g 及重率 γ_o,γ_g 用显式处理影响不大,因此就简单地用 n 时间层上的值表示。ρ_g 用上游体元的值表示,ρ_o,γ_o,γ_g 用相邻体元上的平均值表示。下面对各项分别进行处理。

1. 质量方程中的对流项

以方程(7.7.13)右侧第1项为例,强隐处理为

$$
\begin{aligned}
&[k_{ox}X_1(\Delta_x p - \gamma_o\Delta z)]_{n+1} \\
&\quad = [k_{ox}X_1(\Delta_x p - \gamma_o\Delta z)]_n + k_{oxn}X_{1n}\Delta_x\delta p \\
&\qquad + (\Delta_x p_{n+1} - \gamma_o\Delta z)(k_{oxn}\delta X_1 + X_{1,n+1}\delta k_{ox})
\end{aligned} \tag{7.7.34}
$$

其中

$$
\delta k_{ox} = \frac{\Delta y\Delta z K}{\Delta x}\left(K_{or}\frac{\rho_o}{\mu_o}\right)_n\left(\frac{\partial K_{or}}{\partial s_w}\delta s_w + \frac{\partial K_{or}}{\partial s_g}\delta s_g\right) \tag{7.7.35}
$$

相对渗透率 K_{or} 按油相上游体元的饱和度值计算,因而式(7.7.35)中 δs_w 和 δs_g 的值就用上游体元的值。上游体元中的流向由 $\Delta P^L - \gamma\Delta z$ 的符号决定,所以 K_{orn} 和 k_{oxn} 在同一个时间步长内不同的迭代次数中保持不变。再以方程(7.7.13)右侧第4项为例,强隐表达式为

$$
\begin{aligned}
&[k_{gx}Y_1(\Delta_x p_g - \gamma_g\Delta z)]_{n+1} \\
&\quad = [k_{gx}Y_1(\Delta_x p_g - \gamma_g\Delta z)]_n + k_{gxn}Y_{1n}(\Delta_x\delta p + \Delta_x\delta p_{cgo}) \\
&\qquad + (\Delta_x p_{n+1} + \Delta_x p_{cgo,n+1} - \gamma_g\Delta z)(k_{gxn}\delta Y_1 + Y_{1,n+1}\delta k_{gx})
\end{aligned} \tag{7.7.36}
$$

其中

$$
\delta k_{gx} = \frac{\Delta y\Delta z K}{\Delta x}\left(\frac{\rho_g}{\mu_g}\right)_n\frac{\partial K_{gr}}{\partial s_g}\delta s_g \tag{7.7.37}
$$

$$
\delta p_{cgo} = \frac{\partial p_{cgo}}{\partial s_g}\delta s_g \tag{7.7.38}
$$

k_{gxn} 和 $\partial K_{gr}/\partial s_g$ 用上游体元中气相的值。上游气流的方向由 $\Delta p^L + \Delta p_{cgo} - \gamma_g\Delta z$ 的符号

决定。

$$\delta Y_1 = K_{1,n+1}X_{1,n+1} - K_{1n}X_{1n} = K_{1,n+1}\delta X_1 + (K_{1,n+1} - K_{1n})X_{1n} \quad (7.7.39)$$

2. 能量方程中的对流项

以能量方程(7.7.11)右侧第1项为例,若上游体元中无气体流动,则

$$\begin{aligned}&[k_{ox}(X_1c_{p1} + X_2c_{p2})(T - T_i)(\Delta_x p - \gamma_o\Delta z)]_{n+1}\\&\quad = [k_{ox}(X_1c_{p1} + X_2c_{p2})(T - T_i)(\Delta_x p - \gamma_o\Delta z)]_n\\&\qquad + k_{oxn}(X_1c_{p1} + X_2c_{p2})_n(T - T_i)_n\Delta_x\delta p\\&\qquad + (\Delta_x p_{n+1} - \gamma_o\Delta z)[k_{oxn}(X_{1n}c_{p1} + X_{2n}c_{p2})\delta T\\&\qquad + (X_1c_{p1} + X_2c_{p2})_{n+1}(T - T_i)_{n+1}\delta k_{ox}]\end{aligned} \quad (7.7.40)$$

若上游体元中有气体流动,则除隐含 p, s_w, s_g 外还显含温度 T,于是有

$$\begin{aligned}&[k_{ox}(X_1c_{p1} + X_2c_{p2})(T - T_i)(\Delta_x p - \gamma_o\Delta z)]_{n+1}\\&\quad = [k_{ox}(X_1c_{p1} + X_2c_{p2})(T - T_i)(\Delta_x p - \gamma_o\Delta z)]_n\\&\qquad + (X_1c_{p1} + X_2c_{p2})_n(T - T_i)_{n+1}\delta[k_{ox}(\Delta_x p - \gamma_o\Delta z)]\end{aligned} \quad (7.7.41)$$

其中

$$\delta[k_{ox}(\Delta_x p - \gamma_o\Delta z)] = k_{oxn}\Delta_x\delta p + (\Delta_x p_{n+1} - \gamma_o\Delta z)\delta k_{ox} \quad (7.7.42)$$

式(7.7.42)中的 δk_{ox} 由式(7.7.35)给出,式(7.7.40)中的 δk_{ox} 可按式(7.7.43)计算:

$$\delta k_{ox} = \frac{\Delta y\Delta zK}{\Delta x}\left(\frac{\rho_o}{\mu_o}\right)_n\frac{\partial K_{or}}{\partial s_w}\delta s_w \quad (7.7.43)$$

3. 能量方程(7.7.11)中的导热项

以能量方程(7.7.11)中右侧第7项为例,有

$$k_t\Delta_x T = k_t(T_{i-1,n} + d_{i-1}\delta T_{i-1} - T_{i,n} - d_i\delta T_i) \quad (7.7.44)$$

在式(7.7.44)中,若有自由气体,则 $d_i = 0$;若无自由气体,则 $d_i = 1$。

4. 源汇项的隐式处理

以单个油层每口井生产为例,指定一个生产指数 PI 和一个极限井底压力 p_{wb}。模型要计算达到生产井产量所必需的井底压力。若计算得到的井底压力低于输入的极限压力 p_{wb},则表明这口井比极限压力下的产出能力高。若一口井连通几个油层,则该井产量要根据各层流度和压力确定。产量 Q_m 与生产指数有以下关系:

$$Q_m = PI\lambda_m(p - p_{wb}) \quad (m = w,o,g) \quad (7.7.45)$$

三相产量的隐式表达式可写成

$$\left.\begin{aligned}Q_{w,n+1} &= Q_{wn} + PI\left[\lambda_{wn}\delta p + (p_{n+1} - p_{wb})\frac{\partial\lambda_w}{\partial s_w}\delta s_w\right]\\Q_{o,n+1} &= Q_{on} + PI\left[\lambda_{on}\delta p + (p_{n+1} - p_{wb})\left(\frac{\partial\lambda_o}{\partial s_w}\delta s_w + \frac{\partial\lambda_o}{\partial s_g}\delta s_g\right)\right]\\Q_{g,n+1} &= Q_{gn} + PI\left[\lambda_{gn}\delta p + (p_{n+1} - p_{wb})\frac{\partial\lambda_g}{\partial s_g}\delta s_g\right]\end{aligned}\right\} \quad (7.7.46)$$

其中,$\lambda_m = K_{mr}/\mu$,μ 及 λ_m 的导数用 n 时间层上的值计算。组分1的质量方程(7.7.13)最后的源汇项中的密度 ρ_o,ρ_g 用 n 时间层上的值计算,而

$$(Q_oX_1)_{n+1} + (Q_gY_1)_{n+1} = (Q_oX_1)_n + (Q_gY_1)_n + Q_{on}\delta X_1 + Q_{gn}\delta Y_1$$

$$+ X_{1,n+1}\delta Q_o + Y_{1,n+1}\delta Q_g \tag{7.7.47}$$

5. 能量方程(7.7.11)中能量的源汇项

密度 ρ 仍用 n 时间层上的值计算。若有自由气体,焓用温度显式处理,则有

$$(Q_o h_o)_{n+1} + (Q_w h_w)_{n+1} + (Q_g h_g)_{n+1} = (Q_o h_o)_n + (Q_w h_w)_n + (Q_g h_g)_n + h_o \delta Q_o + h_w \delta Q_w + h_g \delta Q_g \tag{7.7.48}$$

其中,δQ_o,δQ_w 和 δQ_g 由式(7.7.46)给出。若无自由气体,$Q_g = 0$。焓用温度隐式处理为

$$(Q_o h_o)_{n+1} + (Q_w h_w)_{n+1} + (Q_g h_g)_{n+1} = (Q_o h_o)_n + (Q_w h_w)_n + (Q_g h_g)_n + h_{o,n+1}\delta Q_o + h_{w,n+1}\delta Q_w + Q_{on}\frac{\partial h_o}{\partial T}\delta T + Q_{wn}\frac{\partial h_w}{\partial T}\delta T \tag{7.7.49}$$

其中

$$\frac{\partial h_o}{\partial T} = X_1 c_{p1} + X_2 c_{p2} + c_{p1}\frac{\partial X_1}{\partial T} + c_{p2}\frac{\partial X_2}{\partial T}, \quad \frac{\partial h_w}{\partial T} = c_{pw} \tag{7.7.50}$$

将方程(7.7.11)～方程(7.7.15)右侧各项的隐式处理经过整理后,可得

$$RE = D_i + \sum_{j=1}^{5}\Delta(k_{ij}\Delta F_j) \quad (i = 1,2,\cdots,5) \tag{7.7.51}$$

由式(7.7.33)和式(7.7.51)得到方程组的一般形式:

$$\sum_{i=1}^{5} c_{ij}F_j = D_i + \sum_{i=1}^{5}\Delta(k_{ij}\Delta F_j) \quad (i = 1,2,\cdots,5) \tag{7.7.52}$$

其中

$$\Delta(k\Delta F) = \Delta_x(k\Delta_x F) + \Delta_y(k\Delta_y F) + \Delta_z(k\Delta_z F) \tag{7.7.53}$$

$$\Delta_x(k\Delta_x F) = k_{i+\frac{1}{2},j,k}(F_{i+1,j,k} - F_{i,j,k}) - k_{i-\frac{1}{2},j,k}(F_{i,j,k} - F_{i-1,j,k}) \tag{7.7.54}$$

由方程组(7.7.52)可以解出 F_j,即 5 个变量 δT,δs_g,δs_w,δX_1 和 δp。

7.7.3 方程组的解法

解方程组(7.7.52)可以采用消元法,这有利于计算的稳定性。按三种情形分别处理:

1. 第一种情形

$s_g > 0$,$s_w > 0$。如前所述,能量对流项通过温度显式处理,方程(7.7.52)中 $k_{i1} = 0$ ($i = 1,2,\cdots,5$)。以方程中 c_{i1} 为目标对方程组两端进行高斯消元,使系数 c_{i1} 变成零。结果剩下 4 个方程($i = 2,3,4,5$)和 4 个未知变量 δs_g,δs_w,δX_1 和 δp。

2. 第二种情形

$s_g = 0$,$s_w > 0$,即不存在自由气体。要用温度代替气体饱和度,如前所述,能量对流项通过温度隐式处理。对这种情形,$k_{i2} = 0$ ($i = 1,2,\cdots,5$),只要简单地将 c_{i1} 列换到 c_{i2} 列,k_{i1} 列换到 k_{i2} 列即可。方程组中第 5 个方程不用了。得 4 个方程和 4 个未知变量 $F_1 = \delta T$,$F_2 = \delta s_w$,$F_3 = \delta X_1$,$F_4 = \delta p$。

3. 第三种情形

$s_g > 0$,$s_w = 0$,即过热情形,水相不存在。系数 $c_{i3} = 0$,能量传输系数 $k_{i3} = 0$。将 c_{i1} 和 k_{i1} 移到第 3 列位置上。第 5 个方程不需要了。得 4 个方程和 4 个未知变量 $F_1 = \delta s_g$,$F_2 =$

$\delta T, F_3 = \delta X_1, F_4 = \delta p$。

在某些情况下，溶解气不存在或可以忽略，则 $X_1 = Y_1 = 0, X_2 = 1$，第 3 个方程不用了，于是得 4 个方程和 4 个未知变量。按上述 3 种不同的饱和度情形，可将方程和变量减少成 3 个。

7.7.4　热损失项的计算

方程(7.7.11)中的热损失项 Q_L，是指通过三维网格上表面和下表面向邻近地层有导热损失。以上表面热损失为例，可作如下计算处理：设上覆盖层很厚，忽略 x 方向和 y 方向的导热，且盖层的热导率 k_{ob} 和比热 $(\rho c_p)_{ob}$ 均为常数，则盖层的导热遵从以下方程：

$$k_{ob} \frac{\partial^2 T}{\partial z^2} = (\rho c_p)_{ob} \frac{\partial T}{\partial t} \tag{7.7.55}$$

这个方程可用标准中心差分的隐式形式代替。使用变网格系统，离储油层越远，Δz 越大。在每个时间步长末，求得油藏上表面温度。解方程(7.7.55)的隐式差分式，可求得盖层内温度分布。

在每个时间层 t_n 开始，有 $T(x, y, z, t_n)$ 的差分方程。把这个方程的解 T 分成 T_1 和 T_2。T_1 满足方程(7.7.55)和如下边界条件和初始条件：

$$\left.\begin{aligned} &T_1(x, y, 0, t) = T(x, y, 0, t_n) \quad (t_n < t < t_{n+1}) \\ &T_1(x, y, z, t_n) = T(x, y, z, t_n) \end{aligned}\right\} \tag{7.7.56}$$

T_2 满足方程(7.7.55)和如下边界条件和初始条件：

$$\left.\begin{aligned} &T_2(x, y, 0, t) = 1 \quad (t_n < t < t_{n+1}) \\ &T_2(x, y, z, t_n) = 0 \end{aligned}\right\} \tag{7.7.57}$$

在从 t_n 到 t_{n+1} 的时间步长内，边界上温度产生一个增量 δT，其相应的解为

$$T(x, y, z, t_{n+1}) = T_1(x, y, z, t_{n+1}) + T_2(x, y, z, t_{n+1})\delta T \tag{7.7.58}$$

第 8 章　双重介质中的渗流

前几章所阐述的均是单纯孔隙介质中的渗流理论，主要是针对砂岩地层中油、气、水的渗流。当然其基本理论和处理方法具有普遍意义。随着世界上碳酸盐岩油气田的大规模开发，深入系统地研究这类油气田渗流就显得非常重要。通过井下电视、井壁照相、X 光透视、电子显微镜扫描以及肉眼观察等方法研究表明，这类储集层的岩石中往往发育着无数的裂缝，这些裂缝把岩石分成很多小块，称为基质岩块。我们可以将这类介质分成两类：一类是单纯天然裂缝介质，即基质块中没有孔隙，也不渗透。裂缝既是流体的储存空间，又是流体的流动通道。对这类介质可以按裂缝所占的体积定义一个孔隙度，同时定义一个渗透率 K。这样，就数学描述而言，与单纯孔隙介质是完全相同的。另一类是孔隙-裂缝双重介质，即基质块中存在着原生的粒间孔隙，它的孔隙度和渗透率受颗粒的几何形状、尺寸以及排列状况和孔隙连通性等限制。因此，这类介质可对孔隙和裂缝各定义一套孔隙度和渗透率。孔隙是流体的主要储存空间，裂缝是流体的主要流动通道。其双重结构的示意图见图 8.1。图 8.1(a)表示从岩石中任取一块体积的结构状况；图 8.1(b)表示其简化的理论模型之一。

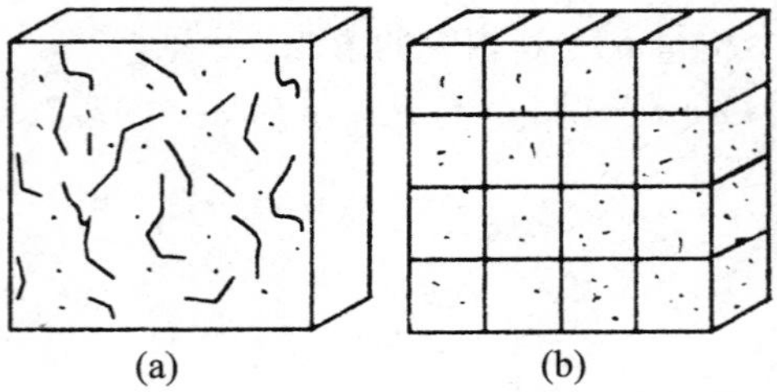

图 8.1　孔隙-裂缝双重介质示意图

世界上碳酸盐岩油藏储量占油藏储量的一半左右。20 世纪 30 年代以来，海湾地区、欧洲、美国和委内瑞拉都找到了裂缝性油气藏，我国也陆续探明了一些碳酸盐岩储集层并已投入开发，例如，华北油田的某些油藏。

煤层甲烷气的储层也是双重介质。煤层中的裂缝将煤分成很多基质煤块，基质块中也有原生孔隙。煤层气主要以吸附形式存在于孔隙和裂缝中。

本章将主要研究双重介质中的渗流。

8.1　基本概念和数学描述

关于碳酸盐岩油气藏的物理和数学模型最早是由 Barenblatt，Zheltov，Kochina(1960)

提出的。此后，Warren，Root(1963)也提出了类似的模型。

8.1.1　裂缝性油藏的特性

裂缝性油气藏有以下的特点和特性。

1．双重结构特性

如前所述，裂缝性介质往往具有双重结构，即原生的粒间孔隙结构和次生的裂缝、纹理结构。孔隙与裂缝之间是互相连通的，两者各有自己的孔隙度和渗透率。一般来说，裂缝介质的孔隙度 ϕ_f 小于孔隙介质或基质块的孔隙度 ϕ_m，而裂缝介质的渗透率 K_f 大于基质块的渗透率 K_m，因为裂缝连通性很好且裂缝尺寸大于孔隙尺寸。基岩块中的孔隙主要提供流体的储存空间，而裂缝主要提供流动通道，形成两个彼此独立而又相互联系的水动力学系统。由于在空间中每一点定义两个孔隙度和两个渗透率，因而空间中每一点就有两个压力(即裂缝中流体压力 p_f 和孔隙中流体压力 p_m)和两个速度(即裂缝中流体渗流速度 V_f 和孔隙中渗流速度 V_m)。当然不能理解为每一点的压力、速度是二者之和，而可以想象为在裂缝点 $\boldsymbol{r}$ 处压力为 p_f，与之相距为无限小的孔隙点 $\boldsymbol{r}'$处压力为 p_m。速度和密度也是如此。两个系统之间的流体交换与两个压力的差值密切相关。

2．裂缝介质和孔隙介质具有不同的压缩性

双重介质不仅有两个不同的孔隙度和渗透率，而且裂缝介质和孔隙介质的压缩性也有明显差别。一般来说，裂缝介质的压缩系数比孔隙的大得多。因此，当裂缝中流体压力 p_f 降低时，裂缝的孔隙度 ϕ_f 明显减小，而渗透率 K_f 也随之降低。这表明随着流体压力降低，岩石在外压(岩石柱压力)的作用下，裂缝有闭合的趋势。在此同时，孔隙介质的孔隙度 ϕ_m 和 K_m 并无太大变化。

3．介质各向异性

与砂岩地层不同，裂缝性介质通常是各向异性的。不仅水平方向渗透率与铅垂方向的不同，而且水平方向上不同方位的渗透率也不一样。因此，对于裂缝性油藏的数值模拟，应该考虑介质的各向异性。不过在研究一口铅直井附近的地层特性时，为简单起见，通常把水平方向的渗透率当做同一个值处理。对于试井的目的而言，通常按各向同性介质处理。

4．裂缝-孔隙双重介质油藏的井底压力特性

双重介质油藏的井底压力特性与均质油藏有很大差别。

第一阶段，裂缝系统中原油流入井筒。基质岩块系统仍保持原来的状态，其压力 p_m 保持不变，没有流动。这时井底压力所反映的是单纯裂缝系统特性。其流动特性与均质油藏相同，只不过现在是均质裂缝油藏。裂缝系统压力下降不多，p_m 与 p_f 的差值较小，尚未建立起从基质块向裂缝中流动的正常制度。这是双重介质中流动的第一阶段，可称为均质裂缝阶段。其井底压力特性与均质孔隙的类似。

第二阶段是过渡阶段。这时 p_m-p_f 的差值已有一定程度，能建立起从基质块到裂缝的流动。基质块孔隙中流体压力 p_m 也逐渐降低。这一阶段的压力变化呈现非均质特性。

第三阶段是双重介质阶段。这时原油从基质流入裂缝，裂缝流入井筒，p_m 与 p_f 同时下降。井底压力变化反映的是孔隙-裂缝整体系统的特性，又表现出均质特性。不过这是孔隙-裂缝整体的均质特性。

双重介质中表皮系数、井储常数与单一介质也有所不同。完善井表皮因子 S 在 -2 与 -3 之间，而超完善井 $S<-3$。由于裂缝与井筒相连，所以双重介质的井储常数 C 比单一介质的大得多。

8.1.2 双重介质中渗流的微分方程

下面为书写方便起见，有时对下标用 1 代替 f，用 2 代替 m，即下标 1 和 2 分别对应于裂缝和孔隙介质。首先写出其基本方程和状态方程，然后导出描述双重介质中渗流的偏微分方程组。

1. 连续性方程

由于孔隙中有流体流入裂缝，即隙间流动，有时也称为窜流，按式(1.6.5)连续性方程可写成

$$\frac{\partial(\phi_j\rho_j)}{\partial t}+\nabla\cdot(\rho_j\boldsymbol{V}_j)+(-1)^j q_{\mathrm{m}}=0,\quad j=1,2 \tag{8.1.1}$$

其中，q_{m} 是单位时间内由单位体积基质块流向裂缝介质中的流体质量，称为隙间流动强度或窜流强度。这种窜流过程一般是非稳态的。有时也当做准稳态情形处理，即认为该强度 q_{m} 与压力差成正比，与黏度成反比，可写成

$$q_{\mathrm{m}}=\alpha_{\mathrm{D}}\frac{\rho_0}{\mu}(p_{\mathrm{m}}-p_{\mathrm{f}}) \tag{8.1.2}$$

其中，无量纲量 α_{D} 称为无量纲隙间流动系数或无量纲窜流系数。

2. 运动方程

在忽略重力和惯性力的条件下，按式(1.5.46)，运动方程可写成

$$\boldsymbol{V}_j=-\frac{\boldsymbol{K}_j}{\mu}\nabla p_j,\quad j=1,2 \tag{8.1.3}$$

利用状态方程的关系式，按式(1.9.5)，有

$$\phi_j\rho_j=\phi_{j0}\rho_{j0}[1+(c_\phi+c_{\mathrm{f}})(p-p_0)],\quad j=1,2 \tag{8.1.4}$$

其中，下标 0 对应于某个已知的参考值。因而

$$\rho_j\boldsymbol{V}_j=\rho_0\mathrm{e}^{c_{\mathrm{f}}(p_j-p_0)}\left(-\frac{\boldsymbol{K}_j}{\mu}\nabla p_j\right),\quad j=1,2 \tag{8.1.5}$$

将式(8.1.2)、式(8.1.4)和式(8.1.5)代入式(8.1.1)，并令

$$c_j^*\phi_{j0}=c_{\phi j}\phi_{j0}+c_{\mathrm{f}}\phi_{j0}=c_{\mathrm{t}j}\phi_{j0},\quad j=1,2 \tag{8.1.6}$$

其中，总压缩系数 c_{t} 是介质压缩系数 c_ϕ 与流体压缩系数 c_{f} 之和。与第 1.9.1 节中类似，可得描述双重介质中渗流的两个偏微分方程

$$\nabla\cdot(\boldsymbol{K}_1\nabla \boldsymbol{P}_1)+\alpha_D(p_2-p_1)=\mu c_1^*\phi_1\frac{\partial p_1}{\partial t} \tag{8.1.7}$$

$$\nabla\cdot(\boldsymbol{K}_2\nabla \boldsymbol{P}_2)+\alpha_D(p_1-p_2)=\mu c_2^*\phi_2\frac{\partial p_2}{\partial t} \tag{8.1.8}$$

这就是双重介质中隙间准稳态流的渗流偏微分方程组。

8.1.3　双孔隙度和双渗透率问题

双重介质中的渗流问题可划分为两类，即双孔隙度问题和双渗透率问题，如图 8.2 所示。在很多情况下，基质块的渗透率远小于裂缝介质的渗透率，即 $K_2 \ll K_1$。在方程组(8.1.7)和(8.1.8)中可近似地令 $K_2 = 0$，使得方程组中有两个孔隙度，但只有一个渗透率，这就是双孔隙度(简称双孔)的数学模型。在双孔问题中，假定流体只通过裂缝进入井筒。孔隙中流体流入裂缝，而直接流入井筒的流量可以忽略不计，如图 8.2(a)所示。在另一些情况下，K_2 则不能忽略，必须用方程组(8.1.7)和(8.1.8)进行求解，即方程组中有两个渗透率，这就是双渗透率(简称双渗)的数学模型。在双渗问题中，孔隙介质与裂缝介质之间有流体交换，并且流体既通过裂缝也通过孔隙直接进入井筒，如图 8.2(b)所示。

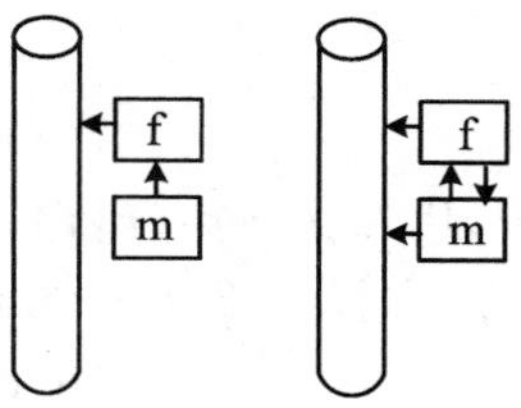

(a) 双孔介质　(b) 双渗介质

图 8.2　双孔隙度和双渗透率问题

关于多层油藏，我们知道：一般油藏均呈分层特性，即油藏由两层或多层储集层构成。层与层之间通常有一个隔层或称弱渗透层。每一层内垂向压力梯度很小，可认为压力与 z 无关，而用该层内垂向压力的平均值表示。相邻两层之间平均压力有明显差值。在这个压差作用下，存在层间窜流或越流。这样一来，处理两层的渗流问题，其数学模型与双重介质的数学模型完全类似。只要将方程(8.1.7)和方程(8.1.8)中下标 1 和下标 2 看做是对应于不同层次的量即可。而那里的隙间窜流可看成层间越流。对于更多的层，方法是类似的，只是由更多个类似的方程组成的方程组。高承泰在处理多层问题时，提出半透壁模型，使问题得到某些简化(Gao，1984，1987)。他通过理论分析提出一个无量纲参数。由该参数值可以确定一个特定的油藏中越流的影响是否应该考虑，以及是否应当作各层独立或当做一个整体进行处理。陈钟祥、姜礼尚(1980)给出了双重介质渗流方程组的精确解。葛家理、吴玉树(1982)和刘振华、孔祥言(1989)研究了双重介质中渗流的试井分析问题。戴榕菁、孔祥言、钟钊新(1989)利用积分变换法研究了多层油藏渗流的有关问题并给出了解析解。

8.2　双孔介质中的渗流

8.2.1　双孔介质中的柱源井拟稳态渗流

现在介绍 Barenblatt，Zheltov，Kochina(1960)和 Warren，Root(1963，1965)提出的双孔模型(以下简称 BW 模型)。在方程(8.1.8)中令 $K_2 = 0$，$K_1 =$ 常数。对无限大地层，描述其渗流的偏微分方程和定解条件写出如下：

$$K_1 \frac{1}{r}\frac{\partial}{\partial r}\left(r\frac{\partial P_1}{\partial r}\right)+\alpha(P_2-P_1)-\mu c_1\phi_1\frac{\partial P_1}{\partial t}=0 \tag{8.2.1}$$

$$\alpha(P_1-P_2)-\mu c_2\phi_2\frac{\partial P_2}{\partial t}=0 \tag{8.2.2}$$

$$P_1(r,t)\mid_{r\to\infty}=P_2(r,t)\mid_{r\to\infty}=0 \tag{8.2.3}$$

$$r\frac{\partial P_1}{\partial r}\mid_{r=r_w}=-\frac{Qu}{2\pi K_1 h} \tag{8.2.4}$$

$$P_1(r,t)\mid_{t=0}=P_2(r,t)\mid_{t=0}=0 \tag{8.2.5}$$

其中，$P_j=p_i-p_j(r,t)$，$j=1,2$，p_i 是原始地层压力。

对方程(8.2.1)～方程(8.2.5)作拉普拉斯变换，则方程和定解条件变成如下形式：

$$\frac{\partial^2\overline{p}_1}{\partial r^2}+\frac{1}{r}\frac{\partial\overline{p}_1}{\partial r}+\frac{\alpha}{K_1}(\overline{p}_2-\overline{p}_1)-\frac{\mu\phi_1c_1}{K_1}s\overline{p}_1=0 \tag{8.2.6}$$

$$\alpha(\overline{p}_1-\overline{p}_2)-\mu\phi_2c_2s\overline{p}_2=0 \tag{8.2.7}$$

$$\overline{p}_1(r,s)\mid_{r\to\infty}=\overline{p}_2(r,s)\mid_{r\to\infty}=0 \tag{8.2.8}$$

$$r\frac{\partial\overline{p}_1}{\partial r}\mid_{r=r_w}=-\frac{Qu}{2\pi K_1 hs} \tag{8.2.9}$$

由方程(8.2.7)解出 $\overline{p}_2=\overline{\alpha p_1}/(\mu\phi_2c_2s+\alpha)$，代入式(8.2.6)，则微分方程合并成一个，即

$$\frac{\partial^2\overline{p}_1}{\partial r^2}+\frac{1}{r}\frac{\partial\overline{p}_1}{\partial r}-D(s)s\overline{p}_1=0 \tag{8.2.10}$$

其中

$$D(s)=\frac{\mu}{K_1}\frac{\mu c_1\phi_1c_2\phi_2s+\alpha(c_1\phi_1+c_2\phi_2)}{\mu c_2\phi_2s+\alpha} \tag{8.2.11}$$

方程(8.2.10)的通解为

$$\overline{p}_1(r,s)=AI_0[r\sqrt{D(s)s}]+BK_0[r\sqrt{D(s)s}] \tag{8.2.12}$$

在无穷远处 $\overline{p}_1$ 应为有限值，所以由边界条件(8.2.8)可定出 $A=0$。由边界条件(8.2.9)定出

$$B=\frac{Qu}{2\pi K_1hr_wK_1[r_w\sqrt{D(s)s}]s\sqrt{D(s)s}} \tag{8.2.13}$$

将定出的系数 A,B 代入式(8.2.12)，得

$$\overline{p}_1(r,s)=\frac{Qu}{2\pi K_1hr_ws\sqrt{D(s)s}}\cdot\frac{K_0[r\sqrt{D(s)s}]}{K_1[r_w\sqrt{D(s)s}]} \tag{8.2.14}$$

将对象函数表达式(8.2.14)进行数值反演，即得物理平面中 $P_1(r,t)=p_i-p_1(r,t)$，并且由式(8.2.7)可给出 $\overline{p}_2$。

下面用解析反演方法求时间 t 足够大时井底压力 p_{1w} 的渐近解。因为 t 的变换为 s^{-2} (见表 5.1 第 4 行)，所以求 $t\to\infty$ 的渐近解就是求 $s\to0$ 的反演结果。

由式(8.2.14)可知井底压力的象函数为

$$\overline{p}_{1w}(s)=\frac{Qu}{2\pi K_1hr_ws\sqrt{D(s)s}}\cdot\frac{K_0[r_w\sqrt{D(s)s}]}{K_1[r_w\sqrt{D(s)s}]} \tag{8.2.15}$$

注意到式(B4.4b)，$s\to 0$ 时 $K_0(s)$和 $K_1(s)$的渐近式为

$$K_0(s)\sim -\left(\ln\frac{s}{2}+\gamma\right)\quad (s\to 0) \tag{8.2.16}$$

$$K_1(s)\sim\frac{1}{s}\quad (s\to 0) \tag{8.2.17}$$

代入式(8.2.15)得

$$\begin{aligned}\overline{p}_{1w}(s) &\approx \frac{Qu}{2\pi K_1 hs}\left[-\ln\frac{r_w\sqrt{D(s)s}}{2}-\gamma\right]\\ &=\frac{Qu}{4\pi K_1 hs}\left(\left\{\ln 4-\ln s+\ln\frac{K_1}{\mu(c_1\phi_1+c_2\phi_2)r_w^2}\right.\right.\\ &\quad\left.\left.-\ln\left[1+\frac{\mu c_1\phi_1 c_2\phi_2 s}{\alpha(c_1\phi_1+c_2\phi_2)}\right]+\ln\left(1+\frac{\mu c_2\phi_2 s}{\alpha}\right)\right\}-2\gamma\right)\end{aligned} \tag{8.2.18}$$

利用变换表5.1的已有结果，可知下列反演关系：

$\overline{f}(s)$	$-\frac{1}{s}\ln(1+as)$	$\frac{1}{s}\ln s$	$\frac{a}{s}$
$f(t)$	$\mathrm{Ei}\left(-\frac{t}{a}\right)$	$-\ln t-\gamma$	a

所以式(8.2.18)的反演结果为

$$\begin{aligned}P_{1w}(r,t) &= p_i-p(r,t)\\ &=\frac{Qu}{4\pi K_1 h}\left\{\ln t+\ln\frac{K_1}{\mu(c_1\phi_1+c_2\phi_2)r_w^2}+\mathrm{Ei}\left[-\frac{\alpha}{\mu}\left(\frac{1}{c_1\phi_1}+\frac{1}{c_2\phi_2}\right)t\right]\right.\\ &\quad\left.-\mathrm{Ei}\left(-\frac{\alpha}{\mu c_2\phi_2}t\right)+0.80907\right\}\end{aligned} \tag{8.2.19}$$

这个结果可用来对双孔介质情形进行试井分析。下面讨论压力恢复试井。

双孔油藏压力恢复试井分析 根据第4.1.4节和第4.2.2节所述的压力恢复关系式，设生产时间为 t_p，从关井算起的时间记作 Δt，则式(8.2.19)用于压力恢复分析可改写成

$$\begin{aligned}p_{1w}(\Delta t) &= p_i-\frac{Qu}{4\pi K_1 h}\left\{\ln\frac{t_p+\Delta t}{\Delta t}+\mathrm{Ei}\left[-\frac{\alpha}{\mu}\left(\frac{1}{c_1\phi_1}+\frac{1}{c_2\phi_2}\right)(t_p+\Delta t)\right]\right.\\ &\quad-\mathrm{Ei}\left[-\frac{\alpha(t_p+\Delta t)}{\mu c_2\phi_2}\right]-\mathrm{Ei}\left[-\frac{\alpha}{\mu}\left(\frac{1}{c_1\phi_1}+\frac{1}{c_2\phi_2}\right)\Delta t\right]\\ &\quad\left.+\mathrm{Ei}\left(-\frac{\alpha\Delta t}{\mu c_2\phi_2}\right)\right\}\end{aligned} \tag{8.2.20}$$

因为 t_p 值很大，所以式(8.2.20)中前两个指数积分函数项的值很小，可以略去。于是得恢复表达式

$$\begin{aligned}p_w(\Delta t) &= p_i-\frac{Qu}{4\pi K_1 h}\left\{\ln\frac{t_p+\Delta t}{\Delta t}-\mathrm{Ei}\left[-\frac{\alpha}{\mu}\left(\frac{1}{c_1\phi_1}+\frac{1}{c_2\phi_2}\right)\Delta t\right]\right.\\ &\quad\left.+\mathrm{Ei}\left(-\frac{\alpha\Delta t}{\mu c_2\phi_2}\right)\right\}\end{aligned} \tag{8.2.21}$$

在 Δt 足够小时，式(8.2.21)中函数 Ei 可用对数近似表示；而在 Δt 足够大时，函数 Ei 项可以略去。因而对式(8.2.21)可讨论其两种极限情形，即

$$p_w(\Delta t) = p_i - 2.3026\frac{Qu}{4\pi K_1 h}\left(\lg\frac{t_p+\Delta t}{\Delta t}+\lg\frac{c_1\phi_1}{c_1\phi_1+c_2\phi_2}\right)\quad(\Delta t\text{ 很小})\tag{8.2.22}$$

$$p_w(\Delta t) = p_i - 2.3026\frac{Qu}{4\pi K_1 h}\lg\frac{t_p+\Delta t}{\Delta t}\quad(\Delta t\text{ 很大})\tag{8.2.23}$$

因此，在 p_w 对 $\lg[(t_p+\Delta t)/\Delta t]$ 的关系曲线图上有两个相互平行的直线段，其斜率为 $m=2.3026Qu/4\pi K_1 h$，如图 8.3 所示，所以有

$$\frac{K_1 h}{\mu} = 2.3026\frac{Q}{4\pi m}\tag{8.2.24}$$

图 8.3 中第一个直线段反映裂缝特性，第二个直线段反映双孔特性。第二个直线延长线的截距 b_2 给出 p_i。由于式(8.2.22)和式(8.2.23)两式相差一项 $m\lg[c_1\phi_1/(c_1\phi_1+c_2\phi_2)]=m\lg\omega$，所以两个截距之差 $b_1-b_2=-m\lg\omega$，其中，$\omega=c_1\phi/(c_1\phi_1+c_2\phi_2)$称为储容比。因而

$$\omega = \frac{c_1\phi_1}{c_1\phi_1+c_2\phi_2} = 10^{-\frac{1}{m}(b_1-b_2)}\tag{8.2.25}$$

在两个直线段之间，当 Δt 为中等大小时有一过渡曲线。这段曲线上有一拐点，可从实测数据曲线上找到它。利用这个拐点可进一步进行分析，求得更多的特性参数。

为此，对式(8.2.21)求二阶导数，可得

$$\frac{d^2 p_w}{d\left(\ln\frac{t_p+\Delta t}{\Delta t}\right)^2} = \frac{Qu\Delta t(t_p+\Delta t)}{4\pi K_1 h t_p^2}\exp\left(-\frac{\alpha\Delta t}{\mu c_2\phi_2}\right)\cdot\left\{\left[1-\frac{\alpha(t_p+\Delta t)}{\mu c_2\phi_2}\right]\right.$$
$$\left.-\exp\left(-\frac{\alpha\Delta t}{\mu c_1\phi_1}\right)\left[1-\frac{\alpha}{\mu}\left(\frac{1}{c_1\phi_1}+\frac{1}{c_2\phi_2}\right)(t_p+\Delta t)\right]\right\}\tag{8.2.26}$$

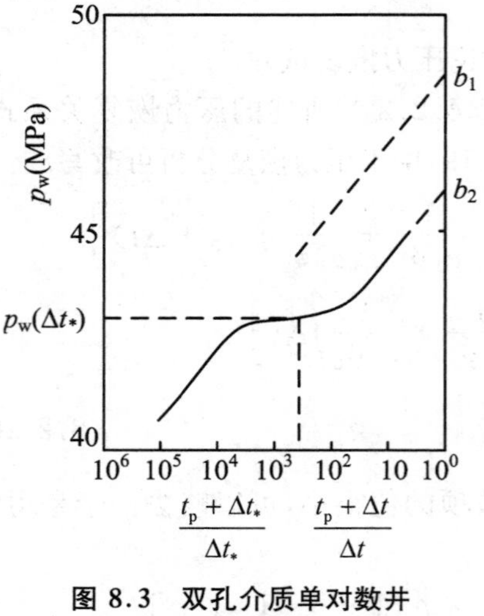

图 8.3 双孔介质单对数井底压力恢复曲线

令式(8.2.26)右端为零，即得图 8.3 中拐点所对应的 Δt_*。即 Δt_* 满足以下关系式：

$$\exp\left(-\frac{\alpha\Delta t_*}{\mu c_1\phi_1}\right) = \frac{1-\frac{\alpha(t_p+\Delta t_*)}{\mu c_2\phi_2}}{1-\frac{\alpha}{\mu}\left(\frac{1}{c_1\phi_1}+\frac{1}{c_2\phi_2}\right)(t_p+\Delta t_*)}\tag{8.2.27}$$

在试井分析中，将实测数据绘制成图 8.3 的形式。从图中找出拐点，读出 Δt_* 和对应的 $p_\alpha(\Delta t_*)$。按式(8.2.21)又得到适合于 Δt_* 的方程

$$p_w(\Delta t_*) = p_i - \frac{Qu}{4\pi K_1 h}\left\{\ln\frac{t_p+\Delta t_*}{\Delta t_*} - \mathrm{Ei}\left[-\frac{\alpha}{\mu}\left(\frac{1}{c_1\phi_1}+\frac{1}{c_2\phi_2}\right)\Delta t_*\right] + \mathrm{Ei}\left(-\frac{\alpha\Delta t_*}{\mu c_2\phi_2}\right)\right\}\tag{8.2.28}$$

在方程(8.2.25)、方程(8.2.27)和方程(8.2.28)中，K_1h 由式(8.2.24)求出，Δt_*，$p_w(\Delta t_*)$和 b_1-b_2 由图中读出，未知量只有三个，即 α，$c_1\phi_1$ 和 $c_2\phi_2$。联立求解这三个方程可得储容 $c_1\phi_1$ 和 $c_2\phi_2$ 以及无量纲的隙间流动系数 α。

总之，对于双孔油藏的试井分析，先将实测井底压力数据绘成图 8.3，读出斜率 m 并算出K_1h，然后由图中截距给出 p_i 和储容比 ω，最后由图中拐点读出 Δt_* 和$p_w(\Delta t_*)$，并算出 α，$c_1\phi_1$ 和 $c_2\phi_2$。本小节中利用了方程(8.1.2)。就是说，从孔隙到裂缝的流动采用了拟稳态假设，而裂缝中的流动完全是非稳态的。我们把这种双孔介质的渗流模型称为双孔介质中的拟稳态渗流。

8.2.2　考虑表皮和井储的拟稳态渗流

讨论无限大地层中一口井，并考虑表皮和井储的情形，引进下列无量纲量：

$$r_D=\frac{r}{r_w},t_D=\frac{K_1t}{\mu(c_1\phi+c_2\phi_2)r_w^2}$$

$$p_{jD}=\frac{2\pi K_1h[p_i-p_j(r,t)]}{Qu}\quad(j=1,2)\tag{8.2.29}$$

$$\omega=\frac{c_1\phi_1}{c_1\phi_1+c_2\phi_2},\quad\lambda=\frac{\alpha r_w^2}{K_1}$$

则方程(8.2.1)和方程(8.2.2)写成无量纲形式为

$$\frac{\partial^2p_{1D}}{\partial r_D^2}+\frac{1}{r_D}\frac{\partial p_{1D}}{\partial r_D}-\omega\frac{\partial p_{1D}}{\partial t_D}+\lambda(p_{2D}-p_{1D})=0\tag{8.2.30}$$

$$(1-\omega)\frac{\partial p_{2D}}{\partial t_D}+\lambda(p_{2D}-p_{1D})=0\tag{8.2.31}$$

对式(8.2.30)和式(8.2.31)作拉普拉斯变换后消去 $\overline{p}_{2D}$，可得关于 $\overline{p}_{1D}(r_D,s)$的方程。设 $s\neq-\lambda/(1-\omega)$，即有

$$\frac{\partial^2\overline{p}_{1D}}{\partial r_D^2}+\frac{1}{r_D}\frac{\partial\overline{p}_{1D}}{\partial r_D}-sD_1(s)\overline{p}_{1D}=0\tag{8.2.32}$$

其中

$$D_1(s)=\frac{\lambda+\omega(1-\omega)s}{\lambda+(1-\omega)s}\tag{8.2.33}$$

这个方程的通解为

$$\overline{p}_{1D}(r_D,s)=A\mathrm{I}_0[r_D\sqrt{sD_1(s)}]+B\mathrm{K}_0[r_D\sqrt{sD_1(s)}]\tag{8.2.34}$$

其中，系数 A，B 由以下条件确定：

$$\left[C_Ds\overline{p}_{1D}-(1+C_DSs)\frac{\partial\overline{p}_{1D}}{\partial r_D}\right]_{r_D=1}=\frac{1}{s}\tag{8.2.35}$$

$$\overline{p}_{1D}(r_D,s)|_{r_D\to\infty}=0\tag{8.2.36}$$

$$\overline{p}_{wD}(s)=\left[\overline{p}_D(r_D,s)-S\frac{\mathrm{d}\overline{p}_D}{\mathrm{d}r_D}\right]_{r_D=1}\tag{8.2.37}$$

其中式(8.2.35)与式(5.6.7)相同。与第 5.6.1 节类似，可定出 $A=0$ 和 B。最后得井底压

力的表达式

$$\overline{p}_{wD}(s) = \frac{1}{s}\cdot\frac{K_0[\sqrt{sD_1(s)}] + S\sqrt{sD_1(s)}K_1[\sqrt{sD_1(s)}]}{\sqrt{sD_1(s)}K_1[\sqrt{sD_1(s)}] + C_Ds\{K_0[\sqrt{sD_1(s)}] + S\sqrt{sD_1(s)}K_1[\sqrt{sD_1(s)}]\}} \tag{8.2.38}$$

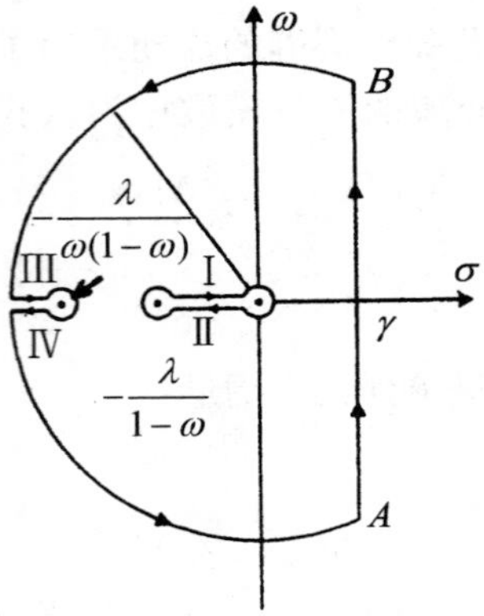

图 8.4　s 平面上支点和积分路线

根据反演公式(5.1.2),有

$$p_{wD}(t_D) = \frac{1}{2\pi i}\int_{\gamma-i\infty}^{\gamma+i\infty}\overline{p}_{wD}(s)e^{st}ds \tag{8.2.39}$$

式(8.2.39)中被积函数有三个支点,位于 $0,-\lambda/(1-\omega)$ 和 $-\lambda/[\omega(1-\omega)]$ 处。在复平面上除去负轴上从 $-\infty$ 到 $-\lambda/[\omega(1-\omega)]$ 和从 $-\lambda(1-\omega)$ 到 0 这两个线段外,处处单值解析,如图 8.4 所示。按照与第5.6.1节中类似的方法可以证明:沿大圆弧和三个小圆 c_1,c_2,c_3 的积分均为零,所以原函数 $p_{wD}(t_D)$ 就是沿四个线段Ⅰ,Ⅱ,Ⅲ,Ⅳ的积分之和,即井底压力

$$p_{wD}(t_D) = -\frac{1}{2\pi i}\left[\int_{\text{Ⅰ}} + \int_{\text{Ⅱ}} + \int_{\text{Ⅲ}} + \int_{\text{Ⅳ}}\overline{p}_{wD}(s)e^{st_D}ds\right] \tag{8.2.40}$$

沿线段Ⅰ和Ⅱ,可令 $s=\sigma_1 e^{\pm i\pi}$;沿Ⅲ和Ⅳ,可令 $s=\sigma_2 e^{\pm i\pi}$,并令

$$u = \sqrt{\frac{\sigma[\lambda-\omega(1-\omega)\sigma]}{\lambda-(1-\omega)\sigma}}$$

则

$$\sqrt{sD_1(s)} = -iu \tag{8.2.41}$$

积分可得

$$p_{wD}(t_D) = \frac{4}{\pi^2}\int_0^\infty\left\{\frac{A_1(u)[1-e^{-\sigma_1(u)t_D}]}{B_1(u)\sigma_1(u)} + \frac{A_2(u)[1-e^{-\sigma_2(u)t_D}]}{B_2(u)\sigma_2(u)}\right\}udu \tag{8.2.42}$$

其中

$$A_j(u) = \frac{\lambda}{2\omega(1-\omega)}\left[\frac{1-\omega}{\lambda} + (-1)^j\frac{\frac{1-\omega}{\lambda}\left(1+\frac{1-\omega}{\lambda}u^2\right) - \frac{2\omega(1-\omega)}{\lambda}}{\sqrt{\left(1+\frac{1-\omega}{\lambda}u^2\right)^2 - \frac{4\omega(1-\omega)}{\lambda}u^2}}\right]$$

$$\begin{aligned}B_j(u) = &\{C_D\sigma_j(u)N_0(u) - uN_1(u)[1-C_DS\sigma_j(u)]\}^2\\ &+ \{C_D\sigma_j(u)J_0(u) - uJ_1(u)[1-C_DS\sigma_j(u)]\}^2\end{aligned}$$

$$\sigma_j(u) = \frac{\lambda}{2\omega(1-\omega)}\left[1+\frac{1-\omega}{\lambda}u^2 + (-1)^j\sqrt{\left(1+\frac{1-\omega}{\lambda}u^2\right)^2 - \frac{4\omega(1-\omega)}{\lambda}u^2}\right] \tag{8.2.43}$$

式中,$j=1,2$。

在式(8.2.42)中令 $C_D=S=0$,即得忽略表皮和井储双孔介质拟稳态渗流井底压力

$$p_{wD}(t_D) = \frac{4}{\pi^2}\int_0^\infty \left\{\frac{A_1(u)[1 - e^{-\sigma_1(u)t_D}]}{\sigma_1(u)} + \frac{A_2(u)[1 - e^{-\sigma_2(u)t_D}]}{\sigma_2(u)}\right\}\frac{du/u}{J_1^2(u) + N_1^2(u)} \tag{8.2.44}$$

若在式(8.2.42)中令 $\omega = 1$,这相当于均质地层,则该式简化为式(5.6.26)。

8.2.3　双孔介质中的非稳态渗流

8.2.1 小节和 8.2.2 小节所阐述的内容基于孔隙到裂缝的流动是稳态的,即基于式(8.1.2)。本小节所述的非稳态模型基于孔隙介质内的流动是按照非稳态渗流偏微分方程,而由孔隙流入裂缝的流量遵从 Darcy 定律。de Swaan(1976)研究了非稳态流动。Bourdet,Guingarten(1980)讨论了裂缝和基质块尺寸的确定问题。

为了研究双孔介质中的非稳态渗流,对各参数作如表 8.1 所示的定义。

表 8.1　双孔介质有关参数

	裂缝系统	基质系统	整体系统
体积比	$V_f = \frac{裂缝系统体积}{整体体积}$	$V_m = \frac{基质系统体积}{整体体积}$	$V_{f+m} = V_f + V_m = 1$
孔隙度	$\phi_f = \frac{裂缝系统孔隙体积}{裂缝系统总体积}$	$\phi_m = \frac{基质系统孔隙体积}{基质系统总体积}$	$\phi = V_f\phi_f + V_m\phi_m$
储容系数	$(V\phi c_t)_f = V_f\phi_f c_f$	$(V\phi c_t)_m = V_m\phi_m c_m$	$(V\phi c_t)_{f+m} = (\phi c_t)_{f+m}$

储容比 $\omega = (V\phi c_t)_f/(V\phi c_t)_{f+m}$。

把基质块理想化为几种不同的典型形状。除了图 8.1 所示的正方体排列外,还有外层状、球状和柱状基质块,如图 8.5 所示。

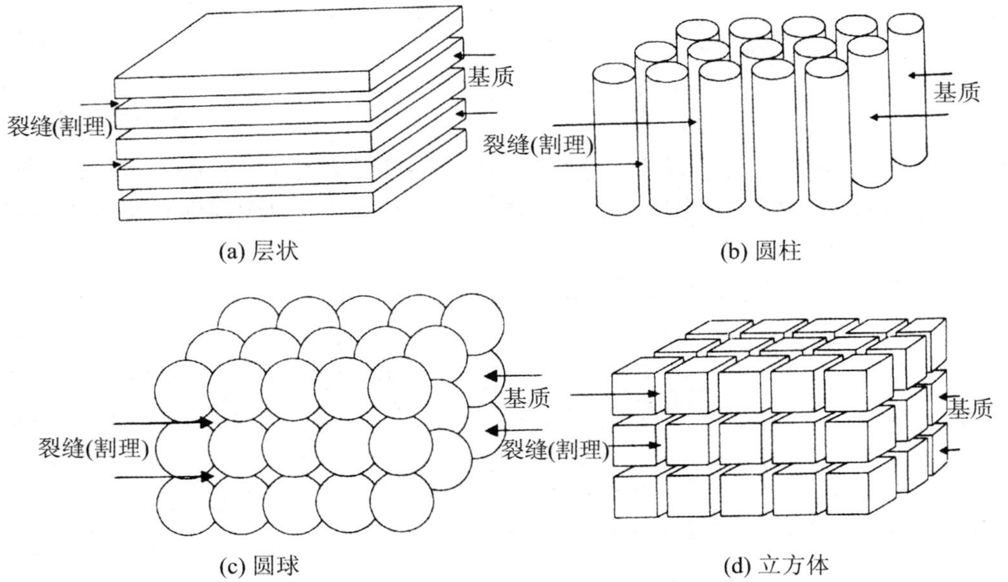

图 8.5　几种典型基质块形状

无量纲窜流系数 λ 和基质块形状因子 α 表示如下：

$$\lambda = \alpha r_w^2 \frac{K_m}{K_f}, \quad \alpha = \frac{4n(n+2)}{L^2} \tag{8.2.45}$$

其中，n 是基质块形状的维数，L 是其特征长度。图 8.5 所示几种典型基质块的形状因子 α 值给在表 8.2 中。

表 8.2　典型基质块的形状因子 α

基质块形状	维数 n	特征长度 L	形状因子 α
层状（厚度 h_1）	1	h_1	$12/h^2$
圆球（半径 r_1）	3	$2r_1$	$15/r_1^2$
圆柱（半径 r_1）	3	$2r_1$	$15/r_1^2$
立方体（边长 a）	3	a	$60/a^2$

下面以等径圆球状基质块为例，研究双孔介质中非稳态渗流在拉氏空间的解。

1. 圆球状基质块双孔介质中的非稳态渗流

设圆球半径为 r_1，基质块中压力分布具有球对称性质。流体从块内流到球面时其压力应等于裂缝压力 p_f。基质块中流体为裂缝中流动提供源项 $\mu q/K_f$［可参看式(1.9.15)］。于是裂缝介质和孔隙介质的渗流方程和定解条件写出如下：

$$\frac{\partial^2 p_f}{\partial r^2} + \frac{1}{r}\frac{\partial p_f}{\partial r} + \frac{\mu}{K_f} q = \frac{1}{\chi}\frac{\partial p_f}{\partial t} \quad （流动区域） \tag{8.2.46}$$

$$\frac{1}{r^2}\frac{\partial}{\partial r}\left(r^2 \frac{\partial p_m}{\partial r}\right) = \frac{1}{\chi_m}\frac{\partial p_m}{\partial t} \quad (0 < r < r_1) \tag{8.2.47}$$

$$\left.\frac{\partial p_m}{\partial r}\right|_{r=0} = 0 \tag{8.2.48}$$

$$p_m(r,t)\,|_{r=r_1} = p_f \tag{8.2.49}$$

$$q = -\frac{3}{r_1}\frac{K_m}{\mu}\left.\frac{\partial p_m}{\partial r}\right|_{r=r_1} \tag{8.2.50}$$

式(8.2.50)中，系数 $3/r_1$ 表示基质块球面 $r = r_1$ 处的渗流速度 $V = r_1 q/3$。因为 q 是单位体积基质流出的流体体积，整个圆球流出流体体积 $4\pi r_1^3 q/3$ 除以圆球外表面积 $4\pi r_1^2$，即得 $V = r_1 q/3$。

引进无量纲量。对于裂缝介质，$r_D = r/r_w$，对基质，$r_{1D} = r/r_1$。其他无量纲量定义如下：

$$t_D = \frac{K_f t}{(V\phi c_t)_{f+m}\mu r_w^2}, \quad p_D = \frac{2\pi K h \Delta p}{QB\mu}$$
$$(C_D)_{f+m} = \frac{C}{2\pi (V\phi c_t)_{f+m} h r_w^2}, \quad \omega = \frac{(V\phi c_t)_f}{(V\phi c_t)_{f+m}} \tag{8.2.51}$$

则方程(8.2.47)～方程(8.2.49)的无量纲形式可写成

$$\frac{\partial^2 p_{mD}}{\partial r_{1D}^2} + \frac{2}{r_{1D}}\frac{\partial p_{mD}}{\partial r_{1D}} = \frac{15(1-\omega)}{\lambda}\frac{\partial p_{mD}}{\partial t_D} \tag{8.2.52}$$

$$\left.\frac{\partial p_{mD}}{\partial r_{1D}}\right|_{r_{1D}=0} = 0 \tag{8.2.53}$$

$$p_{mD}(r_D, t_D)\,|_{r_{1D}=1} = p_{fD} \tag{8.2.54}$$

其中，储容比 ω 如表 8.1 下面所定义。对方程(8.2.52)～方程(8.2.54)进行拉普拉斯变换，并令

$$w^2 = \frac{15(1-\omega)s}{\lambda} \tag{8.2.55}$$

则得

$$\frac{\partial^2 \overline{p}_{mD}}{\partial r_{1D}{}^2} + \frac{2}{r_{1D}}\frac{\partial \overline{p}_{mD}}{\partial r_{1D}} = w^2 \overline{p}_{mD} \tag{8.2.56}$$

$$\left.\frac{\partial \overline{p}_{mD}}{\partial r_{1D}}\right|_{r_{1D}=1} = 0 \tag{8.2.57}$$

$$\overline{p}_{mD}(r_D, s)\,|_{r_{1D}=1} = \overline{p}_{fD} \tag{8.2.58}$$

对方程(8.2.56)作变量变换，即令 $\overline{p}_{mD} = y/r_{1D}$，则方程化为如下常微分方程：

$$y'' - W^2 y = 0 \tag{8.2.59}$$

容易求得 $y = A\mathrm{e}^{Wr_{1D}} + B\mathrm{e}^{-Wr_{1D}}$，即有

$$\overline{p}_{mD} = \frac{A}{r_{1D}}\mathrm{e}^{Wr_{1D}} + \frac{B}{r_{1D}}\mathrm{e}^{-Wr_{1D}} \tag{8.2.60}$$

利用边界条件(8.2.57)和(8.2.58)，不难确定系数

$$A = \frac{1}{\mathrm{e}^W - \mathrm{e}^{-W}}\overline{p}_{fD}, \quad B = -\frac{1}{\mathrm{e}^W - \mathrm{e}^{-W}}\overline{p}_{fD} \tag{8.2.61}$$

将式(8.2.61)代入式(8.2.60)，对 r_{1D} 求导数，得

$$\left.\frac{\partial \overline{p}_{mD}}{\partial r_{1D}}\right|_{r_{1D}=1} = (W\coth W - 1)\overline{p}_{fD} \tag{8.2.62}$$

现在回过头来讨论方程(8.2.46)和式(8.2.50)。方程(8.2.46)的无量纲化是对每一项均乘以 $2\pi K_f h r_w^2/Qu$。源汇项 $\mu q/K_f$ 无量纲化时利用式(8.2.50)，可得

$$\frac{\mu}{K_f}q \cdot \frac{2\pi K_f h r_w^2}{Qu} = -\frac{\lambda}{5}\left.\frac{\partial p_{mD}}{\partial r_{1D}}\right|_{r_{1D}=1} \tag{8.2.63}$$

方程(8.2.46)右端项无纲量化为 $\omega\partial p_{fD}/\partial t_D$。所以方程(8.2.46)无量纲化后再经拉普拉斯变换变为

$$\frac{\partial^2 \overline{p}_{fD}}{\partial r_D^2} + \frac{1}{r_D}\frac{\partial \overline{p}_{fD}}{\partial r_D} = \left[\frac{\lambda}{5}(W\coth W - 1) + s\omega\right]\overline{p}_{fD} \tag{8.2.64}$$

最后将拉氏空间中裂缝流动的偏微分方程写成类似方程(8.2.10)或方程(8.2.32)的形式，即

$$\frac{\partial^2 \overline{p}_{fD}}{\partial r_D^2} + \frac{1}{r_D}\frac{\partial \overline{p}_{fD}}{\partial r_D} - sf(s)\overline{p}_{fD} = 0 \tag{8.2.65}$$

其中

$$f(s) = \omega + \frac{\lambda}{5s}\left[\sqrt{\frac{15(1-\omega)s}{\lambda}}\coth\left(\sqrt{\frac{15(1-\omega)s}{\lambda}}\right) - 1\right] \tag{8.2.66}$$

这样可利用统一编制的程序进行数值反演。

用完全类似的方法,可得层状和圆柱状基质块情形在拉氏空间中裂缝流动偏微分方程均为方程(8.2.65)的形式,只是 $f(s)$ 表达式略有不同。它们分别是

$$f(s)=\frac{1}{\chi_{\mathrm{f}}}+\frac{1}{s}\left[\frac{2}{h_1}\frac{K_{\mathrm{m}}}{K_{\mathrm{f}}}\sqrt{\frac{s}{\chi_{\mathrm{m}}}}\mathrm{th}\left(\frac{h_1}{2}\sqrt{\frac{s}{\chi_{\mathrm{m}}}}\right)\right]\quad\text{(层状,有量纲)}\tag{8.2.67a}$$

$$f(s)=\omega+\sqrt{\frac{\lambda(1-\omega)}{3s}}\mathrm{th}\sqrt{\frac{3(1-\omega)s}{\lambda}}\quad\text{(层状,无量纲)}\tag{8.2.67b}$$

$$f(s)=\omega+2\sqrt{\frac{(1-\omega)\lambda}{15s}}\frac{I_1\left[\sqrt{\frac{15(1-\omega)s}{\lambda}}\right]}{I_0\left[\sqrt{\frac{15(1-\omega)s}{\lambda}}\right]}\quad\text{(圆柱状)}\tag{8.2.68}$$

这些由读者自己证明。

给出式(8.2.65)形式的方程以后,关于井底压力的讨论与第 8.2.2 节类似。

2. 像函数解的表达式

类似于第 8.2.2 节中的讨论,可得井底无量纲压力的象函数 $\overline{p}_{\mathrm{wD}}(s)$。

对于无限大双孔介质油藏,考虑表皮因子 S 和井储常数 C_{D},按式(8.2.38)有定产量井井底压力

$$\overline{p}_{\mathrm{wD}}(s)=\frac{1}{s}\frac{K_0[\sqrt{sf(s)}]+S\sqrt{sf(s)}K_1[\sqrt{sf(s)}]}{C_{\mathrm{D}}sK_0[\sqrt{sf(s)}]+(1+C_{\mathrm{D}}Ss)\sqrt{sf(s)}K_1[\sqrt{sf(s)}]}\tag{8.2.69}$$

对于无限大双孔油藏,不考虑 S 和 C_{D},则有定产量井底井压力的象函数为

$$\overline{p}_{\mathrm{wD}}(s)=\frac{K_0[\sqrt{sf(s)}]}{s\sqrt{sf(s)}K_1[\sqrt{sf(s)}]}\tag{8.2.70}$$

对于无限大双孔油藏定压内边界,考虑表皮因子 S 的影响,并定义井筒无量纲流量

$$Q_{\mathrm{D}}(t_{\mathrm{D}})=\frac{QB\mu}{2\pi K_{\mathrm{f}}h(p_{\mathrm{i}}-p_{\mathrm{w}})}\tag{8.2.71}$$

则有

$$\overline{Q}_{\mathrm{D}}(s)=\frac{1}{s}\frac{\sqrt{sf(s)}K_1[\sqrt{sf(s)}]}{K_0[\sqrt{sf(s)}]+S\sqrt{sf(s)}K_1[\sqrt{sf(s)}]}\tag{8.2.72}$$

对于无限大双孔油藏中的定产量井情形,裂缝中压力分布的象函数为

$$\overline{p}_{\mathrm{fD}}(r_{\mathrm{D}},s)=\frac{K_0[r_{\mathrm{D}}\sqrt{sf(s)}]}{s\sqrt{sf(s)}K_1[\sqrt{sf(s)}]}\tag{8.2.73}$$

对于无限大双孔油藏,考虑表皮因子 S 和井储 C_{D},其裂缝中无量纲压力的象函数为

$$\overline{p}_{\mathrm{fD}}(r_{\mathrm{D}},s)=\frac{1}{s}\cdot\frac{K_0[r_{\mathrm{D}}\sqrt{sf(s)}]}{C_{\mathrm{D}}sK_0[\sqrt{sf(s)}]+(1+C_{\mathrm{D}}Ss)\sqrt{sf(s)}K_1[\sqrt{sf(s)}]}\tag{8.2.74}$$

对于有界双孔油藏定产量井,外边界封闭,不考虑 S 和 C_{D},裂缝中无量纲压力的象函数为

$$\overline{p}_{\text{fD}}(r_{\text{D}},s)$$
$$= \frac{1}{s}\cdot\frac{K_1[R_{\text{D}}\sqrt{sf(s)}]I_0[r_{\text{D}}\sqrt{sf(s)}]+I_1[R_{\text{D}}\sqrt{sf(s)}]K_0[r_{\text{D}}\sqrt{sf(s)}]}{\sqrt{sf(s)}\{K_1[\sqrt{sf(s)}]I_1[R_{\text{D}}\sqrt{sf(s)}]-K_1[R_{\text{D}}\sqrt{sf(s)}]I_1[\sqrt{sf(s)}]\}} \tag{8.2.75}$$

式(8.2.71)～式(8.2.75)，均可从方程(8.2.65)出发，对于不同的边界条件，用第5.4节～第5.6节以及第8.2节所述方法求出，这里就不再一一推导了。Mavor，Cinco-Leg(1979)也研究了双孔介质中隙间非稳态渗流的有关问题。

8.3 双渗介质中的渗流

双渗透率介质中的渗流可以是研究两层油藏问题，也可以是研究单层具有裂缝和孔隙的渗流问题。对于双层系统，其每一层都是均质的。厚度分别为 h_1 和 h_2，渗透率分别为 K_1 和 K_2。在 $K_1 \approx K_2$，则压力动态与均质油藏类似。在 K_1 和 K_2 差别较大但不能忽略其中之一的情况下，则必须按双渗透率油藏处理。两层之间可以有窜流，也可以无窜流。对于单层系统，只有一个厚度值 h。

求解双渗透率渗流的方法常用拉氏变换方法和双重积分变换方法。下面分别研究井底定压、定产量和双层情形。

8.3.1 圆形有界地层定压生产情形

前面所研究的问题大多是定产量(或确定的变产量)情形下，求解压力函数。在某些情况下，例如地热井、气井或油井的某个生产阶段，是在井底近乎定压的条件下生产的。本小节研究井底定压双渗透率渗流，所要求解的是产量函数 $Q=Q(t)$。下面分别讨论外边界封闭和外边界定压两种情形。

1. 外边界封闭情形

按照式(8.2.51)和式(8.2.71)所定义的 t_{D}，ω 和 Q_{D}，并令 $p_{j\text{D}}=[p_{\text{i}}-p_j(r,t)]/(p_{\text{i}}-p_{\text{wf}})$，则双渗透率问题无量纲形式的方程和定解条件如下：

$$\frac{\partial^2 p_{1\text{D}}}{\partial r_{\text{D}}^2}+\frac{1}{r_{\text{D}}}\frac{\partial p_{1\text{D}}}{\partial r_{\text{D}}}-\omega\frac{\partial p_{1\text{D}}}{\partial t_{\text{D}}}+\lambda_1(p_{2\text{D}}-p_{1\text{D}})=0 \quad (1<r_{\text{D}}<R_{\text{D}}) \tag{8.3.1}$$

$$\frac{\partial^2 p_{2\text{D}}}{\partial r_{\text{D}}^2}+\frac{1}{r_{\text{D}}}\frac{\partial p_{2\text{D}}}{\partial r_{\text{D}}}-\frac{K_1}{K_2}(1-\omega)\frac{\partial p_{2\text{D}}}{\partial t_{\text{D}}}+\lambda_2(p_{1\text{D}}-p_{2\text{D}})=0 \quad (1<r_{\text{D}}<R_{\text{D}}) \tag{8.3.2}$$

$$p_{j\text{D}}(r_{\text{D}},t_{\text{D}})=1 \quad (\text{在 } r_{\text{D}}=1 \text{ 处}, j=1,2) \tag{8.3.3}$$

$$\frac{\partial p_{j\text{D}}}{\partial r_{\text{D}}}=0 \quad (\text{在 } r_{\text{D}}=R_{\text{D}} \text{ 处}, j=1,2) \tag{8.3.4}$$

$$p_{j\text{D}}(r_{\text{D}},t_{\text{D}}=0)=0 \quad (1\leqslant r_{\text{D}}\leqslant R_{\text{D}}) \tag{8.3.5}$$

其中，$\lambda_j = \alpha_D r_w^2 / K_j (j=1,2)$。下面用双重积分变换进行求解。先对空间变量作 Weber 变换，再对时间变量作拉氏变换。根据表 3.6，对环形区域径向流，可用变换式(3.3.24)。因 $\nu = 0$，应用积分变换对为

$$\tilde{p}(\beta_m, t_D) = \int_1^{R_D} r_D R_0(\beta, r_D) p(r_D, t_D) \mathrm{d} r_D \tag{8.3.6}$$

$$p_D(r_D, t_D) = \sum_{m=1}^{\infty} \frac{R_0(\beta_m, r_D)}{N(\beta_m)} \tilde{p}(\beta_m, t_D) \tag{8.3.7}$$

根据边界条件(8.3.3)和(8.3.4)的类型，以上变换对中特征函数 $R_0(\beta_m, r_D)$ 和范数 $N(\beta_m)$ 以及特征值 β_m 所满足的方程由表 3.3 第 8 行查出，即

$$R_0(\beta_m, r_D) = \beta_m [\mathrm{N}_0(\beta_m R_D) \mathrm{J}_1(\beta_m r_D) - \mathrm{J}_0(\beta_m R_D) \mathrm{N}_1(\beta_m r_D)] \tag{8.3.8}$$

$$\frac{1}{N(\beta_m)} = \frac{\pi^2}{2} \frac{\beta_m^2 \mathrm{J}_0^2(\beta_m)}{\mathrm{J}_0^2(\beta_m) - \mathrm{J}_1^2(\beta_m R_D)} \tag{8.3.9}$$

其中，β_m 是方程

$$\mathrm{N}_1(\beta R_D) \mathrm{J}_0(\beta) - \mathrm{J}_1(\beta R_D) \mathrm{N}_0(\beta) = 0 \tag{8.3.10}$$

的第 m 个正根。令

$$a_1 = \frac{1}{\omega}, \quad a_2 = \frac{K_2}{K_1(1-\omega)} \tag{8.3.11}$$

并注意到附录中式(B8.2)，特征函数 $R_0(\beta_m, R_D)$ 可写成

$$R_0(\beta_m, R_D) = -\frac{2}{\beta_m \pi R_D} \tag{8.3.12}$$

则方程(8.3.6)和方程(8.3.7)变为

$$\frac{\mathrm{d}\tilde{p}_{1D}}{\mathrm{d}t_D} - \lambda_1 a_1 (\tilde{p}_{2D} - \tilde{p}_{1D}) + a_1 \beta_m^2 \tilde{p}_{1D} = -a_1 \frac{\mathrm{d}R_0}{\mathrm{d}r_D}\bigg|_{r_D=1} - \frac{2a_1}{\pi \beta_m} \tag{8.3.13}$$

$$\frac{\mathrm{d}\tilde{p}_{2D}}{\mathrm{d}t_D} - \lambda_2 a_2 (\tilde{p}_{1D} - \tilde{p}_{2D}) + a_2 \beta_m^2 \tilde{p}_{2D} = -a_2 \frac{\mathrm{d}R_0}{\mathrm{d}r_D}\bigg|_{r_D=1} - \frac{2a_2}{\pi \beta_m} \tag{8.3.14}$$

令

$$A_1 = -a_1 \frac{\mathrm{d}R_0}{\mathrm{d}r_D}\bigg|_{r_D=1} - \frac{2a_1}{\pi \beta_m}, \quad A_2 = -a_2 \frac{\mathrm{d}R_0}{\mathrm{d}r_D}\bigg|_{r_D=1} - \frac{2a_2}{\pi \beta_m} \tag{8.3.15}$$

由于 A_1 和 A_2 均与时间 t_D 无关，将方程(8.3.13)和方程(8.3.14)对时间变量再作拉氏变换后，它们分别变为 A_1/s 和 A_2/s。于是经拉氏变换后变为双重变换函数 $\overline{\tilde{p}}_{jD}(\beta_m, s)$ 的代数方程，即

$$s\,\overline{\tilde{p}}_{1D}(\beta_m, s) - \lambda_1 a_1 (\overline{\tilde{p}}_{2D} - \overline{\tilde{p}}_{1D}) + a_1 \beta_m^2\, \overline{\tilde{p}}_{1D} = \frac{A_1}{s} \tag{8.3.16}$$

$$s\,\overline{\tilde{p}}_{2D}(\beta_m, s) - \lambda_2 a_2 (\overline{\tilde{p}}_{1D} - \overline{\tilde{p}}_{2D}) + a_2 \beta_m^2\, \overline{\tilde{p}}_{2D} = \frac{A_2}{s} \tag{8.3.17}$$

或写成

$$(s + a_1 \lambda_1 + a_1 \beta_m^2)\, \overline{\tilde{p}}_{1D} - \lambda_1 a_1\, \overline{\tilde{p}}_{2D} = A_1/s \tag{8.3.18}$$

$$a_2 \lambda_2\, \overline{\tilde{p}}_{1D} - (s + a_2 \lambda_2 + a_2 \beta_m^2)\, \overline{\tilde{p}}_{2D} = -A_2/s \tag{8.3.19}$$

所以

$$\tilde{\bar{p}}_{1D}(\beta_m, s) = \frac{A_1 s + a_2\lambda_2 A_1 + a_2\beta_m^2 A_1 + \lambda_1 a_1 A_2}{s^3 + [a_1\lambda_1 - a_2\lambda_2 + (a_1 - a_2)\beta_m^2]s^2 + [(a_1 a_2\lambda_2 + a_1 a_2\lambda_1)\beta_m^2 + a_1 a_2 \beta_m{}^4]s} \tag{8.3.20}$$

这是式(5.2.1)所表示的情形，即分子和分母都是拉氏变量 s 的多项式，而分子的幂次比分母的低。很容易用已有的反变换表进行拉氏反演求出 $\tilde{p}_{1D}(\beta_m, t_D)$，并用指数函数表示。再用式(8.3.7)反变换一次，即得物理空间的压力函数为

$$p_{1D}(r_D, t_D) = 1 + \pi\sum_{m=1}^{\infty}\frac{\beta_m^2 J_1^2(\beta_m R_D)B(\beta_m, r_D)}{J_0^2(\beta_m) - J_1^2(\beta_m R_D)}\left(\frac{B_{11}}{\xi_1}e^{-\xi_1 t_D} + \frac{B_{21}}{\xi_2}e^{-\xi_2 t_D}\right) \tag{8.3.21}$$

同理可得

$$p_{2D}(r_D, t_D) = 1 + \pi\sum_{m=1}^{\infty}\frac{\beta_m^2 J_1^2(\beta_m R_D)B(\beta_m, r_D)}{J_0^2(\beta_m) - J_1^2(\beta_m R_D)}\left(\frac{B_{12}}{\xi_1}e^{-\xi_1 t_D} + \frac{B_{22}}{\xi_2}e^{-\xi_2 t_D}\right) \tag{8.3.22}$$

其中，$B(\beta_m, r_D) = N_0(\beta_m)J_0(\beta_m r_D) - J_0(\beta_m)N_0(\beta_m r_D)$。根据 Darcy 定律

$$Q_{jD}(t_D) = -\left.\frac{\partial p_{jD}}{\partial r_D}\right|_{r_D=1} \tag{8.3.23}$$

将式(8.3.21)和式(8.3.22)对 r_D 求导数，并注意到

$$\left.\frac{dB}{dr_D}\right|_{r_D=1} = \frac{2}{\pi} \tag{8.3.24}$$

可得无量纲流量为

$$Q_{jD}(t_D) = 2\sum_{m=1}^{\infty}\frac{\beta_m^2 J_1^2(\beta_m R_D)}{J_0^2(\beta_m) - J_1^2(\beta_m R_D)}\left(\frac{B_{1j}}{\xi_1}e^{-\xi_1 t_D} + \frac{B_{2j}}{\xi_2}e^{-\xi_2 t_D}\right) \tag{8.3.25}$$

在实际生产中只能测出总流量 $Q = Q_1 + Q_2$，令无量总流量

$$Q_D(t_D) = \frac{(Q_1 + Q_2)B\mu}{2\pi(K_1 + K_2)h(p_i - p_{wf})} \tag{8.3.26}$$

则得总流量

$$Q_D(t_D) = \frac{K_1}{K_1 + K_2}Q_{1D} + \frac{K_2}{K_1 + K_2}Q_{2D} \tag{8.3.27}$$

以上诸式中

$$\left.\begin{aligned}
\xi_j &= \frac{1}{2}\left[b_0 + (-1)^j\sqrt{b_0^2 - 4c_0}\right]\\
B_{1j} &= \frac{b - a_j K_1\xi_1/K_2}{\xi_2 - \xi_1}\\
B_{2j} &= \frac{a_j K_1\xi_1/K_2 - b}{\xi_2 - \xi_1}\\
b &= a_1 a_2(\lambda_1 + \lambda_2 + \beta_m^2)\\
b_0 &= a_1 a_2\left[\frac{\lambda_1}{a_1} + \frac{\lambda_2}{a_2} + \left(\frac{1}{a_1} + \frac{1}{a_2}\right)\beta_m^2\right]\\
c_0 &= b\beta_m^2
\end{aligned}\right\} \tag{8.3.28}$$

2. 外边界定压情形

对于外边界定压情形，方程(8.3.1)～方程(8.3.5)中除外边界条件(8.3.4)外其他均不变，而式(8.3.4)改写成

$$p_{jD}(r_D, t_D) = 1 \quad (\text{在 } r_D = R_D \text{ 处}, j = 1,2) \tag{8.3.29}$$

则对空间变量作 Weber 变换时，应查表 3.3 第 9 行。给出特征函数

$$R_0(\beta_m, r_D) = N_0(\beta_m R_D) J_0(\beta_m r_D) - J_0(\beta_m R_D) N_0(\beta_m r_D) \tag{8.3.30}$$

特征值 β_m 是方程

$$J_0(\beta) N_0(\beta_m R_D) - J_0(\beta_m R_D) N_0(\beta_m) = 0 \tag{8.3.31}$$

的第 m 个正根。范数仍由式(8.3.9)给出。其他运算过程与外边界封闭情形类似，可求得

$$p_{1D}(r_D, t_D) = \frac{\ln(R_D/r_D)}{\ln R_D} + \pi \sum_{m=1}^{\infty} \frac{\beta_m^2 J_0(\beta_m R_D) B(\beta_m, r_D)}{J_0^2(\beta_m) - J_0^2(\beta_m R_D)} \cdot \left(\frac{B_{11}}{\xi_1} e^{-\xi_1 t_D} + \frac{B_{21}}{\xi_2} e^{-\xi_2 t_D} \right) \tag{8.3.32}$$

$$p_{2D}(r_D, t_D) = \frac{\ln(R_D/r_D)}{\ln R_D} + \pi \sum_{m=1}^{\infty} \frac{\beta_m^2 J_0(\beta_m R_D) B(\beta_m, r_D)}{J_0^2(\beta_m) - J_0^2(\beta_m R_D)} \cdot \left(\frac{B_{12}}{\xi_1} e^{-\xi_1 t_D} + \frac{B_{22}}{\xi_2} e^{-\xi_2 t_D} \right) \tag{8.3.33}$$

式(8.3.32)和式(8.3.33)对 r_D 求导数得无量纲流量

$$Q_{1D}(t_D) = \frac{1}{\ln R_D} + 2 \sum_{m=1}^{\infty} \frac{\beta_m^2 J_0(\beta_m R_D)}{J_0^2(\beta_m) - J_0^2(\beta_m R_D)} \left(\frac{B_{11}}{\xi_1} e^{-\xi_1 t_D} + \frac{B_{21}}{\xi_2} e^{-\xi_2 t_D} \right) \tag{8.3.34}$$

$$Q_{2D}(t_D) = \frac{1}{\ln R_D} + 2 \sum_{m=1}^{\infty} \frac{\beta_m^2 J_0(\beta_m R_D)}{J_0^2(\beta_m) - J_0^2(\beta_m R_D)} \left(\frac{B_{12}}{\xi_1} e^{-\xi_1 t_D} + \frac{B_{22}}{\xi_2} e^{-\xi_2 t_D} \right) \tag{8.3.35}$$

总流量为

$$Q_D(t_D) = \frac{K_1}{K_1 + K_2} Q_{1D} + \frac{K_2}{K_1 + K_2} Q_{2D} \tag{8.3.36}$$

葛、吴(1982)和戴、孔、钟(1989)研究了用双重积分变换法求解双渗透率介质中的渗流问题。隙间流动是拟稳态的。

8.3.2 无限大地层考虑表皮和井储定产量情形

现在讨论考虑表皮因子和井储常数、地层是双渗透率单层的情形，并以定产量 Q 生产。隙间流动仍设为拟稳态的，隙间形状因子 α 具有量纲 L^{-2}，即 $q = (\alpha K_2/\mu)(p_2 - p_1)$。

所用无量纲量定义如下：

$$\left.\begin{aligned}
&r_D = \frac{r}{r_w}, \quad t_D = \frac{(K_1 + K_2)t}{(V\phi c_t)_{1+2}\mu r_w^2} \\
&P_{jD}(r_D, t_D) = \frac{2\pi h(K_1 + K_2)}{Qu}[p_i - p(r,t)] \\
&p_{wD}(t_D) = \frac{2\pi h(K_1 + K_2)}{Qu}[p_i - p_w(t)] \\
&\lambda = \frac{\alpha K_2 r_w^2}{K_1 + K_2}, \quad C_D = \frac{C}{2\pi h(V\phi c_t)_{1+2} r_w^2} \\
&\omega_j = \frac{(V\phi c_t)_j}{(V\phi c_t)_{1+2}}, \quad \gamma_j = \frac{K_j}{K_1 + K_2} \quad (j = 1,2)
\end{aligned}\right\} \tag{8.3.37}$$

与双孔介质相比，多了一个无量纲 γ。显然，$\gamma_2 = 1 - \gamma_1$，$\omega_2 = 1 - \omega_1$。为简洁起见，记 $\gamma = \gamma_1$，$\omega = \omega_1$，分别用来表示渗透率比和储容比。对于考虑表皮 S 和井储 C_D 的情形，无量纲化的方程和定解条件可写成

$$\gamma \nabla^2 p_{1D} - \omega \frac{\partial p_{1D}}{\partial t_D} + \lambda(p_{2D} - p_{1D}) = 0 \tag{8.3.38}$$

$$\gamma_2 \nabla^2 p_{2D} - \omega_2 \frac{\partial p_{2D}}{\partial t_D} - \lambda(p_{2D} - p_{1D}) = 0 \tag{8.3.39}$$

$$\left[C_D \frac{\mathrm{d}p_{wD}}{\mathrm{d}t_D} - \gamma \frac{\partial p_{1D}}{\partial r_D} - \gamma_2 \frac{\partial p_{2D}}{\partial r_D}\right]_{r_D=1} = 1 \tag{8.3.40}$$

$$p_{wD}(t_D) = \left(p_{1D} - S\frac{\partial p_{1D}}{\partial r_D}\right)_{r_D=1} = \left(p_{2D} - S\frac{\partial p_{2D}}{\partial r_D}\right)_{r_D=1} \tag{8.3.41}$$

$$p_{1D}(r_D, t_D) = p_{2D}(r_D, t_D) = 0 \quad (\text{在 } r_D \to \infty \text{ 处}) \tag{8.3.42}$$

$$p_{1D}(r_D, t_D) = p_{2D}(r_D, t_D) = 0 \quad (\text{当 } t_D = 0 \text{ 时}) \tag{8.3.43}$$

刘、孔(1989)详细研究了双渗油藏的井底压力特性。

8.3.3　无限大双层油藏

现在讨论双层油藏问题。考虑两层之间有越流，两层的厚度分别为 h_1 和 h_2，渗透率分别为 K_1 和 K_2。隙间流动是拟稳态的，见 Bourdet(1985)。

下面分完善井情形、考虑表皮和井储情形及有效井筒半径模型三种情况分别进行研究。所用的求解方法是拉氏变换及其数值反演。

8.3.3.1　完善井情形

完善井是指井筒的表皮因子 $S = 0$。这里也不考虑井筒储集效应。引进下列无量纲量：

$$\left.\begin{aligned}&r_D=\frac{r}{r_w},\quad t_D=\frac{(K_1h_1+K_2h_2)t}{[(\phi c_th)_1+(\phi c_th)_2]\mu r_w^2}\\&p_{jD}(r_D,t_D)=\frac{2\pi(K_1h_1+K_2h_2)}{QB\mu}[p_j(r,t)-p_i]\quad(j=1,2)\\&\gamma=\frac{K_1h_1}{K_1h_1+K_2h_2},\quad\lambda=\alpha r_w^2\frac{K_2h_2}{K_1h_1+K_2h_2},\quad\omega=\frac{(\phi c_th)_1}{(\phi c_th)_1+(\phi c_th)_2}\\&C_D=\frac{C}{2\pi[(\phi c_th)_1+(\phi c_th)_2]r_w^2}\end{aligned}\right\}\tag{8.3.44}$$

其中 C_D 是后面第二、三情形要用的。

则完善井情形的无量纲渗流方程和定解条件可写成

$$\gamma\nabla^2p_{1D}(r_D,t_D)=\omega\frac{\partial p_{1D}}{\partial t_D}-\lambda(p_{2D}-p_{1D})\quad(1<r<\infty)\tag{8.3.45}$$

$$\gamma_2\nabla^2p_{2D}(r_D,t_D)=\omega_2\frac{\partial p_{2D}}{\partial t_D}+\lambda(p_{2D}-p_{1D})\quad(1<r<\infty)\tag{8.3.46}$$

$$p_{1D}(r_D,t_D)=p_{2D}(r_D,t_D)=p_{wD}(t_D)\quad(\text{在 }r_D=1\text{ 处})\tag{8.3.47}$$

$$\gamma\frac{\partial p_{1D}}{\partial r_D}+\gamma_2\frac{\partial p_{2D}}{\partial r_D}=-1\quad(\text{在 }r_D=1\text{ 处})\tag{8.3.48}$$

$$p_{1D}(r_D,t_D)=p_{2D}(r_D,t_D)=0\quad(\text{在 }r_D\to\infty)\tag{8.3.49}$$

$$p_{1D}(r_D,t_D)=p_{2D}(r_D,t_D)=0\quad(\text{在 }t_D=0\text{ 时})\tag{8.3.50}$$

对方程(8.3.45)和方程(8.3.46)进行拉氏变换,得到两个贝塞尔方程的方程组:

$$\gamma\nabla^2\overline{p}_{1D}(r_D,s)=\omega s\overline{p}_{1D}-\lambda(\overline{p}_{2D}-\overline{p}_{1D})\tag{8.3.51}$$

$$\gamma_2\nabla^2\overline{p}_{2D}(r_D,s)=\omega_2s\overline{p}_{2D}+\lambda(\overline{p}_{2D}-\overline{p}_{1D})\tag{8.3.52}$$

方程(8.3.51)和方程(8.3.52)的通解是虚变量贝塞尔函数 I_0 和 K_0 的线性组合。对于无限大系统,只出现 K_0,即

$$\overline{p}_{1D}(r_D,s)=A_1K_0(\sigma r_D),\quad\overline{p}_{2D}(r_D,s)=A_2K_0(\sigma r_D)\tag{8.3.53}$$

其中,σ 是 s 的待定函数,它与参数 ω,γ 和 λ 有关。将式(8.3.53)代入式(8.3.51)和(8.3.52),得

$$\gamma\sigma^2A_1K_0(\sigma r_D)=\omega sA_1K_0(\sigma r_D)-\lambda[A_2K_0(\sigma r_D)-A_1K_0(\sigma r_D)]\tag{8.3.54}$$

$$\gamma_2\sigma^2A_2K_0(\sigma r_D)=\omega_2sA_2K_0(\sigma r_D)+\lambda[A_2K_0(\sigma r_D)-A_1K_0(\sigma r_D)]\tag{8.3.55}$$

由式(8.3.55)解出

$$A_1=-\frac{1}{\lambda}(\gamma_2\sigma^2-\omega_2s-\lambda)A_2\tag{8.3.56}$$

将式(8.3.56)代入式(8.3.54)和式(8.3.55)再约去 A_1,就化为关于 σ^2 的一个方程

$$(\gamma\sigma^2-\omega s-\lambda)(\gamma_2\sigma^2-\omega_2s-\lambda)-\lambda^2=0\tag{8.3.57}$$

该方程有两个根:

$$\sigma_1^2=\frac{1}{2}\left[\frac{\omega_2s+\lambda}{\gamma_2}+\frac{\omega s+\lambda}{\gamma}+\sqrt{\left(\frac{\omega_2s+\lambda}{\gamma_2}-\frac{\omega s+\lambda}{\gamma}\right)^2+\frac{4\lambda^2}{\gamma\gamma_2}}\right]\tag{8.3.58}$$

$$\sigma_2^2=\frac{1}{2}\left[\frac{\omega_2s+\lambda}{\gamma_2}+\frac{\omega s+\lambda}{\gamma}-\sqrt{\left(\frac{\omega_2s+\lambda}{\gamma_2}-\frac{\omega s+\lambda}{\gamma}\right)^2+\frac{4\lambda^2}{\gamma\gamma_2}}\right]\tag{8.3.59}$$

将上述 σ_1^2 和 σ_2^2 代入式(8.3.56)得到 A_1 和 A_2 各两个值,再代回式(8.3.53)得到

$$\overline{p}_{1D} = b_1 B_1 \mathrm{K}_0(\sigma_1 r_D) + b_2 B_2 \mathrm{K}_0(\sigma_2 r_D) \tag{8.3.60}$$

$$\overline{p}_{2D} = B_1 \mathrm{K}_0(\sigma_1 r_D) + B_2 \mathrm{K}_0(\sigma_2 r_D) \tag{8.3.61}$$

其中

$$b_1 = 1 + \frac{1}{\lambda}(\omega_2 s - \gamma_2 \sigma_1^2), \quad b_2 = 1 + \frac{1}{\lambda}(\omega_2 s - \gamma_2 \sigma_2^2) \tag{8.3.62}$$

由内边界条件(8.3.47)和(8.3.48)的变换式定出

$$B_1 = -\frac{(1 - b_2)\mathrm{K}_0(\sigma_2)}{b}, \quad B_2 = \frac{(1 - b_1)\mathrm{K}_0(\sigma_1)}{b} \tag{8.3.63}$$

其中

$$\begin{aligned} b = {} & s(1 - b_1)(\gamma b_2 + 1 - \gamma)\sigma_2 \mathrm{K}_0(\sigma_1)\mathrm{K}_1(\sigma_2) \\ & - s(1 - b_2)(\gamma b_1 + 1 - \gamma)\sigma_2 \mathrm{K}_0(\sigma_2)\mathrm{K}_1(\sigma_1) \end{aligned} \tag{8.3.64}$$

将这些 B,b 值代入式(8.3.60)和式(8.3.61),并注意到边界条件(8.3.47),即得完善井井底压力的象函数

$$\overline{p}_{wD}(s) = \frac{1}{s}\left[\frac{\sigma_1 \mathrm{K}_1(\sigma_1)}{\mathrm{K}_0(\sigma_1)}D(s) + \frac{\sigma_2 \mathrm{K}_1(\sigma_2)}{\mathrm{K}_0(\sigma_2)}E(s)\right]^{-1} \tag{8.3.65}$$

其中

$$D(s) = \frac{(b_2 - 1)(\gamma b_1 + 1 - \gamma)}{b_2 - b_1}, \quad E(s) = \frac{(b_1 - 1)(\gamma b_2 + 1 - \gamma)}{b_1 - b_2} \tag{8.3.66}$$

由式(8.3.65)不难用数值反演给出井底压力的数值解 $p_{wD}(t_D)$。

8.3.3.2　具有表皮和井储情形

现在考虑两层的表皮因子分别为 S_1 和 S_2。于是边界条件(8.3.76)应改写成

$$p_{wD}(t_D) = p_{jD}(1, t_D) - S_j \left.\frac{\partial p_{jD}}{\partial r_D}\right|_{r_D=1} \quad (j = 1,2) \tag{8.3.67}$$

其变换结果可得

$$\overline{p}_{1D}(1,s) - S_1 \frac{\partial \overline{p}_{1D}}{\partial r_D} = \overline{p}_{2D}(1,s) - S_2 \frac{\partial \overline{p}_{2D}}{\partial r_D} \tag{8.3.68}$$

由式(8.3.60)和式(8.3.61),则式(8.3.68)给出

$$\begin{aligned} & b_1 B_1 \mathrm{K}_0(\sigma_1) + b_2 B_2 \mathrm{K}_0(\sigma_2) + S_1[b_1 B_1 \sigma_1 \mathrm{K}_1(\sigma_1) + b_2 B_2 \sigma_2 \mathrm{K}_1(\sigma_2)] \\ & = B_1 \mathrm{K}_0(\sigma_1) + B_2 \mathrm{K}_0(\sigma_2) + S_2[B_1 \sigma_1 \mathrm{K}_1(\sigma_1) + B_2 \sigma_2 \mathrm{K}_1(\sigma_2)] \end{aligned} \tag{8.3.69}$$

由式(8.3.69)可解出

$$\frac{B_1 \sigma_1 \mathrm{K}_1(\sigma_1)}{B_2 \sigma_2 \mathrm{K}_1(\sigma_2)} = -\frac{b_2\left[\dfrac{\mathrm{K}_0(\sigma_2)}{\sigma_2 \mathrm{K}_1(\sigma_2)} + S_1\right] - \left[\dfrac{\mathrm{K}_0(\sigma_2)}{\sigma_2 \mathrm{K}_1(\sigma_2)} + S_2\right]}{b_1\left[\dfrac{\mathrm{K}_0(\sigma_1)}{\sigma_1 \mathrm{K}_1(\sigma_1)} + S_1\right] - \left[\dfrac{\mathrm{K}_0(\sigma_1)}{\sigma_1 \mathrm{K}_1(\sigma_1)} + S_2\right]} \tag{8.3.70}$$

再考虑井储效应,则内边界条件(8.3.48)改写后再经拉氏变换给出

$$C_D s \overline{p}_{wD}(s) - \left(\gamma \frac{\partial \overline{p}_{1D}}{\partial r_D} + \gamma_2 \frac{\partial \overline{p}_{2D}}{\partial r_D}\right)_{r_D=1} = \frac{1}{s} \tag{8.3.71}$$

类似上述推导过程，对于完善井的式(8.3.63)现在变为

$$\sigma_1 \mathrm{K}_1(\sigma_1) B_1 = -\frac{1}{c}\left(\frac{1}{S} - C_{\mathrm{D}} s \bar{p}_D\right)\left[b_2\left(\frac{\mathrm{K}_0(\sigma_2)}{\sigma_2 \mathrm{K}_1(\sigma_2)} + S_1\right) - \left(\frac{\mathrm{K}_0(\sigma_2)}{\sigma_2 \mathrm{K}_1(\sigma_2)} + S_2\right)\right] \tag{8.3.72}$$

$$\sigma_2 \mathrm{K}_1(\sigma_2) B_2 = -\frac{1}{c}\left(\frac{1}{S} - C_{\mathrm{D}} s \bar{p}_D\right)\left[b_1\left(\frac{\mathrm{K}_0(\sigma_1)}{\sigma_1 \mathrm{K}_1(\sigma_1)} + S_1\right) - \left(\frac{\mathrm{K}_0(\sigma_1)}{\sigma_1 \mathrm{K}_1(\sigma_1)} + S_2\right)\right] \tag{8.3.73}$$

其中

$$\begin{aligned} c = {} & (\gamma b_2 + 1 - \gamma)\left[b_1\left(\frac{\mathrm{K}_0(\sigma_1)}{\sigma_1 \mathrm{K}_1(\sigma_1)} + S_1\right) - \left(\frac{\mathrm{K}_0(\sigma_1)}{\sigma_1 \mathrm{K}_1(\sigma_1)} + S_2\right)\right] \\ & - (\gamma b_1 + 1 - \gamma)\left[b_2\left(\frac{\mathrm{K}_0(\sigma_2)}{\sigma_2 \mathrm{K}_1(\sigma_2)} + S_1\right) - \left(\frac{\mathrm{K}_0(\sigma_2)}{\sigma_2 \mathrm{K}_1(\sigma_2)} + S_2\right)\right] \end{aligned} \tag{8.3.74}$$

将这些结果代入式(8.3.60)和式(8.3.61)，并对 r_{D} 求导数，再由式(8.3.71)可得井底压力的象函数

$$\bar{p}_{\mathrm{wD}}(s) = \frac{1}{s\left[C_{\mathrm{D}} s + \dfrac{F(s)}{G(s)}\right]} \tag{8.3.75}$$

其中

$$\begin{aligned} F(s) = {} & \frac{b_2 \gamma + 1 - \gamma}{b_2\left[\dfrac{\mathrm{K}_0(\sigma_2)}{\sigma_2 \mathrm{K}_1(\sigma_2)} + S_1\right] - \left[\dfrac{\mathrm{K}_0(\sigma_2)}{\sigma_2 \mathrm{K}_1(\sigma_2)} + S_2\right]} \\ & - \frac{b_1 \gamma + 1 - \gamma}{b_1\left[\dfrac{\mathrm{K}_0(\sigma_1)}{\sigma_1 \mathrm{K}_1(\sigma_1)} + S_1\right] - \left[\dfrac{\mathrm{K}_0(\sigma_1)}{\sigma_1 \mathrm{K}_1(\sigma_1)} + S_2\right]} \end{aligned} \tag{8.3.76}$$

$$\begin{aligned} G(s) = {} & \frac{\dfrac{\mathrm{K}_0(\sigma_2)}{\sigma_2 \mathrm{K}_1(\sigma_2)} + S_2}{b_2\left[\dfrac{\mathrm{K}_0(\sigma_2)}{\sigma_2 \mathrm{K}_1(\sigma_2)} + S_1\right] - \left[\dfrac{\mathrm{K}_0(\sigma_2)}{\sigma_2 \mathrm{K}_1(\sigma_2)} + S_2\right]} \\ & - \frac{\dfrac{\mathrm{K}_0(\sigma_1)}{\sigma_1 \mathrm{K}_1(\sigma_1)} + S_2}{b_1\left[\dfrac{\mathrm{K}_0(\sigma_1)}{\sigma_1 \mathrm{K}_1(\sigma_1)} + S_1\right] - \left[\dfrac{\mathrm{K}_0(\sigma_1)}{\sigma_1 \mathrm{K}_1(\sigma_1)} + S_2\right]} \end{aligned} \tag{8.3.77}$$

对式(8.3.75)进行拉氏数值反演，即得无量纲井底压力 $p_{\mathrm{wD}}(t_{\mathrm{D}})$。

下面讨论几种简单情形。

(1) 两层的表皮因子相同，即 $S_1 = S_2$，则式(8.3.75)简化为

$$\bar{p}_{\mathrm{wD}}(s) = \frac{1}{s\left[C_{\mathrm{D}} s + \dfrac{D(s)}{\dfrac{\mathrm{K}_0(\sigma_1)}{\sigma_1 \mathrm{K}_1(\sigma_1)} + S} + \dfrac{E(s)}{\dfrac{\mathrm{K}_0(\sigma_2)}{\sigma_2 \mathrm{K}_1(\sigma_2)} + S}\right]} \tag{8.3.78}$$

(2) 两层之间没有越流，即隙间流动系数 $\lambda\to 0$，则式(8.3.58)和式(8.3.59)的极限值为

$$\lim_{\lambda\to 0}\sigma_1^2 = \lim_{\lambda\to 0}\left[\frac{1-\omega}{1-\gamma}s + \frac{\lambda}{1-\gamma} + o(\lambda^2)\right] = \frac{1-\omega}{1-\gamma}s \tag{8.3.79}$$

$$\lim_{\lambda\to 0}\sigma_2^2 = \lim_{\lambda\to 0}\left[\frac{\omega}{\gamma}s + \frac{\lambda}{\gamma} + o(\lambda^2)\right] = \frac{\omega}{\gamma}s \tag{8.3.80}$$

由此得出式(8.3.66)的极限值

$$\lim_{\lambda\to 0}D(s) = 1-\gamma,\quad \lim_{\lambda\to 0}E(s) = \gamma \tag{8.3.81}$$

当 $\gamma<\omega$ 时，$[\sigma_1{}^2, D(s)]$与$[\sigma_2^2, E(s)]$互换，所以式(8.3.75)的极限形式为

$$\overline{p}_{\mathrm{wD}}(s) = \frac{1}{s\left[C_{\mathrm{D}}s + \dfrac{1-\gamma}{\dfrac{\mathrm{K}_0(u)}{u\mathrm{K}_1(u)} + S} + \dfrac{\gamma}{\dfrac{\mathrm{K}_0(v)}{v\mathrm{K}_1(v)} + S}\right]} \tag{8.3.82}$$

其中

$$u = \sqrt{\frac{1-\omega}{1-\gamma}s},\quad v = \sqrt{\frac{\omega}{\gamma}s} \tag{8.3.83}$$

(3) 均质情形，$\gamma=\omega=1$。若 $S_1=S_2=S$，则式(8.3.82)进一步简化为

$$\overline{p}_{\mathrm{wD}}(s) = \frac{\mathrm{K}_1(\sqrt{s})}{C_{\mathrm{D}}s^2\mathrm{K}_1(\sqrt{s}) + Ss\mathrm{K}_1(\sqrt{S}) + s\mathrm{K}_0(\sqrt{s})} \tag{8.3.84}$$

(4) 双孔情形，$\gamma\to 1$。对式(8.3.58)和式(8.3.59)取极限可得

$$\left.\begin{aligned}
&\lim_{\gamma\to 1}\sigma_1^2 = \lim_{\gamma\to 1}\left[\frac{(1-\omega)s+\lambda}{1-\gamma}\right] = \infty\\
&\lim_{\gamma\to 1}\sigma_2^2 = \frac{\omega(1-\omega)s+\lambda}{(1-\omega)s+\lambda}s\\
&\lim_{\gamma\to 1}E(s) = 1
\end{aligned}\right\} \tag{8.3.85}$$

因而，拟稳态隙间流动的双孔解由式(8.3.86)所取代：

$$\overline{p}_{\mathrm{wD}} = \frac{1}{s\left[C_{\mathrm{D}}s + \dfrac{1}{S + \dfrac{\mathrm{K}_0[f(s)]}{f(s)\mathrm{K}_1[f(s)]}}\right]} \tag{8.3.86}$$

其中

$$f(s) = \sqrt{\frac{\omega(1-\omega)s+\lambda}{(1-\omega)s+\lambda}s} \tag{8.3.87}$$

(5) 双渗透早期特性。在早期 $t\to 0$，$s\to\infty$，则 σ_1^2 和 σ_2^2 的极限由式(8.3.79)和式(8.3.80)给出；$D(s)$和 $E(s)$由式(8.3.81)给出。因而在早期，有越流与无越流其特性曲线相同。

(6) 双渗透晚期特性。在晚期 $t\to\infty$，$s\to 0$，则式(8.3.62)中

$$b_1 \to \frac{\gamma - 1}{\gamma}, \quad b_2 \to 1$$

所以有

$$D(s) \to 0, \quad E(s) \to 1$$

因而在晚期其特性曲线与整个系统为均质的情形一样,其结果由式(8.3.84)给出。

图 8.6 给出无限大双层油藏井底压力特性曲线。其层间越流是拟稳态的。$C_D e^{2S} = 1$,$\lambda e^{-2S} = 4\times10^{-4}$,$\omega = 10^{-3}$。取渗透率厚度比 $\gamma = 0.6, 0.9, 0.99, 0.999, 1.0$ 共 5 个值。

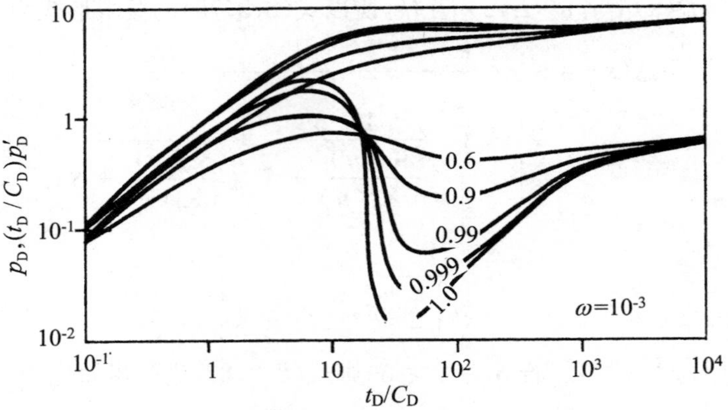

图 8.6 无限大双层油藏拟稳态层间越流井底压力特性

由图 8.6 可以看出以下几点:

在早期,在越流尚未建立起来之前,特性曲线与两层无越流情形相同。

在晚期,系统达到对于总渗透率厚度比 γ 和储容比 ω 的均质特性。

在中期,建立起过渡特性、γ 值影响过渡段。对于压力曲线,γ 值越大,弓形弯度也越大。对于导数曲线,γ 值越大,过渡段下凹的深度也越大,$\gamma = 1$ 反映双孔特性。

其他数据(在图 8.6 中未画出)还反映 ω 和 λe^{-2S} 值对过渡段的影响。对于小 ω 值,两层无越流早期曲线与晚期曲线很不相同,晚期等价于均质系统,过渡段较长。对于大 ω 值,全部特性曲线趋于整个系统为均质特性。对于一个给定的 λe^{-2S} 值,在过渡末端所有曲线合一。λe^{-2S} 限定了总系统特性的起始压力。在晚期,唯一的决定性组合参数是 $C_D e^{2S}$。

8.3.3.3 有效井筒半径模型

如第 4.6.2 节中所述,由于井筒污染或射孔不足的堵塞井以及酸化、压裂的疏浚井可归结为表皮效应,可引用有效半径井径如式(4.6.20),即

$$r_{we} = r_w e^{-S} \tag{8.3.88}$$

现在考虑两层有越流并有井储效应的问题。引进 $r_D = r/r_{we}$,其他无量纲与式(8.3.44)定义相同。于是经拉氏变换以后的无量纲方程及定解条件为

$$\gamma\left(\frac{\partial^2 \overline{p}_{1D}}{\partial r_D^2} + \frac{1}{r_D}\frac{\partial p_{1D}}{\partial r_D}\right) = \frac{\omega s}{C_D e^{2S}}\overline{p}_{1D} - \lambda e^{-2S}(\overline{p}_{2D} - \overline{p}_{1D}) \tag{8.3.89}$$

$$\gamma_2\left(\frac{\partial^2 \overline{p}_{2D}}{\partial r_D^2} + \frac{1}{\gamma_D}\frac{\partial \overline{p}_{2D}}{\partial r_D}\right) = \frac{\omega_2 s}{C_D e^{2S}}\overline{p}_{2D} + \lambda e^{-2S}(\overline{p}_{2D} - \overline{p}_{1D}) \tag{8.3.90}$$

$$\left(\gamma\frac{\partial\overline{p}_{1D}}{\partial r_D}+\gamma_2\frac{\partial\overline{p}_{2D}}{\partial r_D}\right)_{r_D=1}=-\frac{1}{s}+s\overline{p}_{wD} \tag{8.3.91}$$

$$\overline{p}_{1D}(1,s)=\overline{p}_{2D}(1,s)=\overline{p}_{wD}(s) \tag{8.3.92}$$

$$\overline{p}_{1D}(r_D\to\infty,s)=\overline{p}_{2D}(r_D\to\infty,s)=0 \tag{8.3.93}$$

与完善井情形的通解类似，有

$$\overline{p}_{1D}(r_D,s)=AK_0(\sigma r_D),\quad \overline{p}_{2D}(r_D,s)=BK_0(\sigma r_D) \tag{8.3.94}$$

代入方程(8.3.89)和方程(8.3.90)，方程组变为

$$\left(\gamma\sigma^2-\frac{\omega s}{C_De^{2S}}-\lambda e^{-2S}\right)A+\lambda Be^{-2S}=0 \tag{8.3.95}$$

$$\lambda e^{-2S}A+\left[(1-\gamma)\sigma^2-\frac{(1-\omega)s}{C_De^{2S}}-\lambda e^{-2S}\right]B=0 \tag{8.3.96}$$

方程组(8.3.95)和(8.3.96)有非零解的条件为

$$\sigma_1^2=\frac{1}{2}\left[\frac{\dfrac{(1-\omega)s}{C_De^{2S}}+\lambda e^{-2S}}{1-\gamma}+\frac{\dfrac{\omega s}{C_De^{2S}}+\lambda e^{-2S}}{\gamma}+\Delta\right] \tag{8.3.97}$$

$$\sigma_2^2=\frac{1}{2}\left[\frac{\dfrac{(1-\omega)s}{C_De^{2S}}+\lambda e^{-2S}}{1-\gamma}+\frac{\dfrac{\omega s}{C_De^{2S}}+\lambda e^{-2S}}{\gamma}-\Delta\right] \tag{8.3.98}$$

其中

$$\Delta=\left\{\left[\frac{\dfrac{(1-\omega)s}{C_De^{2S}}+\lambda e^{-2S}}{1-\gamma}-\frac{\dfrac{\omega s}{C_De^{2S}}+\lambda e^{-2S}}{\gamma}\right]^2+\frac{4(\lambda e^{-2S})^2}{\gamma(1-\gamma)}\right\}^{1/2} \tag{8.3.99}$$

将式(8.3.97)和式(8.3.98)代入方程(8.3.95)和方程(8.3.96)得

$$\overline{p}_{1D}=b_1B_1K_0(\sigma_1r_D)+b_2B_2K_0(\sigma_2r_D) \tag{8.3.100}$$

$$\overline{p}_{2D}=B_1K_0(\sigma_1r_D)+B_2K_0(\sigma_2r_D) \tag{8.3.101}$$

其中

$$b_1=1+\frac{\dfrac{(1-\omega)s}{C_De^{2S}}-(1-\gamma)\sigma_1^2}{\lambda e^{-2S}},\quad b_2=1+\frac{\dfrac{(1-\omega)s}{C_De^{2S}}-(1-\gamma)\sigma_2^2}{\lambda e^{-2S}} \tag{8.3.102}$$

由内边界条件(8.3.92)得

$$B_1=\frac{(1-b_2)K_0(\sigma_2r_D)}{(1-b_1)K_0(\sigma_1r_D)}B_2 \tag{8.3.103}$$

再由式(8.3.91)得

$$\sigma_1K_1(\sigma_1)B_1=\frac{\left(-\dfrac{1}{s}+s\overline{p}_{wD}\right)(1-b_2)K_1^0(\sigma_2)}{m} \tag{8.3.104}$$

$$\sigma_2K_1(\sigma_2)B_2=\frac{\left(\dfrac{1}{s}-s\overline{p}_{wD}\right)(1-b_1)K_1^0(\sigma_1)}{m} \tag{8.3.105}$$

其中

$$\mathrm{K}_1^0(\sigma_1)=\frac{\mathrm{K}_0(\sigma_1)}{\sigma_1\mathrm{K}_1(\sigma_1)},\quad \mathrm{K}_1^0(\sigma_2)=\frac{\mathrm{K}_0(\sigma_2)}{\sigma_2\mathrm{K}_1(\sigma_2)} \tag{8.3.106}$$

$$m=(\gamma b_2+1-\gamma)(1-b_1)\mathrm{K}_1^0(\sigma_1)-(\gamma b_1+1-\gamma)(1-b_2)\mathrm{K}_1^0(\sigma_2)$$

将式(8.3.104)和式(8.3.105)代入式(8.3.100)和式(8.3.101),并取 $r_\mathrm{D}=1$ 整理得井底无量纲压力的象函数

$$\overline{p}_{\mathrm{wD}}(s)=\frac{1}{s\left[s+\dfrac{D(s)}{\mathrm{K}_1^0(\sigma_1)}+\dfrac{E(s)}{\mathrm{K}_1^0(\sigma_2)}\right]} \tag{8.3.107}$$

或写成

$$\overline{p}_{\mathrm{wD}}(s)=\frac{\mathrm{K}_0(\sigma_1)\mathrm{K}_0(\sigma_2)}{s[s\mathrm{K}_0(\sigma_1)\mathrm{K}_0(\sigma_2)+D(s)\sigma_1\mathrm{K}_1(\sigma_1)\mathrm{K}_0(\sigma_2)+E(s)\sigma_2\mathrm{K}_1(\sigma_2)\mathrm{K}_0(\sigma_1)]} \tag{8.3.108}$$

对式(8.3.108)进行数值反演,即得井底压力及其导数随无量纲时间变化的关系曲线。

关于若干条件下井底无量纲压力象函数的化简,由读者自己给出。

8.4 多层油藏

由于不同地质年代形成不同的沉积层,很多储集层具有多层的特性。每层的渗透率和孔隙度是不同的。层与层之间可以是连通的,也可以是由例如泥岩阻挡层隔开而互不连通的。当一口井钻穿各层并开井时,若层间连通性很好,有很强的层间越流,则其动态特性与单层情形近似相同。只要令

$$Kh=\sum_{j=1}^{N}K_jh_j,\quad \phi h=\sum_{j=1}^{N}\phi_jh_j \tag{8.4.1}$$

即可。其中,N 是层数,K_j,ϕ_j,h_j 是第 j 层的渗透率、孔隙度和厚度。若各层间连通性较差,层间越流较弱,则其压力特性具有不同程度的多层特性。若各层间互不连通,仅仅通过井筒发生联系,就呈现明显的多层特性。

实际上,第 8.3.3 节所研究的也是多层问题,不过那只限于两层。本节将研究任意多层的问题。如第 8.1.3 节中所述:多层问题的数学模型与多重介质的数学模型基本相同。下面分别讨论无限大多层和圆形封闭边界多层问题。

8.4.1 无限大多层油藏

对于无限大多层无越流情形,不考虑表皮和井储,并令 $\zeta_j=K_jh_j/\mu_j$,$P_j=p_\mathrm{i}-p_j(r,t)$,则拉氏空间方程和边界条件写出如下:

$$\frac{1}{r}\frac{\partial}{\partial r}\left(r\frac{\partial\overline{P}_j}{\partial r}\right)-\frac{s}{\chi_j}\overline{P}_j(r,s)=0\quad(0<r<\infty) \tag{8.4.2}$$

$$\overline{P}_j(r_{wj},s)=\overline{P}_w(s) \tag{8.4.3}$$

$$\sum_{j=1}^{N}\zeta_j\left(r\frac{\partial\overline{P}_j}{\partial r}\right)_{r=r_{wj}}=-\frac{Q}{2\pi s} \tag{8.4.4}$$

$$\overline{P}_j(r\to\infty,s)=0 \tag{8.4.5}$$

方程(8. 4. 2)是虚变量贝塞尔方程。对无限大地层,其解只与零阶变型贝塞尔函数 $K_0(r\sqrt{s/\chi_j})$ 有关。利用边界条件确定出 K_0 的系数后,得

$$\overline{P}_j(r,s)=\frac{Q}{2\pi}\frac{K_0(r\sqrt{s/\chi_j})}{s^{3/2}K_0(r_{wj}\sqrt{s/\chi_j})H(s)} \tag{8.4.6}$$

其中

$$H(s)=\sum_{j=1}^{N}\zeta_j\frac{r_{wj}}{\sqrt{\chi_j}}\frac{K_1(r_{wj}\sqrt{s/\chi_j})}{K_0(r_{wj}\sqrt{s/\chi_j})} \tag{8.4.7}$$

由式(8.4.6)进行数值反演,即得地层中的压力分布。

现在讨论井底压力。在式(8.4.6)中令 $r=r_w$。得井底压力为

$$\overline{P}_w(s)=\frac{Q}{2\pi s^{3/2}H(s)} \tag{8.4.8}$$

可以证明:对于 $|\arg s|<\pi$, $H(s)\neq0$。下面讨论井底压力的反演问题,并且只限于讨论其晚期结果。利用 $s\to0$ 时, K_0 和 K_1 的渐近表达式,可得

$$H(s)=-\frac{1}{\sqrt{s}}\sum_{j=1}^{N}\zeta_j\frac{1}{\frac{1}{2}\ln s+\ln\left(\frac{r_{wj}}{2\sqrt{\chi_j}}\right)+\gamma} \tag{8.4.9}$$

其中, $\gamma=0.577216$ 是 Euler 常数。所以晚期井底压力

$$\begin{aligned}\overline{P}_w(s)&=\frac{-Q}{2\pi s}\frac{1}{\sum_{j=1}^{N}\frac{\zeta_j}{\frac{1}{2}\ln s+\ln(r_{wj}/2\sqrt{\chi_j})+\gamma}}\\&=\frac{Q}{4\pi s\sum_{j=1}^{N}\zeta_j}\left[-\ln s-\frac{\sum_{j=1}^{N}\left[\zeta_j\left(\ln\frac{r_{wj}^2}{4\chi_j}\right)+2\gamma\right]}{\sum_{j=1}^{N}\zeta_j}+O\left(\frac{1}{\ln s}\right)\right]\end{aligned} \tag{8.4.10}$$

在实际应用中,一般取前两项即可。注意 $-\ln s/s$ 和 a/s 的反演结果分别为 $\ln t+\gamma$ 和 a,所以式(8.4.10)的反演结果为

$$P_w(t)=\frac{Q}{4\pi\sum_{j=1}^{N}\zeta_j}\left[\ln t-\gamma-\frac{\sum_{j=1}^{N}\zeta_j\ln\frac{r_{wj}^2}{4\chi_j}}{\sum_{j=1}^{N}\zeta_j}\right] \tag{8.4.11}$$

此式就是多层无越流晚期井底压力表达式。P_w 与 $\ln t$ 呈线性关系。

8.4.2 圆形封闭多层油藏

对于圆形封闭的多层油层，层间无越流，不考虑表皮和井储，在拉氏空间方程和内边界条件仍由式(8.4.2)～式(8.4.4)给出，只是外边界条件现在改为

$$\left.\frac{\partial \overline{P}_j(r,s)}{\partial r}\right|_{r=R_j} = 0 \tag{8.4.12}$$

其通解为

$$\overline{P}_j(r,s) = A_j \mathrm{K}_0(r\sqrt{s/\chi_j}) + B_j \mathrm{I}_0(r\sqrt{s/\chi_j}) \tag{8.4.13}$$

由边界条件式(8.4.3)、式(8.4.4)和式(8.4.12)可得 A_j，B_j 和 $\overline{P}_\mathrm{w}(s)$ 分别为

$$A_j = \frac{\mathrm{I}_1(R_j\sqrt{s/\chi_j})}{z_j(s)}\overline{P}_\mathrm{w}(s)$$

$$B_j = \frac{\mathrm{K}_1(R_j\sqrt{s/\chi_j})}{z_j(s)}\overline{P}_\mathrm{w}(s) \tag{8.4.14}$$

$$\overline{P}_\mathrm{w}(s) = \frac{Q}{2\pi s^{3/2}} \cdot \frac{1}{\sum_{j=1}^{N}\zeta_j \frac{r_{\mathrm{w}j}}{\sqrt{\chi_j}} \frac{\mathrm{K}_1(r_{\mathrm{w}j}\sqrt{s/\chi_j})\mathrm{I}_1(R_j\sqrt{s/\chi_j}) - \mathrm{I}_1(r_{\mathrm{w}j}\sqrt{s/\chi_j})\mathrm{K}_1(R_j\sqrt{s/\chi_j})}{z_j(s)}}$$

其中

$$z_j(s) = \mathrm{K}_0(r_{\mathrm{w}j}\sqrt{s/\chi_j})\mathrm{I}_1(R_j\sqrt{s/\chi_j}) + \mathrm{I}_0(r_{\mathrm{w}j}\sqrt{s/\chi_j})\mathrm{K}_1(R_j\sqrt{s/\chi_j}) \tag{8.4.15}$$

将式(8.4.14)所表示的 A_j 和 B_j 代入通解式(8.4.13)中，并令

$$z_{0j}(r,s) = \mathrm{K}_0(r\sqrt{s/\chi_j})\mathrm{I}_1(R_j\sqrt{s/\chi_j}) + \mathrm{I}_0(r\sqrt{s/\chi_j})\mathrm{K}_1(R_j\sqrt{s/\chi_j}) \tag{8.4.16}$$

$$z_{1j}(r_{\mathrm{w}j},s) = \mathrm{K}_1(r_{\mathrm{w}j}\sqrt{s/\chi_j})\mathrm{I}_1(R_j\sqrt{s/\chi_j}) - \mathrm{I}_1(r_{\mathrm{w}j}\sqrt{s/\chi_j})\mathrm{K}_1(R_j\sqrt{s/\chi_j}) \tag{8.4.17}$$

则在拉氏空间的压力函数可写成

$$\overline{P}_j(r,s) = \frac{Q}{2\pi s^{3/2}} \frac{z_{0j}(r,s)}{z_j(s)\sum_{k=1}^{N}\zeta_k \frac{r_{\mathrm{w}k}}{\sqrt{\chi_k}} \frac{z_{1B}(r_{\mathrm{w}B},s)}{z_k(s)}} \tag{8.4.18}$$

由式(8.4.18)进行数值反演，可以求得物理空间中地层的压力分布。

下面我们讨论式(8.4.18)的解析反演。显然，$\overline{P}_j(r,s)$的极点除 $s=0$ 外，还有

$$\sum_{k=1}^{N}\zeta_k \frac{r_{\mathrm{w}k}}{\sqrt{\chi_k}} \frac{z_{1k}(r_{\mathrm{w}k},s)}{z_k(s)} = 0 \tag{8.4.19}$$

的根。现在将 $\overline{P}_j(r,s)$在 $s=0$ 附近展开。为此，把贝塞尔函数 K_0，K_1，I_0，I_1 的级数表达式代入式(8.4.18)。经整理后得

$$\overline{P}_j(r,s) = \frac{Q}{2\pi}\left\{\frac{2}{s^2\sum_{k=1}^{N}\zeta_k\left(\frac{R_k^2}{\chi_k} - \frac{r_{\mathrm{w}k}^2}{\chi_k}\right)} + \frac{1}{s}\left[\frac{\sum_{k=1}^{N}\zeta_k\left(\frac{R_k^4}{\chi_k^2}\ln\frac{R_k}{r_{\mathrm{w}k}} - \frac{3}{4}\left(\frac{R_k^2}{\chi_k} - \frac{r_{\mathrm{w}k}^2}{\chi_k}\right)\right)^2}{\left(\sum_{k=1}^{N}\zeta_k\left(\frac{R_k^2}{\chi_k} - \frac{r_{\mathrm{w}k}^2}{\chi_k}\right)\right)^2}\right.\right.$$

$$-\frac{1}{\sum_{k=1}^{N}\zeta_k\left(\frac{R_k^2}{\chi_k}-\frac{r_{wk}^2}{\chi_k}\right)}\left(\frac{R_k^2}{\chi_k}\ln\frac{r}{r_{wk}}+\frac{r_{wk}^2}{2\chi_k}\left(\frac{r^2}{r_{wk}^2}-1\right)\right)\Bigg]+O(\ln\sqrt{s})\Bigg\} \tag{8.4.20}$$

由此可见，$s=0$ 是 $\overline{P}_j(r,s)$ 的二阶极点。按照第5.2.2节所述理论，不难求得 $\overline{P}_j(r,s)e^{st}$ 在 $s=0$ 处的留数

$$\operatorname{res}[\overline{P}_j(r,s)e^{st}]_{s=0}=\frac{Q}{2\pi}\left\{\frac{2t}{\sum_{j=1}^{N}\zeta_j\left(\frac{R_j^2}{\chi_j}-\frac{r_{wj}^2}{\chi_j}\right)}+\frac{\sum_{j=1}^{N}\zeta_j\left[\frac{R_j^4}{\chi_j}\ln\frac{R_j}{r_{wj}}-\frac{3}{4}\left(\frac{R_j^2}{\chi_j}-\frac{r_{wj}^2}{\chi_j}\right)\right]}{\left[\sum_{j=1}^{N}\zeta_j\left(\frac{R_j^2}{\chi_j}-\frac{r_{wj}^2}{\chi_j}\right)\right]^2}\right.$$
$$\left.-\frac{1}{\sum_{j=1}^{N}\zeta_j\left(\frac{R_j^2}{\chi_j}-\frac{r_{wj}^2}{\chi_j}\right)}\left[\frac{R_j^2}{\chi_j}\ln\frac{r}{r_{wj}}-\frac{r_{wj}}{2\sqrt{\chi_j}}\left(\frac{r^2}{r_{wj}^2}-1\right)\right]\right\} \tag{8.4.21}$$

下面再讨论方程(8.4.19)的根，可以证明：由该式可得可数的无穷多个根 $s_1,s_2,\cdots,s_n,\cdots$，它们都在 S 复平面的负实轴上。令

$$\sqrt{s_n}=-i\alpha_n,\quad s_n=-\alpha_n^2 \tag{8.4.22}$$

则式(8.4.19)化为

$$\sum_{j=1}^{N}\zeta_j\frac{r_{wj}}{\sqrt{\chi_j}}\frac{K_1\left(-\frac{i\alpha_n r_{wj}}{\sqrt{\chi_j}}\right)I_1\left(-\frac{i\alpha_n r_{wj}}{\sqrt{\chi_j}}\right)-I_1\left(-\frac{i\alpha_n r_{wj}}{\sqrt{\chi_j}}\right)K_1\left(-\frac{i\alpha_n R_j}{\sqrt{\chi_j}}\right)}{K_0\left(-\frac{i\alpha_n r_{wj}}{\sqrt{\chi_j}}\right)I_1\left(-\frac{i\alpha_n R_j}{\sqrt{\chi_j}}\right)+I_0\left(-\frac{i\alpha_n R_j}{\sqrt{\chi_j}}\right)K_1\left(-\frac{i\alpha_n R_j}{\sqrt{\chi_j}}\right)}=0 \tag{8.4.23}$$

利用附录B8的关系式，可将式(8.4.23)化为贝塞尔函数 J_0,N_0,J_1,N_1 的方程，即

$$\sum_{j=1}^{N}\zeta_j\frac{r_{wj}}{\sqrt{\chi_j}}\frac{J_1\left(\frac{\alpha_n R_j}{\sqrt{\chi_j}}\right)N_1\left(\frac{\alpha_n r_{wj}}{\sqrt{\chi_j}}\right)-J_1\left(\frac{\alpha_n r_{wj}}{\sqrt{\chi_j}}\right)N_1\left(\frac{\alpha_n R_j}{\sqrt{\chi_j}}\right)}{N_0\left(\frac{\alpha_n r_{wj}}{\sqrt{\chi_j}}\right)J_1\left(\frac{\alpha_n R_j}{\sqrt{\chi_j}}\right)-J_0\left(\frac{\alpha_n r_{wj}}{\sqrt{\chi_j}}\right)N_1\left(\frac{\alpha_n R_j}{\sqrt{\chi_j}}\right)}=0 \tag{8.4.24}$$

根据第5.2.2节所述理论，$\overline{P}_j(r,s)e^{st}$ 在 $s=-\alpha_n^2$ 处的留数为

$$\operatorname{res}[\overline{P}_j(r,s)e^{st}]_{s=-\alpha_n^2}=-\frac{Q}{\pi}\frac{\frac{\Phi_{jnr}}{\Phi_{jn}}e^{-\alpha_n^2 t}}{\frac{4}{\pi^2}\sum_{k=1}^{N}\zeta_k\frac{1-\pi^2\alpha_n^2 r_{wj}{}^2(\Phi_{1kn}^2-\Phi_{jn}^2)/4\chi_j}{\Phi_{kn}}} \tag{8.4.25}$$

其中

$$\Phi_{1kn}=J_1\left(\frac{\alpha_n R_k}{\sqrt{\chi_k}}\right)N_1\left(\frac{\alpha_n r_{wk}}{\sqrt{\chi_k}}\right)-J_1\left(\frac{\alpha_n r_{wk}}{\sqrt{\chi_k}}\right)N_1\left(\frac{\alpha_n R_k}{\sqrt{\chi_k}}\right) \tag{8.4.26}$$

将留数的表达式(8.4.21)和(8.4.25)相加，最后得 $P_j=p_i-p_j(r,t)$ 为

$$P_j(r,t) = \frac{Q}{2\pi}\left\{\frac{2t}{\sum_{k=1}^{N}\zeta_k\left(\frac{R_k^2}{\chi_k}-\frac{r_{wk}^2}{\chi_k}\right)} + \frac{\sum_{k=1}^{N}\zeta_k\left[\frac{R_k^4}{\chi_k^2}\ln\frac{R_k}{r_{wk}}-\frac{3}{4}\left(\frac{R_k^2}{\chi_k}-\frac{r_{wk}^2}{\chi_k}\right)\right]}{\left[\sum_{k=1}^{N}\zeta_k\left(\frac{R_k^2}{\chi_k}-\frac{r_{wk}^2}{\chi_k}\right)\right]^2}\right.$$

$$-\frac{1}{\sum_{k=1}^{N}\zeta_k\left(\frac{r_{wk}^2}{\chi_k}-\frac{R_k^2}{\chi_k}\right)}\left[\frac{R_k^2}{\chi_k}\ln\frac{r}{r_{wk}}-\frac{r_{wk}^2}{2\chi_k}\left(\frac{r^2}{r_{wk}^2}-1\right)\right]$$

$$\left.-\frac{\pi^2}{2}\sum_{n=1}^{\infty}\frac{\frac{\Phi_{knr}}{\Phi_{kn}}e^{-\alpha_n^2 t}}{\sum_{k=1}^{N}\zeta_k\frac{1-\frac{\pi^2}{4}\alpha_n^2\frac{r_{wk}^2}{\chi_k}(\Phi_{1kn}^2-\Phi_{kn}^2)}{\Phi_{kn}^2}}\right\} \tag{8.4.27}$$

由式(8.4.27)可求得各层的产量为

$$Q_j(t) = -2\pi\zeta_j r_{wj}\left(\frac{\partial P_j}{\partial r}\right)_{r=r_{wj}}$$

$$= Q\left\{\frac{\zeta_j\left(\frac{R_j^2}{\chi_j}-\frac{r_{wj}^2}{\chi_j}\right)}{\sum_{k=1}^{N}\zeta_k\left(\frac{r_{wk}^2}{\chi_k}-\frac{R_k^2}{\chi_k}\right)} - \frac{\pi\zeta_j\frac{r_{wj}}{\sqrt{\chi_j}}}{2}\sum_{n=1}^{\infty}\frac{\alpha_n\frac{\Phi_{1jn}}{\Phi_{jn}}e^{-\alpha_n^2 t}}{\sum_{k=1}^{N}\zeta_k\frac{1-\frac{\pi^2}{4}\alpha_n^2\frac{r_{wk}^2}{\chi_k}(\Phi_{1kn}^2-\Phi_{kn}^2)}{\Phi_{kn}^2}}\right\} \tag{8.4.28}$$

其中,Q 是穿过 N 层的井总产量,Q_j 是第 j 层的分产量。

当 t 足够大时,式(8.4.27)和式(8.4.28)中的级数项均趋于零,流动达到拟稳态。各层压力 P_j 与时间 t 呈线性关系,$\partial P_j/\partial t=$ 常数。而各层的流量简化为

$$Q_j = \frac{Q\zeta_j\left(\frac{R_j^2}{\chi_j}-\frac{r_{wj}^2}{\chi_j}\right)}{\sum_{k=1}^{N}\zeta_k\left(\frac{R_k^2}{\chi_k}-\frac{r_{wk}^2}{\chi_k}\right)} \tag{8.4.29}$$

8.5 煤层甲烷气渗流

煤层甲烷气是指赋存于煤层中的天然气,又称煤层气或煤层天然气。其主要成分是甲烷,一般约占煤层气含量的95%。此外可能含有少量的乙烷、N_2 和 CO_2。地球上的煤层中蕴藏着丰富的煤层甲烷资源。据估计,世界上主要产煤国的煤层甲烷资源为 $85\times10^{12}\ m^2$～

262×10^{12} m^3(Kuuskraa,Boyer,Kelafant,1992)。其中,居前五位的国家依次是俄罗斯、中国、美国、加拿大和澳大利亚。资源量大致均在 10×10^{12} m^3 以上。

美国是开发煤层甲烷最早的国家,估计其资源量为 11.3×10^{12} m^3,1972 年首先在圣胡安盆地完钻第一口煤层甲烷气井,以后又在黑勇士盆地进行了开发。至 1994 年美国已有 6000 多口煤层气井,年产量逾 2×10^{10} m^3,占美国天然气总产量的 4.2%,已逐步形成一门新兴的能源工业。其有多所大学和研究所开展了相关的研究工作。

我国煤层气资源量约为 30×10^{12} m^3,主要分布在华北和西北地区。河南、江西、安徽等省资源量也很丰富。20 世纪 90 年代以来已陆续进行了勘探,具有良好的前景。煤层气以其埋藏浅、开发成本低且是优质能源和化工原料而日益受到人们的重视。

煤层介质是孔隙-裂缝(煤层中通常称为割理)双重介质,开采过程通常需要压裂。煤层含水,一般要先排水再产气。本节研究双重介质单相气体和气水两相渗流问题。

8.5.1 煤层和煤层气的有关特性

8.5.1.1 煤层介质的结构特性

对于煤尚无一个公认的简明定义。大致可以说,煤是一种占重量的 50% 以上和占体积的 70% 以上为含碳物质及结合水组成的能迅速燃烧的岩石。按其不同的变质作用划分为若干煤阶。煤阶从低到高有泥炭、褐煤、亚烟煤、烟煤、半无烟煤、无烟煤和超无烟煤,而烟煤阶段又可分为低、中、中高及高挥发分烟煤。煤层气可在从褐煤到半无烟煤的很大范围形成,但以中、低挥发分煤阶甲烷生气量最大。埋藏深度一般在 300～1500 m。

煤层中发育大致相互垂直的两组割理(即大孔)。其中,连片的有时可延伸至几百米长的主要割理称为面割理。将面割理连接起来的较短裂缝称为掌割理或端割理。这些割理组成的网络将煤层分割成许许多多的基质块,如图 8.7 所示。每个基质块中包含许多微孔隙

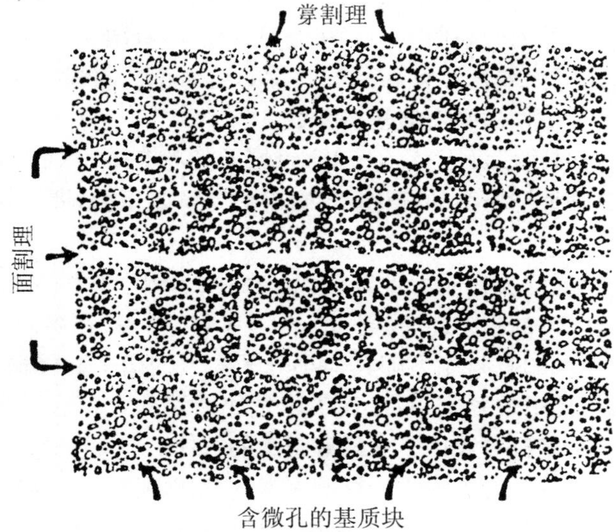

图 8.7 煤层割理系统示意图

(即小孔)。基质块的尺度(割理间距)通常为厘米量级或更小。基质块表面和块内微孔是煤层气的主要储存空间,而割理提供主要的流动通道,就是说煤层介质是孔隙-裂缝双重介质。

煤的孔隙体积与煤阶有关。低煤阶时孔隙体积大,大孔占主要地位。高煤阶时孔隙体积小,小孔占主要地位。低煤阶时孔隙度一般为百分之十几,到中挥发分煤阶孔隙度只有百分之几,表明煤层逐步受到物理压实,裂缝变小,水分被排出。煤层孔隙的尺寸比一般油气层的要小得多。煤层孔隙的尺寸大致可分为三类:大孔(>20 nm),微孔(<2 nm),中孔(2~20 nm)。1 nm 即 10^{-9} m。大孔通常指裂缝、割理和裂隙等。

煤层渗透率与埋藏深度有关。深度在 30 m 左右,渗透率 K 为 10^{-1} μm^2;深度在 300 m 左右,K 为$(5\sim50)\times10^{-3}$ μm^2;深度在 3000 m 左右,K 为 10^{-4} μm^2 以下。对于煤层气开发而言,渗透率$(1\sim4)\times10^{-3}$ μm^2 为宜。渗透率高的煤层不利于甲烷的保存,含气量低,但开采时流动性好,产气量大;渗透率低的煤层有利于甲烷的保存,但产量较低。

8.5.1.2 煤层气的吸附特性

煤层甲烷气以吸附、游离和溶解三种状态赋存于煤孔隙中。煤内表面分子的吸引力在煤的表面产生吸附场,把甲烷气吸附在基质块的表面上和基质块所含的孔隙内。甲烷气的这种赋存状态称为**吸附**状态。天然气在煤层中的储集主要依赖于吸附作用,而不像普通天然气那样依赖于圈闭作用储存下来。呈吸附状态的甲烷气占 70%~95%。吸附是完全可逆的。在一定条件下,被吸附的气体分子从表面上脱离出来,称为**解吸**。有少量的天然气自由地存在于煤的割理和其他裂缝或孔隙中。这种赋存状态称为游离状态。呈游离状态的天然气占总量的 10%~20%。还有少量的天然气溶解在煤层内的地下水中,称为溶解气。煤层被打开以后,随着条件的变化三种赋存状态下天然气所占的比例将逐步发生变化。

由于煤层气原始三种状态以吸附状态为主,下面我们着重研究煤层甲烷气的吸附特性。

单位重量煤体所吸附的标准条件下的气体体积称为吸附量或吸附体积,通常用 V 表示(有时也用单位体积煤体吸附的气体质量或单位体积煤体吸附的气体体积表示)。吸附量随压力的增大而增大,随温度的升高而减小。在等温条件下,吸附量与压力的关系曲线称为**等温吸附线**。煤层的吸附等温线是评价煤层气储量的重要特性曲线。煤层的吸附量、扩散系数、渗透率和孔隙度是气藏描述必需的基本参数。

煤层对甲烷的等温吸附线可用来:① 确定煤层原始状态下甲烷的最大含量;② 确定开采过程中,甲烷气产量随地层压力的变化;③ 确定临界**解吸压力**,即甲烷开始从煤表面解吸出来的压力值。

煤对不同小分子物质的吸附能力差异很大。对水的吸附能力很强,对甲烷的吸附能力比对 CO_2 的弱,但比对 N_2 的吸附能力强。水、CO_2、CH_4 和 N_2 在煤结构里彼此竞争着被吸附的位置。所以煤对甲烷的吸附能力随其他小分子物质的增多而降低。就烃类而言,在同一压力下煤对乙烷结合比甲烷紧密,对乙烷吸附量比甲烷的大。这说明甲烷比乙烷更容易从煤结构里释放出来,甲烷气是煤层气中最有意义的气体。

综上所述,对煤层甲烷等温吸附线的影响因素(或对吸附量的影响因素)主要是煤阶、压力、温度、煤层中其他物质成分。图 8.8 是美国几种煤样的等温(30 ℃)吸附线图。由图 8.8 可见:在同一压力下,随温度增大,吸附量减小;在同一湿度下,随压力增大,吸附量增大

(Kissell 等，1973)。

等温吸附模型大致有三类，即吉布斯模型、势差理论模型和 Langmuir（朗缪尔）模型。后者是根据气化和凝聚的动力学平衡原理建立起来的，目前得到广泛应用。Langmuir 模型又有几种不同的表示方法。

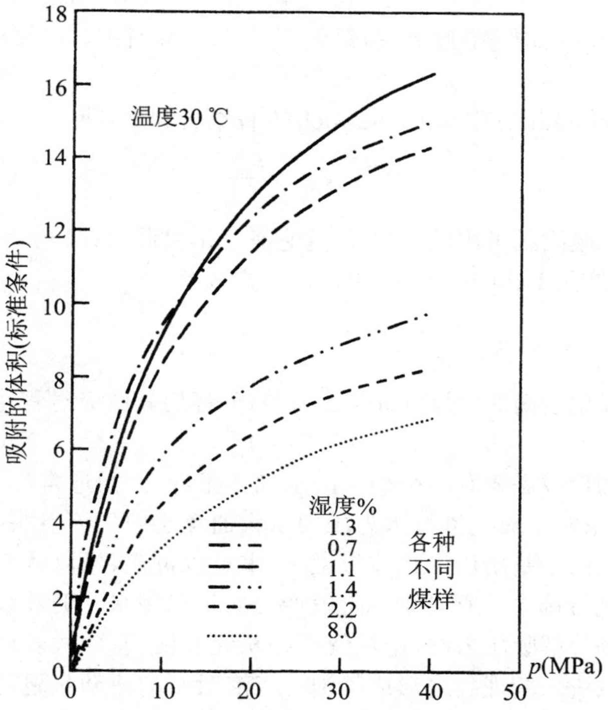

图 8.8　几种煤样的等温吸附线图

1. Langmuir 方程

该方程可表示为

$$V = V_m \frac{bp}{1 + bp} \tag{8.5.1}$$

其中，V($cm^3 \cdot g^{-1}$)是吸附量；V_m($cm^3 \cdot g^{-1}$)是 Langmuir 吸附常数(或极限吸附量)；b(MPa^{-1})是 Langmuir 压力常数；p(MPa)是气体压力。有时也将以上等温方程写成

$$V = V_m \frac{p}{p_L + p} \tag{8.5.2}$$

其中，$p_L = 1/b$ 是吸附量达到极限吸附量的 50% 时的压力，即 $p = p_L$ 时，$V = 0.5V_m$。

若压力很低，则式(8.5.2)化为 Henry 方程

$$V = V_m bp \tag{8.5.3}$$

即很低压力下，吸附量与气体压力成正比。压力常数 b 反映低压力等温吸附线的斜率。理论上吸附常数 V_m 与温度无关，即在任何温度下极限吸附量都相同，而压力常数 $b(1/p_L)$是温度的函数，可写成

$$b = b_0 e^{-\frac{\Delta H}{RT}} \tag{8.5.4}$$

其中，b_0 是参考压力常数，即极高温度下的压力常数，$\Delta H(\mathrm{cal\cdot g^{-1}\cdot mol^{-1}})$是吸附能，$R(1.987\ \mathrm{cal\cdot g^{-1}\cdot mol^{-1}\cdot K^{-1}})$是普适气体常数，$T$ 是绝对温度。

2. Freundlich(弗雷德利希)方程

该方程表示为

$$V = Kp^n \tag{8.5.5}$$

其中，系数 K 和幂指数 n 均与温度有关，系数 K 还与比面有关。n 值在 0.2～1.0 之间。

3. 混合型方程

该方程是将 Langmuir 方程与 Freundlich 方程结合起来，即

$$V = V_{\mathrm{m}}\frac{Kp^n}{1 + Kp^n} \tag{8.5.6}$$

有时为拟合某条等温吸附线可用此方程，因为它有三个可调参数。

实用上，一般是按照 Langmuir 方程(8.5.1)或(8.5.2)。

8.5.1.3 煤层气的输运特性

要将被吸附在煤层表面的甲烷气开采出来，首先经历其解吸过程，并通过扩散和流动两种不同的输运机制。

由于煤层气藏的形成需要有一个稳定的水动力条件，因而通常有大量的煤层水与煤层气共存。另外，在开采时一般要进行水力压裂以沟通煤层中的天然裂缝，使井的产量增加，这又使煤层水增多。由于基质块中孔隙很微小，水难以进入，可以认为水只存在于裂缝中。在开采初期通常要进行排水。所以第一阶段产出的是单相水。随着水的产出，煤层中压力下降。当压力降到临界解吸压力时，甲烷气开始从煤表面(基质块表面和块内微孔隙表面)解吸出来。通过扩散进入割理裂缝形成气泡。气泡对水的流动起阻碍作用，使水的相对渗透率下降。但气泡是孤立的，没有形成气流通道。这是流动的第二阶段，称非饱和流动阶段。甲烷气解吸出来进入裂缝的过程遵从 Fick 定律。随着压力进一步下降，有更多的气体被解吸出来。水中气泡互相连接形成流线。这是流动的第三阶段，即气、水两相流阶段。在第三阶段，气体的相对渗透率从零逐渐增大。裂缝网络中流体(甲烷气和水)的输运遵从 Darcy 定律，即压力梯度是渗流流动的驱动力，并认为流动是层流，然后是雾状流，少量水滴悬浮在甲烷气中。

就同一煤层区域而言，在压力下降的过程中，这三个阶段是随时间而连续发生的。就整个煤层而言，某一阶段是由井筒附近开始，逐渐向周围煤层中推进。

8.5.1.4 储量计算

目前，用来计算煤层甲烷气地质储量的方法有很多，包括体积法、等值线法、递减分析法、产能法、物质平衡法、数值模拟法等。这些方法都依赖于煤的含气量和厚度。在生产初始阶段，常用简便快捷的体积法计算煤层甲烷气的原始储量 GIP，它表示为

$$\mathrm{GIP} = AhG\rho_{\mathrm{c}} \tag{8.5.7}$$

其中，A 是含气煤层面积，h 是煤层有效厚度或平均厚度，G 是甲烷气含量($\mathrm{m^3}$ 气·$\mathrm{t^{-1}}$煤)，ρ_{c} 是煤的密度($\mathrm{t\cdot m^{-3}}$)。长度单位为 m，则 GIP 的单位为 $\mathrm{m^3}$。

其他计算方法或者是要经过较长时间的生产以后才能完成，或者是依赖较多参数，计算较为复杂。这里就不一一介绍了。

8.5.2 气体的扩散与 Fick 定律

气体从基质块表面和原生孔隙进入割理系统的输运是扩散过程，它遵从 Fick 定律。现在研究这种扩散机制。

考虑相互接触的两种流体，左侧为流体 1，右侧为流体 2。若界面张力为零，由于分子存在着依赖于绝对温度的随机运动，流体 1 有一些分子越过界面进入右侧，而流体 2 有一些分子越过界面进入左侧。这种过程不断进行直至形成两种流体的均匀混合。这种传质过程称为**“分子扩散”**。设流体混合物的质量平均速度为 v_a，组分 $i(i=1,2)$ 的粒子速度为 v_i，则 $v_i - v_a$ 称为组分 i 的扩散速度。

现在再定义浓度。设流体混合物体积为 V，质量为 m，其中，流体 1 和 2 的质量分别为 m_1 和 m_2，则第 i 种组分的相对(质量)浓度 c_i 定义为 $c_i = m_i/V$。于是组分 i 的**扩散通量** $J_i(\mathrm{kg \cdot m^{-2} \cdot s^{-1}})$)定义为

$$J_i = c_i(v_i - v_a) \tag{8.5.8}$$

由以上描述可知：分子的扩散速度依赖于相对浓度 c_i。更确切地说，单位时间内跨过单位面积的气体质量(即扩散通量)与浓度梯度成正比，即

$$\frac{1}{A}\frac{\mathrm{d}m_i}{\mathrm{d}t} = -D'\frac{\partial c_i}{\partial x} \tag{8.5.9}$$

式(8.5.9)是 Fick 扩散定律的一种表达形式。式中，$D'(\mathrm{m^2 \cdot s^{-1}})$称为质量扩散系数，$A$ 是截面积，$\mathrm{d}m/A\mathrm{d}t$ 就是质量扩散通量 J_i。将式(8.5.8)与式(8.5.9)相比较，并用于多维情形，即得扩散速度

$$(\boldsymbol{v}_i - \boldsymbol{v}_a) = -\frac{D'}{c_i}\nabla c_i \tag{8.5.10}$$

或

$$\boldsymbol{J}_i = -D'\nabla c_i \tag{8.5.11}$$

对于作为整体的流动体系而言，可将下标 i 去掉。于是 Fick **第一扩散定律**的普遍形式为

$$(\boldsymbol{v} - \boldsymbol{v}_a) = -\frac{D'}{c}\nabla c \tag{8.5.12}$$

对于流体在宏观上为静止的情形，质量平均速度 $\boldsymbol{v}_a = 0$，则有扩散速度 $\boldsymbol{v}$ 或扩散流量 Q_{sc} 为

$$\boldsymbol{v} = -\frac{D'}{c}\nabla c, \quad Q_{sc} = -\frac{ARD'T_{sc}}{Mp_{sc}Z}\nabla c \tag{8.5.13}$$

其中，R 是普适气体常数，M 是气体分子量，A 是面积，或扩散通量

$$\boldsymbol{J} = -D'\nabla c \tag{8.5.14}$$

式(8.5.13)和式(8.5.14)都是 Fick 定律的不同表现形式，有时也称 Fick 第一定律。

下面由质量守恒方程出发进一步讨论扩散问题。按式(1.6.4)并用于组分 i 的热运动，有

$$\frac{\partial(\rho_i\phi)}{\partial t} + \nabla \cdot (\rho_i\phi\boldsymbol{v}_i) = \rho_i q \tag{8.5.15}$$

其中，q 是源汇强度。若不存在源汇，将式(8.5.10)代入式(8.5.15)，并注意到密度 ρ_i 可用浓度 c_i 代替，则得

$$\frac{\partial(c_i\phi)}{\partial t}+\nabla\cdot(c_i\phi\boldsymbol{v}_{\mathrm{a}})=\nabla\cdot(D'\nabla c_i) \tag{8.5.16}$$

对于作为整体的流动系统而言，可将下标 i 去掉，则得

$$\frac{\partial(\phi c)}{\partial t}+\nabla\cdot(c\phi\boldsymbol{v}_{\mathrm{a}})=\nabla\cdot(D'\nabla c) \tag{8.5.17}$$

式(8.5.17)是 Fick **第二扩散定律**的普遍形式。特别地，对于流体系统宏观上为静止的情形，$\boldsymbol{v}_a=0$，并设孔隙度 ϕ 与时间 t 无关，则得

$$\phi\frac{\partial c}{\partial t}=\nabla\cdot(D'\nabla c) \tag{8.5.18}$$

对于平面径向和球形径向扩散运动，式(8.5.18)可分别写成

$$\phi\frac{\partial c}{\partial t}=\frac{1}{r}\frac{\partial}{\partial r}\left(rD'\frac{\partial c}{\partial r}\right) \tag{8.5.19}$$

$$\phi\frac{\partial c}{\partial t}=\frac{1}{r^2}\frac{\partial}{\partial r}\left(r^2D'\frac{\partial c}{\partial r}\right) \tag{8.5.20}$$

令式(8.5.18)中 $D'/\phi=D$，则得多孔介质中分子扩散的 Fick 第二定律为

$$\frac{\partial c}{\partial t}=\nabla\cdot(D\nabla c) \tag{8.5.21}$$

其中，D 是多孔介质中的质量扩散系数，单位与 D' 相同，仍是 $\mathrm{m}^2\cdot\mathrm{s}^{-1}$。若扩散系数 D 与空间位置无关，则式(8.5.21)可写成

$$\frac{\partial c}{\partial t}=D\nabla^2 c \tag{8.5.22}$$

或

$$\text{平面径向：}\quad \frac{\partial c}{\partial t}=\frac{D}{r}\frac{\partial}{\partial r}\left(r\frac{\partial c}{\partial r}\right) \tag{8.5.23}$$

$$\text{球形径向：}\quad \frac{\partial c}{\partial t}=\frac{D}{r^2}\frac{\partial}{\partial r}\left(r^2\frac{\partial c}{\partial r}\right) \tag{8.5.24}$$

8.5.3 煤层气输运的数学模型

如前所述，解吸出来的煤层气通过扩散由微孔隙进入裂缝，再由裂缝进入井筒。为此，下面对微孔中和裂缝中流体的输运分别进行讨论。

8.5.3.1 微孔隙中气体的输运

一般情况下，水不能进入基质块中微小的孔隙，认为微孔隙中只有单相气体扩散。这种扩散可分为非稳态和拟稳态两种模式。非稳态扩散遵从 Fick 第二扩散定律；而拟稳态扩散遵从 Fick 第一扩散定律。

1. 非稳态扩散

煤基质块中总的气体浓度由微孔中所含的游离气和表面吸附的气体两部分构成。现在

定义浓度为每立方米煤体中所含气体质量的千克数。气体密度是每立方米孔隙空间中所含的气体质量的千克数，则游离气的浓度就等于气体密度与微孔隙度 ϕ_m 的乘积，即

$$c_1 = \rho_1 \phi_m = \frac{M p_m \phi_m}{RTZ} \tag{8.5.25}$$

其中，ρ_1 是游离气密度，c_1 是基于整体体积的游离气浓度。第二个等号是利用了气体的状态方程，Z 是气体的偏差因子。

根据 Langmuir 方程(8.5.2)，每立方米煤体所吸附的气体质量为 $V_\infty p_m/(p_L + p_m)$，所以吸附气浓度 c_2 就是

$$c_2 = \frac{V_\infty p_m}{p_L + p_m} \tag{8.5.26}$$

其中，V_∞ 就是极限吸附量，只是其单位用每立方米煤体所含气体千克数表示。下标 m 表示基质块中的量，所以基质块中基于整体体积的总浓度 $c_m = c_1 + c_2$ 为

$$c_m = \frac{M p_m \phi_m}{RTZ} + \frac{V_\infty p_m}{p_L + p_m} \tag{8.5.27}$$

在第 8.5.2 节中推导 Fick 定律时，其中的浓度 c 是基于孔隙空间体积定义的。很显然，对基于煤层整体体积定义的浓度 c_m，Fick 定律同样成立。将式(8.5.27)代入式(8.5.21)得孔隙中压力 p_m 的方程为

$$\frac{\partial}{\partial t}\left(\frac{M\phi_m p_m}{RTZ} + \frac{V_\infty p_m}{p_L + p_m}\right) = \nabla \cdot \left[D_m \nabla \left(\frac{M\phi_m p_m}{RTZ} + \frac{V_\infty p_m}{p_L + p_m}\right)\right] \tag{8.5.28}$$

对于圆柱形和圆球形的基质块，式(8.5.28)可改写成

$$\frac{\partial}{\partial t}\left(\frac{M\phi_m p_m}{RTZ} + \frac{V_\infty p_m}{p_L + p_m}\right) = \frac{1}{r^s}\frac{\partial}{\partial r} \cdot \left[r^s D_m \frac{\partial}{\partial r}\left(\frac{M\phi_m p_m}{RTZ} + \frac{V_\infty p_m}{p_L + p_m}\right)\right] \tag{8.5.29}$$

其中，指数 s 对柱形和球形分别等于 1 和 2。r 是基质块内的径向坐标，r 小于半径 r_1。

2. 拟稳态扩散

拟稳态扩散基于 Fick 第一定律(8.5.14)，认为总浓度 c_m 对时间的变化率与差值 $c_m - c_2$ 成正比，即

$$\frac{dc_m}{dt} = D_m F_s (c_2 - c_m) \tag{8.5.30}$$

其中，F_s 是基质块形状因子，单位为 m^{-2}。基质块流出的流量等于浓度变化率乘以几何因子 G，即

$$q_m = -G\frac{dc_m}{dt} \tag{8.5.31}$$

8.5.3.2　裂缝中气体的输运

对于裂缝网络中气体的输运，由于基质块中不断有气体扩散进入裂缝，在连续性方程中这是一个连续源分布。若煤层中某些点 $\boldsymbol{r}_i$ 有生产井，产量为 Q_i，则在连续方程中有点汇，于是裂缝中气相质量守恒方程为

$$\frac{\partial}{\partial t}(\phi_f s_{fg} \rho_{fg}) = -\nabla \cdot (\rho_{fg} \boldsymbol{V}_{fg}) + q_m - \rho_{fg} \sum Q_i \delta(\boldsymbol{r} - \boldsymbol{r}_i) \tag{8.5.32}$$

其中，$q_{\mathrm{m}}(\mathrm{kg}\cdot\mathrm{m}^{-3}\cdot\mathrm{s}^{-1})$是质量源。右端最后一项是汇项。下标 f 和 g 分别代表裂缝和气体，s 是饱和度，速度 $\boldsymbol{V}_{\mathrm{fg}}$由两部分组成：一是宏观渗流速度，相当于式(8.5.12)中的 $\boldsymbol{v}_{\mathrm{a}}$，它遵从 Darcy 定律。二是裂缝中的气体扩散速度，它遵从 Fick 定律，由式(8.5.13)给出，所以

$$\boldsymbol{V}_{\mathrm{fg}}=-\left(\frac{\boldsymbol{K}_{\mathrm{g}}}{\mu_{\mathrm{g}}}\nabla p_{\mathrm{fg}}+\frac{D_{\mathrm{f}}}{c_{\mathrm{f}}}\nabla c_{\mathrm{f}}\right) \tag{8.5.33}$$

其中，$D_{\mathrm{f}}(\mathrm{m}^2\cdot\mathrm{s}^{-1})$是裂缝中的气体扩散系数，$c_{\mathrm{f}}$ 是裂缝中的气体浓度。

将式(8.5.32)中的密度 ρ_{fg}和式(8.5.33)中的$\nabla c_{\mathrm{f}}/c_{\mathrm{f}}$ 分别用压力 p_{f} 表示，即有

$$\rho_{\mathrm{fg}}=\frac{M}{RT}\left(\frac{p_{\mathrm{fg}}}{Z}\right) \tag{8.5.34}$$

$$\frac{\nabla c_{\mathrm{f}}}{c_{\mathrm{f}}}=\nabla\left(s_{\mathrm{fg}}\frac{Mp_{\mathrm{fg}}}{RTZ}\right)\bigg/\left(s_{\mathrm{fg}}\frac{Mp_{\mathrm{fg}}}{RTZ}\right)$$

对于等温情形

$$\frac{\nabla c_{\mathrm{f}}}{c_{\mathrm{f}}}=\nabla\left(\frac{s_{\mathrm{fg}}p_{\mathrm{fg}}}{Z}\right)\bigg/\left(\frac{s_{\mathrm{fg}}p_{\mathrm{fg}}}{Z}\right) \tag{8.5.35}$$

将式(8.5.33)～式(8.5.35)代入式(8.5.32)，可得

$$\begin{aligned}\frac{\partial}{\partial t}\left(\frac{\phi_{\mathrm{f}}s_{\mathrm{fg}}p_{\mathrm{fg}}}{Z}\right)=&\nabla\cdot\left[\frac{p_{\mathrm{fg}}}{Z}\frac{K_{\mathrm{g}}}{\mu_{\mathrm{g}}}\nabla p_{\mathrm{fg}}+\frac{D_{\mathrm{f}}}{s_{\mathrm{fg}}}\nabla\left(\frac{s_{\mathrm{fg}}p_{\mathrm{fg}}}{Z}\right)\right]\\&+\frac{RT}{M}q_{\mathrm{m}}-\frac{p_{\mathrm{fg}}}{Z}\sum Q_i\delta(\boldsymbol{r}-\boldsymbol{r}_i)\end{aligned} \tag{8.5.36}$$

下面以球形基质为例讨论式(8.5.36)中的 q_{m}。设基质体积、表面积和半径分别为 V_1，A_1 和 r_1，则整个基质块的质量流量为 V_1q_{m}，应等于

$$v(r_1)A_1c_{\mathrm{m}}(r_1)=-A_1D_{\mathrm{m}}\left(\frac{\partial c_{\mathrm{m}}}{\partial n}\right)_{r=r_1} \tag{8.5.37}$$

其中，c_{m} 是基于孔隙体积的浓度，它乘以孔隙度 ϕ_{m} 就是基于整体体积的浓度，于是 q_{m} 可写成

$$q_{\mathrm{m}}=-\frac{A_1}{V_1}D_{\mathrm{m}}\frac{\partial c_{\mathrm{m}}}{\partial n}\bigg|_{r=r_1} \tag{8.5.38}$$

其中，A_1/V_1 对球形基质为 $3/r_1$，对柱形基元为 $2/r_1$。对于非稳态扩散，浓度 c_{m} 由式(8.5.24)或式(8.5.23)解出。

对于拟稳态扩散，q_{m} 由式(8.5.31)给出。

8.5.3.3 裂缝中水相质量方程及方程组

若将水中溶解气忽略不计，水相的质量方程可写成

$$\frac{\partial}{\partial t}\left(\phi_{\mathrm{f}}\frac{s_{\mathrm{fw}}}{B_{\mathrm{w}}}\right)=\nabla\cdot\left(\frac{k_{\mathrm{fw}}}{\mu_{\mathrm{w}}}\nabla p_{\mathrm{fw}}\right)-Q_{\mathrm{w}}\sum\delta(\boldsymbol{r}-\boldsymbol{r}_i) \tag{8.5.39}$$

由方程(8.5.36)和方程(8.5.39)可进行煤层气层的数值模拟。未知函数是 p_{fg}，p_{fw}，s_{fg}和 s_{fw}，共 4 个。需要补充两个方程，即饱和度方程和毛管力方程：

$$s_{\mathrm{fg}}+s_{\mathrm{fw}}=1 \tag{8.5.40}$$

$$p_{cfg} = p_{fg} - p_{fw} \tag{8.5.41}$$

毛管力 p_{cfg}是饱和度 s_{fw}的函数。

对于单井情形，生产井汇项用内边界条件处理比较方便。裂缝网络中，气、水两相方程式(8.5.36)和式(8.5.39)可写成

$$\frac{\partial}{\partial t}\left(\frac{\phi_f s_{fg} p_{fg}}{Z}\right) = \frac{1}{r}\frac{\partial}{\partial r}\left[\frac{p_{fg}}{Z}\frac{K_g}{\mu_g} r\frac{\partial p_{fg}}{\partial r} + \frac{D_f}{s_{fg}} r\frac{\partial}{\partial r}\left(\frac{s_{fg} p_{fg}}{Z}\right)\right] + q_m \tag{8.5.42}$$

$$\frac{\partial}{\partial t}\left(\phi_f \frac{s_{fw}}{B_w}\right) = \frac{1}{r}\frac{\partial}{\partial r}\left(r\frac{K_w}{\mu_w}\frac{\partial p_{fw}}{\partial r}\right) \tag{8.5.43}$$

8.5.4　试井分析

煤层气开发之前首先要了解煤层气储层的特性，在生产过程中还要继续了解井况和储层情况，对煤层气井的产能和最终采收率进行预测。试井分析可提供煤层渗透率、井储和表皮等有关参数。由第 5 章至第 7 章可知，对于普通油气井的试井和产能分析已经很成熟。不过对煤层气藏的试井分析还存在一些新的问题需要进一步研究。Anbarci，Ertekin (1990)，Kolesar，Ertekin，Qbut(1990)曾着重对单相煤层气渗流的试井分析进行过研究。

煤层气的试井分析按流动阶段可分为单相水试井、泡状流(水中有气泡)试井、气水两相流试井和雾状流(气中有水滴)试井。目前主要是采用单相水试井。单相水试井又可分为抽水井试井和注水井试井，这基本上可沿用第 5.6 节、第 7.3 节和第 8.2 节所论述的方法。泡状流试井可在单相水试井的基础上作适当的修正。气、水两相流的试井分析尚有待进一步研究。

当煤层割理中的水抽取完以后，煤层中基本上是单相气体。随着压力进一步降低，吸附于煤表面的水解吸出来悬浮在气体中形成雾状流。作为近似处理，可用单相气体流动模型。下面简要介绍单相煤层气试井分析。

单相气体试井分析　对于单相气体，若裂缝中气体扩散通量与 Darcy 渗流通量相比可以忽略不计，且为简洁起见省去下标，则方程(8.5.42)可近似写成

$$\frac{1}{r}\frac{\partial}{\partial r}\left(\frac{p}{\mu Z} r\frac{\partial p}{\partial r}\right) = \frac{\phi p c_g}{KZ}\frac{\partial p}{\partial t} - \frac{q_m}{K} \tag{8.5.44}$$

而基质块中气体向裂缝扩散可按拟稳态和非稳态两种情形处理。分别由式(8.5.31)和式(8.5.22)描述。与第 8.2.3 节类似，将基质块的几何形状理想化为球形、圆柱形等几种类型。下面针对球形基质块写出其微孔中的扩散方程：

$$\text{拟稳态：}\quad \frac{\partial c}{\partial t} = \frac{6D\pi^2}{R^2}(c_2 - c) \tag{8.5.45}$$

$$\text{非稳态：}\quad \frac{\partial c}{\partial t} = \frac{D}{r^2}\frac{\partial}{\partial r}\left(r\frac{\partial c}{\partial r}\right) \quad (0 \leqslant r \leqslant r_1) \tag{8.5.46}$$

引进准压力

$$m = \frac{\mu_i Z_i}{p_i}\int\frac{p}{\mu Z}dp,\quad m_D = \frac{(m_i - m)Kh}{q_{sc}B\mu_i} \tag{8.5.47}$$

以及

$$r_{\rm D}=\frac{r}{r_{\rm w}},\quad t_{\rm D}=\frac{Kt}{\alpha r_{\rm w}^2},\quad \lambda=\frac{KR^2}{6\pi^2 D\alpha r_{\rm w}^2}\tag{8.5.48}$$

其中，λ 是窜流系数，R 是地层外半径，最后得无量纲方程经拉氏变换后的形式为

$$\frac{1}{r_{\rm D}}\frac{\partial}{\partial r_{\rm D}}\left(r_{\rm D}\frac{\partial \overline{m}_{\rm D}}{\partial r_{\rm D}}\right)=f(s)\overline{m}_{\rm D}\tag{8.5.49}$$

$$\left[C_{\rm D}s\overline{m}_{\rm wD}-r_{\rm D}\frac{\partial \overline{m}_{\rm D}}{\partial r_{\rm D}}\right]_{r_{\rm D}=1}=\frac{1}{s}\tag{8.5.50}$$

$$\overline{m}_{\rm wD}=\left[\overline{m}_{\rm D}-S\frac{\partial m_{\rm D}}{\partial r_{\rm D}}\right]_{r_{\rm D}=1}\tag{8.5.51}$$

$$\overline{m}_{\rm D}(r_{\rm D}\to\infty,s)=0\quad（无限大地层）\tag{8.5.52}$$

$$\overline{m}_{\rm D}(r_{\rm D}=R_{\rm D},s)=0\quad（圆形定压外边界）\tag{8.5.53}$$

$$\left.\frac{\partial \overline{m}_{\rm D}}{\partial r_{\rm D}}\right|_{r_{\rm D}=R_{\rm D}}=0\quad（圆形封闭外边界）\tag{8.5.54}$$

其中，$C_{\rm D}$ 是井储常数，S 是表皮因子，s 是拉氏变量。$f(s)$对于拟稳态和非稳态隙间流动略有不同：

$$拟稳态：\quad f(s)=\left[\omega+\frac{\alpha(1-\omega)}{s\lambda+1}\right]s\tag{8.5.55}$$

$$非稳态：\quad f(s)=\omega s+\frac{1-\omega}{\lambda}\alpha\left[\sqrt{\lambda s}\,{\rm cth}(\sqrt{\lambda s})-1\right]\tag{8.5.56}$$

其中储容比 ω 为

$$\omega=\left(\frac{\phi\mu c_{\rm g}}{\alpha}\right)\Bigg/\left[\phi\mu c_{\rm g}+\frac{p_{\rm sc}TKhZ_i}{q_{\rm sc}T_{\rm sc}B_ip_{\rm i}}\right]\tag{8.5.57}$$

方程(8.5.49)的通解为

$$\overline{m}_{\rm D}=A{\rm K}_0[\sqrt{f(s)}r_{\rm D}]+B{\rm I}_0[\sqrt{f(s)}r_{\rm D}]\tag{8.5.58}$$

由边界条件定出系数

$$A=\frac{1}{s}\cdot\frac{1}{C_{\rm D}(s)\{{\rm K}_0[\sqrt{f(s)}]+M{\rm I}_0[\sqrt{f(s)}]\}+(C_{\rm D}Ss+1)\{{\rm K}_1[\sqrt{f(s)}]-M{\rm I}_1[\sqrt{f(s)}]\}\sqrt{f(s)}}\tag{8.5.59}$$

$$B=MA\tag{8.5.60}$$

其中，对无限大地层 $B=0$。对无限大、圆形定压和圆形封闭地层 M 分别为

$$M(无限大,定压,封闭)=\left\{0,-\frac{{\rm K}_0[\sqrt{f(s)}R_{\rm D}]}{{\rm I}_0[\sqrt{f(s)}R_{\rm D}]},\frac{{\rm K}_1[\sqrt{f(s)}R_{\rm D}]}{{\rm I}_1[\sqrt{f(s)}R_{\rm D}]}\right\}\tag{8.5.61}$$

将所定出的系数 A,B 代入通解(8.5.58)，最终得拉氏空间准压力分布表达式

$$\overline{m}_{\rm D}(r_{\rm D},s)=\frac{1}{s}$$

$$\cdot \frac{K_0(\sqrt{f(s)}r_D) + MI_0(\sqrt{f(s)}r_D)}{C_D s[K_0(\sqrt{f(s)}) + MI_0(\sqrt{f(s)})] + (C_D Ss + 1)[K_1(\sqrt{f(s)}) - MI_1(\sqrt{f(s)})]\sqrt{f(s)}} \tag{8.5.62}$$

将式(8.5.62)及其导数代入内边界条件式(8.5.51)，即得拉氏空间井底无量纲准压力 $\overline{m}_{wD}(s)$ 为

$$\overline{m}_{wD}(s) = \frac{1}{s}$$

$$\cdot \frac{K_0[\sqrt{f(s)}] + MI_0[\sqrt{f(s)}] + S\sqrt{f(s)}\{K_1\sqrt{f(s)} - MI_1[\sqrt{f(s)}]\}}{C_D s\{K_0[\sqrt{f(s)}] + MI_0[\sqrt{f(s)}]\} + (C_D Ss + 1)\{K_1[\sqrt{f(s)}] - MI_1[\sqrt{f(s)}]\}\sqrt{f(s)}} \tag{8.5.63}$$

对式(8.5.63)进行数值反演，可算出考虑井储和表皮条件下井底准压力 $m_{wD}(t_D) \sim t_D/C_D$ 的关系曲线，并绘制成双对数坐标图。

图 8.9 是无限大煤层中井底压力的样板曲线，其中图(a)是拟稳态流动下的，图(b)是非稳态流动下的。所取的参数值分别为

$$\lambda = 10^4,\quad \omega = 0.5,\quad \alpha = 10,\quad C_D = 0.8,\quad S = 1.5$$

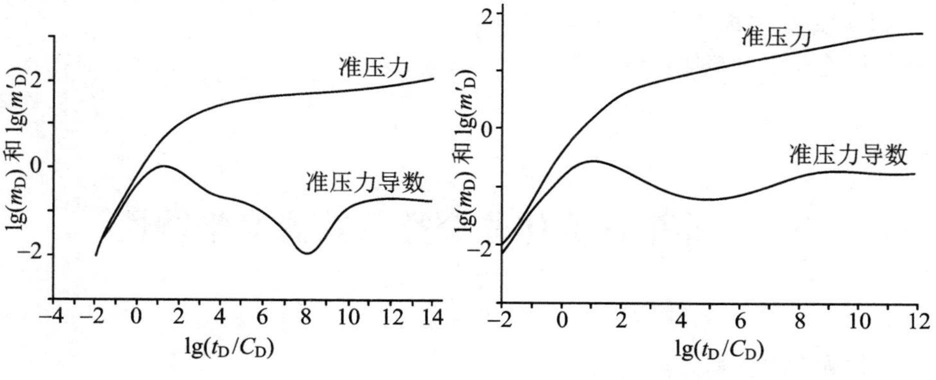

图 8.9　无限大地层中井底压力及其导数曲线

第 9 章　非牛顿流体渗流和非 Darcy 渗流

自 20 世纪 60 年代以来，在油田开发中越来越多地使用非牛顿流体。例如，用聚合物溶液、胶束溶液、泡沫液和乳状液作为驱油剂，这些都是非牛顿流体。钻井液和压裂液通常也是非牛顿流体，在钻井和完井过程中它们会渗入多孔介质。同时人们发现：高黏度原油、高含蜡原油和高含水原油，以及低渗透地层中的原油，它们在渗流过程中都明显地显示出非牛顿流体特性。此外，在生物渗流和工程渗流中，非牛顿流体更具有普遍性。因此，研究非牛顿流体的渗流规律具有重要意义。

非牛顿流体渗流是非线性渗流。在一定条件下可将方程线化以求得某些近似结果。另一类等温的非线性渗流是非 Darcy 渗流。关于非 Darcy 渗流，在第 6.3 节和第 6.4 节中曾有所讨论，本章最后将进一步研究这类问题。

下面先讨论非牛顿流体渗流。

9.1　非牛顿流体的分类及其流变学特性

9.1.1　非牛顿流体及其分类

材料或一个物质系统，在力或力系的作用下会发生变形或流动。材料或物质的这种性质称为**流变性**。描述物质流变性的方程称为**本构方程**或**流变学状态方程**。在第 1.8.2 节中曾对本构方程作了一般性论述。流体的本构方程通常用流体所受的剪切应力 τ 与当地剪切速率 γ（速度梯度 $\mathrm{d}V/\mathrm{d}r$）的关系表示，或称为应力-应变关系。一般说来，牛顿流体的应力-应变关系为

$$\sigma_{ij} = -p\delta_{ij} + \lambda e_{kk}\delta_{ij} + 2\mu e_{ij} \tag{9.1.1a}$$

其中，σ_{ij} 是应力张量；p 是压强；δ_{ij} 是 Kronecker 张量或二阶单位张量；变形速率张量的分量

$$e_{ij} = e_{ji} = \frac{1}{2}\left(\frac{\partial V_i}{\partial x_j} + \frac{\partial V_j}{\partial x_i}\right)$$

它是对称张量，λ 称为第二黏度。

对于简单的剪切流动，如平行流动，应力-应变有以下简单关系：

$$\tau = -\mu \frac{\partial V}{\partial r} \tag{9.1.1b}$$

其中,动力黏度 μ 与剪切速率 γ 无关。凡遵从关系式(9.1.1)的流体称为**牛顿流体**,在直角坐标系中画出切应力 τ 对剪切速率 $\mathrm{d}V/\mathrm{d}r$ 的图线是一条通过坐标原点的直线,直线的斜率就是 μ。所有的气体和简单的液体都是牛顿流体。

凡不遵从关系式(9.1.1)的流体就称为**非牛顿流体**。如聚合物溶液、悬浮液、水泥浆、糨糊等都是非牛顿流体。非牛顿流体通常都是微可压缩流体。唯一已知的具有明显可压缩性的非牛顿流体是泡沫流。在多孔介质中,泡沫与附壁的溶剂化层一起移动,其黏度与渗透率有关。泡沫中的液体沿气泡间液膜的网道移动,而气体则以气泡的破灭和再生、反复交替的方式通过多孔介质。

牛顿流体具有一个可严格地称之为黏度的特性参数,即式(9.1.1b)中的 μ。而所有的非牛顿流体,其本构方程都要求有两个或两个以上的特性参数,这将在下面进一步描述。但为方便起见,通常引进一个所谓非牛顿流体的视黏度。非牛顿流体的**视黏度**定义为切应力与剪切速率绝对值 γ 之比,用 μ_a 表示,即 $\mu_a = \tau/\gamma$。它是应力-应变关系曲线上任一点 A 与坐标原点连线的斜率,与应变率 γ 有关,将 $\gamma = 0$ 情形的视黏度记作 μ_0,而将 $\gamma \to \infty$ 情形视黏度的极限值记作 μ_∞。

非牛顿流体的分类 非牛顿流体可分为纯黏性的和黏弹性的两大类,如表 9.1 所示。

表 9.1 非牛顿流体的分类

与时间无关纯黏性的	与时间有关纯黏性的	黏弹性的
拟塑性的(pseudoplastic)	触变性的(thixotropic)	黏弹性的(viscoelastic)
膨胀性的(dilatant)	震凝性的(rheopectic)	多种形式
宾厄姆(Bingham)		
屈服-拟塑性的(yield-pseudoplastic)		
屈服-膨胀性的(yield-dilatant)		

纯黏性流体是指在剪切力作用下产生的任何变形,在除去这种剪切力后都不能恢复原状的流体。它又可分为与时间无关的和与时间有关的两大类。**黏弹性流体**是指剪切力作用期间所产生的变形,在除去这种剪切力后能部分得到恢复的流体。

下面给出各种非牛顿流体的本构方程。

9.1.2 与时间无关的纯黏性流体

这类流体的流变学特性与时间无关,即其流变学方程或流变图($\tau \sim \gamma$ 曲线)不涉及剪切力作用的持续时间。

9.1.2.1 拟塑性流体

对于拟塑性流体,一个无限小的切应力都会使其产生运动。其切应力的增加率随速度梯度增大而变缓,即流变曲线上凸。这类特性在溶液和悬浮液中经常碰到。在这类流体中,大分子或细颗粒形成松散的聚集物或排成线状集合。在任何给定的剪切率下它是稳定的和可再生的,但随着剪切率增大或减小,它会快速地、可逆地破坏或再形成。下面是一些这类流体的本构方程及其视黏度 μ_a。

(1) 幂律型

$$\tau = C\gamma^n, \quad \mu_a = C\gamma^{n-1} \tag{9.1.2}$$

其中,C 称为稠度系数,$n<1$,称为幂指数。若 $n=1$ 就是牛顿流体,C 就成为黏度μ。

(2) Prandtl-Eyring 方程

$$\tau = A\mathrm{sh}^{-1}\left(\frac{\gamma}{B}\right), \quad \mu_a = \frac{A\mathrm{sh}^{-1}(\gamma/B)}{\gamma} \tag{9.1.3}$$

其中,常数 A,B 是物质的流变系数。与其有关的还有 Powell-Eyring 流体,其本构方程为

$$\tau = \mu_\infty \gamma + \frac{1}{B'}\mathrm{sh}^{-1}\left(\frac{\gamma}{A'}\right) \tag{9.1.4}$$

(3) Ellis 方程

$$\gamma = \tau(\varphi_0 + \varphi_1 \tau^{\alpha-1}), \quad \mu_a = \frac{1}{\varphi_0 + \varphi_1 \tau^{\alpha-1}} \tag{9.1.5a}$$

(4) Reiner-Philippoff 方程

$$\tau = \gamma\left[\mu_\infty + \frac{\mu_0 - \mu_\infty}{1 + (\tau/\tau_s)^2}\right], \quad \mu_a = \mu_\infty + \frac{\mu_0 - \mu_\infty}{1 + (\tau/\tau_s)^2} \tag{9.1.5b}$$

(5) Sisko 方程

$$\tau = a\gamma + b\gamma^c, \quad \mu_a = a + b\gamma^{c-1} \tag{9.1.6}$$

(6) Cross 方程

$$\tau = \mu_\infty \gamma + \frac{\mu_0 - \mu_\infty}{1 + \alpha\gamma^{2/3}}\gamma, \quad \mu_a = \mu_\infty + \frac{\mu_0 - \mu_\infty}{1 + \alpha\gamma^{2/3}} \tag{9.1.7}$$

其中,α 是与结构剪切稳定性有关的系数。

(7) Meter 方程

$$\gamma = \frac{\tau}{\mu_\infty + \dfrac{\mu_0 - \mu_\infty}{1 + (\tau/\tau_m)^{\alpha-1}}}, \quad \mu_a = \mu_\infty + \frac{\mu_0 - \mu_\infty}{1 + \left(\dfrac{\tau}{\tau_m}\right)^{\alpha-1}} \tag{9.1.8}$$

其中,τ_m 是$\mu_a = (\mu_0 + \mu_\infty)/2$ 所对应的切应力,往往有 $\mu_\infty \ll \mu_0$,τ_m 就是$\mu_a = \mu_0/2$ 情形的切应力,并记作 $\tau_{1/2}$。

9.1.2.2 膨胀性流体

对于膨胀性流体,一个无限小的切应力会使其运动。但切应力的增加率随速度梯度增大而增大,流变曲线上凹。从数学上讲,膨胀性流体与拟塑性流体很类似。它也可以是幂律型的,只是幂指数 $n>1$。通常碰到的比拟塑性流体少得多,并且其膨胀性只对于不规则形状固体在液体中的悬浮液具有一定浓度时才能观察到。如方铅矿悬浮液、蔗糖溶液中的氧化钛等。

9.1.2.3 Bingham流体

对于宾厄姆(Bingham)流体,在其所受到的切应力 τ 达到屈服应力 τ_0 以前,其性质类似于固体是不流动的。$\tau > \tau_0$ 开始流动以后其应力-应变关系与牛顿流体类似。所以它的流变曲线是一条不通过坐标原点的直线,其本构方程为

$$\tau = \tau_0 - \mu_p \frac{\partial V}{\partial r} \tag{9.1.9}$$

其中,μ_p 称为塑性黏度,τ_0 是屈服应力。例如,牙膏就是这样一种流体。Bingham 流体的屈服值可以很小,对某些污泥的小于 10^{-6} N·cm^{-2},也可以很大,对某些柏油和沥青的大于 100×10^3 N·cm^{-2}。塑性黏度的变化范围可以从 1 mPa·s 到某些油漆的 100 Pa·s,柏油和沥青的 μ_p 值更高。

高含沥青和焦油的高黏度原油具有这种 Bingham 流体的流变性,只有当地层中的压力梯度大于启动压力梯度时,地层中的流体才开始流动。

9.1.2.4 屈服-拟塑性和膨胀性流体

某些流体具有屈服应力 τ_0,但在 $\tau > \tau_0$ 以后应力-应变关系不是一条直线。例如,含有一定比例黏土的水溶液就是这种流体。其本构方程有

(1) Herschel-Bulkleg 方程

$$\tau = \tau_0 + C\gamma^n \tag{9.1.10}$$

$n<1$ 是屈服-拟塑性的,$n>1$ 是屈服-膨胀性的。

(2) 双曲型

$$\tau = \tau_0 + \frac{a\gamma}{1 + b\gamma} \tag{9.1.11}$$

(3) Casson 方程

$$\tau^{1/2} = \tau^{1/2} + \mu_\infty^{1/2} \gamma^{1/2} \tag{9.1.12}$$

9.1.3 与时间有关的纯黏性流体

有些流体的结构形式与颗粒取向对剪切很敏感,但结构重新排列的速率相当缓慢。由于流变特性受系统结构变化的影响,所以观察到在任一特定剪切率下切应力随时间变化,直至实现一个平衡结构为止。如在塑性流体的情形那样,平衡结构的性质依赖于剪切率,并倾向于促进颗粒排列成线状和剪切率增大时减小阻力。若结构重建的速率与衰败的速率具有相同量级,则整个过程被认为是可逆的。在变剪切率的条件下,切应力将调节到适当占优势剪切率的一个值。而且剪切的结果将导致原来结构的重新形成,对于重建过程极端缓慢的流体,切应力随剪切率的变化似乎是不可逆的。

流变特性缓慢变化的所有流体均概括地分类为与时间有关的流体。切应力随剪切持续时间增加而减小的流体称为**触变性流体**。另一类与时间有关的流体称为**震凝性流体**,在持续不变的剪切条件下,结构重建的速率超过衰败的速率。在这种情况下,要求保持任一剪切率的切应力将随时间而逐渐增大,直至平衡结构再次实现。

9.1.3.1　触变性流体

触变性流体较常碰到。火山灰风化的胶质状黏土的水悬浮液就是触变性的，在石油工业中用作钻井液。很多原油特别是低于常温的原油显示出触变特性。图 9.1 是加拿大 Pembina 油田原油的流变图。在 7 ℃的温度下，对几种不同的剪切作用持续时间有不同的 $\tau \sim \gamma$ 关系曲线。Ritter，Govier（1970）研究了它的流变特性。由图 9.1 可见，随着剪切作用持续时间增大，切应力减小。实际上，触变性流体可以看做是一种屈服-拟塑性流体，只不过其特性随剪切作用持续改变而已。

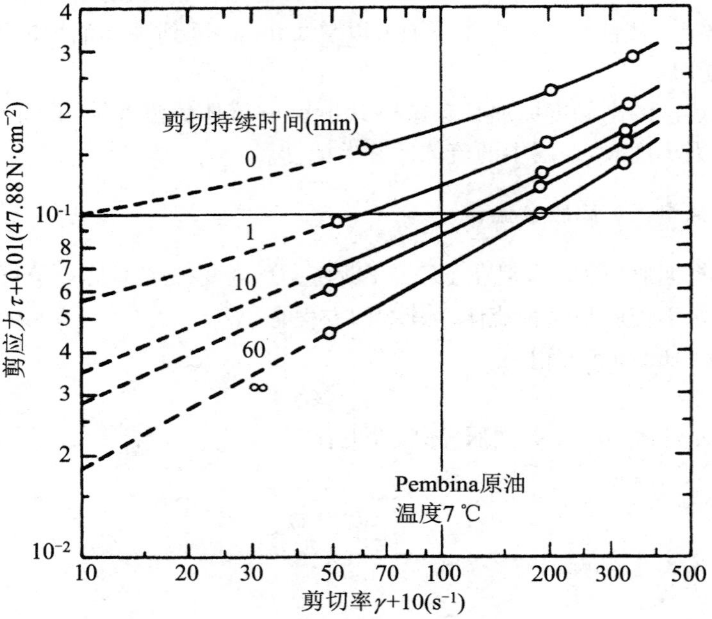

图 9.1　一种典型触变性原油的流变图

Moore（1959）提出含有 5 个材料常数的两个相当简单的关系式来描述不具有屈服值的触变性，即

$$\tau = (\mu_0 + c\lambda)\gamma \tag{9.1.13}$$

$$\frac{d\lambda}{d\theta} = a - (a - b\gamma)\lambda \tag{9.1.14}$$

其中，a，b，c 是材料常数，λ 是结构参数，θ 是剪切作用持续时间。

9.1.3.2　震凝性流体

这种流体比触变性流体较少碰到。对这种流体，在任一给定的剪切率下，切应力随时间而渐近地增加到接近最大值，所需时间为 10～200 min。Steg，Ketz（1965）研究了一种典型震凝性流体，2000 分子重聚酯。图 9.2 示出了它的流变图。由图 9.2 可见，随着剪切作用持续时间增大，切应力增大，并且在某个剪切作用持续时间之后，其性状与幂律型拟塑性流体类似，流变曲线上凸。

震凝性流体也称触稠性流体。

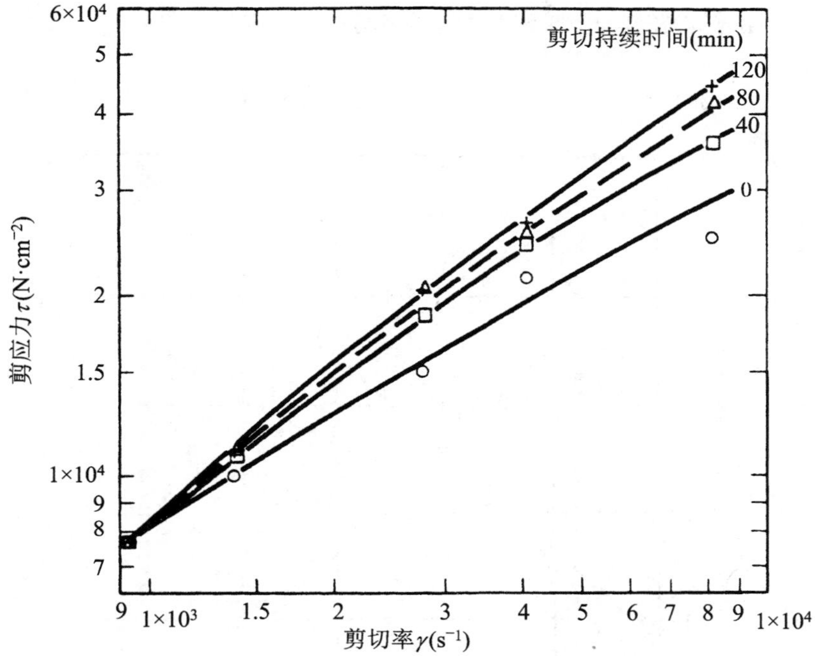

图 9.2　典型震凝性流体 2000 分子重聚酯流变图

9.1.4　黏弹性流体

在第 9.1.1 节中已对黏弹性流体下了定义，该名词适用于能显示部分弹性恢复的与时间有关的非牛顿流体。从某种意义上说，所有的液体和拟均匀液-液或液-固混合物都可被认为是黏弹性的，只是有的弹性效应很微弱。

在以下几种情况下黏弹性效应可能是重要的：流速突然变化如启动或停止；迅速振荡的流动；高剪切率（如突然侵扰）流体等。换句话说，在最通常的稳态流动中以及在涉及很大处理次数的非稳态流动中，大多数物质基本上表现为纯黏性的。一个例外情形是湍流管流，其中，黏弹性对压力梯度有很大影响，特别是观察到减阻这一重要现象。还有弹性反冲现象或应力弛豫，在黏弹性物质经受快速变化的地方都会发生。

实际上，很多物质在适当的流动条件下都会显示出黏弹性特性。例如，差不多所有的熔融聚合物都是高度弹性的，长链分子的溶液如聚环氧乙烷、聚丙烯酰胺、钠羧甲基纤维素等是其中的一部分。这些材料用在油井压裂过程、三次采油以及大容量管线中，在管线中少量的聚合物添加剂对减小压降是有效的。

图 9.3 给出萘烷中 5% 聚异丁烯溶液的流变图。它是一种典型的黏弹性流体。由图 9.3 可见，在较低的剪切率下，法向应力差与切应力是相当的；在高剪切率下，前者比后者大一个量级。Ginn，Metzner（1965）研究了这种黏弹性流体。

本构方程　虽然有很多研究者（Middleman，1969）已经对黏弹性物质推导了很多复杂的本构方程，但是简单实用能定量描写有实际意义的流动条件的黏弹性流体的本构方程却很少。另外，有一些相当简单的本构方程，虽然其适用范围有限，但在讨论管流中是很有用的。White，Metzner(1963)给出如下既简单又实用的本构方程：

$$\tau_{ij} = -2\mu_a d_{ij} + \theta_r \frac{\delta \tau_{ij}}{\delta t} \tag{9.1.15}$$

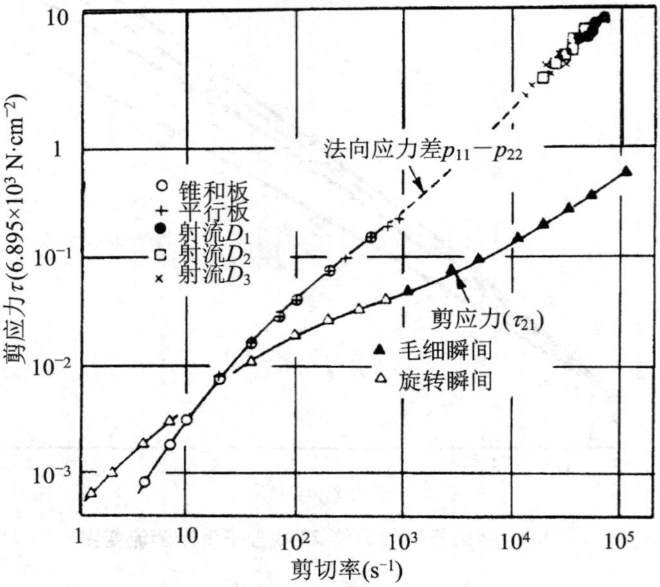

图 9.3　萘烷中 5%聚异丁烯溶液的流变图

其中，d_{ij}是变形率张量的分量，对简单的剪切情形，其绝对值等于 γ；$\delta/\delta t$ 是 Oldroyd 对流导数，物理量相对于随流体运动和变形的坐标系的时间变化率；θ_r 是物质的弛豫时间；μ_a 是视黏度；τ_{ij}是切应力张量的分量。方程中的视黏度不是用特性参数和剪切率表示的，它可通过幂律方程或其他与时间无关黏性流体的经验方程表示出来。应注意，若 $\theta_r=0$，该方程就是纯黏性流体的本构方程。而正应力 p 及弛豫现象是由涉及弛豫时间和对流导数的项所引起的。

表 9.2 给出各种聚合物溶液的弛豫时间。该表中的数据是在剪切率 γ 约为 15000 s^{-1} 的条件下得出的。表中的 CMC 代表钠羧甲基纤维，PIB 代表聚异丁烯。

表 9.2　一些聚合物溶液的典型弛豫时间

溶　液	CMC	PIB	PIB	聚乙二酰胺	聚丙烯酰胺
浓度(百分重量)	2.0	3.0	5.0	2.0	0.4
弛豫时间(10^{-4} s)	2.6	7.5	5.9	35	10

关于非牛顿流体力学的某些基础知识可参看 Schowalter(1978)。Yue，Kong，Chen(1993)和 Yue，Kong，Hao(1994)研究了 Bingham 流体以及某些悬浮液的流动问题。

9.2　幂律型流体渗流

幂律型流体是工程上经常碰到的流体。如前所述,在拟塑性流体和膨胀性流体中,均有幂律型的。前者幂指数 $n<1$,后者 $n>1$。若 $n=1$ 就是牛顿流体。

9.2.1　视黏度与有效渗透率

为了研究幂律型流体的流动,我们先讨论它的视黏度 μ_a。为此,我们考察单个圆管中的层流流动。设圆管半径为 r_0,在管内取一以管轴为对称轴的流体柱,其长度为 $\mathrm{d}L$,半径 $r<r_0$。在不考虑重力的情况下,该流体柱元素上受力的平衡关系为

$$-\pi r^2 \mathrm{d}p = 2\pi r\tau \mathrm{d}L \tag{9.2.1}$$

流体微元段 $\mathrm{d}L$ 两端的压力分别为 $p+\mathrm{d}p$ 和 p,段上压差为 $\mathrm{d}p$,其方向向右与流速 v 方向相同。流体柱元素表面上所受的切应力为 τ,其方向向左,与流速 v 方向相反,于是给出关系式(9.2.1)。由式(9.2.1)可得

$$\tau = -\frac{r}{2}\frac{\mathrm{d}p}{\mathrm{d}L} \tag{9.2.2}$$

即柱元素表面上的切应力 τ 与柱元素半径 r 和压力梯度 $\mathrm{d}p/\mathrm{d}L$ 的乘积成正比,但符号相反。关系式(9.2.2)对牛顿流体和非牛顿流体(与时间无关的)均适用。

将式(9.2.2)代入幂律型流体的本构方程(9.1.2),得到

$$\gamma = -\frac{\mathrm{d}v}{\mathrm{d}r} = \left(-\frac{1}{2C}\frac{\mathrm{d}p}{\mathrm{d}L}\right)^{1/n} r^{1/n} \tag{9.2.3}$$

在管壁上

$$\gamma_{\mathrm{w}} = \left(-\frac{1}{2C}\frac{\mathrm{d}p}{\mathrm{d}L}\right)^{1/n} {r_0}^{1/n} \tag{9.2.4}$$

此式可分离变量进行积分,并利用 $r=r_0$ 处 $v=0$ 的边界条件,给出

$$v = \left[\left(-\frac{1}{2C}\frac{\mathrm{d}p}{\mathrm{d}L}\right)^{1/n}\frac{n}{1+n}\right]\left({r_0}^{\frac{1+n}{n}} - r^{\frac{1+n}{n}}\right) \tag{9.2.5}$$

于是圆管内总流量 Q_p 为

$$Q_p = 2\pi\int_0^{r_0} vr\mathrm{d}r \tag{9.2.6}$$

将式(9.2.5)代入式(9.2.6)可得

$$Q_p = \pi\left(-\frac{1}{2C}\frac{\mathrm{d}p}{\mathrm{d}L}\right)^{1/n}\left(\frac{n}{1+3n}\right){r_0}^{\frac{1+3n}{n}} \tag{9.2.7}$$

所以管道中的平均速度

$$\overline{v} = \frac{Q_p}{\pi r_0^2} = \left(-\frac{1}{2C}\frac{\mathrm{d}p}{\mathrm{d}L}\right)^{1/n}\left(\frac{n}{1+3n}\right){r_0}^{\frac{1+n}{n}} \tag{9.2.8}$$

将以上讨论用于毛细管，注意到 DF 关系式(1.4.5)的渗流速度 V 有

$$V=\phi r_0^{\frac{1+n}{n}}\left(\frac{n}{1+3n}\right)\left(-\frac{1}{2C}\frac{\mathrm{d}p}{\mathrm{d}L}\right)^{1/n} \tag{9.2.9}$$

$$=\frac{\phi^n r_0^{1+n}}{V^{n-1}}\left(\frac{n}{1+3n}\right)^n\left(-\frac{1}{2C}\frac{\mathrm{d}p}{\mathrm{d}L}\right) \tag{9.2.10}$$

或利用式(9.2.4)将式(9.2.10)写成

$$V=\left(\frac{n}{1+3n}\right)\phi r_0\gamma \tag{9.2.11}$$

按照式(9.1.2)，即得幂律型流体的视黏度

$$\mu_a=C\left(\frac{v}{r_0}\frac{1+3n}{n}\right)^{n-1}=C\left(\frac{1+3n}{\phi r_0 n}\right)^{n-1}V^{n-1} \tag{9.2.12}$$

其中，v 和 V 分别为流体质点和渗流速度。

引进幂律型流体的有效黏度 μ_e 和有效渗透率 K_e 为

$$\mu_e=C\left(\frac{1+3n}{\phi r_0 n}\right)^{n-1},\quad K_e=\frac{\phi r_0^2}{2}\left(\frac{n}{1+3n}\right) \tag{9.2.13}$$

将式(9.2.13)中的 μ_e 与式(9.2.12)相比较，再注意到式(1.5.3)中的 $K=\phi r_0^2/8$，可得

$$\mu_a=\mu_e V^{n-1},\quad K_e=4\left(\frac{n}{1+3n}\right)K \tag{9.2.14a}$$

消去 r_0，可得 μ_e 与 K_e 或 K 的关系式：

$$\mu_e=C\left(\frac{n}{1+3n}\right)^{\frac{1-n}{2}}(2\phi K_e)^{\frac{1-n}{2}}=C\left(\frac{n}{1+3n}\right)^{1-n}(8\phi K)^{\frac{1-n}{2}} \tag{9.2.14b}$$

显然，对于 $n=1$，有 $\mu_a=\mu_e=C$；而 $K_e=\phi r_0^2/8=K$。这与第 1.5.4 节中所述的牛顿流体情形相同。

将式(9.2.13)和式(9.2.14a)代入式(9.2.10)，得

$$V=-\frac{K_e}{\mu_a}\frac{\mathrm{d}p}{\mathrm{d}L}=-\frac{K_e}{\mu_e V^{n-1}}\frac{\mathrm{d}p}{\mathrm{d}L} \tag{9.2.15}$$

利用式(9.2.9)，式(9.2.15)也可写成如下形式：

$$V=\left(\frac{K_e}{\mu_e}\right)^{1/n}\left(-\frac{\mathrm{d}p}{\mathrm{d}L}\right)^{1/n} \tag{9.2.16}$$

9.2.1.1 不均匀毛管组模型

以上是对单个毛细管中流动所得的结果。为了更接近地层中的实际情况，考虑介质中存在大量毛细管，而且管径不均匀。为确定起见，设介质长度为 L，横截面积 A 上半径为 r_i 的毛细管个数为 N_i ($i=1,2,\cdots,N$)。根据式(9.2.7)，对于毛管组情形通过截面积 A 的总流量 Q 应为

$$Q=\frac{n\pi}{1+3n}\left(\sum_{i=1}^{N}N_i r_i^{\frac{1+3n}{n}}\right)\left(-\frac{1}{2C}\frac{\mathrm{d}p}{\mathrm{d}L}\right)^{1/n} \tag{9.2.17}$$

而孔隙度为

$$\phi = \left[\sum N_i \pi r_i^2\right]/A \tag{9.2.18}$$

所以渗流速度 $V=Q/A$ 为

$$V = \frac{\phi n}{1+3n}\frac{\sum N_i r_i^{\frac{1+3n}{n}}}{\sum N_i r_i^2}\left(-\frac{1}{2C}\frac{\mathrm{d}p}{\mathrm{d}L}\right)^{1/n} \tag{9.2.19}$$

式(9.2.19)两边乘以 n 次方，可改写成

$$V = -\frac{1}{2CV^{n-1}}\left(\frac{\phi n}{1+3n}\right)^n\left[\frac{\sum N_i r_i^{\frac{1+3n}{n}}}{\sum N_i r_i^2}\right]^n\frac{\mathrm{d}p}{\mathrm{d}L} \tag{9.2.20}$$

与式(9.2.13)类似，引进有效黏度和有效渗透率

$$\begin{aligned}\mu_{\mathrm{e}} &= C\left(\frac{\phi n}{1+3n}\right)^{1-n}\overline{r}_0^{1-n}, \quad \overline{r}_0 = \left[\frac{\sum N_i r_i^{\frac{1+3n}{n}}}{\sum N_i r_i^2}\right]^{\frac{n}{1+n}}\\ K_{\mathrm{e}} &= \frac{\phi n}{2(1+3n)}\overline{r}_0^2, \quad \overline{r}_0^2 = \left[\frac{\sum N_i r_i^{\frac{1+3n}{n}}}{\sum N_i r_i^2}\right]^{\frac{2n}{1+n}}\end{aligned} \tag{9.2.21}$$

则式(9.2.20)可写成

$$V = -\frac{K_{\mathrm{e}}}{\mu_a}\frac{\mathrm{d}p}{\mathrm{d}L} = -\frac{K_{\mathrm{e}}}{\mu_{\mathrm{e}}V^{n-1}}\frac{\mathrm{d}p}{\mathrm{d}L} \tag{9.2.22}$$

它与式(9.2.15)形式相同。利用式(9.2.19)，式(9.2.22)也可写成(9.2.16)的形式

$$V = \left(\frac{K_{\mathrm{e}}}{\mu_{\mathrm{e}}}\right)^{1/n}\left(-\frac{\mathrm{d}p}{\mathrm{d}L}\right)^{1/n} \tag{9.2.23}$$

视黏度 μ_a 与有效黏度 μ_{e} 的关系仍有式(9.2.14)的形式。$n=1$ 退化为牛顿流体的情形。

应当指出：式(9.2.22)中的有效渗透率 K_{e} 不仅与介质的特性 ϕ 和 r_0 有关，而且与流体的特性参数 n 有关。对于均质中一个确定的流动系统，K_{e} 是常数。式中的有效黏度 μ_{e} 不仅与流体的特性参数 C 和 n 有关，而且与固体介质的特性参数 ϕ 和毛管半径 r_i(因而渗透性)有关。同样，对于均质中确定的流动系统，它是常数。而视黏度 $\mu_a=\mu_{\mathrm{e}}V^{n-1}$ 还与渗流速度有关，所以它是个变量。

9.2.1.2　幂律型流体的摩擦阻力

考虑单一毛细管情形，定义摩擦阻力系数(摩擦因子)

$$f \equiv \frac{\tau_{\mathrm{w}}}{\frac{1}{2}\rho\overline{v}^2} = \frac{1}{\frac{1}{2}\rho\overline{v}^2}\left(-\frac{r_0}{2}\frac{\mathrm{d}p}{\mathrm{d}L}\right) \tag{9.2.24}$$

其中，r_0 为毛细管半径，$\overline{v}$ 是管截面平均流速。由式(9.2.8)解出 $\mathrm{d}p/\mathrm{d}L$，得

$$-\frac{r_0}{2}\frac{\mathrm{d}p}{\mathrm{d}L} = \frac{\overline{v}^n}{\frac{1}{C}\left(\frac{n}{1+3n}\right)^n r_0{}^n} \tag{9.2.25}$$

将式(9.2.25)代入式(9.2.24)，得

$$f=\frac{1}{\frac{1}{2}\rho\bar{v}^2}\frac{\bar{v}^n}{\frac{1}{C}\left(\frac{n}{1+3n}\right)^n r_0^n}\tag{9.2.26}$$

令幂律流体的雷诺数

$$Re_{p1}=\frac{(2r_0)^n\rho\bar{v}^{2-n}}{C},\quad Re_{p2}=\frac{(2r_0)^n\rho\bar{v}^{2-n}}{C}8\left(\frac{n}{2+6n}\right)^n\tag{9.2.27}$$

显然,对 $n=1,C=\mu$,式(9.2.27)中 Re_p 还原为牛顿流体的雷诺数 $Re=D\rho\bar{v}/\mu$。于是 $f=16/Re$,这就是大家熟知的 Hagen-Poisouille 流结果。对于幂律型流体

$$f=\frac{16}{Re_{p2}}=\frac{16}{Re_{p1}}\frac{1}{8}\left(\frac{2+6n}{n}\right)^n\tag{9.2.28}$$

将式(9.2.28)的结果绘于图 9.4 中。由图可见,幂律流体的摩擦系数 f 随雷诺数 Re_{p1} 增大而减小,同时随幂指数 n 值减小而减小。

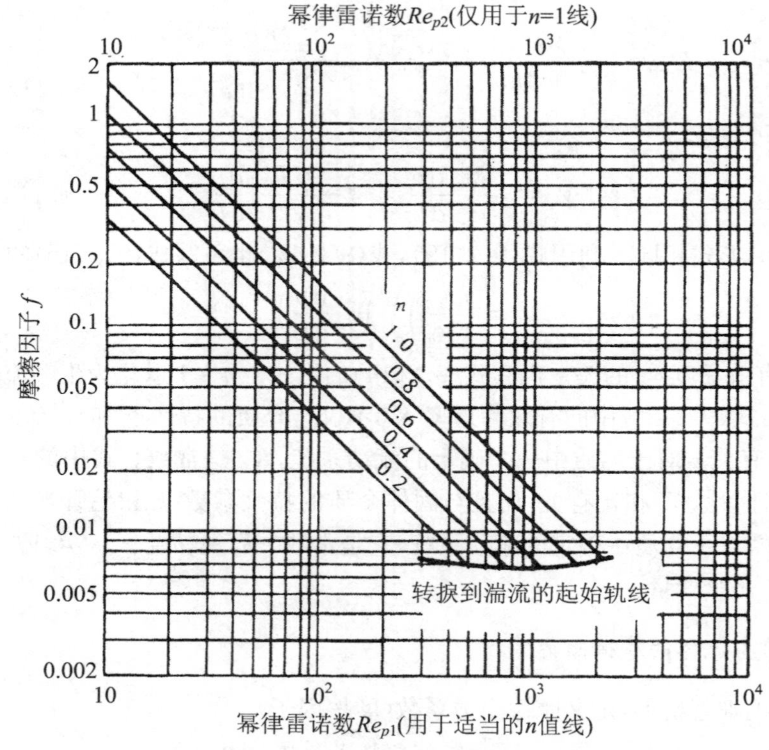

图 9.4 幂律拟塑性流体层流的摩擦系数

因为对幂律拟塑性流体 $n<1$,所以总有 $Re_{p2}>Re_{p1}$。于是幂律拟塑性流体在圆管中层流流动的摩擦阻力系数 $f<16/Re_{p1}$。

9.2.2 幂律流体的渗流方程

9.2.2.1 广义 Darcy 定律

将方程(9.2.22)推广到三维情形,可得幂律流体的广义 Darcy 定律

$$\boldsymbol{V} = -\frac{K_e}{\mu_a}\nabla p = -\frac{K_e}{\mu_e V^{n-1}}\nabla p \tag{9.2.29}$$

或由式(9.2.23)推广为另一等价形式:

$$\boldsymbol{V} = -\left(\frac{K_e}{\mu_e}\right)^{1/n} |\nabla p|^{\frac{1-n}{n}}\nabla p = -\left(\frac{K_e}{\mu_e}\right)^{1/n} H^{\frac{n-1}{n}}\nabla p \tag{9.2.30}$$

其中

$$H(x,y,z,t) = \frac{1}{|\nabla p|} = \left[\left(\frac{\partial p}{\partial x}\right)^2 + \left(\frac{\partial p}{\partial y}\right)^2 + \left(\frac{\partial p}{\partial z}\right)^2\right]^{-1/2} \tag{9.2.31}$$

求散度给出

$$\nabla\cdot(\rho\boldsymbol{V}) = -\left(\frac{K_e}{\mu_e}\right)^{1/n}\rho_0\left[H^{\frac{n-1}{n}}\nabla^2 p + \frac{n-1}{n}H^{-1/n}\nabla H\cdot\nabla p + O\left(c_f\frac{\partial p}{\partial x}\cdots\right)\right] \tag{9.2.32}$$

将式(9.2.32)代入连续性方程(1.6.4),并注意到

$$\frac{\partial(\phi\rho)}{\partial t} = \phi\rho_0 c_f\frac{\partial p}{\partial t}$$

除泡沫流外,可略去压缩系数 c_f 与压力对空间导数的乘积项,整理后得[见孔、陈、陈(1999)]

$$\nabla^2 p + \frac{n-1}{n}H^{-1}\nabla p\cdot\nabla H + H^{\frac{1-n}{n}}\left(\frac{\mu_e}{K_e}\right)^{1/n} q = H^{\frac{1-n}{n}}\phi c_t\left(\frac{\mu_e}{K_e}\right)^{1/n}\frac{\partial p}{\partial t} \tag{9.2.33}$$

式(9.2.33)就是幂律流体渗流方程的一般形式。对于 $n=1$,还原为牛顿流体的渗流方程。

式(9.2.33)也可写成

$$H^{\frac{n-1}{n}}\nabla^2 p + \frac{n-1}{n}H^{-\frac{1}{n}}\nabla H\cdot\nabla p + \left(\frac{\mu_e}{K_e}\right)^{1/n} q = \frac{1}{\chi_e}\frac{\partial p}{\partial t},\quad \chi_e = \frac{K_e{}^{1/n}}{\phi c_t \mu_e{}^{1/n}} \tag{9.2.34}$$

对于平面径向流

$$\nabla H = \frac{\partial H}{\partial r} = \frac{\partial}{\partial r}\left(\pm\frac{1}{\partial p/\partial r}\right) = \mp\frac{\partial^2 p/\partial r^2}{(\partial p/\partial r)^2} \tag{9.2.35}$$

式(9.2.35)中上、下符号分别对应于生产井和注入井。将它代入式(9.2.33),整理后得幂律流体平面径向流的渗透方程

$$\frac{\partial^2 p}{\partial r^2} + \frac{n}{r}\frac{\partial p}{\partial r} + n\left|\frac{\partial p}{\partial r}\right|^{\frac{n-1}{n}}\left(\frac{\mu_e}{K_e}\right)^{1/n} q = \frac{n}{\chi_e}\left|\frac{\partial p}{\partial r}\right|^{\frac{n-1}{n}}\frac{\partial p}{\partial t} \tag{9.2.36}$$

9.2.2.2 方程的线化

方程(9.2.36)是非线性的。为了求得近似的解析结果,可将方程进行线化。Ikoku,

Ramey(1980)作以下近似：在径向流中流量 Q 不随距离变化(稳态流量假设)。按式(9.2.23)，即有

$$-\frac{K_e}{\mu_e}\frac{\partial p}{\partial r} = V^n = \left(\frac{Q}{2\pi rh}\right)^n \tag{9.2.37}$$

由式(9.2.37)解出$\partial p/\partial r$，代入式(9.2.36)的$|\partial p/\partial r|$中，得

$$\frac{\partial^2 p}{\partial r^2} + \frac{n}{r}\frac{\partial p}{\partial r} + n\frac{\mu_e}{K_e}\left(\frac{Q}{2\pi h}\right)^{n-1} r^{1-n}q = Gr^{1-n}\frac{\partial p}{\partial t} \tag{9.2.38}$$

其中

$$G = \phi c_t n\frac{\mu_e}{K_e}\left(\frac{Q}{2\pi h}\right)^{n-1} \tag{9.2.39}$$

若 Q 是常数，则 G 与 r,t 无关，更与压力 p 无关，于是方程(9.2.38)是线性的。

9.2.3 线化方程的解

对于平面径向流的线化方程(9.2.38)，不难给出它的解析解。引进下列无量纲量：

$$r_D = \frac{r}{r_w},\quad t_D = \frac{t}{Gr_w^{3-n}},\quad p_D = \left(\frac{2\pi h}{Q}\right)^n\frac{K_e(p-p_i)}{\mu_e r_w^{1-n}} \tag{9.2.40}$$

对于无限大地层中的无源流动，无量纲渗流方程和定解条件写出如下：

$$\frac{\partial^2 p_D}{\partial r_D^2} + \frac{n}{r_D}\frac{\partial p_D}{\partial r_D} = r_D^{1-n}\frac{\partial p_D}{\partial t_D} \tag{9.2.41}$$

$$\left.\frac{\partial p_D}{\partial r_D}\right|_{r_D=1} = -1 \tag{9.2.42}$$

$$p_D(r_D\to\infty, t_D) = 0 \tag{9.2.43}$$

$$p_D(r_D, t_D=0) = 0 \tag{9.2.44}$$

用类似第 8.6.4 节中的方法将$\partial p/\partial r$ 的系数变成 $1/r_D$(见附录 B3)，即令

$$p_D(r_D, t_D) = r_D^{\frac{1-n}{2}}W(r_D, t_D) \tag{9.2.45}$$

则方程(9.2.41)～方程(9.2.42)变成

$$\frac{\partial^2 W}{\partial r_D^2} + \frac{1}{r_D}\frac{\partial W}{\partial r_D} + \left(\frac{1-n}{2}\right)^2 r_D^{-2}W = r_D^{1-n}\frac{\partial W}{\partial t_D} \tag{9.2.46}$$

$$\left(\frac{\partial W}{\partial r_D} + \frac{1-n}{2}W\right)_{r_D=1} = -1 \tag{9.2.47}$$

远场边界条件和初始条件仍为 $W=0$。

对 W 的方程组进行拉氏变换，给出

$$\frac{d^2\overline{W}}{dr_D^2} + \frac{1}{r_D}\frac{\partial\overline{W}}{\partial r_D} - \left[1 + \frac{r^{3-n}s - r^2 - \left(\frac{1-n}{2}\right)^2}{r^2}\right]\overline{W} = 0 \tag{9.2.48}$$

式(9.2.48)可化为 $\nu=(1-n)/(3-n)$阶的变型贝塞尔方程。利用远场条件和式(9.2.45)，可得

$$\overline{p}_D(r_D, s) = B r_D^{\frac{\nu}{1-\nu}} K_\nu\left[(1-\nu)\sqrt{s} r_D^{\frac{1}{1-\nu}}\right] \tag{9.2.49}$$

其中，K_ν 是 ν 阶第二类变型贝塞尔函数，利用公式

$$K_\nu'(z) = -K_{\nu-1}(z) - \frac{\nu}{2}K_\nu(z) \tag{9.2.50}$$

容易定出系数

$$B = \frac{1}{s^{3/2}K_{\nu-1}\left[(1-\nu)\sqrt{s}\right]} \tag{9.2.51}$$

将式(9.2.51)代入式(9.2.49)，得无量纲压力的象函数

$$\overline{p}(r_D, s) = \frac{r_D^{\frac{\nu}{1-\nu}} K_\nu\left[(1-\nu)\sqrt{s} r_D^{\frac{1}{1-\nu}}\right]}{s^{3/2}K_{\nu-1}\left[(1-\nu)\sqrt{s}\right]} \tag{9.2.52}$$

对式(9.2.52)进行数值反演即可求得压力分布。

井底压力　令式(9.2.52)中的 $r_D = 1$，得井底压力的象函数

$$\overline{p}_{wD}(s) = \frac{K_\nu\left[(1-\nu)\sqrt{s}\right]}{s^{3/2}K_{\nu-1}\left[(1-\nu)\sqrt{s}\right]} = \frac{K_{\frac{1-n}{3-n}}\left(\frac{2}{3-n}\sqrt{s}\right)}{s^{3/2}K_{\frac{2}{3-n}}\left(\frac{2}{3-n}\sqrt{s}\right)} \tag{9.2.53}$$

式(9.2.53)数值反演的结果绘于图 9.5 中。

对象函数的表达式(9.2.53)也可以进行解析反演。Ikoku，Ramey(1980)给出解析反演的近似结果为

$$p_{wD}(t_D) = \frac{(3-n)^{\frac{2(1-n)}{3-n}} t_D^{\frac{1-n}{3-n}}}{(1-n)\Gamma\left(\frac{2}{3-n}\right)} - \frac{1}{1-n} \tag{9.2.54}$$

其中，Γ 是伽马函数。

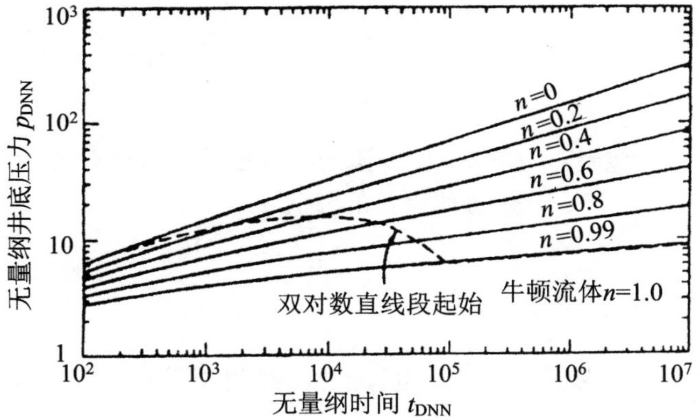

图 9.5　向无限大地层一口井注入幂律流体所得的 $p_{wD} \sim t_D$ 双对数曲线

下面讨论井底压力的晚期特性。当 $t_D \to \infty$ 时，式(9.2.54)中第二项与第一项相比可以略去，于是得

$$p_{wD}(t_D) = \frac{(3-n)^{\frac{2(1-n)}{3-n}} t_D^{\frac{1-n}{3-n}}}{(1-n)\Gamma\left(\frac{2}{3-n}\right)} \tag{9.2.55}$$

式(9.2.55)表明:在晚期 p_{wD} 对 t_D 的双对数曲线是直线,直线的斜率为$(1-n)/(3-n)$。这个结果与由数值反演算出的结果图 9.5 是一致的。图 9.5 中给出了双对数直线段的起点线。在 $t_D = 10^2$ 到起点线之间,p_{wD}对 t_D 的曲线与直线略有偏离。对不同的 n 值,当 t_D 大于 10^3 到 10^5 以后,就是直线了。

式(9.2.55)写成有量纲形式为

$$p_{wf}(t) = p_i + \frac{\left(\frac{Q}{2\pi h}\right)^{\frac{n+1}{3-n}} \left(\frac{\mu_e}{K_e}\right)^{\frac{2}{3-n}}}{(1-n)\Gamma\left(\frac{2}{3-n}\right)} \left[\frac{(3-n)^2 t}{n\phi c_t}\right]^{\frac{1-n}{3-n}} \tag{9.2.56}$$

对式(9.2.56)两边取对数,令 $\Delta p = p_{wf} - p_i$,给出

$$\lg \Delta p = \frac{1-n}{3-n} \lg t + A \tag{9.2.57}$$

其中

$$A = \lg \left\{ \frac{\left(\frac{Q}{2\pi h}\right)^{\frac{n+1}{3-n}} \left(\frac{\mu_e}{K_e}\right)^{\frac{2}{3-n}}}{(1-n)\Gamma\left(\frac{2}{3-n}\right)} \left[\frac{(3-n)^2}{n\phi c_t}\right]^{\frac{1-n}{3-n}} \right\} \tag{9.2.58}$$

若将晚期段直线延长,与双对数坐标图中 $t = 1$ 的纵向直线相交,设该交点上所对应的纵坐标值为 Δp_1,则这个 Δp_1 值就是式(9.2.58)花括号中表达式的值。若 n,ϕc_t 和 Q/h 值已知,则由 Δp_1 值可以立即求得 μ_e/K_e 的值

$$\lg \frac{\mu_e}{K_e} = \frac{3-n}{2} \lg \Delta p_1 - \frac{3-n}{2} \lg \left\{ \frac{\left(\frac{Q}{2\pi h}\right)^{\frac{n+1}{3-n}} \left[\frac{(3-n)^2}{n\phi c_t}\right]^{\frac{1-n}{3-n}}}{(1-n)\Gamma\left(\frac{2}{3-n}\right)} \right\} \tag{9.2.59}$$

以上是对无限大地层所得的结果。用类似的方法也可以求解有界地层中幂律流体的渗流。Odeh,Yang(1979)也曾研究过幂律流体的渗流。

9.3 Bingham 流体渗流

如前所述,Bingham 流体是切应力 τ 大于屈服应力 τ_0 才开始流动的流体。τ_0 值通常是由实验测定的,它是 Bingham 流体的固有特性。这意味着在多孔介质中只有在压力梯度 $|\nabla p|$ 大于某个启动压力梯度 $\lambda = |\nabla p_0|$ 的情形下才能实现渗流。因而在流场中存在一个

界面，在这个界面上，$|\nabla p| = \lambda$。界面一侧流体静止，另一侧流体开始流动。这种界面可称之为启动界面，它与第 7.2 节和第 7.3 节所阐述的驱替界面是不同的，所以 Bingham 流体渗流比牛顿流体的单相渗流和驱替流动要复杂得多。

下面首先研究启动压力梯度 $\lambda = |\nabla p_0|$ 与屈服压力 τ_0 之间的关系。

9.3.1　启动压力梯度与屈服应力的关系

我们从讨论 Bingham 流体在圆管中的流动开始，考察如第 9.2.1 节所述的流体柱元素，当然式(9.2.2)仍然适用。将该式代入本构方程(9.1.9)，可得剪切率 $\mathrm{d}v/\mathrm{d}r = \gamma$ 为

$$\frac{\mathrm{d}v}{\mathrm{d}r} = \frac{\tau - \tau_0}{\mu_\mathrm{p}} = -\frac{1}{\mu_\mathrm{p}}\left(\frac{r}{2}\frac{\mathrm{d}p}{\mathrm{d}L} + \tau_0\right) \tag{9.3.1}$$

在管壁上

$$\gamma_\mathrm{w} = -\frac{1}{\mu_\mathrm{p}}\left(\frac{r_0}{2}\frac{\mathrm{d}p}{\mathrm{d}L} + \tau_0\right) \tag{9.3.2}$$

式(9.3.2)表明：切应力 τ 的大小与管内径向距离 r 成正比，因而在管中心线附近切应力 τ 很小。可以观察到，对于 Bingham 流体，当 $\tau = -r\mathrm{d}p/2\mathrm{d}L \leqslant \tau_0$ 时，流体不受剪切作用，即在管中存在一个径向距离 r_p，在 $0 \leqslant r \leqslant r_p$ 处流体相对于邻层流体是静止的，速度 $v = v_p$，而在 $r_p < r < r_0$ 处流体相对于邻层流体处于运动状态。由式(9.2.2)显然有

$$r_p = \frac{2\tau_0}{\left(-\dfrac{\mathrm{d}p}{\mathrm{d}L}\right)} \tag{9.3.3}$$

假设圆管中的流动为层流，式(9.3.1)积分给出

$$\begin{aligned} v &= \frac{1}{\mu_\mathrm{p}}\int_r^{r_0}\left(\frac{r}{2}\frac{\mathrm{d}p}{\mathrm{d}L} + \tau_0\right)\mathrm{d}r \\ &= \frac{1}{\mu_\mathrm{p}}\left[-\left(\frac{\mathrm{d}p}{4\mathrm{d}L}\right)(r_0^2 - r^2) - \tau_0(r_0 - r)\right] \quad (r_p < r < r_0) \end{aligned} \tag{9.3.4}$$

在 $0 \leqslant r \leqslant r_p$ 范围内，流体呈活塞式整体运动。其速度值 v_p 为用式(9.3.3)的 r_p 替换(9.3.4)中 r 所得的结果，即

$$v_p = \frac{1}{\mu_\mathrm{p}}\left\{\left(-\frac{\mathrm{d}p}{4\mathrm{d}L}\right)\left[r_0^2 - \left[\frac{2\tau_0}{-\dfrac{\mathrm{d}p}{\mathrm{d}L}}\right]^2\right] - \tau_0\left[r_0 - \frac{2\tau_0}{\left(-\dfrac{\mathrm{d}p}{\mathrm{d}L}\right)}\right]\right\} \quad (0 \leqslant r \leqslant r_p) \tag{9.3.5}$$

圆管中流体的速度分布是截头抛物面形状。流量 Q 为通过剪切区（$r_p < r < r_0$）与活塞区（$0 \leqslant r \leqslant r_p$）流量之和。于是通过半径为 r_0 的单个毛细管的流量为

$$Q_1 = \int_{r_p}^{r_0} 2\pi r v \mathrm{d}r + \pi r_p^2 v_p \tag{9.3.6}$$

将式(9.3.4)和式(9.3.5)代入式(9.3.6)，可得通过半径为 r_i 的单个毛细管中层流流动的流量 Q_1 为

$$Q_1 = \frac{\pi r_i^4}{8\mu_p}\left(-\frac{dp}{dL}\right)\left[1 - \frac{4}{3}\left(\frac{2\tau_0/r_i}{-dp/dL}\right) + \frac{1}{3}\left(\frac{2\tau_0/r_i}{-dp/dL}\right)^4\right] \tag{9.3.7}$$

管道截面上的平均流速为

$$\overline{v} = \frac{Q_1}{\pi r_i^2} = \frac{r_i^2}{8\mu_p}\left(-\frac{dp}{dL}\right)\left[\left(1 - \frac{4}{3}\frac{2\tau_0/r_i}{-dp/dL}\right) + \frac{1}{3}\left(\frac{2\tau_0/r_i}{-dp/dL}\right)^4\right] \tag{9.3.8}$$

要使圆管中的流量为零，式(9.3.8)方括号中的量必须为零，由此解出正根：

$$-\frac{dp}{dL} = \frac{2\tau_0}{r_i} = \lambda \tag{9.3.9}$$

这就是圆管中 Bingham 流体的启动压力梯度。

利用 DF 关系式(1.4.4)，并令渗透率 $K = \phi r_i^2/8$，则式(9.3.8)可写成

$$V = \frac{K}{\mu_p}\left(-\frac{dp}{dL}\right)\left[1 - \frac{4}{3}\frac{\lambda}{-dp/dL} + \frac{1}{3}\left(\frac{\lambda}{-dp/dL}\right)^4\right] \tag{9.3.10}$$

其中，V 是渗流速度。

9.3.1.1 不均匀毛管组模型

与第 9.2.1 节中类似，考虑介质长度为 L，横截面积 A 上半径为 r_i 的毛细管个数为 N_i，$i=1,2,\cdots,N$。根据式(9.3.7)，通过截面 A 的总流量 Q 为

$$Q = \frac{\pi}{8\mu_p}\left(-\frac{dp}{dL}\right)\left[\sum_{i=1}^{N} N_i r_i^4 - \frac{4}{3}\left(\frac{2\tau_0}{-dp/dL}\right)\sum_{i=1}^{N} N_i r_i^3 + \frac{1}{3}\left(\frac{2\tau_0}{-dp/dL}\right)^4\right] \tag{9.3.11}$$

因为毛细管中 Bingham 流体的启动压力梯度与管径大小有关，为了给出一个平均的启动压力梯度，引进一个综合平均半径 $\overline{r}_0$

$$\overline{r}_0 = \frac{\sum N_i r_i^4}{\sum N_i r_i^3} \approx \left(\sum_{i=1}^{N} N_i r_i^4\right)^{1/4} \tag{9.3.12}$$

则式(9.3.11)可写成

$$Q = \frac{\pi}{8\mu_p}\sum_{i=1}^{N} N_i r_i^4\left(-\frac{dp}{dL}\right)\left[1 - \frac{4}{3}\left(\frac{2\tau_0/\overline{r}_0}{-dp/dL}\right) + \frac{1}{3}\left(\frac{2\tau_0/\overline{r}_0}{-dp/dL}\right)^4\right] \tag{9.3.13}$$

利用式(9.2.18)给出的孔隙度 ϕ，则得渗流速度 $V = Q/A$ 为

$$V = \frac{\phi}{8\mu_p}\frac{\sum_{i=1}^{N} N_i r_i^4}{\sum_{i=1}^{N} N_i r_i^2}\left(-\frac{dp}{dL}\right)\left[1 - \frac{4}{3}\left(\frac{2\tau_0/\overline{r}_0}{-dp/dL}\right) + \frac{1}{3}\left(\frac{2\tau_0/\overline{r}_0}{-dp/dL}\right)^4\right] \tag{9.3.14}$$

在式(9.3.14)中令 $V=0$，由方括号中解出平均启动压力梯度 $\overline{\lambda}$：

$$\overline{\lambda} = \left|\frac{dp}{dL}\right|_0 = \frac{2\tau_0}{\overline{r}_0} \tag{9.3.15}$$

即多孔介质中 Bingham 流体流动的平均启动压力 $\overline{\lambda}$ 与流体的屈服应力 τ_0 成正比，而与毛细管的综合平均半径 $\overline{r}_0$ 成反比。将式(9.3.15)代入式(9.3.14)，并为简洁起见略去 λ 上的平均号，则得

$$V = -\frac{K_p}{\mu_p}\left(\frac{\mathrm{d}p}{\mathrm{d}L}\right)\left[1 - \frac{4}{3}\frac{\lambda}{-\mathrm{d}p/\mathrm{d}L} + \frac{1}{3}\left(\frac{\lambda}{\mathrm{d}p/\mathrm{d}L}\right)^4\right] \tag{9.3.16}$$

其中

$$K_p = \frac{\phi}{8}\frac{\sum N_i r_i^4}{\sum N_i r_i^2} \tag{9.3.17}$$

将式(9.3.17)与式(1.5.41)相比可见，Bingham 流体通过多孔介质的有效渗透率 K_p 与牛顿流体通过多孔介质的渗透率 K 相等，它就是介质的绝对渗透率 K。顺便指出：在非牛顿流体中只有 Bingham 流体独享这一殊荣。这是可以理解的，因为该流体在克服启动压力梯度以后，其流变图表现为一条直线，与牛顿流体类似，而其他非牛顿流体的有效渗透率与多孔介质的绝对渗透率 K 是不相等的。这在式(9.2.21)所表示的幂律流体的有效渗透中已经看得很清楚了。

9.3.1.2　摩擦阻力

考虑单一毛细管情形，定义摩擦阻力系数

$$f = \frac{\tau_w}{\frac{1}{2}\rho\bar{v}^2} = \frac{2}{\rho\bar{v}}\frac{-\frac{r_0}{2}\frac{\mathrm{d}p}{\mathrm{d}L}}{\bar{v}} \tag{9.3.18}$$

将式(9.3.8)代入式(9.3.18)，可得

$$f = \frac{16\mu_p}{\rho\bar{v}(2r_0)}\frac{1}{1 - \frac{4}{3}T + \frac{1}{3}T^4} \tag{9.3.19}$$

其中

$$T = \frac{\tau_0}{\tau_w} = \frac{2\tau_0/r_0}{-\mathrm{d}p/\mathrm{d}L} = \frac{\lambda}{-\mathrm{d}p/\mathrm{d}L} \tag{9.3.20}$$

记雷诺数 $Re_B = \overline{\rho v}(2r_0)/\mu_p$，则式(9.3.19)可写成

$$f = \frac{16}{Re_B}\left(\frac{1}{1 - \frac{4}{3}T + \frac{1}{3}T^4}\right) \tag{9.3.21}$$

式(9.3.21)括号中分母小于 1，所以 Bingham 流体在圆管中流动的摩擦阻力系数 $f > 16/Re_B$。

9.3.2　Bingham 流体的渗流方程

将式(9.3.16)中的下标 p 省略掉，写成

$$V = -\frac{K}{\mu}\frac{\mathrm{d}p}{\mathrm{d}L}\left[1 - \frac{4}{3}\frac{\lambda}{-\mathrm{d}p/\mathrm{d}L} + \frac{1}{3}\left(\frac{\lambda}{\mathrm{d}p/\mathrm{d}L}\right)^4\right] \quad \left(\left|\frac{\mathrm{d}p}{\mathrm{d}L}\right| > \lambda\right) \tag{9.3.22}$$

将式(9.3.22)推广到三维情形，Bingham 流体渗流的广义 Darcy 定律可写成

$$V=-\frac{K}{\mu}\nabla p\left[1-\frac{4}{3}\frac{\lambda}{|\nabla p|}+\frac{1}{3}\left(\frac{\lambda}{|\nabla p|}\right)^4\right]$$
$$=-\frac{K}{\mu}\nabla p\left[\left(1-\frac{\lambda}{|\nabla p|}\right)-\frac{1}{3}\frac{\lambda}{|\nabla p|}\left(1-\frac{\lambda^3}{|\nabla p|^3}\right)\right] \tag{9.3.23}$$

令 $1/|\nabla p|=H(x,y,z,t)$，如式(9.2.31)所示，则式(9.3.23)可写成

$$V=-\frac{K}{\mu}\nabla p\left[(1-\lambda H)-\frac{1}{3}\lambda H(1-\lambda^3H^3)\right] \tag{9.3.24}$$

求 ρV 的散度，给出

$$\nabla\cdot(\rho V)=-\frac{K}{\mu}\rho_0\left[\left(1-\frac{4}{3}\lambda H+\frac{1}{3}\lambda^4H^4\right)\nabla^2p-\frac{4}{3}(\lambda+\lambda^4H^3)\nabla H\cdot\nabla p\right] \tag{9.3.25}$$

将式(9.3.25)代入连续性方程(1.6.5)并整理，得[见孔祥言、陈峰磊、陈国权(1999)]

$$\left(1-\frac{4}{3}\lambda H+\frac{1}{3}\lambda^4H^4\right)\nabla^2p-\frac{4}{3}(\lambda+\lambda^4H^3)\nabla H\cdot\nabla p=\frac{\phi\mu c_t}{K}\frac{\partial p}{\partial t} \tag{9.3.26}$$

方程(9.3.26)就是 Bingham 流体渗流微分方程的一般形式。

Bingham 流体渗流的近似方程　有时为简单起见，对 Bingham 流体渗流方程进行某些简化。首先，略去方程(9.3.24)方括号中第二项，给出近似的广义 Darcy 定律

$$V=-\frac{K}{\mu}\nabla p(1-\lambda H)\quad(\lambda H<1) \tag{9.3.27}$$

注意，式(9.3.27)中只保留 λH 而不是 $4\lambda H/3$，否则就不满足 $|\nabla p|=\lambda$ 时速度等于零的条件。利用近似式(9.3.27)与式(9.3.24)相比，在 $\lambda/|\nabla p|<0.1$ 范围对速度引起的相对误差在3%以内。但在 $\lambda/|\nabla p|>0.1$ 范围仍引起较大误差。

利用近似的广义 Darcy 定律(9.3.27)，则渗流方程(9.3.26)近似表示为

$$(1-\lambda H)\nabla^2p-\lambda\nabla H\cdot\nabla p=\frac{1}{\chi}\frac{\partial p}{\partial t} \tag{9.3.28}$$

方程(9.3.28)是近似的 Bingham 流体渗流非线性微分方程。它可作为数值求解的控制方程。

对于平面径向流，以生产井为例

$$\nabla p=\frac{\partial p}{\partial r}>0,\quad H=1\Big/\frac{\partial p}{\partial r},\quad \nabla H=-\frac{\partial^2p}{\partial r^2}\Big/\left(\frac{\partial p}{\partial r}\right)^2 \tag{9.3.29}$$

于是方程(9.3.28)可改写成

$$\frac{\partial^2p}{\partial r^2}+\frac{1}{r}\frac{\partial p}{\partial r}-\frac{\lambda}{r}=\frac{1}{\chi}\frac{\partial p}{\partial t}\quad\left(\frac{\partial p}{\partial r}>\lambda\right) \tag{9.3.30}$$

现在将方程(9.3.30)无量纲化。引进无量纲量

$$r_D=\frac{r}{r_w},\quad t_D=\frac{Kt}{\phi\mu c_tr_w^2},\quad p_D=\frac{2\pi Kh(p_i-p)}{Qu},\quad \lambda_D=\frac{2\pi Khr_w\lambda}{Qu} \tag{9.3.31}$$

则方程(9.3.30)写成无量纲形式为

$$\frac{\partial^2p_D}{\partial r_D^2}+\frac{1}{r_D}\frac{\partial p_D}{\partial r_D}+\frac{\lambda_D}{r_D}=\frac{\partial p_D}{\partial t_D} \tag{9.3.32}$$

对于注入井，式(9.3.30)中 λ 项前是正号，但 p_D 定义式的分子取 $p-p_i$，因此无量纲方程的形式相同，仍由式(9.3.32)给出。这个近似方程是线性的，对它求解较为简单。

9.3.3　Bingham 流体渗流的边界条件

在建立边界条件方程之前，我们不妨阐明一下 Bingham 流体渗流的机理。对于单一的毛细管，式(9.3.9)表明：若压力梯度 $dp/dr \leqslant 2\tau_0/r_0$，则毛细管中流量为零。在一个储层中，毛细管半径有一个分布范围，从最大的半径 r_1 到最小的半径 r_2，相应地有最小的启动压力梯度 λ_1 和最大的启动压力梯度 λ_2，如图 9.6 所示。其综合平均启动压力梯度为 λ。显然，启动以后在管径和黏度相同的条件下，Bingham 流体的流量小于牛顿流体的流量。

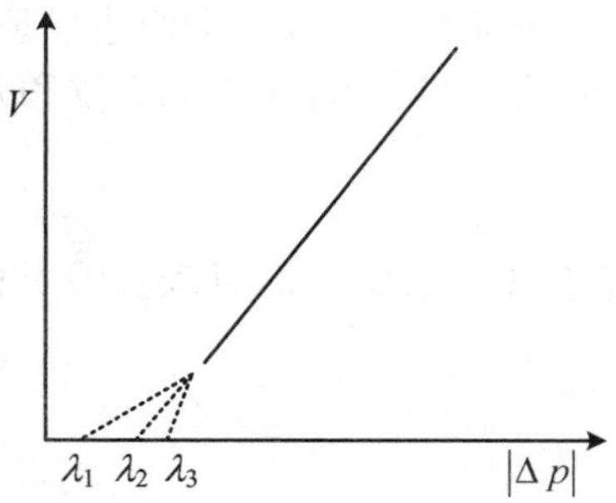

图 9.6　Bingham 流体渗流的启动压力梯度

对于低渗透油藏，相对而言毛管较细。如第1.5.2节所述，由于吸附作用等原因，也存在一个启动压力梯度 λ，这由式(1.5.23)给出。虽然在数学处理上，低渗透油藏中渗流与 Bingham 流体渗流有相同之处，但二者启动压力梯度形成的物理机制是不一样的。

由以上所述可知：Bingham 流体渗流是一种具有运动外边界的流动问题。当一口井打开以后，原来处于压力平衡状态的地层中产生了压力梯度 $\partial p/\partial r$ 或 ∇p。这种压力梯度在井筒附近较大，随着离井筒中心距离 r 增大而迅速减小。在某个 $r=r_c$ 处，$\partial p/\partial r=\lambda=2\tau_0/\overline{r}_0$，这个 r_c 就是所讨论的运动外边界的位置。在 $r>r_c$ 区域，尽管有压力梯度存在，但速度 $V=0$ 流体静止。在 $r<r_c(t)$ 区域内，流体流动 $V>0$。这个界面从井筒附近逐步向外推进。严格来说，这个运动外边界不是光滑曲面。因为毛细管的直径和形状各异，不同的毛细管的启动压力梯度大小是不同的。为数学处理方便起见，可近似地看做 $r=r_c(t)$ 是光滑的曲面，尽管在 $r>r_c(t)$ 处仍有一部分较粗的毛细管中有流体流动。

现在我们可将运动外边界用数学形式描述如下：对于一般的三维问题，运动外边界的曲面方程可表示为

$$F(x,y,z,t)=0 \tag{9.3.33}$$

则外边界条件可写成

$$\left.\frac{\partial p}{\partial n}\right|_F=\lambda \tag{9.3.34}$$

其中，n 是边界曲面的法线方向。它和方程(9.3.28)一起可用来求解三维渗流问题。

对于平面径向流，运动外边界的曲面方程为

$$F(r,t)\equiv r-r_c(t)=0 \tag{9.3.35}$$

则外边界条件为

$$\left.\frac{\partial p}{\partial r}\right|_{r=r_c(t)}=\lambda \tag{9.3.36}$$

式(9.3.36)加上内边界条件，可用来求解方程(9.3.30)。内边界条件在不考虑表皮和井储

的条件下为

$$V = \frac{Q}{2\pi r_w h} = \frac{K}{\mu}\left[\left(\frac{\partial p}{\partial r}\right)_{r=r_w} - \lambda\right] \tag{9.3.37}$$

或写成

$$\frac{\partial p}{\partial r} = \lambda + \frac{Qu}{2\pi r_w Kh}, \quad 在\ r = r_w\ 处 \tag{9.3.38}$$

下面给出平面径向流边界条件的无量纲形式。这些无量纲量已由式(9.3.31)给出。

内边界条件:不考虑表皮和井储

$$\left.\frac{\partial p_D}{\partial r_D}\right|_{r_D=1} = -(\lambda_D + 1) \tag{9.3.39}$$

若考虑表皮和井储,且表皮因子和无量纲井储常数 C_D 的定义与第 4.6 节中相同,则有

$$C_D \frac{\mathrm{d}p_{wD}}{\mathrm{d}t_D} - \left(\frac{\partial p_D}{\partial r_D}\right)_{r_D=1} = 1 + \lambda_D \tag{9.3.40}$$

$$p_{wD} = \left[p_D(r_D, t_D) - S\frac{\partial p_D}{\partial r_D}\right]_{r_D=1} \tag{9.3.41}$$

对于外边界条件,可讨论以下三种情形:

(1) 无限大地层

$$\left.\begin{aligned} &\left.\frac{\partial p_D}{\partial r_D}\right|_{r_D=r_{cD}(t_D)} = -\lambda_D \\ &\left.\frac{\partial p_D}{\partial r_D}\right|_{r_D\to\infty} = 0 \end{aligned}\right\} \tag{9.3.42}$$

(2) 封闭外边界

$$\left.\begin{aligned} &\left.\frac{\partial p_D}{\partial r_D}\right|_{r_D=r_{cD}(t_D)} = -\lambda_D \\ &\left.\frac{\partial p_D}{\partial r_D}\right|_{r_{cD}(t_D)=R_D} = 0 \\ &p_D(r_D, t_D)\big|_{r_D>r_{cD}(t_D)} \approx 0 \end{aligned}\right\} \tag{9.3.43}$$

(3) 定压外边界

$$\left.\begin{aligned} &\left.\frac{\partial p_D}{\partial r_D}\right|_{r_D=r_{cD}(t_D)} = -\lambda_D \\ &p_D\big|_{r_{cD}(t_D)=R_D} = 0 \\ &p_D\big|_{r_D>r_{cD}(t_D)} \approx 0 \end{aligned}\right\} \tag{9.3.44}$$

在方程(9.3.42)~方程(9.3.44)中,$r_{cD}(t_D) = r_c(t)/r_w$,$R_D = R/r_D$。R 是地层外半径。

初始条件与前几章所讨论的没有什么不同,仍为

$$p_D(r_D, t_D)\big|_{t_D=0} = 0 \tag{9.3.45}$$

9.3.4 问题的求解

由以上分析可知:Bingham 流体渗流最突出的特点是存在一个运动外边界[对平面径向

流就是 $r=r_c(t)$],在这个边界上,$|\nabla p|=\lambda$,在这个边界以外,由于压力梯度很小,流体尚处于静止状态,因此,我们只要求解这个运动边界以内的变量(压力、速度等)就可以了,而运动边界以外至油藏外边界之间的变量并不重要。但由于这个运动界面位置是随时间变化的,它本身是个未知量,所以对平面径向流,即使方程近似化为(9.3.30)或无量纲的(9.3.32)这样简单的形式,要求出它的解析解仍然相当困难,更不用说一般的三维问题了。通常对此问题采用数值方法进行求解。

数值求解可以有两种不同的方法:一种方法是对空间变量 $\boldsymbol{r}$ 和时间变量 t 同时进行离散,从流动开始(如开井时刻)起算出每一时刻流场中各点的压力和压力梯度,从而确定每一时刻启动外边界的位置。对于一个确定的流动系统,启动压力梯度 λ 通常可由实验测定。另一种方法是先对空间变量进行离散,然后对时间变量进行离散,解出一个时刻的压力分布,再进入下一个时间步长。一般说来,后一种方法可能更有利于计算的稳定性。

9.4 非牛顿流体稳态渗流

9.4.1 幂律流体

9.4.1.1 平面平行流

设介质长为 L,横截面积为 A。在 $x=0$ 和 $x=L$ 处压力分别为 p_e 和 p_w。由式(9.2.16)得

$$V^n = \left(\frac{Q}{A}\right)^n = -\frac{K_e}{\mu_e}\frac{\mathrm{d}p}{\mathrm{d}x} \tag{9.4.1}$$

积分得

$$\Delta p = p_e - p_w = \frac{\mu_e}{K_e}\left(\frac{Q}{A}\right)^n L \tag{9.4.2}$$

式(9.4.1)和式(9.4.2)两边取对数,给出

$$\lg\Delta p = \lg\left(\frac{\mu_e L}{K_e}\right) + n\lg\frac{Q}{A} \tag{9.4.3}$$

其中,$\lg(\mu_e L/K_e)$是常数。由此可见,在双对数坐标图上,Δp 对 Q/A 的曲线是斜率为 n 的直线,且由截距可求出 K_e/μ_e。

9.4.1.2 平面径向流

考虑圆形外边界定压地层中心一口生产井。井筒 $r=r_w$ 处压力为 p_w,外边界 $r=R$ 处压力为 p_e。因为对现在情形 $\mathrm{d}p/\mathrm{d}r>0$,式(9.2.16)可写成

$$V^n = \left(\frac{Q}{2\pi rh}\right)^n = \frac{K_e}{\mu_e}\frac{dp}{dr} \tag{9.4.4}$$

积分得

$$\Delta p = p_e - p_w = \frac{\mu_e}{K_e}\left(\frac{Q}{2\pi h}\right)^n (r_w^{1-n} - R^{1-n}) \tag{9.4.5}$$

式(9.4.5)可写成

$$\Delta p = \left(\frac{Q}{2\pi h}\right)^n \frac{\mu_e}{K_e} C(n) \tag{9.4.6}$$

其中

$$C(n) = (R^{1-n} - r_w^{1-n})/(1-n) \tag{9.4.7}$$

将式(9.4.6)两边取对数,可得

$$\lg\Delta p = n\lg\left(\frac{Q}{2\pi h}\right) + \lg\left[\frac{\mu_e}{K_e}C(n)\right] \tag{9.4.8}$$

由此可见,在 $\lg\Delta p \sim \lg\left(\frac{Q}{2\pi h}\right)$ 的双对数坐标图上应是一条直线,该直线的斜率是 n,而截距为 b

$$b = \lg(\mu_e/K_e) + \lg C(n) \tag{9.4.9}$$

将实验结果绘出 $\lg\Delta p \sim \lg(Q/2\pi h)$ 曲线,在图上先读出 n,代入式(9.4.7)求得 $C(n)$ 和 $\lg C(n)$。再由式(9.4.9)可得

$$\lg(\mu_e/K_e) = b - \lg C(n), \quad \mu_e/K_e = e^{-b-\lg C(n)} \tag{9.4.10}$$

所以若绘成 $\Delta p \sim Q/2\pi h$ 的双对数曲线,可求得 n 及 C_1 值,从而求得有效流度 K_e/μ_e 值。

van Poollen,Jargon(1969)研究了幂律流体的稳态渗流。

9.4.2 Bingham 流体

9.4.2.1 平面平行流

设试样从 $x=0$ 到 $x=L$ 均建立起 Bingham 流体的流动。对现在情形,$dp/dx<0$,由式(9.3.27),可写成

$$V = \frac{Q}{A} = -\frac{K}{\mu}\frac{dp}{dx}\left(1 + \frac{\lambda}{dp/dx}\right) \tag{9.4.11}$$

即

$$\frac{dp}{dx} = -\frac{\mu Q}{KA} - \lambda \tag{9.4.12}$$

积分得

$$\frac{\Delta p}{L} = \frac{p_e - p_w}{L} = \frac{Qu}{KA} + \lambda \tag{9.4.13}$$

所以在 $\Delta p/L$ 对 Q/A 的直角坐标图上是一条直线,该直线的斜率就是 μ/K,在 Δp 轴上的截距就是启动压力梯度 λ。

9.4.2.2　平面径向流

设圆形外边界定压地层中有一口生产井。在全流场建立起稳态渗流以后，则按式(9.3.27)有

$$V = \left(\frac{Q}{2\pi rh}\right) = \frac{K}{\mu}\frac{\mathrm{d}p}{\mathrm{d}r}\left(1 - \frac{\lambda}{\mathrm{d}p/\mathrm{d}r}\right) \tag{9.4.14}$$

对现在情形，$\mathrm{d}p/\mathrm{d}r>0$，或写成

$$\frac{\mathrm{d}p}{\mathrm{d}r} = \frac{Qu}{2\pi Khr} + \lambda \tag{9.4.15}$$

积分得

$$\Delta p = p_\mathrm{e} - p_\mathrm{w} = \frac{Qu}{2\pi Kh}\ln\frac{R}{r_\mathrm{w}} + \lambda(R - r_\mathrm{w}) \tag{9.4.16}$$

所以在 Δp 对 R/r_w 的半对数坐标图上是一条直线。由其斜率可得 μ/K，由截距可得 λ。

9.5　双孔介质中幂律流体径向渗流

前面几节所阐述的是单一介质中非牛顿流体的渗流问题。当然，其控制方程可推广应用于双重介质。由 Ikoku-Ramey 近似下的线化方程(9.2.38)，偏微分方程可写成

$$\frac{1}{n}\frac{K_\mathrm{e}}{\mu_\mathrm{e}}\left(\frac{Q}{2\pi h}\right)^{1-n} r^{n-1}\left(\frac{\partial^2 p}{\partial r^2} + \frac{n}{r}\frac{\partial p}{\partial r}\right) + q = \phi c_\mathrm{t}\frac{\partial p}{\partial t} \tag{9.5.1}$$

对于双重介质，q 是窜流强度[见式(8.1.2)]，这里表示单位时间内由单位体积基质流向裂缝的体积流量。为简化起见，引进一个幂律型流体的窜流系数 α_N，其量纲为$[\mathrm{L}^{1-n}\mathrm{T}^{n-1}]$，写成

$$q(r) = \frac{\alpha_N}{\mu_\mathrm{e}}(p_\mathrm{m} - p_\mathrm{f}) \tag{9.5.2}$$

假定 α_N 对确定的流动系统是常数(若不是常数就取它的平均值)，式(9.5.2)称为隙间拟稳态窜流假定。将式(9.5.2)代入式(9.5.1)并推广到双重介质情形，则得双重介质中幂律流体流动的偏微分方程组：

$$\frac{K_\mathrm{ef}}{n}\left(\frac{Q}{2\pi h}\right)^{1-n} r^{n-1}\left(\frac{\partial^2 p_\mathrm{f}}{\partial r^2} + \frac{1}{r}\frac{\partial p_\mathrm{f}}{\partial r}\right) + \alpha_N(p_\mathrm{m} - p_\mathrm{f}) = \mu_\mathrm{e}\phi c_\mathrm{t}\frac{\partial p_\mathrm{f}}{\partial t} \tag{9.5.3}$$

$$\frac{K_\mathrm{em}}{n}\left(\frac{Q}{2\pi h}\right)^{1-n} r^{n-1}\left(\frac{\partial^2 p_\mathrm{m}}{\partial r^2} + \frac{1}{r}\frac{\partial p_\mathrm{m}}{\partial r}\right) + \alpha_N(p_\mathrm{f} - p_\mathrm{m}) = \mu_\mathrm{e}\phi c_\mathrm{t}\frac{\partial p_\mathrm{m}}{\partial t} \tag{9.5.4}$$

下面限于讨论双孔情形，分别按隙间拟稳态渗流和基质非稳态渗流两种情形进行论述。

9.5.1 双孔介质中隙间拟稳态渗流情形

这种模型类似于牛顿流体渗流的 BW 模型(见第 8.2.1 节)。若幂律流体在裂缝系统中的有效渗透率 K_{ef} 远大于在孔隙介质中的有效渗透率 K_{em},可令 $K_{\mathrm{em}}\approx 0$,则方程组(9.5.3)和(9.5.4)可大为简化。再引进无量纲量

$$\left.\begin{aligned}&r_{\mathrm{D}}=\frac{r}{r_{\mathrm{w}}},\quad t_{\mathrm{D}}=\frac{t}{Gr_{\mathrm{w}}^{3-n}},\quad \omega=\frac{c_1\phi_1}{c_1\phi_1+c_2\phi_2}\\&p_{\mathrm{D}}=\frac{p_{\mathrm{i}}-p(r,t)}{\left(\frac{Q}{2\pi h}\right)^n\frac{\mu_{\mathrm{e}}}{K_{\mathrm{ef}}}r_{\mathrm{w}}^{1-n}},\quad \lambda=n\alpha_N\frac{r_{\mathrm{w}}^{3-n}}{K_{\mathrm{ef}}}\left(\frac{2\pi h}{Q}\right)^{1-n}\end{aligned}\right\}\tag{9.5.5}$$

其中

$$G=n(c_1\phi_1+c_2\phi_2)\frac{\mu_{\mathrm{e}}}{K_{\mathrm{ef}}}\left(\frac{Q}{2\pi h}\right)^{n-1}\tag{9.5.6}$$

则偏微分方程组(9.5.3)和(9.5.4)化为下列无量纲形式:

$$\frac{\partial^2 p_{\mathrm{fD}}}{\partial r_{\mathrm{D}}^2}+\frac{n}{r_{\mathrm{D}}}\frac{\partial p_{\mathrm{fD}}}{\partial r_{\mathrm{D}}}+\lambda r_{\mathrm{D}}^{1-n}(p_{\mathrm{mD}}-p_{\mathrm{fD}})-\omega r_{\mathrm{D}}^{1-n}\frac{\partial p_{\mathrm{fD}}}{\partial t_{\mathrm{D}}}=0\tag{9.5.7}$$

$$\lambda(p_{\mathrm{mD}}-p_{\mathrm{fD}})+(1-\omega)\frac{\partial p_{\mathrm{mD}}}{\partial t_{\mathrm{D}}}=0\tag{9.5.8}$$

对于无限大地层,且不考虑表皮和井储效应,方程组的定解条件为

$$\left.\frac{\partial p_{\mathrm{fD}}}{\partial r_{\mathrm{D}}}\right|_{r_{\mathrm{D}}=1}=-1\tag{9.5.9}$$

$$p_{\mathrm{fD}}(r_{\mathrm{D}},t_{\mathrm{D}})\big|_{r_{\mathrm{D}}\to\infty}=p_{\mathrm{mD}}(r_{\mathrm{D}},t_{\mathrm{D}})\big|_{r_{\mathrm{D}}\to\infty}=0\tag{9.5.10}$$

$$p_{\mathrm{fD}}(r_{\mathrm{D}},t_{\mathrm{D}}=0)=p_{\mathrm{mD}}(r_{\mathrm{D}},t_{\mathrm{D}}=0)=0\tag{9.5.11}$$

将方程(9.5.7)～方程(9.5.11)对时间变量 t_{D} 作拉氏变换。再由式(9.5.8)的变换式中解出

$$\overline{p}_{\mathrm{mD}}=\frac{\lambda}{\lambda-(1-\omega)s}\overline{p}_{\mathrm{fD}}\tag{9.5.12}$$

代入式(9.5.7)的变换式,得

$$\frac{\mathrm{d}^2\overline{p}_{\mathrm{fD}}}{\mathrm{d}r_{\mathrm{D}}^2}+\frac{n}{r_{\mathrm{D}}}\frac{\mathrm{d}\overline{p}_{\mathrm{fD}}}{\mathrm{d}r_{\mathrm{D}}}-r_{\mathrm{D}}^{1-n}sD(s)\overline{p}_{\mathrm{fD}}=0\tag{9.5.13}$$

其中

$$D(s)=\frac{\lambda+\omega(1-\omega)s}{\lambda+(1-\omega)s}=\frac{1+as}{1+bs}\tag{9.5.14}$$

$$a=\frac{\omega(1-\omega)}{\lambda},\quad b=\frac{1-\omega}{\lambda}\tag{9.5.15}$$

方程(9.5.13)与方程(9.2.41)类似,是 $\nu=(1-n)/(3-n)$ 阶的变型贝塞尔方程。按附录 B3,其解为

$$\overline{p}_{\mathrm{fD}}(r_{\mathrm{D}},s)=\frac{r_{\mathrm{D}}^{\frac{\nu}{1-\nu}}\mathrm{K}_{\nu}\left[(1-\nu)\sqrt{sD(s)}\,r_{\mathrm{D}}^{\frac{1}{1-\nu}}\right]}{s\sqrt{sD(s)}\,\mathrm{K}_{\nu-1}\left[(1-\nu)\sqrt{sD(s)}\right]}\tag{9.5.16}$$

对式(9.5.16)进行数值反演可得物理平面上的压力分布。

井底压力　对于井筒，取 $r_D=1$，则其象函数为

$$\overline{p}_{wD}(s)=\frac{K_\nu\left[(1-\nu)\sqrt{sD(s)}\right]}{s\sqrt{sD(s)}K_{\nu-1}\left[(1-\nu)\sqrt{sD(s)}\right]} \tag{9.5.17}$$

将式(9.5.17)右端分成两个因子，以便利用卷积定理。即令

$$\overline{f}(s)=\frac{K_\nu\left[(1-\nu)\sqrt{sD(s)}\right]}{\sqrt{sD(s)}K_{\nu-1}\left[(1-\nu)\sqrt{sD(s)}\right]},\quad \overline{g}(s)=\frac{1}{s} \tag{9.5.18}$$

则 $\overline{f}(s)$ 的原函数可写成

$$f(t_D)=\frac{1}{2\pi i}\int_{\gamma-i\omega}^{\gamma+i\omega}\frac{K_\nu\left[(1-\nu)\sqrt{sD(s)}\right]e^{st_D}ds}{\sqrt{sD(s)}K_{\nu-1}\left[(1-\nu)\sqrt{sD(s)}\right]} \tag{9.5.19}$$

显然，式(9.5.19)中被积函数的奇点仅由 $\sqrt{sD(s)}$ 决定。$sD(s)$ 的零点为 $s_1=0$，$s_2=-1/b$，$s_3=-1/a$ 以及 s_4 在无穷远点，因而可取如图 9.7 所示的围道积分，记

$$u=-s,\quad z=\sqrt{\frac{u(1-au)}{1-bu}} \tag{9.5.20}$$

则

$$\sqrt{sD(s)}=\begin{cases}-zi=ze^{-\frac{\pi}{2}i}, & 割线下沿\\ zi=ze^{\frac{\pi}{2}i}, & 割线上沿\end{cases} \tag{9.5.21}$$

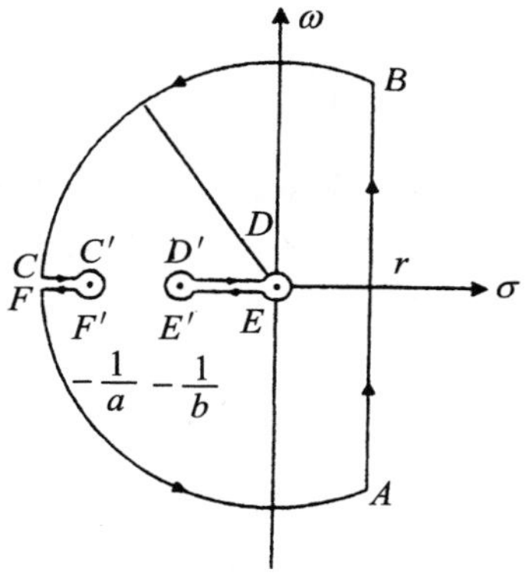

图 9.7　$f(t_D)$的围道积分

沿大圆 c_R 和小圆 c_ρ 的极限值为零。所以式(9.5.19)可写成

$$\begin{aligned}f(t_D)&=\lim_{\substack{R\to\infty\\ \rho\to 0}}\frac{1}{2\pi i}\left[\int_{FF'}+\int_{E'E}+\int_{DD'}+\int_{C'C}\right]\overline{f}(s)ds\\ &=\frac{1}{\pi}\int_0^{\frac{1}{b}}I_m\left[\overline{f}(-zi)e^{-ut_D}\right]du+\frac{1}{\pi}\int_{\frac{1}{a}}^{\infty}I_m\left[\overline{f}(-zi)e^{-ut_D}\right]du\end{aligned} \tag{9.5.22}$$

而

$$g(t_D)=L^{-1}\left[\overline{g}(s)\right]=1 \tag{9.5.23}$$

根据卷积公式(5.1.26)，两个变换函数 $\overline{f}(s)$ 和 $\overline{g}(s)$ 乘积的反演结果等于这两个相应的原函数 $f(t_D)$ 和 $g(t_D)$ 的卷积，所以

$$p_{wD}(t_D)=L^{-1}\left[\overline{f}(s)\overline{g}(s)\right]=f(t_D)*g(t_D) \tag{9.5.24}$$

由两函数卷积的定义式(5.1.21)，式(9.5.24)右端为

$$\begin{aligned}f(t_D)*g(t_D)&=\int_0^{t_D}f(\tau)g(t_D-\tau)d\tau\\ &=\int_0^{t_D}f(\tau)d\tau\end{aligned} \tag{9.5.25}$$

将式(9.5.22)代入式(9.5.25)，注意到

$$\int_0^{t_D} e^{-u\tau} d\tau = \frac{1 - e^{-ut_D}}{u} \tag{9.5.26}$$

则得

$$p_{wD}(t_D) = \frac{1}{\pi}\int_0^{\frac{1}{b}} I_m\left[\overline{f}(-zi)\frac{1 - e^{-ut_D}}{u}\right]du + \frac{1}{\pi}\int_{\frac{1}{a}}^{\infty} I_m\left[\overline{f}(-zi)\frac{1 - e^{-ut_D}}{u}\right]du \tag{9.5.27}$$

利用附录中公式(B8.6),有

$$K_\nu(-zi) = -\frac{\pi i}{2}e^{\frac{\pi i}{2}\nu}[-J_\nu(z) - iN_\nu(z)]$$

将式(9.5.18)中变型贝塞尔函数 K 改为用 J 和 N 表示,再注意到公式(B8.1),式(9.5.18)中 $\overline{f}(-zi)$可用 J 和 N 表示,最后得

$$p_{wD}(t_D) = \frac{2}{(1-\nu)\pi^2}\left\{\int_0^{\frac{1}{b}} + \int_{\frac{1}{a}}^{\infty}\right\}\frac{\frac{1 - e^{-ut_D}}{u}du}{\{J_{\nu-1}^2[(1-\nu)z] + N_{\nu-1}^2[(1-\nu)z]\}z^2} \tag{9.5.28}$$

这就是幂律流体在双孔介质中流动在线化近似条件下的解析解。对于 $n=1$ 即 $\nu=0$ 情形,式(9.5.28)退化为双孔介质中牛顿流体流动的近似解析解

$$p_{wD}(t_D) = \frac{2}{\pi^2}\left\{\int_D^{\frac{1}{b}} + \int_{\frac{1}{a}}^{\infty}\right\}\frac{(1 - e^{-ut_D})du}{uz^2[J_1^2(z) + N_1^2(z)]} \tag{9.5.29}$$

而对 $\omega=1$ 的情形,$u=z^2$。式(9.5.28)退化为均质中非牛顿流体渗流的解

$$p_{wD}(t_D) = \frac{4}{(1-\nu)\pi^2}\int_0^{\infty}\frac{(1 - e^{-z^2 t_D})dz}{z^3\{J_{\nu-1}^2[(1-\nu)z] + N_{\nu-1}^2[(1-\nu)z]\}} \tag{9.5.30}$$

这个解与 Ikoku,Ramey 的近似结果(9.2.54)是一致的,用数值计算的结果相同。

9.5.2 基质中非稳态渗流情形

这种模型类似于牛顿流体渗流的 de Swaan 模型(见第 8.2.3 节)。即将基质块理想化为几种不同的典型形状,先求解基质中流体向裂缝流动的非稳态方程,给出基质块表面压力梯度$(\partial p_m/\partial r)_{r=r_1}$与流量 q 之间的关系,然后求解裂缝中的渗流方程。基元流量 q 就是裂缝方程中的源项,基元表面压力 p_m,$r=r_1$ 就是裂缝中的压力 p_f。

下面以圆球形基元块为例研究双孔介质中幂律流体的非稳态渗流。

先讨论基质块中幂律流体向裂缝中流动。设球形基质块半径为 r_1,将一般方程用于球坐标系,注意到基质中无源,则方程(9.2.33)可写成

$$\frac{\partial^2 p_m}{\partial r^2} + \frac{2n}{r}\frac{\partial p_m}{\partial r} = G_m r^{2(1-n)}\frac{\partial p_m}{\partial t}, \quad r \leqslant r_1 \tag{9.5.31}$$

式中

$$G_m = (V\phi c_t)_m n\frac{\mu_e}{K_{em}}\left(\frac{Q_1}{4\pi}\right)^{n-1} \tag{9.5.32}$$

Q_1 是单个基质块流量,$Q_1 = 4\pi r_1^3 q/3$。基质块表面流速

$$V_1 = \frac{Q_1}{4\pi r_1^2} = \left(\frac{K_{em}}{\mu_e}\right)^{1/n}\left(-\frac{\partial p_m}{\partial r}\right)_{r=r_1}^{1/n}$$

由式(9.5.32)可解出源强度

$$q = \frac{3}{r_1}\left(\frac{K_{\mathrm{em}}}{\mu_{\mathrm{e}}}\right)^{1/n}\left(-\frac{\partial p_{\mathrm{m}}}{\partial r}\right)_{r=r_1}^{1/n} \tag{9.5.33}$$

方程(9.5.31)的定解条件为

$$\left.\frac{\partial p_{\mathrm{m}}}{\partial r}\right|_{r=0} = 0 \tag{9.5.34}$$

$$p_{\mathrm{m}}(r,t)\big|_{r=r_1} = p_{\mathrm{f}} \tag{9.5.35}$$

由方程(9.5.31)以及定解条件(9.5.34)和(9.5.35)可以求出 p_{m},但它含有未知量 q。

下面讨论裂缝流动方程。对平面径向流有方程(9.2.38),其中 q 由式(9.5.33)给出。

引进无量纲量

$$r_{\mathrm{D}} = \frac{r}{r_{\mathrm{w}}},\quad r_{1\mathrm{D}} = \frac{r}{r_1},\quad t_{\mathrm{D}} = \frac{t}{Gr_{\mathrm{w}}^{3-n}},\quad p_{\mathrm{D}} = \frac{p_{\mathrm{i}} - p(r,t)}{\left(\frac{Q}{2\pi h}\right)^n \frac{\mu_{\mathrm{e}}}{K_{\mathrm{ef}}} r_{\mathrm{w}}^{1-n}}$$

$$\omega = \frac{(V\phi c_{\mathrm{t}})_{\mathrm{f}}}{(V\phi c_{\mathrm{t}})_{\mathrm{f+m}}},\quad \lambda = 15\left(\frac{r_{\mathrm{w}}}{r_1}\right)^{\frac{1+n}{n}}\left(\frac{K_{\mathrm{em}}}{K_{\mathrm{ef}}}\right)^{1/n} \tag{9.5.36}$$

其中,Q 是井的流量

$$G = (V\phi c_{\mathrm{t}})_{\mathrm{f+m}} \frac{\mu_{\mathrm{e}}}{K_{\mathrm{ef}}}\left(\frac{Q}{2\pi h}\right)^{n-1} \tag{9.5.37}$$

于是裂缝流动方程的无量纲形式为

$$\frac{\partial^2 p_{\mathrm{fD}}}{\partial r_{\mathrm{D}}^2} + \frac{n}{r_{\mathrm{D}}}\frac{\partial p_{\mathrm{fD}}}{\partial r_{\mathrm{D}}} - n\frac{\lambda}{5} r_{\mathrm{D}}^{1-n}\left(\frac{\partial p_{\mathrm{mD}}}{\partial r_{\mathrm{D}}}\right)_{r_{1\mathrm{D}}=1}^{1/n} = n\omega r_{\mathrm{D}}^{1-n}\frac{\partial p_{\mathrm{fD}}}{\partial t_{\mathrm{D}}} \tag{9.5.38}$$

对式(9.5.38)进行拉氏变换,给出

$$\frac{\partial^2 \overline{p}_{\mathrm{fD}}}{\partial r_{\mathrm{D}}^2} + \frac{n}{r_{\mathrm{D}}}\frac{\partial \overline{p}_{\mathrm{fD}}}{\partial r_{\mathrm{D}}} - n\frac{\lambda}{5} r_{\mathrm{D}}^{1-n}\overline{\left(\frac{\partial p_{\mathrm{mD}}}{\partial r_{\mathrm{D}}}\right)_{r_{1\mathrm{D}}=1}^{1/n}} = n\omega r_{\mathrm{D}}^{1-n} s\overline{p}_{\mathrm{fD}} \tag{9.5.39}$$

为了简化式(9.5.39),对源汇项作牛顿流体类比近似,参照式(8.2.62),令

$$\overline{\left(\frac{\partial p_{\mathrm{mD}}}{\partial r_{\mathrm{D}}}\right)_{r_{1\mathrm{D}}=1}^{1/n}} = (W\operatorname{cth}W - 1)^{1/n}\overline{p}_{\mathrm{fD}} \tag{9.5.40}$$

则方程(9.5.39)可写成

$$\frac{\partial^2 \overline{p}_{\mathrm{fD}}}{\partial r_{\mathrm{D}}^2} + \frac{n}{r_{\mathrm{D}}}\frac{\partial \overline{p}_{\mathrm{fD}}}{\partial r_{\mathrm{D}}} - sf(s)\overline{p}_{\mathrm{fD}} = 0 \tag{9.5.41}$$

其中,近似有

$$f(s) = n\left[\omega + \frac{\lambda}{5s}(W\operatorname{cth}W - 1)^{1/n}\right],\quad W = \sqrt{\frac{15(1-\omega)s}{\lambda}} \tag{9.5.42}$$

方程(9.5.41)就是幂律流体在双孔介质中流动并考虑非稳态隙间流动条件下,裂缝中流动在拉氏空间的微分方程。对此方程可以进行解析求解。

9.6 双孔介质中 Bingham 流体径向渗流

根据第 9.3.2 节中的论述，将 Bingham 流体渗流推广到双重介质情形可写出径向流的方程组为

$$K_{\mathrm{f}}\left[\frac{\partial^2 p_{\mathrm{f}}}{\partial r^2}+\frac{1}{r}\frac{\partial p_{\mathrm{f}}}{\partial r}-\frac{\lambda_{\mathrm{f}}}{r}\right]+\alpha_{\mathrm{D}}(p_{\mathrm{m}}-p_{\mathrm{f}})=\mu(\phi c_{\mathrm{t}})_{\mathrm{f}}\frac{\partial p_{\mathrm{f}}}{\partial t} \tag{9.6.1}$$

$$K_{\mathrm{m}}\left[\frac{\partial^2 p_{\mathrm{m}}}{\partial r^2}+\frac{1}{r}\frac{\partial p_{\mathrm{m}}}{\partial r}-\frac{\lambda_{\mathrm{m}}}{r}\right]-\alpha_{\mathrm{D}}(p_{\mathrm{m}}-p_{\mathrm{f}})=\mu(\phi c_{\mathrm{t}})_{\mathrm{m}}\frac{\partial p_{\mathrm{m}}}{\partial t} \tag{9.6.2}$$

该方程组中窜流项是基于隙间流量与压差成正比的假设。下面分别按隙间拟稳态窜流和基质非稳态渗流两种情形进行讨论。

9.6.1 双孔介质中隙间拟稳态渗流

讨论 $K_{\mathrm{m}}\ll K_{\mathrm{f}}$ 的情形，可近似地令 $K_{\mathrm{m}}\approx 0$，则方程(9.6.2)中左边方括号项可以略去。引用式(9.3.31)所定义的无量纲量，于是方程组的无量纲形式为

$$\frac{\partial^2 p_{\mathrm{fD}}}{\partial r_{\mathrm{D}}^2}+\frac{1}{r_{\mathrm{D}}}\frac{\partial p_{\mathrm{fD}}}{\partial r_{\mathrm{D}}}-\frac{\lambda_{\mathrm{fD}}}{r_{\mathrm{D}}}+\alpha^*(p_{\mathrm{mD}}-p_{\mathrm{fD}})-\omega\frac{\partial p_{\mathrm{fD}}}{\partial t_{\mathrm{D}}}=0 \tag{9.6.3}$$

$$(1-\omega)\frac{\partial p_{\mathrm{mD}}}{\partial t_{\mathrm{D}}}+\alpha^*(p_{\mathrm{mD}}-p_{\mathrm{fD}})=0 \tag{9.6.4}$$

其中

$$\alpha^*=\alpha_{\mathrm{D}}\frac{r_{\mathrm{w}}^2}{K_{\mathrm{f}}},\quad \omega=\frac{c_{\mathrm{f}}\phi_{\mathrm{f}}}{c_{\mathrm{f}}\phi_{\mathrm{f}}+c_{\mathrm{m}}\phi_{\mathrm{m}}} \tag{9.6.5}$$

对式(9.6.3)和式(9.6.4)作拉氏变换，由第二个变换方程可解出

$$\overline{p}_{\mathrm{mD}}(r_{\mathrm{D}},s)=\frac{\alpha^*}{\alpha^*+(1-\omega)s}\overline{p}_{\mathrm{fD}}(r_{\mathrm{D}},s) \tag{9.6.6}$$

式(9.6.6)代入第一个变换后的方程得

$$\frac{\partial^2\overline{p}_{\mathrm{fD}}}{\partial r_{\mathrm{D}}^2}+\frac{1}{r_{\mathrm{D}}}\frac{\partial\overline{p}_{\mathrm{fD}}}{\partial r_{\mathrm{D}}}-\frac{\lambda_{\mathrm{fD}}}{r_{\mathrm{D}}s}+\alpha^*\left[\frac{\alpha^*}{\alpha^*+(1-\omega)s}-1-\frac{\omega s}{\alpha^*}\right]\overline{p}_{\mathrm{fD}}=0 \tag{9.6.7}$$

经整理后得

$$\frac{\partial^2\overline{p}_{\mathrm{fD}}}{\partial r_{\mathrm{D}}^2}+\frac{1}{r_{\mathrm{D}}}\frac{\partial\overline{p}_{\mathrm{fD}}}{\partial r_{\mathrm{D}}}-f(s)\overline{p}_{\mathrm{fD}}-\frac{\lambda_{\mathrm{fD}}}{r_{\mathrm{D}}s}=0 \tag{9.6.8}$$

其中

$$f(s)=s\frac{\alpha^*+\omega(1-\omega)s}{\alpha^*+(1-\omega)s} \tag{9.6.9}$$

方程(9.6.8)是个线性非齐次方程。将 s 作为参变量，r_{D} 作为自变量，可按常微分方程求

解。其边界条件可由式(9.3.39)～式(9.3.44)作拉氏变换给出。求解出$\overline{p}_{fD}(r_D,s)$之后，按第 5.3 节所述方法进行数值反演，即得物理平面上压力$p_{fD}(r_D)\sim t_D$的关系曲线。

9.6.2　基质中非稳态渗流模型

我们仍以圆球形基质模型为例，设裂缝中为径向流动，则裂缝中渗流方程经拉氏变换后，可写成

$$\frac{\partial^2\overline{p}_{fD}}{\partial r_D^2}+\frac{1}{r_D}\frac{\partial\overline{p}_{fD}}{\partial r_D}-\frac{\lambda_{fD}}{r_D s}+\frac{\mu}{K_f}\overline{q}=\omega\overline{p}_{fD}\tag{9.6.10}$$

其中，q 是源项，是由基质中流向裂缝的流量。而 p_{mD}满足以下方程：

$$\frac{1}{r_D^2}\frac{\partial}{\partial r_D}\left(r_D^2\frac{\partial p_{mD}}{\partial r_D}\right)-\frac{\lambda_{mD}}{r_D}-(1-\omega)\frac{\partial p_{mD}}{\partial t_D}=0,\quad r_D=\frac{r}{r_1}<1\tag{9.6.11}$$

$$\left.\frac{\partial p_{mD}}{\partial r_D}\right|_{r_D=0}=0\tag{9.6.12}$$

$$p_{mD}\big|_{r_D=1}=p_{fD}\tag{9.6.13}$$

其中，$r_D=r/r_1$，$r/r_1<1$。由第 8.2.3 节可知，球形基质块表面上的流速 $V_1=rq/3$。而对于Bingham流体的球形离心流动，按式(9.3.27)有

$$V_1=-\frac{K_m}{\mu}\left(\left.\frac{\partial p_m}{\partial r}\right|_{r=r_1}+\lambda_m\right)\tag{9.6.14}$$

于是得基质中的流量

$$q=-\frac{3}{r_1}\frac{K_m}{\mu}\left(\left.\frac{\partial p_m}{\partial r}\right|_{r=r_1}+\lambda_m\right)\tag{9.6.15}$$

为了求解方程(9.6.10)，需将式中 $\overline{q}$ 与 $\overline{p}_{fD}$联系起来。对方程(9.6.11)～方程(9.6.13)作拉氏变换，并作均质中解的类比近似。设式(8.2.62)近似成立，即

$$\left.\frac{\partial\overline{p}_{mD}}{\partial r_D}\right|_{r_D=r/r_1=1}=(W\operatorname{cth}W-1)\overline{p}_{fD}\tag{9.6.16}$$

因而式(9.6.15)无量纲化并经拉氏变换后可写成

$$\frac{\mu}{K_f}\overline{q}=sf(s)\overline{p}_{fD}+\frac{3}{5}\frac{\lambda_{mD}}{r_D s}=0\tag{9.6.17}$$

其中

$$f(s)=\omega+\frac{\alpha^*}{5s}\left[\sqrt{\frac{15(1-\omega)s}{\alpha^*}}\operatorname{cth}\left(\sqrt{\frac{15(1-\omega)s}{\alpha^*}}\right)-1\right]\tag{9.6.18}$$

将式(9.6.17)代入式(9.6.10)，整理后可得

$$\frac{\partial^2\overline{p}_{fD}}{\partial r_D^2}+\frac{1}{r_D}\frac{\partial p_{fD}}{\partial r_D}+sf(s)\overline{p}_{fD}+\frac{\Lambda}{s}=0\tag{9.6.19}$$

其中

$$\Lambda=\frac{3}{5}\frac{\lambda_{mD}}{r_D}-\frac{\lambda_{fD}}{r_D}\tag{9.6.20}$$

方程(9.6.19)与方程(9.6.8)的形式类同,仍是以 s 为参变量、以 r_D 为自变量的二阶线性非齐次常微分方程。在一定的边界条件下解出 $\overline{p}_{fD}(r,s)$之后,可用数值反演求得物理平面上无量纲压力 $p_D(r_D)$对 t_D 的关系曲线。

9.7 低渗透率储层中的渗流

对于低渗透油气藏的研究与开发具有重要意义。我国已探明和开发的陆上油田,低渗透率的约占 10%,而已探时未开发的占一半以上。由于低渗透储层涉及介质结构的因素较多,划分低渗透的标准很难统一。笼统地说,石油工程师们大多倾向于以渗透率小于 $(50\sim200)\times10^{-3}\ \mu m^2$ 的储层为低渗透率储层,并以渗透率小于 $1\times10^{-3}\ \mu m^2$ 的储层为特低渗透率储层。

9.7.1 引言

为了了解低渗透率油藏的渗流特征,中外学者已作了诸多研究。近年,贾振岐等(2004)对某些低渗透油藏选用天然岩心进行了试验研究表明,低和特低渗透率油藏的特点是孔隙度低、喉道直径细小,并且通常地层泥质含量高。有些低渗透地层喉道多为压实再生片状、弯片状形,毛细管凝聚、相界面层(膜)作用强。

表 9.3 给出了一组实验岩心的基本参数。水驱油实验表明:两相流动区范围窄,随着渗透率由高变低,两相流动区变得更窄。残余油条件下水相相对渗透率低。

表 9.3 水驱油岩心参数表

岩心编号	长度(cm)	直径(cm)	孔隙度	气测渗透率($10^{-3}\ \mu m^2$)
c－22	6.88	2.52	0.101	0.50
c－12	5.12	2.49	0.122	1.15
c－06	5.83	2.49	0.133	3.53
c－11	5.81	2.49	0.145	5.30
c－15	7.28	2.49	0.155	12.7

油相相对渗透率 K_{ro}急剧下降区内,s_w 变化范围小,为 0.41～0.66。s_w 每上升 1%,K_{ro} 都有很大变化。为了进一步了解低渗透油层的某些细观结构特性,进行了压泵实验。利用所测得的数据,计算出主要孔隙结构参数随渗透率的变化情况,如表 9.4 所示。

由表 9.4 可知:孔道直径在 1 μm 以下的,其孔隙体积占总孔隙体积的一半以上,而直径在 2 μm 以下的占 70%～80%。

此外,如朝阳沟油田扶余油层,其胶结物以泥质为主,泥质含量平均为 16.25%。黏土矿物中蒙脱石-绿泥石混合层占 40.7%,高岭土占 30.1%,伊利石占 25.1%。因而水敏性(指与地层流体不配伍的外来流体进入地层后引起的黏土膨胀、分散和运移，从而导致渗透率下降的现象）强，储层物性差，容易遭受污染和损害。胡志明等（2005）对长庆油田低渗透油藏孔隙结构的研究也与以上所述的各种情况类似。

表 9.4 各种孔道直径分布参数表

岩心编号	渗透率（10^{-3} μm）	最大连通直径（μm）	各种孔道直径的体积占总孔隙体积的份额（%）			喉道直径均值（μm）
			直径＜2 μm	＜1.5 μm	＜1.0 μm	
10	0.7005	11.55	82	74	62	1.407
12	0.7692	11.10	76	69	53	1.427
11	0.9913	11.55	78	67	46	1.498
16	1.2886	12.52	74	66	52	1.729
18	2.4340	11.55	71	63	53	1.693

低渗透储层的另一特点是需要一个启动压力梯度，这在 9.3.3 小节中已经提到。在注水开发过程中需要较高的启动压力，油井受效差，低产低效井较多。由于水敏性强等原因，随着注水开发进程渗流阻力逐渐增大，启动压力也随之增大。如大庆的新立油田，注水开发启动压力由 1985 年的 6.0 MPa，至 1990 年增大到 9.6 MPa，至 1995 年更增大到 10.8 MPa。水井与油井间的距离是一定的，水井启动压力大也就是启动压力梯度大。

9.7.2 低渗透介质中渗流的微分方程

9.7.2.1 直角坐标系中的多维渗流

1. 广义的 Darcy 定律

对于低渗透储层，存在启动压力梯度。单相流体渗流的广义 Darcy 定律可写成

$$\boldsymbol{V} = \begin{cases} -\dfrac{\boldsymbol{K}}{\mu}\cdot\nabla p\left(1-\dfrac{\boldsymbol{\lambda}}{\nabla p}-\dfrac{\rho \boldsymbol{g}}{\nabla p}\right) & (\text{当}\ |\nabla p|>|\lambda|\ \text{时}) \\ 0 & (\text{当}\ |\nabla p|<|\lambda|\ \text{时}) \end{cases} \tag{9.7.1}$$

其中 $\boldsymbol{\lambda}=(\lambda_x,\lambda_y,\lambda_z)$ 为启动压力梯度。对各向异性介质，$\boldsymbol{\lambda}$ 的三个分量数值不同，它们应由实验确定。若直角坐标系取主轴方向，广义 Darcy 定律的分量形式可写成

$$V_x = \begin{cases} -\dfrac{K_x}{\mu}\dfrac{\partial p}{\partial x}\left(1-\dfrac{\lambda_x}{\left|\dfrac{\partial p}{\partial x}\right|}\right) & \left(\text{当}\left|\dfrac{\partial p}{\partial x}\right|>\lambda_x\ \text{时}\right) \\ 0 & \left(\text{当}\left|\dfrac{\partial p}{\partial x}\right|\leqslant\lambda_x\ \text{时}\right) \end{cases} \tag{9.7.2a}$$

$$V_y=\begin{cases}-\dfrac{K_y}{\mu}\dfrac{\partial p}{\partial y}\left(1-\dfrac{\lambda_y}{\left|\dfrac{\partial p}{\partial y}\right|}\right) & \left(当\left|\dfrac{\partial p}{\partial y}\right|>\lambda_y 时\right)\\ 0 & \left(当\left|\dfrac{\partial p}{\partial y}\right|\leqslant\lambda_y 时\right)\end{cases}\tag{9.7.2b}$$

$$V_z=\begin{cases}-\dfrac{K_z}{\mu}\dfrac{\partial p}{\partial z}\left(1-\dfrac{\lambda_z}{\left|\dfrac{\partial p}{\partial z}\right|}+\dfrac{\rho g}{\dfrac{\partial p}{\partial z}}\right) & (当括号中量>0 时)\\ 0 & (当括号中量\leqslant 0)\end{cases}\tag{9.7.2c}$$

其中，$\lambda_x,\lambda_y,\lambda_z$ 取正值，z 轴向上为正。式(9.7.2)可用 $i=1,2,3$ 统一写成

$$V_i=\begin{cases}-\dfrac{K_i}{\mu}\dfrac{\partial p}{\partial x_i}\left(1-\dfrac{\lambda_i}{\left|\dfrac{\partial p}{\partial x_i}\right|}+\dfrac{\rho g}{\dfrac{\partial p}{\partial x_i}}\delta_{i3}\right) & (括号中量>0 时)\\ 0 & (括号中量\leqslant 0 时)\end{cases}\tag{9.7.3}$$

其中，δ_{ij} 是 Kronecker δ 符号。

2. 渗流微分方程

与 1.9.1 小节类似，为了建立起有启动压力梯度情形的渗流微分方程，我们首先给出 $\nabla\cdot(\rho\boldsymbol{V})$。由式(9.7.2)分别求导数可得

$$\frac{\partial(\rho V_x)}{\partial x}=-\frac{\rho_0 K_x}{\mu}\frac{\partial}{\partial x}\left[(1+c_f\Delta p)\frac{\partial p}{\partial x}\left(1-\frac{\lambda_x}{\left|\dfrac{\partial p}{\partial x}\right|}\right)\right]$$

其中，$\Delta p=p-p_0$，p_0 是密度 ρ_0 下的参考压力。将上式展开，并假设$[c_f/(1+c_f\Delta\rho)](\partial p/\partial x)^2$ 与$\partial^2 p/\partial x^2$ 相比可以忽略不计，则有

$$\frac{\partial(\rho V_x)}{\partial x}=-\frac{\rho_0 K_x}{\mu}(1+c_f\Delta p)\left[\frac{\partial^2 p}{\partial x^2}-\frac{\partial^2 p}{\partial x^2}\frac{\lambda_x}{\left|\dfrac{\partial p}{\partial x}\right|}+\frac{\lambda_x\dfrac{\partial p}{\partial x}}{\left(\dfrac{\partial p}{\partial x}\right)^2}\frac{\partial}{\partial x}\left|\frac{\partial p}{\partial x}\right|\right]$$

上式方括号中后两项，无论$\partial p/\partial x$ 是大于零还是小于零均相互抵消，再考虑到 $c_f\Delta p\ll 1$，可得

$$\frac{\partial(\rho V_x)}{\partial x}=-\frac{\rho_0 K_x}{\mu}\frac{\partial^2 p}{\partial x^2}\tag{9.7.4a}$$

同理可得

$$\frac{\partial(\rho V_y)}{\partial y}=-\frac{\rho_0 K_y}{\mu}\frac{\partial^2 p}{\partial y^2}\tag{9.7.4b}$$

$$\frac{\partial(\rho V_z)}{\partial z}=-\frac{\rho_0 K_z}{\mu}\left(\frac{\partial^2 p}{\partial z^2}+2c_f\rho_0 g\frac{\partial p}{\partial z}\right)\tag{9.7.4c}$$

将式(9.7.4a)～式(9.7.4c)相加给出

$$\nabla \cdot (\rho \boldsymbol{V}) = -\frac{\rho_0}{\mu}\left(K_x \frac{\partial^2 p}{\partial x^2} + K_y \frac{\partial^2 p}{\partial y^2} + K_z \frac{\partial^2 p}{\partial z^2} + 2c_f\rho_0 g K_z \frac{\partial p}{\partial z}\right) \tag{9.7.5}$$

回忆起式(1.9.6)

$$\frac{\partial(\rho\phi)}{\partial t} = \rho_0 \phi c_t \frac{\partial p}{\partial t} \tag{9.7.6}$$

将式(9.7.5)和式(9.7.6)代入连续性方程可得

$$K_x \frac{\partial^2 p}{\partial x^2} + K_y \frac{\partial^2 p}{\partial y^2} + K_z \frac{\partial^2 p}{\partial z^2} + 2c_f\rho_0 g K_z \frac{\partial p}{\partial z} = \phi\mu c_t \frac{\partial p}{\partial t} \tag{9.7.7}$$

若重力项可忽略不计，并作自变量变换

$$Z = x,\quad Y = \sqrt{K_x/K_y},\quad Z = \sqrt{K_x/K_z}z$$

则式(9.7.7)可改写成

$$\frac{\partial^2 p}{\partial X^2} + \frac{\partial^2 p}{\partial Y^2} + \frac{\partial^2 p}{\partial Z^2} = \frac{1}{\chi'}\frac{\partial p}{\partial t} \tag{9.7.8}$$

其中，导压系数 $\chi' = K_x/\phi\mu c_t$。对均匀各向同性介质，$K_x = K_y = K_z = K$，式(9.7.8)化为

$$\frac{\partial^2 p}{\partial x^2} + \frac{\partial^2 p}{\partial y^2} + \frac{\partial^2 p}{\partial z^2} = \frac{1}{\chi}\frac{\partial p}{\partial t} \tag{9.7.9}$$

这表明在直角坐标系中，低渗透介质中渗流的微分方程与通常介质中的形式相同。进而表明：在油藏数值模拟中，油水两相和油气水三相情形的渗流微分方程仍然可用通常介质中的形式。

9.7.2.2　柱坐标系中的渗流微分方程

这里只讨论以井筒轴为对称轴的流动情形，即与周向角无关。按式(1.9.27)有

$$\nabla(\rho \boldsymbol{V}) = \frac{1}{r}\frac{\partial}{\partial r}(\rho r V_r) + \frac{\partial(\rho V_z)}{\partial z} \tag{9.7.10}$$

对于生产井 $\partial p/\partial r > 0$，启动压力梯度 λ 恒取正值，V_r 沿径向向内取负号，则有

$$V_r = -\frac{K}{\mu}\left(\frac{\partial p}{\partial r} - \lambda\right)\quad \left(\frac{\partial p}{\partial r} > \lambda\right) \tag{9.7.11a}$$

其中，K 和 λ 分别为水平方向的渗透率和启动压力梯度。于是式(9.7.10)右边第一项可写成

$$\frac{1}{r}\frac{\partial}{\partial r}(r\rho V_r) = -\frac{\rho_0 K}{\mu}\frac{1}{r}\frac{\partial}{\partial r}\left[r(1 + c_f)\left(\frac{\partial p}{\partial r} - \lambda\right)\right]$$

令 $c^* = c_f/(1 + c_f\Delta p)$，若 $c^*[(\partial p/\partial r)^2 - \lambda\partial p/\partial r]$ 与 $\partial^2 p/\partial r^2$ 相比可以忽略不计，则上式展开的结果可写成

$$\frac{1}{r}(r\rho V_r) = -\frac{\rho_0 K}{\mu}\left(\frac{\partial^2 p}{\partial r^2} + \frac{1}{r}\frac{\partial p}{\partial r} - \frac{\lambda}{r}\right) \tag{9.7.11b}$$

对于注水井，$\partial p/\partial r < 0$，$V_r$ 沿径向向外取正值，则有

$$V_r = -\frac{K}{\mu}\left(\frac{\partial p}{\partial r} + \lambda\right)\quad \left(-\frac{\partial p}{\partial r} > \lambda\right) \tag{9.7.12a}$$

不难求得

$$\frac{1}{r}\frac{\partial}{\partial}(r\rho V_r) = -\frac{\rho_0 K}{\mu}\left(\frac{\partial^2 p}{\partial r^2} + \frac{1}{r}\frac{\partial p}{\partial r} + \frac{\lambda}{r}\right) \quad \left(-\frac{\partial p}{\partial r} > \lambda\right) \tag{9.7.12b}$$

将式(9.7.12b)、式(9.7.4c)和式(9.7.6)代入连续性方程,可得

$$\frac{\partial^2 p}{\partial r^2} + \frac{K_z}{K}\frac{\partial^2 p}{\partial z^2} + \frac{1}{r}\frac{\partial p}{\partial r} \mp \frac{\lambda}{r} + 2c_f\rho_0 g\frac{K_z}{K}\frac{\partial p}{\partial z} = \frac{\phi\mu c_t}{K}\frac{\partial p}{\partial t} \tag{9.7.13}$$

若重力可忽略不计,并令 $Z = \sqrt{K/K_z}z$,则式(9.7.13)可改写成

$$\frac{\partial^2 p}{\partial r^2} + \frac{\partial^2 p}{\partial Z^2} + \frac{1}{r}\frac{\partial p}{\partial r} \mp \frac{\lambda}{r} = \frac{1}{\chi}\frac{\partial p}{\partial t} \quad \left(\left|\frac{\partial p}{\partial r}\right| > \lambda\right) \tag{9.7.14}$$

对于低渗透介质中的平面径向流,其渗流微分方程为

$$\frac{\partial^2 p}{\partial r^2} + \frac{1}{r}\frac{\partial p}{\partial r} \mp \frac{\lambda}{r} = \frac{1}{\chi}\frac{\partial p}{\partial t} \quad \left(\left|\frac{\partial p}{\partial r}\right| > \lambda\right) \tag{9.7.15}$$

式(9.7.15)中 λ 项前面的负号对应于生产井,正号对应于注水井。

下面将平面径向流微分方程无量化。引进无量纲量

$$r_D = \frac{r}{r_w}, \quad t_D = \frac{K_t}{\phi\mu c_t r_w^2}, \quad \lambda_D = \frac{2\pi K h r_w \lambda}{Qu} \tag{9.7.16a}$$

对生产井和注水井,无量纲压力分别定义为

$$p_D = \frac{2\pi Kh(p_i - p)}{Qu} \quad 和 \quad p_D = \frac{2\pi Kh(p - p_i)}{Qu} \tag{9.7.16b}$$

这样定义是为了使 p_D 为正值。因而对生产井和注入井,其无量纲渗流微分方程的形式相同。这在 9.3.2 小节中已经见过这种形式,均为

$$\frac{\partial^2 p_D}{\partial r_D^2} + \frac{1}{r_D}\frac{\partial p_D}{\partial r_D} + \frac{\lambda_D}{r_D} = \frac{\partial p_D}{\partial t_D} \tag{9.7.17}$$

9.7.3 平面径向流方程的拉氏变换解

9.7.3.1 定解问题

首先写出低渗透平面径向渗流的定解问题。考虑到井储系数 C 和表皮因子 S,按照 4.6 节所述,对于无限大地层,不难导出其边界条件和初始条件。现将无量纲方程和定解条件整理如下:

$$\frac{\partial^2 p_D}{\partial r_D^2} + \frac{1}{r_D}\frac{\partial p_D}{\partial r_D} + \frac{\lambda_D}{r_D} = \frac{\partial p_D}{\partial t_D} \tag{9.7.18}$$

$$\left.\frac{\partial p_D}{\partial r_D}\right|_{r_D=1} = C_D\frac{\mathrm{d}p_{wD}}{\mathrm{d}t_D} - (1 + \lambda_D) \tag{9.7.19a}$$

$$p_{wD}(t_D) = \left[p_D(r_D, t_D) - S\left(\frac{\partial p_D}{\partial r_D}\right)\right]_{r_D=1} \tag{9.7.19b}$$

$$p_D(r_D, t_D)\Big|_{r_D\to\infty} = 0 \tag{9.7.20}$$

$$p_D(r_D, t_D)\Big|_{t_D=0} = 0 \tag{9.7.21}$$

方程(9.7.17)为非齐次的二阶线性偏微分方程，其中 λ_D/r_D 称为非齐次项。对方程(9.7.17)～方程(9.7.21)作 Laplace 变换，用 s 为拉氏变换变量，给出

$$\frac{d^2\overline{p_D}}{dr_D^2}+\frac{1}{r_D}\frac{d\overline{p_D}}{dr_D}-s\overline{p_D}=-\frac{\lambda_D}{r_D s} \tag{9.7.22}$$

$$\left.\frac{d\overline{p_D}}{dr_D}\right|_{r_D=1}=C_D s\overline{p}_{wD}-\frac{1-\lambda_D}{s} \tag{9.7.23}$$

$$\overline{p}_{wD}(s)=\left[\overline{p}_D(r_D,s)-S\frac{\partial\overline{p}_D}{\partial r_D}\right]_{r_D=1} \tag{9.7.24}$$

$$\left.\overline{p}_D(r_D,s)\right|_{r_D\to\infty}=0 \tag{9.7.25}$$

9.7.3.2　解法

方程(9.7.22)是非齐次的二阶线性常微分方程，$\lambda_D/r_D s$ 为非齐次项。其通解是由其任一特解加上对应的齐次二阶线性方程的通解组成的，并且可由齐次方程的通解通过常数变易法求出一个特解。解法如下：

方程(9.7.22)对应的齐次方程为

$$\frac{d^2\overline{p_D}}{dr_D^2}+\frac{1}{r_D}\frac{d\overline{p}_D}{dr_D}-s\overline{p_D}=0 \tag{9.7.26}$$

它的通解由零阶第一类和第二类修正的 Bessel 函数 I_0 和 K_0 表示。为简洁起见，暂时省去下标 D，写成

$$\overline{p_h}(r,s)=aI_0(\sqrt{s}r)+bK_0(\sqrt{s}r) \tag{9.7.27}$$

其中，下标 h 表示齐次，a 和 b 是待定常数。

所谓用常数变易法求非齐次方程的特解，就是说非齐次方程的特解 $\overline{p}_*$ 可借助于式(9.7.27)将其中常系数 a 和 b 变易成待定函数 $a(r)$ 和 $b(r)$ 而写成

$$\overline{p}_*(r,s)=a(r,s)I_0(\sqrt{s}r)+b(r,s)I_0(\sqrt{s}r) \tag{9.7.28}$$

并且待定函数 $a(r,s)$ 和 $b(r,s)$ 的导数满足以下方程组：

$$\begin{cases} a'(r,s)I_0(\sqrt{s}r)+b'(r,s)I_0(\sqrt{s}r)=0 \\ a'(r,s)I_0'(\sqrt{s}r)+b'(r,s)K_0'(\sqrt{s}r)=-\lambda/rs \end{cases} \tag{9.7.29}$$

由方程组(9.7.29)不难解出

$$a'(r,s)=-\frac{\lambda}{s}K_0(\sqrt{s}r),\quad b'(r,s)=\frac{\lambda}{s}I_0(\sqrt{s}r) \tag{9.7.30}$$

对式(9.7.30)积分并针对无限大地层，代入式(9.7.28)，可得非齐次方程的特解

$$\overline{p}_*(r,s)=\frac{\lambda}{s}K_0(\sqrt{s}r)\int_{r'=1}^{r}I_0(\sqrt{s}r')dr'-\frac{\lambda}{s}I_0(\sqrt{s}r)\int_{\infty}^{r}K_0(\sqrt{s}r')dr' \tag{9.7.31}$$

下面再讨论对应的齐次方程的通解(9.7.27)。由远场边界条件(9.7.25)可知 $I_0(\sqrt{s}r)$ 的系数 a 必须为零，即 $\overline{p}_h=bK_0(\sqrt{s}r)$，因而非齐次方程的通解为

$$\overline{p}(r,s)=bK_0(\sqrt{s}r)+\frac{\lambda}{s}K_0(\sqrt{s}r)\int_1^{r}I_0(\sqrt{s}r')dr'-\frac{\lambda}{s}I_0(\sqrt{s}r)\int_{\infty}^{r}K_0(\sqrt{s}r')dr' \tag{9.7.32}$$

现在需要由内边界条件(9.7.23)和(9.7.24)定出常数 $b(\sqrt{s})$。由 Bessel 函数的微积性质，不难得出

$$b(s)=\frac{\dfrac{1+\lambda}{s}+(1+C_{\mathrm{D}}Ss)\dfrac{\lambda\pi}{2\sqrt{s}}\mathrm{I}_0(\sqrt{s})+C_{\mathrm{D}}\dfrac{\lambda\pi}{2\sqrt{s}}\mathrm{I}_0(\sqrt{s})}{(1+C_{\mathrm{D}}Ss)\sqrt{s}\mathrm{K}_1(\sqrt{s})+C_{\mathrm{D}}s\mathrm{K}_0(\sqrt{s})} \tag{9.7.33}$$

将式(9.7.33)代入式(9.7.32)并恢复写上、下标 D,得压力变换函数

$$\begin{aligned}\overline{p}_{\mathrm{D}}(r_{\mathrm{D}},s)=&\frac{\dfrac{1+\lambda}{s}+(1+C_{\mathrm{D}}Ss)\dfrac{\lambda\pi}{2\sqrt{s}}\mathrm{I}_0(\sqrt{s})+C_{\mathrm{D}}\dfrac{\lambda\pi}{2\sqrt{s}}\mathrm{I}_0(\sqrt{s})}{(1+C_{\mathrm{D}}Ss)\sqrt{s}\mathrm{K}_1(\sqrt{s})+C_{\mathrm{D}}s\mathrm{K}_0(\sqrt{s})}\mathrm{K}_0(\sqrt{s}r_{\mathrm{D}})\\&+\frac{\lambda}{s}\mathrm{K}_0(\sqrt{s}r_{\mathrm{D}})\int_1^{r_{\mathrm{D}}}\mathrm{I}_0(\sqrt{s}r')\mathrm{d}r'+\frac{\lambda}{s}\mathrm{I}_0(\sqrt{s}r_{\mathrm{D}})\int_{r_{\mathrm{D}}}^{\infty}\mathrm{K}_0(\sqrt{s}r')\mathrm{d}r'\end{aligned} \tag{9.7.34}$$

再由条件式(9.7.24)求得井底压力的变换函数

$$\begin{aligned}\overline{p}_{\mathrm{wD}}(s)=&\frac{\dfrac{1+\lambda}{s}+(1+C_{\mathrm{D}}Ss)\dfrac{\lambda\pi}{2\sqrt{s}}\mathrm{I}_0(\sqrt{s})+C_{\mathrm{D}}\dfrac{\lambda\pi}{2\sqrt{s}}\mathrm{I}_0(\sqrt{s})}{(1+C_{\mathrm{D}}Ss)\sqrt{s}\mathrm{K}_1(\sqrt{s})+C_{\mathrm{D}}s\mathrm{K}_0(\sqrt{s})}\mathrm{K}_0(\sqrt{s})+\frac{\lambda\pi}{2S^{3/2}}\mathrm{I}_0(\sqrt{s})\\&+S\,\frac{\dfrac{1+\lambda}{s}+(1+C_{\mathrm{D}}Ss)\dfrac{\lambda\pi}{2\sqrt{s}}\mathrm{I}_0(\sqrt{s})+C_{\mathrm{D}}\dfrac{\lambda\pi}{2\sqrt{s}}\mathrm{I}_0(\sqrt{s})}{(1+C_{\mathrm{D}}Ss)\sqrt{s}K_1(\sqrt{s})+C_{\mathrm{D}}s\mathrm{K}_0(\sqrt{s})}\mathrm{K}_0(\sqrt{s})-\frac{\lambda\pi}{2s}S\mathrm{I}_1(\sqrt{s})\end{aligned} \tag{9.7.35}$$

9.8 非 Darcy 渗流

在第 6 章中讨论气体渗流时,对非 Darcy 渗流已有所论述。本节进一步阐述这个问题,并对压裂井情形介绍一种数值计算方法。

9.8.1 一般论述

对于高速渗流,运动方程可写成如下形式:

$$\frac{\mathrm{d}p}{\mathrm{d}r}=\frac{\mu}{K}V+\beta\rho V^2 \tag{9.8.1}$$

式(9.8.1)与 Darcy 定律相比多出一个速度平方项。其中 $\beta[\mathrm{L}^{-1}]$称为非 Darcy 渗流的 β 因子。许多作者曾对气体通过砂岩和碳酸盐岩岩心流动情形的 β 因子进行过试验研究,根据实验数据进行回归分析得出相关曲线,如图 9.8 所示。由图 9.8 可见,β 值随渗透率 K 增大而减小。对于压实的样品,孔隙度 ϕ 对 β 值影响很小,几乎不起作用;对于非压实的样品

且渗透率较大的情形，孔隙度 ϕ 对 β 值有一定影响。ϕ 增大，线段左端偏低；ϕ 值减小，非压实相关曲线趋于与压实相关曲线平行。

Joseph，Nield，Pananicoleou（1982）研究认为：对于高速渗流，流过固体障碍所引起的型阻与因摩擦而出现的摩阻相当，不可忽略。式(9.8.1)中的 β 因子可表示为

$$\beta = \frac{c_F}{\sqrt{K}} \tag{9.8.2a}$$

其中，c_F 称为无量纲的型阻系数，K 是介质的渗透率。早先 Ward 认为 c_F 为通用常数，近似为 $c_F = 0.55$。但后来人们发现，c_F 与多孔介质的特性有关。如对泡沫金属纤维，其值甚至可小到 0.1。对一般介质进一步研究认为：周边壁面对 c_F 的值有一定影响，可表示为

$$c_F = 0.55\left(1 - \frac{5.5d}{D_e}\right) \tag{9.8.2b}$$

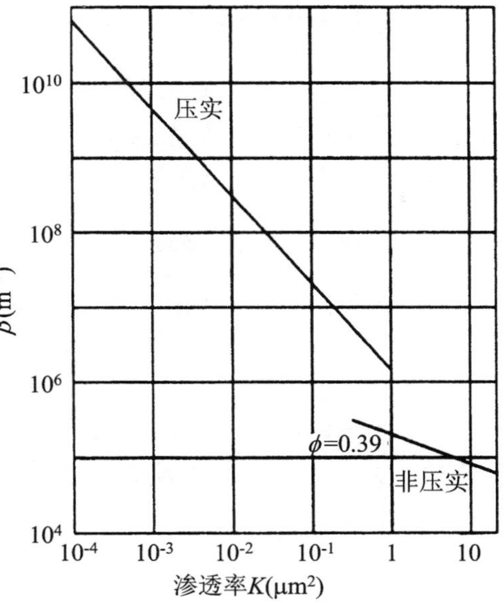

图 9.8　对砂岩和碳酸盐岩测得的 β 相关曲线

其中，d 是颗粒球体平均直径，D_e 是床体（或试件包壳）的等效直径，$D_e = 2wh/(w+h)$，h 和 w 分别为床体的高度和宽度。例如，若 $d = 2\times10^{-4}\,\mathrm{m}$，$D_e = 5.5\times10^{-2}\,\mathrm{m}$，则 $c_F = 0.55\times0.98 = 0.54$。

非 Darcy 因子　为了通过对 Darcy 公式进行简单修正的办法来研究非 Darcy 渗流，工程上常引进一个非 Darcy 因子 δ，其定义由式(6.2.9)给出，即

$$\delta = \left(1 + \frac{\beta\rho KV}{\mu}\right)^{-1} \tag{9.8.3}$$

同时引进一个所谓非 Darcy 渗透率 K_N，定义为

$$K_N = K\cdot\delta = K\bigg/\left(1 + \frac{\beta\rho KV}{\mu}\right) \tag{9.8.4}$$

于是运动方程(9.8.1)可写成

$$\frac{\mathrm{d}p}{\mathrm{d}r} = \frac{\mu}{K_N}V = \frac{\mu}{K\delta}V \tag{9.8.5}$$

或

$$V = \frac{K_N}{\mu}\frac{\mathrm{d}p}{\mathrm{d}r} = \delta\frac{K}{\mu}\frac{\mathrm{d}p}{\mathrm{d}r} \tag{9.8.6}$$

这样，在数值计算时，方程的形式与 Darcy 渗流的基本相同，只是在利用方程(9.8.5)或方程(9.8.6)时，注意到其中的 K_N 或 δ 是随速度 V 和密度 ρ 而变化的即可。需要用前一个时间层上的值进行计算，从而给出每个网格上的流动系数。然后用变流动系数的 Darcy 公式处理非 Darcy 渗流，给出每个网格上的压力（密度）和速度。

9.8.2 垂直裂缝井情形

对于铅垂裂缝井情形的非 Darcy 渗流，类似于第 4.7.2 节的方法，分别研究裂缝中的一维有源流动和地层中有汇分布的流动，它们的解在裂缝处应该相等。由此等式解出未知数源强度 q 后，再代入一维有源解中即得裂缝中的压力。

9.8.2.1 裂缝中一维有源流动

裂缝中的量用下标 f 表示，其运动方程为

$$\frac{\partial p_f}{\partial x} = \frac{\mu}{K_f}V + \beta\rho V^2 \tag{9.8.7}$$

设从地层流入单位长度裂缝中的体积流量为 $q_f(x,t)$，它是位置 x 和时间 t 的函数，而裂缝中从任意点 x 到 x_f 之间的源流量的累计值为 $q_c(x,t)$，如图 9.9(a)所示，则有

$$V(x,t) = \frac{q_c(x,t)}{b_f h} \tag{9.8.8}$$

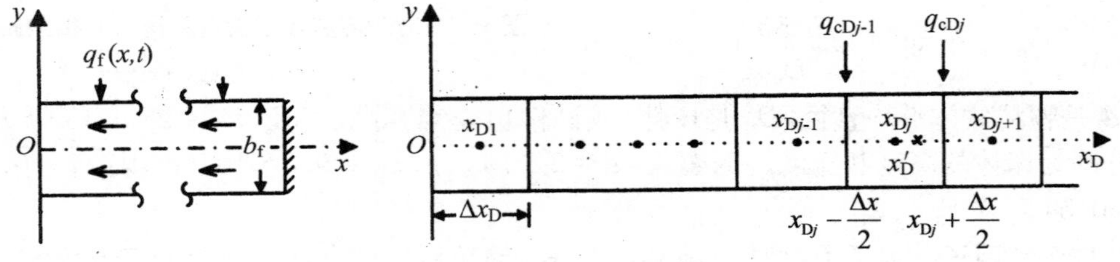

(a) 一维有源流动　　(b) 一维流的分段计算

图 9.9 裂缝中一维非 Darcy 渗流

其中，b_f 是裂缝宽度，h 是地层厚度。将式(9.8.8)代入式(9.8.7)，得

$$\frac{\partial p_f}{\partial x} = \frac{\mu}{K_f}\frac{q_c(x,t)}{b_f h} + \beta\rho\frac{q_c^2(x,t)}{b_f^2 h^2} \tag{9.8.9}$$

其边界条件和初始条件为

$$\left.\frac{\partial p_f}{\partial x}\right|_{x=0} = -\frac{Qu}{2b_f K_f h} \tag{9.8.10}$$

$$\left.\frac{\partial p_f}{\partial x}\right|_{x=x_f} = 0 \tag{9.8.11}$$

$$p_f(x,t)\big|_{t=0} = p_i \tag{9.8.12}$$

引进无量纲量

$$\begin{aligned} &x_D = \frac{x}{x_f},\quad t_D = \frac{Kt}{\phi\mu c x_f^2},\quad p_{fD} = \frac{2\pi Kh(p_i - p_f)}{Qu} \\ &q_{cD} = \frac{q_c(x,t)}{Q},\quad Q_{fD} = \frac{\beta\rho K_f}{\mu b_f h}Q,\quad K_{fD}b_{fD} = \frac{K_f b_f}{Kx_f} \end{aligned} \tag{9.8.13}$$

则方程(9.8.9)写成无量纲形式为

$$-\frac{\partial p_{\mathrm{fD}}}{\partial x_{\mathrm{D}}}=\frac{2\pi q_{\mathrm{cD}}}{K_{\mathrm{fD}}b_{\mathrm{fD}}}+\frac{2\pi Q_{\mathrm{fD}}}{K_{\mathrm{fD}}b_{\mathrm{fD}}}q_{\mathrm{cD}}^{2}\quad(0\leqslant x\leqslant 1)\tag{9.8.14}$$

下面讨论方程(9.8.14)的数值解法。将右边半个裂缝长度分成 N 段,各段中点坐标记作 $x_{\mathrm{D1}},x_{\mathrm{D2}},\cdots,x_{\mathrm{D}j},\cdots,x_{\mathrm{D}N},\Delta x=1/N$,如图 9.9(b)所示。将方程(9.8.14)两边对 x_{D} 从 0 到 $x_{\mathrm{D}j}$进行积分,得

$$p_{\mathrm{fD}}(0,t_{\mathrm{D}})-p_{\mathrm{fD}}(x_{\mathrm{D}j},t_{\mathrm{D}})=\frac{2\pi}{K_{\mathrm{fD}}b_{\mathrm{fD}}}\left[\int_0^{x_{\mathrm{D}j}}q_{\mathrm{cD}}\mathrm{d}x'_{\mathrm{D}}+Q_{\mathrm{fD}}\int_0^{x_{\mathrm{D}j}}q_{\mathrm{cD}}^2\mathrm{d}x'_{\mathrm{D}}\right]\tag{9.8.15}$$

对于定产量井,Q_{fD}为常数,而

$$q_{\mathrm{cD}}(x'_{\mathrm{D}})=q_{\mathrm{cD}j}+\frac{q_{\mathrm{cD}j}-q_{\mathrm{cD}j+1}}{\Delta x}\left(x'_{\mathrm{D}}-x_{\mathrm{D}j}+\frac{\Delta x}{2}\right)\tag{9.8.16}$$

所以式(9.7.15)中积分

$$\int_0^{x_{\mathrm{D}j}}q_{\mathrm{cD}}(x'_{\mathrm{D}})\mathrm{d}x'_{D}=\int_0^{x_{\mathrm{D}j-1}+\frac{\Delta x}{2}}q_{\mathrm{cD}}(x'_{\mathrm{D}})\mathrm{d}x'_{\mathrm{D}}+\int_{x_{\mathrm{D}j}-\frac{\Delta x}{2}}^{x_{\mathrm{D}j}}q_{\mathrm{cD}}(x'_{\mathrm{D}})\mathrm{d}x'_{\mathrm{D}}\tag{9.8.17}$$

对 q_{cD}^2项的积分亦有类似的表达式,将式(9.8.16)代入这两个积分表达式,积分结果得

$$\begin{aligned}p_{\mathrm{fD}}(0,t_{\mathrm{D}})-p_{\mathrm{fD}}(x_{\mathrm{D}j},t_{\mathrm{D}})=&\frac{2\pi}{K_{\mathrm{fD}}b_{\mathrm{fD}}}\left[\sum_{i=1}^{j-1}\left(q_{\mathrm{cD}i}\frac{3\Delta x}{2}+q_{\mathrm{cD}i+1}\frac{\Delta x}{2}\right)\right.\\&\left.+q_{\mathrm{cD}i}\frac{3\Delta x}{8}+q_{\mathrm{cD}i-1}\frac{\Delta x}{8}\right]\\&+\frac{2\pi Q_{\mathrm{fD}}}{K_{\mathrm{fD}}b_{\mathrm{fD}}}\left[\sum_{i=1}^{j-1}\left(q_{\mathrm{cD}i}^2\frac{\Delta x}{3}+q_{\mathrm{cD}i}q_{\mathrm{cD}i+1}\frac{\Delta x}{3}+q_{\mathrm{cD}i+1}^2\frac{\Delta x}{3}\right)\right.\\&\left.+q_{\mathrm{cD}i}^2\frac{7\Delta x}{24}+q_{\mathrm{cD}i+1}^2\frac{\Delta x}{24}+q_{\mathrm{cD}i+1}q_{\mathrm{cD}i}\frac{\Delta x}{6}\right]\end{aligned}\tag{9.8.18}$$

9.8.2.2　地层中有汇分布的二维流动

从整个地层来看,裂缝是一个汇分布区域。类似式(4.7.14)可给出地层压力分布,取 $y_{\mathrm{D}}=0$,得

$$\begin{aligned}p_{\mathrm{D}}(x_{\mathrm{D}},0,t_{\mathrm{D}})=&\frac{1}{4}\int_0^{t_{\mathrm{D}}}\int_0^1\frac{q_{\mathrm{fD}}(x'_{\mathrm{D}},\tau)}{t_{\mathrm{D}}-\tau}\left\{\exp\left[-\frac{(x_{\mathrm{D}}-x'_{\mathrm{D}})^2}{4(t_{\mathrm{D}}-\tau)}\right]\right.\\&\left.+\exp\left[-\frac{(x_{\mathrm{D}}+x'_{\mathrm{D}})}{4(t_{\mathrm{D}}-\tau)}\right]\right\}\mathrm{d}x'_{\mathrm{D}}\mathrm{d}\tau\end{aligned}\tag{9.8.19}$$

因为累计流量 q_{c} 与源强 q_{f} 有以下关系:

$$q_{\mathrm{c}}(x',t)=\frac{Q}{2}-\int_0^{x'}q_{\mathrm{f}}(x,t)\mathrm{d}x=\frac{Q}{2}-\frac{x_{\mathrm{f}}}{2}\int_0^{x'}2q_{\mathrm{f}}(x,t)\mathrm{d}x$$

其无量纲形式为

$$q_{\mathrm{cD}}(x'_{\mathrm{D}},t_{\mathrm{D}})=\frac{q_{\mathrm{c}}}{Q}=\frac{1}{2}-\frac{1}{2}\int_0^{x'_{\mathrm{D}}}q_{\mathrm{fD}}(x_{\mathrm{D}},t_{\mathrm{D}})\mathrm{d}x_{\mathrm{D}}\tag{9.8.20}$$

将式(9.8.20)对 x_{D} 求导数,给出

$$\frac{\mathrm{d}q_{\mathrm{cD}}}{\mathrm{d}x_{\mathrm{D}}}=-\frac{1}{2}q_{\mathrm{fD}}(x_{\mathrm{D}},t_{\mathrm{D}}) \quad \text{或} \quad q_{\mathrm{fD}}(x_{\mathrm{D}},t_{\mathrm{D}})=-2\frac{\mathrm{d}q_{\mathrm{cD}}}{\mathrm{d}x_{\mathrm{D}}} \tag{9.8.21}$$

在用差分方法求解时，将 x_{D} 分成 N 段，将 t_{D} 分成 K 个时间间隔。一般地，$q_{\mathrm{fD}i,l}$，$i=0,1,\cdots,N$；$l=1,2,\cdots,K$ 可表示为

$$q_{\mathrm{fD}i,l}=2\frac{q_{\mathrm{cD}i,l}-q_{\mathrm{cD}i+1,l}}{\Delta x} \tag{9.8.22}$$

将式(9.8.22)代入式(9.8.19)，对裂缝第 j 段而言有

$$\begin{aligned}&p_{\mathrm{D}}(0,0,t_{\mathrm{D}K})-p_{\mathrm{D}}(x_{\mathrm{D}j},0,t_{\mathrm{D}K})\\&=\frac{\sqrt{\pi}}{2}\sum_{l=1}^{K}\sum_{i=1}^{N-1}2\frac{q_{\mathrm{cD}i,l}-q_{\mathrm{cD}i+1,l}}{\Delta x}(X_{i,\frac{1}{2}}^{K,l-1}-X_{i,\frac{1}{2}}^{K,l}\\&\quad+Y_{i,\frac{1}{2}}^{K,l-1}-Y_{i,\frac{1}{2}}^{K,l}+X_{i,j}^{K,l-1}-X_{i,j}^{K,l}-Y_{i,j}^{K,l-1}+Y_{i,j}^{K,l})\end{aligned} \tag{9.8.23}$$

其中

$$X_{i,j}^{K,l}=2\sqrt{\Delta t_{K,l}}\left[\operatorname{erf}\left(\frac{\alpha_{ij}}{\sqrt{\Delta t_{K,l}}}\right)-\operatorname{erf}\left(\frac{\beta_{ij}}{\sqrt{\Delta t_{K,l}}}\right)+\operatorname{erf}\left(\frac{\gamma_{ij}}{\sqrt{\Delta t_{K,l}}}\right)+\operatorname{erf}\left(\frac{\delta_{ij}}{\sqrt{\Delta t_{K,l}}}\right)\right]$$

$$Y_{i,j}^{K,l}=\frac{2}{\sqrt{\pi}}\left[\alpha_{ij}\mathrm{Ei}\left(\frac{\alpha_{ij}^2}{\Delta t_{K,l}}\right)-\beta_{ij}\mathrm{Ei}\left(\frac{\beta_{ij}^2}{\Delta t_{K,l}}\right)+\gamma_{ij}\mathrm{Ei}\left(\frac{\gamma_{ij}^2}{\Delta t_{K,l}}\right)-\delta_{ij}\mathrm{Ei}\left(\frac{\delta_{ij}^2}{\Delta t_{K,l}}\right)\right]$$

$$\Delta t_{K,l}=t_{\mathrm{D}K}-t_{\mathrm{D}l} \tag{9.8.24}$$

$$\alpha_{ij}=\frac{j-i+\frac{1}{2}}{2N},\quad \beta_{ij}=\frac{j-i-\frac{1}{2}}{2N},\quad \gamma_{ij}=\frac{j+i-\frac{1}{2}}{2N},\quad \delta_{ij}=\frac{j+i-\frac{3}{2}}{2N}$$

9.8.2.3 源强度 q_{cD} 的求解

在解式(9.8.18)和式(9.8.23)中都含有未知的量 q_{cD}，因此压力尚不能确定。为了求出 q_{cD}，可让式(9.8.18)和式(9.8.23)的右端相等，对裂缝的每一段给出一个联系 $q_{\mathrm{cD}j}$ 的方程，$j=2,3,\cdots,N$。这样的方程共有 $N-1$ 个，可解出 $N-1$ 个未知量 $q_{\mathrm{cD}j}$。解出这些 $q_{\mathrm{cD}j}$ 以后代回式(9.8.18)中去，即可求得 p_{fD} 对 t_{D} 的变化关系。以 $K_{\mathrm{fD}}b_{\mathrm{fD}}$ 为参数，可画出一组井底压力随时间变化的理论曲线。

Firoozabadi，Katz(1970)研究了这种非 Darcy 渗流的计算方法，并绘制出样板曲线。

第 10 章　多孔介质中的对流*

本章讲述多孔介质中的自然对流，即重力场中由温度分布不均匀所引起的对流。除自然对流外，还有由外部水头梯度所引起的强迫对流，在微重力条件下由表面张力梯度所引起的热毛细对流，以及由浓度分布不均匀所引起的对流等。对于后面几种对流本章很少涉及。

对于多孔介质中自然对流的研究始于 20 世纪 40 年代。最早由 Horton，Rogers(1945)和 Lapwood(1948)研究了无限大水平层多孔介质中流体的对流。近 20 年来的研究取得了重要成果。孔、卢、徐、王(1996)对半个世纪该领域的研究进展作了综述。

研究多孔介质中的对流问题，既有重要的理论意义，又有广泛的应用价值。从理论方面讲，其稳定性分析、解的分叉和混沌问题是非线性力学的一个重要分支，对它的研究将进一步促进非线性力学的发展。从应用背景看，首先是能源工程，它对地热开发和提高石油采收率有着重要意义，特别是对低渗透油藏和稠油的热采。核废料的处理也涉及多孔介质中的对流问题。此外，对地下土建工程、绝热系统工程(如装备的隔离等)，对防止环境和水资源的污染，对发热物质如煤炭和谷物的储存，对化学、化工以致对诸如雪崩现象等问题的研究，都有重要的科学指导意义。

10.1　数学描述

多孔介质中自然对流是非等温渗流的一个重要组成部分，与等温渗流相比，需要增加一个能量方程。这在第 1.7 节中已作了介绍。本节将阐述 Darcy 定律的推广、Boussinesq 近似、对流问题的边界条件以及对流的相似律。

10.1.1　Darcy 定律的推广

1. 加速度修正

在第1.5.4 节中曾详细介绍过方程(1.5.45)。为叙述方便，现在重新写出如下：

* 国家自然科学基金资助项目 19772053。

$$\rho \boldsymbol{c}_a \cdot \frac{\partial \boldsymbol{V}}{\partial t} = -\nabla p - \frac{\mu}{K}\boldsymbol{V} + \rho \boldsymbol{g} \tag{10.1.1}$$

对于普遍的 Darcy 定律而言，方程(10.1.1)可称为加速度修正方程。其中，$\boldsymbol{c}_a$ 称为加速度张量，它是个常数张量，敏感地依赖于多孔介质的几何特性且主要由最大截面积毛细管的性质所确定。这是因为在细窄的毛细管中瞬变迅速衰减。对于流体在其中沿单向流动的特定介质，加速度系数是个标量 $c_a = r_0^2/\lambda_1^2 K$。其中，$r_0$ 是毛管半径，$\lambda_1 = 2.4048$ 是 $J_0(\lambda) = 0$ 最小的正根。一般地，对于一维流动

$$c_a = 180\gamma^2 \frac{(1-\phi)^2}{\lambda_1^2 \phi^3} = 31.125\gamma^2 \frac{(1-\phi)^2}{\phi^3} \tag{10.1.2}$$

其中，γ 是某个常数。由于瞬变迅速衰减，通常方程(10.1.1)中时间导数项可以略去，只有在运动黏度 $\nu \ll K/t_*$ 的情况下才需要考虑，这里 t_* 是所研究过程的特征时间。这种情况很少碰到，液态金属($\nu \sim 10^{-7}\ \mathrm{m^2/s}$)在大渗透率材料($K \sim 10^{-7}\ \mathrm{m^2}$)中流动也要求 $t_* \ll 1$ s。

2. Brinkman 方程

1947 年，Brinkman(布润克曼)提出如下方程：

$$\nabla p = -\frac{\mu}{K}\boldsymbol{V} + \tilde{\mu}\nabla^2 \boldsymbol{V} \tag{10.1.3}$$

该方程通常被称为 Brinkman 方程或"Darcy 定律的 Brinkman 推广"。方程中有两个黏性项：第一个是通常的 Darcy 项；第二个是类似于 Navier-Stokes 方程中出现的拉普拉斯项，在 Brinkman 的文章中，让 $\overline{\mu} = \mu$，通常它们是不相等的。把方程(10.1.3)称为 Darcy 定律的 Brinkman 推广是不确切的。实际上，他只是对球的系集形成的多孔介质作自洽处理得到一个渗透率 K 与孔隙度 ϕ 的关系式。他假设流体是不可压缩的，即有

$$\nabla \cdot \boldsymbol{V} = 0 \tag{10.1.4}$$

且介质的孔隙度 ϕ 足够大，并将方程(10.1.3)用于通过单个球的流动。用远场条件 $V = V_0$ 和球面上无滑移的边界条件求解方程(10.1.3)和方程(10.1.4)。计算出作用于球上的阻力 $D = mD_s$，其中，$D_s = 6\pi\mu V_0 a$ 是半径为 a 的球体上的 Stokes 阻力，$m = 1 + \lambda a + \lambda^2 a^2/3$[其中，$\lambda = (\mu/K\tilde{\mu})^{1/2}$]。然后他视 V_0 为平均单向渗透速度并让作用在一列球上的总阻力等于作用在该列球上的 Darcy 阻力，证明 $K = K_0/m$，其中 K_0 是 $\phi \to 1$ 极限情形的 K 值，而乘子 $1/m$ 为

$$\frac{1}{m} = 1 + \frac{3}{4}(1-\phi)\left[1 - \left(\frac{8}{1-\phi} - 3\right)^{1/2}\right] \tag{10.1.5}$$

其后有学者指出：Brinkman 不应视 V_0 为渗流速度，而应是流体质点速度，即除以 ϕ，因而(10.1.5)应改为下式：

$$\frac{1}{m} = 1 + \frac{3(1-\phi)}{4}\left[1 - \left(\frac{8\phi}{1-\phi} - 3\right)^{1/2}\right] \tag{10.1.6}$$

要使 m 为正值必须有 $\phi > 0.6$。这个要求是很苛刻的，因为一般天然多孔介质的孔隙度 $\phi < 0.6$。通过平均处理，对各向同性介质导出 $\tilde{\mu}/\mu = 1/\phi\tau$，其中 τ 是介质的迂曲度(见第 1.3.2 节)，因而 $\tilde{\mu}/\mu$ 还应依赖于介质的几何特性。

Durlofsky，Brady(1987)利用格林函数方法得出结论，对于 $\phi > 0.95$ 的情形 Brinkman

方程(10.1.3)是适用的。Rubinstein(1986)也证明,孔隙度 ϕ 降到 0.8,Brinkman 方程或许可以适用。

由以上所述,人们普遍认为:在 Darcy 定律上加上一个 Laplace 项是不适宜的。对于极高孔隙度的介质,该方程或许可应用。但对实际的天然介质或工程中所用的人造介质,均不可能达到这样高的孔隙度。

10.1.2　对流方程组和 Boussinesq 近似

多孔介质中流体的热对流是非稳态的非等温渗流,其方程组为连续性方程、动量方程和能量方程(1.7.40)。考虑流体是不可压缩的,但其密度 ρ 是温度的函数,其方程组为

$$\phi \frac{\partial \rho}{\partial t} + \nabla \cdot (\rho \boldsymbol{V}) = 0 \tag{10.1.7}$$

$$\rho \boldsymbol{c}_a \frac{\partial \boldsymbol{V}}{\partial t} = - \nabla p - \frac{\mu}{\boldsymbol{K}} \boldsymbol{V} + \rho \boldsymbol{g} \tag{10.1.8}$$

$$\sigma \frac{\partial T}{\partial t} + (\boldsymbol{V} \cdot \nabla) T = \alpha \nabla^2 T + \frac{q'}{(\rho c_p)_f} \tag{10.1.9}$$

其中,α 是总的热扩散系数,q'是总的热源强度,见式(1.7.39)。

为了简化分析,我们使用所谓的 Boussinesq 近似(或称 Oberbeck-Boussinesq 近似)。其含义是:除了在动量方程中包含由流体热膨胀系数 β 所表示的浮力项外,固体介质和流体的所有特性均保持不变。根据该近似,连续性方程简化为

$$\nabla \cdot \boldsymbol{V} = 0 \tag{10.1.10}$$

将流体的热状态方程 $\rho = \rho_0[1 - \beta(T - T_0)]$代入方程(10.1.8)中最后一项,其中,$\rho_0$ 是某个参考温度 T_0 下的流体密度,则动量方程可写成

$$\boldsymbol{c}_a \frac{\partial \boldsymbol{V}}{\partial t} = - \nabla \frac{p}{\rho_0} - \frac{\nu}{\boldsymbol{K}} \boldsymbol{V} + \boldsymbol{g}[1 - \beta(T - T_0)] \tag{10.1.11}$$

方程(10.1.9)～方程(10.1.11)就是我们研究自然对流问题所使用的微分方程组。

实际上,只要流场中密度的变化量 $\Delta\rho$ 与 ρ_0 之比是个小量,Boussinesq 近似就能成立。

研究热对流问题,同时要考虑两种边界条件,即水力学边界条件和热边界条件。水力学边界条件与等温渗流中所使用的相同,主要有不透水边界和定压边界。不透水边界可表示为边界上法向速度分量为零。但应注意:外边界上切向速度分量不为零。在多孔介质充满某一空间的情况下,在外边界上不存在 Prandtl 意义上的边界层。如果用流函数 Ψ 表示,可写成沿着边界 Ψ = 常数,故可写成

$$V_n = 0 \quad 或 \quad \Psi = 0 \quad (在边界上) \tag{10.1.12}$$

定压边界可以是多孔介质中充满着液体的一个自由面。例如,被液体饱和的多孔介质暴露在大气中,沿着这样的边界就是压力为常数。设这个自由面为$z = 0$,表示沿着该面对所有的 x 和 y 值都有 p = 常数,即$\partial p/\partial x = \partial p/\partial y = 0$。若 Darcy 定律成立,则沿该面对所有的 x 和 y 值有 $V_x = V_y = 0$。因而在 $z = 0$ 上,$\partial V_x/\partial x = \partial V_y/\partial y = 0$。利用方程(10.1.10),得到边界条件

$$\frac{\partial V_z}{\partial z} = 0 \quad (在\ z = 0\ 上) \tag{10.1.13}$$

还有一种情况是多孔层上有纯流体存在，纯流体之上有不透水壁，纯流体与多孔介质中流体相同。流体作平面平行流，则边界条件可用一个经验关系式表示如下：

$$\frac{\partial v}{\partial z} = \frac{\alpha}{\sqrt{K}}(v - V) \quad （沿推进锋面） \tag{10.1.14}$$

其中，$v = v(z)$是纯流体层的流速，V 是多孔层中的渗流速度，α 是无量纲常数，它与流体的黏度无关，而依赖于多孔材料的结构特性（主要是孔隙尺寸）。α 值由实验测定，多数情形在 1 左右。这个条件称为 Beavers-Joseph 条件。

热边界条件是针对能量方程(10.1.9)提出的。我们讨论限于局部热平衡情形，在两种多孔介质之间的界面上或多孔介质中流体与纯流体的界面上，热通量的法向分量是连续的。

由于方程(10.1.9)中含有二阶导数，一般要求有两个边界条件，热通量矢是对流项 $(\rho c_p)_f T\boldsymbol{V}$ 与导热项 $-k\nabla T$ 二者之和。若温度 T 和$\rho_f \boldsymbol{V}$ 的法向分量是连续的，则对流项在界面上是连续的。由此可知，$k\nabla T$ 的法向分量也必须是连续的。在不透水边界上，边界条件通常的提法是限定温度或限定热通量。后面用到的主要是固壁上的等温条件和绝热条件，后者表示为∇T 的法向分量为零。

10.1.3 热对流的相似律

在方程组(10.1.9)～(10.1.11)中，未知变量有 $\boldsymbol{V}$，p/ρ_0 和 T，由 5 个方程求解 5 个变量。方程组中有量纲的参数（暂时不考虑源汇项）有 3 个，即 ν/K，βg 和α。此外，方程组的解还要通过边界条件而依赖于特征长度 H 和温差 ΔT。它们的量纲是

$$\frac{\nu}{K} \sim [\mathrm{L^2T^{-1}L^{-2}}] = [\mathrm{T^{-1}}], \quad \beta g \sim [\mathrm{LT^2\Theta^{-1}}]$$

$$\alpha \sim [\mathrm{L^2T^{-1}}], \quad H \sim [\mathrm{L}], \quad \Delta T \sim [\Theta]$$

根据第 7.6 节所述的相似理论，它们可组成两个独立的无量纲量，即渗流瑞利(Rayleigh)数 Ra 和 Darcy-Prandtl 数 Γ。就是说，将方程组(10.1.9)～(10.1.11)进行无量化以后，方程组中除无量纲未知变量外，应含有两个无量纲参数。其中

$$Ra = \frac{g\beta KH\Delta T}{\nu\alpha} \tag{10.1.15}$$

它是纯黏性流体的瑞利数 $Ra' = \beta gH^3\Delta T/\nu\alpha$ 与 Darcy 数 $Da = K/H^2$ 的乘积。

$$\Gamma = \frac{K\alpha}{\nu H^2} = \frac{Da}{Pr} \tag{10.1.16}$$

它是 Darcy 数 $Da = K/H^2$ 与 Prandtl 数 $Pr = \nu/\alpha$ 的比值。有时也将无量纲参数加速度系数 c_a 和热容比σ 吸收进去而表示成

$$\Gamma_a = \frac{c_a Da}{\sigma Pr} = \frac{c_a K\alpha}{\sigma\nu H^2} \tag{10.1.17}$$

对于强迫对流情形，外加一个特征速度 U，则方程组中会出现另一个相似参数，Peclet数 Pe，它是 U 乘以特征长度H 除以热扩散系数α，即

$$Pe = \frac{UH}{\alpha}, \quad Pex = \frac{Ux}{\alpha} \tag{10.1.18}$$

为了研究流场中流体与外边界固壁之间的传热，通常用传热系数 h 来表征，它定义为

$$h = \frac{q}{T_1 - T_0} = \frac{q}{\Delta T} \tag{10.1.19}$$

其中 $T_1 - T_0$ 是固体与流体之间的温差，q 是通过固体边界的热通量密度 $q = -k\partial T/\partial n$。在这种情况下会出现另一个无量纲量，即 Nusselt 数 Nu

$$Nu = \frac{hH}{k} \quad \text{或} \quad Nu = \frac{qH}{k\Delta T} = \frac{q'H^2}{(\rho c_p)_\mathrm{f}\alpha\Delta T} \tag{10.1.20}$$

其中，q' 表示单位体积产热率。Nusselt 数可看做是无量纲的传热系数。h 的单位为 $\mathrm{J \cdot m^{-2} \cdot s^{-1} \cdot K^{-1}}$，$k$ 的单位为 $\mathrm{J \cdot m^{-1} \cdot s^{-1} \cdot K^{-1}}$。

现在讨论方程(10.1.9)中的源汇项 $q'/(\rho c_p)_\mathrm{f}$。在热源强度 q' 一定的情况下，该项为常数项。因为能量方程对温度 T 是线性的，就是说在对该方程进行无量化纲时，可以用 $q'/(\rho c_p)_\mathrm{f}$ 同时去除前面三项中的温度 T，结果仍是三个无量纲温度项和一个常数项，没有出现新的无量纲量。

综上所述，在热对流问题中最重要的相似参数是瑞利数 Ra。因为 Darcy 数 Da 是个很小的值，Darcy-Prandtl 数 Γ 或 Γ_a 通常远小于瑞利数 Ra，所以 Γ 项的影响远小于 Ra 项，它通常可被略去。另一个重要的无量纲量是 Nusselt 数 Nu。但应强调指出：Nu 与 Ra 的作用是不同的。Ra 出现在无量纲方程中，它决定着流动的特性。我们称它为控制参数。而 Nu 数是个表征量，它不出现在无量纲方程中，只是在一个确定的 Ra 下将计算的结果用图表或解析式表示时，Nu 是一个表征流动状态的量。

10.2　无限大水平多孔介质层中的对流

无限大水平层中的对流最早由 Horton，Rogers(1945)和 Lapwood(1948)对其进行研究，这样的问题一般称为 Horton-Rogers-Lapwood 问题，或简称 Lapwood 对流。

10.2.1　单纯导热情形

我们从最简单的情形即速度等于零的情形开始。这时动量方程(10.1.8)化为

$$-\nabla p + \rho \boldsymbol{g} = 0 \tag{10.2.1}$$

重力加速度矢量 $\boldsymbol{g}$ 和压力梯度矢量 ∇p 均指向下方。对式(10.2.1)中的两项同时取旋度，注意到 $\nabla \times \nabla p \equiv 0$，则得

$$\nabla \rho \times \boldsymbol{g} = 0 \tag{10.2.2}$$

若流体的密度 ρ 只取决于温度 T，是 T 的线性函数，则式(10.2.2)可改写成

$$\nabla T \times \boldsymbol{g} = 0 \tag{10.2.3}$$

由此可见：平衡状态的必要条件是温度梯度 ∇T 沿铅垂方向(或零)，所以人们对水平多孔介质从底部均匀加热的问题特别感兴趣。

现在考察一个厚度为 H 的水平多孔介质层，多孔介质被流体所饱和。取坐标系使 z 轴向上，在介质的底部加热使底部和顶部保持等温。设 $z=0$ 处 $T=T_0+\Delta T$，顶部 $z=H$ 处 $T=T_0$，而介质流体处于静止状态，于是方程组(10.1.9)～(10.1.11)简化为

$$V = 0 \tag{10.2.4}$$

$$\frac{\mathrm{d}p}{\mathrm{d}z} = \rho_0 g[1-\beta(T-T_0)] \tag{10.2.5}$$

$$\frac{\mathrm{d}^2 T}{\mathrm{d}z^2} = 0 \tag{10.2.6}$$

由式(10.2.6)解出 $T=c_1 z+c_2$。根据上、下边界上等温的条件容易定出常数 $c_1=-\Delta T/H$，$c_2=T_0+\Delta T$，于是有

$$T_{\mathrm{b}} = T_0+\Delta T-\frac{\Delta T}{H}z \tag{10.2.7}$$

下标 b 表示单纯导热的基本解或平凡解。将式(10.2.7)代入方程(10.2.5)，不难求得

$$p_{\mathrm{b}} = p_0-\rho_0 g\left[(1-\beta\Delta T)z+\frac{1}{2}\frac{\beta\Delta T}{H}z^2\right] \tag{10.2.8}$$

还有

$$V_{\mathrm{b}} = 0 \tag{10.2.9}$$

式(10.2.7)～式(10.2.9)就是无限大水平层底部加热问题的基本解，它代表单纯导热状态。

10.2.2 线性稳定性分析

流体动力系统(包括流体热动力系统)的稳定性分析是流体力学中的核心问题之一。它涉及定态解被破坏的条件、破坏的机理、破坏以后的发展状态，包括分叉过程和混沌结构等，因而也是现代非线性力学的核心问题之一。有人统计，*J. Fluid Mechanics* 杂志上与流体动力稳定性有关的文章超过其总数的三分之一。

对于一个非线性偏微分方程组，人们可以通过不同的方法，如摄动法、相似性解法、数值方法等求得它的解。但是这个解实际上能否实现，就是说它所给出的流场和温度场是否能存在下去，这就需要作稳定性分析。因为所给出的解只代表一种不受任何扰动条件下的流场和温度场，而在现实中总是会出现各种各样的扰动。一个系统受扰动以后，这种扰动是随时间增长保持不变还是衰减而逐渐趋于零，这就必须作稳定性分析。

稳定性分析的方法主要有两种：一种是能量法，通过它可以获得系统稳定性的充分条件。另一种是线性稳定性分析，通过它可以获得系统稳定性的判据。本小节主要介绍线性稳定性分析方法。

线性稳定性分析就是在方程基本解(平凡解)的基础上加上一个小扰动，代入原方程再略去扰动量二阶和二阶以上的项，就得到线化的小扰动方程。这个小扰动方程中通常含有某一个(或几个)控制参数。如本问题中的瑞利数 Ra、热毛细对流中的 Marangoni 数 Ma 等。通过扰动方程中扰动量非零解的讨论，可以确定稳定性的判据，求得控制参数的临界值。其中把微小扰动分解为各种模态，每一个满足线性系统的模态可分别处理，这就是简正模态法。

下面对无限大水平层中的对流问题进行分析。我们从方程组(10.1.9)～(10.1.11)出发，方程组中的非线性项是能量方程中的对流项$(\boldsymbol{V}\cdot\nabla)T_0$流场中没有源汇，能量方程中$q'=0$。将该方程组的解表示为基本解(10.2.7)～(10.2.9)加一扰动量，即

$$\boldsymbol{V}=\boldsymbol{V}_b+\boldsymbol{V}',\quad T=T_b+T',\quad p=p_b+p' \tag{10.2.10}$$

其中带撇的量表示扰动量，$\boldsymbol{V}'=(u'v'w')$。将式(10.2.10)代入式(10.1.10)、式(10.1.11)和式(10.1.9)，略去扰动量的二阶和二阶以上的项，我们得到小扰动量的线化方程组

$$\nabla\cdot\boldsymbol{V}'=0 \tag{10.2.11}$$

$$c_a\rho_0\frac{\partial\boldsymbol{V}'}{\partial t}=-\nabla p'-\frac{\mu}{K}\boldsymbol{V}'-\rho_0\beta\boldsymbol{g}T' \tag{10.2.12}$$

$$\sigma\frac{\partial T'}{\partial t}-\frac{\Delta T}{H}w'=\alpha\nabla^2T' \tag{10.2.13}$$

对方程组(10.2.11)～(10.2.13)进行无量纲化，令

$$\left.\begin{aligned}&x_D=\frac{x}{H},\quad y_D=\frac{y}{H},\quad t_D=\frac{\alpha t}{\sigma H^2},\quad \nabla_2^2=\frac{\partial^2}{\partial x_D^2}+\frac{\partial^2}{\partial y_D^2}\\&\boldsymbol{V}_D=\frac{\boldsymbol{V}'H}{\alpha},\quad w_D=\frac{w'H}{\alpha},\quad T_D=\frac{T'}{\Delta T},\quad p_D=\frac{Kp'}{\mu\alpha}\end{aligned}\right\} \tag{10.2.14}$$

则方程组(10.2.11)～(10.2.13)写成无量纲形式为

$$\nabla\cdot\boldsymbol{V}_D=0 \tag{10.2.15}$$

$$\Gamma_a\frac{\partial\boldsymbol{V}_D}{\partial t_D}=-\nabla p_D-\boldsymbol{V}_D+RaT_D\boldsymbol{z}_0 \tag{10.2.16}$$

$$\frac{\partial T_D}{\partial t_D}-w_D=\nabla^2T \tag{10.2.17}$$

其中，$\boldsymbol{z}_0$表示z轴方向的单位矢量，无量纲加速度系数Γ_a和瑞利数Ra分别由式(10.1.17)和式(10.1.15)所定义。

一般情况下，Γ_a是个小量，式(10.2.16)左边项可以略去。再对该方程取两次旋度并利用式(10.2.15)，则该方程的z向分量方程为

$$\nabla^2w_D=Ra\nabla_2^2T_D \tag{10.2.18}$$

现在联立求解方程(10.2.17)和方程(10.2.18)，由这两个无量纲扰动量方程解两个未知变量w_D和T_D。这是线性偏微分方程组，可用分离变量法求解。设

$$w_D(x_D,y_D,z_D,t_D)=W(z_D)\exp(\mathrm{i}lx_D+\mathrm{i}my_D+st_D) \tag{10.2.19}$$

$$T_D(x_D,y_D,z_D,t_D)=\Theta(z_D)\exp(\mathrm{i}lx_D+\mathrm{i}my_D+st_D) \tag{10.2.20}$$

把它们代入方程(10.2.17)和方程(10.2.18)，并令总的水平波数

$$b=(l^2+m^2)^{1/2} \tag{10.2.21}$$

其中，l和m分别为x_D和y_D方向的波数，则得

$$\frac{\mathrm{d}^2\Theta}{\mathrm{d}z_D^2}-(b^2+s)\Theta=-W(z) \tag{10.2.22}$$

$$\frac{\mathrm{d}^2W}{\mathrm{d}z_D^2}-b^2W(z_D)=-b^2Ra\Theta(z_D) \tag{10.2.23}$$

求解这一对二阶方程需要 4 个边界条件。我们讨论如下边界条件：

水力学条件：上下不透水

$$W(z_{\mathrm{D}}) = 0 \quad (\text{在 } z_{\mathrm{D}} = 0,1 \text{ 上}) \tag{10.2.24}$$

热边界条件：上下等温

$$\Theta(z_{\mathrm{D}}) = 0 \quad (\text{在 } z_{\mathrm{D}} = 0,1 \text{ 上}) \tag{10.2.25}$$

于是方程组(10.2.22)～(10.2.25)构成本征值问题。为了求解 $W(z_{\mathrm{D}})$和$\Theta(z_{\mathrm{D}})$在$x_{\mathrm{D}}, y_{\mathrm{D}} \to \infty$处保持有界，波数 l 和 m 必须是实数，因而总波数 b 必须是实数。一般来说，s 是复数，令 $s = \xi + \mathrm{i}\omega$。若 $\xi > 0$，则由式(10.2.19)和式(10.2.20)表示扰动随时间而增长，这说明基本解的状态是不稳定的。若 $\xi < 0$，则状态是稳定的。因而 $\xi = 0$ 就对应于稳定性的临界值，是不发生对流(保持单纯导热状态)的临界条件。

下面研究对应于临界条件的控制参数 Ra 的数值。一般来说，ω 给出振动频率。但对本问题，不难证明当 $\xi = 0$ 时，$\omega = 0$，所以当扰动随时间增长时，它们单调地变化。换句话说，所谓稳定性互换原理是成立的。

在方程中令 $s = 0$，则方程组(10.2.22)和(10.2.23)化为

$$\frac{\mathrm{d}^2 \Theta}{\mathrm{d}z_{\mathrm{D}}^2} - b^2 \Theta = - W(z_{\mathrm{D}}) \tag{10.2.26}$$

$$\frac{\mathrm{d}^2 W}{\mathrm{d}z_{\mathrm{D}}^2} - b^2 W = - b^2 Ra \Theta(z_{\mathrm{D}}) \tag{10.2.27}$$

由式(10.2.26)和式(10.2.27)消去 $\Theta(z_{\mathrm{D}})$，得 $W(z_{\mathrm{D}})$的 4 阶方程

$$\frac{\mathrm{d}^4 W}{\mathrm{d}{z_{\mathrm{D}}}^4} - 2b^2 \frac{\mathrm{d}^2 W}{\mathrm{d}z_{\mathrm{D}}^2} + b^2(b^2 - Ra) W = 0 \tag{10.2.28}$$

相应地，边界条件化为

$$\frac{\mathrm{d}^2 W}{\mathrm{d}z_{\mathrm{D}}^2} = 0; \quad W(z_{\mathrm{D}}) = 0 \quad (\text{在 } z_{\mathrm{D}} = 0.1 \text{ 上}) \tag{10.2.29}$$

我们立即可以看出

$$W(z_{\mathrm{D}}) = \sin j\pi z_{\mathrm{D}} \quad (j = 1,2,3,\cdots) \tag{10.2.30}$$

是方程(10.2.28)和方程(10.2.29)的解。将这个解代入方程(10.2.27)，得出控制参数 Ra 的临界值满足

$$Ra = \frac{(j^2\pi^2 + b^2)^2}{b^2} \tag{10.2.31}$$

由式(10.2.31)容易得到：当 $j = 1, b = \pi$ 时，Ra 取极小值。这时临界瑞利数 Ra_{c} 和临界波数 b_{c} 分别为

$$Ra_{\mathrm{c}} = 4\pi^2 = 39.48, \quad b_{\mathrm{c}} = \pi \tag{10.2.32}$$

由此得出结论：对于无限大水平层多孔介质中充满流体并在底部加热的情形，当瑞利数 $Ra < 4\pi^2$ 时，是稳定的单纯导热状态解；当 $Ra > 4\pi^2$ 时，将发生对流，产生水平波数为 π 的涡胞。

这样，线性稳定性分析给出稳定性的判据，并预示了对流涡胞的尺寸。但是关于这些涡胞在水平平面上的几何图形没有说明，因为本征值问题是退化的。

取坐标系使 y 轴沿涡卷轴方向。若平面上涡格形状为正方形，可由$\sin(bx_{\mathrm{D}}/\sqrt{2})\cdot$

$\sin(by_D/\sqrt{2})$ 表示；若平面上涡格形状为六角形，可由 $\cos bx_D + 2\cos(bx_D/2)\cos(\sqrt{3}\,by_D/2)$ 表示。它们的无量纲水平波长都是 $2\pi/b_c = 2$，实际波长是 $2H$。因而在铅垂截面中是一对正方形区域中相反相成的涡卷。此外，线化理论对六角形涡胞不能说明在一个涡胞中流体是从中心处升起，在边缘处下降，抑或相反。这些要由非线性理论来回答。

各种边界条件组合下的临界值　以上是在不透水和等温边界条件下所求得的临界瑞利数和临界波数。对于其他各种不同边界条件组合的情形，一般来说，其本征值问题要用数值方法求解，但对于临界波数为零的情形，不必用数值方法。

Nield(1968)给出了各种不同边界条件组合情况下的临界值。这些结果列在表 10.1 中。

表 10.1　各种边界条件组合下的临界值 Ra_c 和 b_c

序号	下底条件		上顶条件		临界值	
	水力学	热边界	水力学	热边界	Ra_c	b_c
1	不透水	等温	不透水	等温	$4\pi^2 = 39.48$	$\pi = 3.14$
2	不透水	等温	不透水	绝热	27.10	2.33
3	不透水	绝热	不透水	绝热	12	0
4	不透水	等温	定压	等温	27.10	2.33
5	不透水	绝热	定压	等温	17.65	1.75
6	不透水	等温	定压	绝热	$\pi^2 = 9.87$	$\pi/2 = 1.57$
7	不透水	绝热	定压	绝热	3	0
8	定压	等温	定压	等温	12	0
9	定压	等温	定压	绝热	3	0
10	定压	绝热	定压	绝热	0	0

10.3　介质内部加热

前一节讨论了为流体所饱和的多孔介质层由底部加热所引起的自然对流。本节论述介质内部有加热物体所引起的对流，包括铅垂热平板、水平热平板和水平热圆柱等。对小 Ra 数情形，用摄动法是适合的；而对大 Ra 数情形，因有热边界层形成，用热边界层理论是适合的。下面分别进行研究。

10.3.1　铅垂热平板

考察一个半无限长的铅垂热平板，板温为 T_w，板左边是为液体所饱和的多孔介质。介

质远处温度为 T_∞，如图 10.1 所示。Cheng，Minkowycz(1977)研究了这种情形所引起的自然对流。实际上这是侧面加热问题。

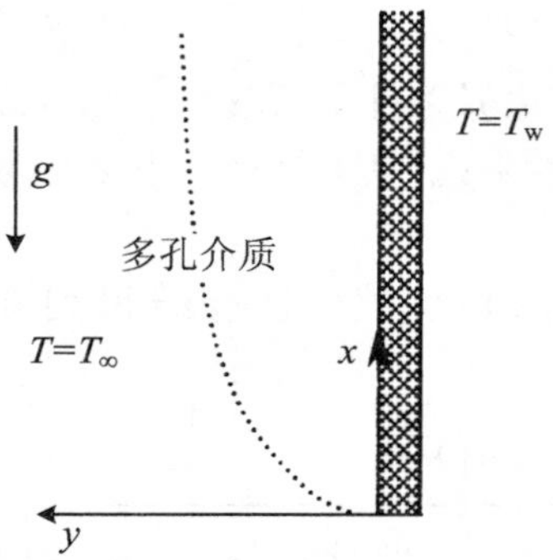

图 10.1　铅垂热平板所引起的对流

取 x 轴铅垂向上与平板重合，y 轴垂直于板面指向左边。讨论瑞利数较大情形并形成一个薄的热边界层，如图 10.1 中虚线所示。热边界层是指对置于流体中的固态物体加热，则只在物体邻近的薄层内(或尾迹中)流体的温度才会增加，这个薄层就称为**热边界层**。利用标准的量级估计，二维边界层方程取如下形式：

$$\frac{\partial u}{\partial x} + \frac{\partial v}{\partial y} = 0 \tag{10.3.1}$$

$$u = -\frac{K}{\mu}\left[\frac{\partial p'}{\partial x} - \rho g \beta (T - T_\infty)\right] \tag{10.3.2}$$

$$\frac{\partial p'}{\partial y} = 0 \tag{10.3.3}$$

$$\sigma \frac{\partial T}{\partial t} + u\frac{\partial T}{\partial x} + v\frac{\partial T}{\partial y} = \alpha \frac{\partial^2 T}{\partial y^2} \tag{10.3.4}$$

其中，p'是静压与当地压力之差。因为在热边界层附近法向速度分量 v 远小于沿平板方向的速度分量 u，所以在方程(10.3.3)中略去 v 项。假设$\partial^2 T/\partial x^2 \ll \partial^2 T/\partial y^2$，所以能量方程(10.1.9)写成方程(10.3.4)的形式。

将方程(10.3.2)和方程(10.3.3)分别对 y 和 x 求导数后相加消去 p'，并引进流函数 φ，使

$$u = \frac{\partial \psi}{\partial y}, \quad v = -\frac{\partial \psi}{\partial x} \tag{10.3.5}$$

可将方程(10.3.1)～方程(10.3.4)化为如下含未知变量 ψ 和 T 的两个方程：

$$\frac{\partial^2 \psi}{\partial y^2} = \frac{g\beta K}{\nu}\frac{\partial T}{\partial y} \tag{10.3.6}$$

$$\frac{\partial^2 T}{\partial y^2} = \frac{1}{\alpha}\left(\sigma\frac{\partial T}{\partial t} + \frac{\partial \psi}{\partial y}\frac{\partial T}{\partial x} - \frac{\partial \psi}{\partial x}\frac{\partial T}{\partial y}\right) \tag{10.3.7}$$

下面给出边界条件。

为了求相似性解，假定板温分布是沿板距离 x 的幂函数，即

$$T_w = T_\infty + Ax^\lambda \quad (x \geqslant 0) \tag{10.3.8}$$

对 $x<0$，或者假设没有平板，或者假设 $T_w = T_\infty$。于是边界条件如下：

$$\begin{aligned} &v = 0, \quad T = T_\infty + Ax^\lambda \quad (\text{在 } y = 0 \text{ 处}) \\ &u = 0, \quad T = T_\infty \quad (y \to \infty) \end{aligned} \tag{10.3.9}$$

容易验证，方程(10.3.6)～方程(10.3.9)的稳态(定常)解为

$$\psi = \alpha (Ra_x)^{1/2} f(\eta) \tag{10.3.10}$$

$$\frac{T - T_\infty}{T_w - T_\infty} = \theta(\eta) \tag{10.3.11}$$

其中

$$Ra_x = \frac{g\beta K(T_w - T_\infty)x}{\nu\alpha}, \quad \eta = \frac{y}{x}Ra_x^{1/2} \tag{10.3.12}$$

只要函数 $f(\eta)$ 和 $\theta(\eta)$ 满足下列常微分方程：

$$f'' - \theta' = 0 \tag{10.3.13}$$

$$\theta'' + \frac{1+\lambda}{2}f\theta' - \lambda f'\theta = 0 \tag{10.3.14}$$

和边界条件

$$\left.\begin{array}{ll} f(0) = 1, & \theta(0) = 1 \\ f'(\infty) = 0, & \theta(\infty) = 0 \end{array}\right\} \tag{10.3.15}$$

将式(10.3.10)分别对 y 和 x 求导数，并注意到 $T_w - T_\infty = Ax^\lambda$，可得渗流速度的分量 u 和 v 分别为

$$u = \frac{\alpha}{x}Ra_x f'(\eta) \tag{10.3.16}$$

$$v = \frac{\alpha}{2x}Ra_x^{1/2}[(1-\lambda)\eta f' - (1+\lambda)f] \tag{10.3.17}$$

对方程(10.3.13)积分一次并利用无穷远处边界条件，给出

$$f'(\eta) = \theta(\eta) \tag{10.3.18}$$

这表明约化速度 $xu/\alpha Ra_x$ 和约化温度 $\theta = (T - T_\infty)/(T_w - T_\infty)$ 是组合变量 η 的同一函数，它与参数 λ 有关。图 10.2 绘出了由方程(10.3.13)～方程(10.3.15)解出的约化速度和约化温度 θ 对相似性变量 η 的关系曲线。

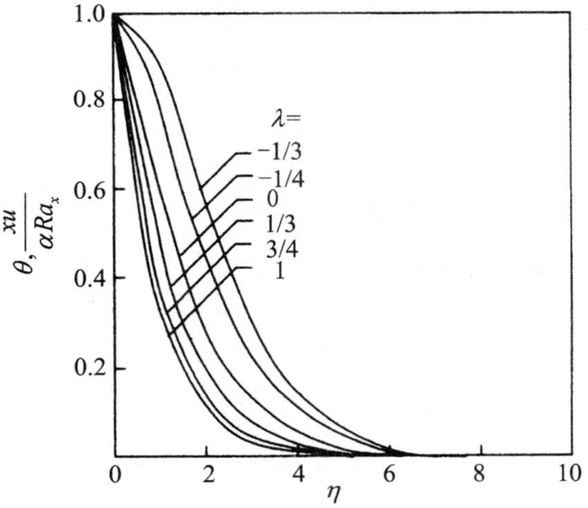

图 10.2　约化速度和约化温度与相似性 η 变量的关系曲线

下面讨论热边界层的厚度 δ。

记热边界层外缘处 η 值为 η_e，由(10.3.12)后一式子可以看出 δ 满足下列关系：

$$\frac{\delta}{x} = \frac{\eta_e}{Ra_x^{1/2}} \tag{10.3.19}$$

习惯上规定 η_e 为 $\theta = 0.01$ 处 η 的值，它与 λ 值有关。对不同的 λ 值，η_e 的数值列于表 10.2 中。对于 $\lambda = 0$ 的等温壁情形，$\delta \propto x^{1/2}$。

再讨论加热平板上的当地表面热通量 q''。我们有

$$q'' = -k\left(\frac{\partial T}{\partial y}\right)_{y=0} \tag{10.3.20}$$

由式(10.3.11)和式(10.3.8)，$T - T_\infty = Ax^\lambda\theta(\eta)$，对 y 求导数后取 $y = 0$，代入式(10.3.20)可得

$$q'' = kA^{3/2}\left(\frac{g\beta K}{\nu\alpha}\right)^{1/2} \cdot x^{\frac{1}{2}(3\lambda-1)}[-\theta'(0)] \tag{10.3.21}$$

由此可见 $\lambda = 1/3$ 对应于均匀热通量。将式(10.3.21)写成无量纲形式,即用 Nusselt 数表征。按式(10.1.20)记 $Nu_x = hx/k$ 为当地 Nusselt 数,其中,传热系数 $h = q''/(T_w - T_\infty)$,则式(10.3.21)写成无量纲形式为

$$\frac{Nu_x}{Ra_x^{1/2}} = -\theta'(0) \tag{10.3.22}$$

$-\theta'(0)$的值也列在表 10.2 中。

表 10.2　对铅垂热平板,η_e,$-\theta'(0)$随 λ 的变化关系

λ	η_e	$-\theta'(0)$	$\overline{Nu}/\overline{Ra}^{1/2}$	备注
−1/3	7.2	0		
−1/4	6.9	0.162	0.842	
0	6.3	0.444	0.888	等温
1/4	5.7	0.630	1.006	
1/3	5.5	0.678	1.044	均匀通量
1/2	5.3	0.761	1.118	
3/4	4.9	0.892	1.271	
1.0	4.6	1.001	1.614	

通过高度为 L(垂直于 xy 平面方向单位厚度)平板总的传热率为

$$Lq'' = q' = \int_0^L q''\mathrm{d}x = kA^{3/2}\left(\frac{g\beta K}{\nu\alpha}\right)^{1/2}\left(\frac{2}{1+3\lambda}\right)L^{\frac{1}{2}(1+3\lambda)}[-\theta'(0)] \tag{10.3.23}$$

这个结果写成无量纲形式为

$$\frac{\overline{Nu}}{\overline{Ra}^{1/2}} = \frac{2(1+\lambda)^{3/2}}{1+3\lambda}[-\theta'(0)] \tag{10.3.24}$$

其中,"$\overline{}$"是基于长度 L 上的平均温差,即

$$\overline{Nu} = \frac{q'}{k(\overline{T_w - T_\infty})},\quad \overline{Ra} = \frac{g\beta KL(\overline{T_w - T_\infty})}{\nu\alpha}$$
$$\overline{T_w - T_\infty} = \frac{1}{L}\int_0^L (T_w - T_\infty)\mathrm{d}x \tag{10.3.25}$$

$\overline{Nu}/\overline{Ra}^{1/2}$的值也列在表 10.2 中。

10.3.2　水平热平板

Cheng,Chang(1976)研究了半无限长热平板面向上其附近的高瑞利数的流动,并给出了相似性解。对于式(10.3.8)所表示的幂律壁温度分布情形,平板上面多孔介质中的热对流,得到下列结果:

$$\frac{\delta}{x} = \frac{\eta_e}{Ra_x^{1/3}} \tag{10.3.26}$$

$$\frac{Nu_x}{Ra_x^{1/3}} = -\theta'(0) \tag{10.3.27}$$

$$\frac{\overline{Nu}}{\overline{Ra}^{1/3}} = \frac{3(1+\lambda)^{4/3}}{(1+4\lambda)}[-\theta'(0)] \tag{10.3.28}$$

表 10.3 列出了对不同 λ 值所求得的 η_e 和 $-\theta'(0)$。

表 10.3　对水平热平板，η_e，$-\theta'(0)$ 随 λ 的变化关系

λ	η_e	$-\theta'(0)$
0	5.5	0.420
1/2	5.0	0.816
1	4.5	1.099
3/2	4.0	1.351
2	3.7	1.571

应当指出：在热边界层以外流体静止的假设对热平板面向上的情形是不太适合的。最好是研究有强迫对流情形的所谓混合对流。

后来有学者研究了一个长为 $2L$ 的低温平板，板面向上，$T_w < T_\infty$。取坐标系为 x 轴沿水平方向，y 轴铅垂向上穿过多孔介质，即平板上为 $-L \leqslant x \leqslant L$，$y = 0$。对于这种情形，方程组为

$$\frac{\partial u}{\partial x} + \frac{\partial v}{\partial y} = 0 \tag{10.3.29}$$

$$u = -\frac{K}{\mu}\frac{\partial p'}{\partial x} \tag{10.3.30}$$

$$v = -\frac{K}{\mu}\left[\frac{\partial p'}{\partial y} + \rho g\beta(T_\infty - T)\right] \tag{10.3.31}$$

$$\sigma\frac{\partial T}{\partial t} + u\frac{\partial T}{\partial x} + v\frac{\partial T}{\partial y} = \alpha\frac{\partial^2 T}{\partial y^2} \tag{10.3.32}$$

利用$\partial v/\partial x \sim 0$ 消去 p'，我们得到

$$\frac{\partial u}{\partial y} = \frac{g\beta K}{\nu}\frac{\partial}{\partial x}(T_\infty - T) \tag{10.3.33}$$

边界条件为

$$\begin{aligned} &v = 0,\quad T = T_w \quad (\text{在 } y = 0 \text{ 处}) \\ &u = 0,\quad T = T_w,\quad \frac{\partial T}{\partial y} = 0 \quad (y \to \infty) \end{aligned} \tag{10.3.34}$$

其中，瑞利数基于平板半长度 L，定义为

$$Ra = \frac{g\beta KL(T_\infty - T_w)}{\nu\alpha} \tag{10.3.35}$$

比例分析表明，热边界层厚度具有以下量级：

$$\delta \sim LRa^{-1/3} \tag{10.3.36}$$

记 q'[W/m]为流体饱和的多孔介质传给整个平板的传热率，则 Nusselt 数具有量级为

$$Nu = \frac{q'}{k(T_\infty - T_w)} \sim Ra^{1/3} \tag{10.3.37}$$

这与铅垂热平板情形中 $Nu \sim Ra^{1/2}$[见式(10.3.24)]是不同的。

Chen，Chen(1987)还研究了多孔介质被非牛顿幂律流体所饱和的情形。

10.3.3 水平热圆柱

考察一个半径为 r_w 的热圆柱水平放置在饱含液体的多孔介质中。圆柱保持等温为 T_w，介质中原始温度为 T_∞。我们限于讨论高 Ra 数下的稳态对流流动。

取正交曲线坐标系。x 轴从圆柱表面最下面一点 B 处起始按逆时针方向周向伸展(点 B 处幅角 $\varphi = 0$)，y 轴从圆柱中心沿径向伸展。若曲率影响和重力的法向分量可以略去，则热边界层的控制方程为

$$\frac{\partial^2 \psi}{\partial y^2} = \frac{g\beta K}{\nu} \sin\psi \frac{\partial}{\partial y}(T - T_\infty) \tag{10.3.38}$$

$$\frac{\partial^2 T}{\partial y^2} = \frac{1}{\alpha}\left(\frac{\partial \psi}{\partial y}\frac{\partial T}{\partial x} - \frac{\partial \psi}{\partial x}\frac{\partial T}{\partial y}\right) \tag{10.3.39}$$

边界条件为

$$\left.\begin{aligned} &v = 0, \quad T = T_\infty \quad (\text{在 } y = r_w \text{ 处}) \\ &u = 0, \quad T = T_\infty \quad (y \to \infty) \end{aligned}\right\} \tag{10.3.40}$$

容易验证该问题的相似性解为

$$\psi = \left[\frac{g\beta K}{\nu}(T_w - T_\infty)\alpha r_w\right]^{1/2}(1 - \cos\psi)^{1/2} f(\eta) \tag{10.3.41}$$

$$T = T_\infty + (T_w - T_\infty)\theta(\eta) \tag{10.3.42}$$

其中，相似变量

$$\eta = \left[\frac{g\beta K(T_w - T_\infty)}{\nu\alpha r_w}\right]^{1/2} \frac{y\sin\psi}{(1 - \cos\psi)^{1/2}} \tag{10.3.43}$$

其中 f 和 θ 满足方程(10.3.13)～方程(10.3.15)，只是取 $\lambda = 0$。于是当地表面热流率为

$$q''_w = -k\left(\frac{\partial T}{\partial y}\right)_{y=0} = 0.444k(T_w - T_\infty)^{3/2}\left(\frac{g\beta K}{\nu\alpha r_w}\right)^{1/2} \frac{\sin\psi}{(1 - \cos\psi)^{1/2}} \tag{10.3.44}$$

用无量纲量表示为

$$\frac{Nu_\psi}{Ra^{1/2}} = 0.628 \frac{\sin\psi}{(1 - \cos\psi)^{1/2}} \tag{10.3.45}$$

其中

$$Nu_\psi = \frac{2r_w q''}{k(T_w - T_\infty)}, \quad Ra = \frac{g\beta K(T_w - T_\infty)2r_w}{\nu\alpha} \tag{10.3.46}$$

沿周边的平均表面热通量为

$$\overline{q}'' = \frac{1}{\pi}\int_0^{\pi} q''(\psi)\mathrm{d}\psi = 0.565k(T_{\mathrm{w}} - T_{\infty})^{3/2}\left(\frac{g\beta K}{\nu\alpha 2r_{\mathrm{w}}}\right)^{1/2} \tag{10.3.47}$$

式(10.3.47)写成无量纲形式为

$$\overline{Nu}/Ra^{1/2} = 0.565 \tag{10.3.48}$$

其中

$$\overline{Nu} = \frac{\overline{q}''2r_{\mathrm{w}}}{k(T_{\mathrm{w}} - T_{\infty})} \tag{10.3.49}$$

Chen，Chen(1988)将以上问题推广到非牛顿幂律流体的情形。

10.4　有限区域中的热对流

本节研究有限多孔介质区域中流体的自然对流，包括二维矩形截面区域和长方体三维有限区域。着重在于通过线性稳定性分析给出其临界瑞利数。

10.4.1　二维矩形截面区域底部加热

考察一个矩形截面的管道，其高为 H，宽为 W，宽高比 $\gamma = W/H$。管道内充满被流体所饱和的多孔介质，并有以下假设：① 固体介质是均质和不变形的；② 固相与液相处于热平衡状态；③ 流体是单相牛顿流体；④ Darcy-Prandtl 数较大，惯性项可略去；⑤ 流场温差不是太大，Boussinesq 近似成立；⑥ 热弥散足够小，可导出有效热导率。

讨论底部加热情形，内部无热源，则方程(10.1.9)～方程(10.1.11)可写成

$$\nabla \cdot \boldsymbol{V} = 0 \tag{10.4.1}$$

$$\boldsymbol{V} = -\frac{K}{\mu}[\nabla p - \rho_0 \boldsymbol{g}(1 - \beta\Delta T)] \tag{10.4.2}$$

$$\sigma\frac{\partial T}{\partial t} + (\boldsymbol{V} \cdot \nabla)T = \alpha\nabla^2 T \tag{10.4.3}$$

取坐标系的原点在矩形中心，x 轴向右，z 轴向上，则 $\boldsymbol{g} = -gz_0$，其中，z_0 是 z 向单位矢量，于是方程(10.4.1)和方程(10.4.2)可写成

$$\frac{\partial u}{\partial x} + \frac{\partial v}{\partial z} = 0 \tag{10.4.4}$$

$$u = -\frac{K}{\mu}\frac{\partial p}{\partial x} \tag{10.4.5}$$

$$v = -\frac{K}{\mu}\left[\frac{\partial p}{\partial z} + \rho_0 g(1 - \beta\Delta T)\right] \tag{10.4.6}$$

引进流函数，如式(10.3.5)所示。将式(10.4.5)和式(10.4.6)分别对 z 和 x 求导数后相减，得

$$\frac{\partial^2 \psi}{\partial x^2} + \frac{\partial^2 \psi}{\partial z^2} + \rho_0 g\beta \frac{\partial T}{\partial x} = 0 \tag{10.4.7}$$

方程(10.4.3)可写成

$$\sigma \frac{\partial T}{\partial t} + \frac{\partial \psi}{\partial z}\frac{\partial T}{\partial x} - \frac{\partial \psi}{\partial x}\frac{\partial T}{\partial z} = \alpha\left(\frac{\partial^2 T}{\partial x^2} + \frac{\partial^2 T}{\partial z^2}\right) \tag{10.4.8}$$

由方程(10.4.7)和方程(10.4.8)可以求解流函数 φ 和温度 T。

10.4.1.1　边界条件

设矩形四周都是不透水的,上下边界等温,温度分别为 $T_0 - \Delta T/2$ 和 $T_0 + \Delta T/2$,其中,ΔT 为正值,侧面是绝热的。

下面对方程进行无量纲化。令

$$\left.\begin{aligned} x_D = \frac{x}{W},\quad z_D = \frac{z}{H},\quad t_D = \frac{\alpha t}{\sigma H^2} \\ \psi_D = \frac{\psi}{\alpha},\quad \theta = \frac{T - T_0}{\Delta T} \end{aligned}\right\} \tag{10.4.9}$$

则方程(10.4.7)和方程(10.4.8)和边界条件写成无量纲形式为

$$\frac{\partial^2 \psi_D}{\partial x_D^2} + \gamma^2 \frac{\partial^2 \psi_D}{\partial z_D^2} = -\gamma Ra \frac{\partial \theta}{\partial x_D} \tag{10.4.10}$$

$$\frac{\partial^2 \theta}{\partial x_D^2} + \gamma^2 \frac{\partial^2 \theta}{\partial z_D^2} - \gamma\left(\frac{\partial \psi_D}{\partial z_D}\frac{\partial \theta}{\partial x_D} - \frac{\partial \psi_D}{\partial x_D}\frac{\partial \theta}{\partial z_D}\right) = \gamma^2 \frac{\partial \theta}{\partial t_D} \tag{10.4.11}$$

$$\begin{aligned} &\psi_D = 0,\quad \frac{\partial \theta}{\partial x_D} = 0 \quad \left(\text{在 } x_D = \pm\frac{1}{2},\ |z_D| < \frac{1}{2} \text{ 处}\right) \\ &\psi_D = 0,\quad \theta = \mp\frac{1}{2} \quad \left(\text{在 } z_D = \pm\frac{1}{2},\ |x_D| < \frac{1}{2} \text{ 处}\right) \end{aligned} \tag{10.4.12}$$

其中,瑞利数 Ra 为

$$Ra = \frac{g\beta K \Delta T H}{\nu\alpha} \tag{10.4.13}$$

方程(10.4.10)~方程(10.4.12)就是研究该问题的数学模型。其中,瑞利数 Ra 是控制参数。

10.4.1.2　线性稳定性分析

现在对方程(10.4.10)~方程(10.4.12)进行线性稳定性分析。首先我们看出,该定解问题有基本解

$$\psi_b = 0,\quad \theta_b = -z \tag{10.4.14}$$

我们在单纯导热的基本解上加一扰动量,即

$$\psi_D = \psi_b + \psi' = \psi',\quad \theta = \theta_b + \theta' = -z + \theta' \tag{10.4.15}$$

将式(10.4.15)代入方程(10.4.10)和方程(10.4.11),略去扰动量导数的二阶项,可得关于扰动量的方程

$$\frac{\partial^2\theta'}{\partial x^2}+\gamma^2\frac{\partial^2\theta'}{\partial z^2}=\gamma\frac{\partial\psi'}{\partial x}+\gamma^2\frac{\partial\theta'}{\partial t} \tag{10.4.16}$$

$$\frac{\partial^2\psi'}{\partial x^2}+\gamma^2\frac{\partial^2\psi'}{\partial z^2}=-\gamma Ra\frac{\partial\theta'}{\partial x} \tag{10.4.17}$$

扰动量方程的边界条件为

$$\left.\begin{aligned}&\psi'=0,\quad \theta'_x=0\quad \left(在\ x=\pm\frac{1}{2},\ |z|<\frac{1}{2}处\right)\\&\psi'=0,\quad \theta'=0\quad \left(在\ z=\mp\frac{1}{2},\ |x|<\frac{1}{2}处\right)\end{aligned}\right\} \tag{10.4.18}$$

式(10.4.18)为简洁起见,将自变量的下标 D 省去。

为了研究扰动量随时间的发展,我们对它进行变量分离,并写成如下形式:

$$\theta'(x,z,t)=\Theta(x,z)e^{\omega t},\quad \psi'(x,z,t)=\Psi(x,z)e^{\omega t} \tag{10.4.19}$$

将式(10.4.19)代入式(10.4.16)和式(10.4.17),得到关于 $\Theta(x,z)$ 和 $\Psi(x,z)$ 的方程组为

$$\frac{\partial^2\Theta}{\partial x^2}+\gamma^2\frac{\partial^2\Theta}{\partial z^2}-\gamma\frac{\partial\Psi}{\partial x}-\gamma^2\omega\Theta(x,z)=0 \tag{10.4.20}$$

$$\frac{\partial^2\Psi}{\partial x^2}+\gamma^2\frac{\partial^2\Psi}{\partial z^2}+\gamma Ra\frac{\partial\Theta}{\partial x}=0 \tag{10.4.21}$$

相应的边界条件为

$$\left.\begin{aligned}&\Psi=0,\quad \Theta_x=0\quad \left(在\ x=\pm\frac{1}{2},\ |z|<\frac{1}{2}处\right)\\&\Psi=0,\quad \Theta=0\quad \left(在\ z=\mp\frac{1}{2},\ |x|<\frac{1}{2}处\right)\end{aligned}\right\} \tag{10.4.22}$$

这是本征值问题。容易证明:满足边界条件(10.4.22)的本征函数为

$$\Theta(x,z)=a\cos m\pi\left(x+\frac{1}{2}\right)\sin n\pi\left(z+\frac{1}{2}\right) \tag{10.4.23}$$

$$\Psi(x,z)=b\sin m\pi\left(x+\frac{1}{2}\right)\sin n\pi\left(z+\frac{1}{2}\right) \tag{10.4.24}$$

其中,a,b 为常数,m,n 为非零的正整数。将式(10.4.23)和式(10.4.24)代入方程(10.4.20)和方程(10.4.21),得

$$\gamma Ram\pi a+(m^2\pi^2+\gamma^2n^2\pi^2)b=0 \tag{10.4.25}$$

$$(m^2\pi^2+\gamma^2n^2\pi^2+\omega\gamma^2)a+\gamma m\pi b=0 \tag{10.4.26}$$

显然,若要常数 a,b 有非零值,则本征值必须满足下列方程:

$$\begin{vmatrix}\gamma Ram\pi & m^2\pi^2+\gamma^2n^2\pi^2\\ m^2\pi^2+\gamma^2n^2\pi^2+\omega\gamma^2 & \gamma m\pi\end{vmatrix}=0 \tag{10.4.27}$$

由式(10.4.27)容易解出

$$\omega=\frac{\gamma^2m^2\pi^2}{\gamma^2(m^2\pi^2+\gamma^2n^2\pi^2)}\left[Ra-\frac{(m^2\pi^2+\gamma^2n^2\pi^2)^2}{\gamma^2m^2\pi^2}\right] \tag{10.4.28}$$

将方括号中后面一项记作 Ra_c,即

$$Ra_c = \frac{\pi^2}{\gamma^2 m^2}(m^2 + \gamma^2 n^2)^2 \tag{10.4.29}$$

我们称它为**临界瑞利数**。由式(10.4.28)可见，当 $Ra < Ra_c$ 时，$\omega < 0$，按式(10.4.19)，这表明扰动量随时间而衰减到零，因而单纯导热的平凡解是稳定的；但若 $Ra > Ra_c$，则 $\omega > 0$，这表明平凡解是不稳定的，这时将发生对流。式(10.4.23)中 m 表示水平方向胞格数，n 表示铅垂方向胞格数。每一对(m,n)值称为一个**对流模式**。公式(10.4.29)是由Sutton(1970)提出的。对 $\gamma=1$的正方形截面，各个低对流模式所对应的临界瑞利数列于表 10.4 中。

表 10.4　几种较低模式对应的临界瑞利数 Ra

模式 (m,n)	(1,1)	(2,1)	(3,1)	(2,2)	(4,1)
Ra_c 值	$4\pi^2=39.478$	$\frac{25}{4}\pi^2=61.685$	$\frac{100}{9}\pi^2=109.66$	$16\pi^2=157.91$	$\frac{289}{16}\pi^2=178.27$

几种低对流模式的稳定性曲线按式(10.4.29)绘于图 10.3。模式(m,n)的最小临界瑞利数是在宽高比 $\gamma=m/n$ 情况下达到的，且等于 $4n^2\pi^2$。这表明每一个模式的最低临界瑞利数与水平方向胞格数 m 无关。这是边壁滑移条件的结果。所以最低临界瑞利数对流模式的铅垂方向胞格数总是等于 1，而水平方向胞格数 m 取决于宽高比 γ。当

$$\gamma = [m(m+1)]^{1/2}, \quad Ra = \frac{(2m+1)^2}{m(m+1)}\pi^2 \tag{10.4.30}$$

时，模式从$(m,1)$转换到$(m+1,1)$。更一般地，当

$$\gamma = (mm')^{1/2}, \quad Ra = \frac{(m+m')^2}{mm'}\pi^2 \tag{10.4.31}$$

时，模式从$(m,1)$转换到$(m',1)$。这种模式转换机制构成分叉解的物理基础。

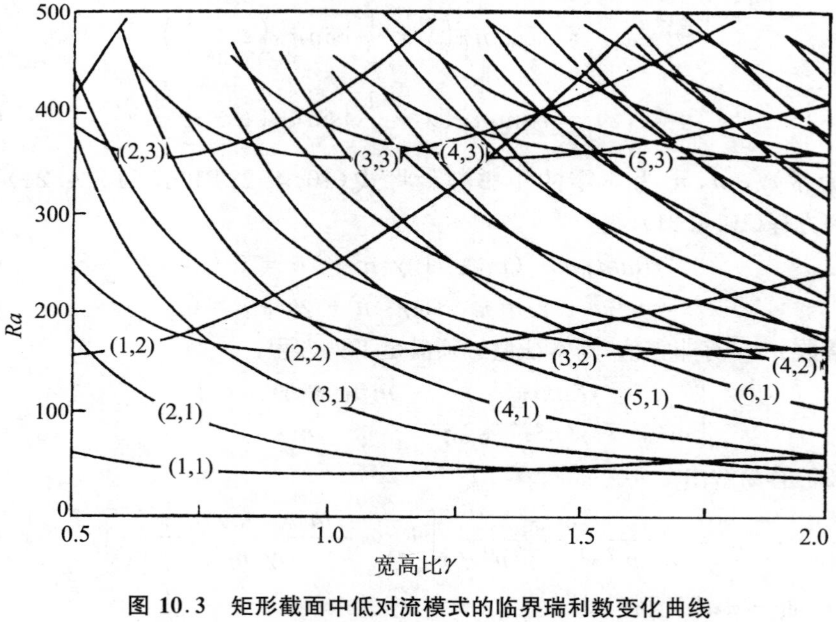

图 10.3　矩形截面中低对流模式的临界瑞利数变化曲线

10.4.2　三维长方体区域底部加热

考察一个长方体区域，其长宽高分别为 a,b,H，底部温度保持为 $T_0+\Delta T/2$，顶部温度保持为 $T_0-\Delta T/2$。侧面绝热，六面均为不透水。长高比 $h_1=a/H$，宽高比 $h_2=b/H$。取坐标系如图10.4所示，原点在顶面中点，z 轴向下与重力加速度方向一致。在10.4.1小节所述的近似条件下，则连续性方程和动量方程的分量方程和能量方程可分别写成

$$\frac{\partial V_x}{\partial x}+\frac{\partial V_y}{\partial y}+\frac{\partial V_z}{\partial z}=0 \tag{10.4.32}$$

$$V_x=-\frac{K}{\mu}\frac{\partial p}{\partial x} \tag{10.4.33}$$

$$V_y=-\frac{K}{\mu}\frac{\partial p}{\partial y} \tag{10.4.34}$$

$$V_z=-\frac{K}{\mu}\frac{\partial p}{\partial z}+\frac{K}{\mu}\rho_0 g[1-\beta(T-T_0)] \tag{10.4.35}$$

$$\sigma\frac{\partial T}{\partial t}+V_x\frac{\partial T}{\partial x}+V_y\frac{\partial T}{\partial y}+V_z\frac{\partial T}{\partial z}=\alpha\nabla^2 T \tag{10.4.36}$$

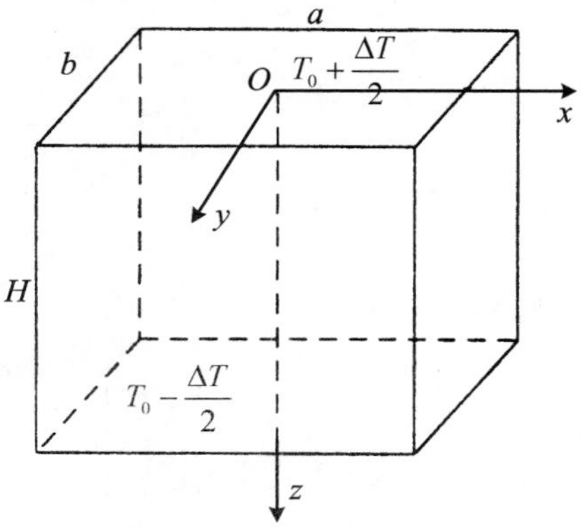

图10.4　长方体区域底部加热

对该方程组进行无量纲化，长度标尺均用高度 H，θ 和 V 的参考量用 ΔT 和 α/H。在动量方程中求导数消去压力 p，则得以下无量纲方程组：

$$\frac{\partial V_z}{\partial x}-\frac{\partial V_x}{\partial z}=-Ra\frac{\partial\theta}{\partial x} \tag{10.4.37}$$

$$\frac{\partial V_z}{\partial y}-\frac{\partial V_y}{\partial z}=-Ra\frac{\partial\theta}{\partial y} \tag{10.4.38}$$

$$\frac{\partial V_x}{\partial x}+\frac{\partial V_y}{\partial y}+\frac{\partial V_z}{\partial z}=0 \tag{10.4.39}$$

$$\frac{\partial\theta}{\partial t}+V_x\frac{\partial\theta}{\partial x}+V_y\frac{\partial\theta}{\partial y}+V_z\frac{\theta}{\partial z}=\nabla^2\theta \tag{10.4.40}$$

式(10.4.37)～式(10.4.40)为简洁起见，无量纲量的下标均已略去。流动区域

$$R=\left\{-\frac{h_1}{2}<x<\frac{h_1}{2},-\frac{h_2}{2}<y<\frac{h_2}{2},0<z<1\right\}$$

其中

$$t_{\mathrm{D}}=\frac{\alpha t}{\sigma H^2},\quad Ra=\frac{\beta gKH\Delta T}{\alpha\nu} \tag{10.4.41}$$

边界条件

$$\left.\begin{aligned}&\boldsymbol{V}\cdot\boldsymbol{n}=0\quad(\text{在所有边界上})\\&\theta=\mp\frac{1}{2}\quad\left(\text{在 } z=0,1,\ |x,y|<\frac{1}{2}\text{ 处}\right)\\&\frac{\partial\theta}{\partial n}=0\quad\left(\text{在 } |x|=\frac{h_1}{2},\ |y|=\frac{h_2}{2},\ |z|<1\text{ 处}\right)\end{aligned}\right\} \tag{10.4.42}$$

线性稳定性分析　我们在稳态解($V_b=0,\theta_b=z-\dfrac{1}{2}$)的基础上加上一个扰动量。所施加的扰动量足够小,以致其二阶量均可略去。于是由方程组(10.4.37)~(10.4.40)导致扰动量方程构成以下定解问题:

$$\frac{\partial V'_z}{\partial x}-\frac{\partial V'_x}{\partial z}=-Ra\frac{\partial\theta'}{\partial x}\tag{10.4.43}$$

$$\frac{\partial V'_z}{\partial y}-\frac{\partial V'_y}{\partial z}=-Ra\frac{\partial\theta'}{\partial y}\tag{10.4.44}$$

$$\frac{\partial V'_x}{\partial x}+\frac{\partial V'_y}{\partial y}+\frac{\partial V'_z}{\partial z}=0\tag{10.4.45}$$

$$\frac{\partial\theta'}{\partial t}+V'_z=\nabla^2\theta'\tag{10.4.46}$$

其边界条件为

$$\left.\begin{aligned}&V'_x=0,\quad\frac{\partial\theta'}{\partial x}=0,\quad 在\ x=\pm\frac{1}{2}h_1\ 处\\&V'_y=0,\quad\frac{\partial\theta'}{\partial y}=0,\quad 在\ y=\pm\frac{1}{2}h_2\ 处\\&V'_z=0,\quad\theta'=0,\quad 在\ z=0,1\ 处\end{aligned}\right\}\tag{10.4.47}$$

该定解问题有下列分离变量的本征函数:

$$V'_x(x,y,z,t)=A\sin\left[\frac{m\pi}{2}\left(1+\frac{2x}{h_1}\right)\right]\cos\left[\frac{n\pi}{2}\left(1+\frac{2y}{h_2}\right)\right]\cos l\pi z e^{\omega t}\tag{10.4.48}$$

$$V'_y(x,y,z,t)=B\cos\left[\frac{m\pi}{2}\left(1+\frac{2x}{h_1}\right)\right]\sin\left[\frac{n\pi}{2}\left(1+\frac{2y}{h_2}\right)\right]\cos l\pi z e^{\omega t}\tag{10.4.49}$$

$$V'_z(x,y,z,t)=C\cos\left[\frac{m\pi}{2}\left(1+\frac{2x}{h_1}\right)\right]\cos\left[\frac{n\pi}{2}\left(1+\frac{2y}{h_2}\right)\right]\sin l\pi z e^{\omega t}\tag{10.4.50}$$

$$\theta'(x,y,z,t)=D\cos\left[\frac{m\pi}{2}\left(1+\frac{2x}{h_1}\right)\right]\cos\left[\frac{n\pi}{2}\left(1+\frac{2y}{h_2}\right)\right]\sin l\pi z e^{\omega t}\tag{10.4.51}$$

其中, $m,n,l=0,1,2,\cdots$,代表三个方向的胞格数, $m+n\neq 0$,将式(10.4.48)~式(10.4.51)代入方程组(10.4.43)~(10.4.46),并令 $m/h_1=M,n/h_2=N$,则得关于常数 A,B,C,D 的四个方程:

$$l\pi A-M\pi C-M\pi RaD=0\tag{10.4.52}$$

$$l\pi B-N\pi C-N\pi RaD=0\tag{10.4.53}$$

$$M\pi A+N\pi B+l\pi C=0\tag{10.4.54}$$

$$C+(\omega+M^2\pi^2+N^2\pi^2+l^2\pi^2)D=0\tag{10.4.55}$$

要以上方程组中 A,B,C,D 有非零解,则下列行列式必须为零,即

$$\begin{vmatrix}l&0&-M&-MRa\\0&l&-N&-NRa\\M&N&l&0\\0&0&1&\omega+(b^2+l^2)\pi^2\end{vmatrix}=0\tag{10.4.56}$$

其中

$$b^2 = M^2 + N^2 = \left(\frac{m}{h_1}\right)^2 + \left(\frac{n}{h_2}\right)^2 \tag{10.4.57}$$

将方程(10.4.56)右边的行列式展开,得

$$\omega l(b^2 + l^2) = lb^2 Ra - [lb^2(b^2 + 2l^2) + l^5]\pi^2 \tag{10.4.58}$$

由此解出 ω 为

$$\omega = \frac{lb^2}{l(b^2 + l^2)}\left[Ra - \frac{b^2(b^2 + 2l^2) + l^4}{b^2}\pi^2\right] \tag{10.4.59}$$

将式(10.4.59)方括号中后面一项记作 Ra_c,它是临界瑞利数,即

$$Ra_c = \left(b + \frac{l^2}{b}\right)^2 \pi^2 \tag{10.4.60}$$

当 $Ra > Ra_c$ 时,$\omega > 0$,平凡解不稳定,将发生对流。式(10.4.60)是由 Beck(1972)提出的。显然,最小的临界瑞利数为 $4\pi^2$。

取铅垂方向胞格数 $l = 1$,则临界瑞利数可表示为

$$Ra_c = \left(b + \frac{1}{b}\right)^2 \pi^2, \quad b = \left[\left(\frac{m}{h_1}\right)^2 + \left(\frac{n}{h_2}\right)^2\right]^{1/2} \tag{10.4.61}$$

对于不同的 h_1 和 h_2 值,这个非负整数 m 和 n 的最小值问题由 Beck(1972)解出,其结果展示在图 10.5、图 10.6 中。图 10.5 表示当长高比 h_1 或宽高比 h_2 变大时临界瑞利数 Ra_c 的值迅速趋向 $4\pi^2$。所以除了细高的长方体即 $h_1 \ll 1$ 和 $h_2 \ll 1$ 的情形以外,侧壁对临界瑞利数的影响很小。

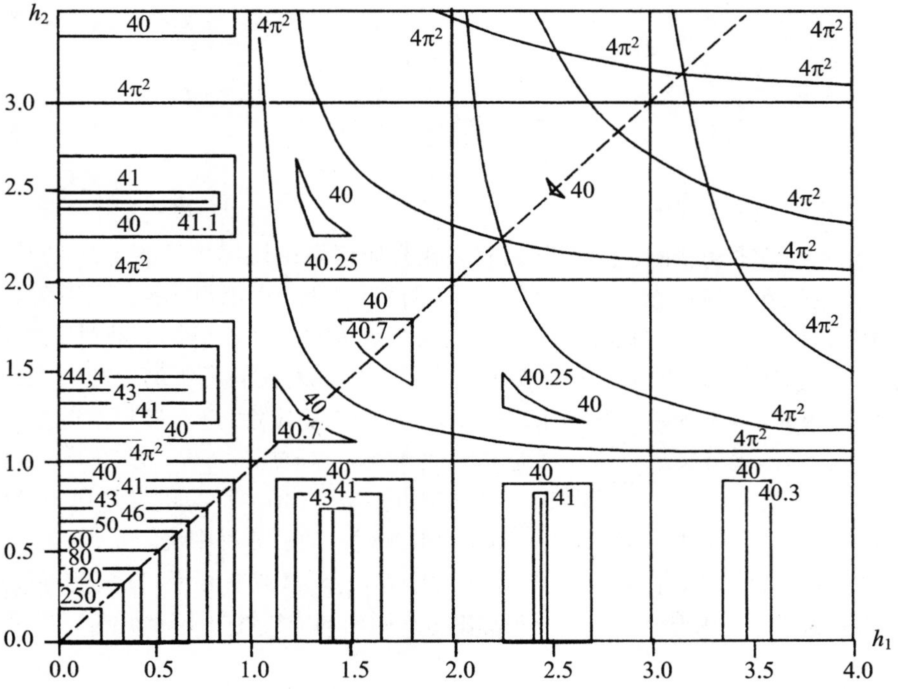

图 10.5　长方体多孔介质中,临界值 Ra_c 随比值 h_1 和 h_2 的变化关系

图 10.6 表示一些低胞格对流模式(m,n)随 h_1 和 h_2 的变化情况。在这两个图中，对 $h_1=h_2$ 的 45°线是完全对称的。对流模式$(m,0)$与$(m+1,0)$之间的转换发生在 $h_1=[m(m+1)]^{1/2}$。图 10.6 中的实线表示相邻两个对流模式之间转换的 h 值。

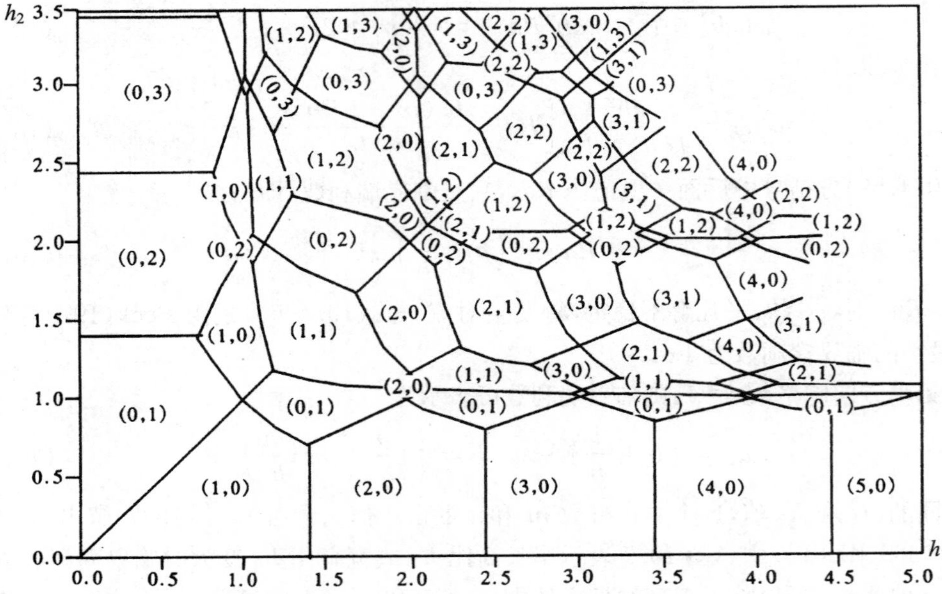

图 10.6　长方体多孔介质中，水平胞格模式(m,n)随比值 h_1 和 h_2 的变化关系

10.5　对流的分叉

在第 10.4.1 节中初步阐述了矩形截面多孔介质区域中流体由于底部加热所引起的对流问题，导出温度 θ 和流函数 φ 所满足的方程，例如，方程(10.4.10)和方程(10.4.11)。其中，方程(10.4.11)是非线性的，我们称这种流动系统为非线性系统。非线性系统即使在最简单的情况下也会强烈地依赖于某个(或某几个)参数，如对流问题中的瑞利数 Ra。当参数变化超过临界值时，系统的基态解会出现突变现象，失去稳定性，进而破坏解的唯一性，出现几个解的分支，即出现分叉现象。分叉是非线性系统的本质属性。

本节将从方程(10.4.10)、方程(10.4.11)和边界条件(10.4.12)出发来研究解的分叉问题。所使用的方法主要是基于分叉理论，即在代数方程和微分方程中确定奇点；基本思路是补充分叉点处需满足的条件以扩展控制方程，然后用有限差分(或有限元)方法就可以对偏微分方程进行数值求解。利用连续方法可以跟踪由奇点引出的非线性分支，得出分叉的路径。

10.5.1　一般分析

在第10.4.1节中我们利用线性稳定性分析求得了临界瑞利数，它如式(10.4.29)表示，同时给出了模式转换的条件，如式(10.4.30)或式(10.4.31)所示。

很显然，由方程(10.4.10)～方程(10.4.12)所描述的定解问题，其定态解具有 $Z_2 \times Z_2$ 的对称属性。对称算子 S_x, S_z 定义如下：

$$S_x\begin{pmatrix}\psi\\ \theta\end{pmatrix} = S_x\begin{pmatrix}\psi(x,z)\\ \theta(x,z)\end{pmatrix} = \begin{pmatrix}-\psi(-x,z)\\ \theta(-x,z)\end{pmatrix} \tag{10.5.1}$$

$$S_z\begin{pmatrix}\psi\\ \theta\end{pmatrix} = S_z\begin{pmatrix}\psi(x,z)\\ \theta(x,z)\end{pmatrix} = \begin{pmatrix}-\psi(x,-z)\\ -\theta(x,-z)\end{pmatrix} \tag{10.5.2}$$

于是对称性表征为 $\Gamma' = \{I, s_x, s_z, s_x s_z\}$，其中，$I$ 为恒等算子，s_x, s_z 和 $s_x s_z$ 分别表示左右、上下和中心对称。

如前所述，该问题存在一个单纯导热解(平凡解) $\psi_0 = 0$ 和 $\theta_0 = -z$。这个解对所有的 Ra 都成立，但不是说对所有的 Ra 都是稳定的。由平凡解引出的分支具有不同的对称属性，而且依赖于对流模式 (m,n)，其中 m,n 分别为水平方向和铅垂方向的胞格数。在 i 方向($i = x, z$)有奇数个胞格的分叉破坏了 S_i 对称。若 $|m-n|$ 为奇数，则中心对称 $s_x s_z$ 也被破坏。表10.5显示了实际应用中对称被破坏的情况。

表10.5　几种较低模式破坏的对称性

模式	(1,1)	(2,1)	(1,2)	(2,2)
破坏的对称性	S_x, S_z	$S_z, S_x S_z$	$S_x, S_x S_z$	无

除这些对称性以外，滑移边界条件揭示了平移不变性。这种不变性最简单的描述可以通过考虑 x 方向上的无限多个周期性胞格来进行。模式 (m,n) 具有平移对称属性 T_m^p，$p = 1, 2, \cdots, m-1$，其中

$$T_m^p\begin{pmatrix}\psi\\ \theta\end{pmatrix} = T_m^p\begin{pmatrix}\psi(x,z)\\ \theta(x,z)\end{pmatrix} = \begin{pmatrix}\psi\left(x+\dfrac{2p}{m}, z\right)\\ \theta\left(x+\dfrac{2p}{m}, z\right)\end{pmatrix} \tag{10.5.3}$$

这种对称属性对于分叉点路径的相交有重要作用。两条路径的相交点是一个双重特征值，而且通常若每一条路径破坏同一种对称属性，则这个双重特征值在结构上是不稳定的；与此相反，若每一条路径破坏不同的对称属性，则它们一定会相交。对于本节所讨论的情形，由于平移对称属性的存在，保证所有的路径都会相交。

我们用 $\boldsymbol{u}$ 表示解 $\{\psi(x,z), \theta(x,z)\}$，用 λ 表示控制参数 Ra，用 s 表示每一条解分支上的弧长，解的平滑分支表示为

$$\Gamma_{ab}: [\boldsymbol{u}(s), \lambda(s)] \quad (s_a \leqslant s \leqslant s_b) \tag{10.5.4}$$

而将方程一般地写成

$$G(\boldsymbol{u}, \lambda) = 0 \tag{10.5.5}$$

10.5.1.1 解分支的参数控制和连续

标准的逼近方法是利用 λ 作为连续参数定义解的分支 $\boldsymbol{u}(\lambda)$。若对于 $\lambda=\lambda_0$，解 $\boldsymbol{u}=\boldsymbol{u}_0$ 是唯一的，这就是说

$$G_u^0 = G_u(\boldsymbol{u}_0,\lambda) \tag{10.5.6}$$

是非奇异的，因而 $\mathrm{d}\boldsymbol{u}/\mathrm{d}\lambda$ 存在且满足

$$G_u[\boldsymbol{u}(\lambda),\lambda]\frac{\mathrm{d}\boldsymbol{u}}{\mathrm{d}\lambda} = -G_\lambda[\boldsymbol{u}(\lambda),\lambda] \tag{10.5.7}$$

这样就可以利用预估-校正连续方法进行计算。通常以方程(10.5.7)的一步欧拉法作为预估步：

$$\boldsymbol{u}^0(\lambda+\delta\lambda) = \boldsymbol{u}(\lambda)+\delta\lambda\frac{\mathrm{d}\boldsymbol{u}(\lambda)}{\mathrm{d}\lambda} \tag{10.5.8}$$

以此作为在 $\lambda+\delta\lambda$ 的初始迭代。然后利用牛顿法

$$G_u^\nu\delta_u^\nu(\lambda+\delta\lambda) = -G^\nu,\quad \nu=0,1,\cdots \tag{10.5.9}$$

其中

$$\left.\begin{aligned} G_u^\nu &= G_u[\boldsymbol{u}^\nu(\lambda+\delta\lambda),\lambda+\delta\lambda] \\ G^\nu &= G[\boldsymbol{u}^\nu(\lambda+\delta\lambda),\lambda+\delta\lambda] \\ \boldsymbol{u}^{\nu+1}(\lambda+\delta\lambda) &= \boldsymbol{u}^\nu(\lambda+\delta\lambda)+\delta\boldsymbol{u}^\nu(\lambda+\delta\lambda) \end{aligned}\right\} \tag{10.5.10}$$

上述方法在$(\boldsymbol{u}_0,\lambda_0)$为奇点处，即 G_u^0 奇异时解不唯一，会遇到困难以致失败。为了克服这些困难，可在解上附加规一化限制条件。通常利用方程

$$G(\boldsymbol{u},\lambda)=0,\ N(\boldsymbol{u},\lambda,s)=0 \tag{10.5.11}$$

代替方程(10.5.5)。这样极限点最终会消失，奇异点可以容易计算或越过。可以取较大的迭代步长，而且在分叉点较易转换分支。我们引进

$$\boldsymbol{x} = \{\boldsymbol{u},\lambda\},\quad P(x,s) = \begin{pmatrix} G(\boldsymbol{u},\lambda) \\ N(\boldsymbol{u},\lambda,s) \end{pmatrix} \tag{10.5.12}$$

这样一来，方程的解 $\boldsymbol{x}(s)=\{\boldsymbol{u}(s),\lambda(s)\}$满足

$$P[\boldsymbol{x}(s),s]=0 \tag{10.5.13}$$

对于确定的 s，若 $M(s)$非奇异，则 $\boldsymbol{x}(s)$唯一。其中

$$M(s) = P_x(\boldsymbol{x}(s),s) = \begin{pmatrix} G_u[\boldsymbol{u}(s),\lambda(s)] & G_\lambda[\boldsymbol{u}(s),\lambda(s)] \\ N_u[\boldsymbol{u}(s),\lambda(s),s] & N_\lambda[\boldsymbol{u}(s),\lambda(s),s] \end{pmatrix} \tag{10.5.14}$$

另外，在平滑分支上，$\dot{\boldsymbol{x}}(s)=\mathrm{d}\boldsymbol{x}(s)/\mathrm{d}s$ 满足

$$M(s)\dot{\boldsymbol{x}}(s) = -P_s(\boldsymbol{x}(s),s) = -\begin{pmatrix} 0 \\ N_s[\boldsymbol{u}(s),\lambda(s),s] \end{pmatrix} \tag{10.5.15}$$

根据分叉理论，通常选用如下归一化条件：

$$\begin{aligned} N(\boldsymbol{u},\lambda,s) = {}& \omega\dot{\boldsymbol{u}}(s_0)[\boldsymbol{u}(s)-\boldsymbol{u}(s_0)]+(1-\omega)\dot{\lambda}(s_0)[\lambda(s)-\lambda(s_0)] \\ & -(s-s_0)=0 \end{aligned} \tag{10.5.16}$$

其中，$\omega<1/3$，$[\boldsymbol{u}_0,\lambda_0]$为方程(10.5.5)的解，且

$$G_u^0\dot{\boldsymbol{u}}_0+G_\lambda^0\dot{\lambda}_0=0,\quad \|\dot{\boldsymbol{u}}_0\|^2+|\dot{\lambda}_0|^2>0 \tag{10.5.17}$$

10.5.1.2　奇点的越过和分叉点处解分支的转换

若$[\boldsymbol{u}_0,\lambda_0]$为正则解或正则极限点，则在此解分支上可用欧拉-牛顿法来越过奇点。若$M(s)$在$s\in[s_a,s_b]\sim\{s_0\}$上非奇异，则$\dot{\boldsymbol{x}}(s_a)$是唯一确定的。$\boldsymbol{x}(s)$的一个近似为

$$\boldsymbol{x}^0(s)=\boldsymbol{x}(s_a)+[s-s_a]\dot{\boldsymbol{x}}(s_a) \tag{10.5.18}$$

于是牛顿法有如下形式：

$$M^\nu(s)=P_x[x^\nu(s),s]$$

$$M^\nu(s)[\boldsymbol{x}^{\nu+1}(s)-\boldsymbol{x}^\nu(s)]=-P(\boldsymbol{x}^\nu(s),s)\quad(\nu=0,1,\cdots) \tag{10.5.19}$$

要使计算收敛，需要$\boldsymbol{x}^\circ(s)$在$\boldsymbol{x}(s)$的适当吸引区内，同时$M^\nu(s)$为非奇异。此时牛顿迭代$\boldsymbol{x}^\nu(s)$按几何收敛因子$2\omega/(1-\omega)$收敛于$\boldsymbol{x}(s)$，$\omega<1/3$。当解分支$[s_a,s_b]$的曲率不很大时，牛顿法可以越过奇点，在解分支上迭代下去。

通过其他形式的欧拉-牛顿迭代可求得奇点的精确位置，也可通过判断det(M)的符号变化来进行计算，然后进行解分支的转换。

下面用差分方法进行计算。

10.5.2　有限差分方法

10.5.2.1　控制方程的欧拉-牛顿迭代

控制方程(10.4.10)和(10.4.11)可写成如下单算子方程：

$$E\frac{\partial \boldsymbol{u}}{\partial t}-G(\boldsymbol{u},\lambda,\gamma)=0,\quad \boldsymbol{u}:=\{\theta,\psi\} \tag{10.5.20}$$

其中，E为线性算子，G为平滑非线性函数，λ为分叉参数Ra，宽高比γ为几何参数。孔、鹿等(1996)，孔、鹿、王(1997)以及孔、佘、鹿(1997)用差分方法研究了底部加热对流的分叉问题。

对于稳态流动，控制方程和规一化条件利用牛顿迭代具体形式为

$$\nabla_\gamma^2 D+\gamma[\psi,D]-\gamma[\theta,P]=r_1 \tag{10.5.21}$$

$$\nabla_\gamma^2 P+\gamma RaD_x-\gamma\theta_x q=r_2 \tag{10.5.22}$$

$$\omega(\dot{\theta}_0 D+\dot{\psi}_0 P)+(1-\omega)\dot{R}a_0 q=r_3 \tag{10.5.23}$$

其中，D,P,q分别为θ,ψ,Ra的迭代增量，即

$$\theta^{\nu+1}=\theta^\nu+D,\quad \psi^{\nu+1}=\psi^\nu+P,\quad Ra^{\nu+1}=Ra^\nu+q,\quad \nu=0,1,\cdots$$

迭代初值θ^0,φ^0,Ra^0由欧拉法给出。误差项为

$$\left.\begin{aligned}
r_1&=-(\nabla_\gamma^2\theta+\gamma[\psi,\theta])\\
r_2&=-(\nabla_\gamma^2+\gamma Ra\theta_x)\\
r_3&=\omega[\dot{\theta}_0(\theta-\theta_0)+\dot{\psi}(\psi-\psi_0)]\\
&\quad+(1-\omega)\dot{\lambda}(s_0)[\lambda(s)-\lambda(s_0)]-(s-s_0)
\end{aligned}\right\} \tag{10.5.24}$$

其中

$$[\psi,\theta]:=\varphi_x\theta_z-\varphi_z\theta_x,\quad \nabla_\gamma^2=\frac{\partial^2}{\partial x^2}+\gamma^2\frac{\partial^2}{\partial z^2} \tag{10.5.25}$$

在正则点或极限点处迭代收敛，即误差 $r_1, r_2, r_3 \to 0$。相应地，边界条件转化为

$$P = 0,\quad D_x = 0 \quad \left(在\ x = \pm\frac{1}{2},\ |z| < \frac{1}{2}\ 处\right)$$

$$P = 0,\quad D = 0 \quad \left(在\ z = \pm\frac{1}{2},\ |x| < \frac{1}{2}\ 处\right)$$

下面介绍网格生成和微分方程的离散格式。

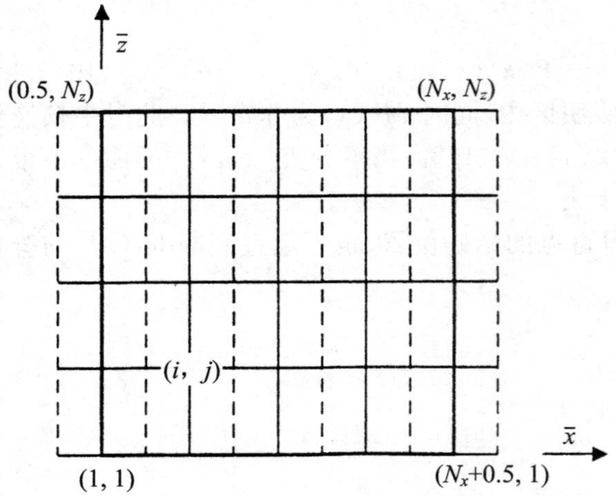

图 10.7 计算所用的交错网络

由于在侧壁上是绝热的，即第二类热边界条件和第一类流函数边界条件，为提高精度，可采用交错网格，即温度函数 θ 在侧壁处向外延拓半个网格，而流函数 φ 无须延拓，如图 10.7 所示。其中令

$$\overline{x} = x + 0.5,\quad \overline{z} = z + 0.5 \tag{10.5.26}$$

流函数 ψ 取在整格点上，温度函数 θ 取在半格点上，即写成

$$\psi_{ij},\quad i = 1,2,\cdots,N_x;\ j = 1,2,\cdots,N_z$$

$$\theta_{i+\frac{1}{2},j},\quad i = 0,1,\cdots,N_x;\ j = 1,2,\cdots,N_z$$

于是控制方程和规一化限制条件(10.5.11)可写成

$$G_h(\boldsymbol{u}_h, Ra_h) = 0,\quad N_h(\boldsymbol{u}_h, Ra_h, s) = 0 \tag{10.5.27}$$

其中，$(\boldsymbol{u}_h, Ra_h)$ 表示在网格上对 $(\boldsymbol{u}, Ra)$ 的逼近。迭代方程就可以离散为

$$\begin{aligned}
&(D_{i+\frac{1}{2},j} - 2D_{i-\frac{1}{2},j} + D_{i-\frac{3}{2},j}) + \gamma^2(D_{i-\frac{1}{2},j+1} - 2D_{i-\frac{1}{2},j} + D_{i-\frac{1}{2},j-1}) \\
&\quad + \frac{\gamma}{4}\Big[2(\psi_{i,j} - \psi_{i-1,j})(D_{i-\frac{1}{2},j+1} - D_{i-\frac{1}{2},j-1}) \\
&\quad - \frac{1}{2}(\psi_{i,j+1} + \psi_{i-1,j+1} - \psi_{i,j-1} - \psi_{i-1,j-1})(D_{i+\frac{1}{2},j} - D_{i-\frac{3}{2},j}) \\
&\quad - \frac{1}{2}(\theta_{i+\frac{1}{2},j} - \theta_{i-\frac{3}{2},j})(P_{i,j+1} + P_{i-1,j+1} - P_{i,j-1} - P_{i-1,j-1}) \\
&\quad + 2(\theta_{i-\frac{1}{2},j+1} - \theta_{i-\frac{1}{2},j-1})(P_{i,j} - P_{i-1,j})\Big] = -R_{1i-\frac{1}{2},j}
\end{aligned} \tag{10.5.28}$$

$$\begin{aligned}
&(P_{i+1,j} - 2P_{ij} + P_{i-1,j}) + \gamma^2(P_{i,j+1} - 2P_{i,j} + P_{i,j-1}) \\
&\quad + \gamma Ra\Delta x(D_{i+\frac{1}{2},j} - D_{i-\frac{1}{2},j}) + \gamma\Delta x(\theta_{i+\frac{1}{2},j} - \theta_{i-\frac{1}{2},j})q = -R_{2i,j}
\end{aligned} \tag{10.5.29}$$

$$\omega\Big(\sum_{i=0}^{N_x}\sum_{j=1}^{N_z}\dot{\theta}_{0i+\frac{1}{2},j}D_{i+\frac{1}{2},j} + \sum_{i=1}^{N_x}\sum_{j=1}^{N_z}\dot{\psi}_{0i,j}P_{i,j}\Big) + (1-\omega)\dot{R}a_0 q = -R_3 \tag{10.5.30}$$

其中

$$R_{1i-\frac{1}{2},j} = (\theta_{i+\frac{1}{2},j} - 2\theta_{i-\frac{1}{2},j} + \theta_{i-\frac{3}{2},j}) + \gamma^2(\theta_{i-\frac{1}{2},j+1} - 2\theta_{i-\frac{1}{2},j} + \theta_{i-\frac{1}{2},j-1})$$

$$+\frac{\gamma}{4}(\psi_{i,j}-\psi_{i-1,j})(\theta_{i-\frac{1}{2},j+1}-\theta_{i-\frac{1}{2},j-1})$$

$$-\frac{1}{2}(\psi_{i,j-1}+\psi_{i-1,j+1}-\psi_{i,j-1}-\psi_{i-1,j-1})(\theta_{i+\frac{1}{2},j}-\theta_{i-\frac{1}{2},j})$$

$$R_{2i,j}=(\psi_{i+1,j}-2\psi_{i,j}+\psi_{i-1,j})+\gamma^2(\psi_{i,j+1}-2\psi_{i,j}+\psi_{i,j-1})$$
$$+\gamma Ra\Delta x(\theta_{i+\frac{1}{2},j}-\theta_{i-\frac{1}{2},j})$$

$$R_3=\omega\left[\sum_{i=0}^{N_x}\sum_{j=1}^{N_z}\dot{\theta}_{0i+\frac{1}{2},j}(\theta_{i+\frac{1}{2},j}-\theta_{0i+\frac{1}{2},j})+\sum_{i=1}^{N_x}\sum_{j=1}^{N_z}\dot{\psi}_{0ij}(\psi_{ij}-\varphi_{0ij})\right]$$
$$+(1-\omega)\dot{R}a_0(Ra-Ra_0)-(s-s_0)\tag{10.5.31}$$

边界条件离散为

$$P_{1,j}=0,\quad P_{Nj}=0,\quad D_{\frac{1}{2},j}=D_{\frac{3}{2},j},\quad D_{N-\frac{1}{2},j}=D_{N+\frac{1}{2},j}\quad(j=1,2,\cdots,N)$$

$$P_{i,1}=0,\quad P_{i,N}=0,\quad D_{i-\frac{1}{2},1}=0,\quad D_{i-\frac{1}{2},N}=0\quad(i=1,2,\cdots,N)\tag{10.5.32}$$

其中,$\Delta x:=1/N$,$N=N_x=N_z$ 为离散网格两个方向的格点数,该计算格式收敛较快。

1. 分叉点的计算

在解分支上进行牛顿迭代时,系数行列式$|\det(M)|$改变符号即表示在此附近有分叉点,记作($\boldsymbol{u}_\alpha,Ra_\alpha$),以此作为分叉点的良好近似,然后用下述方法进行精确计算。

2. 初级分叉的计算

初级分叉是指从平凡解引出的破坏对称属性的分叉。定义平凡解为 $\boldsymbol{u}_0$,它在任何 Ra 数下都成立。通过计算雅可比矩阵 $G_u(\boldsymbol{u}_0,Ra)$特征值为零时的特征向量 ξ,可求得分叉点的位置,即求解下列方程:

$$\left.\begin{aligned}&G(\boldsymbol{u}_0,Ra,\gamma)=0\\&G(\boldsymbol{u}_0,Ra,\gamma)\cdot\xi=0\\&m(\xi)-1=0\end{aligned}\right\}\tag{10.5.33}$$

其中,$m(\xi)$为特征向量 ξ 某种形式的模,本节采用取远离边界的某一个 $\xi_m=1$ 的方法,方程可写成如下形式:$\xi=(G,H)$

$$\left.\begin{aligned}&\nabla_\gamma^2G+\gamma[\psi,g]-\gamma[\theta,H]=0\\&\nabla_\gamma^2H+\gamma RaG_x=0\\&m(G,H)=1\end{aligned}\right\}\tag{10.5.34}$$

取初值 $G_u(\boldsymbol{u}_0,Ra_\alpha,\gamma)=\boldsymbol{I}$,利用欧拉-牛顿法进行计算,则迭代方程有如下形式:

$$\left.\begin{aligned}&(g,h)=\delta(G,H)\\&\nabla_\gamma^2g+\gamma[\Psi,g]-\gamma[\theta,h]=r_1'\\&\nabla_\gamma^2h-\gamma Rag_x-\gamma G_xq=r_2'\\&m'(g,h)=0\end{aligned}\right\}\tag{10.5.35}$$

其中

$$r_1'=-\{\nabla_\gamma^2G+\gamma[\psi,G]-\gamma[\theta,H]\},\quad r_2'=-\{\nabla_\gamma^2H+\gamma RaG_x\}\tag{10.5.36}$$

3. 二级分叉的计算

二级分叉是指从初级分叉分支解上引出的分叉,也就是说是从非平凡解分支上奇点引出的分叉,所以仍由方程(10.5.33)开始计算。

二级分支同样可由牛顿迭代求得,迭代方程为

$$\left.\begin{aligned}&\nabla_\gamma^2 D+\gamma[\psi,D]-\gamma[\theta,P]=r_1\\&\nabla_\gamma^2 P-\gamma RaD_x-\gamma\theta_x q=r_2\\&\nabla_\gamma^2 g+\gamma[\psi,g]-\gamma[\theta,h]=r_1'\\&\nabla_\gamma^2 h-\gamma Rag_x-\gamma G_x q=r_2'\\&m'(g,h)=0\end{aligned}\right\}\tag{10.5.37}$$

10.5.2.2　分叉点处解分支的转换

对于初级分叉,在奇点($\boldsymbol{u}_0$, Ra_0)处,利用式

$$\boldsymbol{u}=\boldsymbol{u}_0+\varepsilon\boldsymbol{\xi}_0,\quad Ra=Ra_0+\varepsilon^2\delta/2\tag{10.5.38}$$

其中,$\boldsymbol{\xi}_0$ 为雅可比矩阵的特征向量,ε,δ 为小量,即可从平凡解分支转换到另一解分支上,继续进行迭代求解。对于二级分叉要复杂一些。其中很多情形可采用与初级分叉相同的方法,而另一些情形需要较为复杂一些的方法。

以下对解分支稳定性进行分析。分析稳态解 $\boldsymbol{u}_0$ 的线性稳定性,是在其上加一小扰动 $\boldsymbol{u}_1$,方程(10.5.20)变为

$$E\frac{\partial(\boldsymbol{u}_0+\boldsymbol{u}_1)}{\partial t}-G(\boldsymbol{u}_0+\boldsymbol{u}_1,Ra,\gamma)=0\tag{10.5.39}$$

因为

$$G(\boldsymbol{u}_0+\boldsymbol{u}_1,Ra,\gamma)\approx G(\boldsymbol{u}_0,Ra,\gamma)+G_u(\boldsymbol{u}_0,Ra,\gamma)\boldsymbol{u}_1\tag{10.5.40}$$

所以有

$$E\frac{\partial\boldsymbol{u}_1}{\partial t}-G_u(\boldsymbol{u}_0,Ra,\gamma)\boldsymbol{u}_1=0\tag{10.5.41}$$

令 $\boldsymbol{\xi}$ 为 $G_u(\boldsymbol{u}_0,Ra,\gamma)$的具有本征值 σ_0 的规一化特征向量,则有

$$G_u\boldsymbol{\xi}=\sigma_0E\boldsymbol{\xi}\tag{10.5.42}$$

因此,若扰动 $\boldsymbol{u}_1$ 沿 $\boldsymbol{\xi}$ 方向,则有

$$\boldsymbol{u}_1(t)=\varepsilon e^{\sigma_0 t}\boldsymbol{\xi}\tag{10.5.43}$$

所以若对所有的特征值 σ_0 有其实部 $\mathrm{Re}(\sigma_0)<0$,则稳态解是线性稳定的。因而要判断解的稳定性,只需计算 G_u 的特征值。实际上,因为在目前所考虑的问题中 E 为所有对角线元素为正的对角线矩阵,所以计算 G_u 的一般特征值 σ,只需 $\mathrm{Re}(\sigma)<0$ 即可,其中 σ 由下式得到:

$$G_u\boldsymbol{\xi}=\sigma\boldsymbol{\xi}\tag{10.5.44}$$

但是求解 G_u 所有的特征值计算量太大,我们采用另一种判断解稳定性的充分判据。简述如下:记 G_u 为$\boldsymbol{A}$,若 $\boldsymbol{A}$ 的所有特征值的实部均为负,则导出矩阵 $\boldsymbol{B}$ 的所有特征值的模都小于1,其中,$\boldsymbol{B}=(\boldsymbol{A}-\boldsymbol{I})^{-1}(\boldsymbol{A}+\boldsymbol{I})$。这样只要计算 $\boldsymbol{B}$ 模的最大特征值即可。而此值可利用幂方法直接求得,计算非常简单。幂方法的基本算法是任意给一非零的初始向量 $\boldsymbol{\zeta}^0$,于是有 $\boldsymbol{B}\boldsymbol{\zeta}^\nu=\boldsymbol{\zeta}^{\nu+1}$。当 ν 足够大时,$\boldsymbol{\zeta}^{\nu+1}/\boldsymbol{\zeta}^\nu$ 趋向于一个定值,即模最大特征值 $\delta_{\max}$。实际计算时,通过求解

$$(\boldsymbol{A}-\boldsymbol{I})\boldsymbol{\zeta}^{\nu+1}=(\boldsymbol{A}+\boldsymbol{I})\boldsymbol{\zeta}^\nu\tag{10.5.45}$$

得到 $\zeta^{\nu+1}$ 的值，然后进行迭代。

10.5.3　计算结果及其分析

用上述方法对宽高比 $\gamma=1$ 情形的第一个奇点计算表明，选取不同的网格密度，所得结果稍有不同。如表 10.6 所示，由该表可以看出：随着网格密度增大，临界瑞利数的计算值越来越大，逐渐趋于理论值 $4\pi^2$。以下的结果是采用网格密度 16×16 计算的，即 $N_x=N_z=17$。

表 10.6　不同网格密度算出的第 1 个 Ra_c 的值

网格密度	临界 Ra 数
10×10	39.154
16×16	39.352
20×20	39.398
25×25	39.427
理论值	39.478($4\pi^2$)

为了计算分叉结构，采用了两个表征量：一个是左侧壁中点的温度函数

$\theta(\bar{x}=0,\bar{z}=0.5)$　或　$\theta(x=-0.5,z=0)$

另一个是平均 Nusselt 数 $\overline{Nu}$，定义为

$$\overline{Nu}=\int_{-\frac{1}{2}}^{\frac{1}{2}}\left.\frac{\partial\theta}{\partial z}\right|_{z=-\frac{1}{2}}\mathrm{d}x \tag{10.5.46}$$

即分叉结构用 $\theta\sim Ra$ 或 $\overline{Nu}\sim Ra$ 表示。对 Ra 计算到 400。表 10.7 给出不同对流模式 (m,n) 下临界瑞利数的计算值与线性稳定性分析理论值的比较，其理论值由式(10.4.29)给出。

表 10.7　对不同模式 (m,n) 算出的临界瑞利数

模式 (m,n)	理论值	计算值
(1,1)	39.478	39.352
(2,1)	61.685	61.133
(3,1)	109.66	107.09
(2,2)	157.91	155.89
(4,1)	178.27	170.29

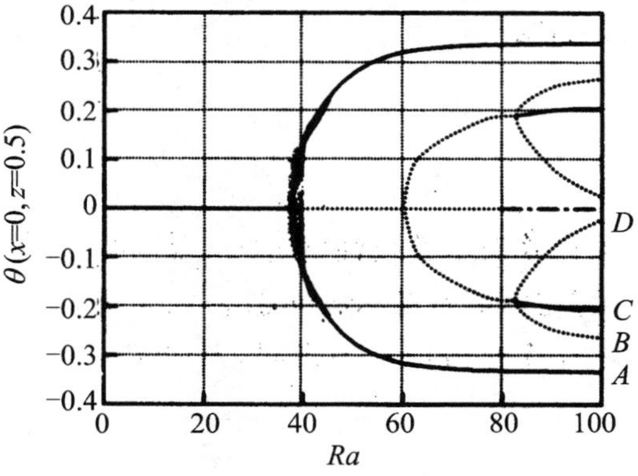

图 10.8　$\gamma=1$，Ra 到 100 的分叉结构

图 10.8 绘出 $\gamma=1$，Ra 直到 100 的分叉结构。图 10.8 中实线和虚线分别表示稳定和不稳定的分支。由图 10.8 看出：在 $Ra=39.352$ 和 61.133 处出现的初级分叉。后一初级分叉是不稳定的，但二级分叉出现以后，原来不稳定的对流模式(2,1)转化为稳定的，即雅可比矩阵的特征值经过二级分叉以后由正变负，从而使解分支稳定。$\gamma=1$，$Ra=100$ 时不同对流模式的物理图像如图 10.9 所示。该图中左边一列是等温线图，右边一列是流线图。自上而下分别对应于图 10.8 中的点 A，B，C，D。

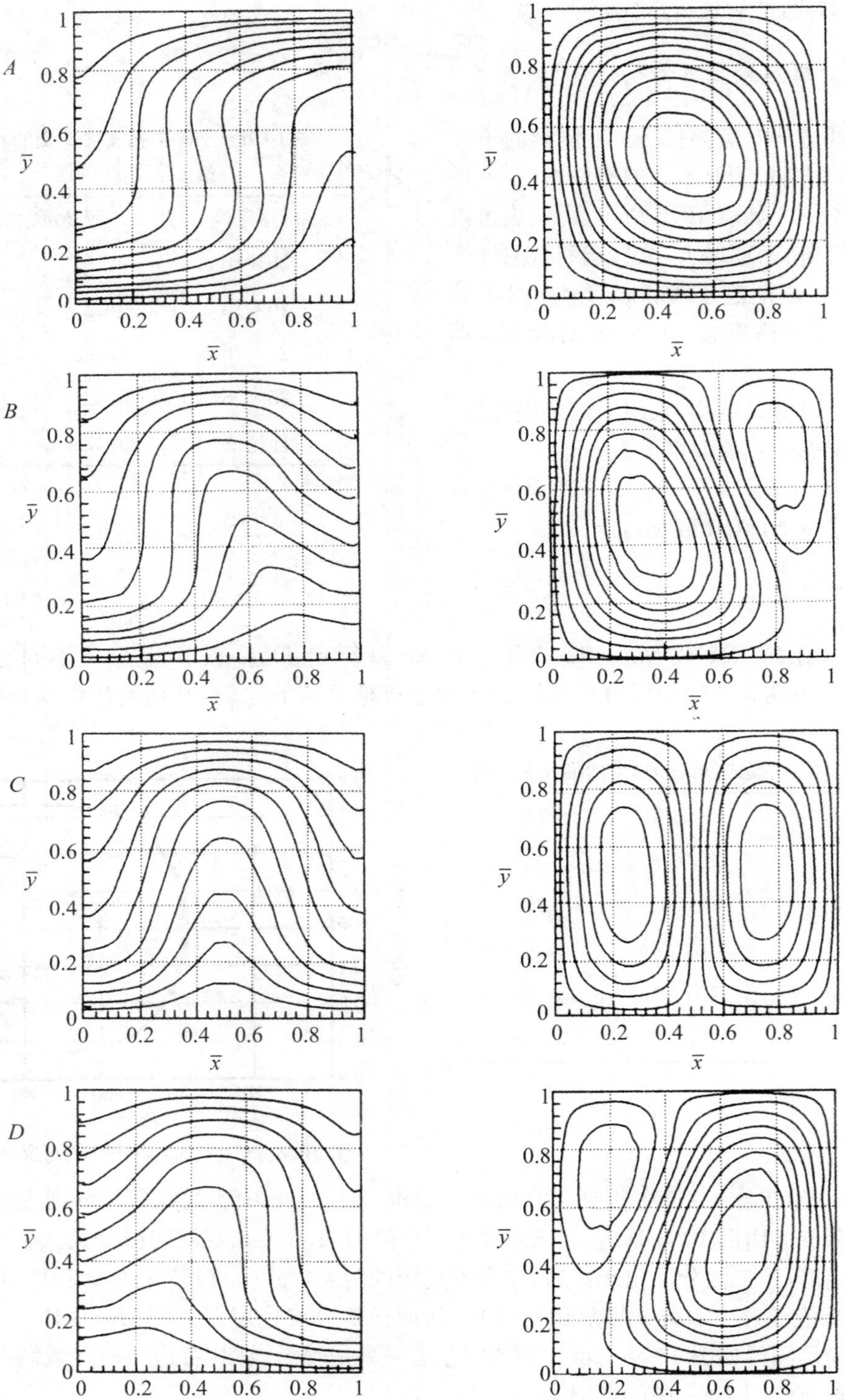

图 10.9　$\gamma=1, Ra=100$ 时对流的物理图像

图 10.10 绘出 $\gamma=1$，Ra 直到 400 的分叉结构。在 $Ra=61.133$ 和 107.09，即该图中点 B 和 C 分别出现模式为(2,1)和(3,1)的初级分叉。点 B_1 处在二胞解分支上出现二级分叉；点 c_1，c_2 是三胞解分支上的二级分叉点。模式(3,1)在点 c_2 出现分叉以后，原来不稳定的模式变为稳定的。计算还得到在 $Ra=155.89$ 处(线化理论值为 $16\pi^2$)，即图 10.10 中的点 D 有一导致模式(2,2)的初级分叉，但其分支尺度为零且与 $\theta=0$ 的水平线重合而看不到。图中的点 D_1 是由点 D 引出的初级分叉分支上的二级分叉点，并且此分支与模式(3,1)在点 c_1 处产生的二级分叉分支 c_1c_2 相连(其中连连 D_1c_{12} 因计算不精确由点线表示)。

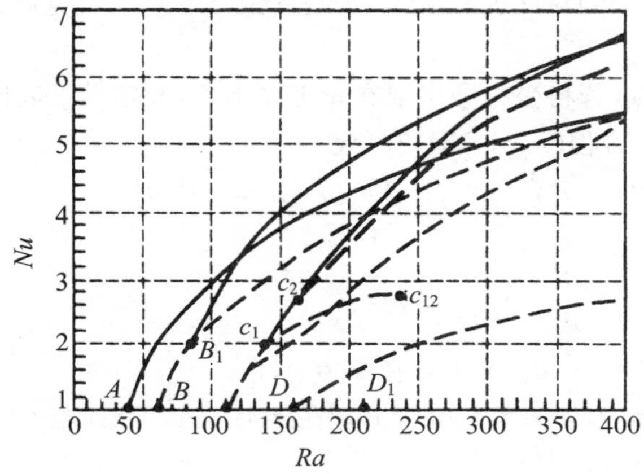

图 10.10　$\gamma=1$，Ra 到 400 的分叉结构

为明晰起见，$Ra>160$ 处产生的初级分叉及由此引起的二级分叉均未画出，所有的三级分叉(即由二级分叉分支上的奇点)亦未画出。

$\gamma=1$，Ra 到 400 计算出的 $\overline{Nu}$ 数对 Ra 数的关系曲线如图 10.11 所示。该图中所标出的各点与图 10.10 中的点相对应。由图 10.11 亦可清楚地看出各个分叉点和分叉路径。

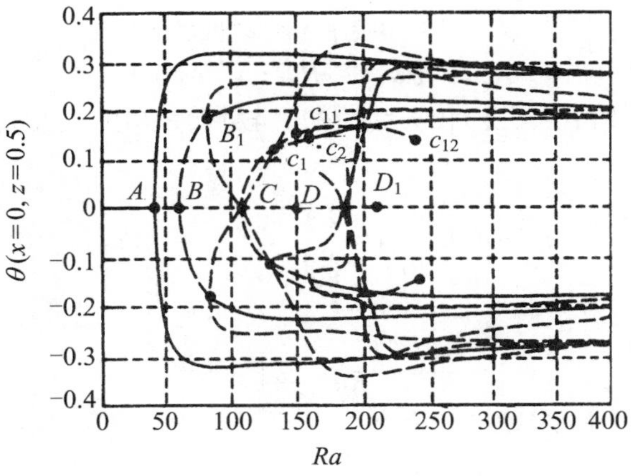

图 10.11　$\gamma=1$，Ra 直到 400 的 $\overline{Nu}\sim Ra$ 曲线

Riley，Winters(1989)曾用有限元方法研究过这类分叉问题。Weinitschke，Nandakumar，

Sankar(1990)和 Ryland,Nandakumar(1992)也曾研究过类似的问题。

10.5.4 摄动法

以上阐述了用数值计算方法研究对流的分叉,可以对流动的演化过程进行分析,即展示沿每一条分叉路径流动图像随时间的变化过程。通过改进计算方法和某些处理可以计算得到非常准确的结果。

有些作者利用摄动法也已求得了一些近似的解析结果。Sutton(1970)较早研究过这个问题;Riley,Winters(1989)对此进一步作了分析;张(1994)也对宽高比$\gamma=1$的简单情形作了讨论。

对正方形截面区域,若将坐标原点取在矩形左下角,x 轴沿下底向右,z 轴沿左侧壁向上,则方程(10.4.10)~方程(10.4.12)应写成

$$\frac{\partial^2 \psi}{\partial x^2}+\frac{\partial^2 \psi}{\partial z^2}=-Ra\frac{\partial \theta}{\partial x} \tag{10.5.47}$$

$$\frac{\partial^2 \theta}{\partial x^2}+\frac{\partial^2 \theta}{\partial z^2}-\frac{\partial \psi}{\partial z}\frac{\partial \theta}{\partial x}+\frac{\partial \psi}{\partial x}\frac{\partial \theta}{\partial z}=\frac{\partial \theta}{\partial t} \tag{10.5.48}$$

$$\left.\begin{array}{ll}\psi=0, \quad \theta_x=0 & (\text{在 } x=0,1,\ |z|<1 \text{ 处})\\ \psi=0, \quad \theta=1,0 & (\text{分别在 } z=0,1,\ |x|<1 \text{ 处})\end{array}\right\} \tag{10.5.49}$$

这样,平凡解(10.4.14)可改写成

$$\psi_{\mathrm{b}}=0, \quad \theta_{\mathrm{b}}=1-z \tag{10.5.50}$$

临界瑞利数关系式(10.4.29)简化为

$$Ra_{\mathrm{c}}=\frac{\pi^2}{m^2}(m^2+n^2)^2 \tag{10.5.51}$$

利用摄动法,将 ψ,θ 和 Ra 展成下列级数:

$$\left.\begin{array}{l}\psi=0+\varepsilon\psi_1+\varepsilon^2\psi_2+\cdots\\ \theta=1-z+\varepsilon\theta_1+\varepsilon^2\theta_2+\cdots\\ Ra=Ra_{\mathrm{c}}+\varepsilon R_1+\varepsilon^2 R_2+\cdots\end{array}\right\} \tag{10.5.52}$$

其中,ε 是小参数。将式(10.5.52)代入式(10.5.47)和式(10.5.48),经整理后可得如下各级近似方程:

$$L(Ra_{\mathrm{c}})\begin{bmatrix}\psi_i\\ \theta_i\end{bmatrix}=\begin{bmatrix}f_i\\ g_i\end{bmatrix}, \quad i=1,2,\cdots \tag{10.5.53}$$

其中,$L(Ra_c)$表示如下算子:

$$L(Ra_{\mathrm{c}})=\begin{bmatrix}\nabla^2 & Ra_{\mathrm{c}}\dfrac{\partial}{\partial x}\\ -\dfrac{\partial}{\partial x} & \nabla^2\end{bmatrix}, \quad \nabla^2=\frac{\partial^2}{\partial x^2}+\frac{\partial^2}{\partial z^2} \tag{10.5.54}$$

不难求得 f_i 和 g_i 分别为

$$f_1=0, \quad g_1=0 \tag{10.5.55}$$

$$f_2 = -R_1 \frac{\partial \theta_1}{\partial x}, \quad g_2 = \frac{\partial \psi_1}{\partial z}\frac{\partial \theta_1}{\partial x} - \frac{\partial \psi_1}{\partial x}\frac{\partial \theta_1}{\partial z} \tag{10.5.56}$$

$$f_3 = -R_2 \frac{\partial \theta_1}{\partial x} - R_1 \frac{\partial \theta_2}{\partial x}, \quad g_3 = J(\theta_1, \psi_2) + J(\theta_2, \psi_1) \tag{10.5.57}$$

其中

$$J(\theta, \psi) = \frac{\partial \theta}{\partial x}\frac{\partial \psi}{\partial z} - \frac{\partial \psi}{\partial x}\frac{\partial \theta}{\partial z} \tag{10.5.58}$$

各级近似相应的边界条件为

$$\left.\begin{aligned} &\psi_i = 0, \quad \frac{\partial \theta_i}{\partial x} = 0 \quad (\text{在 } x = 0,1,\ |z| < 1 \text{ 处}) \\ &\psi_i = 0, \quad \theta_i = 0 \quad (\text{在 } z = 0,1,\ |x| < 1 \text{ 处}) \end{aligned}\right\} \tag{10.5.59}$$

由方程(10.5.53)和方程(10.5.55),可以求得一级近似的解为

$$\left.\begin{aligned} \psi_1(x,y) &= C\sin(m\pi x)\sin(n\pi z) \\ \theta_1(x,y) &= D\cos(m\pi x)\sin(n\pi z) \end{aligned}\right\} \tag{10.5.60}$$

其中,m,n 为非零的正整数,C,D 为非零待定系数。它们满足以下线性齐次方程:

$$\begin{bmatrix} (m^2+n^2)\pi & mRa_c \\ m & (m^2+n^2)\pi \end{bmatrix}\begin{bmatrix} C \\ D \end{bmatrix} = 0 \tag{10.5.61}$$

在式(10.5.61)中,要使 C,D 有非零解,系数矩阵的行列式必须为零。由式(10.5.51)可知,该行列式确实为零,所以系数 C,D 非零。

现在求二级以上的近似解。由于 $L(Ra_c)$在向量$(\psi_i, \theta_i)^T$ 空间具有相同的矩阵结构,且由一级近似已知,它对解的作用等于零值,因而只有属于 $L(Ra_c)$零空间的$(f_i, g_i)^T$ 满足 Fredholm 条件才能求得二级近似以上的解。根据 Fredholm 条件,$(f_i, g_i)^T$ 必须与向量$(\varphi_1, \varphi_2)^T$ 正交,其中,$(\varphi_1, \varphi_2)^T$ 由方程

$$L^*(Ra_c)\begin{bmatrix} \varphi_1 \\ \varphi_2 \end{bmatrix} = 0 \tag{10.5.62}$$

给出。式(10.5.62)中 $L^*(Ra_c)$是 $L(Ra_c)$的伴随算符。于是我们求得

$$\left.\begin{aligned} \varphi_1(x,y) &= \sin(m\pi x)\sin(n\pi z) \\ \varphi_2(x,y) &= -\frac{mRa_c}{(m^2+n^2)\pi}\cos(m\pi x)\sin(n\pi z) \end{aligned}\right\} \tag{10.5.63}$$

而正交条件给出的表达式为

$$\int_0^1\int_0^1 (\varphi_1 f_i + \varphi_2 g_i)\mathrm{d}x\mathrm{d}z = 0 \tag{10.5.64}$$

在一级近似解出之后,由式(10.5.56)可以求得

$$\left.\begin{aligned} f_2 &= DR_1 m\pi\sin(m\pi x)\sin(n\pi z) \\ g_2 &= -DCmn\pi^2\sin(m\pi x)\cos(n\pi z) \end{aligned}\right\} \tag{10.5.65}$$

将式(10.5.63)和式(10.5.65)代入式(10.5.64)进行积分,容易求得

$$R_1 = 0 \tag{10.5.66}$$

利用 $R_1 = 0$ 可进一步求得二级近似的解 ψ_2,θ_2 为

$$\left.\begin{aligned}\psi_2(x,z) &= E\sin(m\pi x)\sin(n\pi z)\\ \theta_2(x,z) &= F\cos(m\pi x)\sin(n\pi z)+\frac{mDC}{8n}\sin(2n\pi z)\end{aligned}\right\}\tag{10.5.67}$$

将式(10.5.67)和式(10.5.60)代入式(10.5.57)得

$$\left.\begin{aligned}f_3(x,z) &= DR_2m\pi\sin(m\pi x)\sin(n\pi z)\\ g_3(x,z) &= -DEmn\pi^2\cos(n\pi z)\sin(n\pi z)\\ &\quad -CFmn\pi^2\cos(n\pi z)\sin(n\pi t)\\ &\quad -\frac{1}{4}DC^2m^2\pi^2\cos(m\pi x)\sin(n\pi z)\cos(2n\pi z)\end{aligned}\right\}\tag{10.5.68}$$

将式(10.5.68)和式(10.5.63)一起代入式(10.5.64)进行积分，可得

$$R_2=\frac{C^2}{8}\frac{m^2Ra_c}{m^2+n^2}\tag{10.5.69}$$

由式(10.5.60)，我们可以引进 $\varepsilon\psi_1$ 的振幅为

$$a=\varepsilon C\tag{10.5.70}$$

由式(10.5.52)的第3式和式(10.5.69)可以求得

$$a\left[a^2-\frac{8(m^2+n^2)}{m^2Ra_c}(Ra-Ra_c)\right]=0\tag{10.5.71}$$

所以当 $Ra<Ra_c$ 时，振幅 $a=0$；而当 $Ra>Ra_c$ 时，

$$a=\pm\left[\frac{8(m^2+n^2)}{m^2Ra_c}(Ra-Ra_c)\right]^{1/2}\tag{10.5.72}$$

式(10.5.72)给出了分叉解的振幅表达式。于是当 $Ra<Ra_c$ 时，我们得到的解为

$$\psi=0,\quad \theta=1-z\tag{10.5.73}$$

当 $Ra>Ra_c$ 时，解为

$$\left.\begin{aligned}\psi &= \pm\left[\frac{8(m^2+n^2)}{m^2Ra_c}(Ra-Ra_c)\right]^{1/2}\sin(m\pi x)\sin(n\pi z)+\cdots\\ \theta &= 1-z\mp\frac{m}{(m^2+n^2)\pi}\left[\frac{\delta(m^2+n^2)}{m^2Ra_c}(Ra-Ra_c)\right]^{1/2}\cos(m\pi x)\sin(n\pi z)+\cdots\end{aligned}\right\}\tag{10.5.74}$$

按式(10.5.51)给定对流模式(m,n)可算出一个 Ra_c(如表10.7中的理论值)。然后任取一个稍大于该 Ra_c 的 Ra 值，由式(10.5.74)即可算出此 Ra 值下的流线图和等温线图。

若要绘出的图像更加精确，可以在式(10.5.74)中给出第二项。为了讨论几何参数 γ 对分叉的影响，Riley，Winters(1989)在利用摄动法时将宽高比展成

$$\gamma=\sqrt{2}\left[1+\frac{1}{2}\varepsilon^2(\gamma-\sqrt{2})+\cdots\right]\tag{10.5.75}$$

从而得到临界瑞利数与 γ 的关系曲线。

此后，Kong，Chen(1998)，Kong，Chen 等(2001)和孔祥言、吴建兵(2002)进一步研究了多孔介质中自然对流的稳定性以及非 Darcy 流的自然对流。

第 11 章　分形理论在渗流中的应用

“分形”(Fractal)一词是由美国 IBM 公司研究中心研究员兼哈佛大学数学系教授曼道勃儒(Mandelbrot)在 1975 年首次提出的，其原意是分数的、不规则的、支离破碎的(形体)，既是名词，又是形容词。他于 1977 年出版了有关分形的第一部著作《分形：形态、偶然性和维数》，1982 年又出版了著名的《自然界的分形几何学》。这些标志着非线性科学的一个重要组成部分——分形理论的初步形成。

对于自然界和科学实验中出现的那些凹凸起伏而不圆顺、破碎断裂而不连续、粗糙斑驳而不光洁的形体或无序系统，以欧几里得几何和黎曼(Riemann)几何为背景建立起来的传统数学往往显得束手无策，应运而生的分形几何学在这些方面却找到了“用武之地”。分形理论的精髓在于从看似无规的研究对象中找出其潜在的规律性，特别是统计上的规律性。

目前分形理论已得到广泛的应用，不仅在诸如物理、化学、力学、天文学、气象学、地学、生物学、医学、农学、材料科学、电子技术、计算机科学等自然科学和工程技术领域，而且在诸如经济学、历史学、人口学、音乐、美术、电影等社会人文学术领域都有重要的应用。

本章内容只限于讨论与渗流有关的分形理论部分。随着压汞技术、扫描技术和图形图像学的发展和应用，分形多孔介质的细观结构可被日益清晰地显示出来，分形理论在渗流中的应用也将逐步走向成熟。

11.1　分形基本概念和数学基础

Mandelbrot 指出：“分形是非线性变换下的不变性，但我首先研究的是在线性变换下不变的自相似性。”定量描述分形特征的参数是分形维数(简称分维)。分形几何形体有两个重要特性：一是自相似性，二是无特征尺度或称为标度不变性。下面先介绍这两个特性及分维。

11.1.1　自相似性、标度不变性和分维

11.1.1.1　自相似性

所谓自相似性就是局部与整体的相似性，更一般地说，一个系统的自相似性是指某种结

构或过程的特征从不同的空间尺度或时间尺度来看是相似的。关于自相似性应强调以下几点：

(1) 自相似性可以是严格的，也可以是统计意义上的。严格意义上的自相似性是指局部经过放大后与整体完全重合或非常接近。自然界和科学实验中碰到的绝大多数分形都是统计自相似的。就是说，局部放大一定倍数后不是简单地与整体完全重合，但表征系统或结构的定量性质如分维，不会因为放大或缩小而变化。

(2) 相似性有不同的层次结构。数学上严格的分形具有无限嵌套的层次结构。而自然界的分形通常只有有限层次的嵌套，且要进入到一定层次结构以后才有分形的规律，通常是幂律。

(3) 相似性有不同的级别，即使用生成元的次数或放大倍数。级别最高的是整体，最低的称为零级生成元。可用无标度区间或标度不变性范围表示。

11.1.1.2 标度不变性

所谓标度不变性是指在分形体上任选一个局部区域对它进行放大，所得到的放大图形又呈现出原图的形态特征、不规则性等各种特性。所以标度不变性又称为伸缩对称性。具有自相似特征的形体一定满足标度不变性，换一种说法就是没有特征长度(或标度)。

自然界的分形往往具有一个最小标度 λ_i 和最大标度 λ_a。在(λ_i，λ_a)区间内，所研究的形体没有特征长度。一般来说，标度变换的范围可达几个量级。人们通常将标度不变性适用范围称为分形体的无标度区间。

11.1.1.3 分维

在经典的 Euclid 几何学中，维数只取整数，以规整的几何图形为其研究对象。点、直线、平面图形和空间图形的维数(欧维)分别为 0，1，2 和 3。它们给出的形体的量纲是长度单位 L 的相应次幂。其数值与决定几何形状的变量个数即自由度是一致的。1919 年豪斯道夫(Hausdorff)提出维数可以是分数(分维)。

在分形研究中，曾经对分维提出过若干不同的定义。测定维数的对象不同、方法不同，其结果不一定完全相同。为了直观地想象分形体的维数是分数，一个经典的例子就是海绵立方体。表观上它是三维的，但在一定的压力下可使它变成一个平面，即变成二维的，其真实维数是 $D\in[2.0,3.0]$。后面将结合实例来进一步研究分维。

11.1.1.4 自然界中分形的实例

下面通过两类实例来讨论分形和分维，一是不规则曲线，二是分布函数。

1. 不规则曲线：海岸线和分形多孔介质中的流线

(1) 海岸线

首先通过对海岸线长度的测量来讨论分形问题。人们透过飞机舷窗鸟瞰海岸线，可以看到由若干较大的半岛和港湾组成的不规则曲线。换乘低空的热气球可以看到原来的一个半岛和港湾又是由若干个较小的半岛和港湾所组成。沿海岸线漫步时，看到原来较小的半岛和港湾又是由更细微的结构(由凸出和凹进的线段)组成，即海岸线具有自相似性和标度不变性(无特征长度)。

如果要测量像海岸线这样的不规则曲线的长度 L,就要选择一定长度的码尺或一定张度的量规。人们发现测量的结果 L 不是一个常数,而是码尺长度 λ 的函数 $L=L(\lambda)$。λ 越小,测得的长度 L 就越大,这是因为测出了更多的细节,即有

$$L(\lambda) = N(\lambda)\lambda \tag{11.1.1}$$

其中 $N(\lambda)$ 是用长度为 λ 的码尺所测得的尺数,它遵从标度关系:

$$N(\lambda) = A(\lambda/L_0)^{-D} \tag{11.1.2}$$

其中,L_0 是参考常数,其最大值可取曲线两端之间的直线距离;$D\in[1.0,2.0]$,就是分维。如果码尺 λ 取为曲线两端之间的直线距离 L_0,式(11.1.2)也应该成立,这时测得的尺数是1,即 $N(L_0)=1$。因而 A 近似等于1,于是式(11.1.2)可写成

$$N(\lambda) = (\lambda/L_0)^{-D} \tag{11.1.3}$$

将式(11.1.3)代入式(11.1.1)可得海岸线长度

$$L(\lambda) = L_0^D\lambda^{1-D} \tag{11.1.4}$$

若码尺长度 $\lambda\to 0$,则 $L(\lambda)$ 的极限 $\to\infty$。

实际上早在1961年,在分形理论形成之前,理查森(L. F. Richardson)在测量挪威东南部海岸线时就给出了一个经验公式

$$L(\lambda) = C\lambda^{1-D} \tag{11.1.5}$$

并给出 $D=1.52$,称为罗盘维数。式(11.1.4)是研究分形不规则曲线的重要公式,对于研究如山脉、河流、血管等的长度都是有效的。

类似地,对于任意曲面面积 A,可用边长为 λ 的小正方形去测量,同样有

$$A(\lambda) = N(\lambda)\lambda^2 \tag{11.1.6}$$

其中,$N(\lambda)$ 是小正方形面积 λ^2 的倍数,且 $N(\lambda)=(\lambda/L_0)^{-D}$。于是曲面面积可写成

$$A(\lambda) = L_0^D\lambda^{2-D} = A_0\lambda^{2-D} \tag{11.1.7}$$

其中,$D\in[2.0,3.0]$,$A_0=L_0^D$。对于多维问题,式(11.1.4)和式(11.1.7)可推广为

$$F(\lambda) = F_0\lambda^{d-D} \tag{11.1.8}$$

这是分形分析的基本公式。

(2) 模拟海岸线的科赫曲线

科赫曲线是1904年由瑞典数学家科赫(H. von Koch)提出的一种不规则几何图形。它的生长方法是:第一次操作,将长度为 L 的一条直线(源线)作三等分,保持两头的两段不动,而将中间一段拉成夹角为60°、边长为 $L/3$ 的折线。第二次操作是将每段长度为 $L/3$ 的4个线段各自三等分,拉长中间一段为60°的折线。经过无穷多次操作(或变换)后就形成Koch曲线,如图11.1所示。图(a)是每次操作的中间部分都向同一个方向凸出,图(b)是用掷硬币的方法随机决定向上凸出或向下凹进。这种用数学方法生成的分形曲线可被用来模拟自然界的海岸线。

关于维数,前面提到多种不同的定义,其中之一是所谓的相似维数,用 D_s 表示。我们从线段、正方形和立方体的维数出发。根据相似性,例如将线段、正方形和立方体的边长进行二等分,则它们被分为长度或边界为原来的1/2的两个线段、四个小正方形和八个小立方体,即缩小到1/2,个数变成 2^1,2^2 和 2^3。其指数与经验维数(欧维)相一致。一般地,若某个

图形是由把全体缩小为 $1/a$ 的 a^D 个相似图形构成，则该指数 D 就具有维数的意义，此维被称为相似维数，它不一定是整数。如果某图形由全体缩小为 $1/b$ 个相似形所组成，即有 $b = a^{D_s}$，所以相似维 D_s 可表示为

$$D_s = \frac{\ln b}{\ln a} \tag{11.1.9}$$

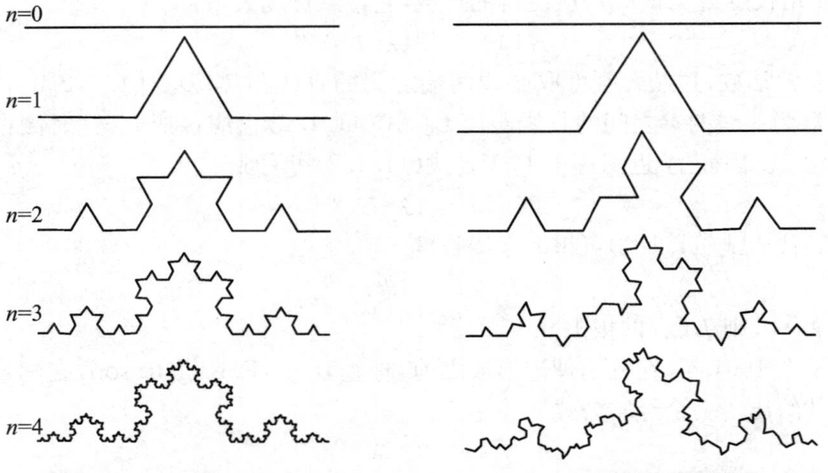

(a) 三次Koch曲线　　(b) 随机Koch曲线

图 11.1　Koch 曲线

对于上述 Koch 曲线，它是将全体缩小成1/3 的 4 个相似形组成。按照式(11.1.9)，Koch 曲线的相似维数为

$$D_s = \ln4/\ln3 = 1.2618$$

它定量地表示了 Koch 曲线的复杂程度。曼道勃儒提出分形是一个集合，对于 Koch 曲线可用表 11.1 表示。将式(11.1.2)用于第 n 次操作(注意由零次可知 $A = 1$)，线段数 N 可表示成

$$4^n = \left(\frac{\lambda}{L}\right)^{-D} = \left(\frac{L/3^n}{L}\right)^{-D} = 3^{nD}$$

两边取对数，同样可得分维

$$D = \frac{\ln4}{\ln3} = 1.2618$$

表 11.1　Koch 线段数集合表

操作次数	线段数 N 集合	缩小的边长 λ
0	1	L
1	4	$L/3$
2	4^2	$L/3^2$
⋮	⋮	⋮
n	4^n	$L/3^n$

(3) 分形多孔介质中的流线

流体在多孔介质中流过的流线或迹线也是不规则曲线。对于分形的多孔介质，用来组成介质的固体颗粒一定是级配良好的，颗粒直径的大小应跨越三个量级左右（下一段将进一步说明）。流线绕过厘米量级的颗粒好比形成大的港湾，绕过毫米量级的颗粒好比形成较小的港湾，绕过若干微米量级的颗粒好比形成更小的港湾。所以分形多孔介质中的流线或迹线也一定是统计上自相似的，就是说是分形的不规则曲线。它的实际长度 L_e（或有效长度）应遵从分形的基本公式(11.1.4)，写成

$$L_e = L^{\delta}\lambda^{1-\delta} \tag{11.1.10}$$

其中，L 是多孔材料的外观长度，即曲线两端点（入口和出口）之间的距离。顺便指出，如果多孔介质不是分形的（比如1.3.2小节所述的单珠规则排列），则其间的流动轨迹曲线也不是分形的。

2. 分布函数：月球坑、岛屿面积和多孔介质中的孔隙尺度分布

(1) 月球坑

自然界中很多分形体是由一组尺寸不等的个体组成的集合体，月球坑是其中的一例。月球上有直径 λ 不等的许多月坑。月坑尺寸分布是没有特征尺度的，但有最大直径 λ_a 和最小直径 λ_i。研究其直径分布可用分布函数通过分维作定量的表示。

将直径大于 λ 的月坑累积数用 $N_c(L \geqslant \lambda)$ 表示，$\lambda_i \leqslant L \leqslant \lambda_a$，其中 L 为测量尺度。直径在 λ 与 $\lambda + d\lambda$ 之间的月坑的数目为 $f(\lambda)d\lambda$，其中 $f(\lambda)$ 为月坑直径分布的概率密度函数，则有

$$N_c(L \geqslant \lambda) = \int_{\lambda}^{\lambda_a} f(\lambda)d\lambda \tag{11.1.11}$$

变换比例尺（即将月面照片放大或缩小），例如 $\lambda \to b\lambda$，这一分布类型不会改变，因而分布函数一定是幂律型的，即

$$N_c(L \geqslant \lambda) \propto \lambda^{-D} \tag{11.1.12}$$

其中幂指数就是月坑分维（张济忠，1995）。式(11.1.12)可写成

$$N_c(L \geqslant \lambda) = B(\lambda_a/\lambda)^D$$

在自然界中，直径最大的月坑应该只有一个，即有 $N_c(L \geqslant \lambda_a) = 1$。所以上式中 $B = 1$，可进一步写成

$$N_c(L \geqslant \lambda) = \left(\frac{\lambda_a}{\lambda}\right)^D \tag{11.1.13}$$

而且坑的总数 N_t 可写成

$$N_t = (L \geqslant \lambda_i) = \left(\frac{\lambda_a}{\lambda_i}\right)^D \tag{11.1.14}$$

有了相关数据即可求出月坑分维 D。

(2) 岛屿或湖泊的面积分布

再考察岛屿或湖泊的面积分布。曼道勃儒在研究北美和印度尼西亚岛屿的面积分布时，得出在一定范围内面积大于 a 的岛屿累积数 $N_c(A \geqslant a)$ 有如下关系：

$$N_c(A \geqslant a) \propto a^{-D/2}$$

其中，A 是其中某一岛屿的面积。如果将岛屿面积 a 用等效直径 λ 代替，则上式可改写成

$$N_c(L \geqslant \lambda) \propto \lambda^{-D}$$

此式与式(11.1.12)形式相同，其中 L 是某一岛屿相应的等效直径。与讨论月坑的情形类似，可以导出

$$N_c(L \geqslant \lambda) = \left(\frac{\lambda_a}{\lambda}\right)^D \tag{11.1.15}$$

以及岛屿总数

$$N_t(L \geqslant \lambda_i) = \left(\frac{\lambda_a}{\lambda_i}\right)^D \tag{11.1.16}$$

其中，λ_a 和 λ_i 分别是面积最大和最小的岛屿的等效直径。

类似地，可用来研究诸如湖泊等面积的分布规律。

(3) 多孔介质

将上述分析用于多孔介质。在多孔介质中取一单位横截面 A^0，该截面上孔隙直径 λ 的大小也有一分布函数。众多研究表明对一般的天然多孔介质，直径 λ 跨度范围可以在3个量级左右，例如从若干毫米到若干微米，如图 11.2 所示。如前所述，截面 A^0 上直径大于 λ 孔隙的累积数 $N_c(L \geqslant \lambda)$ 有如下关系：

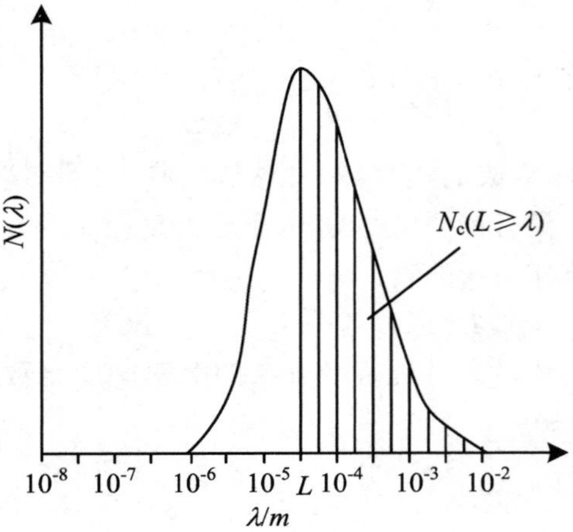

图 11.2 孔隙直径的分布函数

$$N_c(L \geqslant \lambda) = \left(\frac{\lambda_a}{\lambda}\right)^D \tag{11.1.17}$$

其中，λ_a 是 A^0 上的最大孔隙直径；D 是孔隙分维，$D \in [1.0, 2.0]$。如果是讨论一个体积上的所有孔隙直径，体积上孔隙的累积数 N_c^V 比截面上孔隙的累积数 N_c^S 将大为增加。应有 $D_V \leqslant 3.0$。把这些孔隙连通起来成为毛细管，可讨论毛管数和毛管分维 $D_c(2 \leqslant D_c \leqslant 3)$。式(11.1.17)对 λ 求微分(为简洁起见，D_c 就写成 D)，可得

$$-\mathrm{d}N_c = D\lambda_a^D \lambda^{-(D+1)} \mathrm{d}\lambda \tag{11.1.18}$$

其中，$-\mathrm{d}N_c > 0$ 给出单位截面 A^0 上穿过的直径在 λ 和 $\lambda + \mathrm{d}\lambda$ 之间毛管的数目，而 A^0 上穿过的毛管总数为

$$N_t(L \geqslant \lambda_i) = \left(\frac{\lambda_a}{\lambda_i}\right)^D \tag{11.1.19}$$

式(11.1.18)的两端分别除以式(11.1.19)的两端，可得

$$-\frac{\mathrm{d}N_c}{N_t} = D\lambda_i^D \lambda^{-(D+1)} \mathrm{d}\lambda \tag{11.1.20}$$

令 $\rho(\lambda) = D\lambda_i^D \lambda^{-(D+1)}$，它表示管径分布的概率密度函数。进行归一化处理，即将式(11.1.20)右端从 λ_i 到 λ_a 进行积分的结果应该等于1。而运算结果表明(Yu, Liu, 2004)

$$\int_{\lambda_i}^{\lambda_a} \rho(\lambda) \mathrm{d}\lambda = D\lambda_i^D \int_{\lambda_i}^{\lambda_a} \lambda^{-(D+1)} \mathrm{d}\lambda = 1 - \left(\frac{\lambda_i}{\lambda_a}\right)^D \tag{11.1.21}$$

这意味着上述标度律成立的必要条件是$(\lambda_i/\lambda_a)^D$与1相比可以忽略不计，即

$$\left(\frac{\lambda_i}{\lambda_a}\right)^D \ll 1 \tag{11.1.22}$$

如果写成$\lambda_i/\lambda_a = 10^{-n}$，$(\lambda_i/\lambda_a)^D = 10^{-nD}$，一般地，平面问题分维$D_s$和三维问题分维$D_V$范围为$1<D_S<2$，$2<D_V<3$，因而应有$n>2$，就是说孔隙直径分布的跨度应大于2个量级，否则会带来一定的误差。

由以上分析可知，判断多孔介质为分形的，它应满足以下条件：

① 多孔介质的裂缝宽度尺寸或毛管直径从最大λ_a到最小λ_i应可看做是连续分布的。这相应于组成多孔介质的固体颗粒具有各种不同的尺寸，也就是说级配良好的(well graded)。

② 裂缝宽度或毛管管径比写成$\overline{\lambda} = \lambda_i/\lambda_a = 10^{-n}$，一般要求$n>2$使得$(\lambda_i/\lambda_a)^D = 10^{-nD} \ll 1$，例如从$\lambda_a$尺度为cm到$\lambda_i$尺度为若干μm。

③ 裂缝宽度或管径为λ的毛管数$N(a)$在从λ_i到λ_a范围内的分布遵从一定的标度关系，通常是幂律型的[如式(11.1.17)所示]，使其具有统计自相似性和标度不变性。

11.1.2 几种经典分形

11.1.1小节结合基本概念简单介绍了一类经典分形，即Koch曲线。经典分形还有很多种，本小节只阐述影响较大且与多孔介质有某种联系的经典分形，即谢尔频斯基(Sierpinski)集合。

11.1.2.1 Sierpinski 垫片(gasket)

该垫片的生成是将一个边长为L的等边三角形(源片)四等分，得边长为$L/2$的4个小等边三角形，去掉中间一个保留它的边，剩下带有源片顶点的3个小三角形。第二次操作(或变换)是将这3个小三角形按上述步骤划分，剩下$3^2=9$个边长为$L/2^2$的小三角形。重复以上操作直至无穷次，即得Sierpinski垫片，如图11.3所示。缩小$1/a=1/2$而得$b=3$个相似形，按相似维数规律$b=a^{D_s}$。由式(11.1.9)，相似维数$D_s=\ln3/\ln2=1.585$。

图11.3 Sierpinski垫片的构造与分形孔隙

在第n次操作后，剩下小三角形数目$N=3^n$而小三角形的边长$\lambda=L/2^n$。N与小三角形边长满足以下标度关系：

$$N(\lambda) = A\left(\frac{L}{\lambda}\right)^D$$

与式(11.1.2)相同。由$\lambda=L$定出$A=1$，给出

$$N(\lambda) = \left(\frac{L}{\lambda}\right)^D \tag{11.1.23}$$

读者可按类似于表 11.1 的形式写出一个集合，从而求得 Sierpinski 垫片的分维。

为了模拟岩石作为分形多孔介质，可将其看做是越来越小的矿物颗粒不断黏结在较大的核上，即将上述垫片中去掉的三角形（图 11.3 中的白三角形）看做是固体颗粒，而将剩下的小三角形（图 11.3 中的黑三角形）看做是孔隙。考虑到边长为 L 的三角形中存在边长为 λ 的单个小三角形时其孔隙度为$(\lambda/L)^d$，其中 d 为欧氏空间维数，而作为孔隙的 N 个小三角形面积相等，因而存在 $N=(L/\lambda)^D$ 个小三角形时其孔隙度

$$\phi = \left(\frac{\lambda}{L}\right)^d \cdot N = \left(\frac{\lambda}{L}\right)^{d-D} \tag{11.1.24}$$

对于有限次操作，令 L 为λ 的最大值λ_a，最后一次操作所得小三角形边长记作 λ 的最小值 λ_i，可写成

$$\phi = \left(\frac{\lambda_i}{\lambda_a}\right)^{d-D} \tag{11.1.25}$$

此式是这类构造孔隙度的一般表达式。它表明：对 $d=2$ 的情形，$1\leqslant D\leqslant 2$；对 $d=3$ 的情形，$2\leqslant D\leqslant 3$。

11.1.2.2 Sierpinski 地毯(carpet)

先讨论方形地毯。该方形地毯的生成是将边长为 L 的正方形（源毯）9 等分，得边长为 $L/3$ 的 9 个正方形，去掉中间一个保留它的 4 条边，剩下周边 8 个小正方形。第二次操作是将这 8 个小正方形再按上述方法划分，得到边长为 $L/9$ 的更小正方形，各去掉中间一个剩下 $8\times 8=64$ 个小正方形。重复以上操作直至无穷次而得 Sierpinski 正方形地毯。

由上所述，缩小 $1/a=1/3$ 倍而得 $b=8=3^D$ 个相似形。按式(11.1.9)可得相似维数

$$D_s = \ln b/\ln a = \ln 8/\ln 3 = 1.8928$$

在第 n 次操作后，剩下的小正方形数目 $N=8^n$，边长 $\lambda=L/(3n)$。按式(11.1.3)有

$$N(\lambda) = \left(\frac{L}{\lambda}\right)^D \tag{11.1.26}$$

不难用列表方式求出其分维。

在讨论孔隙度时，如在前段讨论垫片时那样把剩下的小正方形看做孔隙，而把去掉的小正方形看做固体骨架。考虑到边长为 L 的正方形中存在单个边长为λ 的小正方形时，其孔隙度为$(\lambda/L)^d$，而存在 $N=(L/\lambda)^D$ 个小正方形时，其孔隙度为

$$\phi = \left(\frac{\lambda}{L}\right)^d \cdot N = \left(\frac{\lambda}{L}\right)^{d-D} \tag{11.1.27}$$

此式与垫片情形的式(11.1.24)形式相同，也可以写成式(11.1.25)的形式。

通常讨论的还有 Sierpinski 矩形地毯。该矩形地毯的生成是将长 $a=16$、宽$b=9$的矩形（源毯）分成长为 $a/4$、宽为 $b/3$ 的 12 个小矩形。去掉右中心的 1 个小矩形，剩下 11 个小矩形。第二次操作是将剩下的每个小矩形分成长为 $a/16$、宽为 $b/9$ 的 12 个更小矩形，并去掉其右中心的一个更小矩形。直到无穷次操作。这种情况比正方形地毯更复杂一些。

11.1.2.3　Sierpinski 海绵(sponge)

该海绵的生成是将边长为 L 的正立方体(源体)各个面进行三等分,得边长为 $L/3$ 的 27 个小立方体,去掉体心和面心处共 7 个小立方体而保留它们的表面,剩下 20 个小立方体。第二次操作是将剩下的每个小立方体按上述方法进行划分,直到无穷次,如图 11.4 所示。这种海绵的分维可用与上面第 1 段和第 2 段中类似的方法求得。

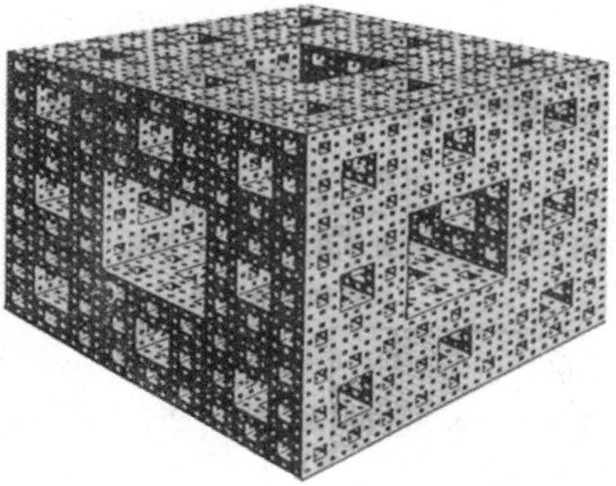

图 11.4　Sierpinski 海绵

下面讨论它的孔隙度。将上述剩下的小立方体看做是该海绵的孔隙,而将去掉的小立方体看做是构成海绵多孔介质的固体骨架。考虑到边长为 L 的正立方体中存在单个边长为 λ 的小立方体时,其孔隙度为 $(\lambda/L)^3$,不难求得孔隙度的集合 $N(\lambda)=(L/\lambda)^D$。所以含有 N 个相同大小孔隙的海绵的孔隙度

$$\phi(\lambda) = \left(\frac{\lambda}{L}\right)^3 \cdot N = \left(\frac{\lambda}{L}\right)^{3-D} \tag{11.1.28}$$

对于有限次操作,令 L 为 λ 的最大值 λ_a,而将最后一次操作所得小立方体的边长记作 λ 的最小值 λ_i,则式(11.1.28)可写成

$$\phi = \left(\frac{\lambda_i}{\lambda_a}\right)^{3-D} \tag{11.1.29}$$

以上就是 Sierpinski 分形的简单介绍。

11.1.3　分维的测定及一般分析

分形体分维的测定有多种方法,不同类型的分形有不同的方法。用得较多的主要有以下几种:① 改变测量码尺求分维,如量规(divider)法;② 根据测度关系求分维,如数盒子(box-counting)法、Sandbox 法;③ 根据相关函数求分维;④ 根据分布函数求分维;⑤ 根据频谱求分维。本小节着重讨论与多孔介质和渗流有关的无规分形问题中不规则曲线和分布函数问题分维的测定。

11.1.3.1　分形曲线分维的测定

对于如海岸线或分形多孔介质中流动轨迹这样的分形曲线,通常用量规法或数盒子法进行测定。

1. 量规法

回忆 11.1.1 小节中对海岸线的讨论,得出式(11.1.3)。若取参考长度为不规则曲线两端点之间的距离 L,λ_j 为各次测量用的量规不同的张距(或不同码尺的长度),用不同的 λ_j 可得出不同的 $N(\lambda_j)$ 值。对式(11.1.3)两边取对数可得

$$\lg N(\lambda_j) = D\lg\left(\frac{L}{\lambda_j}\right) \qquad (11.1.30)$$

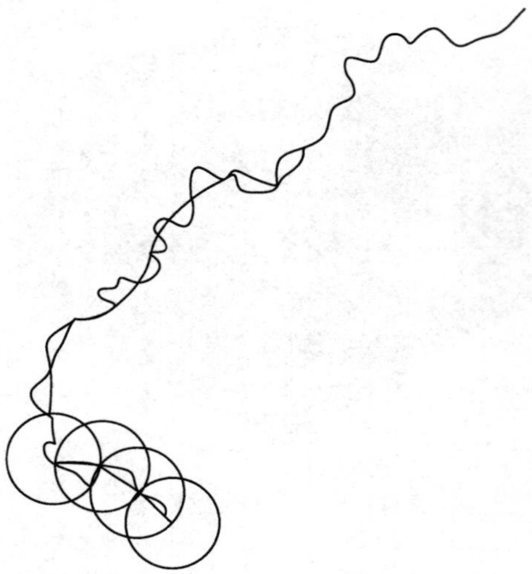

图 11.5　用量规法测分形曲线示意图

实际操作如图 11.5 所示。首先以曲线一端为起点，以该点为圆心、以 λ_j 为半径画圆(对空间曲线画球面)，将此圆(或球面)与曲线最初相交的点和起点连成直线，再将该交点看做起点，反复进行同样的操作，直至曲线的终点，记录下覆盖整个曲线所得的直线段的数目 $N(\lambda_j)$。改变 λ_j 的大小，重复上述操作过程，这样可得一组 $[\lg(L/\lambda_j), \lg N(\lambda_j)]$ 的数据点。将这些点在双对数坐标上标出，按式(11.1.30)，它们的连线应该是一条直线。由该曲线的斜率即得所要求的曲线的分维 D。显然，量规的张度(或码尺的长度)λ 越小，测得的曲线长度 $N(\lambda)\lambda$ 越接近曲线的实际长度。这是因为 λ 越小，测量时漏掉的细致结构就越少，故可写成

$$D = \lim_{\lambda_j \to \lambda_i} \frac{\lg N(\lambda_j)}{\lg(L/\lambda_j)} \qquad (11.1.31)$$

其中，λ_i 是 λ 集合中的最小值。

2. 数盒子法

用数盒子法测定分形曲线的分维与量规法基本原理相同，但操作方法各异。所谓数盒子法就是将包含分形体的平面(或空间)划分为边长为 λ_j 的方格子，也就是盒子(对空间图形用立方体)，必然有一部分方格包含分形体的一部分，而另一些盒子是空的。记下至少包含被考察图形一个点的盒子数 $N(\lambda_j)$。改变盒子的边长 λ_j，重复上述操作过程，得到不同的 $N(\lambda_j)$。用最小二乘法对数据点 $[\lg(L/\lambda_j), \lg N(\lambda_j)]$ 作线性回归，按式(11.1.31)便可得到分维 D。

上述整个过程借助于计算机和扫描仪完成。引入计数函数

$$C(\lambda) = \begin{cases} 1 & (\text{含图格子}) \\ 0 & (\text{空白格子}) \end{cases} \qquad (11.1.32)$$

求出 $N(\lambda_j)$，然后进行线性回归。

流体在分形多孔介质中流动的轨迹也可用量规法以毛管直径 λ_j 作为张距(或码尺)来完成，也可用数盒子法以毛管直径作为盒子的边长。

11.1.3.2　分布函数分维的测定

对于像月坑或岛屿大小的分布函数这类问题，可根据分布函数的性质求得其分维。可用数盒子法给出月面照片或岛屿地图中直径为 λ 的月坑或岛屿数目 $N(\lambda)\sim\lambda$ 曲线，或直径大于 λ 的个体的累积数 $N_c(L\geqslant\lambda)\sim\lambda$ 的函数关系，如图 11.2 所示。按式(11.1.13) $N_c(L\geqslant\lambda) = (\lambda_a/\lambda)^D$，对式子两边取对数，得

$$\lg N_c = D\lg(\lambda_a/\lambda) \tag{11.1.33}$$

其中，λ_a 是 λ 的最大值，D 是分维。在图 11.2 中移动参考尺度 L，可得一系列的数据点 $[\lg(\lambda_a/\lambda), \lg N_c]$，在双对数坐标中标出这些点并将其连成直线，该直线的斜率就是所要求的分维。

11.2　分形渗流基础

这里的"分形渗流"是"流体在分形多孔介质中流动"的简单说法。分形多孔介质在 11.1.1 小节的最后已有所表述。本节先介绍多孔介质分形特性的测量，它是根据多孔介质的特点所采用的几种实验和分析方法，然后研究分形渗流。关于对油藏中分形渗流研究得最早的应算是 Chang，Yortsos(1990)和 Acuna 等(1995)。他们的方法是将分形多孔介质划分成若干区块并引用 4 个参数：质量分维 D、区块密度参数 a 与每个区块体积 V_s 的乘积 aV_s（量纲为 L^{3-D}）、分形网络的谱指数或称传导指数 θ（无量纲）以及裂缝的网络参数 m（量纲为 $L^{2+\theta}$）。但是文中没有介绍这些参数具体的物理意义，也没有说明计算或确定这些参数的具体方法，因而难以在实际中应用和推广。

他们给出分形孔隙度和分形渗透率的表达式分别为

$$\phi = \frac{aV_s}{G}r^{D-d} = \phi_0\left(\frac{r}{r_0}\right)^{D-d} \quad \left(\phi_0 = \frac{aV_s}{G}r_0{}^{D-d}\right) \tag{11.2.1a}$$

$$K = \frac{aV_s m}{G}r^{D-d-\theta} = K_0\left(\frac{r}{r_0}\right)^{D-d-\theta} \quad \left(K_0 = \frac{aV_s m}{G}r_0{}^{D-d-\theta}\right) \tag{11.2.1b}$$

其中，G 是对称性几何因子，对直线流、柱对称和球对称情形分别为截面 A，$2\pi h$ 和 4π。r_0 是参考半径，可取 $r_0 = r_w$。对柱坐标系中的轴对称流，$d = 2$，也就是说，对这种情形，以上方法给出分形油藏铅直井渗流的孔隙度和渗透度分别为

$$\phi = \phi_0\left(\frac{r}{r_0}\right)^{D-2} \quad \left(\phi_0 = \frac{aV_s}{2\pi h}r_0^{D-2}\right) \tag{11.2.1c}$$

$$K = K_0\left(\frac{r}{r_0}\right)^{D-2-\theta} \quad \left(K_0 = \frac{aV_s m}{2\pi h}r_0^{D-2-\theta}\right) \tag{11.2.1d}$$

本节所阐述的研究方法与上述方法完全不同，是基于分形理论对孔隙结构的细观描述，从垂直于流动方向单位横截面 A^0 上毛细管直径 λ 的分布函数和分维 D（称为**管径分维**）出发，再考虑到流体通过分形多孔介质的流动轨迹这种分形曲线的分维，称为**迂曲分维**，为区别起见，用 δ 表示。通过毛细管和裂缝的流量是由纳维-司托克斯方程(1.5.42b)略去对时间偏导数项后求解出来的。在此基础上，导出了分形渗流速度（或比流量）、分形多孔介质渗透率和分形多孔介孔隙度 3 个基本公式。然后建立起分形渗流的压力扩散方程，并讨论了对某些简单流动的求解方法。

11.2.1 多孔介质分形特性的测量

根据多孔材料这类分形体的特点，已提出了多种测量多孔介质分形特性的方法。国外研究用扫描电镜进行自动测量(Krohn，Thompson，1996)。此外常用的方法有压汞法、薄片几何测量法、中子散射法和X射线的小角度散射法、分子吸附法以及利用同步辐射光或核磁共振技术等。下面作简单介绍：

11.2.1.1 压汞法

压汞法是一种传统的测量方法。其基本原理是根据毛管压力 p_c 与进汞饱和度 s_H 之间的关系曲线求得 s_H 与喉道半径 r 之间的关系曲线，然后利用该关系曲线确定在任一喉道半径 r_i 处所有大于 r_i 的喉道的概率或累积数，再利用分形理论求得相应的管径分维 D，见刘俊丽等(1996)、沈平平等(2000)。Frieson，Mikula(1987)研究了煤样的孔隙分形特性。在低压下水银只能进入煤基质块之间的裂缝，而在高压下水银将进入基质块内部的孔隙。为了克服水银与固体之间的界面张力，要使水银进入尺寸为 r 的孔隙，施加的压力 p 应为

$$p = 2\sigma\cos\theta/r \tag{11.2.2a}$$

其中，θ 是水银与固体的接触角，σ 是界面张力。显然在给定压力下测得的总孔隙体积就是压入的水银体积。他们的分析表明有以下关系：

$$\lg\frac{\mathrm{d}V_p}{\mathrm{d}p} \propto (D-4)\lg p \tag{11.2.2b}$$

因此，煤样的孔隙分维可以根据 $\mathrm{d}V_p/\mathrm{d}p$ 与压力 p 的双对数图上的斜率来决定。在中等压力下(0.1 MPa＜p＜10 MPa)，测得若干煤样的孔隙分维列于表11.2中。

表11.2 煤样的孔隙分维(在0～10 MPa压力下)

煤样	孔隙分维	煤样	孔隙分维
(1) 试样A	2.84	(5) 老焦化的试样A(氧化)	2.95
(2) 处理的试样A	2.92	(6) 新焦化的试样A(氧化)	2.97
(3) 试样B	2.64	(7) 老焦化的试样A(未压碎)	2.94
(4) 处理的试样B	2.62	(8) 新焦化的试样A(未压碎)	2.99

11.2.1.2 薄片几何测量法

这种方法在早期用得较多，也称离散测量法或网格覆盖法。该方法是直接使用不同长度的码尺去测量分形物体。Mandelbrot(1982)在介质薄片上进行孔隙的相关测量。以薄片上某一点为坐标原点，按一定分布的 r_j 为半径画出一系列的圆。按公式(11.1.27)计算分形孔隙度 $\phi(r_j)=(L/r_j)^{d-D}$，其中 d 是欧维。若孔隙分布是分形的，则在某个大的圆半径 R 内搜索到孔隙空间的概念应当满足分形关系。将测量结果绘制在 $\phi \sim r_j$ 的双对数坐标图上，利用直线的斜率求得孔隙分维。薄片的厚度可以是1 mm左右，码尺可以是 20×10^{-8} cm左右。进行扫描成像。

11.2.1.3 中子或X射线散射法

对于大范围的无序系统,可用热中子或X射线的小角度散射。这种散射方法能提供线尺度为0.5 nm范围内分形特性的测量手段。其原理是根据照射到试样上入射波的波长与从试样上散射出来的辐射光的波长之间的差,利用Fourier变换关系,分析多孔介质的分形特性。因为散射强度正好就是结构密度-密度相关性的Fourier变换。

11.2.1.4 分子吸附法

该方法可用来研究分子尺度范围内的分形结构。有些学者采用分子单层吸附技术、吸附等温线和分子动力学来确定孔隙特性。Arnir等(1983)研究了利用分子吸附法测量的相关问题。

11.2.1.5 同步辐射光或核磁共振技术

用同步辐射光或核磁共振技术扫描研究多孔介质的细观结构是20世纪90年代以来发展起来的。在这项技术中,扫描探测只是其中一个方面,而使用现代图像生成技术重现材料的细观结构及其演变过程的大规模计算模拟也是完成这类实验的组成部分和核心技术。在20世纪末和21世纪初有学者使用管状组织的中轴一元球造型技术,主要侧重从绘制的角度出发,取得了一些进展(Qen,Bakke,2002),但尚存在一些缺点。

近年来,将隐式曲面造型方法引进三维多孔介质细观结构的模拟(黄丰等,2007)。首先对天然岩石试样进行扫描,然后针对多孔介质的特性:孔洞占据了孔隙空间的主体,决定了孔隙度的大小;而较小的喉道对介质的渗透率起关键作用。再采用寻找"最大球"的方法,逐步识别孔隙空间,然后根据孔隙的大小和连通关系来建立多孔介质的孔洞-网络模型。最后在此模型的基础上,借助隐式曲面来描述多孔介质孔隙空间。可以进一步考察孔隙尺寸分布、喉道尺寸分布、喉道长度分布等孔隙细观结构特征。利用这些数据资料,就能给出分形孔隙度和分形渗透率,从而建立起流体在分形多孔介质中流动的微分方程。这种关于天然岩石、土壤多孔介质细观结构的造型和描述越来越受到学者们的重视,图像将更加清晰,结果将更加精确,为分形渗流奠定了更为坚实的基础。

11.2.2 分形渗流的基本公式

本小节将导出分形渗流的三个基本公式,即渗流速度(或称比流量)公式、渗透率公式和孔隙度公式。它们是基于11.1节给出的分形理论有关知识以及流体力学的有关公式导出的。同时也给出了流量的表达式,为此,先讨论沿单一管道的流动(孔祥言、李道伦、卢德唐,2007)。在11.2.4小节中将讨论裂缝中的流动(孔祥言、李道伦、卢德唐,2008)。

11.2.2.1 流体沿毛细管和裂缝的流动

对于流体在长度为L、直径为λ的直圆管中的流动,由Navier-Stokes方程(1.5.42b)容易求得其中体积流量与压力梯度的关系式:

$$Q_1 = \frac{\pi\lambda^4}{128\mu}\left(-\frac{dp}{dL}\right) \tag{11.2.3a}$$

这是大家熟知的 Hagen-Poiseuille 公式。这在 1.5.4 小节中已有介绍，其中 μ 是流体的黏度。

类似地，对于流体在宽度为 a 的平行壁面裂缝中的流动，由 N-S 方程略去惯性项容易求得

$$q_1 = -\frac{a^3}{12\mu}\frac{dp}{dL} \tag{11.2.3b}$$

其中 q_1 是一条裂缝单位深度中的体积量（详见 11.5.1 小节）。

下面进一步研究沿毛细管的流动。Carman（1937）在研究毛细管的迂曲度时，将 Hagen-Poiseuille 公式推广到弯曲毛细管中流动的情形，对圆管给出

$$Q_1(\lambda) = \frac{\pi\lambda^4}{128\mu}\left(-\frac{dp}{dL_e}\right) \tag{11.2.4}$$

其中，L_e 是弯曲毛细管的有效长度。前已阐明，对于分形多孔介质，弯曲毛细管的非正规曲线也是分形的，其有效长度 L_e 与多孔材料外观长度 L 之间的关系式由式（11.1.10）给出，即 $L_e = L^{\delta}\lambda^{1-\delta}$，因而有

$$\frac{dL_e}{dL} = \delta L^{\delta-1}\lambda^{1-\delta} \tag{11.2.5}$$

其中，δ 称为迂曲分维。如果是沿 x 或 r 方向的流动，式（11.2.4）和式（11.2.5）分别写成

$$dx_e = \delta x^{\delta-1}\lambda^{1-\delta}dx,\quad dr_e = \delta r^{\delta-1}\lambda^{1-\delta}dr \tag{11.2.6}$$

于是式（11.2.4）在 x 方向和径向可分别改写成

$$Q_1(\lambda) = \frac{\pi\lambda^4}{128\mu}\frac{\lambda^{\delta-1}}{\delta x^{\delta-1}}\left(-\frac{dp}{dx}\right) \tag{11.2.7a}$$

$$Q_1(\lambda) = \frac{\pi\lambda^4}{128\mu}\frac{\lambda^{\delta-1}}{\delta r^{\delta-1}}\left(-\frac{dp}{dr}\right) \tag{11.2.7b}$$

11.2.2.2　沿裂缝的流动

在 8.1.1 小节中曾提到有些岩石存在着裂缝、纹理结构（图 8.1）。Isaacs（1984）曾报道某些岩石裂缝宽度分布从 cm 到 μm，并且具有分形特性。

判断裂缝介质具有分形特性，它应满足的条件与 11.1.1 小节对孔隙介质所提到的三条标准基本上是一致的，只不过那里的毛管直径现在要用裂缝宽度来代替。

我们对裂缝宽度仍记作 λ；将沿流体流动方向的裂缝尺度称为裂缝长度，一般记作 L（对变量记作 x 或 r 等）；而将与裂缝长度方向相垂直的裂缝延伸尺度称为裂缝深度，不管它是沿铅垂方向还是倾斜方向，并记作 η。

设通过单位横截面 A^0 上的裂缝宽度 λ 从 λ_i 到 λ_a 连续分布。同一宽度 λ 的裂缝有 n 个。但深度 η 有大有小，有深有浅。记

$$\eta_1 + \eta_2 + \cdots + \eta_n = M(\lambda)\eta^0 \tag{11.2.8}$$

其中，η^0 是单位深度，$M(\lambda)$ 是单位横截面 A^0 中宽度为 λ 的所有裂缝折合为单位深度的个

数(简称裂缝折合数)。这是个正数,但一般不是整数。根据分形要求,与式(11.2.8)类似,宽度大于 λ 裂缝的累积折合数 $M_c(L\geqslant\lambda)$ 应满足

$$M_c(L\geqslant\lambda)=\left(\frac{\lambda_a}{\lambda}\right)^D,\quad -dM_c=D\lambda_a^D\lambda^{-(D+1)}d\lambda \tag{11.2.9}$$

其中,D 是缝宽分维,$-dM_c>0$ 为单位截面 A^0 中所通过的宽度在 λ 与 $\lambda+d\lambda$ 之间的裂缝折合数。$\rho(\lambda)=D\lambda_a^D\lambda^{-(D+1)}$ 为缝宽分布的概率密度函数。

根据流体力学的基本公式(11.2.3b)[也可参看后面 11.5.1 小节,用式(11.5.14a)从 0 到 $\lambda/2$ 对 y 进行积分然后乘以 2 即得],通过一条宽为 λ、单位深度 η 直线裂缝的体积流量 $Q_1(\lambda)$ 为

$$Q_1(\lambda)=\eta^0\frac{\lambda^3}{12\mu}\frac{dp}{dL} \tag{11.2.10}$$

考虑到裂缝沿流动方向的迂曲度与式(11.2.7)类似,有单一裂缝中流量在 x 方向和 r 方向可分别写成

$$\theta_1(\lambda)=\frac{\lambda^3\eta^0}{12\mu}\frac{\lambda^{\delta-1}}{\delta x^{\delta-1}}\frac{dp}{dx} \tag{11.2.11a}$$

$$\theta_1(\lambda)=\frac{\lambda^3\eta^0}{12\mu}\frac{\lambda^{\delta-1}}{\delta r\,\delta-1}\frac{dp}{dx} \tag{11.2.11b}$$

由式(11.2.11a)和式(11.2.11b)可进一步导出分形渗流的基本公式。下面先以平面径向流情形进行研究。

11.2.2.3　分形介质中渗流速度和渗透率

1. 分形孔隙介质

为了研究渗流速度,可在厚度为 h 的地层中以井筒轴为对称轴取出一个以 r 为半径、壁厚为 dr 的圆筒形区域,如图 11.6 所示。由此可以讨论分形渗流的基本特性。首先讨论渗流速度 V。为此,设通过单位横截面 A^0 的毛管总数为 N_t,毛管的最大直径和最小直径分别为 λ_a 和 λ_i,按式(11.1.17),直径大于 λ 的毛管的累积数 N_c 及其微分为

$$N_c(L\geqslant\lambda)=\left(\frac{\lambda_a}{\lambda}\right)^D,\quad -dN_c=D\lambda_a^D\lambda^{-(D+1)}d\lambda \tag{11.2.12}$$

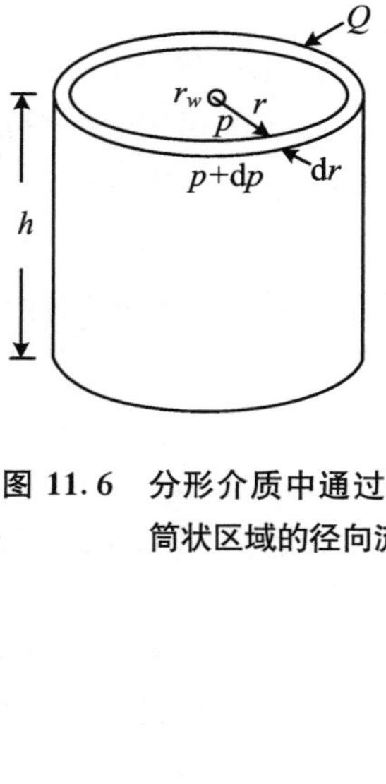

图 11.6　分形介质中通过圆筒状区域的径向流

其中,D 为管径分维,$-dN_c>0$ 为单位截面 A^0 中通过的其直径在 λ 与 $\lambda+d\lambda$ 之间的毛管数。

(1) 分形孔隙介质中的渗流速度

根据定义,渗流速度(或比流量) V 是流体通过多孔介质单位横截面的体积流量,即有

$$V=-\frac{1}{A^0}\int_{\lambda_i}^{\lambda_a}Q_1(\lambda)dN_c \tag{11.2.13}$$

将式(11.2.7b)和式(11.2.12)代入式(11.2.13)，积分可得

$$V=-\frac{1}{A^0}\int_{\lambda_i}^{\lambda_a}\frac{\pi\lambda^4}{128\mu}\frac{\lambda^{\delta-1}}{\delta r^{\delta-1}}\left(\frac{dp}{dr}\right)\cdot D\lambda^D\lambda^{-(D+1)}d\lambda$$

$$=-\frac{\pi D\lambda_a^4}{128\mu A^0}\frac{1-\bar{\lambda}^{3+\delta-D}}{\delta(3+\delta-D)}\left(\frac{\lambda_a}{r}\right)^{\delta-1}\frac{dp}{dr} \tag{11.2.14}$$

其中，$\bar{\lambda}=\lambda_i/\lambda_a$ 是单位截面上毛管最小直径与毛管最大直径的比值，简称管径比。式(11.2.14)就是渗流速度的表达式。在适当的单位制下，$A^0=1$。在方程中保留 A^0 是为了保持量纲的齐次性，而且在下面将会看到，它在压力扩散方程中不会出现。

(2) 分形孔隙介质渗透率

由式(11.2.12)，我们可将与流体黏度 μ 和流体压力梯度无关的因子定义为分形多孔介质的渗透率，它只取决于介质的结构本身，即有**渗透率**公式：

$$K=\frac{\pi D\lambda_a^4}{128A^0}\frac{1-\bar{\lambda}^{3+\delta-D}}{\delta(3+\delta-D)}\left(\frac{\lambda_a}{r}\right)^{\delta-1}=K_c\left(\frac{\lambda_a}{r}\right)^{\alpha} \tag{11.2.15a}$$

其中，幂指数 $\alpha=\delta-1$，而

$$K_c=\frac{\pi D\lambda_a^4}{128A^0}\frac{1-\bar{\lambda}^{3+\delta-D}}{\delta(3+\delta-D)} \tag{11.2.15b}$$

称为分形孔隙介质的渗透率常数。它是直管极限条件下(即 $\delta=1$ 或 $\alpha=0$)的渗透率。于是**渗流速度公式**(11.2.14)可改写为较为简单的形式

$$V=-\frac{K}{\mu}\frac{dp}{dr}=-\frac{K_c}{\mu}\left(\frac{\lambda_a}{r}\right)^{\alpha}\frac{dp}{dr} \tag{11.2.16}$$

而通过图11.6中所示圆筒面积 $2\pi rh$ 的总流量 Q 为

$$Q=2\pi rh\cdot V=\frac{2\pi K_c h}{\mu}\left(\frac{\lambda_a}{r}\right)^{\alpha}\left(r\frac{dp}{dr}\right) \tag{11.2.17}$$

对生产井 $dp/dr>0$，式(11.2.17)中 Q 取正值；对注入井 $dp/dr<0$，式(11.2.17)中 Q 取负值。此式将用于给出分形油藏中渗流方程的内边界条件。

(3) 分形孔隙介质的孔隙度

为了求得分形孔隙介质的孔隙度 ϕ，应先弄清图11.6中圆筒区域中的孔隙体积，也就是其中全部毛管所占的体积 V_p。考虑到直径为 λ 的单根毛管的体积为 $\pi\lambda^2 dr_e/4$，圆筒面积的数值为 $2\pi rh/A^0$，即有孔隙总体积

$$V_p=-\int_{\lambda_i}^{\lambda_a}\frac{\pi\lambda^2}{4}dr_e\left(\frac{2\pi rh}{A^0}\right)dN_c \tag{11.2.18}$$

而圆筒的整体体积 $V_b=2\pi rh dr$。所以孔隙度

$$\phi=\frac{V_p}{V_b}=\frac{-1}{2\pi rh dr}\int_{\lambda_i}^{\lambda_a}\frac{\pi\lambda^2}{4}dr_e\left(\frac{2\pi rh}{A^0}\right)dN_c=-\frac{1}{A^0 dr}\int_{\lambda_i}^{\lambda_a}\frac{\pi\lambda^2}{4}dr_e dN_c$$

将式(11.2.6)和式(11.2.12)代入上式，积分可得分形孔隙介质的**孔隙度公式**

$$\phi=\frac{\pi D\delta\lambda_a^2}{4A^0}\frac{\bar{\lambda}^{-(D+\delta-3)}}{D+\delta-3}\left(\frac{r}{\lambda_a}\right)^{\delta-1}=\phi_c\left(\frac{r}{\lambda_a}\right)^{\alpha} \tag{11.2.19a}$$

其中

$$\phi_c = \frac{\pi D\delta\lambda_a^2}{4A^0}\frac{\overline{\lambda}^{-(D+\delta-3)}-1}{D+\delta-3} \tag{11.2.19b}$$

称为分形孔隙介质的孔隙度常数，它是直管极限条件下的孔隙度。

由式(11.2.15)和式(11.2.19)可知，渗透率常数 K_c 和孔隙度常数 ϕ_c 只与分形孔隙介质的细观结构特性有关，α 值的大小反映毛管迂曲的复杂程度。而 K 与 ϕ 含有因子 $r^{\mp\alpha}$，它反映分形的尺度效应和迂曲效应，是分形介质的基本特征。其物理解释是：在毛管（或裂缝）数量和管径（或缝宽）尺寸 λ 确定的条件下，孔隙度 ϕ 与 r^α 成正比。因为迂曲越显著（即 α 越大），孔隙占据的空间就越大，即 ϕ 越大。而流体与管壁间的摩擦力也越大，因而渗流速度越小，即渗透率 K 越小。贝尔(1983)总结前人的研究结果，认为天然岩石中毛管的迂曲线状况为：一般地，$0.4<L/L_e<1.0$，多数情况下，$0.58<L/L_e<0.8$。这大致相当于一般地，$0<\alpha<0.20$；多数情况下，$0.05<\alpha<0.10$；与介质的结构特性有关。

(4) 关于基本公式的进一步认证

上面所述是针对径向流情形所作的分析和推导。下面对平面平行流和半球形向心流情形进一步分析，确认上述三个公式形式不变，只不过在平面平行流中将 r 改换成 x 而已。当然，总流量 Q 的表达式与流动类型有关。

对于沿 x 方向的平面平行流，可考察截面形状任意截面面积为 A 的柱形多孔材料。在柱体中取出一个长度为 dx，即从 x 到 $x+dx$，而面积为单位面积 A^0 的短柱体，如图 11.7 所示。下面分析其中的流动。

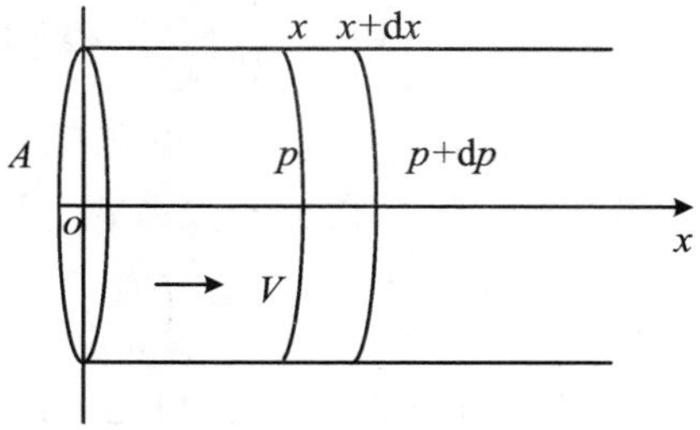

图 11.7　分形介质中通过柱形区域的平面平行流

仍设通过 A^0 的毛管最大和最小直径为 λ_a 和 λ_i。将式(11.2.7a)和式(11.2.12b)代入式(11.2.13)并积分，可得渗流速度

$$V = \frac{\pi D\lambda_a^4}{128\mu A^0}\frac{1-\overline{\lambda}^{3+\delta-D}}{\delta(3+\delta+D)}\left(\frac{\lambda_a}{x}\right)^{\delta-1}\left(-\frac{dp}{dx}\right) \tag{11.2.20}$$

对于非水平流动还要考虑重力，即 dp/dx 应由 $dp/dL+\rho g\sin\varphi$ 代替，类似式(1.5.6)。

由式(11.2.20)可定义渗透率 K 和渗透率常数 K_c 为

$$K = K_c\left(\frac{\lambda_a}{x}\right)^\alpha,\quad K_c = \frac{\pi D\lambda_a^4}{128A^0}\frac{1-\overline{\lambda}^{3+\delta-D}}{\delta(3+\delta-D)} \tag{11.2.21}$$

并且渗流速度式(11.2.20)可写成简单形式

$$V = -\frac{K_c}{\mu}\left(\frac{\lambda_a}{x}\right)^\alpha\frac{\partial p}{\partial x} \tag{11.2.22}$$

而孔隙度 ϕ 由下式给出

$$\phi = \frac{V_p}{V_b} = \frac{1}{A\,dx}\int_{\lambda_i}^{\lambda_a}\frac{\pi\lambda^2}{4}\left(\frac{A}{A^0}\right)dx_e\,dN_c = -\frac{1}{A^0}\int_{\lambda_i}^{\lambda_a}\frac{\pi\lambda^2}{4}dx_e\,dN_c$$

将式(11.2.6a)和式(11.2.12b)代入上式，同样可得孔隙度和孔隙度常数分别为

$$\phi = \phi_c\left(\frac{x}{\lambda_a}\right)^{\alpha}, \quad \phi_c = \frac{\pi D\delta\lambda_a^2}{4A^0}\frac{\overline{\lambda}^{(D+\delta-3)}-1}{D+\delta-3} \tag{11.2.23}$$

而通过截面 A 的总流量 Q 为

$$Q = AV = \frac{A}{A^0}\frac{K_c}{\mu}\left(\frac{\lambda_a}{x}\right)^{\alpha}\left(-\frac{\partial p}{\partial x}\right) \tag{11.2.24}$$

对于半球形向心流(这里意指略去重力),考察距球心为 r 处、厚度从 r 到 $r+\mathrm{d}r$ 的半球壳形区域,仍然通过其中单位面积 A^0 的毛管最大和最小直径为 λ_a 和 λ_i,很容易证得渗流速度、渗透率和孔隙度的形式与径向流情形完全相同。三个基本公式由 λ_a,$\overline{\lambda}$,D 和 δ 这 4 个参数完全确定。

而通过半球的总流量为

$$Q = 3\pi r^2 V = 3\pi\frac{K_c}{\mu}\left(\frac{\lambda_a}{r}\right)^{\alpha}\left(r^2\frac{\partial p}{\partial r}\right) \tag{11.2.25}$$

2. 分形裂缝介质

(1) 分形裂缝介质中的渗流速度

记 $A^0 = (\eta^0)^2$ 并注意到式(11.2.9),则通过单位面积 A^0 的流量,亦即渗流速度 V 为

$$V = \frac{1}{A^0}\int_{\lambda_i}^{\lambda_a} Q_1(\lambda)\mathrm{d}M_c = \frac{1}{\eta^0}\frac{D\lambda_a^D}{12\mu}\int_{\lambda_i}^{\lambda_a}\lambda^3\lambda^{-(D+1)}\mathrm{d}\lambda\left(\frac{\mathrm{d}p}{\mathrm{d}L_e}\right) \tag{11.2.26}$$

其中,L_e 是裂缝有效长度。在岩石中裂缝沿长度方向是弯弯曲曲的。设裂缝有效长度 L_e 与试样外观长度 L 之间有关系式[参考式(11.2.5)]

$$L_e = \left(\frac{L}{\lambda}\right)^{\delta}\lambda = L^{\delta}\lambda^{1-\delta}, \quad \mathrm{d}L_e = \delta\left(\frac{L}{\lambda}\right)^{\delta-1}\mathrm{d}L \tag{11.2.27}$$

其中,δ 是迂曲分维。将式(11.2.27)代入式(11.2.26)右端,积分可得径向流渗流速度

$$V = -\frac{K_c}{\mu}\left(\frac{\lambda_a}{r}\right)^{\alpha}\frac{\mathrm{d}p}{\mathrm{d}r} \tag{11.2.28}$$

(2) 分形裂缝介质的渗流率

由式(11.2.28)定义裂缝分形介质中的渗透率 K 为

$$K = K_c\left(\frac{\lambda_a}{r}\right)^{\alpha}, \quad K_c = \frac{D\lambda_a^3}{12\eta^0}\frac{1-\overline{\lambda}^{2+\delta-D}}{\delta(2+\delta-D)} \tag{11.2.29}$$

其中,$\alpha=\delta-1$,$\overline{\lambda}=\lambda_i/\lambda_a$ 是裂缝最小宽度与最大宽度的比值,简称缝宽比。K_c 称为渗透率常数,它只依赖于裂缝介质的细观结构特性:最大裂缝宽度 λ_a、缝隙宽比 $\overline{\lambda}$、缝宽分维 D 和迂曲分维 δ。

对于图 11.6 所示的圆筒状区域,通过储层厚度为 h 的筒形的总流量为

$$Q = 2\pi rh\cdot V = \frac{2\pi K_c h}{\mu}\left(\frac{\lambda_a}{r}\right)^{\alpha}\left(r\frac{\partial p}{\partial r}\right) \tag{11.2.30}$$

(3) 分形裂缝介质的孔隙度

根据定义,由上述圆筒状区域不难求得分形裂缝介质的孔隙度

$$\phi = \frac{V_p}{V_b} = -\frac{1}{2\pi rh\mathrm{d}r}\int_{\lambda_i}^{\lambda_a}\eta^0\lambda\left[\frac{2\pi rh}{(\eta^0)^2}\right]\mathrm{d}r_e\mathrm{d}M_e \tag{11.2.31}$$

按式(11.2.72)有 $\mathrm{d}r_{\mathrm{e}}=\delta(r/\lambda)^{\alpha}\mathrm{d}r$，将此式与式(11.2.69)代入式(11.2.31)，积分可得

$$\phi = \phi_{\mathrm{c}}\left(\frac{r}{\lambda_{\mathrm{a}}}\right)^{\alpha},\quad \phi_{\mathrm{c}} = \frac{D\delta\lambda_{\mathrm{a}}}{\eta^{0}(D+\delta-2)}\left(\frac{1}{\bar{\lambda}^{D+\delta-2}}-1\right) \tag{11.2.32}$$

其中，ϕ_{c} 称为渗透率常数。

式(11.2.28)、式(11.2.29)和式(11.2.32)组成分形裂缝介质中渗流的三个基本公式。可以证明，它们对平面平行流和球形向心流都是正确的。

11.2.3　分形渗流的压力扩散方程及若干简单流动

由 11.2.2 小节所导出的分形渗流的 3 个基本公式，再利用连续性方程可以导出压力扩散方程。考虑微可压缩流体，同时考虑固体介质的压缩系数 c_{ϕ}，按式(1.2.10)和式(1.3.19)，可写成

$$\rho\phi = \rho_0\phi_{c0}[1+c_t(p-p_0)](L/\lambda_{\mathrm{a}})^{\alpha} \tag{11.2.33}$$

其中，$c_t=c_f+c_{\phi}$，ϕ_{c0} 为参考压力 p_0 下的孔隙度常数。于是连续性方程的非稳态累积项为

$$\frac{\partial(\rho\phi)}{\partial t} = \rho_0\phi_{c0}c_t\left(\frac{L}{\lambda_{\mathrm{a}}}\right)^{\alpha}\frac{\partial p}{\partial t} \tag{11.2.34}$$

其中，L 是沿流向的距离，对径向流和平行流就是 r 和 x。下面研究平面平行流和径向流。

11.2.3.1　平面平行流

对于分形孔隙介质中的平面平行流，由渗流速度公式(11.2.22)容易求得连续性方程中的对流量

$$\begin{aligned}\frac{\partial}{\partial x}(\rho V) &= -\frac{\partial}{\partial x}\left[\rho_0(1+c_f\Delta p)\frac{k_{\mathrm{c}}}{\mu}\left(\frac{\lambda_{\mathrm{a}}}{x}\right)^{\alpha}\frac{\partial p}{\partial x}\right]\\ &= -\frac{\rho_0K_{\mathrm{c}}\lambda_{\mathrm{a}}^{\alpha}}{\mu}\left[\frac{1+c_f\Delta p}{x^{\alpha}}\frac{\partial^2p}{\partial x^2}-\frac{(1+c_f\Delta p)\alpha}{x^{\alpha+1}}\frac{\partial p}{\partial x}+\frac{c_f}{x^{\alpha}}\left(\frac{\partial p}{\partial x}\right)^2\right]\end{aligned} \tag{11.2.35}$$

将式(11.2.34)和式(11.2.35)代入方程(1.6.5)，并假设与$\partial^2p/\partial x^2$ 项相比 $c_f(\partial p/\partial x)^2$ 项较小，即

$$\frac{c_f}{1+c_f\Delta p}\left(\frac{\partial p}{\partial x}\right)^2 \ll \frac{\partial^2p}{\partial x^2} \tag{11.2.36}$$

并在系数中让 $1+c_f\Delta p\approx1$ 使方程得到线化。再令导压系数

$$\chi = \frac{K_{\mathrm{c}}}{\phi_{c0}\mu c_t} \tag{11.2.37}$$

最后得到平面平行流动的压力扩散方程

$$\frac{\partial^2p}{\partial x^2}-\frac{\alpha}{x}\frac{\partial p}{\partial x} = \frac{1}{\chi}\left(\frac{x}{\lambda_{\mathrm{a}}}\right)^{2\alpha}\frac{\partial p}{\partial t} \tag{11.2.38}$$

若 $\alpha=0$，则式(11.2.38)退化为经典形式的压力扩散方程(4.1.1)。

下面讨论在一定条件下这个方程的求解问题。为比较起见，考察与 4.1.1 小节类似的情形，即流动沿 x 方向($0\leqslant x<\infty$)。地层中初始压力为 p_{i}，在 $t=+0$ 时刻在 $x=0$ 处通过

注水使压力上升到 p_1，并一直保持为 p_1。求任意时刻的压力分布。

第一步作简单的线性变换使定解条件更加简单，即令 $P=(p-p_i)/(p_1-p_i)$，则方程(11.2.38)及其定解条件写出如下：

$$\left.\begin{aligned}&\frac{\partial^2 p}{\partial x^2}-\frac{\alpha}{x}\frac{\partial P}{\partial x}=\frac{1}{\chi}\left(\frac{x}{\lambda_a}\right)^{2\alpha}\frac{\partial P}{\partial t}\quad(0<x<\infty,t>0) &(11.2.39)\\&P(x,t)=1\quad(x=0,t>0) &(11.2.40)\\&P(x,t)=0\quad(x\to\infty,t>0) &(11.2.41)\\&P(x,t)=0\quad(0<x<\infty,t=0) &(11.2.42)\end{aligned}\right\}$$

第二步根据量纲分析，自变量 x,t 和系数 χ 可组成唯一的无量纲量，因而可对自变量 x,t 和系数 χ 作如下的 Boltzmann 变换：

$$\zeta=\frac{x^{1+\alpha}}{(1+\alpha)\lambda_a^\alpha\sqrt{4\chi t}}\tag{11.2.43}$$

这样一来，偏微分方程的初边值问题式(11.2.39)～式(11.2.42)变为以下线性齐次常微分方程的边值问题

$$\left.\begin{aligned}&\frac{\mathrm{d}^2 P}{\mathrm{d}\zeta^2}-\left(\frac{\alpha}{\alpha+1}\frac{1}{\zeta}-2\zeta\right)\frac{\mathrm{d}p}{\mathrm{d}\zeta}=0 &(11.2.44)\\&P(\zeta=0)=1 &(11.2.45)\\&P(\zeta\to\infty)=0 &(11.2.46)\end{aligned}\right\}$$

方程(11.2.44)可被降阶处理，即令 $P'\equiv\mathrm{d}P/\mathrm{d}\zeta$，则该方程变为

$$\frac{\mathrm{d}P'}{\mathrm{d}\zeta}=\left(\frac{\alpha}{1+\alpha}\frac{1}{\zeta}-2\zeta\right)P'\tag{11.2.47}$$

用分离变量法写成

$$\frac{\mathrm{d}P'}{P'}=\left(\frac{\alpha}{1+\alpha}\frac{1}{\zeta}-2\zeta\right)\mathrm{d}\zeta\tag{11.2.48}$$

对式(11.2.48)积分两次，并用边界条件(11.2.45)和(11.2.46)定出两个积分常数，可得解为

$$P(\zeta)=\frac{\int_\infty^{y=\zeta}y^{\frac{\alpha}{1+\alpha}}\mathrm{e}^{-y^2}\mathrm{d}y}{\int_\infty^{y=0}y^{\frac{\alpha}{1+\alpha}}\mathrm{e}^{-y^2}\mathrm{d}y}=1-\frac{\int_{y=0}^{\zeta}y^{\frac{\alpha}{1+\alpha}}\mathrm{e}^{-y^2}\mathrm{d}y}{\int_{y=0}^{\infty}y^{\frac{\alpha}{1+\alpha}}\mathrm{e}^{-y^2}\mathrm{d}y}\tag{11.2.49}$$

当 $\alpha=0$，式(11.2.49)右端分母化为$\sqrt{\pi}/2$，分子化为 $\int_0^\zeta \mathrm{e}^{-y^2}\mathrm{d}y$，解退化为

$$P(\zeta)=1-\mathrm{erf}\left[\frac{x}{\sqrt{4\chi t}}\right]\tag{11.2.50}$$

这是经典情形的结果，与解式(4.1.11)相同。

解式(11.2.49)写成有量纲形式为

$$p(x,t)=p_1-(p_1-p_i)\frac{\int_{\zeta=0}^{\zeta=\frac{x^{1+\alpha}}{(1+\alpha)\lambda_a^\alpha\sqrt{4\chi t}}}\zeta^{\frac{\alpha}{1+\alpha}}\mathrm{e}^{-\zeta^2}\mathrm{d}\zeta}{\int_{\zeta=0}^{\infty}\zeta^{\frac{\alpha}{1+\alpha}}\mathrm{e}^{-\zeta^2}\mathrm{d}\zeta}\tag{11.2.51}$$

式(11.2.51)对 x 求导数，代入式(11.2.20)即得渗流速度 V 的结果。当 $\alpha=0$ 时，式

(11.2.51)退化为

$$p(x,t) = p_1 - (p_1 - p_i)\mathrm{erf}\left[\frac{x}{\sqrt{4\chi t}}\right] \tag{11.2.52}$$

这是经典结果式(4.1.12)。

对于分形裂缝介质，上述讨论仍然有效。不同之处在于：对于分形孔隙介质，渗透率和孔隙度分别由式(11.2.21)和式(11.2.23)给出。而对于分形裂缝介质，渗透率和孔隙度分别要用式(11.2.29)和式(11.2.32)给出。因而式(11.2.37)中定义的压力扩散系数 χ 值也要做相应的改变。

11.2.3.2　平面径向流

1. 压力扩散方程

对于平面径向流，连续性方程中的散度项

$$\nabla \cdot (\rho \boldsymbol{v}) = \frac{1}{r}\frac{\partial}{\partial r}(r\rho V) = \frac{\partial}{\partial r}(\rho v) + \frac{1}{r}\rho V$$

将密度式(1.2.14)和渗流速度式(11.2.16)代入上式，可得

$$-\frac{1}{r}\frac{\partial}{\partial r}(r\rho V) = \frac{\rho_0 K_c}{\mu}\lambda_a^\alpha(1 + c_f\Delta p)\cdot \left[r^{-\alpha}\frac{\partial^2 p}{\partial r^2} + (1-\alpha)r^{1+\alpha}\frac{\partial p}{\partial r} + \frac{r^{-\alpha}c_f}{1 + c_f\Delta p}\left(\frac{\partial p}{\partial r}\right)^2\right] \tag{11.2.53}$$

与式(11.2.36)类似，若式(11.2.53)方括号中末项远小于首项，则可简化为

$$-\frac{1}{r}\frac{\partial}{\partial r}(r\rho V) = \frac{\rho_0 K_c}{\mu}\lambda_a^\alpha(1 + c_f\Delta p)\left[r^{-\alpha}\frac{\partial^2 p}{\partial r^2} + (1-\alpha)r^{1+\alpha}\frac{\partial p}{\partial r}\right] \tag{11.2.54}$$

将式(11.2.34)和式(11.2.54)代入连续性方程(1.6.5)，并在最后在系数中让 $1 + c_f\Delta p \approx 1$，即得平面径向流的压力扩散方程

$$\frac{\partial^2 p}{\partial r^2} + \frac{1-\alpha}{r}\frac{\partial p}{\partial r} = \frac{1}{\chi}\left(\frac{r}{\lambda_a}\right)^{2\alpha}\frac{\partial p}{\partial t} \tag{11.2.55}$$

其中，导压系数 χ 已由式(11.2.37)表示。当 $\alpha = 0$ 时，式(11.2.55)退化为经典形式。

现在讨论方程的内边界条件。由流量公式(11.2.17)，分形油藏线源解的内边界条件可写成

$$\lim_{r\to 0}\left(r^{1-\alpha}\frac{\partial p}{\partial r}\right) = \frac{Qu}{2\pi K_c h\lambda_a^\alpha} \tag{11.2.56a}$$

类似地，柱源解的内边界条件可写成

$$\left(r^{1-\alpha}\frac{\partial p}{\partial r}\right)_{r=r_w} = \frac{Qu}{2\pi K_c h\lambda_a^\alpha} \tag{11.2.56b}$$

2. 方程的无量纲化及其求解

下面将方程无量纲化，并对无限大地层的线源解问题进行研究。为此引进无量纲量

$$\left.\begin{aligned} &r_D = \frac{r}{r_w},\quad t_D = \left(\frac{\lambda_a}{r_w}\right)^{2\alpha}\frac{\chi t}{r_w^2} \\ &p_D(r_D,t_D) = \left(\frac{\lambda_a}{r_w}\right)^\alpha \frac{2\pi K_c h}{Qh}[p_i - p(r,t)] \end{aligned}\right\} \tag{11.2.57}$$

则方程(11.2.55)和内边界条件(11.2.56)以及远场条件和初始条件的无量纲形式写出如下：

$$\left.\begin{aligned}&\frac{\partial^2 p_D}{\partial r_D^2}+\frac{1-\alpha}{r_D}\frac{\partial p_D}{\partial r_D}=r_D^{2\alpha}\frac{\partial p_D}{\partial t_D}\quad(1<r_D<\infty,t>0) &(11.2.58)\\&\lim_{r_D\to 0}\left(r_D^{1-\alpha}\frac{\partial p_D}{\partial r_D}\right)=-1\quad(t_D>0) &(11.2.59)\\&p_D(r_D,t_D)=0\quad(r_D\to\infty,t_D>0) &(11.2.60)\\&p_D(r_D,t_D)=0\quad(1\leqslant r_D<\infty,t_D=0) &(11.2.61)\end{aligned}\right\}$$

为求解上述方程，可对自变量作如下 Boltzmann 变换：

$$u=\frac{r_D^{2+2\alpha}}{(2+2\alpha)^2 t_D} \tag{11.2.62}$$

则方程(11.2.58)～方程(11.2.61)化为求解以下线性齐次常微分方程的边值问题：

$$\left.\begin{aligned}&u\frac{d^2 p_D}{du^2}+\left(\frac{2+\alpha}{2+2\alpha}+u\right)\frac{dp_D}{du}=0\quad(0<u<\infty) &(11.2.63)\\&\left(u^{\frac{2+\alpha}{2+2\alpha}}\frac{dp_D}{du}\right)=-\frac{t_D{}^{\alpha/(2+2\alpha)}}{(2+2\alpha)^{1/(1+\alpha)}}\quad(u\to 0) &(11.2.64)\\&p_D(u)=0\quad(u\to\infty) &(11.2.65)\end{aligned}\right\}$$

方程(11.2.63)可被降阶处理，即令 $p_D'\equiv dp_D/du$，则可写成如下分离变量的形式：

$$\frac{dp_D'}{p_D'}=-\left(\frac{2+\alpha}{2+2\alpha}+u\right)\frac{du}{u} \tag{11.2.66}$$

一次积分得

$$u^{\frac{2+\alpha}{2+2\alpha}}\frac{dp_D}{du}=C_1 e^{-u} \tag{11.2.67}$$

由内界条件(11.2.64)定出 C_1：

$$C_1=-\frac{t_D{}^{\frac{\alpha}{2+2\alpha}}}{(2+2\alpha)^{1/(1+\alpha)}}$$

二次积分，再利用远场条件(11.2.65)，得解

$$p_D(u)=\frac{t_D{}^{\frac{\alpha}{2+2\alpha}}}{(2+2\alpha)^{\frac{1}{1+\alpha}}}\int_u^\infty\frac{e^{-y}}{y^{\frac{2+\alpha}{2+2\alpha}}}dy \tag{11.2.68}$$

以解式(11.2.68)写成有量纲形式为

$$p(r_1 t)=p_i-\frac{(\lambda_a^{2\alpha}\chi t)^{\frac{\alpha}{2+2\alpha}}}{(2+2\alpha)^{\frac{1}{1+\alpha}}\lambda_a^{\alpha}}\frac{Q u}{2\pi K_c h}\int_{\frac{r^{2+2\alpha}}{(2+2\alpha)^2\lambda_a^{2\alpha}\chi t}}^\infty\frac{e^{-u}}{u^{\frac{2+\alpha}{2+2\alpha}}}du \tag{11.2.69}$$

当 $\alpha=0$ 时，无量纲形式解(11.2.68)和有量纲解(11.2.69)分别化为以下经典形式的解：

$$p_D(r_D,t_D)=\frac{1}{2}\int_{\frac{r_D^2}{4t_D}}^\infty\frac{e^{-u}}{u}du=-\frac{1}{2}\mathrm{Ei}\left(-\frac{r_D}{4t_D}\right) \tag{11.2.70}$$

以及

$$p(r_1 t)=p_i-\frac{Q u}{4\pi K_c h}\int_{\frac{r^2}{4\chi t}}^\infty\frac{e^{-u}}{u}du$$

$$= p_{\mathrm{i}} + \frac{Qu}{4\pi K_{\mathrm{c}} h}\mathrm{Ei}\left(-\frac{r^2}{4\chi t}\right) \tag{11.2.71}$$

3. 试井分析

对于试井，要讨论井底流压，实践中取 $r_{\mathrm{D}}=1$。由式(11.2.68)可得压降过程中无量纲井底流压的表达式

$$p_{\mathrm{wD}}(t_{\mathrm{D}}) = \frac{t_{\mathrm{D}}^{\frac{\alpha}{2+2\alpha}}}{(2+2\alpha)^{\frac{1}{1+\alpha}}}\int_{\frac{1}{(2+2\alpha)^2 t_{\mathrm{D}}}}^{\infty}\frac{\mathrm{e}^{-u}}{u^{\frac{2+\alpha}{2+2\alpha}}}\mathrm{d}u \tag{11.2.72}$$

由式(11.2.72)算出井底流压 $p_{\mathrm{wD}} \sim t_{\mathrm{D}}$ 的半对数关系曲线如图 11.8 所示。由该图可见，当 t_{D} 大于一定值时，对 $\alpha=0$ 的极限情形，$p_{\mathrm{wD}} \sim t_{\mathrm{D}}$ 曲线存在一直线段。随着 α 增大，曲线越来越上翘弯曲。所以对分形油藏，当 α 值较大时用半对数直线段进行试井分析会引起一定误差。

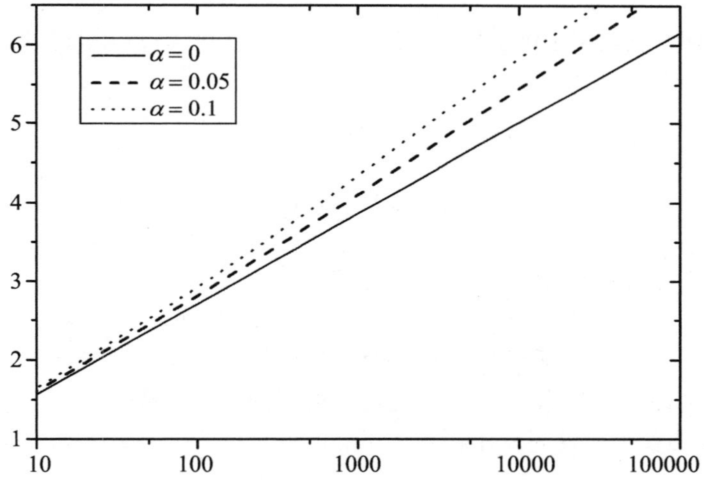

图 11.8　分形油藏线源解半对数曲线

式(11.2.72)写成有量纲形式为

$$p_{\mathrm{wf}}(t) = \frac{(\lambda_{\mathrm{a}}^{2\alpha}\chi t)^{\frac{\alpha}{2+2\alpha}}}{(2+2\alpha)^{\frac{1}{1+\alpha}}\lambda_{\mathrm{a}}^{\alpha}}\frac{Qu}{2\pi K_{\mathrm{c}} h}\int_{u=\frac{r_{\mathrm{w}}^{2+2\alpha}}{(2+2\alpha)^2\lambda_{\mathrm{a}}^{2\alpha}\chi t}}^{\infty}\frac{\mathrm{e}^{-u}}{u^{\frac{2+\alpha}{2+2\alpha}}}\mathrm{d}u \tag{11.2.73}$$

以上是压力降落的解。下面讨论压力恢复，它相当于井 A 从 $t=0$ 到关井后的任意时刻 t 以产量 q_0 生产；井 B 从关井时刻 $t=t_{\mathrm{p}}$ 到任意时刻 t 以产量 $-q_0$ 生产。因而压力恢复期井底压力的表达式，可用类似于 4.1.4 小节的方法给出。其无量纲形式解为

$$\begin{aligned} p_{\mathrm{wDs}} &= \frac{t_{\mathrm{D}}^{\frac{\alpha}{2+2\alpha}}}{(2+2\alpha)^{\frac{1}{1+\alpha}}}\int_{u=\frac{1}{(2+2\alpha)^2 t_{\mathrm{D}}}}^{\infty}\frac{\mathrm{e}^{-u}}{u^{\frac{2+\alpha}{2+2\alpha}}}\mathrm{d}u \\ &\quad - \frac{(t-t_p)_{\mathrm{D}}^{\frac{\alpha}{2+2\alpha}}}{(2+2\alpha)^{\frac{1}{1+\alpha}}}\int_{u=\frac{1}{(2+2\alpha)^2(t-t_{\mathrm{p}})_{\mathrm{D}}}}^{\infty}\frac{\mathrm{e}^{-u}}{u^{\frac{2+\alpha}{2+2\alpha}}}\mathrm{d}u \end{aligned} \tag{11.2.74}$$

其中

$$(t-t_p)_D=\left(\frac{\lambda_a}{r_w}\right)^{2\alpha}\frac{\chi(t-t_p)}{r_w^2}=\left(\frac{\lambda_a}{r_w}\right)^{2\alpha}\frac{\chi\Delta t}{r_w^2} \tag{11.2.75}$$

$\Delta t=t-t_p$，t 从开井时算起延续到关井以后，t_p 为生产时间，即关井时刻。而有量纲形式的井底恢复压力解为

$$\begin{aligned} p_{ws}(t)=p_i&-\frac{(\lambda_a^{2\alpha}\chi t)^{\frac{\alpha}{2+2\alpha}}}{(2+2\alpha)^{\frac{1}{1+\alpha}}\lambda_a^{\alpha}}\frac{Qu}{2\pi K_c h}\int_{u=\frac{1}{(2+2\alpha)^2\lambda_a^{2\alpha}\chi t}}^{\infty}\frac{e^{-u}}{u^{\frac{2+\alpha}{2+2\alpha}}}du \\ &+\frac{(\lambda_a^{2\alpha}\chi t)^{\frac{\alpha}{2+2\alpha}}}{(2+2\alpha)^{\frac{1}{1+\alpha}}\lambda_a^{\alpha}}\frac{Qu}{2\pi K_c h}\int_{u=\frac{1}{(2+2\alpha)^2\lambda_a^{2\alpha}\chi(t-t_p)}}^{\infty}\frac{e^{-u}}{u^{\frac{2+\alpha}{2+2\alpha}}}du \end{aligned} \tag{11.2.76}$$

注意：对于分形孔隙介质和分形裂缝介质，以上方程中的 K_c 和 ϕ_c 以及 χ 要用各自的表达式给出。

11.2.3.3 半球形向心流

对于半球形向心流，仍利用基本公式(11.2.15)、式(11.2.17)和式(11.2.19)。连续性方程中的散度项

$$\begin{aligned} \nabla\cdot(\rho\boldsymbol{v})&=\frac{1}{r^2}\left[\frac{\partial}{\partial r}(r^2\rho V)\right] \\ &=-\frac{\rho_0 K_c\lambda_a^{\alpha}}{\mu}\left[\frac{1}{r^{\alpha}}\frac{\partial^2 p}{\partial r^2}+\frac{2-\alpha}{r^{\alpha+1}}\frac{\partial p}{\partial r}\right] \end{aligned} \tag{11.2.77}$$

所以对半球形向心流，最后给出的压力扩散方程为

$$\frac{\partial^2 p}{\partial r^2}+\frac{2-\alpha}{r}\frac{\partial p}{\partial r}=\frac{1}{\chi}\left(\frac{r}{r_w}\right)^{2\alpha}\frac{\partial p}{\partial t} \tag{11.2.78}$$

其内边界条件可由式(11.2.25)给出。非稳态向心流问题的求解可借助于某些变换方法，它与 11.3 节所用方法类似。这里就不再赘述了。

小结

(1) 分形渗流是指流体在分形多孔介质中的流动，是建立在毛管直径或裂缝宽度的尺寸分布和流动通道迂曲状的分形分析基础之上的。这类细观结构可借助于压汞技术、扫描技术和图形图像处理加以展现，是细观渗流的一个组成部分。

(2) 分形渗流与传统(或经典)渗流不同。传统渗流以 Darcy 定律为基础，通过实验(在地下渗流中通过试井分析)获得渗透率的数据。而分形渗流与 Darcy 定律几乎没有关系，是通过实验观察得到毛管直径或裂缝宽度的分布和流动通道等细观结构，从而确定孔隙分维 D 和迂曲分维 δ，并由纳维-司托克斯方程给出通过这些流动通道中的流量。在此基础上，进一步给出渗透率常数和孔隙度常数。对地下渗流，这些都可以通过瞬变压力的试井分析获得(详见 11.3 节)。

(3) 本节给出了渗流速度、渗透率和孔隙度 3 个基本公式。它们均由管径比(或缝宽比)$\overline{\lambda}=\lambda_i/\lambda_a$、最大毛管直径(或缝宽)$\lambda_a$、管径(或缝宽)分维 D 和迂曲分维 δ 4 个参数完全确定。应当强调指出：这 4 个参数都是对单位横截面 A^0 而言的。

(4) 由于渗透率常数 K_c 和孔隙度常数 ϕ_c 只与上述 4 个结构参数有关，特别是与管径(或缝宽)分维 D 和迂曲分维 δ 有关。就毛管而言，有些孔隙在水平方向有喉道相连，而在铅垂方向就不一定相互连通。因此在一般情况下，D 和 δ 在不同位置和不同方向可以相同，也可以不相同。这就是说，K_c 和 ϕ_c 可以是均匀各向同性的，也可以是非均匀各向异性的。实际上，在分形介质中孔隙度 ϕ 与渗透率 K 一样都是二阶对称张量。由于两者之间有对应关系，它们的主方向应是一致的。

(5) 由 3 个基本公式不难建立起压力扩散方程。对于单自变量情形，综合方程(11.2.38)、方程(11.2.55)和方程(11.2.78)，其压力扩散方程可统一写成

$$\frac{\partial^2 p}{\partial r^2}+\frac{m-2}{r}\frac{\partial p}{\partial r}=\frac{1}{\chi}\left(\frac{r}{\lambda_a}\right)^{2\alpha}\frac{\partial p}{\partial t} \tag{11.2.79}$$

其中，m 对平面平行流、平面径向流和半球形向心流分别为 0，1 和 2。对平面平行流式(11.2.79)中 r 应改为 x。在扩散方程中，导压系数 χ 与单位截面 A^0 无关，因为 K_c/ϕ_c 不含 A^0。

(6) 前面几小节所述的在 $\alpha=0$ 的极限条件下，一般公式和扩散方程在形式上都退化为与传统的结果相同，但本质上是不同的，因为 λ_a、$\bar{\lambda}$ 和管径分维 D 依然存在。这只是为对比说明分形渗流与传统渗流方程的某种相关性而已。

(7) 分形孔隙介质与分形裂缝介质相比，其数学描述的差异主要体现在各自渗透率常数 K_c 与孔隙度常数 ϕ_c 的表现形式。两者扩散方程的形式是相同的，只是其中的 χ 值是不同的。

11.3　无限大地层铅直井考虑表皮和井储的瞬变压力分析

在 11.2.3 小节中，讨论了无限大分形油藏的线源解。为了用于瞬变压力分析，本节考虑表皮系数和井筒储集常数，对无限大分形油藏，利用 Laplace 变换方法求得相应的解析解，并绘制样板曲线，说明了曲线拟合试井分析的方法和步骤。

11.3.1　方程和定解条件的无量纲化

在 11.2 节，引进了无量纲量 r_D，t_D 和 p_D，如式(11.2.57)。考虑表皮系数 S 和井储常数 C 以后，S 和 C 的无量纲量要重新定义。内边界条件更要重新分析。类似 4.6.2 小节的方法，将由表皮引起的附加压降记作 Δp_s，即有井底压力 $p_w(t)$ 为

$$p_w(t)=p(r_w,t)-\Delta p_s \tag{11.3.1}$$

为了与 p_D 的定义保持一致，应定义表皮因子与 Δp_s 的关系为

$$S=\frac{2\pi K_c h}{Qu}\left(\frac{\lambda_a}{r_w}\right)^{\alpha}\Delta p_s \tag{11.3.2}$$

则式(11.3.1)可写成

$$p_w(t) = p(r_w,t) - \frac{Qu}{2\pi K_c h}\left(\frac{r_w}{\lambda_a}\right)^{\alpha} S \tag{11.3.3}$$

现在讨论井储常数 C。按式(4.6.23),由地层和井储对井口流量 Q 的贡献部分分别用 Q_f 和 Q_c 表示,即 $Q_f + Q_c = Q$。将式(11.2.13)用于井底有

$$\left.\begin{aligned} Q_f &= 2\pi rh \cdot V = \frac{2\pi K_c h}{\mu}\left[\left(\frac{\lambda_a}{r}\right)^{\alpha}\left(r\frac{\partial p}{\partial r}\right)\right]_{r=r_w} \\ &= -\frac{2\pi K_c h}{\mu}\lambda_a^{\alpha}\left[r^{1-\alpha}\frac{\partial(p_i - p)}{\partial r}\right]_{r=r_w} \qquad (11.3.4) \\ Q_c &= -C\frac{\mathrm{d}p_w}{\mathrm{d}t} \qquad (11.3.5) \end{aligned}\right\}$$

将式(11.3.4)和式(11.3.5)代入式(4.6.23),可得

$$\frac{2\pi K_c h}{Qu}\lambda_a^{\alpha}\left[r^{1-\alpha}\frac{\partial(p_i - p)}{\partial r}\right]_{r=r_w} - \frac{C}{Q}\frac{\mathrm{d}p_w}{\mathrm{d}t} = 1 \tag{11.3.6}$$

引进无量纲井储常数 C_D

$$C_D = \frac{(\lambda_a/r_w)^{\alpha}C}{2\pi h\phi_c c_t r_w^2} \tag{11.3.7}$$

将无量纲量的定义式(11.2.57)、式(11.3.2)和式(11.3.7)代入式(11.3.6),则考虑表皮和井储的内边界条件写成

$$C_D\frac{\mathrm{d}p_{wD}}{\mathrm{d}t} - \left(r_D^{1-\alpha}\frac{\partial p_D}{\partial r_D}\right)_{r_D=1} = 1 \tag{11.3.8}$$

以及

$$p_{wD}(t_D) = \left[p_D(r_D,t_D) - S\left(\frac{\partial p_D}{\partial r_D}\right)\right]_{r_D=1} \tag{11.3.9}$$

或将式(11.3.8)和式(11.3.9)合并写成

$$\left[C_D\frac{\mathrm{d}p_D}{\mathrm{d}t_D} - C_D S\frac{\mathrm{d}}{\mathrm{d}t_D}\left(\frac{\partial p_D}{\partial r_D}\right) - \left(r_D^{1-\alpha}\frac{\partial p_D}{\partial r_D}\right)\right]_{r_D=1} = 1 \tag{11.3.10}$$

渗流微分方程的无量纲形式已由式(11.2.58)给出。因而无限大分形油藏中考虑表皮和井储,铅直井的定解问题可写成

$$\left.\begin{aligned} &\frac{\partial^2 p_D}{\partial r_D^2} + \frac{1-\alpha}{r_D}\frac{\partial p_D}{\partial r_D} = r_D^{2\alpha}\frac{\partial p_D}{\partial t_D} \quad (1 < r_D < \infty, t_D > 0) && (11.3.11) \\ &C_D\frac{\mathrm{d}p_{wD}}{\mathrm{d}t_D} - \left(r_D^{1-\alpha}\frac{\partial p_D}{\partial r_D}\right)_{r_D=1} = 1 \quad (t_D > 0) && (11.3.12) \\ &p_{wD}(t_D) = \left[p_D(r_D,t_D) - S\frac{\partial p_D}{\partial r_D}\right]_{r_D=1} \quad (t_D > 0) && (11.3.13) \\ &p_D(r_D,t_D) = 0 \quad (r_D \to \infty, t_D > 0) && (11.3.14) \\ &p_D(r_D,t_D) = 0 \quad (1 < r_D < \infty, t_D = 0) && (11.3.15) \end{aligned}\right\}$$

11.3.2 微分方程的解及样板曲线

为了求解方程(11.3.11)～方程(11.3.15)，将方程对时间变量 t 作 Laplace 变换，给出

$$\left.\begin{aligned}&\frac{d^2\overline{p_D}}{dr_D^2}+\frac{1-\alpha}{r_D}\frac{d\overline{p_D}}{dr_D}-sr_D^{2\alpha}\overline{p_D}=0 &(11.3.16)\\&C_D s\overline{p_{wD}}-\left(r_D^{1-\alpha}\frac{d\overline{p_D}}{dr_D}\right)_{r_D=1}=\frac{1}{s} &(11.3.17)\\&\overline{p_{wD}}(s)=\left[\overline{p_D}(r_D,s)-S\left(r_D^{1-\alpha}\frac{d\overline{p_D}}{dr_D}\right)\right]_{r_D=1} &(11.3.18)\\&\overline{p_D}(r_D\to\infty,s)=0 &(11.3.19)\end{aligned}\right\}$$

其中，s 是 Laplace 变换变量，$\overline{p}$ 表示变换后的函数。方程(11.3.16)被称为广义 Bessel 方程。其解法可参见附录 B3 中的情形(a)。按式(B3.9)，它的通解是

$$\overline{p_D}(r_D,s)=r_D{}^{\frac{\alpha}{2}}\left[AI_\nu\left(\frac{\sqrt{s}}{1+\alpha}r_D{}^{1+\alpha}\right)+BK_\nu\left(\frac{\sqrt{s}}{1+\alpha}r_D{}^{1+\alpha}\right)\right]\tag{11.3.20}$$

其中 I_ν 和 K_ν 是 ν 阶的第一类和第二类修正(或变型)Bessel 函数，而

$$\nu=\frac{\alpha}{2+2\alpha}\tag{11.3.21}$$

由远场边界条件(11.3.19)和函数 I_ν 的特性，可知必须有系数 $A=0$。于是通解为

$$p_{\overline{D}}(r_D,s)=Br_D{}^{\frac{\alpha}{2}}K_\nu\left(\frac{\sqrt{s}}{1+\alpha}r_D{}^{1+\alpha}\right)\tag{11.3.22}$$

考虑 Bessel 函数的关系式 $K_{-\alpha}(z)=K_\nu(z)$ 以及

$$\frac{d}{dz}K_\nu(z)=\begin{cases}-\dfrac{1}{2}[K_{\nu-1}(z)+K_{\nu+1}(z)] & (11.3.23a)\\[2ex]-K_{\nu-1}(z)-\dfrac{\nu}{z}K_\nu(z) & (11.3.23b)\\[2ex]\dfrac{\nu}{2}K_\nu(z)-K_{\nu+1}(z) & (11.3.23c)\end{cases}$$

将式(11.3.22)对 r_D 求导，可得

$$\begin{aligned}\frac{d\overline{p_D}}{dr_D}=&B\left\{\frac{\alpha}{2}r_D{}^{\frac{\alpha}{2}-1}K_\nu\left(\frac{\sqrt{s}}{1+\alpha}r_D{}^{1+\alpha}\right)\right.\\&\left.-r_D{}^{\frac{\alpha}{2}+\alpha}\frac{\sqrt{s}}{2}\left[K_{1-\nu}\left(\frac{\sqrt{s}}{1+\alpha}r_D{}^{\frac{\alpha}{2}+\alpha}\right)+K_{1+\nu}\left(\frac{\sqrt{s}}{1+\alpha}r_D{}^{1+\alpha}\right)\right]\right\}\end{aligned}\tag{11.3.24a}$$

$$=-B\sqrt{s}r_D{}^{\frac{\alpha}{2}+\alpha}K_{1-\nu}\left(\frac{\sqrt{s}}{1+\alpha}r_D{}^{1+\alpha}\right)\tag{11.3.24b}$$

$$=B\left\{\frac{\alpha}{2}r_D{}^{\frac{\alpha}{2}-1}K_\nu\left(\frac{\sqrt{s}}{1+\alpha}r_D{}^{1+\alpha}\right)+r_D{}^{\frac{\alpha}{2}}\left[\frac{\alpha}{2r_D}K_\nu\left(\frac{\sqrt{s}}{1+\alpha}r_D{}^{1+\alpha}\right)\right.\right.$$

$$-\sqrt{s}\,r_{\mathrm{D}}^{\alpha}K_{1+\nu}\left(\frac{\sqrt{s}}{1+\alpha}r_{\mathrm{D}}{}^{1+\alpha}\right)\Big]\Big\} \tag{11.3.24c}$$

以及

$$\left.\frac{\mathrm{d}\,\overline{p_{\mathrm{D}}}}{\mathrm{d}r_{\mathrm{D}}}\right|_{r_{\mathrm{D}}=1}=B\left\{\frac{\alpha}{2}K_{\nu}(z')-\frac{\sqrt{s}}{2}\left[K_{1-\nu}(z')+K_{1+\nu}(z')\right]\right\} \tag{11.3.25a}$$

$$=-B\sqrt{s}K_{1-\nu}(z') \tag{11.3.25b}$$

$$=B\left[\alpha K_{\nu}(z')-\sqrt{s}K_{1+\nu}(z')\right] \tag{11.3.25c}$$

其中，$z'=\sqrt{s}/(1+\alpha)$。将式(11.3.22)和式(11.3.24)代入内边界条件(11.3.17)和(11.3.18)，可定出常数 B

$$B=\frac{1}{s}\frac{1}{\frac{\sqrt{s}}{2}\left[K_{1-\nu}(z')+K_{1+\nu}(z')\right]-\left[\frac{\alpha}{2}(C_DSs+1)-C_{\mathrm{D}}s\right]K_{\nu}(z')} \tag{11.3.26a}$$

$$=\frac{1}{s}\frac{1}{C_{\mathrm{D}}sK_{\nu}(z')+(C_{\mathrm{D}}Ss+1)\sqrt{s}K_{1-\nu}(z')} \tag{11.3.26b}$$

$$=\frac{1}{s}\frac{1}{(C_{\mathrm{D}}Ss+1)\sqrt{s}K_{1+\nu}(z')-\left[(C_{\mathrm{D}}Ss+1)\alpha-C_{\mathrm{D}}s\right]K_{\nu}(z')} \tag{11.3.26c}$$

最后由式(11.3.18)给出 $p_{\mathrm{wD}}(s)$

$$p_{\mathrm{wD}}(s)=\frac{1}{2}\frac{\left(1-S\frac{\alpha}{2}\right)K_{\nu}\left(\frac{\sqrt{s}}{1+\alpha}\right)+\frac{\sqrt{s}}{2}S\left[K_{1-\nu}\left(\frac{\sqrt{s}}{1+\alpha}\right)+K_{1+\nu}\left(\frac{\sqrt{s}}{1+\alpha}\right)\right]}{\frac{\sqrt{s}}{2}\left[K_{1-\nu}\left(\frac{\sqrt{s}}{1+\alpha}\right)+K_{1+\nu}\left(\frac{\sqrt{s}}{1+\alpha}\right)\right]-\left[\frac{\alpha}{2}(C_{\mathrm{D}}Ss+1)-C_{\mathrm{D}}s\right]K_{\nu}\left(\frac{\sqrt{s}}{1+\alpha}\right)} \tag{11.3.27a}$$

$$=\frac{1}{s}\frac{K_{\nu}\left(\frac{\sqrt{s}}{1+\alpha}\right)+S\sqrt{s}K_{1-\nu}\left(\frac{\sqrt{s}}{1+\alpha}\right)}{C_{\mathrm{D}}sK_{\nu}\left(\frac{\sqrt{s}}{1+\alpha}\right)+(C_{\mathrm{D}}Ss+1)\sqrt{s}K_{1-\nu}\left(\frac{\sqrt{s}}{1+\alpha}\right)} \tag{11.3.27b}$$

$$=\frac{1}{2}\frac{(1-\alpha S)K_{\nu}\left(\frac{\sqrt{s}}{1+\alpha}\right)+\sqrt{s}SK_{1+\nu}\left(\frac{s}{1+\alpha}\right)}{\left[C_{\mathrm{D}}s-(C_{\mathrm{D}}Ss+1)\alpha\right]K_{\nu}\left(\frac{\sqrt{s}}{1+\alpha}\right)+(C_{\mathrm{D}}Ss+1)\sqrt{s}K_{1+\nu}\left(\frac{\sqrt{s}}{1+\alpha}\right)} \tag{11.3.27c}$$

可以证明：式(11.3.27a)～式(11.3.27c)是完全等价的。对其中任一式[用(11.3.27b)稍简便一些]进行 Laplace 变换的数值反演，并绘制出典型曲线，如图 11.9 所示，将分形油藏的典型曲线图 11.9 与图 5.6 所示的传统的 G-B 典型曲线相比较可以看出：

(1) 压力曲线随 α 值的增大而提高，即现在所定义的 $p_{\mathrm{wD}}(t_{\mathrm{D}})$值上升。

(2) 当 α 不为零时，压力导数值不再随 t_{D} 增大而趋于 0.5，而是随 α 值增大而增大，也随 $C_{\mathrm{D}}\mathrm{e}^{2S}$ 值增大而增大。

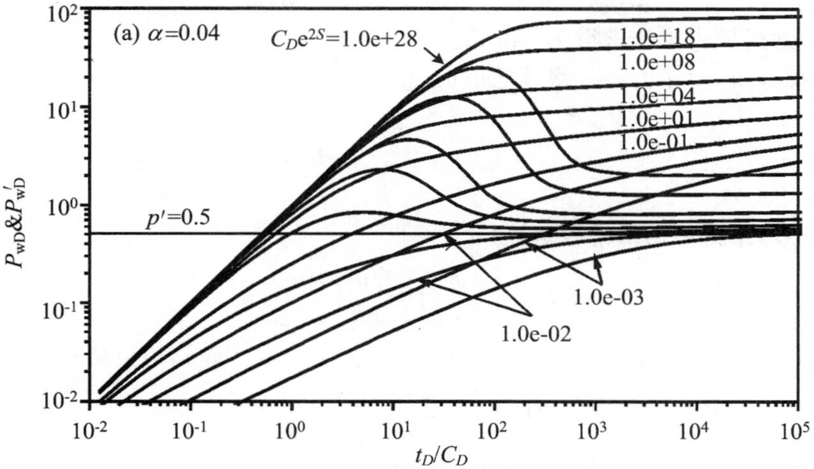

(a) α=0.04

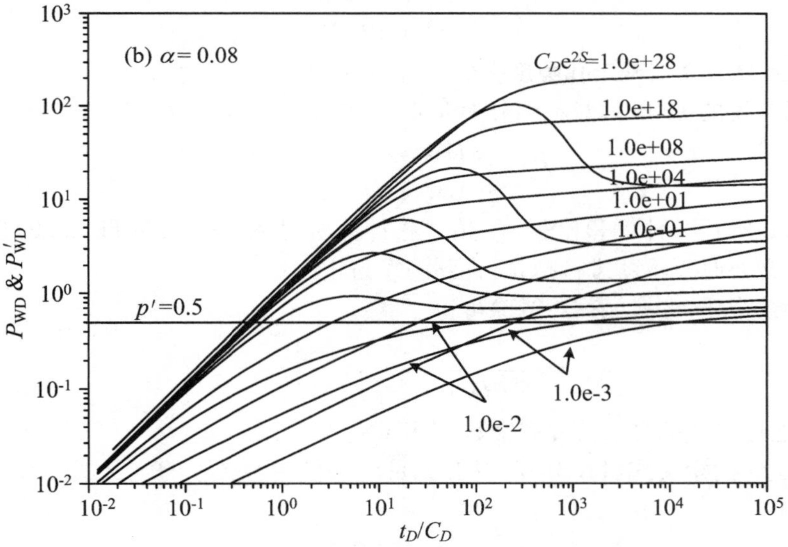

(b) α=0.10

图 11.9　分形油藏的典型曲线

11.3.3　分形油藏试井解释的方法步骤及相关分析

对于所要解释的井的资料，如果勘探过程或实验室中利用 11.2.1 小节所述的压泵法、扫描电镜或同步辐射光，已知毛管最大直径（或最大缝宽）λ_a 和管径（或缝宽）比 $\overline{\lambda}$，则可按以下步骤和方法进行试井解释。

第一步，通过拟合求得 C_De^{2S} 和 δ（或 α）。

首先将实测井底压力数据绘制成 $\Delta p \equiv p_i - p_w \sim t$ 的压力曲线和 $(dp_w/dt)t \sim t$ 的导数曲线。将这两条曲线同时在无量纲典型曲线图版上进行拟合，得出 $(C_De^{2S})_M$ 值和 α 值，以

及迂曲分维 $\delta=1+\alpha$ 值，其中下标 M 表示拟合值。

第二步，通过压力拟合求得 K_c 和 D。

任取一拟合点，由压力拟合得到比值 $(p_{wD}/\Delta p)_M$。按无量压力 p_D 的定义式(11.2.57)可知

$$\frac{p_{wD}}{\Delta p}=\left(\frac{\lambda_a}{r_w}\right)^{\alpha}\frac{2\pi K_c h}{Qu} \tag{11.3.28}$$

所以由拟合值可求得渗透率常数 K_c

$$K_c=\left(\frac{r_w}{\lambda_a}\right)^{\alpha}\frac{Qu}{2\pi h}\left(\frac{p_{wD}}{\Delta p}\right)_M \tag{11.3.29}$$

对分形孔隙介质，按 K_c 的定义式(11.2.15b)，考虑到 $\bar{\lambda}^{3+\delta-D}\ll 1$，可近似求得管径分维 D

$$D=\frac{128A^0\delta(3+\delta)K_c}{\pi\lambda_a^4+128A^0\delta K_c} \tag{11.3.30a}$$

对分形裂缝介质，由式(11.2.29b)，可近似求得

$$D=\frac{12\eta^0\delta(2+\delta)K_c}{\lambda_a^3+12\eta^0\delta K_c} \tag{11.3.30b}$$

第三步，由 D 和 δ 值确定孔隙度常数 ϕ_c 和校验 K_c。

由前面已求得的 D 和 δ，对孔隙分形介质，按孔隙度常数 ϕ_c 的定义式(11.2.19b)可得

$$\phi_c=\frac{\pi D\delta\lambda_a^2}{4A^0}\frac{\bar{\lambda}^{-(D+\delta-3)}-1}{D+\delta-3} \tag{11.3.31a}$$

并按定义式(11.2.15b)计算和校验 K_c 值。将计算所得 K_c 值与式(11.3.29)拟合所得 K_c 值进行比较。必要时可重新进行拟合，直到满意为止。

对分形裂缝介质，按式(11.2.32b)可得

$$\phi_c=\frac{D\delta\lambda_a}{\eta^0(D+\delta-2)}\left(\frac{1}{\bar{\lambda}^{D+\delta-2}}-1\right) \tag{11.3.31b}$$

第四步，通过时间拟合求得井储常数 C 和 C_D。

由时间和 t_D 的定义式(11.2.57)以及无量纲井储常数 C_D 的定义式(11.3.7)，两式相除给出

$$\frac{t_D}{C_D}=\left(\frac{\lambda_a}{r_w}\right)^{\alpha}\frac{2\pi K_c h}{\mu C}t$$

或改写成

$$\frac{t}{t_D/C_D}=\left(\frac{r_w}{\lambda_a}\right)^{\alpha}\frac{\mu C}{2\pi K_c h} \tag{11.3.32}$$

因此可求得井储常数 C

$$C=\frac{2\pi K_c h}{\mu}\left(\frac{t}{t_D/C_D}\right)_M \tag{11.3.33}$$

再由无量纲井储常数 C_D 的定义式(11.3.7)可进一步求得 C_D 值。

第五步，由已知的 $(C_De^{2S})_M$ 和 C_D 值求 S，即有

$$S=\frac{1}{2}\ln\left(\frac{(C_De^{2S})_M}{C_D}\right) \tag{11.3.34}$$

下面讨论参数 λ_a、比值 $\overline{\lambda}$ 和分维 D 对渗透率常数和孔隙度常数的影响，参见 Kong，Lu (2009)。

(1) λ_a 值及其对渗透率常数的影响

由前面的研究可知，λ_a 对分形渗流影响很大，在各个无量纲量表达式中都出现 λ_a。由 11.1.1 小节中所定义的分形多孔介质表明，这里 λ_a 不是指多孔介质中某个孤立的大孔隙直径，而是连续分布的孔隙直径的最大值。受其影响最大的当是渗透率 K_c 以及相应的渗流速度 V，它们随 λ_a 的 4 次方关系变化。

例如，对分形孔隙介质，取 $D=2.8$，$\delta=1.09$，按式(11.2.11b)考虑到 $\overline{\lambda}^{3+\delta-D}\ll 1$，可得渗透率常数 $K_c=0.04888\lambda_a^4/A^0$。其中 $A^0=1$，求得 K_c 随 λ_a 的变化情况列于表 11.3。

表 11.3　孔隙分形介质 K_c 随 λ_a 的变化情况表(取 $D=2.8$，$\delta=1.09$)

λ_a(mm)	30	20	10	5	2
K_c(μm^2)	39600	7820	487	30.5	0.782
λ_a(mm)	1	0.5	0.3	0.2	
K_c(μm^2)	0.0489	0.00305	0.000396	0.0000782	

由表 11.3 可以看出：对本例而言，当 $\lambda_a<1$ mm 时，介质是低渗透的；当 $\lambda_a<400$ μm 时，介质是特低渗透的。

(2) 比值 $\overline{\lambda}$ 及其对孔隙度的影响

由 11.2.2 小节给出的三个基本公式可知，管径比 $\overline{\lambda}$ 对 ϕ_c、K_c 和渗流速度 V 都有影响，但受其影响最大的当是孔隙度常数 ϕ_c，它是随 $\overline{\lambda}^{-(D+\delta-3)}$ 的关系变换，更具体地说明随 $\overline{\lambda}=10^{-n}$ 中 n 值的影响而变化。

例如仍取 $D=2.8$，$\delta=1.09$，并取 $\lambda_a=10^{-2}$m，按式(11.3.31)，则 $\phi_c=2.6933\times10^{-1}\cdot(\overline{\lambda}^{-0.89}-1)$。求得 ϕ_c 随 $\overline{\lambda}$ 的变化情况列于表 11.4。

表 11.4　孔隙分形介质 ϕ_c 随 $\overline{\lambda}=10^{-n}$ 中 n 值的变化关系(取 $D=2.8$，$\delta=1.09$，$\lambda_a=1$ cm)

n	2.50	2.75	2.90	3.00	3.15	3.30	3.50	3.60	3.70	3.80	3.90
ϕ_c	0.0449	0.057	0.103	0.132	0.171	0.233	0.351	0.431	0.529	0.694	0.796

由表 11.4 可以看出：n 值对孔隙度常数 ϕ_c 的影响是非常大的。当然，当 n 值变化时，D 值乃至 δ 值也略有变化，只不过它们的变化范围很小，因而对 ϕ_c 的影响也较小。此外 λ_a 也以平方关系影响 ϕ_c 值。

(3) 分维 D 对孔隙度常数 ϕ_c 和渗透率常数 K_c 的影响

在裂缝或管径尺度的变化范围 $\lambda_i\sim\lambda_a$ 一定的情况下，分维 D 增大即意味着裂缝数和毛管数增多，因而多孔介质的孔隙度和渗透率也随之变大。下面分别用下标 1 和 2 表示裂缝介质和孔隙介质，通过计算结果说明 ϕ_c 和 K_c 随分维 D 值变化的趋势。对裂缝介质，计算 ϕ_{1c} 和 K_{1c} 分别用式(11.2.32)和式(11.2.29)；对孔隙介质，计算 ϕ_{2c} 和 K_{2c} 分别用式(11.2.23)和式(11.2.21)。

为简明起见，并不失一般性，在下面的计算中，取 $\delta_1=1$，$\delta_2=1$，即计算平直裂缝和直管

的情形,计算式简化为

$$\phi_{1c} = \frac{\lambda_{1a}}{\eta^0}\frac{D_1}{D_1-1}\left(\frac{1}{\overline{\lambda}^{D_1-1}}-1\right),\quad K_{1c} = \frac{\lambda_{1a}^3}{12\eta^0}\frac{D_1}{3-D_1}(1-\overline{\lambda}_1{}^{3-D_1}) \tag{11.3.35a}$$

$$\phi_{2c} = \frac{\pi\lambda_{2a}^2}{4A^0}\frac{D_2}{D_2-2}\left(\frac{1}{\overline{\lambda}^{D-2}}-1\right),\quad K_{2c} = \frac{\pi\lambda_{2a}^4}{128A^0}\frac{D_2}{4-D_2}(1-\overline{\lambda}_2{}^{4-D_2}) \tag{11.3.35b}$$

计算结果列表如下:

表 11.5　分形裂缝介质ϕ_{1c}和 $K_{1c}\sim D_1$ 的变化关系(取 $\lambda_{1a}=50\ \mu m$,$\lambda_{1i}=0.5\ \mu m$,$\overline{\lambda}_1=0.01$)

D_1	2.5	2.6	2.7	2.8	2.9	2.95	3.0
ϕ_{1c}	0.083	0.13	0.20	0.31	0.49	0.60	0.75
K_{1c}(μm^2)	0.047	0.057	0.070	0.088	0.11	0.12	0.14

表 11.6　分形孔隙介质ϕ_{2c}和 $K_{2c}\sim D_2$ 的变化关系(取 $\lambda_{2a}=1000\ \mu m$,$\lambda_{2i}=10\ \mu m$,$\overline{\lambda}_2=0.001$)

D_2	2.5	2.6	2.7	2.8	2.9	2.95	3.0
ϕ_{2c}	0.012	0.021	0.038	0.069	0.13	0.17	0.24
K_{2c}(μm^2)	409	456	510	573	647	690	734

表明孔隙度常数和渗透率常数随 D 增大而单调地增加。

11.3.4　在非分形介质中的应用

应当指出:多孔介质作为分形介质处理应符合一定的条件,如 11.1.1 小节末段所述,即使孔隙尺寸范围跨过 2~3 个量级,但如果通过恒速压汞或其他方法测出不同宽度裂缝或不同直径毛管的数量分布明显不符合幂律型标度律,如图 11.10 所示,那么这种介质也不是分形的。对这类情形,可沿 λ 轴将分布函数从 λ_i 到 λ_a 分成几个区间,每个区间取一宽度或直径的平均值,分别为 $\lambda_1,\lambda_2,\cdots,\lambda_{n-1},\lambda_n$,对应于平均值 λ_j 的裂缝数或毛管数为 N_j

$$N_j = N_c(\lambda \geqslant \lambda_j) - N_c(\lambda \geqslant \lambda_{j+1})$$

然后按 1.5.4.1 小节或 9.3.1 小节中的非均匀裂缝组或毛管组模型进行计算分析。

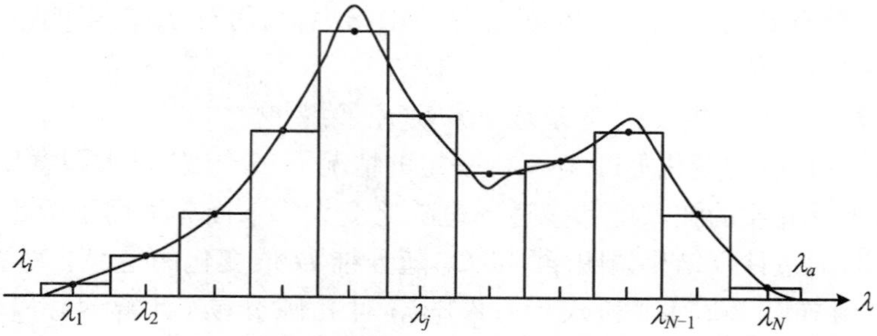

图 11.10　不同宽度裂缝或不同管径毛管数量随 λ 的分布函数

对于裂缝介质，按式(11.2.10)，每单位截面积上的总流量即渗流速度值应为

$$V_1 = \frac{Q}{A^0} = \frac{1}{12\eta^0\mu}\sum_{j=1}^{n_1} N_{1j}\lambda_{1j}^3 \frac{\mathrm{d}p}{\mathrm{d}L} \tag{11.3.36}$$

孔隙度和渗透率分别为

$$\phi_1 = \frac{1}{\eta^0}\sum_{j=1}^{n_1} N_{1j}\lambda_{1j} \tag{11.3.37}$$

$$K_1 = \frac{1}{12\eta^0}\sum_{j=1}^{n_1} N_{1j}\lambda_{1j}^3 = \frac{\phi_1}{12}\frac{\sum_{j=1}^{n_1} N_{1j}\lambda_{1j}^3}{\sum_{j=1}^{n_1} N_{1j}\lambda_{1j}} \tag{11.3.38}$$

对于孔隙介质，每单位截面积上的总流量即渗流速度

$$V_2 = \frac{Q}{A^0} = \frac{\pi}{128\mu A^0}\sum_{j=1}^{n_2} N_{2j}\lambda_{2j}^4 \frac{\mathrm{d}p}{\mathrm{d}L} \tag{11.3.39}$$

孔隙度和渗透率分别为

$$\phi_2 = \frac{\pi}{4A^0}\sum_{j=1}^{n_2} N_{2j}\lambda_{2j}^2 \tag{11.3.40}$$

$$K_2 = \frac{\pi}{128A^0}\sum_{j=1}^{n_2} N_{2j}\lambda_{2j}^4 = \frac{\phi_2}{32}\frac{\sum_{j=1}^{n_2} N_{2j}\lambda_{2j}^4}{\sum_{j=1}^{n_2} N_{2j}\lambda_{2j}^2} \tag{11.3.41}$$

原则上，区间分得越细，计算出的孔隙度和渗透率也越精确。如需考虑裂缝和毛管的迂曲程度，则对渗透率和孔隙度应分别乘以一个小于1和大于1的因子。

11.4　多维各向异性分形介质和分形双重介质中的渗流

11.3节所讨论的是单空间变量情形的分形渗流。本节将分别研究在直角坐标系和圆柱坐标中的多自变量分形渗流。在11.2.4小节中已讨论了渗透率与孔隙度的方向性有对应关系，本节研究各向异性分形多孔介质中的渗流扩散方程。

11.4.1　直角坐标系中的多自变量分形渗流

我们考察以下情形：对 K_c 和 ϕ_c 而言，分形多孔介质在水平方向是各向同性的，而在铅垂方向是异性的，即

$$K_{cx} = K_{cy} = K_c,\quad K_{cz} = K_{cv}$$

$$\phi_{cx} = \phi_{cy} = \phi_c, \quad \phi_{cz} = \phi_{cv}$$

就是说，为简洁起见，沿水平方向的量不再赋予代表方向的下标，而沿铅垂方向的量用下标 v 表示。按 11.2.2 小节给出的基本公式，铅垂方向的渗透率和孔隙度可写成

$$K_v = K_{vc}\left(\frac{\lambda_{av}}{z}\right)^{\alpha_v}, \quad K_{cv} = \frac{\pi D_v \lambda_{av}^4}{128A^0} \frac{1-\overline{\lambda}_v^{3+\delta_v-D_v}}{\delta_v(3+\delta_v-D_v)} \tag{11.4.1}$$

$$\phi_v = \phi_{cv}\left(\frac{z}{\lambda_{av}}\right)^{\alpha_v}, \quad \phi_{cv} = \frac{\pi D_v \delta_v \lambda_{av}^2}{4A^0} \frac{\overline{\lambda}^{-(D+\delta_v-3)}-1}{D_v+\delta_v-3} \tag{11.4.2}$$

在坐标轴沿主方向的坐标系中，各个方向的渗流速度分量为

$$V_x = -\frac{k}{\mu}\frac{\partial p}{\partial x} = -\frac{K_c}{\mu}\left(\frac{\lambda_a}{x}\right)^{\alpha}\frac{\partial p}{\partial x} \tag{11.4.3}$$

$$V_y = -\frac{K}{\mu}\frac{\partial p}{\partial y} = -\frac{K_c}{\mu}\left(\frac{\lambda_a}{y}\right)^{\alpha}\frac{\partial p}{\partial y} \tag{11.4.4}$$

$$V_z = -\frac{K_v}{\mu}\left(\frac{\partial p}{\partial z}+\rho g\right) = -\frac{K_{cv}}{\mu}\left(\frac{\lambda_{av}}{z}\right)^{\alpha_v}\left(\frac{\partial p}{\partial z}+\rho g\right) \tag{11.4.5}$$

类似于 1.9.1 或 11.2.3 小节的讨论，对于 $c_f(\partial p/\partial x_i)^2$ 与$\partial^2 p/\partial x_i^2$ 相比可以略去的情形，连续性方程中的散度项可写成

$$\begin{aligned}\nabla\cdot(\rho \boldsymbol{v}) = -\frac{\rho_0 K_c \lambda_a^{\alpha}}{\mu}\Bigg\{&(1+c_f\Delta p)\left[\frac{1}{x^{\alpha}}\frac{\partial^2 p}{\partial x^2}+\frac{1}{y^{\alpha}}\frac{\partial^2 p}{\partial y^2}+\frac{B_1}{z^{\alpha_v}}\frac{\partial^2 p}{\partial z^2}\right]\\ &-(1+c_f\Delta p)\left[\frac{\alpha}{x^{\alpha+1}}\frac{\partial p}{\partial x}+\frac{\alpha}{y^{\alpha+1}}\frac{\partial p}{\partial y}+\frac{B_1\alpha_v}{z^{\alpha_v+1}}\frac{\partial p}{\partial z}\right]\\ &+\rho_0 g B_1\left[\frac{2c_f}{z^{\alpha_v}}\frac{\partial p}{\partial z}-(1+c_f\Delta p)\frac{\alpha_v}{z^{\alpha_v+1}}\right]\Bigg\}\end{aligned} \tag{11.4.6}$$

其中，$\Delta p = p - p_0$，p_0 是参考密度 ρ_0 下的压力，而

$$B_1 = \frac{K_{cv}}{K_c}\frac{\lambda_{av}^{\alpha_v}}{\lambda_a^{\alpha}} = \frac{D_v\lambda_{av}^{4+\alpha_v}}{D\lambda_a^{4+\alpha}}\frac{\delta(3+\delta-D)}{\delta_v(3+\delta_v-D_v)}\frac{1-\overline{\lambda}_v^{3+\delta_v-D_v}}{1-\overline{\lambda}^{3+\delta-D}} \tag{11.4.7}$$

关于连续性方程中的累积项，与传统渗流有所不同。分形渗流中孔隙度与$(x_i/\lambda_a)^{\alpha}$成正比，它有 3 个分量，孔隙空间作为"资源"被 3 个方向所共享，$\rho\phi$ 可近似写成

$$\rho\phi = \rho_0(1+c_f\Delta p)\frac{\phi_c}{d}\left[\left(\frac{x}{\lambda_a}\right)^{\alpha}+\left(\frac{y}{\lambda_a}\right)^{\alpha}+\frac{\phi_{cv}}{\phi_c}\left(\frac{z}{\lambda_{av}}\right)^{\alpha_v}\right] \tag{11.4.8}$$

其中 d 是空间变量的个数，即欧氏维数，则有

$$\frac{\partial(\rho\phi)}{\partial t} = \frac{\rho_0\phi_c c_t}{\lambda_a^{\alpha}}\frac{1}{d}\left[(1+c_f\Delta p)(x^{\alpha}+y^{\alpha}+B_2 z^{\alpha_v})\right]\frac{\partial p}{\partial t} \tag{11.4.9}$$

其中

$$B_2 = \frac{\phi_{cv}}{\phi_c}\frac{\lambda_a^{\alpha}}{\lambda_{av}^{\alpha}} = \frac{D+\delta-3}{D_v+\delta_v-3}\frac{\overline{\lambda}_v^{-(D_v+\delta_v-3)}-1}{\overline{\lambda}^{-(D+\delta-3)}-1} \tag{11.4.10}$$

将式(11.4.6)和式(11.4.9)代入连续性方程，再考虑到 $c_f\Delta p \ll 1$，得直角坐标系中各向异性分形渗流的扩散方程为

$$\frac{1}{x^{\alpha}}\frac{\partial^2 p}{\partial x^2}+\frac{1}{y^{\alpha}}\frac{\partial^2 p}{\partial y^2}+\frac{B_1}{z^{\alpha_v}}\frac{\partial^2 p}{\partial z^2}$$

$$-\alpha\left[\frac{1}{x^{\alpha+1}}\frac{\partial p}{\partial x}+\frac{1}{y^{\alpha+1}}\frac{\partial p}{\partial y}+\frac{\alpha_v}{\alpha}\frac{B_1}{z^{\alpha_v+1}}\frac{\partial p}{\partial z}\right]$$

$$+\rho_0 g B_1\left[\frac{2c_f}{z^{\alpha_v}}\frac{\partial p}{\partial z}-\frac{\alpha_v}{z^{\alpha_v+1}}\right]$$

$$=\frac{1}{\chi\lambda_a^{2\alpha}}\frac{1}{d}(x^{\alpha}+y^{\alpha}+B_2 z^{\alpha_v})\frac{\partial p}{\partial t} \tag{11.4.11}$$

其中，$\chi=K_c/\phi_c\mu c_t$。对于 $\alpha=\alpha_v=0$ 的极限情形，有 $B_1=K_{cv}/K_c$，$B_2=\phi_{cv}/\phi_c$，则式(11.4.11)化为

$$\frac{\partial^2 p}{\partial x^2}+\frac{\partial^2 p}{\partial y^2}+\frac{K_{cv}}{K_c}\frac{\partial^2 p}{\partial z^2}+2\rho_0 c_f g\frac{K_{cv}}{K_c}\frac{\partial p}{\partial z}=\frac{1}{3\chi}\left(2+\frac{\phi_{cv}}{\phi_c}\right)\frac{\partial p}{\partial t} \tag{11.4.12}$$

这与传统渗流方程(1.9.12)形式上是一致的。若略去重力，式(11.4.12)进一步简化为

$$\frac{\partial^2 p}{\partial x^2}+\frac{\partial^2 p}{\partial y^2}+\frac{K_{cv}}{K_c}\frac{\partial^2 p}{\partial z^2}=\frac{1}{3\chi}\left(2+\frac{\phi_{cv}}{\phi_c}\right)\frac{\partial p}{\partial t} \tag{11.4.13}$$

对于各向同性介质，$K_{cv}=K_c$，$\phi_{cv}=\phi_c$，则式(11.4.13)化为传统渗流扩散方程的形式

$$\frac{\partial^2 p}{\partial x^2}+\frac{\partial^2 p}{\partial y^2}+\frac{\partial^2 p}{\partial z^2}=\frac{1}{\chi}\frac{\partial p}{\partial t} \tag{11.4.14}$$

对于 xy 平面中的流动，$p=(x,y,t)$，$d=2$，不考虑重力，则式(11.4.11)简化为

$$\frac{1}{x^{\alpha}}\frac{\partial^2 p}{\partial x^2}+\frac{1}{y^{\alpha}}\frac{\partial^2 p}{\partial y^2}-\alpha\left(\frac{1}{x^{\alpha+1}}\frac{\partial p}{\partial x}+\frac{1}{y^{\alpha+1}}\frac{\partial p}{\partial y}\right)=\frac{x^{\alpha}+y^{\alpha}}{2\chi\lambda_a^{2\alpha}}\frac{\partial p}{\partial t} \tag{11.4.15}$$

对于平面平行流，$p=p(x,t)$，$d=1$，则式(11.4.15)化为

$$\frac{\partial^2 p}{\partial x^2}-\frac{\alpha}{x}\frac{\partial p}{\partial x}=\frac{1}{\chi}\left(\frac{x}{\lambda_a}\right)^{2\alpha}\frac{\partial p}{\partial t} \tag{11.4.16}$$

这就是方程(11.2.38)。

以上是就水平方向各向同性情形所作的讨论，若水平方向也是各向异性的，也不难求得其压力扩散方程，其基本思路是完全类似的。

11.4.2　圆柱坐标系中的多自变量分形渗流

为简单起见，仍假定水平方向是各向同性的，其相关结构参数不加代表方向的下标。在铅垂方向，式(11.4.1)和式(11.4.2)仍然有效。各个方向的渗流速度分量为

$$V_r=-\frac{K}{\mu}\frac{\partial p}{\partial r}=-\frac{K_c}{\mu}\left(\frac{\lambda_a}{r}\right)^{\alpha}\frac{\partial p}{\partial r} \tag{11.4.17}$$

$$V_\theta=-\frac{K}{\mu}\frac{\partial p}{r\partial\theta}=-\frac{K_c}{\mu}\left(\frac{\lambda_a}{r\theta}\right)^{\alpha}\frac{\partial p}{r\partial\theta} \tag{11.4.18}$$

$$V_z=-\frac{K_z}{\mu}\left(\frac{\partial p}{\partial z}+\rho g\right)=-\frac{K_{cv}}{\mu}\left(\frac{\lambda_{av}}{\mu}\right)^{\alpha_v}\left(\frac{\partial p}{\partial z}+\rho g\right) \tag{11.4.19}$$

对于 $c_f(\partial p/\partial\xi_i)^2$ 与$\partial^2 p/\partial\xi_i^2$ 项相比可略去的情形($\xi_i=r,\theta,z$)，连续性方程中的散度项可

写成

$$\nabla \cdot (\rho \boldsymbol{v}) = -\frac{\rho_0 K_c \lambda_a^\alpha}{\mu}\left\{(1+c_f\Delta p)\left[\frac{1}{r^\alpha}\frac{\partial^2 p}{\partial r^2}+\frac{1}{(r\theta)^\alpha}\frac{\partial^2 p}{r^2\partial\theta^2}+\frac{B_1}{z^{\alpha_v}}\frac{\partial^2 p}{\partial z^2}\right]\right.$$
$$+(1+c_f\Delta p)\left[\frac{1-\alpha}{r^{\alpha+1}}\frac{\partial p}{\partial r}-\frac{\alpha}{(r\theta)^{\alpha+1}}\frac{\partial p}{r\partial\theta}-\frac{B_1\alpha_v}{z^{\alpha_v+1}}\frac{\partial p}{\partial z}\right]$$
$$\left.+\rho_0 g B_1\left[\frac{2c_f}{z^{\alpha_v}}\frac{\partial p}{\partial z}-\frac{\alpha_v}{2^{\alpha_v+1}}\right]\right\} \tag{11.4.20}$$

类似于式(11.4.9),可得连续性方程的累积项

$$\frac{\partial(\rho\phi)}{\partial t}=\frac{\rho_0\phi_c c_t}{\lambda_a^\alpha}\frac{1}{d}\left[r^\alpha+(r\theta)^\alpha+B_2 z^{\alpha_v}\right]\frac{\partial p}{\partial t} \tag{11.4.21}$$

其中 B_1 和 B_2 分别由式(11.4.7)和式(11.4.10)表示。将式(11.4.20)和式(11.4.21)代入连续性方程,最后再考虑 $c_f\Delta p \ll 1$,可得圆柱坐标系中分形渗流的压力扩散方程

$$\frac{1}{r^\alpha}\frac{\partial^2 p}{\partial r^2}+\frac{1}{(r\theta)^\alpha}\frac{\partial^2 p}{r^2\partial\theta^2}+\frac{B_1}{z^{\alpha_v}}\frac{\partial^2 p}{\partial z^2}$$
$$+\frac{1-\alpha}{r^{\alpha+1}}\frac{\partial p}{\partial r}-\frac{\alpha}{(r\theta)^{\alpha+1}}\frac{\partial p}{r\partial\theta}-\frac{B_1\alpha_v}{z^{\alpha_v+1}}\frac{\partial p}{\partial z}+\rho_0 g B_1\left[\frac{2c_f}{z^{\alpha_v}}\frac{\partial p}{\partial z}-\frac{\alpha_v}{z^{\alpha_v+1}}\right]$$
$$=\frac{1}{\chi\lambda_a^{2\alpha}}\frac{1}{d}\left[r^\alpha+(r\theta)^\alpha+B_2 z^{\alpha_v}\right]\frac{\partial p}{\partial t} \tag{11.4.22}$$

对于各向同性情形,$B_1=B_2=1$,$\alpha_v=\alpha$,则式(11.4.22)变为

$$\frac{1}{r^\alpha}\frac{\partial^2 p}{\partial r^2}+\frac{1}{(r\theta)^\alpha}\frac{\partial^2 p}{r^2\partial\theta^2}+\frac{1}{z^\alpha}\frac{\partial^2 p}{\partial z^2}+\frac{1-\alpha}{r^{\alpha+1}}\frac{\partial p}{\partial r}-\frac{\alpha}{(r\theta)^{\alpha+1}}\frac{\partial p}{r\partial\theta}-\frac{\alpha}{z^{\alpha+1}}\frac{\partial p}{\partial z}$$
$$+\rho_0 g\left[\frac{2c_f}{z^\alpha}\frac{\partial p}{\partial z}-\frac{\alpha}{z^{\alpha+1}}\right]=\frac{1}{\chi\lambda_a^{2\alpha}}\frac{1}{d}\left[r^\alpha+(r\theta)^\alpha+z^\alpha\right]\frac{\partial p}{\partial t} \tag{11.4.23}$$

再假设重力项可略去不计,对 $\alpha=0$ 的极限情形,式(11.4.23)退化为传统渗流扩散方程

$$\frac{\partial^2 p}{\partial r^2}+\frac{\partial^2 p}{r^2\partial\theta^2}+\frac{\partial^2 p}{\partial z^2}+\frac{1}{r}\frac{\partial p}{\partial r}=\frac{1}{\chi}\frac{\partial p}{\partial t} \tag{11.4.24}$$

对于平面径向流,$p=p(r,t)$,$d=1$,重力不考虑,则方程(11.4.23)简化为

$$\frac{\partial^2 p}{\partial r^2}+\frac{1-\alpha}{r}\frac{\partial p}{\partial r}=\frac{1}{\chi}\left(\frac{r}{\lambda_a}\right)^\alpha\frac{\partial p}{\partial t} \tag{11.4.25}$$

这就是方程(11.2.44)。

方程(11.4.11)和方程(11.4.22)可为分形油藏的数值模拟提供相应的数学基础。

11.4.3 分形双重介质中的渗流

这里的分形双重介质是指固体中既有孔隙,也有裂缝,且二者均具有分形特性。孔隙中的流体就近流入裂缝,再由裂缝流入井筒,如图 8.2(a)所示。这可看做是裂缝中有源、孔隙中有汇的流动。连续性方程为

$$\frac{\partial(\rho\phi_j)}{\partial_t}+\nabla\cdot(\rho V_j)+(-1)^j\rho\cdot q=0 \quad (j=1,2) \tag{11.4.26}$$

其中，q 是“源汇强度”，即单位时间内由单位体积基质块流向裂缝的体积流量。$j=1$ 和 2 分别对应于裂缝和孔隙介质。将隙间窜流当做稳态处理，令 F 为无量纲窜流系数，即

$$q=\frac{F}{\mu}(p_2-p_1) \tag{11.4.27}$$

将式(11.4.26)逐项展开，略去 $c_f(\partial p/\partial r)^2$ 等高阶小量，可写成

$$\rho_{0c}\phi_{jc}\left(\frac{r}{\lambda_{aj}}\right)^{\alpha_j}\frac{\partial p_j}{\partial t}-\rho_0\frac{k_{jc}\lambda_{ja}}{\mu}-\left[\frac{1}{r_j{}^{\alpha_j}}\frac{\partial^2 p}{\partial r^2}+\frac{1-\alpha_j}{r^{\alpha_j+1}}\frac{\partial p}{\partial r}\right]$$
$$+(-1)^j\rho_0\frac{F}{\mu}(p_2-p_1)=0 \tag{11.4.28}$$

对式(11.4.28)稍作整理，可将分形裂缝介质和分形孔隙介质中的渗流方程分开写成

$$\frac{\partial^2 p}{\partial r^2}+\frac{1-\alpha_1}{r}\frac{\partial p_1}{\partial r}+\left(\frac{r}{\lambda_{1a}}\right)^{\alpha_1}\frac{F}{K_{1c}}(p_2-p_1)=\frac{1}{\chi_1}\frac{\partial p}{\partial t} \tag{11.4.29}$$

$$\frac{\partial^2 p}{\partial r^2}+\frac{1-\alpha_2}{r}\frac{\partial^2 p_2}{\partial r}-\left(\frac{r}{\lambda_{2a}}\right)^{\alpha_2}\frac{F}{K_{2c}}(p_2-p_1)=\frac{1}{\chi_2}\frac{\partial p}{\partial t} \tag{11.4.30}$$

其中，$\chi_j=K_{jc}/(\phi_{jc}\mu c_t)$，这是 p_1 和 p_2 相互耦合的两个方程，其内边界条件按式(11.2.30)可写成

$$\left[\left(\frac{\lambda_{1a}}{r}\right)^{\alpha_1}\left(r\frac{\partial p_1}{\partial r}\right)\right]_{r=r_w}=\frac{Qu}{2\pi K_{1c}h} \tag{11.4.31}$$

方程(11.4.29)～方程(11.4.31)通常要用数值方法进行求解。可以从井筒附近开始解起，给定一个略大于 p_1 的 p_2 值，由方程(11.4.29)解出 p_1，然后将 p_1 代入方程(11.4.30)解出 p_2，这样交替迭代一直求解下去，直至解出流场中各点 $p_1(r_1 t)$ 和 $p(r_1 t)$ 的值，继而算出流场中的速度、流量等。

以上方程可用于双重分形油藏的数值模拟和数值试井，可用于研究双重孔隙度分形油藏，也可用于双重渗透率分形油藏。

第 12 章　流固耦合和热流固耦合

所谓两个过程的耦合是指一个过程影响着另一个过程的发生和发展。本章围绕渗流问题讨论流固耦合和热流固耦合。流固耦合渗流的研究是从 20 世纪 40 年代开始的，最早是 1923 年由太沙基(Terzaghi，1943，1960)在研究土力学时提出了有效应力的概念，接着毕奥(Biot，1941，1957)针对土壤固结问题和地基下沉的某些问题研究了流固耦合渗流。此后该理论又应用于岩石裂缝或节理的变化、油田水力压裂以及流体注入引发地震等。热流耦合(或热水文学)是研究岩层中存在热源而出现温度梯度与流场的相互耦合，可用于热源开发、岩浆流以及深层油藏的开发等有关问题，特别是多孔介质中自然对流(这在第 10 章中已有阐述)。热流固耦合的理论研究从 20 世纪 90 年代以来发展很快，这源于地下岩石中热能的开发以及地下核废料贮存库工程的需要。本章着重研究耦合中的小变形或线性理论问题。

12.1　基本概念和基本知识

12.1.1　弹性力学基础

为了方便说明，先简要介绍多孔弹性力学的相关基础知识。这里是基于连续介质的弹性假设：在加载和卸载过程中，多孔材料的变形与载荷之间存在单值函数关系，而当载荷卸去后变形完全消失、恢复原状。在小变形即固体质点位移远小于材料尺度的情况下，弹性体的变形与载荷之间存在一一对应的线性关系，这就是线弹性假设。有时必须考虑大变形，则载荷与变形关系(应力-应变关系)式中要考虑二阶项乃至二阶以上的项，称为非线性效应。限于篇幅，这里不作详细推导，只写出主要公式，方便后面的应用。

12.1.1.1　*应力分析*

1. 应力的概念

考察弹性体的受力平衡状态。在外力作用下物体发生变形，改变了分子间的距离，在物体内形成附加的内力场。考虑物体中任意一点 P，包围点 P 作体元 ΔV 和 ΔV_*、面元 ΔA 和 ΔA_*，其中带 $*$ 表示特征元。表面 S 将物体分成外域和内域。设外域作用力作用在面元

ΔA 上的合力为 $\Delta \boldsymbol{F}$,定义作用点 P 外法线为 $\boldsymbol{n}$ 的面元上的**应力**张量为

$$\boldsymbol{\sigma} = \lim_{\Delta A \to \Delta A_*} \frac{\Delta \boldsymbol{F}}{\Delta A} \tag{12.1.1}$$

2. 应力矩阵

在笛卡儿坐标系中,在多孔材料里点 P 的邻域取出一个正六面体微元,其外法线与坐标轴 x_i 同向($\boldsymbol{n}_i = \boldsymbol{e}_i$)的三个面称为正面,另三个面称为负面。作用在正面上的应力张量 $\sigma_{(i)}$,$i=1,2,3$ 可分解为 9 个应力分量 σ_{ij},$i,j=1,2,3$,$i=j$ 称为**正应力**,$i \neq j$ 称为**剪应力**。写成应力矩阵为

$$(\sigma_{ij}) = \begin{pmatrix} \sigma_{11} & \sigma_{12} & \sigma_{13} \\ \sigma_{21} & \sigma_{22} & \sigma_{23} \\ \sigma_{31} & \sigma_{32} & \sigma_{33} \end{pmatrix} \tag{12.1.2}$$

作用在负面上的应力矢量 $\sigma_{(-i)}$,$i=1,2,3$ 沿坐标轴反向分解。当六面体足够小时,正面应力与负面应力大小相等、方向相反。

3. 任意斜截面上的应力

考虑一个任意斜截面 ABC,其法向为 $\boldsymbol{n}$,斜面上的应力 $\boldsymbol{\sigma}(n)$写成

$$\begin{aligned}\boldsymbol{\sigma}(n) &= \boldsymbol{n} \cdot (\boldsymbol{e}_1 \sigma_{1j} \boldsymbol{e}_j + \boldsymbol{e}_2 \sigma_{2j} \boldsymbol{e}_j + \boldsymbol{e}_3 \sigma_{3j} \boldsymbol{e}_j) \\ &= \boldsymbol{n} \cdot (\sigma_{ij} \boldsymbol{e}_i \boldsymbol{e}_j)\end{aligned} \tag{12.1.3}$$

定义**应力张量**

$$\boldsymbol{\sigma} = \sigma_{ij} \boldsymbol{e}_i \boldsymbol{e}_j \tag{12.1.4}$$

其中,$\boldsymbol{e}_i \boldsymbol{e}_j$ 称为基础张量。则可将式(12.1.3)写成**哥西公式**或称**斜面应力公式**

$$\boldsymbol{\sigma}_{(n)} = \boldsymbol{n} \cdot \boldsymbol{\sigma} \tag{12.1.5}$$

4. 主应力和应力不变量

哥西公式(12.1.5)表明斜面应力 $\boldsymbol{\sigma}_{(n)}$ 与用应力张力 $\boldsymbol{\sigma}$ 表示的应力状况和用法向矢量 $\boldsymbol{n}$ 表示的斜面方向有关。一般情况下,任意斜面上的应力矢量 $\boldsymbol{\sigma}_{(n)}$ 与该面法线 $\boldsymbol{n}$ 的方向不重合,但可以证明(从略)弹性体内任一点至少有三个(相互垂直的)方向的 $\boldsymbol{\sigma}_{(n)}$ 与 $\boldsymbol{n}$ 是重合的,这三个方向称为**主方向**。以该 $\boldsymbol{n}$ 为法线的三个截面称为**主平面**,在主平面上只有正应力,剪应力等于零。称该 $\boldsymbol{n}$ 的三个方向为该点的**应力主轴**,相应的坐标系称为主坐标系,该应力称为**主应力**。由此还可证明存在三个与坐标选择无关的标量 I_1,I_2 和 I_3,按其代数值大小排列,分别称为第一、第二和第三**不变量**,它们是

$$I_1 = \sigma_x + \sigma_y + \sigma_z \equiv \sigma_{11} + \sigma_{22} + \sigma_{33} \tag{12.1.6}$$

是应力矩阵[σ]主对角线三个分量之和,称为应力张量 $\boldsymbol{\sigma}$ 的**迹**(trace),记作 tr($\boldsymbol{\sigma}$)。此外还有

$$I_2 = \sigma_x \sigma_y + \sigma_y \sigma_z + \sigma_z \sigma_x - \tau_{xy}^2 - \tau_{yz}^2 - \tau_{zx}^2 = \frac{1}{2}(I_1^2 - \sigma_{ij}\sigma_{ij})$$

是应力矩阵的二阶主子式之和。其中 $\tau_{xy} \equiv \sigma_{xy}\sigma_{12}$,其余类推。

$$I_3 = \begin{vmatrix} \sigma_{11} & \sigma_{12} & \sigma_{13} \\ \sigma_{21} & \sigma_{22} & \sigma_{23} \\ \sigma_{31} & \sigma_{32} & \sigma_{33} \end{vmatrix} = \frac{1}{3}\sigma_{ij}\sigma_{jk}\sigma_{ki} + I_1\left(I_2 - \frac{1}{3}I_1^2\right)$$

$$= \sigma_x\sigma_y\sigma_z + 2\tau_{xy}\tau_{yz}\tau_{zx} - \sigma_x\tau_{yz}^2 - \sigma_y\tau_{zx}^2 - \sigma_z\tau_{xy}^2$$

是应力矩阵的行列式，记作 $\det(\boldsymbol{\sigma})$。

在主坐标系下，应力张量简化为对角线型，即

$$(\sigma_{ij}) = \begin{pmatrix} \sigma_x & 0 & 0 \\ 0 & \sigma_y & 0 \\ 0 & 0 & \sigma_z \end{pmatrix} = \begin{pmatrix} \sigma_{11} & 0 & 0 \\ 0 & \sigma_{22} & 0 \\ 0 & 0 & \sigma_{33} \end{pmatrix} \tag{12.1.7}$$

而应力不变量 I_2 和 I_3 简化为 $I_2 = \sigma_{11}\sigma_{22} + \sigma_{22}\sigma_{33} + \sigma_{33}\sigma_{11}$，$I_3 = \sigma_{11}\sigma_{22}\sigma_{33}$。

5．平衡方程和运动方程

根据各个方向力平衡的条件，设体力为 $\boldsymbol{f}$（在多数情况下它就是重力 $\rho\boldsymbol{g}$）。可得用指标符号缩写形式的**平衡方程**。

$$\sigma_{ji,j} + f_i = 0 \tag{12.1.8a}$$

其 x 方向写出如下，其余类推：

$$\frac{\partial\sigma_x}{\partial x} + \frac{\partial\sigma_{yx}}{\partial y} + \frac{\partial\sigma_{zy}}{\partial z} + f_x = 0 \tag{12.1.8b}$$

根据达朗伯原理，将惯性力当做体力，由平衡方程直接导致运动方程

$$\sigma_{ji,j} + f_i = \rho\frac{\partial^2 u_i}{\partial t^2} \tag{12.1.9}$$

其中，ρ 为材料密度，u_i 为位移分量，t 为时间。

12.1.1.2　应变分析

1．位移

物体受力后，多孔弹性材料内部各点将产生位移，原来点 P 位移后达到点 P'。PP'连线的矢量用**位移矢量** $\boldsymbol{u}$ 表示，即

$$\boldsymbol{u} = u_x\boldsymbol{e}_1 + u_y\boldsymbol{e}_2 + u_z\boldsymbol{e}_3 \tag{12.1.10}$$

2．线应变和剪应变

线应变是指单位长度线段的伸缩。三个方向的线应变分别记作

$$\varepsilon_x = \frac{\partial u_x}{\partial x},\quad \varepsilon_y = \frac{\partial u_y}{\partial y},\quad \varepsilon_z = \frac{\partial u_z}{\partial z} \tag{12.1.11}$$

为对称起见，有时将 ε_x 写成 ε_{xx}，或用指标符号写成 ε_1 或 ε_{11}，其余类推。$\varepsilon > 0$ 表示伸长，$\varepsilon < 0$ 表示缩短。**剪应变**是指原来相互垂直的两个线段变形后夹角的减小量，用 γ 表示如下：

$$\left.\begin{aligned} \gamma_{xy} &= \frac{\partial u_y}{\partial x} + \frac{\partial u_x}{\partial y} = 2\varepsilon_{xy} \\ \gamma_{yz} &= \frac{\partial u_z}{\partial y} + \frac{\partial u_y}{\partial z} = 2\varepsilon_{yz} \\ \gamma_{zx} &= \frac{\partial u_x}{\partial z} + \frac{\partial u_z}{\partial x} = 2\varepsilon_{zx} \end{aligned}\right\} \tag{12.1.12}$$

或用指标符号写成 $\gamma_{ij} = u_{j,i} + u_{i,j} = 2\varepsilon_{ij}(i \neq j)$，$\gamma_{ij} = \gamma_{ji}$。对于小应变，定义**小应变张量**或**哥西应变张量**，是二阶对称张量

$$\boldsymbol{\varepsilon} = \frac{1}{2}(\boldsymbol{u}\nabla + \nabla \boldsymbol{u}) \tag{12.1.13a}$$

或用指标符号写成

$$\varepsilon_{ij} = \varepsilon_{ji} = \frac{1}{2}(u_{i,j} + u_{j,i}) \tag{12.1.13b}$$

在直角坐标系中，其分量形式可写成

$$\left.\begin{aligned} \varepsilon_{11} &= \frac{\partial u_1}{\partial x_1}, \quad \varepsilon_{12} = \varepsilon_{21} = \frac{1}{2}\left(\frac{\partial u_1}{\partial x_2} + \frac{\partial u_2}{\partial x_1}\right) \\ \varepsilon_{22} &= \frac{\partial u_2}{\partial x_2}, \quad \varepsilon_{23} = \varepsilon_{32} = \frac{1}{2}\left(\frac{\partial u_2}{\partial x_3} + \frac{\partial u_3}{\partial x_2}\right) \\ \varepsilon_{33} &= \frac{\partial u_3}{\partial x_3}, \quad \varepsilon_{31} = \varepsilon_{13} = \frac{1}{2}\left(\frac{\partial u_3}{\partial x_1} + \frac{\partial u_1}{\partial x_3}\right) \end{aligned}\right\} \tag{12.3.13c}$$

这一组线性微分方程称为**应变位移公式**或**几何方程**。注意到式(12.1.12)，相应地，**应变矩阵**可写成下列形式：

$$(\varepsilon_{ij}) = \begin{bmatrix} \varepsilon_{11} & \varepsilon_{12} & \varepsilon_{13} \\ \varepsilon_{21} & \varepsilon_{22} & \varepsilon_{23} \\ \varepsilon_{31} & \varepsilon_{32} & \varepsilon_{33} \end{bmatrix} = \begin{bmatrix} \varepsilon_{11} & \frac{1}{2}\gamma_{12} & \frac{1}{2}\gamma_{13} \\ \frac{1}{2}\gamma_{21} & \varepsilon_{22} & \frac{1}{2}\gamma_{23} \\ \frac{1}{2}\gamma_{31} & \frac{1}{2}\gamma_{32} & \varepsilon_{33} \end{bmatrix} \tag{12.1.13d}$$

与应力情形类似，它也有**应变主轴**和**主应变**，并且应变主轴与应力主轴是一致的。它也有三个**应变不变量**，用 θ_i 表示

$$\theta_1 = \varepsilon_1 + \varepsilon_2 + \varepsilon_3 \equiv \varepsilon_x + \varepsilon_y + \varepsilon_z \tag{12.1.14}$$

还有 $\theta_2 = \varepsilon_1\varepsilon_2 + \varepsilon_2\varepsilon_3 + \varepsilon_3\varepsilon_1 - (\varepsilon_{12}^2 + \varepsilon_{23}^2 + \varepsilon_{31}^2)$以及 $\theta_3 = \det(\boldsymbol{\varepsilon})$。

第一应变不变量 θ_2 表示单位体积变形后的体积变化，又称**体应变**，用 θ 或 ε_v 表示。体应变 θ 略去高阶小量可写成

$$\theta = q_{ii} = \mathrm{tr}(\boldsymbol{\varepsilon}) = \varepsilon_v \tag{12.1.15}$$

在主坐标系下剪应变为零，则有 $\theta_2 = \varepsilon_{12} + \varepsilon_{23} + \varepsilon_{31}$，$\theta_3 = \varepsilon_1\varepsilon_2\varepsilon_3$。

12.1.1.3　本构方程

在弹性力学中，力学参数(应力、应力的导数等)和运动参数(应变、应变速率等)之间的关系称为**本构关系**或**本构方程**。线弹性体的本构关系是**广义胡克定律**。对各向同性材料，其**弹性关系**(即应力-应变关系)为

$$\left.\begin{aligned} \sigma_x &= 2G\varepsilon_x + \lambda\theta, \quad \tau_{xy} = G\gamma_{xy} \\ \sigma_y &= 2G\varepsilon_y + \lambda\theta, \quad \tau_{yz} = G\gamma_{yz} \\ \sigma_z &= 2G\varepsilon_z + \lambda\theta, \quad \tau_{zx} = G\gamma_{zx} \end{aligned}\right\} \tag{12.1.16}$$

用张量符号写成

$$\boldsymbol{\sigma} = 2G\boldsymbol{\varepsilon} + \lambda\mathrm{tr}(\boldsymbol{\varepsilon})\boldsymbol{I} \tag{12.1.17a}$$

或用指标符号写成

$$\sigma_{ij} = 2G\varepsilon_{ij} + \lambda\delta_{ij}\mathrm{tr}(\boldsymbol{\varepsilon}) \tag{12.1.17b}$$

由式(12.1.17b)解出应变,可写成**逆弹性关系**(即应变-应力关系)为

$$\left.\begin{aligned}
\varepsilon_x &= \frac{1}{E}[\sigma_x - \nu(\sigma_y + \sigma_z)] = \frac{1+\nu}{E}\sigma_x - \frac{\nu}{E}I_1, \quad \gamma_{xy} = \frac{1}{G}\tau_{xy} \\
\varepsilon_y &= \frac{1}{E}[\sigma_y - \nu(\sigma_z + \sigma_x)] = \frac{1+\nu}{E}\sigma_y - \frac{\nu}{E}I_1, \quad \gamma_{yz} = \frac{1}{G}\tau_{yz} \\
\varepsilon_z &= \frac{1}{E}[\sigma_z - \nu(\sigma_x + \sigma_y)] = \frac{1+\nu}{E}\sigma_z - \frac{\nu}{E}I_1, \quad \gamma_{zx} = \frac{1}{G}\tau_{zx}
\end{aligned}\right\} \tag{12.1.18}$$

用张量符号写成

$$\boldsymbol{\varepsilon} = \frac{1}{2G}\sigma - \frac{\nu}{2G(1+\nu)}\mathrm{tr}(\boldsymbol{\sigma})\boldsymbol{I} \tag{12.1.19a}$$

或用指标符号写成

$$\varepsilon_{ij} = \frac{1+\nu}{E}\sigma_{ij} - \frac{\nu}{E}\sigma_{kk}\sigma_{ij} \tag{12.1.19b}$$

将式(12.1.18)的三式相加,得第一应变不变量 $\theta_1 = \varepsilon_{kk}$ 与第一应力不变量 $I_1 = \sigma_{kk}$ 之间的线弹性关系

$$\theta_1 = \frac{1-2\nu}{E}I_1 \tag{12.1.20}$$

以上各式所用各弹性系数的名称、意义及相互关系列于表 12.1 中。

表 12.1 各弹性系数的名称、意义及相互关系一览表

系数名称	符号	意义	换算关系
杨氏模量	E	$\dfrac{\text{拉应力}}{\text{体积应变}}$	$E = 2G(1+\nu) = 3K(1-2\nu) = \dfrac{9KG}{3K+G} = \dfrac{G(3\lambda+2G)}{\lambda+G}$
泊松比	ν	$\dfrac{\text{棒在垂直于拉伸方向的收缩应变}}{\text{棒在拉伸方向的拉伸应变}}$	$\nu = \dfrac{\lambda}{2(\lambda+G)} = \dfrac{3K-2G}{6K+2G} = \dfrac{\lambda}{3K-\lambda}$
拉梅系数	λ	(用于换算)	$\lambda = \dfrac{2\nu G}{1-2\nu} = \dfrac{\nu E}{(1+\nu)(1-2\nu)} = \dfrac{1}{3}(3K-2G)$
剪切模量	G	$\dfrac{\text{剪应力}}{\text{剪应变}}$	$G = \dfrac{E}{2(1+\nu)} = \dfrac{3}{2}(K-\lambda)$
体积模量	K	$\dfrac{\text{压应力}}{\text{体积应变}}$	$K = \dfrac{E}{3(1-2\nu)} = \dfrac{2G(1+\nu)}{3(1-2\nu)} = \lambda + \dfrac{2}{3}G$

注:除 ν 无量纲外,其余系数量纲均为$[\mathrm{ML^{-1}T^{-2}}]$。

12.1.1.4 柱坐标系各相关公式的表达形式

根据正交曲线坐标系之间的转换关系,可以导出以上各相关公式在柱坐标系下的表达形式。用 r,θ 和 z 作为柱坐标系的空间变量和各分量的下标,各公式写出如下:

1. 平衡方程

式(12.1.8)在柱坐标系下的形式为

$$\left.\begin{aligned}
&\frac{\partial \sigma_r}{\partial r}+\frac{1}{r}\frac{\partial \tau_{r\theta}}{\partial \theta}+\frac{\partial \tau_{rz}}{\partial z}+\frac{\sigma_r-\sigma_\theta}{r}+f_r=0\\
&\frac{\partial \tau_{\theta r}}{\partial r}+\frac{1}{r}\frac{\partial \sigma_\theta}{\partial \theta}+\frac{\partial \tau_{\theta z}}{\partial z}+2\frac{\tau_{r\theta}}{r}+f_\theta=0\\
&\frac{\partial \tau_{zr}}{\partial r}+\frac{1}{r}\frac{\partial \tau_{z\theta}}{\partial \theta}+\frac{\partial \sigma_z}{\partial z}+\frac{\tau_{rz}}{r}+f_z=0
\end{aligned}\right\} \tag{12.1.21}$$

对于轴对称情形,所有的量均与角度变量 θ 无关,即式(12.1.21)中第 2 个方程和对 θ 的偏导数项不出现,则简化为

$$\left.\begin{aligned}
&\frac{\partial \sigma_r}{\partial r}+\frac{\partial \tau_{zr}}{\partial z}+\frac{\sigma_r-\sigma_\theta}{r}+f_r=0\\
&\frac{\partial \tau_{zr}}{\partial r}+\frac{\partial \sigma_z}{\partial z}+\frac{\tau_{zr}}{r}+f_z=0
\end{aligned}\right\} \tag{12.1.22}$$

2. 几何方程

式(12.3.13c)在柱坐标系下的形式为

$$\left.\begin{aligned}
&\varepsilon_r=\frac{\partial u_r}{\partial r},\quad \gamma_{r\theta}=\frac{1}{r}\frac{\partial u_r}{\partial \theta}+\frac{\partial u_\theta}{\partial r}-\frac{u_\theta}{r}\\
&\varepsilon_\theta=\frac{1}{r}\frac{\partial u_\theta}{\partial \theta}+\frac{u_r}{r},\quad \gamma_{\theta z}=\frac{\partial u_\theta}{\partial z}+\frac{1}{r}\frac{\partial u_z}{\partial \theta}\\
&\varepsilon_z=\frac{\partial u_z}{\partial z},\quad \gamma_{zr}=\frac{\partial u_z}{\partial r}+\frac{\partial u_r}{\partial z}
\end{aligned}\right\} \tag{12.1.23}$$

对于轴对称情形,式(12.1.23)简化为

$$\varepsilon_r=\frac{\partial u_r}{\partial r},\quad \varepsilon_\theta=\frac{u_r}{r},\quad \varepsilon_z=\frac{\partial u_z}{\partial z},\quad \gamma_{zr}=\frac{\partial u_z}{\partial r}+\frac{\partial u_r}{\partial z} \tag{12.1.24}$$

3. 本构关系

弹性关系式(12.1.16)在柱坐标系下的形式为

$$\left.\begin{aligned}
&\sigma_r=\frac{E}{1+\nu}\left[\frac{\nu}{1-2\nu}(\varepsilon_r+\varepsilon_\theta+\varepsilon_z)+\varepsilon_r\right]=2G\varepsilon_r+\lambda(\varepsilon_r+\varepsilon_\theta+\varepsilon_z)\\
&\sigma_\theta=\frac{E}{1+\nu}\left[\frac{\nu}{1-2\nu}(\varepsilon_r+\varepsilon_\theta+\varepsilon_z)+\varepsilon_\theta\right]=2G\varepsilon_\theta+\lambda(\varepsilon_r+\varepsilon_\theta+\varepsilon_z)\\
&\sigma_z=\frac{E}{1+\nu}\left[\frac{\nu}{1-2\nu}(\varepsilon_r+\varepsilon_\theta+\varepsilon_z)+\varepsilon_z\right]=2G\varepsilon_z+\lambda(\varepsilon_r+\varepsilon_\theta+\varepsilon_z)\\
&\tau_{zr}=\frac{E}{2(1+\nu)}\gamma_{zr}
\end{aligned}\right\} \tag{12.1.25}$$

不难解出用应力表示应变的关系式:

$$
\left.\begin{aligned}
\varepsilon_r &= \frac{1}{E}[\sigma_r - \nu(\sigma_\theta + \sigma_z)] = \frac{1}{E}[(1+\nu)\sigma_r - \nu(\sigma_r + \sigma_\theta + \sigma_z)] \\
\varepsilon_\theta &= \frac{1}{E}[\sigma_\theta - \nu(\sigma_r + \sigma_z)] = \frac{1}{E}[(1+\nu)\sigma_\theta - \nu(\sigma_r + \sigma_\theta + \sigma_z)] \\
\varepsilon_z &= \frac{1}{E}[\sigma_z - \nu(\sigma_r + \sigma_\theta)] = \frac{1}{E}[(1+\nu)\sigma_z - \nu(\sigma_r + \sigma_\theta + \sigma_z)] \\
\gamma_{zr} &= \frac{2(1+\nu)}{E}\tau_{zr}
\end{aligned}\right\} \tag{12.1.26}
$$

当用位移法求解时，方程(12.1.25)中的应变分量应改用位移分量表示。将几何方程(12.1.24)代入方程(12.1.25)，得轴对称情形用位移表示应力分量的方程

$$
\left.\begin{aligned}
\sigma_r &= \frac{E}{1+\nu}\left[\frac{\nu}{1-2\nu}\left(\frac{\partial u_r}{\partial r} + \frac{u_r}{r} + \frac{\partial u_z}{\partial z}\right) + \frac{\partial u_r}{\partial r}\right] = 2G\frac{\partial u_r}{\partial r} + \lambda\left(\frac{\partial u_r}{\partial r} + \frac{u_r}{r} + \frac{\partial u_z}{\partial z}\right) \\
\sigma_\theta &= \frac{E}{1+\nu}\left[\frac{\nu}{1-2\nu}\left(\frac{\partial u_r}{\partial r} + \frac{u_r}{r} + \frac{\partial u_z}{\partial z}\right) + \frac{u_r}{r}\right] = 2G\frac{u_r}{r} + \lambda\left(\frac{\partial u_r}{\partial r} + \frac{u_r}{r} + \frac{\partial u_z}{\partial z}\right) \\
\sigma_z &= \frac{E}{1+\nu}\left[\frac{\nu}{1-2\nu}\left(\frac{\partial u_r}{\partial r} + \frac{u_r}{r} + \frac{\partial u_z}{\partial z}\right) + \frac{\partial u_z}{\partial z}\right] = 2G\frac{\partial u_z}{\partial r} + \lambda\left(\frac{\partial u_r}{\partial r} + \frac{u_r}{r} + \frac{\partial u_z}{\partial z}\right) \\
\tau_{zr} &= \frac{E}{2(1+\nu)}\left(\frac{\partial u_z}{\partial r} + \frac{\partial u_r}{\partial z}\right)
\end{aligned}\right\} \tag{12.1.27}
$$

将式(12.1.27)代入式(12.1.22)，得空间轴对称情形线弹性位移解法的基本方程

$$
\left.\begin{aligned}
\frac{E}{2(1+\nu)}\left(\frac{1}{1-2\nu}\frac{\partial\theta_1}{\partial r} + \nabla^2 u_r - \frac{u_r}{r^2}\right) = 0 \\
\frac{E}{2(1+\nu)}\left(\frac{1}{1-2\nu}\frac{\partial\theta_1}{\partial z} + \nabla^2 u_z\right) = 0
\end{aligned}\right\} \tag{12.1.28}
$$

其中

$$
\theta_1 = \frac{\partial u_1}{\partial r} + \frac{u_r}{r} + \frac{\partial u_z}{\partial z} \tag{12.1.29}
$$

$$
\nabla^2 = \frac{\partial^2}{\partial r^2} + \frac{1}{r}\frac{\partial}{\partial r} + \frac{\partial^2}{\partial z^2} \tag{12.1.30}
$$

12.1.2 含水多孔介质的压缩系数和有效应力

12.1.1 小节所述的线弹性基础知识不涉及含水问题。本小节介绍含水多孔材料的有关特性。

12.1.2.1 含水多孔介质的压缩系数

在 1.3.3 小节中，为了引出一个孔隙压缩系数，曾讨论过多孔介质的压缩系数问题。现在为了研究流固耦合渗流，需对含水多孔介质的压缩系数作进一步讨论。Zimmerman(1986)曾研究过压缩系数的有关问题。

与含水多孔介质相关的可定义 4 个不同的压缩系数。它们的每一个都是关于孔隙体积

V_p 和整体体积 V_b 随孔隙中流体压力[有时也称内压或孔压(pore pressure)] p_p 或试样外围环境压力[有时也称外压或围压(confining pressure)] p_c 变化而发生的变化。这 4 个压缩系数定义如下：

$$c_{bc} = -\frac{1}{V_b}\left(\frac{\partial V_b}{\partial p_c}\right)_{p_p}, \quad c_{bp} = \frac{1}{V_b}\left(\frac{\partial V_b}{\partial p_p}\right)_{p_c} \tag{12.1.31a,b}$$

$$c_{pc} = -\frac{1}{V_p}\left(\frac{\partial V_p}{\partial p_c}\right)_{p_p}, \quad c_{pp} = \frac{1}{V_p}\left(\frac{\partial V_p}{\partial p_p}\right)_{p_c} \tag{12.1.31c,d}$$

系数的第一个下标 b 或 p 分别表示整体体积或孔隙体积的变化；第二个下标 c 或 p 分别表示由于环压或孔压变化所引起的，所以 c_{bc} 和 c_{bp} 是有关整体体积的压缩系数，而 c_{pc} 和 c_{pp} 是有关孔隙体积的压缩系数。$c_{bc}=1/K$，K 是固体骨架的宏观体积模量。此外，还有一个岩石基质的压缩系数 $c_r=1/K_r$，其中 K_r 是岩石基质的弹性模量，有时也写成 K_m。

Zimmerman 导出各压缩系数之间有以下关系：

$$c_{bc} = c_{bp} + c_r = \phi c_{pc} + c_r \tag{12.1.32a}$$

$$c_{bp} = c_{bc} - c_r = \phi c_{pc} \tag{12.1.32b}$$

$$c_{pc} = \frac{c_{bc} - c_r}{\phi} \tag{12.1.32c}$$

$$c_{pp} = c_{pc} - c_r = \frac{c_{bc} - (1+\phi)c_r}{\phi} \tag{12.1.32d}$$

现在讨论式(12.1.32b) $c_{bp}=c_{bc}-c_r$，其中 $c_{bc}=1/K$，$c_r=1/K_m$，所以有

$$c_{bp} = \frac{1}{K} - \frac{1}{K_m} = \frac{1}{K}\left(1 - \frac{K}{K_m}\right) \tag{12.1.33a}$$

令 $1-K/K_m=\alpha$，式(12.1.33a)可写成

$$c_{bp} = \frac{\alpha}{K} \tag{12.1.33b}$$

12.1.2.2　含水多孔介质的有效应力

首先讨论承压含水层中固体骨架上所受的有效应力，这是太沙基在 20 世纪最先提出的(Terzaghi,1943,1960)，参见图 12.1。图 12.1(a)表示在时刻 t 从厚度为 b 的可压缩承压含水层中切出一个代表性的剖面；图 12.1(b)表示承压含水层上部不透水边界的情况。考虑

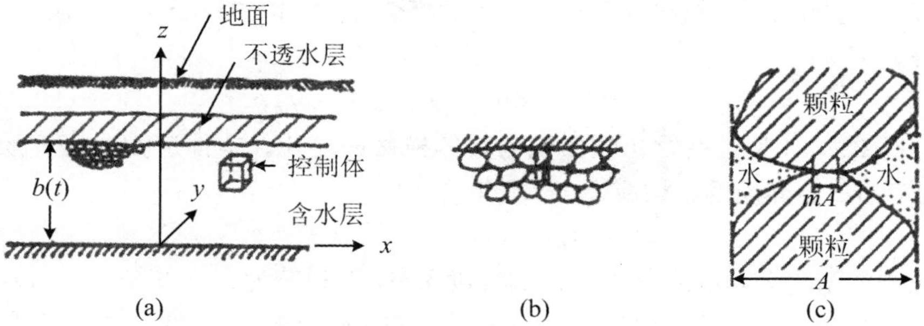

图 12.1　可压缩承压含水层

非固结多孔介质，略去固体颗粒之间的分子力。在含水层中作一面积为A的水平面，其上施加总压力$A\sigma$，平面中包含固体颗粒和含水孔隙两部分，如图12.1(c)所示。固体与固体接触面积为mA，它只占总面积的很小一部分，即$m\ll 1$，而水与岩石的接触面积占绝大部分。于是面积A上压应力σ应等于固体与固体接触部分的应力$m\sigma_s$和水与固体接触部分的压力$(1-m)p$之和，即

$$\sigma = m\sigma_s + (1-m)p \tag{12.1.34}$$

其中，σ_s是固体应力，p是流体静压(这里取正值)。而$m\sigma_s$称为固体骨架的**有效应力**，记作σ'。由于m很小，水中$(1-m)p\approx p$，所以式(12.1.34)可改写成

$$\sigma = \sigma' + p \quad (p\text{ 取正值}) \tag{12.1.35}$$

即多孔介质上外加应力等于固体骨架的有效应力与流体静压力之和。式(12.1.35)称为**土力学基本方程**。在讨论热流固耦合问题时，习惯上规定拉应力为正，压应力为负。式(12.1.35)写成

$$\sigma' = \sigma + p \quad (p\text{ 取负值}) \tag{12.1.36a}$$

这是个近似关系式，由于简单，颇受土力学工作者的欢迎。或写成张量形式

$$\boldsymbol{\sigma} = \boldsymbol{\sigma} + p\boldsymbol{I} \tag{12.1.36b}$$

对于三维情形，需考虑到应力是二阶对称张量，方程(12.1.35)和方程(12.1.36)应写成

$$\sigma_{ij} = \sigma'_{ij} + p\delta_{ij} \quad (p\text{ 取正值}) \tag{12.1.37a}$$

$$\sigma'_{ij} = \sigma_{ij} + p\delta_{ij} \quad (p\text{ 取负值}) \tag{12.1.37b}$$

其中，δ_{ij}是 Kronecker δ 符号。

对太沙基公式(12.1.35)，曾有不少人提出一些不同的修改意见。Biot(1941，1957)提出含水多孔体的应力-应变关系应该写成

$$\boldsymbol{\sigma} = 2G\boldsymbol{\varepsilon} + \lambda\,\mathrm{tr}(\boldsymbol{\varepsilon})\boldsymbol{I} - \alpha p\boldsymbol{I} \tag{12.1.38}$$

其中，α被称为 Biot 耦合系数或简称 Biot 系数。对式(12.1.38)可有两种理解，一种理解是认为将有效应力修正为$\sigma' = \sigma - \alpha p$，另一种认为式(12.1.38)右边的整体应变是由式(12.1.17a)右边的应变加上由流体静压引起的应变$-\alpha p\boldsymbol{I}$两部分组成的。这些将在12.1.3小节进一步阐述，并证明 Biot 系数$\alpha = 1 - K/K_m = 1 - C_m/c_{bc}$。

其后有人建议取孔隙度ϕ为修正系数，即

$$\sigma' = \sigma - \phi p \tag{12.1.39}$$

不过大量的实践结果表明，式(12.1.39)并不理想。

李传亮等(1999，2003)提出双重有效应力的概念，即本体(primary)有效应力$\sigma_{\mathrm{eff}}^{\mathrm{p}}$和结构有效应力$\sigma_{\mathrm{eff}}^{\mathrm{s}}$，且有

$$\sigma_{\mathrm{eff}}^{\mathrm{p}} = \sigma - \phi p, \quad \sigma_{\mathrm{eff}}^{\mathrm{s}} = \sigma - \phi_c p \tag{12.1.40}$$

其中，ϕ是孔隙度，ϕ_c是触点处孔隙面积与整体横截面之比。本体应力决定介质的本体应变ε^{p}，结构应力决定介质的结构应变ε^{s}，即有

$$\varepsilon^{\mathrm{p}} = f_{\mathrm{p}}(\sigma_{\mathrm{eff}}^{\mathrm{p}}), \quad \varepsilon_{\mathrm{s}} = f_{\mathrm{s}}(\sigma_{\mathrm{eff}}^{\mathrm{s}}) \tag{12.1.41}$$

应用该理论中的结构有效应力分析岩石的强度条件，得到较为合理的结果。对双重有效应力用于研究多孔介质的流变学模型以及应用于油井条件下岩石破裂压力的实例，得出一些新的计算公式。

12.1.3　含水多孔介质弹性和热弹性

12.1.3.1　含水多孔弹性

首先讨论 Biot 耦合系数 α 与压缩系数之间的关系。Biot(1941)在逆弹性关系(12.1.18)的基础上考虑流体静压 p 的影响,写成

$$\left.\begin{aligned}\varepsilon_{xx} &= \frac{1}{E}\sigma_{xx} - \frac{\nu}{E}(\sigma_{yy}+\sigma_{zz}) + \frac{p}{3H}, \quad \gamma_{xy} = \frac{1}{G}\tau_{xy}\\ \varepsilon_{yy} &= \frac{1}{E}\sigma_{yy} - \frac{\nu}{E}(\sigma_{zz}+\sigma_{xx}) + \frac{p}{3H}, \quad \gamma_{yz} = \frac{1}{G}\tau_{yz}\\ \varepsilon_{zz} &= \frac{1}{E}\sigma_{zz} - \frac{\nu}{E}(\sigma_{xx}+\sigma_{yy}) + \frac{p}{3H}, \quad \gamma_{zx} = \frac{1}{G}\tau_{zx}\end{aligned}\right\} \tag{12.1.42}$$

其中,H 是一个附加系数。为了确定这个系数,通过土壤柱进行载荷分析,得出土壤体积变化与压力 p 有以下关系:

$$\varepsilon = -\frac{p}{H} \tag{12.1.43}$$

此式表明,系数 $1/H$ 是当静水压力改变时土壤的压缩系数。按式(12.1.31)的定义,它应是 c_{bp}。

Zimmerman(2000)进一步明确:如果多孔岩石在宏观上是各向同性的,则孔隙中流体压力从 p_0 增加到 p,将导致岩石在沿三个相互垂直方向上的伸长是相等的,并在线弹性范围内不会引起任何剪应变。按定义式(12.1.31b),当外压力不变时,由孔隙中流体压力增加所引起的整体体积应变应是 $-c_{\mathrm{bp}}(p-p_0)$,于是联系每个宏观纵向应变与压力增量的关系必定是 $-b_{\mathrm{bp}}/3$。所以式(12.1.19a)右边应加上纵向应变项 $-c_{\mathrm{bp}}(p-p_0)/3$ 而写成

$$\boldsymbol{\varepsilon} = \frac{1}{2G}\boldsymbol{\sigma} - \frac{\nu}{2G(1+\nu)}\mathrm{tr}(\boldsymbol{\sigma})\boldsymbol{I} - \frac{c_{\mathrm{bp}}}{3}(p-p_0)\boldsymbol{I} \tag{12.1.44a}$$

按式(12.1.33b),$c_{\mathrm{bp}}=\alpha/K$,其中 K 是多孔材料固体骨架的体积模量。代入式(12.1.44a)得含水多孔材料的逆弹性关系

$$\boldsymbol{\varepsilon} = \frac{1}{2G}\boldsymbol{\sigma} - \frac{\nu}{2G(1+\nu)}\mathrm{tr}(\boldsymbol{\sigma})\boldsymbol{I} - \frac{\alpha}{3K}(p-p_0)\boldsymbol{I} \tag{12.1.44b}$$

由式(12.1.44b)解出应力,得到含水多孔材料的弹性关系(即应力-应变关系)为

$$\boldsymbol{\sigma} - \alpha(p-p_0)\boldsymbol{I} = 2G\boldsymbol{\varepsilon} + \lambda\,\mathrm{tr}(\boldsymbol{\varepsilon})\boldsymbol{I} \tag{12.1.45a}$$

或用指标形式写成

$$\sigma_{ij} = 2G\varepsilon_{ij} + \lambda\theta\delta_{ij} + \alpha(p-p_0)\delta_{ij} \tag{12.1.45b}$$

而写成分量形式为

$$\left.\begin{aligned}\sigma_{xx} - \alpha(p-p_0) &= 2G\varepsilon_{xx} + \lambda\theta, \quad \tau_{xy} = G\gamma_{xy}\\ \sigma_{yy} - \alpha(p-p_0) &= 2G\varepsilon_{yy} + \lambda\theta, \quad \tau_{yz} = G\gamma_{yz}\\ \sigma_{zz} - \alpha(p-p_0) &= 2G\varepsilon_{zz} + \lambda\theta, \quad \tau_{zx} = G\gamma_{zx}\end{aligned}\right\} \tag{12.1.46}$$

以上是 Terzaghi-Biot 含水多孔材料弹性关系。符号用法以 p 取正值。近年为研究热流固

耦合，Rutqvist 等(2001)以拉应力为正，认为孔隙中流体压力对固体基质引起的应变应是$(p-p_0)\boldsymbol{I}/3K_m$，其中 K_m 是固体颗粒(基质)的体积模量。总应变为材料的宏观应变 $\boldsymbol{\varepsilon}$ 与流体压力对固体颗粒所引起的应变代数和，即

$$\boldsymbol{\varepsilon}+\frac{p-p_0}{3K_m}\boldsymbol{I}=\frac{1}{2G}\boldsymbol{\sigma}'-\frac{\nu}{2G(1+\nu)}\mathrm{tr}(\boldsymbol{\sigma}')\boldsymbol{I} \tag{12.1.47}$$

其中，$\boldsymbol{\sigma}'$是有效应力，由式(12.1.36b)表示。由式(12.1.47)解出 $\boldsymbol{\sigma}'$并将式(12.1.36b)代入，可得

$$\boldsymbol{\sigma}'=\boldsymbol{\sigma}+(p-p_0)\boldsymbol{I}=2G\boldsymbol{\varepsilon}-\lambda\mathrm{tr}(\boldsymbol{\varepsilon})\boldsymbol{I}+\frac{K}{K_m}(p-p_0)\boldsymbol{I} \tag{12.1.48}$$

注意到 $1-K/K_m=\alpha$，式(12.1.48)可写成

$$\boldsymbol{\sigma}+\alpha(p-p_0)\boldsymbol{I}=2G\boldsymbol{\varepsilon}+\lambda\mathrm{tr}(\boldsymbol{\varepsilon})\boldsymbol{I} \tag{12.1.49a}$$

或用指标符号写成

$$\sigma_{ij}=2G\varepsilon_{ij}+\lambda\varepsilon_{kk}\delta_{ij}-\alpha(p-p_0)\delta_{ij} \tag{12.1.49b}$$

其结果与式(12.1.45)相同，只是在式(12.1.49)中 p 取负值而已。

写成分量形式为

$$\left.\begin{aligned}\sigma_{xx}&=2G\varepsilon_{xx}+\lambda\theta-\alpha(p-p_0), & \tau_{xy}&=G\gamma_{xy}\\ \sigma_{yy}&=2G\varepsilon_{yy}+\lambda\theta-\alpha(p-p_0), & \tau_{yz}&=G\gamma_{yz}\\ \sigma_{zz}&=2G\varepsilon_{zz}+\lambda\theta-\alpha(p-p_0), & \tau_{zx}&=G\gamma_{zx}\end{aligned}\right\} \tag{12.1.50}$$

由以上方程还可得到一个简单关系式，例如对式(12.1.44)两边取迹，注意到表 12.1 中的换算关系，可得

$$\mathrm{tr}(\boldsymbol{\varepsilon})=\frac{1}{3K}\mathrm{tr}(\boldsymbol{\sigma})-\frac{\alpha}{K}p \tag{12.1.51a}$$

式(12.1.51a)也可写成

$$\varepsilon_v=\frac{1}{K}(p_c-\alpha p_p) \tag{12.1.51b}$$

其中，p_c 和 p_p 分别表示围压和孔压，如式(12.1.31)所用符号。

12.1.3.2 热弹性

热弹性方程可按与推导多孔弹性方程类似的方法求得，两者之间有一定的类比关系。

考察一小块岩石，初始不受应力，温度 T_0 均匀分布。该状态称为参考状态，按定义其应变可取为零。如果将温度由 T_0 上升到一个新的值 $T>T_0$，岩石就发生膨胀。在线性假设下，温度上升在岩石中产生应变，并由下式表示：

$$\boldsymbol{\varepsilon}=-\boldsymbol{\beta}(T-T_0) \tag{12.1.52}$$

其中，$\boldsymbol{\beta}$ 称为热膨胀系数张量，是二阶对称张量，量纲为[Θ^{-1}]。如果岩石是各向同性的，则有 $\boldsymbol{\beta}=\beta\boldsymbol{I}$，其中比例关系 β 称为线热膨胀系数。在这种情况下，热应变由式(12.1.53)给出

$$\boldsymbol{\varepsilon}=-\beta(T-T_0)\boldsymbol{I} \tag{12.1.53}$$

式(12.1.53)右边取负号是为了使 ε 取正值。因为当 $T-T_0>0$ 时，体应变$(V_0-V)/V_0$ 或线应变$(L_0-L)/L_0$ 是负值。

下面讨论线化热弹性问题。其基本假设是：若多孔材料受到温度变化同时受到外加应力的作用，则总的应变是热应变与应力诱导应变之和，即

$$\boldsymbol{\varepsilon} = \frac{1}{2G}\boldsymbol{\sigma} = \frac{\nu}{2G(1+\nu)}\mathrm{tr}(\sigma)\boldsymbol{I} - \beta(T - T_0)\boldsymbol{I} \tag{12.1.54}$$

类似式(12.1.51b)有体应变

$$\varepsilon_{\mathrm{v}} = \mathrm{tr}(\varepsilon) = \frac{p_{\mathrm{c}}}{K} - 3\beta(T - T_0) \tag{12.1.55}$$

由式(12.1.54)解出应力 σ，可表示为

$$\boldsymbol{\sigma} = 2G\boldsymbol{\varepsilon} + \lambda\,\mathrm{tr}(\boldsymbol{\varepsilon})\boldsymbol{I} + 3\beta K(T - T_0)\boldsymbol{I} \tag{12.1.56}$$

或用指标符号写成

$$\sigma_{ij} = 2G\varepsilon_{ij} + \lambda\varepsilon_{kk}\delta_{ij} + 3\beta K(T - T_0)\delta_{ij} \tag{12.1.57}$$

写成分量形式为

$$\left.\begin{aligned}
\sigma_{xx} - 3\beta K(T - T_0) &= 2G\varepsilon_{xx} + \lambda\theta, \quad \tau_{xy} = G\gamma_{xy} \\
\sigma_{yy} - 3\beta K(T - T_0) &= 2G\varepsilon_{yy} + \lambda\theta, \quad \tau_{yz} = G\gamma_{yz} \\
\sigma_{zz} - 3\beta K(T - T_0) &= 2G\varepsilon_{zz} + \lambda\theta, \quad \tau_{zx} = G\gamma_{zx}
\end{aligned}\right\} \tag{12.1.58}$$

大家熟知：孔隙流体压力的扩散方程通过质量守恒方程得到，而温度的扩散方程可通过能量守恒方程得到。按式(1.7.33)并不考虑热源，热扩散方程可写成

$$\frac{\partial T}{\partial t} = \frac{k}{\rho c_{\mathrm{v}}}\nabla^2 T \tag{12.1.59}$$

或用 $D_{\mathrm{T}} = k/\rho c_{\mathrm{v}}$ 表示热扩散系数，其单位为 $\mathrm{m^2 \cdot s^{-1}}$，式(12.1.59)也可写成

$$\nabla^2 T = \frac{1}{D_{\mathrm{T}}}\frac{\partial T}{\partial t} \tag{12.1.60}$$

若计及由温度引起的存储应变(Nowacki，1986)，则式(12.1.59)中应出现一附加项，而写成

$$\frac{\partial T}{\partial t} = \frac{k}{\rho c_{\mathrm{v}}}\nabla^2 T + \frac{3\beta K T_0}{\rho c_{\mathrm{v}}}\frac{\partial \varepsilon_{\mathrm{v}}}{\partial t} \tag{12.1.61}$$

式(12.1.61)中 T_0 必须用绝对温度。将式(12.1.55)对 t 求导数得

$$\frac{\partial \varepsilon_{\mathrm{v}}}{\partial t} = \frac{1}{K}\frac{\partial p_{\mathrm{c}}}{\partial t} - 3\beta\frac{\partial T}{\partial t} \tag{12.1.62}$$

将式(12.1.62)代入式(12.1.61)给出

$$\frac{\partial T}{\partial t} = \frac{k}{\rho c_{\mathrm{v}} + qK\beta^2 T_0}\nabla^2 T + \frac{3\beta T_0}{\rho c_{\mathrm{v}} + qK\beta^2 T_0}\frac{\partial p_{\mathrm{c}}}{\partial t} \tag{12.1.63}$$

引进一个热弹性耦合参数 α_{T}

$$\alpha_{\mathrm{T}} = \frac{qK\beta^2 T_0}{\rho c_{\mathrm{v}}}$$

则式(12.1.63)可改写成

$$\frac{\partial T}{\partial t} = \frac{D_{\mathrm{T}}}{1 + \alpha_{\mathrm{T}}}\nabla^2 T + \frac{3\beta T_0/\rho c_{\mathrm{v}}}{1 + \alpha_{\mathrm{T}}}\frac{\partial p_{\mathrm{c}}}{\partial t} \tag{12.1.64}$$

若 $\alpha_{\mathrm{T}} \ll 1$，则不必预先或同时计算应变才能计算温度场。

12.1.3.3 柱坐标系中的耦合关系

1. 含水多孔弹性情形

按式(12.1.25)和式(12.1.46),在柱坐标中描述含水多孔弹性的应力-应变关系应为

$$\left.\begin{aligned}\sigma_r-\alpha(p-p_0)&=2G\varepsilon_r+\lambda\theta_1\\ \sigma_\theta-\alpha(p-p_0)&=2G\varepsilon_\theta+\lambda\theta_1\\ \sigma_z-\alpha(p-p_0)&=2G\varepsilon_z+\lambda\theta_1\\ \tau_{zr}&=G\gamma_{zr}\end{aligned}\right\}\tag{12.1.65}$$

或按式(12.1.26)和式(12.1.42),在柱坐标系中描述含水多孔弹性情形用应力表示应变的关系应为

$$\left.\begin{aligned}\varepsilon_r&=\frac{1}{E}[\sigma_r-\nu(\sigma_\theta+\sigma_z)]-\frac{\alpha}{3K}(p-p_0)\\ \varepsilon_\theta&=\frac{1}{E}[\sigma_\theta-\nu(\sigma_r+\sigma_z)]-\frac{\alpha}{3K}(p-p_0)\\ \varepsilon_z&=\frac{1}{E}[\sigma_z-\nu(\sigma_r+\sigma_\theta)]-\frac{\alpha}{3K}(p-p_0)\\ \gamma_{zr}&=\frac{\tau_{zr}}{G}\end{aligned}\right\}\tag{12.1.66}$$

2. 热弹性情形

按式(12.1.25)和式(12.1.58),在柱坐标系中描述热弹性情形的应力-应变关系应为

$$\left.\begin{aligned}\sigma_r&=2G\varepsilon_r+\lambda\theta_1+3\beta K(T-T_0)\\ \sigma_\theta&=2G\varepsilon_\theta+\lambda\theta_1+3\beta K(T-T_0)\\ \sigma_z&=2G\varepsilon_z+\lambda\theta_1+3\beta K(T-T_0)\\ \tau_{zr}&=G\gamma_{zr}\end{aligned}\right\}\tag{12.1.67}$$

或按式(12.1.26)和式(12.1.54),在柱坐标系中描述热弹性情形用应力表示应变的关系应为

$$\left.\begin{aligned}\varepsilon_r&=\frac{1}{E}[\sigma_r-\nu(\sigma_\theta+\sigma_z)]-\beta(T-T_0)\\ \varepsilon_\theta&=\frac{1}{E}[\sigma_\theta-\nu(\sigma_r+\sigma_z)]-\beta(T-T_0)\\ \varepsilon_z&=\frac{1}{E}[\sigma_z-\nu(\sigma_r+\sigma_\theta)]-\beta(T-T_0)\\ \gamma_{zr}&=\frac{\tau_{zr}}{G}\end{aligned}\right\}\tag{12.1.68}$$

应当注意:以上所述是针对空间柱坐标情形给出的关系式。对于平面极坐标中描述本构关系的情形,要分为平面应变和平面应力两类问题分别进行研究。

对于平面应变问题,有 $\varepsilon_z=\gamma_{zr}=\gamma_{z\theta}=0$;而对于平面应力问题,有 $\sigma_z=\tau_{zr}=\tau_{z\theta}=0$。这里就不详细论述了。

12.2　流固耦合渗流

流固耦合理论最早用于研究土壤的固结问题。1925 年由太沙基提出并由毕奥加以发展和完善。载荷作用下的土壤不是瞬间变形到位的，而是按一定的变化速率逐渐下沉。这种沉降是由土壤对载荷变化的逐渐适应所引起的，这个过程称为土壤的**固结**。其机制被认为在很多情况下与弹性多孔介质中水被挤压出来的过程是相同的，这在很大程度上是可逆的。有些地区地下水过度开发所引起的地面沉降亟待控制。流固耦合理念还被用于研究注水采油、水库诱发地震以及地下核废料贮存库的某些环节，呈现出越来越广阔的应用前景。

12.2.1　流固耦合渗流的控制方程

该方程组包括应力场方程、流场方程和状态方程，现分述如下：

12.2.1.1　*应力场方程*

关于应力、应变及应力-应变关系有式(12.1.8)给出的平衡方程、式(12.1.13)给出应变位移公式以及式(12.1.35)给出的应力-应变关系。这三式中先消去应力 σ_{ij}，变成只含应变 ε_{ij}、压力 p 和 f_i 的关系式，然后再消去 ε_{ij}，可得用位移量 u_x, u_y, u_z 表示的三个方程

$$\left.\begin{aligned}
G\nabla^2 u_x + (\lambda + G)\frac{\partial}{\partial x}\left(\frac{\partial u_x}{\partial x} + \frac{\partial u_y}{\partial y} + \frac{\partial u_z}{\partial z}\right) - \alpha\frac{\partial p}{\partial x} = f_x \\
G\nabla^2 u_y + (\lambda + G)\frac{\partial}{\partial y}\left(\frac{\partial u_x}{\partial x} + \frac{\partial u_y}{\partial y} + \frac{\partial u_z}{\partial z}\right) - \alpha\frac{\partial p}{\partial y} = f_y \\
G\nabla^2 u_z + (\lambda + G)\frac{\partial}{\partial z}\left(\frac{\partial u_x}{\partial x} + \frac{\partial u_y}{\partial y} + \frac{\partial u_z}{\partial z}\right) - \alpha\frac{\partial p}{\partial z} = f_x
\end{aligned}\right\}\tag{12.2.1}$$

其中的变量有三个位移量和压力 p。

12.2.1.2　*流场方程*

这里所说的流场方程，是指将连续性方程、状态方程和 Darcy 定律结合起来，消去其他量而得出的联系压力 p 和位移矢量 $\boldsymbol{u}$ 的微分方程。

1. Darcy 方程

在现在的情况下，有两个位移矢量，即固体颗粒的位移矢量 $\boldsymbol{u}_s$ 和流体质点的位移矢量 $\boldsymbol{u}_l$。相应地，有两个速度 $\boldsymbol{v}_s$ 和 $\boldsymbol{v}_l$。下标 s 和 l 分别对应于固体和流体的量。于是流体相对于固体的速度 $\boldsymbol{v}_r$ 为

$$\boldsymbol{v}_r = \boldsymbol{v}_l - \boldsymbol{v}_s \tag{12.2.2}$$

根据 DF 关系式(1.4.5)，则渗流速度为 $\phi\boldsymbol{v}_r$，因而 Darcy 方程可写成

$$\phi \boldsymbol{v}_{\mathrm{r}} = -\frac{\boldsymbol{K}}{\mu_1} \cdot (\nabla p + \rho_1 g \nabla z) \tag{12.2.3}$$

其中，$\boldsymbol{K}$ 是渗透率张量，$\nabla z = (0,0,1)$。

2. 连续性方程

流体的连续性方程：若不考虑质量源(汇)，按式(1.6.4)，流体的连续性方程可写成

$$\frac{\partial(\rho_1 \phi)}{\partial t} + \nabla \cdot (\rho_1 \phi \boldsymbol{v}_1) = 0 \tag{12.2.4}$$

将式(12.2.4)展开，注意到式(12.2.2)并略去二阶小量项 $\boldsymbol{v}_{\mathrm{s}} \cdot \nabla$，可得流体的连续性方程为

$$\phi \frac{\partial \rho_1}{\partial t} + \rho_1 \frac{\partial \phi}{\partial t} + \nabla(\rho_1 \phi \boldsymbol{v}_{\mathrm{r}}) + \rho_1 \phi \nabla \cdot \boldsymbol{v}_{\mathrm{s}} = 0 \tag{12.2.5}$$

固体的连续性方程：类似地，写出固体的连续性方程为

$$\frac{\partial(1-\phi)\rho_{\mathrm{s}}}{\partial t} + \nabla \cdot [(1-\phi)\rho_{\mathrm{s}} \boldsymbol{v}_{\mathrm{s}}] = 0 \tag{12.2.6}$$

将式(12.2.6)展开，略去 $\boldsymbol{v}_{\mathrm{s}} \cdot \nabla$ 项，再将各项乘以 ρ_1/ρ_{s}，式(12.2.6)可改成

$$\frac{\partial(1-\phi)\rho_{\mathrm{s}}}{\partial t} \frac{\partial \rho_{\mathrm{s}}}{\partial t} - \rho_1 \frac{\partial \phi}{\partial t} + (1-\phi)\rho_1 \nabla \cdot \boldsymbol{v}_{\mathrm{s}} = 0 \tag{12.2.7}$$

固体骨架的体应变用 $\varepsilon_{\mathrm{v}} = \varepsilon_x + \varepsilon_y + \varepsilon_z = u_{i,i}$ 表示，则式(12.2.7)中

$$\nabla \cdot \boldsymbol{v}_{\mathrm{s}} = \frac{\partial}{\partial t}(\nabla \cdot u_{\mathrm{s}}) = \frac{\partial}{\partial t}(\varepsilon_{ij}\varepsilon_{ij}) = \frac{\partial \varepsilon_v}{\partial t} = \frac{\partial}{\partial t}(u_{i,i}) \tag{12.2.8}$$

整体的连续性方程：将式(12.2.5)与(12.2.7)相加，可得整体的连续性方程

$$\phi \frac{\partial \rho_1}{\partial t} + \rho_1 \frac{\partial \varepsilon_{\mathrm{v}}}{\partial t} + \frac{(1-\phi)\rho_1}{\rho_{\mathrm{s}}} \frac{\partial \rho_{\mathrm{s}}}{\partial t} + \nabla \cdot (\rho_1 \phi \boldsymbol{v}_{\mathrm{r}}) = 0 \tag{12.2.9}$$

3. 状态方程

对于流固耦合，孔隙度为 ϕ 和流体密度为 ρ_1 的状态方程已由式(1.9.3)表示。而固体密度 ρ_{s} 可写成

$$\rho_{\mathrm{s}} = \rho_{\mathrm{s0}} \left[1 + \frac{p - p_0}{K_{\mathrm{m}}} - \frac{\mathrm{tr}(\boldsymbol{\sigma}' - \boldsymbol{\sigma}'_0)}{(1-\phi)3K_{\mathrm{m}}} \right] \tag{12.2.10}$$

式(12.2.10)中，括号内第 2 项表示由流体压力所引起的固体密度的变化，而第 3 项表示由有效应力所引起的固体密度的变化，其中有效应力 $\boldsymbol{\sigma}'$ 已由式(12.1.38)给出。将 ρ_{s} 对 t 求导数，可得

$$\frac{(1-\varphi)}{\rho_{\mathrm{s}}} \frac{\partial \rho_s}{\partial t} = -\frac{K}{K_{\mathrm{m}}} \frac{\partial \varepsilon_{\mathrm{v}}}{\partial t} + \frac{1}{K_{\mathrm{m}}} \left(1 - \phi - \frac{K}{K_{\mathrm{m}}} \right) \frac{\partial p}{\partial t} \tag{12.2.11}$$

4. 渗流微分方程

将 Darcy 方程(12.2.3)和 ρ_{s} 的导数式(12.2.11)代入整体连续性方程(12.2.9)，并注意到 $1 - K/K_{\mathrm{m}} = \alpha$，最后得流场方程

$$\alpha \frac{\partial u_{i,i}}{\partial t} + \left(\frac{\alpha - \phi}{K_{\mathrm{m}}} + c_1 \phi \right) \frac{\partial p}{\partial t} = \nabla \cdot \left[\frac{\boldsymbol{K}}{\mu} \cdot (\nabla p + \rho_1 g \nabla z) \right] \tag{12.2.12}$$

注意式(12.2.12)中 $\boldsymbol{K}$ 是渗透率张量，而式(12.2.11)中 K 是含水多孔介质的整体体积模量。

方程组(12.2.1)和方程(12.2.12)共 4 个方程构成流固耦合渗流的控制方程组，其中含有位移矢量的 3 个分量和压力 p 共 4 个应变量。在给定定解条件后即可用数值方法进行求解。

12.2.1.3　定解条件

初始条件：设初始时刻有参考压力 p_0 和有效应力 $\boldsymbol{\sigma}_0'$；流体和固体密度 ρ_1 和 ρ_s。

边界条件：在界面 S 上定压或定流量

$$p|_S = p_0(\boldsymbol{x}, t) \quad \text{或} \quad Q = Q_0(\boldsymbol{x}, t) \tag{12.2.13}$$

在边界上还要给定位移量

$$\boldsymbol{u}|_s = \boldsymbol{u}_0(\boldsymbol{x}, t) \tag{12.2.14}$$

有了这些定解条件，即可对方程组(12.2.1)和方程(12.2.12)共 4 个方程联立求解 4 个变量 $\boldsymbol{u}$ 和 p。然后由式(12.2.3)可求出渗流速度 $\phi\boldsymbol{v}_r$，由应变位移公式(12.1.13)可算出应变量 ε_{ij}，进而由弹性关系式(12.1.40)算出应力分布以及其他需要的结果。

12.2.2　饱和土体单向固结理论与应用

考虑一维饱和土体，厚度为 H，上面透水，底面不透水，限制横向使之不发生 x 和 y 方向的位移，只有 z 向位移 u_z。土壤柱上面加载荷 $-\sigma_z$，土壤中水分可逐渐被挤出，如图 12.2 所示。Biot(1941)讨论了土壤的固结问题。对这种情形可用解析方法求解。

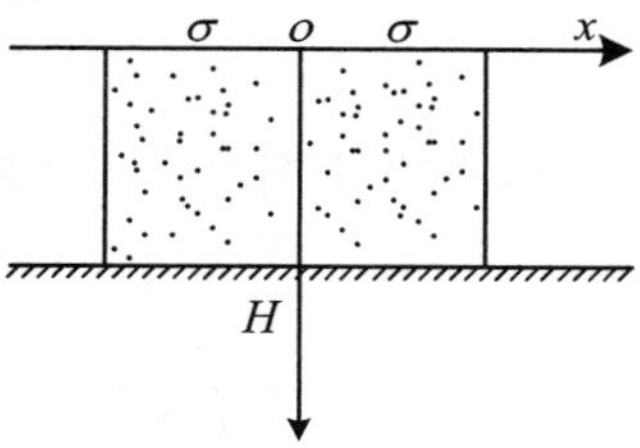

图 12.2　一维饱和土壤的固结

12.2.2.1　数学描述

Biot 引进一个与含水率 θ 有关的物理量 Q，**含水率**定义为单位土壤体积中所含水的体积，即 $\theta = (V_w)_0/V_0$。Q 与 θ 的关系为

$$Q = \frac{p}{\theta - \alpha\varepsilon_v} \quad \text{或} \quad \theta = \alpha\varepsilon_v + \frac{p}{Q} \tag{12.2.15}$$

Q 的量纲与压力的相同。设流体不可压缩，则土壤中含水率 θ 的变化率 $\partial\theta/\partial t$ 必定等于通过该体元表面渗流入土的流量 $\partial V_z/\partial z$。而根据 Darcy 定律有关系式

$$\frac{\partial V_z}{\partial z} = \frac{K}{\mu}\frac{\partial^2 p}{\partial z^2}$$

因而有关系式

$$\frac{\partial\theta}{\partial t} = \frac{K}{\mu}\frac{\partial^2 p}{\partial z^2} \tag{12.2.16}$$

将式(12.2.15)代入式(12.5.16)，给出

$$\frac{K}{\mu}\frac{\partial^2 p}{\partial z^2} = \alpha\frac{\partial\varepsilon_v}{\partial t} + \frac{1}{Q}\frac{\partial p}{\partial t} \tag{12.2.17}$$

另一方面，由控制方程组(12.2.1)第 3 式，若重力与其他项相比可以略去，对一维情形可得

$$\frac{1}{a}\frac{\partial^2 u_z}{\partial z^2} - \alpha\frac{\partial p}{\partial z} = 0 \tag{12.2.18}$$

其中

$$\frac{1}{a} = \lambda + 2G = 2G\frac{1-\nu}{1-2\nu} \quad 或 \quad a = \frac{1-2\nu}{2G(1-\nu)} \tag{12.2.19}$$

由式(12.1.40),针对一维情形可写成

$$\sigma_z = \frac{1}{a}\frac{\partial u_z}{\partial z} - \alpha p \tag{12.2.20}$$

当剩余水都被挤出时,$p=0$,则式(12.2.20)可写成 $\sigma_z = \varepsilon_z / a$ 或 $\varepsilon_z = a\sigma_z$。所以 a 被称为"最终压缩系数"。

因为对一维情形 $\varepsilon_v = \partial u_z / \partial z$,所以式(12.2.17)可改写成

$$\frac{\partial^2 p}{\partial z^2} = \frac{\mu\alpha}{K}\frac{\partial^2 u_z}{\partial z \partial t} + \frac{\mu}{KQ}\frac{\partial p}{\partial t} \tag{12.2.21}$$

对于本问题,所加载荷 σ_z 是常数,式(12.2.20)两边对 t 求导数给出

$$\frac{\partial^2 u_z}{\partial z \partial t} = a\alpha\frac{\partial p}{\partial t} \tag{12.2.22}$$

将式(12.2.22)代入式(12.2.21),给出关于压力 p 的方程

$$\frac{\partial^2 p}{\partial z^2} = \frac{1}{\chi_c}\frac{\partial p}{\partial t} \tag{12.2.23}$$

其中,χ_c 称为土壤的固结常数。

$$\chi_c = \frac{K}{\mu}\left(\frac{Q}{a\alpha^2 Q + 1}\right) \tag{12.2.24}$$

考虑到土壤上表面压力为大气压 p_a。令 $P = p - p_a$,关于孔隙水压力 p 的定解问题写出如下:

$$\frac{\partial^2 P}{\partial z^2} = \frac{1}{\chi_c}\frac{\partial P}{\partial t} \quad (0 < z < H, t \geqslant 0) \tag{12.2.25}$$

$$P(z,t) = 0 \quad (z = 0, t \geqslant 0) \tag{12.2.26}$$

$$\frac{\partial P}{\partial z} = 0 \quad (z = h, t \geqslant 0) \tag{12.2.27}$$

$$P(z,t) = p_0 \quad (0 < z < H, t = 0) \tag{12.2.28}$$

这是有限区间的一维流动问题。按表3.1第8行,查得特征函数和范数分别为

$$z_m = \sin\beta_m z = \sin\frac{(2m-1)\pi z}{2H}, \quad \frac{1}{N(\beta_m)} = \frac{2}{H}$$

所以压力 $P(z,t)$ 可以写成

$$\begin{aligned} P(z,t) &= \frac{2}{H}\sum_{n=1}^{\infty}\exp\left[-\left(\frac{(2n-1)\pi}{2H}\right)^2\chi_c t\right]\sin\frac{(2n-1)\pi z}{2H}\int_{z=0}^{H}\sin\frac{(2n-1)\pi z}{2H}P_0\,\mathrm{d}z \\ &= P_0\left[\frac{2}{H}\sum_{n=1}^{\infty}\frac{2H}{(2n-1)\pi}\sin\frac{(2n-1)\pi z}{2H}\right]\exp\left[-\left(\frac{(2n-1)\pi}{2H}\right)^2\chi_c t\right] \end{aligned} \tag{12.2.29}$$

当 $t=0$ 时，式(12.2.29)右边看似不趋于 P_0，这要按 3.4.5 小节中所述检查吉布斯现象。类似习题 3.17，可以证明式(12.2.29)方括号内的封闭形式为 $H/2$，就是说方括号内的量为 1。因而解式(12.2.29)满足初始条件。

12.2.2.2　地面沉降

有了解式(12.2.29)，再利用式(12.2.20)即可求得**地面沉降**。将式(12.2.20)写成

$$\frac{\partial u_z}{\partial z} = \alpha a p + a\sigma_z \tag{12.2.30}$$

则总的沉降(即 z 向位移)为

$$\begin{aligned} u_0 &= \int_0^H \frac{\partial u_z}{\partial z}\mathrm{d}z \\ &= \frac{8a\alpha}{\pi^2}P_0\sum_{n=1}^{\infty}\frac{1}{(2n+1)^2}\exp\left[-\left(\frac{(2n+1)\pi}{2H}\right)^2\chi_c t\right] - aH\sigma_z \end{aligned} \tag{12.2.31}$$

在刚加载瞬间，$t=0$，下沉量是

$$u_i = \frac{8a\alpha}{\pi^2}P_0\sum_{n=0}^{\infty}\frac{1}{(2n+1)^2} = -aH\sigma_z \tag{12.2.32}$$

考虑到级数

$$\sum_{n=0}^{\infty}\frac{1}{(2n+1)^2} = \frac{\pi^2}{8}$$

初始沉降量可简化为

$$u_i = a\alpha P_0 - aH\sigma_z \tag{12.2.33}$$

下面讨论加载以后的沉降速度。水的挤出有个渗流过程。这个过程中沉降量是 $u_o - u_i$，用 u_s 表示，则

$$u_s = a\alpha P_0\left\{\frac{8}{\pi^2}\sum_{n=0}^{\infty}\frac{1}{(2n+1)^2}\exp\left[-\left(\frac{(2n+1)\pi}{2H}\right)^2\chi_c t\right] - 1\right\} \tag{12.2.34}$$

因而沉降速度为

$$\frac{\mathrm{d}u_s}{\mathrm{d}t} = \frac{2a\alpha P_0\chi_c}{H^2}\sum_{n=0}^{\infty}\exp\left[-\left(\frac{(2n+1)\pi}{2H}\right)^2\chi_c t\right] \tag{12.2.35}$$

式(12.2.35)表明：初始时刻沉降速度很大。随着时间增加沉降速率越来越小。

12.3　热流固耦合饱和渗流

热流固耦合渗流在国外通常称为 coupled thermal-hydrological-mechanical (THM) processes。国内也有称为温度场、渗流场与应力场的耦合。为简洁起见，本章称为热流固耦合渗流。

基于饱和多孔材料小变形情形的线性热弹性理论，考虑了流体和固体密度以及孔隙度随压力和温度的变化关系，液体黏度随温度的变化关系，还有能量方程。给出了一个简明的热流固耦合完全方程组。鉴于某些耦合过程（如核废料库的安全评估）需模拟几十年甚至上万年的时间，该方程组突出了应变量对时间的导数。

下面分别研究渗流方程、本构方程和能量方程。以拉应力为正。

12.3.1 渗流方程

本小节所要建立的渗流微分方程与 12.2 节的不同之处在于：密度、孔隙度和液体黏度的状态方程中要考虑温度的影响（孔祥言等，2005）。

12.3.1.1 Darcy 方程和连续性方程

Darcy 方程与 12.2 节讨论的式(12.2.3)形式上相同，只是要考虑黏度的状态方程 $\mu_1=\mu(p,T)$。实验表明通常的液体如水的黏度 μ_w 随压力变化很小可不考虑，但随温度变化非常明显。μ_w 从 0 ℃ 的 1.794 mPa·s 降到 100 ℃ 的 0.284 mPa·s，相差约 6 倍。若以 mPa·s 为单位，可用多项式较简洁地表示为

$$\begin{aligned}\mu_w(T) &= a_0 - a_1T + a_2T^2 - a_3T^3 + a_4T^4 - a_5T^5 \\ &= \sum_{k=0}^{5}(-1)^k a_k T^k \quad (0\,℃ < T < 100\,℃)\end{aligned} \tag{12.3.1}$$

其中常数 a_k 为

$$\begin{aligned} a_0 &= 1.794000\times10^{-3}, \quad a_1 = 5.720416\times10^{-2} \\ a_2 &= 1.137187\times10^{-3}, \quad a_3 = 1.364583\times10^{-5} \\ a_4 &= 8.828125\times10^{-8}, \quad a_5 = 2.343750\times10^{-10}\end{aligned}$$

Darcy 方程写成

$$\phi\nu_r = -\frac{\boldsymbol{K}}{\mu_1(T)}\cdot(\nabla p + \rho_1 g\nabla z) \tag{12.3.2}$$

其中 ϕ，ρ_1 和 K 的表达式在下面给出，$\nabla z=(0,0,1)$。

连续性方程与 12.2 节讨论的式(12.2.9)形式上相同，仍写成

$$\phi\frac{\partial\rho_1}{\partial t} + \rho_1\frac{\partial\varepsilon_v}{\partial t} + \frac{(1-\phi)\rho_1}{\rho_s}\frac{\partial\rho_s}{\partial t} + \nabla\cdot(\rho_1\phi\nu_r) = 0 \tag{12.3.3}$$

但其中的 ϕ，ρ_1 的 ρ_s 分别由式(12.3.4)、式(12.3.5)和式(12.3.6)给出。

12.3.1.2 状态方程

流体密度 ρ_1、固体密度 ρ_s、孔隙度 ϕ 和渗流率 k 用状态变量 p，T 表示如下：

1. 密度和孔隙度

基于小变形假设，ϕ，ρ_1 和 ρ_s 可表示为

$$\phi = \phi_0[1 + c_\phi(p - p_0) + \beta_\phi(T - T_0)] = \phi_0(1 + c_\phi\nabla p + \beta_\phi\nabla T) \tag{12.3.4}$$

$$\rho_1 = \rho_{10}[1 + c_1(p - p_0) - \beta_1(T - T_0)] = \rho_{10}(1 + c_1\nabla p - \beta_1\nabla T) \tag{12.3.5}$$

$$\rho_s = \rho_{s0}\left[1 + \frac{p - p_0}{K_m} - 3\beta_{Tm}(T - T_0) - \frac{\mathrm{tr}(\boldsymbol{\sigma}' - \boldsymbol{\sigma}'_0)}{(1 - \phi)3K_m}\right] \tag{12.3.6}$$

表示 ρ_s 的方括号中 1,2,4 项已在式(12.2.10)中给出并说明,这里不再重复。第 3 项是由温度变化引起的固体密度的变化。$\boldsymbol{\sigma}'_0$将由式(12.3.13)给出。下标 0 表示参考量,$\nabla p = p - p_0$,$\nabla T = T - T_0$,K_m 是固体基质的体积模量。

ρ_s 对时间 t 求导数要用到 $\mathrm{tr}(\boldsymbol{\sigma}')$对 t 求导数的表达式,即式(12.3.15)。不难求得连续性方程(12.3.3)中第三项 ρ_s 的导数

$$\begin{aligned}\frac{(1 - \phi)}{\rho_s}\frac{\partial \rho_s}{\partial t} &= -\frac{K_b}{K_m}\frac{\partial \varepsilon_v}{\partial t} + \frac{1}{K_m}\left[1 - \phi - \frac{K_b}{K_m}\right]\frac{\partial p}{\partial t} \\ &\quad - 3\left[(1 - \phi)\beta_{Tm} - \frac{K_b}{K_m}\beta_{Tb}\right]\frac{\partial T}{\partial t}\end{aligned} \tag{12.3.7}$$

其中,K_b 是整体的体积模量;β_{Tm}和 β_{Tb}分别表示固体基质和整体的线膨胀系数。

式(12.3.4)~式(12.3.7)中各系数定义为

$$c_1 = \frac{1}{\rho_0}\left(\frac{\partial \rho_1}{\partial p}\right)_0,\quad c_\phi = \frac{1}{\phi_0}\left(\frac{\partial \phi}{\partial p}\right)_0,\quad c_t = c_1 + c_\phi \tag{12.3.8a}$$

$$\beta_1 = -\frac{1}{\rho_0}\left(\frac{\partial \rho_1}{\partial T}\right)_0,\quad \beta_\phi = \frac{1}{\phi_0}\left(\frac{\partial \phi}{\partial T}\right)_0,\quad \beta_t = \beta_1 + \beta_\phi \tag{12.3.8b}$$

$$3\beta_{Tm} = \frac{1}{\rho_s}\frac{\partial \rho_s}{\partial T},\quad 3\beta_{Tb} = \frac{1}{V_b}\frac{\partial V_b}{\partial T} \tag{12.3.8c}$$

严格地说,ϕ 还应与固体所受应力或应变有关。在小变形假设下,可以认为由应变引起的 ϕ 变化值比 p 和 T 引起的要小,可以忽略。

2. 渗透率 K

对于均质情形,渗透率 K 用经验关系式表示为 $K = \sigma\phi^3/\Sigma^2$,其中 $\Sigma = A_p/V_b$ 为多孔材料的比面。A_p 是整体体积为 V_b 的多孔材料内孔隙的面积,于是有

$$\frac{K}{K_0} = \left(\frac{\phi}{\phi_0}\right)^3\left(\frac{\varepsilon}{\varepsilon_0}\right)^2 \tag{12.3.9}$$

考虑到

$$\frac{1}{V_{b0}^2}(V_{b0} + \Delta V_b)^2 = (1 + \varepsilon_v)^2,\quad \frac{A_{p0}^2}{(A_{p0} + \Delta A_p)^2} = 1 - \frac{2\Delta A_p}{A_{p0}}$$

令 $\Delta A_{p0}/A_{p0} \approx 2\varepsilon_v/3$,再注意到式(12.3.4),最后得

$$K/K_0 = (1 - c_\phi\Delta p + \beta_\phi\Delta T)(1 + 2\varepsilon_v/3) \tag{12.3.10}$$

12.3.1.3 渗流微分方程

将 Darcy 方程(12.3.2)代入连续性方程(12.3.3)中第 4 项消去速度 v_r,将 ρ_s 导数式(12.3.7)代入连续性方程第 3 项消去密度 ρ_s,并令 $\alpha = 1 - K_b/K_m$,注意到状态方程(12.3.4)和方程(12.3.5),整理可得渗流微分方程

$$\alpha\frac{\partial \varepsilon_v}{\partial t} + \left(\frac{\alpha - \phi}{K_m} + c_1\phi\right)\frac{\partial p}{\partial t} + [3(1 - \alpha)\beta_{Tb} - (1 - \phi)\beta_{Tm} - \phi\beta_1]\frac{\partial T}{\partial t}$$

$$= \nabla \cdot \left[\frac{k}{\mu_1(T)}(\nabla p + \rho_1 g \nabla z)\right] \tag{12.3.11}$$

12.3.2 热流固耦合的本构关系

基于线性热弹性假设，总的应变应是应力导致的应变、压力引起的应变与热应变的代数和。回忆起式(12.1.37)以及式(12.1.43)，固体骨架的总应变可写成

$$\boldsymbol{\varepsilon} = \frac{1}{2G}\boldsymbol{\sigma}' - \frac{\nu}{2G(1+\nu)}\mathrm{tr}(\boldsymbol{\sigma}')\boldsymbol{I} - \frac{1}{3K_m}(p - p_0)\boldsymbol{I} + \beta_{Tb}(T - T_0)\boldsymbol{I} \tag{12.3.12}$$

由式(12.3.12)可解出用应变表示应力的方程

$$\boldsymbol{\sigma}' = 2G\boldsymbol{\varepsilon} + \lambda\,\mathrm{tr}(\boldsymbol{\varepsilon})\boldsymbol{I} + \frac{K_b}{K_m}(p - p_0)\boldsymbol{I} - 3\beta_{Tb}K_b(T - T_0)\boldsymbol{I} \tag{12.3.13}$$

对式(12.3.13)两边取迹，注意到 $2G + 3\lambda = 3K_b$，给出

$$\mathrm{tr}(\boldsymbol{\sigma}') = 3K_b\varepsilon_v + 3\frac{K_b}{K_m}(p - p_0) - 9K_b\beta_{Tb}(T - T_0) \tag{12.3.14}$$

式(12.3.14)两边对时间 t 取导数，再除以 $3K_m$，可得

$$-\frac{1}{3K_m}\frac{\partial}{\partial t}\mathrm{tr}(\boldsymbol{\sigma}') = -\frac{K_b}{K_m}\frac{\partial \varepsilon_v}{\partial t} - \frac{K_b}{K_m^2}\frac{\partial p}{\partial t} + \frac{3K_b}{K_m}\beta_{Tb}\frac{\partial T}{\partial t} \tag{12.3.15}$$

这里应力 $\boldsymbol{\sigma}'$ 由宏观应力 $\boldsymbol{\sigma}$ 和内部压力 $p\boldsymbol{I}$ 两部分组成，即 $\boldsymbol{\sigma}' = \boldsymbol{\sigma} + p\boldsymbol{I}$。所以热流固耦合的本构方程又可写成

$$\boldsymbol{\sigma} = 2G\boldsymbol{\varepsilon} + \lambda\,\mathrm{tr}(\boldsymbol{\varepsilon})\boldsymbol{I} - \alpha p\boldsymbol{I} - 3\beta_{Tb}K_b(T - T_0)\boldsymbol{I} \tag{12.3.16}$$

利用应变位移 $\varepsilon_{ij} = (u_{i,j} + u_{j,i})/2$[公式(12.1.13)]，式(12.3.16)用指标符号可写成

$$\sigma_{ij} = G(u_{i,j} + u_{j,i}) + \lambda u_{k,k} - 3K_b\beta_{Tb}(T - T_0)\delta_{ij} - \alpha p\delta_{ij} \tag{12.3.17}$$

将式(12.3.17)对 x_j 求导数，并利用平衡方程 $\sigma_{ij,j} + f_i = 0$，可得

$$G\Delta^2 u_i + (G + \lambda)\varepsilon_{v,i} - 3K_b\beta_{Tb}T_{,j}\delta_{ij} - \alpha p_{,j}\delta_{ij} + f_i = 0 \quad (i = 1,2,3) \tag{12.3.18}$$

将式(12.3.18)对时间 t 求导数。取直角坐标系使 $f_x = f_y = 0$ 以及 $f_z = -[\phi\rho_1 + (1-\phi)\rho_s]g$，并注意到状态方程，最后得热流固耦合用位移量 u 表示的方程为

$$G\frac{\partial}{\partial t}(\nabla u_x) + (G + \lambda)\frac{\partial^2 \varepsilon_v}{\partial x\partial t} - \alpha\frac{\partial^2 p}{\partial x\partial t} - 3K_b\beta_{Tb}\frac{\partial^2 T}{\partial x\partial t} = 0 \tag{12.3.19a}$$

$$G\frac{\partial}{\partial t}(\nabla^2 u_y) + (G + \lambda)\frac{\partial^2 \varepsilon_v}{\partial y\partial t} - \alpha\frac{\partial^2 p}{\partial y\partial t} - 3K_b\beta_{Tb}\frac{\partial^2 T}{\partial y\partial t} = 0 \tag{12.3.19b}$$

$$\begin{aligned}
&G\frac{\partial}{\partial t}(\nabla^2 u_z) + (G + \lambda)\frac{\partial^2 \varepsilon_v}{\partial z\partial t} - \alpha\frac{\partial^2 p}{\partial z\partial t} - 3K_b\beta_{Tb}\frac{\partial^2 T}{\partial z\partial t} \\
&- \left[\rho_{10}\phi c_1 + \rho_{s0}\left(\frac{\alpha - \phi}{K_m} - \phi_0 c_\phi\right)\right]g\frac{\partial p}{\partial t} \\
&- \left\{\rho_{10}\phi\beta_t - \rho_{s0}[3(1-\alpha)\beta_{Tb} - 3(1-\phi)\beta_{Tm} - \phi_0\beta_0]\right\}g\frac{\partial T}{\partial t} = 0
\end{aligned} \tag{12.3.19c}$$

这 3 个方程只含压力 p，温度 T 和位移分量 u_i(或应变分量)5 个应变量。前面已给出一个

渗流微分方程(12.3.11),所以还需要补充一个方程,即能量方程。

12.3.3 能量方程

根据热力学第一定律,单位体积单位时间内由外界传入系统的能量与内部热源产生的能量之和等于物质内能的增量与力对外做功率之和。在1.7节所述能量方程的基础上,再考虑固体的弹性变形,单相液体饱和多孔介质情形的热流固耦合方程为

$$\frac{\partial}{\partial t}[\phi\rho_1 e_1+(1-\phi)\rho_s c_{sv}T]+(1-\phi)3\beta_{Tm}K_m T\frac{\partial\varepsilon_v}{\partial t}+\nabla\cdot(k_t\nabla T)$$
$$+\nabla\cdot[\rho_1 h_1\phi(\boldsymbol{v}_r+\boldsymbol{v}_s)+(1-\phi)\rho_s h_s\boldsymbol{v}_s]+\phi p\nabla\cdot(\boldsymbol{v}_r+\boldsymbol{v}_s)=q_{ht} \tag{12.3.20}$$

式(12.3.20)中左边第一项为系统内能的非稳态变化率,称累积项;第二项为热应变能的变化率;第三项是导热项;第四项为单位时间内传入与传出的能量之差,称对流项;第五项是流体压力对外做功率。等式右边为总的热源强度,如核废料贮存库中核废料的放射能或火烧油层产生的化学能等。e 和 h 分别为单位质量的内能和热含量(即比内能和比焓),k_t 是总的热导率,并有

$$k_t=\phi k_1+(1-\phi)k_s,\quad e_1=c_{lv}(T-T_0) \tag{12.3.21a}$$

$$h_1=e_1-\frac{p}{\rho}=c_{ep}(T-T_0),\quad h_s=e_s-\frac{1}{\rho_s}\sigma_{ij}\varepsilon_{ij}=c_{sp}(T-T_0) \tag{12.3.21b}$$

其中,c_v 和 c_p 分别表示定容比热和定压比热;下标 l 和 s 对应于液体和固体。

将方程(12.3.20)左边第一项展开,并将第四项用式(12.3.2)和式(12.2.8)进行改写,整理即得只含 p,T 和 u_i(或应变分量)的能量方程为

$$\left[\rho_{s0}c_{sv}\left(\frac{\alpha-\phi}{K_m}-\phi_0 c_\phi\right)T\right]\frac{\partial p}{\partial t}-\left[\rho_{s0}c_{sv}\left(\phi\beta_\phi+3(1-\phi)\beta_{Tm}-3\frac{K_b}{K_m}\beta_{Tb}T\right)\right]\frac{\partial T}{\partial t}$$
$$+\left[\rho_{s0}c_{sv}\frac{K_b}{K_m}T+(1-\phi)3\beta_{Tm}K_m T_0+\phi\rho_1 c_{lp}T+(1-\phi)\rho_s c_{sp}T+\phi p\right]\frac{\partial\varepsilon_v}{\partial t}$$
$$-\nabla\cdot\left[(\rho_1 c_{lp}T+p)\frac{K}{\mu}(\nabla p+\rho_1 g\nabla z)\right]+\nabla\cdot(k_t\nabla T)=q_{ht} \tag{12.3.22}$$

方程(12.3.11)、方程(12.3.19)和(12.3.22)构成求解 p,T 和 u_i 的完整方程组。

1. 边界条件和初始条件

对应于控制方程组中的应变量,热流固耦合问题的边界条件应为:

(1) 给定所讨论区域 Ω 界面 S 上的温度 $T^0(\boldsymbol{x},t)$ 或热通量 $F_h^0(\boldsymbol{x},t)$,其中 $\boldsymbol{x}=(x,y,z)$。

(2) 给定界面 S 上压力 $p^0(x,t)$ 和施加的应力 $\sigma^0(\boldsymbol{x},t)$,以及通过井筒或沟槽的体积流量 $Q^0(\boldsymbol{x},t)$。

(3) 给定界面 S 上的位移量 $\boldsymbol{u}^0(\boldsymbol{x},t)$。

初始条件应为:给定所讨论区域 Ω 上温度、压力和位移的初始值 $T(\boldsymbol{x},0)$,$p(\boldsymbol{x},0)$ 和 $\boldsymbol{u}(\boldsymbol{x},0)$。有了边界条件和初始条件,就可以对方程组进行求解。求得 p,T 和 u_i 之后,对所研究区域 Ω 中某些代表性的点,可给出压力和温度随时间 t 的变化关系。然后由式(12.3.2)可求出渗流速度 $\phi\boldsymbol{v}_r$;由应变位移公式可算出应变 ε_{ij} 和裂缝开度的变化,进而由式

(12.3.17)算出应力分布 σ_{ij}。对地下水和油藏开发的情形,可进一步算出通过井筒的流量变化。对于核废料贮存率,可进一步研究放射性核元素的运移规律。

由于方程组是非线性的,除少数特殊情形并且通过大量简化可求出其解析解外,一般需要用数值方法进行求解。

2. 讨论

(1) 方程组(12.3.11)、方程组(12.3.19)和方程组(12.3.22)适用于均匀多孔介质、弹性变形、充满微可压缩单相液体有热源的热流固耦合的一般情形。对于渗透性和导热性为均质的且流体不可压缩和无热源的情形,方程组将大为简化。如果是等温的,方程组可退化为流固耦合渗流的控制方程。

(2) 对于油水两相渗流,在应变函数中多出一个饱和度。需在原有方程组的基础上再补充一个渗流方程。

(3) 对孔隙-裂隙双重介质,在应变函数中多出一个压力(或速度),也需在原有方程的基础上补充一个渗流方程。

(4) 对于各向异性或横观各向异性的弹性固体介质,本构方程应做相应的改变。

(5) 若要讨论在应力作用下岩石的破坏或断裂,则涉及岩石的诸多特性参数,如剪切强度、内摩擦角 φ 和膨胀角 i 等,可按库仑模型,用 σ_n 表示法向应力,岩石的峰值剪切强度可用 $\tau_p = \sigma_n \tan(\varphi + i)$表示。

12.3.4 热流固耦合渗流的近似处理

12.3.1～12.3.3 小节是考虑比较精细的情形。对有些问题,特别是外加应力和流体压力的变化都不是太大且运动时间不是太长的情形,为使方程便于求解、其精度又能满足工程的需要,可适当进行简化。Noorishad 等(1984)曾利用过一种简化的数学模型,该模型对各方程的简化主要有以下几个方面:

12.3.4.1 渗流微分方程

首先是将固体密度 ρ_s 当做常数处理,即不考虑 ρ_s 随时间和空间的变化。这样状态方程(12.3.6)进而方程(12.3.7)将不出现。连续性方程(12.3.3)简化为

$$\phi \frac{\partial \rho_l}{\partial t} + \rho_l \frac{\partial \varepsilon_v}{\partial t} + \nabla \cdot (\rho_l \phi \boldsymbol{v}_r) = 0 \tag{12.3.23}$$

按式(12.3.8c)考虑到 β_{Tm}为零。这样,最后将原来的渗流微分方程(12.3.11)简化为

$$\frac{\rho_l}{\rho}\alpha \frac{\partial \varepsilon_v}{\partial t} + \phi c_l \frac{\partial p}{\partial t} + \phi \beta_l \frac{\partial T}{\partial t} - \frac{\varepsilon_v}{\rho_0}\frac{\partial \rho_l}{\partial t} = \nabla \cdot \left[\frac{\rho_l}{\rho_0}\frac{\boldsymbol{K}}{\mu} \cdot (\nabla p + \rho_l g \nabla z)\right] \tag{12.3.24}$$

12.3.4.2 本构方程

本构方程不会有多少变化,对压力 p 取正值,式(12.3.17)现在写成

$$\sigma_{ij} = G(u_{i,j} + u_{j,i}) + \lambda u_{k,k} - 3\beta_T \boldsymbol{K}_b (T - T_0)\delta_{ij} + \alpha p \delta_{ij}$$

然后代入平衡方程

$$\frac{\partial \sigma_{ij}}{\partial x_j} + \rho f_i = 0 \qquad (12.3.25)$$

12.3.4.3　能量方程

能量方程可由式(12.3.20)作近似处理。该式左边第一项流体内能 $e_1 = e_{lv}(T - T_0)$，将温度 T 的系数对 t 的偏导数略去不计；第二项 $\beta_{Tm} K_m T$ 近似为 $\beta_T K_b T_0$；第三项即对流项对含 $\boldsymbol{v}_s$ 部分略去不计而只包含 $\boldsymbol{v}_r$ 部分；第四项是压力对外做功率不予考虑；也不考虑热源项。则方程简化为

$$[\rho_1 \phi c_{lv} + \rho_s(1-\phi)c_{sv}]\frac{\partial T}{\partial t} + (1-\phi)3\beta_T K_b T_0 \frac{\partial \varepsilon_v}{\partial_t}$$

$$+ c_{lv}\rho_1 \frac{\boldsymbol{K}}{\mu_1}\cdot(\nabla p + \rho_1 g \nabla z)\cdot \nabla T + \nabla\cdot(k_t \nabla T) = 0 \qquad (12.3.26)$$

由方程(12.3.24)、方程(12.3.25)和方程(12.3.26)组成一个完整的方程组，在给定边界条件和初始条件后可求得近似结果。

应用：加热器附近热流固耦合现象分析

Noorishad 等应用上述简化模型对加热器周围的热流固耦合现象进行了模拟，所模拟的事例如图 12.3 所示。固体部分是半径为 20 m、总高 690 m 的多孔轴对称花岗岩，图中示出其纵向剖面一半的有限元模型。在其 350 m 深处轴线上放一 5 kW 的加热器；加热器以下 3 m 处有一水平裂缝，裂缝从中心处一直延伸到离加热器径向距离 20 m 处；在加热器以上用圆柱形阴影区表示的是加热器导坑(drift)，它是通过选配杨氏模量很低的几个单元进行模拟的。岩石和裂缝的特性参数列在表 12.2 中。

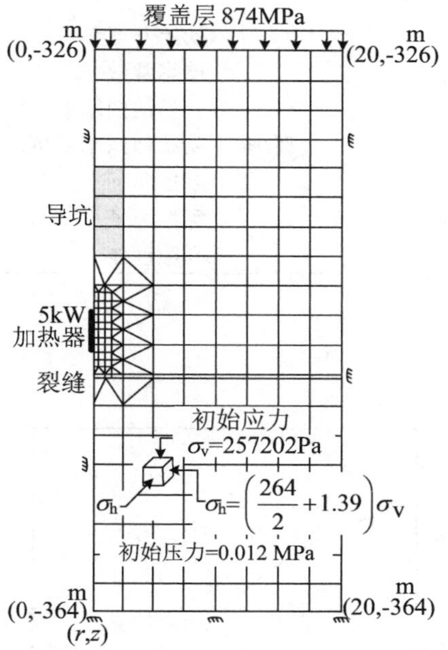

图 12.3　热源环境的有限元模拟

在加热器使岩体温度上升之前，从静水外边界向大气压(零水压)下孔穴流动的流量较高。然后，随加热岩石在裂缝处膨胀以及加热器孔穴附近裂缝开度的闭合，流量迅速下降，图 12.4 给出在 12 天内流体从外边界流向加热器孔穴的流量变化过程。

裂缝中流体压力和裂缝开度随时间的变化曲线以及沿加热器中平面温度的变化结果给在图 12.5 中。该图分上、中、下三个部分：上部给出几个代表性时刻裂缝中流体压力的径向分布；下部给出这几个代表性时刻裂缝开度的径向分布；而中部是在第 4 天和第 14 天时温度的增加状况。由图的上部可以看出：加热器刚开始工作时(0 天)，裂缝发生变化之前，完全的流体静压在裂缝中占优势；在 0.25 天，热锋面有较大推进之前，压力迅速下降，越靠近加热器下降得越多；当热应力建立起来后，裂缝开始闭合因而裂缝中压力开始上升，最终在第 14 天时导致裂缝中完全的压力建立起来，与第 0 天相同。由图的下部可以看出：开始时

(0 天)裂缝开度为 0.1 m,随着时间进展,裂缝的开度越来越大。

表 12.2 分析经裂缝流入加热器孔穴流量所用的数据

材料	特性参数	数值
岩石	密度 ρ_s	2.6×10^3 kg · m^{-3}
	孔隙度 ϕ	5.0×10^{-2}
	杨氏模量 E_s	51.3 GPa
	泊松比 ν	0.23
	热膨胀系数 β_T	8.8×10^{-5} ℃$^{-1}$
	比热 c_{sv}	2.1×10^{-1} kJ · kg^{-1} · ℃$^{-1}$
	热导率 k_s	3.18×10^{-3} kJ · m^{-1} · s^{-1} · ℃$^{-1}$
	渗透率 K	1.0×10^{-18} m^2
	储容常数 ϕc_1	5.0 GPa
	耦合常数 α	1.0
裂缝	初始开度 $2b$	10^{-1} m
	储容常数 ϕc_1	5.0 GPa
	初始法向刚度 K_n	85 GPa · m^{-1}
	初始切向刚度 K_s	0.85 GPa · m^{-1}
	摩擦角 ψ	30°
	黏聚力 C	0.0
	孔隙度 ϕ	1.0

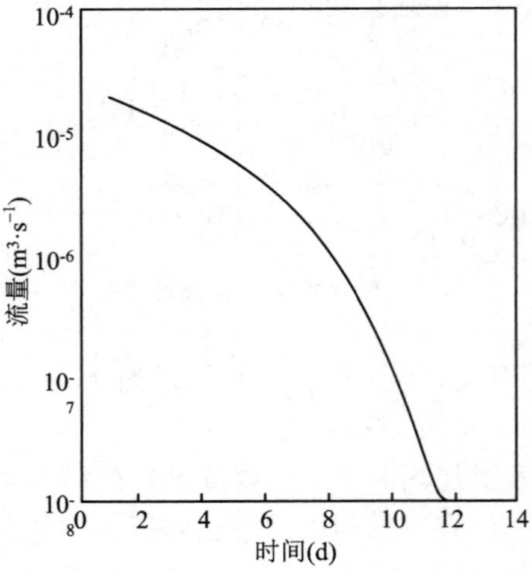

图 12.4 流体流向加热器孔穴的流量随时间的变化曲线

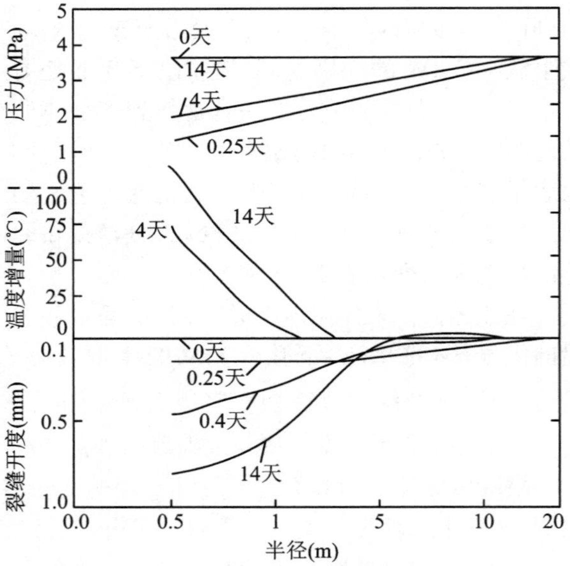

图 12.5 不同时刻裂缝中流体压力、温度增量和开度的径向分布

12.4　热流固耦合非饱和渗流

本节基于线化的湿-热弹性理论，建立了热流固耦合的本构方程、水和气体的渗流微分方程以及能量方程。其中非饱和渗流部分考虑到水的蒸发—凝结这种相变过程。这是气液两相渗流，液相中含有溶解的空气，气相中含有空气和水蒸气。

这在现代土力学中有重要的应用价值，特别是核废料贮存库中缓冲区的分析计算以及冻土带路基融化的耦合过程等。

将所研究的整个区域看做是固、液、气三相混合物。固体骨架中孔隙一部分被水占据，另一部分被气体占据，其饱和度分别为 s 和 $s_g = 1 - s$。对于地下水非饱和带，气体是空气；对于油藏，气体是石油气，液相由水、油和溶解气组成。

固体介质可以是孔隙岩石或裂缝岩石。控制方程包括：混合物的本构方程，它由多孔湿-热弹性本构关系以及修正的有效应力公式联立导出；水的渗流微分方程以及气体的渗流微分方程；还有一个能量方程。

为建立这些方程，作以下基本假设：

(1) 固体介质是各向同性的。

(2) 所研究区域中是瞬间热平衡的。

(3) 对地下水饱和带而言，空气压力 p_g 被认为是 1 个大气压，且其宏观速度 $v_g = 0$。如推广到油气水渗流，则无此限制。

(4) 液体的流动遵从 Darcy 定律及其在多相流中的推广。

(5) 空气遵从理想气体的状态方程，蒸汽由 Kelvin 关系表示。

(6) 对于土壤，其湿应变大于热应变，必须计及；而对于坚硬的岩石，湿应变忽略不计。

(7) 固体速度 $\boldsymbol{v}_s$ 与 ϕ, s, ρ 等标量梯度 ∇q 的乘积 $\boldsymbol{v}_s \nabla q$ 与方程中其他项相比是高阶小量，可忽略不计。

(8) 以拉应力为正。

12.4.1　本构关系

基于线化湿-热弹性假设，即总的应变是宏观应力导致的应变、湿应变、热应变与压力引起的应变之和。

(1) 热应变与湿应变

如前所述，在线性假设下，热应变仍由式(12.4.1)表示

$$\boldsymbol{\varepsilon}_T = \beta_T (T - T_0) \boldsymbol{I} \tag{12.4.1}$$

其中，β_T 为线热膨胀系数。对于膨胀性的土壤，当多孔介质中含水饱和度由 s_0 上升到 s 时，会产生明显的湿涨。在线性假设下，湿应度可写成

$$\boldsymbol{\varepsilon}_M = \beta_M (s - s_0) \boldsymbol{I} \tag{12.4.2}$$

其中，β_M 为湿涨系数。

(2) 压力引起的应变

对各向同性的固体介质，压力增强沿三个轴向引起的应变相等，而不会产生切应变。作用在固体颗粒上的体应变为 $-(\overline{p}-\overline{p}_0)/K_m$，而单向线应变为 $-(\overline{p}-\overline{p}_0)/3K_m$，所以有

$$\boldsymbol{\varepsilon}_p = -\frac{1}{3K_m}(\overline{p}-\overline{p}_0)\boldsymbol{I} \tag{12.4.3}$$

其中，$\overline{p}$ 是加权平均压力，可以有两种表示方法：

$$\overline{p} = \begin{cases} sp + (1-s)p_g = p_g - sp_c & (12.4.4a) \\ \chi p + (1-\chi)p_g = p_g - \chi p_c & (12.4.4b) \end{cases}$$

其中，p 和 p_g 分别为孔隙中液体和气体的压力；$p_c = p_g - p$ 是毛管力；$\chi(s)$ 是毕晓普因子(Bishop，1963)，其值在 0 与 1 之间，由实验确定，在土壤力学中用 χ 表示较多，于是固体骨架的总应变可写成

$$\boldsymbol{\varepsilon} = \frac{\boldsymbol{\sigma}'}{2G} + \frac{\nu\mathrm{tr}(\boldsymbol{\sigma}')}{2G(1+\nu)}\boldsymbol{I} - \frac{\overline{p}-\overline{p}_0}{3K_m}\boldsymbol{I} + \beta_{Tb}(T-T_0)\boldsymbol{I} + \beta_{Mb}(s-s_0)\boldsymbol{I} \tag{12.4.5}$$

由式(12.4.5)可解出用应变表示应力的式子：

$$\boldsymbol{\sigma}' = 2G\boldsymbol{\varepsilon} + \lambda\mathrm{tr}(\boldsymbol{\varepsilon})\boldsymbol{I} + \frac{K_b}{K_m}(\overline{p}-\overline{p}_0)\boldsymbol{I} - 3K_b\beta_{Tb}(T-T_0)\boldsymbol{I} - 3K_b\beta_{Mb}(s-s_0)\boldsymbol{I} \tag{12.4.6}$$

其中，K_b 为多孔介质整体的体积模量；$3\beta_{Tb}$ 和 $3\beta_{Mb}$ 分别为固体骨架的体热膨胀和体湿涨系数。

由于 $\boldsymbol{\sigma}' = \boldsymbol{\sigma} + \overline{p}\boldsymbol{I}$，所以本构方程又可写成

$$\boldsymbol{\sigma} = 2G\boldsymbol{\varepsilon} + \lambda\mathrm{tr}(\boldsymbol{\varepsilon})\boldsymbol{I} - \alpha\overline{p}\boldsymbol{I} - 3K_b\beta_{Tb}(T-T_0)\boldsymbol{I} - 3K_b\beta_{Mb}(s-s_0)\boldsymbol{I} \tag{12.4.7}$$

其中，$\alpha = 1 - K_b/K_m$ 为 Biot 耦合系数。

利用固体力学的平衡方程 $\nabla\cdot\boldsymbol{\sigma} + \boldsymbol{f} = 0$，若式中体力 $\boldsymbol{f}$ 就是重力，取 z 轴向上和混合物密度

$$\rho_m = \phi(s\rho_l + \rho_g - s\rho_g) + (1-\phi)\rho_s$$

则可写成

$$\boldsymbol{f} = [\phi(s\rho_l + \rho_g - s\rho_g) + (1-\phi)\rho_s]\boldsymbol{g} \tag{12.4.8}$$

将式(12.4.7)和式(12.4.8)代入平衡方程，并逐项对时间 t 求偏导数，可得

$$\nabla\cdot\left[2G\frac{\partial\boldsymbol{\varepsilon}}{\partial t} + \lambda\frac{\partial}{\partial t}\mathrm{tr}(\boldsymbol{\varepsilon})\boldsymbol{I}\right] - 3K_b\nabla\cdot\left[\left(\beta_{Tb}\frac{\partial T}{\partial t} + \beta_{Mb}\frac{\partial s}{\partial t}\right)\boldsymbol{I}\right]$$
$$-\alpha\nabla\cdot\left(\frac{\partial\overline{p}}{\partial t}\boldsymbol{I}\right) - \frac{\partial}{\partial t}[\phi(s\rho_l + \rho_g - s\rho_g) + (1-\phi)\rho_s]\boldsymbol{g} = 0 \tag{12.4.9}$$

再利用应变位移公式 $\varepsilon_{ij} = (u_{i,j} + u_{j,i})/2$，式(12.4.9)用指标符号写成

$$G\frac{\partial}{\partial t}(\nabla^2 u_i) + (G+\lambda)\frac{\partial}{\partial t}(\varepsilon_{v,i}) - \alpha\frac{\partial}{\partial t}(p_{,j})\delta_{ij} - 3K_b\frac{\partial}{\partial t}(s_j)\delta_{ij}$$
$$-3K_b\beta_{Tb}\frac{\partial}{\partial t}(T_{,j})\delta_{ij} - \frac{\partial}{\partial t}[\phi(s\rho_l + \rho_g - s\rho_g) + (1-\phi)\rho_s]g\delta_{i3} = 0 \tag{12.4.10}$$

其中 ϕ 和 ρ 应利用状态方程由 p 和 T 表示出来，这将在下面给出。

写成分量形式为

$$
\begin{cases}
G\dfrac{\partial}{\partial t}(\nabla^2 u_x)+(G+\lambda)\dfrac{\partial^2\varepsilon_v}{\partial x\partial t}-\alpha\dfrac{\partial^2 p}{\partial x\partial t}-3K_b\beta_{Tb}\dfrac{\partial^2 T}{\partial x\partial t}-3K_b\beta_{Mb}\dfrac{\partial^2 s}{\partial x\partial t}=0 & (12.4.11a)\\
G\dfrac{\partial}{\partial t}(\nabla^2 u_y)+(G+\lambda)\dfrac{\partial^2\varepsilon_v}{\partial y\partial t}-\alpha\dfrac{\partial^2 p}{\partial y\partial t}-3K_b\beta_{Tb}\dfrac{\partial^2 T}{\partial y\partial t}-3K_b\beta_{Mb}\dfrac{\partial^2 s}{\partial y\partial t}=0 & (12.4.11b)\\
G\dfrac{\partial}{\partial t}(\nabla^2 u_z)+(G+\lambda)\dfrac{\partial^2\varepsilon_v}{\partial z\partial t}-\alpha\dfrac{\partial^2 p}{\partial z\partial t}-3K_b\beta_{Tb}\dfrac{\partial^2 T}{\partial z\partial t}-3K_b\beta_{Mb}\dfrac{\partial^2 s}{\partial z\partial t} & \\
\quad -\dfrac{\partial}{\partial t}[\phi(s\rho_l+\rho_g-s\rho_g)+(1-\phi)\rho_s]g=0 & (12.4.11c)
\end{cases}
$$

这是控制方程中第一组 3 个方程，ϕ 和 ρ 用状态方程表示以后，含有 p,T,s 和 u_i（或 ε_i）共 6 个应变量。

12.4.2　渗流微分方程

渗流微分方程由连续性方程、Darcy 定律、Fick 定律和状态方程联立求得。

12.4.2.1　连续性方程

先写出水、空气和固体的连续性方程，它们分别为

$$\frac{\partial}{\partial t}(\phi s\rho_{lw}+\phi s_g\rho_v)+\nabla\cdot(\phi s\rho_{lw}\boldsymbol{v}_l)+\nabla\cdot(\phi s_g\rho_v\boldsymbol{v}_v)=q_{mw} \tag{12.4.12}$$

$$\frac{\partial}{\partial t}(\phi s\rho_{la}+\phi s_g\rho_a)+\nabla\cdot(\phi s\rho_{la}\boldsymbol{v}_l)+\nabla\cdot(\phi s_g\rho_a\boldsymbol{v}_a)=q_{ma} \tag{12.4.13}$$

$$\frac{\partial}{\partial t}[(1-\phi)\rho_s]+\nabla\cdot[(1-\phi)\rho_s\boldsymbol{v}_s]=0 \tag{12.4.14}$$

其中，$\rho_{lw},\rho_{la},\rho_v,\rho_a$ 和 ρ_s 分别为液相中的水和溶解空气的密度、气相中水蒸气和空气的密度及固体的密度。$\boldsymbol{v}_l,\boldsymbol{v}_v,\boldsymbol{v}_a$ 和 $\boldsymbol{v}_s$ 分别为液相、气相中蒸汽、气相中空气和固体颗粒的速度。对非饱和带，设 $\boldsymbol{v}_a=0$。q_{mw} 和 q_{ma} 分别为水和空气的质量源(汇)强度，由于在平衡条件下蒸发和液化的质量总是相等的，所以是互相抵消的，即 $q_{mw}=0,q_{ma}=0$。

上述速度均是相对于固定坐标系而言的，现在引进液相和蒸汽是相对于固相的速度 $\boldsymbol{v}_{rl}$ 和 $\boldsymbol{v}_{rv}$ 的，即

$$\boldsymbol{v}_{rl}=\boldsymbol{v}_l-\boldsymbol{v}_s,\qquad \boldsymbol{v}_{rv}=\boldsymbol{v}_v-\boldsymbol{v}_s \tag{12.4.15}$$

将式(12.4.15)代入式(12.4.12)和式(12.4.13)，并将式(12.4.12)～式(12.4.14)展开，可得

$$\phi\frac{\partial}{\partial t}(s\rho_{lw}+s_g\rho_v)+(s\rho_{lw}+s_g\rho_v)\frac{\partial\phi}{\partial t}+\nabla\cdot(\rho_{lw}\phi s\boldsymbol{v}_{rl})+\nabla\cdot(\rho_v\phi s_g\boldsymbol{v}_{rv})$$
$$+\rho_{lw}\phi s\nabla\cdot\boldsymbol{v}_s+\rho_v\phi s_g\nabla\cdot\boldsymbol{v}_s=0 \tag{12.4.16}$$

$$\phi \frac{\partial}{\partial t}(s\rho_{la} + s_g\rho_a) + (s\rho_l + s_g\rho_a)\frac{\partial \phi}{\partial t} + \nabla \cdot (\rho_{la}\phi s \boldsymbol{v}_{rl}) + \nabla \cdot (\rho_v \phi s_g \boldsymbol{v}_{ra})$$
$$+ \rho_{la}\phi s \nabla \cdot \boldsymbol{v}_s + \rho_a \phi s_g \nabla \cdot \boldsymbol{v}_s = 0 \tag{12.4.17}$$

$$(1-\phi)\frac{\partial \rho_s}{\partial t} - \rho_s \frac{\partial \phi}{\partial t} + (1-\phi)\rho_s \nabla \cdot \boldsymbol{v}_s = 0 \tag{12.4.18}$$

式(12.4.18)乘以$(s\rho_{lw}+\rho_v s_g)/\rho_s$与式(12.4.16)相加可消去$\partial\phi/\partial t$项,得到耦合情形中水的连续性方程

$$\phi \frac{\partial}{\partial t}(s\rho_{lw} + s_g\rho_v) + (s\rho_{lw} + s_g\rho_v)\frac{1-\phi}{\rho_s}\frac{\partial \rho_s}{\partial t} + (s\rho_{lw} + s_g\rho_v)\nabla \cdot \boldsymbol{v}_s$$
$$+ \nabla \cdot (\rho_{lw}\phi s \boldsymbol{v}_{rl}) + \nabla \cdot (\rho_v \phi s_g \boldsymbol{v}_{rv}) = 0 \tag{12.4.19}$$

同理,将式(12.4.18)乘以$(s\rho_{la}+\rho_a s_g)/\rho_s$与式(12.4.17)相加,可得到耦合情形中空气的连续性方程

$$\phi \frac{\partial}{\partial t}(s\rho_{la} + s_g\rho_a) + (s\rho_{la} + s_g\rho_a)\frac{1-\phi}{\rho_s}\frac{\partial \rho_s}{\partial t} + (s\rho_{la} + s_g\rho_a)\nabla \cdot v_s$$
$$+ \nabla \cdot (\rho_{la}\phi s \boldsymbol{v}_{rl}) + \nabla \cdot (\rho_a \phi s_g \boldsymbol{v}_{ra}) = 0 \tag{12.4.20}$$

方程(12.4.19)和方程(12.4.20)就是耦合情形的两个连续性方程。

12.4.2.2 Darcy 定律和 Fick 定律

在连续性方程(12.4.19)和方程(12.4.20)中,含有速度 v_{ra},v_{rl},v_{rv}和$\nabla \cdot v_s$。为了使在渗流微分方程中只出现 p,T,s 和u_i 这 4 个变量,必须对这些速度分别进行处理。对非饱和带中的空气,认为 $v_{ra}=0$(对油气渗流 v_{ra}要另作处理);而按式(12.2.8)$\nabla \cdot v_s$ 可用位移量 u_i 的导数表示;剩下液体相对速度 v_{rl}和蒸汽相对速度 v_{rv}可分别用 Darcy 定律和 Fick 定律通过 p 和ρ 表示出来。

回忆式(12.2.3)和第一扩散定律(8.5.12),再考虑到液体和气体的饱和度,有

$$\phi s v_{rl} = -\frac{KK_{rw}}{\mu_w}(\nabla p + \rho_l g \nabla z), \quad \nabla z = (0,0,1) \tag{12.4.21}$$

$$\phi s_g v_{rv} = \frac{1}{\rho_v} D_v \nabla \rho_v \tag{12.4.22}$$

其中,K_{rw}是气水两相流中液体水的相对渗透率,D_v 为蒸汽在空气中的扩散系数,μ_w 由式(12.3.1)表示。

12.4.2.3 状态方程及相关导数

在连续性方程中还出现了不同物质的密度,也必须用 p,T,s 等表示。为此,给出各种密度的状态方程

$$\rho_{lw} = \rho_{lo}[1 + c_w(p - p_0) - \beta_w(T - T_0)] \tag{12.4.23}$$

$$\rho_{la} = \rho_{lo}[1 + c_{la}(p - p_0) - \beta_{la}(T - T_0)] \tag{12.4.24}$$

$$\rho_a = p_a / R_a T \tag{12.4.25}$$

$$\rho_v = \rho_{vs}(T) RH = \rho_{vs}\exp\left(\frac{p}{\rho R_v T}\right) \tag{12.4.26}$$

$$\rho_s = \rho_{s0}\left[1 + \frac{\overline{p} - \overline{p}_0}{K_m} - 3\beta_{Tm}(T - T_0) - 3\beta_{Mm}(s - s_0) - \frac{\mathrm{tr}(\boldsymbol{\sigma}' - \boldsymbol{\sigma}_0')}{(1-\phi)3K_m}\right] \tag{12.4.27}$$

其中，β_w，β_{la}，β_{Tm}和 β_{Mm}分别为液相水、溶解空气的体热膨胀系数、固体基质的线热胀和线湿涨系数；$R = 8314\ \mathrm{J \cdot kmol^{-1} \cdot K^{-1}}$，$R_v(=R/M_v) = 641.5\ \mathrm{J \cdot kg^{-1} \cdot K^{-1}}$和 $R_a = 287\ \mathrm{J \cdot kg^{-1} \cdot K^{-1}}$分别为普适气体常数、水蒸气的气体常数和空气的气体常数，M_v 是蒸汽的分子量(单位：$\mathrm{kg \cdot kmol^{-1}}$)；$RH$ 是相对湿度，ρ_{vs}是饱和水蒸气密度。

在式(12.4.24)中，溶解空气的压缩系数 c_{la}可以认为与液体水的压缩系数 c_w 相等，溶解空气的热膨胀系数 β_{la}可以认为与水的热膨胀系 β_w 相等。式(12.4.26)由水蒸气的 Kelvin 关系式求得。式(12.4.27)右边方括号中第 2～5 项分别代表由流体压力、热胀、湿涨(对膨胀性土壤)和固体有效应力所引起的基质(固体颗粒)体积的相对变化。

此外，还有制约关系

$$s_g = 1 - s, \quad p_g = p + p_c \tag{12.4.28}$$

其中，p_c 是毛管力。

下面再讨论连续性方程(12.4.19)和方程(12.4.20)中的各相关导数。将这两个方程各项作进一步展开，并利用式(12.4.23)～式(12.4.28)，可将各相关导数用 p，T，s 对时间 t 的导数的形式写出如下：

$$\frac{\partial}{\partial t}(s\rho_{lw} + s_g\rho_v) = \left(s\rho_{lo}c_w + \frac{(1-s)\rho_v}{\rho_l R_v T}\right)\frac{\partial p}{\partial t} - \left(s\rho_{lo}\beta_w + \frac{(1-s)\rho_v p_v}{\rho_l R_v T}\right)\frac{\partial T}{\partial t} + (\rho_{lw} - \rho_a)\frac{\partial s}{\partial t} \tag{12.4.29}$$

$$\frac{\partial}{\partial t}(s\rho_{la} + s_g\rho_a) = s\rho_{la}c_{la}\frac{\partial p}{\partial t} - \left(s\rho_{la}\beta_{la} + \frac{(1-s)p_a}{R_a T^2}\right)\frac{\partial T}{\partial t} + (\rho_{la} - \rho_a)\frac{\partial s}{\partial t} \tag{12.4.30}$$

$$\frac{\partial \rho_v}{\partial t} = \frac{\rho_v}{\rho_l R_v T}\frac{\partial p}{\partial t} - \frac{\rho_v p_v}{\rho_l R_v T^2}\frac{\partial T}{\partial t} \tag{12.4.31}$$

$$\nabla \rho_v = \frac{\rho_v}{\rho_l R_v T}\nabla p - \frac{\rho_v p_v}{\rho_l R_v T^2}\nabla T \tag{12.4.32}$$

$$\frac{1-\phi}{\rho_s}\frac{\partial \rho_s}{\partial t} = -\frac{K_b}{K_m}\frac{\partial \varepsilon_v}{\partial t} + \frac{1}{K_m}\left(1 - \phi - \frac{K_b}{K_m}\right)\frac{\partial \overline{p}}{\partial t} - 3\left[(1-\phi)\beta_{Tm} - \frac{K_b}{K_m}\beta_{Tb}\right]\frac{\partial T}{\partial t} - \left[(1-\phi)\beta_{Mm} - \frac{K_b}{K_m}\beta_{Mb}\right]\frac{\partial s}{\partial t} \tag{12.4.33}$$

在式(12.4.33)中含有式(12.4.27)方括号中最后一项对时间 t 的导数。而这要用到式(12.3.13)关于 $\boldsymbol{\sigma}'$的方程，对 $\boldsymbol{\sigma}'$取迹给出

$$\mathrm{tr}(\boldsymbol{\sigma}') = 3K_b\varepsilon_v + 3\frac{K_b}{K_m}(\overline{p} - \overline{p}_0) - 9K_b\beta_{Tb}(T - T_0) - 9K_b\beta_{Tm}(s - s_0) \tag{12.4.34}$$

在式(12.3.15)的基础上，在右边加一湿度项，即得

$$-\frac{1}{3K_m}\frac{\partial}{\partial t}\mathrm{tr}(\boldsymbol{\sigma}') = -\frac{K_b}{K_m}\frac{\partial \varepsilon_v}{\partial t} - \frac{K_b}{K_m^2}\frac{\partial \overline{p}}{\partial t}$$

$$+\frac{3K_b}{K_m}\beta_{Tb}\frac{\partial T}{\partial t}+\frac{3K_b}{K_m}\beta_{Mb}\frac{\partial s}{\partial t} \tag{12.4.35}$$

12.4.2.4 *渗流微分方程*

本小节的最终目标是要建立水相和空气的渗流微分方程，以上 3 个部分为此提供了相应的基础。将式(12.4.21)～式(12.4.35)代入连续性方程(12.4.19)和方程(12.4.20)中，略去较小的$\partial p_g/\partial t$ 项，最后得到水和空气的渗流微分方程分别为

$$F_1^w\frac{\partial p}{\partial t}+F_2^w\frac{\partial T}{\partial t}+F_3^w\frac{\partial s}{\partial t}+F_4^w\frac{\partial \varepsilon_v}{\partial t}-\nabla\cdot\left[\rho_{lw}\frac{KK_{rw}}{\mu_w}(\nabla p+\rho g\nabla z)\right]$$
$$+\nabla\cdot\left(\frac{D_v\rho_v}{\rho_l R_v T}\nabla p-\frac{D_v\rho_v p_v}{\rho_l R_v T^2}\nabla T\right)=0 \tag{12.4.36}$$

$$F_1^a\frac{\partial p}{\partial t}+F_2^a\frac{\partial T}{\partial t}+F_3^a\frac{\partial s}{\partial t}+F_4^a\frac{\partial \varepsilon_v}{\partial t}-\nabla\cdot\left[\rho_{la}\frac{KK_{rw}}{\mu_w}(\nabla p+\rho g\nabla z)\right]=0 \tag{12.4.37}$$

这是控制方程中第二组的两个方程，其中系数

$$F_1^w=\phi\left[s\rho_{lo}c_w+\frac{(1-s)\rho_v}{\rho_l R_v T}\right]+[s\rho_{lw}+(1-s)\rho_v]\frac{\alpha-\phi}{K_m} \tag{12.4.38a}$$

$$F_2^w=\phi\left[s\rho_{lo}\beta_w+\frac{(1-s)\rho_v p_v}{\rho_l R_v T^2}\right]-[s\rho_{lw}+(1-s)\rho_v]3\left[(1-\phi)\beta_{Tm}-\frac{K_b}{K_m}\beta_{Tb}\right] \tag{12.4.38b}$$

$$F_3^w=\phi(\rho_{lw}-p_v)-[s\rho_{lw}+(1-s)\rho_v]3\left[\beta_{Mm}-\phi\beta_{Mm}-\frac{K_b}{K_m}\beta_{Mb}\right] \tag{12.4.38c}$$

$$F_4^w=\phi\alpha[s\rho_{lw}+(1-s)\rho_v] \tag{12.4.38d}$$

$$F_1^a=\phi s\rho_{la}c_{la}+[s\rho_{la}+(1-s)\rho_a]\frac{1}{K_m}\left(1-\phi-\frac{K_b}{K_m}\right) \tag{12.4.39a}$$

$$F_2^a=\phi\left[s\rho_{lo}\beta_{la}+\frac{(1-s)p_a}{R_a T^2}\right]-[s\rho_{la}+(1-s)\rho_v]3\left[\beta_{Tm}-\phi\beta_{Tm}-\frac{K_b}{K_m}\beta_{Tb}\right] \tag{12.4.39b}$$

$$F_3^a=\phi(\rho_{la}-\rho_a)-[s\rho_{la}+(1-s)\rho_a]3\left[\beta_{Mm}-\phi\beta_{Mm}-\frac{K_b}{K_m}\beta_{Mb}\right] \tag{12.4.39c}$$

$$F_4^a=[s\rho_{la}+(1-s)\rho_a]\left[1-\frac{K_b}{K_m}\right]-\phi(1-s)\rho_a \tag{12.4.39d}$$

将状态方程代入这些系数后，它们只含 p,T,s 和 u_i 这 4 个变量。

12.4.3 能量方程

与 12.3.3 小节中能量方程(12.3.20)类似，不同之处在于现在要考虑饱和度 s、面积力所做功率以及湿应变能变化率。将热流固耦合非饱和渗流的能量方程写成

$$\frac{\partial}{\partial t}\{\phi[s\rho_1 e_1+(1-s)\rho_g e_g]+(1-\varphi)\rho_s c_s T\}+(1-\phi)3K_m(\beta_{Tm}T+\beta_{Mm}s)\frac{\partial\varepsilon_v}{\partial t}$$
$$+\nabla\cdot[\rho_1 k_1\phi s(\boldsymbol{v}_{rl}+\boldsymbol{v}_s)+\rho_g h_g\phi(1-s)(\boldsymbol{v}_{rg}+\boldsymbol{v}_s)+(1-\phi)\rho_s h_s\boldsymbol{v}_s]$$
$$+[\phi s p_1\nabla\cdot(\boldsymbol{v}_{rl}+\boldsymbol{v}_s)+\phi(1-s)p_g\nabla\cdot(\boldsymbol{v}_{rg}+\boldsymbol{v}_s)]+\nabla\cdot(k_t\nabla T)$$
$$=q_{ht} \tag{12.4.40}$$

式中左边第一项是内能的变化率，称累积项；第二项为热应变能和湿变能的变化率；第三项为单位时间内传入与传出能量之差，称对流项；第四项为流体压力对外做功率之和；第五项为导热项。等式右边为总的热源强度。

这里有3个部分被认为影响较小可以忽略，就是：① 质量力对外做功的功率；② 动能的变化率；③ 黏性耗散率。

在式(12.4.40)中

$$e_1=e_{lv}(T-T_0),\quad e_g=c_{gv}(T-T_0) \tag{12.4.41}$$

$$h_1=e_1-\frac{p_1}{\rho_1}=c_{lp}(T-T_0),\quad h_g=e_g-\frac{p_g}{\rho_g}=c_{gp}(T-T_0) \tag{12.4.42}$$

$$h_s=e_s-\frac{1}{\rho_s}\sigma_{ij}\varepsilon_{ij}=c_{sp}(T-T_0) \tag{12.4.43}$$

其中，c_v 和 c_p 分别表示定容和定压比热，而总的热导率 h_t 为

$$h_t=\phi[sh_1+(1-s)h_g]+(1-\phi)h_s \tag{12.4.44}$$

其中，h_1,h_g 和 h_s 分别为液体、气体和固体的热导率。

利用与12.3.3小节类似的处理方法，将等式(12.4.40)右边第一、三和四项展开，注意到式(12.4.21)～式(12.4.35)，整理的结果给出能量方程

$$E_1\frac{\partial p}{\partial t}+E_2\frac{\partial T}{\partial t}+E_3\frac{\partial s}{\partial t}+E_4\frac{\partial\varepsilon_v}{\partial t}+(p_1-\rho_1 h_1)\nabla\cdot\left[\frac{KK_{rw}}{\mu_w}(\nabla p+\rho g\nabla z)\right]$$
$$+\left(\frac{p_v}{\rho_v}+h_g\right)\nabla\cdot\left(\frac{D_v\rho_v}{\rho_1 R_v T}\nabla p-\frac{D_v\rho_v}{\rho_1 R_v T^2}\nabla T\right)+\nabla\cdot(k_t\nabla T)=q_{ht} \tag{12.4.45}$$

这是控制方程组中所需的最后一个方程，其中

$$E_1=\phi_0\rho_{lo}e_1(c_w+c_\phi)+\phi(1-s)e_g\left(\frac{1}{R_g T}+c_\phi\rho_g\right)-\phi_o\rho_{lo}c_{sp}c_\phi T \tag{12.4.46a}$$

$$E_2=\phi s\rho_1 c_{lv}+\phi_o\rho_{lo}se_1(\beta_w+\beta_\phi)+\phi_o(1-s)\rho_g e_g\left(\frac{c_{gv}}{e_g}-\frac{1}{T}-\beta_\phi\right) \tag{12.4.46b}$$

$$E_3=\phi\rho_1 e_1-\phi\rho_g e_g \tag{12.4.46c}$$

$$E_4=\phi[s(p_1+\rho_1 e_1)+(1-s)(p_g+\rho_g e_g)]+(1-\phi)\rho_s h_s$$
$$+(1-\phi)3K_m(\beta_{Tm}T+\beta_{Mm}s) \tag{12.4.46d}$$

以上在物理描述和基本假设的基础上，对于非饱和情形，首先由本构方程出发导出了热流固耦合的运动方程(12.4.11a，b，c)；接着又建立起渗流微分方程(12.4.36)和方程(12.4.37)以及能量方程(12.4.45)。这6个方程就是热流固耦合非饱和渗流的完整方程

组。在给定边界条件和初始条件之后，即可进行数值求解，解出压力 p、温度 T、饱和度 s 以及位移矢量 $\boldsymbol{u}$（或 $\boldsymbol{\varepsilon}$）随空间和时间变量的变化关系。与 12.3.4 小节相比，边界条件要增加 $s^{\circ}(\boldsymbol{x},t)$，初始条件要增加 $s(\boldsymbol{x},0)$，其他基本相同[孔祥言、卢德唐(2004)研究了上述问题]。

12.5 热流固耦合渗流在高放废物地质处置中的应用

高放废物的安全处置是关系到核工业持续发展和环境保护的重大问题。高放废物包括核工业军工产品在研制和生产过程中出现的高水平放射性废物（简称**高放废物**）、从核电站反应堆芯中替换出来的燃烧后的燃料棒（称为**乏燃料**）以及核技术应用过程中出现的其他高放废物。

对高放废物的安全处置目前被普遍接受的可行性方案是地质处置，即深埋在适合的地质体中。埋藏高放废物的地下工程称为高放废物**处置库**。处置库建设前的地下实验室试验，库的建设、运营、封闭过程以及封闭以后的长时间中涉及一系列的安全评估，其中重要内容之一是有关热流固耦合渗流问题。

12.5.1 高放废物及其处置库

为了研究高放废物处置库安全评估所涉及的热流固耦合渗流问题，先了解一下相关背景知识是有益的。

12.5.1.1 高放废物

我国的高放废物主要来源于核电站的乏燃料以及以前积累的军工高放废物。此外还包括一部分 CANDU 堆乏燃料和超铀废物。自 1985 年 3 月我国第一座核电站——秦山核电站开工建设并于 1991 年 12 月 15 日并网发电以来，至 21 世纪初已建成核电机组 9 套（秦山 5 套、大亚湾 2 套、岭澳 2 套），2005 之前又建成 2 套。装机容量已达 870 万千瓦。到 2010 和 2020 年核电装机容量分别达到 2000 万千瓦和 4000 万千瓦。

到 2010 和 2015 年，我国累积的乏燃料分别达到 1000 t 和 2000 t；到 2020 年以后，每年将卸下近千吨乏燃料。卸下的乏燃料进入后处理厂，回收其中有用的元素铀和钚，剩下的高放废液经玻璃固化后，装入耐腐蚀的不锈钢容器内，然后焊封（称为高放废物罐）进行最终处置。由于高放废物含有毒性极大、半衰期很长的放射性核素，它的安全处置是个世界性的难题。

对高放废物的最终处置，学者们曾经提出过深海沟处置、冰盖处置、深钻孔处置、岩石熔融处置以至太空处置等几种方案。经过多处的研究实践，公认深地质处置是可行方案，即在距地表深度 500～1000 m 适合的地质体中构筑高放废物处置库，将高放废物进行深埋，使之与生物圈永久性隔离。该系统通常有四重安全屏障，除上述玻璃固化和不锈钢包装容器外，还有缓冲回填材料和围岩，后者是天然屏障。

12.5.1.2 处置库

处置库的选址应考虑社会和自然两大因素。社会因素主要包括核工业布局、人口密度、土地资源和经济发展潜力、废物运输的便捷性、处置库建设和运营的可行性以及环境保护和法律法规等是否符合国家的整体长远利益等。自然因素主要包括自然地理条件：地形地貌、动植物资源、气候、水文等，以及地质条件：地壳稳定性、地震、火山、活动断层、地壳应力、围岩类型、水文地质和工程地质等。

在高放废物处置库建造之前，一般要在库址预选地进行地下实验室研究，以便获得建库所需的各种数据，起模拟处置库的作用。各国根据地质条件的具体情况选择不同的岩性作为天然屏障，主要有花岗岩、盐岩、凝灰岩和黏土岩。处置库有运营后永久封闭和放置若干年后可回取废物两种类型或两个分库。处置库的建造一般采用竖井-巷道型或竖井-斜井巷道型。巷道又分主巷道和分支巷道。例如美国正在内华达州 Nye 县境内尤卡山场址建造的高放废物处置库，当地地下水位 600 m 深，处置库建在地下水位以上，即非饱和带中。主巷道直径 7.62 m，处置巷道直径 5.0 m(由坑道挖掘机的大小决定)。计划开挖一条长 8 km 的半环形坑道，了解其地质构造、文水特征等情况，进行加热试验和水文地质实验，以获取相关数据。如果条件适宜，该巷道将作为主巷道，再从它两边开挖处置巷道。美国尤卡山处置库是可回取性的，即废物放置 100 年后再从库内取出。使用回填材料，但处置库不封死。处置巷道有水泥底座，底座上有一层垫板。废物罐外径 1.81 m，包括装卸装置重 125 t。

多数国家都计划采用永久封闭的处置库。在完成岩层挖掘以后及运营过程中，均必须使用缓冲回填材料，最后永久性封闭。

12.5.1.3 缓冲回填材料

缓冲回填材料的作用是多方面的，总的来说起着化学屏障和机械屏障的双重作用。具体来说，主要作用是将处置库围岩近场的裂缝进行封闭，以阻滞废物罐泄漏出的放射性废物向外迁移；在存放废物罐后要将围岩与废物罐之间的空隙填满，以缓解围岩压力对废物罐的挤压作用，使废物罐受力均匀。其他作用还有：将罐体固定在一定位置上，阻止地下水进入废物罐，调节地下水 pH，同时对辐射热起良好的向围岩传导的重要作用。

由上述作用可知，对缓冲回填材料性能的要求主要有：长期稳定性、良好的力学性能、高膨胀性、低透水性、对核素迁移的阻滞性、良好的导热性、热稳定性和耐辐射性，当然还要考虑经济性。

国内外的研究表明：膨润土是一种较理想的缓冲回填材料。膨润土是一种以蒙脱石为主的黏土岩。由于蒙脱石具有独特的矿物结构和结晶化学性质，使得它具有很强的防渗水性和较强的核素吸附能力。徐国庆(1996)、刘月妙(1998)等曾对我国内蒙古兴和县高庙子膨润土的性能作了较为系统的研究，其主要特性参数列于表 12.3 中。

此外，其膨胀力在 2.70～4.58 MPa 之间，32-1 样品的膨胀量在无载荷下为 30.78%，1.6 MPa 载荷下为 6.35%；热导率在制备压力 80～100 MPa 范围内能满足国际原子能机构推荐值 0.8 $W \cdot m^{-1} \cdot K^{-1}$。当制备压力大于 100 MPa 时热导率明显增大。含水量增大热导率随之增大，含水量为 20% ～21% 时，热导率为 0.8～1.0 $W \cdot m^{-1} \cdot K^{-1}$。490～617 $m^2 \cdot g^{-1}$的比表面积决定了膨润土有很强的吸附能力。

表 12.3　高庙子膨润土的物理水理性质

样品	蒙脱石含量(%)	比重	含水量(%)	密度($g \cdot cm^{-3}$)	干密度($g \cdot m^{-3}$)	孔隙度(%)	饱和度(%)	吸水率(%)	比表面积 $m^2 \cdot g^{-1}$
16	80.9	2.610	30.44	1.71	1.31	49.7	80.25	87.72	617
24-1	67.9	2.397	33.31	1.82	1.37	42.9	106.46	100.70	567
24-2	63.8	2.510	25.50	1.91	1.52	39.4	98.47	76.02	490
32-1	68.3	2.545	28.85	1.79	1.39	47.1	88.46	90.53	552
32-2	65.5	2.601	30.99	1.80	1.37	45.4	90.57	82.83	491
32-3	67.5	2.558	32.79	1.82	1.37	46.2	97.5	83.041	493

IAEA 对缓冲材料压实体推荐性能的要求还有：比热小于 1.5 $kJ \cdot kg^{-1} \cdot K^{-1}$、密度为 2.0 左右、渗透系数$<1.0 \times 10^{-11}$ $m \cdot s^{-1}$、膨胀系数>1.5、蒙脱石含量大于 60%、阴离子交换容量>70 mmol/100 g。高庙子膨润土一般都能满足。

12.5.2　高放废物处置库热流固耦合的研究内容

对高放废物处置库耦合问题的研究大体可分为三个阶段：挖掘阶段、运营阶段和隔离阶段。下面分别进行讨论。

1. 挖掘阶段

指挖掘开始到挖掘结束，壁面近场裂缝用缓冲回填材料封闭、铺设地面、经整修以后直至可交付使用为止。这期间尚无热源，铅垂方向的地热梯度和坑道通风的热效应也很小，可忽略不计。此阶段主要是会出现流固耦合渗流，即挖掘使岩石变形对渗流的影响。挖掘大型坑道的影响依赖于周围的初始应力场、挖掘方式以及处置库的设计方案。突然挖掘使岩石裂缝的开度迅速变化，因而在地下水流动之前孔隙压力很快变化。挖掘过程的通风使处置库邻近区域孔隙压力由初始地层压力迅速降低，使裂缝有闭合的趋势。孔隙压力降低导致原来溶解在地下水中的气体逸出，形成气液两相渗流，使水相渗透率大为降低。壁面裂缝封闭和地面铺筑以后，围岩与地面通风隔离，岩石中孔隙压力逐渐向地层原始压力恢复。

2. 运营阶段

此阶段从处置库建造完成，经不断存入核废料罐并用缓冲回填材料将罐体与围岩之间的空隙填满，直到存满后将入口处封闭隔离为止。在此期间有废物容器依次存入，处置库周围建立起热致应力，水的化学性质和水力传导系数都会发生变化。在围岩与废物罐之间空隙被缓冲回填材料充填之后，会形成多重复合介质系统，并且需要考虑界面的特性。本阶段也会出现空气和水的两相渗流。在废物罐附近局部温度可能很高，会出现蒸发，而水蒸气在岩石较冷区域会发生凝结，因此要考虑相变问题和非等温渗流问题。水和岩石热膨胀系数不同，热的输入可能引起孔隙压力发生明显变化。膨润土湿涨系数很大，将产生湿应变。水与岩石膨胀系数不同，输入热产生热应力，可能导致岩石局部发生破损和断裂，这又会使局部水力传导系数增大。热的输入还会在岩石中引起对流。

膨润土回填后，由岩石进来的水使其饱和度增大而引起膨胀，这样改变了局部的水文特性，因而改变了水流的路径。在挖掘时，可能有空气进入岩石，水中也有气体逸出。在浮力和温度梯度的作用下，气体进入该系统的更大区域，然后再溶解于水，或形成气囊而随温度膨胀。这将大大改变水流的局部渗透率。

总之，此阶段会出现非常复杂的热流固湿化（THMMC）耦合过程，不同区域、不同时期其耦合情形又各有不同。

3. 隔离阶段

指处置库封闭以后的阶段。一般主要考虑1万年以内的耦合过程。本阶段已无通风和除湿，处置库在潜水面以下的部分将逐渐再饱和，并恢复到对应于不同深度的初始流体静压。本阶段的热流固耦合渗流有其新的特点，温度是先升而后降，且各个区域要分别进行处理。在废物罐附近，15～100年之内可达到温度峰值。而在远场将在200～1000年达到湿度峰值。温度随时间和空间位置的变化的精确计算取决于高放废物的品种和处置库的设计。封闭了处置库，重新建立起流体压力场之后，加到水中的热能可能引起自然对流，对流在1万年左右达到峰值，而加到岩石上的热能所引起的热流固耦合过程也将延续到1万年左右。热扩散的结果可能使库下方裂缝的开度增大，而使库上方的裂缝趋于闭合。

处置库建在地下水位以上或以下，其耦合过程是有区别的。若库建在地下水位以上的非饱和带中，必须考虑温度的变化，特别是在缓冲回填材料区域内更是如此，如12.4节所讨论的；若库建在地下水位以下，介质处于饱和状态，可按12.3节所述饱和渗流情形处理。

在1万年以后，由于某些难以预料的外在因素的作用，废物罐的完整性可能遭到破坏。在这种情况下，一些核素（例如长寿裂变产物锝-99和核素镎-237）在缓冲回填材料和岩石裂缝中的迁移行为是非常值得重视的。锝-99的半衰期 $t_{1/2}=2.12\times10^5$ 年，而镎-237的 $t_{1/2}=2.144\times10^6$ 年。这种迁移行为涉及扩散和弥散现象的研究，如8.5.2小节所讨论的Fick定律在不同介质中的应用。回填材料膨润土对以阴离子形式存在的锝-99和碘-129几乎没有什么阻滞能力。因此在回填材料中还要加入若干对这种核素吸附能力强的组分。

12.5.3　国内外研究概况

我国从1985年起开展了高放废物处置库的研究工作，1986年成立了高放废物深化地质处置研究专家协调组。十几年来，在处置库的场地预选、处置化学、缓冲回填材料、概念设计和性能评估等方面已开展了一系列研究工作。渗流工作者在热流固耦合领域也进行了一些初步研究。

欧美从20世纪70年代开始高放废物地质处置的研究工作。90年代初由美国、英国、法国、日本、加拿大和北欧诸国共同参与制订一个大型合作计划DECOVALEX，它是“核废料隔离的耦合模型及其实验认证的研发计划”（DEvelopment of COupled models and their VALidation against EXperiment in nuclear waste isolation）的字头词。DECOVALEX计划的总体目标是增强人们对放射性核素从处置库泄漏和迁移到生物圈的THM耦合模拟的理解，以及如何运用数学模型去描述这些过程，并将这种模型用于研究和设计针对此类模型的实验装置。

DECOVALEX 计划的主要目标可概括为以下五个方面：

(1) 开发 THM 耦合模拟的计算机程序；

(2) 研究应用于 THM 耦合模型的适合算法；

(3) 开发不同的计算机程序以描述新的实验，并探讨程序验证的能力；

(4) 将理论和数值模拟计算与现场实验所得结果进行比较和分析；

(5) 为了开发进一步的计算机程序，设计新的 THM 耦合过程的实验。

DECOVALEX 计划研究项目中必须要考虑的部分物理现象列在表 12.4 中。

表 12.4　DECOVALEX 计划研究过程中必须要考虑的物理现象

项目	现象	
物理-力学过程	(1) 热膨胀 (2) 热扩散和热对流 (3) 基质扩散 (4) 相变	(5) 裂缝和基质中流体的流动 (6) 流量、流速和流动通道 (7) 裂缝和基质的变形 (8) 岩体的破裂
几何因素和特性	(9) 裂缝网络 (10) 裂缝特性(缝隙、粗糙度、饱和度、热导率、储容性)	(11) 对时间和空间尺度的依赖性 (12) 可变性和表征性

为了达到上述研究目标，研究组选出两类问题进行研究。第一类称为岩体标定测试(BMT)，第二类称为试验实例(TC)。第一类是用设定尺寸的岩体并带有设定的裂缝作为研究平台，供不同的研究小组用不同的 THM 耦合过程、数学模型和计算程序进行计算，并将计算结果进行比较。第二类是实际的实验室试验或现场试验，对同一实例不同的小组可平行地进行研究，然后定期交流，总结经验教训，提出下一步的研究课题。

20 世纪 90 年代初开始研究的第一类问题有三项，代号分别为 BMT1，BMT2 和 BMT3。

BMT1 研究纵向剖面上二维的远场问题。设定岩体纵向剖面面积为 3000 m×1000 m，有两组相互正交的裂缝，这两组斜向裂缝与 x 轴的夹角分别为 60°和 150°，相邻两裂缝间的距离为 100 m。处置库纵向剖面面积为 500 m×60 m，位于岩体中心处，即左右离边缘各为 1250 m，上下离边缘各为 470 m。

初始和边界条件以及热源强度如图 12.6 所示。

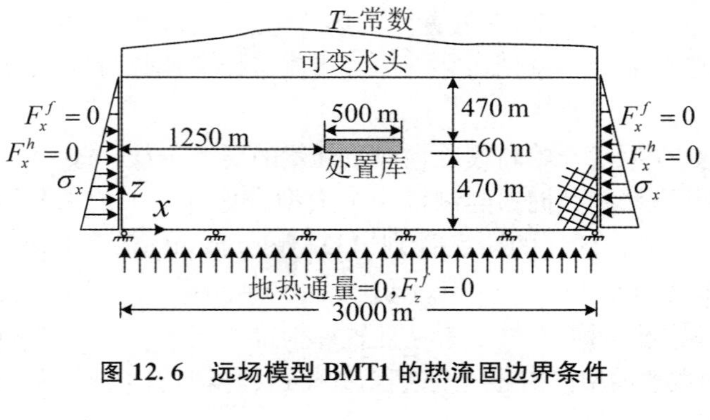

图 12.6　远场模型 BMT1 的热流固边界条件

（1）热学条件：初始温度场由指定的边界条件确定。顶上取常温 $T_0 = 283$ K，侧面热通量为零，底面地热通量与地热梯度 $\partial T/\partial z = 0.03$ ℃ · m^{-1} 相对应。

（2）力学条件：初始应力状态给定如下：

$$\sigma_{zz}^0 = -[1000 - z + f(x)]\rho_r g \quad (0 \leqslant x \leqslant 3000, 0 \leqslant z \leqslant 1000)$$

其中，$\sigma_{xx}^0 = \sigma_{zz}^0$，函数 $f(x) = H_0 + h \cdot \cos[\pi(x - x_0)/L]$ 取坐标原点 O 在岩体剖面左下角，x 轴向右，z 轴向上。该问题定义为平面应变问题，即 y 方向应变为零，$\varepsilon_{yy} = 0$。L 是岩体宽度（3000 m），$x_0 = 1250$ m，$H_0 = 100$ m，水头 $h = 25$ m。假设侧向和底面法向位移为零，而在顶面（$z = 1000$ m 处）施加应力 σ_{zz}^0。

（3）水力条件：初始水头场由指定的边界条件确定（无热载荷），在顶面规定水头

$$H = z_0 + z \cdot \cos[\pi(x - x_0)/L]$$

边界上流体通量处处为零。

（4）热源按以下指数规律衰减：

$$Q_s(t) = Q_0 e^{-\beta t}$$

其中，热源初始值 $Q_0 = 0.5$ W · m^{-3}，衰减指数 $\beta = 0.02$/年，热载荷时间为 500 年。

其他主要参数列于表 12.5 中。

表 12.5　DECOVALEX 计划研究过程中必须考虑的物理现象

力学参数		取值	力学参数		取值
c_f	裂缝的黏聚力	0.1 MPa	α_r	岩石基质线膨胀系数	6×10^{-6} K^{-1}
c_r	岩石基质的比热	900 J · kg^{-1} · K^{-1}	β_w	水的热膨胀系数	6×10^{-4} K^{-1}
c_w	流体的热容量	4200 J · kg^{-1} · K^{-1}	λ_r	岩石基质的热导数	3 W · mK^{-1}
E_r	岩石基质的杨氏模量	6000 MPa	μ_0	水的参考黏度	10^{-3} Pa · s
g	重力加速度	9.81 m · s^{-2}	ν_r	岩石基质泊松比	0.23
i_f	裂缝的剪胀角	0	ρ_r	岩石基质密度	2670 kg · m^{-3}
k_n	裂缝的法向刚度	100 GPa · m^{-1}	ρ_w	水的参考密度	1000 kg · m^{-3}
k_s	裂缝的切向刚度	10 GPa · m^{-1}	σ_f^t	裂缝抗拉强度	0 MPa
T_0	参考温度	293 K	φ_f	裂缝的摩擦角	30°

Millard 等（1995）对上述问题用两种不同的方法进行了模拟分析。一种称离散方法，即每一条裂缝有各自的 THM 耦合特性；另一种称连续方法，即对所有的裂缝和岩体用“等效的连续统”表示，用特定的均匀化方法给出其 THM 特性。结果表明：离散方法比连续方法计算的结果更加精确，但花费的机时要多得多。如果裂缝的数目明显增大，用离散方法是不切实际的。

BMT2 研究二维近场问题。设定岩石剖面面积 $X \times Y$ 为 0.75 m×0.5 m，有呈井字形的 4 条裂缝，两条 X 向横贯裂缝离上、下边界分别为 0.05 m，两条 Y 向纵贯裂缝离左侧分别为 0.3 和 0.6 m。

模型的初始条件：等温 $T^0 = 15$ ℃，等压 $p^0 = 10$ kPa，等正应力 $\sigma_x{}^0 = \sigma_y{}^0 = -4$ MPa，裂

缝初始开度 $e^0 = 300\ \mu m$，初始的法向和切向位移为零。

模型的边界条件有热学条件和其他边界条件。

（1）热学条件：上、下边界热通量为零；右侧边界等温（15 ℃）；左侧边界 $0.05\ m \leqslant y \leqslant 0.25\ m$ 部分，在等温耦合的水力学计算达到稳定条件之后，有热通量 $Q = 60\ W \cdot m^{-2}$ 作用 10^7 s，而左侧边界的其余部分热通量为零。此 $60\ W \cdot m^{-2}$ 的热通量对应于放置 2.2 m 高的核废料罐产热率 500 W 进入直径为 1.2 m 的钻孔壁面。

（2）其他边界条件为：上、下边界流体通量为零；左侧边界定压为 $p = 10$ kPa，而右侧边界定压为 $p = 11$ kPa，以模拟流体流动。

Chen 等(1995)研究了上述问题，给出了 $t = 10^7$ s 时温度分布及温度随时间的变化，计算了位移和应力的分布、裂缝开度的变化及水头和流速的变化等。

BMT3 是 50 m×50 m 岩体二维近场问题，对实际矿场 6580 条裂缝的网络进行 THM 耦合模拟。

第13章 数值试井

前面各章中涉及的传统试井解释技术是在解析模型的基础上，利用直线段斜率和典型曲线拟合的方法进行分析和解释的。它是根据压力及其导数结合地质、岩石、油井、流体等情况选择合适的解析模型，采用非稳态压力分析处理真实压力动态，获得近井和油藏的特性。

在过去的30多年中，解析试井已经取得了巨大的成功。随着生产的发展，目前广泛使用的解析试井面临着以下一些问题：① 平面上复杂地质条件的处理问题。在复杂的地质条件下，油藏的几何形态无法用镜像法将有限油藏区域拓展到无限大平面中去进行数学分析。② 多相流问题。随着注水开发的进展，油井产水率逐渐升高，开发中至少要考虑油水两相流动。更一般地，要考虑油气两相和油气水三相渗流。③ 多层油藏问题。多层油藏中存在着层间差异，不能再用传统的方法对油藏进行简化了。④ 测井和试井资料的综合利用问题。如井间微地震获得的水驱前沿、过套管测电阻率获得的剩余油分布等，解析试井难以进行有效的综合利用。⑤ 解析试井只能获得某些量的平均值，如地层平均压力、平均饱和度等，而不能获得相关的分布数据。以上问题的解决必须用数值试井的方法。本章将阐述数值试井的有关问题。

数值试井解释技术是通过对整个复杂区域，包括井、断层、复杂边界等进行网格划分，用适合的离散方法对渗流方程组进行离散，求解离散的方程组，并用求得的压力数值与实测压力数据进行比较，解释有关参数，以便更好地评价复杂的油气藏。

数值试井是20世纪90年代逐步发展起来的试井解释新技术。总体来说，它既包含和采纳了传统试井技术中关于线源井处理、考虑井储和皮表、对外边界压力响应特征的诊断和分析技术的优点，又继承和发展了油藏数值模拟技术中考虑储层厚度变化、非均质对生产动态的影响以及处理含油饱和度分布变化等相关技术的长处，把二者结合起来，通过历史拟合给出油藏特征的精细描述。

20世纪末以来，Puchyr(1991)，Palagi，Aziz(1992)，Levitan等(1996)陆续对数值试井方面的问题进行了研究。实际上，在此之前已有人从不同侧面提出过数值试井方面的有关问题。我国在21世纪初开始关注这一问题，并开展了这一方面的研究工作。

目前数值试井技术已开始广泛用于实际生产，并开发了一些数值试井解释软件。软件将油藏模拟分为解析模型和数值模型两部分。**解析模型**一般包括：① 变井模型。对生产历史的不同阶段，可以设置不同的井的模型，同时保持油藏和外边界条件不变。② 扩展模型。包括多条裂缝水平井、多分支井、双孔和双层模型。③ 多井模型。分析周围井对测试井的影响,包括井间干扰。各井的产量可以不同,帮助分析人员认识周围井对测试井的压力响应是否有重要影响。④ 多层模型。多层油藏各层可以有不同的油藏参数、不同的压力、不同的流动模型、不同的流量(包括定流量和变流量)以及不同的边界。**数值模型**有组分模型和黑油模型等。

数值试井的解析模型和数值模型相互补充,彼此校验。解析模型使用起来相对较为简单快捷,但通常只能处理较简单或较理想的情况,对复杂情况需要作一些简化以后给出解析解,制作理论图版,有时会使实测数据难以进行拟合。而数值模型可以求解解析模型不能处理的各种复杂情况,诸如多相流、非均质、非平面、复杂井网以及复杂边界等。就油藏边界而言,数值试井软件应能处理用户定义的任意形状的边界,可以一部分是封闭的,另一部分是定压的。油层区域内可以处理任意形状的界面,如单个断层、多个相互平行或交叉的断层、渗透率的不均匀分布等。用户可以定义分布在任意位置的多口井,包括直井、斜井和水平井。

下面着重介绍油藏数值模拟、网格剖分等有关问题。为阐述油藏模拟的组分模型,首先介绍化工热力学的相关知识。

13.1 化工热力学基础

要掌握油藏模拟组分模型的数学基础,了解化工热力学的一些基础知识是必要的。下面作一些简单介绍(马沛生,2005)。

13.1.1 多组分系统的热力学关系式

常用的热力学参数除了第1章1.7.1小节已经提到的内能 E(化工热力学中习惯用 U 表示)、熵 S 和焓 H 以外,还有亥姆霍兹(Helmholtz)自由能 F 和吉布斯(Gibbs)自由能(也称自由焓)G。F 和 G 分别定义为

$$F = U - TS, \quad G = H - TS \tag{13.1.1}$$

其中,T 是温度。它们都是热力学体系的状态函数,F,G 与 U,H 的量纲相同,单位都是焦或千焦。变组分(开放)系统的热力学关系可由定组分(封闭)系统的热力学关系式推导出来。定组分流体热力学参数之间有关系式

$$\mathrm{d}U = T\mathrm{d}S - p\mathrm{d}V, \quad \mathrm{d}H = T\mathrm{d}S + V\mathrm{d}p \tag{13.1.2a,b}$$

$$\mathrm{d}F = -p\mathrm{d}V - S\mathrm{d}T, \quad \mathrm{d}G = V\mathrm{d}p - S\mathrm{d}T \tag{13.1.2c,d}$$

其中,V 是体积。将这些量写成全微分,应有

$$\mathrm{d}U = \left(\frac{\partial U}{\partial S}\right)_V \mathrm{d}S + \left(\frac{\partial U}{\partial V}\right)_S \mathrm{d}V, \quad \mathrm{d}H = \left(\frac{\partial H}{\partial S}\right)_p \mathrm{d}S + \left(\frac{\partial H}{\partial p}\right)_S \mathrm{d}p \tag{13.1.3a,b}$$

$$\mathrm{d}F = \left(\frac{\partial F}{\partial V}\right)_T \mathrm{d}V + \left(\frac{\partial F}{\partial T}\right)_V \mathrm{d}T, \quad \mathrm{d}G = \left(\frac{\partial G}{\partial p}\right)_T \mathrm{d}p + \left(\frac{\partial G}{\partial T}\right)_p \mathrm{d}T \tag{13.1.3c,d}$$

将式(13.1.2)与式(13.1.3)逐项进行比较,可得能量的导数式:

$$T=\left(\frac{\partial U}{\partial S}\right)_V=\left(\frac{\partial H}{\partial S}\right)_p,\quad -p=\left(\frac{\partial U}{\partial v}\right)_S=\left(\frac{\partial F}{\partial v}\right)_T \tag{13.1.4a,b}$$

$$V=\left(\frac{\partial H}{\partial p}\right)_S=\left(\frac{\partial G}{\partial p}\right)_T,\quad -S=\left(\frac{\partial F}{\partial T}\right)_V=\left(\frac{\partial G}{\partial T}\right)_p \tag{13.1.4c,d}$$

通过简单的数学推导,还可得到一组 Maxwell 关系式:

$$\left(\frac{\partial T}{\partial V}\right)_S=-\left(\frac{\partial p}{\partial S}\right)_V,\quad \left(\frac{\partial T}{\partial p}\right)_S=\left(\frac{\partial V}{\partial S}\right)_p \tag{13.1.5a,b}$$

$$\left(\frac{\partial p}{\partial T}\right)_V=-\left(\frac{\partial S}{\partial V}\right)_T,\quad \left(\frac{\partial V}{\partial T}\right)_p=-\left(\frac{\partial S}{\partial p}\right)_T \tag{13.1.5c,d}$$

对含有 n mol 物质、N 个组分的均相(即单相)封闭系统,n 是常数。式(13.1.2a)可写成

$$\mathrm{d}(nU)=T\mathrm{d}(nS)-p\mathrm{d}(nV) \tag{13.1.6}$$

其中,$n=\{n_1,n_2,\cdots,n_N\}$指所有组分的物质的量。U,S,V 是摩尔性质,则总内能的全微分可写成

$$\mathrm{d}(nU)=\left[\frac{\partial(nU)}{\partial(nS)}\right]_{nV,n}\mathrm{d}(nS)+\left[\frac{\partial(nU)}{\partial(nV)}\right]_{nS,n}\mathrm{d}(nV) \tag{13.1.7}$$

将式(13.1.6)和式(13.1.7)进行对比,可得

$$\left[\frac{\partial(nU)}{\partial(nS)}\right]_{nV,n}=T,\quad \left[\frac{\partial(nU)}{\partial(nV)}\right]_{nS,n}=-p \tag{13.1.8}$$

有了以上均相定组分(封闭)系统的热力学关系式,可进一步讨论变组分(开放)系统的热力学关系式。对于开放系统,它与环境之间有物质交换,所以总内能不仅是 nS 和 nV 的函数,也是系统中各组分的物质的量的函数,即

$$nU=U(nS,nV,n_1,n_2,\cdots,n_N)$$

其中,n_i 是混合物中组分 i 的物质的量。nU 的全微分可写成

$$\mathrm{d}(nU)=\left[\frac{\partial(nU)}{\partial(nS)}\right]_{nV,n}\mathrm{d}(nS)+\left[\frac{\partial(nU)}{\partial(nV)}\right]_{nS,n}\mathrm{d}(nV)+\sum_i\left[\frac{\partial(nU)}{\partial n_i}\right]_{nS,nV,n_{j\neq i}}\mathrm{d}n_i \tag{13.1.9}$$

类似地,定组分系统的式(13.1.6)现在可写成

$$\mathrm{d}(nU)=T\mathrm{d}(nS)+p\mathrm{d}(nV)+\sum_i\left(\frac{\partial(nU)}{\partial n_i}\right)_{nS,nV,n_{j\neq i}}\mathrm{d}n_i \tag{13.1.10a}$$

其中,下标 $n_{j\neq i}$表示除了第 i 个组分外,其他组分的物质的量都保持不变。同理可得

$$\mathrm{d}(nH)=T\mathrm{d}(nS)+(nV)\mathrm{d}p+\sum_i\left[\frac{\partial(nH)}{\partial n_i}\right]_{nS,p,n_{j\neq i}}\mathrm{d}n_i \tag{13.1.10b}$$

$$\mathrm{d}(nF)=-p\mathrm{d}(nV)-(nS)\mathrm{d}T+\sum_i\left[\frac{\partial(nF)}{\partial n_i}\right]_{nV,T,n_{j\neq i}}\mathrm{d}n_i \tag{13.1.10c}$$

$$\mathrm{d}(nG)=(nV)\mathrm{d}p-(nS)\mathrm{d}T+\sum_i\left[\frac{\partial(nG)}{\partial n_i}\right]_{T,p,n_{j\neq i}}\mathrm{d}n_i \tag{13.1.10d}$$

式(13.1.10)中,4个总性质对组分的物质的量 n_i 的偏导数实际上都相等,其求和号下的各项也分别相等(这可由 U,H,F,G 的定义出发直接证明,读者可作为习题处理)。该导数定义为混合物中组分 i 的化学位 μ_i,即

$$\begin{aligned}\mu_i &= \left[\frac{\partial(nU)}{\partial n_i}\right]_{nS,nV,n_{j\neq i}} = \left[\frac{\partial(nH)}{\partial n_i}\right]_{nS,p,n_{j\neq i}} \\ &= \left[\frac{\partial(nF)}{\partial n_i}\right]_{nV,p,n_{j\neq i}} = \left[\frac{\partial(nG)}{\partial n_i}\right]_{T,p,n_{j\neq i}}\end{aligned} \tag{13.1.11}$$

并且由 Maxwell 关系式可以给出

$$\left(\frac{\partial\mu_i}{\partial p}\right)_{T,n} = \left[\frac{\partial(nV)}{\partial n_i}\right]_{T,p,n_{j\neq i}},\quad \left(\frac{\partial\mu_i}{\partial T}\right)_{p,n} = -\left[\frac{\partial(nS)}{\partial n_i}\right]_{T,p,n_{j\neq i}} \tag{13.1.12}$$

于是,式(13.1.10)可改写成均相开放系统基本热力学关系式的一般形式:

$$\left.\begin{aligned} \mathrm{d}(nU) &= T\mathrm{d}(ns) - p\mathrm{d}(nV) + \sum_i \mu_i \mathrm{d}n_i \\ \mathrm{d}(nH) &= T\mathrm{d}(nS) + (nV)\mathrm{d}p + \sum_i \mu_i \mathrm{d}n_i \\ \mathrm{d}(nF) &= -p\mathrm{d}(nV) - (nS)\mathrm{d}T + \sum_i \mu_i \mathrm{d}n_i \\ \mathrm{d}(nG) &= (nV)\mathrm{d}p - (nS)\mathrm{d}T + \sum_i \mu_i \mathrm{d}n_i \end{aligned}\right\} \tag{13.1.13}$$

这几个方程式适用于均相系统平衡态之间的变化,对封闭系统和开放系统均适用。对定组分情形,$\mathrm{d}n_i=0$,式(13.1.13)就简化为式(13.1.2)。

13.1.2 偏摩尔性质

均相混合物的热力学性质不仅与温度和压力有关,而且随系统内各种物质(组分)的相对含量而变化。

理想混合物遵守 Amagat 定律,即混合物的总体积等于各个纯物质的体积之和。但对于真实的混合物,实验表明:总体积不等于各个纯物质体积之和,因为同体积的不同物质流体对混合物体积的贡献是不同的。这就要求建立起混合物热力学性质与各组分热力学性质之间的关系。为此,需要引进一个新的概念,即偏摩尔性质。这对处理混合物热力学性质是很重要的。

设某均相混合物含有 N 种物质,则系统总容量性质 nM 是该相温度、压力和各组元的物质的量的函数(M 泛指混合物的摩尔热力学性质,它可以是 U,H,S,F,G,V 等),即

$$nM = m(T,P,n_1,n_2,\cdots,n_N) \tag{13.1.14}$$

$$\mathrm{d}(nM) = \left[\frac{\partial(nM)}{\partial T}\right]_{p,n}\mathrm{d}T + \left(\frac{\partial(nM)}{\partial p}\right)_{T,n}\mathrm{d}p + \sum_i\left[\frac{\partial(nM)}{\partial n_i}\right]_{T,p,n_{j\neq i}}\mathrm{d}n_i \tag{13.1.15}$$

系统性质随组成的变化由偏导数 $[\partial(nM)/\partial n_i]_{T,p,n_{j\neq i}}$ 给出,该偏导数定义为混合物中组分 i 的**偏摩尔性质**,用 $\overline{M}_i$ 表示,即

$$\overline{M}_i = \left[\frac{\partial(nM)}{\partial n_i}\right]_{T,p,n_{j\neq i}} \tag{13.1.16}$$

从数学上讲,混合物的性质 nM 是各组分的物质的量的线性齐次函数,写成 $nM = \sum_i n_i \overline{M}_i$。两边同除以 n,得

$$M = \sum_i x_i \overline{M}_i \tag{13.1.17}$$

其中,$x_i = n_i/n$ 是混合物中组分 i 的摩尔分数。式(13.1.17)表明,混合物的性质 M 等于各组分 i 的偏摩尔性质与组分 i 的摩尔分数的乘积 $x_i \overline{M}_i$ 之和。这样一来,就可将偏摩尔性质完全当成混合物中各组分的偏摩尔性质进行处理。对于纯物质,摩尔性质与偏摩尔性质相同,即

$$\lim_{x_i \to 1} \overline{M}_i = M \tag{13.1.18}$$

下面讨论偏摩尔性质的热力学关系。

对于混合物系统的摩尔性质,已知有下列关系式:

$$H = U + pV, \quad F = U - TS, \quad G = H - TS \tag{13.1.19}$$

由式(13.1.19)出发,对 n mol 物质,按式(13.1.14),有

$$\left[\frac{\partial(nH)}{\partial n_i}\right]_{T,p,n_{j\neq i}} = \left[\frac{\partial(n\overline{U})}{\partial n_i}\right]_{T,p,n_{j\neq i}} + p\left[\frac{\partial(nV)}{\partial n_i}\right]_{T,p,n_{j\neq i}} \tag{13.1.20}$$

根据偏摩尔性质的定义式(13.1.16),式(13.1.20)(其他两式同理)可写成

$$\overline{H}_i = \overline{U}_i + p\overline{V}_i, \quad \overline{F}_i = \overline{V}_i - T\overline{S}_i, \quad \overline{G}_i = \overline{H}_i - T\overline{S}_i \tag{13.1.21}$$

因为 $\overline{G}_i$ 也是温度和压力的函数,$\overline{G}_i = \overline{G}_i(T,p)$,它的全微分可写成

$$\mathrm{d}\overline{G}_i = \left(\frac{\partial \overline{G}_i}{\partial p}\right)_{T,n} \mathrm{d}p + \left(\frac{\partial \overline{G}_i}{\partial T}\right)_{p,n} \mathrm{d}T \tag{13.1.22}$$

按式(13.1.11)的最后一项和定义式(13.1.16)(M 用 G 代入),可知 μ_i 与 $\overline{G}_i$ 相等,即有

$$\mu_i = \overline{G}_i \tag{13.1.23}$$

由式(13.1.22)和式(13.1.23)可得

$$\mathrm{d}\mu_i = \left(\frac{\partial u_i}{\partial p}\right)_{T,n} \mathrm{d}p + \left(\frac{\partial \mu_i}{\partial T}\right)_{p,n} \mathrm{d}T \tag{13.1.24}$$

而化学位 μ_i 的偏导数由式(13.1.12)给出,它的右边项就是式(13.1.16)定义的组分 i 的偏摩尔性质,故有

$$\left(\frac{\partial \mu_i}{\partial p}\right)_{T,n} = \left(\frac{\partial \overline{G}_i}{\partial p}\right)_{T,n} = \overline{V}_i, \quad \left(\frac{\partial \mu_i}{\partial T}\right)_{p,n} = \left(\frac{\partial \overline{G}_i}{\partial T}\right)_{p,n} = -\overline{S}_i \tag{13.1.25}$$

将式(13.1.25)代入式(13.1.22),可得定组分系统中组分 i 的偏摩尔性质 $\overline{G}_i$($\overline{U}_i$,$\overline{H}_i$,$\overline{F}_i$ 同理)的全微分

$$\mathrm{d}\overline{G}_i = \overline{V}_i \mathrm{d}p - \overline{S}_i \mathrm{d}T, \quad \mathrm{d}\overline{U}_i = T\mathrm{d}\overline{S}_i - p\mathrm{d}\overline{V}_i \tag{13.1.26a,b}$$

$$\mathrm{d}\overline{H}_i = T\mathrm{d}\overline{S}_i + \overline{V}_i \mathrm{d}p, \quad \mathrm{d}\overline{F}_i = -p\mathrm{d}\overline{V}_i - \overline{S}_i \mathrm{d}T \tag{13.1.26c,d}$$

将式(13.1.26)与式(13.1.2)比较表明:组分 i 的偏摩尔性质之间的关系式与系统总的摩尔性质间的关系式完全是一一对应的。

13.1.3 状态方程

对于烃类系统,描述每个自然组分的 pVT 性质、相态特征和相平衡计算,是用状态方程

完成的。流体压力 p、摩尔体积 V 和温度 T 之间的关系简称 pVT **关系**。对于单相纯流体，p,V,T 三者确定任意两个，它的状态即完全确定。对于真实气体的混合物，其关系式必须增加摩尔组分 x 这个变量，写成 $f(p,V,T,x)=0$。状态方程不仅可用来确定 p,V,T 这三个可以通过实验直接测量的热力学参数，而且可以推导出例如内能 U、熵 S、焓 H、Gibbs 自由能 G 和逸度 f（在 13.1.4 小节讲述）等不便于直接测量的热力学性质。

含有多组分的烃类系统（某些情形下还包含 N_2，CO_2，H_2S 等）的各个组分，在地下的不同压力和温度下，有时是液态，有时是气态，有时是两相共存。在组分模型中，是用状态方程来反映烃类体系相态变化的特征的，所以状态方程是求解组分模型的重要基础。

大家所熟知的有理想气体状态方程、维里（Virial）方程* 以及范德华（van der Waals）方程。在组分模型中，常用由范德华方程衍生出来的多种立方形方程，即可展开为体积或密度三次方形式的状态方程，主要有 SRK 方程、PR 方程、PT 方程，此外还有 SW 方程、马丁-侯方程等。下面分别予以介绍。

13.1.3.1 RK 方程和 SRK 方程

1873 年，范德华首次提出能表达从气态到液态连续性的状态方程

$$p = \frac{RT}{V-b} - \frac{a}{V^2} \tag{13.1.27}$$

其中，R 是通用气体常数，V 是摩尔体积，a 是表示与分子间引力有关的参数，b 是表示气体总体积中包含分子本身体积部分的参数。a 和 b 可以由 pVT 实验数据拟合得到，也可以由纯物质的临界值算出。然而实践表明，该方程虽然比理想气体状态方程和维里方程有所改进，但精度不高。1949 年，Redlich 和 Kwong 对上述方程作了改进，给出下列方程，简称 RK 方程：

$$p = \frac{RT}{V-b} - \frac{a}{T^{0.5}V(V+b)} \tag{13.1.28a}$$

其中，a 和 b 与流体的临界特性有关，称为 RK 参数，表示为

$$a = 0.42748\frac{R^2T_c^{2.5}}{p_c},\quad b = 0.08664\frac{RT_c}{p_c} \tag{13.1.28b}$$

该方程比范德华方程精确，特别是用于非极性和弱极性化合物比较准确，但对于强极性及含有氢键的化合物，仍会产生较大误差。为此，Soave（1972）作了进一步改进，将 RK 方程（13.1.28a）中的 $a/T^{0.5}$ 代之以 $a\alpha(T)$，简称 SRK 方程，写成

$$p = \frac{RT}{V-b} - \frac{a\alpha(T)}{V(V+b)} \tag{13.1.29a}$$

其中，a 和 b 与式（13.1.28b）相比，b 没有变化，$a/T_c{}^{0.5}$ 改成现在的 a，即

---

* “virial”一词的拉丁文原意是“力”的意思。该方程是用统计力学分析了分子间的作用力，方程的形式为

$$Z = \frac{pV}{RT} = 1 + B'p + C'p^2 + D'p^3 + \cdots = 1 + \frac{B}{V} + \frac{C}{V^2} + \frac{D}{V^3} + \cdots = 1 + B\rho + C\rho^2 + D\rho^3 + \cdots$$

$$a = 0.42748R^2T_c^2/p_c, \quad b = 0.08664\frac{RT_c}{p_c} \tag{13.1.29b}$$

$$\alpha(T) = [1 + m(1 - T_r^{0.5})]^2, \quad m = 0.480 + 1.574\omega - 0.176\omega^2 \tag{13.1.29c}$$

$T_r = T/T_c$ 是对比温度，ω 是偏心因子，可由物质的基本物性数据表查出。式(13.1.29)适用于纯物质 i，所以 $\alpha, m, \omega, T_r, T_c, p_c$ 以及 a, b 等都可加下标 i。该式引入温度函数 $\alpha(T)$和偏心因子 ω，可使方程中的引力项随不同物质分子的偏心力场变化而加以调整，使 SRK 方程提高了对极性物质及含氢键物质的 pVT 计算精度，更重要的是，使对饱和液体密度的计算更加准确。

SRK 方程用于多组分混合物体系，可写成

$$p = \frac{RT}{V - b_m} - \frac{\alpha_m(T)}{V(V + b_m)} \tag{13.1.30a}$$

其中，$\alpha_m(T)$和 b_m 分别为混合物体系的平均引力和斥力常数，由下列混合物规则求得：

$$\alpha_m(T) = \sum_{i=1}^{N}\sum_{j=1}^{N} x_i x_j (a_i a_j \alpha_i \alpha_j)^{0.5}(1 - k_{ij}), \quad b_m = \sum_{i=1}^{N} x_i b_i \tag{13.1.30b}$$

其中，x 分别表示混合气相和混合液相中各组分的摩尔含量，k_{ij} 为二元交互作用系数，也可由图表查出。a_i 和 b_i 按组分 i 的临界温度 T_{ci} 和临界压力 p_{ci} 由式(13.1.29b)算出。α_i 按组分 i 的偏心因子 ω_i 由式(13.1.29c)算出 m_i，进而算出 $\alpha_i(T)$。将 $V = RTZ/p$ 代入式(13.1.30a)，可得 SRK 状态方程用于计算混合物体系的压缩因子 Z_m 的三次方程

$$Z_m^3 - Z_m^2 + (A_m - B_m - B_m^2)Z_m - A_m B_m = 0 \tag{13.1.31a}$$

其中

$$A_m = \frac{\alpha_m(T)p}{R^2T^2}, \quad B_m = \frac{b_m p}{RT} \tag{13.1.31b}$$

Z_m 方程有三个根，最大的根为气相压缩因子 Z^V，最小的根为液相压缩因子 Z^L，中间的根无物理意义。

13.1.3.2　PR 方程

上述 SRK 方程比范维华方程大有改进，但在用于计算临界压缩因子 Z_c 和液体密度有时会出现较大误差。为了弥补这一不足，Peng，Robinson(1976)对 SRK 方程作了进一步改进，得出被简称的 PR 方程。用于纯物质 i 写成

$$p = \frac{RT}{V - b} - \frac{a\alpha(T)}{V(V + b) + b(V - b)} \tag{13.1.32a}$$

式中，a 和 b 的下标 i 被省略，它们由下式表示：

$$a = 0.45724\frac{RT_c^2}{p}, \quad b = 0.07780\frac{RT_c}{p_c} \tag{13.1.32b}$$

$$\alpha(T) = [1 + m(1 - T_r^{0.5})]^2, \quad m = 0.37464 + 1.54226\omega - 0.26992\omega^2 \tag{13.1.32c}$$

用于油气藏烃类多组分混合物体系，PR 状态方程写成

$$p = \frac{RT}{V - b_m} - \frac{\alpha_m(T)}{V(V + b_m) + b_m(V - b_m)} \tag{13.1.33}$$

其中，α_m 和 b_m 仍由式(13.1.30b)的形式给出，ω 和 k_{ij} 由相关图表资料查得，也可利用相关公式对实验数据进行拟合求得。该方程在计算饱和蒸气压、饱和液体密度等方面较准确。

将 $V=RTZ/p$ 代入式(13.1.33)，得 PR 状态方程用于计算混合物体系压缩因子 Z_m 的三次方程

$$Z_m^3-(1-B_m)Z_m^2+(A_m-2B_m-3B_m^2)Z_m-(A_mB_m-B_m^2-B_m^3)=0 \tag{13.1.34}$$

其中，A_m 和 B_m 与式(13.1.31b)的形式相同。由式(13.1.34)可解出混合物中气相和液相的压缩因子。

13.1.3.3 PT 方程

为了拓宽状态方程对密度、温度及实际物质的应用范围，Patel，Teja(1982)引进一个新的参数 c，得出一个被简称的 PT 状态方程。用于纯物质写成

$$p=\frac{RT}{V-b}-\frac{a\alpha(T)}{V(V+b)+c(V-b)} \tag{13.1.35a}$$

其中，系数 a,b,c(省略 i)可用纯物质的临界点条件得到

$$\begin{aligned}a&=[3\xi_c^2+3(1-2\xi_c)\Omega_b+\Omega_b^2+(1-3\xi_c)]\frac{RT_c}{p_c}\\ b&=\Omega_bRT_c/p_c,\quad c=(1-3\xi_c)\frac{RT_c}{p_c}\end{aligned} \tag{13.1.35b}$$

$$\alpha(T)=[1-m(1-T_r^{0.5})]^2,\quad m=0.452413+1.30982\omega-0.295937\omega^2 \tag{13.1.35c}$$

式(13.1.35b)中的 Ω_b 和 ξ_c 分别为

$$\Omega_b=0.32429\xi_c-0.022005,\quad \xi_c=329032-0.076799\omega+0.0211947\omega^2$$

PT 状态方程用于多组分混合物体关系写成

$$p=\frac{RT}{V-b_m}-\frac{\alpha_m(T)}{V(V+b_m)+c_m(V-b_m)} \tag{13.1.36a}$$

其中，$\alpha_m(T)$，b_m 和 c_m 通过式(13.1.35)给出的 a_i,b_i,c_i 和 α_i 表示为

$$\left.\begin{aligned}\alpha_m(T)&=\sum_{i=1}^N\sum_{j=1}^N x_ix_j(a_ia_j\alpha_i\alpha_j)^{0.5}(1-k_{ij})\\ b_m&=\sum_{i=1}^N x_ib_i,\quad c_m=\sum_{i=1}^N x_ic_i\end{aligned}\right\} \tag{13.1.36b}$$

混合物压缩因子 Z_m 的三次方程为

$$\begin{aligned}&Z_m^3+(C_m-1)Z_m^2+(A_m-2B_mC_m-B_m-C_m-B_m^2)Z_m\\ &\quad+(B_mC_m+B_m^2C_m-A_mB_m)=0\end{aligned} \tag{13.1.37a}$$

其中

$$A_m=\frac{\alpha_m(T)p}{R^2T^2},\quad B_m=\frac{b_mp}{RT},\quad C_m=\frac{c_mp}{RT} \tag{13.1.37b}$$

其他状态方程就不一一详述了。

13.1.4 逸度和活度

逸度和活度的概念是美国化学家路易斯(G. N. Lewis)于1901年和1907年先后引进的。

根据前面的讨论,研究混合物的热力学关系,涉及几类不同的物质。为清晰起见,用下列不同的符号进行区分:

(a) 纯物质 i 的物质 M_i,如 U_i, H_i, F_i, S_i, G_i;

(b) 混合物性质 M,如 U, H, F, S, G;

(c) 偏摩尔性质 $\overline{M}_i$,如 $\overline{U}_i, \overline{H}_i, \overline{F}_i, \overline{S}_i, \overline{G}_i$。

此外,还有混合物中组分 i 的性质 $\hat{M}_i$,如下面将要用到的 $\hat{f}_i, \hat{\varphi}_i, \hat{a}_i$ 等。

13.1.4.1 逸度和逸度系数

1. 纯物质的逸度

逸度(fugacity)的物理意义是代表体系所处状态下分子逃逸的趋势,也就是一般物质迁移的推动力或逸散能力,混合物的总逸度记作 f。对纯物质 i 而言,逸度 f_i 的定义式为

$$d(G_i)_T = RT d(\ln f_i) \tag{13.1.38}$$

其单位与压力 p 的单位相同。由上述定义得到的 f_i 没有确定的数值。为使 f_i 能有确定的绝对值,就需要做补充规定,即所谓逸度辅助定义

$$\lim_{p \to 0} \frac{f_i}{p} = 1 \tag{13.1.39}$$

其物理意义是:任何真实气体压力趋于零时,由于气体的性质已趋于理想气体,故逸度与压力的数值相等。当然,对理想气体而言,任何压力下逸度与压力恒相等。式(13.1.38)中,G_i 是该纯物质每摩尔的吉布斯自由能,单位为 $J \cdot mol^{-1}$。按式(13.1.2d),在等温条件下有关系式

$$(dG_i)_T = V_i dp \tag{13.1.40}$$

2. 混合物中组分 i 的逸度

将纯物质关系式推广到混合物,只需增加对混合物组分的考虑。而定组分混合物偏摩尔关系式与纯物质关系式是一一对应的,如 $d\overline{G}_i = \overline{V}_i dp - \overline{S}_i dT$。所以混合物中组分 i 的逸度 $\hat{f}_i$ 的定义式与纯物质逸度 f_i 的类似,即

$$d\overline{G}_i = RT d\ln \hat{f}_i, \quad \lim_{p \to 0} \frac{\hat{f}_i}{x_i p} = 1 \quad (T\text{ 恒定}) \tag{13.1.41}$$

其中,$\overline{G}_i$ 是定组分系统的偏摩尔 Gibbs 自由能,x_i 是混合物中组分 i 的摩尔分数(无量纲)。$x_i p = p_i$ 称为混合物中组分 i 的偏压。因为 $\sum x_i = 1$,故有关系式

$$\sum p_i = \sum x_i p = p \sum x_i = p \tag{13.1.42}$$

3. 逸度系数

逸度系数 φ 是物质的逸度与其压力之比(无量纲)。纯物质 i 的逸度系数定义为 $\varphi_i = f_i / p$;混合物的逸度系数为 $\varphi = f/p$;而混合物中组分 i 的逸度定义为

$$\hat{\varphi}_i = \hat{f}_i / x_i p \tag{13.1.43}$$

由以上可知：对理想气体 $\varphi = 1$，对真实气体 $\varphi \neq 1$。

13.1.4.2 逸度和逸度系数的计算

纯物质和混合物中组分 i 的逸度系数可以方便地由 pVT 数据计算出来。所以关于逸度的计算通常是先计算逸度系数，然后再根据逸度系数的定义式计算逸度。

1. 纯物质逸度系数的计算

对于纯物质，由式(13.1.38)和式(13.1.40)，可得

$$RT\mathrm{d}(\ln f_i) = V_i \mathrm{d}p \tag{13.1.44}$$

其中，V_i 是每摩尔纯物质所占的体积。式(13.1.44)与 $RT\mathrm{d}\ln p - RT\mathrm{d}p/p$ 相减，给出

$$RT\mathrm{d}\left(\ln \frac{f_i}{p}\right) = \left(V_i - \frac{RT}{p}\right)\mathrm{d}p \tag{13.1.45}$$

按纯物质逸度系数的定义 $\varphi_i = f_i/p$，再利用纯物质压缩因子 $Z_i = pV_i/RT$，式(13.1.45)可改写成

$$\mathrm{d}\ln\varphi_i = \left(\frac{V_i}{RT} - \frac{1}{p}\right)\mathrm{d}p = (Z_i - 1)\frac{\mathrm{d}p}{p} \tag{13.1.46}$$

对式(13.1.46)在恒温下从压力 $p = 0$ 状态积分到压力 p，考虑 $p \to 0$ 时 $\varphi_i = 1$，可得计算纯物质逸度系数的一般公式

$$\ln\varphi_i = \frac{1}{RT}\int_0^p \left(V_i - \frac{RT}{p}\right)\mathrm{d}p = \int_0^p (Z_i - 1)\frac{\mathrm{d}p}{p} \tag{13.1.47}$$

用 13.1.3 小节给出的适当状态方程代入式(13.1.47)，便可算出任何 T，p 下的 φ_i 值。

2. 混合物中组分 i 逸度系数的计算

$\hat{\varphi}_i$ 的计算与 φ_i 的计算完全类似。参照式(13.1.47)，可写出计算 $\hat{\varphi}_i$ 的基本关系式

$$\ln\hat{\varphi}_i = \frac{1}{RT}\int_0^p \left(\overline{V}_i - \frac{RT}{p}\right)\mathrm{d}p = \int_0^p (\overline{Z}_i - 1)\frac{\mathrm{d}p}{p} \quad (T, x\ \text{恒定}) \tag{13.1.48}$$

其中，$\overline{V}_i$ 和 $\overline{Z}_i$ 分别为流体中组分 i 的偏摩尔体积和偏摩尔压缩因子。对理想气体混合物 $\overline{Z}_i = Z_i = 1$，$\hat{\varphi}_i^{\mathrm{ig}} = \varphi_i = 1$（上标 ig 表示理想气体）。应强调指出：式(13.1.48)对气体混合物和液体混合物都是适用的。

设混合物的总体积为 V_t，$nV = V_\mathrm{t}$。按式(13.1.16)有

$$\overline{V}_i = \left[\frac{\partial(nV)}{\partial n_i}\right]_{T,p,n_{j\neq i}} = \left(\frac{\partial V_\mathrm{t}}{\partial n_i}\right)_{T,p,n_{j\neq i}}$$

将此式代入式(13.1.48)，经推导可得混合物中组分 i 的逸度系数 $\hat{\varphi}_i$ 为

$$\begin{aligned}\ln\hat{\varphi}_i &= \frac{1}{RT}\int_0^p \left[\left(\frac{\partial V_\mathrm{t}}{\partial n_i}\right)_{T,p,n_{j\neq i}} - \frac{RT}{p}\right]\mathrm{d}p \\ &= \frac{1}{RT}\int_{V_\mathrm{t}}^{\infty} \left[\left(\frac{\partial p}{\partial n_i}\right)_{T,V,n_{j\neq i}} - \frac{RT}{V_\mathrm{t}}\right]\mathrm{d}V_\mathrm{t} - \ln Z\end{aligned} \tag{13.1.49}$$

其中，Z 为温度 T 和压力 p 下混合物的压缩因子。式(13.1.48)和式(13.1.49)都是计算混合物中组分 i 逸度系数 $\hat{\varphi}_i$ 的基本关系式。如果所用状态方程形式为 $V = V(T, p)$，则用式

(13.1.48)比较方便。本书通用 $p=p(T,V)$ 形式的状态方程(见前面13.1.3小节),则用式(13.1.49)比较方便。

$\hat{\varphi}_i^{\mathrm{V}}$ 和 $\hat{\varphi}_i^{\mathrm{L}}$ 分别表示气相混合物和液相混合物中组分 i 的逸度系数,则按式(13.1.49)可写成

$$\ln(\hat{\varphi}_i^{\mathrm{V}})=\ln\left(\frac{\hat{f}_i^{\mathrm{V}}}{y_i p}\right)=\frac{1}{RT}\int_{V^{\mathrm{V}}}^{\infty}\left[\left(\frac{\partial p}{\partial n_i^{\mathrm{V}}}\right)_{V^{\mathrm{V}},T,n_{j\neq i}^{\mathrm{V}}}-\frac{RT}{V^{\mathrm{V}}}\right]\mathrm{d}V^{\mathrm{V}}-\ln Z^{\mathrm{V}} \quad (13.1.50\mathrm{a})$$

$$\ln(\hat{\varphi}_i^{\mathrm{L}})=\ln\left(\frac{\hat{f}_i^{\mathrm{L}}}{x_i p}\right)=\frac{1}{RT}\int_{V^{\mathrm{L}}}^{\infty}\left[\left(\frac{\partial p}{\partial n_i^{\mathrm{L}}}\right)_{V^{\mathrm{L}},T,n_{j\neq i}^{\mathrm{L}}}-\frac{RT}{V^{\mathrm{L}}}\right]\mathrm{d}V^{\mathrm{L}}-\ln Z^{\mathrm{L}} \quad (13.1.50\mathrm{b})$$

其中,上标V和L分别代表气相和液相,例如 V^{V} 和 V^{L} 分别为混合物中气相和液相的体积,n_i^{V} 和 n_i^{L} 分别表示气相混合物和液相混合物中组分 i 的物质的量。y_i 和 x_i 分别表示气相混合物和液相混合物中组分 i 的摩尔分数。

3. 用不同的状态方程计算逸度系数

下面分别给出用SRK,PR和PT状态方程计算逸度系数的结果,以便根据油藏的特点适当选用。

(1) 用SRK状态方程计算逸度

将SRK方程(13.1.30)代入方程(13.1.50),导出用SRK方程计算混合物中组分 i 逸度的公式

$$\ln\left(\frac{\hat{f}_i}{x_i p}\right)=\frac{b_i}{b_m}(Z-1)-\ln(Z-B_m)-\frac{A_m}{B_m}\left(2\frac{\psi_i}{\alpha_m}-\frac{b_i}{b_m}\right)\ln\left(1+\frac{B_m}{Z}\right) \quad (i=1,2,\cdots,N) \quad (13.1.51\mathrm{a})$$

式中,α_m 和 b_m 由式(13.1.30b)给出,A_m,B_m 由式(13.1.31b)给出。而

$$\psi_i=\sum_{j=1}^{N}x_j(a_i a_j \alpha_i \alpha_j)^{0.5}(1-k_{ij}),\quad b_i=0.08664RT_{\mathrm{c}}/p_{\mathrm{c}} \quad (13.1.51\mathrm{b})$$

Z 表示混合物的压缩因子。α_i 用可调温度函数关联式(13.1.29c)给出。这表明逸度系数 $\hat{\varphi}_i$ 可表示成 T,p,x_i,ω_i 和二元交互作用系数 k_{ij} 的函数。

(2) 用PR状态方程计算逸度

将PR方程(13.1.33a)代入方程(13.1.50),可导出用PR方程计算混合物中组分 i 逸度的公式

$$\ln\left(\frac{\hat{f}_i}{x_i p}\right)=\frac{b_i}{b_m}(Z-1)-\ln(Z-B_m)-\frac{A_m}{2\sqrt{2}B_m}\left(2\frac{\psi_i}{\alpha_m}-\frac{b_i}{b_m}\right)\ln\frac{Z+2.414B_m}{Z-0.414B_m} \quad (i=1,2,\cdots,N) \quad (13.1.52\mathrm{a})$$

其中,α_m,b_m 仍由式(13.1.30b)给出,A_m 和 B_m 由式(13.1.34b)给出,a_i,b_i 由式(13.1.32b)给出,而

$$\psi_i=\sum_{j=1}^{N}x_j(a_i a_j \alpha_i \alpha_j)^{0.5}(1-k_{ij}) \quad (13.1.52\mathrm{b})$$

其中，可调温度函数关联式 α_i 由(13.1.32c)给出。

(3) 用 PT 状态方程计算逸度

将 PT 方程(13.1.36a)代入方程(13.1.50)，可导出用 PT 方程计算混合物中组分 i 逸度的公式

$$RT\ln\left(\frac{\hat{f}_i}{x_i p}\right)=\frac{RTb_i}{V-b_m}-TR\ln(Z-B_m)-\frac{\psi_i}{\mathrm{d}_m}\ln\frac{Q+\mathrm{d}_m}{Q-\mathrm{d}_m}+\frac{\alpha_m(a_i+c_i)}{2(Q^2-\mathrm{d}_m^2)}$$
$$+\frac{\alpha_m}{8\mathrm{d}_m^3}[c_i(3b_m+c_m)+b_i(3c_m-b_m)]\left(\ln\frac{Q+\mathrm{d}_m}{Q-\mathrm{d}_m}+\frac{2Q\mathrm{d}_m}{Q^2-\mathrm{d}_m^2}\right)$$
(13.1.53a)

其中 a_i,b_i,c_i 由式(13.1.35b)给出，α_m,b_m,c_m 由式(13.1.36b)给出，而

$$\psi_i=\sum_{j=1}^{N}x_j(a_ia_j\alpha_i\alpha_j)^{0.5}(1-k_{ij}) \tag{13.1.53b}$$

$$Q=V+\frac{b_m+c_m}{2},\quad d_m=\left[b_mc_m+\frac{(b_m+c_m)^2}{4}\right]^{0.5} \tag{13.1.53c}$$

PT 方程可调温度函数关联式

$$\alpha_i=[1-m_i(1-T_{ri})^{0.5}]^2,\quad m_i=0.452413+1.30982\omega_i-0.295937\omega_i^2$$
(13.1.53d)

13.1.4.3 液体逸度、理想混合物逸度

1. 液体的逸度

前面曾指出：式(13.1.47)和式(13.1.48)既可计算气体，亦可计算液体。其所以要研究液体的逸度是因为在计算纯液体的逸度时，式(13.1.47)的积分区间内存在着从蒸汽到液体的相变，使得流体的摩尔体积不连续，因此必须采用分段积分的方法，即

$$\Delta G=RT\ln\varphi_i^{\mathrm{L}}=RT\ln\left(\frac{f_i^{\mathrm{L}}}{p}\right)=\int_0^{p_i^{\mathrm{sa}}}\left(V^{\mathrm{L}}-\frac{RT}{p}\right)\mathrm{d}p+RT\Delta\left(\ln\frac{f_i}{p}\right)_{\mathrm{cp}}$$
$$+\int_{p_i^{\mathrm{sa}}}^{p}\left(V_i^{\mathrm{L}}-\frac{RT}{p}\right)\mathrm{d}p \tag{13.1.54}$$

其中，右端第一项表示蒸汽从压力为零压缩至温度为 T 的饱和蒸气压 p_i^{sa} 时真实气体与理想气体之间 Gibbs 自由能变化的差值；第二项表示相变过程自由能的变化；第三项表示将液体从饱和蒸气压压缩至液体压力 p 时 Gibbs 自由能变化的差值(式中下标 cp 代表相变；上标 sa 代表饱和状态，后面还有 st 代表标准状态，id 代表理想溶液)。

根据式(13.1.47)，第一项积分所计算的就是饱和蒸气的逸度，即

$$\int_0^{p_i^{\mathrm{sa}}}\left(V_i-\frac{RT}{p}\right)\mathrm{d}p=RT\ln\left(\frac{f_i^{\mathrm{sa}}}{p_i^{\mathrm{sa}}}\right) \tag{13.1.55}$$

第二项，由于相变时 $(\Delta G)_{\mathrm{cp}}=0$，则 $RT\Delta[\ln(f_i/p)]_{\mathrm{cp}}=0$。第三项与第一项类似

$$\int_{p_i^{\mathrm{sa}}}^{p}\left(V_i^{\mathrm{L}}-\frac{RT}{p}\right)\mathrm{d}p=\int_{p_i^{\mathrm{sa}}}^{p}V_i^{\mathrm{L}}\mathrm{d}p-RT\ln\frac{p}{p_i^{\mathrm{sa}}} \tag{13.1.56}$$

将式(13.1.55)和式(13.1.56)代入式(13.1.54)并整理，容易解出液体的逸度

$$f_i^{\mathrm{L}} = f_i^{\mathrm{sa}} \exp\int_{p_i^{\mathrm{sa}}}^{p} \frac{V_i^{\mathrm{L}}}{RT} \mathrm{d}p \tag{13.1.57}$$

其中 f_i^{sa} 是纯物质处于体系温度 T 和饱和压力 p_i^{sa} 下的逸度。液体在远离临界点情形可视为不可压缩,因而式(13.1.57)中被积函数可看做常数,可简化为

$$f_i^{\mathrm{L}} = f_i^{\mathrm{sa}} \exp\left(V_i^{\mathrm{L}} \frac{p - p_i^{\mathrm{sa}}}{RT} \right) \tag{13.1.58}$$

当压力较低时,液体的摩尔体积 V_i^{L} 比气体体积小得多,式(13.1.58)中指数因子近似为1,这时有

$$f_i^{\mathrm{L}} = f_i^{\mathrm{sa}} \tag{13.1.59}$$

即液体的逸度近似等于体系温度 T 和饱和压力 p_i^{sa} 下的逸度。

2. 理想混合物的逸度

理想混合物也称理想溶液,这里所说的溶液可以是液相混合物,也可以是气相混合物。为了计算混合物特别是液相混合物中组分 i 的逸度,工程上提出了另一种较为成功的简单方法。就是对每一个系统,都选用一个与所研究状态同温、同压、同组分的理想混合物作为参考态,然后在此基础上加以修正,以求得真实混合物的热力学性质。

所谓理想混合物是指混合前后混合物中组分 i 的偏摩尔体积 $\overline{V}_i$ 等于它的摩尔体积 V_i,即 $\overline{V}_i = V_i$,且各个组分的分子间作用力相等。为了导出理想混合物中组分 i 的逸度系数 $\hat{\varphi}_i^{\mathrm{id}}$,我们先给出混合物中组分 i 的逸度 $\hat{f}_i$ 与纯物质 i 的逸度 f_i 之间的关系。在同温同压下,将式(13.1.48)与式(13.1.47)相减,得

$$\ln \frac{\hat{\varphi}_i}{\varphi_i} = \ln \frac{\hat{f}_i}{x_i f_i} = \frac{1}{RT}\int_0^p (\overline{V}_i - V_i) \mathrm{d}p \tag{13.1.60}$$

这是一个普遍适用的关系式。但要给出混合物中组分 i 的偏摩尔体积 $\overline{V}_i$ 往往有困难。若体系是理想混合物,$\overline{V}_i = V_i$,则式(13.1.60)中 $\hat{\varphi}_i$ 变成 $\hat{\varphi}_i^{\mathrm{id}}$,于是有

$$\hat{\varphi}_i^{\mathrm{id}} = \varphi_i, \quad \hat{f}_i^{\mathrm{id}} = f_i x_i \tag{13.1.61a,b}$$

这就是理想混合物中组分 i 的逸度或逸度系数的表达式。式(13.1.61b)表明:理想混合物中组分 i 的逸度与它的摩尔分数成正比,比例常数 f_i 是纯物质($x_i = 1$)的逸度。此式称为 **Lewis-Randall 规则**,也是 **Raoult 定律**的普遍化形式。上式对标准态也应该成立,因此理想混合物中组分 i 的逸度有一个更通用的定义式

$$\hat{f}_i^{\mathrm{id}} = f_i^{\mathrm{st}} x_i \tag{13.1.61c}$$

其中,f_i^{st} 是混合物温度和压力下组分 i 在标准态时的逸度。而对于理想气体的混合物,式(13.1.61a)为

$$\hat{\varphi}_i^{\mathrm{ig}} = \varphi_i = 1 \tag{13.1.62}$$

在同温、同压下将定义式(13.1.41)由纯物质状态积分至理想混合物状态,回忆式(13.1.61b),可得理想混合物的偏摩尔 Gibbs 自由能与纯物质性质之间的关系

$$\overline{G}_i^{\mathrm{id}} = G_i + RT\ln x_i \tag{13.1.63}$$

此式也称理想混合物的定义式。由此式可得理想混合物的一系列表达式

$$\overline{S}_i^{\mathrm{id}} = S_i + RT\ln x_i, \quad \overline{V}_i^{\mathrm{id}} = V_i, \quad \overline{U}_i^{\mathrm{id}} = U_i, \quad \overline{H}_i^{\mathrm{id}} = H_i \tag{13.1.64}$$

13.1.4.4　活度和活度系数

活度(activity)和活度系数用来表示真实溶液与理想溶液(理想混合物)之间的偏差,记作 a。利用活度系数对理想溶液结果进行校正可以解决真实溶液的计算。

在同温、同压下将定义式(13.1.41)从标准态积分至真实溶液状态,可得

$$\overline{G}_i = G_i^{st} + RT\ln(\hat{f}_i / f_i^{st}) \tag{13.1.65}$$

若从标准态积分至理想溶液状态,得

$$\overline{G}^{id} = G_i^{st} + RT\ln x_i \quad 或 \quad \Delta\overline{G}^{id} = RT\ln x_i \tag{13.1.66}$$

1. 活度

定义溶液中组分 i 的**活度**为

$$\hat{a}_i = \hat{f}_i / f_i^{st} \tag{13.1.67}$$

则式(13.1.65)可写成与式(13.1.66)同样简单的形式

$$\overline{G}_i = G_i^{st} + RT\ln\hat{a}_i \quad 或 \quad \Delta\overline{G}_i = RT\ln\hat{a}_i \tag{13.1.68}$$

式(13.1.66)与式(13.1.68)比较表明,对于理想溶液

$$\hat{a}_i^{id} = x_i \tag{13.1.69}$$

即理想溶液中组分 i 的活度等于以摩尔分数表示的组分 i 的浓度。真实溶液对理想溶液的偏差归结为 $\hat{a}_i$ 对 x_i 的偏差。这个偏差程度用活度系数表示。

2. 活度系数

真实溶液的活度系数 γ_i 定义为

$$\gamma_i = \hat{a}_i / x_i \tag{13.1.70}$$

由式(13.1.67)和式(13.1.61c)可得

$$\gamma_i = \frac{\hat{f}_i}{f_i^{st} x_i} = \frac{\hat{f}_i}{\hat{f}_i^{id}} \tag{13.1.71}$$

即活度系数等于真实溶液与同温、同压、同组成的理想溶液中的组分 i 逸度之比。它是溶液非理想性的度量,由此可对溶液进行分类。

(a) 对于纯组元 i,其活度和活度系数均等于1。因为 $\lim\limits_{x_i \to 1} \hat{f}_i = f_i$,而 $f_i = f_i^{st}$,根据活度和活度系数的定义式,可得

$$\hat{a}_i = 1, \quad \lim_{x_i \to 1} \gamma_i = 1 \tag{13.1.72}$$

(b) 理想溶液中组分 i 的活度等于它的浓度 x_i,活度系数等于1,即

$$\hat{a}_= x_i, \quad \gamma_i = 1 \tag{13.1.73}$$

(c) 对于真实溶液,因为 $\hat{a}_i \neq x_i$,γ_i 可能大于1,也可能小于1。

若 $\gamma_i > 1$,则 $\hat{f}_i > \hat{f}_i^{id}$,称真实溶液对理想溶液具有正的偏差。

若 $\gamma_i < 1$,则 $\hat{f}_i > \hat{f}_i^{id}$,称真实溶液对理想溶液具有负的偏差。

13.1.5 相平衡基础

13.1.5.1 相平衡的概念

所谓两相(如气相和液相)平衡,是指在一定的温度和压力下,挥发性的液体与它的蒸汽所构成的气液体系达到热力学平衡状态。达到气液平衡时,体系的温度、压力、体系中液相和气相各组分的浓度恒定不变。若改变体系的温度、压力或组成条件,体系会达到新的气液平衡。

两相最初开始接触时,由于组分在两相中存在浓度梯度,会发生质量传递。抑或相与相之间存在温差和压差,会发生能量交换。经过一段时间,当各相的性质达到稳定,不再随时间变化,就称为达到相平衡。这种平衡是动态的平衡,在相界面处不断有物质分子流进和流出。只不过在相平衡时,流进流出的物质在种类和数量上时刻保持相等。

13.1.5.2 相平衡的判据

要判断一个多相体系是否达到平衡状态,就是要看它是否满足必要的热力学条件。这些必要条件就称为相平衡的热力学判据。

设多相多组分体系中含有 $\alpha,\beta,\cdots,\pi$ 相,组分 $i=1,2,\cdots,N$,为保持系统的热平衡和机械平衡,系统内各相间温度、压力必须保持相等,否则会自然地发生传热和传质,就不符合相平衡的定义了。因此热平衡和机械平衡的判据有

$$T^{\alpha} = T^{\beta} = \cdots = T^{\pi} \tag{13.1.74}$$

$$p^{\alpha} = p^{\beta} = \cdots = p^{\pi} \tag{13.1.75}$$

此外,在物理化学中,根据平衡物系的 Gibbs 自由能最小原理,有$(\mathrm{d}G)_{T,p}=0$,针对两相可写成

$$\mathrm{d}(nG)_{T,p} = \sum \mu_i^{\alpha}\mathrm{d}n_i^{\alpha} + \sum \mu_i^{\beta}\mathrm{d}n_i^{\beta} = 0$$

因为体系为没有发生化学反应的封闭系统,$n_i^{\alpha}+n_i^{\beta}$ 为常数,即有 $\mathrm{d}n_i^{\alpha}=-\mathrm{d}n_i^{\beta}$。由上式可得 $\mu_i^{\alpha}=\mu_i^{\beta}$。推广到多相体系可得用化学位表示的相平衡判据

$$\mu_i^{\alpha} = \mu_i^{\beta} = \cdots = \mu_i^{\pi} \quad (i = 1,2,\cdots,N) \tag{13.1.76}$$

将式(13.1.23)和式(13.1.41)代入式(13.1.76),可得用逸度表示的相平衡判据

$$\hat{f}_i^{\alpha} = \hat{f}_i^{\beta} = \cdots = \hat{f}_i^{\pi} \quad (i = 1,2,\cdots,N) \tag{13.1.77}$$

由于逸度与描述相平衡的基本数据 T,p,x_i,y_i 等有关,所以式(13.1.77)是相平衡计算中常用的判据。总之,相平衡判据为各相中温度、压力相等以及各相中组分 $i,i=1,2,\cdots,N$ 的化学位和逸度相等,而逸度相等最为常用。

13.2 油藏数值模拟的组分模型

13.2.1 组分模型概述

1. 组分模型(compositional model 或 multicomponent model)

有一部分油藏,其中烃类的重组分不太多,而中间组分的含量较高,且油藏温度、压力又很高,油气性质很不稳定,在开发过程中随着地层压力降低会发生原油收缩和反凝析现象。在这种情况下,流体的相态比较复杂,不能用黑油模型描述,而需要用较复杂的组分模型或化学驱模型描述。抑或对注天然气或 CO_2 的气藏,其烃类组分或其他成分随空间位置和时间而变化,对这种情形也需要用组分模型。

通常所说的组分模型是指全组分模型,即地下流体和相平衡系统以烃类体系的自然组分为基础。全组分模型的重要特点之一是对烃类体系的每个自然组分的 pVT 性质、相态特征等是用状态方程来表达的。涉及化工热力学的基础知识和相平衡的关系式。

2. 对组分模型作的几点基本假设

(1) 油藏中油、气、水三相均服从 Darcy 定律。

(2) 油气体系中存在 N 个组分,中间组分占很大比例。组成油气烃类的各个组分在渗流过程中会发生相间传质及相态变化,但其相平衡是瞬间完成的。

(3) 水组分独立,不参与油气相间传质。

(4) 考虑流体和岩石的可压缩性,考虑介质的各向异性。

(5) 渗流过程是等温的。考虑重力和毛管力。

13.2.2 组分模型的方程组

在油藏模拟的组分模型中,描述体系所涉及的未知变量较多。具体说来,在 13.1.1 小节的基本假设下,未知变量有一个势函数 Φ_o(或油相压力 p_o)、两个饱和度 s_w 和 s_o、体系的液相中组分 i 的摩尔分数 x_i、体系的气相中组分 i 的摩尔分数 y_i 以及体系中组分 i 总的摩尔分数 z_i, $i=1,2,\cdots,N$ 共有 $3N+3$ 个。要对此多组分系统进行数学描述,就必须有相应个数的方程组成完备的方程组。这些方程大致可分为两类,一类是渗流微分方程及其相关的约束方程,另一类是相平衡方程及其相关的约束方程。下面分别进行论述。

13.2.2.1 渗流方程

设流动系数为 $\lambda = KK_r/\mu$,势函数为 $\Phi = p - \gamma D$,下标 o,g,w 分别代表油、气、水相,则组分 i 的渗流方程为

$$\nabla \cdot (\lambda_o \rho_o x_i \nabla \Phi_o) + \nabla \cdot (\lambda_g \rho_g y_i \nabla \Phi_g) + q_i$$

$$= \frac{\partial}{\partial t}[\phi(\rho_o s_o + \rho_g s_g) z_i] \quad (i = 1,2,\cdots,N-1) \tag{13.2.1}$$

组分约束方程为

$$\sum_{i=1}^{N} x_i = 1, \quad \sum_{i=1}^{N} y_i = 1, \quad \sum_{i=1}^{N} z_i = 1 \tag{13.2.2}$$

实际上,方程(13.2.1)的形式对 $i = N$ 也是成立的。如果将方程(13.2.1)对 N 个组分方程各项分别相加,并利用约束方程(13.2.2),即得总烃方程

$$\nabla \cdot (\lambda_o \rho_o \nabla \Phi_o) + \nabla \cdot (\lambda_g \rho_g \nabla \Phi_g) + q_m = \frac{\partial}{\partial t}[\phi(\rho_o s_o + \rho_g s_g] \tag{13.2.3}$$

其中,q_m 和 q_i 分别表示混合物总烃的组分 i 的源汇强度,$q_m = \sum q_i$,一般只在含井的格点中出现,其量纲为[M/L^3T]。方程(13.2.1)和方程(13.2.3)总共只有 N 个方程是独立的。若对方程(13.2.1)用到 $i = N$,则方程(13.2.3)不出现。

水相渗流方程为

$$\nabla \cdot (\lambda_w \rho_w \nabla \Phi_w) + q_w = \frac{\partial}{\partial t}(\phi \rho_w s_w) \tag{13.2.4}$$

此外还有饱和度约束方程

$$s_o + s_g + s_w = 1 \tag{13.2.5}$$

以上方程(13.2.1)~方程(13.2.4)总共有 $N+4$ 个方程[未知变量中只考虑2个饱和度,表示方程(13.2.5)已用过了]。注意,在方程(13.2.3)中油相饱和度 s_o 和气相饱和度 s_g 是以 $s^* = \rho_o s_o + \rho_g s_g$ 组合形式出现的。ρ 是摩尔密度,可用压力 p 表示为

$$p_o = \rho_o R T z_o, \quad \rho_g = \frac{p_g}{RTz_g} \tag{13.2.6}$$

其中,Z_o,Z_g 分别为油相和气相的压缩因子,R 为通用气体常数。孔隙度 ϕ 和水相摩尔密度 ρ_w 由类似第1章中的状态方程给出。

势函数 Φ 定义为

$$\left.\begin{aligned} \Phi_o &= p_o - \gamma_o D \\ \Phi_g &= p_g - \gamma_g D = p_o - p_{cgo} - \gamma_g D = \Phi_o + (\gamma_o - \gamma_g) D - p_{cgo} \\ \Phi_w &= p_w - \gamma_w D = p_o - p_{cwo} - \gamma_w D = \Phi_o + (\gamma_o - \gamma_w) D - p_{cwo} \end{aligned}\right\} \tag{13.2.7}$$

其中,$\gamma = \rho g$ 为重率,D 为深度。毛管力 p_{cgo} 和 p_{cwo} 以及相对渗透率 K_{rg} 和 k_{rw} 通过实验由饱和度表示。它们是

$$p_{cgo} = f_g(s_g), \quad p_{cwo} = f_w(s_w) \tag{13.2.8}$$

$$K_{rg} = K_{rg}(s_g), \quad K_{rw} = K_{rw}(s_w) \tag{13.2.9}$$

而油的相对渗透率 K_{ro} 可用 Dietrich 等修正的 Stone 公式计算(见 Honarpour,1986):

$$K_{ro} = \left(\frac{[K_{row}(s_w) + K_{rw}(s_w)][K_{rog}(s_g) + K_{rg}(s_g)]}{K_{roiw}}\right) - [K_{rw}(s_w) + K_{rg}(s_g)]$$

$$(\text{对 } K_{roiw} > 0.3) \tag{13.2.10a}$$

$$K_{ro} = K_{roiw}\left[\left(\frac{K_{row}}{K_{roiw}} + K_{rw}\right)\left(\frac{K_{rog}}{K_{roiw}} + K_{rg}\right) - [(K_{rw}(s_w) + K_{rg}(s_g)]\right]$$

$$(\text{对 } K_{roiw} < 0.3) \tag{13.2.10b}$$

其中，K_{roiw} 为束缚水饱和度条件下油相的相对渗透率，K_{row} 和 K_{rog} 分别为油水两相流中油的相对渗透率和油气两相流中油的相对渗透率。它们是饱和度的函数。

这样一来，Φ_g 和 Φ_w 均可用 Φ_o（或 p_o）表示出来。饱和度由 s_w 和 s^*（或 s_w 和 s_o）两个未知量给出。

13.2.2.2　相平衡方程

根据相平衡理论，首先由气相与液相的摩尔数关系，设法消去未知量 z_i；其次由气相和液相中组分 i 逸度相等的关系式(13.1.77)，建立起逸度方程。

1. 系统中气、液两相摩尔数关系

根据定义，相平衡时气相和液相摩尔数保持一定的比例关系不变。将液相、气相摩尔数与两相系统总摩尔数的比值分别记作 L 和 V（无量纲的小数），则有 $L+V=1$，并且组分 i 摩尔数平衡关系（也是摩尔质量守恒关系）为

$$Lx_i = Vy_i = z_i \quad 或 \quad z_i = Lx_i + (1-L)y_i \tag{13.2.11}$$

这样可以减少 N 个未知量 z_i，但多出一个未知量 L。

2. 逸度方程

根据相平衡判据式(13.1.77)，对于气、液两相系统，可得逸度方程

$$\hat{f}_i^{\mathrm{L}} = \hat{f}_i^{\mathrm{V}} \quad (i = 1,2,\cdots,N) \tag{13.2.12}$$

或按式(13.1.43)，可用逸度系数写成

$$\hat{\varphi}_i^{\mathrm{L}}x_ip = \hat{\varphi}_i^{\mathrm{V}}y_ip \quad 或 \quad \hat{\varphi}_i^{\mathrm{L}}x_i = \varphi_i^{\mathrm{V}}y_i \quad (i = 1,2,\cdots,N) \tag{13.2.13}$$

因为 x_ip 和 y_ip 分别等于液相和气相中组分 i 的分压 p_i^{L} 和 p_i^{V}，再引进所谓的气液平衡常数（更确切地说为气液平衡比）

$$K_i = y_i/x_i \tag{13.2.14}$$

其中，y_i 及 x_i 是一定压力和温度下处于平衡状态的气、液组成的实验测定值。则式(13.2.13)也可写成

$$\hat{\varphi}_i^{\mathrm{L}}p_i^{\mathrm{L}} = \hat{\varphi}_i^{\mathrm{V}}p_i^{\mathrm{V}} \quad 或 \quad \hat{\varphi}_i^{\mathrm{V}} = \hat{\varphi}_i^{\mathrm{L}}/k_i \quad (i = 1,2,\cdots N) \tag{13.2.15}$$

按照油藏的特点，选择不同的状态方程，将式(13.1.51a)或式(13.1.52a)或式(13.1.53a)相应地代入式(13.2.15)，即得完整的逸度方程。应当说明：式(13.1.51)～式(13.1.53)对液相和气相都是适用的。对于气相该式中 x_i 交换成 y_i，Z 交换成 Z^V，逸度方程(13.2.12)或方程(13.2.15)共有 N 个。

逸度方程除用上述状态方程法外，有时用活度系数法比较方便。目前活度系数主要用于液相，后面 γ_i^{L} 就简写成 γ_i。按式(13.1.71)有 $\hat{f}_i^{\mathrm{L}} = f_i^{\mathrm{st}}\gamma_ix_i$。所以式(13.2.13)用液相活度系数表示又可写成

$$\hat{\varphi}_i^{\mathrm{V}}y_ip = f_i^{\mathrm{st}}\gamma_ix_i = f_i^{\mathrm{L}}\gamma_ix_i \tag{13.2.16}$$

因为液体纯组元 $f_i^{\mathrm{st}} = f_i^{\mathrm{L}}$。又因为式(13.1.58)中 $f_i^{\mathrm{sa}} = p_i^{\mathrm{sa}}\varphi_i^{\mathrm{sa}}$，最后可将式(13.2.16)写成

$$\hat{\varphi}_i^{\mathrm{V}}y_ip = p_i^{\mathrm{sa}}\varphi_i^{\mathrm{sa}}\gamma_ix_i\exp\left[v_i^{\mathrm{L}}\frac{p-p_i^{\mathrm{sa}}}{RT}\right] \quad (i = 1,2,\cdots,N) \tag{13.2.17}$$

由于溶液理论推导的活度系数没有考虑压力对 γ_i 的影响，所以由活度系数表示的相平衡方

程(13.2.17)不能用于高压情形,只能用于中低压气液平衡的计算。根据不同的油藏条件,式(13.2.17)可进一步简化。下面讨论这些条件:

(1) 若压力远离临界区,则 $p-p_i^{sa}\approx 0$,指数因子近似为1。

(2) 若体系中各组分性质相似,气、液相均可视为理想化合物,有 $\hat{\varphi}_i^{Y}=\varphi_i,\gamma_i=1$。

(3) 低压下气相可视为理想气体,根据 Lewis-Randall 规则有 $\hat{\varphi}_i=1,\hat{\varphi}_i^{sa}=1$。

综上所述,气液平衡体系若满足上述

条件(1),表达式为

$$py_i\hat{\varphi}_i^{Y}=p_i^{sa}\varphi_i^{sa}\gamma_i x_i\quad(i=1,2,\cdots,N)\tag{13.2.18}$$

条件(1)+(2),表达式为

$$py_i\hat{\varphi}_i^{Y}=p_i^{sa}\varphi_i^{sa}x_i\quad(i=1,2,\cdots,N)\tag{13.2.19}$$

条件(1)+(3),表达式为

$$py_i=p_i^{sa}\gamma_i x_i\quad(i=1,2,\cdots,N)\tag{13.2.20}$$

条件(1)+(2)+(3),表达式为

$$py_i=p_i^{sa}x_i\quad(i=1,2,\cdots,N)\tag{13.2.21}$$

13.2.2.3 完备的方程组

由以上所述,在组分模型中要求解的未知变量有一个势函数 Φ_o(或 p_o)、两个饱和度 s_w 和 s_o(或 s^*)、$2(N-1)$个摩尔分数 x_i 和 y_i,$i=1,2,\cdots,N-1$,再新加一个平衡条件下液相摩尔分数 L,共计 $2N+2$ 个。

方程组有烃类渗流方程(13.2.1)、方程(13.2.3)以及水相渗流方程(13.2.4)共 $N+1$ 个;逸度方程(13.2.12)或方程(13.2.15) N 个;其中第 N 个逸度方程可用方程(13.2.2)的前两式消去 x_N 和 y_N,加起来是 $2N+1$ 个,还需要补充一个含 L 的方程。

考虑到 $s^*=\rho_o s_o+\rho_g s_g$,以及

$$L=\frac{\rho_o s_o}{s^*},\quad 1-L=\frac{\rho_g s_g}{s^*}\tag{13.2.22}$$

由饱和度方程(13.2.5)可建立一个含 L 的方程如下:

$$s_w+s^*\left(\frac{1}{\rho_o}+\frac{1-L}{\rho_g}\right)=1\tag{13.2.23}$$

为清楚起见,现在整理出较为常用的 $2N+2$ 个方程组成的完备方程组。

(1) 渗流方程共 $N+1$ 个,它们分别是

烃组分方程:

$$\nabla\cdot(\lambda_o\rho_o x_i\nabla\Phi_o)+\nabla\cdot(\lambda_g\rho_g y_i\nabla\Phi_o)+q_i=\frac{\partial}{\partial t}[\phi(\rho_o s_o+\rho_g s_g)z_i]\quad(i=1,2,\cdots,N-1)\tag{13.2.24}$$

总烃方程:

$$\nabla\cdot(\lambda_o\rho_o\nabla\Phi_o)+\nabla\cdot(\lambda_g\rho_g\nabla\Phi_g)+q_m=\frac{\partial}{\partial t}[\phi(\rho_o s_o+\rho_g s_g)]\tag{13.2.25}$$

水方程:

$$\nabla \cdot (\lambda_{\mathrm{w}} \rho_{\mathrm{w}} \nabla \Phi_{\mathrm{w}}) + q_{\mathrm{w}} = \frac{\partial}{\partial t}(\phi \rho_{\mathrm{w}} s_{\mathrm{w}}) \tag{13.2.26}$$

(2) 逸度方程(或相平衡方程)和补充方程共 $N+1$ 个,它们分别是

逸度方程:按式(13.2.12)有

$$\hat{f}_i^{\mathrm{L}} = \hat{f}_i^{\mathrm{V}}$$

或逸度系数方程:按式(13.2.13)有

$$\hat{\varphi}_i^{\mathrm{L}} x_i = \hat{\varphi}_i^{\mathrm{V}} y_i$$

将式(13.1.50)代入上式,则逸度方程可写成

$$\begin{aligned} & y_i Z^{\mathrm{V}} \exp\left\{\frac{1}{RT}\int_{V^{\mathrm{V}}}^{\infty}\left[\left(\frac{\partial p}{\partial n_i^{\mathrm{V}}}\right)_{V^{\mathrm{V}},T,n_{j\neq i}^{\mathrm{V}}} - \frac{RT}{V^{\mathrm{V}}}\right]\mathrm{d}V^{\mathrm{V}}\right\} \\ & = x_i Z^{\mathrm{L}} \exp\left\{\frac{1}{RT}\int_{V^{\mathrm{L}}}^{\infty}\left[\left(\frac{\partial p}{\partial n_i^{\mathrm{L}}}\right)_{V^{\mathrm{L}},T,n_{j\neq i}^{\mathrm{L}}} - \frac{RT}{V^{L}}\right]\mathrm{d}V^{L}\right\} \quad (i = 1,2,\cdots,N) \end{aligned} \tag{13.2.27}$$

在方程(13.2.27)中,x_N 和 y_N 分别用 x_i 和 y_i 求和代替,即

$$x_N = 1 - \sum_{i=1}^{N-1} x_i, \quad y_N = 1 - \sum_{i=1}^{N-1} y_i$$

此外,还要补充一个含有 L 的方程,即方程(13.2.23)。

这样,方程(13.2.23)～方程(13.2.27)就是由 $2N+2$ 个方程构成的完备方程组。在以上方程中,

L 和 V 分别为混合物系统中液相和气相的摩尔数与系统总摩尔数的比值,所以 $L+V=1$。这意味着求得 L 值后,即得 $V=1-L$。

n_i^{L} 和 n_i^{V} 分别为混合物系统中液相和气相内组分 i 的物质的量(mol)。

V^{L} 和 V^{V} 分别为混合物系统中液相和气相所占的体积(m^3)。

x_i 和 y_i 分别为液相和气相中组分 i 的摩尔分数,所以有

$$\sum_{i=1}^{N} x_i = 1, \quad \sum_{i=1}^{N} y_i = 1$$

z_i 是混合物系统中组分 i 的摩尔分数,有

$$z_i = L x_i + V y_i, \quad \sum_{i=1}^{N} z_i = L + V = 1$$

Z^{L} 和 Z^{V} 分别为混合物中液相和气相的压缩因子,根据混合物系统的不同情形,分别由相应的方程(13.1.31),方程(13.1.34)或方程(13.1.37)解出。

在给定了边界条件和初始条件之后,就可以进行数值求解了。通常用差分方法,对空间坐标和时间值进行离散,最后解出各空间结点上的

$$\begin{gathered} \delta x_i = x_i^{n+1} - x_i^n, \quad \delta y_i = y_i^{n+1} - y_i^n \quad (i = 1,2,\cdots,N-1) \\ \delta p_0 = p_0^{n+1} - p_0^n (\text{或 } \delta\Phi_0 = \Phi_0^{n+1} - \Phi_0^n) \quad (\delta s_{\mathrm{w}} = s_{\mathrm{w}}^{n+1} - s_{\mathrm{w}}^n) \\ \delta s_0 = s_0^{n+1} - s_0^n (\text{或 } \delta s^* = s^{*n+1} - s^{*n}) \quad (\delta L = L^{n+1} - L^n) \end{gathered}$$

其中,上标 $n+1$ 表示该量在 $n+1$ 时间步的值。数值求解具体过程的论述则超出了本书范围。

13.2.3 闪蒸计算、泡点和露点

13.2.3.1 闪蒸及闪蒸计算

对于混合物组成 $z_1, z_2, \cdots, z_N$ 已知，以及压力 p、温度 T 在泡、露点之间的情形，问题的求解要简单得多，可用闪蒸计算。为此，先阐述闪蒸的概念。

1. 闪蒸的概念

闪蒸(flash 或 flash evaporation)原本是化工热力学中的一个操作过程：把欲蒸发溶液在较高压力下预热后，直接送入低于溶液温度下的饱和压力环境中，使其在绝热条件下溶液中部分易挥发物质在环境压力降低的瞬间发生沸腾气化而蒸发的操作过程就称为**闪蒸**。闪蒸过程中溶液气化所需的热量来源于原来溶液温度超过压力降低后的压力饱和温度所放出的显热。

将闪蒸这一概念用于烃类物质系统，对高于泡点压力的液体混合物，当压力降低达到泡点压力与露点压力之间时，就会部分气化，发生闪蒸。这是单级平衡分离过程。

2. 闪蒸计算

组分模型的闪蒸计算，是指在混合物组成 z_i 已知和其他相关数据已知的条件下，进行求解的计算方法。可分为利用 $p-T-K$ 图求解和数值求解两种。

(1) 利用 p-T-K 图

p-T-K 图是德-普列斯特(De-Priester)针对烃类系统的混合物根据实验测量结果绘制出来的。该图分为高温(0～200 ℃)和低温(－60～20 ℃)两部分。这里主要应用其高温部分，如图 13.1 所示。

在 z_i 已知的条件下，将式(13.2.11)与式(13.2.14)联立，得液相和气相的组成分别为

$$x_i = \frac{z_i}{V(K_i - 1) + 1} \quad (i = 1, 2, \cdots, N) \tag{13.2.28}$$

$$y_i = \frac{K_i z_i}{V(K_i - 1) + 1} \quad (i = 1, 2, \cdots, N) \tag{13.2.29}$$

如果所处理的体系是烃类系统的混合物，可由 p-T-K 图查出 K_i 值，再求出 x_i 和 y_i。根据不同的已知条件，闪蒸可分为三类：

第一类是已知 p, T，求闪蒸后的 L 和气液组成 y_i 和 x_i，需先给一个 L 的试探值，再予以调整。步骤如下：

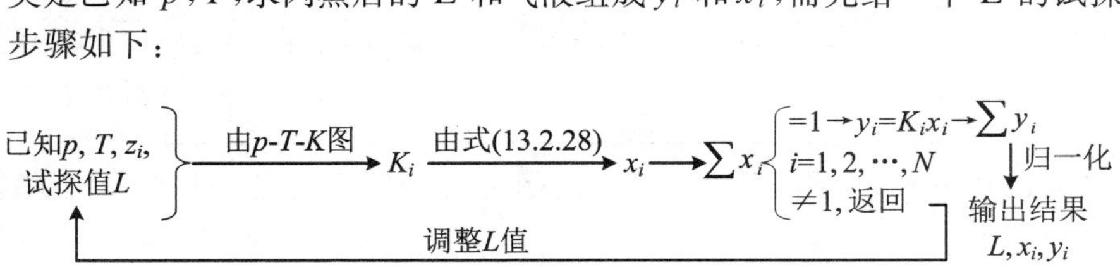

第二类是已知 T, L，求闪蒸压力 p 和气液组成 y_i 和 x_i，需先给一个 p 的试探值，再予以调整。步骤如下：

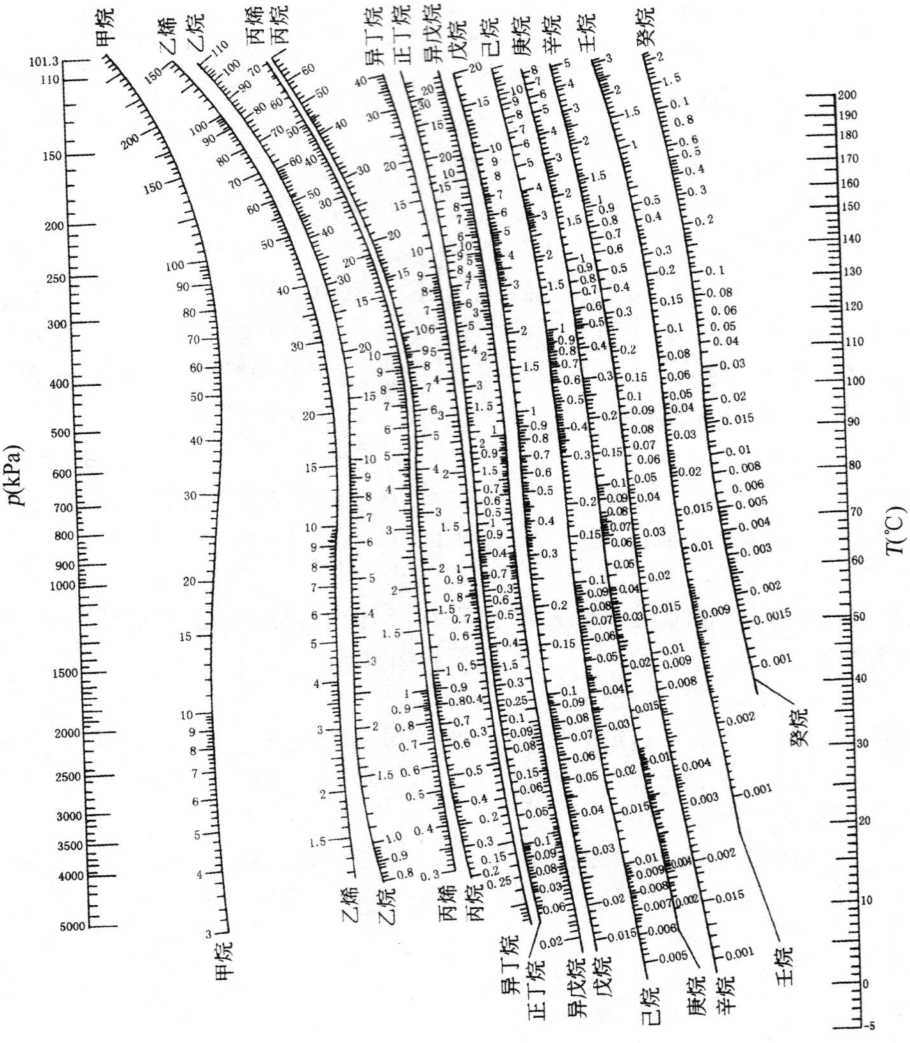

图 13.1　p-T-K 图

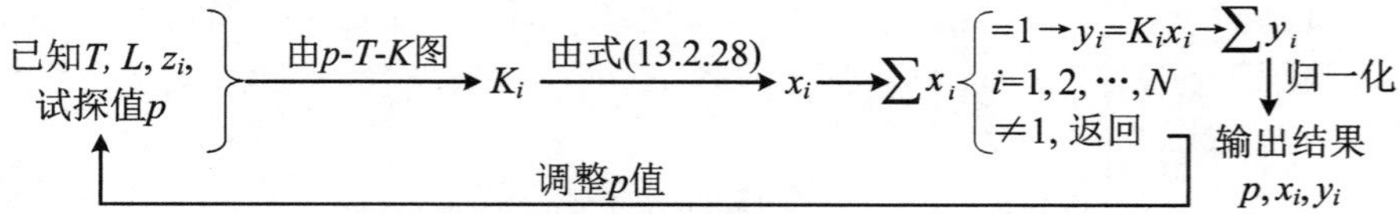

第三类是已知 p 和 L，求闪蒸温度 T、气液组成 y_i 和 x_i，需先给一个 T 的试探值，再予以调整。步骤如下：

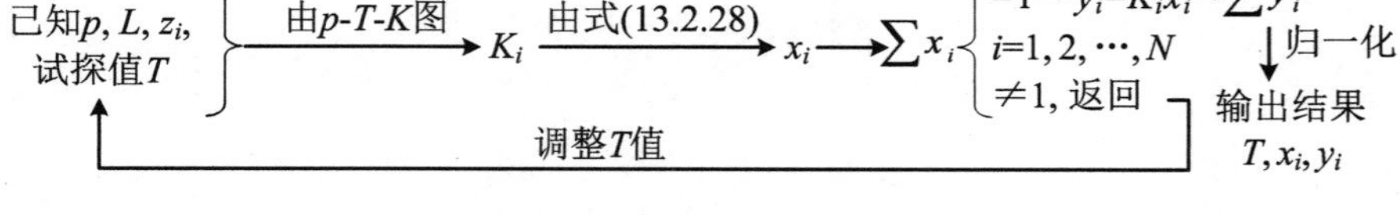

下面举例说明 p-T-K 图的应用。设有丙烷(1)和异丁烷(2)，体系中 $z_1=0.3$，$z_2=0.7$，在总压 3445.05 kPa 下冷却至 115 ℃，求混合物的冷凝率 L 及气液相组成 y_i 和 x_i。

解　本例属第一类闪蒸计算。在图 13.1 上将 $p=3445.05$ kPa，$T=115$ ℃两点连成一条直线，交丙烷曲线上 $K_1=1.45$，异丁烷曲线上 $K_2=0.84$。先给一试探值 $L=0.80$，由式(13.2.28)算得

$$x_1 = 0.2752,\quad x_2 = 0.7231,\quad \sum x_i = 0.9983$$

$\sum x_i<1$，需调整 L 值。调整至 $L=0.68$，由式(13.2.28)算得

$$x_1 = 0.2622,\quad x_2 = 0.7377,\quad \sum x_i = 0.9999$$

求得的结果是：在体系的温度和压力下，冷凝率为 0.68，由式(13.2.29)求得气相组成分别为：$y_1=0.3802$，$y_2=0.6197$。

油田开发中这类方法通常用在地面设备的气液分离器中。分离器的压力由气体出口处的调压阀控制，分离器的温度主要取决于入口流体的温度，但可通过加热或冷却适当加以控制。

(2) 数值求解

地层中组分模型的闪蒸计算，通常是指在已知系统的压力 p、温度 T 和混合物组成 z_i 的条件下，求气液达到平衡状态时液相组成 x_i、气相组成 y_i 以及液相摩尔分数 L 和气相摩尔分数 V。共有 $2N+2$ 个未知量。

对于这样的问题，只需先求出液相未知量 x_i，$i=1,2,\cdots,N$ 和 L 这 $N+1$ 个未知量，即可用 $V=1-L$ 和式(13.2.11)求出另外 $N+1$ 个未知量。或者先求出 y_i 和 V，再求 x_i 和 L。求解液相未知量的迭代过程称为 $L-X$ 迭代，适用于气相占优势(即 $V>0.5$)的情况。反之，在液相占优势(即 $L>0.5$)的情形下用 $V-Y$ 迭代。相变过程中迭代方法的相互转换可由程序自动实现。

目前，进行闪蒸计算主要有两种方法，分述如下：

(a) Newton-Raphson 闪蒸计算方法

用逸度方程(13.2.13)和组分约束方程联立求解，即由

$$\left.\begin{aligned} y_i\hat{\varphi}_i^{\mathrm{V}} &= x_i\hat{\varphi}_i^{\mathrm{L}} \quad (i=1,2,\cdots,N) \\ \sum_{i=1}^{N} x_i &= 1 \end{aligned}\right\} \tag{13.2.30}$$

联立求解。注意按式(13.2.11)，式(13.2.30)中 $y_i=(z_i-Lx_i)/(1-L)$。可用数值方法解出 x_i 和 L，然后再求 y_i 和 V。

(b) K 值法或逐次逼近法

由前面所述，用状态方程法和活度系数法，平衡比 K_i 可分别写成

$$K_i = \frac{y_i}{x_i} = \frac{\hat{\varphi}_i^{\mathrm{L}}}{\hat{\varphi}_i^{\mathrm{V}}} \tag{13.2.31a}$$

$$K_i = \frac{y_i}{x_i} = \frac{p_i^{\mathrm{sa}}\varphi_i^{\mathrm{sa}}\gamma_i \exp\left[\dfrac{v_i^{\mathrm{L}}(p-p_i^{\mathrm{sa}})}{RT}\right]}{p\hat{\varphi}_i^{\mathrm{L}}} \tag{13.2.31b}$$

以式(13.2.31)为基础求解的步骤如下：

第一步，先用经验公式给出一个 K_i 的零级近似值。例如用

$$K_i = \frac{p_{ci}}{p}\exp\left[5.3727(1+\omega_i)\left(1-\frac{T_{ci}}{T}\right)\right] \tag{13.2.32}$$

第二步，由 $x_i = z_i/[L+(1-L)K_i]$ 和 $\sum(x_i - y_i) = \sum x_i(1-K_i) = 0$，容易给出

$$\sum_{i=1}^{N}\frac{z_i(1-K_i)}{L+(1-L)K_i} = 0 \tag{13.2.33}$$

由此式不难解出液相摩尔分数 L。

第三步，由已知的 z_i，K_i 和 L，可得

$$x_i = \frac{z_i}{L+(1-L)K_i}, \quad y_i = x_iK_i \tag{13.2.34}$$

第四步，在已知 x_i，y_i 的情况下，按式(13.2.31)重新计算 K_i 值作为一级近似值。

按上述步骤逐次近似，直到求得的 x_i，y_i 和 L 值满意为止。

3. 泡点和露点的计算

(1) 泡点的计算

当油气体系的相态变化达到泡点状态时，平衡的气相摩尔分数 $V\to 0$，液相摩尔分数 $L\to 1$，这时按式(13.2.11)可得

$$x_i = z_i, \quad y_i = z_iK_i \tag{13.2.35}$$

于是泡点状态的组分约束条件可写成

$$\sum_{i=1}^{N} y_i = \sum_{i=1}^{N} z_iK_i = 1 \tag{13.2.36}$$

将 $x_i = z_i$ 代入式(13.2.13)，逸度方程写成

$$\hat{\varphi}_i^{L}z_i = \hat{\varphi}_i^{V}y_i \quad (i = 1,2,\cdots,N) \tag{13.2.37}$$

在系统温度 T 和 z_i 已知的条件下，由式(13.2.36)和式(13.2.37)共 $N+1$ 个方程组成的方程组，不难求得 y_i 和泡点压力。

(2) 露点的计算

当油气体系的相态变化达到露点状态时，平衡的气相摩尔分数 $V\to 1$，液相摩尔分数 $L\to 0$，这时按式(13.2.11)有

$$y_i = z_i, \quad x_i = z_i/K_i \tag{13.2.38}$$

于是露点状态的组分约束条件可写成

$$\sum_{i=1}^{N} x_i = \sum_{i=1}^{N}\frac{z_i}{K_i} = 1 \tag{13.2.39}$$

而逸度方程变为

$$\hat{\varphi}_i^{L}x_i = \hat{\varphi}_i^{V}z_i, (i = 1,2,\cdots,N) \tag{13.2.40}$$

在系统温度 T 和 z_i 已知的条件下，由式(13.2.39)和式(13.2.40)共 $N+1$ 个方程组成的方程组可求出 x_i 和露点压力。

13.3 网格剖分

油藏模拟的数值解法要通过数值离散，就是将全流场中微分形式的连续物理关系表示成有限个一定体积和时间尺度的单元体(或节点)之间相互联系的近似物理关系，构建这些单元体的过程就称为网格剖分或空间离散，并认为单元体上任意一点的物理性质(如压力、饱和度等)可以用该单元体中心的值与其相邻单元体中心的值通过线性插值给出。原则上，剖分出的单元体积越小，数值求解的精度就越高。但单元体积变小，单元的数目就增大，计算量和机时也随之变大。在进行网格剖分时要在计算精度与计算效率之间求得一个两全齐美的折中方案。

13.3.1 网格剖分概述

网格按其拓扑结构可分为结构网格和非结构网格。**结构网格**是规则网格，其典型代表是笛卡儿坐标系网格或称全局正交网格。结构网格的主要优点是网格生成速度快、生成质量好、数据结构简单等，所以应用比较广泛。缺点是只适用于形状规则的图形，不便于描述断层、尖灭等地质特征。对油藏进行划分，不能保证每个网格都有效，部分网格可能没有油藏(即死结点)，对区域较大、井数较多的油藏，这些井不可能都位于网格中心(虽然可以采取局部加密，但粗细网格交界处会导致新的误差)。对于水平井或斜井，笛卡儿网格很难与井的方向保持一致，存在网格的取向效应。**非结构网格**是不规则网格的总称，它可能包含结构化网格的部分。其主要优点是可以逼近任意油藏形状，便于局部加密，易于描述断层等，还能够消除网格的取向效应。其主要缺点是网格生成较为困难，数据结构复杂，代数方程组求解较为困难，计算时间长，要求内存空间较大等。所以非结构网格也难以在油藏全域中使用。

为了真实地描述油藏并提高数值模拟的精度，曾提出以下几种网格。

1. 非正交角点网格(corner geometry grid)

该网格能灵活地描述油藏边界、流动类型、水平井、断层等，并易于在标准差分油藏模拟器中实现，但它仅在考虑交叉导数项时是正确的。研究表明：扭曲角点网格上五点格式的结果是错误的。而且角点网格的网格之间不正交，这种不正交带来两个方面的问题：一方面给传导率计算带来难度，增加模拟计算时间；另一方面也会影响结果的精度。此外，对复杂油藏，角点网格构造费时。

2. 曲线网格(curvilinear grid)

该网格虽然比长方形网格更有效，可减少取向效应，但仍有一些缺陷，即仅限于不可压缩流或可压缩稳态流及二维问题。虽可描述断层，但对复杂油藏的构造能力有限，网格的疏密不能反映实际需求，比长方形网格需要的网格块更多。

3. 非结构垂直平分网格

非结构垂直平分网格(perpendicular bisection),简称 PEBI 网格,这是一种局部正交网格。任意两个相邻网格块的交界面一定垂直平分此两个网格节点的连线。Heinemann, Brand(1989)首次将 PEBI 网格应用于油藏模拟。PEBI 网格有如下优点:比结构网格灵活,便于模拟真实油藏地质边界;近井处可以局部加密并且粗细网格过渡较为平滑,适合于计算近井径向流;可以实现水平井的数值模拟;网格取向效应比笛卡儿网格的要小;易于构造断层;满足有限差分方法对网格正交性的要求,可利用现有的有限差分数值模拟软件。

4. 径向网格

径向网格(radial grid)这是柱坐标系下的网格,主要用于井眼附近。考虑到油藏存在各向异性和非均质性,可将不同半径之间的环形区域沿周向划分成若干个扇面形部分。其优点为:可较为精确地反映井眼附近的流动特征,可用较小数目的网格取得较高的模拟精度。在近井区域采用径向网格,可在把握油井附近流动状态的同时实现网格体积由小到大的快速变化。

5. CVFE 网格

CVFE 是控制体有限元(Control Volume Finite Element)的简称。由相邻三角形的重心(三个顶点与对边中点连线的交点)连线构成。一般来说,它比 PEBI 网格更加灵活、精度更高,但计算工作也更加复杂,并且通常是非正交的。

鉴于上述网格各有优缺点,很难用一种网格进行油藏全域部分。目前,在数值试井中一般采用**混合网格**技术,即在油藏试井区域的不同区块上结合流体的流动特征使用不同的网格和坐标系。主要包含径向网格和 PEBI 网格。

下面进一步介绍 PEBI 网格的生成。

13.3.2 PEBI 网格的间接生成方法

关于网格的生成,除了全局正交网格这样很规则的网格剖分可以直接用手工完成之外,其他网格生成一般要采用网格自动剖分技术。网格自动剖分技术可分为直接方法和间接方法。间接方法要借助其他过渡性的网格。PEBI 网格生成的间接方法就是先生成三角形网格作为基础网格,再作基础网格中相邻节点的垂直平分线,由这些线段即可构成 PEBI 网格。

13.3.2.1 *佛罗瑙伊网格*

垂直平分网格有时专指佛罗瑙伊(Voronoi)网格。为此,我们先介绍 Voronoi 凸多边形。

设在平面 R^2 上给定 N 个分离点 $p_j(j=1,2,\cdots,N)$。对每一个 p_i 定义其邻域为:在平面上到点 p_i 的距离比到其他点 $p_j(j\neq i)$ 的距离更近的点集

$$S_i=\{p\in R^2:|pp_i|\leqslant|pp_j|,j\neq i,j=1,2,\cdots,N\}$$

邻域即为点 p_i 的 Voronoi 凸多边形。

显然,S_i 是由该节点 p_i 到相邻节点连线的垂直平分线所围成的凸多边形,该节点是这一凸多边形的唯一内节点。实际上,Voronoi 凸多边形是由点 p_i 与 p_j 的连线以及 p_j 相邻

点之间连线所组成的$N-1$个三角形外心(三角形三个边垂直平分线的交点)的连线所围成的。参见图13.2,图中点0是p_i,$N=6$;点1,2,…,5为p_j。

13.3.2.2 三角形基础网格

设在所讨论的区域中布置有一系列的点(基础网格点),首先给出网格节点的总数和边界节点数,再按一定的顺序给出内部节点的平面坐标以及沿逆时针顺序给出边界节点的平面坐标。如果相邻两个边界点的连线一定是某一三角形的一个边,则可以从边界节点开始作与相邻的内点的连线划分三角形,再将其余的内点相互连接,即可构成三角形基础网格,如图13.2中虚线所示。应当注意,按上述方法划分的三角形必须满足Delaunay条件:即在有公共边的两个相邻三角形中,公共边的两个对角之和小于180°,以保证构成的凸多边形能完全覆盖整个区域而不出现漏盖。还有所谓的Delaunay三角形外接圆性质(circumcircle property,简称CP准则),即对于Delaunay三角形部分,任何一个三角形的外接圆中,除了该三角形的三个节点以外,不存在其他节点。这就保证了各三角形之间不会发生重叠。

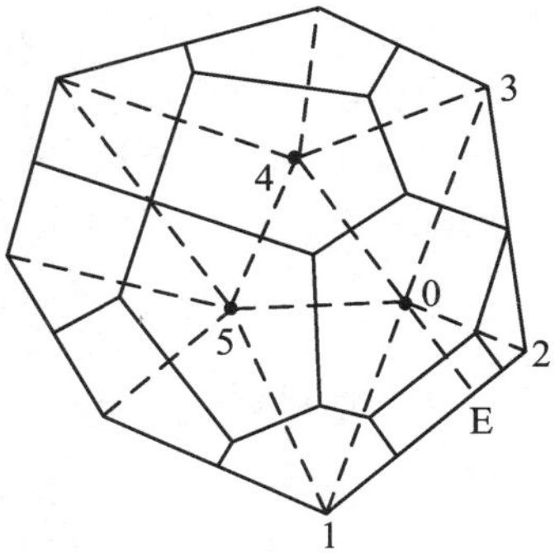

图13.2 三角形基础网格(虚线)和凸多边形PEBI网格(实线)

三角形剖分的后处理。在三角形剖分结束后,如果发现有局部不符合Delaunay条件,可以调整布点,使三角形尽可能接近正三角形。理想的优化网格应考虑以下几点:① 最小化网格块的连接数;② 确保网格间的连接均在同一条流线上;③ 优化网络形状以获得好的纵横比。

13.3.2.3 用三角形基础网格构建PEBI网格

根据构建三角形基础网格记录的相邻节点信息,对每一节点的相邻节点进行排序。如图13.2中的节点0,其相邻节点排序为1,2,3,4,5。可以分以下几种情况:① 如果节点0的相邻节点全部是内点,则依次连接三角形012、023、034、045、051的外心形成凸五边形,如图13.2中右侧实线所示,就得到一个PEBI网格。② 如果节点0的相邻节点不全是内部节点,例如有一个不是,则需判断它和边界节点组成的三角形的外心是否落在区域之内。若落在区域之内,做法与内节点相同;若落在区域之外,需要补充一个边界节点,同时边界也增加一个节点E。③ 如果节点0是边界节点,则连接内部三角形的外心、边界节点的中点以及边界节点本身,就得到一个边界PEBI网格。由于三角形划分满足Delaunay条件,可以保证生成的PEBI网格不会重叠或漏盖现象。

PEBI网格节点位置非常灵活,可以逼近任何形状的边界,也很容易进行局部加密。可以应用窗口技术将任意方向的水平井与PEBI网格或笛卡儿网格衔接。PEBI网格与加密网格之间的过渡比较平滑,不至于引起明显误差。计算表明:PEBI网格计算结果与解析解非常吻合。

若不取三角形的外心,而取三角形的重心,则依次连接三角形外心形的凸多边形就是控制体有限元(CVFE)网格。

13.3.3 混合网格划分的方法步骤

在13.3.2小节中弄清了PEBI网格的生成方法以后，本小节针对一般油藏边界、直井、水平井和断层情形，以PEBI网格、径向加密和断层加密网格为基础，说明混合网格划分的方法和步骤。

第一步，确定边界、断层和井的坐标位置。混合网格可用于地层中有铅直井、水平井、斜井、垂直裂缝井、多个断层和任意边界等各种复杂情形，只要它们的位置已知即可。第二步，在油藏的平面上布点。在整个油藏平面上(对三维问题要适当分层)所布的点首先作为三角形基础网格中各三角形的顶点。在井眼周围作径向对称布点进行加密处理。井周围加密布点是在柱坐标中进行的，沿径向自井轴向外延伸至 r_c，r_c 的长度及其上布点的个数 n 根据精度要求人为地设定。沿径向各点的位置分布可按 $r_{i+1}/r_i = a$，其中 $\lg a = \dfrac{1}{n}\lg(r_c/r_w)$，离井越远点间距离越大。沿周向均匀分成若干等分。对非均匀各向异性介质，周向可分成16～24格；对均匀各向同性介质，可适当减少。在断层附近对称布点并适当加密。第三步，构建三角形基本网络。将第二步所布的点中相邻的点用直线连接起来就构成三角形基本网格。如发现局部有个别钝角三角形或其他意外情形可作适当的后处理，使其中每个网格尽可能接近等边三角形。第四步，生成PEBI网格。根据13.3.2小节所述，确定上述三角形基本网格中各个三角形的外心，这些外心的连线形成一系列布满区域的凸多边形，就是最终生成的混合网格。

下面针对几种常见情形进一步加以说明。

13.3.3.1 方形区域中一口铅直井和一条断层情形

首先，沿边界布点，在井周围径向加密布点，沿断层适当加密布点。然后在油藏区域交错排列均匀布点，如图13.3所示。将这些点中各相邻的点连接起来就构成三角形基本网格，如图13.4所示。

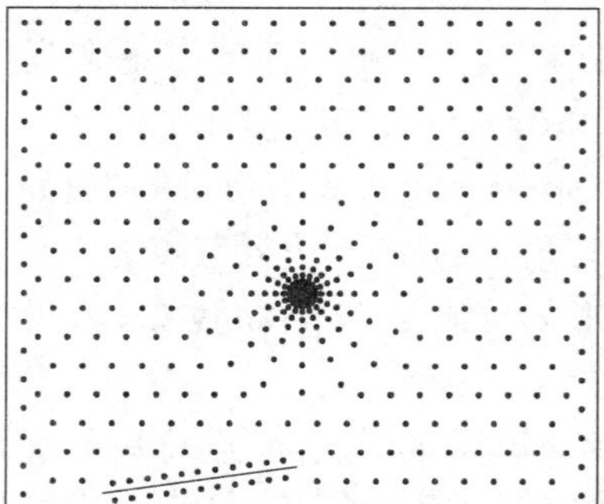

图13.3 方形区域中一口直井一条断层情形布点图

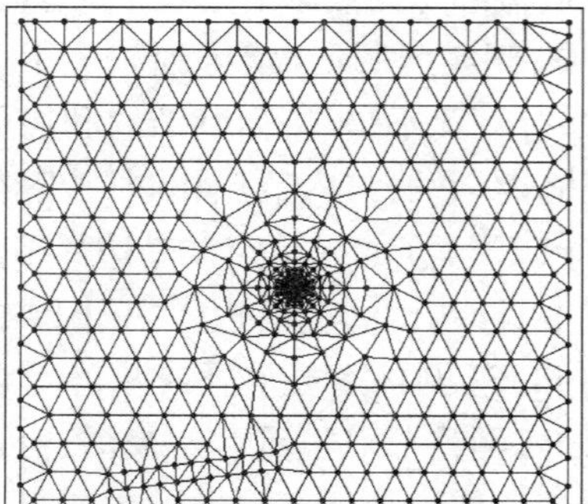

图13.4 方形区域中一口直井一条断层情形的三角形基本网格

最后，确定这些三角形的外心，将这些外心点连接成凸多边形，就生成 PEBI 网格。这些凸多边形的内点就是 PEBI 网格的结点，如图 13.5 所示。这样的网格在油藏区域是正六边形。应当特别注意的是：断层一侧的三角形外心连线只能与同侧的外心连线构成凸多边形，不能跨越断连线构成凸多边形，即网格块。在进行数值计算时，同侧网格块之间有流体流动，而两侧对应网格块之间不能有流体流动(对弱渗透断层的特殊情形除外)。地层外边界各段可以作为周边各个网格的一个边线。

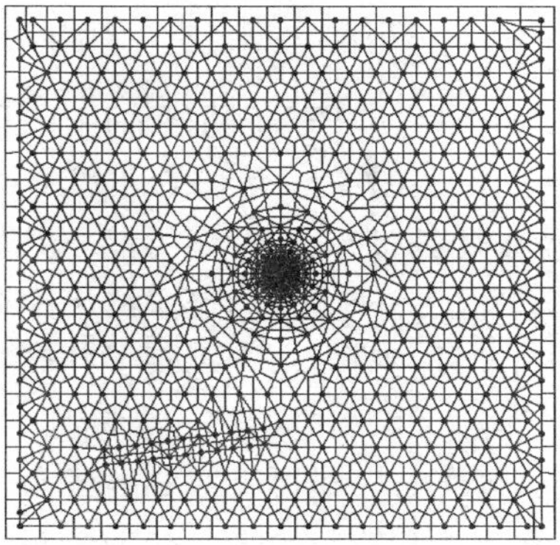

图 13.5　方形区域中一口直井一条断层情形的混合网格

13.3.3.2　井间干扰情形

如果有两口井离得较近，将存在井间干扰，这对混合网格的生成有一定影响。可以作两井之间的连线和它的垂直平分线，该平分线的半长度大体上与井周围加密布点的径向长度 r_c 相当，并且每口井径向加密布点按计算要落在垂直平分线另一侧的应自动消失。可以沿垂直平分线适当布点，并在平分线两侧交错位置上各布一列点。

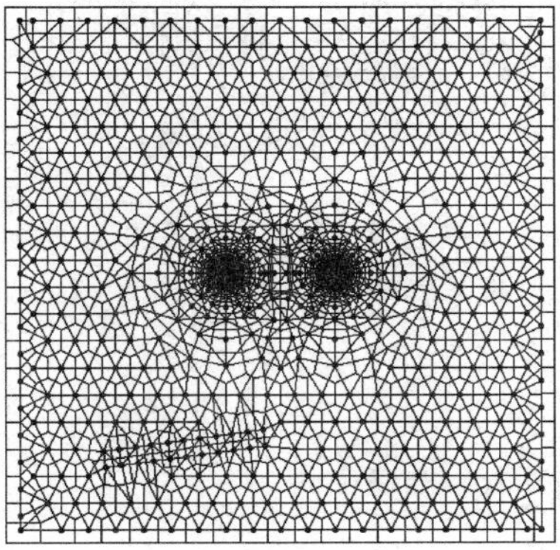

图 13.6　井间干扰情形的混合网格

下面分两口“同号井”和“异号井”分别加以说明。所谓同号井是指两口都是生产井(或都是注入井)，所谓异号井是指一口生产井一口注入井。对于同号井，应自平分线同一侧各自用三角形外心边线构成凸多边形网格块，不能跨越平分线连线构成网格块。平分线也可以作两侧对称网格块的共同边线。在进行数值计算时，平分线两侧对应网格块之间不能有流体流动，而沿平分线同侧网格块之间有与平分线平行方向的流动，即垂直平分线是一条流线。其混合网格如图 13.6 所示。

对于异号井，在井周围加密布点和垂直平分线邻近布点以后，可按常规生成 PEBI 网。平分线两侧可以各自构成网格块，也可以跨越平分线构成网格块。在进行数值计算时，跨越平分线有流体流动，其流动速度有跨越平分线的垂直分量。

13.3.3.3　井与断层干扰情形

对于断层离井较近的情形，应在井周围和断层邻近分别加密布点，但井周围沿径向延伸到断层附近的点应自动取消。其后三角形网格及 PEBI 网格的生成仍按与前两种情形所述的方法同样进行。其混合网格如图 13.7 所示。

13.3.3.4 复杂边界中水平井和有多条断层的情形

如前所述，PEBI网格适用于任意边界形状的地层。图13.8给出复杂边界中有水平井和多条断层的情形所生成的PEBI网格。沿着复杂外边界，应在边界每一转折处或曲率半径极小处各布一点，并尽可能在其邻近左右对称位置上各布一点，边界其他地方均匀布点。该图中部为一水平井，这里给出的是地层中包含水平井那一层的网格块的平面图。沿井筒方向适当加密布点；在垂直于井筒方向有从内到外由密到疏的布点；水平井两端有沿弧线的加密布点。该图中给出三条断层，形成一个折转钝角和一个折转锐角。在每一折转处应布一点，其左右应尽可能对称地各布一点，沿线的其他布点与前述相同。锐角处可作一角平分线，从顶点开始沿角平分线加密布点，然后两条的断层各自布点。油藏区域仍交错排列均匀布点。这样就形成三角形基本网格并接着生成PEBI网格了。

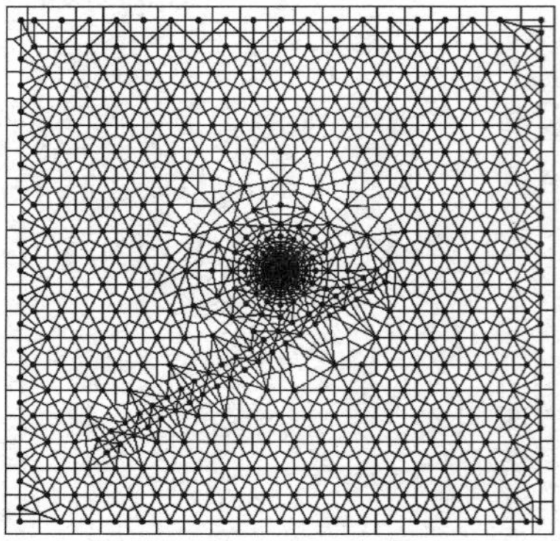

图13.7 井与断层干扰情形的混合网格

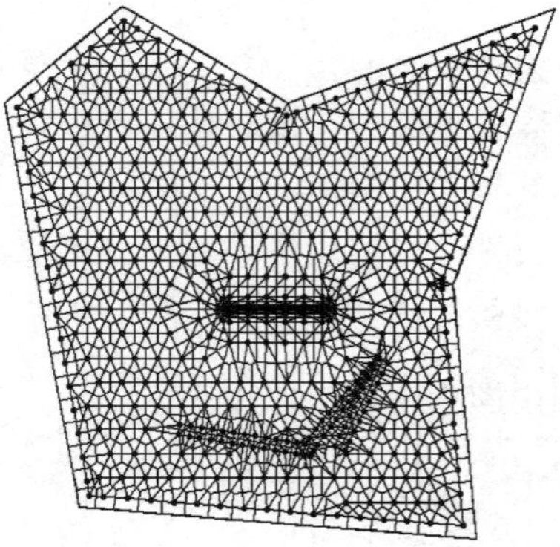

图13.8 复杂边界地层中有水平井与多条断层情形的混合网格

13.4 油藏数值模拟的黑油模型

13.4.1 黑油模型概述

油藏中的流体是多种烃类和水的混合物以及少量其他杂质。对大多数油藏，烃类重组分含量较高，气油比相对较低，称为低收缩油。因为这种油颜色较深（黑、褐或绿色），所以称为**黑油**。在**黑油模型**(black oil model)中，将这种混合物简化为油、汽、水三个组分，并认为在开发过程中各个组分的化学成分保持不变。油组分是指地面标准条件下经油气分离后得到的液态油。气组分是指经油气分离后得到的全部气体。

对黑油模型，作以下几点基本假设：

(1) 油藏中只有油气水三相，每一相均遵从Darcy定律。

(2) 水组分只存在于水相中，油水不互溶。

(3) 油藏中烃类只含油气两个组分。油组分完全存在于油相中,而气组分有自由气和溶解气(溶解于油相中)两种形式。油藏中气体的溶解和逸出是瞬时完成的。

(4) 油气可压缩,岩石和水微可压缩。

(5) 渗流过程是等温的。

(6) 考虑毛管力和重力。

13.4.2 黑油模型的数学方程及其离散

13.4.2.1 黑油模型的数学方程

黑油模型最为一般的数学模型是三维三相模型。流体组分假设为油、水和气三相。通常情况下水是润湿相,油是中等润湿相,气是非润湿相。假定油与水之间无质量转换和相变。黑油模型的油水气三相数学方程写成

$$\text{油}\quad \nabla\cdot\left[\frac{KK_{\text{ro}}}{\mu_{\text{o}}B_{\text{o}}}(\nabla p_{\text{o}}-\gamma_{\text{o}}\nabla z)\right]=\frac{\partial}{\partial t}\left(\frac{\phi s_{\text{o}}}{B_{\text{o}}}\right)-\sum_i q_{\text{osc}}\delta(x_i,y_i,z_i) \tag{13.4.1}$$

$$\text{水}\quad \nabla\cdot\left[\frac{KK_{\text{rw}}}{\mu_{\text{w}}B_{\text{w}}}(\nabla p_{\text{w}}-\gamma_{\text{w}}\nabla z)\right]=\frac{\partial}{\partial t}\left(\frac{\phi s_{\text{w}}}{B_{\text{w}}}\right)-\sum_i q_{\text{wsc}}\delta(x_i,y_i,z_i) \tag{13.4.2}$$

$$\begin{aligned}\text{气}\quad &\nabla\cdot\left[\frac{KK_{\text{ro}}R_{\text{s}}}{\mu_{\text{o}}B_{\text{o}}}(\nabla p_{\text{o}}-\gamma_{\text{o}}\nabla z)+\frac{KK_{\text{rg}}}{\mu_{\text{g}}B_{\text{g}}}(\nabla p_{\text{g}}-\gamma_{\text{g}}\nabla z)\right]\\ &=\frac{\partial}{\partial t}\left(\frac{\phi s_{\text{g}}}{B_{\text{g}}}+\frac{R_{\text{s}}\phi s_{\text{o}}}{B_{\text{o}}}\right)-\sum_i q_{\text{gsc}}\delta(x_i,y_i,z_i)\end{aligned} \tag{13.4.3}$$

其中,下标 o,w,g 分别代表油、水、气相,sc 代表地面标准条件,k_{r} 为相对渗透率,B 为地层体积系数,γ 为流体重率,R_{s} 为溶解油气比,q 为组分产量或流量,其量纲为$[\text{L}^3\text{T}^{-1}]$。$\delta(x_i,y_i,z_i)$ 是 δ 函数,其量纲为$[\text{L}^{-3}]$,(x_i,y_i,z_i)表示井点坐标位置。其他一些辅助方程可参见方程(13.2.5)~方程(13.2.10)。由以上三个方程可以求解 p,s_{w} 和 s_{g} 三个未知变量。

13.4.2.2 方程的离散

下面给出用有限体积法对以上方程进行离散的方法。

对油相方程(13.4.1)作体积分写成

$$\iiint_{V_i}\nabla\cdot\left[\frac{KK_{\text{ro}}}{\mu_{\text{o}}B_{\text{o}}}(\nabla p_{\text{o}}-\gamma_{\text{og}}\nabla z)\right]\mathrm{d}\Omega=\iiint_{V_i}\frac{\partial}{\partial t}\left(\frac{\phi s_{\text{o}}}{B_{\text{o}}}\right)\mathrm{d}\Omega-q_{\text{osc}} \tag{13.4.4}$$

考虑到 PEBI 网格两个相邻格块中心点的连线垂直于此两个格块公共边界的事实,应用高斯定理,有

$$\sum_j T_{ij,\text{o}}(\Delta p_{\text{o}}-\gamma\Delta z)^{n+1}=\frac{V_i}{\Delta t}\left[\left(\frac{\phi s_{\text{o}}}{B_{\text{o}}}\right)_i^{n+1}-\left(\frac{\phi s_{\text{o}}}{B_{\text{o}}}\right)_i^{n}\right]-q_{\text{osc}}^{n+1} \tag{13.4.5}$$

式(13.4.5)左端表示流动项,右端表示累积项,$T_{ij,\text{o}}$为传导系数,即 PEBI 网格任意两个相邻格块中点之间的流动系数 $\lambda_{ij,\text{o}}$与其几何因子 G_{ij}的乘积

$$T_{ij,\text{o}}=\lambda_{ij,\text{o}}G_{ij} \tag{13.4.6}$$

用单点上游加权法可写成

$$\lambda_{ij,\mathrm{o}} = \left[\frac{KK_{\mathrm{ro}}}{\mu_{\mathrm{o}}B_{\mathrm{o}}}\right]_{ij} = \begin{cases} \left[\dfrac{KK_{\mathrm{ro}}}{\mu_{\mathrm{o}}B_{\mathrm{o}}}\right]_j, & (p_{\mathrm{o}}+\gamma_{\mathrm{o}}z)_j \geqslant (p_{\mathrm{o}}+\gamma_{\mathrm{o}}z)_i \\ \left[\dfrac{KK_{\mathrm{ro}}}{\mu_{\mathrm{o}}B_{\mathrm{o}}}\right]_i, & (p_{\mathrm{o}}+\gamma_{\mathrm{o}}z)_j < (p_{\mathrm{o}}+\gamma_{\mathrm{o}}z)_i \end{cases} \tag{13.4.7}$$

几何因子 G_{ij} 为两个相邻 PEBI 网格 i,j 之间流体流动的断面 ω_{ij} 与这两个 PEBI 网格中心点间距 d_{ij} 之比，即

$$G_{ij} = \omega_{ij}/d_{ij} \tag{13.4.8}$$

值得注意的是：式(13.4.5)中各个分量都采用了隐式格式，如传导系数项 $T_{ij,\mathrm{o}}$、油相组分产量 q_{osc} 等都使用了 $n+1$ 时刻的值。

对于油相流动来说，由于求解变量是$(p_{\mathrm{o}}^{n+1}, s_{\mathrm{w}}^{n+1}, s_{\mathrm{g}}^{n+1})$，对式(13.4.5)右端累积项需用守恒方式展开，否则可能降低稳定性，产生较大的物质平衡误差。采用某种守恒方式展开，有

$$\left(\frac{\phi s_{\mathrm{o}}}{B_{\mathrm{o}}}\right)^{n+1} - \left(\frac{\phi s_{\mathrm{o}}}{B_{\mathrm{o}}}\right)^{n} = s_{\mathrm{o}}^{n}\left(\frac{1}{B_{\mathrm{o}}^{n}}\frac{\partial\phi}{\partial p} - \frac{\phi^{n+1}}{(B_{\mathrm{o}}^{n})^2}\frac{\partial B_{\mathrm{o}}}{\partial p}\right)\delta p - \left(\frac{\phi^{n+1}}{B_{\mathrm{o}}^{n+1}}\delta s_{\mathrm{w}} + \frac{\phi^{n+1}}{B_{\mathrm{o}}^{n+1}}\delta s_{\mathrm{g}}\right) \tag{13.4.9}$$

其中

$$\delta p = p^{n+1} - p^{n}, \quad \delta s_{\mathrm{w}} = s_{\mathrm{w}}^{n+1} - s_{\mathrm{w}}^{n}, \quad \delta s_{\mathrm{g}} = s_{\mathrm{g}}^{n+1} - s_{\mathrm{g}}^{n} \tag{13.4.10}$$

于是式(13.4.5)中对流项可写成

$$\frac{V_i}{\Delta t}\left[\left(\frac{\phi s_{\mathrm{o}}}{B_{\mathrm{o}}}\right)_i^{n+1} - \left(\frac{\phi s_{\mathrm{o}}}{B_{\mathrm{o}}}\right)^{n}\right] = \frac{V_i}{\Delta t}\left[s_{\mathrm{o}}^{n}\left(\frac{1}{B_{\mathrm{o}}^{n}}\frac{\partial\phi}{\partial p} - \frac{\phi^{n+1}}{(B_{\mathrm{o}}^{n})^2}\frac{\partial B_{\mathrm{o}}}{\partial p}\right)\delta p - \left(\frac{\phi^{n+1}}{B_{\mathrm{o}}^{n+1}}\delta s_{\mathrm{w}} + \frac{\phi^{n+1}}{B_{\mathrm{o}}^{n+1}}\right)\delta s_{\mathrm{g}}\right] \tag{13.4.11}$$

由饱和度方程(13.2.5)，$s_{\mathrm{o}} = 1 - s_{\mathrm{w}} - s_{\mathrm{g}}$，所以(13.4.5)可改写成

$$\sum_j \left[T_{ij,\mathrm{o}}(\Delta p_{\mathrm{o}} - \gamma_{\mathrm{o}}\Delta z)\right]^{n+1} = C_{\mathrm{op}}\delta p_{\mathrm{o}} + C_{\mathrm{ow}}\delta s_{\mathrm{w}} + C_{\mathrm{og}}\delta s_{\mathrm{g}} - q_{\mathrm{osc}}^{n+1} \tag{13.4.12a}$$

其中，油相方程的系数为

$$\left.\begin{aligned} C_{\mathrm{op}} &= \frac{V_i}{\Delta t}\left[\frac{1}{B_{\mathrm{o}}^{n}}\frac{\partial\phi}{\partial p} - \frac{\phi^{n+1}}{(B_{\mathrm{o}}^{n})^2}\frac{\partial B_{\mathrm{o}}}{\partial p}\right](1 - s_{\mathrm{w}} - s_{\mathrm{g}}) \\ C_{\mathrm{ow}} &= -\frac{V_i}{\Delta t}\left(\frac{\phi}{B_{\mathrm{o}}}\right)^{n+1}, \quad C_{\mathrm{og}} = -\frac{v_i}{\Delta t}\left(\frac{\phi}{B_{\mathrm{o}}}\right)^{n+1} \end{aligned}\right\} \tag{13.4.12b}$$

类似于油相方程的离散过程，可分别写出水相、气相的离散方程为

$$\sum_j \left[T_{ij,\mathrm{w}}(\Delta p_{\mathrm{w}} - \gamma_{\mathrm{w}}\Delta z)\right]^{n+1} = C_{\mathrm{wp}}\delta p_{\mathrm{w}} + C_{\mathrm{ww}}\delta s_{\mathrm{w}} + C_{\mathrm{wg}}\delta s_{\mathrm{g}} - q_{\mathrm{wsc}}^{n+1} \tag{13.4.13a}$$

其中，水相方程的系数为

$$\left.\begin{aligned} C_{\mathrm{wp}} &= \frac{V_i}{\Delta t}\left[\frac{1}{B_{\mathrm{w}}^{n}}\frac{\partial\phi}{\partial p} - \frac{\phi^{n+1}}{(B_{\mathrm{o}}^{n})^2}\frac{\partial B_{\mathrm{w}}}{\partial p}\right]s_{\mathrm{w}} \\ C_{\mathrm{ww}} &= \frac{V_i}{\Delta t}\left(\frac{\phi}{B_{\mathrm{w}}}\right)^{n+1}, \quad C_{\mathrm{wg}} = 0 \end{aligned}\right\} \tag{13.4.13b}$$

以及

$$\sum_j [T_{ij,g}(\Delta p_g - \gamma_g \Delta z)]^{n+1} + \sum_j [T_{ij,o} R_s(\Delta p_o - \gamma \Delta z)]^{n+1} = C_{gp}\delta p + C_{gw}\delta s_w + C_{gg}\delta s_g - q_{gsc}^{n+1} \tag{13.4.14a}$$

其中气相方程的系数为

$$\left.\begin{aligned} C_{gp} &= \frac{V_i}{\Delta t}\left\{\left[\frac{1}{B_o^n}\frac{\partial \phi}{\partial p} - \frac{\phi^{n+1}}{(B_o^n)^2}\frac{\partial B_o}{\partial p}\right]R_s^n + \frac{\phi^{n+1}}{B_o^{n+1}}\frac{\partial R_s}{\partial p}\right\}(1 - s_w - s_g) \\ &\quad + \frac{V_i}{\Delta t}\left[\frac{1}{B_g^n}\frac{\partial \phi}{\partial p} - \frac{\phi^{n+1}}{(B_g^n)^2}\frac{\partial B_g}{\partial p}\right]s_g^n \\ C_{gw} &= -\frac{V_i}{\Delta t}\left(\frac{\phi R_s}{B_o}\right)^{n+1}, \quad C_{gg} = \frac{V_i}{\Delta t}\left[\left(\frac{\phi}{B_g}\right)^{n+1} - \left(\frac{\phi R_s}{B_o}\right)^{n+1}\right] \end{aligned}\right\} \tag{13.4.14b}$$

在式(13.4.13)和式(13.4.14)中,$p_w = p_o - p_{cow}$,$p_g = p_o - p_{cgo}$,其中 p_{cow} 和 p_{cgo} 为毛管力,可由三相毛管力试验按式(13.2.8)用 $f_w(s_w)$ 和 $f_g(s_g)$ 表示。于是方程(13.4.13a)和方程(13.4.14a)可分别写成

$$\sum_j [T_{ij,w}(\Delta p_o - \Delta f_w \gamma_w \Delta z)]^{n+1} = C_{wp}\delta p_o + C_{ww}\delta s_w + C_{wg}\delta s_g - q_{wsc}^{n+1} \tag{13.4.15}$$

$$\sum_j [T_{ij,g}(\Delta p_o - \Delta f_g \gamma_g \Delta z)]^{n+1} + \sum_j [T_{ij,o} R_s(\Delta p_o - \gamma_o \Delta z)]^{n+1} = C_{gp}\delta p_o + Cg_w\delta s_w + C_{gg}\delta s_g - q_{sc}^{n+1} \tag{13.4.16}$$

其中,水相方程的系数 C_{wp},C_{ww},C_{wg} 和气相方程的系数 C_{gp},C_{gw},C_{gg} 保持不变,仍由式(13.4.13b)和式(13.4.14b)表示。

13.4.3 多相流离散方程的求解

目前,求解多相流数值试井方程比较常用的方法有隐压显饱法(IMPES)和联立求解法(SS)。其中,IMPES 方法比较简单,计算耗时较短,但计算结果的精度得不到保证,而 SS 方法相对比较复杂,计算结果精度较高,但计算耗时较长。总之,两种方法各有所长,可视具体情况来决定选取哪一种方法求解问题。下面就这两种方法分别作一些介绍。

13.4.3.1 隐压显饱法(IMPES)

IMPES 的基本思想是将油相方程(13.4.12a)、水相方程(13.4.15)和气相方程(13.4.16)进行合并,得到一个只含压力 p_o 的方程。每一步的压力求出来以后,饱和度采用显式更新。

为了消去 δs_w 和 δs_g,可将方程(13.4.15)乘以系数 A,方程(13.4.16)乘以系数 B,然后与方程(13.4.12a)相加。再令 δs_w 和 δs_g 的系数等于零,即求解方程

$$\left.\begin{aligned} C_{ow} + AC_{ww} + BC_{gw} &= 0 \\ C_{og} + AC_{wg} + BC_{gg} &= 0 \end{aligned}\right\} \tag{13.4.17}$$

因为 $C_{wg} = 0$,可解出

$$\left.\begin{aligned} A &= -(C_{ow} + C_{og}C_{gw}/C_{gg})/C_{ww} \\ B &= -C_{og}/C_{gg} \end{aligned}\right\} \tag{13.4.18}$$

并将式(13.4.15)和式(13.4.16)中的$\Delta f_{\mathrm{w}}^{n+1}$、$\Delta f_{\mathrm{g}}^{n+1}$分别用$\Delta f_{\mathrm{w}}^{n}$和$\Delta f_{\mathrm{g}}^{n}$近似,最后得只含压力$p_{\mathrm{o}}$的方程为

$$\begin{aligned}&\sum_j[T_{ij,\mathrm{o}}(\Delta p_{\mathrm{o}}-\gamma_{\mathrm{o}}\Delta z)]^{n+1}+A\sum_j T_{ij,\mathrm{w}}[(\Delta p_{\mathrm{o}}-\gamma_{\mathrm{w}}\Delta z)^{n+1}-\Delta f_{\mathrm{w}}^{n}]\\&\quad+B\left\{\sum_j[T_{ij,\mathrm{o}}R_{\mathrm{s}}(\Delta p_{\mathrm{o}}-\gamma_{\mathrm{o}}\Delta z)]^{n+1}+\sum_j T_{ij,\mathrm{g}}[(\Delta p_{\mathrm{o}}-\gamma_{\mathrm{g}}\Delta z)^{n+1}-\Delta f_{\mathrm{g}}^{n}]\right\}\\&=(C_{\mathrm{op}}+AC_{\mathrm{wp}}+BC_{\mathrm{gp}})\delta p_{\mathrm{o}}-(q_{\mathrm{osc}}^{n+1}+Aq_{\mathrm{wsc}}^{n+1}+Bq_{\mathrm{gsc}}^{n+1})\end{aligned}\tag{13.4.19}$$

由该方程容易求得每一网格点上的压力值p_{o}^{n+1}。然后将求得的压力值代入方程(13.4.12a)和方程(13.4.15),可显式地解出饱和度s_{w}^{n+1}和s_{g}^{n+1}。这些就是黑油模型所需要求得的全部物理量。

13.4.3.2 联立求解法(SS)

为了联立求解由式(13.4.12)、式(13.4.15)和式(13.4.16)所组成的方程组,我们将未知量写成向量形式

$$Y=(Y_1,Y_2,\cdots,Y_N)^{\mathrm{T}},\quad Y_i=(p_{\mathrm{o}i},s_{\mathrm{w}i},s_{\mathrm{g}i})^{\mathrm{T}}\tag{13.4.20}$$

则黑油模型方程组可用矩阵形式表示为

$$([T]-[C])Y^{n+1}=-[C]Y^{n}-Q+G\tag{13.4.21}$$

其中,$[T]$为传导率矩阵,$[C]$为累积项矩阵,Q为组分流量向量,G为重力向量。

在多相流的SS方法中,传导率矩阵$[T]$具有分块结构,即矩阵的元素同时也是子矩阵。其稀疏矩阵第i行、第j列的元素$[T]_{i,j}$定义为

$$[T]_{i,j}=\begin{bmatrix}0&0&T_{ij,\mathrm{o}}^{n}\\0&0&T_{ij,\mathrm{w}}^{n}\\0&0&T_{ij,\mathrm{g}}^{n}+R_sT_{ij,\mathrm{o}}^{n}\end{bmatrix}\quad(i\neq j)\tag{13.4.22a}$$

$$[T]_{i,j}=\begin{bmatrix}0&0&-\sum_j T_{ij,\mathrm{o}}^{n}\\0&0&-\sum_j T_{ij,\mathrm{w}}^{n}\\0&0&-\sum_j T_{ij,\mathrm{g}}^{n}+R_sT_{ij,\mathrm{o}}^{n}\end{bmatrix}\quad(i=j)\tag{13.4.22b}$$

累积项矩阵$[C]$定义为

$$[C]=\begin{bmatrix}[C]_1&&&\\&[C]_2&&\\&&\ddots&\\&&&[C]_N\end{bmatrix}\tag{13.4.23a}$$

$$[C]_i=\begin{bmatrix}C_{\mathrm{op}i}&C_{\mathrm{ow}i}&C_{\mathrm{og}i}\\C_{\mathrm{wp}i}&C_{\mathrm{ww}i}&C_{\mathrm{wg}i}\\C_{\mathrm{gp}i}&C_{\mathrm{gw}i}&C_{\mathrm{gg}i}\end{bmatrix}\quad(i=1,2,\cdots,N)\tag{13.4.23b}$$

而式(13.3.21)中的向量定义为

$$Q=(Q_1,Q_2,\cdots,Q_N)^{\mathrm{T}}\tag{13.4.24a}$$

$$Q_i = (q_{\text{osc}}^n, q_{\text{wsc}}^n, q_{\text{gsc}}^n)^{\text{T}} \tag{13.4.24b}$$

$$G = (G_1, G_2, \cdots, G_N)^{\text{T}} \tag{13.4.25a}$$

$$G_i = \left[\sum_j T_{ij,\text{o}}^n \gamma_\text{o} \Delta z, \sum_j T_{ij,\text{w}}^n (\Delta f_\text{w}^n + \gamma_\text{w} \Delta z), \sum_j (T_{ij,\text{g}}^n (\Delta f_\text{g}^n + \gamma_\text{g} \Delta z) + R_\text{s} T_{ij,\text{o}}^n \gamma_\text{o} \Delta z)\right]^{\text{T}} \tag{13.4.25b}$$

13.4.3.3 离散方程的线化

首先阐述离散方程的线化。

由于待求未知量系数是未知量的函数,为便于方程的求解,需对这些非线性项进行线化。在数值试井中,将这些非线性项分为弱非线性和强非线性两种情况。弱非线性是指仅含有与压力有关的那些系数,如 $B_\text{l}^{n+1}, \mu_\text{l}^{n+1}, \gamma_\text{l}^{n+1}, R_\text{s}^{n+1}, \phi^{n+1}$ 等(l = o, w)。强非线性是指含有与饱和度或毛管力有关的那些系数,如 $K_{r\text{l}}$ 等。下面分别介绍。

1. 弱非线性量的线化

弱非线性量对计算稳定性的影响取决于一个时间步内压力变化的大小。有显式处理与隐式处理两种方法。

显式处理方法是用 n 时间步的值近似地代替 $n+1$ 时间步的值,即

$$f_\text{p}^{n+1} \approx f_\text{p}^n = f_\text{p}(p^n) \tag{13.4.26}$$

隐式处理方法是进行 ν 次迭代,并作泰勒展开取一阶近似,即

$$f_\text{p}^{n+1} \approx f_\text{p}{}^{(\nu+1)}_{n+1} \approx f^{(\nu)}_{n+1} + \left(\frac{\partial f_\text{p}}{\partial p}\right)^{(\nu)}_{n+1} \delta p \tag{13.4.27}$$

事实上,弱非线性量线化对离散方程求解的稳定性影响不是很大,一般用显式处理即可。

2. 强非线性量的线化

强非线性量时间步的选取对离散方程求解的稳定性影响非常大。它的线化有显式处理、隐式处理和全隐式处理三种方法。

显式处理方法与弱非线性情形类似,也是用 n 时间步的值近似地代替 $n+1$ 时间步的值,即

$$f_\text{s}^{n+1} \approx f_\text{s}^n = f_\text{s}(s_\text{w}^n, s_\text{g}^n) \tag{13.4.28}$$

隐式处理方法包含两个步骤。第一步,由上一时间步作泰勒展开取一阶近似,即

$$f_\text{s}^{n+1} \approx f_\text{s}^n + \left(\frac{\partial f_\text{s}}{\partial s_\text{w}}\right)^n (s_\text{w}^{n+1} - s_\text{w}^n) + \left(\frac{\partial f_\text{s}}{\partial s_\text{g}}\right)^n (s_\text{g}^{n+1} - s_\text{g}^n) \tag{13.4.29}$$

第二步,将式(13.4.29)给出的近似式引入格块间流动项并进行线化。例如对油相方程(13.4.12a)中的 $T_{ij,\text{o}}^{n+1} \Delta p$ 项,可近似地表示为

$$\begin{aligned} T_{ij,\text{o}}^{n+1} \Delta p_\text{o}^{n+1} &\approx \left[T_{ij,\text{o}}^n + \sum_{\text{l}=\text{w,g}} \left(\frac{\partial T_{ij,\text{o}}}{\partial s_\text{l}}\right)^n (s_\text{l}^{n+1} - s_\text{l}^n)\right] \Delta p_\text{o}^{n+1} \\ &\approx T_{ij,\text{o}}^n \Delta p_\text{o}^{n+1} + \sum_{\text{l}=\text{w,g}} \left(\frac{\partial T_{ij,\text{o}}}{\partial s_\text{l}}\right)^n (s_\text{l}^{n+1} - s_\text{l}^n) \Delta p_\text{o}^n \end{aligned} \tag{13.4.30}$$

类似地,有

$$T_{ij,\text{o}}^{n+1} \Delta f_\text{w}^n \approx T_{ij,\text{o}}^n \Delta f_\text{w}^n + \sum_{\text{l}=\text{w,g}} \left(\frac{\partial T_{ij,\text{o}}}{\partial s_\text{l}}\right)^n (s_\text{l}^{n+1} - s_\text{l}^n) \Delta f_\text{w}^n \tag{13.4.31}$$

$$T_{ij,g}^{n+1}\Delta f_g^n \approx T_{ij,g}\Delta f_g^n + \sum_{l=w,g}\left(\frac{\partial T_{ij,g}}{\partial s_l}\right)^n (s_l^{n+1} - s_l^n)\Delta f_g^n \tag{13.4.32}$$

产量项也采用隐式处理，即

$$q_{osc}^{n+1} = q_{osc}^n + \left.\frac{\partial q_{osc}}{\partial s_w}\right|_i^n (s_w^{n+1} - s_w^n) + \left.\frac{\partial q_{osc}}{\partial p_o}\right|_i^n (p_o^{n+1} - p_o^n) \tag{13.4.33}$$

全隐式处理方法也称牛顿迭代法，对强非线性问题是有效的，可以无条件稳定。但计算复杂，实现较困难。其中流动项的 $n+1$ 时间步由 $\nu+1$ 迭代步的值近似表示，也可由 n 时间步的值加一阶导数近似表示。仍以油相方程(13.4.12a)中 $T_{ij,o}^{n+1}\Delta p_o^{n+1}$ 项为例，有

$$\begin{aligned} T_{ij,o}^{n+1}\Delta p_o^{n+1} &\approx T_{ij,o}^{n+1}\Delta p_o^{\nu+1} \approx T_{ij,o}^{\nu}\Delta p_o^{\nu} + T_{ij,o}^{\nu}(\delta p_{oj} - \delta p_{oi}) \\ &+ \left[\sum_{l=w,g}\left(\frac{\partial T_{ij,o}}{\partial s_l}\right)^{\nu}\delta s_l + \left(\frac{\partial T_{ij,o}}{\partial p_o}\right)^{\nu}\delta p_o\right]\Delta p_o^{\nu} \end{aligned}$$

其中 δ 算子为 $\delta f = f^{\nu+1} - f^{\nu}$。差值为$(\delta p_{oj} - \delta p_{oi})$或$(\delta p_{oi} - \delta p_{oj})$可根据单点上游权值方法而定。若 j 点为上游值，则取前者，否则取后者。

13.4.3.4　矩阵的求解算法简介

黑油模型离散方程在混合网格下，线化后所得的线性方程系数矩阵有以下特点：① 因为凸多边形数为 N 的每个网格只与周围 N 个相邻网格有质量交换，故矩阵相应行中只有 N 个非零元素，其余为零，即为稀疏矩阵。② 因为数值试井在求解方程时所采用的是非结构网格，即前述混合网格，使每个网格的相邻网格数 N 不尽相同，从而导致系数矩阵的不规则性。③ 由于网格数量较多，所得到的稀疏矩阵往往是高阶的。总之，在数值试井中，我们所面对的是大规模不规则的稀疏矩阵，通常要采用迭代法进行求解。这里包括 Orithomin 迭代法、GMRES 迭代法和 Newton-Raphson 迭代法。Orithomin 方法就是正交极小化方法，在迭代过程中运用最小余量法。GMRES 迭代法就是广义极小(Generalized Minimal REsidual algorithm)，是以 Galerkin 原理为基础的算法。Newton-Raphson 迭代法是为了提高解的精度的一种方法，是对上述预处理方法求出的解作进一步迭代。

根据数值试井的需要，将用上述方法计算的结果整理成井底压力 p_w 随时间 t 变化的曲线以及不同时刻的饱和度分布。

13.5　数值试井产量和压力曲线的主要特征

数值试井是在对油藏剖分出一套适合的网格，并对控制方程进行数值求解的基础上，给出一系列曲线进行曲线拟合，从而求得所需的重要参数。本节先讨论产量和压力变化的近似式，再根据前两节方法研究油水两相流井底压力曲线的基本特征。

13.5.1　数值试井的产量变化特性

为了讨论多相流井筒中流量，先回顾一下 4.6 节所述单相流情形。按式(4.6.14)，将井

底流压记作 p_{wf}，将 $p(r_{\mathrm{w}},t)$ 看做 PEBI 网格中含井眼网格块的压力，现在记作 p_{wb}，即有

$$p_{\mathrm{wf}} = p_{\mathrm{wb}} - \frac{QB\mu}{2\pi Kh}S \quad 或 \quad Q_{\mathrm{f}} = \frac{2\pi Kh(p_{\mathrm{wb}} - p_{\mathrm{wf}})}{\mu BS} \tag{13.5.1}$$

其中，Q_{f} 是井底流量，即由地层流入井筒部分对井产量 Q 的贡献。若将 $2\pi Kh/\mu BS$ 定义为单相流的油井指数，并记作 F，则式(13.5.1)可改写成

$$p_{\mathrm{wf}} = p_{\mathrm{wb}} - \frac{Q_{\mathrm{f}}}{F} \quad 或 \quad Q_{\mathrm{f}} = F(p_{\mathrm{wb}} - p_{\mathrm{wf}}) \tag{13.5.2}$$

将式(13.5.2)按第7章所述原理推广到油、自由气、水三相流动，并将油气水三相的油井指数分别记作

$$F_{\mathrm{o}} = \frac{2\pi KK_{\mathrm{ro}}h}{\mu_{\mathrm{o}}B_{\mathrm{o}}S}, \quad F_{\mathrm{g}} = \frac{2\pi KK_{\mathrm{rg}}h}{\mu_{\mathrm{g}}B_{\mathrm{g}}S}, \quad F_{\mathrm{w}} = \frac{2\pi KK_{\mathrm{wr}}h}{\mu_{\mathrm{w}}B_{\mathrm{w}}S} \tag{13.5.3}$$

其中，K_{rl} 表示 l 相的相对渗透率，下标 l = o, g, w，则对油气水三相统一写成

$$p_{\mathrm{wf}} = p_{\mathrm{wb}} - \frac{Q_{\mathrm{fl}}}{F_{\mathrm{l}}} \quad 或 \quad Q_{\mathrm{fl}} = F_{\mathrm{l}}(p_{\mathrm{wb}} - p_{\mathrm{wf}}) \tag{13.5.4}$$

上面只考虑了表皮因子 S 的影响，而没有考虑井筒储集常数 C，因而井底流量 Q_{f} 与地面流量 Q 没有区分，并且也没有考虑产量的变化。在数值试井中，数值计算表明，井底压力和流量是随时间变化的，这符合生产实际。下面讨论在考虑井筒储集系数的情况下，各时间点上井底流量与井底压力之间的关系。

13.5.1.1 单相单层压降过程流量

考虑井储系数 C，在开井以后的压力降落过程中，有式(4.6.26)，即

$$Q_{\mathrm{f}} = Q + C\frac{\mathrm{d}p_{\mathrm{wf}}}{\mathrm{d}t}$$

将该式与(13.5.2)联立，式中 $\mathrm{d}p_{\mathrm{wf}}/\mathrm{d}t$ 取向前差分形式，而对其他取关于时间的隐式格式。并令 $\alpha = C/\Delta t$，则式(4.6.26)和式(13.5.2b)分别写成

$$Q_{\mathrm{f}} = Q + \alpha(p_{\mathrm{wf}}^{n+1} - p_{\mathrm{wf}}^{n}) \tag{13.5.5a}$$

$$Q_{\mathrm{f}}^{n+1} = F^{n}(p_{\mathrm{wb}}^{n+1} - p_{\mathrm{wf}}^{n+2}) \tag{13.5.5b}$$

由式(13.5.5a)和式(13.5.5b)容易隐式地解出

$$p_{\mathrm{wf}}^{n+1} = \frac{F^{n}p_{\mathrm{wb}} + \alpha p_{\mathrm{wf}}^{n} - Q}{F^{n} + \alpha} \tag{13.5.6a}$$

将式(13.5.7a)代回式(13.5.5a)，并记 $\xi^{n} = F^{n}\alpha/(F^{n} + \alpha)$，则得井底流量 Q_{f}^{n+1} 为

$$Q_{\mathrm{f}}^{n+1} = \xi^{n}\left(p_{\mathrm{wb}}^{n+1} - p_{\mathrm{wf}}^{n} + \frac{Q}{\alpha}\right) \tag{13.5.6b}$$

13.5.1.2 单相单层压恢过程流量

在关井以后的压力恢复过程中，单相流续流量为 $Q_{\mathrm{f}} = C\partial p_{\mathrm{wf}}/\partial t$，将它与式(13.5.2)联立，参照式(13.5.5)的处理格式，注意这时地面流量为零，则可写成

$$Q_{\mathrm{f}}^{n+1} = \alpha(p_{\mathrm{wf}}^{n+1} - p_{\mathrm{wf}}^{n}), \quad Q_{\mathrm{f}}^{n+1} = F^{n}(p_{\mathrm{wb}}^{n+1} - p_{\mathrm{wf}}^{n+1}) \tag{13.5.7}$$

由式(13.5.7)解出 p_{wf}^{n+1}和 Q_f^{n+1} 为

$$p_{wf}^{n+1} = \frac{F^n p_{wb}^{n+1} + \alpha p_{wf}^n}{\alpha + F^n}, \quad Q_f^{n+1} = \xi^n (p_{wb}^{n+1} - p_{wf}^n) \tag{13.5.8}$$

13.5.1.3 单相多层压降过程流量

考察油井穿过多层油藏,设层数为 N,其中第 m 层($m=1,2,\cdots,N$)当时由地层流入井底的流量为 $Q_{f,m}$。按式(13.5.2)推而广之,有

$$Q_{f,m} = F_m(p_{wb,m} - p_{wf,m}) \quad (m = 1,2,\cdots,N) \tag{13.5.9}$$

其中,$p_{wf,m}$为第m 层网格所对应的井底压力,可由最上层网格井内流压 p_{wf}加上流体柱压力给出,即

$$p_{wf,m} = p_{wf} + \gamma(D_m - D_1) = p_{wf} + \gamma\Delta D_m \quad (m = 1,2,\cdots,N) \tag{13.5.10}$$

其中,γ 为井筒射孔段流体平均重度,D_1 和 D_m 分别为最上层网格和第m 层网格的中部深度,二者的差值为 ΔD_m。由式(13.5.9)可知第 m 层由地层流入井筒的流量$Q_{f,m}$与各层流入井筒的流量和Q_f 之比为

$$\frac{Q_{f,m}}{Q_f} = \frac{F_m(p_{wb,m} - p_{wf,m})}{\sum_{m=1}^{N}[F_m(p_{wb,m} - p_{wf,m})]} \tag{13.5.11a}$$

或写成

$$Q_{f,m} = \frac{F_m(p_{wb,m} - p_{wf,m})}{\sum_{m=1}^{N}[F_m(p_{wb,m} - p_{wf,m})]} Q_f \tag{13.5.11b}$$

式(13.5.11b)是按照流动势分配各层的产量。若层间垂向非均质性不太严重,特别是层间未出现不连通情况时,可近似认为各层中压差 $p_{wb,m} - p_{wf,m}$($m=1,2,\cdots,N$)都相等[这相当于各层的$(S/kh)_m$ 相等],于是式(13.5.11b)可写成

$$Q_{f,m} = \frac{F_m Q_f}{\sum_{m=1}^{N} F_m} = Q_f \beta_m \tag{13.5.12}$$

其中,$\beta_m = F_m \Big/ \sum_{m=1}^{N} F_m$ 为第m 层流入井筒的流量$Q_{f,m}$ 占由各层流入井筒总流量Q_f 的百分比。再引进一个 Q_m,它是地面流量 Q 与β_m 的乘积,即

$$Q_m = Q\beta_m \tag{13.5.13}$$

显然,在井储效应结束后,Q_m 就是第m 层流量占地面流量Q 的百分比。

将式(4.6.26)用于第 m 层,可写成

$$Q_{f,m} = Q_m + C_m\left(\frac{\partial p_{wf}}{\partial t}\right)_m \tag{13.5.14}$$

其中,$C_m = C\beta_m$ 称为小层的井储系数。将式(13.5.14)与式(13.5.9)联立,采用与式(13.5.5)类似的差分格式,给出

$$Q_{f,m}^{n+1} = Q_m + \alpha_m^n(p_{wf,m}^{n+1} - p_{wf,m}^n) \tag{13.5.15a}$$

$$Q_{f,m}^{n+1} = F_m^n(p_{wb}^{n+1} - p_{wf,m}^{n+1}) \tag{13.5.15b}$$

其中 $C_m^n = C\beta_m^n$，$\alpha_m^n = C_m^n/\Delta t = C\beta_m^n/\Delta t$。由式(13.5.15a)和式(13.5.15b)联立消去 $p_{\mathrm{wf},m}^{n+1}$，容易隐式地解出第 m 层流入井筒的流量 $Q_{\mathrm{f},m}^{n+1}$

$$Q_{\mathrm{f},m}^{n+1} = \xi_m^n\left(p_{\mathrm{wb},m}^{n+1} - p_{\mathrm{wf},m}^n + \frac{Q_m^n}{\alpha_m^n}\right) \tag{13.5.16}$$

其中，$\xi_m^n = F_m^n\alpha_m/(F_m^n + C_m^n)$。注意到式(13.5.9)，可得到

$$Q_{\mathrm{f}}^{n+1} \equiv \sum_{m=1}^{N} Q_{\mathrm{f},m}^{n+1} = \sum_{m=1}^{N} F_m^{n+1}p_{\mathrm{wb},m}^{n+1} - \sum_{m=1}^{N} F_m^{n+1}p_{\mathrm{wf},m}^{n+1} \tag{13.5.17a}$$

按式(13.5.10)有 $p_{\mathrm{wf},m}^{n+1} = p_{\mathrm{wf}}^{n+1} - \gamma\Delta D_m$。代入式(13.5.17a)消去 $p_{\mathrm{wf},m}^{n+1}$，得

$$Q_{\mathrm{f}}^{n+1} = \sum_{m=1}^{N} F_m^{n+1}p_{\mathrm{wb},m}^{n+1} - p_{\mathrm{wf},m}^{n+1} - \sum_{m=1}^{N} F_m^{n+1}\gamma\Delta D_m \tag{13.5.17b}$$

容易解出单相多层井底流压

$$p_{\mathrm{wf}}^{n+1} = \frac{\sum_{m=1}^{N} F_m^{n+1}p_{\mathrm{wb},m}^{n+1} - \sum_{m=1}^{N} F_m^{n+1}\gamma\Delta D_m - Q_{\mathrm{f}}^{n+1}}{\sum_{m=1}^{N} F_m^{n+1}} \tag{13.5.18}$$

13.5.1.4　单相多层压恢过程流量

对于压力恢复，地面流量 $Q=0$，即 $Q_m = Q\beta_m = 0$，于是式(13.5.14)现在变成

$$Q_{f,m} = C_m\left(\frac{\partial p_{\mathrm{wf}}}{\partial t}\right)_m \tag{13.5.19}$$

采取与前面类似的方法，可得与式(13.5.15)形式相同但取 $Q_m = 0$［或与式(13.5.7)类似］的差分方程

$$Q_{\mathrm{f},m}^{n+1} = \alpha_m^n(p_{\mathrm{wf},m}^{n+1} - p_{\mathrm{wf},m}^n) \tag{13.5.20a}$$

$$Q_{\mathrm{f},m}^{n+1} = F_m^n(p_{\mathrm{wb},m}^{n+1} - p_{\mathrm{wf},m}^{n+1}) \tag{13.5.20b}$$

由式(13.5.20)消去 $p_{\mathrm{wf},m}^{n+1}$，可解出 $n+1$ 时刻 m 层流入井筒流量

$$Q_{\mathrm{f},m}^{n+1} = \xi_m^n(p_{\mathrm{wb},m}^{n+1} - p_{\mathrm{wf},m}^n) \tag{13.5.21}$$

再强调提醒，p_{wb}是通过解渗流方程求得的 PEBI 网格中井筒网格块的压力，相当于 4.6.2 小节中所说的裸眼井(不计表皮 S 和井储 C)井筒压力的理论值。

$n+1$ 时刻的井底流压 p_{wf}^{n+1} 计算式与式(13.5.18)相同；由地层流入井筒的流量 Q_{f}^{n+1} 计算式与式(13.5.17b)相同。

13.5.1.5　多相单层压降过程流量

对于多相流，考虑生产井中总液相产量保持不变的情形。按式(13.5.3)和式(13.5.4)可知：水与油、气与油井底流量的比值分别为

$$\frac{Q_{\mathrm{fw}}}{Q_{\mathrm{fo}}} = \frac{KK_{\mathrm{rw}}/\mu_{\mathrm{w}}B_{\mathrm{w}}}{KK_{\mathrm{ro}}/\mu_{\mathrm{o}}B_{\mathrm{o}}} = \frac{\lambda_{\mathrm{w}}}{\lambda_{\mathrm{o}}} = M_{\mathrm{wo}} \tag{13.5.22a}$$

$$\frac{Q_{\mathrm{fg}}}{Q_{\mathrm{fo}}} = \frac{KK_{\mathrm{rg}}/\mu_{\mathrm{g}}B_{\mathrm{g}}}{KK_{\mathrm{ro}}/\mu_{\mathrm{o}}B_{\mathrm{o}}} = \frac{\lambda_{\mathrm{g}}}{\lambda_{\mathrm{g}}} = M_{\mathrm{go}} \tag{13.5.22b}$$

其中，M 是流量比，也是流动系数比，油气水各相的流动系数分别为

$$\lambda_o = \frac{KK_{ro}}{\mu_o B_o}, \quad \lambda_g = \frac{KK_{rg}}{\mu_g B_g}, \quad \lambda_w = \frac{KK_{rw}}{\mu_w B_w} \tag{13.5.23}$$

引进液相产量的分数 f_l，则对油水两相流 $f_l = 1$，而对油气水三相和油气两相，f_l 分别为

$$f_l = \frac{1 + M_{wo}}{1 + M_{wo} + M_{go}}, \quad f_l = \frac{1}{1 + M_{go}} \tag{13.5.24}$$

对开井后总产液量 Q_l 不变的情形，按式(13.5.24)的定义可知：井口总流量 Q 和由地层流入井筒的总流量 Q_f 分别为 $Q = Q_l/f_l$ 和 $Q_f = Q_{fl}/f_l$。其中 Q_{fl} 为由地层流入井筒的液相流量。代入式(4.6.26)给出

$$\frac{Q_{fl}}{f_l} = \frac{Q_l}{f_l} + C\frac{\partial p_{wf}}{\partial t} \tag{13.5.25}$$

记 $C_l = f_l C$，则式(13.5.25)可改写成

$$Q_{fl} = Q_l + C_l\frac{\partial p_{wf}}{\partial t} \tag{13.5.26}$$

再按式(13.5.4)，并注意到总液相的油井指数 F_l 现在对油气水三相和油气两相分别等于 $2\pi Kh(\lambda_o + \lambda_w)/S$ 和 $2\pi h\lambda_o/S$。将式(13.5.26)与式(13.5.4)联立，可得与式(13.5.5)形式类似的差分方程，从而可得与式(13.5.6)形式类似的隐式解：

$$p_{wf}^{n+1} = \frac{F_l^n p_{wb}^{n+1} + \alpha_l^n p_{wf}^n - Q_l^n}{F_l^n + \alpha_l^n} \tag{13.5.27a}$$

$$Q_{fl}^{n+1} = \xi_l^n (p_{wb}^{n+1} - p_{wf}^n + Q_l^n/\alpha_l^n) \tag{13.5.27b}$$

其中，$\alpha_l^n = C_l^n/\Delta t$，$\xi_l^n = F_l^n/(F_l^n \Delta t - C_l^n)$，$C_l^n = f_l^n C$，$Q_l^n = Q f_l^n$。求出由地层流入井筒的总产液量 Q_{fl}^{n+1} 以后，各个单相的产量按式(13.5.28)给出，见表 13.1。

表 13.1

流动类型	各单相产量公式	公式序号
油气水三相流	$Q_{fo}^{n+1} = \frac{Q_{fl}^{n+1}}{1+M_{wo}}$，$Q_{fg}^{n+1} = Q_{fl}\frac{M_{go}}{1+M_{go}}$，$Q_{fw}^{n+1} = Q_{fl}^{n+1}\frac{M_{wo}}{1+M_{wo}}$	(13.5.28a)
油水两相流	$Q_{fo}^{n+1} = \frac{Q_{fl}^{n+1}}{1+M_{wo}}$，$Q_{fw}^{n+1} = Q_{fl}^{n+1}\frac{M_{wo}}{1+M_{wo}}$	(13.5.28b)
油气两相流	$Q_{fo}^{n+1} = Q_{fl}^{n+1}$，$Q_{fg}^{n+1} = Q_{fl}^{n+1} M_{go}$	(13.5.28c)

13.5.1.6 多相多层压降过程流量

对多层油藏，定义第 m 层的总油井指数 $F_{t,m}$ 为

$$F_{t,m} = F_{o,m} + F_{g,m} + F_{w,m} \quad (m = 1,2,\cdots,N) \tag{13.5.29}$$

其中，$F_{o,m}$，$F_{g,m}$，$F_{w,m}$ 分别为第 m 层油相、气相和水相的油井指数，见式(13.5.3)。而第 m 层液相油井指数为 $F_{l,m} = F_{o,m} + F_{w,m}$。将式(13.5.26)用于多相多层油藏中第 m 层的液相，可写成

$$Q_{\mathrm{fl},m} = Q_{\mathrm{l},m} + C_{\mathrm{l},m}\left(\frac{\partial p_{\mathrm{wf}}}{\partial t}\right)_m \tag{13.5.30}$$

其中，$C_{\mathrm{l},m} = f_{\mathrm{l},m}C = (F_{\mathrm{l},m}/\sum_{m=1}^{N}F_{\mathrm{t},m})C$。而第 m 层流入井筒的液量 $Q_{\mathrm{fl},m}$ 按式(13.5.9)可用液相油井指数 $F_{\mathrm{l},m}$ 表示为

$$Q_{\mathrm{fl},m} = F_{\mathrm{l},m}(p_{\mathrm{wb},m} - p_{\mathrm{wf},m}) \tag{13.5.31}$$

将式(13.5.30)和式(13.5.31)联立，并参照单相多层压降过程的推导，即将式(13.5.16)用于多相中的液相，有

$$Q_{\mathrm{fl},m}^{n+1} = \xi_{\mathrm{l},m}^{n}(p_{\mathrm{wb},m}^{n+1} - p_{\mathrm{wf},m}^{n} + Q_{\mathrm{l},m}^{n}/\alpha_{\mathrm{l},m}^{n}) \tag{13.5.32}$$

其中，$\alpha_{\mathrm{l},m}^{n} = C_{\mathrm{l},m}^{n}/\Delta t$，$\xi_{\mathrm{l},m}^{n} = F_{\mathrm{l},m}^{n}(F_{\mathrm{l},m}^{n} + \alpha_{\mathrm{l},m}^{n})$，$Q_{\mathrm{l},m}^{n} = Q_{\mathrm{l}}F_{\mathrm{l},m}^{n}/\sum_{m=1}^{N}F_{\mathrm{l},m}^{n}$。

$n+1$ 时刻流入井筒的总液相流量等于各层流入井筒液相流量之和，所以有

$$Q_{\mathrm{fl}}^{n+1} = \sum_{m=1}^{N}Q_{\mathrm{fl},m}^{n+1} = \sum_{m=1}^{N}F_{\mathrm{l},m}^{n+1}(p_{\mathrm{wb},m}^{n+1} - p_{\mathrm{wf},m}^{n+1}) \tag{13.5.33}$$

按照与式(13.5.16)～式(13.5.18)形式上完全相同的处理过程，不难求得

$$Q_{\mathrm{fl}}^{n+1} = \sum_{m=1}^{N}F_{\mathrm{l},m}^{n+1}p_{\mathrm{wb},m}^{n+1} - p_{\mathrm{wf}}^{n+1}\sum_{m=1}^{N}F_{\mathrm{l},m}^{n+1} - \sum_{m=1}^{N}F_{\mathrm{l},m}^{n+1}\gamma\Delta D_m \tag{13.5.34a}$$

$$p_{\mathrm{wf}}^{n+1} = \frac{\sum_{m=1}^{N}F_{\mathrm{l},m}^{n+1}p_{\mathrm{wb},m}^{n+1} - \sum_{m=1}^{N}F_{\mathrm{l},m}^{n+1}\gamma\Delta D_m - Q_{\mathrm{fl}}^{n+1}}{\sum_{m=1}^{N}F_{\mathrm{l},m}^{n+1}} \tag{13.5.34b}$$

13.5.1.7　多相(单层和多层)压恢过程流量

由前面 1-4 几种情形的分析推导可清楚地看出：与压降过程相比，压恢过程的不同点仅在于考虑井储效应时，地面产量 $Q=0$，$Q_l=0$。所以对多相单层压力恢复，只要在式(13.5.27)中令 $Q_{\mathrm{l}}=0$ 即可，于是有

$$F_{\mathrm{wf}}^{n+1} = \frac{F_{\mathrm{l}}^{n}p_{\mathrm{wb}}^{n+1} + \alpha_{\mathrm{l}}^{n}p_{\mathrm{wf}}^{n}}{F_{\mathrm{l}}^{n} + \alpha_{\mathrm{l}}^{n}},\quad Q_{\mathrm{fl}}^{n+1} = \xi_{\mathrm{l}}^{n}(p_{\mathrm{wb}}^{n+1} - p_{\mathrm{wf}}) \tag{13.5.35}$$

对于多相多层的压力恢复，第 m 层流入井筒的流量 $Q_{\mathrm{fl},m}^{n+1}$ 可在式(13.5.32)中令 $Q_{\mathrm{l},m}^{n}=0$ 求得，即

$$Q_{\mathrm{fl},m}^{n+1} = \xi_{\mathrm{l},m}^{n+1}(p_{\mathrm{wb},m}^{n+1} - p_{\mathrm{wf},m}^{n}) \tag{13.5.36}$$

压力的计算式与(13.5.34b)相同。

在以上的分析中，其结果均涉及 PEBI 网格中井筒网格块的压力 p_{wb}，它是在给定了内外边界条件以及初始条件以后通过数值计算求得的。有了这个数值结果，才能给出数值试井的相关曲线。

13.5.2　油水两相流井底压力曲线的变化特征

为了检验由径向网格和 PEBI 网格形成的混合网格以及相关迭代求解算法和矩阵预处理的适应性及其精度，本小节以特定油藏的黑油模型进行计算和分析。这包括两部分：第一

部分是以水平井情形为例，计算井底的压降曲线；第二部分是针对铅直井情形油水两相流，讨论饱和度比和黏度差对压力降落曲线的影响。下面分别进行阐述。

13.5.2.1 油水两相流水平井数值试井压降曲线

为便于分析和比较，作为一个例子，我们对矩形油藏中部一口水平井的油水两相流问题进行计算和分析。所研究的地层和井筒尺寸以及相关数据与斯伦贝谢 Weltest 所采用的完全一致，就是地层厚度 $h=18.29$ m，平面矩形长乘宽为 1646 m×976 m，具有封闭外边界的均质油藏。顶部和底部也是封闭的。在其中心层位和平面区域中心有一口水平井，水平井长度 $L=354.55$ m，井筒半径 $r_w=0.1$ m，以定产量生产。原始地层压力 $p_i=20$ MPa，地层孔隙度 $\phi=0.2$，渗透度 $K=9.62\times10^{-2}\ \mu\text{m}^2$。其他数据还有

油相地层体积系数 $B_o=1.25$，　油相压缩系数 $c_o=2.9\times10^{-3}\ \text{MPa}^{-1}$

水相地层体积系数 $B_w=1.25$，　岩石压缩系数 $c_r=1.45033\times10^{-4}\ \text{MPa}^{-1}$

黏度 $\mu_o=\mu_w=0.65$ mPa·s

对上述油藏区域，首先用混合网格剖分技术进行空间离散。这是三维两相问题，将地层沿纵向分成若干层。中间一层包含水平井，水平井井筒截面用等价的矩形代替圆形截面，按本章第 3 节所述生成混合网格。然后采用本章第 4 节所述的联立求解法(SS)，将离散方程非线性部分进行隐式线化处理，得到一个不对称的不规则的稀疏矩阵。求解过程采用 Orthomin 迭代法和 GMRES 迭代法效果较好，这两种迭代法的计算结果基本一致，但两者所需机时稍有差别，用 GMRES 迭代法计算效率稍高。其压降曲线用本方法的计算结果与 Weltest 的数值结果的比较如图 13.9 所示。图中实线为本方法的计算结果，虚线为 Weltest 的计算结果。

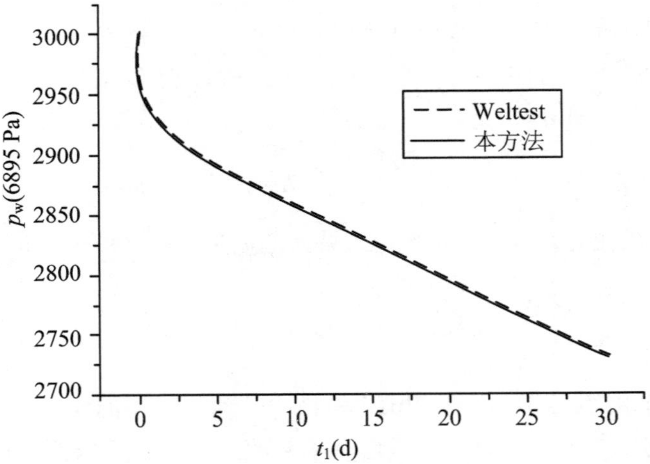

图 13.9　油水两相流水平井的压降曲线

由图可见，两种方法的计算结果基本一致。细致的分析表明在中早期段有微小差别，本方法算出的井底流压 p_{wf}略低于后者。而晚期几乎完全重合。其纵坐标依 Weltest 所用单位为 psia(1 psi = 6895 Pa)。

试井曲线数值结果的比较如图 13.10 所示。该图纵坐标为 $\lg(\Delta p_w)=\lg(p_i-p_{wf})$以及

$\lg(\Delta p'_w)$。同样，在中早期本方法的结果 Δp_w 略高于后者的结果。由于导数反映更加敏感，所以导数曲线的差别显得明显一些。其纵坐标中压力所用单位与图 13.9 相同。

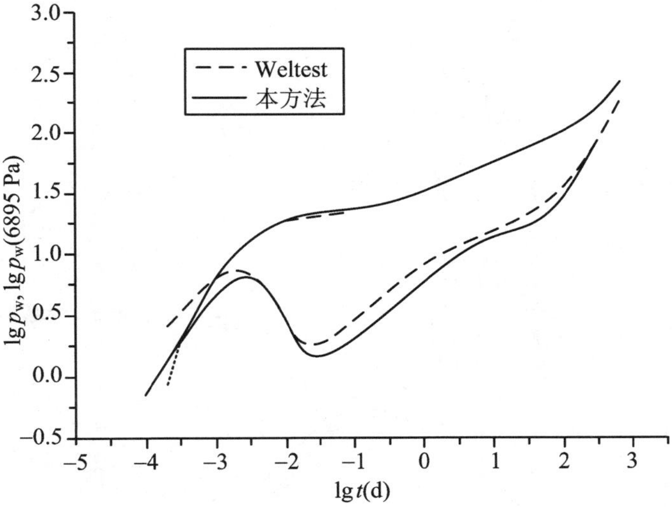

图 13.10 油水两相流水平井的双对数试井曲线

13.5.2.2 饱和度和黏度差异对压力曲线的影响

为了讨论不同饱和度比和黏度差对压力曲线的影响，这里用给定的油藏进行数值计算。所考察的问题为油藏区域 400 m×400 m，定压边界中心一口铅直井的油水两相渗流。地层孔隙度 $\phi = 0.27$，渗透率 $K = 0.962\times10^{-1}\ \mu\mathrm{m}^2$，地层厚度 $h = 10\ \mathrm{m}$，井筒半径 $r_w = 0.1\ \mathrm{m}$，地层原始压力 $p_i = 20\ \mathrm{MPa}$，其他数据还有

水黏度 $\mu_w = 1.0\times10^{-3}\ \mathrm{Pa\cdot s}$，　$B_o = B_w = 1.25$

油黏度 $\mu_o = 6.5\times10^{-3}\ \mathrm{Pa\cdot s}$，　表皮因子 $S = 0$

$c_o = c_w = 2.9\times10^{-3}\ \mathrm{MPa^{-1}}$，　井储常数 $C = 1.0\times10^{-7}(\mathrm{m^3\cdot Pa^{-1}})$

$c_r = 1.45\times10^{-4}\ \mathrm{MPa^{-1}}$，　产液量 $Q = 10\ \mathrm{m^3\cdot d^{-1}}$

其离散和数值求解方法仍按本章第 3 节和第 4 节所述，所得结果如下：

(1) 油水饱和度比值对压降试井曲线的影响如图 13.11 所示。由图可见：若比值 s_o/s_w 很大，则压降曲线很低。这是因为对这种情形，$K_{ro}+K_{rw}$ 很大，即总流度大，因而 Δp_w 很低。但总的来说，压力曲线变化不是很大，而导数曲线的改变稍微明显一些。

(2) 黏度差异对油水两相流压降试井曲线的影响如图 13.12 所示。对于确定的 $s_w = 0.2$，图中显示随着油相黏度 μ_o 值增大，压力及其导数曲线相应地增高。这是因为随着 μ_o 值增大，总流度减小，因而压力降落较快，导致压力曲线升高，压力导数曲线也随之升高。对于确定的 $s_w = 0.8$ 情形也进行了计算。结果表明与 $s_w = 0.2$ 情形趋势相同。

由图 13.11 和 13.12 可以看出：油水两相流情形的压降试井曲线与单相流情形的非常相似。这是可以理解的，因为压缩系数 c_o 和 c_w 差别不大，而黏度差异只影响压力曲线的高低，不影响它的形态。因而，作为对油水两相流试井的近似处理，可以仍沿用单相流的典型

曲线，只要引进以下新的无量纲量来进行解释，即引进

$$p_{\mathrm{wD}}=\frac{2\pi Kh}{Q}\left(\frac{K_{\mathrm{ro}}}{\mu_{\mathrm{o}}B_{\mathrm{o}}}+\frac{K_{\mathrm{rw}}}{\mu_{\mathrm{w}}B_{\mathrm{w}}}\right)(p_{\mathrm{i}}-p_{\mathrm{w}f})$$

$$t_{\mathrm{D}}=\frac{K}{\phi c_{\mathrm{t}}}\left(\frac{K_{\mathrm{ro}}}{\mu_{\mathrm{o}}}+\frac{K_{\mathrm{rw}}}{\mu_{\mathrm{w}}}\right)t$$

$$S=\frac{2\pi Kh}{Q}\left(\frac{K_{\mathrm{ro}}}{\mu_{\mathrm{o}}B_{\mathrm{o}}}+\frac{K_{rw}}{\mu_{\mathrm{w}}B_{\mathrm{w}}}\right)\Delta p_{\mathrm{s}}$$

分析解释的步骤按类似单相流的情形进行，可依次给出 KK_{ro}，KK_{rw}，C，C_{D} 和 S。

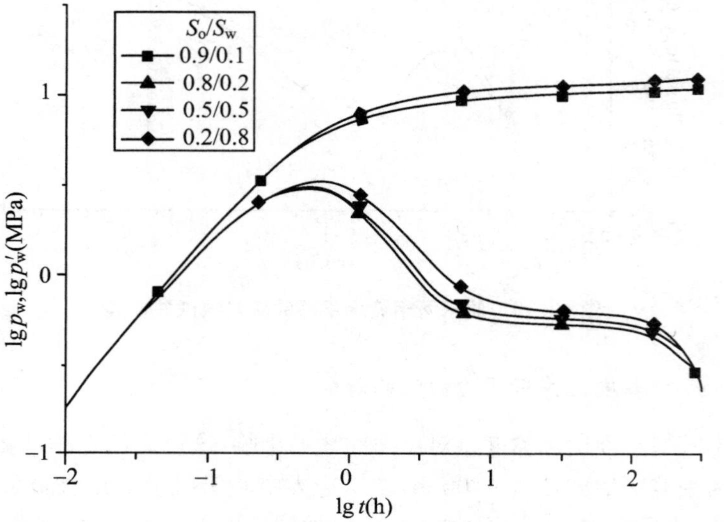

图 13.11　油水饱和度比对油水两相流压降试井曲线的影响

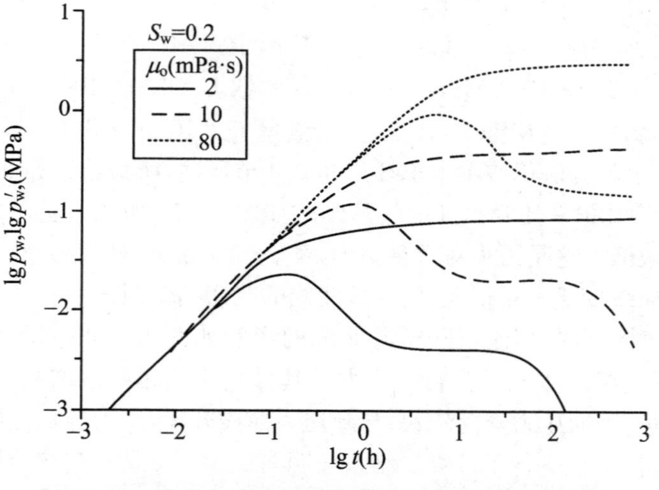

图 13.12　黏度差异对油水两相流试井压力曲线的影响

第 14 章　天然气水合物开采中的渗流

在第 6 章中所讲述的天然气藏现在被称为常规天然气藏。本章讲述的天然气水合物是一种非常规天然气藏。

天然气水合物（Natural Gas Hydrate，NGH）是由烃类分子与水分子在高压、低温条件下由水和天然气组成的笼形的、类似冰状的晶体化合物，俗称可燃冰。在全球分布广泛。截至 2009 年，已发现 NGH 储区 132 处，其中海底和湖泊沉积物中有 123 处；陆地冻土带中有 9 处，主要在俄罗斯的西伯利亚、美国的阿拉斯加和加拿大的麦肯齐三角洲地区。总的来说，海底储量是主要的，陆地储量只占总储量的 1%～2%。

国际上，对水合物的研究已有 200 多年的历史。早在 19 世纪 10 年代英国首次在实验室合成氯气水合物。此后，1858 年，Villard 在实验室合成了烃类等水合物。苏联从陆上麦索雅哈水合物储层中开采天然气也有近 50 年的时间。1994 年，在墨西哥湾发现了自然界中存在结构 H 型的 NGH（Sassen，1994）。日本于 2013 年在其近海对 NGH 进行了试采。

1990 年，中国科学院兰州分院的冰川冻土研究所在实验室合成了气体水合物。1998 年，我国以六分之一成员国的身份加入全球的大洋钻探计划（DOP），开始了对 NGH 的全面研究。2007 年，我国在中国南海神狐海域获得 NGH 样品。2008～2009 年，我国在青藏高原北缘青海天峻县打了 4 口井，其中 3 口获得了 NGH 实物样品。

2017 年 3～7 月，我国在深海钻井平台“蓝鲸一号”上对神狐海域进行作业，5 月 1 日至 7 月 29 日，对 1266 m 海底以下 203～277 m 处的泥质粉砂岩中的 NGH 矿藏进行试采，连续试气点火 60 天，累计采得天然气 30.9 万 m^3，日均产气 5151 m^3。甲烷含量最高达 99.5%。关井后监测表明，试采未对周边大气和海洋环境造成影响，整个过程安全、环保，取得具有里程碑意义的成功。

但是，由于 NGH 开采的风险较大，到目前为止，世界上还没有一个国家对海洋上的 NGH 进行过商业性开采。

14.1　天然气水合物概述

自然界中目前已发现的 NGH 绝大部分都储存于多孔介质中，其中只有约 6% 的 NGH

以块层状出现。

NGH 的晶体结构和空间构架具有独特的高度集气能力，水分子（称主体分子）形成一种空间点阵结构（笼形空间），气体分子（客体分子）充填于点阵间的空穴中。形成点阵的水分子靠氢键结合，而客体分子与水分子之间存在范德华力。NGH 中的客体分子主要是甲烷气，所以也称为甲烷气水合物。

天然气水合物不是严格意义上的晶体化合物。它与通常晶体水合物的区别在于：客体分子与主体分子之间没有化学键。它只是水分子与烃类分子等简单的物理组合。

笼形空间的大小必须与客体分子匹配，才能形成稳定的水合物。自然界中笼形结构被客体分子全部占据（晶格占有率 100%）的 NGH 难以实现，通常晶格占有率在 70%～90% 之间。

NGH 以其分布广泛、资源量巨大、能量密度高和清洁等优势，受到各国政府普遍重视。目前各国科学家较为一致地评估：全球 NGH 资源储量约为 2 京* m^3（2×10^{16} m^3），其中已探明美国阿拉斯加普拉德霍湾——Kuparuk 河区域 NGH 中甲烷气总量为 1.0～1.2 旐 m^3；加拿大马更些河三角洲——波伏特地区 NGH 中甲烷气总量为 9.3～27 旐 m^3。

根据 Wang S 等(2006)的研究初步认为：我国南海海域 NGH 中甲烷气总量为 3.2～4 旐 m^3，主要分布在台西南盆地、东沙群岛和西沙海槽附近。

而姚伯初(2001)、朱秋格(2004)都在其发表的文章中估算，南海 NGH 资源总量高达 6.4315～7.7212 旐 t 油当量。这些需要进一步勘探核实。

全球蕴藏的天然气水合物含碳量为现有化石燃料（煤、石油、常规天然气等）总碳量的两倍，被认为是今后几个世纪直至第三个千禧年最有希望的接替能源。

14.1.1 天然气水合物的结构

现已发现的 NGH 结构类型主要有三种，即Ⅰ型、Ⅱ型和 H 型。

1. 结构Ⅰ型

Ⅰ型 NGH 的晶胞包含 46 个水分子、2 个小晶穴和 6 个大晶穴。小、大晶穴平均直径分别为 7.90 nm、8.66 nm，客体分子直径为 0.4～0.55 nm。小晶穴是由 12 个五边形组成的十二面体（5^{12}），形状近似球形；大晶穴是由 12 个五边形和 2 个六边形组成的十四面体（$5^{12}6^2$），形状近似扁球形。

Ⅰ型水合物晶胞的结构式为：$2(5^{12})6(5^{12}6^2)\cdot 46H_2O$，其理想分子式为

$$8M\cdot 46H_2O$$

式中，M 表示客体分子。这里，理想的含义是所有晶穴都被一个且只有一个客体分子所占

* 在《孙子算经》《五经算术》和清代《数理精蕴》等古籍中，早有对大数用幂指数四进制的记载，其中有“万亿为兆，亿亿为京”。然而，近代在某些领域（如发电行业等）有“百万为兆”的用法。为避免混淆，这里建议用“旐”（口语称大兆，即10^{12}，是小兆10^6 的平方）代表万亿。系统表述为“万万为亿，万亿为旐，亿亿为京；万京为垓，亿京为秭；万秭为穰，亿秭为沟；万沟为涧，亿沟为正；万正为载……”。配以零、一、二（两）到十、百、千，构成我国完整的大数链。如我国“天河二号”计数机的运算速度已达四京次每秒。用多个“亿”字堆砌出的大数字，与我国的传统文化和科学精神是不相容的。

据。如果客体分子均为 CH_4，则其理想分子式为

$$8CH_4 \cdot 46H_2O$$

在自然界中，结构Ⅰ型的 NGH 分布最广，它仅能容纳 CH_4，C_2H_6 这两种小分子以及 CO_2，N_2，H_2S 等气体分子。

2. 结构Ⅱ型

Ⅱ型 NGH 的小、大晶穴平均直径分别为 7.52 nm，9.64 nm，客体分子直径为 0.59～0.69 nm。自然界中，在覆盖于油藏上部的 NGH 中出现过，如美国里海。结构Ⅱ型水合物晶胞中包含 136 个水分子、8 个大晶穴和 16 个小晶穴。小晶穴也是(5^{12})，但略小于Ⅰ型中的(5^{12})晶穴；小晶穴除容纳结构Ⅰ型中的小分子外，还能容纳 C_3H_8，iC_4H_{10}（异丁烷）等较大的烃类气体分子。大晶穴是由 12 个五边形和 4 个六边形组成的近似椭球形十六面体($5^{12}6^4$)，外形为准球形。

Ⅱ型水合物的结构式为 $16(5^{12})8(5^{12}6^4) \cdot 136H_2O$，其理想分子式为

$$24M \cdot 136H_2O$$

3. 结构 H 型

其名称来源于它的六边形（Hexagonal 字首）结构。该名称由 Ripmeeter 于 1987 年确定。其晶胞中包含 34 个水分子、3 个小晶穴、2 个中晶穴、1 个大晶穴。小晶穴为(5^{12})晶穴；大晶穴是由 12 个五边形和 8 个六边形组成的二十面体($5^{12}6^8$)；中晶穴是由 3 个四边形、6 个五边形和 3 个六边形组成的扁球形十二面体。这种结构同时包含小分子和直径为 0.8～0.9 nm 的大分子，如正丁烷、环己烷、环辛烷等。

H 型水合物的结构式为 $3(5^{12})2(4^35^66^3)(5^{12}6^8)$，其理想分子式为

$$6M \cdot 34H_2O$$

自然界中存在的 NGH 主要为结构Ⅰ型，其中甲烷占烃类气体总量的 99% 以上。在标准状况下，每立方米结构Ⅰ型的 NGH 可释放出 139～164 m^3 的甲烷天然气，还有 0.8 m^3 的水。但也有个别特例，如在美国俄勒冈外海，发现含有 H_2S 高达 10% 的Ⅰ型 NGH。

Ⅱ型和 H 型的 NGH 比Ⅰ型的要稳定得多，其甲烷气含量也稍微少一些。Ⅰ型 NGH 较容易分解，这也是人们研究的重点。

以上三种 NGH 晶胞中晶穴的结构如图 14.1 所示。

除这三种结构外，近年还发现了其他新型的晶体结构，如 2001 年发现的结构 T（Trigonal 的字首）型的 NGH 等。

14.1.2　天然气水合物形成的条件

NGH 可贮存于海底或陆上的砂岩、粉砂岩、泥岩、油页岩中。我国南海神狐海域的 NGH 储层是泥质粉砂岩。储层位于海水水深 1266 m 以下 203～277 m 处。

我国祁连山冻土区 NGH 赋存于粉砂岩、泥岩、细粉砂岩及油页岩中，冻土层下限 110～120 m 不等。NGH 储层上限为 133～144 m，下限为 170～396 m 不等。温度和压力范围分别为 −13.2～12.9 ℃和 1.0～50.0 MPa。

NGH 分布区域依赖于当地温度、压力、充足的水和烃类气体的来源。主要分布在以下环境中：

（1）水深大于 300 m、温度在 0 ℃以上的大陆和岛屿的斜坡地带的海洋沉积物中。

（2）水深大于 300 m 的内陆湖和内陆海的沉积物中。

（3）深度大于 130 m、温度在 0 ℃左右的陆相和海相大陆架的多年冻土沉积物中。

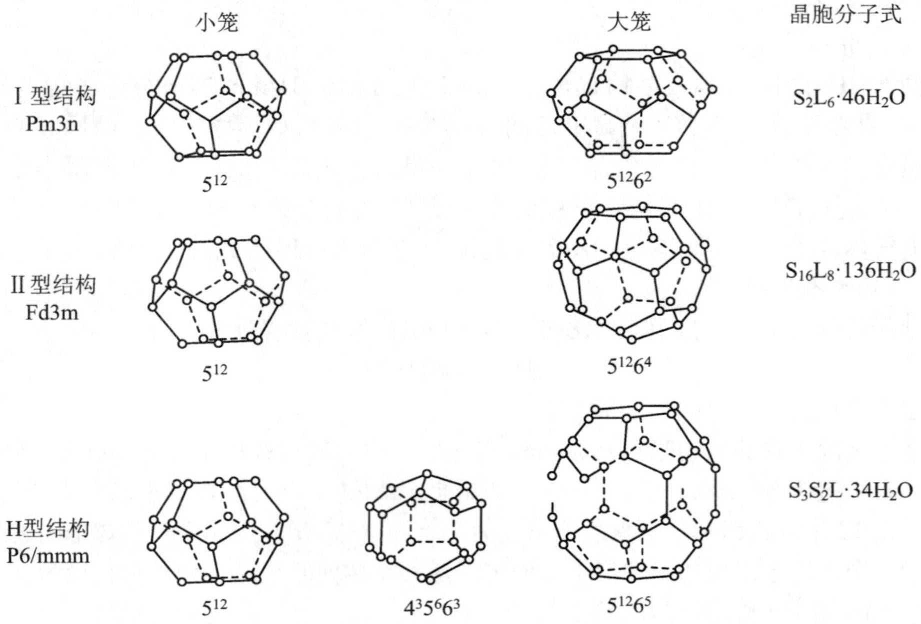

图 14.1　NGH 三种结构类型晶胞中的不同晶穴(笼)

天然气水合物保持稳定的压力和温度条件如图 14.2 所示。

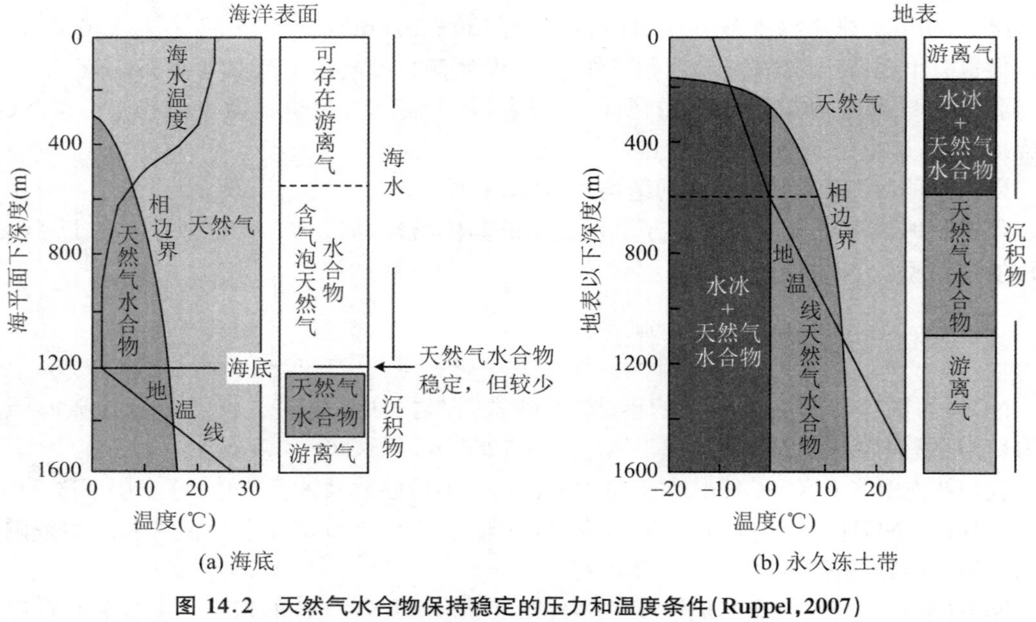

图 14.2　天然气水合物保持稳定的压力和温度条件(Ruppel,2007)

但在海洋环境中，也有少数 NGH 就暴露在海底表面。因为 NGH 的密度比海水的小，可以从海底露头中分离出来。曾有一艘小型拖网船在加拿大温哥华岛的大陆斜坡海底打捞到几吨 NGH。

陆上多年冻土带环境中的 NGH 的纵向分布较为复杂，往往是在地表以下浅层存在状态稳定的甲烷气体，往下是水、冰和 NGH 的共生带，NGH 在更深的地层中的分布与海底 NGH 的分布类似。

当前，海洋 NGH 的勘探识别技术主要包括海底摄像、高分辨率多道反射地震、海底热流、海底生物、地球化学异常、地质取样和钻井取样等。地震波的似海底反射是目前主要的识别手段。

以下对地震波的似海底反射进行介绍。

NGH 稳定带的下伏地层中的岩石空隙内常含有一定量的天然气。NGH 稳定带是高声速带，下伏层有游离气会形成一个负波阻抗界面，这在海底的地震反射剖面上显示为与海底反射层平行的反射同相轴，称为似海底反射(Bottom Simulating Reflection，BSR)。各个国家的 NGH 储层都是通过 BSR 发现的。因而，在勘探过程中，BSR 被认为是存在 NGH 的最重要的物理性标志。

但是，不能说 BSR 是证明 NGH 储层存在的必要且充分的判据，也有例外的情况。比如，少数 NGH 稳定带下部没有游离气体，就不会出现 BSR；反之，有极少数情形，虽然有 BSR 出现，但并无 NGH 储层存在。另外，陆上冻土带中，很少发现有 BSR。

通过地球物理测井，特别是随钻随测方法，可以探测出 NGH 储层的面积 A、孔隙度 Φ、饱和度 s，以及单位体积 NGH 中甲烷气的含量。

14.1.3　天然气水合物成藏系统中烃类的成因

烃类的成因主要有两种，即微生物成因和热解成因。

1. 微生物成因

通过厌氧菌在海底消化有机物碎屑而形成烃类，主要是甲烷气。气体向上迁移，溶解于海底沉积物的孔隙中，并不断积累。然后，当海底的温度和压力达到一定的数值时，在适合的条件下就形成了 NGH 的储层。储层之下往往有一些游离甲烷气。

这种 NGH 是先有气，后有水分子以氢键结合成为笼形结构，属于“以凤待巢”类型。微生物成因主要是结构Ⅰ型的 NGH 储层。

2. 热解成因

主因是海底深层有常规天然气藏存在。由于地质构造的变化，这种深层常规油气藏的温度和压力升高，高温高压导致其中的烃类热解，即长链有机化合物断裂，产生相对较轻的烃类气体。这种气体有少部分在沉积层中就地成为水合物，大部分向较浅层迁移，在低温高压条件适合的海底形成 NGH。热解成因的甲烷气比生物成因的甲烷气更容易向海底盆地富集，并通过盆地流水迁移至高孔高渗的浅部 NGH 稳定带，其圈闭条件很好，阻止甲烷气逸散到海底以上的海水中。这类碳氢气体的分子量较大，主要是形成结构Ⅱ型和 H 型 NGH。

这种 NGH 稳定带是先有适合的低温高压条件，等待甲烷气入驻。可以称这类储层为

“筑巢引风”类型。

其他还有混合成因、二氧化碳还原成因等，不再赘述。

14.2 天然气水合物的物理性质

关于 NGH 的物理特性，已有很多学者进行了研究，取得了部分进展，但还不够完善和系统，所提供的数据信息碎片化。以下是对中外科技人员的研究成果必要的归纳，以期对 NGH 开采中物理和数学模型的建立有所帮助。

14.2.1 天然气水合物的力学性质

表 14.1 是 NGH 力学性质的相关数据，对其结构Ⅰ型和结构Ⅱ型与冰的性质进行了比较。

表 14.1 NGH 的力学性质

力学量	单位	冰	结构Ⅰ型	结构Ⅱ型
硬度(莫氏)		4	2～4	
等温杨氏模量(268 K)	10^9 Pa	9.5	≈8.4	≈8.2
纵波速度(273 K)	km·s^{-1}	3.8	3.3	3.6
横波速度(273 K)	km·s^{-1}	1.957	1.89	1.65
泊松比(268 K)		0.325	0.317	0.32
体积模量(272 K)	10^9 Pa	8.8	≈5.6	≈5.6
剪切模量(272 K)	10^9 Pa	3.9	≈3.2	≈3.4
密度	g·cm^{-3}	0.917	NGH 0.912 甲烷 0.910 乙烷 0.951	NGH 0.940 丙烷 0.833 丁烷 0.892
绝热压缩系数(272 K)	10^{-11} Pa	12	≈14	≈14

NGH 储层一般压实固结程度较差，在钻井过程中，储层受钻具摩擦生热，钻井液中盐分等因素会导致 NGH 分解，其结果有可能使井壁坍塌。同时，分解产生的水和天然气使孔隙压力增大，井周围的岩石应力降低，颗粒间的联系减弱，大量出砂，引起井壁不稳定，产生风险。

钻井时，水合物的分解还会使地层变形，地应力分布不均匀，使套管受到挤压变形，地层塌陷，甚至引起海底斜坡滑坡和泥石流。

实验室测试发现，随温度升高，NGH 的体积模量减小，而剪切模量增大。实验还表明，甲烷水合物的三轴抗压强度比水高出 20～30 倍。

甲烷气产生的温室效应极强，比二氧化碳高 21 倍。如果 NGH 分解产生的甲烷气进入大气圈的数量达到其总量的 0.5%，将会显著加速全球气候变暖。所以，NGH 的开发是机遇与风险并存。

14.2.2　天然气水合物的热力学参数

1. 热导率（导热系数）κ

热导率是确定开采方法和设计开采方案的重要参数。它与 NGH 的结构类型和其中夹带的水分等因素有关，需要在实验室中进行测量。20 世纪八九十年代有多位科技人员对其进行了测量，测得了在 273.15 K 条件下丙烷水合物的热导率。此后，用不同的方法测得不同结构水合物的热导率都很接近，在 0.393 $W \cdot m^{-1} \cdot K^{-1}$ 左右。并发现氧杂环戊烷水合物在 100 MPa、270 K 条件下，热导率为 0.53。而相同条件下，冰的热导率为 2.23 $W \cdot m^{-1} \cdot K^{-1}$。

研究表明，影响 NGH 热导率的主要因素是密度。在密度为 400～600 $kg \cdot m^{-3}$ 范围内，可用经验公式(14.2.1)计算：

$$\kappa = -0.21 + 8.33 \times 10^{-4} \rho \tag{14.2.1}$$

在压力为 10 MPa、密度为 400 $kg \cdot m^{-3}$ 的情况下，其热导率与温度的关系，可用式(14.2.2)计算：

$$\kappa = 0.897 - 2.67 \times 10^{-3} T \tag{14.2.2}$$

由此可见，在实验温度范围内，热导率随温度升高而变小。

在温度为 243 K、密度为 650 $kg \cdot m^{-3}$ 的情况下，NGH 热导率与压力的关系可用式(14.2.3)计算：

$$\kappa = 0.237 + 1.1 \times 10^{-8} p \tag{14.2.3}$$

其中，压力的单位为 MPa。随着压力升高，NGH 的热导率变大。

2. 比热（比热容）$C_{p,m}$

Handa(1986)用量热计测量了甲烷、乙烷、丙烷以及异丁烯的水合物的比热和分解热。在比热测试中，为保证水合物不分解，从而保证测得的比热不含有分解热，量热计的压力必须比相同条件下的分解压力大得多。最终的实验结果如图 14.3 所示。

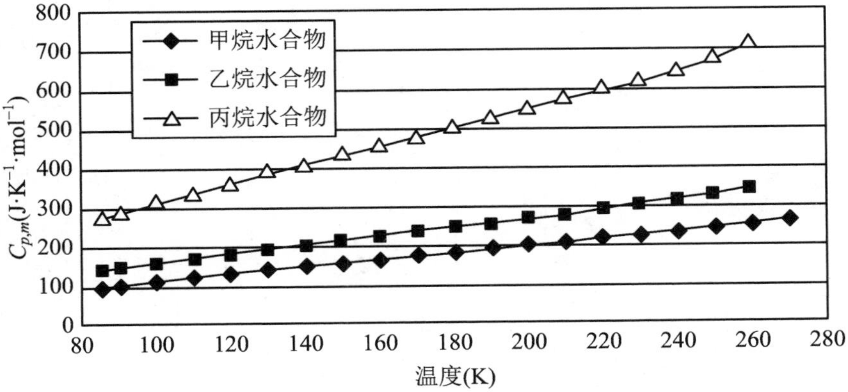

图 14.3　烷烃定压比热随温度的变化关系

在实验的基础上，又给出了适用于甲烷、乙烷和丙烷的摩尔比热 $C_{p,m}$（$J \cdot K^{-1} \cdot mol^{-1}$）与绝对温度的关系式：

$$C_{p,m} = a + bT + cT^2 + dT^3 \tag{14.2.4}$$

其中，系数 a,b,c,d 在表 14.2 中列出。

表 14.2　近似公式(14.2.4)中的系数

气体	T(K)	a	b	$c(\times 10^2)$	$d(\times 10^5)$
甲烷	85～270	6.6	1.4538	−0.3640	0.6312
乙烷	85～265	22.7	1.8717	−0.5358	1.076
丙烷	85～265	−37.6	4.8606	−1.625	3.291

由 Handa 的实验结果可以看出：① NGH 中不同客体分子对比热的影响是不同的；② 在相同温度下，丙烷水合物的比热比甲烷、乙烷的要大得多；③ 单一烃烷的水合物，比热随温度上升而线性地增大；④ 自然界中 NGH 的主要客体分子是甲烷，图 14.2 表明，甲烷水合物的比热很小，受温度的影响也较小。这说明，较少的热量就可以使甲烷的水合物分解。

有些专家测定了 NGH、水和冰的热力学参数，还有与 NGH 储层有关的土壤和岩石的热力学参数，列于表 14.3 中。表中最后一列的热扩散系数 $\alpha = \kappa/(\rho C_p)$ 在式(1.7.24)中见过。即表中，④由②/(①③)得出。定压比热 C_p 定义为定压过程中单位质量气体升高(或降低)所需吸收(或释放)的热量，也称比热容。它乘以所讨论物质的全部质量就是这些物质全体的热容量，IS 单位为 $J \cdot K^{-1}$。

表 14.3　NGH 与冰等热物理性质的比较

项目	① 密度 ρ ($kg \cdot m^{-3}$)	② 热导率 κ ($W \cdot m^{-1} \cdot K^{-1}$)	③ 比热 C_p ($J \cdot kg^{-1} \cdot K^{-1}$)	④ 热扩散系数 α ($m^2 \cdot s^{-1}$)
水	1000	0.55	4190	0.13×10^{-6}
冰	900	2.23	2097	1.22×10^{-6}
NGH	600	0.62	2040	0.51×10^{-6}
甲烷(标准状况)	0.7162	0.0308	1655	26×10^{-6}
乙烷(标准状况)	1.3424	0.0180	2210	6.07×10^{-6}
丙烷(标准状况)	1.9686	0.0153	1360	5.71×10^{-6}
干砂	1400	0.24	770	0.22×10^{-6}
泥砂($w=20\%$)	1800	2.1	1100	1.06×10^{-6}
孔隙中的含冰砂($w=20\%$)	1800	3.2	830	2.14×10^{-6}
孔隙中的含水合物砂	1800	1.8	830	1.2×10^{-6}
气干砂岩	2100	1.72	—	—
含冰砂岩($w=18\%$)	2300	3.10	—	—
含水合物砂岩($w=18\%$)	2300	2.16	—	—

注：④=②/(①③)。

14.3　天然气水合物分解动理学

本节讨论 NGH 分解动理学*的有关问题。简单介绍 NGH 的分解机理、分解速率与分解热。

14.3.1　天然气水合物的分解机理与水合数

固体的天然气水合物在降压或升温等条件下，其稳定平衡状态被打破，将逐步发生分解，产生烃类气体和液态水(或冰)。如果将水合物的分解看成是一个拟化学反应过程，该过程可用下面的式子来表示：

$$\mathrm{M}\cdot n\mathrm{H_2O}+\text{吸热}\longrightarrow \mathrm{M(g)}+\ n\mathrm{H_2O}$$

其中，n 称为水合数，即 NGH 中水分子数与气体分子数之比，g 表示气态。水合物中，大晶穴较容易被客体分子填满，而小晶穴的客体分子占有率相对较低。客体分子在晶穴中的分布是无序的，不同条件下晶穴中客体分子与主体分子的比例是不同的。因而水合物没有确定的化学分子式，是一种非化学计量的混合物，这是天然气水合物的合成与一般化学反应的本质区别。

水合数 n 不是定数，它依赖于客体分子的类别及其占有率。理论上，$n\geqslant 5.67$；自然界中的 NGH，一般地，$n>6$。这是因为客体分子对晶穴的占有率不是 100%，通常为 70%～90%。

根据范德华与 Pletteeuw 模型，可以推导出水合数 n 的表达式(陈光进、孙长宇等，2008)。例如，对甲烷水合物，有

$$n=\frac{23}{3\theta_{\mathrm{L},1}+\theta_{\mathrm{s},1}} \tag{14.3.1}$$

其中，$\theta_{\mathrm{L},1}$ 和 $\theta_{\mathrm{s},1}$ 分别表示甲烷(下标 1)对大晶穴(下标 L)和小晶穴(下标 s)的占有率。而对甲烷和二氧化碳二元体系的水合物，有

$$n=\frac{23}{3\theta_{\mathrm{L},2}+3\theta_{\mathrm{L},1}+\theta_{\mathrm{s},2}+\theta_{\mathrm{s},1}} \tag{14.3.2}$$

其中，$\theta_{\mathrm{L},2}+\theta_{\mathrm{L},1}$ 表示 CO_2 和 CH_4 共同对大晶穴的占有率，$\theta_{\mathrm{s},2}+\theta_{\mathrm{s},1}$ 为两种分子对小晶穴的共同占有率。在式(14.3.1)中，若甲烷对大晶穴与小晶穴的占有率均取 0.9，则 $n=6.39$；而在式(14.3.2)中，若取 $\theta_{\mathrm{L},2}+\theta_{\mathrm{L},1}$ 为 92%，取 $\theta_{\mathrm{s},2}+\theta_{\mathrm{s},1}$ 为 80%(其中，$\theta_{\mathrm{s},2}$ 贡献率较小)，则 $n=6.46$。占有率越低，则水合数 n 越大。

---

* 国家相关部门将 kinetics 一词作了统一规定，称为“动理学”(kinetic theory 称为“动理论”)，主要用于分子运动等热物理领域。它与 dynamics 一词——“动力学”的含义有明显区别。在某些学科，将 kinetics 译为“动力学”似已成习惯，目前不妨混用。

14.3.2 天然气水合物的分解热

分解过程需要将笼形结构化解,并使甲烷分子从笼形表面解吸出来。这要有足够的能量让气体分子振动,以克服范德华力,破坏氢键。分解过程是吸热过程,需要正的活化能。在 14.3.3 小节的式(14.3.8)中的 ΔE_a 要大于或等于分解热。Kim 等(1987)研究得到的 ΔE_a 值为 78.3 kJ·mol^{-1};孙长宇等(2002)研究得到的 ΔE_a 值为 73.3 kJ·mol^{-1},二者较为接近。

多数 NGH 在其储层下面都有一定的下伏气或游离气,在钻探过程中,井壁附近也会产生少量游离气。在这种情况下,可以用克劳修斯-克拉珀龙(Clausius-Clapeyron)方程计算沿 p-T 相平衡线各个摩尔蒸发焓 ΔH。该方程(马沛生、李永红,《化工热力学》,2009)为

$$\frac{\mathrm{dln}\, p}{\mathrm{d}(1/T)} = -\frac{-\Delta H}{ZR} \tag{14.3.3a}$$

考虑到 $\mathrm{d}(1/T) = -\mathrm{d}T/T^2$,所以有

$$\Delta H = ZRT^2 \frac{\mathrm{dln}\, p}{\mathrm{d}T} \tag{14.3.3b}$$

其中,Z 为气体的压缩因子,R 为气体常数,所用单位:p 的为 Pa,T 的为 K,ΔH 的为 J·mol^{-1}。考虑实际情形中并非所有晶穴内都有一个 CH_4 分子,取水与甲烷分子数 n 之比的平均值为 6.15,可用克劳修斯-克拉珀龙方程计算出甲烷水合物的分解热为 54.67 kJ·mol^{-1}。

另一种方法是 ΔH 由以下经验公式求出:

$$\Delta H = C_1 + C_2 T \tag{14.3.4}$$

其中,ΔH 单位为 cal·mol^{-1}(1 cal = 4.184 J)。而系数 C_1,C_2 由式(14.3.5)给出:

$$\left.\begin{aligned} C_1 &= 13521, \quad C_2 = -4.02 \quad (0\,℃ > T_e \geqslant 25\,℃) \\ C_1 &= 6334, \quad C_2 = -11.97 \quad (-25\,℃ \geqslant T_e > 0\,℃) \end{aligned}\right\} \tag{14.3.5}$$

Handa(1986)用量热法对水合物的分解热进行了测量,给出几种常见气体分子在水合物中的分解热,列于表 14.4 中。

表 14.4 天然气水合物分解热的测量结果(Handa,1986)

气体	T(K)	分解热 (kJ·mol^{-1})	
		$H \rightleftharpoons I + G$	$H \rightleftharpoons L + G$
甲烷	160～210	18.13±0.27	14.19±0.28
乙烷	190～250	25.70±0.23	71.80±0.38
丙烷	210～260	27.00±0.33	129.2±0.4
$(CH_3)_3CH$	230～260	31.07±0.20	133±0.3

注:H 为水合物,I 为冰,L 为液体,G 为气体。

14.3.3 天然气水合物的分解速率

分解速率可用式(14.3.6a)表示:

$$\dot{m}_g = k_d A_s (f_e - f) = \frac{dm_g}{dt} \tag{14.3.6a}$$

其中，m_g 是 t 时刻水合物中 CH_4 的物质的量，单位为 mol；A_s 是水合物粒子的总表面积，单位为 m^2；f_e 是三相平衡逸度，通常可用平衡压力 p_e 代替；f 是甲烷的逸度(参见 13.1.4 小节)，通常可用气相平衡压力 p_g 代替。

于是式(4.2.2a)又可写成

$$\dot{m}_g = k_d A_s (p_e - p_g) \tag{14.3.6b}$$

由式(14.2.1)可知，一个 NGH 粒子分解后，可形成 1 mol 甲烷气和 n 摩尔水。p_e 可写成

$$p_e = 1.15\exp\left(49.3185 - \frac{9459}{T_e}\right) \tag{14.3.7}$$

其中，T_e 是平衡压力所对应的平衡温度。分解率常数为

$$k_d = k_0 \exp\left(-\frac{\Delta E_a}{RT_e}\right) \tag{14.3.8}$$

其中，k_0 为水合物分解动力学本征常数，R 是气体常数，ΔE_a 为分解的活化能($J \cdot mol^{-1}$)。$k_0 = 3.6 \times 10^4$；$\Delta E_a / R = 9752.73$。反应表面积为

$$A_s = \left(\frac{\phi_e^3}{2K}\right)^{1/2} \tag{14.3.9}$$

$$\phi_e = \phi_e (1 - s_h) \tag{14.3.10}$$

其中，K 是绝对渗透率(m^2)，s_h 是固相 NGH 的饱和度，ϕ_e 是水与气体共同占有的孔隙度。渗透率 K 随 ϕ_e 的增大而增大。有经验公式(14.3.11)：

$$\left.\begin{aligned} K &= 5.51721(\phi_e)^{0.86} \quad (\phi_e < 0.11) \\ K &= 5.51721(\phi_e)^{9.13} \quad (\phi_e \geqslant 0.11) \end{aligned}\right\} \tag{14.3.11}$$

14.4　天然气水合物的开采方法

天然气水合物中的甲烷气，作为未来的接替能源，前景非常诱人，但如何安全、环保、顺利地把甲烷气从海底或陆地冻土区的 NGH 储层中开采出来，至今还没有完全成熟的方法，目前正加紧进行理论研究和试验。除了苏联于 20 世纪在西伯利亚陆地雅库特西北马哈河流域的叶尼塞进行过商业开采外，21 世纪以来，又有若干国家对 NGH 进行了试采。其试采情况如表 14.5 所示。

因为 NGH 是在低温、高压下稳定存在的，所以对它开采的方法，人们很容易想到的是降压或升温，或二者联合使用，后者也称热激。1996 年，有人提出了新的方法：置换。以下将分别介绍这些方法。

表 14.5　2002～2017 年世界各国 NGH 试采情况

试采场地	位置	年份	参加国	方法	试采时间	累计产气量(m^3)
Mallik Site	加拿大麦肯齐三角洲	2002	加、美、日、印、德	热激	5 天	516
Mt Elbert well	阿拉斯加北斜坡	2007	美国	降压	11 h	—
Mallik Site	加拿大麦肯齐三角洲	2007	加、日	降压	12.5 h	830
		2007～2008	加、日	降压	239 h	13000
Ignik Sikumi	阿拉斯加北斜坡	2012	美、日	置换	58 天	24211
Daini Atsumi Knoll	日本南海海槽	2013	日本	降压	6 天	12000
		2017	日本	降压	86 天	235000
神狐海域	中国南海	2017	中国	降压	60 天	300000

14.4.1　降压法开采天然气水合物

天然气水合物的开采方法与传统化石能源的开采方法有明显区别。传统的开采，在地下是气体或液体，开采上来仍然是气体或液体。而 NGH 在储层中是固体，开采出来的是天然气或称甲烷气，这就决定了 NGH 开采方法的多样性和开采技术的复杂性。其中重要的一点是始终要考虑其在储层中的相平衡问题。

降压法开采 NGH 就是在储层被钻开以后，通过降低储层的压力，破坏水合物的平衡稳定条件，使固体水合物分解成水和甲烷气，然后把甲烷气(或其混合物)提取到地面上来。储层钻开后，并不像在油田中看到的那样产生明显的降压漏斗，开井后压降很快扩散至远方，在压力梯度的作用下，油气会逐渐流向井筒。

水合物的开采开始有个缓慢的过程，从钻开处由近及远进行分解。对一般的水合物储层，往往在紧靠储层的上表面或下表面存在着数量不等的上覆气或下伏气，我们先抽取这些自由气体，其接触的水合物表面就会降压、分解。

先不讨论有上覆气或下伏气的情形。井钻开后，井筒内压力降低，由于水合物有自身的蒸气压，在压力降低的情况下，水合物表面必须分解以保持其蒸气压。水合物表面的平衡逸度 f_{eq}与包围着水合物粒子的气体逸度 f_g 会产生逸度差($f_{eq}-f_g$)。逸度笼统来说就是气体分子逸散的能力(详见 13.1.4 小节)。Kim 等(1987)认为，水合物本征分解的驱动力正是这种逸度差。因为水合物分解是吸热反应，流体与水合物接触面处分解区的温度 T_s 总是小于水合物储层的初始温度 T_i，于是有热量从岩石和流体中传到水合物的分解区，使水合物的分解区不断扩大。

对水合物储层上、下均为非渗透层和有下伏气这两种情形，降压法开采如图 14.4 和图 14.5 所示。

在初期，NGH 的产量可能较低，随着分解区不断扩大，产量将逐步提高。有时也可预先在井底注入一些热量或化学剂，在井底形成一个较大的天然气包，以提高产气速率。

对存在下伏气的情形，在钻井时，应将生产井钻穿水合物储层而到达游离气层并采出，从下面降低水合物储层的压力，使水合物失去平衡而分解。对这种情形，开发水合物相对比较容易。苏联麦索雅哈（Messoyakha）气田中的水合物层就属于这种类型。近期发现有不少 NGH 储层下面都有下伏气层。

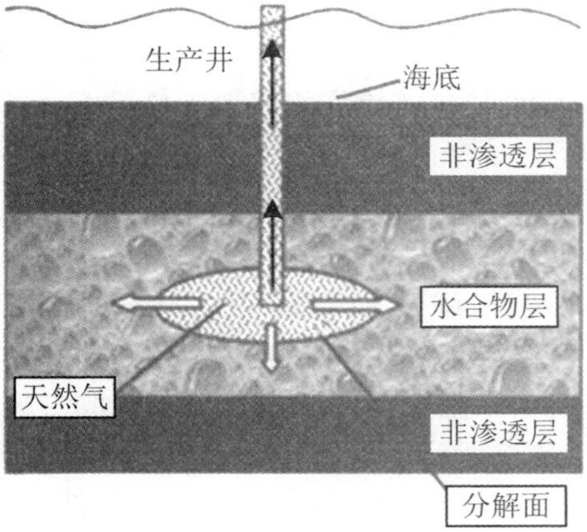

图 14.4　无上、下游离气情形下水合物开采示意图

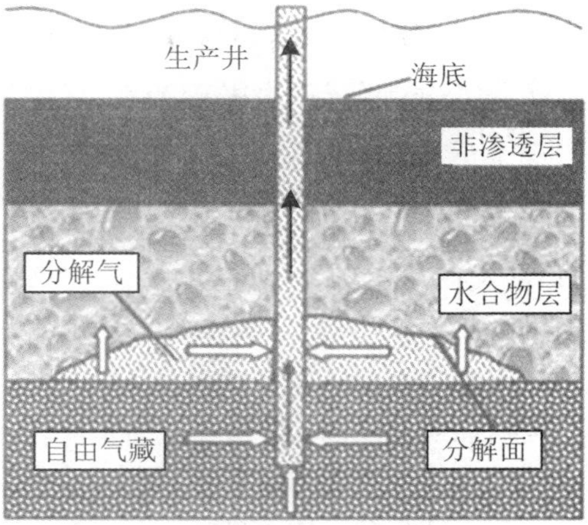

图 14.5　有下伏气情形下水合物开采示意图

降压开采 NGH 中的甲烷气时，分解所需吸收的热量要从周围环境中获得补给，这有可能使储层温度降到冰点以下，从而使释放出来的水结冰。水结冰后其体积发生膨胀，以致堵塞流体流动的通道。所以只有当储层或岩石层温度较高时，降压法开采才比较顺利。否则，在开采初期要注入一定的热量，以防止结冰。

可以设想，在完井过程中，在井底设置潜水泵，由泵不断地将井底的流体抽出，能有效地降压，又可防止水结冰。在井筒中进行水气分离，并将甲烷气收集起来，将水排出。当然，也可在钻井平台上进行水气分离，这样会加速水合物的分解，如图 14.6 所示。

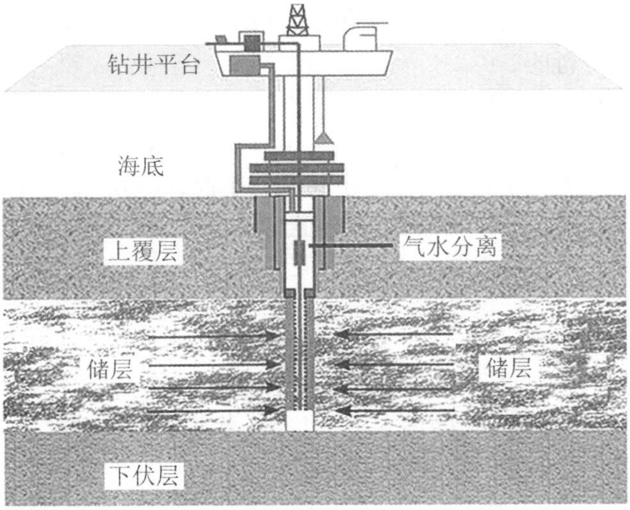

图 14.6　降压法中用抽取流体的办法开采水合物的示意图

降压法开采的最大优点是无须连续注入能量，成本较低，从而有较高的产出与投入比，是开采 NGH 的主要方法之一。

14.4.2 置换法开采天然气水合物

开采天然气水合物的置换法，是指用非烃气体把天然气水合物中的 CH_4 置换出来。Ohgaki 等(1996)最先提出用 CO_2 在 NGH 中置换 CH_4。目前研究的非烃气体除 CO_2 外，更多的是指模拟烟道气 CO_2+N_2。

用 CO_2 置换天然气水合物中 CH_4 的机理主要有以下两条：

第一，是基于 CH_4 和 CO_2 这两种气体各自的水合物，其稳定压力有差别。就是说，在温度一定的条件下(通常是 273 K 左右)，二氧化碳水合物保持稳定所需的压力比甲烷水合物的压力要低。因而在某一较低的压力范围，低于甲烷水合物稳定压力的条件下，其水合物就会分解，甲烷气逸出。这时如果有 CO_2 注入，CO_2 就会乘虚而入，“鸠占鹊巢”，形成二氧化碳水合物，而对 CO_2 来说，这个压力正适合保持水合物的稳定。

实际上，人们通过对各种不同的单一气体进行长期的研究表明，在相同温度条件下，当气体压力升高时，纯气体各自单独形成水合物的前后顺序是：硫化氢→异丁烷→丙烷→乙烷→二氧化碳→甲烷→氮气。比较这个稳定压力由低到高的顺序，可以看出 CO_2 比甲烷生成水合物的条件要求低，即压力更低。而在一定的压力下，CO_2 水合物的分解温度是高于甲烷的。例如，在 2.9 MPa 压力下，CO_2 水合物的分解温度为 280 K，而甲烷水合物的分解温度为 274 K，利用这个温差，同样也可以将 CO_2 注入甲烷水合物储层，置换出甲烷。把甲烷水合物变成 CO_2 水合物。实验证明，CO_2 水合物的稳定性比甲烷水合物的更强。

第二，是基于 CO_2 水合物生成所释放的热量略大于甲烷气水合物分解需吸收的热量。这就为 NGH 分解的持续进行提供能量。在适当的温度、压力范围，用反应式写出为

$$CO_2 + nH_2O \longrightarrow CO_2 \cdot nH_2O + \text{结合热} \qquad \Delta E = -57.98\ \text{kJ}\cdot\text{mol}^{-1}$$

$$CH_4 \cdot nH_2O + \text{分解热} \longrightarrow CH_4 + nH_2O \qquad \Delta E = 54.49\ \text{kJ}\cdot\text{mol}^{-1}$$

所以通过二者之间的置换并把这种分解、置换继续进行下去，从而实现天然气水合物的开采在理论上是完全可行的。

这种置换方法也存在一定困难，根据化学化工一般知识可知，CO_2，CH_4，N_2 分子直径分别为 0.302 nm，0.334 nm，0.308 nm。如果按 14.1 节所述，CO_2 应该可以顺利进入小晶穴，但 McGrai 用激光拉曼技术分析水合物中小晶穴和中晶穴发现，水合物中 CO_2 的直径似乎大于 CH_4 的直径，难以进入小晶穴，表明有效直径大于上述尺寸。为了维持水合物自身的稳定性，部分 CH_4 分子又重新占据小晶穴，即使 CO_2 全部占据了中晶穴，将仍有 1/4 左右的 CH_4 残留在水合物中。

近几年，廖志新等(2013)、Zhou X B 等(2015)、Xu C G 等(2015)、Khlebnikov V N 等(2015)的研究显示：用 CO_2+N_2 混合气体置换水合物中的 CH_4，提高了置换程度，小分子 N_2 的加入提高了对水合物小晶穴的填充率，但降低了分子的扩散速率，又使置换速率有所降低。其间又有学者提出用 CO_2 乳状液，但效果不佳。

采用 CO_2 置换率不高，一般在 60%左右。Park 等(2006)以及 Koh 等(2012)做了以下实验：先用冰粉和 CH_4 气体在搅拌器中生成甲烷气水合物，再注入 CO_2+N_2 的气体混合物

(80% N_2,20% CO_2)置换水合物中的甲烷气,因为 N_2 分子直径比小晶穴的尺寸小,置换反应 24 h,置换率达到 85%,而用 CO_2 置换率为 64%,不仅提高了置换率,还缩短了 CO_2 分离和净化过程。

Khlebnikov V N 等(2015)提出了一种新方法,该方法主要是选择了两个过程取代简单的 CO_2 置换水合物中的 CH_4:一个过程是让水合物在抑制剂(电解质氯化钠氯化镁)作用下分解 CH_4 和水;另一个过程是让 CO_2 与自由水二次生成水合物。进一步研究表明,用醇类抑制剂(甲醇)比电解质抑制剂效果更好。

CO_2 置换水合物中 CH_4 的方法既能获得丰富的天然气资源,又能做到稳定埋藏大量 CO_2 以缓解温室效应,是一种具有经济效益和环境效益的开采方法,受到国内外的广泛关注。

以下介绍置换法试采的实例。

(1) 概况

这里介绍美国阿拉斯加北坡 Ignik Sikumi 1 号井用置换法试采甲烷水合物的情况。它是由美国康菲(ConocoPhillips)公司与日本国有油气金属矿产公司(JOGMENC)共同进行的,2008～2009 年确定实验场地并签订土地使用权的合同,2011 年初开始在地表暂冻层冰坂上钻井,连同测井、完井和制订施工计划,共用去一年时间。

该 NGH 储层深度为 683.67～692.81 m,厚度为 9.14 m。在 685.8 m 深处测得储层原始压力 7.274 MPa,温度为 278 K。储层岩石为未固结砂岩,高孔、高渗,其中含有过量的自由水(这种情况并不多见)。平均饱和度 $s_h = 72\%$,$s_w = 28\%$。

试采期间用 15 天注入 CO_2 和 N_2,关井 5 天;用 38 天采出,共计 58 天。累计采出甲烷气 24211 m^3。

(2) 射孔和注入期

制订施工计划以后,2012 年 2 月 15 日晨开始进行射孔。孔距为 0.152 m,在距离储层顶部 0.6 m 以上的段位不予射孔,并避开铺设在套管外面的电缆、光缆和计量器。射孔使井筒周围储层温度升高 5.5 ℃。射孔期间井底压力控制在 9.3 MPa,以 3964 $m^3 \cdot d^{-1}$ 的高流量注入 $CO_2 + N_2$ 十多分钟进行冲刷,以消除射孔段可能存在的障碍,打通井底与储层之间的通道。紧接着又以 3390 $m^3 \cdot d^{-1}$ 的流量注入 $CO_2 + N_2$ 两次,每次 45 min。

建立起进入储层的注入能力后,2 月 15 日至 2 月 18 日,在 9.79 MPa 的压力下,以 311～595 $m^3 \cdot d^{-1}$ 的较低流量注入含有少量化学示踪剂的 $CO_2 + N_2$。试验期间累计共注入 $CO_2 + N_2$ 气体混合物 6113.6 m^3,其中 CO_2 1376.2 m^3,N_2 4737.4 m^3。N_2 除能够置换水合物晶穴内的甲烷外,还可以驱替孔隙中的自由水,以及与二氧化碳一起在射孔以后进行冲刷和疏通。

2 月 28 日晨起,关井 5 天。

(3) 甲烷产出期

关井 5 天以后,3 月 4 日开始施工转入产出模式,产出分 4 个阶段。

① 自流阶段

该阶段只有气体流到地面,其中绝大部分是甲烷,连续进行两天。这时储层水流动并充满井筒。4 月 6 日开始,试采由自流过渡到反流喷射泵抽取系统。关井并安装第一个喷射泵

(Oilmaster 5C 型)。

② 喷射泵高压抽取阶段

3 月 7 日开始至 13 日夜(其间换分离器阀门耽搁一天半),连续 7 天控制压力在 4.4 MPa(高于储层压力)下进行抽取,产出气体的组分中甲烷占 70 mol%。这段时间中观察到有砂产出。

③ 喷射泵压力≈甲烷水合物稳定压力抽取阶段

更换分离器阀门后,3 月 15 日晚重新生产至 3 月 18 日。压力降到 3.03 MPa,与甲烷水合物稳定压力持平。此阶段最高产气流量高达 4247 $m^3 \cdot d^{-1}$,其中甲烷浓度达 90%,推测是水合物分解使甲烷浓度增大。水产量也随之增大,而产出砂平均为 2.6 vol%。

④ 喷射泵低压抽取和降压试采阶段

3 月 23 日,更换了一个新的喷射泵(Oilmaster 6C 型)后重新生产。这段时间井底压力缓慢地由 4.47 MPa 降至 1.83 MPa,进行降压开采试验。气体流量从 140 $m^3 \cdot d^{-1}$增大至超过 850 $m^3 \cdot d^{-1}$。甲烷浓度提高到超过 90 mol%。因分解吸热,井底温度降至 0.55～1.1 ℃。产出甲烷断断续续进行 38 天,至 4 月 10 日。

这次现场试验共进行 58 天,这 58 天中包括注入后必须关井 5 天,以及产出过程中更换设备等关井耗费约 10 天。累计产出甲烷 24211 m^3(图 14.7)。

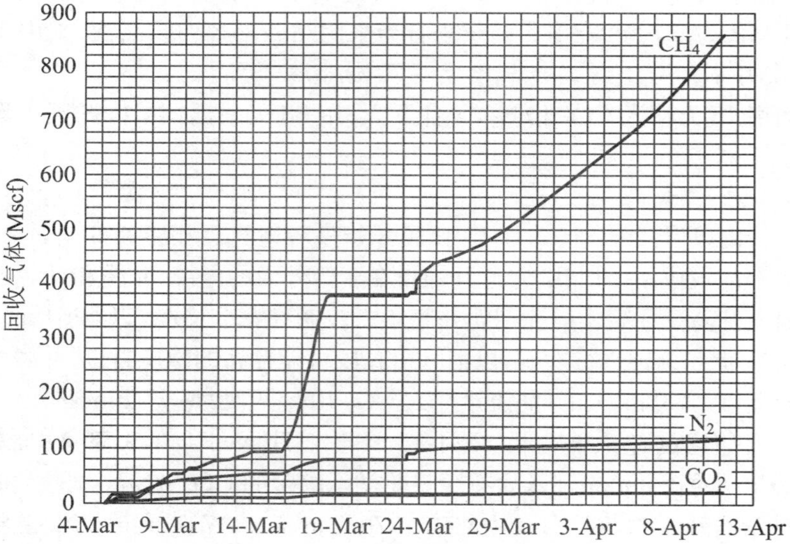

图 14.7 本次试采中累计产出的甲烷和回收气体随时间的变化关系

图中横坐标为时间,一小格代表 1 天;纵坐标为累计采出的甲烷和回收的气体,一小格代表 20 Mscf(1 Mscf = 28.31685。M 为罗马数字,代表 1000)

(4) 善后工作

这次现场试验在 4 月 10 日结束之后,5 月 5 日最终废弃了 Ignik Sikumi 1 号井场,油管、套管环空和 FLATPak[MT]管线等灌满水泥进行封填。平整土地,恢复植被,按该州油气保护委员会的要求,恢复到原来冰雪融化、大地回春后的地貌。最终由该州自然资源局于 2012 年 9 月 5 日用直升机进行全面的检查验收。

14.4.3 其他方法

除以上两种方法外，还有学者提出过其他一些方法，比如热激发、注化学试剂法等。

14.4.3.1 热激法(升温法)

该方法就是通过连续或多次向储层注入能量，使储层温度升高，以达到破坏储层的稳定而分解，产出甲烷气。注入的能量来源可以是蒸气、热水、热盐水等，也可以用电磁加热或微波加热，如图14.8所示。

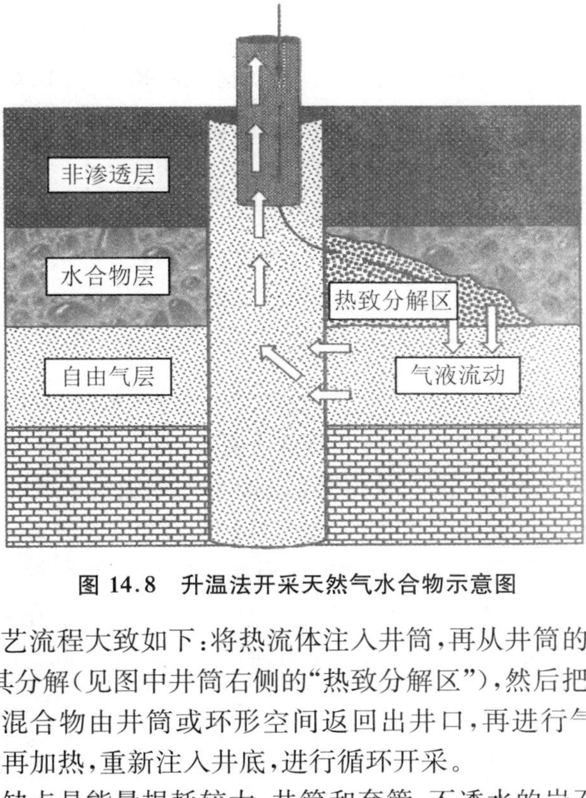

图14.8 升温法开采天然气水合物示意图

注入热流体的工艺流程大致如下：将热流体注入井筒，再从井筒的射孔孔眼到达水合物储层，加热水合物使其分解(见图中井筒右侧的“热致分解区”)，然后把分解出来的甲烷和水连同注入的热流体的混合物由井筒或环形空间返回出井口，再进行气水分离，甲烷气被收集。分离后的液体被再加热，重新注入井底，进行循环开采。

这种开采方法的缺点是能量损耗较大，井筒和套管、不透水的岩石层都会吸热，特别是对厚度不大的水合物储层，其产出投入比往往会小于1。对较厚的储层(例如厚20 m以上)情况稍好一些。

注盐水也是一种方案，盐水能降低水合物的相平衡温度。相平衡温度低，分解所需的热量就少。现在电磁技术发展较快，用电磁加热也是一个选项。对于离岸较远的水合物矿藏，用注入热流体方法可能需要配备一个庞大的船队。

14.4.3.2 注化学试剂法(注抑制剂法)

该方法是从井筒向储层注入醇类物质，主要是甲醇，还有乙醇、丙二醇、丙三醇等。其作用是降低水合物的平衡条件，这样可使水合物在较低的温度下分解。初期分解过程比较缓慢，但比起注入热流体来，所需能量较少。该方法的缺点是会对环境造成不良影响，因为甲烷具有毒性。

14.4.3.3 注化学试剂开采的现场试验

苏联在开发麦索雅哈气田时曾用过此法。该气田所开采的天然气通过管道输送到叶尼塞河下游右岸的诺里尔斯克市，为那里的冶金联合企业提供能源。

该气田是常规天然气藏和水合物层的复合气藏，常规气层(游离气层深度在 720～820 m)，上部约 40 m 是 NGH 储层，储层压力为 7.8 MPa，温度为 268～275 K，两层之间有一含水层。两层天然气总量约为 800 亿 m^3，水合物层约占总量的 1/3。其中，四口井现场试验情况如表 14.6 所示。

表 14.6 麦索雅哈气田用注入化学试剂开采 NGH 现场试验结果

开采井号	化学试剂类别	注入试剂量(m^3)	注试剂前气体流量($1000\ m^3 \cdot d^{-1}$)	注试剂后气体流量($1000\ m^3 \cdot d^{-1}$)
129	(质量)96%甲醇	3.5	30	150
131	(质量)96%甲醇	3.0	175	275
133	甲醇	不详	25	50
138	(体积)10%$Mg(OH)_2$ + 90%$CaCl_2$	4.8	200	300

化学试剂是被注入 NGH 储层中，分开计算表明，注入试剂后的生产，NGH 平均日产气量增加约 4 倍。从 1970～1990 年的 20 年间，前 10 年产气主要来自游离气层，后 10 年主要来自水合物层，总的来说，游离气层产气约 80 亿 m^3，水合物层产气约 30 亿 m^3。

概括地说，前两种开采方法相对比较经济，后两种或消耗能量较大，或对环境会产生不良影响。当然，每种开采方法都不是绝对单独进行的。前者有时会用到部分后者的方法，反之亦然。实际上，Ignik Sikumi 现场试验就是置换法与降压法协同进行的；其他方法也有类似情况。

14.5 天然气水合物开采过程的数学模型和数值模拟

本节介绍数学模型和计算分析，主要讲降压法和置换法两种情况。

14.5.1 降压法

降压以后，一部分固体水合物分解为水和甲烷，这时储层中有气、水、固三相。为简单起见，作以下假设：① 不考虑盐的影响；② 不考虑水结冰的情况；③ 认为气相完全是甲烷；

④ 气相和水相均遵从 Darcy 定律。

14.5.1.1　降压法开采天然气水合物的数学模型

1. 质量守恒方程(化工中通常称相平衡方程)

按 1.7 节写出如下：

气相：

$$\frac{\partial(\phi\rho_g s_g)}{\partial t}=\nabla\cdot\left(\frac{\rho_g KK_{gr}}{\mu_g}\nabla p_g\right)+\dot{m}_g \tag{14.5.1}$$

水相：

$$\frac{\partial(\phi\rho_w s_w)}{\partial t}=\nabla\cdot\left(\frac{\rho_w KK_{wr}}{\mu_w}\nabla p_w\right)+\dot{m}_w \tag{14.5.2}$$

水合物相：

$$\frac{\partial(\phi\rho_h s_h)}{\partial t}=-\dot{m}_h \tag{14.5.3}$$

方程(14.5.3)因为是对固相，所以散度项不出现，下标 h 代表水合物固相。在开采过程中固相质量在不断减少，因而 $\dot{m}_h$ 前面取负号。K_{gr} 和 K_{wr} 分别为气相和水相的相对渗透率。

2. 能量守恒方程

该方程需要将水合物、流体与岩石统一考虑。储层岩石基质用下标 r 表示，根据式(1.7.43b)，现在免去油相，并将该式中下标 s 变为 h，q_f 变为 q_ϕ，能量方程写为

$$\begin{aligned}&\frac{\partial}{\partial t}\left[\phi(\rho_g s_g e_g+\rho_w s_w e_w+\rho_h s_h e_h)+(1-\phi)(\rho c)_r\right]\\&=-(\nabla\cdot\rho_g h_g v_g+\nabla\cdot\rho_w h_w v_w)+\nabla\cdot\left[(1-\phi)k_r\nabla T\right]\\&\quad+\nabla\cdot(\phi k_h\nabla T)+(1-\phi)q_r+\phi q_\phi\end{aligned} \tag{14.5.4}$$

方程(14.5.4)中，v 是渗流速度。

$$\begin{aligned}&\nabla\cdot(\rho_g h_g v_g)\\&=-\left\{\frac{\partial}{\partial x}\left(\frac{\rho_g h_g KK_{gr}}{\mu_g}\frac{\partial\rho_g}{\partial x}\right)+\frac{\partial}{\partial y}\left(\frac{\rho_g h_g KK_{gr}}{\rho_g}\frac{\partial\rho_g}{\partial y}\right)+\frac{\partial}{\partial z}\left[\frac{\rho_g h_g KK_{gr}}{\mu_g}\left(\frac{\partial\rho_g}{\partial z}+\rho_g\right)\right]\right\}\end{aligned} \tag{14.5.5}$$

$$\begin{aligned}&\nabla\cdot(\rho_w h_w v_w)\\&=-\left\{\frac{\partial}{\partial x}\left(\frac{\rho_w h_w KK_{wr}}{\mu_w}\frac{\partial p_w}{\partial x}\right)+\frac{\partial}{\partial y}\left(\frac{\rho_w h_w KK_{wr}}{\mu_w}\frac{\partial\rho_w}{\partial y}\right)+\frac{\partial}{\partial z}\left[\frac{\rho_w h_w KK_{wr}}{\mu_g}\left(\frac{\partial\rho_w}{\partial z}+\rho_g\right)\right]\right\}\end{aligned} \tag{14.5.6}$$

在方程(14.5.1)～方程(14.5.4)四个方程中，要求解的变量有 $s_g, s_w, s_h, p_g, p_w, T$ 共 6 个，所以需要补充两个方程，即饱和度方程和毛管力方程：

$$s_g+s_w+s_h=1,\quad p_w=p_c(s_g)+p_g \tag{14.5.7ab}$$

此外，给出流体和孔隙度的状态方程如下：

$$\rho_w=\rho_{w0}\left[1+c_w(p_w-p_{w0})\right],\quad \rho_g=\frac{Mp_g}{RTZ} \tag{14.5.8}$$

$$\phi = \phi_0\left[1 + \left(\frac{p_w + p_g}{2} - \frac{p_{w0} + p_{g0}}{2}\right)\right] \tag{14.5.9}$$

3. 初始条件和边界条件

初始条件：

$$s_g\mid_{t=0} = s_{gi},\quad s_w\mid_{t=0} = s_{wi},\quad s_h\mid_{t=0} = s_{hi},$$
$$p_g\mid_{t=0} + p_{gi},\quad p_w\mid_{t=0} + p_{wi},\quad T\mid_{t=0} + T_i \tag{14.5.10}$$

其中，p_i，T_i是储层原始压力和温度。

外边界条件：对流体，储层的外部边缘 S 上是封闭的，对温度而言是等温的，即

$$\left.\frac{\partial p}{\partial n}\right|_s = 0,\quad T\mid_s T_i,\quad \left.\frac{\partial T}{\partial n}\right|_s \neq 0 \tag{14.5.11}$$

内边界条件：在井底 w 处是井底流压

$$p\mid_w = p_{wf} \tag{14.5.12}$$

14.5.1.2 关于方程求解的讨论

（1）在 14.5.1 小节中，讨论了水合物分解速率和分解的吸热量。在划分网格后，首先要判定分解区的范围，哪些网格属于已分解区。在分解前缘网格应适当加密。在分解区存在气（主要是甲烷）、水、水合物三相（有时分解水因温度低而结冰，还存在冰样固体，相变潜热为 372 $kJ \cdot kg^{-1}$）。热源相要考虑分解吸热（和潜热）。在未分解区，可认为只有水合物固相。

（2）渗透率和毛管力分析。原则上，这些量应通过物理实验对待开发的水合物矿藏进行确定，前人已给出了一些经验公式，下面只各写出其中一个。

① 绝对渗透率

$$\frac{K}{K_0} = \frac{\phi_e}{\phi_0}\left[\frac{\phi_e(1 - \phi_0)}{\phi_0(1 - \phi_e)}\right]^{2\beta} \tag{14.5.13}$$

其中，ϕ_0 是储层孔隙度，ϕ_e 是有效孔隙度。

② 相对渗透率是

$$K_{gr} = K_{gr}^0\left(\frac{s_g - s_{gr}}{s_g + s_w - s_{gr} - s_{wr}}\right)^{n_g} \tag{14.5.14a}$$

$$K_{wr} = K_{wr}^0\left(\frac{s_w - s_{wr}}{s_g + s_w - s_{gr} - s_{wr}}\right)^{n_w} \tag{14.5.14b}$$

其中，n_g 和 n_w 为相关指数，由试验确定。

③ 毛管力

$$p_c = p_{ce}\left(\frac{s_w - s_g}{s_g + s_w - s_{gr} - s_{wr}}\right)^{-n_w} \tag{14.5.15}$$

14.5.2 置换法

目前关于用非烃气体置换法开采 NGH 的数学模型和计算方法的研究还不多，本节仅对此作初步探讨。下面以注入 $CO_2 + N_2$ 为例，分两个阶段进行分析：其一是注入非烃气体

后的关井期，其二为重新开井的生产期。

14.5.2.1 注入 CO_2+N_2 以后关井期的动理学分析

假设在关井以前，对井底压力已根据需要作了调整，以适应水合物的分解条件；在关井以后，储层中不存在明显的压力梯度，也没有流体通道，就没有渗流，气体从井底到储层的输运机理是扩散。在 CO_2+N_2 与水合物的接触面上，水合物开始分解-置换，出现空隙，产生 CH_4 气体和少量的水。

CO_2+N_2 与 CH_4 之间通过扩散进行交换，置换区的范围逐步扩大。扩散遵从 Fick 定律，按 8.5.2 小节，写成

$$J_n = -D\frac{\mathrm{d}n}{\mathrm{d}x} \tag{14.5.16}$$

其中，J_n 是单位时间内在单位面积上通过的粒子数（个 · m^{-2} · s^{-1}）；D 称为扩散系数（m^2 · s^{-1}）；n 是单位体积所含有的粒子数，负号表示粒子是向密度减小的方向迁移。对于平面径向扩散，其方程为

$$\phi\frac{\partial C_i}{\partial t} = \frac{1}{r}\frac{\partial}{\partial r}\left(Dr\frac{\partial C_i}{\partial r}\right) \tag{14.5.17}$$

其中，C_i 是气体组分 i 的质量密度（kg · m^{-3}），若非烃气体水合物占据孔隙的 85%，分解出的水和甲烷共同占据孔隙的 15%，气体甲烷是主要的，还有少量的水，则式（14.5.17）中 $\phi = b\phi_0$（$b\leqslant 0.15$）。

扩散所需的能量源于气体分子的内能，气体分子永不停息地做不规则运动，其均方根速度为

$$\sqrt{v^2} = \sqrt{\frac{3kT}{m}} \tag{14.5.18}$$

其中，$k=1.38066\times10^{-23}$ J · K^{-1}，为波尔兹曼常数，它与压力无关，m 为单个气体分子的质量。

由计算和实验可知

$$D = \frac{1}{3}\bar{\lambda}\bar{v} \tag{14.5.19}$$

其中，$\bar{\lambda}$，$\bar{v}$ 分别为分子热运动的平均自由程和平均速度，平均自由程与压力 p（或密度 ρ）和粒子直径的平方成反比。式（14.5.19）对自扩散和互扩散（不同气体分子之间的扩散）都是有效的，只不过在互扩散中，上述分子直径的平方要换为两种分子平均直径的平方而已。分子之间的平均碰撞频率 $\overline{Z}=\sqrt{2}n\sigma\bar{v}$。平均自由程

$$\bar{\lambda} = \frac{1}{\sqrt{2}n\sigma} = \frac{kT}{\sqrt{2}\sigma p} \tag{14.5.20}$$

其中，n 是气体分子的数密度，σ 是分子的截面积（散射截面），$\sigma=\pi d^2$，对于两种不同分子，$\sigma=(d_1+d_2)^2\pi/4$。气体分子正是通过这种扩散一直到达储层各部分，CO_2 分子可以置换出水合物大晶穴中的 CH_4，而 N_2 分子可以置换出水合物小晶穴中的 CH_4。

对于 N_2，在分子运动论中，取氮分子碰撞直径 d 为 4.8×10^{-10} m；再取储层中压力 p 为

6 MPa，温度 T 为 273 K，由式(14.5.20)可算出储层中 N_2 的平均自由程 $\bar{\lambda}=19\times10^{-6}$ m，由式(14.5.19)可进一步算出扩散系数 D 的量级为 $3\times10^{-7}\ m^2\cdot s^{-1}$。同样方法对于 CH_4，取 d 为 5.0×10^{-10} m，可算出 $\bar{\lambda}=19\times10^{-6}$，$D=1.3\times10^{-7}\ m^2\cdot s^{-1}$。

下面进一步讨论储层中甲烷和氮气分子的扩散通量。仍设储层中压力 $p=6$ MPa，温度 $T=273$ K，并认为置换率达 85%，则每立方米水合物可置换出甲烷约 140 m^3(标准状况下)，甲烷的密度为 0.716 $kg\cdot m^{-3}$，压力增加 60 倍，近似认为在储层中完成了转换区域的甲烷密度为 43 $kg\cdot m^{-3}$(压缩因子 Z 变化不大)，也就是式(4.5.17)中的质量浓度 C。这是在接触面 Δr 为厘米的尺度上存在的浓度差，即浓度梯度 $\Delta C/\Delta r$ 为10^3 量级，由式(4.5.16)可知储层中甲烷向井筒方向的扩散通量约为$10^{-4}\ kg\cdot m^{-2}\cdot s^{-1}$，即每秒钟通过 1 m^2 截面的甲烷约为 10^{-4} kg 量级。类似地，氮分子在反方向上的扩散通量也是如此。

关井时间的长短要看扩散的速率和分解-置换反应的速率，由二者中所需时间较长的确定。气体分子的相关数据列于表 14.7 中。

表 14.7　气体分子的相关数据

气体类别	等效直径 d(nm)	分子质量 $m(10^{-26}$ kg)	均方根速度($m\cdot s^{-1}$)
CH_4	0.334	2.66	600
CO_2	0.302	7.31	363
N_2	0.308	4.65	454

14.5.2.2　重新开井以后渗流的数学模型及计算分析

在关井末期，储层的情况是：在已实现置换的区域，根据近十几年实验室的实验，已了解其置换的速率和范围。一般地，该区域 CO_2 和 N_2 的水合物固体约占孔隙总体积的 85%，其余是水，以及甲烷、二氧化碳、氮三种气体，合计约占 15%。即如果储层的孔隙度为 ϕ_0，则现在有效孔隙度 $\phi=0.15\phi_0$。空隙中有水和三种气体的混合物。在没有进行分解-置换的区域，仍然是固体水合物，但在储层中有自由水的情形下，就另当别论了。

开井以后抽取流体，可以用组分模型来处理渗流问题。但与油气渗流的组分模型不同，现在情形认为水与气体是不混溶的，所以要简单得多。抽取流体，先进行气、水分离，再将气体的三种组分进行分离。分离出来的 CO_2 和 N_2 可以进行回注，以实现持续开采。

因为结合热与分解热大体相当，我们可以当做等温情况处理，在柱坐标中作为轴对称问题来描述。计算分两步，先进行水和气体混合物两相的计算。方程组为

水
$$\frac{\partial(\phi\rho_w s_w)}{\partial t}=\frac{\partial}{\partial r}\left(r\frac{\rho_w KK_{rw}}{\mu_w}\frac{\partial p_w}{\partial r}\right)-\dot{m}_w \tag{14.5.21}$$

气体混合物
$$\frac{\partial(\phi\rho_g s_g)}{\partial t}=\frac{\partial}{\partial r}\left(r\frac{\rho_g KK_{rg}}{\mu_w}\frac{\partial p_g}{\partial r}\right)-\dot{m}_g \tag{14.5.22}$$

井点处 $\dot{m}$ 为负。根据饱和度方程 $s_w+s_g=1$ 以及毛管力 $p_c=p_w-p_g$，可以解出 $p_g(r,z,t)$ 和 $s_g(r,z,t)$。再进行第二步，气体混合物中三相的计算。气体主要是甲烷，还有少量未进入晶穴的二氧化碳和氮气。方程组为

甲烷 $$\frac{\partial(\phi\rho_1 s_1)}{\partial t} = \frac{\partial}{\partial r}\left(r\frac{\rho_1 KK_{r1}}{\mu_1}\frac{\partial p_1}{\partial r}\right) + \dot{m}_1 \tag{14.5.23}$$

CO_2 $$\frac{\partial(\phi\rho_2 s_2)}{\partial t} = \frac{\partial}{\partial r}\left(r\frac{\rho_2 KK_{r2}}{\mu_2}\frac{\partial p_2}{\partial r}\right) + \dot{m}_2 \tag{14.5.24}$$

N_2 $$\frac{\partial(\phi\rho_3 s_3)}{\partial t} = \frac{\partial}{\partial r}\left(r\frac{\rho_3 KK_{r3}}{\mu_3}\frac{\partial p_3}{\partial r}\right) - \dot{m}_3 \tag{14.5.25}$$

以上方程也可写成

$$\frac{\partial(\phi\rho_g y_i s_1)}{\partial t} = \frac{\partial}{\partial r}\left(r\frac{\rho_g y_i KK_{r1}}{\mu_1}\frac{\partial p_g}{\partial r}\right) + \rho_g y_i q \quad (i = 1,2,3) \tag{14.5.26}$$

其中，q 为源汇强度与气体密度之比（s^{-1}）；y_i 是气体组分 i 的质量分数，也就是单位体积内，混合气体中组分 i 的质量与混合气体总质量之比，这个比值当做常数是可以被估算出来的。而 $s_1 + s_2 + s_3 = s_g$，于是可以解出流场中的 p 和 s_i（$i = 1,2,3$）。方程组中，$\dot{m}_i$ 为源汇项（$kg \cdot m^{-3} \cdot s^{-1}$），$\mu$ 为黏度（$Pa \cdot s$），密度 ρ（$kg \cdot m^{-3}$）。下标 w，1，2，3 分别代表水、甲烷、二氧化碳和氮。

在已实现置换的区域，$\dot{m}_i = 0$，在井点取负值。对正在进行分解的区域，以上方程组仍然成立，但源汇项不为零，置换出水合甲烷进入流动区，取正值。二氧化碳和氮气进入晶穴，取负值，在井点取负值。孔隙度 ϕ、饱和度逐渐增加，相对渗透率 K_{ri} 也是如此。

记三种气体混合物的压力为 p_g，毛管力 $p_c = p_w - p_g$。由饱和度方程消去1个饱和度变量 s_3。要求解的变量有 s_1, s_2, s_w, p_w。

在地层中置换剩余的二氧化碳和氮气很少，而且95%以上气体都是甲烷的情况下，可以免去第二步计算。只要在方程（14.5.22）中将气体混合物看作就是甲烷气体即可，解出的 $p_g(r,z,t)$ 和 $s_g(r,z,t)$ 就是 p_1 和 s_1。这在物理模拟和试采积累一定经验后，精准控制好注入的非烃气体总量就可以做到这一点。

第 15 章　页岩气开发中的渗流

页岩气藏也是一种非常规气藏。全球最早发现并成功商业化开发页岩气的国家是美国和加拿大。1821 年，在美国东部，第一口页岩气井钻探成功。2014 年页岩气产量约占美国天然气总产量的 50%，实现了从天然气进口国向出口国的转变。根据美国能源信息署(EIA)公布的数据，2016 年美国页岩气产量为 4315.7 亿 m^3，2017 年为 4621.5 亿 m^3。

美国的页岩气开发技术大致经历了四个阶段：① 1997 年以前为直井大型水力压裂阶段；② 1997～2002 年为直井大型清水压裂为主阶段；③ 2002～2007 年为水平井压裂技术开始试验阶段；④ 2007 年至今为水平井套管完井及分段压裂技术阶段，该技术逐渐成为主体技术。

我国页岩气的勘探开发起步相对较晚，2004 年启动页岩气资源调查，2009 年完成第一口页岩气评价井——威-201 井。2014 年，中国石化在涪陵焦石坝地区建成了我国首个大型页岩气田，初步实现了页岩气的商业化开发。截至 2015 年 9 月，中国石油在长宁-威远、昭通国家级页岩气示范区共完钻 108 口气井，对其中 41 口井进行了试采，取得了页岩气勘探开发的重要阶段成果(陈勉等，2015)。根据我国国家能源局公布的数据，2014 年我国页岩气产量为 13 亿 m^3，2015 年为 45 亿 m^3，2016 年达到 79 亿 m^3，2017 年达到 100 亿 m^3 量级。

根据 2012 年 3 月 1 日我国国土资源部发布的消息，我国页岩气地质资源潜力为 134.42 旎 m^3，可采资源潜力为 25.08 旎 m^3(不含青藏地区)。同年 7 月 19 日，中国石油经济技术研究院公布的《2012 年国外石油科技发展报告》预计，全球页岩气总的技术可采资源量为 187 旎 m^3，其中，中国为 36.0825 旎 m^3，排名世界第一。排名第 2～5 位的国家依次是美国、阿根廷、墨西哥和南非。2013 年 EIA 的统计得出，页岩气资源占前五位的国家分别为中国、阿根廷、阿尔及利亚、美国、加拿大。

2017 年 8 月 15 日，我国国土资源部地质勘查司发布的数字表明：四川盆地及周边的海相地层，累计探明页岩气地质储量 7643 亿 m^3。其中，重庆涪陵页岩气田累计探明地质储量 6008 亿 m^3，成为北美之外最大的页岩气田；四川威远-长宁地区页岩气累计探明地质储量 1635 亿 m^3。

15.1　页岩气及其开发简介

15.1.1　页岩气简介

页岩是一种具有薄页状或薄片状层理的沉积岩，主要是由黏土沉积经较强的压固作用、脱水作用、结晶作用而形成的岩石，其中混杂着石英、长石的碎屑以及其他化学物质，经敲击容易分裂成薄片。页岩有多种类型，常见的有钙质页岩、硅质页岩、碳质页岩等。蕴藏页岩气的页岩主要是泥页岩、高碳泥页岩及粉砂质页岩，富含有机质，大部分气为热成因，也有部分为生物成因。天然气在成熟时一部分运移到相邻的储层中，剩余部分滞留在页岩中。

页岩气主要以吸附气或游离气形式存在，吸附状态的气体存在于干酪根（kerogen）或黏土颗粒表面。其组成以甲烷为主，含有少量的乙烷、丙烷、氮、二氧化碳等，极少含有 H_2S 气体。

页岩基质是低孔低渗透储集层，发育多种类型的纳米级微孔。早在 1995 年，Best 等测定了多种页岩孔隙度，发现页岩的孔径分布呈单峰态（王晓琦等，2015）。在压汞实验中，10 nm 以下的孔隙难以准确地测量。对半径为几个纳米的微孔隙，压汞实验只有在高压下才能识别，且结果偏差相对较大。

采用氮气吸附实验获得的孔径分布特征完全不同于扫描电镜、高压压汞实验的结果。另外，氮气吸附实验的孔径分布甚至呈现多峰情形。图 15.1 中四个样品的平均孔径分布都出现了多个峰值（侯宇光，2014）。这表明，100 nm 以下的孔径分布呈现出了不同的特征。

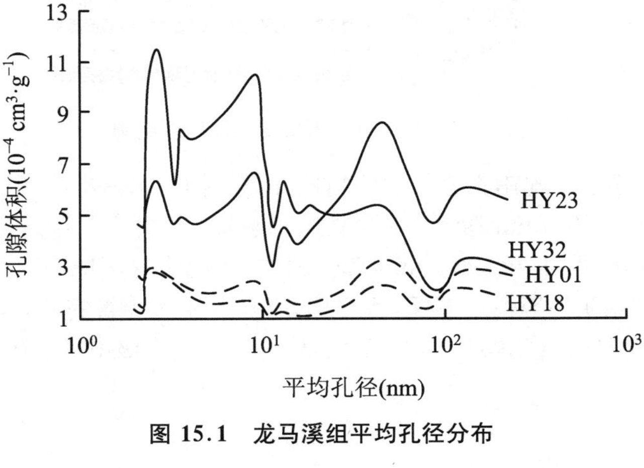

图 15.1　龙马溪组平均孔径分布

页岩气藏的特点一般是储层厚，页岩气的赋存不受圈闭的控制，主要是自生自主成藏的连续性气藏。页岩孔隙半径分布范围广，从 0.3 nm 到数百 nm，我国页岩气层的孔隙度通常在 0.01～0.05 之间，渗透率小于 1 mD，甚至低至 nD 量级。因此，在很长的时间内，我国对页岩气的开发没有取得进展。

15.1.2 页岩气的开发技术

由于页岩气层的致密和特低渗透性，对开发而言，表现出单井产量低、采收率低以及开发周期长等特性。用常规的开发技术是行不通的。21 世纪初，美国在水平井钻井、完井、大规模压裂技术等方面不断取得突破，使页岩气的开发取得革命性的成功。

15.1.2.1 钻井技术

页岩气勘探开发中的钻井有垂直井、水平井、多分支水平井、丛式井等。直井主要用于试验，如探井、调查井等。单支水平井可用作对储层进行评价，水平段较长的水平井也可用于生产。水平井与页岩层中的天然裂缝（主要是垂直裂缝）有较多的相交机会，能够显著改善储层中气体的流动。下面是井身结构的一个实例，如图 15.2* 所示。

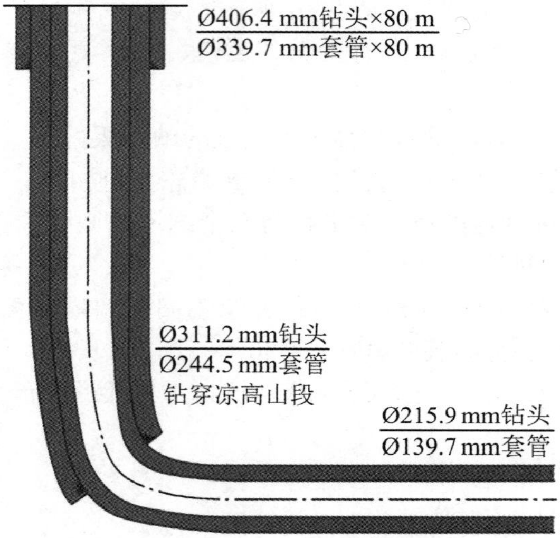

图 15.2 建南页岩气田南高地井深结构

图 15.2 为鄂西渝东的建南页岩气田南高地井身结构。第一步，采用 Ø406.4 mm 钻头开眼，钻至 80 m 处，下 Ø339.7 mm 套管，水泥浆返回地面建立井口。第二步，采用 Ø311.2 mm 钻头钻进，钻穿凉高山段，下 Ø244.5 mm 套管固井，水泥浆返至地面封固。第三步，水平井段采用 Ø215.9 mm 钻头钻至设计井深，下 Ø139.7 mm 生产套管完井，水泥浆返至地面。

但仅钻开水平井是远远不够的，更重要的是泵送桥塞、多级射孔和采用压裂技术。

* 本小节所用插图 15.2～图 15.5 引自：杨国庆，张玉清. 涪陵页岩气工程技术实践与认识[M]. 北京：中国石化出版社，2015.

15.1.2.2 泵送桥塞和多级射孔

与传统的传送电缆和射孔工具不同，页岩气层分段压裂在施工过程中，始终是带压力作业。传送施工工具串（包括电缆、桥塞、射孔枪、电控多次点火和检测工具等）利用流体的压力，工具串设计采用外径由上到下逐渐增大外形，以确保水的推力能推动工具串前进。其中桥塞分一般桥塞和易钻桥塞，易钻桥塞的主体由树脂材料制造，钻后碎屑很小，容易返排出去。图 15.3 是相关工具的示意图。

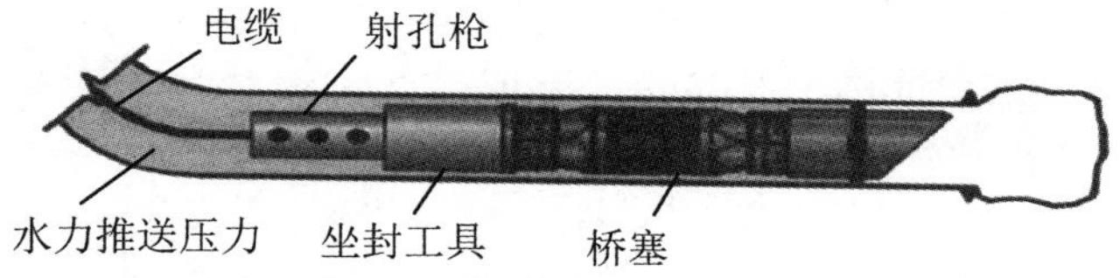

图 15.3 分段压裂的桥塞坐封射孔工具示意图

15.1.2.3 水平井大规模缝网压裂

由于页岩气层非常致密，必须进行压裂改造才能开采页岩气。早期采用裸眼井投球滑套分段压裂技术，由于施工风险较大，可能引起井壁垮塌，压裂改造不均匀；球座的内径限制了施工排量和压裂技术。因此该技术的应用逐步减少。目前，缝网压裂技术主要有两种方案：一种是泵送桥塞与射孔连作分段（或分级）压裂技术；另一种是套管预置滑套无限级分段压裂技术。

先简单介绍第一种技术。第一步，水力泵送桥塞与射孔枪串至井底（也称井趾，即最远端），为第一级压裂做准备；第二步，可钻桥塞封隔分段；第三步，多级分簇射孔；第四步，套管分段压裂。该技术的优点是不受分段压裂级数限制、桥塞坐封可靠，裂缝分布位置均匀、可控、精准。图 15.4 是压裂后缝网示意图。

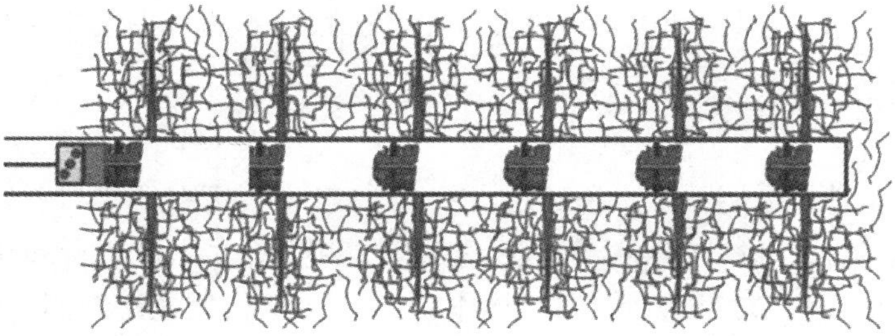

图 15.4 水力泵送可钻式桥塞分段压裂示意图

再介绍第二种技术。利用连续油管（柔性钢管有序缠绕在滚筒上，便于下入井筒和从井筒起出）坐封套管内封隔器，并打开滑套，由环空注入压裂液进行分段压裂。从井底开始进行压裂，然后上提连续油管，将工具串提至第二级位置，重复直至最后一级。2014 年 5 月，国外曾在 Eagle Ford 单井中完成 92 级压裂，创造压裂级数的世界纪录。

除以上技术外，涉及的技术还有压裂液、支撑剂、大排量等。页岩气层的压裂改造是由地面向井筒注入大量的压裂液和支撑剂，通过高压（如 80 MPa 左右）使地层具有较好导流能力的缝网。

15.1.2.4　压裂液

压裂液有减阻水（滑溜水）、线性胶、交联液、泡沫等。减阻水通常由清水、0.1%～0.2%的减阻剂和 0.1%～0.4%的复合膨胀-增效剂组成。由于其黏度低（一般为 3～15 mPa・s），可以形成复杂的裂缝。线性胶由水溶性聚合物稠化剂、黏土稳定剂、破胶剂、助排剂等组成，可降低压裂液在裂缝中的流动阻力，有利于压裂液携带支撑剂进入裂缝较远的地方。复合压裂液由几种压裂液的交替注入或混合形成。

15.1.2.5　支撑剂

支撑剂是一些具有一定硬度和球形度的固体颗粒，其作用是在泵注停止、缝内液体返排后，支撑起张开的裂缝使之不再重新闭合。当前使用的支撑剂主要有陶粒、石英砂和覆膜砂等。陶粒强度高、化学稳定性好，但易造成砂堵；覆膜砂可有效降低支撑剂的嵌入程度，但成本较高。

15.1.2.6　现场应用实例

涪陵地区页岩气层压裂液选用减阻水和线性胶的混合压裂液体系。焦页 X-XHF 井采用射孔桥塞＋压裂联作工艺，分 15 段进行压裂，每段长 100 m 左右，射孔 36 簇，施工排量 12～14.6 $m^3 \cdot min^{-1}$，总液量为 23170.1 m^3，其中滑溜水为 16986.1 m^3，胶液为 5982 m^3。加砂总量为 986.6 m^3，其中 100 目陶粒 73.6 m^3，40/70 目覆膜砂 785.6 m^3，30/50 目覆膜砂 130.1 m^3。试气流量为 6.6×10^4～20.2×10^4 $m^3 \cdot d^{-1}$，效果较好。

压裂完成后，打开井口，压裂液从井口返排喷涌而出，经处理后可继续利用。

近年来，我国页岩气压裂的工程技术进步很快。到 2015 年，已形成 4700 m 以内的系列页岩气压裂工程技术配套，实现了页岩气开发全套工程技术的自主化和国产化。

15.1.3　“井工厂”压裂技术

“井工厂”作业是指应用系统工程理念，在一个产气密集区布置多口井，在地面设置工厂化、规模化的成套装备、各种车辆联动系统，采用程序化、流水化乃至自动化的施工作业，进行统一的、科学的管理，以实现优质高效、成本低廉的钻井和大规模缝网压裂的一种作业模式，为下一步页岩气批量化开采做准备。图 15.5 是加拿大 Horn River 页岩气压裂的井工厂。

目前，我国中石油在长宁-威远页岩气示范区、中石化在涪陵焦石坝示范区进行了井工厂的设施布局、现场实践和系统的提高完善。我国的页岩气储层深度与北美的有差异，北美储层深度一般在 800～2600 m，我国四川盆地的储层深度在 2500～5000 m。同样打一口 6000 m 的井，美国的水平井段有 3000～4000 m，而我国的只有 1000～2000 m，因而，我国每口井的开采成本较高，产量较低。

图 15.5　加拿大 Horn River 页岩气井工厂压裂现场布局图

15.2　页岩气流动机理

在页岩气储层的流动中，除了我们所熟悉的 Darcy 流之外，还有滑移流、过渡流和自由分子流。这涉及稀薄气体力学，连续流的模型已不能正确描述这些流动了。

20 世纪 40 年代中期，随着高空飞行技术的进展，飞行器的飞行高度越来越高，空气越来越稀薄，稀薄气体力学已出现实际需要。钱学森在 1946 年发表了《高空空气动力学：稀薄气体力学》一文。在该文中，钱学森采用分子热运动的平均自由程 λ 与流场中某个特征长度 d 的比值这一无量纲量，称其为努曾（Knudsen）数 Kn（也有用努森数）。这个特征尺寸一般是运动物体直径或边界层厚度。他以努曾数为指标，将从地面到高空（或在马赫数对雷诺数平面上）的距离划分为四个不同的流动区域，即连续流、滑流（$0.01<Kn<0.1$）、过渡领域（$0.1<Kn<10$）和自由分子流（$Kn>10$）。对各种不同的流动，用不同的处理方法。低空中飞行器的绕流问题，属于连续流范畴，研究得最多；往上是滑流，物体边界上流体速度不为零，连续流模型不再适应。钱学森分析了滑流的应力和边界条件。他指出：在过渡领域，气体分子之间的碰撞和分子与物体表面的碰撞同等重要，问题非常复杂，是研究稀薄气体力学的核心内容；在很高的高空，分子运动的平均自由程很大，这里的流动称为自由分子流。他通过推导，将平均自由程与马赫数对雷诺数的比值联系起来，用该比值来判断流动属于哪个类型。

他用黏性系数的表达式 $\mu=0.499\rho\bar{v}\lambda$，把分子平均自由程 λ 与分子运动的平均速度 $\bar{v}$ 联系起来，给出 $\lambda=1.255\sqrt{\gamma}(\bar{v}/a)$，其中 $\gamma=C_p/c_v$ 是比热比，a 是声速。这样，努曾数就与马赫数 Ma 和雷诺数 $Re=\rho\bar{v}d/\mu$ 的比值联系起来了。

$$Kn=\frac{\lambda}{d}=1.255\frac{\sqrt{\gamma}Ma}{Re}$$

他的这一研究成果被公认为是研究稀薄气体力学的开创性工作，该文成为这个领域的经典文献。从此，稀薄气体力学得到了广泛应用。

15.2.1 滑移流与扩散

20 世纪 60 年代，以上论述也用于渗流领域。对于储层中的流动，特征尺度 d 通常是用孔隙或毛细管直径，裂缝中的流动通常是用裂缝宽度；滑移流范围通常为$10^{-3}<Kn<0.1$；其他不变。

首先，要导出努曾数的表达式。由动理学知识，有

$$\mu=\frac{1}{2}\rho\bar{v}\lambda \tag{15.2.1a}$$

$$\bar{v}=\sqrt{\frac{8}{\pi\gamma}}a \tag{15.2.1b}$$

其中，μ 是气体黏度，a 是声速，$\bar{v}$ 是分子运动的平均速度。于是平均自由程 λ 可表示为

$$\lambda=\frac{2\mu}{\rho\bar{v}} \tag{15.2.2}$$

因为声速 $a=\sqrt{\gamma RT/M}$，其中 $R=8.3145\ \mathrm{J\cdot mol^{-1}\cdot K^{-1}}$，为普适气体常数；$M$ 为气体摩尔质量（对 CH_4 为 $0.01604\ \mathrm{kg\cdot mol^{-1}}$）。则有

$$\bar{v}=\sqrt{\frac{8RT}{\pi M}} \tag{15.2.3}$$

将式(15.2.3)以及 $\rho=\dfrac{pM}{RT}$ 代入式(15.2.2)，即可导出

$$\lambda=\frac{\mu}{p}\sqrt{\frac{\pi RT}{2M}} \tag{15.2.4}$$

由此求得努曾数的表达式：

$$Kn=\frac{\lambda}{d}=\frac{\mu}{pd}\sqrt{\frac{\pi RT}{2M}} \tag{15.2.5}$$

对于多孔介质，特征半径 R_h 难以准确给出。Civan 在 2010 年给出了半径 R_h 的估算方法：

$$R_h=2\sqrt{2\tau}\sqrt{\frac{K}{\phi}} \tag{15.2.6}$$

其中，τ 为迂曲度，K 为渗透率，ϕ 为多孔介质孔隙度。

由于页岩中的天然微裂缝多为微米级的孔隙，基岩中的孔隙多为纳米级，有机质中的孔隙介于两者之间，在页岩气开发过程中，储层中气体稀薄（密度低或压力低），连续流、滑脱效应、过渡流与分子自由流都会发生，导致流动机理复杂。

其次，我们进一步讨论气体扩散及其与各流动类型的关系。以浓度梯度为动力的运动常称为扩散，即物质组分从高浓度区向低浓度区的迁移，也是多孔介质内流体输运机理之一。对于中高渗透油气藏，扩散流动机理都被忽略。

气体在多孔介质中的扩散，根据孔道的大小、形状以及流体的压强不同分为多种类型，如图 15.6 所示。

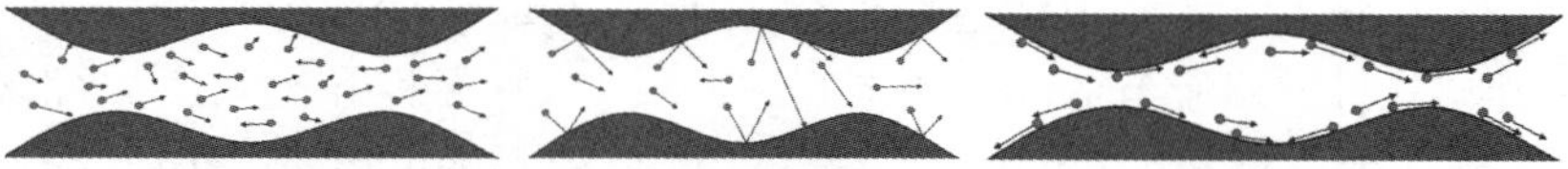

图 15.6　扩散类型

当毛细管孔道直径远大于分子平均自由程时，气体输运机理与分子扩散相同，称为分子扩散，或容积扩散（bulk diffusion），其运移规律遵从 Fick 定律（这在 8.5.2 节中已有详细描述）。当压力降低、孔隙变小时，即努曾数逐渐变大时，气体分子与壁面间的碰撞频次增大，分子之间的碰撞频次变小，扩散效应对流动的贡献比例逐渐增大。当气体分子与壁面间的碰撞占主导地位时，黏性运动已非常小时，扩散效应已占主导地位。此时的分子运动即为努曾扩散。表面扩散（surface diffusion）是指原子、离子、分子等在固体表面上的运动。对页岩气，由于大量气体被吸附在固体表面，被吸附的气体分子会在固体表面进行扩散。近来研究表明，表面扩散也可能是一个重要的气体输运机理（Zhang L J 等，2015）。

（1）自由分子流

当 $Kn>10$ 时，即意味着分子自由程至少是孔隙半径的 10 倍以上时，Fick 定律不能对此进行描述（Webb 等，2003），可用努曾扩散进行描述。

（2）过渡流

过渡流是从滑移流向自由分子流的过渡，有人采用滑移流与自由分子流的叠加来研究。因为自由分子流主要用努曾扩散来描述，因而，过渡流就是用滑移流与努曾扩散的加权平均。Javadpour（2009）将努曾扩散和滑移流进行叠加，Zhang L J（2015）将努曾扩散、滑移流、表面扩散进行叠加。于是过渡流是通过孔隙半径的变化来表征不同努曾数下的各种流动的比例变化。Beskok 模型（Beskok 等，1999）采用努曾系数的自然过渡来表征滑移流。Wu（2014，2015）等根据分子碰撞理论来推导扩散和滑移流的权重系数。

（3）启动压力梯度

页岩气通过水力压裂进行开发，因而，需考虑气水两相流动。这必然涉及启动压力梯度问题。在低渗透油气藏中，启动压力梯度研究受到了重视。其压力响应的普遍特点是：关井恢复压力及其导数在后期呈平行上翘趋势。部分学者认为，绝对启动压力梯度是压力导数曲线后期呈上翘趋势的原因。相关结论来源于通过叠加原理所得到的典型曲线。然而，新近的研究表明：绝对启动压力梯度使压力导数下降，拟启动压力梯度使压力导数曲线后期上翘（李道伦等，2015，2016）。

下面着重研究滑移流。

15.2.2 Klinkenberg 的滑移流和 Maxwell 一阶滑移速度

在 1.5.2.3 小节中，曾介绍了 Klinkenberg[公式(1.5.24)和式(1.5.25)]，这里不再细说，但由于其比较简单，仍是目前常用的公式。再写出式(15.2.7)：

$$K = K_0\left(1 + \frac{b}{p}\right) \tag{15.2.7}$$

其中，K_0 是多孔介质的固有渗透率，K 为视渗透率。

近十几年来，有众多学者对视渗透率进行了研究，Javadpour(1999)提出了基于圆柱形纳米管的流动模型，将滑移流与 Knudsen 扩散进行叠加，从而推导出相应的视渗透率模型。近年来又有了进一步发展，如 Zhang L J 等(2015)、Rahmanian 等(2012)、Wu 等(2014, 2015)所做的研究。此外，也有基于微尺度流动的理论与成果，推导出了相应的视渗透率模型：Civan(2010)，Civan 等(2011)，Niu 等(2014)，Zhang L J 等(2015)。

Maxwen 在 1867 年首先预测流体在固体表面流动时，在壁面处会出现速度滑移，推导出线性滑移关系：

$$\Delta u\big|_{\mathrm{w}} = u_{\text{fluid}} - u_{\text{wall}} = L_{\mathrm{s}}\left.\frac{\partial u}{\partial n}\right|_{\mathrm{w}} \tag{15.2.8}$$

其中，下标 w 是指固体壁面处，L_{s} 是滑移长度，$\left.\frac{\partial u}{\partial n}\right|_{\mathrm{w}}$ 是壁面处法线方向 $\boldsymbol{n}$ 上的速度剪切应变率。

固体壁面附近的气体分子与固体壁面之间存在碰撞和反射。对于理想光滑壁面，入射角等于反射角，壁面附近的流体发生完全滑移，为镜面反射。对于完全粗糙壁面，分子以任意角度反射，为漫反射。此时壁面附近流体的流速与固体壁面的速度相等。

对于实际固体壁面而言，部分分子发生漫反射，部分分子发生镜面反射。因而，入射分子的部分动量在壁面处损失，部分动量被保留。为此，Maxwell 提出了切向动量适应系数 σ_v 来表示发生漫反射的分子所占的比例。对于等温条件，Maxwell 的一阶速度滑移边界条件表达式为

$$\Delta u\big|_{\mathrm{w}} = u_{\mathrm{s}} - u_{\mathrm{w}} = \frac{2 - \sigma_v}{\sigma_v}\lambda\left(\frac{\partial u}{\partial n}\right)_{\mathrm{s}} \tag{15.2.9}$$

其中，λ 为分子运动的平均自由程。

15.2.3 Hsia 二阶滑移速度模型

为了扩展 NS 方程的适用范围，Hsia 等(1983)首先提出了二阶速度滑移边界条件。高阶滑移边界条件可降低由于努森数的增加导致的滑移速度增加幅度。

假设滑移边界处的分子一部分来自于距离壁面一个分子自由程处的分子，另一部分来自于壁面反弹回来的分子，因而滑移边界处的分子的平均速度可近似为两者分子速度的平均。

假定滑移层“S”上的气体分子一半来自于一个分子自由程面 λ，另一半来自于壁面 w 的

反射。设自由程面 λ、壁面 w、滑移层面 S 上的流体分子数量密度分别为 n_λ，n_w，n_s，则有 $n_\lambda = n_w = n_s/2$。利用 Maxwell 的切向动量适应系数 σ_v 来定义漫反射与镜面反射的比例，其中 σ_v 的气体分子是漫反射，$1-\sigma_v$ 的气体分子是镜面反射。

发生漫反射的分子的平均切向速度等于固体壁面的速度 u_w，发生镜面反射分子的平均切向速度等于入射的平均切向速度 u_λ。因此，在等温条件下，滑移层表面"S"的滑移速度 u_s 为

$$u_s = \frac{1}{2}[u_\lambda + (1-\sigma_v)u_\lambda + \sigma_v u_w] \tag{15.2.10}$$

将 u_λ 在 u_s 处进行泰勒级数展开，即

$$u_\lambda = u_s + \lambda\left(\frac{\partial u}{\partial n}\right)_s + \frac{1}{2}\lambda^2\left(\frac{\partial^2 u}{\partial n^2}\right)_s + \cdots \tag{15.2.11}$$

将方程(15.2.11)代入方程(15.2.10)中，保留到平均分子自由程的二阶项，可以得到在滑移层面 S 上的滑移关系式

$$u_s - u_w = \frac{2-\sigma_v}{\sigma_v}\left[\lambda\left(\frac{\partial u}{\partial n}\right)_s + \frac{1}{2}\lambda^2\left(\frac{\partial^2 u}{\partial n^2}\right)_s\right] \tag{15.2.12}$$

15.2.4　Beskok 二阶滑移速度模型

在对其改进的众多模型中，Beskok 的二阶滑移边界条件影响最为广泛。Beskok 认为式(15.2.12)过于复杂不易求解，提出了新的滑移速度公式：

$$u_{slip} = \frac{2-\sigma_v}{\sigma_v}[1+\alpha(Kn)Kn]\left[\frac{\lambda}{1-bKn}\left(\frac{\partial u}{\partial n}\right)_s\right] \tag{15.2.13}$$

其中，$\alpha(Kn) = \alpha_0(2/\pi)\arctan(\alpha_1 Kn^\beta)$，$\alpha_0 = 64/[3\pi(1-4/b)]$，$\alpha_1 = 4.0$，$\beta = 0.4$。$b$ 是滑移系数，须通过实验数据或 DSMC 模拟数据获得。对于管道流，有 $b=-1$。

Beskok(1999)在推导二阶滑移边界条件时，假设气体分子在孔道中均匀分布时成立，也即分子密度均匀分布时成立。但在页岩储层中，分子动力学模拟结果表明，由于吸附效应，甲烷分子在壁面处存在积聚现象，气体分子的密度不是均匀的，在固体壁面附近的许多流体分子密度大，在中心部位气体分子密度小，变化明显，从而可得

$$u_s - u_w = \frac{1-(1-C)\sigma_v}{\sigma_v}\left[\lambda\left(\frac{\partial u}{\partial n}\right)_s + \frac{1}{2}\lambda^2(1-C)\left(\frac{\partial^2 u}{\partial n^2}\right)_s\right] \tag{15.2.14}$$

式中，u 为速度，下标 s 和 w 分别代表滑移边界和壁面。σ_v 为切向动量适应系数，$C = \xi_s/\lambda$，其中，ξ_s 为滑移边界与壁面的距离。

15.2.5　一般形式的二阶滑移速度模型

不同的二阶滑移速度边界条件都可统一表示为

$$u_{slip} = C_1\lambda\left(\frac{\partial u}{\partial n}\right)_s + C_2\lambda^2\left(\frac{\partial^2 u}{\partial n^2}\right)_s \tag{15.2.15}$$

其中，C_1 和 C_2 分别为一阶和二阶滑移系数，不同模型的 C_1 和 C_2 值如表 15.1 所示。

表 15.1　不同模型的 C_1 和 C_2 取值

模型	C_1	C_2
Maxwell(1879)	$\frac{2-\sigma_v}{\sigma_v}$	0
Hsia(1983)	$\frac{2-\sigma_v}{\sigma_v}$	$-\frac{2-\sigma_v}{2\sigma_v}$
Beskok(1999)	$\frac{1}{1-bKn}$	0
Zhang(2010)	$\frac{1-(1-C)\sigma_v}{\sigma_v}$	$\frac{1-(1-C)\sigma_v}{2\sigma_v}(1-C)$

15.3　视渗透率与岩石的储存机理

15.3.1　速度模型及视渗透率

在柱坐标系下，无限长等截面直圆管中不可压黏性流体的 Hagen-Poiseuille 流动方程为

$$\mu \frac{1}{r}\frac{\mathrm{d}}{\mathrm{d}r}\left(r\frac{\mathrm{d}u}{\mathrm{d}r}\right)=\frac{\mathrm{d}p}{\mathrm{d}x} \tag{15.3.1}$$

其中，p 为圆管内气体压力，x 为平行于圆管方向。滑移边界条件和速度有限条件为

$$\left.\begin{aligned} u\big|_{r=R_{\mathrm{h}}} &= -C_1\lambda\left.\frac{\partial u}{\partial r}\right|_{r=R_{\mathrm{h}}}+C_2\lambda^2\left.\frac{\partial^2 u}{\partial r^2}\right|_{r=R_{\mathrm{h}}} \\ u\big|_{r=0} &< \infty \end{aligned}\right\} \tag{15.3.2}$$

其中，R_{h} 为圆管半径。

求解式(15.3.1)和式(15.3.2)可得到圆管内速度分布为

$$u(r)=\left[1+2C_1Kn-2C_2\,Kn^2-\left(\frac{r}{R_{\mathrm{h}}}\right)^2\right]u^{\mathrm{ref}} \tag{15.3.3}$$

其中，$u^{\mathrm{ref}}=u(r=0,Kn\to 0)=-\dfrac{R_{\mathrm{h}}^2}{4\mu}\dfrac{\mathrm{d}P}{\mathrm{d}x}$ 为无滑移修正时管道中心处的流体速度。

对式(15.3.3)进行积分可得出圆管内体积流量 Q：

$$\begin{aligned} Q &= \int_0^{R_{\mathrm{h}}} 2\pi r u\,\mathrm{d}r \\ &= -\frac{\pi R_{\mathrm{h}}^4}{8\mu}\frac{\mathrm{d}P}{\mathrm{d}x}\left[1+4C_1Kn-4C_2Kn^2\right] \end{aligned} \tag{15.3.4}$$

由此可得渗透率修正系数：

$$Kc = \frac{Q(Kn)}{Q(Kn \to 0)} = 1 + 4C_1 Kn - 4C_2 Kn^2 \tag{15.3.5}$$

将表 15.1 中 Maxwell，Hsia，Beskok，Zhang 研究的滑移速度模型的滑移系数代入式(15.3.3)，可以得到各模型的速度分布分别为

$$u_{\text{Maxwell}}(r) = \left[1 + \frac{2(2-\sigma_v)}{\sigma_v}Kn - \left(\frac{r}{R_h}\right)^2\right]u^{\text{ref}} \tag{15.3.6}$$

$$u_{\text{Hsia}}(r) = \left[1 + \frac{2(2-\sigma_v)}{\sigma_v}\left(Kn + \frac{Kn^2}{2}\right) - \left(\frac{r}{R_h}\right)^2\right]u^{\text{ref}} \tag{15.3.7}$$

$$u_{\text{Beskok}}(r) = [1 + \alpha(Kn)Kn]\left[1 + \frac{Kn}{1 - bKn} - \left(\frac{r}{R_h}\right)^2\right]u^{\text{ref}} \tag{15.3.8}$$

相应的渗透率修正系数分别为

$$Kc_{\text{Maxwell}} = 1 + \frac{4(2-\sigma_v)}{\sigma_v}Kn \tag{15.3.9}$$

$$Kc_{\text{Hsia}} = 1 + \frac{4(2-\sigma_v)}{\sigma_v}\left(Kn + \frac{Kn^2}{2}\right) \tag{15.3.10}$$

$$Kc_{\text{Beskok}} = [1 + \alpha(Kn)Kn]\left(1 + \frac{4Kn}{1 - bKn}\right) \tag{15.3.11}$$

在滑移区流动时，Beskok 的渗透率公式(15.3.11)中的 $b = -1$，$\alpha(Kn) = 0$，从而式(15.3.11)可改写为

$$Kc_{\text{Beskok}} = 1 + \frac{4Kn}{1 + Kn} \tag{15.3.12}$$

牛聪等(2014)根据 Zhang 等(2010)的考虑气体分子在固壁集聚效应的滑移速度边界条件，推导出了如下视渗透率公式：

$$Kc_{\text{Zhang}}(Kn) = \left[(1 + C)\frac{1-(1-C)\sigma_v}{\sigma_v} - C^2\right]Kn^2 + \left[C - \frac{1-(1-C)\sigma_v}{\sigma_v}\right]Kn \tag{15.3.13}$$

15.3.2　页岩气储存机理

页岩气以三种形态赋存在地层中：① 以气态储存在页岩天然裂缝和粒间孔隙中；② 以吸附态附着在干酪根和黏土颗粒表面；③ 以溶解态存在于干酪根、沥青或水中(Curtis，2002)。地层条件下气体主要以游离态及吸附态的形式存在，仅有少量以溶解态的形式存在。

以吸附态存在的页岩气可占气体存储总量的 20%～85%(Nelson，2009)。地层气体的吸附量主要取决于有机质的含量、干酪根类型及成熟度、矿物组成、孔径分布特征、地层中含水量、地层压力及温度等。总体上，压力越大，有机质含量越高，成熟度越大，页岩气的吸附量就越大；而温度越高，气体分子活性增大，其吸附量就越小。

除有机孔隙外，黏土矿物对页岩的吸附性能也有重要影响。伊利石等黏土矿物也具有微孔结构，能够吸附气体。在有机质含量低的情况下，与黏土矿物相关的无机孔隙成为影响吸附性能的重要因素。不同类型的黏土矿物质具有不同的孔隙体积和孔隙表面积，因而具有不同的吸附能力（Venaruzzo 等，2002）。Ross，Bustin（2009）发现，在干燥的情形下，伊利石比高岭石有更强的吸附能力。然而，由于黏土矿物质具有亲水的特性，而水汽的存在会大大降低岩石的吸附能力，因此，矿物组分对页岩吸附能力的影响不是很大（Zhang 等，2012）。

吸附气会占据页岩孔隙的体积，从而导致孔隙度下降，而且有可能会影响气体的流动性能。据此，Xiong 等（2012）利用有效孔隙半径来研究吸附气对流动的影响。Ambrose 等（2012）也针对吸附气所占的孔隙体积分别提出了有效孔隙度的修正公式。据此，Robert 等（2011）则对储量重新进行评估，认为当前工业界多估算约 20%的页岩气储量。

目前普遍认为页岩气吸附为单分子层吸附，少量研究发现在吸附过程中出现多分子层吸附的情况。另外，一个值得注意的现象是，实验所测的页岩气吸附量偏低，基本处于吸附气所占比重的下限。这不仅说明页岩对实验的挑战性，也说明发展有效的页岩地层参数评价方法的重要性。

15.3.3 单组分 Langmuir 吸附

Langmuir 于 1916 年在以下假设的基础上提出了 Langmuir 吸附方程：吸附剂表面性质单一；气体分子在固体表面为单层吸附，吸附分子之间无相互作用力；动态吸附，吸附过程可逆。Langmuir 吸附是一种等温吸附。但在地层条件下，油气藏温度变化不大，可视为等温环境，并且简单易用，因而它在油藏工业中应用广泛。

Langmuir 等温吸附模型有多种形式，下面是较为常用的形式：

$$V_{\mathrm{ads}} = V_{\mathrm{L}} \frac{p}{p + p_{\mathrm{L}}} \tag{15.3.14}$$

其中，V_{ads}为单位质量岩石所吸附的气体在标准条件下的体积，单位为 $\mathrm{m^3 \cdot kg^{-1}}$；$V_{\mathrm{L}}$ 为极限吸附量，即压力趋于无穷大时的吸附量，也称 Langmuir 吸附常数，单位为 $\mathrm{m^3 \cdot kg^{-1}}$；$p_{\mathrm{L}}$ 为 Langmuir 压力，是吸附量达到最大吸附量一半时所对应的压力，单位为 Pa。V_{L} 和 p_{L} 合在一起也称 Langmuir 常数。

15.3.4 多组分 Langmuir 吸附

页岩气含有多种气体组分，不同组分的气体在地层中的吸附能力不同。页岩气的主要组分是甲烷，另有少量的乙烷、丙烷和丁烷，此外还含有硫化氢、二氧化碳、氮、水蒸气以及微量的惰性气体，如氦和氩等。

多组分 Langmuir 吸附公式是对单组分 Langmuir 吸附公式的拓展。由于其他多组分吸附模型使用不方便，在模拟计算中，更多地采用多组分 Langmuir 吸附公式。

对于组分 i，其吸附公式如下：

$$V_{ads,i} = V_{L,i} \frac{y_i p}{p_{L,i}\left(1 + \sum_{j=1}^{n} y_j \frac{p}{p_{L,j}}\right)} \quad (i = 1,\cdots,n) \tag{15.3.15}$$

其中，$V_{L,i}$为组分i的最大吸附体积；y_i为组分i的摩尔比例；n为组分总个数。Langmuir 常数$V_{L,i}$和$p_{L,i}$均为单组分气体i的 Langmuir 常数。

将各组分吸附量相加即可得到所有气体总的吸附量：

$$V_{ads} = \sum_{i=1}^{n} V_{ads,i} = \sum_{i=1}^{n} V_{L,i} \frac{y_i p}{p_{L,i}\left(1 + \sum_{j=1}^{n} y_j \frac{p}{p_{L,j}}\right)} \tag{15.3.16}$$

假设页岩气含三组分，分别为CO_2，CH_4，C_2H_6，含量分别为 2%，80%，18%，Langmuir 吸附常数如表 15.2（Ambrose 等，2011）所示，则三种气体的 Langmuir 吸附曲线及混合气体的吸附曲线如图 15.7 所示。

表 15.2　各组分的 Langmuir 吸附常数

	CO_2	CH_4	C_2H_6
V_L($m^3 \cdot t^{-1}$)	4.1	1.6	2.6
P_L(MPa)	5.76	10.77	5.59

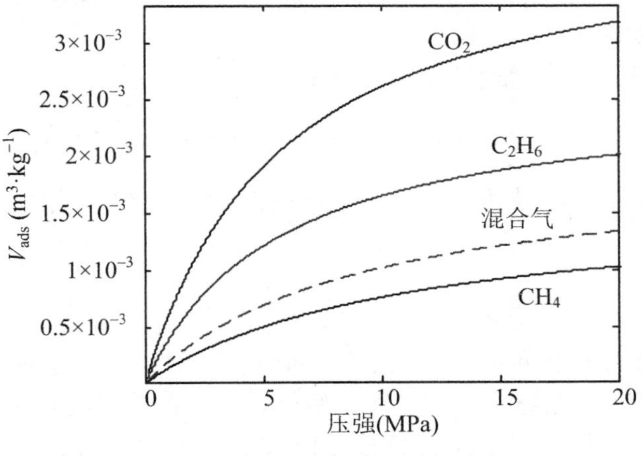

图 15.7　各组分气体及混合气体的吸附曲线

表 15.2 与图 15.7 表明，甲烷气的吸附能力最弱，CO_2 的吸附能力最强。混合气体的吸附量是不同气体组分比例的加权平均。

15.4　单项页岩气渗流和气井的压力响应

15.4.1　单相气体渗流方程

对于页岩，Darcy 定律需要修正，滑移流、过度流等对流动的贡献可在渗透率中体现，从而有

$$u = -\frac{K}{\mu}(\nabla p + \rho g) \tag{15.4.1}$$

式中，$K = K_c \cdot K_0$，指孔隙介质的视渗透率张量(m^2)；K_c 为渗透率修正因子(无量纲)；K_0 为孔隙介质的固有渗透率，即绝对渗透率。

在连续性方程的推导过程中，若考虑非稳态性会引起吸附量随时间发生变化，这一变化使控制体内的质量增加率为

$$\left[\frac{\partial}{\partial t}(V\rho_s V_{ads}\rho_{gsc})\right]\Delta t \tag{15.4.2}$$

其中，V_{ads} 为吸附量在地面条件下的体积($m^3 \cdot kg^{-1}$)；ρ_s 为页岩储层条件下的密度；ρ_{gsc} 为气体在地面条件下的密度。

经过类似的推导，就可得如下的连续性方程：

$$-\nabla \cdot (\rho_g u) = \frac{\partial}{\partial t}(\rho_g \phi) + \frac{\partial}{\partial t}(\rho_s V_{ads}\rho_{gsc}) + \bar{q}_g \tag{15.4.3}$$

单相流体可能含有多种组分。因而，单相流质量定恒方程(15.4.3)可以写为式(15.4.4)：

$$-\nabla \cdot \dot{m}_l = \frac{\partial m_l}{\partial t} + \bar{q}_l \tag{15.4.4}$$

式中，m_l 是多介质的单位体积中 l 组分的质量，$\dot{m}_l$ 是 l 组分的质量通量，$-\nabla \cdot \dot{m}_l$ 是单位体积内流出通量的速率。当整个孔隙空间中始终只有一种单相流体时，就可忽略其中的组分构成。为此，将方程(15.4.1)代入连续性方程(15.4.3)，两边除以 ρ_{gsc}，有

$$\nabla \cdot \left[\frac{K}{\mu_g B_g}(\nabla p - \gamma_g \nabla z)\right] = \frac{\partial}{\partial t}\left(\frac{\phi}{B_g}\right) + \frac{\partial}{\partial t}(\rho_s V_{ads}) + q_g \tag{15.4.5}$$

若井是定流量 Q($m^3 \cdot s^{-1}$)生产，为描述瞬态压力响应，还需考虑井筒储集效应带来的流量变化，假定储层只有一层，则有

$$\frac{2\pi Kh}{B_g \mu_g[\ln(r_e/r_w) + S]}(p_l^{n+1} - p_{wf}^{n+1}) - \frac{C}{\Delta t}(p_{wf}^{n+1} - p_{wf}^{n}) = Q \tag{15.4.6}$$

15.4.2　页岩气井瞬态压力响应特征

关井压力数据解释是传统的对地层与井筒参数进行解释与评价的方法。Brown 等

(2011)利用三线性流来模拟页岩中的压力响应特征,Guo J J 等(2012)研究了双孔介质下的页岩气试井曲线特征。但是基于关井测压数据的试井方法受到了挑战。首先是数据测试困难;其次是数据解释困难。另外,由于解析解对复杂地质模型、复杂压裂改造区域描述能力有限,很多相关研究都基于数值解(李道伦等,2017;张晓辉等,2017;刘淑芬等,2017)。

现有的解释方法要求压力数据出现径向流段,而页岩的渗透率是纳米级的,长达数十年时间的流动都难以达到径向流。页岩气的流动机理可能蕴含着新的解释方法,例如,吸附量影响井底压力曲线转折的角度,渗透率影响转折的位置,从而地层的吸附量可从很短的压力数据中解释出来(Li D L 等,2014);吸附气诱导的径向流与线性流可快速解释地层吸附参数(Li D L 等,2016)。对方程(15.4.5)进行离散、全隐式线性化后,进行数值求解就可进行数值模拟(李道伦等,2013;Zhang L J,2014)。

李清宇(2018)研究了页岩气产能评价的有关问题。

15.4.2.1　直井中的吸附诱导的线性流与径向流特征

实例:某气藏为 800 m×800 m 的正方形。井位于气藏中心,定流量生产 100 天然后关井 100 天,且表皮为 0。假定水平井长 200 m,5 条半长为 40 m 的裂缝均匀分布。气体的黏度与体积系数皆由 PVT 计算。表 15.3 给出了数值模拟的相关参数。

表 15.3　某气藏基本参数

名称	值	单位
初始压力	20	MPa
油藏厚度	10	m
渗透率	0.001	mD
孔隙度	0.05	
岩石压缩系数	0.00015	MPa^{-1}
Langmiur 极限吸附体积 V_L(若无特殊声明)	0.0005	$m^3 \cdot kg^{-1}$
Langmiur 压力 p_L	7.5	MPa
井储 C(若无特殊声明)	1	$m^3 \cdot MPa^{-1}$

注:偏差因子由 Dranchuk-Abou-Kassem 公式计算,黏度由 Lee 公式计算。

图 15.8 给出了相关的网格。水平井仅通过裂缝与地层相连,并且使用的是无限传导模型。

图 15.9 表明,当吸附气存在时,压力变化就越小,井储效应就越不明显。在图 15.9(a)中,当渗透率为 0.1 mD 时,吸附气几乎让井筒效应消失。当纯井筒流阶段结束后,地层响应开始,井筒周围的压力开始降低。压力降低导致吸附气解吸附,从而导致压力导数曲线的显著变化。这样原本快速上升的压力导数曲线,就变得平缓,便出现了近似水平的直线段。

在图 15.9(b)中,更低的渗透率(K = 0.001 mD)导致更大的压力降落,从而导致更多的解吸附气,因而水平直线段持续时间更长,直线段也更加水平。这是由吸附气引起的,称

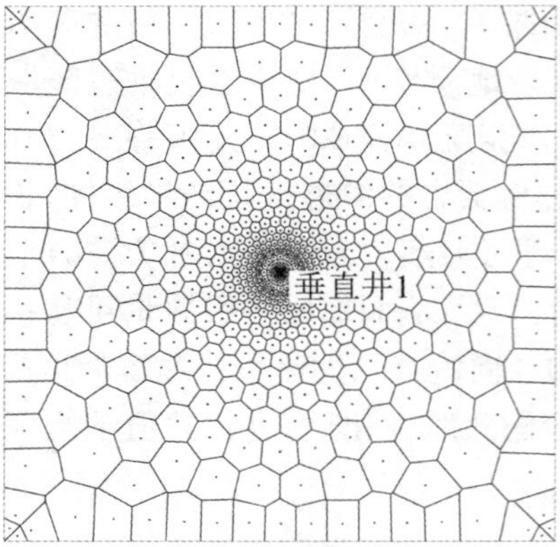

(a) 直井

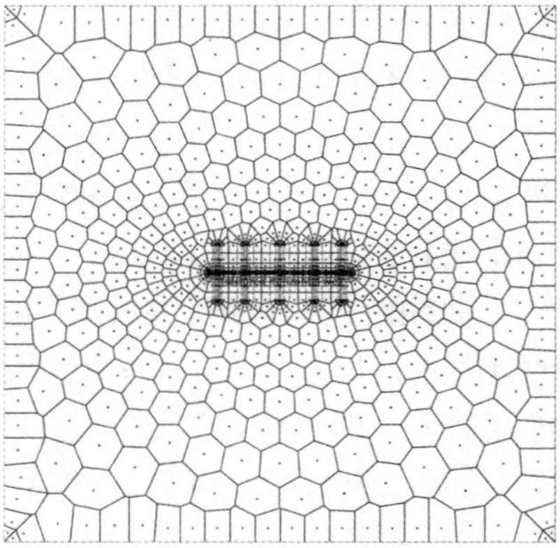

(b) 5段压裂的水平井

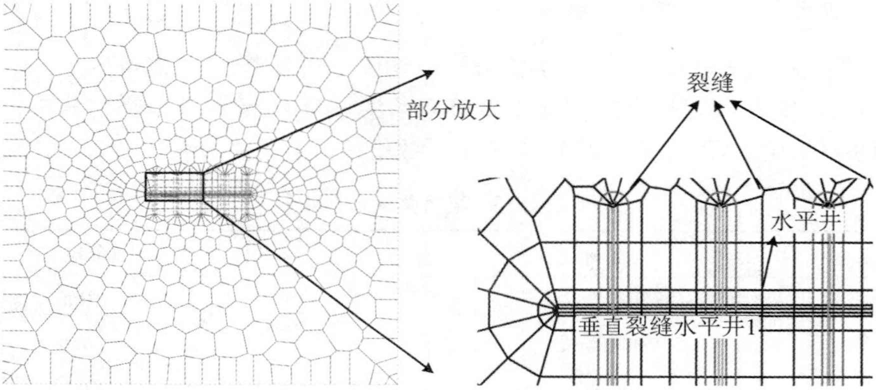

(c) 网格部分放大

图 15.8 气藏、井与网格

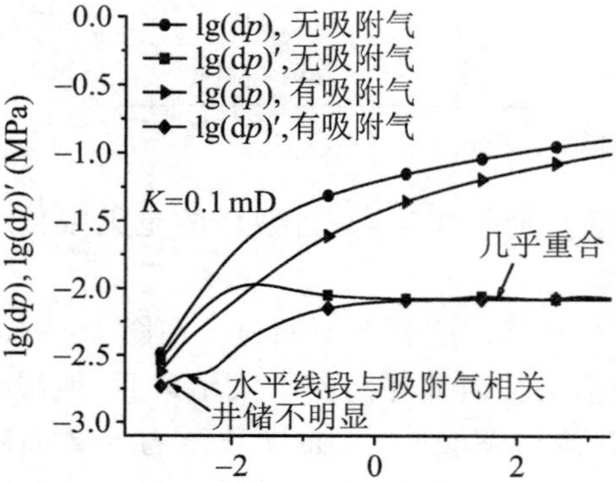

(a) K=0.1 mD

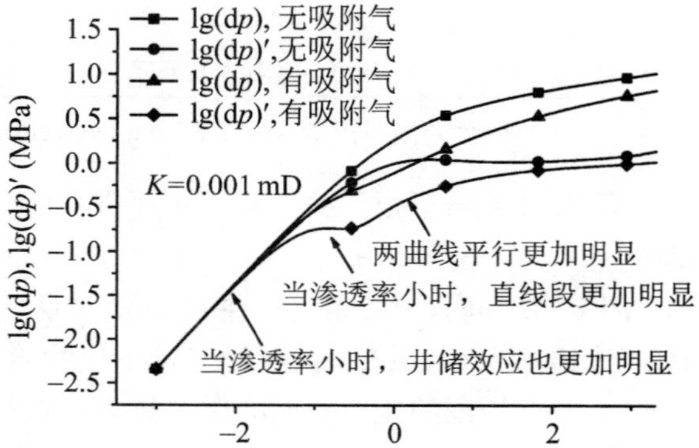

(b) K=0.001 mD

图 15.9 压力降落期间,吸附气对直井的双对数曲线的影响

之为吸附诱导的径向流。

吸附诱导的径向流之后的流动还处于从井储段到地层流动的过渡段。在这个过渡段中，压力曲线与压力导数曲线近似平行。同样的，这里近似平行的压力曲线与压力导数曲线也是由吸附所引起的，称之为吸附诱导的线性流段。

在过渡段后，吸附气对压力导数曲线的影响相对较小。这表明，吸附气对压力导数的影响在中后期不明显。

吸附诱导的径向流特征与线性流特征出现时间都很早。图15.9中的径向流特征与线性流特征在1 h内都已经出现。而常规意义上的径向流在低渗透油气藏中往往需要数月才能出现。这就意味着基于常规意义径向流的试井解释方法不能在低渗透油气藏中应用。吸附诱导的径向流特征却意味着在页岩气藏中，只需很短时间的关井测压就可以解释出地层的吸附量与渗透率等参数。这显然不同于我们的常规观念。

因而，在页岩气藏中，充分利用页岩气藏的储存机理与流动机理，我们仍然可以提出新的页岩气藏地层参数评价方法。田伟(2018)对页岩气压裂缝网进行了数值模拟。

15.4.2.2　多段压裂水平井的瞬态压力分析

1. 压力降落曲线的近似直线段

图15.10给出了五条人工裂缝的水平井在不同井储下的双对数曲线，其中流量为4000 $m^3 \cdot d^{-1}$，井储分别为1 $m^3 \cdot MPa^{-1}$和100 $m^3 \cdot MPa^{-1}$(考虑了渗透率修正)。这表明，当井储很小时，压力变化曲线在早期段几乎是一条水平线；当井储大时，压力降落曲线的水平段仅在过渡段期间发生。为了分析由吸附气引起的瞬态压力响应特征，在后面的数值模拟中都采用了较大的井储。需要说明的是，压力变化曲线中的水平段，并不是真正的水平段，只是其变化很缓慢，以至于看似是水平段。

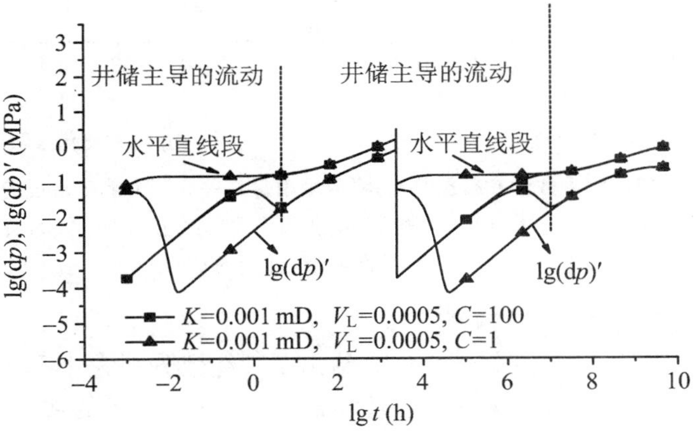

图15.10　井储对含5条裂缝的水平井的双对数曲线影响

为了更好地分析压力变化曲线中水平段形成的原因，我们按以下顺序进行研究。首先，我们研究裂缝数目对lg-lg曲线的影响(图15.11)。这将说明裂缝数目不是直线段存在的主要因素。其次，我们研究极限吸附量即Langmuir体积常数对双对数lg-lg曲线的影响(图15.12)。这将说明吸附气是压力曲线中存在直线段的主要原因。最后，在不同的裂缝条数下，通过对比考虑吸附与渗透率修正对曲线的影响来表明（图 15.13），吸附气使得压力响应具有独有的特征。

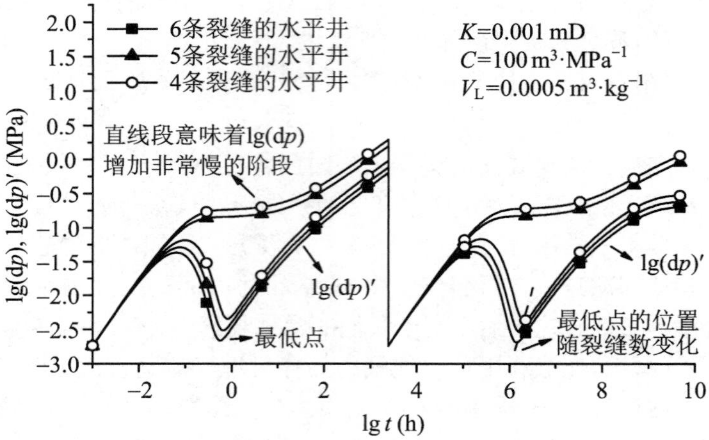

图 15.11　裂缝条数对水平井双曲线的影响

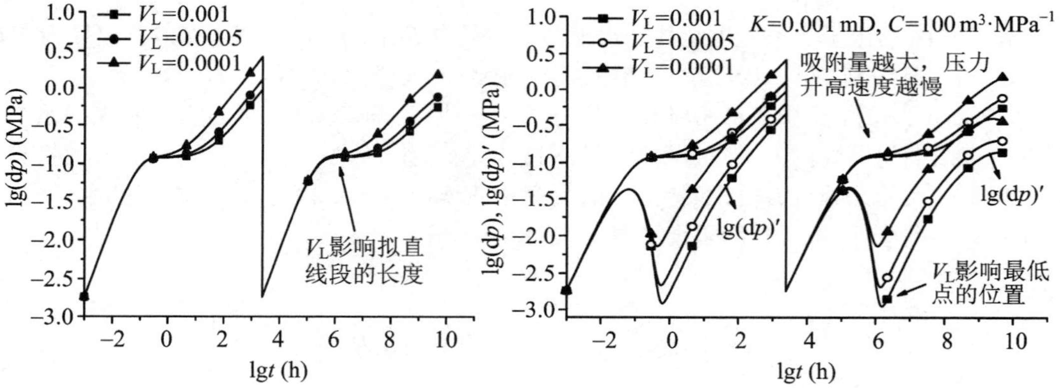

(a) 压力变化曲线　　　　(b) 压力变化及其导数曲线

图 15.12　水平井含 6 条裂缝时，极限吸附量对井底压力响应特征的影响

极限吸附量影响压力变化速度，影响压力变化曲线上的直线段的长度，影响压力导数曲线上最低点的位置

2. 裂缝数对瞬态压力响应的影响

当考虑吸附与渗透率修正时，图 15.11 给出了裂缝数分别为 4,5,6 时的双对数曲线。在压力变化曲线上，我们能够发现一条近似水平的直线段。裂缝的数目影响平行直线段的上下位置，不影响直线段的长。这是因为，裂缝数越多，井与地层的接触面积越大，从而影响压力变化的幅度。裂缝数目不影响水平段的长度说明，接触面积的大小与水平段的形成机理无关。

容易看出，压力导数曲线上存在一个最低点。裂缝数越大，最低点的位置就越低。其原因为，裂缝增大了井与地层的接触面积，从而压力变化会影响吸附或解吸附气的体积大小。

因而,压力导数曲线上的最低点能反映地层与裂缝的接触面积,而接触面积是由裂缝数及其半长所决定的。

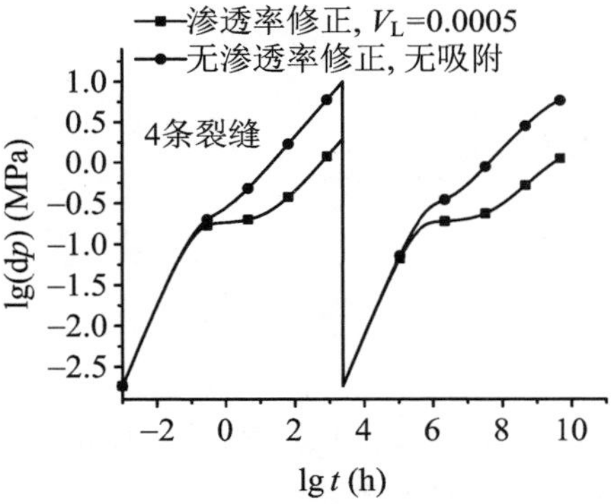

(a) 4条裂缝下的水平井

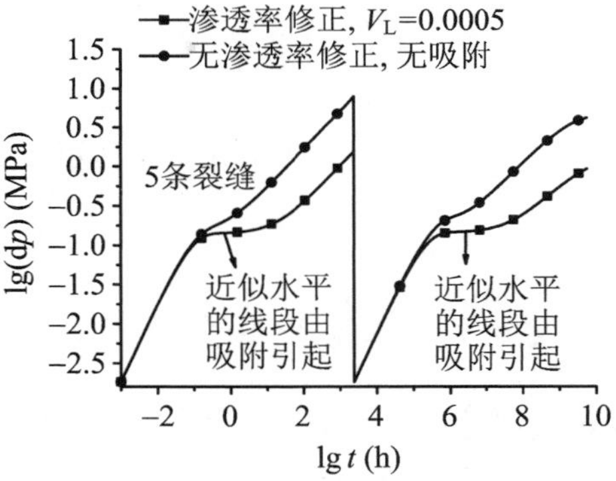

(b) 5条裂缝下的水平井

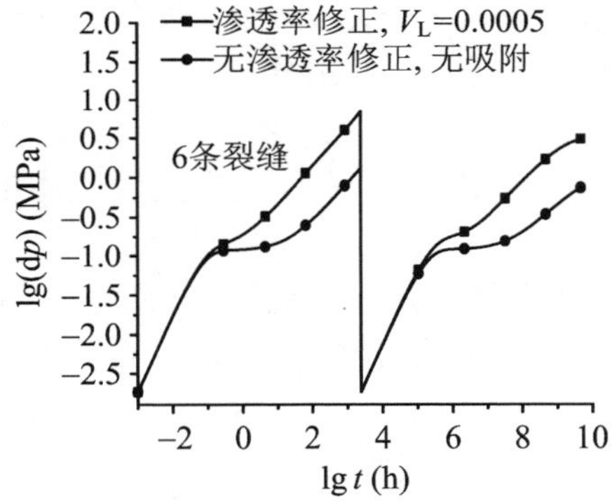

(c) 6条裂缝下的水平井

图 15.13　吸附与渗透率修正对多段压裂水平井压力变化的影响

3. 吸附气对瞬态压力响应的影响

图 15.12 给出了吸附气对瞬态压力的影响。图 15.12(a)给出了不同极限吸附量下的 6 段压裂水平井的压力变化曲线,其中的极限吸附量 V_L 分别为 0.001 $m^3 \cdot kg^{-1}$,0.0005 $m^3 \cdot kg^{-1}$,0.0001 $m^3 \cdot kg^{-1}$,井储 $C = 100\ m^3 \cdot MPa^{-1}$,渗透率 $K = 0.001$ mD。

图 15.12(a)表明,极限吸附量 V_L 越大,压力变化曲线上的水平段就越长,并且压力导数曲线上的最低点位置就越低[图 15.12(b)]。井开始生产时,井周围的压力开始下降,吸附气开始解吸附,并减慢井底压力下降的速度。因而,极限吸附量 V_L 越大,减缓井底压力下降速度的时间就越长,从而压力变化曲线上的水平段就越长。若近似水平段越长,说明其就更加“水平”,从而压力导数上的最低点也就越低。

图 15.12(b)表明,极限吸附量 V_L 仅影响压力变化曲线上水平段的长度,不影响水平段的上下位置,而裂缝数只影响近似水平段的上下位置。极限吸附量 V_L 与裂缝数对水平段的影响互不干扰,非常有利于地层参数解释。

图 15.13 从(a)到(c)给出了考虑吸附、视渗透率修正情形下的压力变化曲线与不考虑

吸附、视渗透率修正情形下的压力变化曲线的对比。从中我们可以看出,无论水平井的裂缝数是4条、5条还是6条,吸附与渗透率修正会使水平段带来明显的差异。

15.5 单相多组分气体渗流

15.5.1 多组分气体的渗流方程

通过多组分 Langmuir 吸附来描述不同组分气体在地层中的吸附现象,将视渗透率修正及多组分吸附整合到组分模型中,便可建立一种能描述在页岩气藏气体组分比例变化的数学模型。

一般意义的油气水三相的组分模型十分复杂,若仅考虑页岩气组分的组分方程则简单得多。页岩气中很少包含能够凝析的重烃类的组分,如丙烷、丁烷等,因而可不用考虑油相,也就无需考虑传质现象,无需考虑相平衡,组分模型大大简化。因而,该模型也称为干气模型(Dry Gas Model)。在美国,干气定义为每1000立方英尺气体中凝析油的含量小于0.1加仑。

在干气模型中,为更准确地描述各组分的变化特点,模型需要描述每气体组分的吸附量、视渗透率。视渗透率公式众多,这里以滑移流的 Beskok 公式(15.3.12)为例说明,组分 c 的视渗透率模型

$$K_c = K_0\left(1 + \frac{4Kn_c}{1 + Kn_c}\right) \tag{15.5.1}$$

其中,$Kn_c = \lambda_c / R_\mathrm{h}$, $\lambda_c = 1/(\sqrt{2}\pi N\sigma_c^2)$,$\sigma_c$ 为组分c 分子的直径,N 为每立方厘米中分子的个数。它们可以通过下式计算得出(Chung 等,1988):

$$\sigma = 0.809V^{1/3}, \quad N = N_\mathrm{A}\rho$$

这里,$N_\mathrm{A} = 6.02214129 \times 10^{23}\ \mathrm{mol}^{-1}$为阿伏伽德罗常数;$\rho$ 为气体密度,V 为气体临界体积($\mathrm{cm}^3 \cdot \mathrm{mol}^{-1}$)。对组分 c,Darcy 方程(15.4.1)应写为

$$u = -\frac{K_c}{\mu}(\nabla p + \rho g) \tag{15.5.2}$$

其中,K_c 由公式(15.5.1)求出。

组分 c 的吸附量 $V_{\mathrm{ads},c}$ 可表示为

$$V_{\mathrm{ads},c} = V_{\mathrm{L},c}\frac{y_c p}{P_{\mathrm{L},c}\left(1 + \sum_{j=1}^{n} y_j \frac{p}{P_{\mathrm{L},j}}\right)} \quad (c = 1,\cdots,n) \tag{15.5.3}$$

组分模型中,人们常用摩尔分数来描述方程。设 y_c 为组分c 的摩尔分数,也称摩尔比例,即组分 c 在气相中的比例,则组分 c 的质量通量为

$$\dot{m}_c = y_c\rho_g u \tag{15.5.4}$$

组分 c 的累积质量变化量为

$$m_c = y_c\rho_g\phi \tag{15.5.5}$$

组分 c 的源汇质量变化量为

$$\bar{q}_c = y_c q_g \rho_g \tag{15.5.6}$$

组分 c 的吸附气质量变化量为

$$m_{ads,c} = \rho_s V_{ads,c}\rho_{g,std} \tag{15.5.7}$$

其中，$V_{ads,c}$ 由式(15.5.3)给出。将方程(15.5.4)～方程(15.5.7)代入方程(15.4.4)，有

$$-\nabla\cdot[y_c\rho_g u] = \frac{\partial}{\partial t}(y_c\rho_g\phi + \rho_s V_{ads,c}\rho_{g,std}) + y_c q_g\rho_g \tag{15.5.8}$$

将组分 c 的 Darcy 方程(15.5.2)代入式(15.5.8)，有

$$\nabla\cdot\left[\frac{K_c}{\mu}y_c\rho_g(\nabla p - \rho g)\right] = \frac{\partial}{\partial t}(y_c\rho_g\phi + \rho_s V_{ads,c}\rho_{g,std}) + y_c q_g\rho_g \tag{15.5.9}$$

其中，μ 为黏度，单位为 Pa・s；p 为压力，单位为 Pa；y_c 为组分 c 的摩尔分数，ϕ 为孔隙度，无量纲；ρ_s 为岩石密度，单位为 $kg\cdot m^{-3}$；$\rho_{g,std}$ 为标准条件下的气体密度，单位为 $kg\cdot m^{-3}$；ρ_g 为储层条件下的气体密度，单位为 $kg\cdot m^{-3}$；K_c 为组分 c 的视渗透率，单位为 m^2；$V_{ads,c}$ 为组分 c 的吸附量，单位为 $kg\cdot m^{-3}$；$\bar{q}$ 为单位时间内单位体积的质量，单位为 $kg\cdot m^{-3}\cdot s^{-1}$；$q_g = \bar{q}/\rho$ 为源汇强度与密度的比值，单位为 s^{-1}。

$$q_{grc} = \frac{2\pi Kh}{\mu_g[\ln(r_e/r_w) + S]}(p - p_{wf}) \tag{15.5.10}$$

其中，r_e 是井与相邻网格间的距离，这里将井处理为内边界，可以提高计算精度，p_{wf} 是井底压力，单位为 Pa，μ_g 是用 Peng-Robinson EOS 方程计算的黏度。

方程(15.5.5)右边的第一项是组分 c 的质量累积项，包括自由气项与吸附项。右边第二项是源汇项。

设 Q 为井的地面条件下的体积产量，考虑井储后，井的流动方程为

$$\frac{2\pi Kh}{\mu_g[\ln(r_e/r_w) + S]}(p_1 - p_{wf}) - \frac{C}{\Delta t}(p_{wf}^{n+1} - p_{wf}^{n}) = Q \tag{15.5.11}$$

其中，C 为井储，单位为 $m^3\cdot Pa^{-1}$。对每个组分 c，其质量守恒可改写为

$$\sum_j(T\lambda_g\rho_g y_c\Delta\Phi_g)_{ij} = \frac{\partial}{\partial t}(V\phi\rho_g y_c + V\rho_s V_{ads,c}\rho_{g,std})_i + \rho_g y_c q_{grc}\quad(c = 1,\cdots,m) \tag{15.5.12}$$

其中，$T_{ij} = KA/d_{ij}$ 为网格 i 与 j 间的传导因子。

对方程(15.5.8)进行求和，可得所有组分总的质量守恒方程

$$\sum_j(T\lambda_g\rho_g\Delta\Phi_g)_{ij} = \frac{\partial}{\partial t}(V\phi S_g\rho_g + V\rho_s V_{ads,total}\rho_{g,std})_i + \rho_g q_{grc} \tag{15.5.13}$$

其中，$V_{ads,total} = \sum_{i=1}^{m}V_{ads,i} = \sum_{i=1}^{m}\frac{V_{L,i}y_i P}{P_{L,i}\left(1 + \sum_{j=1}^{m}y_j\frac{P}{P_{L,j}}\right)}$。

最后的组分方程用总烃方程替换，则方程(15.5.12)变为

$$\sum_j (T\lambda_g \rho_g y_i \Delta\Phi_g)_{lj} = \frac{\partial}{\partial t}(V\phi\rho_g y_i + V\rho_s V_{ads,i}\rho_{g,std})_l + \rho_g y_i q_{grc} \quad (i = 1, \cdots, m-1) \tag{15.5.14}$$

方程(15.5.11)、方程(15.5.13)和方程(15.5.14)形成了1个方程组，每个网格共有 m 个变量：$p, y_i (i=1,\cdots,m-1)$。若网格有井，会再增加1个变量。

15.5.2 单相气的组分方程线性化

相比一般的组分模型，页岩气的干气模型多了吸附项 $\frac{\partial}{\partial t}(V\rho_s V_{ads,c}\rho_{g,std})$。这里以此为例介绍线性化方法。

吸附气在地面条件下的体积 $V_{ads,c}$ 是储层压力 p 和组分比例 y_c 的函数。标准条件下的气体密度 $\rho_{g,std}$ 仅是组分比例 y_c 的函数。假定岩石密度 ρ_s 与压力无关，是常数。因而，$\frac{\partial}{\partial t}(V\rho_s V_{ads,i}\rho_{g,std})$ 可展开为如下形式：

$$\begin{aligned}\frac{\partial}{\partial t}(V\rho_s V_{ads,c}\rho_{g,std}) &= V\rho_s \frac{(V_{ads,c}\rho_{g,std})^{n+1} - (V_{ads,c}\rho_{g,std})^n}{\Delta t} \\ &= \frac{V\rho_s}{\Delta t}\left\{\left[p_{g,std}^{n+1}\left(\frac{\partial V_{ads,c}}{\partial p}\right)^n\right]\Delta_t p \right.\\ &\quad \left. + \sum_{j=1}^{m}\left[V_{ads,c}^n\left(\frac{\partial \rho_{g,std}}{\partial y_j}\right)^n + \rho_{g,std}^{n+1}\left(\frac{\partial V_{ads,c}}{\partial y_j}\right)^n\right]\Delta_t y_j\right\}\end{aligned} \tag{15.5.15}$$

其中，$\Delta_t p = p^{n+1} - p^n$。由于 y_m 不是变量，由组分比例的约束方程 $\sum_{j=1}^{m} y_j = 1$，有

$$y_m^{n+1} - y_m^n = -\sum_{j=1}^{n-1}(y_j^{n+1} - y_j^n) \tag{15.5.16}$$

将方程(15.5.16)代入方程(15.5.15)，整理后可得

$$\begin{aligned}\frac{\partial}{\partial t}(V\rho_s V_{ads,c}\rho_{g,std}) = &\frac{V\rho_s}{\Delta t}\left\{\left[\rho_{g,std}^{n+1}\left(\frac{\partial V_{ads,c}}{\partial p}\right)^n\right]\Delta_t p\right. \\ &\left. + \sum_{j=1}^{m-1}\left[V_{ads,c}^n\left(\frac{\partial \rho_{g,std}}{\partial y_j} - \frac{\partial \rho_{g,std}}{\partial y_m}\right)^n + \rho_{g,std}^{n+1}\left(\frac{\partial V_{ads,c}}{\partial y_j} - \frac{\partial V_{ads,c}}{\partial y_m}\right)^n\right]\Delta_t y_j\right\}\end{aligned} \tag{15.5.17}$$

其中

$$\frac{\partial V_{ads,c}}{\partial p} = \frac{V_{ads,c} y_c p_{L,c}}{\left[p_{L,c}\left(1 + \sum_{j=1}^{n} y_j \frac{p}{p_{L,j}}\right)\right]^2}$$

$$\frac{\partial V_{\text{ads},c}}{\partial y_c}=\frac{V_{\max,c}pp_{\text{L},c}\left(1+\sum\limits_{j=1,j\neq c}^{m}y_j\frac{p}{p_{\text{L},j}}\right)}{\left[p_{\text{L},c}\left(1+\sum\limits_{j=1}^{m}y_j\frac{p}{p_{\text{L},j}}\right)\right]^2}=\frac{\partial V_{\text{ads},c}}{y_c\partial p}p\left(1+\sum_{j=1,j\neq c}^{m}y_j\frac{p}{p_{\text{L},j}}\right)$$

$$\frac{\partial V_{\text{ads},c}}{\partial y_j}=-\frac{V_{\text{ads},c}y_cp^2p_{\text{L},c}\dfrac{1}{p_{\text{L},j}}}{\left[p_{\text{L},c}\left(1+\sum\limits_{j=1}^{n}y_j\frac{p}{p_{\text{L},j}}\right)\right]^2}=-\frac{\partial V_{\text{ads},c}}{\partial p}\frac{p^2}{p_{\text{L},j}}\quad(j=1,\cdots,m\text{ 且 }j\neq c)$$

对全隐式线性化，对当前网格 i，系数中 p^{n+1} 和 y_j^{n+1} 都用 v 迭代步的值来近似，则方程(15.5.17)可改写为

$$\begin{aligned}&\frac{\partial}{\partial t}(V\rho_s V_{\text{ads},i}\rho_{\text{g,std}})_1\\&\quad=\frac{V\rho_s}{\Delta t}\rho_{\text{g,std}}^{n+1}\left(\frac{\partial V_{\text{ads},i}}{\partial p}\right)^n(\delta p_{\text{L}}+\overset{(v)}{p_{\text{L}}^{n+1}}-p_{\text{L}}^n)\\&\qquad+\frac{V\rho_s}{\Delta t}\left\{\left[\sum_{j=1}^{m-1}V_{\text{ads},i}^n\left(\frac{\partial\rho_{\text{g,std}}}{\partial y_j}-\frac{\partial\rho_{\text{g,std}}}{\partial y_m}\right)^n+\overset{(v)}{\rho_{\text{g,std}}^{n+1}}\left(\frac{\partial V_{\text{ads},i}}{\partial y_j}-\frac{\partial V_{\text{ads},i}}{\partial y_m}\right)^n\right](\delta y_{\text{L},j}+\overset{(v)}{y_{\text{L},j}^{n+1}}-y_{\text{L},j}^n)\right\}\end{aligned}\tag{15.5.18}$$

其中，$\delta p_{\text{L}}=\overset{(v+1)}{p_{\text{L}}^{n+1}}-\overset{(v)}{p_{\text{L}}^{n+1}}$，$\delta y_{\text{L},j}=\overset{(v+1)}{y_{\text{L},j}^{n+1}}-\overset{(v)}{y_{\text{L},j}^{n+1}}$，上标 v 表示一个时间步内的迭代。δp_{L}，$\delta y_{\text{L},j}$ 是待求解的变量。

方程(15.5.7)的全隐式格式为

$$\left.\frac{\partial q_{\text{g}}}{\partial p_{\text{L}}}\right|^{(v)}_{n+1}(\overset{(v+1)}{p_{\text{L}}^{n+1}}-\overset{(v)}{p_{\text{L}}^{n+1}})+\left.\frac{\partial q_{\text{g}}}{\partial p_{\text{wf,ref}}}\right|^{(v)}_{n+1}(\overset{(v+1)}{p_{\text{wf,ref}}^{n+1}}-\overset{(v)}{p_{\text{wf,ref}}^{n+1}})-\frac{C}{\Delta t}(\overset{(v+1)}{p_{\text{wf}}^{n+1}}-p_{\text{wf}}^n)=0\tag{15.5.19}$$

其中，$\dfrac{\partial q_{\text{g}}}{\partial p_{\text{L}}}=\left.\dfrac{\partial J_{\text{w}}}{\partial p_{\text{L}}}\right|^{(v)}_{n+1}(p_{\text{L}}-p_{\text{wf,L}})+J_{\text{w,L}}$，$J_{\text{w}}=\dfrac{2\pi Kh}{\mu_{\text{g}}[\ln(r_{\text{e}}/r_{\text{w}})+S]}$。

下面通过公式推导与计算，进行组分比例变化的影响因素分析。为叙述方便，有关公式在这里重写。多组分的 Langmuir 吸附公式为

$$V_{\text{ads},i}(p)=V_{\text{L},i}\frac{y_iP}{P_{\text{L},i}\left(1+\sum\limits_{j=1}^{n}y_j\dfrac{P}{P_{\text{L},j}}\right)}\quad(i=1,\cdots,n)\tag{15.5.20}$$

其中，$V_{\text{ads},i}$ 是标准体积下组分 i 在混合气体中的吸附体积；y 是组分的摩尔比例，n 是页岩气中总的组分数。Langmuir 极限吸附量 $V_{\text{L},i}$ 和吸附压力 $P_{\text{L},i}$ 是在单一组分 i 的极限吸附量与吸附压力。

由方程(15.5.20)可知，当压力下降时，不同组分解吸附气的体积是不相同的。然而当自由气的组分比例保持不变时，压力下降所解吸附的不同气体组分的体积比例却是相同的。

方程(15.5.20)还表明，在给定的压降 Δp 下，每组分的解吸附气的体积为

$$\Delta V_{\text{ads},i}(p)=V_{\text{ads},i}(P+\Delta p)-V_{\text{ads},i}(P-\Delta p)$$

$$= \frac{V_{\mathrm{L},i} y_i}{P_{\mathrm{L},i}} \left(\frac{P + \Delta p}{1 + \sum_{j=1}^{n} y_j \frac{P + \Delta p}{P_{\mathrm{L},j}}} - \frac{P - \Delta p}{1 + \sum_{j=1}^{n} y_j \frac{P - \Delta p}{P_{\mathrm{L},j}}} \right) \tag{15.5.21}$$

则总的解吸附气体积为

$$\sum_i \Delta V_{\mathrm{ads},i}(p) = \sum_i [V_{\mathrm{ads},i}(P + \Delta p) - V_{\mathrm{ads},i}(P - \Delta p)] \tag{15.5.22}$$

当自由气的组分比例给定时，式(15.5.21)中的项

$$\frac{P + \Delta p}{1 + \sum_{j=1}^{n} y_j \frac{P + \Delta p}{P_{\mathrm{L},j}}} - \frac{P - \Delta p}{1 + \sum_{j=1}^{n} y_j \frac{P - \Delta p}{P_{\mathrm{L},j}}}$$

对所有的组分都是相同的。因而，解吸附气中的不同组分气的体积比例为

$$\mathrm{Fraction}_i = \frac{\Delta V_{\mathrm{ads},i}(p)}{\sum_i \Delta V_{\mathrm{ads},i}(p)} = \frac{\frac{V_{\mathrm{L},i} y_i}{P_{\mathrm{L},i}}}{\sum_j \frac{V_{\mathrm{L},j} y_j}{P_{\mathrm{L},j}}} \tag{15.5.23}$$

式(15.5.23)表明，解吸附气的组分体积比例与油藏压力无关。对确定的气体，极限吸附量 $V_{\mathrm{L},i}$ 与吸附压力 $P_{\mathrm{L},i}$ 是定值，因而，解吸附气的组分体积比例只与自由气的组分比例 y_i 相关。

事实上，在页岩气开发的过程中，自由气组分比例是随时间变化的。因而，解吸附气的组分体积比例也会发生变化。

如何根据页岩气的流动规律、赋存规律，找到更为有效的页岩气储层参数评价方法就十分重要了。生产数据分析方法就是现在广为使用的方法，但多解性严重，批评者认为其更像艺术(Ilk,2010)。因而，亟须在掌握流动机理的前提下，建立新的流动模型，提出新的评价方法。

Freeman 等(2011)用复杂的尘-气(Dusty-gas)模型研究了页岩气的组分变化规律。通过建立组分模型，Zhang L J 等(2014)研究了气体组分比例的变化规律，Li D L 等(2015)首次提出了基于组分的生产数据分析方法，并对生产期间组分变化的机理进行分析，李道伦等(2015)对此进行了深入研究。

井口产出气的组分比例变化规律类似于常规油气藏的井底压力变化规律，从而可类似于压力试井方法，建立基于井口组分比例的试井分析方法。井口组分可在地面测量，既不会对产量造成任何影响，也无须关井。因此，该方法具有十分重要的经济价值。

15.6 井底压力与井口组分

15.6.1 生产井组分比例 CC 区

这里各组分的极限吸附体积 V_{L} 为 Ambrose 在 2011 年所发表文献中的 10 倍，Langmuir

压力 P_L 保持不变，如表 15.4、表 15.5 所示。此时，吸附气将占气藏气体总储量的 75%，即为第 14 章中的高吸附气情形。

另外，除特别说明外，本章使用的是 Beskok 的速度公式，由于本章的流动都在滑移区流内，Beskok 的渗透率公式可写为

$$Kc_{\text{Beskok}} = 1 + \frac{4Kn}{1 + Kn} \tag{15.5.24}$$

表 15.4　Langmuir 常数(吸附气占总储量的 75%)

	CO_2	CH_4	C_2H_6	C_3H_8
V_L ($m^3 \cdot kg^{-1}$)	0.0410590	0.0158572	0.0257681	0.0506867
P_L (Pa)	5.764017×10^6	1.076961×10^7	5.5916479×10^6	5.8191749×10^6

表 15.5　Langmuir 常数(吸附气占总储量的 23%)

	CO_2	CH_4	C_2H_6	C_3H_8
V_L ($m^3 \cdot kg^{-1}$)	0.00410590	0.00158572	0.00257681	0.00506867
P_L (Pa)	5.764017×10^6	1.076961×10^7	5.5916479×10^6	5.8191749×10^6

表 15.6 给出了页岩气初始组分比例。页岩气藏孔隙度为 0.05，初始压力为 20 MPa。3 种气藏的面积分别为 10 km×5 km(大尺度)、5 km×2.5 km(中等尺度)和 3 km×1.5 km(小尺度)。在三种气藏的中心有一个裂缝半长为 100 m 的垂直裂缝井，如图 15.14 所示。气藏中心有一个垂直裂缝井，为使流动到达边界，生产时间为 20000 天，定气产量生产。

表 15.6　气藏中初始气体比例

气体组分	CO_2	CH_4	C_2H_6
气体初始摩尔比例	0.02	0.8	0.18

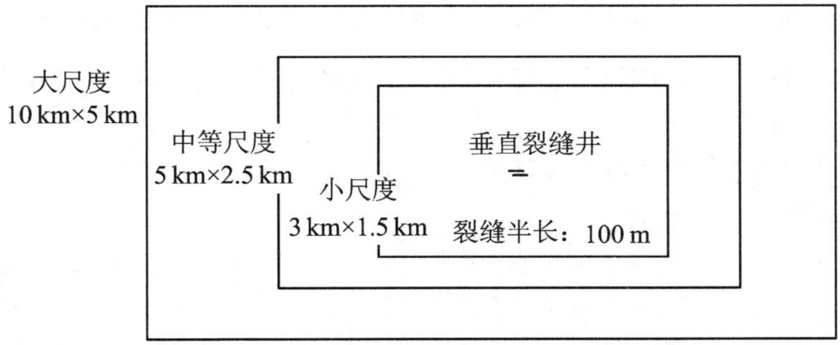

图 15.14　三种不同尺度的气藏

其他页岩气藏参数及生产参数如表 15.7 所示。

我们针对三种面积的气藏进行数值模拟，研究井底压力及产出气组分比例随时间的变化规律。

表 15.7　页岩气藏参数及生产参数

属性	值	单位
井储	1	$m^3 \cdot MPa^{-1}$
产量	10000	$m^3 \cdot d^{-1}$
生产时间	6000	d
渗透率	0.049×10^{-3}	μm^2
孔隙度	0.05	
地层温度	333.333	
初始压力	20	MPa
岩石密度	2500	$kg \cdot m^{-3}$

图 15.15 给出了三种尺度页岩气藏下的井底压力与甲烷井口组分比例随时间的变化曲线。图 15.15(a)表明，井底压力差异在 1000 天时显现出来。

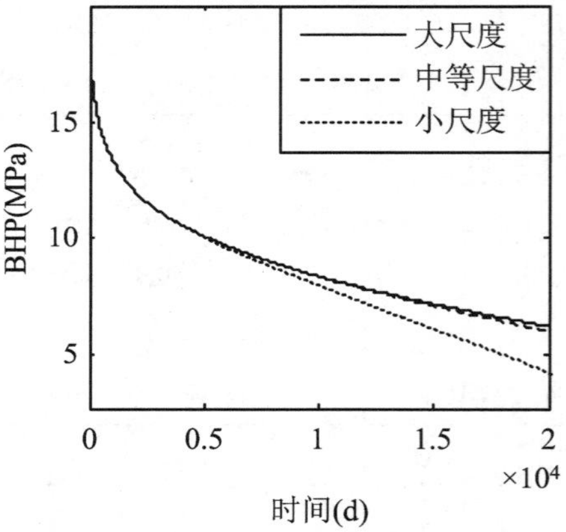

(a) 井底压力随时间的变化

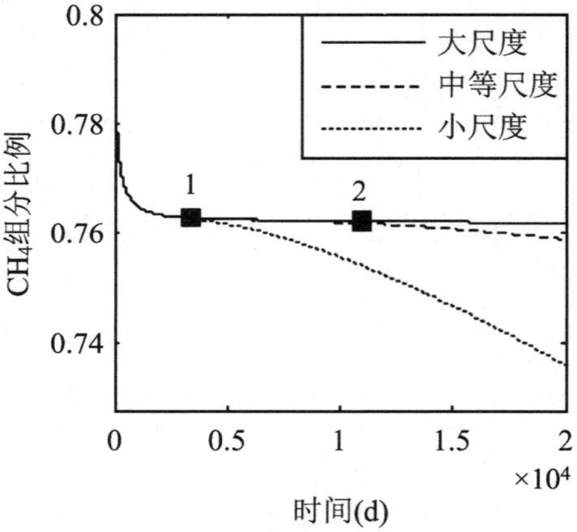

(b) 产出甲烷组分比例随时间的变化

图 15.15　不同气藏面积下的井底压力与井口组分比例的变化情况

由图 15.15(b)可知，甲烷组分的摩尔比例在开采初期快速下降，然后下降速度变缓，逐渐稳定，最后再下降。

图 15.15 (b)中的大尺度和中等尺度曲线清晰地表明：井口 CH_4 的组分比例存在一个稳定区，气藏面积越大，稳定时间越长。

我们称组分比例保持在常数时间区段[如图 15.15(b)中 1～2 点之间]为 CC(Constant Composition)区。从图 15.15 (b)可以看出，气藏的面积越大，CC 区保持的时间就越长。若气藏面积太小，则 CC 区可能没有出现。对小尺度及中等尺度气藏，CC 区分别约在第 3000 天及 11000 天时结束。

CC 区结束后，甲烷摩尔比例开始迅速下降。这表明气体流动开始到达边界，开始进入边界主导的流动阶段。显然这里的稳定、拟稳定是相对于井口组分比例而言的，不是常规压力意义的流态。

15.6.2 瞬态井口组分比例与瞬态井底压力特征比较

由第 14 章可知,井口组分比例曲线能够反映流动是否已到达边界。在传统的试井分析中,一般是采用井底压力变化与井底压力导数的双对数曲线对地层进行评价。这里,依照传统试井的概念对井口组分比例进行定义,以观察其相应曲线对地层参数的反应。

设井口产出气的某组分比例的序列为$\{t_j, c_j\}(j=0,1,\cdots,m)$,其中$\{t_0, c_0\}$是初始时间下的组分比例。组分变化 d$c$ 及组分导数 dc'定义为

$$\mathrm{d}c_j = |c_j - c_0|, \quad \mathrm{d}c' = \left|\frac{\mathrm{d}c}{\mathrm{d}t}\right| t$$

Langmuir 常数如表 15.5 所示,初始气体组分比例如表 15.8 所示。气藏及垂直裂缝井如图 15.16 所示,其他参数如表 15.9 所示。

表 15.8 两种初始自由气组分比例

情形 1:三种组分				情形 2:四种组分,含重碳组分				
组分	CO_2	CH_4	C_2H_6	组分	CO_2	CH_4	C_2H_6	C_3H_8
组分比例	0.02	0.8	0.18	组分比例	0.02	0.8	0.12	0.06

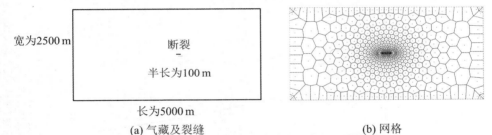

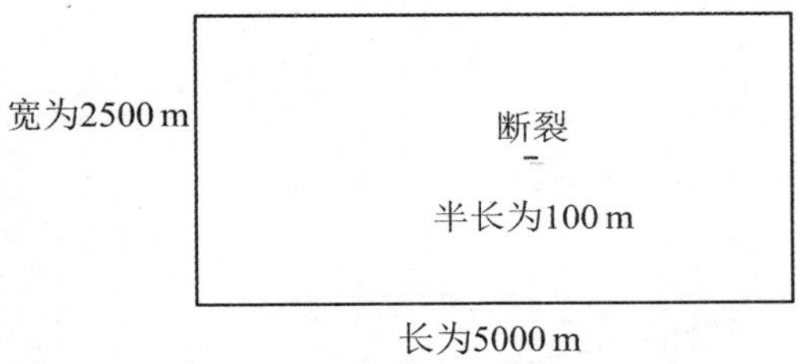

(a) 气藏及裂缝

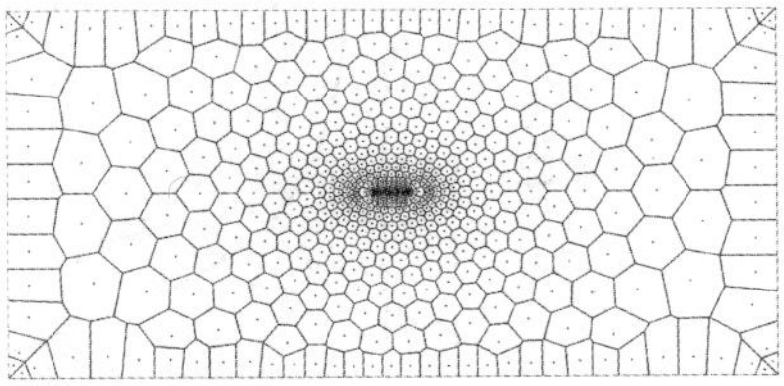
(b) 网格

图 15.16 压裂直井及其网格

表 15.9 气藏参数

名称	值	单位
气藏大小	5000×2500×10	m
裂缝半长	100	m
井储	1×10^{-6}	$m^3\cdot Pa^{-1}$
产量	0.11574074	$m^3\cdot s^{-1}$(10000 $m^3\cdot d^{-1}$)
生产时间	20000	d
渗透率	4.9346165×10^{-17}	m^2(0.05 mD)
孔隙度	0.05	fraction
地层温度	333.333	K
初始压力	2×10^7	Pa
边界条件	封闭的	
岩石密度	2500	$kg\cdot m^{-3}$

数值模拟所得的甲烷组分比例如图 15.17 所示,井底压力如图 15.18 所示。对比甲烷组分比例与井底压力曲线的特征,可以发现在 2100 天到 10000 天间,组分比例有一个相对稳定的区域(图 15.17),而页岩气藏的井底压力却一直下降(图 15.18)。

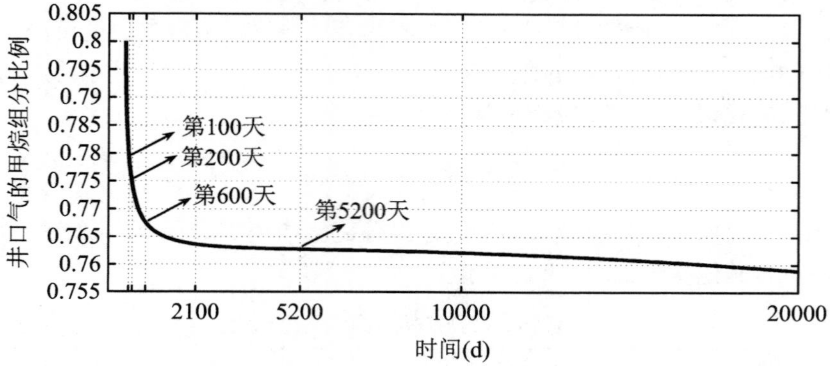

图 15.17 甲烷组分比例随时间的变化

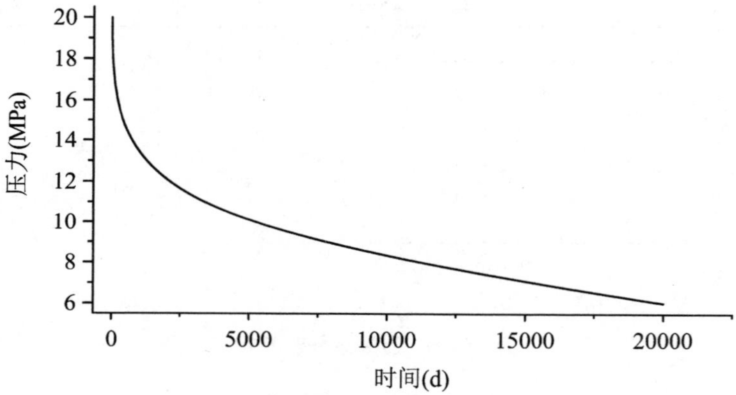

图 15.18 井底压力随时间的变化

为对比压力曲线与组分比例曲线的差异,图 15.19 给出了压力降落及其导数曲线(或简称为"压力试井曲线")以及井口组分比例变化和组分比例导数曲线(或简称为"组分试井曲线")。图 15.20 是图 15.19 的局部放大图,在横坐标标明了时间:第 100 天、第 200 天、第 600 天、第 2100 天、第 5200 天、第 10000 天、第 20000 天。

图 15.19 中的压力试井曲线表明,即使气藏生产 20000 天(约 54.8 年),也没出现明显的径向流段,仅线性流持续时间达 100 天。这显然说明,压力数据的解释方法在渗透率高达 0.05 mD 的地层就已失效,更不用说更低的渗透率了。对比图 15.19 中压力及甲烷组分比例的双对数曲线,可以看出两者有明显的差别。图中所示的第 1 阶段为井储段,压力曲线 dp 与压力导数曲线 dp'重合,而此时组分变化曲线 dc 与组分导数曲线 dc'却呈平行不相交的状态。

第 2 阶段为井储到裂缝线性流的过渡段,此时的井底压力导数曲线存在一个驼峰,然后迅速下落到最低点，再回升。而 dc 与 dc′曲线发生相交，dc′曲线始终上升。可见，组分试井曲线与压力试井曲线的特征完全不同。

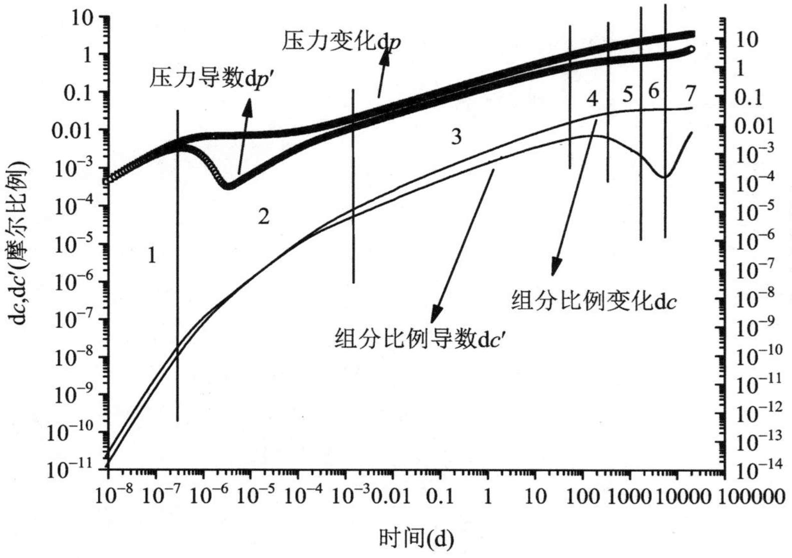

图 15.19　井底压力与产出组分比例的双对数曲线

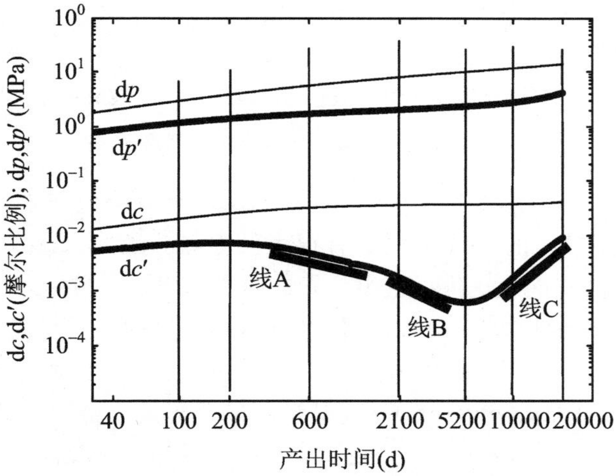

图 15.20　图 15.19 的局部放大图

第 3 阶段为裂缝线性流段，井底压力曲线 dp 与压力导数曲线 dp′平行。此时，组分试井曲线的特征与其虽然相近，但也不相同。dc 与 dc′在第 3 阶段间的间距逐渐扩大。对第 4,5,6 和 7 阶段，两组曲线的形态差异更大，后面将结合地层等压线及等组分比例分布图，对组分试井曲线特征进行更为详细的解释。

一般认为流体在页岩气藏中的瞬态流动会持续很长时间，从图 15.20 中井底压力导数的双对数曲线上可以看到，在 20000 天的开采过程中，径向流、边界流的特征都不明显。然而，组分比例分布却在开采 5200 天时呈现出径向流特征，并且在整个流动过程中，组分比例导数的双对数曲线呈现出三个不同的特征，对应于流动中组分比例变化的不同阶段。因而，井口组分比例有望代替井底压力进行地层参数评价。

这对页岩气开发有着重要的意义，这可能代表着一种经济、易行、风险小的全新方法。

15.3.5 井口组分试井曲线敏感性分析

本节的两种初始组分比例如表 15.8 所示。在情形 1 中，气藏的初始气体组分比例为 2%的 CO_2、80%的 CH_4 和 18%的 C_2H_6。在情形 2 中，气藏的初始气体组分比例为 2%的 CO_2、80%的 H_4、12%的 C_2H_6 和 6%的 C_3H_8。这意味着情形 2 中的组分比情形 1 更重。

除了渗透率(0.005 mD)、生产时间有差异外，所有气藏的参数都如表 15.9 所示。每个组分的 Langmuir 参数如表 15.4 和表 15.5 所示。表 15.4 中的 Langmuir 常数是表 15.5 中的 Langmuir 常数的 10 倍。为简洁起见，用"1VL"表示表 15.5 中的 Langmuir 常数，"10VL"表示表 15.4 中的 Langmuir 常数。所产生的三个数值算例分别为：case1-1VL，case1-10VL，case2-10VL。井及其相应的网格如图 15.21 所示。

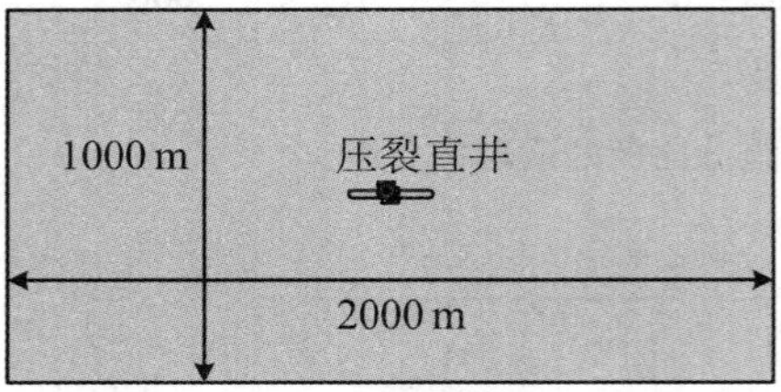

(a) 气藏及裂缝

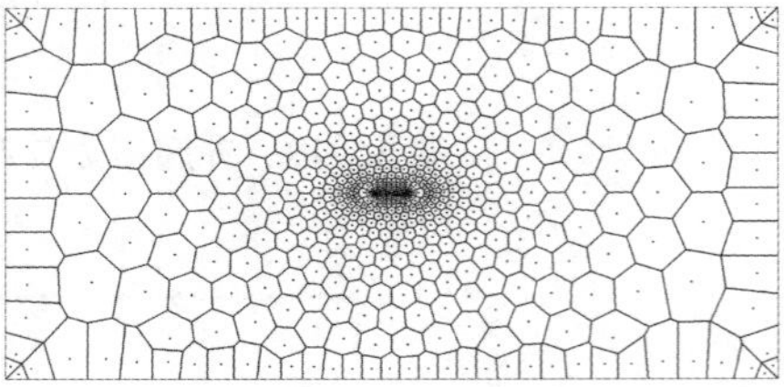

(b) 网格

图 15.21 气藏及压裂直井的示意图

图 15.22 给出了 case1-1VL 和 case1-10VL 的瞬态组分响应与瞬态压力响应。由于极限吸附量不同，相同流量下的井底压力会有很大的差异。因此，case1-1VL 和 case1-10VL 的拟边界流出现的时间不同。这也可从组分导数曲线和压力导数曲线看出。

图 15.22(a)的 dc 与 dc'的双对数曲线表明极限吸附量明显影响着曲线 dc 与 dc'的高低。case1-10VL 中的 dc 和 dc'曲线明显高于 case1-1VL 中的曲线。这两个算例中的曲线差异完全是由极限吸附量(Langmuir 的体积常数)的差异所引起的。因而，我们可以说，大的极限吸附量会导致较大的 dc 和 dc'。对 case1-1VL，其极限吸附量仅是 case1-10VL 的极限吸附量的 1/10，所以其组分变化 dc 曲线及其导数曲线 dc'都比较低。

图 15.22(a)发现了 dc 与 dc'一个有趣且非常重要的特征。不同极限吸附量下的双对数曲线 dc 与 dc'看上去是平行的(严格地，它们不平行)。这意味着 dc 与 dc'曲线的高度可近似估计极限吸附量的大小。因此，如果我们测量了井口产出气中的 CH_4 组分比例，并计算 dc 与 dc'，我们就可估计极限吸附量的大小。CH_4 组分比例可在井口测量，无须关井，不会有任何风险。因而，该发现有着重要的应用前景。

在图 15.22(a)中，case1-1VL 的组分降落曲线 dc 和组分导数曲线 dc'大约在第 100 天相交，而在 case1-10VL 中曲线 dc 和曲线 dc'并没有相交。曲线 dc 和曲线 dc'相交意味着拟边界流开始出现。从 Langmuir 等温吸附方程可以推知，在气藏压力较低时，解吸附气的体积较大，而在气藏压力较高时，解吸附气的体积较小。随着压力的降低，组分比例导数 $\mathrm{d}c'$ 逐渐增大，并且在某个压力值，组分比例导数值 $\mathrm{d}c'$ 大于组分变化值 $\mathrm{d}c$。

图 15.22(b)给出了 $\mathrm{d}p$ 与 $\mathrm{d}p'$ 的双对数曲线。容易发现，$\mathrm{d}p$ 和 $\mathrm{d}p'$ 的响应特征不同于 $\mathrm{d}c$ 和 $\mathrm{d}c'$ 的响应特征。$\mathrm{d}p$ 和 $\mathrm{d}p'$ 早期重合，然后分离，而 $\mathrm{d}c$ 和 $\mathrm{d}c'$ 的双对数曲线在早期就是分离的。

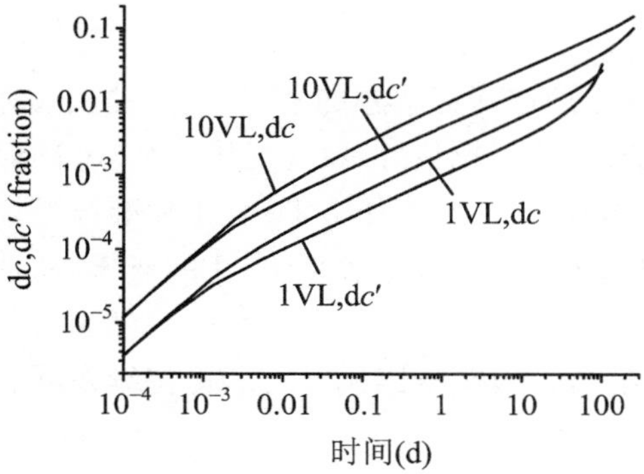

(a) 组分试井曲线

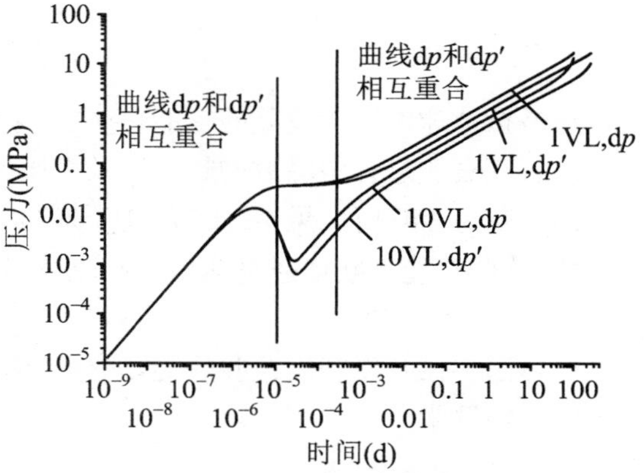

(b) 压力试井曲线

图 15.22　不同吸附气下组分试井曲线与压力试井曲线

由于页岩气井的组分在线测量需要研发相关测试设备，我国页岩气开发刚处于起步阶段，现在还无法获得实际的页岩气井的组分比例随时间变化的数据，因而本方法还未能用于实测数据的地层参数解释评价。

第 16 章　地热开发中的渗流

地热是指地球内部所蕴藏的热能，它主要来源于地球深部熔融的岩浆，还有铀、钍、钾等放射性元素在衰变过程中释放的热量以及太阳的辐射热。据估计，仅地壳浅层 5 km 内储存的天然热量就有 1400 秭（见 14.1 节注①）J（1400×10^{24} J），相当于 5000 亿 t 标准煤燃烧释放的热能，这些热能不断地通过热传导和流体对流，大约每年有 1.4×10^{21} J 的热量，从地球内部传递到地面消散掉。

世界各国都在开发利用这些热能，地热是清洁能源，有利于国民经济的可持续发展和保护人民的身体健康。

16.1　地热的开发利用概述

16.1.1　温泉与地热资源的分类

温泉是地下流出的比当地地面年平均温度高 8 ℃以上的流体的总称。通常把温度在 45 ℃ 以下的称为温泉，45 ℃是人体沐浴所能承受的温度上限。高于这个温度而低于当地沸点的称为热泉。沸点与海拔高度有关，如羊八井地热田海拔为 4300 m，沸点为 86 ℃，云南腾冲地热田海拔为 1500 m，沸点为 95 ℃，沸腾的泉水称为沸泉。温度再高的泉眼是湿喷汽孔、干喷汽孔。

地热田按温度分类为：热储温度低于 90 ℃的称为低温地热田；热储温度在 90～150 ℃的称为中温地热田；高于 150 ℃的为高温地热田。我国高温地热田相对而言不算太多。

地热资源按其赋存形式主要有四种类型，即热水型、蒸汽型、地压型和干热岩体型。

1. 热水型

热水型指储层中以液态热水存在的地热资源，我国温泉、热泉和中低温地热田分布非常广泛，其应用更是多种多样，精彩纷呈。

2. 蒸汽型

蒸汽型指热储中以蒸汽（含少量其他气体杂质）对流为主的地热系统，这类地热的蒸汽温度均≥饱和温度，系统中液态水含量很低或基本上没有。饱和压力 p^s 与温度 T 的关系由

基尔霍夫方程给出，即

$$\ln p^s = A - \frac{B}{T} + \ln T$$

其中，压力和温度的单位分别是 Pa 和 K，A，B，C 都是常数。

在 6.1.4 节中曾针对天然气的相态图进行过研究，介绍了干气和湿气、临界压力和临界温度。那里所研究的是甲烷、乙烷等的混合物。对于地热，杂质很少，可当做纯物质 H_2O 处理，要简单得多，但原理相同。现在是干蒸汽和湿蒸汽，饱和蒸气和过热态蒸汽（温度大于饱和温度的蒸汽）都是干蒸汽。水的临界压力 $p_c = 22.055$ MPa，临界温度 $T_c = 647.13$ K，临界压缩因子 $Z_c = 0.229$，临界比体积 $V_c = 56.0\ \text{cm}^3 \cdot \text{mol}^{-1}$。

地热发电需要干蒸汽，进入汽轮机的蒸汽干度（见式 16.2.5）不能低于 92%，否则要预先进行除湿。

3．地压型

地压型指过去滨海盆地碎屑沉积物中的地热，热储层深度在 3 km 左右，其储层孔隙中流体压力大于水柱质量所产生的静水压力，井口流体压力可达 30 MPa 左右，温度通常为 150～180 ℃。沉积物中还含有甲烷、乙烷等烷烃类气体。我国南海石油勘探过程中和美国墨西哥湾石油开发过程中都发现过这类地热。这类地热在开发过程中，往往把烷烃气体作为副产品进行收集和利用。但这类地层通常圈闭性较好，属于封闭性边界，边水供应差，难以持续开采。

4．干热岩体型

干热岩体型即热储是地下较深、温度很高的干热岩体，其中孔隙很少，含水量很低。深度通常在地表以下 2000～5000 m，岩体温度范围在 200～500 ℃，岩性为花岗岩居多。对这类地热通常用对偶井进行开采，即由注入井注入常温的水，水流入裂缝与岩体进行热交换，再由生产井采出干蒸汽发电。裂缝是由人工水力压裂加支撑剂形成的，或通过人工爆破产生的。

下面介绍地热的利用，可分为两大类，即直接利用和地热发电。

16.1.2　地热的直接利用

我国直接利用地热已有几千年的历史，早期是直接利用温泉，现在所说的直接利用主要是指通过钻井、机械化提水的非发电利用。20 世纪初直接利用地热前五位国家的装机容量见表 16.1。

表 16.1　20 世纪初直接利用地热前五位的国家情况

序号	国家	装机容量（MW）	年产热能（GWh）
1	中国	2282	10531
2	日本	1176	7482
3	美国	3766	5640
4	冰岛	1469	5603
5	土耳其	820	4377

摘自：徐世光、郭远生，2009。

地热直接利用主要有以下几个方面：

1. 地热采暖调温

目前，世界上利用地热供暖的国家主要有冰岛、法国、意大利、俄罗斯、日本等。冰岛是最早利用地热供暖的国家，该国是靠近北极圈的岛国，气候寒冷，除三伏天以外，常年需要供暖。其资源匮乏，但地热资源丰富，1928 年在其首都雷克雅未克附近打出第一口井，水温为 87 ℃，开始给住宅小区、游泳池和学校供暖。1939～1943 年，陆续建设一批新的供热项目，现在其首都已成为世界著名的"无烟城"。

我国地质学家李四光在 20 世纪 60 年代就大力提倡开发利用地热，亲自指导在北京房山县打出第一口地热观测井，1970 年他在天津主持召开了开发利用地热资源的动员大会，使我国的地热直接利用逐步走上正轨。

我国北方地区注重地热的供暖。如北京丰台区的南宫村 2000 年钻成第一口热水井，水温为 72 ℃，日出水量为 2380 m^3，对 3 万 m^2 的建筑物供暖；回水温度降至 48 ℃，二级利用为南宫温泉世界的旅游设施提供热水；再降温后，三级利用养殖名优食用鱼和观赏鱼；最后 20 多摄度的温水，四级利用作为植物园的地热加温和灌溉用水。地热成为南宫村经济发展的重要支柱，全村 2700 人，人均年产值超过 1 万美元。

南方地区却为地热制冷调温开辟了一条新路(马伟斌，2005)。如广东梅州市五华县汤湖矿泥山庄，地热水温稳定在 63～65 ℃，用吸热式制冷机制冷，获得制冷系统的出口温度为 6.5～10 ℃的冷冻水。与普通的空调系统相比，节约能耗 61.6%。

2. 地热在工业方面的直接利用

在工业方面的直接利用主要有造纸、缫丝、纺织、印染、制盐、采油、木材烘干、提取矿物和元素等领域。如云南腾冲县造纸厂曾利用沸泉的蒸汽蒸煮纸浆和烘烤纸张，生产的绵纸远销国外。华北油田在河北霸县周边利用已报废的油井开发地热田，井口水温在 92 ℃左右，除供暖和建温室大棚外，还用于该输油管道加热，提高油的流度。

3. 地热在农业方面的直接利用

在农业方面的直接利用主要有温室大棚种植和温水的水产养殖、家禽的孵化和家畜棚舍的供暖等，在我国各地都有这样的例子。如西藏羊八井就利用地热发电的尾水供温室种植果菜，让拉萨常年能吃上新鲜的蔬菜。

4. 地热在医疗保健、旅游等方面的直接利用

我国许多地方都利用地热建温泉疗养院、旅游度假村、浴疗中心等。

16.1.3 地热发电

16.1.3.1 简介

地热发电是指利用地热的干蒸汽推动涡轮机发电，还有闪蒸地热发电和双流地热发电。闪蒸地热发电用抽真空装置，使进入扩容器的热水减压气化，产生低于当地大气压的扩容蒸汽分离出的气体对汽轮机做功。双流地热发电是指通过热交换器让地下热水加热低沸点的工作介质(如氯乙烷、丁烷等)。热水通过换热器加热，使低沸点物质迅速气化，气体进入发电机做功。

以色列奥玛特(Ormat)公司在 20 世纪末把上述蒸汽发电和热水发电两套系统合并,设计出一款"联合循环地热发电系统",如图 16.1 所示。

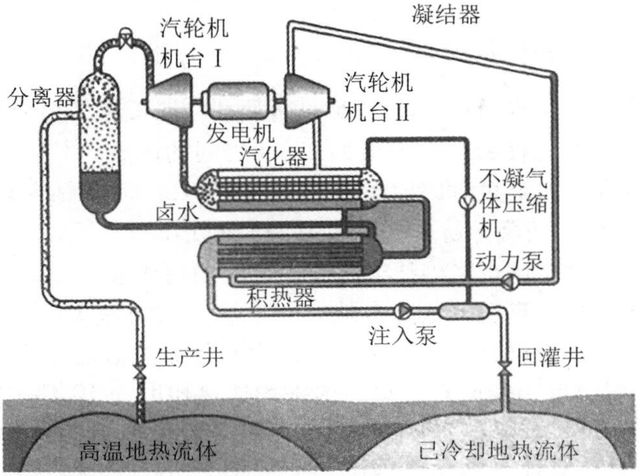

图 16.1　联合循环地热发电系统示意图

这个系统的特点是两次发电,一次是用 150 ℃的高温流体发电;降温后,二次用 120 ℃左右的热流体发电;再将尾水回注,尾水经储层加热后再发电。它非常节水且非常环保,对于淡水贵如油的国家如以色列而言,尤其适合。这个系统已在多个国家使用,效果良好。

目前世界上主要利用地热发电的国家及其使用情况如表 16.2 所示。

表 16.2　1990 年以来各年利用地热发电装机容量前 14 位的国家

单位:MW

序号	国家	1990 年	1995 年	1998 年
1	美国	2775	2817	2850
2	菲律宾	891	1191	1848
3	意大利	545	632	769
4	墨西哥	700	753	743
5	印尼	145	310	590
6	日本	215	414	530
7	新西兰	283	286	345
8	冰岛	45	50	140
9	哥斯达黎加	0	55	120
10	萨尔瓦多	95	105	105
11	尼加拉瓜	70	70	70
12	肯尼亚	45	45	45
13	中国	19	29	32
14	土耳其	20	20	20

摘自:徐世光、郭远生,2009。

小型地热电站可以用垂直井作为注入井，经压裂产生垂直裂缝。常温水流经裂缝被加热，在裂缝的末端位置钻出一垂直井作为生产井，生产井产出的蒸汽，即可用来发电。

16.1.3.2 滇藏地热带和羊八井

滇藏地热带又称喜马拉雅地热带，位于印度板块和欧亚板块的结合部。除西藏地区外，它还包括滇西腾冲以及澜沧江、怒江和金沙江三江之间的区域。其中有 60～80 ℃的热泉 139 处，高于 80 ℃的热泉和沸泉 80 处（徐世光、郭远生，2009）。钻探表明，羊八井热田深 2006 m 处，温度为 329 ℃，西藏羊易乡热田井深 285 m 处，204.1 ℃。

西藏羊八井地热田属拉萨市当雄县羊八井区管辖，位于拉萨市西北 90 km，海拔为 4300 m。藏布曲河自西南向东北流过羊八井盆地。年平均气温约为 2.5 ℃，地面气压约为 0.6 atm。地球物理勘探表明，该热田深 10～20 km 间存在熔融状态的岩浆囊，平面尺度延展约为 10 km，岩浆囊外层温度为 500 ℃。热田内平均地热梯度为 10 ℃ · hm^{-1}，在深 5000 m 处，岩石温度为 500 ℃。资料表明，深部热田可采热资源量约为 10^{22} J，按热电转换效率为 17%，装机容量为 1 亿 kW 计，可发电约 600 年（赵阳升，2004）。现在羊八井地热田开发的是浅部地热，深部有待大规模开采。

16.1.3.3 人工储留区

人工储留区是指在地热开发中，对于像干热岩这类原生裂缝极不发育、不含水或含水极少的热储层，需要通过人工压裂或人工爆破的方法，形成裂缝、孔隙或空洞，使之能够储存水和蒸汽并在其中流动。高温岩体地热开发中人工储留区的建造是非常重要的。

要开采羊八井这样地热富集的深层地热，其人工储留区的建造应该借鉴页岩气开发的成功经验，一是要钻分支水平井或丛式井多井作业；二是要对水平井进行分段压裂，以形成密集的缝网，增大水与岩石之间的换热面；三是要采用“井工厂”作业技术（见 15.1.2 小节和 15.1.3 小节）。与页岩气开发不同的是：① 页岩层多为未固结的粉砂岩或泥砂岩，而干热岩多为花岗岩，后者压出的裂缝应该更长、更有效。② 页岩层水力压裂时，返排水会大量出砂，需要处理砂的装备，对干热岩的压裂，出砂少。③ 开发页岩气的井工厂一般使用时间不长，以年计，而开采羊八井深层地热，所建成的井工厂将使用很长时间，以百年计，因而更经济，也更具必要性。

羊八井深层地热开采是一个系统工程，需要精准筹划。在勘探的基础上，选好建设井工厂的地址，并与发电厂统一布局。作为参考，按现有的技术水平，给出下列一个方案：

为方便叙述，先设压裂裂缝的平均半长度为 l m。在俯视图上，钻三口纵向排列的垂直井，井深为 4500 m，相邻两井间的距离为 $2l$ m。在每个直井末端（深 4500 m）和深 $(4500-2l)$ m 处，从直井向左右两边各钻一个横向伸展的水平井，每个水平井长度为 L m。即每口直井连接 4 个水平井，共计 12 个水平井，水平井之间互相平行。然后对水平井分段（每段长 50 m 左右）进行水力压裂（裂缝的平均半长度为 l m）和注入支撑剂，这样就完成了一个人工储留区。该储留区的体积为：$2L\times4l\times6l=48Ll^2$ m³，若取裂缝平均半长度 $l=100$ m，每个水平井长度 $L=1500$ m，则储留区体积为 7.2×10^8 m³，如果压裂后储留区的孔隙度 $\phi=0.15$，于是可储留流体的体积近似为 1 亿 m³。如果平均裂缝长度减半（50 m），其体积将为上述体积的 1/4。

进入发电阶段，可以从两边的直井注入冷水，从中间一口井提取干蒸汽发电。发电需要水源，藏布曲流量最大时约为 100 $m^3 \cdot s^{-1}$，最小时仅 2.5 $m^3 \cdot s^{-1}$，目前浅层地热发电后的污水直接排入藏布曲，需要治理。大规模发电可能要动用拉萨河水（年平均流量约为 287 $m^3 \cdot s^{-1}$）。发电后的尾水，可供大型国际高原度假村使用，以及为温室土壤加温，种植蔬菜、花卉等。但为了节水，也可采用联合循环地热发电系统。

地热能开发是一个系统工程，其基础学科涉及热力学、地质科学及渗流力学等，由于地热开发是地层渗流和井筒管流，是一个典型的热-流耦合流动，本章将介绍与地热开发相关的渗流问题。

16.2　岩石和水的高温热物理性质

16.2.1　岩石的热物理性质

岩石的热物理性质包括岩石的导热系数、比热、传热系数、岩石的线膨胀系数和力学性质。其中导热系数和比热的定义在 1.7.1 节已有定义，不再重述。本节将给出一些数据。

16.2.1.1　导热系数（heat-conductivity，热导率）κ

常温条件下部分致密岩石的导热系数见表 16.3。

表 16.3　常温条件下部分致密岩石的导热系数

岩石名称	导热系数（$W \cdot m^{-1} \cdot K^{-1}$）	岩石名称	导热系数（$W \cdot m^{-1} \cdot K^{-1}$）
凝灰质石英岩	7.62	石灰岩	6.73;6.81;7.37
安山玢岩	5.84	白云质灰岩	7.5
辉石岩	6.74,6.42;6.91	片麻岩	7.47
白云岩	10.67;11.99	粗安岩、正长斑岩	5.31;5.74
花岗闪长岩	6.6	玄武岩	4.62
大理岩	7.90	细砂岩	5.91
斑状花岗岩	6.59	粗安岩	5.43
白云岩	11.99;12.27;10.98	凝灰岩	5.03

摘自：田廷山等，2006。

岩石导热系数随岩石密度的增加而增大，随岩石组分密度的增大而增大。不同地质年代岩石的密度与导热系数关系的实验结果如表 16.4 所示。

岩石导热系数与温度之间的关系复杂。苏联专家研究表明，沉积岩和火成岩的导热系数与温度的关系有较大区别。在温度为 20～300 ℃时，黏土岩、砂岩、凝灰岩、石灰岩等沉积岩的导热系数与温度之间大体上有以下经验关系：

表 16.4　不同地质年代岩石的密度与导热系数的关系

地质年代	岩石密度($g \cdot cm^{-3}$)	导热系数($W \cdot m^{-1} \cdot K^{-1}$)
第三系	2.48±0.06	2.026±0.791
白垩系	2.56±0.06	2.160±0.314
侏罗系	2.62±0.09	2.738±0.574
三叠系	2.38±0.17	2.780±0.444
二叠系		3.450
三炭系	2.68±0.10	3.090±0.854

摘自：田廷山等，2006。

$$\kappa_t = \kappa_{20} - (\kappa_{20} - 1.38)\left[\exp\left(0.725\frac{T - 293.15}{T + 403.15}\right) - 1\right] \tag{16.2.1}$$

式中，T 为岩石的温度，k_{20} 和 k_t 分别代表温度为 20 ℃和 T ℃情形的岩石导热系数。

温度在 20～600 ℃范围内时，花岗岩、正长岩、闪长岩、玄武岩、辉绿岩、橄榄岩、片麻岩等火成岩的导热系数与温度的关系如下：

$$\kappa_t = \kappa_{20} - (\kappa_{20} - 2.01)\left[\exp\left(0.725\frac{T - 293.15}{T + 403.15}\right) - 1\right] \tag{16.2.2}$$

式(16.2.1)和式(16.2.2)由苏联库塔斯和戈尔迪恩科的研究而得。伯奇和克拉克对 0～600 ℃ 范围之间的试验发现导热系数与温度有如下关系：

$$\kappa_t = 4.18\left[\left(\frac{600}{T + 300}\right) + 4\right] \times 10^{-3} \quad (W \cdot cm^{-1} \cdot K^{-1}) \tag{16.2.3}$$

常温下几种主要岩石的导热系数 κ 见表 16.5。

表 16.5　常温下几种主要岩石的导热系数 κ

单位：$W \cdot m^{-1} \cdot ℃^{-1}$

岩石	石灰岩	板岩	砂岩	盐岩	片麻岩	花岗岩	辉长岩	橄榄岩
κ 值	2.2～2.8	2.4	3.2	5.5	2.7	2.1	2.1	3.8

摘自：邦特巴斯，1988。

在高温条件下，有下列关系：

$$k = \frac{k_0}{1 + a(T - T_0)} \quad (T_0 < T < 700) \tag{16.2.4}$$

16.2.1.2　岩石的比热

比热(specific heat capacity) C 也称比热容，在工程中，如不作特殊说明，一般指定压比热容。实验表明，岩石在 500 ℃内比热与温度近似呈线性关系：

$$C_T = C_0(1 + \beta T)$$

其中，C_0，C_T 分别为岩石温度为 0 ℃和 T ℃时的比热；$\beta = 3 \times 10^{-3}$ 为温度系数。

在其他场合比热的单位多用 $J \cdot kg^{-1} \cdot K^{-1}$，两者之间相差密度 ρ，导热系数的倒数可称为岩石的热阻率。常温下一些岩石和矿物的比热值见表16.6。

表16.6　常温下一些岩石和矿物的比热值

岩石矿物	比热($J\cdot m^{-3}\cdot K^{-1}$)	岩石矿物	比热($J\cdot m^{-3}\cdot K^{-1}$)	岩石矿物	比热($J\cdot m^{-3}\cdot K^{-1}$)
黄铁矿	0.54	玄武岩	0.63～0.89	石灰岩	0.88～1.04
云母	0.87	辉长岩	0.172	硅岩	0.22
硫磺	0.72～0.74	片麻岩	0.174	大理石	0.42
泥岩	—	花岗岩	0.55～0.79	砂岩	0.84
细砂岩	0.95	辉绿岩	0.17	蛇纹岩	0.95

摘自：田廷山等，2006。

16.2.2　水的热物理性质

16.2.2.1　水的导热系数 K_w 和比热 C_w

水的导热系数和比热见表16.7。

表16.7　水的定压比热 C_p 和定容比热 C_V 数表

T(℃)	0	100	200	300	400	500	600	700
C_p($kJ\cdot kg^{-1}\cdot K^{-1}$)	1.859	1.873	1.894	1.919	1.948	1.978	2.009	2.042
C_V($kJ\cdot kg^{-1}\cdot K^{-1}$)	1.398	1.411	1.432	1.457	1.486	1.516	1.574	1.581

水导热系数：

$$K_w(J\cdot m^{-1}\cdot s^{-1}\cdot ℃^{-1}) = -1.26\times 10^{-5}T^2 + 2.56\times 10^{13}T + 0.5513$$

水比热：

$$C_w(J\cdot kg^{-1}\cdot ℃^{-1}) = 0.0165T^2 - 1.4878T + 4207.4$$

水蒸气的导热系数：

$$K_g(J\cdot m^{-1}\cdot s^{-1}\cdot ℃^{-1}) = 1.0\times 10^{-8}T^3 - 4.0\times 10^{-6}T^2 + 0.0006T + 0.0078$$

水蒸气比热：

$$C_g = -0.0001T^3 + 0.0948T^2 - 27.103T + 9246.8$$

水蒸气动力黏度：

$$\mu_g = (0.36T + 88.37)\times 10^{-7}$$

水动力黏度：

$$\mu_w = \left(\frac{1743 - 1.8T}{47.7T + 759}\right)\times 10^{-3}$$

16.2.2.2　饱和水与饱和蒸气

对于我国西南地区如羊八井的深层干热岩热能的开发，必须对注入水在地层中的流动状态有详尽的分析和清晰的认识，参照图16.2。该图是PVT系统中 p-V 坐标系中等温线图的示意图,不针对特定的物质。其纵坐标为压力 p,横坐标为比体积 V,即单位质量物质所占的体积($m^3 \cdot kg^{-1}$)。

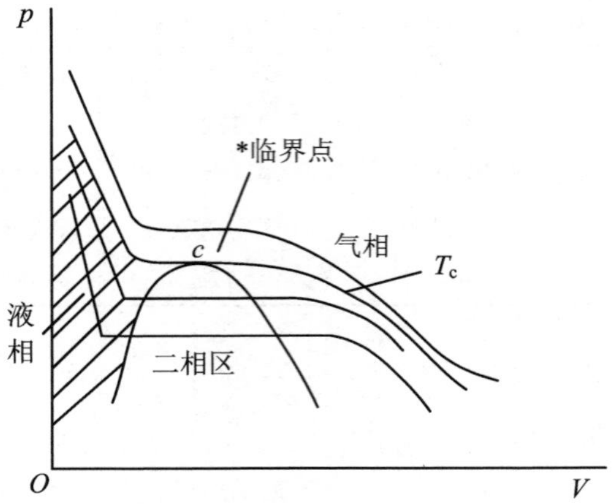

图 16.2 PVT 系统中 p-V 坐标下等温线图

在一个密闭的空间中,当水初始温度和压力都较低时,由于气体分子做永不停息的热运动,总有少数能量大的分子逸出为气体,随着温度升高,逸出分子越来越多;也有气体分子从气体空间回落到水中,当同一时刻逸出液面的分子数与由气体空间回落到液体中的分子数相等时,气液两相达到平衡状态,这种状态就称为平衡状态。平衡状态下的液体和蒸汽分别称为饱和水和饱和蒸气,这时的压力 $p = p_s$,温度 $T = T_s$ 分别称为饱和压力和饱和温度。p_s 和 T_s 是一一对应的,饱和压力越高,饱和温度也越高。对水而言,$p_s = 0.101325$ MPa 时,$T_s = 100$ ℃;在干热岩中,压力较高,饱和温度也高,这时水和蒸汽密度($kg \cdot m^{-3}$)ρ_l,ρ_g,比焓($kJ \cdot kg^{-1}$)h_l,h_g 等的数值如下:

当 $p_s = 1$ MPa 时,

$T_s = 179.916$ ℃, $\rho_l = 887.15$, $\rho_g = 5.144$; $h_l = 762.88$, $h_g = 2777.7$

当 $p_s = 3$ MPa 时,

$T_s = 233.892$ ℃, $\rho_l = 821.99$, $\rho_g = 15.001$; $h_l = 1008.3$, $h_g = 2803.3$

下面结合 p-V 图进行叙述,见图 16.2,图中的曲线是等温线,位置越高的线对应的温度越高。温度较低(例如 0 ℃)的水,其压力远低于它所对应的饱和温度 T_s,这时的水称为未饱和水,如图中斜线区所示。随着热量加入,温度逐渐上升,当水温升高到压力所对应的饱和温度 T_s 时,就达到饱和状态,出现第一个气泡,这时的水称为饱和水,对应于图中等温线与虚线的一个交点。在压力不变或有少量变化的情况下,对饱和水继续加热,水不断气化,不断地变为蒸汽,这时的蒸汽称为湿蒸汽。这时是气液两相状态,流体的比体积 V 逐渐增大。在图 16.2 中对应于虚线与横坐标所包围的区域。湿蒸汽中所含的干饱和蒸气的质量分数,称为湿蒸汽的干度,用 d_v 表示

$$d_v = \frac{m_v}{m_w + m_v} \tag{16.2.5}$$

式中,m_w 和 m_v 分别表示湿蒸汽中所含的水和干饱和蒸气的质量。

对湿蒸汽继续加热,水继续气化,直至蒸汽中没有一滴水时,这时的蒸汽称为干蒸汽,其

内能和焓也随温度的升高而升高。对干蒸汽继续加热，蒸汽温度又开始升高，超过了该压力所对应的饱和温度 T_s，这时的蒸汽称为过热蒸汽。

反之，如果对过热蒸汽的温度逐渐降低，达到其温度所对应的饱和压力 p_s 时，气体开始液化，这个压力就称为该温度 T 下的饱和压力。

不同的饱和压力对应不同的饱和温度，这一系列点的连线反映在 p-V 坐标系中是用虚线表示的曲线。左边的虚线称为水饱和线（油气开发中称泡点线）；右边的虚线称为蒸汽饱和线（油气开发中称露点线）。这两条曲线把 p-V 图分为三个区域，水饱和线左边是未饱和水区；蒸汽饱和线右边是过热蒸汽区；中间是气液两相共存的湿蒸汽区；加上曲线上的两个饱和态，共有五种状态。两线顶端的交点称为临界点，通常用点 c 表示。水的临界参数是：临界压力 $p_c = 22.064$ MPa，临界温度 $T_c = 373.99$ ℃，临界比体积 $V_c = 0.003106\ \mathrm{m^3 \cdot kg^{-1}}$，临界比焓 $h_c = 2085.9\ \mathrm{kJ \cdot kg^{-1}}$，临界比熵 $s_c = 4.4092\ \mathrm{kJ \cdot kg^{-1} \cdot K^{-1}}$。参见表 16.8 末行。从临界点再往上是超临界态，在这里气相、液相难以区分，流体的性质与气态和液态都不相同，超临界态是专门研究的课题，这里不再赘述。

表 16.7、表 16.8 是摘自相关书籍中附表的一部分，只是为了对理解本节内容起引领作用。在实际工作中，如需更详尽的数据，可查阅马沛生(2005)、张学学等(2002)、刘桂玉等(1998)以及杨世铭等(1998)的相关著作。

表 16.7　未饱和水和过热蒸汽表

T(℃)	$p = 0.1$ MPa				$p = 0.5$ MPa			
	ρ (kg · m^{-3})	h (kJ · kg^{-1})	U (kJ · kg^{-1})	s (kJ · kg^{-1} · K^{-1})	ρ (kg · m^{-3})	h (kJ · kg^{-1})	U (kJ · kg^{-1})	s (kJ · kg^{-1} · K^{-1})
0	999.83	0.06	−0.04	−0.40015	1000.03	0.47	−0.03	−0.00012
10	999.74	42.08	41.98	0.15096	999.93	42.47	41.97	0.15092
20	998.23	83.93	83.893	0.29619	998.41	84.30	83.80	0.29610
40	992.21	167.59	167.48	0.57225	992.39	167.94	167.44	0.57209
60	983.20	251.22	251.12	0.83115	983.37	251.56	251.09	0.83093
80	971.82	334.97	334.86	1.07526	972.00	335.29	334.77	1.07500
100	0.5896	2675.9	2506.3	7.3609	958.55	419.36	418.84	1.30657
200	0.4600	2874.8	2657.6	7.8335	2.3573	2854.9	2642.5	2.0585
300	0.3790	3073.9	2810.1	8.2152	1.9137	3063.7	2802.5	7.4591
400	0.3223	3278.0	2967.7	8.5432	1.6200	3271.1	2963.1	7.7935
500	0.2805	2488.2	3131.6	8.8342	1.4066	3483.9	3128.5	8.0873
600	0.2483	3705.0	3302.3	9.0979	1.2473	3701.9	3299.9	8.3524

T(℃)	$p = 1$ MPa				$p = 5$ MPa			
	ρ (kg · m^{-3})	h (kJ · kg^{-1})	U (kJ · kg^{-1})	s (kJ · kg^{-1} · K^{-1})	ρ (kg · m^{-3})	h (kJ · kg^{-1})	U (kJ · kg^{-1})	s (kJ · kg^{-1} · K^{-1})
0	100029	0.98	−0.02	−0.00008	1002.31	5.05	0.06	0.00020
10	1000.17	42.96	41.96	0.15088	1002.07	46.85	41.86	0.15050

续表

T(℃)	p = 1 MPa ρ (kg·m^{-3})	h (kJ·kg^{-1})	U (kJ·kg^{-1})	s (kJ·kg^{-1}·K^{-1})	p = 5 MPa ρ (kg·m^{-3})	h (kJ·kg^{-1})	U (kJ·kg^{-1})	s (kJ·kg^{-1}·K^{-1})
20	999.64	84.77	83.74	0.29600	1000.46	88.52	83.53	0.29514
40	992.60	168.38	167.31	0.57190	994.35	171.92	166.89	0.57034
60	983.59	251.98	250.87	0.83067	985.33	255.34	250.26	0.82855
80	972.22	335.68	334.54	1.07467	974.00	338.87	333.74	1.07205
100	958.81	419.74	418.55	1.30618	960.68	442.75	417.54	1.30308
200	4.8566	2874.3	2597.5	6.6932	867.35	853.79	848.03	2.3533
300	3.8771	3050.6	2792.7	7.1219	22.073	2923.5	2697.0	6.2067
400	3.2617	3263.8	2957.2	7.4642	17.200	3195.5	2906.5	6.6456
500	2.8241	3478.6	3124.5	7.7622	14.568	3433.9	3091.1	6.9760
600	2.4932	3698.1	3297.0	8.0292	12.907	3666.2	3272.8	7.2586

表 16.8 饱和水和饱和蒸气表

(一)按温度排列

T (℃)	p (MPa)	ρ_l (kg·m^{-3})	ρ_g (kg·m^{-3})	h_l (kJ·kg^{-1})	h_g (kJ·kg^{-1})	h_V (kJ·kg^{-1})	s_l (kJ·kg^{-1}·K^{-1})	s_g (kJ·kg^{-1}·K^{-1})
30	0.004246	995.61	0.0304	125.67	2555.3	2429.7	0.43653	8.4513
40	0.007384	992.17	0.05121	167.50	2573.4	2405.9	0.58228	8.2550
50	0.012344	987.99	0.08308	209.33	2591.2	2381.9	0.70374	8.0745
60	0.019932	983.16	0.13030	251.15	2608.8	2357.6	0.83119	7.9080
70	0.031176	977.75	0.19823	293.01	2626.1	2333.1	0.95494	7.7540
80	0.04373	971.79	0.29336	334.93	2643.1	2308.1	1.07530	7.6112
90	0.070117	965.33	0.42343	376.93	2659.6	2282.7	1.19253	7.4784
100	0.10132	958.39	0.5975	419.06	2675.7	2256.7	1.30689	7.3545
125	0.23201	939.07	1.2927	525.07	2713.4	2188.3	1/58148	7.0777
150	0.47572	917.06	2.5454	632.32	2746.4	2114.1	1.84208	6.8381
175	0.8918	892.32	4.6127	741.22	2773.3	2032.0	2.09105	6.6254
200	1.5537	864.74	7.854	852.38	2792.5	1940.1	2.33076	6.4312
230	2.7951	827.25	13.976	990.00	2803.1	1813.1	2.60971	6.2131
270	5.4999	767.68	28.061	1184.57	2989.1	1604.6	3.97514	5.9293
300	8.5838	712.41	46.154	1344.05	2748.7	1404.7	3.25336	5.7042
326	12.204	651.93	71,73	1498.97	2680.1	1181.1	3.50852	5.4798
350	16.521	574.7	43.48	1670.4	2563.5	983.0	3.7774	5.2105
373.5	21.930	385.0	259.0	1991.6	2207.3	215.7	4.2640	4.5977
373.976	22.055	322		2086		0	4.409	

续表

（二）按压力排列

p (MPa)	T (℃)	ρ_l ($kg\cdot m^{-3}$)	ρ_g ($kg\cdot m^{-3}$)	h_l ($kJ\cdot kg^{-1}$)	h_g ($kJ\cdot kg^{-1}$)	h_V ($kJ\cdot kg^{-1}$)	s_l ($kJ\cdot kg^{-1}\cdot K^{-1}$)	s_g ($kJ\cdot kg^{-1}\cdot K^{-1}$)
0.08	93.511	962.95	0.47902	391.70	2665.3	2273.6	1.23298	7.4339
0.10	99.632	958.66	0.5902	417.51	2675.1	2257.6	1.30273	7.3589
0.20	120.241	942.96	1.1289	504.80	2706.5	2201.7	1.53035	7.1272
0.30	133.555	931.84	1.6505	561.61	2725.3	2163.7	1.67211	6.9921
0.40	143.643	922.91	2.1624	604.90	2788.5	2135.6	1.77700	6.8961
0.50	151.866	915.31	2.6677	640.38	2748.6	2108.2	1.86104	6.8214
0.60	158.863	908.61	3.1683	670.71	2756.7	2086.0	1.93115	6.7601
0.70	164.983	902.58	3.6655	697.35	2763.3	2066.0	1.99254	6.7079
0.80	170.444	897.05	4.1603	721.23	2768.9	2047.7	2.04644	6.6625
0.90	175.388	891.94	4.6531	742.93	2773.6	2030.7	2.09484	6.6222
1.00	179.916	887.15	5.144	762.88	2777.7	2014.8	2.13885	6.5859
2.00	212.417	849.85	10.041	908.69	2798.7	1890.0	2.44714	6.3396
3.00	233.892	821.99	15.001	1000.30	2803.3	1795.0	2.64544	6.1855
5.00	263.977	777.51	25.355	1154.22	2793.7	1639.5	2.92013	5.0725
10.00	311.031	688.61	55.47	1407.33	2724.5	1317.2	3.35918	5.6140
15.00	342.192	603.4	86.71	1609.9	2610.1	1000.2	3.6837	5.3093
20.00	365.800	491.3	170.36	1826.5	2413.2	586.7	4.0142	4.9323
22.00	373.767	370.2	373.8	2012.7	2176.3	163.6	4.2964	4.5492
22.055	373.976	322		2086		0	4.429	

16.2.3　传热系数

传热系数(heat-transfer coefficient)η 是表征两种物体密切接触时相互之间热量传递特性的物理量，本节主要是介绍岩石与水接触时的热量交换，表示为

$$\eta = \frac{q}{T_r - T_f} \tag{16.2.6}$$

（见朗道等著，孔祥言等译的《流体力学》）。η 的单位为 $J\cdot m^{-2}\cdot s^{-1}\cdot K^{-1}$。因为 W 对应于 $J\cdot s^{-1}$，也可用 $W\cdot m^{-2}\cdot K^{-1}$ 表示。式中，q 是热通量密度，即单位时间通过单位面积沿接触面积法线方向传递的热量，单位为 $J\cdot m^{-2}\cdot s^{-1}$。$T_r$ 和 T_f 分别表示岩石表面和流体的温度。令 $\Delta T = T_r - T_f$，$\boldsymbol{n}$ 沿接触面的法线方向，则有

$$\eta\Delta T = q = k\frac{\partial T}{\partial n} \tag{16.2.7}$$

$\eta\Delta T$ 所用的单位与 q 的相同，为 $J\cdot m^{-2}\cdot s^{-1}$。

目前，传热系数在建筑和热工方面用得较多，主要研究不同材料墙体与空气之间的传热（也称表面传热系数）和热流体与金属表面之间的传热。传热系数与流体流动状态等因素有

关。在刘学学等(2002)的相关著作及其他著作中有相关介绍,如果流体温度很高,而固体表面温度较低,则热量将由流体传入固体,如蒸汽流经井筒上部会使流体温度降低。表 16.9 给出对流传热的传热系数。

表 16.9　水与固体之间传热系数的范围

流动状态	传热系数 η($W \cdot m^{-2} \cdot K^{-1}$)
水自然对流	200～1000
水强迫对流	100～15000
水沸腾	2500～35000
水蒸气凝结	5000～25000

注:传热系数还与岩体的导热系数、温度梯度及两相介质的物态和特性有关。

传热系数 η 的数值一般是根据岩石特性、流体流动状态等因素,通过分析计算,或由实验确定,难以给出通用的数表。在地热开发中,需要给出岩石与水、湿蒸汽或干蒸汽之间的传热系数。

16.3　地热开发中的渗流

地热开发中的渗流包括单相水的渗流,干蒸汽的单相渗流,水、气两相渗流以及热流固偶合等内容。下面先研究一下岩石基质对水的加热的过程及其机理,然后分别论述相关的渗流。

16.3.1　高温岩石基质对水加热以及水相变的分析研究

待开发地热的干热岩,经水力压裂,岩体中出现裂缝网,通过观察井或其他勘探措施,获得孔隙度 ϕ 和平均裂缝宽度 w_f 等相关数据,裂缝数据只有平均宽度才具有普遍意义。

为叙述方便,在渗流流场取一网格块,体积为 $\Delta x \Delta y \Delta z$,考虑时间步长为 Δt。格块中分布了一些裂缝,又可分成若干小块立方体,每个小块含有一个裂缝和一个岩石基质小块。因为岩石基质与裂缝体积之比为$(1-\phi):\phi$,就意味着岩石基质的平均厚度 $w_r=(1-\phi)w_f/\phi$,设小块的截面面积,也就是岩石与裂缝水的接触面积为 ΔA,岩石基质温度为 T_r,水温为 T_f,于是岩石热量将沿接触面法线方向传入体积为 $\Delta A w_f$、质量为 $\rho_f \Delta A w_f$ 的裂缝水中,Δt 时间通过 ΔA 传递的热量为$(T_r-T_f)\eta\Delta A\Delta t$,单位为 J。于是除以 Δt,$(T_r-T_f)\eta\Delta A$ 是单位时间通过面积 ΔA 传给裂缝流体的热量,单位为 $J \cdot s^{-1}$。

水的比热 c_f 定义为单位质量流体升高 1 ℃所需的热量($J \cdot kg^{-1} \cdot K^{-1}$),由于是两边的岩石为裂缝水加热,即使质量为 $\rho_f \Delta A w_f$ 的水温度升高的度数为 $2(T_r-T_f)\eta\Delta A\Delta t/\rho_f \Delta A w_f$。因为该体元是代表性的,即对控制体内所有流体都提高了上述温度。除以 Δt,即单位时间流体所提高的温度为 $2(T_r - T_f)\eta/\rho_f w_f$，单位为 $K \cdot s^{-1}$。上式乘以 ϕc_f，即为单位地层体积中流体质量单位时间所增加的热量为 $2\phi(T_r - T_f)\eta/\rho_f w_f$，单位为 $J \cdot kg^{-1} \cdot s^{-1}$。因而单位地层体积中流体体积单位时间所增加的热量为 $2\phi(T_r - T_f)\eta/w_f$，单位为 $J \cdot m^{-3} \cdot s^{-1}$。同理，单位地层体积中岩石基质质量单位时间所减少的热量为 $2(1-\phi)(T_r - T_f)\eta/\rho_f w_f$，单位地层体积中岩石基质体积单位时间所增加的热量为 $2\phi \cdot (T_r - T_f)\eta/w_f$，单位为 $J \cdot m^{-3} \cdot s^{-1}$，其中，$c_f$，$c_r$ 分别为流体和岩石的比热，这个量对建立能量方程有用。

所以 Δt 后，裂缝水的温度为

$$T_f^{(1)} = T_f + \frac{2(T_r - T_f)\eta\Delta t}{\rho_f w_f c_f} \tag{16.3.1}$$

同理，岩石基质的温度变为

$$T_r^{(1)} = T_r - \frac{2\phi(T_r - T_f)\eta\Delta t}{\rho_r(1-\phi)w_f c_r} \tag{16.3.2}$$

式(16.3.1)和式(16.3.2)中 w_f 和 $w_r = (1-\phi)w_f/\phi$ 分别为小块中裂缝和岩石基质的平均宽度。应当指出，这对流场中所有格块都成立。只是由于各个格块中初始温度有所区别，$T_f^{(1)}$ 和 $T_r^{(1)}$ 也就各不相同，从而给出 Δt 后整个流场的温度分布。以此类推，可得以及各个 Δt 后的温度分布：

$$T_f^{(2)} = T_f^{(1)} + \frac{2(T_r^{(1)} - T_f^{(1)})\eta\Delta t}{\rho_f w_f c_f} \tag{16.3.3}$$

……

$$T_f^{(k)} = T_f^{(k-1)} + \frac{2(T_r^{(k-1)} - T_f^{(k-1)})\eta\Delta t}{\rho_f w_f c_f} \tag{16.3.4}$$

以及

$$T_r^{(2)} = T_r^{(1)} - \frac{2\phi(T_r^{(1)} - T_f^{(1)})\eta\Delta t}{\rho_r(1-\phi)w_f c_r} \tag{16.3.5}$$

……

$$T_r^{(k)} = T_r^{(k-1)} - \frac{2\phi(T_r^{(k-1)} - T_f^{(k-1)})\eta\Delta t}{\rho_r(1-\phi)w_f c_r} \tag{16.3.6}$$

随着温度升高，计算至各点在当地压力下的饱和温度，开始冒出气泡，发生相变。在一定的压力下，这个饱和温度值是唯一的。随着蒸汽逐渐增加，一部分气体经纵向裂缝上窜，一部分混在水中流向生产井方向，形成湿蒸汽区，而上部逐渐成为干蒸汽区。在地下由未饱和水的单相渗流，逐步转变为气、液两相渗流和干蒸汽的单相渗流。

16.3.2　单相水的渗流

关于单相水的渗流，原则上，1.9 节中的渗流方程(1.9.13)～方程(1.9.20)都是适用的，因为 Darcy 方程就是通过水在多孔介质流动的实验总结出来的。但浅层水的开发相对于深层油气的开发而言，还有它的一些特点，对地下水的渗流，通常用水头 H 来描述。

16.3.2.1　关于水头 H 的微分方程

在 1.5.1 节中已介绍过，总水头可表示为

$$H = \frac{p}{\rho g} + z + \frac{\nu^2}{2g} \tag{16.3.7}$$

式中，右边三项分别可称为压力头、高度头和速度头。渗流中，通常速度很小，与其他两项相比，速度头项可以略去，写成

$$H = \frac{p}{\rho g} + z = \frac{p}{\gamma} + z \tag{16.3.8}$$

其中，$\gamma = \rho g$。式(16.3.8)用于 $z_1 = L, z_2 = 0$，则有

$$H_1 - H_2 = L + \frac{p_1 - p_2}{\gamma} \tag{16.3.9}$$

$(H_1 - H_2)/L = J$ 称为水力坡度。将渗流速度写成

$$V = K'J = -K'\frac{\mathrm{d}H}{\mathrm{d}L} \tag{16.3.10}$$

其中，K' 称为渗透系数（或水力传导系数），单位为 $\mathrm{m \cdot s^{-1}}$，与速度单位相同。它与渗透率 K 的关系为 $K' = \gamma K/\mu$。式(16.3.10)推广到三维情形，有

$$\nu_x = -K'_x\frac{\partial H}{\partial x}, \quad \nu_y = -K'_y\frac{\partial H}{\partial z}, \quad \nu_z = -K'_z\frac{\partial H}{\partial z} \tag{16.3.11}$$

于是渗流方程可写成

$$\left[\frac{\partial}{\partial x}\left(K'_x\rho\frac{\partial H}{\partial x} + K'_y\rho\frac{\partial H}{\partial y} + K'_z\rho\frac{\partial H}{\partial z}\right)\right]\Delta x\Delta y\Delta z = \frac{\partial}{\partial t}(\rho\phi\Delta x\Delta y\Delta z)\Delta t \tag{16.3.12}$$

16.3.2.2 承压水运动的基本方程

对于承压水，考虑到含水层水平方向受到限制，可把 $\Delta x\Delta y$ 当做常量。而垂直方向受到压缩，水的密度 ρ、孔隙度 ϕ 和单元体高度等三个量将随压力而变化，方程(16.3.12)的右边项可写成

$$\frac{\partial}{\partial t}(\rho\phi\Delta x\Delta y\Delta z)\Delta t = \left(\phi\Delta z\frac{\partial\rho}{\partial t} + \rho\Delta z\frac{\partial\phi}{\partial t} + \rho\phi\frac{\partial\Delta z}{\partial t}\right)\Delta x\Delta y\Delta t \tag{16.3.13}$$

引进水的压缩系数 β、孔隙介质的压缩系数 c_b：

$$\beta = \frac{1}{\rho}\frac{\mathrm{d}\rho}{\mathrm{d}p}, \quad c_\mathrm{b} = -\frac{1}{\nu_\mathrm{b}}\frac{\mathrm{d}\nu_\mathrm{b}}{\mathrm{d}p}, \quad \frac{\mathrm{d}\nu_\mathrm{b}}{\nu_\mathrm{b}} = \frac{\mathrm{d}\Delta z}{\Delta z}, \quad \mathrm{d}\phi = (1-\phi)c_\mathrm{b}\mathrm{d}p \tag{16.3.14}$$

则式(16.3.13)可进一步写成

$$\begin{aligned}\frac{\partial}{\partial t}(\rho\phi\Delta x\Delta y\Delta z)\Delta t &= \left[\rho\phi\beta\Delta z\frac{\partial p}{\partial t} + \rho(1-\phi)c_\mathrm{b}\Delta z\frac{\partial p}{\partial t} + \rho\phi c_\mathrm{b}\Delta z\frac{\partial p}{\partial t}\right]\Delta x\Delta y\Delta t \\ &= \rho(\phi\beta + c_\mathrm{b})\frac{\partial p}{\partial t}\Delta x\Delta y\Delta z\Delta t\end{aligned} \tag{16.3.15}$$

由式(16.3.8)，$p = \rho g(H - z)$，即

$$\frac{\partial p}{\partial t} = H - zg\frac{\partial H}{\partial t} + g(H-z)\frac{\partial\rho}{\partial t} = \frac{\rho g}{1-\beta p}\frac{\partial H}{\partial t} \tag{16.3.16}$$

对于浅层，$\beta p \ll 1$，即

$$\frac{\partial p}{\partial t} = \gamma\frac{\partial H}{\partial t} \tag{16.3.17}$$

将式(16.3.17)代入式(16.3.15)得

$$\frac{\partial}{\partial t}(\rho\phi\Delta x\Delta y\Delta z)\Delta t = \rho^2 g(\phi\beta + c_b)\frac{\partial H}{\partial t}\Delta x\Delta y\Delta z\Delta t \tag{16.3.18}$$

于是式(16.3.12)可写成

$$\frac{\partial}{\partial x}\left(K'_x\rho\frac{\partial H}{\partial x} + K'_y\rho\frac{\partial H}{\partial y} + K'_z\rho\frac{\partial H}{\partial z}\right) = \mu_s\frac{\partial H}{\partial t} \tag{16.3.19}$$

其中，$\mu_s = \rho g(\phi\beta + c_b)$，称为贮水率或释水率，单位为 L^{-1}。如果有源汇存在，式(16.3.19)中应加一源汇项 q，表示单位时间单位体积流入或流出(抽水或注入)的水量。

方程的定解条件：

初始条件：

$$H(x,y,z)\big|_{t=0} = H_0(x,y,z) \tag{16.3.20}$$

边界条件：给定水头，或定流量。

16.3.2.3　深层中低温地热渗流

对于储层较深、中低温水的情形，1.9 节中的渗流方程同样适用，无需用水头的概念。并且可以利用前几章(如第 3 章、第 4 章)所述的对渗流方程的求解方法进行求解。这里不再重述。

16.3.3　干蒸汽的单相渗流

对于干蒸汽渗流，密度写成

$$\rho = \frac{pM}{RTZ} \tag{16.3.21}$$

其中，$Z = Z(p,T)$是蒸汽的压缩因子。密度 ρ 可由表 16.7 或 16.8 查出。Darcy 定律写成

$$V_x = -\frac{\partial p}{\partial x},\quad V_y = -\frac{\partial p}{\partial y},\quad V_z = -\left(\frac{\partial p}{\partial z} + \rho g\right) \tag{16.3.22}$$

连续性方程用气体速度分量形式给出为

$$\frac{\partial(\phi\rho_g)}{\partial t} + \frac{\partial(\rho_g V_x)}{\partial x} + \frac{\partial(\rho_g V_y)}{\partial y} + \frac{\partial(\rho_g V_z)}{\partial z} = \rho_g q_g \tag{16.3.23}$$

式中，下标 g 代表蒸汽，q 是蒸汽源汇强度，对于无源情形，右端项为 0。将式(16.3.22)代入式(16.3.23)得出关于蒸汽压力 p_f 的连续性方程：

$$\frac{\partial(\phi\rho_g)}{\partial t} - \left[\frac{\partial}{\partial x}\left(\rho_g\frac{\partial p}{\partial x}\right) + \frac{\partial}{\partial y}\left(\rho_g\frac{\partial p}{\partial y}\right) + \frac{\partial}{\partial z}\left(\rho_g\frac{\partial p}{\partial z}\right)\right] = \rho_g q_g \tag{16.3.24}$$

1. 能量方程

能量方程分为岩石的能量方程和蒸汽的能量方程，按式(1.7.38)和式(1.7.37)，在通常情况下，固相和气相或可分别写成

$$(1-\phi)(\rho C_p)_r\frac{\partial T_r}{\partial t} = (1-\phi)k_r\left[\frac{\partial^2 T_r}{\partial x^2} + \frac{\partial^2 T_r}{\partial y^2} + \frac{\partial^2 T_r}{\partial z^2}\right] + (1-\phi)q_r \tag{16.3.25}$$

$$\frac{\partial}{\partial t}(\phi\rho_g s_g U_g) = -\left[\frac{\partial(\rho_g h_g V_{xg})}{\partial x} + \frac{\partial(\rho_g h_g V_{yg})}{\partial y} + \frac{\partial(\rho_g h_g V_{zg})}{\partial z}\right] + \phi k_f\left[\frac{\partial^2 T_r}{\partial x^2} + \frac{\partial^2 T_r}{\partial y^2} + \frac{\partial^2 T_f}{\partial z^2}\right] + \phi q_f \tag{16.3.26}$$

其中，密度 ρ_g 是温度与压力的函数，可由式(16.3.21)代入；在数值计算过程中，也可由表16.7或表16.8给出；q 为源汇项，k 为导热系数，C_p 为比热；下标 r 和 f 分别代表岩石和流体(蒸汽)；T_r 和 T_f 由16.3.1节的方法算出。在油气渗流中，认为是处于热平衡状态，岩石与油气温度瞬间达到一致，因为那里油气是蕴藏在地下的。

现在的情况，正如谚语所云："铁打的营盘流水的兵"，常温的流水在干热岩这个大熔炉内逐步提升能量，直至成为发电的工质。这里水被加热的机制，不是导热，而是由于岩石与水之间的温差所引起的岩石对水的传热。所以在这里，岩石和流体要分开建立能量方程，但也相互关联。

在1.7节中，曾对能量方程中每一项的物理意义作了详尽的分析，这里不妨再重申一下。方程(16.3.26)中，左边第一项是局部导数，称累积项；第二项是迁移导数项，称对流项，是由温度分布不均匀引起的；方程(16.3.25)和方程(16.3.26)右边第一项是外部加热项。在16.3.1中已经知道：单位地层体积中流体体积单位时间所增加的热量为 $2\phi(T_r - T_g)\eta/w_f$，单位为 $\mathrm{J\cdot kg^{-1}\cdot s^{-1}}$；单位地层体积中岩石基质体积单位时间所减少的热量为 $2(1-\phi)(T_r - T_g)\eta/w_f$，并且通常源汇项为0，在本节中，流体是指干蒸汽。再根据能量方程(1.7.38)和方程(1.7.42)，固相和气相的能量方程(16.3.25)和方程(16.3.26)对岩石和流体分别可改写为

$$(1-\phi)(\rho C_p)_r\frac{\partial T_r}{\partial t} = \frac{2(1-\phi)(T_r - T_f)\eta}{w_f} + (1-\phi)k_r\frac{\partial^2 T_r}{\partial z^2} \tag{16.3.27}$$

$$\frac{\partial}{\partial t}(\phi\rho_g s_g U_g) = -\left[\frac{\partial(\rho_g h_g V_{xg})}{\partial x} + \frac{\partial(\rho_g h_g V_{yg})}{\partial y} + \frac{\partial(\rho_g h_g V_{zg})}{\partial z}\right] + \frac{2\phi(T_r - T_g)\eta}{w_g} \tag{16.3.28}$$

其中，U 和 h 分别为比内能和比焓，可由表16.7或表16.8查出。方程(16.3.27)中最后一项是由地热梯度向上传递热量而引起的附加项。

方程右边第二项是指下方岩石导热传递的热量。由方程(16.3.24)可以用数值方法求解出压力分布；由方程(16.3.25)可以用数值方法求解出岩石的温度分布；式(16.3.22)代入式(16.3.26)，由方程(16.3.26)可以用数值方法求解出蒸汽中的温度分布。由方程解出的温度分布，可以与16.3.1节方法算出的结果互相对照和比较。

16.3.4 水、气两相渗流的数学描述

1. 连续性方程

本节的下标 w，g，，r 分别代表水、蒸汽和岩石基质，s 为饱和度。根据第1章中的方程(1.6.13)和方程(1.6.14)，水和蒸汽的连续性方程可分别写成

$$\frac{\partial(\phi s_w \rho_f)}{\partial t} + \frac{\partial(\rho_w V_{wx})}{\partial x} + \frac{\partial(\rho_w V_{wy})}{\partial y} + \frac{\partial(\rho_w V_{wz})}{\partial z} = \rho_w q_w \tag{16.3.29}$$

$$\frac{\partial(\phi s_g \rho_g)}{\partial t} + \frac{\partial(\rho_g V_{gx})}{\partial x} + \frac{\partial(\rho_g V_{gy})}{\partial y} + \frac{\partial(\rho_g V_{gz})}{\partial z} = \rho_g q_g \tag{16.3.30}$$

设流体的速度分量均适合 Darcy 方程，饱和度方程为 $s_w + s_g = 1$。

2. 能量方程

按方程(16.3.28)和方程(16.3.27)，水、蒸汽混合物和岩石的能量方程可分别写为

$$\phi(\rho C_p)_w \frac{\partial T_w}{\partial t} + (\rho c_p)_w \left[V_{wx} \frac{\partial T_w}{\partial x} + V_{wy} \frac{\partial T_w}{\partial y} + V_{wz} \frac{\partial T_w}{\partial z} \right] = \frac{2\phi s_w (T_r - T_w)\eta}{w_w} \tag{16.3.31}$$

$$\phi(\rho C_p)_g \frac{\partial T_g}{\partial t} + (\rho c_p)_g \left[V_{gx} \frac{\partial T_g}{\partial x} + V_{gy} \frac{\partial T_g}{\partial y} + V_{gz} \frac{\partial T_g}{\partial z} \right] = \frac{2\phi s_g (T_r - T_g)\eta}{w_g} \tag{16.3.32}$$

在水和蒸汽的混合物中，认为 $T_w = T_g = T_f$，根据方程(1.7.43)，式(16.3.31)和式(16.3.32)可合并写成

$$\begin{aligned}\frac{\partial}{\partial t}[\phi(\rho_g s_g U_g + \rho_w s_w U_w)] = &-\left[\frac{\partial(\rho_g h_g V_{gx})}{\partial x} + \frac{\partial(\rho_g h_g V_{gy})}{\partial y} + \frac{\partial(\rho_g h_g V_{gz})}{\partial z}\right] \\ &-\left[\frac{\partial(\rho_w h_w V_{wx})}{\partial x} + \frac{\partial(\rho_w h_w V_{wy})}{\partial y} + \frac{\partial(\rho_w h_w V_{wz})}{\partial z}\right] \\ &+\frac{2\phi s_g (T_r - T_g)\eta}{w_g} + \frac{2\phi s_w (T_r - T_w)\eta}{w_w}\end{aligned} \tag{16.3.33}$$

岩石基质的能量方程可写成

$$(1-\phi)(\rho C_p)_r \frac{\partial T_r}{\partial t} = -\frac{2(1-\phi)(T_r - T_w - T_g)\eta}{w_f} + (1-\phi)k_r \frac{\partial^2 T_r}{\partial z^2} \tag{16.3.34}$$

式中，w_f 为平均裂缝宽度。流体的密度由式(16.3.21)给出，其中压缩因子 Z 可以查表。

连续性方程加能量方程共四个方程，即方程(16.3.31)～方程(16.3.34)，可求解出 p_w，p_g，T_f，T_r，共四个变量。当然，这只能用数值方法求解。

16.3.5　热流固耦合问题

在第 12 章 12.4 节中，本书对热流固耦合问题已有详尽介绍，除能量方程可根据前面所述的方法建立以外，这里不再赘述。

习　题

第 1 章

1.1　设有一块体积为 V_T 的多孔材料样品被分割成 n 个小块。已知各小块的孔隙度和体积分别为 ϕ_i 和 $V_i(i=1,2,\cdots,n)$。试求整块样品的平均孔隙度 ϕ_T。又若各小块体积 V_i 均相等，但 ϕ_i 不相等，再求其 ϕ_T。

1.2　若将半径为 r_0 的相同球体进行正立方体排列（即最松排列），试求其孔隙度和比面。

1.3　若将半径为 r_0 的相同球体进行斜立方体排列（即最紧排列），试求其孔隙度和比面。

题 1.2 图

题 1.3 图

1.4　对于正立方体排列，试求面孔隙度的变化范围。

1.5　若将总压缩系数、孔隙压缩系数和固体骨架压缩系数分别定义为

$$c_b=-\frac{1}{V_b}\frac{\partial V_b}{\partial p},\quad c_{r_D}=-\frac{1}{V_p}\frac{\partial V_p}{\partial p},\quad c_s=-\frac{1}{V_s}\frac{\partial V_s}{\partial p}$$

介质的孔隙度为 ϕ，试讨论 c_b，c_{r_D} 与 c_s 的关系式。

1.6　对于单珠随机装填的多孔介质，试按 Carman-Kozeny 关系式分别求出颗粒半径 $r_0=10\ \mu\text{m}$ 和 $1\ \mu\text{m}$ 两种情形的渗透率 K。

1.7　设温度为 10 ℃的水（$\mu=1.31$ MPa・s）通过 Darcy 实验装置流动，装置中 $A=200\ \text{cm}^2$，$L=120$ cm，$H_1-H_2=120$ cm，$\phi=0.3$。水力传导系数 $K_s=20\ \text{m}\cdot\text{d}^{-1}$，试确定流量 Q 和砂柱中的渗流速度 V。

1.8　利用放射性示踪，测得含水层内渗流速度 $V=0.75\ \text{m}\cdot\text{d}^{-1}$。该点水力坡度 $(h_1-h_2)/L=0.002$。设 $\phi=0.25$，试确定含水层的水力传导系数 K_s。

1.9　设有一口井以 $Q=200\ \text{m}^3\cdot\text{h}^{-1}$ 的流量从厚度 h 不变的承压含水层中抽出。离井中心距离 $r=5$ m 处水力坡度为 0.2，试求含水层的导水系数 hK_s。

1.10　设一倾斜储油层厚度 $h=30.48$ m，渗透率 $K=0.1\ \mu\text{m}^2$。油在储油层中均匀流动。上坡的点 A 海拔高 76 m。下坡点 B 海拔高 61 m，压力为 22 MPa。A，B 两点相距 1600 m。在储油层中与流动方向垂直的 1 m 宽度流量为 $9.2\times10^{-6}\ \text{m}^3\cdot\text{s}^{-1}$，油的黏度 $\mu=1.2$ MPa・s，$\overline{\gamma}=0.77$。试求点 A 处压力。

1.11　设有均质水平地层，其水力传导系数为 K_s。开有三个观察孔，位于点 A，B，C，其坐标位置分别

为(0,0),(300,0),(0,200),测压水头分别为 10 m,11.5 m,8.4 m,试求渗流速度 V。

1.12　设有平面多孔介质中不可压缩渗流,试用流函数 ψ 分别表示各向同性和各向异性介质的定压边界条件。

1.13　设有 xy 平面上不可压缩渗流,其一段等势边界 $\Phi=0$,由椭圆 $x^2/a^2+y^2/b^2=1$ 表示。介质渗透率 $K_x \neq K_y$,试确定边界上任一点 $M(x,y)$ 流速 V 的方向。

1.14　设有一条流线从 $K_1=10\ \mu\text{m}^2$ 的介质穿过界面流入为 K_2 的介质,界面两边均为均质,流线入射角 $\theta=30^\circ$,试求 $K_1=10K_2$ 和 $K_1=0.1K_2$ 两种情形流线的折射角。

1.15　试证明同一种流体在介质渗透率间断面上流速方向发生间断(即折转),只有速度方向处处垂直于间断面的情形是例外。

第 2 章

2.1　设有单相不可压缩流体在均质中作平面径向渗流。用 ϕ, r_w, Q 和 h 分别表示孔隙度、井半径、流量和地层厚度。试求:

(a) 离井中心距离为 r_0 处流体质点流入井筒所需的时间 t;

(b) 设 $Q=1\,000\ \text{m}^3\cdot\text{d}^{-1}$,距离 $r_0=500$ m,$h=10$ m,$\phi=0.2$,$r_w \ll r_0$。求 t 为多少天。

2.2　接上题:

(a) 试求流体质点最大可能速度 $V_{\max}$ 的表达式;

(b) 若 $r_w=0.1$ m,求出 $V_{\max}$ 的数值。

2.3　设有水平地层如图所示。长为 L_1 部分渗透率为 K_1,长为 L_2 部分渗透率为 K_2。已知供给边缘处压力为 p_e,排液道处压力为 p_w,不可压缩流体黏度为 μ,试求此稳态渗流的速度和压力分布。

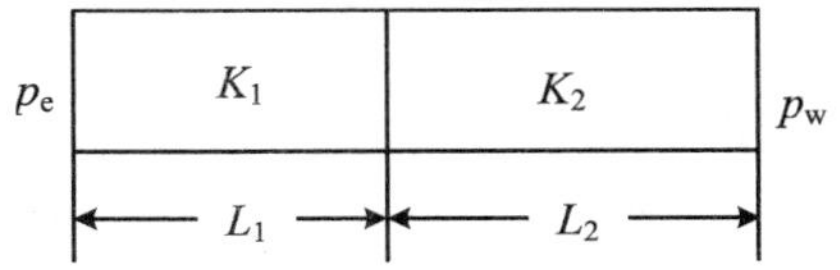

题 2.3 图

2.4　设有同心圆形平面地层,厚度为 h,中心井半径为 r_w,渗透率间断面半径为 r_0,外边界半径为 R,r_0 内外渗透率分别为 K_1 和 K_2,外边界处定压为 p_e:

(a) 试写出稳态渗流方程和定解条件;

(b) 若井流量 Q 已知,试求两个区域的压力分布 $p_1(r)$ 和 $p_2(r)$,再给出井底压力 p_w;

(c) 试给出流量 Q 用 $\Delta p=p_e-p_w$ 表示的关系式。

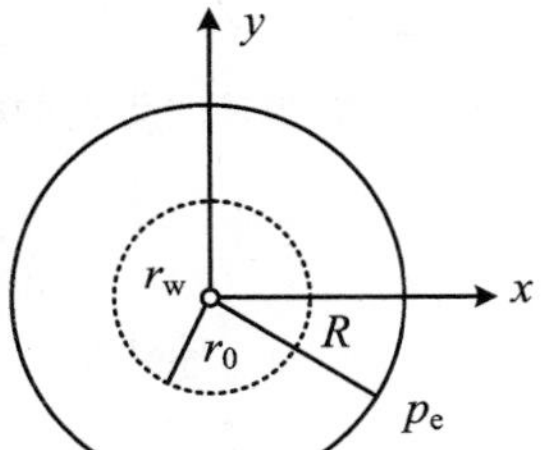

题 2.4 图

2.5　设直角供给边线(压力 p_e)内一口井位于点(x_0,y_0),试求其稳态渗流的势函数 Φ、流函数 ψ、速度 V、压力 p 和流量 Q 的表达式。

2.6　设半径为 R 的圆形供给边界内有一口定产量井位于 $z_1=r_1\text{e}^{\text{i}\theta_1}$ 处。试求圆内任意一点 $M(x,y)$ 处的复势函数 $W(z)$。

2.7　试讨论下列复势函数各描述什么流动:

(a) $W(z)=\text{i}V_0 z$;

(b) $W(z)=\ln(z^2-d^2)$;

(c) $W(z)=x^2-y^2-2\text{i}xy$;

(d) $W(z)=-V_0 z\exp(-\text{i}\alpha)+\dfrac{q}{2\pi}\ln\dfrac{z+d}{z-d}$。

2.8　设 $y=\pm a$ 所限定的无限长定压边界条带形区域内有一点源位于原点,试写出描述该流动的复势函数。

2.9　设有 x 正轴与直线 $y=x\tan\alpha$ 所夹的尖灭区域,试求 $\zeta=z^{\pi/\alpha}$ 将该区域映射到 ζ 平面上什么区域。

2.10　题 2.9 角形区域用半径 R 围成一个小扇形区域,试讨论变换

$$\zeta = -\frac{1}{2}\left[\left(\frac{z}{R}\right)^{\pi/\alpha} + \left(\frac{R}{z}\right)^{\pi/\alpha}\right]$$

将该扇形区域映射为什么区域。

2.11 试用 Schwarz-Christoffel 变换将顶点在$(\pm a/2, 0)$，$(\pm a/2, b)$处的矩形区域映射到 ζ 平面的上半平面。

2.12 设有无限大平面中源、汇交替排列、井距为 d 的一个无限井排，试写出其复势函数。

2.13 设有位于等边三角形三个顶点的小井群，井距为 d，试求井的流量 Q 与 $\Delta p = p_e - p_w$ 的关系式。已知井筒半径为 r_w，流动区域外半径为 R。

2.14 设有三行三列等间隔布置的九口生产井，行距为 d，令 $D = \ln(d/r_w)$，位于正方形顶点的编号为1，每边中点的井编号为2，中央井编号为3，试证

$$\begin{aligned} Q_1 : Q_2 : Q_3 &= (D^2 + 0.57D - 0.48) : (D^2 - 0.82D + 0.77) \\ &= (D^2 - 2.43D + 1.082) \end{aligned}$$

2.15 设直线供给边线附近有对正排列的三个井排，供给边线压力为 p_e。井排至边线距离分别为 d_1，d_2，d_3。排内井距为 l，若井底压力均为 p_w，试求 Q_1/Q_2 和 Q_2/Q_3。

2.16 对于平面径向流，按式(2.1.11)可写成稳态流线性产能公式 $Q = I\Delta p$。其中，$\Delta p = p_e - p_w$，I 称为采油指数。已知地层压力 $p_R = 16.166$ MPa，不同流量 Q_i 下的井底压力 p_{wf} 列于下表，其中 $\Delta p = p_R - p_{wf}$。试绘出 $\Delta p \sim Q$ 直线型产能曲线并求出采油指数 I。

某井压力数据

油嘴 d_i (mm)	流量 Q_i ($m^3 \cdot d^{-1}$)	p_{wf} (MPa)	Δp (MPa)
4	23.63	15.068	1.098
5	31.02	14.725	1.441
6	39.48	14.333	1.833
7	45.22	13.666	2.500

2.17 设平面均匀各向异性地层($K_x \neq K_y$)中有一单井(点汇)，试证明流动的等势线是同焦点的椭圆，并给出该椭圆长、短轴的比值。

第3章

3.1 试用分离变量法求解下列齐次问题：

$$\left.\begin{aligned} &\frac{\partial^2 p}{\partial x^2} = \frac{1}{\chi}\frac{\partial p}{\partial t} \quad (0 < x < L, t > 0) \\ &p(x,t)\big|_{x=0,L} = 0 \quad (t > 0) \\ &p(x,t)\big|_{t=0} = F(x) \quad (0 \leqslant x \leqslant L) \end{aligned}\right\}$$

3.2 若题3.1中边界条件改为第二类齐次边界条件，即在 $x=0$ 和 $x=L$ 处$\partial p/\partial x = 0$，再求解。

3.3 试用分离变量法求解下列齐次问题：

$$\left.\begin{aligned} &\frac{\partial^2 p}{\partial r^2} + \frac{1}{r}\frac{\partial p}{\partial r} = \frac{1}{\chi}\frac{\partial p}{\partial t} \quad (0 < r < R, t > 0) \\ &p(r,t)\big|_{r=R} = 0 \quad (t > 0) \\ &p(r,t)\big|_{t=0} = F(r) \quad (0 \leqslant r \leqslant R) \end{aligned}\right\}$$

3.4 设有一维区域 $0 \leqslant x \leqslant L$ 的渗流，初始压力为 p_i，区域内有等强度 q_0 的源分布，$x=0$ 处不透水，$x=L$ 处定压为 p_i，试用分离变量法求压力分布。

3.5 设有矩形区域 $0 \leqslant x \leqslant a$，$0 \leqslant y \leqslant b$，区域内均匀分布等强度持续源 q_0。若 $x=0$ 和 $y=0$ 处为不

透水边界，$x=a$，$y=b$ 处为定压边界 $p=p_e$，试用分离变量法求该稳渗流压力函数 $p(x,y)$。

3.6　设有两边封闭的条带形区域 $0\leqslant x\leqslant L$，初始压力 $p=p_i$，$t=0$ 时刻，在 $x=x_w$ 直线上沿 y 方向单位长度的源强度为 l，试用分离变量法求压力函数。

3.7　若题 3.6 中 $x=L$ 处为定压边界 $p=p_i$，其他条件不变，试用分离变量法求压力函数。

3.8　设无限大地层中有一半径为 r_w 的井，地层初始压力为 $F(r)$。$t>0$ 时，$r=r_w$ 处的条件为 $-\partial p/\partial r+Hp=0$，试用分离变量法求压力函数。

3.9　设有一厚度为 h 的扇形地层，区域为 $r_w\leqslant r\leqslant R$，$0\leqslant\theta\leqslant\theta_0<2\pi$，$0\leqslant z\leqslant h$，初始压力为 $F(r,\theta,z)$，周围所有边界均为不透水，试用分离变量法求压力函数。

3.10　试对表 3.1 中第 3 行的边界条件推导出特征函数 X_m、范数 N 和特征值 β_m 所满足的关系式。

3.11　试对表 3.1 中第 8 行的边界条件推导出特征函数 X_m、范数 N 和特征值 β_m 所满足的关系式。

3.12　试对表 3.4 中第 2 行的边界条件推导出特征函数 $R_\nu(\beta_m,r)$，$1/N(\beta_m)$ 以及 β_m 所满足的关系式。

3.13　设有区域 $a\leqslant r\leqslant b$ 的空心球形多孔材料，初始压力为 $F(r)$，$t>0$ 时 $r=a$ 和 $r=b$ 处保持定压为 $p=0$，试用分离变量法求压力函数。

3.14　设有上顶为圆面、下底为半球形的地层，上顶中心有一半径为 r_w 的半球形井，地层半径为 R，$t>0$ 时 $r=r_w$ 处定压为 p_w，$r=R$ 处压力为 p_i，初始压力为 p_i，试用分离变量法求压力函数。

3.15　设有区域 $0\leqslant x\leqslant L$ 中的一维稳态渗流，$x=0$ 处保持定压为 1，$x=L$ 处保持定压为 0：

(a) 试用积分变换法求出压力 $p(x)$ 的级数表达式；

(b) 试用通常解常微分方程的方法求 $p(x)$；

(c) 试比较(a)，(b)结果给出一个级数的封闭形式的表达式。

3.16　若题 3.15 中边界条件改为 $x=0$ 处压力保持为零，$x=L$ 处保持压力为 1。试按上题中三个步骤给出一个级数的封闭形式。

3.17　设有区域 $0\leqslant x\leqslant L$ 中的一维非稳态渗流，初始压力为 1，$t>0$ 时保持两端压力为零。

(a) 试用积分变换法求出压力函数；

(b) 再用初始条件给出一个级数的封闭形式。

3.18　若题 3.17 中初始压力改为 $p(x,t=0)=x^2-L^2$，试再给出一个级数的封闭形式表达式。

3.19　设有区域 $0\leqslant x\leqslant L$ 的一维非稳态渗流，初始压力为 p_i，当 $t>0$ 时在 $x=0$ 处保持压力 p_i 不变，而在 $x=L$ 处保持压力为 $p(L,t)=at$，其中，a 是常数，试用积分变换法求压力 $p(x,t)$。

3.20　设有矩形区域 $0\leqslant x\leqslant a$，$0\leqslant y\leqslant b$ 的二维非稳态渗流，初始压力为零，当 $t>0$ 时四周边界保持压力为零，区域中有强度为 $q(x,y,t)$ 的源汇分布：

(a) 试用积分变换法求压力函数；

(b) 试讨论区域内一点 $M'(l,d)$ 处强度为 q_0 点汇的特殊情形。

3.21　设有一半径为 R、外边界封闭的圆形地层，其圆心处有一口定产量为 Q 的生产井，地层厚度为 h，井半径为 r_w，初始压力为 $F(r)$，试用积分变换法求压力函数 $p(r,t)$。

3.22　设有区域 $0\leqslant r\leqslant R$，$0\leqslant z\leqslant h$ 中的二维非稳态渗流。上顶、下底和 $r=R$ 处均为不透水。初始压力为 p_i。为控制地面下沉，在区域内按源强度 $q(r,z,t)$ 进行注水。试用积分变换法求压力 $p(r,z,t)$。

3.23　若题 3.22 中源分布区只在 $z=z_f$，$0\leqslant r\leqslant r_f$ 薄圆区域内均匀分布，总强度为 Q，试用积分变换法求压力分布。

3.24　设有两边封闭 $0\leqslant x\leqslant x_e$ 的条带形地层，初始压力为 p_i，在宽为 x_f、中点为 x_w 的窄条带形区域内均匀分布的源汇，其强度为 $\mathrm{d}s$，试用积分变换法求压力函数。

3.25　若题 3.24 中 $x=0$ 和 $x=x_e$ 处改为定压 $p=0$，其他条件不变，试用积分变换法求压力函数。

3.26　设有半球形均质地层，初始压力为 p_i，$r=R$ 为不透水边界，圆形上顶中心有半径为 r_w 的半球形井孔，井中定产量为 Q，试用积分变换法求该非稳态渗流情形的压力函数。

3.27　若题 3.26 中井孔 $r=r_w$ 处保持定压 $p=p_w$，$r=R$ 处定压为 p_i。试用积分变换法求压力函数。

3.28 设有厚度为 h 的圆形均质地层，中心有一口井，初始压力为 p_i，外边界 $r=R$ 处封闭，

(a) 试将井作为点汇，用 δ 函数表示方程中的非齐次项，用积分变换法求该非稳态渗流的压力函数；

(b) 若圆中心为有限半径井，半径为 r_w，内边界条件为

$$\frac{dp}{dr}=\frac{Q\mu}{2\pi r_w Kh}$$

试用积分变换法求压力函数；

(c) 比较前两种解的结果并加以讨论。

3.29 若题 3.28 中外边界 $r=R$ 处保持定压 p_i，其他条件不变，试按上题(a)、(b)、(c)步骤求解、比较和讨论。

3.30 设圆形外边界 $r=R$ 处封闭均质地层中有一口偏心井位于 $r=a$，$\theta=0$ 处，视作点汇，试用积分变换法求压力函数。

3.31 若题 3.30 中的井改为定产量井，产量为 Q，试用积分变换法求压力函数。

第 4 章

4.1 设均匀各向同性介质的无限空间充满着弱可压缩流体，空间中原始压力为 p_i。若从 $\tau=0$ 时刻开始从点 $M'(x',y',z')$ 处抽取液体，该点看做空间点汇，其强度为 q_3，试证任意空间点 $M(x,y,z)$ 在 $t>0$ 时刻的压力为

$$p(x,y,z,t)=p_i-\frac{q_3\mu}{4\pi Kr_3}\mathrm{erfc}\left(\sqrt{\frac{\phi\mu cr_3^2}{4Kt}}\right)$$

其中，$\mathrm{erfc}(x)$是余概率函数(或余误差函数)，$r_3^2=(x-x')^2+(y-y')^2+(z-z')^2$。

4.2 接题 4.1，令 $q_3=q_2\mathrm{d}z'$，对于无限长 z 向直线源，试对题 4.1 压力表达式中的 z'从 $-\infty$ 到 $+\infty$ 积分，从而给出线源井的压力表达式。

4.3 设有各向异性的无限大平面介质，其主轴方向渗透率为 K_x 和 K_y。若一口线源井以定产量 q 生产，试证明压力函数为

$$p(x,y,t)=p_i-\frac{q\mu}{4\pi\sqrt{K_xK_y}}\left\{-\mathrm{Ei}\left[-\frac{\phi\mu c}{4t}\left(\frac{(x-x')^2}{K_x}+\frac{(y-y')^2}{K_y}\right)\right]\right\}$$

其中，$\mathrm{Ei}(-x)$为幂积分函数。

4.4 设有一口生产井产量为 q，位于断层附近，至断层距离为 a，介质渗透率为 K，流体黏度为 μ，孔隙度为 ϕ。综合压缩系数为 c，求井底压力的表达式。

4.5 设有封闭边界的圆形地层，圆半径为 R。地层中有一口生产井距离圆心为 d，若该井以定产量 Q(这表示考虑地层厚度 h)生产了时间 t_p 以后关井，关井时间为 Δt，试求 $t_p+\Delta t$ 时刻的井底压力。

4.6 试利用 Poisson 求和公式证明：

(a) $\displaystyle\sum_{n=-\infty}^{\infty}\frac{1}{1+\alpha^2n^2}=\frac{\pi}{\alpha}\mathrm{cth}\left(\frac{\pi}{\alpha}\right)$；

(b) $\displaystyle\sum_{n=-\infty}^{\infty}\mathrm{e}^{-n^2q^2}=\frac{\sqrt{\pi}}{q}\sum_{m=-\infty}^{\infty}\mathrm{e}^{-m^2\pi^2/q^2}$；

(c) $\displaystyle\sum_{n=-\infty}^{\infty}\mathrm{J}_0(n\pi)\cos(n\pi a)=\frac{2}{\pi\sqrt{1-a^2}}$，$|a|<1$；

(d) $\displaystyle\sum_{n=-\infty}^{\infty}\frac{(-1)^n}{\sqrt{a^2+n^2\pi^2}}=\frac{2}{\pi}\sum_{m=-\infty}^{\infty}K_0[(2m+1)a]$。

4.7 对于定压边界的条带形地层，即图 4.5 中 $x=0$ 和 x_e 处改为定压边界，x_w 处有一线源流量为 $+q$。

(a) 试写出实井和镜像井($+q$ 和 $-q$)的坐标位置；

(b) 试写出用 $\exp(-x\pm\cdots)/4\chi(t-\tau)$形式表示的瞬时源函数；

(c) 试利用 Poisson 求和公式，参照第 4.4.1 节导出表达式(4.4.14)。

4.8 对于混合型边界的条带形地层，即图 4.5 中 $x=x_e$ 处改为定压边界，试按上题中(a)，(b)，(c)的要求作出结果，导出式(4.4.15)。

4.9 对于定压边界的条带形地层中的条带源，试导出源函数式(4.4.20)。

4.10 对于混合型边界的条带形地层中的条带源，试导出源函数式(4.4.21)。

4.11 设有 $0\leqslant x\leqslant a$，$0\leqslant y\leqslant b$ 所界定的矩形封闭地层，一口生产井位于$(x=l,y=d)$处，井源强度为 q(如图)。试用 Newman 乘积法给出瞬时源函数及 0 到 t 时刻持续源的压力解。

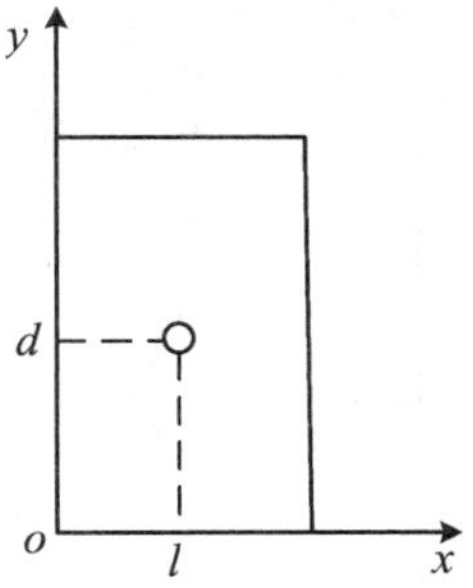

题 4.11 图

4.12 若题 4.11 中矩形四周边界为定压情形，试用乘积法给出瞬时源函数和持续源压力降落解。

4.13 若题 4.11 中一口井换成铅垂裂缝，裂缝与 x 轴平行，位于 $a/2+x_f\leqslant x_w\leqslant a/2+x_f$，$y_w=b/2$ 处。裂缝宽度为零，试写出其源函数。

4.14 若题 4.11 中 $x=0$ 和 $y=0$ 两个边界封闭，但 $x=a$ 和 $y=b$ 两个边界定压，试给出其瞬时源函数。

4.15 设地层中有一断层(取为 oyz 平面)，钻一水平井与 x 轴平行，地层厚度为 h，上下封闭。井长为 $2L$，井筒中点坐标为$(x_w,0,z_w)$，试求压力分布的表达式。

4.16 题 4.15 中，若水平井与 y 轴平行，井长 $2L$，井筒中点坐标为(x_w,L,z_w)。$K_x=K_y=K_H\neq K_z$，试求压力分布。

4.17 设有矩形地层(整个区域为长方体)，区域为 $0\leqslant x\leqslant a$，$0\leqslant y\leqslant b$，$0\leqslant z\leqslant h$。周边全部封闭。有一水平井长 $2L$ 与 x 轴平行，其中，点位置为(x_w,y_w,z_w)，$K_H\neq K_V(=K_z)$，试求压力分布。

4.18 设有一垂直断层，取定 x 轴和 y 轴，z 轴向上从 0 到 h。有一水平井长 $2L$ 平行于 x 轴，其中，点坐标为(x_w,y_w,z_w)，试求压力函数。

4.19 设有条带形地层，两边封闭位于 $y=0$ 和 $y=y_e$。地层厚度为 h，而上下封闭。有一水平井长 $2L$，与 y 轴垂直，其中点坐标为$(0,y_w,z_w)$。$K_H\neq K_V$。试求其压力分布。

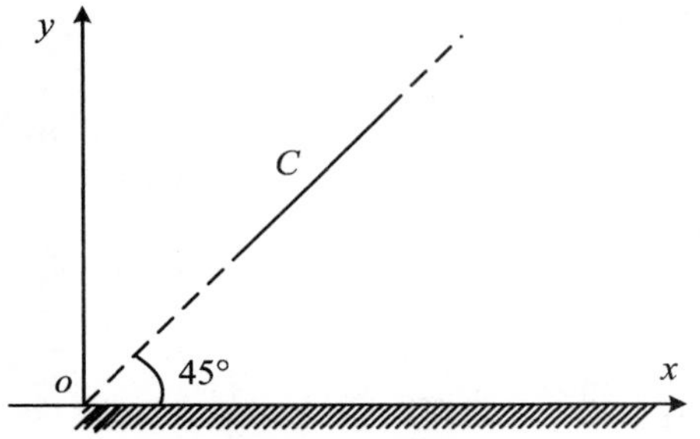

题 4.21 图

4.20 题 4.19 中若水平井与 y 轴平行，中点坐标为$(0,y_w,z_w)$。其他条件与题 4.19 相同。试求压力函数。

4.21 设断层附近有一水平井，井长 $2L$，井轴与 x 轴夹角为 45°(如图)，与 x 轴交点为 o。井中点为 C，$oC=L_w$，地层上下封闭。$K_H\neq K_V$。试求压力分布。

4.22 设有裂缝宽度为 b_f 中的一维有源渗流。裂缝长从 $-x_f$ 到 $+x_f$，两端不透水，源强度为 $q(x,t)$。另在 $x=0$ 处有一点汇(井)。井流量为 Q，地层厚度为 h。其定解问题写成有量纲形式为

$$\left.\begin{aligned}&\frac{\partial^2 p}{\partial x^2}+\frac{1}{\xi}q(x,t)=\frac{1}{\chi_f}\frac{\partial p}{\partial t}\quad(0<x<x_f)\\&\left.\frac{\partial p}{\partial x}\right|_{x=0}=-\frac{Q}{\xi},\quad\left.\frac{\partial p}{\partial x}\right|_{x=L}=0\\&p(x,t=0)=p_i\quad(0\leqslant x\leqslant x_f)\end{aligned}\right\}$$

其中，$\xi=K_fhb_f/\mu$，$\chi_f=K_f/\phi_f\mu c_f$。

(a) 试引进适当的无量纲量将以上一维流动区域中的定解问题写成无量纲形式；

(b) 试写出指数形式的瞬时源函数；

(c) 用 Poisson 求和公式改写瞬时源函数；

(d) 试给出无量纲形式的压力函数。

4.23 对于 xy 平面上与 x 轴夹角为 α 的线段源 AB(图 4.7)，试由平面瞬时点源的源函数

$$\frac{p_i - \tilde{p}(x,y,t-\tau)}{\delta/\phi_c} = \frac{1}{4\pi\chi(t-\tau)}\exp\left[-\frac{(x-x')^2+(y-y')^2}{4\chi(t-\tau)}\right]$$

出发，通过沿线段 AB 积分求得该瞬时源函数。

4.24 按照第 4.6.1 节中对探测半径的定义。对于颗粒半径 $r_0 = 10\ \mu\text{m}$ 和 1 mm 单珠随机装填的人造多孔介质(见习题 1.6)，设流体黏度 $\mu = 10\ \text{MPa}\cdot\text{s}$，综合压缩系数 $c_t = 10^{-4}\ \text{MPa}^{-1}$。试分别求出在这两种介质中探测半径 r_i 达 1 m 处压力脉冲的传播时间的毫秒数。

4.25 对于题 4.22 所给出的有量纲定解问题，试按第 4.8 节所述格林函数法进行求解，并将所得结果与题 4.22 中用瞬时源方法所得结果进行比较。

4.26 试用格林函数求解下列问题：

$$\left.\begin{aligned}&\frac{\partial^2 p}{\partial x^2} + \frac{q}{\lambda} = \frac{1}{\chi}\frac{\partial p}{\partial t} \quad (0 < x < L)\\ &p(x,t) = 0 \quad (\text{在 } x = 0, L, t > 0)\\ &p(x,t) = 0 \quad (\text{在 } 0 \leqslant x \leqslant L, t = 0)\end{aligned}\right\}$$

但方程中的源汇项是 $t=0$ 时在 $x=x_0$ 处有强度为 q 的瞬时点源。试求压力函数。

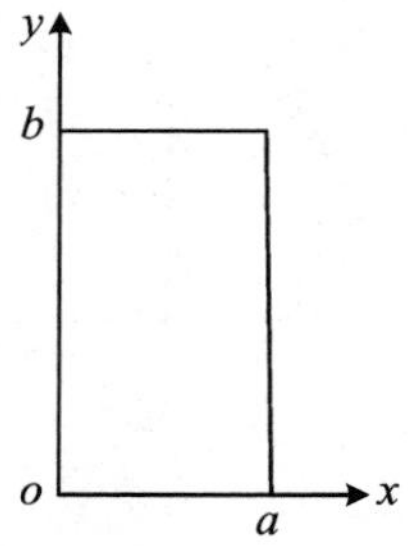

题 4.27 图

4.27 设有 $0\leqslant x\leqslant a, 0\leqslant y\leqslant b$ 的矩形地层如图，初始压力为 $F(x,y)$，边界条件为

$$\left.\frac{\partial p}{\partial x}\right|_{x=0} = 0,\quad \left[\frac{\partial p}{\partial x} + H_2 p\right]_{x=a} = 0$$

$$p(x, y=0) = 0,\quad \left[\frac{\partial p}{\partial x} + H_4 p\right]_{y=b} = 0$$

区域内分布着持续源 $q(x,y,t)$，试用格林函数法求压力分布。

4.28 试用格林函数法求解下列渗流问题：

$$\left.\begin{aligned}&\frac{\partial^2 p}{\partial x^2} + \frac{1}{\lambda}q(x,t) = \frac{1}{\chi}\frac{\partial p}{\partial t} \quad (0 > x > x_f)\\ &p(x,t)\,|_{x=0} = 0\\ &\left[\frac{\partial p}{\partial x} + Hp\right]_{x=x_f} = 0\\ &p(x,t)\,|_{t=0} = F(x) \quad (0 \leqslant x \leqslant x_f)\end{aligned}\right\}$$

4.29 试用格林函数法求解以下渗流问题：

$$\left.\begin{aligned}&\frac{\partial^2 p}{\partial r^2} + \frac{1}{r}\frac{\partial p}{\partial r} + \frac{1}{\lambda}q(x,t) = \frac{1}{\chi}\frac{\partial p}{\partial t} \quad (0 < r < \infty)\\ &p(r,t)\,|_{r=0} = f(t) \quad (t > 0)\\ &p(x,t)\,|_{t=0} = F(r) \quad (0 \leqslant r < \infty)\end{aligned}\right\}$$

并讨论 $r=0$ 处瞬时源强度为 q 的特殊情形。

4.30 设有 $0<r<R$ 的圆形地层，初始压力为 $F(r)$。地层内有持续源 $q(r,t)$。为控制地面沉降，在周边注水，其外边界压力保持为 $f(t)$，试用格林函数法求压力分布。

第 5 章

5.1 已知函数 $f(t) = \sin\beta t$ 的拉氏变换为 $\bar{f}(s) = \beta/(s^2+\beta^2)$，试确定：

(a) 函数 $f_1(t) = t\sin\beta t$ 的拉氏变换；

(b) 函数 $f_2(t)=\sin\beta t/t$ 的拉氏变换。

5.2 在第 5.6.1 节中，边界条件(5.6.2a)已经对表皮系数 S 作了修正。若将拉氏空间解式(5.6.11)看做是考虑了表皮效应后的压力分布象函数，则该式中取 $r_D=1$ 反演的结果似乎就应是 $p_{wD}(t_D)$，这种看法是否正确？试通过解析反演给出这个结果。

5.3 试通过拉氏变换求解以下定解问题：

$$\frac{\partial^2 p_D}{\partial r_D^2}+\frac{1}{r_D}\frac{\partial p_D}{\partial r_D}=\frac{\partial p_D}{\partial t_D}\quad(1<r_D<\infty,t>0)$$

$$\left[C_D\frac{\mathrm{d}p_D}{\mathrm{d}t_D}-C_DS\frac{\mathrm{d}}{\mathrm{d}t_D}\left(\frac{\partial p_D}{\partial r_D}\right)-\frac{\partial p_D}{\partial r_D}\right]_{r_D=1}=1\quad(t_D>0)$$

$$\lim_{r_D\to\infty}p_D(r_D,t_D)=0\quad(t_D>0)$$

$$p_D(r_D,t_D)=0\quad(1\leqslant r_D<\infty,t_D=0)$$

给出考虑井储常数 C_D 的压力分布象函数，然后再利用式(5.6.12)给出考虑 C_D 和 S 的象函数，最后通过解析反演给出 $p_{wD}(t_D)$。

5.4 试将以上两题所得 $p_{wD}(t_D)$的解析式与式(5.6.26)进行比较并加以讨论。同时给出一组 C_D，S 的数值对解析式(5.6.26)进行数值积分，再用修正的 Stehfest 法对象函数(5.6.13)进行数值反演，试比较其数值结果。

5.5 设无限大地层中有一口定产量井，井半径为 r_w。地层厚度为 h，产量为 Q。

(a) 试用拉氏变换法求解该非稳态渗流，并证明

$$p(r,t)=$$

$$p_i-\frac{Q\mu\sqrt{\chi}}{\pi^2r_wKh}\int_0^\infty\frac{\left[J_1\left(\frac{r_w}{\sqrt{\chi}}u\right)N_0\left(\frac{r}{\sqrt{\chi}}u\right)-N_1\left(\frac{r_w}{\sqrt{\chi}}u\right)J_0\left(\frac{r}{\sqrt{\chi}}u\right)\right](1-e^{-u^2t})}{u^2\left[J_1^2\left(\frac{r_w}{\sqrt{\chi}}u\right)+N_1^2\left(\frac{r_w}{\sqrt{\chi}}u\right)\right]}\mathrm{d}u$$

(b) 试求晚期井底压力(t 很大，即拉氏变量 s 很小)：

$$p_w(t)=p_i+\frac{Q\mu}{4\pi Kh}\left(\ln\frac{r_w^2}{4\chi t}+\gamma\right)$$

其中，$\gamma=0.577216$ 是欧拉常数。

5.6 设圆形封闭地层中心有一口井(当做点汇)，流量为 Q，地层厚度为 h，圆半径为 R，试用拉氏变换法求解压力函数应为

$$p(r,t)=p_i-\frac{Q\mu}{2\pi Kh}\left[\ln\frac{r}{R}+\frac{3}{4}-\frac{1}{2}\left(\frac{r}{R}\right)^2-\frac{2Kt}{\phi\mu cR^2}\right]$$

$$-\frac{Q\mu}{2\pi Kh}\left[\pi\sum_{n=1}^\infty\frac{J_0\left(\beta_n\frac{r}{R}\right)N_1(\beta_n)}{\beta_nJ_0(\beta_n)}e^{-\beta_n{}^2Kt/\phi\mu cR^2}\right]$$

其中，β_n，$n=1,2,\cdots$是 $J_0(\beta)=0$ 的正根，$s=-\chi\beta^2/R^2$，$\beta=-iR\sqrt{s}/\sqrt{\chi}$。

5.7 设无限大地层中有一半径为 r_0 的圆周薄裂缝。地层厚度为 h，原始压力为 p_i。若以变流量 $Q(t)$ 向整个圆周均匀注水，试用 Duhamel 定理法证明压力为

$$p(r,t)=p_i+\frac{\mu}{4\pi Kh}\int_{\tau=0}^t\frac{Q(t-\tau)}{\tau}\exp\left(-\frac{r^2+r_0^2}{4\chi\tau}\right)I_0\left(\frac{r_0r}{2\chi\tau}\right)\mathrm{d}\tau$$

其中，I_0 是第一类零阶变型贝塞尔函数。

5.8 设有截面积为 A 的一维半无限长 $0\leqslant x<\infty$ 的均匀介质，初始压力为零。当 $t>0$ 时，在 $x=0$ 处注水，使这里压力保持为 $f(t)$，试用 Duhamel 定理法求压力函数。

5.9 设有一圆形有界地层，外半径为 R，初始压力为零。为控制地面下沉，$t>0$ 时在边界 $r=R$ 处注水保持压力 $p(R,t)=f(t)$，试用分离变量法和 Duhamel 定理求压力函数 $p(r,t)$，并讨论 Gibbs 现象，然

后证明下列关系式成立：

$$1 = \frac{2}{R}\sum_{n=1}^{\infty}\frac{J_0(\beta_n r)}{\beta_n J_1(\beta_n R)}$$

其中，β_n 是 $J_0(\beta_n R)=0$ 的正根。

5.10 设函数 $f(r,t)$ 的拉氏变换（象函数）为 $\bar{f}(r,s)=e^{-r\sqrt{s/\chi}}$，试求该原函数。

5.11 设有 $0\leqslant x\leqslant L$ 一维区域，初始压力为零。当时间 $t>0$ 时，在 $x=0$ 边界上注水保持压力为 $f(t)$，而在 $x=L$ 处保持压力为零，试用拉氏变换法求压力函数 $p(x,t)$。

5.12 设有 $0\leqslant x\leqslant L$ 一维区域，初始压力为零，在时间 $t>0$ 时，在 $x=0$ 和 $x=L$ 处分别保持压力为 $f_1(t)$ 和 $f_2(t)$，试利用 Duhamel 定理求压力函数 $p(x,t)$。

5.13 设有 $0\leqslant r\leqslant R$ 的圆形地层，初始压力为零，当时间 $t>0$ 时，地层有源汇分布，其强度为 $q(t)$，在 $r=R$ 处保持压力为零，试求压力函数 $p(r,t)$。

5.14 试证明 Duhamel 定理的数学表达式(5.7.7)也可用于求解如下更为一般的渗流问题：

$$\nabla\cdot[K(\boldsymbol{r})\nabla p]+q(\boldsymbol{r},\tau)=b\frac{\partial p(\boldsymbol{r},t)}{\partial t}\quad（在区域 R 内，t>0）$$

$$l_i\frac{\partial p(\boldsymbol{r},t)}{\partial n_i}+h_i p(\boldsymbol{r},t)=f_i(\boldsymbol{r},t)\quad（在边界 s_i 上，t>0）$$

$$p(\boldsymbol{r},t)\big|_{t=0}=F(\boldsymbol{r})\quad（在区域 R 上）$$

只要辅助问题为

$$\nabla\cdot[K(\boldsymbol{r})\nabla\Phi(\boldsymbol{r},t,\tau)]+q(\boldsymbol{r},t)=b\frac{\partial\Phi(\boldsymbol{r},t,\tau)}{\partial t}\quad（在区域 R 上）$$

$$l_i\frac{\partial\Phi(\boldsymbol{r},t,\tau)}{\partial n_i}+h_i\Phi(\boldsymbol{r},t,\tau)=f_i(\boldsymbol{r},\tau)\quad（在边界 s_i 上）$$

$$\Phi(\boldsymbol{r},t,\tau)\big|_{t=0}=F(\boldsymbol{r})\quad（在区域 R 上）$$

5.15 取表皮因子 $S=1$，井储常数 $C_D=10$，试对题 5.2 给出的井底压力象函数 $\bar{p}_{wD}(s)$ 用数值反演方法算出一条 $p_{wD}(t_D)\sim t_D/C_D$ 曲线。

5.16 取表皮因子 $S=1$，井储常数 $C_D=10$，试对题 5.3 给出的井底压力象函数 $\bar{p}_{wD}(s)$ 用数值反演方法算出一条 $p_{wD}(t_D)\sim t_D/C_D$ 曲线。

第 6 章

6.1 设有纯净天然气的临界温度 $T_c=198$ K，临界压力 $p_c=4.5$ MPa。试对温度为 367 K 和压力为 13.9 MPa 情形查图 6.1 给出偏差因子 Z。

6.2 设无限大地层中有一口气井，天然气不含硫。原始地层压力 $p_i=14$ MPa。井以 $Q_{sc}=2\times10^5$ $m^3\cdot d^{-1}$ 常产量生产，其他有关数据如下：

$r_w=0.1$ m，　$h=13$ m，　$M=17.7$，　$K=2.0\times10^{-14}$ m^2，

$\phi=0.15$，　$T=322$ K，　$z_i=0.838$，　$\bar{z}=0.846$，

$\mu_i=1.58\times10^{-2}$ MPa·s，　$\bar{\mu}=1.52\times10^{-2}$ MPa·s，

$c_i=7.7\times10^{-2}$ MPa^{-1}，　$\bar{c}=8.8\times10^{-2}$ MPa^{-1}，

$p_c=4.56$ MPa，　$T_c=198$ K

试用 p，p^2 和拟压力 m 三种方法计算生产 36 h 后井底流压 p_{wf}。

6.3 设无限大地层中有一口气井，天然气不含硫，其他数据与题 6.2 相同，试用拟压力方法计算生产 36 小时后距井 10 m 处地层中的压力。

6.4 设有外边界封闭的圆形地层，地层半径 $R=600$ m。中心一口井半径 0.1 m。其他数据与题 6.2 相同，试用拟压力方法分别计算生产 36 h 和 2400 h 的井底流压 p_{wf}。

6.5　若题 6.4 中外边界改为定压，其他数据不变，试用拟压力方法分别计算生产 36 h 和 2400 h 的井底流压 p_{wf}。

6.6　设气藏中有一断层，离断层 30 m 处有一口生产井以 $Q_{sc}=2\times10^5\ m^3\cdot d^{-1}$ 的常产量生产，测试前关井的稳定地层压力 p_R 为 14 MPa，其他数据与题 6.2 相同，试计算生产 36 h 的井底流压 p_{wf}。

6.7　设无限大地层中有一口气井，关井前测得地层压力 $p_R=14$ MPa，其他数据与题 6.2 相同。

(a) 以常产量 $Q_{sc}=2\times10^5\ m^3\cdot d^{-1}$ 生产 36 h 后测得井底流压 $p_{wf1}=11$ MPa，试用拟压力方法计算单纯层流引起的压降 Δp_L。

(b) 以常产量 $Q_{sc}=2.85\times10^5\ m^3\cdot d^{-1}$ 生产 24 h，测得井底流压 $p_{wf2}=9.7$ MPa，试计算惯性-湍流系数 D 值和污染表皮因子 S。

6.8　设有一口气井，天然气不含硫，基本数据与题 6.2 相同。最初测得地层压力 $p_R=1.386$ MPa。对该井开井并改变产量进行常规产能试井，测得井底稳定压力 p_{wfi} 如表所示。

开井序号	时间(h)	流量 Q_{sc}($10^4\ m^3\cdot d^{-1}$)	稳定压力 p_{wfi}(MPa)
1	0～3	7.73	1.351
2	3～5	11.24	1.344
3	5～7	12.57	1.326
4	7～11	15.57	1.310

(a) 试用拟压力产能公式分析产能；

(b) 试用指数式分析产能。

6.9　设有一口气井，天然气不含硫，有关基本数据与题 6.2 相同。最初测得平均地层压力 $p_R=13.46$ MPa。对该井进行等时开井、关井、延续开井和最后开井所测得的数据如下表所示。试用拟压力方法进行产能分析。

开关井序号	时间(h)	产量 Q_{sc}($10^4\ m^3\cdot d^{-1}$)	时末流压 p_{wf}(MPa)
开井 1	0～12	7.36	12.14
关井	12～27	0	13.46
开井 2	27～39	9.34	11.42
关井	39～56	0	13.46
开井 3	56～68	14.16	10.41
关井	68～86	0	13.46
开井 4	86～98	17.84	9.10
延续开井	98～170	16.99	7.936
最后关井	170～270	0	13.46

6.10　设无限大地层中有一口水平气井，天然气不含硫，原始地层压力 $p_i=14.5$ MPa。其他基本数据与题 6.2 相同。井长 $2L=800$ m，流量 $Q_{sc}=2\times10^5\ m^3\cdot d^{-1}$，$Kh=5\times10^{-14}\ m^3$，地层体积系数 $B_g=10^{-2}$，表皮因子 S 和井储常数 C_D 均为零，试求沿井筒轴的拟压力分布。

6.11　设直线断层附近有一口水平气井，井筒轴与该断层平行。试用线源解及 Newman 乘积原理给出无量纲拟压力的表达式。

6.12　试导出无限大地层中单一水平气井考虑 C_D 和 S 的拉氏空间井底无量纲拟压力 $\overline{m}_{wD}(s)$。

6.13　有一不含硫的气藏，其组分同第 6.2.3 节中算例，而试井数据同第 6.4.1 节中算例，试用拟压力方法求井以 $Q_{sc}=20\times10^4\ m^3\cdot d^{-1}$ 生产 $t=48$ h 的井底流压。

6.14　对于第 6.4.1 节算例中的数据，试用 p^2 方法求生产 36 h 的井底流压。

第 7 章

7.1 设在盛水的烧杯内插入干净的玻璃毛管，毛管中水位则沿毛管上升。已知毛管半径为 r，水的表面张力为 σ，润湿角为 θ，试求：(a) 毛管中水上升的高度；(b) 毛管力 p_c。

7.2 若题 7.1 中烧杯内水面以上的空气换成油。油和水的密度分别为 ρ_o 和 ρ_w，毛管力为 p_c，试求毛管中水上升的高度 h。

7.3 设背斜油层中油和水之间存在一突变界面，界面上无毛管力，油层中的水饱和盖层如图所示，盖层顶压力为 p_{cr}，试确定油带的最大可能厚度 h_m。

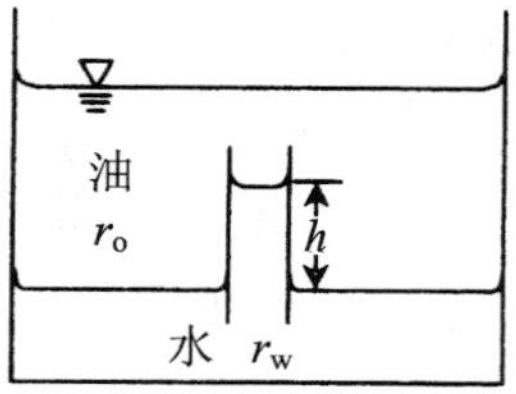

题 7.2 图

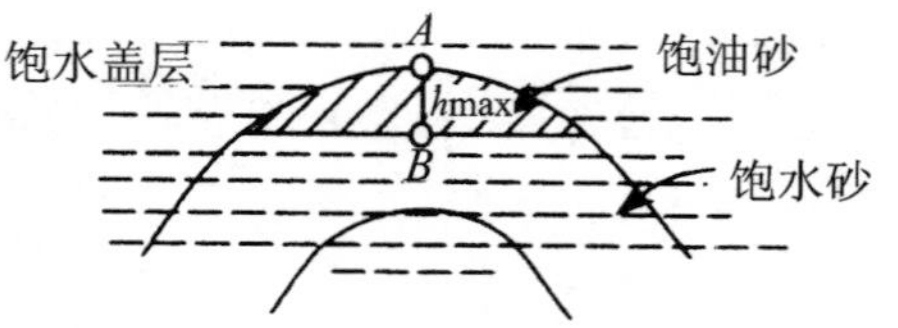

题 7.3 图

7.4 对某一油层的岩芯在实验室中用气体和水进行试验：

(a) 若测得 $p_c = p_c^{(1)}(s_w)$ 的关系式，并假定气体和水的界面张力为 σ_{wg}，试给出该油层条件下含油和水的 $p_c = p_c^{(2)}$ 关系式；

(b) 若测得以下试验数据：

$$s_w = 0.35, \quad p_c = 1.25 \times 10^5 \text{ Pa}, \quad \sigma_{wg} = 72 \times 10^{-3} \text{ N} \cdot \text{m}^{-1},$$
$$\sigma_{wo} = 24 \times 10^{-3} \text{ N} \cdot \text{m}^{-1}, \quad \rho_w = 1040 \text{ kg} \cdot \text{m}^{-3}, \quad \rho_0 = 800 \text{ kg} \cdot \text{m}^{-3}$$

试计算在自由水平面上油层的高度。

7.5 设在均匀介质中有两种不同的流体，黏度 $\mu_1 \neq \mu_2$，定义势函数 $\Phi = Kp/\mu$，忽略毛管力，试证明两种流体分界面上势函数总是间断的。

7.6 设有长度为 L、渗透率为 K、孔隙度为 ϕ 的水平砂柱为黏度 μ_0、重率 γ_0 的油所饱和。在 $t=0$ 时刻，在 $x=0$ 一端和 $x=L$ 一端分别接以盛水和油的大容器，其液面高度高出砂柱轴分别为 H_w 和 H_o。假定驱替是完全活塞式的，试求水完全驱替掉砂柱中油所需的时间 t。

7.7 设圆形有界地层中心有一口井，地层及井半径分别为 R 和 r_w。外边界及井筒中保持定压分别为 p_e 和 p_w。在 $t=0$ 时刻从井筒中注水驱替，驱替是完全活塞式的，油的黏度 μ_0 是水黏度 μ_w 的两倍，试求驱替到油、水界面位置 $r = \xi(t) = R/2$ 时所需的时间。

7.8 设有厚度 $h = 20$ m、宽度 $W = 100$ m、孔隙度 $\phi = 0.2$ 的一维油层。产量为 864 $\text{m}^3 \cdot \text{d}^{-1}$（油层条件），$f(s_w)$ 可写成

$$f = \frac{a}{3}s^3 + \frac{b}{2}s^2 + cs + d$$

其中，s 是饱和度 s_w，a，b，c，d 是常数，试求解 Buckley-Leverett 方程，确定当开采 60 天和 180 天时饱和度 $s_w = 0.5$ 和 0.3 值所在的位置。其初始位置分别用 $x(s_w = 0.5)$ 和 $x(s_w = 0.3)$ 表示。

7.9 试证明对于平面径向流情形有以下关系式：

$$r^2 \big|_{s_w(t)} = r^2 \big|_{s_w(t=0)} + \frac{V(t)}{\pi h \phi} \frac{\mathrm{d}f(s)}{\mathrm{d}s}$$

其中，$V(t)$是流体流过的累计体积。

7.10 设有一五点井网 1/4 的正方形地层区域，地层厚 30 m、边长 70 m，$\phi = 0.2$，束缚水饱和度 $s_{cw} = 0.25$，残余油饱和度 $s_{r0} = 0.18$（$\Delta s_{max} = 0.57$）。在水驱油情形中，$K_{ocw}/\mu = 0.20/10 = 0.020\ \mu\text{m}^2 \cdot \text{MPa}^{-1} \cdot$

s^{-1}，$K_{wro}/\mu_w = 1\ \mu m^2/MPa\cdot s$，最大压降 $\Delta p_{max} = 5$ MPa。单井流量 $Q = 48\ m^3\cdot d^{-1}$，$s_{wi} = 0.28$。

模型数据：五点井网 1/4 正方形边长 0.7071 m(对角线长 1.0 m)、厚度 0.3 m，$\phi = 0.36$。选用的流体有 $s_{cw} = 0.05$，$s_{ro} = 0.35(\Delta s_{max} = 0.60)$。

若设计模型最大压降 $\Delta p_{max} = 0.5$ MPa，试换算出：

(a) 模型中流体选用的 K_{ocw}/μ_o 和 K_{wro}/μ_w；

(b) 若设计模型最大压降 $\Delta p_{max} = 0.5$ MPa，模型单井流量 $Q_m = ?$

(c) $t_m : t_p = ?$

(d) 模型中水的初始饱和度 $(s_{wi})_m = ?$

第 8 章

8.1　试由式(8.2.21)对 $\ln[(t_p + \Delta t)/\Delta t]$ 求二阶导数推导出公式(8.2.26)。

8.2　设压力在拉氏空间的象函数为 $\overline{p}_{1D}(r_D, s) = \overline{p}_{0D}(r_D, s)\cdot\overline{Q}_D(s)$，其中

$$\overline{p}_{0D}(r_D, s) = \frac{K_0[r_D\sqrt{sD_1(s)}]}{\sqrt{sD_1(s)}K_1[\sqrt{sD_1(s)}]},\quad \overline{Q}_D(s) = \frac{1}{Q_0}\int_0^\infty e^{-s\tau}Q\left(\frac{\tau}{\chi}\right)d\tau$$

已知 $\overline{p}_{0D}(r_D, s)$ 的反演结果为

$$p_{0D}(r_D, t_D) = \frac{2}{\pi}\int_0^\pi [A_1(u)e^{-\sigma_1(u)t_D} + A_2(u)e^{-\sigma_2(u)t_D}]F(r_D, u)du$$

试用卷积公式求 $p_{1D}(r_D, t_D)$。

8.3　对于双孔介质板状基岩块非稳态渗流情形，试通过求解出拉氏空间基岩中无量纲压力 $\overline{p}_{mD}(s)$，从而得出裂缝无量纲压力方程(8.2.65)中 $f(s)$ 的表达式。

8.4　对于双孔介质圆柱状基岩块非稳态渗流情形，试通过求解出拉氏空间基岩中无量纲压力 $\overline{p}_{mD}(s)$，从而得出裂缝压力无量纲方程(8.2.65)中的 $f(s)$ 表达式。

8.5　试由方程(8.3.1)～方程(8.3.5)出发，详细推导出代数方程(8.3.16)和方程(8.3.17)。

8.6　试由方程(8.3.38)～方程(8.3.43)出发，先作 Weber 变换，后作拉氏变换，从而给出双重变换函数 $\overline{\tilde{p}}_{jD}$，$j = 1, 2$ 的定解问题，并对变换顺序问题进行讨论。

8.7　对于第 8.3.3 节中有效井筒模型，试讨论以下几种简单情形：

(a) 层间无越流；

(b) 双孔介质；

(c) 均质。

8.8　对于拉氏空间井底压力解式(8.3.137)，给定 $\omega = 10^{-1}$，$C_De^{2S} = 1$，$\lambda e^{-2S} = 4\times10^{-4}$，试用数值反演算出 $\gamma = 1$ 和 $\gamma = 0.6$ 两种情形的 $p_{wD}(t_D)\sim t_D/C_D$ 曲线。

8.9　Koch 岛分形模型。从边长为 L 的等边三角形为原形着手。第一次操作是将三角形每边三等分，保留两端的两段不动，而将中间一段拉成夹角为 60°、长度为 $L/3$ 的折线，尖顶向外。第二次操作再将每段长为 $L/3$ 的线段三等分，保留两端线段不动，而将中间一段拉成夹角为 60°的等长折线。如此重复以上操作到第 n 次。试写出各次线段个数 N 和每个线段长度的集合，并求分维数 D。

8.10　Menger 海绵体分形模型。从边长 L 的源立方体着手。第一次操作将每边一分为三，分割成 27 个小立方体，去掉体心和面心处共 7 个小立方体，剩下小立方体的个数 $N = 20$。第二次操作将剩下的小立方体中的每一个重复上述操作过程，直至 n 次。试写出各次剩余小立方体个数 N 和边长 s 的集合，并求分维数 D。

第 9 章

9.1　设非牛顿流体的本构方程可写成

$$\tau = \frac{1}{B}\operatorname{sh}^{-1}\left(-\frac{1}{A}\frac{dV}{dr}\right)$$

试用不均匀毛管组模型导出其渗流微分方程。

9.2 设非牛顿流体的本构方程可写成

$$\tau = \frac{1}{\varphi_0 + \varphi_1 \tau^{\alpha-1}}\gamma$$

试导出其渗流微分方程。

9.3 试对 Reiner-Philipoff 型非牛顿流体导出其渗流微分方程。

9.4 设某非牛顿流体的本构方程可写成

$$\gamma = \tau\left[\varphi_\infty - (\varphi_\infty - \varphi_0)\exp\frac{\tau^2(d\varphi/d\tau)^2}{\varphi_\infty - \varphi_0}\right]$$

试导出其渗流微分方程。

第 10 章

10.1 按照第 10.2.2 节中线性稳定性分析方法，对于上顶下底均为不透水和绝热的边界条件，试求其临界瑞利数 $Ra_c = 12$。

10.2 按照第 10.2.2 节中线性稳定性分析方法，对于上顶和下底均不透水，上顶绝热下底等温的边界条件，试求其临界瑞利数 Ra_c 和临界波数 b_c。

10.3 对于宽为 $2a$、高为 H 的矩形截面多孔介质区域，上顶等温为 T_0，下底等温为 $T_1 > T_0$，两边侧壁绝热，而有 z 向流速 V_z = 常数流过多孔介质，试建立数学模型并作线性稳定性分析。

10.4 按照第 10.5.4 节所述的摄动法，对于宽高比 $\gamma = 2$ 的情形，试求出类似于式(10.5.73)和式(10.5.74)表示的 ψ 和 θ 的表达式，然后对于对流模式(2.1)情形，计算出一个大于 Ra_c 的瑞利数下的流线图和等温线图。

10.5 对于非牛顿幂律流体充满矩形截面体内多孔介质的情形，试就底部加热问题导出对流流动的数学模型。

10.6 对于牛顿流体充满矩形截面体内多孔介质的情形，试就底部加热问题导出对流非 Darcy 流动的数学模型。

第 11 章

11.1 对 Sierpinski 垫片，试用相似维数方法以及按类似于表 11.1 的形式写出一个集合，求得其分维。

11.2 对 Sierprinski 正方形地毯，试用相似维数方法以及按类似于表 11.1 的形式写出一个集合，求得其分维。

11.3 对 Sierprinski 海绵，试按类似于表 11.1 的形式写出一个集合，然后求得其分维。

11.4 试证明经过式(11.2.32)的变换后，扩散方程(11.2.28)变为方程(11.2.33)。

11.5 试证明经过式(11.2.51)的变换后，内边界条件(11.2.45a)变为式(11.2.53)。

11.6 设有半球形区域的径向向心分形渗流，以井底定压量生产，中心处看做点井，在开井生产的无限作用期间(即外边界影响尚未显现期间)，试给出：

(a) 有量纲方程(11.2.67)的定解条件；

(b) 无量纲化以后的方程和定解条件；

(c) 无量纲方程和定解条件经拉氏变换后的形式；

(d) 拉氏空间的解 $\overline{p}(r_D, s)$。

11.7 按题 11.6，若将井底定压生产改成定产量生产，试给出题 11.6 的几点结果。

第 12 章

12.1　试由弹性关系(12.1.6)解出逆弹性关系(12.1.18)。

12.2　试由柱坐标系下应力-应变关系(12.1.25)解出应变-应力关系。

12.3　试由流固耦合应力-应变关系解出应变-应力关系。

12.4　试由热弹性应力-应变关系解出应变-应力关系。

12.5　试由柱坐标系中应力-应变关系(12.1.65)解出应变-应力关系(12.1.66)。

12.6　试导出流固耦合的流场方程(12.2.12)。

12.7　试导出用位移量表示的热流固耦合方程(12.3.19)。

12.8　试导出非饱和情形用位移量表示的热流固耦合方程。

12.9　试导出 $\partial p/\partial t$ 的系数 F_1^w 和 F_1^a 分别用式(12.4.38a)和式(12.4.39a)表示的结果。

12.10　试导出能量方程中 $\partial T/\partial t$ 的系数 E_2 用式(12.4.46b)表示的结果。

第 13 章

13.1　对于温度为 473 K、压力为 10×10^5 Pa 的蒸汽纯组分异丙醇，已知其临界常数 $T_c=508.3$ K，$p_c=4.765$ MPa。

(a) 试按 RT 方程计算出 a 和 b；

(b) 试按 $A=ap/(R^2T^{2.5})$ 和 $B=bp/RT$ 计算出 A 和 B 值；

(c) 试按 $Z=\dfrac{1}{1-h}-\dfrac{A}{B}\left(\dfrac{h}{1+h}\right),h=\dfrac{B}{Z}$ 用迭代法求解其压缩因子 Z，再按 $pV=RTZ$ 求出其摩尔体积 V。

13.2　在 298 K、0.101325 MPa 下，n_B 摩尔的 NaCl(B)溶于 1 kg 水(A)中，形成溶液体积 $V(\text{cm}^3)$ 与 n_B 的关系为

$$V=1001.38+16.6253n_B+1.7738n_B^{3/2}+0.1194n_B^2$$

试求 $n_B=0.5$ 时水和 NaCl 的偏摩尔体积。

13.3　设有 1 mol 的混合物，其组成和相关性质列表如下：

组成	摩尔分数	T_c(K)	p_c(MPa)	65.6 ℃下的蒸汽压	ω
丙烷	0.61	369.32	4.248	2.4131	0.152
正丁烷	0.28	425.12	3.796	0.72395	0.199
正戊烷	0.11	469.1	3.370	0.02551	0.249

试近似计算 65.6 ℃下的泡点压力 p_b 和露点压力 p_d。

13.4　设有节点 1～5，其坐标分别为$(x,y)=(1,2),(2,5),(5,4),(6,2),(3.5,1)$，试以 $p_i(3,3)$ 为中心节点构建三角形网格，并构建一个 PEBI 网格(或 Voronoi 凸多边形)，算出 Voronoi 凸多边形各顶点的坐标位置。

第 14 章

14.1　天然气燃烧后所排放的颗粒物极少(按产生相同热量比较，只有燃煤的 0.25%)，可大大改善当地小气候，其排放的 CO_2 也少，被称为清洁能源。试以燃煤和燃烧甲烷气各自产生 10^9 J 的热量为例，计算

出二者各自排放出的 CO_2 的立方数。（标准情况下，1 m^3 天然气质量为 0.7143 kg。其他所需数据和换算关系自行查寻。）

14.2 试述 1 mol 某种气体分子的定义。对于结构 H 型 NGH 晶格全部被甲烷占据的情形，试问：

① 假定 H 型 NGH 中理想分子式成立，那么 1 mol NGH 完全分解后，产生出的 CH_4 和 H_2O 各有多少摩尔？并说明理由。

② 1 t 甲烷气水合物完全分解后，产生 CH_4 多少立方米？

14.3 就当前的技术水平而言，你认为用哪一种方法开采天然气水合物更好，并说明理由。

第 15 章

试分别推导努曾数与马赫数（V/a）和雷诺数之间的关系。

第 16 章

16.1 已知冷凝器中蒸气的压力为 5 kPa，体积比 $v = 25.38\ m^3 \cdot kg^{-1}$，求该蒸气的状态及温度 T, h, s 的值。

16.2 利用水蒸气表确定以下水在各点所处的状态：

① $T = 200\ ℃$，$v = 0.00115641\ m^3 \cdot kg^{-1}$；

② $p = 5\ kPa$，$s = 6.5042\ kJ \cdot kg^{-1} \cdot K^{-1}$；

③ $p = 0.5\ MPa$，$v = 0.545\ m^3 \cdot kg^{-1}$。

附　　录

A　全椭圆积分、幂积分函数、误差函数、伽马函数

A1　全椭圆积分 $K(k)$ 和 $E(k)$

第一类全椭圆积分 $K(k)$ 和第二类全椭圆积分 $E(k)$ 分别定义为

$$K(k) = \int_0^1 \frac{\mathrm{d}x}{\sqrt{(1-x^2)(1-k^2x^2)}} = \int_0^{\frac{\pi}{2}} \frac{\mathrm{d}\psi}{\sqrt{1-k^2\sin^2\psi}} \tag{A1.1}$$

$$E(k) = \int_0^1 \sqrt{\frac{1-k^2x^2}{1-x^2}}\mathrm{d}x = \int_0^{\frac{\pi}{2}} \sqrt{1-k^2\sin^2\psi}\mathrm{d}\psi \tag{A1.2}$$

式(A1.1)和式(A1.2)中的 k 称为积分的模。又令 $k' = \sqrt{1-k^2}$ 称为积分的补模，并定义

$$K'(k) = K(k'),\quad K'(k') = K(k) \tag{A1.3}$$

$$E'(k) = E(k'),\quad E'(k') = E(k) \tag{A1.4}$$

其数表可查阅《数学手册》(数学手册编写组编，高等教育出版社，1979)第 1322～1323 页。

A2　幂积分函数(或指数积分函数)Ei(z)

幂积分函数(或指数积分函数)Ei(z)定义为

$$\mathrm{Ei}(z) = \int_{-\infty}^{z} \frac{\mathrm{e}^u}{u}\mathrm{d}u \tag{A2.1}$$

其级数形式表达式为

$$\mathrm{Ei}(z) = \gamma + \ln(-z) + \sum_{k=1}^{\infty} \frac{z^K}{k!k} \tag{A2.2}$$

它在除去半轴(0,∞)的 z 平面内单值解析。式中，$\gamma = 0.577216$ 称为欧拉常数。对于变量为实数 x 的情形，有

$$\mathrm{Ei}(-x) = \int_{-\infty}^{-x} \frac{\mathrm{e}^{-u}}{u}\mathrm{d}u = -\int_x^{\infty} \frac{\mathrm{e}^{-u}}{u}\mathrm{d}u \quad (0 < x < \infty) \tag{A2.3}$$

$$\begin{aligned}\mathrm{Ei}(-x) &= \gamma + \ln x + \sum_{k=1}^{\infty} \frac{(-1)^k x^k}{k!k} \\ &= \gamma + \ln x + \int_0^x \frac{\mathrm{e}^u - 1}{u}\mathrm{d}u \quad (0 < x < \infty)\end{aligned} \tag{A2.4}$$

幂积分函数的渐近表达式

$$\mathrm{Ei}(-x) \to -\infty \quad (x \to 0) \tag{A2.5}$$

$$\mathrm{Ei}(-x) \to 0 \quad (x \to \infty) \tag{A2.6}$$

当 $x<0.05$ 和 0.01，用 $\gamma + \ln x$ 近似表示 Ei($-x$)，其误差分别小于 2.4%和 0.2%。幂积分函数的数表可

查阅《数学手册》第 1319～1320 页。

A3 误差函数(或概率积分)erf(z)

误差函数(或概率积分)erf(z)定义为

$$\operatorname{erf}(z)=\frac{2}{\sqrt{\pi}}\int_0^z e^{-u^2}\,du=\frac{2}{\sqrt{\pi}}\left(z-\frac{z^3}{1!3}+\frac{z^5}{2!5}-\frac{z^7}{3!7}+\cdots\right)$$

$$=\frac{2}{\sqrt{\pi}}e^{-z^2}\sum_{k=0}^{\infty}\frac{2^k z^{2k+1}}{(2k+1)!!}{}^{*}\quad(|z|<\infty)\tag{A3.1}$$

特别地

$$\operatorname{erf}(x\to 0)=\frac{2}{\sqrt{\pi}}x,\quad \operatorname{erf}(x\to\infty)=1\tag{A3.2}$$

余概率积分(或余误差函数)erfc(z)定义为

$$\operatorname{erfc}(z)=1-\operatorname{erf}(z)=\frac{2}{\sqrt{\pi}}\int_z^{\infty}e^{-u^2}\,du\tag{A3.3}$$

其数表可查阅《数学手册》第 1315～1316 页。

A4 伽马函数(或 Γ-函数)

Γ-函数定义为

$$\Gamma(z)=\int_0^{\infty}u^{z-1}e^{-u}\,du\quad(\operatorname{Re}z>0)\tag{A4.1}$$

式(A4.1)右边称为第二类欧拉积分。Γ(z)是 z 的半纯函数。在 $z=-n(n=0,1,2,\cdots)$具有单极点,相应的留数为$(-1)^n/n!$。Γ-函数其他表达式有

$$\Gamma(z)=\lim_{n\to\infty}\frac{n!\,n^z}{z(z+1)\cdots(z+n)}=\frac{1}{z}\prod_{k=1}^{\infty}\frac{\left(1+\frac{1}{k}\right)^z}{1+\frac{z}{k}}\quad(z\neq n)\tag{A4.2}$$

$$\Gamma(n+1)=n!,\quad \Gamma(1)=\Gamma(2)=1\tag{A4.3}$$

$$\Gamma\left(n+\frac{1}{2}\right)=\frac{(2n-1)!!}{2^n}\sqrt{\pi},\quad \Gamma\left(\frac{1}{2}\right)=\sqrt{\pi}\tag{A4.4}$$

---

* 双阶乘$(2n)!!=2\cdot4\cdot6\cdot\cdots\cdot(2n)$;$(2n+1)!!=1\cdot3\cdot5\cdot\cdots\cdot(2n+1)$。

B　贝塞尔函数

B1　第一类和第二类贝塞尔函数

如下微分方程称为 ν 阶贝塞尔方程：

$$\frac{d^2 R}{dz^2} + \frac{1}{z}\frac{dR}{dz} + \left(1 - \frac{\nu^2}{z^2}\right)R = 0 \tag{B1.1}$$

这个方程对全部 ν 值都有两个线性无关解，称它们为 ν 阶第一类贝塞尔函数 $J_\nu(z)$ 和 ν 阶第二类贝塞尔函数（或诺伊曼函数）$N_\nu(z)$[有的书中 $N_\nu(z)$ 也记作 $Y_\nu(z)$]。因而方程(B1.1)的通解为

$$R(z) = AJ_\nu(z) + BN_\nu(z) \tag{B1.2}$$

贝塞尔函数 $J_\nu(z)$ 和 $N_\nu(z)$ 的级数形式分别为

$$J_\nu(z) = \left(\frac{1}{2}z\right)^\nu \sum_{k=0}^{\infty}(-1)^k \frac{(z/2)^{2k}}{k!\Gamma(\nu + k + 1)} \quad (|\arg z| < \pi) \tag{B1.3}$$

$$\begin{aligned} N_\nu(z) = \frac{1}{\sin\nu\pi}\Bigg\{&\cos\nu\pi\left(\frac{z}{2}\right)^\nu \sum_{k=0}^{\infty}(-1)^k \frac{z^{2k}}{2^{2k}\cdot k!\Gamma(\nu + k + 1)} \\ &- \left(\frac{z}{2}\right)^{-\nu}\sum_{k=0}^{\infty}(-1)^k \frac{z^{2k}}{2^{2k}k!\Gamma(k + \nu - 1)}\Bigg\} \quad (\nu \neq \text{整数}) \end{aligned} \tag{B1.4}$$

式中，$\Gamma(z)$ 是伽马函数。特别地，有

$$J_0(z) = \sum_{k=0}^{\infty}(-1)^k \frac{z^{2k}}{2^{2k}(k!)^2}, \quad J_1(z) = \frac{z}{2}\sum_{k=0}^{\infty}\frac{(-1)^k z^{2k}}{2^{2k}k!(k+1)!} \tag{B1.5}$$

$$N_0(z) = \frac{2}{\pi}\left(\ln\frac{z}{2} + \gamma\right)J_0(z) - \frac{2}{\pi}\sum_{k=1}^{\infty}\frac{(-1)^k}{(k!)^2}\left(\frac{z}{2}\right)^{2k}\sum_{m=1}^{k}\frac{1}{m} \tag{B1.6}$$

$$\begin{aligned} N_1(z) = &\frac{2}{\pi}\left(\ln\frac{z}{2} + \gamma\right)J_1(z) - \frac{2}{z\pi} \\ &- \frac{1}{\pi}\sum_{k=1}^{\infty}\frac{(-1)^{k+1}\left(\frac{z}{2}\right)^{2k-1}}{k!(k-1)!}\left(2\sum_{m=1}^{k-1}\frac{1}{m} + \frac{1}{k}\right) \end{aligned} \tag{B1.7}$$

B2　修正的贝塞尔函数

如下微分方程称为 ν 阶修正贝塞尔方程（或变型贝塞尔方程）：

$$\frac{d^2 R}{dz^2} + \frac{1}{z}\frac{dR}{dz} - \left(1 + \frac{\nu^2}{z^2}\right)R = 0 \tag{B2.1}$$

这个方程对全部 ν 值都有两个线性无关解，称它们为 ν 阶第一类修正（或变型）贝塞尔函数 $I_\nu(z)$ 和 ν 阶第二类修正（或变型）贝塞尔函数 $K_\nu(z)$。因而方程(B2.1)的通解为

$$R(z) = AI_\nu(z) + BK_\nu(z) \tag{B2.2}$$

对 $\nu > -1$ 和 $z > 0$ 情形，$I_\nu(z)$ 和 $K_\nu(z)$ 都是正实数。修正贝塞尔函数的定义式为

$$I_\nu(z) = \left(\frac{z}{2}\right)^\nu \sum_{k=0}^{\infty}\frac{1}{k!\Gamma(k + \nu + 1)}\left(\frac{z}{2}\right)^{2k} \quad (|z| < \infty, |\arg z| < \pi) \tag{B2.3}$$

$$K_\nu(z) = \frac{\pi}{2}\frac{I_{-\nu}(z) - I_\nu(z)}{\sin\nu\pi} \quad (|\arg z| < \pi, \nu \neq 0, \pm 1, \pm 2, \cdots) \tag{B2.4}$$

特别地，有

$$I_0(z)=\sum_{k=0}^{\infty}\frac{(z/2)^{2k}}{(k!)^2},\quad I_1(z)=I_0'(z)=\sum_{k=0}^{\infty}\frac{(z/2)^{2k+1}}{k!(k+1)!}\tag{B2.5}$$

$$K_0(z)=-\left(\ln\frac{z}{2}+\gamma\right)I_0(z)+\sum_{k=0}^{\infty}\frac{z^{2k}}{2^{2k}(k!)^2}\sum_{m=1}^{k}\frac{1}{m}\tag{B2.6}$$

$$\begin{aligned}K_1(z)&=-K'_0(z)\\&=\frac{1}{z}I_0(z)+\left(\ln\frac{z}{2}+\gamma\right)I_1-\sum_{k=0}^{\infty}\frac{2z^{2k+1}}{2^{2(k+1)}k!(k+1)!}\sum_{m=1}^{k+1}\frac{1}{m}\end{aligned}\tag{B2.7}$$

B3 广义贝塞尔方程

(1) 下列广义贝塞尔方程的一种解法:

$$\frac{d^2R}{dr^2}+\frac{n}{r}\frac{dR}{dr}-sr^{m-n}R=0\tag{B3.1}$$

其中,n 和 m 是常数,s 可看做是拉氏变量。

首先作变换

$$R(r)=r^{\frac{1-n}{2}}W(r)\tag{B3.2}$$

则方程(B3.1)化为

$$\frac{d^2W}{dr^2}+\frac{1}{r}\frac{dW}{dr}-\left[\frac{(1-n)^2/4}{r^2}+sr^{m-n}\right]W=0\tag{B3.3}$$

下面分三种情形进行求解。

(a) $2+m-n>0$:作自变量的变换,令

$$\rho=\frac{2}{2+m-n}r^{\frac{2+m-n}{2}}\tag{B3.4}$$

则方程(B3.3)变成

$$\frac{d^2W}{d\rho^2}+\frac{2+m-n}{2}r^{-\frac{2+m-n}{2}}\frac{dW}{d\rho}-\left[\frac{\left(\frac{1-n}{2+m-n}\right)^2}{\left(\frac{2}{2+m-n}\right)^2r^{2+m-n}}+s\right]W=0\tag{B3.5}$$

或写成

$$\frac{d^2W}{d\rho^2}+\frac{1}{\rho}\frac{dW}{d\rho}-\left[\frac{\nu^2}{\rho^2}+s\right]W=0\tag{B3.6}$$

其中

$$\nu=\frac{1-n}{2+m-n}\tag{B3.7}$$

显然,方程(B3.6)的通解为

$$W(\rho,s)=AI_\nu(\sqrt{s}\rho)+BK_\nu(\sqrt{s}\rho)\tag{B3.8}$$

将式(B3.8)和式(B3.4)代入式(B3.2),即得方程(B3.1)的通解为

$$R(r,s)=r^{\frac{1-n}{2}}\left[AI_\nu\left(\frac{2\sqrt{s}}{2+m-n}r^{\frac{2+m-n}{2}}\right)+BK_\nu\left(\frac{2\sqrt{s}}{2+m-n}r^{\frac{2+m-n}{2}}\right)\right]\tag{B3.9}$$

特别地,若 $m=1$,则

$$\nu=(1-n)/3-n$$

$$R(r,s)=r^{\frac{1-n}{2}}\left[AI_\nu\left(\frac{2\sqrt{s}}{3-n}r^{\frac{3-n}{2}}\right)+BK_\nu\left(\frac{2\sqrt{s}}{3-n}r^{\frac{3-n}{2}}\right)\right]\tag{B3.10}$$

(b) $2+m-n=0$:对于这种情形,$m-n=-2$,则方程(B3.3)化为

$$\frac{d^2W}{dr^2}+\frac{1}{r}\frac{dW}{dr}-\frac{[(1-n)^2+4s]/4}{r^2}W=0\tag{B3.11}$$

这是欧拉型常微分方程，容易求得其通解为

$$W(r,s)=Ar^{\frac{\sqrt{(1-n)^2+4s}}{2}}+Br^{-\frac{\sqrt{(1-n)^2+4s}}{2}} \tag{B3.12}$$

式(B3.12)代入式(B3.2)，得

$$R(r,s)=r^{\frac{1-n}{2}}\left[Ar^{\frac{\sqrt{(1-n)^2+4s}}{2}}+Br^{-\frac{\sqrt{(1-n)^2+4s}}{2}}\right] \tag{B3.13}$$

(c) $2+m-n<0$：与(a)中类似，可作如下自变量变换：

$$\rho=\frac{2}{n-m-2}r^{\frac{2+m-n}{2}} \tag{B3.14}$$

则方程(B3.3)化为

$$\frac{\mathrm{d}^2W}{\mathrm{d}\rho^2}+\frac{1}{\rho}\frac{\mathrm{d}W}{\mathrm{d}\rho}-\left(\frac{\nu^2}{\rho^2}+s\right)W=0 \tag{B3.15}$$

其中，$\nu=(1-n)/(n+m-2)$。其通解与(B3.8)形式相同，只是其中 ρ 用式(B3.14)表示。最后得

$$R(r,s)=r^{\frac{1-n}{2}}\left[A\mathrm{I}_\nu\left(\frac{2\sqrt{s}}{n-m-2}r^{\frac{2+m-n}{2}}\right)+B\mathrm{K}_\nu\left(\frac{2\sqrt{s}}{n-m-2}r^{\frac{2+m-n}{2}}\right)\right] \tag{B3.16}$$

(2) 下列广义贝塞尔方程：

$$\frac{\mathrm{d}^2R}{\mathrm{d}x^2}+\left(\frac{1-2m}{x}-2a\right)\frac{\mathrm{d}R}{\mathrm{d}x}+\left[p^2a^2x^{2p-2}+a^2+\frac{a(2m-1)}{x}+\frac{m^2-p^2\nu^2}{x^2}\right]R=0 \tag{B3.17}$$

的通解可用类似的方法求得，即

$$R(x)=x^m\cdot \mathrm{e}^{ax}\left[A\mathrm{J}_\nu(ax^p)+B\mathrm{N}_\nu(ax^p)\right] \tag{B3.18}$$

B4　变量很小的极限情形

对变量很小($z\to 0$)的情形，贝塞尔函数有如下渐近表达式：

$$\mathrm{J}_\nu(z)\approx\left(\frac{1}{2}z\right)^\nu\frac{1}{\Gamma(\nu+1)}\quad(\nu\text{ 不等于负整数}) \tag{B4.1}$$

$$\mathrm{N}_\nu(z)\approx-\frac{1}{\pi}\left(\frac{2}{z}\right)^\nu\Gamma(\nu)\quad(\nu\neq 0),\quad \mathrm{N}_0(z)\approx\frac{2}{\pi}\ln z \tag{B4.2}$$

$$\mathrm{I}_\nu(z)\approx\left(\frac{1}{2}z\right)^\nu\frac{1}{\Gamma(\nu+1)}\quad(\nu\text{ 不等于负整数}) \tag{B4.3}$$

$$\mathrm{K}_\nu(z)\approx\frac{1}{2}\left(\frac{2}{z}\right)^\nu\Gamma(\nu)\quad(\nu\neq 0) \tag{B4.4a}$$

$$\mathrm{K}_0(z)\approx-\left(\ln\frac{z}{2}+\gamma\right),\quad \mathrm{K}_1(z)\approx\frac{1}{z} \tag{B4.4b}$$

特别地，有

$$\mathrm{J}_0(0)=1,\quad \mathrm{J}_1(0)=1,\quad \mathrm{N}_0(0)=-\infty,\quad \mathrm{N}_1(0)=-\infty \tag{B4.5}$$

$$\mathrm{I}_0(0)=1,\quad \mathrm{I}_1(0)=0,\quad \mathrm{K}_0(0)=\infty,\quad \mathrm{K}_1(0)=\infty \tag{B4.6}$$

B5　变量很大的极限情形

对变量 z 很大($z\to\infty$)的情形，贝塞尔函数有如下渐近表达式：

$$\mathrm{J}_\nu(z)\approx\sqrt{\frac{2}{\pi z}}\cos\left(z-\frac{\pi}{4}-\frac{\nu\pi}{2}\right) \tag{B5.1a}$$

$$\mathrm{N}_\nu(z)\approx\sqrt{\frac{2}{\pi z}}\sin\left(z-\frac{\pi}{4}-\frac{\nu z}{2}\right) \tag{B5.1b}$$

$$\mathrm{I}_\nu(z)\approx\frac{\mathrm{e}^z}{(2\pi z)^{1/2}} \tag{B5.2}$$

$$\mathrm{K}_\nu(z)\approx\frac{\mathrm{e}^{-z}}{(2z/\pi)^{1/2}} \tag{B5.2}$$

B6 贝塞尔函数的导数

$$\frac{\mathrm{d}}{\mathrm{d}z}[z^{\nu}\mathrm{W}_{\nu}(\beta z)] = \begin{cases}\beta z^{\nu}\mathrm{W}_{\nu-1}(\beta z) & (\mathrm{W}\equiv \mathrm{J,N,I}) \\ -\beta z^{\nu}\mathrm{W}_{\nu-1}(\beta z) & (\mathrm{W}\equiv \mathrm{K})\end{cases} \tag{B6.1}$$

$$\frac{\mathrm{d}}{\mathrm{d}z}[z^{-\nu}\mathrm{W}_{\nu}(\beta z)] = \begin{cases}-\beta z^{-\nu}\mathrm{W}_{\nu+1}(\beta z) & (\mathrm{W}\equiv \mathrm{J,N,K}) \\ \beta z^{-\nu}\mathrm{W}_{\nu+1}(\beta z) & (\mathrm{W}\equiv I)\end{cases} \tag{B6.2}$$

$$\frac{\mathrm{d}}{\mathrm{d}z}\mathrm{W}_{\nu}(z) = \frac{1}{2}[\mathrm{W}_{\nu-1}(z) - \mathrm{W}_{\nu+1}(z)] = \mathrm{W}_{\nu-1}(z) - \frac{\nu}{z}\mathrm{W}_{\nu}(z) \quad (\mathrm{W} = \mathrm{J,N}) \tag{B6.3}$$

$$\frac{\mathrm{d}}{\mathrm{d}z}\mathrm{I}_{\nu}(z) = \frac{1}{2}[\mathrm{I}_{\nu-1}(z) + \mathrm{I}_{\nu+1}(z)] = \mathrm{I}_{\nu-1}(z) - \frac{\nu}{z}\mathrm{I}_{\nu}(z) \tag{B6.4}$$

$$\frac{\mathrm{d}}{\mathrm{d}z}\mathrm{K}_{\nu}(z) = -\frac{1}{2}[\mathrm{K}_{\nu-1}(z) + \mathrm{K}_{\nu+1}(z)] = -\mathrm{K}_{\nu-1}(z) - \frac{\nu}{z}\mathrm{K}_{\nu}(z) \tag{B6.5}$$

B7 贝塞尔函数的积分

$$\int z^{\nu}\mathrm{W}_{\nu-1}(\beta z)\mathrm{d}z = \frac{1}{\beta}z^{\nu}\mathrm{W}_{\nu}(\beta z) \quad (\mathrm{W}\equiv \mathrm{J,N,I}) \tag{B7.1}$$

$$\int \frac{1}{z^{\nu}}\mathrm{W}_{\nu+1}(\beta z)\mathrm{d}z = -\frac{1}{\beta z^{\nu}}\mathrm{W}_{\nu}(\beta z) \quad (\mathrm{W}\equiv \mathrm{J,N,K}) \tag{B7.2}$$

特别地,对 $\nu=1$ 有

$$\int z\mathrm{W}_0(\beta r)\mathrm{d}z = \frac{z}{\beta}\mathrm{W}_1(\beta z) \quad (\mathrm{W}\equiv \mathrm{J,N,I}) \tag{B7.3}$$

贝塞尔函数乘积的积分

$$\int r\mathrm{W}_{\nu}(\beta r)\overline{\mathrm{W}}_{\nu}(\beta r)\mathrm{d}r = \frac{1}{4}r^2[2\mathrm{W}_{\nu}(\beta r)\overline{\mathrm{W}}_{\nu}(\beta r) - \mathrm{W}_{\nu-1}(\beta r)\overline{W}_{\nu+1}(\beta r) - \mathrm{W}_{\nu-1}(\beta r)\overline{\mathrm{W}}_{\nu-1}(\beta r)] \tag{B7.4}$$

$$= \frac{r^2}{2}\left\{\mathrm{W}'_{\nu}(\beta r)\overline{\mathrm{W}}'_{\nu}(\beta r) + \left[1-\left(\frac{\nu}{\beta r}\right)^2\right]\mathrm{W}_{\nu}(\beta r)\overline{\mathrm{W}}_{\nu}(\beta r)\right\},\mathrm{W},\overline{\mathrm{W}}\equiv \mathrm{J,N} \tag{B7.5}$$

$$\int_0^{\infty}\mathrm{e}^{-pz^2}z\mathrm{J}_{\nu}(az)\mathrm{J}_{\nu}(bz)\mathrm{d}z = \frac{1}{2p}\mathrm{e}^{-(a^2+b^2)/4p}\mathrm{I}_{\nu}\left(\frac{ab}{2p}\right) \tag{B7.6}$$

$$\int_0^{\infty}\mathrm{e}^{-pz^2}z^{\nu+1}\mathrm{J}_{\nu}(az)\mathrm{d}z = \frac{a^{\nu}}{(2p)^{\nu+1}}\mathrm{e}^{-a^2/4p} \tag{B7.7}$$

B8 贝塞尔函数其他关系式

朗斯基关系式:

$$\mathrm{J}_{\nu}(\beta r)\mathrm{N}'_{\nu}(\beta r) - \mathrm{N}_{\nu}(\beta r)J'_{\nu}(\beta r) = \frac{2}{\pi\beta r} \tag{B8.1}$$

特别地,有

$$\mathrm{N}_0(\beta r)\mathrm{J}_1(\beta r) - \mathrm{J}_0(\beta r)\mathrm{N}_1(\beta r) = \frac{2}{\pi\beta r} \tag{B8.2}$$

对变量为虚数情形,有以下关系:

$$\mathrm{I}_0(\pm\beta\mathrm{i}) = \mathrm{J}_0(\beta), \quad \mathrm{I}_1(\pm\beta\mathrm{i}) = \pm\mathrm{i}\mathrm{J}_1(\beta) \tag{B8.3}$$

$$\mathrm{K}_0(\pm\beta\mathrm{i}) = \mp\frac{\pi\mathrm{i}}{2}[\mathrm{J}_0(\beta)\mp\mathrm{i}\mathrm{N}_0(\beta)] \tag{B8.4}$$

$$\mathrm{K}_1(\pm\beta\mathrm{i}) = -\frac{\pi}{2}[\mathrm{J}_1(\beta)\mp\mathrm{i}\mathrm{N}_1(\beta)] \tag{B8.5}$$

$$\mathrm{I}_n(z)=\frac{1}{\mathrm{i}^n}\mathrm{J}_n(\mathrm{i}z),\quad \mathrm{K}_\nu(-z\mathrm{i})=-\frac{\pi\mathrm{i}}{2}\mathrm{e}^{\pi\mathrm{i}/2\nu}[-\mathrm{J}_\nu(z)-\mathrm{i}\mathrm{N}_\nu(z)] \tag{B8.6}$$

当阶数 n 为正整数时，

$$\mathrm{J}_n(z)=(-1)^n\mathrm{J}_{-n}(z),\quad \mathrm{J}_{-n}(z)=\mathrm{J}_n(-z) \tag{B8.7}$$

$$\mathrm{I}_{-n}(z)=\mathrm{I}_n(z),\quad \mathrm{K}_{-n}(z)=\mathrm{K}_n(z) \tag{B8.8}$$

$$\mathrm{N}_{-n}(z)=(-1)^n\mathrm{N}_n(z) \tag{B8.9}$$

当阶数 ν 不为零或正整数时，

$$\mathrm{N}_\nu(\lambda r)=\mathrm{J}_{-\nu}(\lambda r) \tag{B8.10}$$

$$\mathrm{K}_{-\nu}(z)=\mathrm{K}_\nu(z) \tag{B8.11}$$

$$\mathrm{I}_\nu(z)\mathrm{K}'_\nu(z)-\mathrm{K}_\nu(z)I'_\nu(z)=-\frac{1}{z} \tag{B8.12}$$

$$\mathrm{I}_\nu(z)\mathrm{K}_{\nu+1}(z)+\mathrm{K}_\nu(z)\mathrm{I}_{\nu+1}(z)=\frac{1}{z} \tag{B8.13}$$

B9　贝塞尔函数的积分表达式

$$\mathrm{J}_n(z)=\frac{1}{2\pi}\int_{-\pi}^{\pi}\cos(n\theta-z\sin n\theta)\mathrm{d}\theta\quad\text{（贝塞尔积分表达式）} \tag{B9.1}$$

$$\mathrm{J}_n(z)=\frac{1}{2\pi\mathrm{i}}\left(\frac{z}{2}\right)^n\int_C \mathrm{e}^{\nu-\frac{z^2}{4\nu}}\frac{\mathrm{d}\nu}{\nu^{n+1}} \tag{B9.2}$$

其中 C 是任意半径的圆周。

$$\mathrm{N}_0(x)=\frac{4}{\pi^2}\int_0^1\frac{\arcsin t}{\sqrt{1-t^2}}\sin(xt)\mathrm{d}t-\frac{4}{\pi^2}\int_1^\infty\frac{\ln(t-\sqrt{t^2-1})}{\sqrt{t^2-1}}\sin(xt)\mathrm{d}t\quad(x>0) \tag{B9.3}$$

$$\mathrm{I}_\nu(z)=\frac{(z/2)^\nu}{\Gamma\left(\nu+\frac{1}{2}\right)\Gamma\left(\frac{1}{2}\right)}\int_{-1}^{1}(1-t^2)^{\nu-\frac{1}{2}}\mathrm{e}^{-zt}\mathrm{d}t\quad\left(Re\nu>-\frac{1}{2}\right) \tag{B9.4}$$

$$\mathrm{I}_0(z)=\frac{1}{2\pi}\int_0^{2\pi}\mathrm{e}^{z\cos\theta}\mathrm{d}\theta \tag{B9.5}$$

$$\mathrm{K}_n(z)=\frac{(2n)!}{2^n n!z^n}\int_0^\infty\frac{\cos(z\,\mathrm{sh}\,t)}{\mathrm{ch}^{2n}t}\mathrm{d}t\quad(Rez>0) \tag{B9.6}$$

贝塞尔函数的数表可查阅《数学手册》。

B10　几个常用贝塞尔函数的图形

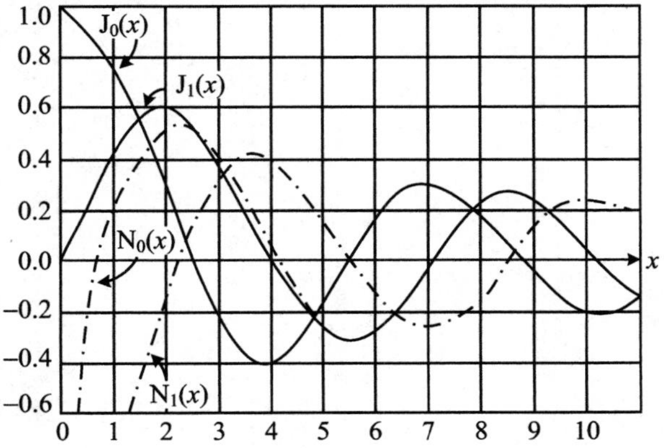

图 B1　函数 $\mathrm{J}_0(x)$，$\mathrm{J}_1(x)$**和** $\mathrm{N}_0(x)$，$\mathrm{N}_1(x)$

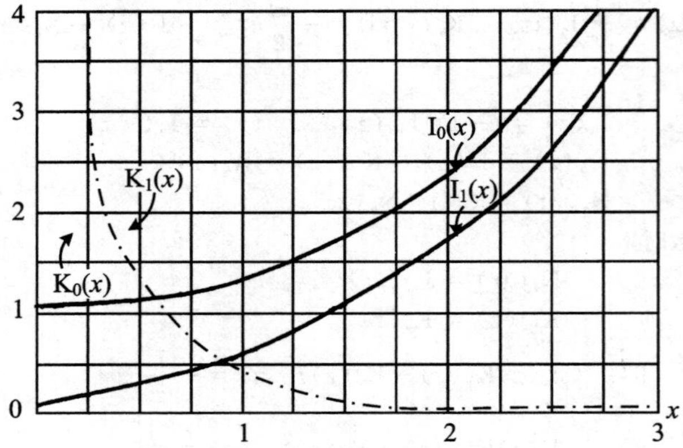

图 B2 函数 $I_0(x)$，$I_1(x)$和 $K_0(x)$，$K_1(x)$

C　常用表

C1　石油工业中常用的单位制和换算系数

参数	符号	量纲	单位制						
			物理制		英制		油田工程制		标准制
			单位	换算系数	单位	换算系数	单位	换算系数	单位
流量	q	L^3T^{-1}	厘米^3·秒$^{-1}$ ($cm^3\cdot s^{-1}$)	0.5434 →	桶·天$^{-1}$ ($bbl\cdot d^{-1}$)	0.1590 →	米^3·天$^{-1}$ ($m^3\cdot d^{-1}$)	1 →	米^3·天$^{-1}$ ($m^3\cdot d^{-1}$)
压力	p	$ML^{-1}T^{-2}$	物理大气压 (ata)	14.70 →	磅·英寸$^{-2}$ (psi^{-1})	0.07032 →	大气压 (at)	0.09807 →	兆帕 (MPa)
渗透率	K	L^2	Darcy (d)	1 000 →	毫达西 (md)	1 →	毫达西 (md)	0.987×10^{-3} →	微米^2 (μm^2)
黏度	μ	$ML^{-1}T^{-1}$	厘泊 (cp)	1 →	厘泊 (cp)	1 →	厘泊 (cp)	1 →	毫帕·秒 (mPa·s)
压缩率	c	$M^{-1}LT^2$	$\frac{1}{物理大气压}$ (ata^{-1})	0.0680 →	$\frac{1}{磅/英寸^2}$ (psi)	14.22 →	$\frac{1}{大气压}$ (at^{-1})	10.197 →	$\frac{1}{兆帕}$ (MPa^{-1})
孔隙度	φ	（无）	小数		小数		小数		小数
长度	r,h	L	厘米 (cm)	0.03281 →	英尺 (ft)	0.3084 →	米 (m)	1 →	米 (m)
时间	t	T	秒 (s)	2.778×10^{-4} →	小时 (h)	1 →	小时 (h)	1 →	小时 (h)
温度	T	Θ	K	°F, °R		°C			K, °C
			K=(°F+459.7)/1.8　K=°R/1.8　°C=(°F−32)/1.8						
力	f	LMT^{-2}	牛顿 (N)	0.224809 →	磅力 (lb 力)	0.4536 →	公斤力 (kg 力)	9.807 →	牛顿 (N)
密度	ρ	ML^{-3}	克·厘米$^{-3}$ ($g\cdot cm^{-3}$)	3.505×10^2 →	磅·桶$^{-1}$ ($lb\cdot bbl^{-1}$)	2.853×10^{-3} →	吨·米$^{-3}$ ($t\cdot m^{-3}$)	1 →	吨·米$^{-3}$ ($t\cdot m^{-3}$)

C2 方程的前 10 个正根

(1) $J_0(\beta x)N_0(x)-N_0(\beta x)J_0(x)=0$ 的前 10 个根

序号	$\beta=100$	$\beta=500$	$\beta=1000$	$\beta=5000$	$\beta=10000$
1	0.028009	0.005372	0.002655	0.000521	0.000259
2	0.060109	0.011701	0.005809	0.001149	0.000572
3	0.092142	0.018033	0.008968	0.001778	0.000887
4	0.124114	0.024361	0.012125	0.002408	0.001202
5	0.156043	0.030684	0.015281	0.003038	0.001516
6	0.187942	0.037005	0.018436	0.003668	0.001831
7	0.219818	0.043322	0.021590	0.004297	0.002146
8	0.251676	0.049638	0.024743	0.004927	0.002460
9	0.283520	0.055952	0.027895	0.005556	0.002775
10	0.315352	0.062264	0.031047	0.006186	0.003089

(2) $J_0(\beta x)N_1(x)-N_0(\beta x)J_1(x)=0$ 的前 10 个根

序号	$\beta=100$	$\beta=500$	$\beta=1000$	$\beta=5000$	$\beta=10000$
1	0.024053	0.004810	0.002405	0.000481	0.000240
2	0.055225	0.011040	0.005520	0.001104	0.000552
3	0.086595	0.017308	0.008654	0.001731	0.000865
4	0.118022	0.023584	0.011792	0.002358	0.001179
5	0.149479	0.029863	0.014931	0.002986	0.001493
6	0.180957	0.036144	0.018071	0.003614	0.001807
7	0.212452	0.042426	0.021212	0.004242	0.002121
8	0.243962	0.048709	0.024353	0.004870	0.002435
9	0.275485	0.054992	0.027494	0.005499	0.002749
10	0.307020	0.061275	0.030635	0.006127	0.003063

(3) $J_1(\beta x)N_1(x)-N_1(\beta x)J_1(x)=0$ 的前 10 个根

序号	$\beta=100$	$\beta=500$	$\beta=1000$	$\beta=5000$	$\beta=10000$
1	0.038329	0.007664	0.003832	0.000766	0.000383
2	0.070195	0.014031	0.007016	0.001403	0.000702
3	0.101815	0.020348	0.010174	0.002035	0.001017
4	0.133373	0.026648	0.013324	0.002665	0.001332
5	0.164913	0.032943	0.016471	0.003294	0.001647

续表

序号	$\beta=100$	$\beta=500$	$\beta=1000$	$\beta=5000$	$\beta=10000$
6	0.196448	0.039234	0.019616	0.003923	0.001962
7	0.227986	0.045523	0.022760	0.004552	0.002276
8	0.259529	0.051812	0.025904	0.005181	0.002590
9	0.291079	0.058099	0.029047	0.005809	0.002905
10	0.322637	0.064386	0.032190	0.006438	0.003219

C3　主要符号及其量纲(时间的量纲为 T,温度的量纲为 Θ,摩尔为 N)

B　地层体积系数　(无量纲)
C　井筒储集常数　L^4T^2/M
c　压缩系数　LT^2/M
c_p　定压比热　$L^2/T^2\Theta$

e　比内能　L^2/T^2
g　重力加速度　L/T^2
h　地层有效厚度　L
h　比焓　L^2/T^2
h　传热系数　$M/T^3\Theta$

K　绝对渗透率　L^2
k　热导率　$ML/T^3\Theta$
M　流度比　(无量纲)
m　质量　M
m　气体拟压力　M/LT^3

p　压力　M/LT^2
Q　产量(体积流量)　L^3/T
q　源汇强度　$1/T$

R　普适气体常数　$ML^2/T^2\Theta N$
r　径向距离　L

S　表皮因子　(无量纲)
s　比熵　$L^2/T^2\Theta$
s　饱和度　(无量纲)

T　温度　Θ
t　时间　T
U　比内能　L^2/T^2
V　渗流速度　L/T
α　热扩散系数　L^2/T

β　热膨胀系数　$1/\Theta$
β　非 Darcy 流 β 因子　$1/L$
γ　剪切速率,对管道中层流为 dV/dr　$1/T$
λ　$=K/\mu$ 流度　L^3T/M
μ　流体黏度　M/LT

ν　运动黏度　L^2/T
ρ　密度　M/L^3
σ　界面张力　M/T^2
ϕ　孔隙度　(无量纲)
ψ　流函数　L^2/T
χ　导压系数　L^2/T

主 题 索 引

参 考 文 献

Acuna J A, Ershaghi I, Yortsos Y C, 1995. Practical application of fractal pressure-transient analysis in natural fractured reservoirs[J]. SPEFE, 10(3):173-179.

Agarwal R G, Al-Hussaing R, Ramey H J, 1970. An investigation of wellbore storage and skin effect in unsteady liquid flow. Ⅰ[J]. SPEJ, 10(3):279-290.

Aggour M A, et al., 1992. Investigation of waterflooding under the effect of electrical potential gradient [J]. J. Pet. Sci. Eng., 7(3/4): 319-327.

Ahmed N, Sunada D K, 1969. Nonlinear flow in porous media[J]. J. Hydraulics Division ASCE, 95: 1847-1857.

Al-Hussaing R, et al., 1966. The flow of real gases through porous media[J]. J. Petrol. Tech., 18: 624-642.

Ambrose R J, Hartman R C, Campos M D, 2012. Shale gas-in-place calculations. Part Ⅰ: New pore-scale considerations[J]. SPEJ, 17(1): 219-229.

Anbarci K, Ertekin T, 1990. A comprehensive study of pressure transient analysis with sorption phenomena for single-phase gas flow in coal seams[C]//SPE Annual Technical Conference and Exhibition, September 23-26. New Orleans: Society of Petroleum Engineers: 411-423.

Arakawa A, 1966. Computational design for long-term numerical integration of the equations of fluid motion: Two-dimensional incompressible flow[J]. J. Comput. Phys., 135(2):103-114.

Avnir D, et al., 1983. Surface geometric irregularity of Particulate materials[J]. J. Colloid and Interface Science, 103(1): 112-123.

Azari M, Wooden W O, Coble L E, 1990. A complete set of Laplace transforms for finite conductivity vertical fractures under bilinear and trilinear flows[C]. 65th SPE Annual Tech. Conf. and Exhibition, New Orleans.

Aziz K L, et al., 1976. Use of pressure, pressure-squared or pesudo-pressure in the analysis of gas well data [J]. J. Can. Pet. Tech., 15(2). DOI: PETSOC-76-02-06.

Barenblatt G I, Entor V M, Ryzhik V M, 1991. Theory of fluid flow through natural rocks[M]. Dordrecht: Kluwer.

Barenblatt G E, Zheltov I P, Kochina I N, 1960. Basic concepts in the theory of homogeneous liquids in fissured rocks[J]. J. Appl. Math. Mech. (USSR), 24(5):1286-1303.

Beck J L, 1972. Convection in a box of porous material saturated with fluid[J]. The Phy. of Fluids, 15: 1377-1383.

Bear J, Buchlin J M, 1991. Modelling and applications of transport phenomena in porous media[M]. Dordrecht: Kluwer.

贝尔 J,1983. 多孔介质流体动力学[M]. 李竞生,陈崇希,译. 北京:中国建筑工业出版社.

Beskok A, Karniadakis G E, 1999. A model for flows in channels, pipes, and ducts at micro and nano scales[J]. Microscale Thermophysical Engineering, 3(1):43-77.

Biot M A, Willis D G, 1957. The elastic coefficients of the theory of consolidation[J]. ASME J. Appl. Mech.,24: 594-601.

Biot M A, 1941. General theory of three-dimension consolidation[J]. J. Appl. Phys., 12: 155-164.

Biot M A, 1956. Theory of propagation of elastic waves in a fluid-saturated porous solid[J]. J. Acoust, Soc. Am.,28:168-191.

Birchwood R, Dai J C, Boswell R, et al., 2010. Developments in gas hydrates[J]. Oilfield Review, 22(1): 18-33.

Bishop A W, Blight G E, 1963. Some aspects of effective stress in saturation and partly saturated soil[J]. Geotechnique, 13: 177-197.

Bourdet D, et al., 1983. A new set of type curves simplifies well test analysis[J]. World Oil, 196(6):95-106.

Bourdet D, 1985. Pressure behavior of layered reservoirs with crossflow[J]. SPEJ. DOI: 10.2118/13628-MS.

Brinkman H C, 1949. A calculation of the viscous force exerted by a flowing fluid on a dense swarm of particles[J]. Appl. Sci. Res., A1(15):27-34.

Buckingham E, 1915. Model experiments and the forms of empirical equations[J]. Trans. ASME, 37:263-269.

Buckley S E, Leverett M C, 1942. Mechanism of fluid displacement in sands[J]. SPE, 146(1):107-116.

Carman P C, 1937. Fluid flow through a granular bed[J]. Trans. Inst. Chem. Eng., 75(Supplement): S32-S48.

Carr N L, Kobayshi R, Burrows D B, 1954. Viscosity of hydrocarbon gases under pressure[J]. Trans. AIME, 201:264-272.

Carslaw H S, Jaeger J C, 1959. Conduction of heat in solids[M]. Oxford: Clarendon Press.

Chakma A, 1992. Heavy oil recovery from thin pay zone by electromagnetic heating[C]. 67th Annual Tech. Conf. and Exhibition of the Society of Pet. Eng, Washington DC.

Chan T, Khair L, Jing L, et al., 1995. International comparison of coupled thermo-hydro-mechanical models of a multiple-fracture bench mark problem: DECOVALEX phase Ⅰ, bench mark test 2[J]. Int. J. Rock Mech. Min. Sci., 32(5):435-452.

Chang J, Yortsos Y C, 1990. Pressuretransient analysis of fractal reservoirs[J]. SPEFE,5(1):31-38.

Chen H T, Chen C K, 1987. Natural convection of non-Newtonian fluids about a horizontal surface in a porous medium[J]. ASME J. Energy Res. Tech.,109:119-123.

Chen H T, Chen C K, 1988. Natural convection of non-Newtonian fluids about a horizontal cylinder and a sphere in a porous medium[J]. Comm. Hant Mass Transfer,15:605-614.

陈钟祥,姜礼尚,1980.双孔介质渗流方程的精确解[J].中国科学,10(2):152-165.

陈钟祥,刘慈群,1980.双重孔隙介质中二相驱替理论[J].力学学报,12(2):109-119.

陈钟祥,袁曾光,1980.关于二相渗流的多维问题[J].力学学报,12(1):12-17.

陈钟祥,朱亚东,1987.底部注水时裂缝性底水油藏中的单井水锥问题[J].石油学报,8(2):39-49.

陈钟祥,1965.在同时考虑重率差和毛细管压力差的情况下二相液体非定常渗流方程的一个相似性解[J].力学学报,8(1):38-45.

Cheng P, Chang I D, 1976. On buoyancy induced flows in a saturated porous mediumadjacent to impermeable horizontal surface[J]. Int. J. Heat Mass Transfer, 19(11):1267-1272.

Cheng P, Minkowycz W J, 1977. Free convection about a vertical flat plate embedded in a porous medium with application to heat transfer from a dike[J]. J. Geophys. Res., 82(14):2040-2044.

Chung T H, Ajlan M, Lee L L, et al., 1988. Generalized multiparameter correlation for nonpolar and polar fluid transport properties[J]. Industrial & Engineering Chemistry Research, 27(4): 671-679.

Churchill R V, 1963. Fourier Series and Boundary Value Problems[M]. New York: McGraw-Hill Book Co.

Civan F, Rai C S, Sondergeld C H, 2011. Shale-gas permeability and diffusivity inferred by improved formulation of relevant retention and transport mechanisms[J]. Transport in Porous Media, 86(3): 925-944.

Civan F, 2010. Effective correlation of apparent gas permeability in tight porous media[J]. Transport in Porous Media, 82 (2): 375-384.

Clonts M D, Ramey H J, 1986. Pressure transient analysis for wells with horizontal drainholes[C]. SPE California Regional Metting.

Crump K S, 1976. Numerical inversion of Laplace transforms, using a Fourier series approximation[J]. Journal of the ACM, 23(1): 89-96.

Daccord G, Nittmann J, et al., 1986. Radial viscous fingers and diffusion-limited aggregation: Fractal dimension and growth sites[J]. Phys. Rev. Letters, 56(4): 336-339.

戴榕菁,孔祥言,钟钊新,1989.无限大多层油藏渗流问题的解析解及其应用[J].应用数学和力学,10(9):825-832.

Darcy H. 1856. Les fortains publiques de la ville de Dijon[M]. Paris: Dalmont.

Davidson L B, et al., 1966. Mathematical model of reservoir response during the cyclic injection steam [C]. 41th Annual SPE of AIME Meeting.

De Swann O A, 1976. Analytic solution for determining naturally fractured reservoir properties by well testing[J]. SPEJ, 16(3): 117-122.

Dubner H, Alate J, 1968. Numerical inversion of Laplace transforms by relating them to the finite Fourier cosine transform[J]. J. ACM, 15(1): 115-123.

Dullien F A L, 1992. Porous media, fluid transport and pore structure[M]. 2nd ed. San Diego: Academic Press.

Durlofsky L, Brady F J, 1987. Analysis of the Brinkman equation as a model for flow in porous media [J]. Phys. Fluids, 30: 3329-3341.

Earlougher R C, 1977. Advance in well test analysis[M]. New York: AIME.

Ene H I, Poliserski D, 1987. Thermal flow in porous media[M]. Dordrecht: Reidel.

Firrozabadi A, Katz D L, 1979. An analysis of high-velocity gas flow through porous media[J]. J. Petrol. Tech., 31(2): 211-216.

Freeman C, Moridis G, Blasingame T, 2011. A numerical study of microscale flow behavior in tight gas and shale gas reservoir systems[J]. Transport in Porous Media, 90(1): 253-268.

Frieson W I, Mikula R J, 1987. Fractal dimensions of coal particles[J]. J. Colloid and Interface Sci., 120 (1): 263-271.

Gao C T, 1984. Single-phase fluid flow in a stratified porous medium with crossflow[J]. SPEJ, 24(1): 97-106.

Gao C T, 1989. A method to determine semipermeabilities by steady Rates[J]. SPEFE, 4(2): 187-188.

葛家理,吴玉树,1982.裂隙油藏井底定压生产动态特性与不稳定试井分析方法[J].石油勘探与开发,9(3):53-64.

George J H, et al., 1989. Patterned ground formation and penetrative convection in porous media[J]. Geophys Astrophys Fluid Dyn., 46: 135-158. (0.1.1)

Gibbs J W. 1899. Fourier's series[J]. Nature, 59: 200-206.

Gleason K J, et al., 1986. Geometrical aspects of sorted patterned ground in recurrently frozen soil[J].

Science,232:216-220.

Goode P A, Thambynayagam R K M, 1987. Pressure drawdown and buildup analysis of horizontal well in anisotropic media[J]. SPEFE, 2(4):683-697.

Gosink J P, Baker G C, 1990. Seat fingering in subsea permafrost some stability and energy consideration [J].J. Geophys. Res., 95:9575-9583.

Greenkorn R A, 1983. Flow phenomena in porous media[M]. New York:Marcel Dekker Inc..

Gringarten A C, Ramey H J, Raghavan R, 1974. Unsteady-state pressure distributions created by a well with a single infinite-conductivity vertical fracture[J]. SPEJ, 14(4):347-360.

Gringarten A C,Bourdet D,Landel P A,et al., 1979. A comparison between different wellbore storage and skin type curves for early-time transient analysis[J]. SPE Series Reprint, (57):23-26. DOI: 10. 2118/8205-MS.

Gringarten A C,Ramey H J, 1973. The use of source and Green's functions in solving unsteady flow problems in reservoir[J]. SPEJ, 13(5):285-296.

Gringarten A C, et al., 1972. Applied pressure analysis for fractured wells[J]. J. Petrol. Tech., 27:887-892.

郭尚平,等,1986.渗流力学的新发展[J].力学进展,16(4):441-454.

郭尚平,等,1990.物理化学微观渗流[M].北京:科学出版社.

郭尚平,等,1996.渗流研究和应用的一些动态[M]//渗流所.渗流力学进展:第五届全国渗流力学学术讨论会论文集.北京:石油工业出版社:1-12.

郭尚平,于大森,吴万娣,1982.脏器渗流多孔介质的物理特征[J].力学学报,14(1):26-33.

郭尚平,于大森,1996.生物渗流的多重介质模型[C].第五届全国渗流力学学术讨论会.

Hall H N, 1953. Compressibility of reservoir rocks[J]. J. Petrol. Tech., 5(1):17-19.

Handa Y P, 1986. Composition, enthalpy of dissociation, and heat capacities in the range 85-270 K for clathrate hydrates of methane, ethane and propane, and enthalpy of dissociation of isobutene hydrate, as determined by heat flow calorimeter[J].The Journal of Chemical Thermodynamics,18:915-921.

Hardy H H, 1994. Fractals in reservoir engineering[M]. Singapore:World Sic.

郝有志,2018.页岩纳米孔隙中气水吸附于流动的分子模拟[D].合肥:中国科学技术大学.

Hele-Shaw H S. 1897. Experiments on the nature of surface resistance in pipes and on ships[J]. Trans. Inst. Naval Architects, 39:145-156.

Honarpour M,et al., 1986. Relative permeability of petroleum reservoirs[M]. Florida: CRC Press.

Horner D R, 1951. Pressure build-up in wells[C]//Proc. Third World Pet. Cong.

Horton C W, Rogers F T, 1945. Convection currents in a porous medium[J]. J. Appl. Phys., 16: 367-370.

Hsia Y T, Domoto G A, 1983. An experimental investigation of molecular rarefaction effects in gas lubricated bearings at ultra-low clearances[J]. Journal of Tribology, 105(1): 120-129.

胡志明,等,2005.长庆低渗透油藏微观孔隙结构[M]//程林松,等.资源、环境与渗流力学. 北京:中国科学技术出版社:203-207.

黄丰,等, 2007. 多孔介质三维孔隙空间的隐式曲面造型方法[J]. 中国图象图形学报,12(5):899-904.

Ikoku C U, Ramey H J, 1980. Wellbore storage and skin effects during the transient flow of non-Newtonian power-law fluids in porous media[J]. SPEJ, 20(1):25-38.

Ilk D, Anderson D M, Stotts G W J,et al., 2010. Production data analysis: Challenges pitfalls diagnostics [J]. SPE Reservoir Evaluation & Engineering, 13(3):538-552.

Isaacs M C, 1984. Geology and physical properties of the Monterey formation, California[J]. SPE. DOI: 10.2118/12733-MS.

Javadpour F, 2009. Nanopores and apparent permeability of gas flow in mudrocks (shales and siltstone) [J]. Journal of Canadian Petroleum Technology, 48(8): 16-21.

加拿大国家能源保护委员会,1988.气井试井理论与实践[M].童宪章,等译.北京:石油工业出版社.

贾振岐,等,2004. 低渗透油藏活化动力学探索[J]. 中国科学技术大学学报,24(增):80-87.

姜礼尚,陈钟祥,1985.试井分析理论基础[M].北京:石油工业出版社.

Jing L, et al., 1995. DECOVALEX: An international co-operative research projects on mathematical models of coupled THM processes for safety analysis of radioactive waste repositories[J]. Int. J. Rock Mech. Mining Science, 32(5):389-398.

Johnson D L, Plona T J, 1982. Acoustic slow wave and the consolidation transition[J].J. Acoust. Soc. Am.,72:556-565.

Joseph D D, Nield D A, Papanicoleou G, 1982. Nonlinear equation governing flow in a saturated porous medium[J]. Water Resour Res., 18(4):1049-1052.

Katz D L, et al., 1959. Handbook of Natural Gas Engineering[M]. New York:McGraw-Hill.

科林斯 R E,1984. 流体通过多孔材料的流动[M]. 陈钟祥,吴望一,译.北京:石油工业出版社.

Khlebnikov V E,Antonnov S V,et al., 2016.一种新型 CO_2 置换 CH_4 水合物的开采方法[J].天然气工业,36(7):40-47.

Kim H C, et al., 1987. Kinetics of methane hydrate dissociation[J]. Chem. Eng. Sci., 42(7): 1645-1653.

Koh D Y, Kang H, Kim D O, et al., 2012. Recovery of methane from gas hydrates intercalated with natural sediment using CO_2 and a CO_2/N_2 gas mixture[J]. ChemSusChem,5(8):1443-1448.

Kolesar J E, Ertekin T,Obut S T, 1990. The unsteady-state nature of sorption and diffusion phenomena in the micropore structure of coal[J]. SPEFE, 5(1):81-97.

Kong X Y, Chen G Q, et al., 2001. Stability of natural convection of power-law-fluid and non-Darcy flow in porous media[J]. J. Thermal Science, 10(1):74-78.

Kong X Y, Chen G Q, 1998. Analysis of effect of geometric parameters on stability of natural convection in porous media[M]//Chien, et al. Proceedings of the Third International Conference of Nonlinear Mechanics. Shanghai: Shanghai Univ. Press,489-492.

Kong X Y, Li D L, Lu D T, 2009. Transient presure analysis in porous and fructured fractal reservoirs [J]. Science in China (Series E), 52(9): 2700-2708.

Kong X Y, Lu D T, 1991. Application of variational principle to pressure transient analysis in reservoirs: A rapid computing method[J]. SPE. DOI: SPE-23418-MS.

Kong X Y, Xu X Z, Lu D T, 1996. Pressure transient analysis for multi-branched horizontal wells and horizontal wells near faults or constant pressure boundary[J]. SPE. DOI: SPE-37069-MS.

Kong X Y. Lu D T, 1991. Pressure falloff analysis of water injection wells[J]. SPE. DOI: SPE-23419-MS.

Kong X Y. Lu D T, 1991. Transient test analysis of injection wells,in Computational Mechanics[M]. Rotterdam: Balkema.

孔祥言,李道伦,徐献芝,等,2005. 热-流-固耦合渗流的数学模型研究[J]. 水动力学研究与进展,20(2): 269-275.

孔祥言,李道伦,卢德唐,2007.分形渗流基本公式及分形油藏样板曲线[J]. 西安石油大学学报,22(2): 1-5, 10.

孔祥言,卢德唐,2004.热-流-固耦合非饱和渗流的物理描述和数学模型[J]. 中国科学技术大学学报,34(增): 493-500, 507.

孔祥言,吴建兵,2002. 多孔介质中非达西自然对流的分叉研究[J]. 力学学报, 34(2):177-185.

孔祥言,陈峰磊,陈国权,1999.非牛顿流体渗流的特性参数及数学模型[J].中国科学技术大学学报,29(2):141-147.

孔祥言,陈峰磊,裴柏林,等,1997.水驱油物理模拟理论和相似准则[J].石油勘探与开发,24(6):56-60.

孔祥言,李道伦,卢德唐,2008.孔隙和裂缝分形油藏的瞬态压力分析[J].中国科学E辑,38(11):1815-1826.

孔祥言,卢德唐,徐献芝,等,1996.多孔介质中对流的研究[J].力学进展,26(4):510-520.

孔祥言,鹿蓬勃,卢德唐,等,1996.非线形渗流的分叉解[M]//渗流所.渗流力学进展.北京:石油工业出版社:33-38.

孔祥言,鹿蓬勃,王晓冬,1997.矩形截面多孔介质中对流分叉的有限差分研究[J].计算物理,14(1):99-105.

孔祥言,徐献芝,卢德唐,1996.油田和气田中分支水平井的压力分析[M]//渗流所.渗流力学进展.北京:石油工业出版社:211-216.

孔祥言,徐献芝,卢德唐,1996.各向异性气藏中分支水平井的压力分析[J].天然气工业,16(6):26-30.

孔祥言,徐献芝,卢德唐,1997.分支水平井的样板曲线和试井分析[J].石油学报,18(3):98-103.

孔祥言,余敏,鹿蓬勃,等,1997.多孔介质中对流的分叉与混沌[M]//庄逢甘.现代力学与科技进步.北京:清华大学出版社:483-488.

孔祥言,1987.产量随时间按线性变化情形的压力分析[J].石油学报,8(2):65-72.

孔祥言,1989.变产量情形的压力降落分析[J].石油学报,10(1):73-80.

孔祥言,1989.压裂井垂直裂缝的试井分析方法及解释软件[M]//刘慰宁.现代试井分析的新进展及解释软件.北京:中国石油天然气总公司情报所:191-201.

Krohn C E, Thompson A H, 1996. Fractal sandstone pore: Automated measurements using scanning electron microscope images[J]. Phys. Rev. B, 33(9):6366-6374.

Kuchuk F J, et al., 1991. Pressure transient behavior of horizontal wells with and without gas top or aquifer[J]. SPEFE, 6(1):86-94.

Kuuskraa V A, Boyer C M, Kelafant J A, 1992. Hunt for quality basins goes abroad[J]. Oil & Gas J., 90(40):949-954.

朗道,栗弗席茨,1983.流体力学(上)[M].孔祥言,等译.北京:高等教育出版社.

Lapwood E R, 1948. Convection of a fluid in a porous medium[J]. Proc. Camb. Phi. Soc., 44:508-521.

Lee A L, Gonzalez M H, Eakin B E, 1996. The viscosity of natural gases[J]. J. Petrol. Tech., 18: 997-1000.

Levitan M M, et al., 1996. Orthogonal curvilinear gridding for accurate numerical solution of well-test problem[J]. In Situ, 20(1):93-113.

Ley H C, Samaniego F, et al., 1976. Transient pressure behavior for a well with a finite-conductivity vertical fracture[J]. SPEJ, 18(4):253-264.

李传亮,等,1999. 多孔介质的双重有效应力[J]. 自然杂志,21(5):288-292.

李传亮,等,2003. 多孔介质的流变模型研究[J]. 力学学报,35(2):230-234.

Li D L, Xu C Y, Wang Y L, et al., 2014. Effect of Knudsen diffusion and Langmuir adsorption on pressure transient response in shale gas reservoir[J]. J. Petrol. Science and Engineering, 124:146-154.

Li D L, Zhang L J, Lu D T, 2015. Effect of distinguishing apparent permeability on flowing gas composition, composition change and composition derivative in tight- and shale-gas reservoir[J]. J. Petrol. Science and Engineering, 128:107-114.

Li D L, Zhang L J, Wang Y L, et al., 2015. Composition-transient-analysis in shale gas reservoirs with consideration of multi-components adsorption[J]. SPEJ, 21(2):648-664.

Li D L, Zhang L J, Wang Y L, et al., 2016. Effect of adsorption and permeability correction on transient pressures in organic rich gas reservoirs: Vertical and hydraulically fractured horizontal wells[J]. Journal of Natural Gas Science and Engineering,31: 214-225.

Li D L,Zha W S, Liu S F, et al., 2016. Pressure transient analysis of low permeability reservoir with pseudo threshold pressure gradient[J]. J. Petrol. Science and Engineering, 147:308-316.

李道伦,查文舒, 2013. 数值试井理论与方法[M]. 北京:石油工业出版社.

李道伦,杨景海,闫术,等, 2017. 致密油大规模多段压裂水平试井解释及外区渗透率对试井曲线影响[J]. 地球科学,42(8):1324-1332.

李培超,孔祥言,卢德唐,2000. 利用拟压力分布积分方法计算气藏平均地层压力[J]. 天然气工业,20(3): 67-69.

李清宇,2018. 瞬变流量-压力的页岩气产能评价方法[D]. 合肥:中国科学技术大学.

刘慈群,郭尚平,1983. 多孔介质渗流研究进展[J]. 力学进展,12(4):360-364.

刘桂玉,等,1998. 工程热力学[M]. 北京:高等教育出版社.

刘俊丽,等,1996. 砂岩岩心孔隙结构的分开特征研究[M]//第五届全国渗流力学学术讨论会论文集:渗流力学进展. 北京:石油工业出版社:341-344.

刘淑芬,杨景海,李道伦,等,2017. 多段压裂水平井裂缝数及渗透率敏感性分析[J]. 油气井测试,26(5): 6-12.

刘月妙,1998. 高放废物地质处置库缓冲/回填材料性能测定[J]. 辐射防护,7(4): 290-295.

刘振华,孔祥言,1989. 考虑井储和表皮效应情况下双渗透率问题的研究[J]. 水动力学研究与进展,4(3): 45-52.

Lowell R P, 1980. Topographically driven subcritical hydrothermal convection in the oceanic crust[J]. Earth Planet Sci. Lett.: 49,12-28.

卢德唐,孔祥言,1993. 利用压力分布积分求平均地层压力[J]. 石油学报,14(1):89-91.

卢德唐,孔祥言,1993. 利用井底压力与其均值的偏差进行试井分析[J]. 油气井测试,2(2):32-39.

马沛生,2005. 化工热力学[M]. 北京:化学工业出版社.

Mandelbrot B B, 1982. The fractal geometry of nature[M]. NewYork:Freeman.

Mandelbrot B B, 1977. Fractal: Form, chance and dimension[M]. San Francisco:Freeman.

Matthews C C, Brone F, Hazekroek P, 1955. A method for determination of average pressure in a bounded reservoir[J]. Trans. AIME,201:182-191.

Mavor M J, Ley H C, 1979. Transient pressure behavior of naturally fractured reservoirs[J]. SPE. DOI: 10.2118/7977-MS.

Maxwell J C. 1879. On stresses in rarified gases arising from inequalities of temperature[J]. Philosophical Transactions of the Royal Society of London, 1879: 231-256.

Middleman S, 1969. The flow of high polymers[M]. New York:Interscience Publishers.

Millard A, et al., 1995. Discrete and continuum approaches to simulate the thermo-hydro-mechanical couplings in a large fractured rock mass[J]. Int. J. Rock Mech. Min Sci., 32(5):409-434.

Miller C C, Dyes A B, Hutchinson C A, 1950. Estimation permeability and reservoir pressure from bottom hole pressure build up characteristics[J]. Trans. AIME,189:91-104.

Morse P M, Feshbach H, 1953. Methods of theoretical physics[M]. New York:McGraw-Hill.

Muskat M, 1946. The flow of homogeneous fluids through porous media[M]. New York: McGraw-Hill.

Nelson P H, 2009. Pore-throat sizes in sandstones, tight sandstones, and shales[J]. AAPG Bulletin, 93(3):329-340.

Newman A B, 1936. Heating and cooling rectangular and cylindrical solids[J]. Ind. and Eng. Chem.,28: 545-548.

Nield D A, 1968. Onset of thermohaline convection in a porous medium[J]. Water Resources Res., 4

(3):553-560.
Nield D A, Bejan A, 1992. Convection in porous media[M]. New York:Springer-Verlag.
Nittmann J, Daccord G, Stanley H E, 1985. Fractal growth of viscous fingers: quantitative characterization of a fluid instability phenomenon[J]. Nature, 314:141-144.
Niu C, Hao Y Z, Li D L, et al., 2014. 2nd-order gas permeability correlation of shale during slip-flow [J]. SPEJ, 19(5):786-792
Noorishad J, et al., 1984. Coupled thermal hydraulic-mechanical phenomena in saturated fractured porous rocks: Numerical approach[J]. J. Geohpys. Res., 89B(12):10365-10373.
Nowachi W, 1986. Thermoelasticity[M]. 2nd ed. Oxford: Pergamon.
O'Shaughnessy B, Procaccia I, 1985. Diffusion on fractals[J]. Phys. Rev., A32:3073-3083.
Odeh A S, Yang HT, 1979. Flow of non-Newtonian power-law fluids through porous media[J]. SPEJ, 19 (3):155-174.
Ohgaki K, Takano K, Sangawa H, et al., 1996. Methane exploitation by carbon dioxide from gas hydrates phase equilibria for CO_2-CH_4 mixed hydrate system[J]. Journal of Chemical Engineering of Japan, 29 (3):478-483.
欧阳良彪,孔祥言,1992.凝析气井试井分析方法[J].油气井测试,1(1):20-28.
欧阳良彪,孔祥言,1993.凝析气井试井研究现状[J].天然气工业,13(3):57-61.
Ozkan E, Raghavan R, Joshi S D, 1989. Horizontal well pressure analysis[J]. SPEFE, 4(4):567-575.
Palagi C, Aziz K, 1992. The modeling of vertical and horizontal wells withvoronoi grid[J]. SPERE, 9 (1):15-21.
Palm E, 1990. Rayleigh convection, mass transport, and change in porosity in layers of sandstone[J]. J. Geophys. Res., 95(B6):8675-8679.
Park Y, Kim D Y, Lee J W, et al., 2006. Sequestering carbon dioxide into complex structure of naturally occurring gas hydrate[J]. Proc. Natl. Acad. Sci., 130:12690-12694.
Patel N C, Teja A S, 1982. A new cubic equation of state for fluid mixtures[J]. Chem. Eng. Sa., 36(3): 463-473.
Peng D Y, Robinson D B, 1976. A new two constant equation of state[J]. Ind. Eng. Chem., 15(1): 59-64.
Phillips O M, 1991. Flow and reaction in permeable rocks[M]. Cambridge:Cambridge University Press.
Poluparinova-Kochina P Y, 1962. Theory of ground water movement[M]. Princeton: Princeton Univ. Press.
Powers D, et al., 1985. Theory of natural convection in snow[J]. J. Geohpys. Res., 90:10641-10649.
Puchyr P J, 1991. A numerical well test model[J]. DOI: SPE-21815-MS.
Qen D E, Bakke S, 2002. Process based reconstruction of sandstores and prediction of transport properties. Transport in Porous Media, 46(2/3):311-343.
却保平,2011.高温岩体地热开采中钻井围岩稳定性分析[M].北京:科学出版社.
Rahmanian M, Aguilera R, Kantzas A, 2012. A new unified diffusion: Viscous-flow model based on pore-level studies of tight gas formations[J]. SPEJ, 18(1):38-49.
Ramey H J, et al., 1975. Analysis of slug test or DST flow period data[J]. J. Can. Pet. Tech., 14(3): 37-47.
Ramey H J, 1965. Non-Darcy flow and wellbore storage effects in pressure build-up and drawdown of gas wells[J]. J. Petrol. Tech., 17(2):223-233.
Riley D S, Winters K H, 1989. Modal exchange mechanisms in Lapwood convection[J]. J. Fluid Mech., 204(1):325-358.

Ripmeester J A, et al., 1987. A new clathraete hydrate structure[J]. Nature, 325:135-136.

Robert C, Hartman R J, 2011. Ambrose, shale gas-in-place calculations. Part Ⅱ: Multi-component gas adsorption effects[J]. DOI: 10.2118/144097-MS.

Rubinstein J, 1986. Effective equations for flow in random porous media with a large number of scales [J]. J. Fluid Mech., 170:379-383.

Ruppel C, 2007. Tapping methane hydretes for unconventional nutural gas[J]. Elaments, 3(3):193-199.

Rutqvist J, et al., 2001. Thermohydro-mechanics of partially saturated geological media: Governing equations and formulation of four finite element models[J]. Int. J. Rock Mech. & Mining Science, 38(1):105-127.

Ryan M P, 1990. Magma transport and storage[M]. New York: Wiley.

Ryland D K, Nandakumar K, 1992. A bifurcation study of convective heat transfer in porous media. Part Ⅱ[J]. Phys. Fluids, 4(9):1945-1958.

Saffman P G, Taylar G I, 1958. The penetration of a fluid into a porous medium or Hele-Shaw cell containing a more viscous liquid[J]. Proc. Roy. Soc. London (Ser. A), 245:312-329.

Sassen R, Wacdonard I R, 1994. Evidence of structure H hydrate, Gulf of Mexico continental slope[J]. Organic Geochemistry, 22(6):1029-1032.

Schoderbek H, Farrell K, Hester J, et al., 2013. Conocophillips gas hydrate production test final technical report[R]. DOI: 10.2172/1123878.

Schowalter W R, 1978. Mechanics of Non-Newtonian Fluids[M]. Oxford: Pergamon Press.

Selin M S, Sloan E D, 1989. Heat and mass transfer during the dissociation of hydrate in porous media[J]. Aiche Journal, 35(6):1049-1052.

Serra K V, Peres A M M, Reynolds A C, 1990. Well-test analysis for solution-gas-drive reservoirs[J]. SPEFE, 5(2):124-150.

沈平平,等,2000.油水在多孔介质中的运动理论和实践[M].北京:石油工业出版社.

Shulter N D, 1969. Numerical three-phase simulation of the steamflood process[J]. SPEJ, 9(2):232-246.

Shulter N D, 1970. Numerical three-phase simulation of the two-dimensional steamflood process[J]. SPEJ, 11(4):405-417.

Sloan E D, 1998. Clathrate hydrates of natural gases[M]. 2nd ed. New York: Marcel Dekker Inc.

Soave G, 1972. Equilibrium constants from a modified Redlich-Kwong equalion of state[J]. Chem. Eng. Sci., 27(6):1197-1203.

Stehfest H, 1970. Numerical inversion of Laplace transforms[J]. Communications of the ACM, 13(1): 47-49.

Stevenson D J, Scott D R, 1990. Mechanics of fluid-rock system[J]. Annual Review of Fluid Mechanics, 23:305-339.

Sutton F M, 1970. Onset of convection in a porous channel with net through flow[J]. Phys Fluids, 13:1931.

Terzaghi K, 1943. Theoretical soil mechanics[M]. New York: Wiley.

Terzaghi K, 1960. From Theory to Practice in Soil Mechanics[M]. New York: Wiley.

Theis C V, 1935. The relation between the lowering of the piezometric surface and rate and duration of discharge of a well using ground-water storage[J]. Eos Trans. AGU, 16(2):519-524.

田伟,2018.页岩气水力压裂复杂裂缝网络数值模拟[D].合肥:中国科学技术大学.

童秉纲,孔祥言,邓国华,1990.气体动力学[M].北京:高等教育出版社.

Tsang C F, et al., 2000. A discussion of thermo-hydro-mechanical (THM) processes associated with nuclear waste repositories[J]. Int. J. Rock Mech. & Mining Sci., 37(1/2):397-402.

Van Damme H, et al., 1985. Fractal viscous fingering in clay slurries[J]. Nature, 320:731-733.

Van Everdinger A F, 1953. The skin effect and its influence on the productive capacity of a well[J]. Trans. AIME, 198:171-176.

Van Everdinger A F. Hurst W, 1949. The application of the Laplace transformation to flow problem in resrvoirs[J]. Trans. AIME, 186:305-324.

Van Poollen H K, Jargon J R, 1969. Steady-state and unsteady-state flow of non-Newtonian fluids through porous media[J]. SPEJ, 9(1):80-88.

Van Pooller H K, 1965. Drawdown curves give angle between intersections faults[J]. Oil & Gas J., (11): 70-75.

Venaruzzo J, Volzone C, Rueda M L, 2002. Modified bentonitic clay minerals as adsorbents of CO, CO_2 and SO_2 gases[J]. Microporous and Mesoporous Materials, 56(1):73-80.

Verigin N N, 1952. On the Pressuried forcing of binder solutions intorocks in order to increase the strength and imperviousness to water of the fundation of hydrotechnical installations [J]. Izverstia Akademii Nauk SSSR Odt Tehn Nauk, 5:674-687.

Vicsek T, 1985. Formation of solidification patterns in aggregation models[J]. Phys. Rev. A, 32(5): 3084-3089.

Wang S, Yan W, Song H, 2006. Mapping the thickness of the gas hytrate stability zone in the South China Sea[J]. Terrestrial, Atmospheric and Oceanic Sciemes, 17(4):815-828.

Warren J E, Root P J, 1963. The behavior of naturally fractured reservoirs[J]. SPEJ, (3):245-255.

Watson G N, 1966. A treatise on the Theory of Bessel Functions[M]. 2nd. ed. London: Cambridge Univ. Press.

Wattenbarger R A, Ramey H J, 1968. Gas well testing with turbulence, damage, and wellbore storage[J]. J. Petrol. Tech., 20: 877-887.

Webb S W, Pruess K, 2003. The use of Fick's law for modeling trace gas diffusion in porous media[J]. Transp. Porous Med., 51:327-341.

Weintschke H J, Nandakumar K, Sankar R, 1990. A bifurcation of convective heat transfer in porous media[J]. Phys. of Fluids A, 2(6):912-921.

Whitaker S, 1986. Flow in porousmedia: A theoretical derivation of Darcy's law[J]. Transport in Porous Media, 1:3-25.

Wichert E, Aziz K, 1972. Calculate Z(s) for sour gases[J]. Hydrocarbon Processing, 51(5):119-122.

Willian D, McCain Jr, 1973. The properties of petroleum fluids [M]. Oklahoma: The Petroleum Publishing Company.

Witten T A, Sander I M, 1981. Diffusion-limited aggregation: A kinetic critical phenomenon[J]. Phys. Rev. Letters, 47(7):1400-1403.

Wooden B, et al., 1992. Well test analysis benefits from new method of Laplace space inversion[J]. Oil & Gas J., 20(7):108-110.

Worthington P F, 2008. Petrophysical evaluation of gas-hydrate formation[J]. Petroleum Geoence, 16 (1):53-66.

Wu K L, Li X F, Wang C C, et al., 2014. Apparent permeability for gas flow in shale reservoirs coupling effects of gas diffusion and desorption [C]. Unconventional Resources Technology Conference (URTEC).

Wu K L, Li X F, Guo C H, et al., 2015. Adsorbed gas surface diffusion and bulk gas transport in nanopores of shale reservoirs with real gas effect-adsorption-mechanical coupling[C]. SPE Reservoir Simulation Symposium.

吴望一,陈焕章,1982.双重孔隙介质中底水锥进问题的数值解[J].力学学报,14(5):421-428.
谢道夫,1982.力学中的相似方法和量纲理论[M].北京:科学出版社.
谢海兵,桓冠仁,等,1999. PEBI网格二维两相流数值模拟[J].石油学报,20(2):57-61.
Xiong X, Devegowda D, Villazon M, et al., 2012. A fully-coupled free and adsorptive phase transport model for shale gas reservoirs including non-darcy flow effects[C]. SPE Annual Technical Conference and Exhibition.
Xu C G, Li X S, 2015. Research progress on methane production from natural gas hydrates[J]. RSC Advances, 5(67):54672-54699.
许广明,2008.地下流体渗流理论与数值模拟[M].北京:地质出版社.
徐国庆,1996.缓冲/回填材料与添加剂的选择[J].铀矿地质,(4):238-244.
徐献芝,孔祥言,卢德唐,1996. KDQ-SPJ 1.0水平井试井软件中样板曲线的计算方法和拟合方法[J].石油勘探与开发,23(1):84-87.
徐献芝,孔祥言,卢德唐,1996.有直线断层或供给边界地层中一口水平井的压力动态研究[M]//渗流所.渗流力学进展:217-223.
薛定谔 A E,1982.多孔介质中的渗流物理[M].王鸿勋,等译.北京:石油工业出版社.
阎广武,胡守信,施卫平,1997.用Lattice Boltzmann方法确定多孔介质的渗流率[J].计算物理,14(1):63-67.
尹定,1981.双重孔隙介质单井水锥数值模拟方法[J].石油勘探与开发,8(1):68-79.
Yu B, Liu W, 2004. Fractal analysis of permeabilities for porous media[J]. Aiche Journal, 50(1):46-57.
Yue X A, Kong X Y, Chen J L, 1993. Bingham liquid-solid granular mixture flowthrough a vertical pipe [M]//Chien W Z, et al. Proceedings of the 2nd International Conference of Non-linear Mechanics. Beijing: Beijing Univ. Press:433-466.
Yue X A, Kong X Y, Chen J L, 1993. Constitutive equations for Solid phase in liquid-solid mixture[M]// Chien W Z, et al. Proceedings of the 2nd International conference of Non-linear Machanics. Beijing: Beijing Univ. Press:924-927.
Yue X A, Kong X Y, Hao J P, 1994. Governing Equations and their closure models for non-Newtonian liquid-solid mixture flow [M]//Chen X J, et al. Multiphase Flow and Heat Transfer: 3rd Int. Symposium. Xi'an: Xi'an Jiaotong Univ. Press:594-600.
Yue X A, Kong X Y, Hao J P, 1994. Boundary conditions of granular material in fluid-solid mixture flows[M]//Chen X J et al. Multiphase Flow and Heat Transfer: 3rd Int. Symposiam. Xi'an: Xi'an, Jiaotong Univ. Press:1276-1282.
Zana E T, Thomas G W, 1970. Some effects of contaminants on real gas flow[J]. J. Petrol. Tech., 22 (9):1157-1168.
Zha W S, Yan S, Li D L, et al., 2017. A study of correlation between permeability and pore space based on dilation operation[J]. Adv. Geo-Energy. Res., 1(2): 93-99.
查文舒,李道伦,王磊,等,2015.不同滑移边界下的页岩渗透率修正模型[J].力学学报,47(6):923-931.
Zhang H, Zhang Z, Zheng Y, et al., 2010. Corrected second-order slip boundary condition for fluid flows in nanochannels[J]. Physical Review E, 81(6):1601-1614.
张涵信,1994.多孔介质中热对流的分叉机理研究[J].力学学报,26(2): 129-137.
张济忠,1995.分形[M].北京:清华大学出版社.
Zhang L J, Li D L, Wang L, et al., 2015. Simulation of gas transport in tight/shale gas reservoirs by a multi-component model based on PEBI grid[J]. Journal of Chemistry, (8):1-9.
Zhang L J, Li D L, Li L, et al., 2014. Development of a new compositional model with multi-component sorption isotherm and slip flow in tight gas reservoirs[J]. Journal of Natural Gas Science and Engineering, 21:1061-1072.

Zhang L J, Li D L, Lu D T, 2015. Effect of distinguishing apparent permeability for different components on BHP and produced gas composition in tight- and shale-gas reservoir[J]. Journal of Unconventional Oil and Gas Resources, 11:53-59

Zhang L J, Li D L, Zha W S, et al., 2014. Generation and application of adaptive PEBI grid for numerical well testing(NWT)[C], 2013 2nd International Conference on Mechatronic Sciences.

Zhang L J, Li D L, Lu D T, et al., 2015. A new formulation of apparent permeability for gas transport in shale[J]. Journal of Natural Gas Science and Engineering, 23:221-226.

Zhang T, Zhang T, Ellis G S, et al., 2012. Effect of organic-matter type and thermal maturity on methane adsorption in shale-gas systems[J]. Organic Geochemistry, 47: 120-131.

赵建华，等，1998. 黏性指进的实验、模拟与多分形研究[J]. 科技通报，14(5):315-320.

赵阳升，等，2004. 高温岩体地热开发导论[M]. 北京：科学出版社.

张学学，李桂馥，2002. 热工基础[M]. 北京：高等教育出版社.

Zhong Y G, Kong X Y, et al., 1999. Mutiple sequential staging of tasks: a new approach to parallel computation[J]. Communications in Numerical Methods in Engineering, 15:367-373.

Zhou X B, Liang D Q, Yi L Z, et al., 2015. Recovering CH_4 from natural gas hydrates with the injection of CO_2-N_2 Gas Mixtures[J]. Energe& Fuels, 29(2):1099-1106.

Zimmerman R W, et al., 1986. Compressibility of porous rocks[J]. J. Geophys. Res. Solid Earth, 91 (B12):12765-12777.

Zimmerman R W, 2000. Coupling in poroelasticity and thermoelasticity[J]. Int. J. of Rock Mech. & Mining Science, 37(1):79-87.

钟义贵，孔祥言，等，1998. DSST 方法：一种新的并行计算方法[J]. 石油勘探与开发，25(6):54-56.